# 煤矿安全规程解读

（2022）

编委会主任　王显政
编委会副主任　梁嘉琨　彭建勋
主　　　编　袁　亮
修订主编　杨大明

应急管理出版社
·北　京·

**图书在版编目（CIP）数据**

煤矿安全规程解读：2022／袁亮主编．--北京：应急管理出版社，2022

ISBN 978-7-5020-8666-4

Ⅰ．①煤… Ⅱ．①袁… Ⅲ．①矿山安全—安全规程—中国 Ⅳ．①TD7-65

中国版本图书馆 CIP 数据核字（2022）第 025503 号

**煤矿安全规程解读　2022**

**主　　编**　袁　亮
**责任编辑**　武鸿儒
**责任校对**　赵　盼　张艳蕾
**封面设计**　于春颖

**出版发行**　应急管理出版社（北京市朝阳区芍药居 35 号　100029）
**电　　话**　010-84657898（总编室）　010-84657880（读者服务部）
**网　　址**　www. cciph. com. cn
**印　　刷**　北京盛通印刷股份有限公司
**经　　销**　全国新华书店

**开　　本**　710mm×1000mm $^{1}/_{16}$　**印张**　54 $^{3}/_{4}$　**字数**　961 千字
**版　　次**　2022 年 2 月第 1 版　2022 年 2 月第 1 次印刷
**社内编号**　20220087　　**定价**　180. 00 元

# 修 订 委 员 会


主　　编　杨大明

编写人员　潘俊锋　孙东玲　尹尚先　梁运涛

王　磊　姚　源

何晓群　张运华　杨建伟　孟　峰　陶建平
葛明臣　钱晓红　庄廷峰　张国营　贺昌斌
郭　斌　张设计　郭胜均　隋金君　王树德
胥　奎　王　杰　邹常富　姬超文　张文明
王汝柱　高士伟　王　磊　王斌斌　陈　杰
吴兆宏　刘青龙　李冰晶

**审　稿**　胡千庭　王铁军　傅　贵　蒲耀年　林府进
朱红青　林　飞　丁学良　郝麦生　李庆伟
马贵纯　梁洪振　单卫雪　杨金宏　华德宏
冯茂祥

# 编写人员名单

## 第一编　总则

编　写　窦永山　臧　梦

## 第二编　地质保障

编　写　孟召平

## 第三编　井工煤矿

### 第一章　矿井建设

主　编　张胜利　代东生

副主编　吕志江

审　稿　蒲耀年　郝麦生　马贵纯　梁洪振

单卫雪　杨金宏　华德宏　冯茂祥

### 第二章　开采

主　编　翟德元

### 第三章　通风、瓦斯和煤尘爆炸防治

编　写　漆旺生　李点尚

### 第四章　煤(岩)与瓦斯(二氧化碳)突出防治

编　写　俞启香

### 第五章　冲击地压防治

主　编　窦林名

编　写　曹安业　何　江

第六章　防灭火

编　写　王德明

第七章　防治水

主　编　武　强

副主编　董书宁　李竞生

编　写　刘守强　曾一凡

第八章　爆炸物品和井下爆破

主　编　王继峰

副主编　刘治兵　夏　斌　耿宏银

第九章　运输、提升和空气压缩机

主　编　翟明华

副主编　葛世荣　张　勇

编　写　李玉瑾　苏其亮　霍　磊　于　岩
吴　刚　于功江　李建光　王秋敏
石　亮　王　岩

第十章　电气

主　编　葛世荣

副主编　杨大明　唐德茂　史丽萍

编　写　（按姓氏笔画为序）
于励民　马　刚　王秋敏　王彩燕
刘立军　许庆友　许跃峰　杨建伟
何晓群　张　勇　张运华　孟　峰
陶建平　葛明臣　臧　梦

**第十一章　监控与通信**

编　写　孙继平　钱晓红

## 第四编　露天煤矿

主　编　刘爱兰　刘玉福

编　写　庄廷峰　张国营　贺昌斌　郭　斌

## 第五编　职业病危害防治

主　编　李德文

副主编　张设计

编　写　郭胜均　隋金君　王树德　胥　奎

王　杰　邹常富

## 第六编　应急救援

主　编　孙树成

副主编　杨大明　姬超文

编　写　张文明　王汝柱　高士伟　王　磊

王斌斌　陈　杰　吴兆宏

# 修订说明

2022年1月6日，应急管理部令第8号公布了关于修改《煤矿安全规程》的决定，新修订的《煤矿安全规程》自2022年4月1日起施行。本次共修订18条，涉及第一编总则（第四条、第十条，共2条），第三编井工煤矿第二章开采（第九十五条、第一百一十五条、第一百一十九条，共3条）、第四章煤（岩）与瓦斯（二氧化碳）突出防治（第一百九十条、第一百九十四条、第二百零九条，共3条）、第五章冲击地压防治（第二百二十八条、第二百三十条、第二百三十一条、第二百三十六条、第二百四十一条、第二百四十四条，共6条）、第六章防灭火（第二百五十条、第二百七十四条，共2条）、第七章防治水（第三百零三条，共1条）、第八章爆炸物品和井下爆破（第三百六十七条，共1条）。国家矿山安全监察局在组织修订过程中，坚决贯彻党中央国务院关于安全生产的决策部署和《安全生产法》规定，系统分析总结2016版《煤矿安全规程》实施5年多来的绩效与问题，深入剖析灾害事故中暴露出在安全生产和技术管理方面的漏洞和不合理因素，深刻汲取近年煤矿灾害事故教训，充分听取各有关方面、煤矿企业、专家学者的意见建议，力求各条款修订的科学性、规范性和可操作性。新修订《煤矿安全规程》的发布实施，必将进一步规范和推动煤矿安全生产各项工作，促进煤矿本质安全化程度的进一步提升。

《煤矿安全规程》是我国煤矿安全生产的主体规章，是安全生产法律法规和中央决策部署的具体体现，是安全监管监察执法的重要依据，是规范煤矿安全管理行为的重要准绳。因而学好规程、用好规程、守好规程，是煤炭行业和煤炭企业必须常抓不懈的重要基础性工作。为了帮助广大煤炭从业人员认真学习新修订的《煤矿安全规程》，全面、正确理解和把握新修订条款的新规定和新要求，我们邀请实际参与规程修订研究、讨论的专家，对2016版《煤矿安全规程解读》进行了修订，重点对新修订条款进行深入、权威的解读，并根据新《安全生产法》的规定，对第一编总则全部条款的解读进行了更新，使其更加适应新形势下的新要求。编撰过程中，秉承科学严谨、实事求是、客观务实的原则，从国家、行业高度正确理解和解读《煤矿安全规程》新修订条款的精神实质和内涵，并力求言简意赅、通俗易懂，以方便广大煤炭从业人员使用。总则及开采、爆炸物品和井下爆破部分由杨大明、王磊、姚源编写，煤（岩）与瓦斯（二氧化碳）突出防治部分由孙东玲编写，冲击地压防治部分由潘俊锋编写，防灭火部分由梁运涛编写，防治水部分由尹尚先编写，最后由杨大明统稿。编写过程中得到诸多单位和专家学者的支持，在此一并致以谢意！

2022年1月18日

# 前　　言

修订后的《煤矿安全规程》以国家安全生产监督管理总局令第87号公布，自2016年10月1日起施行。这是煤矿安全生产领域一件具有里程碑意义的大事。新版《煤矿安全规程》经过多年的磨砺、完善和修改，目的是为了更好地保障煤矿职工的生命健康、煤炭企业的安全生产、煤炭资源的科学利用，对煤矿安全生产的指导性和可操作性也更强。因而学好规程、用好规程、守好规程，是煤炭行业必须常抓不懈的基础性工作。

为深入推进广大煤炭企业从业人员认真学习和贯彻落实新版《煤矿安全规程》，我们组织编写出版了《煤矿安全规程解读》一书，对新版条文逐一进行深入、权威解读，便于大家全面、准确地把握新版《煤矿安全规程》的精神实质和科学内涵。为了保证本书的权威性，编委会特地邀请了新版《煤矿安全规程》修订各篇章的负责人担任本书相应篇章的主编，多次召开编审会议，深入讨论、凝聚共识，研究确定了本书编审的主要原则和工作方法：一是严格按照新版《煤矿安全规程》和《煤矿安全规程执行说明》的精神实质进行科学严谨、精确到位的解读，努力做到实事求是、不偏不倚；二是对《煤矿安全规程》修订后有实质性变化的条文，阐明修改原因，并力求通俗易懂，便于读者加深理解；三是对具体条款制定的目的、意义进行解释的同时，对关键语句、关键词、关键数据进行阐释，使广大从业人员在循规操作时，更加得心应手；四是紧扣条文，选择有代表性、典型性和新近发生的事故案例，将其融入解读之中，易于发挥警示教育作用，提升人员安全意识；五是对于一些非常具体的条文，不再另行解释。

在上述原则和方法的指导下，经全体编审人员努力推进，至2016年9月，本书正式定稿。

本书的编写出版得到了煤炭行业众多单位的鼎力支持和无私帮助，可以说汇聚了行业之才，凝聚了行业之力，发挥了行业之智。参与本书编审工作的专家来自神华集团、中煤能源集团、伊泰集团、大同煤矿集团、山东能源集团、淮南矿业集团、开滦集团、中煤建设集团、神华准能集团、中煤平朔集团、中煤科工集团、中煤科工西安研究院、中煤科工重庆研究院、安标国家矿用产品安全标志中心、中国矿业大学、中国矿业大学（北京）、重庆大学、中国煤炭建设协会、中国煤炭工业安全科学技术学会等数十家产学研用单位。专家们都具有很高的理论水平和丰富的实践经验，对规程的条文有深刻的认识和理解，对规程的执行有丰富的实际操作经验，这为本书编出“国家级”水平奠定了坚实基础。数十位专家在繁忙的工作之余，积极承担本书的编审任务，付出了大量的艰辛和心血，特别是部分老专家，满怀激情，孜孜不倦，笔耕不辍，毫无保留地奉献出自己的学识和经验，我们对其表示衷心的感谢和崇高的敬意！国家安全监管总局信息研究院及煤炭工业出版社组织编辑骨干，落实编委会组织职责，承担了书稿的编辑加工任务，加快推进本书付梓面世，在此一并表示感谢。

因时间所限，书中难免有瑕疵之处，也望广大读者提出批评和意见，以便予以更正。

《煤矿安全规程解读》编委会

2016年10月

# 目　　录

# 第一编　总　　则

**第一条**　为保障煤矿安全生产和从业人员的人身安全与健康，防止煤矿事故与职业病危害，根据《煤炭法》《矿山安全法》《安全生产法》《职业病防治法》《煤矿安全监察条例》和《安全生产许可证条例》等，制定本规程。

**【解读】** 本条是制定《煤矿安全规程》的目的和依据。

我国是世界上煤矿数量最多、煤炭产量最大的国家，是采矿技术最发达的国家之一。我国已建成一大批年产原煤千万吨以上的大型现代化煤矿，开采技术和生产装备均达到世界先进水平。但由于我国煤炭资源赋存原因，煤矿开采技术发展极不平衡，智能化和机械化水平、作业条件和作业环境、劳动强度和安全保障条件存在很大差异；由于煤炭资源赋存条件复杂，顶板、瓦斯、煤尘、水、火等灾害严重威胁煤矿的安全生产；由于煤矿生产系统繁多、生产工艺复杂，造成煤矿安全生产管理难度大。井工煤矿有采煤、掘进、机电、运输、提升、通风、排水、通信、监控等十几大系统，露天煤矿有采装、运输、排土、供电、边坡治理、防治水、防灭火等多个系统，每一系统都拥有众多设备、设施，管理不当都可能引发生产安全事故。在我国，虽然实现了煤矿安全生产形势持续稳定向好，事故起数、死亡人数和百万吨死亡率大幅度下降，但煤矿事故多发、人员伤亡大、职业危害严重的状况尚未得到根本好转，煤炭行业仍是高危行业。据统计，2020 年全国煤矿发生死亡事故 122 起、死亡 225 人，百万吨死亡率 0.058，其中：顶板事故 41 起，死亡 59 人；瓦斯事故 6 起，死亡 29 人；水灾事故 7 起，死亡 25 人。为了进一步提高我国煤矿的生产安全管理水平，保障煤矿从业人员安全健康，实现安全生产，必须用法律手段规范煤矿企业的安全管理和作业人员的作业行为；必须按照有关法律、法规制定煤矿的安全技术标准和技术措施，规范煤矿企业的安全技术管理。因此，需要根据我国煤矿的特点、安全技术发展状况、安全生产技术条件和国家有关规定要求，制（修）定《煤矿安全规程》。

《煤矿安全规程》（以下简称《规程》）是我国煤矿安全生产法律体系的组成部分，是一部重要的部门规章，应与我国安全生产的法律体系互相衔接，基本精神保持一致。因此，《煤炭法》《矿山安全法》《安全生产法》《职业病防治法》《煤矿安全监察条例》和《安全生产许可证条例》等，是制定《规程》的直接依据；在执行《规程》时，要认真贯彻执行相关法律、法规，形成完整的执法体系。

《规程》在煤炭行业具有很高的权威性，在煤矿安全生产领域居于主体规章地位，是国家安全生产法律法规和中央决策部署的具体体现，是安全监管监察执法的重要依据，是规范煤矿安全管理行为的重要准绳，是制定煤炭行业各项规章、标准、规程、制度的基础。各级政府、有关部门和煤矿企业应统一思想，提高认识，按照《规程》的新要求，对已发布的有关煤矿安全规定、标准、规程、规范进行清理，不符合《规程》规定的要及时进行修订。煤矿企业是安全生产责任主体，要认真学习、严格执行《规程》各项规定，禁止一切违反《规程》的行为；因违反《规程》造成重大事故隐患甚至生产安全事故的，要依法追究法律责任。

**第二条** 在中华人民共和国领域内从事煤炭生产和煤矿建设活动，必须遵守本规程。

**【解读】** 本条是关于《规程》适用范围的规定。

领域包括国家领陆、领水和领空。《规程》的适用范围，也称《规程》的效力范围，主要包括3个方面：

(1)《规程》适用的空间效力。即《规程》适用的地域范围。总体来说，《规程》在中华人民共和国领域内适用。按照法律空间效力范围的普遍原则，是适用于制定它的机关所管辖的全部领域。

(2)《规程》适用的主体范围。依照本条规定，《规程》适用的主体范围是在中华人民共和国领域内从事煤炭生产和煤矿建设活动的单位，包括国有企业事业单位、集体所有制的企业事业单位、股份制企业、中外合资经营企业、中外合作经营企业、外资企业、合伙企业、个人独资企业等，不论其性质如何、规模大小，都应遵守《规程》的各项规定。从事煤炭生产活动的煤矿应包括生产煤矿和新建、改扩建煤矿。在中华人民共和国领域开办的所有煤矿，必须遵守《规程》的理由主要有两方面：一是《安全生产法》的规定；二是《规程》是根据我国煤炭行业管理现状、煤矿开采安全技术制定的。严格按照《规程》规定和要求进行煤炭生产和煤矿建设，可实现安全生产。"条条规程血染成"，如果违背《规程》规定进行煤炭生产活动，就不可避免发生灾害事故。

(3)《规程》适用的时间效力。即《规程》从什么时候开始发生效力和什么时候失效。关于本次修订后《规程》的时间效力，应急管理部令第 8 号对修订后《规程》的生效时间做了规定，即 2022 年 4 月 1 日。

**第三条** 煤炭生产实行安全生产许可证制度。未取得安全生产许可证的，不得从事煤炭生产活动。

**【解读】** 本条是关于煤炭生产实行安全生产许可证制度的规定。

为了严格规范生产单位的安全生产条件，进一步加强安全生产监督管理，防止和减少生产安全事故，国务院根据《安全生产法》的有关规定，制定了《安全生产许可证条例》（国务院令第 397 号），对矿山企业实行安全生产许可证制度，矿山企业未取得安全生产许可证的，不得从事生产活动。根据《安全生产许可证条例》，原国家安全生产监督管理总局制定了《煤矿企业安全生产许可证实施办法》，在煤炭行业实行了安全生产许可证制度，严格规范了煤矿企业安全生产条件。煤矿企业进行生产前，应当依照《安全生产许可证条例》和《煤矿企业安全生产许可证实施办法》的要求提交有关资料，向安全生产许可证颁发管理机关申请领取安全生产许可证后，方能进行生产活动。煤矿企业取得安全生产许可证后，不得降低安全生产条件和安全生产管理水平，要自觉接受安全生产许可证颁发管理机关的监督检查。

**第四条** 从事煤炭生产与煤矿建设的企业（以下统称煤矿企业）必须遵守国家有关安全生产的法律、法规、规章、规程、标准和技术规范。

煤矿企业必须加强安全生产管理，建立健全各级负责人、各部门、各岗位安全生产与职业病危害防治责任制。

煤矿企业必须建立健全安全生产与职业病危害防治目标管理、投入、奖惩、技术措施审批、培训、办公会议制度，安全检查制度，安全风险分级管控工作制度，事故隐患排查、治理、报告制度，事故报告与责任追究制度等。

煤矿企业必须制定重要设备材料的查验制度，做好检查验收和记录，防爆、阻燃抗静电、保护等安全性能不合格的不得入井使用。

煤矿企业必须建立各种设备、设施检查维修制度，定期进行检查维修，并做好记录。

煤矿必须制定本单位的作业规程和操作规程。

**【解读】** 本条是关于煤矿企业必须遵守国家有关安全生产法律法规、标准规范，建立健全安全生产与职业病危害防治责任制及安全管理制度体系，加强重要设备材料检查验收等的规定。

1. 严格执行国家安全生产法律法规、标准规范的规定

习近平总书记指出："必须强化依法治理，用法治思维和法治手段解决安全生产问题"。2021版《安全生产法》第四条规定，生产经营单位必须遵守《安全生产法》和其他有关安全生产的法律、法规。依法治安、依法管矿，促进安全生产迈入有法可依、有章可循的法制化管理轨道，是新时代中国特色社会主义建设的本质要求。

煤矿企业在煤炭生产、建设过程中要贯彻落实《安全生产法》等法律法规，实现安全生产，应做好以下5个方面的工作：

（1）坚持以人为本，坚持人民至上、生命至上，把保护人民生命安全摆在首位。树牢安全发展的理念，综合运用法律、行政、经济等手段，推动煤矿安全生产工作规范、有序、高效开展。

（2）坚持安全第一、预防为主、综合治理的安全生产方针。这一方针是开展安全生产工作总的指导方针，是长期实践的经验总结。安全第一，就是在处理保证安全与实现生产经营活动的其他各项目标的关系上，要始终把安全放在首要位置，实行"安全优先"的原则，当安全工作与其他活动发生冲突或者矛盾时，其他活动要服从安全工作。所谓预防为主，就是要把预防灾害事故的发生放在安全生产工作的首位，谋事在先、尊重科学、探索规律，采取有效的事前控制措施，千方百计预防事故的发生。综合治理，就是要综合运用法律、经济、行政等手段，建立安全生产长效机制，形成标本兼治、齐抓共管的格局。

（3）建立健全安全管理机构，配备足够的专业安全技术人员和管理人员。根据《安全生产法》的规定，《规程》及《防治煤与瓦斯突出细则》《防治煤矿冲击地压细则》《煤矿防治水细则》《煤矿防灭火细则》等对煤矿安全管理机构及人员配备做了细化规定，应严格执行这些规定要求，为煤矿安全生产工作提供强有力的组织保障。

（4）建立健全全员安全生产责任制和各项规章制度。用规章制度落实责任，用规章制度进行管理，用规章制度规范行为。《规程》规定的安全生产与职业病危害防治各项制度都是落实安全生产责任、强化安全管理、保障安全生产的根本措施，应建立健全这些制度，并在实际工作中认真贯彻落实。

（5）依法规范煤炭生产和煤矿建设活动。煤矿采掘部署、设备使用、灾害治理、作业程序不能有任何违章违规的行为；运用法律法规、技术标准创新管

理，优化生产条件等，推进安全生产标准化建设。

2. 安全生产责任制

《安全生产法》第三条规定：安全生产工作实行管行业必须管安全、管业务必须管安全、管生产经营必须管安全，强化和落实生产经营单位主体责任与政府监管责任。第四条规定：生产经营单位必须建立健全全员安全生产责任制和安全生产规章制度。

为了贯彻落实上述规定，本条要求煤矿企业必须建立健全各级负责人、各部门、各岗位安全生产与职业病危害防治责任制，并在生产经营活动中切实落实相关责任。

3. 安全生产规章制度

安全生产规章制度是指引和约束人们在安全生产方面行为的制度，是安全生产的行为准则，生产经营单位内部的“法律”。其作用是明确各岗位安全职责，规范安全生产行为、建立和维护安全生产秩序。安全生产规章制度包括全员安全生产责任制、安全操作规程和基本的安全生产管理制度。

安全生产规章制度的建立与健全是安全生产管理工作的重要内容。因此，本条强调煤矿企业必须建立健全安全生产规章制度，基本制度包括：安全生产与职业病危害防治目标管理、投入、奖惩、技术措施审批、培训、办公会议制度，安全检查制度，安全风险分级管控工作制度，事故隐患排查、治理、报告制度，事故报告与责任追究制度等。

4. 重要设备材料查验制度

本款规定是本次《规程》修订的新增内容，要求煤矿企业必须制定重要设备材料入矿入井的检查验收、检测制度，做好检查验收、检测记录，防爆、阻燃抗静电、保护等安全性能不合格的不得入井使用，以防止假冒伪劣、以次充好、不满足国家或者行业标准及煤矿安全要求的设备材料进入煤矿，进一步保证进入煤矿井下和煤炭生产过程的设备材料符合国家或者行业标准的规定、满足煤矿安全生产要求，为本质安全化矿井建设奠定基础。

**【案例】**2020 年 9 月 27 日 0 时 20 分，重庆能投渝新能源有限公司松藻煤矿井下二号大倾角带式输送机运煤上山发生重大火灾事故，造成 16 人死亡、42 人受伤，直接经济损失 2501 万元。事故直接原因是二号大倾角运煤上山带式输送机下方煤矸堆积，起火点 −63.3 m 标高处回程托辊被卡死、磨穿形成破口，内部沉积粉煤；磨损严重的输送带与起火点回程托辊滑动摩擦产生高温和火星，点燃回程托辊破口内积存的粉煤；输送带阻燃性能不合格、巷道倾角大、上行通风，火势增强，引起输送带和煤混合燃烧；火灾烧毁设备，破坏通风设施，产生的有毒有害高温烟气快速蔓延至2324－1采煤工作面，造成重大人员伤亡。

煤矿重要设备材料查验制度在制定和实施过程中，应注意以下重要问题：

（1）提高重要设备材料入矿查验重要性的认识。设备安全是安全生产的基础，是创造本质安全化作业条件和作业环境的关键内容，而入矿入井前的查验是保证设备安全的重要前置性手段，在我国诚信体系尚待完善，以次充好、假冒伪劣现象仍屡禁不止的情况下具有重要意义。现代设备的安全管理应是贯彻设备的规划、选型、购置、入矿查验、安装试用、验收使用、维护、检测、维修、改造及报废全生命周期的管理，大致可分为设备的前期管理（设备的规划、选型、购置、查验、安装试用、验收）、使用中的管理（设备的使用、维护、检测、维修、改造）和设备的后期管理（设备的报废、封存、处置）。设备的前期管理意义重大，一是提高设备的投资效率，因为其在整个生命周期管理中投资比例最大；二是降低或者杜绝低水平引进和重复投资设备造成的资金浪费；三是确保设备的质量、安全性能和设备将来的生产效率；四是可为后续的管理、安全性能保障打好基础。

（2）重要设备材料的范畴原则上由煤矿企业确定，可以根据情况动态调整，但必须执行国家的现行规定。目前的主要规定有：防爆电气设备入井由电气防爆检查员签发的合格证。电气防爆检查员签发合格证前，必须对设备防爆性能逐台检查，对电气性能抽样检查，并核对相关标识、证件。单体液压支柱入井前必须逐根进行压力试验。提升机、带式输送机、主通风机、主水泵、空压机等大型设备应有试运转报告、由有资质的检测检验机构出具的检验合格报告和验收合格文件。安全监控系统、瓦斯抽放系统、防火灌浆系统、束管监测系统、固定式注氮系统等应有专门设计，并有按设计组织进行的验收合格的文件。安全监控设备在使用前和大修后，必须按产品使用说明书的要求测试、调试合格，并在地面试运行24～48 h方能下井。煤矿新购入的输送带、电缆、风筒布，应当抽样进行阻燃抗静电性能检测，检测工作应当由具备检测能力的机构承担。反应型高分子材料的使用应遵循《煤矿井下反应型高分子材料安全管理办法（试行）》的规定。应该指出，入矿入井查验不仅应包括新购置的重要设备材料，还应将经维修、大修、技术改造后的设备纳入查验范围。

（3）检查验收、检测的内容由煤炭企业自主确定，以安全性能为重点。应检查设备的产品合格证、安全标志证书及附件，使用说明书、受控主要零（元）部件明细表等文件资料所载信息的正确性和一致性；检查设备铭牌及标志（安全标志及防爆标志），安全标志应在有效期内，“MA”标识和防爆标识应清晰完整，铭牌上所载信息应与安全标志证书上所载信息一致，包括产品名称、型号规格、生产厂家、安全标志编号等；应核对设备的主要零（元）部件，主要零（元）部件的名称、型号规格、安全标志或其他强制性安全认证编号等，应与安全标志审核备案的产品主要零（元）部件明细表中所载明的信息一致。需要通过检测查验设备性能指标或者参数时，检测具备监督抽检的性质，查验项目以能评判设备的安全性能和质量为依据，检测可能对设备造成损伤的项目以及产品标准中仅列为型式检验的项目原则上不应纳入检测范围，设备的防爆性能、安全保护性能，材料的阻燃抗静电性能，反应型高分子材料的最高反应温度等应是检测的重点，检测不合格的不得下井使用。

（4）需通过检测实施查验时，检测的实施可由煤矿自主进行，也可委托具备资质或者能力的第三方机构实施，国家规定必须由第三方机构进行的安全检测检验应从其规定。可参照执行相关标准规范的规定，如《煤矿在用主通风机系统安全检测检验规范》（AQ 1011）、《煤矿在用主排水系统安全检测检验规范》（AQ 1012）、《煤矿在用空气压缩机安全检测检验规范》（AQ 1013）、《煤矿在用摩擦式提升机系统安全检测检验规范》（AQ 1014）、《煤矿在用缠绕式提升机系统安全检测检验规范》（AQ 1015）、《煤矿在用提升绞车系统安全检测检验规范》（AQ 1016）、《煤矿用防爆柴油机无轨胶轮车安全使用规范》（AQ 1064）等。

（5）验收检查应做好记录并存档，并可追溯。经查验及一致性检查合格的防爆电气设备，应张贴防爆合格标记。

5. 设备设施检查维修制度

煤矿生产系统复杂，设备、设施较多，每套设施、设备的工作情况都直接关系到安全生产，因此本条特别规定，煤矿企业必须建立各种设备、设施检查维修制度，定期进行检查维修，并做好记录。

6. 三大规程

《规程》、操作规程、作业规程是煤矿安全生产的三大规程，具有重要地位。《规程》是国家的部门规章，由应急管理部、国家矿山安全监察局制定；操作规程是煤矿企业根据本企业的实际情况制定的企业各工种的操作规范；作业规程是煤矿企业在生产过程中根据每一单位工程的具体情况制定的作业程序和作业方法。操作规程、作业规程必须符合有关法律、法规、标准、技术规范，符合企业自身的实际情况，必须具备可操作性。为不断提高企业自身的管理水平，保持先进性，企业制定的操作规程、作业规程的规定要求可高于《规程》。

与2016版《规程》相比，本次修订做了如下修改：

1. 增加了安全风险分级管控工作制度要求

增加的目的是贯彻《安全生产法》第四条“构建安全风险分级管控和隐患排查治理双重预防机制”、第四十一条“生产经营单位应当建立安全风险分级管控制度，按照安全风险分级采取相应的管控措施”等的规定，落实党中央、国务院有关工作要求，坚持把安全风险管控挺在隐患前面，把隐患排查治理挺在事故前面，实现生产经营单位安全风险自辨自控、隐患自查自治，形成政府领导有力、部门监管有效、企业责任落实、社会参与有序的工作格局。

安全风险分级管控工作制度与事故隐患排查、治理、报告制度有机结合，构建安全风险双重预防机制是安全生产工作的重要创新，实际工作中应注意以下要求：

（1）坚持关口前移，加强安全风险分级防控。应超前辨识预判岗位、环境、区域中的安全风险，对辨识出的安全风险进行分类梳理，采取相应的风险评估方法确定安全风险等级，通过实施制度、技术、工程、管理等措施，有效管控各类安全风险。安全风险分级防控以提前辨识分析、制定并落实相应的安全防范措施为主，体现源头治理和超前防范。在实施中并不需要全员参与，而是要求有一定经验、训练有素的专业技术人员进行客观公正地辨识、分析和评价，但需让相关方知晓。根据《国务院安委会办公室关于实施遏制重特大事故工作指南构建双重预防机制的意见》，安全风险分级管控制度应满足以下要求：一是要全面开展安全风险辨识。要针对本企业类型和特点，制定科学的安全风险辨识程序和方法，全面开展安全风险辨识。二是要科学评定安全风险等级。要对辨识出的安全风险进行分类梳理，综合考虑起因物、引起事故的诱导性原因、致害物、伤害方式等，确定安全风险类别。三是要有效管控安全风险。要根据风险评估的结果，针对安全风险特点，从组织、制度、技术、应急等方面对安全风险进行有效管控。四是要实施安全风险公告警示。要建立完善的安全风险公告制度，并加强风险教育和技能培训，确保管理层和每名员工都掌握安全风险的基本情况及防范、应急措施等等。根据《煤矿安全生产标准化管理体系考核定级办法》等的规定，煤矿安全风险辨识评估主要分为年度辨识评估和专项辨识评估。每年由矿长组织开展年度安全风险辨识，重点是容易导致群死群伤事故的危险因素。在下列情况下应开展专项安全风险辨识评估：新水平、新采（盘）区、新工作面设计前；生产系统、生产工艺、主要设施设备、重大灾害因素等发生重大变化时；启封密闭、排放瓦斯、反风演习、工作面通过空巷（采空区）、更换大型设备、采煤工作面初采和收尾、安装回撤、掘进工作面贯通前；突出矿井过构造带及石门揭煤等高危作业实施前；露天煤矿抛掷爆破前；新技术、新工艺、新设备、新材料试验或推广应用前；连续停工停产 1 个月以上的煤矿复工复产前；本矿发生死亡事故或涉险事故、出现重大事故隐患，全国煤矿发生重特大事故，或者所在省份、所属集团煤矿发生较大事故后。应建立安全风险辨识评估结果应用机制，将安全风险辨识评估结果应用于指导生产计划、作业规程、操作规程、灾害预防和处理计划、应急救援预案以及安全技术措施等技术文件的编制和完善。

（2）强化隐患排查治理，加强过程管控。隐患排查治理是采用检查与分析的方法排查事故隐患的过程，目的是掌握安全风险的受控情况及安全生产中存在的薄弱环节，以防范重特大事故。其重点是必须及时排查、限期整改隐患直到隐患消除、验收合格、销号为止，体现过程管控。为了保证隐患排查治理的有效性，必须坚持全员参与，分级治理、分级督办、分级验收，闭合循环管理三项原则；必须建立健全事故隐患排查治理责任体系和工作制度，明确事故隐患排查治理工作职责；对排查出的事故隐患进行分级，按事故隐患等级进行登记、治理、验收、销号，并按照《安全生产法》第四十一条的规定及时通报和报告。

（3）强化事后处置，及时、科学、有效应对各类重特大事故，最大限度减少事故伤亡人数、降低损害程度。

2. 增加了重要设备材料查验制度要求

要求煤矿企业必须制定重要设备材料入矿入井的检查验收、检测制度，做好检查验收、检测记录，防爆、阻燃抗静电、保护等安全性能不合格的不得入井使用。增加本项制度的理由，主要有以下方面：

（1）入矿查验是保证设备设施、重要材料安全的重要前置性手段，安全生产源头治理的重要措施。例如，《建设工程安全生产管理条例》第 34 条规定：施工单位采购、租赁的安全防护用具、机械设备、施工机具及配件，应当具有生产（制造）许可证、产品合格证，并在进入施工现场前进行查验。《建设工程质量管理条例》第 29 条规定：施工单位必须按照工程设计要求、施工技术标准和合同约定，对建筑材料、建筑构配件、设备和商品混凝土进行检验，检验应当有书面记录和专人签字；未经检验或者检验不合格的，不得使用。2021 版《安全生产法》第三十六条规定：生产经营单位必须对安全设备进行经常性维护、保养，并定期检测，保证正常运转。维护、保养、检测应当作好记录，并由有关人员签字。我国诸多大型企业建立了自身的检测机构，主要从事新购置的机电设备、重要材料的入矿、入井前的监督检查、安全性能检测和在用设备的检验，为保证矿用设备材料的质量和安全性能发挥着十分重要的作用。

（2）2016 版《规程》虽未明确要求企业建立重要设备材料的入矿、入井检测制度，但对诸多重要设备材料提出了入井使用前检测要求，并在实际工作中发挥着基础保障作用。明确提出建立相关制度要求，有利于进一步保证设备材料的质量和安全性能。《规程》的相关规定主要有：

井架上的销轴使用前应当进行无损探伤检测（第六十五条）。单体液压支柱入井前必须逐根进行压力试验；检修好的支柱，必须进行压力试验，合格后方可使用（第一百条）。

钢丝绳到货后，应当进行性能检验；存放时间超过 1 年的钢丝绳，在悬挂前必须再进行性能检测，合格后方可使用（第四百一十条）。

防爆电气设备到矿验收时，应当检查产品合格证、煤矿矿用产品安全标志，并核查与安全标志审核的一致性。入井前，应当进行防爆检查，签发合格证后方准入井（第四百四十八条）。

（3）与其他标准、规范、规定的相关规定相协调。《煤矿重大事故隐患判定标准》第十八条将“带式输送机的输送带入井前未经过第三方阻燃和抗静电性能试验，或者试验不合格入井”纳入重大事故隐患。《煤矿安全监控系统及检测仪器使用管理规范》（AQ 1029—2019）8.3.2 规定：安全监控设备在使用前和大修后，必须按产品使用说明书的要求测试、调试合格，并在地面试运行 24～48 h 方能下井。《煤矿防灭火细则》第四十七条规定：煤矿新购入的输送带、电缆、风筒布，应当抽样进行阻燃抗静电性能检测，检测工作应当由具备检测能力的机构承担。《煤矿井下反应型高分子材料安全管理办法（试行）》：入库前应进行抽样检验，按照有关标准规定的检验方法和评判准则，对产品的最高反应温度、阻燃性能等技术参数进行检测，不合格的严禁入库，检测结果应记录存档（第三条）；对存储期超过 2 个月的高分子材料，每批次入井使用前应由矿总工程师组织相关部门，按照产品使用说明书的要求进行最高反应温度、阻燃性能等安全性能的试验，试验不合格的严禁入井使用，测试结果应记录存档（第九条）。《煤矿安全生产标准化管理体系基本要求及评分方法（试行）》对设备材料的检测检验也有诸多要求。

（4）充分吸取灾害事故教训。

**第五条** 煤矿企业必须设置专门机构负责煤矿安全生产与职业病危害防治管理工作，配备满足工作需要的人员及装备。

**【解读】** 本条是关于煤矿企业必须设置安全生产专门管理机构的规定。

本条规定是依据《安全生产法》第二十四条规定："矿山、金属冶炼、建筑施工、运输单位和危险物品的生产、经营、储存、装卸单位，应当设置安全生产管理机构或者配备专职安全生产管理人员"。

由于煤炭生产是安全风险较高的活动，安全工作涉及面广、专业性强，安全管理难度较大，为了有效做好安全生产管理工作，煤矿应当设置安全生产管理机构，配备专职安全生产管理人员。"安全生产专门管理机构"是指煤矿企业内部设置的负责煤矿安全生产与职业病危害防治管理事务的独立的机构或部门，主要负责落实国家有关安全生产的法律、法规和煤炭行业强制性标准，组织制定企业安全技术与职业病危害防治发展规划和安全技术措施计划，编制年度灾害预防和处理计划，监督安全生产措施的落实，组织安全生产检查活动，排查整改事故隐患，参与或主持事故调查等。

安全生产专门管理机构工作范围广，涉及专业多，必须配备满足工作需要的人员，其专门负责安全生产管理，不再兼任其他工作。安全管理人员应具有煤矿安全生产专业知识，熟悉有关安全生产法律法规，能从事和组织各种安全活动。

为了更好地完成安全生产与职业病危害防治管理工作，安全生产专门管理机构必须配备满足工作需要的装备。

**第六条** 煤矿建设项目的安全设施和职业病危害防护设施，必须与主体工程同时设计、同时施工、同时投入使用。

**【解读】** 本条是关于煤矿建设项目安全设施和职业病危害防护设施必须执行"三同时"的规定。

本条是根据《安全生产法》第三十一条、《矿山安全法》第七条、《职业病防治法》第十八条制定的。

为了保证煤矿建设项目"三同时"，《煤矿安全监察条例》规定："煤矿建设工程设计必须符合煤矿安全规程和行业技术规范的要求。煤矿建设工程安全设施设计必须经煤矿安全监察机构审查同意；未经审查同意的，不得施工。煤矿建设工程竣工后或者投产前，应当经煤矿安全监察机构对其安全设施和条件进行验收；未经验收或者验收不合格的，不得投入生产。"近年来，在各级政府的严格管理下，通过各级煤矿安全监察机构认真执法监察；我国煤矿在执行“三同时”方面做出贡献，建设项目安全设施和职业病危害防护设施基本按照规定程序进行规范管理和监察，原国家安全生产监督管理总局、国家煤矿安全监察局制订了《煤矿建设项目安全监察规定》《煤矿建设项目安全核准基本要求》《煤矿建设项目安全设施设计审查和竣工验收规范》《煤矿建设项目安全设施竣工验收监督核查暂行办法》，实现了建设项目安全设施和职业病危害防护设施与主体工程同时设计、同时施工、同时投入生产和使用，从而保证了新建煤矿安全投入，为新建煤矿提供了保证安全生产的基础条件。

煤矿建设项目包括新建、改建、扩建工程项目。新建工程项目是指从基础开始建造的建设项目，按照国家规定，也包括原有基础很小，经扩大建设规模后，其新增固定资产价值超过原有固定资产价值一定倍数，并需要重新进行总体设计的建设项目。改建工程项目是指不增加建筑物或建设项目体量，在原有基础上为提高生产效率，改进产品质量，改变产品方向，或改善建筑物使用功能、改变使用目的，对原有工程进行改造的建设项目。生产经营单位为了平衡生产能力，增加一些附属、辅助车间或非生产性工程，也属于改建项目。在改建的同时，扩大生产能力或增加新效益的项目，一般称为改扩建项目。在各类建设项目中均必须执行“三同时”规定。

建设项目安全设施和职业病危害防护设施，是指生产经营单位在生产经营活动中用于预防生产安全事故、防治职业病危害的设备、设施、装置、构（建）筑物和其他技术措施的总称。

新建、改建、扩建工程项目的安全设施和职业病危害防护设施落实“三同时”原则，应当符合以下要求：

（1）建设项目的设计单位在编制建设项目投资计划文件时，应同时按照有关法律、法规、国家标准或者行业标准以及设计规范，编制安全设施和职业病危害防护设施的设计文件。安全设施和职业病危害防护设施的设计不得随意降低设施的标准。

（2）建设单位在编制建设项目投资计划和财务计划时，应将安全设施和职业病危害防护设施所需投资一并纳入计划，同时编报。

（3）对于按照有关规定项目设计需报经主管部门批准的建设项目，在报批时，应当同时报送安全设施、职业病危害防护设施设计文件。按照规定，安全设施设计需报主管的负有安全生产监督管理职责的部门审批的，应报主管的负有安全生产监督管理职责的部门批准。

（4）建设单位应当要求具体从事建设项目施工的单位严格按照安全设施和职业病危害防护设施的施工图纸和设计要求施工。安全设施、职业病危害防护设施与主体工程应同时进行施工，安全设施和职业病危害防护设施的施工不得偷工减料，降低建设质量。

（5）在生产设备调试阶段，应同时对安全设施和职业病危害防护设施进行调试和考核，并对其效果进行评价。

（6）建设项目验收时，应同时对安全设施和职业病危害防护设施进行验收。

（7）安全设施和职业病危害防护设施应当与主体工程同时投入生产和使用，不得只将主体工程投入使用，而将安全设施和职业病危害防护设施摆样子，不予使用。

**第七条** 对作业场所和工作岗位存在的危险有害因素及防范措施、事故应急措施、职业病危害及其后果、职业病危害防护措施等，煤矿企业应当履行告知义务，从业人员有权了解并提出建议。

**【解读】**本条是关于煤矿企业履行安全生产告知义务、从业人员有权了解和提出建议的规定。

《安全生产法》第四十四条规定：生产经营单位应当向从业人员如实告知作业场所和工作岗位存在的危险因素、防范措施以及事故应急措施。第五十三条规定：生产经营单位从业人员有权了解其作业场所和工作岗位存在的危险因素、防范措施及事故应急措施，有权对本单位的安全生产工作提出建议。第五十四条规定：从业人员有权对本单位安全生产工作中存在的问题提出批评、检举、控告。据此，《规程》做出本条规定。

知情权是一种基本人权，属于生存权和发展权的一部分。向从业人员告知作业场所和工作岗位的危险因素、防范措施以及事故应急措施，是保障从业人员知情权的重要内容。因此本条把这一告知义务规定为煤矿企业强制性的法定义务，煤矿企业必须遵守。

履行义务、维护权利、提出建议三者是互相关联、相辅相成的共同体。落实本条规定，煤矿企业应当履行如实告知义务，将实际情况告知从业人员，不得隐瞒，不得省略，更不能欺骗从业人员，应当把企业的安全发展规划、安全技术措施计划定期告知从业人员；把作业场所顶板、瓦斯、水害等危险因素情况及防范措施，以及重大危险源控制情况及时告知从业人员；把企业存在的主要职业病危害及防治措施，例如粉尘、热害、噪声等及时告知从业人员。煤矿发生事故不但对发生事故地点造成危害，还可能波及其他作业地点，甚至危及全矿井，因此，煤矿还应把事故应急预案告知全体从业人员。告知方式可采取电视、广播、网络，也可采取会议、公告等。

从业人员是煤矿的主人，肩负着管理安全生产的重任，了解企业安全生产情况是应有的权利，提出安全生产建议是应有的责任。因此，从业人员要认真学习、理解告知内容，抱着对企业负责、对安全负责、对自身负责的态度提出建议。

**第八条** 煤矿安全生产与职业病危害防治工作必须实行群众监督。煤矿企业必须支持群众组织的监督活动，发挥群众的监督作用。

从业人员有权制止违章作业，拒绝违章指挥；当工作地点出现险情时，有权立即停止作业，撤离至安全地点；当险情没有得到处理不能保证人身安全时，有权拒绝作业。

从业人员必须遵守煤矿安全生产规章制度、作业规程和操作规程，严禁违章指挥、违章作业。

**【解读】**本条是关于煤矿安全生产与职业病危害防治工作必须实行群众监督，从业人员必须遵守安全生产规章制度的规定。

1. 安全生产与职业病危害防治工作群众监督

《安全生产法》第六十条规定：“工会对生产经营单位违反安全生产法律、法规，侵犯从业人员合法权益的行为，有权要求纠正；发现生产经营单位违章指挥、强令冒险作业或者发现事故隐患时，有权提出解决的建议，生产经营单位应当及时研究答复；发现危及从业人员生命安全的情况时，有权向生产经营单位建议组织从业人员撤离危险场所，生产经营单位必须立即作出处理。”

维护职工的合法权益，充分发挥工会在安全生产工作中的监督作用，既是《安全生产法》所规定的，也是建立安全生产群防群治制度的客观需要。

2. 紧急撤离权

《安全生产法》第五十五条规定：“从业人员发现直接危及人身安全的紧急情况时，有权停止作业或者在采取可能的应急措施后撤离作业场所。”这是在法律所限定的特定情况下，法律赋予从业人员采取特定措施的权利，简称紧急撤离权，目的是保护从业人员的人身安全，体现以人为本的安全理念。

煤矿生产条件特殊，工作环境复杂、危险有害因素众多、应急处置困难，一旦工作地点出现险情，极有可能造成人员伤亡。赋予从业人员在发生险情情况下紧急撤离的权利是必须的且十分重要。同时，应加强从业人员的安全教育培训，使其掌握灾害事故预兆、应急处置措施、避灾落线，了解灾害事故应急预案，最大限度保证从业人员的生命安全和健康。

3. “三违”

“违章作业、违章指挥、违反劳动纪律”的“三违”行为是煤矿安全生产的大敌，煤矿发生的事故绝大多数由“三违”造成。

违章作业是指违反规章制度、不服从管理、冒着危险进行作业的行为。遵章守纪、服从管理是从业人员的法定义务。《安全生产法》第五十七条规定：“从业人员在作业过程中，应当严格落实岗位安全责任，遵守本单位的安全生产规章制度和操作规程，服从管理，正确佩戴和使用劳动防护用品。”《劳动法》也要求，劳动者在劳动过程中必须严格遵守安全操作规程。安全生产规章制度是保证劳动者的安全和健康、保证生产活动顺利进行的手段，每名从业人员在作业过程中应当遵守本单位的安全生产规章制度和操作规程，服从管理，杜绝违章作业，这样才能保证生产经营活动安全、有序地进行。

违章指挥是指管理人员违反国家关于安全生产的法律、法规和有关安全规程、规章制度的规定，违背客观规律，进行指挥生产活动的行为。违章指挥侵犯了从业人员的合法权益，是严重的违法行为。《安全生产法》第五十四条规定：从业人员有权拒绝违章指挥和强令冒险作业。我国劳动法也规定，劳动者对用人单位管理人员违章指挥、强令冒险作业，有权拒绝执行。

违反劳动纪律，是指违反劳动生产过程中，为维护集体利益并保证工作的正常进行而制定的、要求每个从业人员遵守的规章制度的行为。在生产作业场所，从业人员在共同劳动过程中，需要将各项工作有机、有秩序地协调起来，越是现代化的生产，这种严密的协调作用就越明显。这就需要从业人员自觉维护和遵守劳动纪律，只有这样，才能保证正常的生产秩序和工作秩序。如果从业人员存在个人主义、自由散漫、无视规章制度的约束，不但会破坏正常的生产工作秩序，还会造成严重的人身设备事故。

**第九条** 煤矿企业必须对从业人员进行安全教育和培训。培训不合格的，不得上岗作业。

主要负责人和安全生产管理人员必须具备煤矿安全生产知识和管理能力，并经考核合格。特种作业人员必须按国家有关规定培训合格，取得资格证书，方可上岗作业。

矿长必须具备安全专业知识，具有组织、领导安全生产和处理煤矿事故的能力。

**【解读】** 本条是关于对煤矿企业从业人员进行安全培训教育和主要负责人、安全生产管理人员和矿长任职资格的规定。

1. 安全教育和培训

安全生产教育和培训是安全生产管理工作的一个重要组成部分，是实现安全生产的一项重要基础性工作。加强对从业人员的安全生产教育和培训，对防范化解安全生产风险，切实防止灾害事故的发生具有十分重要的作用。《安全生产法》第二十八条规定："生产经营单位应当对从业人员进行安全生产教育和培训，保证从业人员具备必要的安全生产知识，熟悉有关的安全生产规章制度和安全操作规程，掌握本岗位的安全操作技能，了解事故应急处理措施，知悉自身在安全生产方面的权利和义务。未经安全生产教育和培训合格的从业人员，不得上岗作业。"

煤炭生产作业现场存在顶板、瓦斯、水、火、粉尘等多种致灾因素，要求作业人员必须具备预防、处理灾害事故的知识和能力。煤炭生产工艺复杂、作业环境变化大，要求作业人员必须具有较高的技术素质和技能。煤炭行业是高危行业，要求从业人员必须了解国家有关法律、法规、技术标准。煤矿企业加强对从业人员进行岗前安全培训、在岗培训具有重大的意义：一是提高从业人员的安全生产意识，提高搞好安全生产的自觉性、积极性和创造性，使从业人员自觉地贯彻执行"安全第一、预防为主、综合治理"的安全生产方针和安全生产法律、法规，遵守安全生产规章制度；二是增加从业人员对煤矿危险有害因素的了解，提高安全管理能力和操作技术，增强事故预防及应急处理能力。

安全培训不但是加强企业安全管理的需求，也是从业人员安全自保的需求，是实现安全生产的一项重要基础工作。煤矿企业应当按照本单位安全生产教育和培训计划的总体要求，结合各个工作岗位的特点，科学、合理安排教育和培训工作，采取多种形式开展安全教育和培训。教育培训的基本内容应包括以下方面：安全生产的方针、政策、法律、法规以及安全生产规章制度的教育和培训；安全操作技能的教育和培训，实行入矿上岗教育、在岗教育和现场教育；安全技术知识教育和培训，包括一般性安全技术知识，如生产过程和生产环境中的危险有害因素及规律、预防灾害事故的基本知识、个人防护用品的佩戴使用、事故报告程序等，以及专业性的安全技术知识，如防火、防爆、防毒等知识；发现灾害事故预兆时的应急处置和避险措施，发生灾害事故时的应急处理措施和预案，以及相关的安全防护知识；从业人员在生产过程中的相关权利、责任和义务；特殊作业岗位的安全生产知识和操作要求等。

因为安全培训是保障安全生产的重要工作，所以本条还规定，对培训人员要进行严格考核，不合格的不得上岗作业。为此，煤矿企业还应加强对安全生产教育和培训的档案管理。教育和培训档案不仅是从业人员安全生产教育和培训的记录轨迹、了解从业人员是否掌握足够安全生产知识、具备相关安全生产能力的重要参考，也是灾害事故发生后追究相关人员责任的重要依据。档案的内容应当详细记录每位从业人员参加安全生产教育培训的时间、内容、考核结果以及复训情况等。

2. 主要负责人和安全管理人员能力要求

主要负责人和安全生产管理人员的安全生产知识与管理能力，直接影响本单位的风险防控能力。《安全生产法》第二十七条规定："生产经营单位的主要负责人和安全生产管理人员必须具备与本单位所从事的生产经营活动相应的安全生产知识和管理能力。"

主要负责人对本单位的安全生产工作负责，组织、领导本单位的安全生产管理工作，并承担保证安全生产的责任。这就要求主要负责人必须具备与本单位所从事的生产经营活动相应的安全生产知识，同时具有领导安全生产工作和处理生产安全事故的能力。近年发生的灾害事故表明，主要负责人缺乏基本的安全生产知识，安全生产管理和组织能力不强，指挥不当、调度不及时、措施不得力，是导致灾害事故发生的重要原因之一。一般来说，主要负责人应当具备下列条件：熟悉和了解并能认真贯彻国家有关安全生产的法律、法规、规章、方针政策，以及与本单位有关的规章制度与安全标准；掌握安全分析、决策及灾害事故防治知识，具有审查安全规划、计划、作业规程、安全技术措施的能力；具有一定文化程度，受过专门安全技术培训，熟悉和掌握本单位主要灾害特点及防治关键技术；具有一定组织管理能力，能较好地组织开展安全生产工作。

安全生产管理人员是本单位直接、具体承担日常安全生产管理工作的人员，其安全素质和能力的高低直接影响本单位安全生产工作的好坏。一般来讲，安全生产管理人员的安全生产知识要求高于主要负责人，并要有相应的现场安全管理能力，应当具备下列条件：熟悉并能认真贯彻国家有关安全生产的法律、法规、规章和方针政策，以及与本单位有关的安全生产规章制度、操作规程、作业规程及相关的安全标准；掌握安全分析、安全决策及灾害事故防治知识，具有审查安全规划、计划、规程、安全技术措施的能力；具有一定文化程度，受过专业安全技术培训，掌握对本单位主要灾害特点及防治关键技术；具有一定组织管理能力和较好的现场管理能力。

煤矿安全生产是复杂的系统工程，致灾因素多，安全风险管控难度大，只有主要负责人和安全生产管理人员具备很强的安全意识、应变能力和综合协调能力，技术知识全面，方能科学部署、指挥煤矿安全生产，组织制定安全生产规划、计划、措施，处理灾害事故应急救援。所以，本条规定煤矿企业主要负责人和安全生产管理人员必须具备煤矿安全生产知识和管理能力，并取得安全资格证书。

3. 矿长能力要求

矿长是煤矿的主要负责人，负责全矿安全生产、经营活动，必须具备安全生产专业知识，具有领导安全生产和处理煤矿事故的能力。《矿山安全法》第二十七条规定："矿长必须经过考核，具备安全专业知识，具有领导安全生产和处理矿山事故的能力。"

矿长一般应具备矿业工程相关专业大专以上学历，较丰富的矿山技术、管理方面工作的经验，熟悉煤矿的开采工艺、管理流程、安全设施及安全生产管理、安全避险与应急救援管理，精通现场施工管理和应急处置，有较强的经营管理和组织协调能力；身体素质好，工作认真负责。目前我国仍有一些煤矿的矿长由法律意识淡薄、不懂煤矿安全生产知识的人员担任，他们不但不能合理、有效地指挥安全生产，一旦发生事故也不能有效组织救援，严重制约煤矿安全生产管理水平的提升。所以本条规定，矿长必须具备安全专业知识，具有组织、领导安全生产和处理煤矿事故的能力。

4. 特种作业人员要求

特种作业人员所从事的工作，在安全程度上与单位内的其他工作有较大差别。特种作业人员在工作中接触的危险因素较多，危险性较大，很容易发生灾害事故，发生事故不仅对作业人员本人，而且会对他人和周围设备、设施造成较大危害。对特种作业人员进行专门的培训教育，实行严格的管理，减少其失误，对防止和减少灾害事故具有重要意义。《安全生产法》第三十条规定："生产经营单位的特种作业人员必须按照国家有关规定经专门的安全作业培训，取得相应资格，方可上岗作业。"

特种作业，是指容易发生事故，对操作者本人、他人的安全健康及设备、设施的安全可能造成重大危害的作业。根据原国家安全生产监督管理总局颁布的《特种作业人员安全技术培训考核管理规定》，煤矿特种作业（煤矿安全作业）包括以下几类：

（1）煤矿井下电气作业。指从事煤矿井下机电设备的安装、调试、巡检、维修和故障处理，保证本班机电设备安全运行的作业，适用于与煤共生、伴生的坑探、矿井建设、开采过程中的井下电钳等作业。

（2）煤矿井下爆破作业。指在煤矿井下进行爆破的作业。

（3）煤矿安全监测监控作业。指从事煤矿井下安全监测监控系统的安装、调试、巡检、维修，保证其安全运行的作业，适用于与煤共生、伴生的坑探、矿井建设、开采过程中的安全监测监控作业。

（4）煤矿瓦斯检查作业。指从事煤矿井下瓦斯巡检工作，负责管辖范围内通风设施的完好及通风、瓦斯情况检查，按规定填写各种记录，及时处理或汇报发现的问题的作业，适用于与煤共生、伴生的矿井建设、开采过程中的煤矿井下瓦斯检查作业。

（5）煤矿安全检查作业。指从事煤矿安全监督检查，巡检生产作业场所的安全设施和安全生产状况，检查并督促处理相应事故隐患的作业。

（6）煤矿提升机操作作业。指操作煤矿的提升设备运送人员、矿石、矸石和物料，并负责巡检和运行记录的作业，适用于操作煤矿提升机，包括立井、暗立井提升机，斜井、暗斜井提升机以及露天矿山斜坡卷扬提升的提升机作业。

（7）煤矿采煤机（掘进机）操作作业。指在采煤工作面、掘进工作面操作采煤机、掘进机，从事落煤、装煤、掘进工作，负责采煤机、掘进机巡检和运行记录，保证采煤机、掘进机安全运行的作业，适用于煤矿开采、掘进过程中的采煤机、掘进机作业。

（8）煤矿瓦斯抽采作业。指从事煤矿井下瓦斯抽采钻孔施工、封孔、瓦斯流量测定及瓦斯抽采设备操作等，保证瓦斯抽采工作安全进行的作业，适用于煤矿、与煤共生和伴生的矿井建设、开采过程中的煤矿地面和井下瓦斯抽采作业。

（9）煤矿防突作业。指从事煤与瓦斯突出的预测预报、相关参数的收集与分析、防治突出措施的实施与检查、防突效果检验等，保证防突工作安全进行的作业，适用于煤矿、与煤共生和伴生的矿井建设、开采过程中的煤矿井下煤与瓦斯防突作业。

（10）煤矿探放水作业。指从事煤矿探放水的预测预报、相关参数的收集与分析、探放水措施的实施与检查、效果检验等，保证探放水工作安全进行的作业，适用于煤矿、与煤共生和伴生的矿井建设、开采过程中的煤矿井下探放水作业。

直接从事以上特种作业的从业人员，就是特种作业人员，都必须经过培训，取得资格证书，持证上岗。

特种作业人员的资格是安全准入类，属于行政许可范畴，由主管的负有安全生产监督管理职责的部门实施特种作业人员的考核发证工作。特种作业人员未按照规定经专门的安全作业培训并取得相应资格就上岗作业的，其所在单位将根据规定承担相应的法律责任。

**第十条** 煤矿使用的纳入安全标志管理的产品，必须取得煤矿矿用产品安全标志。未取得煤矿矿用产品安全标志的，不得使用。

试验涉及安全生产的新技术、新工艺必须经过论证并制定安全措施；新设备、新材料必须经过安全性能检验，取得产品工业性试验安全标志。

积极推广自动化、智能化开采，减少井下作业人数。

严禁使用国家明令禁止使用或者淘汰的危及生产安全和可能产生职业病危害的技术、工艺、材料和设备。

**【解读】**本条是关于煤矿使用的纳入安全标志管理的产品，试验涉及安全生产的新技术、新设备、新材料，严禁使用国家明令禁止使用或淘汰危及生产安全和可能产生职业病危害的技术、工艺、材料和设备的规定。

制定本条规定的目的是：防止假冒伪劣产品和不具备安全保障的技术、工艺、设备及材料，进入煤矿生产系统和生产过程，从源头上保证煤矿使用的产品，新技术、新工艺、新设备和新材料具备足够的安全性，以适应煤矿特殊作业条件和作业环境的需求，为煤矿安全生产创造基础条件。

1. 关于矿用产品安全标志管理的要求

煤矿井下是一种空间狭小、粉尘飞扬、昏暗潮湿、易燃易爆的恶劣运行环境；因煤矿巷道布置是“管网式”的，所以一旦发生灾害事故，极易引起其他灾害事故的耦合，从而扩大灾害波及范围，使得事故应急处置困难；有的设备处于移动状态，安装与保养条件不同于地面，因此对煤矿矿用产品实施安全标志管理，是煤矿特殊的作业条件和作业环境的必然要求。

我国自 1990 年开始对煤矿矿用产品实施安全标志管理。1992 年写入《规程》，在以后修订的各版本《规程》中均强调了相关要求。2002 年写入《安全生产法》，2014 年 8 月和 2021 年 6 月先后修订的《安全生产法》进一步明确了相关规定。《国务院办公厅关于进一步加强煤矿安全生产工作的意见》（国办发〔2013〕99 号）、相关国家和行业标准、原国家安全监管总局和国家煤矿安监局出台的有关文件规定等也有明确要求。实践证明，矿用产品安全标志管理制度是煤矿安全生产的基本制度，对从源头上防止不符合国家和行业标准及煤矿安全有关规定、不具备安全保障的产品进入煤矿井下，确保煤矿安全生产具有重要作用。

**【案例】**2005 年 2 月 14 日 15 时 01 分，某煤矿 -500 m 水平 3316 架子道内，距专用回风道 8 m 处的配电点处，发生了瓦斯爆炸事故，共造成 214 人死亡，30 人受伤，直接经济损失 4968.9 万元。事故主要原因：①冲击地压造成 3316 风道外段大量瓦斯异常涌出，瓦斯浓度达到爆炸界限；工人带电对 ZBZ -4.0M127V 型照明信号综合装置进行电气性能试验，产生电火花，引起瓦斯爆炸；②该设备防爆性能尚未检验，未能取得产品安全标志，铭牌标注的防爆合格证号在 CMExC 后无编号，安全标志 MA 编号 20034172 经网上查询为非该装置型号的产品所具有的。

由案例可见，采购、使用不符合国家相关标准，未取得相关合格证及产品安全标志的矿用产品容易导致事故的发生。

安全生产涉及煤矿生产的各个方面、各个环节，涉及的产品量大面广，对此存在诸多理解上的差异和不同，实际操作中也存在疏漏产品安全管理的现象。因此对煤矿使用的矿用产品实施安全标志管理，能够更好地指导煤矿企业加强对矿用装备的安全管控。为了防止假冒、伪劣、次残产品进入煤矿井下，煤矿企业应做好以下工作：

（1）高度重视技术装备保障在煤矿安全生产中的地位和作用，深刻认识矿用产品安全标志管理的重要意义，自觉、严格执行国家的有关规定和要求。

（2）煤矿企业应了解纳入安全标志管理的产品范围。目前，纳入安全标志管理的煤矿矿用产品主要包括：电气设备、照明设备、爆破器材、通信信号装置、钻孔机具及附件、提升运输设备、通风防尘装备、阻燃及抗静电产品、安全监测监控仪器与装备、采掘机械及配套设备等共 12 类、118 个小类。具体执行原国家煤矿安全监察局《关于公布执行安全标志管理的煤矿矿用产品目录（第一批）的通知》（煤安监技装字〔2001〕第 109 号）的规定。

（3）在设备设计选型、采购时，对纳入煤矿矿用产品安全标志管理的设备，必须选择、采购取得安全标志且安全标志在有效期内的产品。

（4）产品到矿后应进行验收，核查安全标志标识（MA）、证书，以及与产品铭牌、使用说明书所载信息的一致性；核对产品，尤其是系统类或装置类产品的主要零（元）部件与安全标志证书中备注信息的一致性，包括部件名称、型号规格、安全标志编号（或其他强制性认证编号）等，必要时查询矿用产品安全标志网站（www. aqbz. org），以保证所采购到的产品与安全标志实际认证产品的一致性，防止假冒伪劣、以次充好；保存好安全标志证书及相关技术文件。

2. 关于新技术、新工艺、新设备、新材料管理的要求

由于新技术、新工艺、新设备、新材料在试验中，其适用性、安全性受煤矿诸多恶劣环境因素的影响，对其技术限制和认识上的不足，存在很多不确定因素，盲目试验，容易造成事故。因此，本条对试验中新技术、新工艺、新设备、新材料提出要求，可以从源头上保证煤矿试用新技术、新工艺、新材料、新设备时的安全。

在实施过程中，应该注意以下问题：

（1）对于新技术、新工艺的管理。由于新技术、新工艺的不完善性和不确定性，为防止其造成隐患甚至事故，在试验之前煤矿企业或其委托的第三方机构必须对试验的新技术、新工艺组织论证，并在充分论证的基础上制定和实施安全措施，对参与试验的人员进行充分的教育和培训。安全措施应包括预防、监测、控制、管理等措施及应急预案。同时，在试验过程中还应不断分析、总结和改进。

（2）对于新设备、新材料的管理。煤矿企业应要求新设备、新材料研发单位，按照国家有关要求的要求，取得产品工业性试验安全标志。考虑到新产品安全标志审核发放过程中仅考核了安全性能，可能存在诸多不确定性及潜在的危险因素，在井下试验时，煤矿企业应与研发单位共同研究制定相关安全保障措施，向参与试验的人员告知相关安全风险，确保试验安全，避免发生事故。

3. 关于自动化、智能化开采

在未来相当长的一段时间内煤炭作为我国主体能源的地位很难动摇，但煤炭生产和利用环节的负效应，以及安全风险管控难度大、灾害事故发生率较高的问题仍较突出。只有充分依靠科技进步，将人工智能、工业物联网、云计算、大数据、机器人、智能装备等与现代煤炭开发利用深度融合，形成全面感知、实时互联、分析决策、自主学习、动态预测、协同控制的智能系统，实现煤矿开拓、采掘（剥）、运输、通风、洗选、安全保障、经营管理等过程的智能化运行，才能

实现煤炭工业的高质量发展。因此，自动化、智能化、无人少人化开采是我国煤炭工业发展的必经之路。

推进自动化、智能化开采是采矿发达国家的成功经验。20 世纪 90 年代以来，美国、英国、德国、澳大利亚等国开始着手研究自动化综采关键技术，通过采用计算机技术、采煤机记忆截割技术、电液控制技术和变频软启动技术等，在地质条件好的中厚煤层实现了工作面 3 ~ 5 人的全自动化割煤，并探索实现工作面无人的智能化开采。

煤矿自动化、智能化开采得到国家的高度重视。原国家煤矿安监局从 2015 年开始抓煤矿“四化”建设，开展了“机械化换人、机器人作业、自动化减人”科技强安专项行动。2016 年国家发展改革委将煤炭智能化开采列为重点研究方向，国家能源技术创新行动计划（2016—2030 年）将煤矿智能化开采作为重点研发任务。2019 年 1 月，原国家煤矿安监局发布了《煤矿机器人重点研发目录》，凝练了应重点研发的 5 类（掘进、采煤、运输、安控、救援）、38 种矿用机器人。2020 年 2 月，国家发展改革委、国家能源局、应急管理部、国家煤矿安监局、工业和信息化部、财政部、科技部、教育部 8 部委联合下发《关于加快煤矿智能化发展的指导意见》，明确了到 2021 年、2025 年、2035 年的煤矿智能化建设目标。智能化无人开采技术入围自然资源部 2019 年版《矿产资源节约和综合利用先进适用技术目录》，煤矿智能化开采技术及煤矿机器人研发应用列入《产业结构调整指导目录》，煤矿智能装备推广应用纳入煤矿安全改造中央预算内投资支持范围，“机器人与增材设备制造”列入国家战略性新兴产业，并出台实施在产能置换、矿井产能核增等方面的优先支持政策。

煤矿自动化、智能化开采受到地方政府的高度关注、煤炭企业的积极响应。内蒙古、山西等省区出台了明确的煤矿智能化发展方案或者规范，国家能源集团、陕煤集团等大型煤炭企业出台了煤矿智能化建设规划。一些煤矿在通过智能化来提升煤矿安全方面也做了有益的尝试和探索，取得了积极成果和诸多成功经验。截至 2021 年底，全国已建成智能化采掘工作面 687 个，其中智能化采煤工作面 431 个，智能化掘进工作面 256 个；已有 26 种煤矿机器人在煤矿现场实现了不同程度的应用，数十项成熟的智能控制技术得到实用，初步形成了煤矿开拓设计、地质保障、生产、安全等主要环节自动化、智能化运行技术体系，基本实现掘进工作面减人提效、综采工作面内少人或无人操作、井下和露天煤矿固定岗位的无人值守与远程监控，为煤矿安全生产水平的进一步提升发挥了十分重要的作用。

但煤矿智能化尚处于发展初期，具备巨大的发展空间，需要煤矿企业正确认识煤矿自动化、智能化的定位，充分认识到煤矿自动化、智能化开采对煤炭工业高质量发展、煤矿安全生产水平的进一步提升的重大作用，在管理观念、投入力度、研发团队建设、推广应用力度等多方面下更大工夫。为此，本条要求煤矿企业应“积极推广自动化、智能化开采，减少井下作业人数。”

4. 关于严禁使用国家明令禁止使用或淘汰技术装备的要求

为贯彻落实《安全生产法》《国务院办公厅关于进一步加强煤矿安全生产工作的意见》，逐步提高煤矿安全生产水平，国家对严重危及生产安全的工艺、设备实行淘汰制度。因此要求煤矿严禁使用国家明令禁止使用或淘汰的危及生产安全和可能产生职业病危害的技术、工艺、材料和设备，以确保煤矿企业持续具备符合国家要求的安全生产条件，为煤矿生产安全创造良好的基础条件。

煤矿企业应积极关注国家关于禁止使用或淘汰技术装备的相关政策和规定，严格按照国家规定的时间节点和要求，按时完成明令禁止使用和淘汰的落后工艺和产品的更换工作，确保煤矿生产安全。

自2006年以来，原国家安全监管总局、国家煤矿安全监察局先后发布了6批禁止井工煤矿使用的设备及工艺目录，即：2006年，《禁止井工煤矿使用的设备及工艺目录（第一批）》，安监总规划〔2006〕146号文件发布，涉及19种设备、1项工艺；2008年，《禁止井工煤矿使用的设备及工艺目录（第二批）》，安监总煤装〔2008〕49号文件发布，涉及19种设备、3项工艺；2011年，《禁止井工煤矿使用的设备及工艺目录（第三批）》，安监总煤装〔2011〕17号文件发布，涉及16种设备、1项工艺；2018年，《禁止井工煤矿使用的设备及工艺目录（第四批）》，煤安监技装〔2018〕39号文件发布，涉及13种设备、3项工艺；2015年，《淘汰落后安全技术装备目录（2015年第一批）》，安监总科技〔2015〕75号文件发布，涉及煤矿领域6种产品和1项工艺；2016年，《淘汰落后安全技术工艺、设备目录（2016年）》，安监总科技〔2016〕137号文件发布，涉及煤矿领域7种设备、1项工艺。在上述国家文件规定中，均列有禁止使用或淘汰的设备和工艺名称、时限及替代产品。

《煤矿重大事故隐患判定标准》将“使用被国家禁止井工煤矿使用的设备及工艺目录的产品或者工艺的”列为重大事故隐患。

2014年，国家发展改革委、国家安全监管总局、国家能源局、国家煤矿安监局发布《煤炭生产技术与装备政策导向（2014年版）》，自2015年1月1日起实施，对采煤、掘进、供电、提升等23项煤矿生产系统（环节）所采用的技术与装备，按照不同地质条件、不同井型规模，划分为鼓励、推广、限制和禁止四类，以表格形式收录煤炭生产技术639项，装备123项。

与2016版《规程》相比，本次修订增加了“积极推广自动化、智能化开采，减少井下作业人数。”增加的目的是适应目前煤炭工业发展形势需要，积极寻求煤炭工业的重大技术变革提高煤矿安全生产水平，使推广自动化、智能化开采，减少井下作业人数，尽可能将从业人员从危险岗位和危险环境解放出来的理念在煤矿安全生产主体规章中有所体现。

**第十一条** 煤矿企业在编制生产建设长远发展规划和年度生产建设计划时，必须编制安全技术与职业病危害防治发展规划和安全技术措施计划。安全技术措施与职业病危害防治所需费用、材料和设备等必须列入企业财务、供应计划。

煤炭生产与煤矿建设的安全投入和职业病危害防治费用提取、使用必须符合国家有关规定。

**【解读】** 本条是关于煤矿企业编制安全技术与职业病危害防治发展规划和安全技术措施计划，安全投入和职业病危害防治费用提取、使用的规定。

1. 安全规划、计划

煤矿企业安全技术与职业病危害防治发展规划，是指煤矿企业根据生产建设发展的需要和煤矿灾害情况、作业环境危害因素所制定的全面安全管理计划。其内容包括指导思想、发展方针、总体目标、分类目标（伤亡控制、教育培训、安全投入、重大危险源控制等）、主要任务、实施措施等。安全技术措施计划是煤矿企业根据发展规划和针对生产中存在的重大不安全问题、职业危害而制定的年度计划。其内容包括年度安全目标、保障措施、安全技术计划和实施措施等。上述“发展规划”和“措施计划”，是企业生产建设长远发展规划和年度生产建设计划的重要组成部分，必须同时编制。因为是综合性文件，必须由企业主要负责人主持，安全、技术及有关业务部门参加共同编制。

有计划，有目标，有考核，有资金保障，才能将安全技术措施落到实处。过去一些煤矿企业由于安全意识淡薄，存在重生产、轻安全的思想，往往忽视安全技术与职业病危害防治发展规划和安全技术措施计划的编制工作，造成该项工作无规划、无措施计划、无资金储备。这不仅影响企业安全工作的正常开展，也影响企业的健康安全发展。为了改变这不正常的局面，本条规定：“煤矿企业在编制生产建设长远发展规划和年度生产建设计划时，必须编制安全技术与职业病危害防治发展规划和安全技术措施计划。”

2. 安全投入

为了保障安全生产，国家明确要求必须建立企业全过程安全生产和职业健康管理制度，做到安全责任、管理、投入、培训和应急救援“五到位”。落实企业安全生产费用提取管理使用制度，建立企业增加安全投入的激励约束机制是企业安全生产的重要方面。《安全生产法》第二十三条规定：“有关生产经营单位应当按照规定提取和使用安全生产费用，专门用于改善安全生产条件。安全生产费用在成本中据实列支。”《煤矿重大事故隐患判定标准》第十八条第二项将“未按照国家规定足额提取或者未按照国家规定范围使用安全生产费用的”列为重大事故隐患。

安全生产资金投入是生产经营单位生产经营活动安全进行、防止和减少灾害事故的重要前提和物质保障，是改善劳动条件、提高矿井的抗灾能力、保证安全生产的必备条件。因此，煤矿企业必须按照国家有关提取和使用安全费用，为企业安全生产中提供资金保证。

为了建立企业安全生产投入长效机制，财政部、原国家安全生产监督管理总局联合制定发布了《企业安全生产费用提取和使用管理办法》（财企〔2012〕16号），规定安全生产费用是指企业按照规定标准提取在成本中列支，专门用于完善和改进企业或者项目安全生产条件的资金；安全费用按照“企业提取、政府监管、确保需要、规范使用”的原则进行管理；煤炭生产企业依据开采的原煤产量按月提取，煤（岩）与瓦斯（二氧化碳）突出矿井、高瓦斯矿井吨煤30元；其他井工矿吨煤15元；露天矿吨煤5元；建设工程施工企业以建筑安装工程造价为计提依据，矿山工程安全费用提取标准为2.5%。煤炭生产企业安全费用应当按照以下范围使用：

（1）煤与瓦斯突出及高瓦斯矿井落实“两个四位一体”综合防突措施支出，包括瓦斯区域预抽、保护层开采区域防突措施、开展突出区域和局部预测、实施局部补充防突措施、更新改造防突设备和设施、建立突出防治实验室等支出；

（2）煤矿安全生产改造和重大隐患治理支出，包括“一通三防”（通风，防瓦斯、防煤尘、防灭火）、防治水、供电、运输等系统设备改造和灾害治理工程，实施煤矿机械化改造，实施矿压（冲击地压）、热害、露天矿边坡治理、采空区治理等支出；

（3）完善煤矿井下监测监控、人员定位、紧急避险、压风自救、供水施救和通信联络安全避险“六大系统”支出，应急救援技术装备、设施配置和维护保养支出，事故逃生和紧急避难设施设备的配置和应急演练支出；

（4）开展重大危险源和事故隐患评估、监控和整改支出；

（5）安全生产检查、评价（不包括新建、改建、扩建项目安全评价）、咨询、标准化建设支出；

（6）配备和更新现场作业人员安全防护用品支出；

（7）安全生产宣传、教育、培训支出；

（8）安全生产适用新技术、新标准、新工艺、新装备的推广应用支出；

（9）安全设施及特种设备检测检验支出；

（10）其他与安全生产直接相关的支出。

目前，财政部拟对该办法进行修订，修订稿中将煤（岩）与瓦斯（二氧化碳）突出矿井、冲击地压矿井安全费用提取标准提高到50元，高瓦斯矿井、水文地质类型极复杂矿井、开采容易自燃煤层的矿井提高到吨煤30元，矿山工程安全费用提取标准由2.5%上调到3.5%。并扩大了安全费用的使用范围，将应急救援队伍建设、重大危险源检测、安全风险分级防控、重大事故隐患排查治理、安全生产信息化建设和运维、冲击地压矿井落实防冲措施支出、智能化升级支出、煤矿智能装备及煤矿机器人等推广应用支出、职工发现并报告事故隐患的奖励以及安全生产责任保险等纳入使用范围。

企业提取的安全费用应当专户核算，按规定范围安排使用，不得挤占、挪用。年度结余资金结转下年度使用，当年计提安全费用不足的，超出部分按正常成本费用渠道列支。

煤矿企业应建立安全技术措施专项资金，并列入财务、供应计划，专项存储、专项核算，做到统筹安排、确保重点、有效合理地使用。

为了保证安全投入，生产经营单位的决策机构、主要负责人要对规定的安全资金投入予以保证。安全投入和职业病危害防治费用的提取、使用，必须符合国家有关规定，对由于安全生产所必需的资金投入不足而导致的后果，煤矿企业主要负责人应承担责任。

**第十二条**　煤矿必须编制年度灾害预防和处理计划，并根据具体情况及时修改。灾害预防和处理计划由矿长负责组织实施。

**【解读】**本条是关于煤矿企业必须编制矿井年度灾害预防和处理计划的规

定。

矿井年度灾害预防和处理计划，是根据矿井的灾害情况编制的安全管理计划，是煤矿生产建设活动必不可少的安全管理措施，所以本条规定煤矿企业必须编制年度灾害预防和处理计划，并根据情况及时修改。其内容应包括以下方面：

（1）根据本矿的采掘等生产计划、区域地质条件和其他自然因素，列举瓦斯爆炸、煤（岩）与瓦斯（二氧化碳）突（喷）出、火灾、水害、冲击地压、滑坡等事故的预兆、预防措施等。

（2）制定发生事故后所有现场人员的自救、撤离、抢救等措施、方案、职责，明确避灾路线，规定所必需的工程、设备、仪表、器材、工具、标识的数量、使用地点、使用方法和管理办法等。

（3）制定处理事故的组织领导和有关单位、部门及其负责人的任务、职责、通知方法和顺序。

（4）列出有关处理各种事故必备的技术资料：通风系统示意图、网路图（在这两种图上都应当标明通风设施的位置、风向、风量）及反风试验报告；供电系统图和电话的安装地点；地面和井下消防洒水、排水、注浆、充填、瓦斯抽采和压风等管路系统图；地面和井下消防材料库的位置及其所储备的材料、设备、工具的品名和数量登记表；井上下对照图，图中应标明井口位置和标高、地面铁路、公路、钻孔、水井、水管、储水池以及其他存放可供处理事故的材料、设备和工具的地点。

年度灾害预防和处理计划应与企业应急救援预案相衔接，内容、技术措施相统一；要符合企业实际，具有可操作性。灾害预防和处理要做到组织落实、责任落实、资金落实。

煤矿企业要重视编制矿井年度灾害预防和处理计划工作，将其列入工作日程。必须由矿总工程师负责组织通风、采掘、机电、地质、技术等单位的有关人员编制，并有矿山救护队参加。必须在每年开始前一个月报企业技术负责人批准。因为在矿井生产过程中，随着开采情况的变化，各种灾害因素也发生变化，矿总工程师要根据矿井自然条件和采掘工程的变动情况，在每季度开始前15天组织有关部门对计划进行修改和补充。

计划批准后，由矿长负责组织实施。要立即组织全体职工（包括全体矿山救护队员）学习，并熟悉避灾路线，不熟悉计划有关内容的人员，不得下井作业。每年至少组织一次应急演练，对演练中发现的问题，必须采取措施，立即修改。已批准的灾害预防和处理计划（含所附工程图和表册）应分别送交矿长、副矿长、矿总工程师，调度、生产、地测、机电、通风、运输、安全、救护等业务部门及驻矿安全机构等，有上级企业的，还应报上级企业的技术负责人、调度室及安全、计划等相关部门。上述单位和负责人应当经常或定期检查计划的贯彻执行情况。

**第十三条** 入井（场）人员必须戴安全帽等个体防护用品，穿带有反光标识的工作服。入井（场）前严禁饮酒。

煤矿必须建立入井检身制度和出入井人员清点制度；必须掌握井下人员数量、位置等实时信息。

入井人员必须随身携带自救器、标识卡和矿灯，严禁携带烟草和点火物品，严禁穿化纤衣服。

**【解读】**本条是关于煤矿必须建立入井（场）人员出入井（场）管理制度的规定。

1. 个体防护用品

《安全生产法》第五十七条规定：从业人员在作业过程中应当正确佩戴和使用劳动防护用品。个体防护用品，是指由用人单位为从业人员配备的、使其在劳动过程中免遭或者减轻事故伤害及职业危害的个人防护装备，是保护从业人员安全和健康的辅助性、预防性措施，从一定意义上讲是从业人员防止职业毒害和伤害的最后一项有效的措施。

煤矿井下环境特殊，作业现场危险有害因素多，存在易燃易爆气体、空间狭窄、光照不足、运转设备多、障碍物多等情况。因此，入井（场）人员正确佩戴个体防护用品更加重要。戴安全帽可防止头部撞伤，随身携带自救器可在遇到有毒有害气体及灾变条件进行自救，携带矿灯可在光照不足的情况下正常作业，穿带有反光标识的工作服可起警示作用，预防人体伤害。

为消灭井下引爆火源，入井人员严禁携带烟草和点火物品入井。因为穿化纤衣服容易产生静电火花引起瓦斯、煤尘爆炸，所以入井人员严禁穿化纤衣服，也不得携带化纤毛巾。入井人员入井前喝酒，往往神志昏沉，精力不集中，工作中容易出现差错，导致事故发生，因此入井前严禁喝酒。

因此，为了预防事故、保障入井人员安全，本条规定入井（场）人员必须戴安全帽，穿带有反光标识的工作服，严禁携带烟草和点火物品，严禁穿化纤衣服，入井（场）前严禁饮酒。

2. 入井检身、人员清点制度

煤矿企业建立入井检身制度和出入井人员清点制度，也是落实上述规定采取的重要措施。通过入井检身防止入井人员违章违纪，从“井口”源头抓起，杜绝危险源。出入井人数清点制度，既是对职工考勤的需要，也是为井下一旦发生事故，便于查询人员下落进行应急救援的需要。

3. 标识卡和人员位置实时信息

《规程》第七十条规定：矿井进入主要大巷施工前，必须安装安全监控、人员位置监测、通信联络系统。第四百八十七条规定：所有矿井必须装备安全监控系统、人员位置监测系统、有线调度通信系统。目前，我国煤矿都建设了井下位置监测（人员管理系统）系统，通过入井人员随身携带的标识卡，可有效掌握入井人员动态和实时信息。

安装的人员位置监测系统必须符合《煤矿井下作业人员管理系统通用技术条件》（AQ 6210）的要求，其安装与使用维护管理必须满足《煤矿井下作业人员管理系统使用与管理规范》（AQ 1048）的规定。所有入井人员必须随身携带标识卡，并保证标识卡的唯一性。《煤矿重大事故隐患判定标准》将“矿井未安装安全监控系统、人员位置监测系统或者系统不能正常运行”列为重大事故隐患。

随着煤炭科技进步，井下人员管理、位置监测、定位技术得到较快发展，定位精度在不断提高，井下人员定位系统甚至精确定位系统将逐步取代现有的人员位置监测系统或者人员管理系统，定位卡取代标识卡，山东等省对冲击地压矿井已提出明确要求，以满足井下人员精准管理、区域限员以及智能开采的需要。煤矿企业应该主动适应这种发展变化。

**第十四条** 井工煤矿必须按规定填绘反映实际情况的下列图纸：

（一）矿井地质图和水文地质图。

（二）井上、下对照图。

（三）巷道布置图。

（四）采掘工程平面图。

（五）通风系统图。

（六）井下运输系统图。

（七）安全监控布置图和断电控制图、人员位置监测系统图。

（八）压风、排水、防尘、防火注浆、抽采瓦斯等管路系统图。

（九）井下通信系统图。

（十）井上、下配电系统图和井下电气设备布置图。

（十一）井下避灾路线图。

**【解读】**本条是关于井工煤矿必须及时填绘矿图的规定。

矿图是指反映煤矿企业生产、建设工程相互位置和相互关系、设备安装布置的图纸，它是根据地面和井下（坑下）测量结果，按一定的比例尺和国家统一规定的图例、符号绘制而成的。企业管理人员、工程技术人员和工人凭借矿图来了解矿井自然条件的变化和工程进展情况，设备、设施布置情况。矿图是指挥生产建设活动、应急救援必不可少的重要工具。《规程》规定的井工煤矿 11 种图纸，露天煤矿 9 种图纸，基本满足煤矿生产建设活动要求和应急救援需要。由于煤矿作业场所、装备设施是随着煤炭开采活动的推进而变化的，地质条件、作业环境危害因素也随之变化，所以要求煤矿企业在生产活动过程中必须准确跟踪测量，及时填绘相关矿图。如果图纸与实际情况不符，就可能误导采掘活动，造成事故，也不能正确指导应急救援。

每个煤矿必须设置填绘矿图的机构，配备专业人员和精密测绘设备。为保证图纸及时、准确、无误，必须建立制图、绘图、审图和执行情况的检查制度。同时，要注重对测量、绘图人员的培训，提高他们的安全意识和绘图技能，确保图纸及时填绘、准确无误。为适应信息化、数字化和智能化的需要，应尽快实现煤矿各类图纸的电子化，基于 GIS 技术填绘各类图纸。

**第十五条**　露天煤矿必须按规定填绘反映实际情况的下列图纸：

（一）地形地质图。

（二）工程地质平面图、断面图。

（三）综合水文地质图。

（四）采剥、排土工程平面图和运输系统图。

（五）供配电系统图。

（六）通信系统图。

（七）防排水系统图。

（八）边坡监测系统平面图。

（九）井工采空区与露天矿平面对照图。

**【解读】**本条是关于露天煤矿必须及时填绘矿图的规定。

**第十六条** 井工煤矿必须制定停工停产期间的安全技术措施，保证矿井供电、通风、排水和安全监控系统正常运行，落实 24 h 值班制度。复工复产前必须进行全面安全检查。

**【解读】** 本条是关于井工煤矿停工停产期间有关安全管理的规定。

井工煤矿停工停产是煤矿安全管理的重要内容。停工停产的原因很多，时间有长有短。有的是不具备安全生产条件，需要停工停产进行整顿；有的是受煤炭市场影响，矿井不能正常组织生产；有遇节假日或因气候条件影响等实行停工停产。停工停产期间的安全技术措施应根据矿井的实际情况制定，一般分停工前、停工期间和开工前 3 个阶段。停工前，要对矿井的各生产系统进行检查，针对检查的情况，制定管理措施和整改方案。停工期间，重点保证矿井正常供电、供风、排水和安全监控，建立正常值班制度。开工前，要制定矿井开工安全措施，进行全面检查，重点检查矿井通风、供电、顶板管理、设备运行和安全监控等。

根据煤炭行业管理、煤矿安全监察、安全监管等部门的要求，矿井停工停产要及时向有关部门报告，接受监督管理。

**第十七条** 煤矿企业必须建立应急救援组织，健全规章制度，编制应急救援预案，储备应急救援物资、装备并定期检查补充。

煤矿必须建立矿井安全避险系统，对井下人员进行安全避险和应急救援培训，每年至少组织 1 次应急演练。

**【解读】** 本条是关于煤矿企业必须建立应急救援组织、编制应急预案和建立矿井安全避险系统的规定。

《安全生产法》第八十一条规定：生产经营单位应当制定本单位生产安全事故应急救援预案，与所在地县级以上地方人民政府组织制定的生产安全事故应急救援预案相衔接，并定期组织演练。第八十二条规定：矿山企业应当建立应急救援组织，配备必要的应急救援器材、设备和物资，并进行经常性维护、保养，保证正常运转。我国煤矿地质条件复杂，存在瓦斯、煤尘、煤与瓦斯突出、火灾、水害、顶板等灾害事故的严重威胁，重特大灾害事故的发生，不仅严重破坏煤矿的正常建设和生产，造成巨大的经济损失，而且也极大地威胁着井下人员的生命安全，加强应急救援体系建设，提高安全避险与应急救援能力，具有重大意义。

1. 建立应急救援组织

煤矿企业是生产经营活动的主体，也应是应急管理的主体，应急救援组织建立在煤矿企业，是保障安全生产和应急管理的关键所在。为了使应急救援顺利实施，应急救援组织应由救护、技术、调度、后勤、医疗、通信等部门组成。为了落实救援组织的责任，必须建立健全事故预警、应急值守、信息报告、现场处置、应急投入、救援装备和物资储备、安全避险设施管理和使用等应急管理工作的规章制度，用制度和机制保证应急救援的及时、准确、高效。

2. 编制应急救援预案

煤矿应急救援预案是针对煤矿可能发生的事故，危险源控制可能发生的灾变而编制的事故预防和应急救援的方案，是预防和减少事故发生、有效提高事故应急处置能力的一项重要措施。

应急救援预案应根据有关法律、法规和国家有关规定，在危险有害因素辨识和风险评估，分析可能发生的事故特点及影响范围的基础上进行编制。应急救援预案应当符合下列基本要求：符合有关法律、法规、规章和标准的规定；符合本矿安全生产实际和安全风险分析情况；应急组织和人员的职责分工明确，并有具体的落实措施；有明确、具体的应急程序和处置措施，并与其应急能力相适应；有明确的应急保障措施，满足本矿应急工作需要；基本要素齐全、完整，附件提供的信息准确，内容与相关应急预案相互衔接。

应急预案应形成体系，主要由综合应急预案、专项应急预案和现场处置方案构成。综合应急预案是煤矿企业应急预案体系的总纲，主要从总体上阐述事故的应急工作原则，包括煤矿企业应急组织机构及职责、应急预案体系、事故风险描述、预警及信息报告、应急响应、保障措施、应急预案管理等内容。专项应急预案是煤矿企业为应对某一类型或某几种事故，或者针对重要生产设施、重大危险源、重大活动等内容而制定的应急预案，主要包括事故风险分析、应急指挥机构及职责、处置程序和措施等内容。现场处理方案是煤矿企业根据不同事故类别，针对具体的场所、装置或设施所制定的应急处置措施，主要包括事故风险分析、应急工作职责、应急处置和注意事项等内容。

预案编制完成后，必须组织有关部门和人员进行评审，经生产经营单位主要负责人批准后实施。应当按照分级属地原则，将应急救援预案报所在地县级以上负有安全生产监督管理职责的部门，并抄送同级安全生产监督管理部门和所在地煤矿安全监察机构备案。随着开采活动的不断推进，灾害危险因素也会不同，应急预案的内容应随之进行修订，并根据事故处置和应急演练中发现的问题及时补充完善。

3. 储备应急救援物资

应急救援需要物质和装备做保障，因此应急预案要明确救援物资、装备的储备，并定期检查补充，确保其可正常使用。应根据本矿生产特点，为有关场所或者设备设施配备必要的应急救援器材、设备、物资，并注明其使用方法。在有关场所配备必要的应急救援器材、设备、物资，可以在发生灾害事故时，利用预先配备的应急救援器材、设备和物资开展自救和互救工作，以便更有效地应对和处置灾害事故，避免灾害事故情况进一步恶化。

4. 建立矿井安全避险系统

矿井安全避险系统，由井下紧急撤离和避险设施组成，并与监测监控、人员位置监测、压风、供水、通信联络等系统有机结合。建立矿井安全避险系统，是国务院《关于进一步加强企业安全生产工作的通知》的要求，也是煤矿安全生产的客观要求，必须根据险情或者事故情况下遇险人员撤离危险区域和避险的实际需要来建立。为保证安全避险系统完好有效，应当随采掘工作面的推进及时对其调整和完善，每年由矿总工程师组织开展有效性评估。为保证发生事故时应急救援工作的顺利进行，必须对从业人员进行安全避险和应急救援培训，使其熟悉应急救援系统，提高自救互救的能力；每年至少组织 1 次应急演练。

**第十八条** 煤矿企业应当有创伤急救系统为其服务。创伤急救系统应当配备救护车辆、急救器材、急救装备和药品等。

**【解读】**本条是关于煤矿企业应当建立创伤急救系统的规定。

必要的急救车辆、器材、装备和药品是创伤急救不可缺少的部分，平时应配备齐全，满足急救工作的需要，为确保急救器材、装备在煤矿发生事故时用得上、用得好，还应对其进行经常性的维护、保养。《矿山安全法》第三十一条规定："矿山企业应当建立由专职或者兼职人员组成的救护和医疗急救组织，配备必要的装备、器材和药物。"

创伤急救系统是煤矿企业编制的《矿井灾害预防和处理计划》中创伤急救规定的具体落实，是所需要的组织、人力、物力以及协调等方面的总和。煤矿创伤急救系统一般包括急救指挥、急救通信、急救运输、急救医疗和急救培训。创伤急救系统应能及时启动，使伤员能够得到及时救治。为适应创伤急救工作的需要，应对救援人员实施创伤急救培训和必要的演练，确保事故发生时，能够立即投入创伤急救工作。

**第十九条** 煤矿发生事故后，煤矿企业主要负责人和技术负责人必须立即采取措施组织抢救，矿长负责抢救指挥，并按有关规定及时上报。

**【解读】** 本条是关于煤矿事故抢救职责和报告制度的规定。

《安全生产法》第五十条规定："生产经营单位发生生产安全事故时，单位主要负责人应当立即组织抢救，并不得在事故调查处理期间擅离职守。"因此，这是一项法律明确规定的职责。灾害事故发生后，抓住时机及时抢险救灾，可防止事故扩大，尽量减少人员伤亡和财产损失。发生灾害事故后，如果无人组织指挥事故抢救，或抢救不积极、不及时，就会导致事故损失扩大。如果煤矿发生灾害事故后，矿主或主要负责人为了逃脱责任，私自藏匿，是一种严重的违法行为。

煤矿事故抢救是一项难度大、涉及面广的紧急工作，只有统一、有效地把各方面、各部门组织起来，才有可能做好。矿长是煤矿的主要负责人，熟悉、掌握煤矿各生产、安全系统，有指挥、调度、协调各方面工作、人员的权利。煤矿一旦发生事故，规定由矿长根据实际情况，依照有关规定和应急救援预案负责指挥抢救，可使抢救工作顺利实施，取得成功。矿长应当及时向上级有关部门如实报告事故的有关情况，保证上级有关部门能够及时准确掌握事故救援进展，从而更好地组织协调社会有关部门参与事故救援和事故调查处理。

**第二十条** 国家实行资质管理的，煤矿企业应当委托具有国家规定资质的机构为其提供鉴定、检测、检验等服务，鉴定、检测、检验机构对其作出的结果负责。

**【解读】** 本条是关于煤矿企业委托鉴定、检测、检验工作的规定。

主要依据《安全生产法》第七十二条"承担安全评价、认证、检测、检验职责的机构应当具备国家规定的资质条件，并对其作出的安全评价、认证、检测、检验结果的合法性、真实性负责"而规定。

鉴定是指具有相应能力和资质的专业人员或机构受部门或机构的委托，根据测定的数据或证据，依据相关标准、凭借相应的经验，经分析论证对某一事物提出客观、公正和具有权威性的技术仲裁意见。这种意见可作为委托方工作的依据。如煤层瓦斯突出危险性鉴定，就是通过测定煤层瓦斯含量、瓦斯压力、瓦斯扩散初速度、煤层硬度，依据《煤与瓦斯突出矿井鉴定规范》来确定煤层瓦斯是否具有突出危险性，从而确定该煤层是否属突出煤层，为矿井的设计、瓦斯管理提供依据。

检测、检验是用指定的技术方法和手段，根据一定的要求和标准，来检验测试某种物体、设备指定的技术性能指标，并判断其品质的优良程度，如矿井主要通风机、空气压缩机、主水泵的安全性能检测、检验等。

煤矿生产过程中，需要鉴定、检测、检验的项目及内容可能较多，多数可由煤矿企业或委托具备能力的机构实施。但一些对安全生产影响大、技术含量高，需要应用专业技术知识、手段和设备实施的项目，只有由具备相应资质和能力的机构，按照规定标准规范进行，才具有安全保障和权威性。相应机构的资质管理依据《计量法》《安全生产法》《矿山安全法》《安全生产许可证条例》《煤炭企业安全生产许可证实施办法》等法律法规设立，主要涉及安全仪表的计量检定，主要通风机、空气压缩机、主水泵、提升机、架空乘人装置的安全检测检验等。因此，本条规定，国家实行资质管理的鉴定、检测、检验，煤矿企业应当委托由具有国家规定资质的机构承担。

煤矿的鉴定、检测、检验结果是煤矿建设、生产、管理的依据，鉴定、检测、检验机构必须公平、公正，并对其作出的结果负责。一方面，承担安全评价、认证、检测、检验职责的机构应当客观、公正、规范、专业地完成受委托事项，不得与委托方存在利益交换或者其他影响其客观、公正出具报告的情形；评价、认证、检测、检验的过程必须按照规定的程序和操作规则进行，按照规定进行记录并归档。另一方面，承担安全评价、认证、检测、检验职责的机构应当出具与实际情况相符、结论定性符合客观实际的报告。评价、认证、检测、检验的结果应当有明确依据，符合相关规则和标准，保证结果的合法性和准确性。如果报告存在失实情况或者出具虚假报告，安全评价、认证、检测、检验机构应当承担相应的法律责任。

**第二十一条** 煤矿闭坑前，煤矿企业必须编制闭坑报告，并报省级煤炭行业管理部门批准。

矿井闭坑报告必须有完善的各种地质资料，在相应图件上标注采空区、煤柱、井筒、巷道、火区、地面沉陷区等，情况不清的应当予以说明。

**【解读】** 本条是关于煤矿闭坑前，煤矿企业必须编制闭坑报告的规定。

煤矿闭坑前编制闭坑报告是为了保障井田及周边的建设安全。按照《矿山资源法实施条例》，煤矿开采活动结束的前一年，应向原批准开办煤矿的主管部门提出关闭煤矿的申请，并提交闭坑报告。闭坑报告经原批准开办煤矿的主管部门审核同意后，报地质矿产主管部门会同矿产储量审批机构批准。

闭坑报告是重要档案文件，必须按规定编制。其内容应包括矿井概况、矿井地质、开采和资源利用、探采对比、有关灾害、环境影响评估等。

# 第二编　地　质　保　障

**第二十二条**　煤矿企业应当设立地质测量（简称地测）部门，配备所需的相关专业技术人员和仪器设备，及时编绘反映煤矿实际的地质资料和图件，建立健全煤矿地测工作规章制度。

**【解读】** 本条是关于矿井地质工作的组织实施和技术管理的规定。

煤矿地质工作是指在原地质勘探报告的基础上，从矿井基本建设开始，直到矿井开采结束为止这一期间的全部地质工作。煤矿地质工作贯穿于建井、开拓、掘进、回采直至矿井报废的矿井生产建设的全过程。它关系到煤矿生产建设的正常、安全进行和高速发展，关系到煤炭资源的合理开发和利用，是保证老矿挖潜、新井建设、煤炭稳产高产，以及防治水、火、瓦斯等自然灾害的一项重要技术基础工作，是煤矿生产建设中不可缺少的重要环节。大量事实证明，哪里的矿井地质工作开展得好，哪里的生产建设就能正常顺利进行；哪里的煤矿地质工作跟不上，哪里的生产建设就往往由于地质情况不明而陷入被动。因此，煤矿地质工作常被称为煤矿生产建设的“尖兵”和“眼睛”。

煤矿企业设立地质测量部门，配备所需的相关专业技术人员和仪器设备，并建立健全煤矿地测工作规章制度，对研究和解决煤矿建设和生产过程中所出现的地质和水文地质问题，保障组织实施煤矿生产建设的正常安全进行和高速发展，保证国家资源的合理开发和利用具有重要意义。

煤矿地质工作应当坚持“综合勘查、科学分析、评价预测、保障安全”的原则。煤矿地质资料必须完整、准确、可靠，并在实践中不断检验、修正和完善。

煤矿地质工作成果应反映在煤矿生产地质报告、地质说明书及各类地质图件上。煤矿地质资料和图件是矿井地质基础工作，同时也是防治矿井地质灾害的基础资料。煤矿地质图是煤矿地质工作成果的反映，它是总结地质规律、编制设计计划、指导采掘生产、进行储量管理、检验资源回收率的主要依据，是技术管理工作中不可缺少的技术基础资料之一。煤矿综合地质图件的种类，各矿不完全相同，应根据各矿具体地质情况和生产上的需要来确定。一般煤矿经常使用的综合地质图件有下列几种：

1. 必备的矿区综合性地质图件

（1）矿区地层综合柱状图；

（2）矿区煤系地层综合柱状图；

（3）矿区煤（岩）层对比图；

（4）矿区地形地质图；

（5）矿区主要地质剖面图；

（6）矿区或区域地质构造纲要图；

（7）矿区主要可采煤层底板等高线图；

（8）矿区水文地质图和水文地质剖面图。

2. 必备的井田地质资料及图件

（1）地质勘探报告、矿井地质类型划分报告、建井地质报告和生产矿井地质报告等；

（2）井田地层综合柱状图；

（3）井田地形地质图；

（4）井田煤岩层对比图；

（5）井田可采煤层底板等高线及资源/储量估算图（急倾斜煤层加绘立面投影图和立面投影资源/储量估算图）；

（6）井田地质剖面图；

（7）井田水平地质切面图（煤层倾角大于25°的多煤层矿井）；

（8）勘探钻孔柱状图；

（9）煤矿瓦斯地质图；

（10）井上下对照图；

（11）采掘工程平面图（急倾斜煤层要绘采掘工程立面图）；

（12）井巷、石门地质编录及地质素描图；

（13）煤矿水文地质、工程地质相关图件；

（14）煤矿其他必要的图件。

3. 必备的地质资料台账

（1）钻孔成果台账；

（2）地质构造台账；

（3）煤矿瓦斯资料台账；

（4）煤质资料台账；

（5）井筒、石门见煤点台账；

（6）水文地质与工程地质资料台账；
（7）资源/储量台账；
（8）井田及周边采空区、老窑地质资料台账；
（9）井下火区地质资料台账；
（10）封闭不良钻孔台账；
（11）物探成果及验证情况台账。

**第二十三条** 当煤矿地质资料不能满足设计需要时，不得进行煤矿设计。矿井建设期间，因矿井地质、水文地质等条件与原地质资料出入较大时，必须针对所存在的地质问题开展补充地质勘探工作。

**【解读】** 本条是关于开展补充地质勘探工作和条件的规定。

随着煤矿开采深度增加而引发的煤矿地质问题日趋严重，给生产带来极大影响。据统计，我国综采面开机率为25%，从造成系统工作面不可靠及事故影响因素来看，主要有顶板、瓦斯和水等事故。煤矿地质资料不详给煤矿设计和生产带来的影响是巨大的。当煤矿地质资料不能满足设计需要时，不得进行煤矿设计，否则，会造成巨大的经济损失和人员伤亡。安徽淮南矿务局潘集二号井，在煤田勘探阶段由于煤矿地质条件研究程度很低，煤矿设计有很大盲目性。1977年破土动工建井，两翼运输大巷遇到大量未查明的软弱破碎岩体，地压大，进尺缓慢，巷道支护方法先后变更十余次，造成该矿建成至今连续亏损十余亿元。可见，掌握详细的煤矿地质资料，并针对煤矿区存在的地质问题开展补充地质勘探具有理论和实际意义。

当煤矿地质资料不能满足设计需要时，必须针对所存在的地质问题开展地质补充调查与勘探工作，并提交补充地质勘探报告。

井田存在下列情况之一的，必须进行地质补充调查与勘探：

（1）原勘探程度不能达到煤矿地质保障工作最低要求的；

（2）煤炭资源勘探遗留有重大地质、瓦斯地质、水文地质和工程地质问题或经采掘工程揭露证实地质、瓦斯地质、水文地质和工程地质条件有重大变化；

（3）井田内老窑或周边相邻井田采空区未查清；

（4）资源整合、水平延深、新采区或井田范围扩大时，原地质勘探报告不能满足煤矿设计要求；

（5）提高资源/储量级别或新增资源/储量；

（6）其他专项安全工程要求。

井巷掘进施工中，必须及时对揭露的地质情况进行观测、编录和综合分析，开展预测预报工作，补充和完善相关地质资料；当出现地质异常或与预测地质资料有较大出入时，应停止作业，及时进行地质补充勘探。

为保障煤矿安全开采，煤矿地质工作应符合以下要求：

（1）掌握井田地层分布，详细查明煤系地层，尤其是煤层、标志层和煤层顶底板岩性分布及特征。

（2）控制井田边界构造，其中与矿井的先期开采地段有关的边界构造线的平面位置，应控制在100 m以内。

（3）详细查明先期开采地段落差大于或者等于20 m的断层；详细查明矿井首采区和延深水平首采区落差大于或者等于10 m的断层；地震地质条件好的区块，应开展三维地震勘探，查明落差大于或者等于5 m的断层。

（4）查明可采煤层层位、厚度及其变化，确定可采煤层的连续性，真实可靠地反映煤层形态；控制开采地段内各可采煤层的可采范围（包括煤层因受岩浆侵入、煤层火烧、古河流冲刷、古隆起、陷落柱等的影响使煤层厚度和可采性发生的变化），对厚度变化较大的主要可采煤层，应控制煤层开采边界。

（5）构造简单、煤层稳定的井田，煤层底板等高线应控制在10 m以内，其他井田应控制在20 m以内；严密控制主要可采煤层露头位置，在掩盖区，隐藏煤层露头线在勘查线（测线）上的平面位置应控制在75 m以内，控制主要可采煤层的风氧化带界线。

（6）查明井田水文地质条件，确定矿井水文地质类型，预测开采时发生突水的可能性和突水危险区域，调查掌握井田及周边老窑、小煤矿、生产矿井及采空区的分布现状、积水范围及积水量。根据煤矿实际情况，在确保煤矿安全的条件下，应采用煤矿地下水水库技术储存利用矿井水资源。

（7）查明煤层瓦斯（煤层气）地质条件，分析井田内煤层气赋存地质特征，高瓦斯矿井、煤与瓦斯突出矿井，必须进行煤层瓦斯基础参数的测定工作；确定瓦斯地质单元，并将煤层气作为重要的矿产资源进行勘查，并做出相应评价；

（8）查明主要可采煤层顶底板的工程地质特征、煤的自燃趋势、煤尘爆炸危险性、冲击地压及地温变化等开采技术条件，尤其是先期开采地段和初期采区，并做出相应评价。

**第二十四条** 当露天煤矿地质资料不能满足建设及生产需要时，必须针对所存在的地质问题开展补充地质勘探工作。

**【解读】** 本条是关于开展露天煤矿补充地质勘探工作和条件的规定。

露天煤矿地质资料是露天煤矿设计和施工的重要依据。与井工煤矿一样，露天煤矿地质资料不详也会给露天煤矿设计和生产带来巨大影响。

按照采剥、运输、排土等工程设计的需要，露天煤矿存在下列情况之一的，必须针对所存在的地质问题开展补充地质勘查工作：

（1）原勘探程度不能达到露天煤矿地质保障工作最低要求的。

（2）未进行专门工程地质勘探，未开展边坡稳定性评价或影响边坡稳定性地质因素和影响程度不清。

（3）软弱结构层（面）不清或勘探程度不够，不能满足生产和建设需要；根据边坡岩移监测资料确定的不稳定边坡区域。

（4）露天开挖过程中，出现地质异常或与预测地质资料有较大出入时，应停止作业，及时进行补充地质勘查工作。

地质补充勘探完成后，应提出阶段性工程地质专题报告，并报上一级机关审批。报告的主要图纸资料，包括工程地质综合平面图，工程地质剖面图，典型滑坡平、剖面图，专门巷道素描展开图，工程地质水平切面图，工程地质钻孔柱状图，与边坡稳定有关的邻井的井上下对照图，岩石力学试验成果表，岩石其他物理试验成果表，露天煤矿历次滑坡统计表。

为保障露天煤矿安全开采，煤矿地质工作应符合以下要求：

（1）查清矿田内的地层、地质构造、煤质及变化规律和水文地质条件。

（2）掌握开采技术境界外（边缘、深部）的煤炭资源情况，保持高级储量的比例符合要求。

（3）对露天边坡稳定性进行评价，揭示影响边坡稳定性地质因素。

（4）查明软弱结构层（面）分布，根据边坡岩移监测资料确定不稳定边坡区域。

（5）对有工业价值的其他有益矿产做出评价。

**第二十五条** 井筒设计前，必须按下列要求施工井筒检查孔：

（一）立井井筒检查孔距井筒中心不得超过25 m，且不得布置在井筒范围内，孔深应当不小于井筒设计深度以下30 m。地质条件复杂时，应当增加检查孔数量。

（二）斜井井筒检查孔距井筒纵向中心线不大于25 m，且不得布置在井筒范围内，孔深应当不小于该孔所处斜井底板以下30 m。检查孔的数量和布置应当满足设计和施工要求。

（三）井筒检查孔必须全孔取芯，全孔数字测井；必须分含水层（组）进行抽水试验，分煤层采测煤层瓦斯、煤层自燃、煤尘爆炸性煤样；采测钻孔水文地质及工程地质参数，查明地质构造和岩（土）层特征；详细编录钻孔完整地质剖面。

**【解读】**本条是关于施工井筒检查孔设计和测试要求的规定。

在新井开凿之前，为了满足井筒和主要运输巷道设计施工的需要，正确地掌握井筒剖面，编制施工设计方案，查明井巷所在位置的岩层、煤层、构造及水文地质情况，一般必须打井筒检查钻孔。在开凿井底车场和主要运输巷道时，为了确保主要井巷工程的质量，正确确定主要运输巷道的位置和方向，有时需要打层位控制钻孔。

井筒检查孔除应满足定向钻孔的一般性技术要求之外，应全孔取心，查明井筒位置完整地质剖面和分层测试分析瓦斯地质、水文地质、工程地质参数。

井筒检查钻孔应全部进行全孔数字测井；对于特殊地质条件或有特殊地质任务的层位应进行井温、水流量的测量及全波列与超声成像测试。

1. 井筒检查孔布置

（1）井筒检查孔的数量应综合考虑拟建井筒矿井地质类型和设计施工要求确定。矿井地质类型按《煤矿地质工作规定》第十条划分。工作量参考如下：①竖井：地质类型简单的矿井，每个井筒1～3个孔，地质类型中等的2～4个、地质类型复杂的3～5个；②斜井：地质类型简单的矿井，井筒斜长每1 km布置1～3个孔，地质类型中等的2～4个，地质类型复杂的3～5个。

（2）勘探孔位置以既不影响井筒施工又不偏离井筒太远为原则。远离井筒的钻孔，应当能够反映井筒的水工地质条件；特殊情况下需要在井筒内布置的勘探孔，应有严格的封孔或预防措施。

（3）勘探孔的孔深要求是考虑到目前建井深度普遍增加，水文地质和工程地质条件偏于复杂，并综合考虑《煤矿地质工作规定》中地质补勘钻孔深度的要求综合确定。

（4）井筒检查孔的技术要求是最基本的要求。实际工作时还应考虑设计和施工具体要求，并满足《矿山井巷工程施工及验收规范》（GBJ 213—1990）对井筒检查孔及巷道地质预测的相关要求。

2. 检查钻孔的地质报告

检查钻孔的地质报告应包括下列主要内容：

（1）沿井筒中心线的预测地质剖面。

（2）井筒的水文地质条件，包括含水层组数量、含水层组的埋藏条件、静水位与水头压力、涌水量、渗透系数、水质、水温、含水层间及与地表水的联系、地下水的流向及流速等。

（3）井筒通过岩土层的物理力学性质、埋藏条件和断层破碎带、老空区、溶洞、裂隙的特征以及新生代典型土层的力学性能试验资料。

（4）井温曲线。

（5）井筒穿过煤层的有害气体涌出资料。

（6）钻孔测斜资料及测斜图。

（7）钻孔实测图及封孔资料。

**第二十六条** 新建矿井开工前必须复查井筒检查孔资料；调查核实钻孔位置及封孔质量、采空区情况，调查邻近矿井生产情况和地质资料等，将相关资料标绘在采掘工程平面图上；编制主要井巷揭煤、过地质构造及含水层技术方案；编制主要井巷工程的预想地质图及其说明书。

**【解读】**本条是关于新建矿井开工前应开展的矿井地质工作的规定。

新建矿井开工前进行地质资料核实，确保地质资料的可靠性，对于有效地指导井筒设计和施工具有非常重要的实际意义。检查钻孔所获得的资料是建井施工的依据，要求资料完整、准确可靠。对井筒检查孔的资料进行复查，确保检查孔取得的地质资料能够代表井筒所在地的实际地质情况，可以避免在实际施工过程中遇到与之前勘查资料不一致的情况，出现影响施工进度，增加施工成本，甚至需要更改设计方案的情况，减少财力与人力的浪费。

通过核实钻孔的位置，使实际施工的位置与设计的位置保持一致，避免出现偏差，影响后期井巷的施工。对封孔的质量进行检查，避免在施工的过程中，由于封孔质量不过关，将不同含水层的水导通，导致钻孔变成人为导水通道，以免影响井筒的施工，增加井筒的维护成本，对矿井的安全生产造成威胁。对采空区进行调查，可以确定采空区的地理位置，避免井筒在采空区上方施工，可以保证井筒的稳定性及减少后期的维护成本。

调查邻近矿井的生产情况与地质资料，可以有效地掌握井筒所在位置的地质情况与相邻矿井之间的联系与区别，从而可以把握区域地质条件，为认识井筒所在地的地质特征提供有价值的信息，将相关的资料标绘在采掘工程平面图上，能够及时掌握采掘工程的进展情况，为分析相邻区域的开采对本井筒的影响因素提供参考，当相邻矿井的开采出现对井筒不利的因素时，需要及时采取相关措施补救，避免对井筒产生危害。

编制主要井巷揭煤、过地质构造及含水层技术方案。主要目的是掌握井巷与井筒之间的联系情况，分析相关的地质构造可能对井筒产生的影响。当有含水层存在时，需要增加相关的防水措施，避免井筒内出现涌水现象，从而保证井筒的正常施工及稳定性，将不利的因素降到最低。

由检查孔提供的地质报告，应包括下列主要内容：

（1）井筒检查孔柱状图（含测井曲线）及沿井筒中心线的预测地质剖面图。

（2）井筒的水文地质条件，包括含水层（组）数量、埋藏条件、静水位与水头压力、涌水量、渗透系数、水质、水温，含水层之间及与地表水的水力联系，地下水的流向与流速，抽水试验图，含水层特别是主要含水层的裂隙特征、裂隙率，结合勘探所做的水文工作预计井筒用水量等。

（3）井筒通过的土（岩）层的物理力学性质、埋藏条件和断层破碎带、溶洞、井巷地质预测。

**第二十七条** 井筒施工期间应当验证井筒检查孔取得的各种地质资料。当发现影响施工的异常地质因素时，应当采取探测和预防措施。

**【解读】**本条是关于井筒施工期间的地质工作要求和井筒施工出现异常地质因素时的规定。

井筒施工期间对检查孔的资料进行验证，可以从更大的范围了解井筒所在地实际地质情况，保证井筒施工过程中能够按照原设计方案进行施工，井筒施工过程中取得的地质资料也是对检查孔资料的补充。检查孔的地质资料包括：井筒地层，井筒构造，含隔水层水文地质特征，地下水的补给、径流、排泄条件，断层的导水性及其对矿床充水的影响，地表水、老窑水对矿床充水的影响，井筒涌水量预测，井筒水文地质勘查类型，井筒工程地质特征，井筒岩石工程地质条件评价，井筒工程地质勘查类型，煤质特征，瓦斯、煤尘、煤的自燃等。

当发现下列情况之一影响施工的异常地质因素时，应当及时采取探测和预防措施。

（1）根据井筒检查孔资料发现地质、瓦斯地质、水文地质和工程地质条件有重大变化或与预测地质资料有较大出入时。

（2）井筒通过的岩土层的物理力学性质、埋藏条件和断层破碎带、老空区、溶洞、裂隙的特征以及新生代典型土层的力学性能不清。

**第二十八条** 煤矿建设、生产阶段，必须对揭露的煤层、断层、褶皱、岩浆岩体、陷落柱、含水岩层，矿井涌水量及主要出水点等进行观测及描述，综合分析，实施地质预测、预报。

**【解读】** 本条是关于煤矿建设、生产阶段对揭露的地质现象进行观测及描述的规定。

煤矿地质工作是煤矿生产建设的一项重要技术基础工作，煤矿的一切采掘工程都必须以可靠的地质资料为依据。由于煤矿生产的需要，在煤层及其围岩中开掘了一系列的井巷，这为矿井地质人员取得丰富的原始地质资料创造了有利的观察条件。可以通过井巷深入到地下直接观测井下的地质情况，并用文字和图表把这些原始地质材料真实、全面、系统地记录和描绘下来。通常把记录和描绘井下原始地质材料的工作叫作井下地质编录。

煤矿地质人员为煤矿生产建设服务，其关键在于提供正确的地质资料，而正确的地质资料来源于周密、系统的地质调查和对各种调查材料连贯起来的思索。换句话说，只有在充分汇集原始地质材料的基础上，并经过科学的综合分析，才能得出正确的地质认识和判断。而井下地质编录正是煤矿地质人员取得珍贵的原始地质材料的重要手段。所以它是煤矿地质的基础工作，也是煤矿地质日常工作的主要内容之一。如果在煤炭开采过程中对揭露的地质现象缺乏系统观测及描述，就难以对存在的煤矿地质问题进行系统分析，造成煤炭开采效率低和矿井地质灾害发生频繁，严重影响煤矿安全生产。为此，煤矿建设、生产阶段，必须对揭露的煤层、断层、褶皱、岩浆岩体、陷落柱、含水岩层、矿井涌水量及主要出水点等地质资料进行观测及描述。在对地质资料综合分析的基础上，对矿井开采地质条件进行预测、预报，以指导煤矿安全生产。

观测及描述应满足如下要求：

（1）煤矿地质观测应做到及时、准确、完整、统一。

（2）观测、素描、记录应在现场进行，并记录在专门的地质记录簿及素描卡片上，记录簿、卡片统一编号，妥善保存；同时将观测资料录入计算机中，建立观测资料数据库。

（3）观测与描述应记录时间、地点、位置和观测、记录者姓名。

（4）观测资料应及时整理并结合物探资料综合分析并将资料转绘在素描卡片、成果台账及相关图件上，由观测人员进行校对。

（5）井下（现场）观测、记录、描述的地质现象，必须于升井后2天内整理完毕，并反映在相关图件或台账、素描等地质文档中。对采掘（剥）工程布置有影响或可能导致安全问题的地质信息，应及时报告煤矿总工程师。

煤矿地质人员为了更紧密地配合生产，把地质工作做到采掘生产第一线，在提交地质说明书的基础上，紧跟采掘工程的进展，不断地收集整理、分析研究新揭露的地质资料，不断地预测采掘前方的地质变化，定期或不定期地以图件或报告的形式通知生产部门，使之能够及时针对影响采掘的地质问题采取措施，保证生产的正常进行。这样的地质工作叫作地质预测、预报。

地质预测、预报工作的意义在于促使煤矿地质工作面向实际、面向生产，提高了地质工作的预见性。地质预测、预报按其服务对象的不同，分为井田和采区开采地质条件预测和掘进、回采地质预报。

（1）煤矿开采地质条件是指影响煤矿开采的各种地质因素之综合，包括煤层厚度变化、地质构造、煤层顶底板稳定性、岩浆岩侵入、岩溶陷落柱、古河流冲刷、煤层瓦斯、地温、地压和水文地质等因素。井田和采区开采地质条件预测就是采用地质与地球物理方法对井田或采区内影响煤矿开采的各种地质因素进行预测与评价。

（2）掘进地质预报是在开拓区域或采区地质说明书的基础上，针对巷道掘进中的要求，在掘进过程中，边收集资料边预报掘进前方的地质变化，采用类似掘进地质说明书的平面图和剖面图，填报预测资料。对将要遇到的影响掘进的地质问题，如构造所引起的层位变动、岩石性质的变化、断层破碎带、古河床冲刷带、岩浆侵入以及岩溶陷落柱等，及时提出预报，并采取措施，保证巷道掘进质量和快速安全地完成工程进度。

（3）回采地质预报是在回采地质说明书的基础上，在回采过程中不断预报回采工作面前方的地质变化，采用1∶500的工作面地质图，填报预测地质资料。对回采工作面前方将出现的影响煤矿生产的地质问题，如落差大于采高的断层、煤厚变化、顶板严重破碎、淋水突然加大、岩浆侵入体与岩溶陷落柱等地质异常现象，要及时做出预报，并采取相应措施，确保煤矿安全和生产任务的完成。

地质预报是在地质说明书的基础上，根据采掘过程中新揭露的地质资料，按照巷道掘进和工作面回采的要求，编制而成的。地质预报实际上是地质说明书使用的继续和补充，体现了地质研究的重要性。

**第二十九条** 井巷揭煤前，应当探明煤层厚度、地质构造、瓦斯地质、水文地质及顶底板等地质条件，编制揭煤地质说明书。

**【解读】** 本条是关于井巷揭煤前应探明的矿井地质条件要求和规定。

井巷揭煤对煤矿安全生产产生影响，揭煤前如果不能探明煤层厚度、地质构造、瓦斯地质、水文地质及顶底板等地质条件，在实际揭煤过程中会遇到各种地质问题，严重影响煤矿开采的进度，增加开采的成本，导致实际开采过程中出现非常被动的局面。如石门揭穿突出煤层时的发生煤与瓦斯突出和井下突水，严重影响煤矿安全生产。由于揭煤前工作面前方的煤体处于高应力分布区带，且瓦斯压力和地下水压力高，所以石门揭穿煤层过程中易于发生煤与瓦斯突出和井下突水。因此，井巷揭煤前，探明煤层厚度、地质构造、瓦斯地质、水文地质及顶底板等地质条件为煤矿开采过程中预防煤与瓦斯突出和井下突水提供地质保障。

揭煤地质说明书主要阐述揭煤区域内影响巷道掘进的地质因素，由文字说明和图件两部分组成，井巷揭煤地质说明书应经煤矿技术负责人批准。

凡属下列条件之一者应编制井巷揭煤地质说明书：

（1）井巷揭穿煤厚大于或者等于 0.3 m 的突出煤层；新水平、新采区首次揭开煤厚大于或者等于 0.3 m 的非突出煤层；井巷揭穿《防治煤与瓦斯突出细则》中按突出煤层管理的煤层。

（2）层间距在 20 m 及以内的煤层群，应编制联合揭煤地质说明书；大于 20 m 的，应分别编制揭煤地质说明书。

（3）应在施工揭煤地质探钻孔前或物探之前，编制井巷揭煤地质说明书。

（4）井巷揭煤地质说明书编制起始位置：突出煤层、地质构造复杂带煤层，距煤层最小法向距离 30 m 前，不足 30 m 的在开工前；其他煤层距煤层最小法向距离 20 m 前，不足 20 m 的在开工前。

（5）应依据相关地质报告、采区地质说明书、井巷工程设计等资料编制。

**第三十条** 基建矿井、露天煤矿移交生产前，必须编制建井（矿）地质报告，并由煤矿企业技术负责人组织审定。

**【解读】**本条是关于建井地质报告编写与审定的规定。

在建井施工之前，建井地质人员必须编制建井（矿）地质报告书，作为建井部门选择施工方案，编制井筒和井底车场施工组织设计，制定作业规程和指导井巷施工的地质依据，对煤矿设计和施工具有重要意义。

建井（矿）地质报告是根据井田地质勘探资料和井筒检查孔所取得的资料，按照建井设计与施工的要求，经过分析整理编制而成的。

矿井建设阶段地质工作主要包括：系统收集编录矿井建设阶段工程所揭露的一切地质资料，及时预测预报并研究解决施工过程中出现的地质问题，编制建井地质报告并全面移交给生产单位。

建井地质报告编写，见《煤矿地质工作规定》附录B煤矿（建矿、生产）地质报告编写提纲。

矿井建设阶段的地质工作，由矿井建设单位负责，矿井施工单位具体实施。编制的建井（矿）地质报告书要由煤矿企业技术负责人组织审定，这样才能确保编制的建井（矿）地质报告书能够满足基建工程设计和施工的地质要求，为煤矿基建工程设计和施工提供地质保障。

**第三十一条** 掘进和回采前，应当编制地质说明书，掌握地质构造、岩浆岩体、陷落柱、煤层及其顶底板岩性、煤（岩）与瓦斯（二氧化碳）突出（以下简称突出）危险区、受水威胁区、技术边界、采空区、地质钻孔等情况。

**【解读】**本条是关于掘进和回采前应开展的矿井地质工作要求的规定。

经过地质观测及描述，生产地质勘探以及矿井综合地质图的编制，对煤矿地质现象的特征、规律及它们对生产的影响有了比较全面系统的认识，这就能够根据这些规律及时解决采掘过程中所出现的地质问题，为采掘工程设计、施工和管理提供所需要的各种地质资料，保证煤矿生产的正常进行。

掘进和回采地质说明书是煤矿地质部门为各项采掘工程设计、施工和管理提供的地质预测资料。根据采掘工程的阶段和对地质说明书的使用要求不同。在煤矿生产过程中掘进和回采前，应当编制地质说明书包括掘进地质说明书和回采地质说明书两种。这两种地质说明书是煤矿生产重要的技术基础资料，它直接关系到采掘工程的合理布局，日常生产的合理安排，煤炭资源的合理开采，是地质保障和服务于生产的一种主要方式。

根据生产计划适时地编制符合生产要求的各种地质说明书是生产阶段煤矿地质工作的一项重要任务。

掘进和回采前，应开展以下工作：

(1) 分析和预测影响工作面施工的断层、褶曲展布和形态或煤厚及岩性。巷道揭煤地段、地质构造复杂地段、突出煤层顶（底）巷道，受水、瓦斯威胁巷道掘进工作面应编制专项超前探测措施，并组织实施。

(2) 根据实测资料预测工作面内的煤层厚度、结构的变化情况。厚煤层或特厚煤层应绘制工作面的煤厚等值线预测图。

(3) 加强采矿应力集中区的预报。在采掘工作面距应力集中区边缘 50 m 前，编制预报通知单，报矿总工程师审批后交有关单位。

(4) 圈定预测变薄带方向及范围。

(5) 核实工作面储量。

掘进和回采工作面地质说明书编写，见《煤矿地质工作规定》附录 C 地质说明书编写的主要内容及要求。

**第三十二条** 煤矿必须结合实际情况开展隐蔽致灾地质因素普查或探测工作，并提出报告，由矿总工程师组织审定。

井工开采形成的老空区威胁露天煤矿安全时，煤矿应当制定安全措施。

**【解读】** 本条是关于开展隐蔽致灾地质因素普查或探测工作的规定。

隐蔽致灾地质因素是影响煤矿安全生产的重要因素，煤矿隐蔽致灾因素是指隐伏在煤层及其围岩内、在采掘过程中可能诱发灾害的不良地质体（地质异常区）、在采动作用下形成的灾变地质体（区），以及其他有可能诱发灾害的地质工程遗留物体，在现有技术、经济条件下能够预先查明并进行危险性评价。由于煤矿隐蔽致灾因素具有很大的隐蔽性，对煤矿安全造成重大影响。例如 2010 年山西王家岭“3·28”煤矿透水事故，造成 153 人被困，最终 115 人获救，38 名矿工遇难，并造成巨大的经济损失。事故直接原因是该矿 20101 回风巷掘进工作面附近小煤窑老空区积水情况未探明，且在发现透水征兆后未果断采取撤出井下作业人员等措施，掘进作业导致老空区积水透出，造成 +583.168 m 标高以下巷道被淹和人员伤亡。事故的间接原因是：地质勘探程度不够，水文地质条件不清，未查明老窑采空区位置和范围、积水情况；水患排查治理不力，发现透水征兆后未采取有效措施；施工组织不合理，赶工期、抢进度；未对职工进行全员安全培训，部分新到矿职工未经培训就安排上岗作业，部分特殊工种人员无证上岗。查明隐蔽致灾地质因素对保障煤矿建设施工和安全正常生产具有重大理论和实际意义。

不良地质体（地质异常区）泛指煤系及盖层或成煤基底中存在的可能引发煤矿灾害事故的原生地质体。例如褶曲、断层、陷落柱、溶洞（暗河）、烧变岩、火成岩、隔水层缺失区（天窗）、煤层赋存变化区、冲击地压矿井应力异常区、瓦斯富集区、风氧化带、富水区、露头隐蔽高温区等。

灾变地质体（区）是指由于工程扰动形成的可能引发煤矿灾害事故的潜在区域。如采空区（老窑）、离层顶板、采动应力集中区、煤岩采动破坏区、漏风通道、老空隐蔽高温区等。灾变地质体（区）往往伴随开采活动，渐变成灾。

地质工程遗留物体是指人工活动形成的可能引发煤矿灾害事故的遗留物。如封闭不良钻孔，遗留钻具（套管）等。

煤矿隐蔽致灾因素具有隐蔽性、时变性、脆弱性及可探查性四大主要特性，这些特性决定了由于隐蔽致灾因素不明而导致的灾害事故具有突发性。

煤矿隐蔽致灾因素的隐蔽性是指在煤矿生产过程中，可导致灾害发生的地质异常体，难以直接观测，需通过专门手段才可能被发现的特性。例如隐伏陷落柱、不明老空区、小型地质构造、应力异常区等。

煤矿隐蔽致灾因素的时变性是指可导致灾害发生的因素伴随采掘生产活动随时间变化的特性。目前随着矿井延深和开采条件变化，出现了多种新型隐蔽致灾因素和灾害形式，例如滞后突水、采动离层水、延期突出、冲击地压、切顶、近距离煤层群火灾等。

煤矿隐蔽致灾因素的脆弱性是指隐蔽致灾因素被触发并突然引发灾害。事故的起因往往很平常，但致灾时间短，产生的灾害强度高，破坏性大，无预警时间或预警时间短促，猝不及防。隐蔽致灾因素引发的煤矿灾害事故往往突发性强。

煤矿隐蔽致灾因素的可探查性是指在现有技术、经济条件下可对煤矿隐蔽致灾因素预先查明并进行危险性评价。

每个煤矿应结合实际情况开展隐蔽致灾地质因素普查，提出普查报告，由煤矿总工程师组织审定。

（1）采空区普查，应采用调查访问、物探、化探和钻探等方法进行，查明采空区分布、形成时间、范围、积水状况、自然发火情况和有害气体等。应将采空区相关信息标绘在采掘（剥）工程平面图和矿井充水性图上，建立煤矿和周边采空区相关资料台账。

（2）废弃老窑（井筒）和封闭不良钻孔普查，应收集废弃老窑（井筒）闭坑时间、开采煤层、范围，是否开采煤柱和充填情况等资料。井田内及周边施工的所有钻孔都要标注在图上，分析每个钻孔封孔的质量。建立井田内废弃老窑（井筒）、水源井、封闭不良钻孔台账。

（3）断层、裂隙和褶曲普查，应查明矿井边界断层和井田内落差大于5 m的断层，查明矿井内主要褶曲形态，收集矿井裂隙发育资料，总结规律，编制煤矿构造纲要图。其中，断层普查主要包括断层性质、走向、倾角、断距，断层带宽度及岩性，断层两盘伴生裂隙发育程度，断层富水性等。

（4）陷落柱普查，应查明矿井内直径大于30 m的陷落柱，主要包括陷落柱发育形态、岩性、周边裂隙发育程度、导水性等，并提出防范措施和建议。

（5）瓦斯富集区普查，应查明煤层厚度、变化规律、煤质和瓦斯含量及赋存状况，系统收集矿井所有的瓦斯资料和地质资料，编制瓦斯地质图，对矿井瓦斯赋存情况进行分区，开展瓦斯防突预测预报工作。

（6）导水裂缝带普查，应采用物探、钻探实测和理论计算等方法确定导水裂缝带高度，合理留设防隔水煤（岩）柱。

（7）地下含水体普查，应查明影响矿井安全开采的水文地质条件，各种含水体的水源、水量、水位、水质和导水通道等，预测煤矿正常和最大涌水量，提出防排水建议。

（8）井下火区普查，应查明火区范围、密闭、气体成分等情况，提出防灭火措施建议。

（9）古河床冲刷带、天窗等不良地质体普查，应采用物探、钻探等方法查明井田内岩浆岩侵入体分布范围、古河床冲刷带、古隆起、天窗等，将查出的不良地质体标绘在采掘工程平面图上。

**第三十三条**　生产矿井应当每5年修编矿井地质报告。地质条件变化影响地质类型划分时，应当在1年内重新进行地质类型划分。

**【解读】**本条是关于矿井地质报告修编的规定，明确了修编时间和要求。

煤矿地质条件复杂，煤层及其顶底板岩性在空间上存在一定的变化，且含有大量的断层、裂隙、节理、软弱夹层（通称为结构面）等，在一个小的范围内也是多变的，可以导致更为复杂的力学行为的差异性。目前我国东部矿井煤炭开采深度以每年8～12 m的速度增加，延深以每10年100～250 m的速度发展，东部煤炭开采面临高地压、高地热、高地下水压以及巨厚新生界等问题。我国西部煤炭开采地质条件简单，煤炭大规模开发，工作面推进速度快，主要面临水资源短缺和生态环境脆弱的问题。

随着煤炭开采，回采空间的形状与规模、数量增加，揭露的地质现象不断增多，需要对揭露的地质现象进行总结，因此生产矿井应当每5年修编矿井地质报告，为煤矿安全生产提供可靠地质保障。

矿井地质报告编写，见《煤矿地质工作规定》附录B煤矿（建矿、生产）地质报告编写提纲。

地质条件变化影响地质类型划分时，应当在1年内重新进行地质类型划分。

煤矿地质类型以地质构造复杂程度和煤层稳定程度为主要依据，以其他开采地质条件为辅助依据进行类型划分。煤矿地质类型分为简单（Ⅰ类）、中等（Ⅱ类）、复杂（Ⅲ类）和极复杂（Ⅳ类）4种类型。各项地质因素复杂程度的规定见表2－1。

表2－1　各项地质因素复杂程度的标准

| 地质因素 | | 代号 | Ⅰ类 | Ⅱ类 | Ⅲ类 | Ⅳ类 |
|---|---|---|---|---|---|---|
| 地质构造复杂程度 | 断层 | a | 大中型断层很少 | 大中型断层不多，且很少互相切割交叉 | 大、中型断层较多或断层虽不多，但互相切割交叉 | 大、中型断层相当发育，或断层互相切割比较严重 |
| | 褶皱 | b | 地层产状单一，很少有波状起伏 | 地层产状变化不大，有少量宽缓褶皱 | 地层产状变化较大，褶皱比较发育，或有一定数量的紧密褶皱 | 地层产状变化很大，紧密褶皱发育 |
| | 岩浆侵入对煤层的影响 | c | 未受或很少受岩浆侵入的影响 | 仅局部地段受到岩浆侵入的影响，其规模不大，形状较规则，对煤层的影响不大 | 岩浆侵入范围较大，侵入体的数量较大，形状不规则，对煤层的破坏比较严重 | 侵入体数量大，影响范围大，侵入层位多变，形状复杂，对煤层破坏严重，部分煤层已失去开采价值 |
| 煤层稳定程度 | | d | 稳定和比较稳定煤层的储量占全井储量的80%以上，其中稳定煤层储量所占比例一般不小于40% | 稳定和比较稳定煤层的储量占全井储量的60%～80%（含60%） | 稳定和比较稳定煤层的储量占全井储量的40%～60%（含40%） | 不稳定和极不稳定煤层的储量占全矿井总储量的60%及以上 |

表 2-1（续）

| 地质因素 | | 代号 | Ⅰ 类 | Ⅱ 类 | Ⅲ 类 | Ⅳ 类 |
|---|---|---|---|---|---|---|
| 其他开采地质条件复杂程度 | 顶底板 | e | 顶底板平整，顶板完整性好，裂隙不发育 | 顶底板较平整，局部凹凸不平，顶板较完整，裂隙不很发育 | 顶底板凹凸不平，顶板裂隙比较发育，岩性比较松软破碎 | 顶底板凹凸不平，顶板岩性松软、破碎，裂隙发育 |
| | 倾角 | f | 大部分地区倾角在10°以下 | 大部分地区倾角10°~25°（含10°） | 大部分地区倾角为25°~45°（含25°） | 大部分地区倾角在45°及以上 |
| | 瓦斯地质类型 | g | 煤层瓦斯含量小于4 $m^3/t$ | 煤层瓦斯含量大于或等于4 $m^3/t$，且小于8 $m^3/t$ | 煤层瓦斯含量大于或等于8 $m^3/t$ | 煤与瓦斯突出矿井或按照煤与瓦斯突出矿井管理 |
| | 水文地质类型 | h | 简单 | 中等 | 复杂 | 极复杂 |
| | 其他特殊地质因素 | i | 一般不出现陷落柱、冲击地压、地热和天窗等地质危害 | 偶有陷落柱、冲击地压、地热和天窗等地质危害 | 常有较多陷落柱、冲击地压、地热和天窗等地质危害 | 煤层大面积遭受陷落柱、冲击地压、地热和天窗等地质危害 |

注：1. 大、中型断层是指采区无法跨越的断层；

2. 煤矿水文地质类型划分按《煤矿防治水细则》执行；

3. 按划分依据就高不就低的原则，确定煤矿地质类型。

（1）地质构造复杂程度的评定：原则上应以断层、褶皱和岩浆侵入三个因素中复杂程度最高的一项为准。其综合评定的标准是：地质构造不影响采区的合理划分者为一类；地质构造对采区的合理划分有一定影响者为二类；地质构造影响采区的合理划分，只能划分出部分正规采区者为三类；由于地质构造复杂而很难划分出正规采区者为四类。

（2）煤层稳定性的评定：薄煤层以可采性指数（$K_m$）为主，煤厚变异系数（$\gamma$）为辅；中厚及中厚以上的煤层以煤厚变异系数为主，可采性指数为辅，其参照指标见表2-2。

煤层可采性指数 $K_m$ 计算方法：

$$K_m = \frac{n'}{n} \tag{2-1}$$

式中　$K_m$——煤层可采性指数；

$n$——参与煤层厚度评价的见煤点总数；

$n'$——煤层厚度大于或等于可采厚度的见煤点数。

表 2-2　评价煤层稳定性的主、辅指标

| 分煤层 | 稳定煤层 | | 较稳定煤层 | | 不稳定煤层 | | 极不稳定煤层 | |
|---|---|---|---|---|---|---|---|---|
| | 主要指标 | 辅助指标 | 主要指标 | 辅助指标 | 主要指标 | 辅助指标 | 主要指标 | 辅助指标 |
| 薄煤层 | $K_m \geqslant 0.95$ | $\gamma \leqslant 25\%$ | $0.95 \geqslant K_m \geqslant 0.8$ | $25\% < \gamma \leqslant 35\%$ | $0.8 > K_m \geqslant 0.6$ | $35\% < \gamma \leqslant 55\%$ | $K_m < 0.6$ | $\gamma > 55\%$ |
| 厚和中厚煤层 | $\gamma \leqslant 25\%$ | $K_m \geqslant 0.95$ | $25\% < \gamma \leqslant 40\%$ | $0.95 > K_m \geqslant 0.8$ | $40\% < \gamma < 65\%$ | $0.8 > K_m \geqslant 0.65$ | $\gamma > 60\%$ | $K_m < 0.65$ |
| 特厚煤层 | $\gamma \leqslant 30\%$ | $K_m \geqslant 0.95$ | $30\% < \gamma \leqslant 50\%$ | $0.95 > K_m \geqslant 0.85$ | $50\% < \gamma \leqslant 75\%$ | $0.85 > K_m \geqslant 0.7$ | $\gamma > 75\%$ | $K_m < 0.70$ |

煤厚变异系数 $\gamma$ 计算方法：

$$\gamma = \frac{S}{M} \times 100\% \tag{2-2}$$

$$S = \sqrt{\frac{\sum_{i=1}^{n}(M_1 - \overline{M})^2}{n-1}}$$

式中　$\gamma$——煤厚变异系数；

$M_1$——每个见煤点的实测煤层厚度，m；

$\overline{M}$——煤矿（或分区）的平均煤层厚度，m；

$n$——参与评价的见煤点数；

$S$——均方差值，m。

（3）参加矿井煤层稳定性评定的煤厚点，其分布应力求均匀，资料必须可靠，凡已作为构造因素评定的煤厚异常点应予剔除。

煤矿地质条件分为四大类。各类矿井的评定标准如下：

一类矿井：地质构造的复杂程度和煤层稳定程度均为Ⅰ类，其他开采地质条件不高于Ⅱ（含Ⅱ）类。

二类矿井：地质构造复杂程度和煤层的稳定程度均为Ⅱ类或其中有一项为Ⅰ类，另一项为Ⅱ类，其他开采地质条件不高于Ⅲ类（含Ⅲ）。

三类矿井：地质构造复杂程度和煤层的稳定程度中有一项为Ⅲ类，另一项为Ⅰ类或Ⅱ类。

四类矿井：地质构造复杂程度和煤层稳定程度均为Ⅲ类或其中有一项为Ⅳ类。

当其他开采地质条件的类别，高于地质构造复杂程度或煤层稳定程度二者中最高类别成为矿井正常生产的主要矛盾时，评定矿井的类型可适当升级。

基建矿井移交生产后，应在1年内进行矿井地质类型划分，编写矿井地质类型划分报告，煤矿地质类型划分报告由煤矿企业总工程师组织审定。

一个矿井原则上只评定划分一种煤矿地质类型，但在地质构造复杂程度、煤层稳定程度、煤层瓦斯分布、水文地质条件等有明显分区规律时，可先分区、分煤层划分地质类型；然后通过综合评定再确定矿井的类别。

当煤矿发生影响矿井地质类型划分的突水和煤与瓦斯突出等地质条件变化时，煤矿应在1年内重新进行地质类型划分。矿井地质类别的评定和变更，需经省煤炭厅（局、公司）批准。

# 第三编　井工煤矿

## 第一章　矿井建设

### 第一节　一般规定

**第三十四条**　煤矿建设单位和参与建设的勘察、设计、施工、监理等单位必须具有与工程项目规模相适应的能力。国家实行资质管理的，应具备相应的资质，不得超资质承揽项目。

**【解读】**本条文是关于煤矿建设单位和参与建设的勘察、设计、施工、监理等单位能力、资质的规定。

《建设工程勘察设计资质管理规定》规定：从事建设工程勘察、设计活动的企业，应当按照其拥有的注册资本、专业技术人员、技术装备和勘察设计业绩等条件申请资质，经审查合格，取得建设工程勘察、设计资质证书后，方可在资质许可的范围内从事建设工程勘察、工程设计活动。

《建设工程勘察设计管理条例》规定：建设工程勘察、设计单位应当在其资质等级许可的范围内承揽建设工程勘察、设计业务。禁止建设工程勘察、设计单位超越其资质等级许可的范围或者以其他建设工程勘察、设计单位的名义承揽建设工程设计业务。禁止建设工程勘察、设计单位允许其他单位或者个人以本单位的名义承揽建设工程勘察、设计业务。

《建设工程质量管理条例》规定：施工单位应当依法取得相应等级的资质证书，并在其资质等级许可的范围内承揽工程。禁止施工单位超越本单位资质等级许可的业务范围或者以其他施工单位的名义承揽工程。禁止施工单位允许其他单位或者个人以本单位的名义承揽工程。

《工程监理企业资质管理规定》规定：从事建设工程监理活动的企业，应当按照本规定取得工程监理企业资质，并在工程监理企业资质证书许可的范围内从事工程监理活动。

依据上述相关规定，本条对参与建设的勘察、设计、施工、监理等单位的资质进行了强调，尤其是对煤矿建设单位提出能力要求。煤矿建设单位不得超越本单位管理能力组织实施项目建设，但可以采用委托总承包模式进行项目建设。本条对煤矿建设单位提出能力要求的原因在于：煤矿建设属高危行业，存在水、火、瓦斯、煤尘、顶板等五大灾害，安全风险较大，建设单位既是建设项目的投资者，又是建设项目设计、施工方案、灾害预防等重大安全技术问题的决策者，因此，建设单位必须对项目建设投资、建设工期、安全生产等负全面责任。为避免因建设单位决策失误致使工程项目建设走弯路、造成浪费甚至发生生产安全事故，本规程对建设单位提出相关能力要求，要求建设单位必须具备工程项目建设的相应管理能力，且具有管理同类煤矿建设项目的经历或经验。为确保工程建设项目顺利进行，建设单位必须对煤矿建设项目进行统一协调管理，建立安全、技术、工程管理机构，建立健全项目建设期间安全管理制度，按专业配足安全、技术人员，组织项目前期准备工作，包括地质勘探、办理项目开工手续、完成项目“四通一平”工作等，加强对建设项目施工的监督管理。建设单位要与施工、监理等单位签订安全管理协议，明确各方的安全管理责任，并指定专职安全管理人员进行安全检查与协调。建设单位要指派安全管理人员现场跟班管理，及时发现和处理建设过程中的安全隐患。

同时，本规程要求勘察、设计、施工、监理等单位不得超越本单位资质等级或以其他单位的名义承揽工程，不得允许其他单位或个人以本单位的名义承揽工程。

**第三十五条** 有突出危险煤层的新建矿井必须先抽后建。矿井建设开工前，应当对首采区突出煤层进行地面钻井预抽瓦斯，且预抽率应当达到30%以上。

**【解读】**本条文是关于有突出危险煤层的新建矿井先抽后建的规定。

对新建矿井设计的首采区内的开采煤层，在建井前评估为有突出危险的，必须采用地面钻井等预抽煤层瓦斯的防突措施。

计算煤层的预抽率时，应当根据预抽瓦斯量作为评价预抽效果的指标。当预抽率达到30%以上时，即达到预抽效果，可以开始建井工程的施工。但在首采区内该开采煤层实施采掘作业前，仍要实施区域综合防突措施。

矿井建设开工前，是指矿井建设项目的一期井巷工程施工前。

**第三十六条** 建设单位必须落实安全生产管理主体责任，履行安全生产与职业病危害防治管理职责。

**【解读】**本条文是关于建设单位履行安全生产管理主体责任的规定。

《加强煤矿建设安全管理规定》规定：建设单位法定代表人（实际控制人或主要负责人）对建设项目安全全面负责，是建设项目安全管理的第一责任人，上级集团公司对建设项目安全承担领导责任。建设单位必须落实安全生产管理主体责任，履行安全管理职责。建设单位必须建立建设项目统一管理机制。煤矿建设、施工、监理和设计单位应当建立信息畅通、优势互补、统一指挥、反应灵敏、控制有效的安全管理机制，建设单位必须对煤矿建设项目进行统一协调管理，建立安全、技术、工程管理机构，建立健全项目建设期间领导带班下井等安全管理制度，按专业配足安全、技术人员，组织项目施工准备工作，加强对建设项目施工的监督管理。建设单位应当与施工、监理等单位签订安全管理协议，明确各方的安全管理责任，并指定专职安全管理人员进行安全检查与协调。建设单位要指派安全管理人员现场跟班管理，及时发现和处理建设过程中的安全隐患。建设单位每半年要向省级煤炭行业管理部门和煤矿安全监察机构报送 1 次工程进展情况。

为实现安全生产，建设单位还应当正确处理安全与生产、安全与进度、安全与形象、安全与绩效的关系，不得盲目压减工期、强令施工单位盲目赶进度，且不得降低工程造价、拖欠工程款、削减安全投入。

**第三十七条** 煤矿建设、施工单位必须设置项目管理机构，配备满足工程需要的安全人员、技术人员和特种作业人员。

**【解读】**本条文是关于煤矿建设、施工单位项目管理机构设置、人员配置的规定。

煤矿建设属高危行业，工程地质及水文地质条件复杂，地质勘探精度有时不能满足安全施工要求，不确定因素较多，再加上煤矿建设涉及井巷工程、地面建筑工程、机电安装工程等三类工程，工程平行交叉作业以及多家施工单位同时施工，因此，煤矿建设、施工单位应当按照项目建设规模组建相应的现场项目管理机构，设立专门的安全生产管理部门和生产技术管理部门，配备满足工程需要的安全、技术和特种作业人员。

安全生产管理部门以及安全生产管理人员的主要职责是：组织或者参与拟订本单位安全生产规章制度、操作规程和生产安全事故应急救援预案；组织或者参与本单位安全生产教育和培训，如实记录安全生产教育和培训情况；督促落实本单位重大危险源的安全管理措施；组织或者参与本单位应急救援演练；检查本单位的安全生产状况，及时排查生产安全事故隐患，提出改进安全生产管理的建议；制止和纠正违章指挥、强令冒险作业、违反操作规程的行为；督促落实本单位安全生产整改措施。

生产技术管理部门的职责是：建立健全生产技术安全技术保障体系，按规定配备矿建、土建、机电、通风、地测等专业技术人员和特种作业人员。

特种作业是指容易发生事故，对操作者本人、他人的安全健康及设备、设施的安全可能造成重大危害的作业。煤矿特种作业包括：煤矿井下电气作业、煤矿井下爆破作业、煤矿安全监测监控作业、煤矿瓦斯检查作业、煤矿安全检查作业、提升机操作作业、煤矿采煤机（掘进机）操作作业、煤矿瓦斯抽采作业、防突作业、煤矿探放水作业等。特种作业人员必须持证上岗。特种作业人员的培训、考核、发证、复审等，应由单位注册所在地政府监督管理部门统一负责办理，避免重复办证。

各类专业技术人员、特种作业人员配备数量应根据工程需要确定，应在施工组织设计中明确。

**第三十八条** 单项工程、单位工程开工前，必须编制施工组织设计和作业规程，并组织相关人员学习。

**【解读】** 本条文是关于施工组织设计和作业规程编制、贯彻执行的规定。

煤矿建设具有井巷工程、地面建筑工程、机电安装工程等平行交叉作业，工程量大，建设周期长，受地质条件及自然因素影响大，各工程项目和工序之间相互交替、相互关联等特点，因此，为确保煤矿建设顺利进行，必须编制施工组织设计。单项工程施工组织设计没有得到批准，施工准备工作不得进行。单位工程施工组织设计没有得到批准，单位工程不得开工。

1. 单项工程与单位工程划分

单项工程是指凡能单独立项，建成后能独立形成生产能力或规模的建设工程。如新建矿井、选煤厂等。

单位工程是指在单项工程中，能相对独立的建设工程。如立井（斜井）井筒、平硐、箕斗装载硐室、井底煤仓等。

2. 施工组织设计编制内容

施工组织设计分为单项工程施工组织设计和单位工程施工组织设计。

（1）单项工程施工组织设计是以施工项目为对象编制的，用于指导施工的技术、经济和管理的综合性文件。

单项工程施工组织设计主要内容包括（以矿井为例）：

① 矿井概况；

② 矿井建设主要条件；

③ 矿井施工总体部署；

④ 施工准备，包括组织准备、技术准备和工程准备等；

⑤ 施工总平面布置；

⑥ 重要单位工程和专项工程的施工方案及施工组织设计；

⑦ 一般单位工程或分部分项工程施工作业规程；

⑧ 建井主要生产系统，包括提升、运输、供电、压风、通风、排水等生产系统及瓦斯监测监控、抽采系统和综合防尘系统等；

⑨ 施工总体进度计划，包括施工图供图计划、资源采购与供应计划等；

⑩ 目标管理计划，包括质量、进度、投资等管理计划；

⑪ 安全与职业健康；

⑫ 绿色施工；

⑬ 附图及附表，其中附图主要有矿、土、安三类工程综合进度计划网络，井巷工程、地面建筑工程、机电安装工程等工程进度计划网络；附表主要包括矿井建设逐年投资计划汇总表，井巷工程、地面建筑工程、设备与安装工程等逐年投资计划汇表，主要设备供应表，主要材料供应表，劳动力计划汇总表，施工图供应计划表等。

（2）重要单位工程应编制单位工程施工组织设计。单位工程施工组织设计是以单位（子单位）工程为主要对象编制的施工组织设计，对单位（子单位）工程的施工过程起指导和制约作用。

单位工程施工组织设计分为井巷工程、地面建筑工程、机电安装工程等单位工程施工组织设计，主要内容包括（以矿井为例）：编制总说明、工程概况、施工部署、施工进度计划、施工准备及资源配置计划、施工安全管理、相关附图及附表等。

3. 施工作业规程和施工技术措施编制内容

（1）施工作业规程是以一般单位工程或分部（分项）工程为主要编制对象，用于具体指导其施工的关于技术方法与作业程序的文件。

施工作业规程的内容包括：工程概况、施工方案、施工工艺、劳动组织、进度计划、施工准备和资源配置、安全技术措施、质量检验和保证措施等。

（2）施工技术措施是用于零星工程施工或在施工条件发生变化时对施工作业规程进行补充而编制的技术文件。

施工技术措施的内容包括：工程概况、施工方法、施工工艺、施工顺序、安全技术措施、质量保证措施等。

4. 相关技术文件管理要求

（1）单项工程施工组织设计应由建设单位负责组织编制，并根据年度施工进展情况进行优化调整。实行总承包的由总承包单位负责组织编制。单项工程施工组织设计需由建设单位牵头组织设计、施工、监理等相关单位会审后组织实施。编制单项工程施工组织设计，应遵循安全设施优先建设的原则，以满足施工安全需要。

（2）单位工程施工组织设计由施工单位组织编制，报上一级主管单位审批；施工作业规程、安全技术措施，由施工项目部组织编制，报施工单位审批；无上级主管单位的，报建设单位审批。施工组织设计、作业规程、安全技术措施审批后，报建设单位组织会审后实施。

（3）施工单位必须建立健全技术管理制度，明确编制层次、审批权限、责任、流程。

（4）当设计方案、施工条件发生较大变化，原施工组织设计不能满足建设需求和安全施工时，由原编制单位组织修改施工组织设计，按原审批程序审批。严禁先施工后报批、边施工边修改。

（5）工程项目开工前，项目技术负责人必须组织所有参与施工的人员学习贯彻施工组织设计、作业规程和安全技术措施，向作业人员讲清作业场所和工作岗位存在的危险因素、防范措施以及事故应急措施。参与学习贯彻的作业人员，包括直接参加施工的一线操作工、各级管理人员、辅助作业人员等与工程施工相关的人员。学习贯彻记录应真实、完整、规范，并妥善保存。

（6）下列重要技术文件，由施工单位负责组织编制，并按规定程序审批：

① 井筒掘砌及井筒延伸工程施工组织设计；

② 二、三期工程施工组织设计；

③ 二、三期工程专项通风设计；

④ 采用特殊凿井方法施工的井巷工程施工组织设计；

⑤ 高瓦斯、煤与瓦斯突出矿井的揭煤及防突施工专项措施；

⑥ 防治水专项技术措施；

⑦ 年度矿井灾害预防与处理计划；

⑧ 生产安全事故应急预案；

⑨ 井筒转入平巷的改装工程（临时改绞）施工组织设计；

⑩ 井筒永久装备施工组织设计；

⑪ 起吊单重200 t以上金属构件井架、直径4 m以上提升机、大型洗选设备、35 kV及以上线路及变电所、宽度1.4 m及长度2000 m以上带式输送机和井下综采工作面等的永久设备安装施工组织设计；

⑫ 井塔、立井井口房、绞车房、斜井井口房、主斜井带式输送机驱动机房、储煤仓等工程施工组织设计；

⑬ 其他重要的专项施工组织设计和安全技术措施。

**第三十九条** 矿井建设期间必须按规定填绘反映实际情况的井巷工程进度交换图、井巷工程地质实测素描图及通风、供电、运输、通信、监测、管路等系统图。

**【解读】** 本条文是关于矿井建设期间必须及时填绘图纸的规定。

矿井建设期间，为指导安全施工、提高应急管理能力，必须按规定及时、准确填绘反映矿井施工实际情况的图纸。应根据矿井地质条件变化和工程进展情况及时、准确填图，使其真实客观反映施工动态情况。

井巷工程进度交换图是准确描述井巷工程进展情况的图纸，必须按月如实填绘，准确标明各掘进工作面的位置及所揭露的构造、岩性。

地质专业技术人员应及时将井巷工程地质实测素描图、钻探成果与地质预想剖面图进行比对分析，提高地质预测预报的准确性。

通风、供电、运输、通信、监测、管路等系统图应根据实际变化情况，及时更新。

**第四十条** 矿井建设期间的安全出口应当符合下列要求：

（一）开凿或者延深立井时，井筒内必须设有在提升设备发生故障时专供人员出井的安全设施和出口；井筒到底后，应当先短路贯通，形成至少 2 个通达地面的安全出口。

（二）相邻的两条斜井或者平硐施工时，应当及时按设计要求贯通联络巷。

**【解读】** 本条文是关于矿井建设期间的安全出口的规定。

开凿或延深立井时，在提升系统不能正常工作的紧急情况下，井下作业人员可通过专门设置的安全梯或应急专用提升系统撤至地面。考虑到立井凿井时井筒内空间狭小，安全梯由地面井口直接悬吊到井筒工作面，不利于抓岩机、伞钻等大型设备的安全运转，所以允许安全梯由工作面到吊盘、吊盘到地面分段设置。工作面到吊盘一般设置用钢丝绳制作的软梯，生根在下层吊盘的立柱上。吊盘至地面的安全梯由配有应急电源的安全梯专用绞车悬吊，正常情况下悬停在上层吊盘上便于人员搭乘的位置。

立井井筒到底后，要合理选择两井筒短路贯通路线，应尽快施工短路贯通路线上的巷道，实现短路贯通；相邻的两条斜井或平硐施工时，应及时按设计要求贯通联络巷；贯通后，形成两个安全出口，有利于井下作业人员安全撤离，同时有利于形成系统通风，增强抗风险能力，确保安全施工。

## 第二节　井巷掘进与支护

**第四十一条**　开凿平硐、斜井和立井时，井口与坚硬岩层之间的井巷必须砌碹或者用混凝土砌（浇）筑，并向坚硬岩层内至少延深 5 m。

在山坡下开凿斜井和平硐时，井口顶、侧必须构筑挡墙和防洪水沟。

**【解读】** 本条文是关于井口必须砌碹或者用混凝土砌（浇）筑的规定。

煤矿井筒工程是矿井的关键工程，服务时间最长，又是矿井的安全出口。从井口到坚硬岩层，井筒将穿过冲积层、风化岩层、不稳定地层等地层，井壁要承受地层侧压力、地层垂直应力。混凝土支护具有承载能力强、整体性好、防水性好、密实性好等特点，因此，该段井壁必须采用混凝土支护，且该段井筒混凝土浇筑支护的长度，应进入坚硬稳定岩层 5 m 以上，以防止井筒下沉。

井口布置在山坡下时，为防止滑坡、泥石流和山洪威胁，必须进行山坡防护并砌筑防洪沟。

**【案例】** 2009 年 5 月 28 日，云南红河州开远市妈达煤矿发生洪水泥石流灌入矿井事故，造成 3 人死亡。

事故原因：由于强降雨，导致山体滑坡，洪水引发泥石流通过主斜井井口溃入井下。

**第四十二条** 立井锁口施工时，应当遵守下列规定：

（一）采用冻结法施工井筒时，应当在井筒具备试挖条件后施工。

（二）风硐口、安全出口与井筒连接处应当整体浇筑，并采取安全防护措施。

（三）拆除临时锁口进行永久锁口施工前，在永久锁口下方应当设置保护盘，并满足通风、防坠和承载要求。

**【解读】** 本条文是关于立井锁口施工的规定。

（一）采用冻结法施工立井井筒时，应当在井筒具备试挖条件后进行锁口施工。开始冻结后，必须经常观察水文观测孔的水位变化情况。只有在水文孔冒水 7 d 且水量正常，确认冻结壁已交圈后，方可进行试挖。过早进行井筒开挖，由于井筒冻结壁未交圈，冻结壁强度低，冻结壁的厚度或强度尚不足以抵抗该处地压，此时施工立井锁口，可能发生透水涌砂事故，导致被迫灌水重新冻结，既延长了工期、增加了成本，又危及生产安全。

（二）风硐口、安全出口一般距离地表较浅，通常易受地表水影响，为减少混凝土施工缝，保证其防水效果，避免出现局部下沉现象，风硐口、安全出口与井筒连接处应整体浇筑，并采取安全防护措施，增强其稳定性。

（三）保护盘作为拆除临时锁口的操作盘，能满足防坠和承载要求，且在保护盘上设置的通风口，能够满足通风要求。

**第四十三条** 立井永久或者临时支护到井筒工作面的距离及防止片帮的措施必须根据岩性、水文地质条件和施工工艺在作业规程中明确。

**【解读】** 本条文是关于立井永久或者临时支护到井筒工作面的距离及防止片帮措施的规定。

立井井筒施工时，在井筒工作面到临时支护之间的范围内，若不对围岩进行任何支护，井帮围岩处于裸露状态，围岩暴露在空气中会发生风化剥落，井帮受淋水冲刷会发生矸石脱落，井帮岩石在地压作用下会发生破碎片落，空帮也容易发生片帮伤人事故，因此必须在作业规程中明确最大允许空帮距离。

当采用槽钢井圈（背板）或锚喷支护进行临时支护时，若临时支护施工质量不合格，或临时支护距离过长，在地压、围岩风化和爆破震动的作用下，临时支护可能会失效，进而造成片帮事故。

因每个立井井筒所处的地质条件不同，所以必须由负责施工的技术人员，根据本矿井的岩性、水文地质条件和施工工艺，在作业规程中明确立井永久或临时支护到井筒工作面的距离及防止片帮的措施。如遇井筒地质条件发生变化时，应及时进行调整，并经原审批单位批准后，及时传达到每个参与施工的管理和作业人员。

**第四十四条** 立井井筒穿过冲积层、松软岩层或者煤层时，必须有专门措施。采用井圈或者其他临时支护时，临时支护必须安全可靠、紧靠工作面，并及时进行永久支护。建立永久支护前，每班应当派专人观测地面沉降和井帮变化情况；发现危险预兆时，必须立即停止作业，撤出人员，进行处理。

**【解读】** 本条文是关于立井井筒穿过冲积层、松软岩层或煤层必须编制专门措施的规定。

由于冲积层往往含水、风化破碎，砂层遇水易变成流砂，松软岩层强度低，煤层可能赋存瓦斯等情况，当立井井筒采用普通法施工冲积层、松软岩层或煤层时，施工难度较大，安全隐患较多，因此必须根据岩层赋存情况、岩石性质、水文地质条件等，选用合理的施工方法和施工工艺，采用合适的临时支护、永久支护形式，采取保证安全质量的措施等，以确保井筒安全穿过。

本条特别强调，采用井圈或其他临时支护时，临时支护要紧靠工作面，不准空帮，并及时进行永久支护，是为了减少围岩暴露时间，防止片帮事故发生。

在穿过冲积层时，有可能出现地面沉降及临时支护后面的井帮发生位移、松动等情况，导致井筒坍塌。因此，在完成永久支护前，每班应派专人进行观测。发现严重片帮、底鼓、涌砂、井壁下沉开裂、水量增大等危险预兆时，必须立即停止作业，撤出人员，妥善处理，以确保安全。

**第四十五条** 采用冻结法开凿立井井筒时，应当遵守下列规定：

（一）冻结深度应当穿过风化带延深至稳定的基岩 10 m 以上。基岩段涌水较大时，应当加深冻结深度。

（二）第一个冻结孔应当全孔取芯，以验证井筒检查孔资料的可靠性。

（三）钻进冻结孔时，必须测定钻孔的方向和偏斜度，测斜的最大间隔不得超过 30 m，并绘制冻结孔实际偏斜平面位置图。偏斜度超过规定时，必须及时纠正。因钻孔偏斜影响冻结效果时，必须补孔。

（四）水文观测孔应当打在井筒内，不得偏离井筒的净断面，其深度不得超过冻结段深度。

（五）冻结管应当采用无缝钢管，并采用焊接或者螺纹连接。冻结管下入钻孔后应当进行试压，发现异常时，必须及时处理。

（六）开始冻结后，必须经常观察水文观测孔的水位变化。只有在水文观测孔冒水 7 天且水量正常，或者提前冒水的水文观测孔水压曲线出现明显拐点且稳定上升 7 天，确定冻结壁已交圈后，才可以进行试挖。在冻结和开凿过程中，要定期检查盐水温度和流量、井帮温度和位移，以及井帮和工作面盐水渗漏等情况。检查应当有详细记录，发现异常，必须及时处理。

（七）开凿冻结段采用爆破作业时，必须使用抗冻炸药，并制定专项措施。爆破技术参数应当在作业规程中明确。

（八）掘进施工过程中，必须有防止冻结壁变形和片帮、断管等的安全措施。

（九）生根壁座应当设在含水较少的稳定坚硬岩层中。

（十）冻结深度小于 300 m 时，在永久井壁施工全部完成后方可停止冻结；冻结深度大于 300 m 时，停止冻结的时间由建设、冻结、掘砌和监理单位根据冻结温度场观测资料共同研究确定。

（十一）冻结井筒的井壁结构应当采用双层或者复合井壁，井筒冻结段施工结束后应当及时进行壁间充填注浆。注浆时壁间夹层混凝土温度应当不低于 4 ℃，且冻结壁仍处于封闭状态，并能承受外部水静压力。

（十二）在冲积层段井壁不应预留或者后凿梁窝。

（十三）当冻结孔穿过布有井下巷道和硐室的岩层时，应当采用缓凝浆液充填冻结孔壁与冻结管之间的环形空间。

（十四）冻结施工结束后，必须及时用水泥砂浆或者混凝土将冻结孔全孔充满填实。

**【解读】** 本条文是关于采用冻结法开凿立井井筒应当遵守的规定。

（一）冻结法凿井是在开凿井筒前，采用人工制冷方法将井筒周围含水层冻结成封闭的圆筒形冻结壁，以抵抗地压并隔绝地下水与井筒的联系，在冻结壁的保护下进行掘砌作业的施工方法。

冻结深度是决定冻结法施工成败的主要因素之一。冻结深度确定的依据主要是井筒检查孔提供的地质条件。确定冻结深度时，应综合考虑冲积层和风化带的厚度、完整基岩埋深及其隔水性能、基岩含水层的分布及预计涌水量；若地层没有较好的隔水层需要冻结全深时，还应考虑冻结孔解冻后导水封堵等因素。在综合分析上述因素的基础上，合理确定冻结深度。如果冻结深度不够，只到达风化带而未进入稳定的基岩就进行井筒开凿，则底部的含水层会向工作面突水，造成淹井事故。

在总结实践经验和理论分析的基础上，认为冻结深度延深到基岩 10 m 是保证安全生产和经济合理的经验值。

（二）国家现行有关规范对井筒检查孔布置数量的规定偏少，井筒检查孔资料不能满足施工实践的需求。井筒检查孔仅提供井筒一个点位的钻孔地质资料，由于地层存在不均匀性，再加上井筒检查孔施工条件的限制，所获得的井筒检查孔资料与实际情况差异较大，为验证井筒检查孔资料的可靠性，因此要求在井筒检查孔与井筒中心线延长线上布置的第一个冻结孔要全孔取芯。通过第一个冻结孔取芯资料与井筒检查孔资料结合，可以得到一个地质剖面，经进一步分析评价井筒检查孔资料的可靠性，可获得准确的井筒地质资料。

（三）冻结钻孔的施工质量直接影响冻结壁交圈时间、交圈状态和冻结壁厚度与强度。冻结孔偏斜过大，此处冻结壁交圈时间就长、厚度薄且强度低，有时难以交圈。冻结壁不能达到足够的厚度和强度，难以达到抵抗地压、隔绝地下水与井筒的水力联系的目的，给冻结井施工带来安全隐患。冻结钻孔的施工质量决定了冻结壁的厚度和强度，决定了冻结壁的质量，因此施工中必须严格测定冻结孔的方向和偏斜度，保证施工质量。测斜的最大间隔不得超过 30 m，并绘制冻结孔实际偏斜平面位置图，可为施工提供参考依据。

当冻结孔偏斜超过规定时，可采用扫孔法、扩孔法等进行纠偏。如果冻结孔偏斜过大，不能通过纠偏的方法补救，则必须补打冻结孔。

（四）为了准确反映冻结壁交圈情况，水文观测钻孔要打在井筒内，但偏斜不得超出井筒的净断面，深度不得超过冻结段深度。水文观测孔深度应依据能够准确报导主要含水层范围内冻结壁交圈情况来确定。

（五）冻结管的质量直接影响冻结工程的质量，施工中要选用材质好的无缝钢管。冻结管采用无缝钢管内衬箍焊接，其最大优点是抗弯能力强，已经过大量工程实践充分证明行之有效。

（六）水文观测孔的作用是观测井筒冻结过程中的水位升降情况，根据水位变化情况来判断含水层冻结壁是否交圈。同时，承压含水地层水分在冻结过程中由液相转变为固相（体积增大）产生的冻胀力，通过水文观测孔转移释放出来，减小了对冻结壁的影响。

冻结工程施工设计对水文观测孔的布置有明确要求：均要布置在井筒净断面内，通常距井心 1 ~ 2 m，并要不妨碍提升且要方便掘砌作业；每个井筒宜设 2 ~ 3 个水文观测孔，并分层报导各含水层的水位升降情况；应在主要含水层设过滤网，采取隔板套管式结构分层报导水位；最深的水文观测孔要深入到冲积层底部的含水层中，钻进过程中要精准控制钻孔深度，防止基岩水通过水文孔与冲积层水窜通。

冻结壁交圈后，含水地层冻结孔布置圈径内外水分被形成的冻结壁切断了水力联系，从而形成了各自独立的水体，冻结壁内侧的水体受持续扩大冻结壁向内的挤压，地层经历由初始含水率上升至饱和含水率的过程，超过饱和含水率的水分通过水文孔逐步上升直至溢出。实质上水文观测孔溢水是冻结壁交圈的整体表现，通过测算水文孔溢水量的大小也可以反算冻结壁向内的发展速度。根据多年实践检验证明，水文孔冒水 7 d 后（形成的冻结壁已具有一定厚度和强度，可满足井筒浅部封水和短掘短砌的施工需要）、出水量正常，通过测温数据进一步计算验证确认冻结壁已经交圈后，就可进行试挖。

提前冒水的水文观测孔是指某些地区承压含水层水压较高，静水位超过当地原始地表，钻孔施工过程中个别地层中的承压水形成自流。为防止因钻孔导水流速加大，需要在施工完钻孔后采取封堵措施。水文观测孔用钢板焊住管口并安设压力表，冻结开始后定期观测承压水压力，冻结交圈后水压会急剧加大。水压稳定上升 7 d、确定冻结壁已交圈后，就可进行试挖。在试挖过程中，如遇水文观测孔妨碍施工时，可对水文观测孔进行割断处理。

（七）开凿冲积层冻结段时，若冻土进入井筒掘进断面不多时，可采用风镐掘进；若井筒中心全部冻实时，可采用钻爆法掘进，但要编制爆破专项安全技术措施，并严格履行审批手续。

爆破作业专项安全技术措施应当对炮眼布置方式、炮眼深度、炮眼间距、装药量等爆破技术参数作出明确规定，严格控制炮眼与冻结管之间的距离，防止损坏冻结管，造成断管和盐水泄漏等事故。

在冻结段进行爆破作业时，由于环境温度较低，非抗冻炸药爆破后不能实现零氧平衡，生成氮氧化物或一氧化碳等有毒有害气体，对人体造成伤害，故开凿井筒冻结段采用爆破作业时，必须采用抗冻炸药。

（八）井筒掘进施工达到设计掘进断面尺寸后，在冻结壁内冻土或岩体被挖空，井筒内形成一个横断面为井筒掘进断面的圆柱形空间，井筒掘进断面冻结壁井帮成为一个自由面，此时，掘进前冻结壁内外受力的平衡状态被破坏了，冻结壁外部地压仍然存在，并使冻结壁向井筒内发生变形和位移，位移将逐渐增大，致使冻结壁发生片帮；当位移增量过大时，可能造成冻结管弯曲断裂、盐水泄漏、冻结壁解冻或开天窗等事故，不得不停工处理。因此，在掘进施工前，必须依据地质条件、冻结设计、掘进段高等因素制定专项安全技术措施，防止冻结壁变形、片帮、冻结管断裂，确保井筒掘进施工安全。

（九）生根壁座对上部井壁起支撑作用，防止上部井壁在冻土解冻后下沉，因此，生根壁座应设在含水较少的稳定坚硬的基岩中。

（十）当冻结深度小于 300 m 时，因为冻结深度较浅，所以停机后冻结壁解冻速度相对较快，冻结壁强度衰减较快。若过早停机，冻结壁解冻后，井筒外层井壁将失去冻结壁的保护，而且在地压和水压的综合作用下，可能会导致外层井壁开裂破坏，造成生产安全事故。因此，为确保井筒施工安全，要求在永久井壁施工全部完成后方可停止冻结。

当冻结深度大于 300 m 时，随着冻结深度不断延深，冻结壁厚度和强度不断增大，冻结壁不易解冻，解冻后冻结壁强度衰减较慢，但考虑到浇筑井筒内层井壁的施工时间较长将导致冻结时间较长，为减少不必要的冻结费用，因此应当合理确定停止冻结时间。

（十一）新中国成立至 20 世纪 70 年代，我国立井建设主要采用单层井壁结构，井壁漏水问题一直是立井设计施工的重大技术难题。20 世纪 80 年代，我国开始从国外引进双层复合井壁结构。40 多年来，经过不断探索、研究与应用，国产双层复合井壁取得成功。实践证明，冻结井筒采用双层或复合井壁结构，有利于井筒防水和漏水治理。

冻结井筒常采用双层或复合井壁结构，由于外层井壁先行施工，内层井壁后续施工，内、外层井壁之间往往存在一定空隙，为了提高内、外层井壁整体抵抗地压和水压的能力，要求井筒冻结段施工结束后及时进行壁间充填注浆。

（十二）因为在冲积层段井壁预留或后凿梁窝，梁窝处井壁变薄，尤其是梁窝底部更甚，而且凿梁窝时易造成井壁开裂，还可能穿透井壁发生涌水、涌砂，甚至造成淹井事故，所以在冲积层段井壁不应预留或后凿梁窝。

（十三）当冻结孔穿过布有井下巷道和硐室的岩层时，采用缓凝浆液充填冻结孔壁与冻结管之间的环形空间，可以防止冻结孔解冻后导水。在巷道或硐室掘进前，应编制探水及综合防水措施。

对于采用全井深冻结法施工的立井井筒，由于冻结管与冻结孔壁之间存在环形空间，在冻结壁解冻后，冻结管外的环形空间将形成上下串通的导水通道，导致井筒漏水量增大，尤其在井筒相关工程连接处会出现更严重的漏水现象。为防止冻结壁解冻后冻结孔成为竖向导水通道，沟通深、浅部含水层而威胁矿井的安全，故采用缓凝水泥浆液等对冻结管外的环形空间进行充填处理。井筒冻结孔施工完毕，在下冻结管之前，采用缓凝水泥浆液置换冻结孔造孔泥浆。

当施工有冻结孔穿过的井下巷道或硐室时，揭露冻结管后，应当将巷道或硐室掘进断面内的冻结管割断，将冻结管封堵严密，并且在冻结管内及冻结管外的环形空间预埋注浆管，以利于巷道或硐室浇筑混凝土施工完毕后进行注浆封堵，防止冻结孔导水造成事故。

（十四）冻结工程结束后，应回收冻结管，然后用水泥砂浆或混凝土将冻结孔全部充填密实。冻结孔不充填或充填不密实，冻土完全解冻后，冲积层与基岩含水层的水会以冻结孔为通道互相串通，在井筒下部基岩段及井筒相关硐室工程施工时，水压和涌水量会增大，给施工带来很大困难，而且冲积层水砂流失，冲积层稳定性被破坏，致使井筒周围地层不均匀下沉，增大井壁断裂破坏的风险，也会影响永久锁口、井塔以及井口基建构筑物的安全。

当无法回收冻结管，且冻结管外的环形空间填充未达到预期效果时，可采用射孔注浆方法将冻结管内外全部充填，隔断上下含水层之间的水力联系，为工程施工提供安全保障。

**第四十六条**　采用竖孔冻结法开凿斜井井筒时，应当遵守下列规定：

（一）沿斜长方向冻结终端位置应当保证斜井井筒顶板位于相对稳定的隔水地层 5 m 以上，每段竖孔冻结深度应当穿过斜井冻结段井筒底板 5 m 以上。

（二）沿斜井井筒方向掘进的工作面，距离每段冻结终端不得小于 5 m。

（三）冻结段初次支护及永久支护距掘进工作面的最大距离、掘进到永久支护完成的间隔时间必须在施工组织设计中明确，并制定处理冻结管和解冻后防治水的专项措施。永久支护完成后，方可停止该段井筒冻结。

**【解读】**本条文是关于采用竖孔冻结法开凿斜井井筒应当遵守的规定。

（一）竖孔冻结深度的选择是否合理，直接关系到斜井井筒冻结施工的成败。

为保证斜井井筒顺利穿过冲积层、风化带含水地层，斜井井筒冻结终端位置应保证斜井井筒顶板位于相对稳定的隔水地层5 m以上，以避免隔水地层以上的含水地层水威胁井筒施工，防止透水事故发生。竖孔冻结终端位置示意图如图3－1所示。

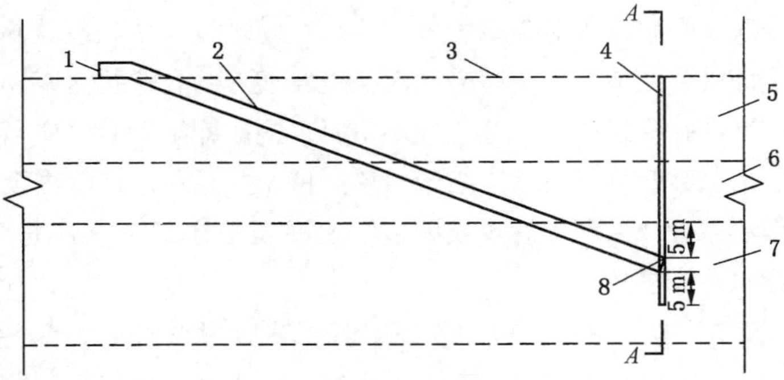


1—井口；2—斜井井筒；3—地面；4—冻结终端竖孔；5—冲积层；6—风化带；7—隔水层；8—井筒掘进断面顶部

图3－1　竖孔冻结终端位置示意图

为保证斜井井筒底板冻土有足够的厚度和强度，防止井筒底板发生透水事故，每一个竖孔冻结深度应当穿过斜井冻结段井筒底板5 m以上。竖孔冻结终端位置 *A*—*A* 剖面图如图3－2所示。

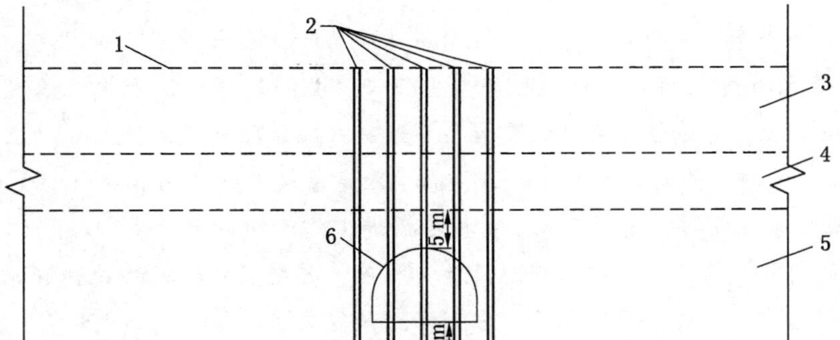


1—地面；2—冻结竖孔；3—冲积层；4—风化带；5—隔水层；6—井筒掘进断面

图3－2　竖孔冻结终端位置 *A*—*A* 剖面图

5 m 是经验值，是根据近年来大量斜井井筒冻结施工实践总结出来的，实践证明是行之有效的。

（二）在采用竖孔冻结法开凿斜井井筒时，通常采用分段打钻、分段冻结施工工艺。每一分段内，掘砌施工速度要与下一分段冻结密切配合，既要保证该分段掘砌施工的连续性，又要保证下一分段能够达到冻结设计的要求，从而保证冻结施工质量。

沿斜井井筒方向，当掘进工作面距离每段冻结终端 5 m 前，如果下一分段冻结已经达到开挖条件，则掘进施工可继续进行。以下各冻结分段以此类推，掘进施工可以不间断连续推进。如果下一分段冻结因各种原因尚未达到开挖条件，则必须停止掘进，待下一分段完成积极冻结且具备掘进条件后，方可继续掘进。

要求沿斜井井筒方向掘进的工作面，距离每段冻结终端不得小于 5 m。5 m 也是根据近年来大量斜井冻结施工实践总结出来的经验值。分段竖孔冻结示意、基岩含水层竖孔冻结示意分别如图 3－3 和图 3－4 所示。

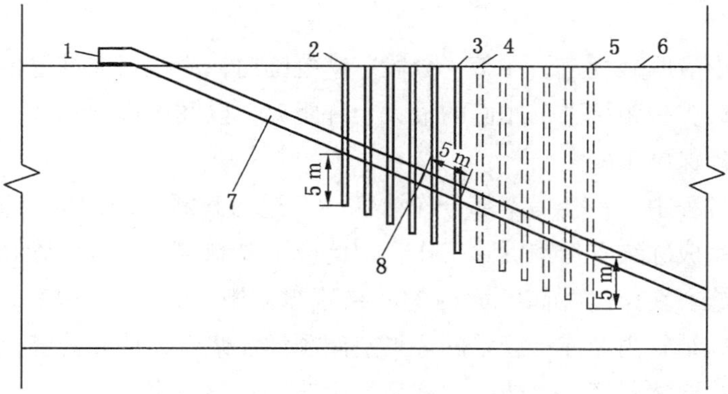


1—井口；2—上分段起始端冻结竖孔；3—上分段终端冻结竖孔；4—下分段起始端冻结竖孔；5—下分段终端冻结竖孔；6—地面；7—斜井井筒；8—停掘工作面位置

图 3－3　分段竖孔冻结示意图

（三）在斜井冻结段井筒进行掘进时，必须对穿过井筒断面内的冻结管进行切割处理，冻结管被切断后，冻结壁处于解冻状态，冻结壁厚度将会变薄，冻结壁强度将会降低，此时，必须及时进行初次支护。随着时间推移，冻结壁强度会越来越低，初次支护将不能抵抗地层压力，必须及时进行永久支护，因此，在施

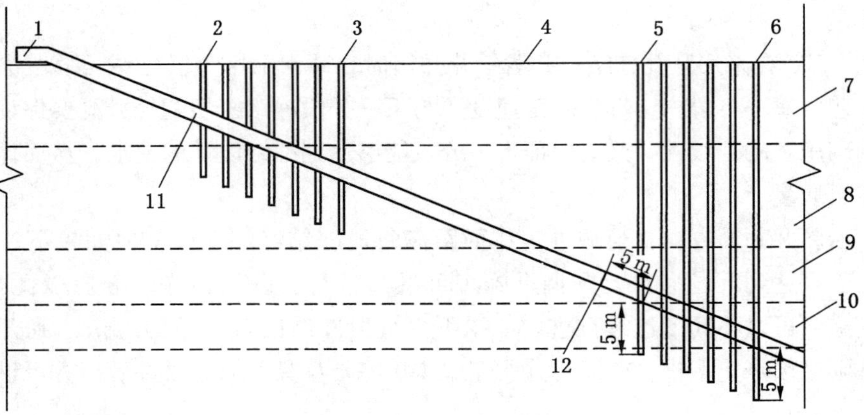


1—井口；2—冲积层及风化带起始端冻结竖孔；3—冲积层及风化带终端冻结竖孔；4—地面；5—基岩含水层起始端冻结竖孔；6—基岩含水层终端冻结竖孔；7—冲积层及风化带；8—隔水层；9—基岩；10—基岩含水层；11—斜井井筒；12—停掘工作面位置

图 3－4　基岩含水层竖孔冻结示意图

工组织设计中应明确规定。在每一分段冻结范围内，应根据冻结壁情况，明确初次支护、永久支护距掘进工作面的最大允许距离，以及掘进到永久支护完成的间隔时间，以确保施工安全。

在掘进过程中，将会揭露部分冻结管（穿过井筒断面内的冻结管），且需在初次支护前完成冻结管切割拆除工作，因此应提前制定处理冻结管和解冻后防治水的专项措施。在穿过井筒断面内的冻结管被割断后，应当先将冻结管封堵严密，并且在冻结管内及冻结管外的环形空间预埋注浆管，待井筒浇筑混凝土施工完毕后再进行注浆封堵，以防止解冻后发生冻结孔导水事故。

在掘进过程中，当穿过井筒断面内的冻结管被切断后，在井筒断面以外的冻结管必须处于冻结状态，当该分段永久支护全部完成后，方可停止该段井筒冻结，防止提前停止冻结造成事故。

**第四十七条**　冻结站必须采用不燃性材料建筑，并装设通风装置。定期测定站内空气中的氨气浓度，氨气浓度不得大于 0.004%。站内严禁烟火，必须备有急救和消防器材。

制冷剂容器必须经过试验，合格后方可使用；制冷剂在运输、使用、充注、回收期间，应当有安全技术措施。

**【解读】**本条文是关于冷冻站、制冷剂容器、制冷剂使用等的相关规定。

氨气是一种无色、有毒、有臭味和爆炸危险性的气体。冷冻站如有氨气泄漏，可刺激人的皮肤和呼吸系统引起咳嗽、流泪、头晕等症状，中毒严重可致人昏迷、心力衰竭以致死亡。因此，冻结站必须采用不燃性材料建筑，并装设通风装置。定期测定站内空气中的氨气浓度，站内经常通风，保持空气新鲜，可为操作人员提供良好的作业环境。冻结站内常用的急救和消防器材有水桶、砂、灭火器、防毒面具、防护手套等。

制冷剂容器，如氨瓶、氨罐以及氨循环系统，都必须经过试验，合格后方可使用。制冷剂在运输、使用、充注和回收期间容易发生事故。因此在运输制冷剂时要防止碰撞且要轻起轻放；充氨时严禁加热氨瓶、严禁烟火；氨罐上要装设各种功能的阀门和仪表，并防止氨气泄漏，保证使用安全可靠等。

**第四十八条** 冬季或者用冻结法开凿井筒时，必须有防冻、清除冰凌的措施。

**【解读】**本条文是关于冬季或用冻结法开凿井筒防冻、清除冰凌的规定。

冬季或采用冻结法施工时，对配制混凝土的原材料必须制定防冻保温、加热措施，确保混凝土入模温度符合要求。为保证井下作业人员和井下设施的安全，对封口盘、固定盘、井壁或悬吊设施上的结冰必须在撤出井下作业人员后及时清除，防止其坠落，并采取有效防止结冰的措施，如防止漏水、空气加热等措施；井内悬吊的压风、供水管路也应采取远离井壁、气水分离、包扎保温等措施；井口地面结冰时，亦应及时清除，并采取封堵漏水、空气加热等措施。

**第四十九条** 采用装配式金属模板砌筑内壁时，应当严格控制混凝土配合比和入模温度。混凝土配合比除满足强度、坍落度、初凝时间、终凝时间等设计要求外，还应当采取措施减少水化热。脱模时混凝土强度不小于0.7 MPa，且套壁施工速度每24 h不得超过12 m。

**【解读】**本条文是关于采用装配式金属模板砌筑立井井筒内壁时，对混凝土施工的要求及脱模时混凝土强度的规定。

混凝土入模后将逐渐凝结硬化，直至达到最终强度，这是水泥水化作用的结果。而水泥水化作用的速度除与混凝土组成材料和配合比有关外，还与外界温度密切相关。当温度升高时水化作用加快，强度增长加快；而当温度降低到 0 ℃时，存在于混凝土中的水有一部分开始结冰，这时参与水泥水化作用的水减少了，水化作用减慢，强度增长相应变慢。若温度继续降低，当存在于混凝土中的水完全变成冰时，水泥水化作用基本停止，此时混凝土的强度不会再增长。由于采用冻结法施工浇筑井壁混凝土时环境温度较低，因此要求严格控制混凝土入模温度。《煤矿冻结法开凿立井工程技术规范》（MT/T 1124—2011）9.2.5 条规定：混凝土入模温度,对于双层井壁应不低于 15 ℃;采用夹层时,应不低于 10 ℃;对于基岩段井壁应不低于 20 ℃。

坍落度是指混凝土的和易性，具体来说是指混凝土是否易于施工操作和均匀密实的性能，是一个综合性能，包含流动性、黏聚性和保水性。影响和易性的主要因素有用水量、水灰比、砂率、水泥品种、骨料级配、时间、温度、外加剂等。

混凝土浇筑后，在硬化过程中，水泥水化产生大量的水化热。由于混凝土的体积较大，大量的水化热聚积在混凝土内部不易散发，导致内部温度急剧上升，而混凝土表面散热较快，使得混凝土结构内外出现较大的温差，这些温差造成内部与外部热胀冷缩的程度不同，使混凝土表面产生一定的拉应力。当拉应力超过混凝土的抗拉强度极限时，混凝土表面就会产生裂缝，这种裂缝多产生在混凝土施工中后期。因此，施工中要通过改善骨料级配，掺加粉煤灰或高效减水剂等来减少水泥用量，严格控制混凝土配合比，降低水化热。

混凝土是水硬性材料，一般都采用保水养护。混凝土的初凝和终凝时间与环境的温度、外加剂等有很大关系。国家规范要求，一般初凝时间不得早于 45 min，终凝时间不得迟于 10 h。

控制套壁施工速度（每 24 h 不得超过 12 m）是为了保证脱模时混凝土强度符合要求。《煤矿井巷工程施工规范》（GB 50511—2010）4.4.2 规定，整体组合钢模脱模时的混凝土强度应控制在 0.7 ~ 1.0 MPa。

**第五十条** 采用钻井法开凿立井井筒时，必须遵守下列规定：

（一）钻井设计与施工的最终位置必须穿过冲积层，并进入不透水的稳定基岩中 5 m 以上。

（二）钻井临时锁口深度应当大于 4 m，且进入稳定地层中 3 m 以上，遇特殊情况应当采取专门措施。

（三）钻井期间，必须封盖井口，并采取可靠的防坠措施；钻井泥浆浆面必须高于地下静止水位 0.5 m，且不得低于临时锁口下端 1 m；井口必须安装泥浆浆面高度报警装置。

（四）泥浆沟槽、泥浆沉淀池、临时蓄浆池均应当设置防护设施。泥浆的排放和固化应当满足环保要求。

（五）钻井时必须及时测定井筒的偏斜度。偏斜度超过规定时，必须及时纠正。井筒偏斜度及测点的间距必须在施工组织设计中明确。钻井完毕后，必须绘制井筒的纵横剖面图，井筒中心线和截面必须符合设计。

（六）井壁下沉时井壁上沿应当高出泥浆浆面 1.5 m 以上。井壁对接找正时，内吊盘工作人员不得超过 4 人。

（七）下沉井壁、壁后充填及充填质量检查、开凿沉井井壁的底部和开掘马头门时，必须制定专项措施。

**【解读】**本条文是关于采用钻井法开凿立井井筒必须遵守的规定。

（一）钻井法凿井是采用竖井钻机钻凿、泥浆洗井与护壁、地面预制井壁、井壁漂（悬）浮下沉和壁后充填固井工艺的立井施工方法。

钻井井筒进入不透水的稳定基岩 5 m 以上，是为了给钻井井筒一个稳固的基础，防止基岩在巨大的井筒自重压力下崩塌，井壁底滑移造成井筒严重偏斜的质量事故。

（二）之所以要求钻井临时锁口深度应当大于 4 m，且进入稳定地层中 3 m 以上，是因为临时锁口是整套钻井设备的基础，基础底部地层的不稳定极易造成临时锁口的不均匀下沉或开裂，引起安全事故；临时锁口底部若是淤泥、流砂等地层，必须编制专项土壤改良施工技术方案，经专家论证后实施，防止钻井过程中塌帮，造成临时锁口局部悬空。

（三）在钻井期间封盖井口，是为了防止施工人员不慎坠入井筒溺亡或大型铁器等硬物掉入井筒造成施工困难。

在钻井过程中，井帮通过泥皮在泥浆静压力的作用下保持稳定，若井筒内泥浆面低于地下静水水位，地下水会侵入井筒，井帮将会垮塌，造成机毁人亡。另外，临时锁口底部井帮若无泥浆支护，极易塌帮。

由于封盖井口后，钻机操作人员不易观察到井筒泥浆面高度，在漏失地层或泥浆沟槽溃坝时泥浆会大量流失，井筒内泥浆面过低将造成安全事故，因此，必须安装泥浆面高度报警装置。

（四）泥浆沟槽、泥浆沉淀池、临时蓄浆池、废浆排放池的深度均超过 2 m

且周边均相当湿滑，人员通过时极易失足跌落，因此，必须设置防护或警示设施，防止施工人员不慎坠入溺亡。

泥浆的排放和固化应满足环保要求。钻井废弃泥浆的处理一般采用两种方法：一种是挖坑围堰存放。由于泥浆有极好的稳定性，在自然条件下不会脱水固化，因此，要求围堰要牢固，不得发生溃坝而污染环境，同时要有警示和防护措施防止人员误入发生伤害。另一种是固化。采用化学方法破坏泥浆的稳定性，再采用物理方法强迫泥浆脱水固化，固化的泥饼用于农地复耕或填坑。要求固化的泥饼重金属不得超标。

（五）井筒的测点间距不宜超过 10 m。采用超声波测井仪测得的数据，绘制通过井筒中心线的两垂直相交面的钻井井筒剖面图和水平投影图，可随时判断和掌握井筒偏斜情况，依此指导井壁下沉施工，防止井壁下沉受阻。若长时间钻井而未及时测井，不能及时发现井筒超出设计规定的偏斜，纠偏钻进将变得十分困难，且在大偏斜状态下钻进极易造成断钻杆、掉钻具等机械事故。

偏斜度超过规定时，必须及时纠偏。钻井之前应根据国家规范和地层实际，在施工组织设计中确定最大偏斜值和防止偏斜的钻进措施，并编制纠偏预案，落实纠偏设备，防止由于纠偏导致工期延误或纠偏设备使用不当造成机械事故。

钻井结束后，应根据超声波测井仪全井深测井数据，绘制通过井筒中心线的两垂直相交面的钻井井筒剖面图和水平投影图，并确定井筒最大有效断面直径，井筒最大有效断面直径必须满足国家规范的要求。

（六）由于钻孔偏斜等原因，在下沉井壁施工时，井筒偏离钻孔中心漂浮下沉与钻孔井帮接触，会产生下沉阻力（虚假的浮力），当脱离接触时阻力会立即消失，井筒继续下沉，因此，要保留一定的漂浮高度，以防泥浆灌入井筒，确保施工安全。

井壁对接找正是井壁下沉最危险的环节，在满足施工需要的条件下，参与的人员越少越好。一般情况下，在井壁的 4 个方位各安排 1 人负责，即可满足井壁找正要求，因此，规定内吊盘工作人员不得超过 4 人。

（七）充填质量检查是钻井单位和后续施工单位合作进行的。由于两个单位在施工中因配合问题容易产生矛盾，发生安全事故，因此，必须制定详细的安全技术措施并进行交底。

开凿沉井井壁的底部和开掘马头门，首先应对壁后压力进行释放，压力释放过程极易造成人员伤害，因此，操作人员必须避开泄压孔正面，同时佩戴防护头盔。

开凿沉井井壁的底部和开掘马头门，需要进行爆破，编制安全技术措施并进行技术交底是确保施工人员和井壁安全的必要前提。

**第五十一条** 立井井筒穿过预测涌水量大于10 $m^3/h$ 的含水岩层或者破碎带时，应当采用地面或者工作面预注浆法进行堵水或者加固。注浆前，必须编制注浆工程设计和施工组织设计。

**【解读】** 本条文是关于立井井筒穿过大涌水量含水岩层或破碎带应当采取的堵水或加固方法及其相关规定。

当立井井筒采用普通法强行穿过预测涌水量大于10 $m^3/h$ 的含水岩层或者破碎带时，由于井下存在作业环境差、井帮围岩易松软脱落、施工速度慢等缺点，因此，应当先采用地面或者工作面预注浆法进行堵水或者加固后，再进行井筒施工。

注浆法是防治地下工程水害、加固软弱地层的一种有效技术手段。注浆技术通常以注浆泵为动力源，利用注浆泵提供的压力，将配制好的具有充塞胶结性能的浆液，通过输浆管路和注浆孔注入含水或软弱松散岩（土）层中，使浆液以充填或渗透等形式扩散到上述地层的裂隙、孔隙或空洞中，待浆液凝结后封堵裂隙、隔绝水路、固结松散岩（土）体、充填空洞，从而起到堵水加固作用。注浆法凿井就是先注浆对地下含水层进行封堵，形成止水帷幕，再进行井筒掘砌施工。

注浆法按注浆施工与掘砌顺序分为预注浆和后注浆两种。预注浆包括地面预注浆和工作面预注浆。地面预注浆是指井筒开凿之前，围绕井筒先自地面钻孔，对含水层进行注浆堵水，而后再掘砌井筒的施工方法。工作面预注浆是指在井筒掘进到距含水岩层一定距离时停止掘进，构筑混凝土止水垫，随后钻孔注浆的施工方法。

井筒工作面预注浆时，为保证浆液在压力作用下沿裂隙有效扩散，防止从工作面跑浆，应在含水层上部预留一定厚度的岩层作为止浆岩帽，或者用混凝土浇筑止浆垫。为减少施工止浆垫的工序，有条件的应优先采用工作面预留止浆岩帽的方式。止浆岩帽要选择在含水岩层上部致密的不透水的完整岩层中，以较坚硬的砂岩、粉砂质泥岩、不透水的灰岩为佳。岩帽厚度根据岩石的性质及注浆压力决定。当不具备预留止浆岩帽条件时，则需浇筑人工混凝土止浆垫代替岩帽。

注浆施工前，必须编制注浆工程设计，以指导施工。编制注浆工程设计必须具备下列资料：

（1）地质与工程地质资料：地质勘查报告、工程地质说明书、井筒检查孔地质报告、检查孔岩芯实地调查资料。

（2）水文地质资料：矿区水文孔水文资料、井检孔水文地质报告及计算书、水质分析资料。

（3）井筒设计技术资料：井筒设计、立井井筒施工组织设计、井筒其他特殊凿井施工设计。

注浆工程设计的内容应包括：注浆深度及段高划分；注浆孔设计；注浆液选择；注浆工艺参数确定，注浆工艺参数包括注浆压力、注浆量、浆液扩散半径、浆液浓度等；施工顺序及注浆方式；注浆工期；施工组织设计（内容应包括注浆方法选择、设备选型、注浆材料、劳动组织、安全技术措施等）。

**第五十二条** 采用注浆法防治井壁漏水时，应当制定专项措施并遵守下列规定：

（一）最大注浆压力必须小于井壁承载强度。

（二）位于流砂层的井筒段，注浆孔深度必须小于井壁厚度200 mm。井筒采用双层井壁支护时，注浆孔应当穿过内壁进入外壁100 mm。当井壁破裂必须采用破壁注浆时，必须制定专门措施。

（三）注浆管必须固结在井壁中，并装有阀门。钻孔可能发生涌砂时，应当采取套管法或者其他安全措施。采用套管法注浆时，必须对套管与孔壁的固结强度进行耐压试验，只有达到注浆终压后才可使用。

**【解读】**本条文是关于采用注浆法防治井壁漏水应当遵守的规定。

对于建成后的立井井筒或正在施工的井壁段，深度不大于600 m、漏水量超过6 $m^3/h$，或深度大于600 m、漏水量超过10 $m^3/h$，或井壁有集中漏水、漏水量超过0.5 $m^3/h$时，应当对井壁内或井壁后的空隙、岩体进行注浆处理，即采用壁间注浆或壁后注浆的方法充填加固井壁，防治井壁漏水。

（一）出现渗漏水的井壁质量较差，井壁承载力降低，因此，在编制注浆设计或者措施时，应当根据注浆终压验算井壁承载力是否能够满足注浆要求。当井壁承载力不能满足注浆终压要求时，应当降低注浆终压或者进行井壁加固。注浆前应当采取防止井壁破坏的措施。

（二）在位于流砂层的井筒段注浆时，若注浆孔穿透井壁，则壁后砂层水及流砂会通过注浆孔涌入井筒。因此，为防止注浆时发生透水、涌砂事故，注浆孔深度必须小于井壁厚度200 mm。

冻结法开凿立井井筒，当井筒采用双层井壁支护时，为防止解冻后井壁漏水，在壁间夹层处温度不低于4 ℃，且冻结壁仍处于封闭状态时，应当进行壁间注浆。为提高壁间注浆效果，注浆孔应当穿过内层壁进入外层壁100 mm。

当井壁破裂必须采用破壁注浆时，必须制定专门措施，以防止壁后出现较严重漏水现象。

（三）埋设的注浆管必须牢固可靠，以防止注浆时发生跑浆现象或者将注浆管顶出。注浆管装有阀门，可满足注浆工艺要求。钻进注浆孔时，应当经常检查注浆孔内的涌水量和含砂量。涌水量较大或涌水中含砂时，应停止钻进并及时注浆。

**第五十三条** 开凿或者延深立井、安装井筒装备的施工组织设计中，必须有天轮平台、翻矸平台、封口盘、保护盘、吊盘以及凿岩、抓岩、出矸等设备的设置、运行、维修的安全技术措施。

**【解读】**本条文是关于开凿或者延深立井、安装井筒装备的施工组织设计中必须包含有关设备设置、运行和维修的安全技术措施的规定。

天轮平台、翻矸平台、封口盘、保护盘、吊盘，以及凿岩、抓岩、出矸等设备,是开凿或延深立井、安装井筒装备施工所必需的重要设施和设备，这些设施和设备的设置、运行、维修情况，直接影响施工进度、效率和生产安全。因此，必须在施工组织设计中制定设施和设备的设置、运行、维修的安全技术措施。

**第五十四条** 延深立井井筒时，必须用坚固的保险盘或者留保护岩柱与上部生产水平隔开。只有在井筒装备完毕、井筒与井底车场连接处的开凿和支护完成，制定安全措施后，方可拆除保险盘或者掘凿保护岩柱。

**【解读】**本条文是关于在延深立井井筒时，对保险盘或保护岩柱的相关规定。

延深立井井筒时，为了不影响上部生产水平正常生产，必须用坚固的保险盘或者留保护岩柱与上部生产水平隔开。

采用预留保护岩柱延深井筒时，在上部生产水平开凿斜巷至上部井筒井底下部，然后自下而上反掘一段井筒而不与上部井筒贯通，预留保护岩柱，保护岩柱长度根据岩性和井筒断面大小经计算确定。紧贴岩柱下方设置护顶盘，可防止保护岩柱松动冒落。井筒延深工作在保护岩柱的掩护下进行。

采用保险盘延深井筒时，在上部井筒井底井窝内安装保险盘，保险盘底部由钢梁及钢板组成，在盘面上方设置隔水层、缓冲层。保险盘必须坚固可靠，并能承受保护盘自重和坠落物冲击力。隔水层主要是阻止上部井筒涌水、淤泥进入延深工作面。缓冲层主要是吸收坠落物的部分冲击能量。保险盘安装完毕，当自下而上反掘井筒与上部井筒贯通后，井筒延深工作即可在保险盘的掩护下进行。

拆除保险盘或者掘凿保护岩柱前应当制定安全措施。拆除保护岩柱或保险盘的工作，应当安排在下部延深段井筒与井底车场连接处掘砌完成、井筒装备结束、封闭延深段井口后进行，拆除时应当停止上部生产水平的生产作业。

**第五十五条** 向井下输送混凝土时，必须制定安全技术措施。混凝土强度等级大于 C40 或者输送深度大于 400 m 时，严禁采用溜灰管输送。

**【解读】**本条文是关于向井下输送混凝土的相关规定。

向井下输送混凝土，一般采用底卸式吊桶、溜灰管等。采用底卸式吊桶向井下输送混凝土，底卸式吊桶在井口接料、提升运送、井下下料等环节存在坠落风险；采用溜灰管向井下输送混凝土，存在混凝土出现离析、堵管、坠落等风险。因此，向井下输送混凝土，必须制定安全技术措施。

混凝土强度等级大于 C40 时，其黏聚性和保水性较强，流动性较差，和易性会变差，若采用溜灰管向井下输送混凝土，混凝土易黏附在溜灰管内壁，造成堵管现象。处理溜灰管堵管难度较大，且易发生坠落事故，因此，混凝土强度等级大于 C40 时，严禁采用溜灰管输送混凝土。

输送深度大于 400 m 时，混凝土对溜灰管产生较大冲击，造成溜灰管摩擦损伤，在溜灰管受损严重段易产生断裂、穿孔现象，在施工现场，很难准确对溜灰管的损伤程度进行检查检测，在此情况下，易造成溜灰管坠落事故，因此，输送深度大于 400 m 时，严禁采用溜灰管输送混凝土。

向井下输送混凝土时，无论采取何种方式，必须制定防止混凝土在输送过程中出现离析、坠落、堵管等事故的安全技术措施。混凝土强度等级大于 C40 或输送深度大于 400 m 时，宜采用底卸式吊桶输送。

**第五十六条** 斜井（巷）施工时，应当遵守下列规定：

（一）明槽开挖必须制定防治水和边坡防护专项措施。

（二）由明槽进入暗硐或者由表土进入基岩采用钻爆法施工时，必须制定专项措施。

（三）施工15°以上斜井（巷）时，应当制定防止设备、轨道、管路等下滑的专项措施。

（四）由下向上施工25°以上的斜巷时，必须将溜矸（煤）道与人行道分开。人行道应当设扶手、梯子和信号装置。斜巷与上部巷道贯通时，必须有专项措施。

**【解读】**本条文是关于斜井（巷）施工应当遵守的规定。

（一）明槽开挖是指在平坦地区进行斜井井口施工时，一般将斜井井颈段开挖成槽坑状，待井颈段浇筑混凝土完毕并做好防水处理后，再夯实回填明槽。

明槽施工应当注意以下几个方面：

（1）应当避开雨期破土开挖。

（2）开挖施工遇水时，应采取排水、降水和防护措施。

（3）明槽边沿应设挡水墙或截水沟。

（4）宜采用挖掘机直接开挖。当直接开挖有困难时，可采用松动爆破辅助挖掘，并制定安全技术措施。

（5）可采取台阶法、支撑加固法、锚网喷射混凝土法等对边坡和迎脸进行临时支护和加固。

（6）应及时设观察点观测边坡和迎脸的变形情况。

（二）明槽开挖完成后，对明槽边坡和迎脸进行临时支护，视表土稳定情况，将井筒再向下掘进5～10 m，并由下向上进行浇筑混凝土永久支护，直到将斜井井颈段混凝土浇筑完毕。明槽回填后，再进行暗硐的施工。明槽进入暗硐或由表土进入基岩以后，当围岩稳定时，可采取钻爆法施工。为减少爆破对井巷周边围岩的扰动影响，必须采取打浅眼、少装药、放小炮等措施，同时严格顶帮管理，防止冒顶、片帮事故发生。

（三）倾角15°以上斜井（巷）及其井（巷）口附近，严禁堆积、存放能够沿斜井（巷）下滑的物料。在运输中掉落的物料，必须随时回收，以防物料滑落伤人或损坏设施。在斜井（巷）中运输和安装设备、管路、轨道必须制定防止下滑的专项安全技术措施，以保证施工安全。

（四）采用上行法施工25°以上斜巷时，为防止矸（煤）滑落造成人身伤亡或设备损坏事故，必须在溜矸（煤）道和人行道之间设置隔离挡板等安全防护设施。

斜巷与上部巷道贯通时，必须制定巷道贯通安全技术措施，并做到以下几点：

(1) 做好贯通测量工作，从距离贯通点20 m开始，应当准确掌握贯通点两侧巷道的相对位置和距离，为斜巷施工提供参数。如果两侧巷道不完全重合，出现偏差，应当提前采取措施对斜巷断面尺寸进行修整，以保证巷道使用功能和观感质量。

(2) 贯通前，将上部巷道的支护、通风、瓦斯集聚、积水、淤泥等情况了解清楚，并采取必要措施进行处理。

(3) 采用钻爆法贯通时，宜采用放小炮的方法小断面或小导硐先行贯通，贯通后再刷扩至斜巷设计断面，并根据实际贯通情况修正斜巷方向。

(4) 贯通后，通风系统会发生变化，因此，必须在贯通前事先做好通风系统调整方案及各项准备工作，在巷道贯通时即刻实施。

**第五十七条** 采用反井钻机掘凿暗立井、煤仓及溜煤眼时，应当遵守下列规定：

（一）扩孔作业时，严禁人员在下方停留、通行、观察或者出渣。出渣时，反井钻机应当停止扩孔作业。更换破岩滚刀时，必须采取保护措施。

（二）严禁干钻扩孔。

（三）及时清理溜矸孔内的矸石，防止堵孔。必须制定处理堵孔的专项措施。严禁站在溜矸孔的矸石上作业。

（四）扩孔完毕，必须在上、下孔口外围设置栅栏，防止人员进入。

**【解读】**本条文是关于采用反井钻机掘凿暗立井、煤仓及溜煤眼应当遵守的规定。

以前采用木垛盘支护和吊罐法施工反井时，由于受客观条件限制，不能杜绝空顶作业，存在较大安全隐患，施工工艺落后，故淘汰上述两种施工工艺。随着我国矿山施工装备能力的提高，为提高效率、保证安全，掘凿暗立井、煤仓和溜煤眼时普遍采用反井钻机施工。

（一）反井钻机扩孔是自下而上进行的，破碎的岩石、冲洗液会自由落入井底。因钻孔无法进行临时支护，片帮、塌孔时有发生，如果人员在井底通行、观察或在井底作业，危险性大，因此严禁人员进入井底。出渣时，人员进入井底作业，此时反井钻机必须停止扩孔作业，以确保作业人员安全。更换破岩滚刀时，必须采取保护措施，防止刀具掉落井下伤人或损坏刀具。

（二）由于干钻扩孔产生粉尘多、噪声大，对机器、钻具、钻头磨损大，易发生卡钻、断钻杆等事故，故严禁干钻扩孔。

（三）溜矸孔内矸石必须及时清理，保持通畅状态，防止造成堵孔。当采用人工爆破法自上而下扩孔时，为防止人员坠落，应制定专项措施。严禁站在溜矸眼矸石上作业，防止作业人员坠落。

（四）扩孔完毕，孔径一般达到 1～3 m，为防止人员失足坠落及孔内掉落的矸石伤人，必须在上、下孔口外围设置栅栏。上口围栏结构的下部还应铺设高度 200 mm 的挡板，以防人员或物料坠入孔内。

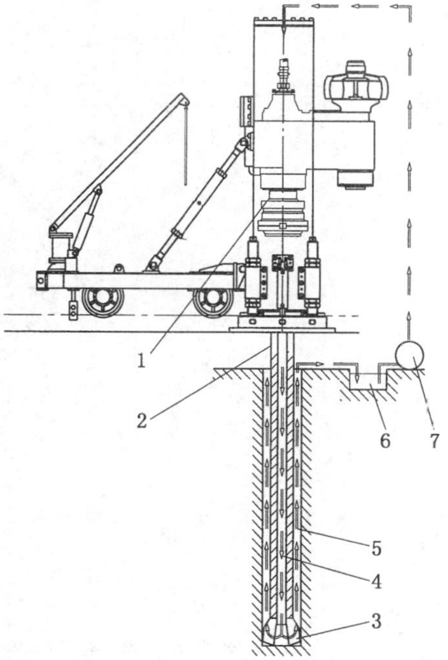


1—动力水龙头；2—钻杆；3—导孔钻头；4—从泥浆泵压入的泥浆；5—从环形空间返回的携带岩渣泥浆；6—泥浆循环池；7—泥浆泵

图 3－5　反井钻机导孔工艺图

反井钻机导孔、扩孔工艺分别如图 3－5 和图 3－6 所示。

**第五十八条**　施工岩（煤）平巷（硐）时，应当遵守下列规定：

（一）掘进工作面严禁空顶作业。临时和永久支护距掘进工作面的距离，必须根据地质、水文地质条件和施工工艺在作业规程中明确，并制定防止冒顶、片帮的安全措施。

（二）距掘进工作面 10 m 内的架棚支护，在爆破前必须加固。对爆破崩倒、崩坏的支架必须先行修复，之后方可进入工作面作业。修复支架时必须先检查顶、帮，并由外向里逐架进行。

（三）在松软的煤（岩）层、流砂性地层或者破碎带中掘进巷道时，必须采取超前支护或者其他措施。

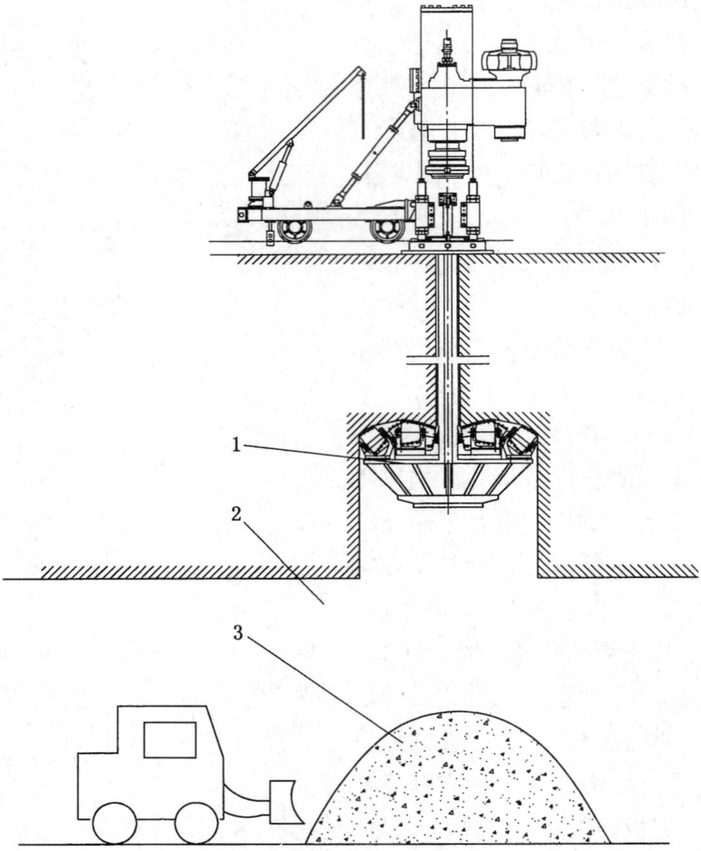


1—扩孔钻头；2—下水平巷道；3—扩孔自由落下的岩渣

图 3-6　反井钻机扩孔工艺图

**【解读】** 本条文是关于施工岩（煤）平巷（硐）应当遵守的规定。

（一）在岩（煤）体中掘进巷道时，巷道围岩将产生变形、位移、破坏甚至垮落。如果不及时进行巷道支护，破碎岩石就会脱落，将会导致片帮、冒顶事故发生，因此严禁空顶作业。

（二）爆破容易崩倒、崩坏掘进工作面附近的支架，因此，除合理选择爆破参数外，在爆破前，必须对靠近掘进工作面 10 m 内的架棚支护进行加固。爆破崩倒、崩坏的支架必须先行修复之后，工作人员方可进入工作面作业。为了防止修复支架时发生冒顶伤人、堵人事故，修复支架时必须先检查顶、帮支护情况，并由外向里逐架进行。

（三）超前支护有以下几种方式：

（1）前探梁：利用现有支护如支架、锚杆安装悬挂前探梁作为临时支护，用以防护空顶顶板。布置前探梁的数量，应当依据煤（岩）稳定情况、巷道断面大小确定。制作前探梁的材料可以是钢管、钢轨、工字钢等。前探梁的长度应当大于3倍支护间距（3个支架间距或3排锚杆间距），以利于保证前探梁有两个以上可利用现有支护的悬挂点。

（2）超前锚杆：爆破前，在掘进工作面顶板前上方打数根锚杆，斜向上角度约为70°，预先把下一循环的顶板进行支护和控制，爆破后即可在超前锚杆支护下进行永久锚杆支护。超前锚杆的数量应当依据巷道断面大小、煤（岩）稳定情况确定。

（3）超前管棚：在松软的煤（岩）层、流砂性地层、风积砂地层或破碎带中掘进时，可以在巷道掘进断面轮廓线外打入密集钢管，形成超前管棚。超前管棚的长度依据巷道断面大小、巷道围岩地质情况确定。在超前管棚的掩护下掘进，直至超前管棚只剩下1 m超前距离时，停止掘进，开始打下一组超前管棚。

（4）超前注浆帷幕：在松软的煤（岩）层、流沙性地层或破碎带中掘进时，可以在巷道掘进断面轮廓线外打入密集注浆锚杆，注浆形成帷幕。在注浆帷幕的掩护下掘进，直至注浆帷幕只剩下1 m时，停止掘进，开始打下一组注浆帷幕。

**第五十九条** 使用伞钻时，应当遵守下列规定：

（一）井口伞钻悬吊装置、导轨梁等设施的强度及布置，必须在施工组织设计中验算和明确。

（二）伞钻摘挂钩必须由专人负责。

（三）伞钻在井筒中运输时必须收拢绑扎，通过各施工盘口时必须减速并由专人监视。

（四）伞钻支撑完成前不得脱开悬吊钢丝绳，使用期间必须设置保险绳。

**【解读】**本条文是关于使用伞钻应当遵守的规定。

（一）伞钻在非使用期间是在井架二层平台钢梁下方的导轨梁上悬吊放置的，伞钻入井时通过导轨梁上的小跑车移动到合适的位置。伞钻所有的重量都由悬吊装置、导轨梁等设施承受。因此，伞钻悬吊装置、导轨梁等设施的强度至关重要，如果这些悬吊设施强度不够，很可能造成严重事故。

（二）伞钻入井是使用提升绞车悬吊入井的，提升钩头与伞钻用专用绳套连接，一旦摘挂钩出现问题可能造成坠落事故，伞钻摘挂钩必须由专人负责能够有效防止事故发生。

（三）伞钻在井筒中运输时必须收拢绑扎是为了防止伞钻与其他物体发生碰撞。井筒内空间相对比较小，伞钻通过井盖门、封口盘和吊盘喇叭口时，容易发生碰撞。

（四）伞钻到井底后需要支撑臂支撑牢靠后才能开始工作。在伞钻支撑期间不脱开伞钻的悬吊钢丝绳是为了防止伞钻发生倾覆,有效保证井下工作人员的安全。

伞钻在使用期间为了防止伞钻发生倾覆，必须设置保险绳。在单套提升系统的情况下，伞钻可以利用其他悬吊绳作为保险绳，保险绳与伞钻连接可靠后方可脱钩进行打眼作业；在两套及以上提升系统的情况下，利用提升伞钻的钢丝绳作为保险绳。

**第六十条** 使用抓岩机时，应当遵守下列规定：

（一）抓岩机应当与吊盘可靠连接，并设置专用保险绳。

（二）抓岩机连接件及钢丝绳，在使用期间必须由专人每班检查1次。

（三）抓矸完毕必须将抓斗收拢并锁挂于机身。

**【解读】**本条文是关于使用抓岩机应当遵守的规定。

（一）在立井施工中，一般使用中心回转抓岩机抓岩。中心回转抓岩机安装固定在吊盘上，抓岩时会产生较大震动和反作用力，中心回转抓岩机与吊盘的连接是否可靠，关系到井下工作人员是否安全。中心回转抓岩机与吊盘的连接出现问题，可能发生抓岩机坠落事故。为了防止中心回转抓岩机工作时与吊盘连接失效而发生坠落，必须设置专用的悬吊钢丝绳作为保险绳，并与中心回转抓岩机可靠连接。

（二）中心回转抓岩机在工作过程中需要不断回转抓矸，吊盘与中心回转抓岩机之间的连接螺栓很容易发生断裂，各连接件容易发生碰撞、磨损及松动，悬吊抓斗用的钢丝绳也容易发生损伤、断丝等现象。每班安排专人对抓岩机的连接件及钢丝绳进行检查，能够及时发现问题并处理，防止问题进一步扩大。

（三）抓岩机抓斗的伸缩是由气缸控制的，如果使用完毕后抓斗不收拢锁挂于机身，气缸一旦误动作就可能造成伤人事故。

**第六十一条** 使用耙装机时，应当遵守下列规定：

（一）耙装机作业时必须有照明。

（二）耙装机绞车的刹车装置必须完好、可靠。

（三）耙装机必须装有封闭式金属挡绳栏和防耙斗出槽的护栏；在巷道拐弯段装岩（煤）时，必须使用可靠的双向辅助导向轮，清理好机道，并有专人指挥和信号联系。

（四）固定钢丝绳滑轮的锚桩及其孔深和牢固程度，必须根据岩性条件在作业规程中明确。

（五）耙装机在装岩(煤)前,必须将机身和尾轮固定牢靠。耙装机运行时,严禁在耙斗运行范围内进行其他工作和行人。在倾斜井巷移动耙装机时,下方不得有人。上山施工倾角大于20°时，在司机前方必须设护身柱或者挡板，并在耙装机前方增设固定装置。倾斜井巷使用耙装机时，必须有防止机身下滑的措施。

（六）耙装机作业时，其与掘进工作面的最大和最小允许距离必须在作业规程中明确。

（七）高瓦斯、煤与瓦斯突出和有煤尘爆炸危险矿井的煤巷、半煤岩巷掘进工作面和石门揭煤工作面，严禁使用钢丝绳牵引的耙装机。

**【解读】**本条文是关于使用耙装机应当遵守的规定。

（一）耙装机作业场所有足够照明，可为耙装机司机和其他作业人员提供良好的作业环境。

（二）操作耙装机时，刹车是经常的，如果刹车装置不完好、不可靠，刹车失灵会造成生产安全事故。

（三）耙装机作业场所，由于受巷道倾角的变化和巷道拐弯等因素的影响，很容易出现钢丝绳摆动和耙斗出槽现象，危及安全，因此要求必须装有封闭式金属挡绳栏和防耙斗出槽的护栏，同时在巷道拐弯处装煤（岩）时，必须使用可靠的双向辅助导向轮，并清理好机道。

（四）固定钢丝绳滑轮的锚桩牢固、实用、安全，才能保证耙矸作业的连续性，提高工作效率。锚桩结构、锚桩孔深、岩性条件都影响锚桩的牢固程度，因此，锚桩牢固程度必须在作业规程中明确。

（五）如果耙装机机身和尾轮固定不牢靠，耙矸作业时，在耙斗钢丝绳巨大牵引力作用下，会造成机身的滑移和摇摆事故。耙矸时，在耙斗运行范围内进行其他工作和行人时，耙斗和钢丝绳容易伤害人员。在倾斜井巷移动耙装机，耙装机很容易沿底板向下滑动，下方一旦有人停留和通过，可能造成伤害事故。当耙装机上山施工倾角大于20°时，煤（矸）易沿底板滚落，伤及司机，因此，在司机前方必须设置护身柱或挡板，以保证司机安全。在倾斜井巷使用耙装机时，应当增设防止耙装机下滑的装置，保证耙装机运转安全。

（六）耙装机作业时，其与掘进工作面距离过大，耙斗往返一次时间加长，增加了出矸的时间；其与掘进工作面距离过小，耙装机移动次数过多，增加了辅助作业时间，也影响出矸效率。因此，耙装机与掘进工作面的最大和最小允许距离必须根据围岩情况、巷道断面大小、循环进度、支护形式等综合考虑，要在一个合理的范围内，并在作业规程中明确。

（七）在高瓦斯、煤与瓦斯突出和有煤尘爆炸危险矿井的煤巷、半煤岩巷掘进工作面和石门揭煤工作面，容易出现瓦斯涌出、瓦斯积聚、扬尘等情况，使用钢丝绳牵引耙装机时，钢丝绳摩擦、耙斗撞击等易产生机械火花，在工作面瓦斯、煤尘达到爆炸界限时，易发生瓦斯、煤尘爆炸事故，故严禁使用钢丝绳牵引的耙装机。

**第六十二条** 使用挖掘机时，应当遵守下列规定：

（一）严禁在作业范围内进行其他工作和行人。

（二）2台以上挖掘机同时作业或者与抓岩机同时作业时应当明确各自的作业范围，并设专人指挥。

（三）下坡运行时必须使用低速挡，严禁脱挡滑行，跨越轨道时必须有防滑措施。

（四）作业范围内必须有充足的照明。

**【解读】**本条文是关于使用挖掘机时，应当遵守的规定。

（一）挖掘机使用过程中挖斗经常来回摆动，如果在挖掘机作业范围内进行其他工作或者行人，有可能被挖掘机的旋转部位碰到，造成事故。

（二）2台以上挖掘机同时作业或者与抓岩机同时作业时应当明确各自的作业范围是为了避免相互碰撞和干扰，同时安排专人指挥有利于多台设备协调作业，提高设备效率，避免因现场混乱而发生事故。

（三）挖掘机下坡时使用低速挡可保证挖掘机能够及时制动，低速挡虽然速度低，但力矩较大，有利于下坡时控制速度。

（四）挖掘机作业范围内必须有充足的照明，主要是方便作业，使操作人员能够看清周围的状况，在其他人员靠近时能够及时提醒，同时警示他人不要靠近。

**第六十三条** 使用凿岩台车、模板台车时，必须制定专项安全技术措施。

**【解读】** 本条文是关于使用凿岩台车、模板台车必须制定专项安全技术措施的规定。

由于凿岩台车机身较重且机体较长，再加上作业空间狭小，巷道底板不平整，凿岩台车在行走过程中、移动钻臂时或者在进行钻孔作业时，可能会因操作不当而造成事故，因此，使用凿岩台车时，必须制定专项安全技术措施。

近年来，模板台车在平硐、缓坡斜井及斜井混凝土浇筑施工中得到了较好的应用，但是，在施工过程中，由于受到模板台车长度的限制（模板台车长度一般为 6 ~ 15 m），混凝土浇筑需要分段进行，当一个浇筑段长完成后，需要移动模板台车到下一段浇筑位置，模板台车在脱模、移动或者定位过程中，可能会因操作不当而造成事故。另外，在混凝土浇筑过程中，可能会有矿车或箕斗穿过模板台车，有可能发生运输事故。因此，使用模板台车时，必须制定专项安全技术措施。

专项安全技术措施应包括台车的组装、移动、行走、定位、防滑、操作使用及维护、拆除等内容，并根据台车性能和工程特征提出相关使用要求。

## 第三节 井塔、井架及井筒装备

**第六十四条** 井塔施工时，井塔出入口必须搭设双层防护安全通道，非出入口和通道两侧必须密闭，并设置醒目的行走路线标识。采用冻结法施工的井筒，严禁在未完全融化的人工冻土地基中施工井塔桩基。

**【解读】** 本条文是关于井塔施工必须遵守的规定。

井塔施工时，常利用井塔一层门洞作为井塔上部主体施工的出入口，为防止在进出施工区域时发生物体打击事故，必须在出入口部位搭设双层防护安全通道。根据《建筑施工安全检查标准》（JGJ 59）、《建筑施工高处作业安全技术规范》（JGJ 80）及其条文说明要求，防护通道搭设宽度应大于通道口宽度，长度应超出物体的坠落半径，顶部采用 50 mm 厚木脚手板或两层竹笆纵横铺设，两侧封闭密目式安全网，以提高防砸能力。

井塔其余出入口采用胶合板与钢管支撑进行封闭。井塔与井筒装备、提升机等设备安装组织平行交叉作业时，根据工作内容、设备布置、人员通行及材料运输等确定施工出入口位置。

施工区域内设置的导向标志，用来指示车辆和人员安全行进的方向。

冻土是指土温低于0℃、土中的水部分或大部分冻结成冰的土。采用冻结法施工，井筒周围的土层经过一次人工冻结融化过程，天然土层的结构遭到不同程度的破坏，成为冻融土，其强度、变形等指标与未冻融前相比有不同程度的降低。

冻融土融化产生融沉，未完全融化时施工桩基，井塔容易发生不均匀沉降。冻融土融化的方式有两种：一种是自然解冻，一般解冻周期在1.5~2年；另一种是人工解冻，即为满足矿井建设工期要求，对冻土进行人工干预快速解冻。

采用冻融土作为井塔地基，在冻融土完全融化后进行桩基施工时，为及时发现冻融土地基变形产生不良影响和安全隐患，应适时采取应对措施，做好以下工作：

（1）冻融土完全融化后进行地质勘查；

（2）进行桩基设计；

（3）进行桩基施工质量控制；

（4）井塔施工及投入使用后进行沉降、垂直度观测。

**第六十五条** 井架安装必须编制施工组织设计。遇恶劣气候时，不得进行吊装作业。采用扒杆起立井架时，应当遵守下列规定：

（一）扒杆选型必须经过验算，其强度、稳定性、基础承载能力必须符合设计。

（二）铰链及预埋件必须按设计要求制作和安装，销轴使用前应当进行无损探伤检测。

（三）吊耳必须进行强度校核，且不得横向使用。

（四）扒杆起立时应当有缆风绳控制偏摆，并使缆风绳始终保持一定张力。

**【解读】** 本条文是关于井架安装必须编制施工组织设计以及扒杆起立井架应当遵守的规定。

井架安装不仅存在高处作业风险，而且常常受到天气因素影响，为保证安全施工，井架安装前必须编制施工组织设计。

恶劣气候一般指大雨、大雾、大风（五级以上）、大雪、雷电、高温、冰冻等气候。遇恶劣气候进行吊装作业时，自然环境差，作业人员的视线受限，注意力不容易集中，大风等自然因素还易形成各类附加载荷，容易发生高处坠落、物体打击、高温灼伤、冻伤、雷电伤害、机械伤害、触电等安全事故。

（一）扒杆（又称桅杆、抱杆）起重装置由扒杆、抗风缆绳索或滑车组、起重牵引绳索或滑车组、地锚稳固装置及牵引设备五部分组成。井架起吊常用金属格构式扒杆。金属格构式扒杆是用四片型钢（角钢）制成的桁架组合而成，截面呈方形，最大起重量在 100 t 以上，最大提升高度在 60 m 以上。

起立井架用扒杆一般为细长构件，在选型前应按井架起立过程中扒杆的最大受力，对扒杆的强度、稳定性进行验算校核。

为避免产生地面沉陷、基础倾斜，造成安全事故，扒杆使用前要核算基础承载能力。如基础承载能力不足，可采用基础换土或增加承载面积（在扒杆底座下放置大块钢板）等措施。

（二）铰链及预埋件是井架吊装施工中的关键零部件，通常按其最大受力条件进行设计并校核，对其材质和尺寸有着严格的要求，加工制作时要严格按设计要求进行加工。一般井架起立采用两副铰链，其间隔 15 ~ 30 m，若两铰链安装位置不正确、其旋转中心误差太大，在井架起立过程中两副铰链会相互“咬合”。一般铰链及预埋件安装应当符合下列要求：

（1）基础预埋件应当在井架基础施工时同时浇筑预埋；

（2）两组铰链轴的中心线同轴度偏差不大于 2 mm；

（3）铰链孔与轴间应当有 5 mm 的间隙，两铰链的平行度应满足井架旋转起立要求；

（4）铰链构件之间和铰链与井架之间焊接要严格按照焊接工艺进行，严禁少焊或漏焊，焊后要对焊缝进行无损探伤检测，合格后才能使用。

铰链的销轴在井架起立过程中承受压力和剪力双重作用，有过度疲劳和断裂的可能，必须在使用前进行无损探伤检测。不仅要对其表面裂纹进行探伤检测，还应当对其内部裂缝等缺陷进行探伤检测。

（三）设置在物件上专供系挂吊装索具用的部件称作吊耳，通常有顶部板式、侧壁板式和轴式吊耳三类。井架起立中的吊耳应按其最大受力进行设计，吊耳的危险断面强度和焊缝强度应满足设计要求，必要时还应当对井架母材强度进行验算。吊耳焊接要严格按照焊接工艺要求进行，严禁漏焊，且焊接后应当进行探伤检测，合格后方可使用。

井架起立过程中，随着井架起立角度逐渐增大，吊耳铰链以销轴为中心旋转，一般情况下吊耳始终主要承受轴向拉力和少量的横向力。若吊耳横向使用，起立中吊耳铰链无法在垂直面自由旋转，使吊耳承受的横向力逐渐增大。吊耳横向抗弯截面模量较低，当承受较大横向力时，易在最大应力处断裂，造成井架吊装事故。

（四）起立扒杆时，应当在扒杆头部布置缆风绳，利用缆风绳控制扒杆起立过程中的偏摆，使扒杆始终沿垂直方向起立。若扒杆吊装过程中偏摆幅度过大，会导致扒杆受力方向偏移，造成扒杆起吊偏斜甚至倒杆事故。缆风绳与地面之间的夹角通常为30°~45°。缆风绳张力的大小应当根据现场扒杆的偏摆情况确定，缆风绳的预张紧力一般为扒杆吊装力的15%~20%。

**第六十六条** 立井井筒装备安装施工时，应当遵守下列规定：

（一）井筒未贯通严禁井筒装备安装施工。

（二）突出矿井进行煤巷施工，且井筒处于回风状态时，严禁井筒装备安装施工。

（三）封口盘预留通风口应当符合通风要求。

（四）吊盘、吊桶（罐）、悬吊装置的销轴在使用前应当进行无损探伤检测，合格后方可使用。

（五）吊盘上放置的设备、材料及工具箱等必须固定牢靠。

（六）在吊盘以外作业时，必须有牢靠的立足处。

（七）严禁吊盘和提升容器同时运行，提升容器或者钩头通过吊盘的速度不得大于0.2 m/s。

**【解读】** 本条文是关于立井井筒装备安装施工应当遵守的规定。

（一）立井井筒装备施工时，构件的固定主要采用树脂锚杆与井壁固定的方式，即利用手持式风动凿岩机在井壁上钻孔后预埋锚杆。钻孔时如遇井壁钢筋，则采用电气焊割断钢筋的方法进行处理。井筒未贯通安装井筒装备存在如下风险：

（1）对于高瓦斯和瓦斯突出矿井，穿过煤层的井壁会有瓦斯逸出，如果井筒未贯通，井筒装备安装期间风筒随吊盘起落而移动，当井筒内瓦斯积聚超限时，遇气割和电焊火花会造成瓦斯燃烧或爆炸事故。若井筒贯通，则可以防止瓦斯积聚。

（2）井筒装备安装采用局部通风机配备风筒供风，在安装过程中发生火灾时，临时通风系统难以及时排出大量的有害气体，易造成井筒内作业人员窒息伤亡事故。井筒装备安装过程中气割和电焊产生的大量有害气体和烟雾也易在井筒内积聚，对作业人员的身体造成伤害。

（3）井筒装备安装除进行井筒装备安装外，还进行永久锁口、井口设备等的安装，吊装较频繁，安装时间较长。若井筒未贯通时安装井筒装备，会给井筒临时排水系统的设置和维护带来较大的困难。同时，在井筒装备钻进锚杆孔或开凿梁窝过程中，存在不慎凿穿井壁出现较大井壁涌水的可能，在临时排水能力有限的情况下易造成透水事故。如果井筒贯通，则可通过另一个井筒进行排水，同时增加一个安全通道。

（二）突出矿井进行煤巷施工且井筒处于回风状态时，回风流中通常含有瓦斯，若局部瓦斯超限，遇到井筒装备施工过程中的气割或电焊火花时易发生瓦斯爆炸事故。若井下巷道施工区域发生瓦斯爆炸或突出事故，会对井筒装备的作业吊盘产生较大的爆炸冲击，严重影响井筒装备安装施工人员安全。

（三）井筒装备安装期间，除装备安装所需风量外，矿井二、三期工程也需要通过封口盘供风或回风，因此需在封口盘上预留通风口以保证通风量，通风口的大小应能满足井下通风要求。

（四）吊盘、吊桶（罐）、悬吊装置的销轴是井筒吊挂的重要零部件，其完好与否关系到乘坐人员和井筒中作业人员的安全与否，因此必须在使用前进行无损探伤检测。不仅要对其表面裂纹进行探伤检测，还应对其内部裂缝等缺陷进行探伤检测。

（五）吊盘作为井筒装备安装施工的移动作业平台，起落较频繁，在吊盘起落中有可能挂碰井筒中已安装好的管路、钢梁等构件，造成盘面倾斜，此时吊盘上的设备、材料有坠落井下的可能。因此，应固定牢靠盘面上的设备、材料及工具箱，将工具放入工具箱或工具袋中。

（六）吊盘作为井筒装备安装的工作盘，在吊盘上工作可保证施工人员安全。安装管路、罐道、电缆等距盘面较远的构件或设备时，要在吊盘外侧安装临时作业立足点，防止吊盘外工作人员长期无立足点作业而疲劳，造成坠落事故。

（七）如果吊盘和提升容器同时运行，容易造成吊盘与提升机信号混淆，提升机房、井口和井下信号传递混乱，进而容易出现误操作导致安全事故。而且提升机司机对吊盘位置无法确定，容易发生蹾罐事故。

在井筒装备安装施工期间，提升容器或提升钩头经常会穿过安装吊盘各层通行孔，为防止与吊盘通行孔相碰撞或者刮擦，造成容器倾斜或钩头挂住吊盘等安全事故，一般要求把钩工及时控制提升容器或钩头的偏摆，防止挂碰现象发生，并控制通过吊盘的速度不大于0.2 m/s。

**第六十七条** 井塔施工与井筒装备安装平行作业时，应当遵守下列规定：

（一）在土建与安装平行作业时，必须编制专项措施，明确安全防护要求。

（二）利用永久井塔凿井时，在临时天轮平台布置前必须对井塔承重结构进行验算。

（三）临时天轮平台的上一层提升孔口和吊装孔口必须封闭牢固。

（四）施工电梯和塔式起重机位置必须避开运行中的井筒装备、材料运输路线和人员行走通道。

**【解读】**本条文是关于井塔施工与井筒装备安装平行作业应当遵守的规定。

近年来，一些矿井利用永久井塔代替凿井井架开凿立井或安装井筒装备，这一新工法省去了凿井井架的安装和拆卸，缩短了建井工期，但给整个施工过程的安全管控也提出了更高的要求。

（一）井塔主体施工到一定高度时，可在井塔平台上布置临时天轮平台，将天轮平台上一层井塔平台各孔洞封严，井塔土建工程继续施工，同时井筒装备开始安装。此时，井塔土建施工和井筒装备安装是上下平行作业，必须编制平行作业安全专项措施，明确井筒装备安装人员和物料进出口通道设置及安全防护要求、土建塔吊作业吊装施工半径、井塔天轮平台以上的洞口封堵等。

（二）利用永久井塔凿井或安装井筒装备，需要在井塔上布置临时天轮平台，井筒中施工吊盘、钢丝绳及其他吊挂设施的重量将由井塔承受，提升钢丝绳、悬吊钢丝绳也会对井塔产生水平横向力作用，因此必须对井塔承重结构进行验算。

施工单位应当事先与井塔设计单位充分沟通，并向设计单位提供施工载荷、设备布置等详细资料，以便设计单位对井塔主体结构进行验算校核。必要时应当对井塔进行改造或加固，以满足凿井或井筒装备安装的要求。

在井塔上布置临时凿井或井筒装备安装设施时，还应注意以下几点：

（1）为尽可能减小永久井塔横向载荷，布置时应遵循对称原则，使部分横向载荷相互抵消。

（2）凿井天轮平台应采用分层布置方式，使施工载荷与各层楼板在施工时的载荷大小相近，避免载荷集中。

（3）为了保持井塔强度和塔体结构的完整性，提绞设备的各种绳孔尽量利用门窗洞口，避免在塔体上临时开凿出绳孔洞。

（三）在井塔和井筒装备安装平行作业时，临时天轮平台以上进行井塔土建工程施工，以下进行井筒装备安装施工。为避免井塔施工过程中坠落物体危及临时天轮平台、井口设备和人员安全，必须将临时天轮平台的上一层提升孔口和吊装孔口封闭，同时要求封闭要牢固可靠，强度满足坠物冲击要求。

（四）井塔土建施工和井筒装备安装平行作业在开工前，要统筹考虑现场布置，施工电梯和塔式起重机的作业范围要避开井筒装备安装时设备、材料运输的线路和人员通行的通道，特殊情况下无法避开时，要确保起重机吊装作业范围内不能有人。

**第六十八条** 安装井架或者井架上的设备时必须盖严井口。装备井筒与安装井架及井架上的设备平行作业时，井口掩盖装置必须坚固可靠，能承受井架上坠落物的冲击。

**【解读】**本条文是关于装备井筒与安装井架及井架上的设备平行作业时，对掩盖装置的规定。

立井施工时，必须安设封口盘，封口盘是设置在井口地面上的工作和防护平台。封口盘的基本作用：一是起作业平台作用，二是起防坠保护作用。

在平移井架和吊装井架上的大型钢构件及天轮平台、翻矸台等设备时，作业人员站在封口盘上作业，封口盘作为安装作业的可靠作业平台。

在安装井架或者井架上的设备时，需要进行电焊、气焊作业，为防止电焊、气焊产生的火花及碎屑落入井筒，同时，为防止井架上坠物落井，此时封口盘作为安装作业的防火、防坠保护平台。

在井筒内安装井筒装备时，若同时在井口以上进行井架及井架上的设备安装，则此时封口盘主要起防坠保护作用。封口盘必须能承受落物冲击。以上安装工程，不管是单行作业还是平行作业，为了施工安全，对封口盘再加固的措施都应当在施工作业规程中规定。可在封口盘上铺设钢梁、木板、花纹钢板、黄砂等，对封口盘采取掩盖加固和防火措施。

**【案例】**2004 年 3 月，土耳其某煤矿在井架翻矸台上切割钢梁时，气割产生的熔渣穿过铺盖在井口上的钢管缝隙落入井下，引起井筒内积聚的高浓度瓦斯爆炸，造成5人死亡。

**第六十九条** 井下安装应当遵守下列规定：

（一）作业现场必须有充足的照明。

（二）大型设备、构件下井前必须校验提升设备的能力，并制定专项措施。

（三）巷道内固定吊点必须符合吊装要求。吊装时应当有专人观察吊点附近顶板情况，严禁超载吊装。

（四）在倾斜井巷提升运输时不得进行安装作业。

**【解读】** 本条文是关于井下安装应当遵守的规定。

（一）井下安装作业时，井下巷道施工空间狭窄，若照明不足、能见度低，则既不利于现场作业，又不能及时发现施工现场安全隐患。《工业企业照明设计标准》（GB 50034）及《煤炭工业矿井设计规范》（GB 50215）都明确规定了井下固定照明单位面积的最低照度。井下各地点照明照度见表3－1。

表3－1 井下照明照度参考值

| 序号 | 地点 | 最低照度/lx | 测量照度地点 |
|---|---|---|---|
| 1 | 井底车场及附近 | 10 | 底板水平面 |
| 2 | 井底车场翻车机室 | 10 | 底板上下0.8 m水平面 |
| 3 | 机电硐室、调度室、机车库、爆炸物品库 | 10 | 底板上下0.8 m水平面 |
| 4 | 信号站 | 75 | 信号盘上的垂直面 |
| 5 | 保健站 | 20 | 底板水平面 |
| 6 | 候车室 | 5 | 底板水平面 |
| 7 | 使用机车的巷道、兼作人行道的运输巷道、上下山的绞车道以及升降物料和人行交替的绞车道 | 2 | 底板水平面 |
| 8 | 主要巷道的交叉点（不包括四周巷道）和采区车场 | 10 | 底板水平面 |
| 9 | 专用人行道 | 1 | 底板水平面 |
| 10 | 采掘工作面 | 5 | 工作面的垂直面和底板水平面 |
| 11 | 建井期间的井筒 | 5 | 距工作面不小于5 m的井壁垂直面 |
| | | 10 | 工作面的水平面 |
| 12 | 井筒吊盘 | 5 | 盘面工作面 |

（二）提升设备的最大提升能力是由提升设备的固有能力决定的，超载运行不但会使电动机过载，而且会使提升设备、钢丝绳、连接装置的安全系数随之降低，制动系统工作闸和安全闸的可靠性也会降低。

大型设备、构件下井前，不仅要根据设备或构件的单件最大重量计算并校验提升设备能力，而且要根据单件最大外形尺寸校核运输沿途空间尺寸。当出现超重、超宽和超高时，必须采取措施。

（三）井下安装巷道内的固定吊点有永久吊点和临时吊点两种。

使用永久吊点时，吊装重量应在吊点承重范围内。若永久吊点设置时间过长，还应当对永久吊点进行重载试吊，判断吊点是否有效。

临时吊点可设置在巷道壁和巷道顶部，并需要对吊点的受力情况进行计算。巷道顶部的吊点，由于顶板内部实际情况不明，除了对吊点的受力情况进行计算外，吊装时还要对吊点顶板受力情况进行观测，防止顶板在受力过程中因顶板松软或遇破碎带，造成顶板掉落事故。在设备和构件吊装过程中，为保证安全，起吊重量不能超过吊点的允许载荷。

（四）在倾斜井巷提升运输时进行安装作业，违反了“行人不行车、行车不行人”的规定。在提升容器（矿车或箕斗）通过安装作业地点时，将会影响安装作业正常进行。一旦发生跑车事故，可能会严重威胁井巷中安装作业人员的生命安全。

## 第四节　建井期间生产及辅助系统

**第七十条**　建井期间应当尽早形成永久的供电、提升运输、供排水、通风等系统。未形成上述永久系统前，必须建设临时系统。

矿井进入主要大巷施工前，必须安装安全监控、人员位置监测、通信联络系统。

**【解读】**本条文是关于建井期间建设相关生产系统及监测监控通信系统的规定。

2010年4月10日，国家发展和改革委员会、国家能源局、国家安全生产监督管理总局、国家煤矿安全监察局等四部委印发了《关于进一步加强煤矿建设项目安全管理的通知》（发改能源〔2010〕709号），明确提出煤矿建设项目要按照施工组织设计有序推进工程进度，完善有关安全设施。项目进入二期工程前，必须安装矿井安全监测监控系统；高瓦斯、煤（岩）与瓦斯（二氧化碳）突出、有突水危险或水文地质类型复杂及以上的矿井进入二期工程前，其他矿井进入三期工程前，必须按设计建成双回路供电；高瓦斯、煤（岩）与瓦斯（二氧化碳）突出矿井，进入二期工程前，必须形成由地面主要通风机供风的全风压通风系统；煤（岩）与瓦斯（二氧化碳）突出矿井揭露突出煤层前，必须建成瓦斯抽采系统并投入运行，同时严格落实两个“四位一体”（突出危险性预测、防治突出措施、防治突出措施的效果检验和安全防护措施）综合防突措施；高瓦斯矿井进入三期工程前，必须形成瓦斯抽采系统；有突水危险或水文地质类型复杂及以上的矿井，进入三期工程前，必须形成永久排水系统。

我国煤矿分布地域广，绝大部分为井工开采，地质条件相对复杂，经常受到瓦斯、水、火等灾害威胁。建井期间，首次揭露复杂的地质结构，会遇到各种不可预控的不安全因素，危险程度较高。同时，建井的过程是矿井各个安全生产保障系统逐步完善的过程，过渡临时系统的保障能力相对不高、可靠性较差，抵御灾害能力不足。因此，建井期间科学合理安排各工程的先后次序，优先形成可靠的永久系统，提高建井期间的安全保障能力，至关重要。

（1）供电系统：在开凿井筒前，应形成可靠的矿井两回路供电，地面变配电设备可采用临时过渡设备；井筒落底后，地面永久变电所应当投入使用；井筒短路贯通后可设置井下临时变电所，实现两回路电源供电，形成可靠的单母线分段运行方式，以利于井下二、三期工程的展开。进入二期工程，优先施工井底车场中央变电所、泵房，高瓦斯矿井、煤（岩）与瓦斯（二氧化碳）突出矿井、水文地质类型复杂及以上的矿井应当合理选择掘进工作面个数与施工区域，在进入采区巷道施工前，井下永久变电所应当投入使用；其他矿井进入采区巷道施工前，井下永久变电所应当投入使用。

（2）提升系统：井筒到底后，应当优先短路贯通，选择一条井筒进行永久装备（一般为副井），尽可能早地形成永久提升系统。

（3）供排水系统：井筒或开拓新水平的暗立（斜）井到底转平后，或独立施工的区域，应当尽快施工临时水仓和排水泵房，安装临时供电和排水系统。

井筒开凿到底后、临时水仓和排水泵房未形成前，可以利用井底水窝作为临时水仓，在井底附近安装具有一定排水能力的临时过渡排水泵和供电设备，以确保安全。

应当根据施工区域涌水量确定排水能力和临时水仓容积。当预计涌水量不大于 50 $m^3/h$ 时，临时水仓容积应大于 4 h 正常涌水量；当预计涌水量大于 50 $m^3/h$

时，临时水仓容积应大于8 h正常涌水量。临时排水泵房必须采用混凝土砌筑或锚喷支护，不得有淋水，底板标高应比大巷轨面高300 mm，断面满足设备布置需要。

井巷施工各阶段的临时排水系统，应在矿井施工组织设计中确定。临时排水能力应满足排水要求，水泵的配备应满足使用、备用和检修的要求，工作和备用水泵的总排水能力不小于正常涌水量的2.04倍。

有突水危险或水文地质类型复杂及以上的矿井井底车场施工前，可设置井下临时泵房，配备足够的排水能力；进入三期工程施工前，必须形成永久排水系统。

（4）通风系统：二期工程初期、井筒贯通后，高瓦斯矿井、煤（岩）与瓦斯（二氧化碳）突出矿井应形成由地面临时主要通风机供风的全风压通风系统;进入采区巷道前，应当形成由地面永久主要通风机供风的全风压通风系统。

（5）安全监控、人员位置监测、通信联络系统：所有矿井进入二期工程施工，永久安全监控、人员位置监测和通信联络系统的机房及基站应当投入使用；二、三期工程施工期间，可利用永久系统机房形成井下安全监控、人员位置监测和通信联络系统；若永久系统机房及基站形成确有困难的，可设置临时系统，但在进入采区巷道施工前，永久系统应当投入使用。

**第七十一条** 建井期间应当形成两回路供电。当任一回路停止供电时，另一回路应当能担负矿井全部用电负荷。暂不能形成两回路供电的，必须有备用电源，备用电源的容量应当满足通风、排水和撤出人员的需要。

高瓦斯、煤与瓦斯突出、水文地质类型复杂和极复杂的矿井进入巷道和硐室施工前，其他矿井进入采区巷道施工前，必须形成两回路供电。

**【解读】**本条文是关于煤矿建设项目供电电源的规定。

建井期间建设单位应当提供两回路供电，当不具备两回路供电条件时，应配备备用电源。

采用不同电源母线两回路进行供电，可以确保供电的安全可靠。两回路电源线路上都不得分接任何负荷。在发生任何故障时，两个电源、线路不得同时受到损坏。在发生任何一种故障且保护动作正常时，至少应有一个电源不中断供电，并能担负矿井的全部负荷。

建井期间备用电源一般选用柴油发电机。为了使备用电源真正能起到备用的作用，应做到以下几点：

（1）对于通风机和安全梯稳车等，其备用电源应能保证在常用电源停电、备用电源启动后，通过倒闸操作迅速给设备供电。

（2）应有专人负责管理和维护。包括电瓶充电、冷却液的补充、冬季施工时柴油的防冻等内容。

（3）每 10 d 至少进行 1 次启动和运行试验。

（4）试验记录要存档备查。

高瓦斯、煤与瓦斯突出、水文地质类型复杂及以上的矿井进入巷道和硐室施工时，会面临更多的灾害威胁，对通风和排水都有极高的保障要求，如果进入巷道或硐室施工后，发生突水或瓦斯突出，此时单回路供电若出现问题，势必造成重大事故或人员伤亡，靠备用电源显然无法满足应急要求，因此进入巷道或硐室施工前必须形成两回路供电，以确保施工安全。

**第七十二条** 悬挂吊盘、模板、抓岩机、管路、电缆和安全梯的凿井绞车，必须装设制动装置和防逆转装置，并设有电气闭锁。

**【解读】** 本条文是关于凿井绞车设置制动装置、防逆转装置和电气闭锁的规定。

在立井凿井期间，所使用的吊盘、模板、抓岩机、管路、电缆和安全梯等设备、设施，大部分由凿井绞车悬吊。凿井绞车是否可靠运行直接关系井下施工人员的安全与否。因此，必须要确保凿井绞车的安全制动闸和工作制动闸能可靠制动，避免因制动失效而造成吊盘翻盘、悬吊设备坠落等事故。

根据《煤矿用凿井绞车安全检验规范》（AQ 1031—2007）的相关规定，应当做到以下几点：

（1）绞车（JZA 除外）应当设有独立的工作制动器和安全制动器。

（2）安全制动器应当采用重锤力或弹簧力进行制动，JZA 型绞车制动器在断电情况下应能手动解除制动。

（3）绞车的工作制动器和安全制动器的制动力矩均不应小于最大静力矩的两倍。

（4）制动器工作应当灵敏可靠，制动闸瓦（带）与制动轮缘的接触面积应不小于 70%。

（5）安全制动空行程时间：压缩空气驱动闸瓦式制动器不应超过0.5 s。

（6）制动闸松闸时，闸瓦与闸轮之间的间隙：平移式制动器应不大于2 mm，且上下相等；角移式制动器不大于2.5 mm；带式制动器不应大于3 mm。

（7）闸瓦（带）与制动轮无缺损，无断裂，表面无油迹。

凿井绞车安全闸应当装设电气闭锁装置，只有在安全闸敞闸时凿井绞车才可以运行，实现对凿井绞车制动系统的保护。

**第七十三条** 建井期间，2个提升容器的导向装置最突出部分之间的间隙，不得小于$0.2+H/3000$（$H$为提升高度，单位为m）；井筒深度小于300 m时，上述间隙不得小于300 mm。

立井凿井期间，井筒内各设施之间的间隙应当符合表1的要求。

表1 立井凿井期间井筒内各设施之间的间隙

| 序号 | 井筒内设施 | 间隙/mm |
|---|---|---|
| 1 | 吊桶最突出部分与孔口之间 | ≥150 |
| 2 | 吊桶上滑架与孔口之间 | ≥100 |
| 3 | 抓岩机停止工作，抓斗悬吊时的最突出部分与运行的吊桶之间 | ≥200 |
| 4 | 管、线与永久井壁之间（井壁固定管线除外） | ≥300 |
| 5 | 管、线最突出部分与提升容器最突出部分之间：<br>井深小于400 m<br>井深400~500 m<br>井深大于500 m | <br>≥500<br>≥600<br>≥800 |
| 6 | 管、线卡子的最突出部分与其通过的各盘、台孔口之间 | ≥100 |
| 7 | 吊盘与永久井壁之间 | ≤150 |

**【解读】** 本条文是关于立井凿井期间井筒内各设施之间的间隙的规定。

立井凿井期间采用吊桶提升，提升容器在运行中受钢丝绳旋转力、风阻力等外力作用发生轻微摆动，使提升容器导向装置之间，提升容器与井壁、管、线、孔口之间的间隙减小。另外，随着立井井筒的不断延深和工序转换，吊盘、管、线在井筒内的相对位置可能会变化，为了防止提升容器、吊盘等在运行时出现挂碰现象，井筒设施之间、井筒设施与井壁、孔口之间必须留有一定的安全间隙。

“表1 立井凿井期间井筒内各设施之间的间隙”是依据《煤矿建设安全规

范》（AQ 1083—2011）的有关规定和大量的立井施工经验确定的。

**第七十四条** 建井期间采用吊桶提升时，应当遵守下列规定：

（一）采用阻旋转提升钢丝绳。

（二）吊桶必须沿钢丝绳罐道升降，无罐道段吊桶升降距离不得超过40 m。

（三）悬挂吊盘的钢丝绳兼作罐道绳时，必须制定专项措施。

（四）吊桶上方必须装设保护伞帽。

（五）吊桶翻矸时严禁打开井盖门。

（六）在使用钢丝绳罐道时，吊桶升降人员的最大速度不得超过采用下式求得的值，且最大不超过7 m/s；无罐道绳段，不得超过1 m/s。

$$v = 0.25\sqrt{H}$$

式中 $v$——最大提升速度，m/s；

$H$——提升高度，m。

（七）在使用钢丝绳罐道时，吊桶升降物料时的最大速度不得超过采用下式求得的值，且最大不超过8 m/s；无罐道绳段，不得超过2 m/s。

$$v = 0.4\sqrt{H}$$

（八）在过卷行程内可不安设缓冲装置，但过卷行程不得小于表2确定的值。

表2 提升速度与过卷行程

| 提升速度/$(m \cdot s^{-1})$ | 4 | 5 | 6 | 7 | 8 |
|---|---|---|---|---|---|
| 过卷行程/m | 2.38 | 2.81 | 3.25 | 3.69 | 4.13 |

（九）提升机松绳保护装置应当接入报警回路。

**【解读】** 本条文是关于建井期间采用吊桶提升应当遵守的规定。

（一）阻旋转钢丝绳是国家标准《钢丝绳 术语、标记和分类》（GB/T 8706—2006）中的术语，它代替了以前的不旋转钢丝绳。阻旋转钢丝绳承受载荷时产生的扭矩或旋转程度比较小，绳的结构一般至少由两层股围绕一个绳芯螺旋捻制而成，外层股与相邻内层股捻向相反。

使用阻旋转钢丝绳，主要目的是防止吊桶旋转程度过大。吊桶旋转不但会造成乘坐人员身体不适，还有可能因为吊桶内物体分布不均匀而产生摆动现象。

（二）吊桶沿钢丝绳罐道升降时，罐道对吊桶摆动有一定约束，可防止吊桶受外力摆动过大。在施工过程中，不可避免会出现吊桶运行在无罐道段的现象，因此必须对吊桶无罐道段升降距离加以限制。在凿井初期，尚未装设罐道时的吊桶升降距离不得超过 40 m；正常掘进时，吊盘下方无罐道段的吊桶升降距离也不得超过 40 m。

（三）悬挂吊盘的钢丝绳兼作罐道绳，可以减少井筒中钢丝绳数量，使井筒吊挂系统更简单。兼作罐道绳时，罐耳的滑套应采用尼龙等材质较软且摩擦系数较小的材料制成，施工中应加强对滑套磨损情况的检查。《煤矿建设安全规范》（AQ 1083—2011）规定：钢丝绳罐道的罐耳滑套内孔直径与钢丝绳直径之差不得大于 5 mm（安装时），钢丝绳罐道与滑套的总间隙不得超过 15 mm（磨损后）。同时，罐道绳应定期涂油，以减小滑套的磨损。

（四）为保证乘坐吊桶人员的安全，吊桶提升钩头上方应设置保护伞帽，防止坠物伤及吊桶内的人员。伞帽与提升孔留有不小于 100 mm 的安全距离，防止伞帽通过提升孔时与提升孔钢梁碰撞。伞帽通过提升孔时应减速慢行。

（五）吊桶翻矸时，存在从溜槽两侧掉落矸石的可能，此时如果井盖门未关闭，矸石极有可能坠落井下伤人。因此不论是单吊桶提升还是多吊桶提升，在翻矸台翻矸时，所有井盖门均不得打开。

（六）使用钢丝绳罐道吊桶提升时，罐耳位于其上方伞帽两侧，罐道钢丝绳具有一定柔性，吊桶受外力作用发生摆动，有与井筒内其他吊挂设施发生碰撞的可能。吊桶提升与永久罐笼、箕斗提升相比稳定性较差，结合现有凿井施工装备及工艺现状，本项对吊桶提升人员的最大速度进行了限制。

（七）本项与上述第（六）项类似，对吊桶提升物料的最大速度进行了限制。

（八）防撞梁或缓冲装置是针对箕斗或罐笼提升而设计的，不适用于吊桶提升，因此规定吊桶提升时在过卷行程内可不安设缓冲装置，但对过卷行程做出了严格要求。

吊桶提升的过卷行程是指从过卷保护装置动作时吊桶的位置到吊桶实际能够运行的最高终点的高度。具体地说，在吊桶翻矸的位置向上 0.5 m 是过卷保护装置动作位置，在此状态下，从滑架上表面到天轮平台下表面的距离，就是过卷行程。

过卷保护装置动作后，提升机进行紧急制动，盘形制动器有 0.3 s 空动时间。提升速度越高，过卷后吊桶运行的距离越长，如果过卷行程不足，就会造成滑架冲上天轮梁的事故，因此根据不同的提升速度，限制了不同的过卷行程。表2中的数据是对应不同的提升速度设计的最小过卷行程，实际提升速度与表中的数据不同时，可按简单近似插值法计算。当提升速度 $v \leqslant 5$ m/s 时，过卷行程 $h = 0.43v + 0.66$(m)；当提升速度 $v > 5$ m/s 时，过卷行程 $h = 0.44v + 0.61$(m)。

过卷保护装置设置两套：一套安装在提升机深度指示器上（室内），可编程控制器控制的提升机在程序中设置过卷距离和执行单元；另一套安装在井架上(室外)。室内的保护要比室外的保护提前0.2~0.3 m 动作。

（九）吊桶提升在每次翻矸或更换提升容器时，钢丝绳都处于松弛状态，如果接入安全回路，会引起提升机频繁紧急制动，严重影响安全生产。

为防止在其他情况下钢丝绳松弛，要求松绳保护装置要接入报警回路，以便引起提升机司机注意，避免发生提升事故。

**第七十五条** 立井凿井期间采用吊桶升降人员时，应当遵守下列规定：

（一）乘坐人员必须挂牢安全绳，严禁身体任何部位超出吊桶边缘。

（二）不得人、物混装。运送爆炸物品时应当执行本规程第三百三十九条的规定。

（三）严禁用自动翻转式、底卸式吊桶升降人员。

（四）吊桶提升到地面时，人员必须从井口平台进出吊桶，并只准在吊桶停稳和井盖门关闭后进出吊桶。

（五）吊桶内人均有效面积不应小于0.2 $m^2$，严禁超员。

**【解读】**本条文是关于立井凿井期间采用吊桶升降人员应当遵守的规定。

（一）人员乘坐吊桶必须佩戴经检验合格的安全带，安全带的安全绳必须高挂低用，禁止打结或接长使用，并应系挂牢固，高度要方便人员摘挂。

严禁身体任何部位超出吊桶边缘，是为了防止吊桶通过封口盘、固定盘、吊盘等狭窄部位时发生挤撞伤人事故。

（二）如果在吊桶内人、物混装，在改变运行状态时，吊桶中货物晃动容易发生挤伤人员事故。运送爆炸物品时应当执行《规程》第三百三十九条的规定。

（三）自动翻转式、底卸式吊桶在运行过程中存在自动翻转或者吊桶底部自动打开的可能，如果使用自动翻转式、底卸式吊桶升降人员，在运行中一旦吊桶自动翻转或底部自动打开，将十分危险。

（四）乘人吊桶升井后，先行关闭井盖门，然后下放吊桶到井盖上并停稳后，人员才能进出吊桶，并通过平台出入井口，这样可保证人员安全。

（五）吊桶乘人时，应当保证人均有效面积不小于 0.2 $m^2$，不得超员。吊桶每次能容纳的最多人数应明确规定，如规定：2 $m^3$ 吊桶（桶口直径 1320 mm）最多乘 6 人、3 $m^3$ 吊桶（桶口直径 1450 mm）最多乘 8 人、4 $m^3$ 吊桶（桶口直径 1630 mm）最多乘 10 人、5 $m^3$ 吊桶（桶口直径 1630 mm）最多乘 10 人、6 $m^3$ 吊桶（桶口直径 1800 mm）最多乘 12 人、7 $m^3$ 吊桶（桶口直径 1800 mm）最多乘 12 人。

**第七十六条** 立井凿井期间，掘进工作面与吊盘、吊盘与井口、吊盘与辅助盘、腰泵房与井口、翻矸平台与绞车房、井口与提升机房必须设置独立信号装置。井口信号装置必须与绞车的控制回路闭锁。

吊盘与井口、腰泵房与井口、井口与提升机房，必须装设直通电话。

建井期间罐笼与箕斗混合提升，提人时应当设置信号闭锁，当罐笼提人时箕斗不得运行。

装备 1 套提升系统的井筒，必须有备用通信、信号装置。

**【解读】** 本条文是关于立井凿井期间设置通信、信号和视频监控装置的规定。

立井施工期间，掘进工作面与吊盘、吊盘与井口、吊盘与辅助盘、腰泵房与井口、翻矸平台与绞车房、井口与提升机房必须设置独立信号装置，提升信号应当简洁明了，使司机清楚何时开车、怎样开车。通常在提升容器运行全行程需要开停车的地方，均应设置提升信号装置，两钩及以上提升系统应当设置独立信号，加以区分。通常信号传递应当逐级进行，最后传递给井口信号工，井口信号工对收集来的井下信号与在井口看到的实际情况进行分析判断，再由井口信号工向提升机房发出开车指示信号。除紧急停车信号外，不允许井底、吊盘、转水站、辅助盘信号工将信号直接发往提升机房。井口信号装置必须与提升机的控制回路闭锁，只有井口信号工发出开车信号、司机接收到开车信号后才能启动提升机，而且只能按照信号指令要求开车，司机操作与信号要求不一致时，提升机应无法启动。

有些情况仅用信号表达不清楚，通常要求吊盘、转水站与井口，以及井口与提升机房要设置直通电话，以便于联系。

建井期间罐笼与箕斗混合提升时，罐笼与箕斗之间没有防护隔离措施，如果箕斗和罐笼同时运行，箕斗提升的物料以及箕斗上黏附的碎石等杂物可能受到外力的作用而坠落，伤及罐笼进出车侧及罐笼中的人员。因此要求罐笼在提升人员时，必须有信号闭锁，使箕斗不得运行，只有在不提升人员、解除信号闭锁后，箕斗方可运行。

装备两钩及多钩提升系统的井筒，应装设各自独立的通信、信号装置且互为备用，当其中一套通信、信号装置出现故障时，可使用其他信号装置暂时应急与井口取得联系。单钩提升系统的井筒，为防止通信、信号电缆损伤等意外发生，导致与地面井口失联，要求必须设置备用的通信、信号系统。当工作的通信、信号装置出现故障时，立即使用备用系统与井口取得联系，以保证提升安全。备用通信、信号装置应每天试验，保证完好。

在条件具备时，提升机房、井口信号房、井口、翻矸平台、吊盘及工作面等场所要安装视频监控装置。视频监控装置有以下几方面的作用：

（1）提升时，便于提升机司机、井口信号工观察提升容器与吊盘、井口、翻矸平台之间的关系，发现异常情况及时停车。

（2）管理人员可以通过监控视频随时掌握各重要场所的情况，了解施工及人员状况，发现问题及时提醒或者做出决定。

（3）遇到事故后，可以调出监控视频，再现事故发生过程，分析事故原因。

**第七十七条** 立井凿井期间，提升钢丝绳与吊桶的连接，必须采用具有可靠保险和回转卸力装置的专用钩头。钩头主要受力部件每年应当进行1次无损探伤检测。

**【解读】** 本条文是关于提升钢丝绳与吊桶连接采用专用钩头及对其进行无损探伤检测的规定。

由于吊桶在翻矸台翻矸、通过吊盘喇叭口、井底接装矸时，提升钩头与吊桶梁有可能脱开造成事故，因此要求提升钩头必须具有防止钩头自行脱开的保险销，钩头闭锁销子必须完好，同时井上、下把钩工对每钩均应目测检查1次，发现问题立即停钩进行处理。

立井凿井期间，随着提升容器的提升和下放，提升钢丝绳都会出现旋转现象，这是由钢丝绳各绳股围绕绳芯旋转捻制的工艺决定的。阻旋转钢丝绳较其他钢丝绳旋转程度要小得多，但也会有旋转现象。为防止因吊桶旋转加剧吊桶偏摆以及造成乘坐人员身体不适，钩头应采用回转卸力装置。

立井提升使用的具有回转卸力装置的专用钩头必须取得煤矿矿用产品安全标志，并且负载不得大于钩头的额定提升能力。

提升钩头是悬挂吊桶的关键部件，工作过程中始终承受一定的静载荷和各种动载荷的冲击，且作业环境恶劣，为防止钩头疲劳断裂，必须定期进行无损探伤检测。无损探伤检测应由具备相应资质的单位进行，检测周期为 1 年。

本条对提升钢丝绳与吊桶的连接和专用钩头进行无损探伤检测提出了具体要求。

**第七十八条** 建井期间，井筒中悬挂吊盘、模板、抓岩机的钢丝绳，使用期限一般为 1 年；悬挂水管、风管、输料管、安全梯和电缆的钢丝绳，使用期限一般为 2 年。钢丝绳到期后经检测检验，不符合本规程第四百一十二条的规定，可以继续使用。

煤矿企业应当根据建井工期、在用钢丝绳的腐蚀程度等因素，确定是否需要储备检验合格的提升钢丝绳。

**【解读】** 本条文是关于建井期间悬吊钢丝绳使用年限的规定。

建井期间，井筒内环境较差，空气湿度大，部分井筒还有淋水，有的淋水对钢丝绳的腐蚀性较大，钢丝绳易出现变黑、点蚀、锈皮等现象，因此对建井期间钢丝绳使用年限做出了一般性的规定。

建井期间，悬挂吊盘、模板、抓岩机的钢丝绳在使用过程中，经常承受动载荷作用，多绳悬挂的吊盘、模板钢丝绳还存在载荷不均衡情况，受力较复杂，故规定悬挂吊盘、模板、抓岩机的钢丝绳使用年限一般为 1 年。悬挂吊盘、模板、抓岩机的钢丝绳接近规定使用期限前，应截取绳样（试验绳样通常从悬吊点绳卡上方截取），送有资质的检测检验机构进行检测，合格后可延期使用，但最多延长使用 1 年。对于悬挂水管、风管、输料管和电缆的钢丝绳，截取绳样比较困难，可到期后再进行现场检测，发现问题时，必须更换。建井期间管路悬挂宜优先采用井壁固定方式。

由于工程项目的技术特征、施工工艺和地质条件存在差异，再加上各种各样的外在因素影响，有的立井凿井提升系统使用时间较短，有的则时间较长，因此是否储备检验合格的提升钢丝绳，应由企业根据实际情况决定。一般情况下，单钩提升、预计使用超过 1 年以上的均应有备用提升钢丝绳，可在项目较集中区域或者设备库储备检验合格的提升钢丝绳。

**第七十九条** 立井井筒临时改绞必须编制施工组织设计。井筒井底水窝深度必须满足过放距离的要求。提升容器过放距离内严禁积水积物。

同一工业广场内布置2个及以上井筒时，未与另一井筒贯通的井筒不得进行临时改绞。单井筒确需临时改绞的，必须制定专项措施。

**【解读】** 本条文是关于立井井筒临时改绞的相关规定。

立井井筒临时改绞主要将原吊桶提升改为罐笼或箕斗提升，并将其他辅助设施如天轮平台、封口盘及井筒内吊挂钢丝绳等进行相应改装与变动，以满足二期工程平巷施工对提升、供电、压风、供水、排水及通风的需要。临时改绞的施工工序转换频繁，安全管理难度大，因此需要编制施工组织设计指导施工。

井筒短路贯通后，一般选择风井进行临时改绞，也有选择主井、副井进行临时改绞的，无论选择哪一个井筒进行改绞，井底水窝深度都应大于提升容器的过放距离，而且过放距离内不能有积水、杂物等。若二期工程前期利用井筒作为临时过渡水仓使用，则应及时排水，保证过放装置以上没有积水现象。

立井井筒落底后，一般利用凿井设施优先施工两井筒井下短路贯通巷道，然后进行临时改绞，对井下供电、提升、通风、排水系统进行改造，以提高井下巷道施工期间系统的安全保障能力。通常不宜利用凿井设施施工井下二、三期工程。要求井筒短路贯通后改绞，目的是解决改绞期间通风、排水、安全出口等问题。井筒改绞期间不可避免地要进行焊接作业，单井筒时焊接通风不畅，如果是高瓦斯矿井则存在瓦斯积聚甚至瓦斯爆炸的风险，贯通后则可以改善通风条件。在排水方面，主要是改绞施工后期，天轮平台改造安装期间，井筒内无提升系统，水泵工无法进行交接班，排水系统出现故障无法及时维修，且只有一个安全出口，存在较大风险。如果两井贯通，水泵工可以从另一个井筒下井作业，也可避免单井筒排水系统产生故障导致淹井的可能。单井筒确需临时改绞的，必须制定专项措施，解决井筒通风、排水及安全出口等问题。

**第八十条** 开凿或者延深斜井、下山时，必须在斜井、下山的上口设置防止跑车装置，在掘进工作面的上方设置跑车防护装置，跑车防护装置与掘进工作面的距离必须在施工组织设计或者作业规程中明确。

斜井（巷）施工期间兼作人行道时，必须每隔40 m设置躲避硐。设有躲避硐的一侧必须有畅通的人行道。上下人员必须走人行道。人行道必须设红灯和语音提示装置。

斜巷采用多级提升或者上山掘进提升时，在绞车上山方向必须设置挡车栏。

**【解读】**本条文是关于斜井（巷）施工时设置防止跑车装置和躲避硐的规定。

斜井（巷）施工期间，在斜井井口或斜巷上部车场范围内、井巷内运行的箕斗或矿车（串车），对井巷内维修人员或井下工作面作业人员具有潜在威胁。由于提升机操作不当、轨道铺设质量不好、钢丝绳断绳、提升设备安全装置失效及提升突遇障碍等原因，均有可能发生提升容器掉道、脱钩、断绳等情况，造成跑车和物料下滑等事故，威胁井巷内作业人员的人身安全，因此必须按要求设置防止跑车装置和躲避硐。

斜井（巷）运输必须设置“一坡三挡”，同时应做到以下几点：

（1）斜井（巷）上口处必须安设安全挡车栏。

（2）在倾斜井巷内安设能够将断绳、脱钩的车辆阻止住的跑车防护装置。

（3）在各车场安设能够防止带绳车辆误入非运行车场或区段的阻车器。

（4）在上部平车场入口安设能够控制车辆进入摘挂钩地点的阻车器。

（5）在上部平车场接近变坡点处，安设能够阻止未连挂的车辆滑入斜巷的阻车器。

（6）在变坡点下方略大于1列车长度的地点，设置能够防止未连挂的车辆继续往下跑车的挡车栏。

（7）在各车场安设甩车时能发出警示信号的装置。

上述挡车装置必须经常关闭，车辆通过时方准打开。兼作行驶人车的倾斜井巷，在提升人员时，倾斜井巷中的挡车装置和跑车防护装置必须是常开状态，并应当能够可靠地锁住，斜井（巷）施工期间，下部挡车装置必须处于关闭状态。

在掘进工作面的上方设置跑车防护装置，能够将跑车可靠拦截，确保工作面人员和设备的安全。跑车防护装置和挡车栏通常采用柔性减速吸能设计，吸能量大，能够使跑车的损伤程度降到最低。跑车防护装置能够可靠拦截的防护距离，必须根据斜井（巷）倾角、跑车及载荷、跑车速度等经计算确定。根据斜井（巷）长度确定所需安装跑车防护装置的数量，最下方一道跑车防护装置与掘进工作面的距离不得超过计算值。跑车防护装置的位置、数量等必须在施工组织设计或作业规程中明确。

斜井（巷）施工期间兼作行人道时，必须每隔 40 m 设置躲避硐，躲避硐必须与斜井（巷）主体工程同步施工。躲避硐应经常保持清洁卫生，硐内不得有积水、淤泥或堆放物料。设有躲避硐的一侧必须有畅通的人行道。斜井（巷）运输设备运行时，将红灯和语音提示装置打开，能够有效提示井巷内人员及时进入躲避硐内躲避。

斜井（巷）采用多级提升或上山掘进提升时，在绞车上山方向可能会出现矸石、材料或者设备在运输中发生滚落的现象，因此，在上山方向应设置坚固的遮挡，以确保下方人员和设备的安全。

**第八十一条** 在吊盘上或者在 2 m 以上高处作业时，工作人员必须佩带保险带。保险带必须拴在牢固的构件上，高挂低用。保险带应当定期按有关规定试验。每次使用前必须检查，发现损坏必须立即更换。

**【解读】** 本条文是关于保险带使用的规定。

在立井施工中，吊盘悬吊于井筒中起落频繁，且距工作面约 15 m，属高处作业。按照《高处作业分级》（GB/T 3608—2008）规定，凡是在坠落高度基准面 2 m 及以上有可能坠落的高处进行作业称为高处作业。高处作业时，保险带使用应符合下列要求：

（1）高处作业必须佩带保险带。

（2）保险带必须拴挂在牢固的构件上，或者专为挂保险带而设的钢丝绳上，不得拴在尖锐的棱角上。

（3）保险带的拴挂，要高挂低用，不宜低挂高用。安全带应拴在人的垂直上方，尽量避免采取低于腰部水平的拴挂方法。

（4）安全带使用两年后，按批量购入情况，抽验一次。静负荷试验时，以 2206 N 拉力拉伸 5 mm，如无破断方可继续使用；冲击试验时，以 80 kg 重量做自由坠落试验，若不破断，该批安全带可继续使用。对抽样试过的样带，必须更换安全绳后才能继续使用。

每次使用保险带，应详细检查有无损坏、附件是否齐全，不得凑合使用。

**第八十二条** 井筒开凿到底后，应当先施工永久排水系统，并在进入采区施工前完成。永久排水系统完成前，在井底附近必须设置临时排水系统，并符合下列要求：

（一）当预计涌水量不大于50 $m^3/h$ 时，临时水仓容积应当大于4 h 正常涌水量；当预计涌水量大于50 $m^3/h$ 时，临时水仓容积应当大于8 h 正常涌水量。临时水仓应当定期清理。

（二）井下工作水泵的排水能力应当能在20 h 内排出24 h 正常涌水量，井下备用水泵排水能力不小于工作水泵排水能力的70%。

（三）临时排水管的型号应当与排水能力相匹配。

（四）临时水泵及配电设备基础应当比巷道底板至少高300 mm，泵房断面应当满足设备布置需要。

**【解读】**本条文是关于永久排水系统完成前设置临时排水系统的规定。

井筒开凿到底后，必须在井底车场附近适当位置设置临时排水系统，以确保永久变电所、永久泵房及水仓投入使用之前的安全正常施工。如果不尽快形成临时排水系统，就不能保证将涌水及时排出井筒，会造成涌水积聚，甚至造成淹井。井巷过渡时期各阶段的临时排水系统，应当在矿井施工组织设计中明确。

（一）临时水仓的容积应按照施工区域各分区预计涌水量来确定，当预计涌水量小于或者等于50 $m^3/h$ 时，临时水仓容积应大于4 h 正常涌水量，即临时水仓容积应不小于200 $m^3$；当预计涌水量大于50 $m^3/h$ 时，临时水仓容积应大于8 h 正常涌水量，即临时水仓容积应不小于400 $m^3$。水仓是井下排水的重要设施，水仓设置是否合适，关系到排水系统的排水能力能否正常发挥；矿井涌水中带有的大量杂质很容易占据容水空间，必须经常清理才能保证水仓的有效容量。

（二）对水泵的要求是从两个方面考虑的：一是正常涌水量。为了不间断地排出矿井正常涌水（包括其他施工用水），工作水泵的排水能力必须大于矿井正常涌水量，规定工作水泵的能力应能在20 h 内排出24 h 的正常涌水（包括其他施工用水），即工作水泵的能力不小于正常涌水量（包括其他施工用水）的1.2倍。二是备用水泵的排水能力。应不小于工作水泵排水能力的70%，即备用水泵的排水能力不小于正常涌水量的0.84倍。井下工作水泵和备用水泵的总排水能力不小于正常涌水量的2.04倍。

（三）临时排水管的型号应与排水能力相匹配，水管的排水能力与水泵的排水能力相适应。

（四）规定“临时水泵及配电设备基础应当比巷道底板至少高300 mm”，是为了防止因井下涌水及排水出现故障，水仓中的积水水位上升，进入巷道，对水泵及配电设备构成威胁。泵房断面应当满足设备布置需要，这样有利于安装和检修设备。

**第八十三条** 立井凿井期间的局部通风应当遵守下列规定：

（一）局部通风机的安装位置距井口不得小于20 m，且位于井口主导风向上风侧。

（二）局部通风机的安装和使用必须满足本规程第一百六十四条的要求。

（三）立井施工应当在井口预留专用回风口，以确保风流畅通，回风口的大小及安全防护措施应当在作业规程中明确。

**【解读】** 本条文是关于立井凿井期间的局部通风应当遵守的规定。

（一）立井凿井期间，局部通风机的安装位置距井口不得小于20 m，可以避免局部通风机产生的噪声影响井口人员作业，同时防止井下回风被再次吸入局部通风机。另外，局部通风机应吊挂或垫高，设置防雨棚，有条件的应建立独立的风机房。局部通风机应位于井口主导风向上风侧，其目的是防止污浊空气进入井下，特别是在地面发生火灾时防止有毒有害气体进入井下工作面。

（二）局部通风机的安装和使用在《规程》第一百六十四条进行了专门规定，一是要做到局部通风机可靠运转，确保足够的新鲜风流源源不断地供到井下用风地点；二是要尽可能减少漏风，降低能耗。

立井施工采用局部通风机供风时，除符合《规程》第一百六十四条的规定外，还应做到以下几点：

(1) 局部通风机应当安装风电闭锁装置，工作面及回风流实行瓦斯电闭锁；每10 d至少进行1次瓦斯电和风电闭锁试验，试验记录应存档。

(2) 施工高瓦斯、突出矿井井筒的局部通风必须实行双风机双电源，且具备自动切换功能；每天应当进行1次正常工作的局部通风机与备用局部通风机自动切换试验。

(3) 局部通风机要指定专人负责管理，不得随意开停；因检修停电、更换风机或风筒等原因停运局部通风机时，必须提前制定安全措施。

(4) 局部通风机应挂牌管理，牌板内容包括通风机型号、风筒直径、供风距离、工作面风量、包机人员等。

(5) 风筒入井拐弯处应设弯头，井筒内风筒应悬吊竖直、固定牢靠，风筒接头连接严密；风筒出风口距工作面的距离必须符合作业规程的规定。

(6) 每10 d至少测定1次井筒和工作面风量，当实测风量达不到设计需风量时，应立即分析原因，进行处理。

（三）为保证井筒正常回风，需要在井口封口盘设置1个或几个回风口，出风口应高出地面至少500 mm。回风口可以垂直向上设置，也可以设置成转弯式。垂直式回风口四周应焊接金属网，顶部带有防坠护盖；转弯式回风口应在出口处焊接金属网，以防止坠物。为保证回风畅通，回风口的大小应根据出口风速和封口盘断面等情况综合确定，一般出口风速以不超过8 m/s（经验数据）为宜。

**第八十四条** 巷道及硐室施工期间的通风应当遵守下列规定：

（一）主井、副井和风井布置在同一个工业广场内，主井或者副井与风井贯通后，应当先安装主要通风机，实现全风压通风。不具备安装主要通风机条件的，必须安装临时通风机，但不得采用局部通风机或者局部通风机群代替临时通风机。

主井、副井和风井布置在不同的工业广场内，主井或者副井短期内不能与风井贯通的，主井与副井贯通后必须安装临时通风机实现全风压通风。

（二）矿井临时通风机应当安装在地面。低瓦斯矿井临时通风机确需安装在井下时，必须制定专项措施。

（三）矿井采用临时通风机通风时，必须设置备用通风机，备用通风机必须能在10 min内启动。

**【解读】** 本条文是关于巷道及硐室施工期间的通风应当遵守的规定。

（一）施工二期工程应尽早实现全风压通风。利用安装在地面的主要通风机的连续运转所产生的风压对矿井实施机械通风，不仅能够连续不断地给井下所有用风地点供给足够的新鲜空气，还可以根据矿井的需风量进行调整和在进风井筒、进风大巷发生火灾等灾害时进行矿井反风救灾。同时在建井期间，在进入井底车场、硐室和大巷施工时，往往掘进施工地点较多，如果不能实现全风压通风，所有掘进用风地点的风量全部由地面局部通风机供给，单个井筒内需要布置数趟风筒，不仅日常通风难以管理，井下风量得不到保障，甚至产生循环风现象，而且也极大地限制了井下掘进工作面个数。因此，在相关井巷贯通后，应先安装主要通风机实现全风压通风。

（二）井下二期工程施工时，有时不具备在地面安装永久主要通风机的条件，一是受新建风井安装进度的限制，二是主、副井与风井贯通距离较远，短期内不能贯通。这种情况下，允许先在风井或主、副井安装地面临时通风机实现全风压通风，以构成建井时期的矿井通风系统。地面临时通风机必须具备风量调节功能，以满足建井不同时期的通风需要；必须采用专用电源线路供电，以确保临时通风机连续运转；必须具备反风功能，一般采用通风机反转反风。还必须在通风机的出风井口安装防爆设施（立井口设防爆井盖，斜井口设防爆门），其作用是：井下发生瓦斯煤尘爆炸时产生的高压气流（冲击波）冲开防爆设施得以卸压，避免冲向临时通风机，从而保证临时通风机装置不被损坏并保持正常运行；高压气流通过后防爆设施自动关闭；同时，为井下遇险人员的撤退和抢险救灾提供有利条件。

（三）一些低瓦斯矿井采用主、副井开拓，初期不建风井。主、副井筒通过联络巷贯通后，一个井筒需要进行永久装备，另一个井筒则担负临时提升任务，如在地面安装临时通风机，地面漏风很难控制，不利于日常管理，井下风量难以保障。所以，在低瓦斯矿井的建井初期，在条件不具备时，允许将临时通风机安装在井下。但临时通风机安装在井下，一旦发生瓦斯、煤尘爆炸或火灾事故，将难以稳定或调控通风系统，因此必须制定严格的安全措施。

（1）临时通风机应具备通风机反转反风功能，并安装一台同等能力的备用通风机，采用三专（专用变压器、专用开关、专用线路）供电。应指定人员负责管理临时通风机，运转的通风机和备用通风机每天应有专人检查。灾害发生时，虽然很难执行井下临时通风机的反风操作，但仍然要将其作为一项重要的措施，而不能放弃反风救灾的可能性，特别是在井下施工范围较大的情况下，这项措施尤为重要。

（2）在安装临时通风机的巷道或硐室中，进风端与出风端之间必须安设风门（条件允许时应另设置绕道），当临时通风机不能运转时，应打开风门。在过去的施工案例中，大多数做法是将临时通风机安设在一道挡风密封墙上，临时通风机进、出风端完全隔绝，这是不科学的。原因：一是如果临时停电或其他原因造成临时通风机不能运行，将不能利用自然通风；二是如果发生瓦斯、煤尘爆炸或火灾事故，将无法采取稳定或调控风流的措施。所以要求临时通风机进风端与出风端之间必须安设两道风门；条件允许时，应在临时通风机房两端设置绕道相连，并在绕道内安设两道风门。

（3）至少有一路由地面局部通风机（通过风筒）能随时供风到井下大巷或井底车场的局部通风系统。当临时通风机临时停风时，可以开启地面局部通风机，向井底车场或大巷送风，井下人员可以暂时撤出工作面进入送风地点临时待命。如果发生瓦斯、煤尘爆炸或火灾事故，造成临时通风机不能运转，则应迅速开启地面局部通风机，确保井底车场、大巷有新鲜风流，供井下未能撤出的人员呼吸。

（4）巷道掘进工作面应全部布置在临时通风机的进风区域，或全部布置在临时通风机的出风区域，不得在临时通风机的进风区域和出风区域同时掘进巷道，否则，会造成串联通风，不仅影响被串联地点的空气质量，增加发生灾害的概率，而且会扩大灾害范围。

（5）相对于地面临时通风机供风而言，井下临时通风机供风存在相当大的系统缺陷，所以在井下临时通风机通风期间，应提高井下甲烷允许浓度的管理等级，即井下所有主要大巷甲烷允许浓度均比照进风大巷管理，甲烷浓度都不得超过0.5%，以最大限度地确保不发生瓦斯事故。

**第八十五条** 建井期间有下列情况之一的，必须建立瓦斯抽采系统：

（一）突出矿井在揭露突出煤层前。

（二）任一掘进工作面瓦斯涌出量大于3 $m^3$/min，用通风方法解决瓦斯问题不合理的。

**【解读】**本条文是关于建井期间建立瓦斯抽采系统的规定。

（一）抽采瓦斯是突出矿井揭煤施工最有效、最可靠的防治突出措施。抽采煤层瓦斯是矿井瓦斯治理的治本措施，能减轻矿井通风稀释瓦斯的负担，并弥补其不足。建设单位应当按设计要求尽早建立永久瓦斯抽采系统。

煤与瓦斯突出是煤矿中一种极其复杂的动力现象，而突出机理目前仍处于假说阶段，影响它的因素随机性强，突发性大，尽管多年来我国制定了严厉的防治煤与瓦斯突出规定，并做了大量的工作，但突出事故仍然多发，人员伤亡和财产损失巨大。据统计，2001年至2012年5月，我国共发生煤与瓦斯突出事故417起，死亡2743人。其中，一次死亡10～29人的重大事故55起，死亡801人；一次死亡30人以上的特别重大事故10起，死亡546人。其根本原因：一是对地质条件判断不准确，防突规划设计不科学；二是措施执行不严，瓦斯抽采不到位。特别是有些矿井在建设和开采的过程中，往往受建设工期、资金、成本、工效、技术水平等人为因素影响，降低瓦斯抽采指标，甚至冒险作业，导致突出事故。

（二）用通风方法解决瓦斯问题，也就是利用通风稀释瓦斯。用通风方法解决瓦斯问题存在以下缺点：

(1) 由于巷道布置多趟风筒通风，使巷道有效断面积减小，回风受阻，可能会造成后路瓦斯超限或瓦斯积聚。

(2) 多趟风筒供风，风速大，工作面扬尘严重，造成作业环境恶劣，影响作业人员身体健康。

(3) 巷道有效断面减小，影响施工设备进出和人员通行；若增大巷道断面积，则会增加工程成本。

虽然用通风方法解决了瓦斯问题，但会带来一系列其他方面的问题，因此，用通风方法解决瓦斯问题不合理时，必须建立瓦斯抽采系统。

# 第二章　开　　采

## 第一节　一　般　规　定

*第八十六条　新建非突出大中型矿井开采深度(第一水平)不应超过 1000 m，改扩建大中型矿井开采深度不应超过 1200 m，新建、改扩建小型矿井开采深度不应超过 600 m。*

*矿井同时生产的水平不得超过 2 个。*

**【解读】** 本条文是关于新建、改扩建矿井不同井型最大开采深度的规定。

井工煤矿深井开采带来的高温、高压问题，已成为矿井安全生产的重大隐患。目前，我国开滦、新汶、枣庄、鸡西、抚顺、平顶山、徐州和淮南等矿区的部分矿井，已进入深部开采的范畴。

深部开采岩层压力大、围岩变形量大、巷道维护困难。西德专家通过数值模拟计算，得出采深 1000 m 的垂直应力为 23 ~25 MPa，采深 1200 m 时为 30 MPa，即原岩应力与开采深度呈线性关系。苏联采用 $\gamma H/\sigma_c$（其中，$\sigma_c$ 为岩石单向抗压强度，$\gamma$ 为上覆岩层平均容量，$H$ 为采深）作指标来评价深井巷道的稳定性，比值为 0.4 ~0.65 时，巷道处于不稳定状态。其研究表明，从采深 600 m 开始，每增加 100 m，巷道底板相对移近量平均增加 10% ~11%。国内外深部开采实践证实，开采深度为 800 ~ 1000 m 时，巷道变形量可达 1000 ~ 1500 mm，甚至更大。深部开采的井巷翻修率（损坏率）可达 40% ~ 80%，甚至高达 100%。

据新汶矿业集团孙村煤矿实测，开采深度为 600 m 时，工作面前方支承压力影响范围为 100 m 左右；当采深增大到 800 m 时，该影响范围增大到 120 m。同样，支承压力在底板岩层中的影响范围也大幅增加，实测数据已达到 300 m。开滦集团赵各庄矿深部开采时，运输巷布置在距煤层底板 80 m 的粗、中砂岩中，采动影响仍使巷道变形破坏，造成大量翻修。

由此可见，随采深增加，巷道不稳定性加剧，就目前的井巷支护技术而言，难以实现安全生产。

底鼓量大是深井巷道的又一显著特征。苏联对深部开采矿井产生底鼓巷道的统计分析结果见表 3 – 2。

表 3 – 2　苏联深部开采矿井产生底鼓巷道的比重

| 开采深度/m | 600 ~ 800 | 900 | ≥1000 |
| --- | --- | --- | --- |
| 底鼓比重/% | 25 | 40 | 约 80 |

西德对 200 多条深部开采巷道实测获得的顶底板相对移近量 $u$、底鼓量 $u_i$ 的平均值见表 3 – 3。

表 3 – 3　深部开采巷道顶底板移近量及底鼓量平均值

| 巷道类别 | 开采深度/m | $u$/% | $u_i$/% |
| --- | --- | --- | --- |
| 开拓与准备巷道 | 1000 | 22 | 18 |
| 回采巷道 | 922 | 40 | 32 |

深部开采条件下，煤岩中积聚了巨大能量，导致冲击地压发生的频率和强度增大。积聚在矿井巷道和采场周围的能量突然释放，造成煤岩破坏、支架和设备严重损坏、人员伤亡，甚至引起瓦斯、煤尘爆炸和水灾、火灾事故，严重时造成地面建筑物损坏。

矿井热害是随煤矿开采深度不断增大而出现的又一灾害。据南非多年调查统计，当矿井作业地点的空气湿球温度达到 28.9 ℃时，开始出现中暑死亡事故。

因此，矿井热害是一年四季（夏天最严重）持续不断的区域性灾害，对生产影响时间长、范围广，是严重威胁煤矿正常高效生产的灾害之一。据苏联统计资料，在风速 2 m/s，气温 30 ℃时劳动生产率降低 28%、气温 32 ℃时降低 38%。采掘工作面的气温每超过规定指标（规定为 26 ℃）1 ℃，劳动生产率降低 6% ~ 8%。

目前我国已有 130 多对矿井的采掘工作面风流温度超过 30 ℃，严重影响了安全生产和职工健康。为了保护职工的身体健康，有的矿井不得不采取机械降温措施。

深部开采除严重影响安全生产和职业健康外，还增加了降温、矿山压力控制等的生产成本。《规程》要求新建非突出大中型矿井开采深度（第一水平）不应超过 1000 m，改扩建大中型矿井开采深度不应超过 1200 m，新建、改扩建小型矿井开采深度不应超过 600 m，是根据国内外煤矿生产实践、科研成果和煤矿支护技术做出的合理规定。

多水平开采，通风、运输、排水等生产系统复杂，安全生产管理困难。近几年，随着科技进步，大吨位高新技术装备使采煤工作面单产有了大幅提升，神东矿区多个工作面年产已达 600 万 t 以上，神东集团上湾煤矿早在 2004 年就创下了工作面单产 1137.6 万 t 的纪录。安全、高产、高效是矿井科技进步的主要体现和发展方向。矿井单一水平开采有利于提升工作面装备水平，实现安全、高效生产。

**第八十七条** 每个生产矿井必须至少有 2 个能行人的通达地面的安全出口，各出口间距不得小于 30 m。

采用中央式通风的新建和改扩建矿井，设计中应当规定井田边界的安全出口。

新建、改扩建矿井的回风井严禁兼作提升和行人通道，紧急情况下可作为安全出口。

**【解读】** 本条文是关于矿井安全出口的相关规定。

矿井至少有 2 个能行人的通达地面的安全出口，一是有利于在矿井发生灾害时多通道及时撤离人员，赢得最短的人员撤离时间；二是确保一个出口在意外状况下不能实现人员安全撤离时，人员可从另一安全出口安全逃生。

规定各安全出口之间的距离不得小于 30 m，主要基于两点考虑：一是建井时有利于合理布置建井装备，并避免井巷施工期间生产系统相互干扰和影响，便于安全施工；二是矿井生产期间，可有效防止乏风从另一井口进入矿井，保障通风安全。

新建矿井大多位于我国中西部地区，开采技术条件优越，矿井生产能力大，井田尺寸相对于老矿区也有大幅度增加，如神东矿区，工作面的推进长度就达6 km以上，井田面积达几十平方千米。设置井田边界安全出口对矿井后期安全生产十分有利，既解决了井田边界区域通风问题，又可实现人员安全快速撤离灾区。改扩建矿井也应增设边界安全出口，以利于人员安全撤离。

对新建、改扩建矿井回风井严禁兼作提升和行人通道的规定，主要目的是增加独立的矿井安全出口数量。新建和改扩建矿井井田面积和矿井生产能力增大时，多设安全出口有利于井下工作人员安全快速撤离到地面。在有统筹指挥的紧急情况下，回风井可作为安全出口。

设专用回风井一方面是增加安全出口，另一方面也是为了矿井通风稳定。

**第八十八条** 井下每一个水平到上一个水平和各个采（盘）区都必须至少有2个便于行人的安全出口，并与通达地面的安全出口相连。未建成2个安全出口的水平或者采（盘）区严禁回采。

井巷交岔点，必须设置路标，标明所在地点，指明通往安全出口的方向。

通达地面的安全出口和2个水平之间的安全出口，倾角不大于45°时，必须设置人行道，并根据倾角大小和实际需要设置扶手、台阶或者梯道。倾角大于45°时，必须设置梯道间或者梯子间，斜井梯道间必须分段错开设置，每段斜长不得大于10 m；立井梯子间中的梯子角度不得大于80°，相邻2个平台的垂直距离不得大于8 m。

安全出口应当经常清理、维护，保持畅通。

**【解读】**本条文是关于井下采（盘）区安全出口的相关规定。

强调井下每一个水平到上一个水平和各个采（盘）区都必须至少有2个便于行人的安全出口，其目的是保证井下任一采（盘）区发生灾情时，人员可以多通道快速、安全撤离到地面。

井巷交岔点必须设置路标。一是便于人员沿着指引路线快速、安全撤离。神东矿区煤矿井下采用的荧光粉在煤体上标示与牌标相结合的路标方式，可观性强，清晰明了，值得借鉴。二是利于救护人员快速准确到达事故地点实施救护。对于一些多水平开采的煤矿，清晰的路标标示对人员安全撤离和实施救护更为重要。

安全出口是应急通道，对保证人员安全撤离至关重要。本条文对安全出口做了明确的要求：对于倾角不大于45°的安全出口，必须设置人行道，并根据倾角大小和实际需要设置扶手、台阶或者梯道，主要是防止人员慌忙撤离时，造成滑倒摔伤等意外事故；倾角大于45°时，斜井梯道间还必须分段错开设置，并规定每段斜长不得大于10 m，主要是防止垂高过大造成坠井伤害事故。对立井梯子间中的梯子角度不得大于80°以及2个平台的垂直距离不得大于8 m的规定：一是便于人员攀登，因梯子间空间有限，难以采用较小角度设行人梯子，但角度太大又难以攀爬，故限定最大角度为80°；二是防止一旦人员下滑坠落，因垂距太大造成严重伤害。

**第八十九条** 主要绞车道不得兼作人行道。提升量不大、保证行车时不行人的，不受此限。

**【解读】** 本条文是关于主要绞车道不得兼作人行道的规定。

我国煤矿多年的事故统计表明，运输事故较多，位居多发事故的第三、四位。在运输事故中提升事故又占多数。在提升事故统计中，违章操作、钢丝绳不按规定进行检验、钢丝绳磨损断丝严重不及时更换、防跑车设施不齐全、不能严格执行行车不行人制度等，是事故多发的主因。主要绞车道一般承担主运输任务，运量大，提升繁忙，在斜巷中运行时一旦发生事故，危害极大。主要绞车道若需行人（如检修、巷道维护等）时，必须保证行车不行人。

**第九十条** 巷道净断面必须满足行人、运输、通风和安全设施及设备安装、检修、施工的需要，并符合下列要求：

（一）采用轨道机车运输的巷道净高，自轨面起不得低于2 m。架线电机车运输巷道的净高，在井底车场内、从井底到乘车场，不小于2.4 m；其他地点，行人的不小于2.2 m，不行人的不小于2.1 m。

（二）采（盘）区内的上山、下山和平巷的净高不得低于2 m，薄煤层内的不得低于1.8 m。

（三）运输巷（包括管、线、电缆）与运输设备最突出部分之间的最小间距，应当符合表3的要求。

巷道净断面的设计，必须按支护最大允许变形后的断面计算。

表3 运输巷与运输设备最突出部分之间的最小间距

| 巷道类型 | 顶部/m | 两侧/m | 备注 |
| --- | --- | --- | --- |
| 轨道机车运输巷道 | | 0.3 | 综合机械化采煤矿井为0.5 m |
| 输送机运输巷道 | | 0.5 | 输送机机头和机尾处与巷帮支护的距离应当满足设备检查和维修的需要，并不得小于0.7 m |
| 卡轨车、齿轨车运输巷道 | 0.3 | 0.3 | 单轨运输巷道宽度应当大于2.8 m，双轨运输巷道宽度应当大于4.0 m |
| 单轨吊车运输巷道 | 0.5 | 0.85 | 曲线巷道段应当在直线巷道允许安全间隙的基础上，内侧加宽不小于0.1 m，外侧加宽不小于0.2 m。巷道内外侧加宽要从曲线巷道段两侧直线段开始，加宽段的长度不小于5.0 m |
| 无轨胶轮车运输巷道 | 0.5 | 0.5 | 曲线巷道段应当在直线巷道允许安全间隙的基础上，按无轨胶轮车内、外轮曲率半径计算需加大的巷道宽度。巷道内外侧加宽要从曲线巷道两侧直线段开始，加宽段的长度应当满足安全运输的要求 |
| 设置移动变电站或者平板车的巷道 | | 0.3 | 移动变电站或者平板车上设备最突出部分与巷道侧的间距 |

**【解读】**本条文是关于巷道净断面、净高和运输巷与运输设备最突出部分的最小间距的规定。

因矿井大吨位高新技术装备不断出现，因此本条文调整了运输巷与运输设备最突出部分的最小间距，增加了采用无轨胶轨车运输时，对顶部和两侧最小间距的要求。

（一）对架线电机车运输巷道的净高作出规定，主要是考虑机械装备大型化和职业健康对工作环境的要求。目前，一些大型现代化矿井，如神东矿区大柳塔煤矿等在确定巷道净断面和净高时，还考虑了运送大吨位采掘设备的要求，巷道宽度已达5 m以上，高度一般在4.6 m以上。矿井巷道净断面与净高除满足《规程》的要求外，还要结合本矿实际情况确定。

（二）现场多年的实践证实，采（盘）区内的上山、下山和平巷的净高不低于2 m，薄煤层内的不低于1.8 m，可保证车辆运行和人员行走的安全。

（三）运输巷与运输设备最突出部分之间的最小间距，在表3中作了明确规定，这些数值都是从多年的实践中总结出来的，且证明是行之有效的，应严格执行。

**第九十一条** 新建矿井、生产矿井新掘运输巷的一侧，从巷道道碴面起1.6 m的高度内，必须留有宽0.8 m（综合机械化采煤及无轨胶轮车运输的矿井为1 m）以上的人行道，管道吊挂高度不得低于1.8 m。

生产矿井已有巷道人行道的宽度不符合上述要求时，必须在巷道的一侧设置躲避硐，2个躲避硐的间距不得超过40 m。躲避硐宽度不得小于1.2 m，深度不得小于0.7 m，高度不得小于1.8 m。躲避硐内严禁堆积物料。

采用无轨胶轮车运输的矿井人行道宽度不足1 m时，必须制定专项安全技术措施，严格执行"行人不行车，行车不行人"的规定。

在人车停车地点的巷道上下人侧，从巷道道碴面起1.6 m的高度内，必须留有宽1 m以上的人行道，管道吊挂高度不得低于1.8 m。

**【解读】** 本条文是关于行人巷道人行道宽度、躲避硐设置和管道吊挂高度的规定。

保证足够的巷道宽度和人行道宽度，是实现安全生产的前提，必须按规定严格执行。生产矿井已有巷道难以增加巷道宽度时，可以采取适当间隔（不得超过40 m）设置躲避硐的措施，以满足人行安全的要求。

无轨胶轮车具有高效快捷运输等优点，在条件适宜的大型矿井得到广泛应用。

**第九十二条** 在双向运输巷中，两车最突出部分之间的距离必须符合下列要求：

（一）采用轨道运输的巷道：对开时不得小于0.2 m，采区装载点不得小于0.7 m，矿车摘挂钩地点不得小于1 m。

（二）采用单轨吊车运输的巷道：对开时不得小于0.8 m。

（三）采用无轨胶轮车运输的巷道：

1. 双车道行驶，会车时不得小于0.5 m。

2. 单车道应当根据运距、运量、运速及运输车辆特性，在巷道的合适位置设置机车绕行道或者错车硐室，并设置方向标识。

**【解读】** 本条文是关于双向行驶时各类运输设备最突出部分之间安全距离的规定。

（一）略。

（二）单轨吊车运输是近年来采用较多的一种运输方式，为防止设备和材料在运输过程中相互碰撞和干扰，《规程》规定单轨吊车对开时其安全间距不得小于0.8 m。

（三）与其他运输方式相比，无轨胶轮车会车的安全间距增大到0.5 m，主要是考虑到司机控制大吨位车辆行驶的难度较大。

采用无轨胶轮车运输单车道行驶时，设置机车绕行道或错车硐室，既满足了提升与运输的需要，又减少了大断面巷道工程量。绕行道或错车硐室的位置视运距、运量、运速及运输车辆特性而定，有的煤矿采用固定距离间隔设置的方式。

**第九十三条** 掘进巷道在揭露老空区前，必须制定探查老空区的安全措施，包括接近老空区时必须预留的煤（岩）柱厚度和探明水、火、瓦斯等内容。必须根据探明的情况采取措施，进行处理。

在揭露老空区时，必须将人员撤至安全地点。只有经过检查，证明老空区内的水、瓦斯和其他有害气体等无危险后，方可恢复工作。

**【解读】**本条文是关于揭露老空区的相关规定。

开采后井下的老空区大多存有水、火、瓦斯及有害气体，掘进巷道接近采空区时要引起高度重视。首先要进行探查，通过探查查明相关情况，再根据探查结果制定相关安全技术措施。

（1）要预留足够厚度煤（岩）柱。在老空区水平方向，防水煤（岩）柱尺寸要根据水头压力大小和煤岩柱的稳定性经计算确定。在采空区上下方向，要在考虑采动上下影响范围的基础上，再加上保护层的厚度，以策安全。

（2）老空区呆滞煤柱与浮煤在长期密闭通风不良的条件下易产生高温，高温状态下的煤体在供氧条件下易自然发火，因此接近老空区时要高度关注，并采用相关监测技术进行判定，一旦有火灾险情时，必须先灭火后生产。

（3）老空区是游离气体的聚集地，采动裂隙为游离气体提供了通道。接近老空区开采时，对老空区有害气体的检测至关重要。对存有瓦斯及有毒有害气体的老空区，必须制定专项安全技术措施，排险结束后方可恢复工作。

**第九十四条** 采（盘）区结束后、回撤设备时，必须编制专门措施，加强通风、瓦斯、顶板、防火管理。

**【解读】**本条文是关于采（盘）区结束后、回撤设备时的相关规定。

采（盘）区结束生产回撤设备，是整个生产环节的重要组成部分。在该阶段采取有针对性的安全管理措施至关重要，这是因为：

一是随着采空区垮落矸石进一步沉降，垮落矸石间的有毒有害气体受岩石挤压而外泄，若排风不畅或供风量不足，将形成有毒有害气体积聚。

二是在设备回撤的过程中，采空区及工作面端头两巷处，浮煤在温度和供氧条件同时具备的情况下，易自然发火，酿成重大事故，甚至殃及相邻采区。

三是顶板管理困难。在高压作用下，部分悬顶区域将垮落，造成顶板突垮事故。

## 第二节　回采和顶板控制

**第九十五条**　一个矿井同时回采的采煤工作面个数不得超过3个，煤（半煤岩）巷掘进工作面个数不得超过9个。严禁以掘代采。

采（盘）区开采前必须按照生产布局和资源回收合理的要求编制采（盘）区设计，并严格按照采（盘）区设计组织施工，情况发生变化时及时修改设计。

一个采（盘）区内同一煤层的一翼最多只能布置1个采煤工作面和2个煤（半煤岩）巷掘进工作面同时作业。一个采（盘）区内同一煤层双翼开采或者多煤层开采的，该采（盘）区最多只能布置2个采煤工作面和4个煤（半煤岩）巷掘进工作面同时作业。

在采动影响范围内不得布置2个采煤工作面同时回采。

下山采区未形成完整的通风、排水等生产系统前，严禁掘进回采巷道。

严禁任意开采非垮落法管理顶板留设的支承采空区顶板和上覆岩层的煤柱，以及采空区安全隔离煤柱。

采掘过程中严禁任意扩大和缩小设计确定的煤柱。采空区内不得遗留未经设计确定的煤柱。

严禁任意变更设计确定的工业场地、矿界、防水和井巷等的安全煤柱。

严禁开采和毁坏高速铁路的安全煤柱。

**【解读】**本条是关于同时生产的采掘工作面数量、采（盘）区设计、下山采区生产系统要求以及设置各类保护煤柱的相关规定。

1. 同时生产的采掘工作面数量

规定同时生产的采（掘）工作面数量，主要基于以下考虑：一是贯彻落实国家有关规定要求。依靠科技进步减人提效、限制井下危险岗位作业人数一直是国家主导和推进方向，早在2014年5月，国家发展改革委、国家安全监管总局、国家能源局、国家煤矿安监局联合发布的《关于加强煤矿井下生产布局管理控制超强度生产的意见》（发改运行〔2014〕893号）就明确要求：推广“一井一面”“一井两面”生产模式。原则上一个采（盘）区只布置一个采煤工作面生产。中小型矿井同时生产的采煤工作面不得超过2个；大型矿井同时生产的采煤工作面不得超过3个。二是充分体现高效集约化生产原则。现代化矿井的主要标志是使用高新技术装备，并实现煤矿生产的安全高效。三是安全生产管理的需要。减少工作面个数就意味着简化生产系统，便于对通风、运输等进行管理，利于安全生产。坚持一矿一翼一面生产，是实现安全生产的关键。四是与《规程》第四条“积极推广自动化、智能化开采，减少井下作业人数”主导方向保持一致。

限制一个采（盘）区内同时生产的采掘工作面个数，是为了避免采掘工作面布置过度集中而对生产组织、通风防尘、灾害防治带来的制约和影响，为矿井带来安全的作业条件和环境。本条既充分考虑了不同煤矿煤层赋存条件和地质条件的差异性，又考虑了安全生产的大局。减少同采（掘）的工作面个数，对于具有复杂煤层和地质条件的矿井，其安全生产更为有利。

在执行过程中，注意以下问题：

（1）采煤工作面是进行采煤作业的场所，具有完整的采煤、通风、运输、供电等系统。

（2）备用采煤工作面不计为正常作业的采煤工作面，但不得与生产采煤工作面同时采煤（包括同一日内的错时生产）；采煤工作面的安装或回撤不属于正常采煤作业。交替生产的采煤工作面不计为备用工作面。一些矿井采用的对拉工作面应计为一个采煤工作面。

（3）交替作业的双巷掘进工作面计为一个掘进工作面。

2. 采区设计

采区设计是采区施工准备的依据，要统筹考虑生产布局及资源回收的合理性。本条主要是针对部分煤矿无采（盘）区设计、盲目施工、乱采乱掘等现象提出的相关规定。如内蒙古鄂尔多斯市部分煤矿在未进行矿井技术改造和改扩建前，大多采用房式开采体系，无正规开采设计，乱采乱掘现象严重，采出率仅有30%左右。提高资源采出率是开采设计必须坚持的基本原则。开采前必须编制采区设计，并严格按设计组织施工。

3. 采动影响区内采掘工作面布置

在采动影响范围内不得布置2个采煤工作面同时回采。其目的是防止相邻采煤工作面同时生产时，采动影响叠加和应力集中导致事故。

**【案例】** 2017年1月7日，中煤集团担水沟煤矿发生冲击地压引起的重大顶板事故，造成10人死亡，直接经济损失1517.46万元。主要原因是：4号、9号煤层违规同时回采；回采过程中虽考虑到已回采完的4202工作面、正在回采的4203工作面和下部正在回采的9202工作面对4203运输巷的应力影响，但未考虑到9202工作面与4203工作面随着水平距离的缩小，9202工作面对4203运输巷后支承压力会增大，也未对4203工作面和9202工作面安全距离做出规定；巷道压力显现明显增大后，也未采取有效措施。

执行过程中，就采动影响区界定的问题，原则上应由煤矿总工程师根据矿井实际条件确定，可借鉴2016版《煤矿安全规程执行说明》第二十五条对2016版《规程》第二百三十一条做出的解释说明，其明确了采掘错距留设的原因是采掘活动将导致应力集中程度增加，易诱发冲击地压，错距留设的目的是为了避免采掘相互影响，防范冲击地压事故，也可参考《防治煤与瓦斯突出细则》第三十条的规定。

4. 下山采区生产系统要求

下山（剃头下山）开采是发生在采区接替期间，为解决接续困难和防止产量大幅下降而采取的一种方式。多年开采实践证实，部分矿井在下山采区未形成完整生产系统前，组织工作面生产与开拓准备工作相互干扰大，安全生产管理困难。严禁下山采区未形成完整生产系统之前开采，是安全生产必须坚持的原则。

5. 安全煤柱

安全煤柱的留设是按规定严格计算确定的，尤其是防水煤柱、工业场地煤柱和边界煤柱，减小其尺寸将可能导致灾难性事故的发生。盗采边界煤柱还会影响邻矿的安全。因此，严禁任意变更安全煤柱。

回收采空区煤柱，即使是充填开采等非垮落法管理顶板留设的支承采空区顶板和上覆岩层的煤柱，如果未经充分研究论证并采取切实有效的安全技术措施就任意回收，都潜存重大安全风险，极可能引发重大灾害事故。

**【案例】** 2019年1月12日，陕西省榆林市神木市百吉矿业公司李家沟煤矿发生煤尘爆炸事故，造成21人死亡。事故的直接原因是506非正规连采工作面采空区及与之连通的老窑顶板大面积垮落，压缩采空区气体形成强气流，从与采空区连通的巷道冲出，吹扬起巷道内沉积的煤尘，并达到爆炸浓度，非防爆四轮运煤车点燃煤尘，发生煤尘爆炸。事故暴露出的主要问题之一，就是违规在综采工作面采空区与老窑之间布置一个连采工作面，开采矿井区域与原老窑之间煤体；同时，该矿在采煤工作面巷道向外随意开口掘进巷道，巷道式采煤与短壁工作面混掘混采，以掘代采，探、采交织。这些问题都是导致事故发生的重要原因。

6. 高速铁路安全煤柱

高速运行的火车要求铁路保护等级较高，严禁在高速铁路下开采安全煤柱，可防止采动影响产生地面下沉、变形，导致高速运行的火车发生意外事故。

《中华人民共和国矿山安全法》第十四条规定："矿山设计规定保留的矿柱、岩柱，在规定的期限内，应当予以保护，不得开采或者毁坏。"毁坏高速铁路安全煤柱会给高速铁路安全运行造成严重威胁，是严重的违法行为，本条予以强调。

与2016版《规程》相比，本次修订做了如下修改：

（1）增加了"一个矿井同时回采的采煤工作面个数不得超过3个，煤（半煤岩）巷掘进工作面个数不得超过9个。严禁以掘代采"。目的是为了从源头上限制煤矿入井人数、避免矿井采掘接续紧张，为煤矿安全生产创造条件。以掘代采一直被禁止，本次修订再次强调是充分吸取近期灾害事故教训，防止当全矿井采煤工作面受限制的情况下，为增加矿井产量，采用掘进实施采煤的违规行为。

（2）增加了"在采动影响范围内不得布置2个采煤工作面同时回采"的规定，目的是防止相邻采煤工作面同时生产时，采动影响叠加和应力集中导致事故。

（3）增加了"严禁任意开采非垮落法管理顶板留设的支承采空区顶板和上覆岩层的煤柱，以及采空区安全隔离煤柱"。

（4）将"严禁在高速铁路下开采安全煤柱"修改为"严禁开采和毁坏高速铁路的安全煤柱"。使表述更准确。

**第九十六条** 采煤工作面回采前必须编制作业规程。情况发生变化时，必须及时修改作业规程或者补充安全措施。

**【解读】**本条文是关于采煤工作面编制和修改作业规程的相关规定。

作业规程涉及采煤工作面顶板管理、采煤、推移输送机及支架等各生产环节，既有明确的工作顺序和步骤，又有详细的安全技术措施，是采煤工作面进行安全生产的依据，必须坚持采前按规定编制。在生产组织实施中，地质条件或开采技术条件发生变化时，必须及时修改作业规程或者补充安全措施。

作业规程的编制要求：

（1）编制依据准确可靠。地质条件、煤层赋存状况、顶底板岩性以及煤层的瓦斯含量、涌水量等参数指标，要准确可靠。

（2）编制内容要全面具体，要有很强的针对性和可操作性。

（3）关键环节和工序要重点突出。由于同一煤层不同区域及上下工作面均有一定的差异性，如断层延展趋势、水文地质条件及顶板的厚度与岩性变化等，因此，要认真分析和研究影响安全生产的众多因素，确保安全技术措施有针对性和适用性，并全面具体。

（4）要完善审批制度。未经审批严禁采煤工作面生产。

（5）要严格贯彻、学习、考核制度。各工序工作人员考核不合格严禁上岗作业。

**第九十七条** 采煤工作面必须保持至少2个畅通的安全出口，一个通到进风巷道，另一个通到回风巷道。

采煤工作面所有安全出口与巷道连接处超前压力影响范围内必须加强支护，且加强支护的巷道长度不得小于20 m；综合机械化采煤工作面，此范围内的巷道高度不得低于1.8 m，其他采煤工作面，此范围内的巷道高度不得低于1.6 m。安全出口和与之相连接的巷道必须设专人维护，发生支架断梁折柱、巷道底鼓变形时，必须及时更换、清挖。

采煤工作面必须正规开采，严禁采用国家明令禁止的采煤方法。

高瓦斯、突出、有容易自燃或者自燃煤层的矿井，不得采用前进式采煤方法。

**【解读】**本条文是关于采煤工作面安全出口及选择采煤方法的相关规定。

保持两个安全出口是采煤工作面必须坚持的原则。两个安全出口分别与进、回风巷相连，既可满足行人需要，又是采煤工作面通风所必需的。

回采工作面安全出口至少在20 m之内加强支护。多年的现场矿压观测证明，在靠近工作面上、下端头处的巷道，因采空区两端头顶板悬顶而导致矿压大，维护困难，影响范围达20 m左右，需加强支护。

严禁采用国家明令禁止的采煤方法。地质条件以及煤层赋存条件的差异性，决定了开采方法的多样化。采用高新技术装备进行开采是提高煤炭资源回收率的需要，值得推广应用。机械化程度低、煤炭资源回收率低、安全无保障、不能实现正规生产系统的采煤方法，严禁采用。

高瓦斯、突出、有容易自燃或者自燃煤层的矿井，采用前进式开采，采空区积聚的瓦斯和有毒有害气体，将会在井筒与开采采区之间产生外泄隐患，影响前方采煤工作面的安全生产，容易导致事故发生。另外，容易自燃煤层在动压影响下，采空区密闭困难，会给易燃浮煤提供供氧通道，使浮煤自然发火，危及整个矿井的安全生产。采用后退式开采，可将采空区置于采区的后方，便于安全管理。

前进式开采时，工作面进、回风巷密闭不好，风流可通过采空区短路，造成采空区积聚的瓦斯和有害气体逸出；采空区供风，会使采空区浮煤自燃。

**第九十八条** 采煤工作面不得任意留顶煤和底煤，伞檐不得超过作业规程的规定。采煤工作面的浮煤应当清理干净。

**【解读】** 本条文是关于采煤工作面顶煤、底煤、伞檐和浮煤处理的规定。

采煤工作面不得任意留顶煤和底煤，主要是考虑提高煤炭资源回收率，并消除浮煤自然发火的隐患。

采煤工作面的伞檐是指煤壁与顶板结合处的悬煤。悬露的伞檐不稳定，易受采动影响冒落伤人，应严格控制在规定的范围之内。《规程》之所以没有规定具体数据，是考虑到伞檐的易冒尺寸取决于采高的大小、煤层的坚固性系数、采动影响的程度等因素，难以统一标准。现场要根据各自具体条件在作业规程中确定。目前，现场采用的经验数据以伞檐长度来衡量，伞檐长度超过 1 m 时，其最大允许突出部分一般在 150 ~ 200 mm；长度小于 1 m 时，其突出部分应控制在 200 ~ 250 mm。

**第九十九条** 台阶采煤工作面必须设置安全脚手板、护身板和溜煤板。倒台阶采煤工作面，还必须在台阶的底脚加设保护台板。

阶檐的宽度、台阶面长度和下部超前小眼的个数，必须在作业规程中规定。

**【解读】** 本条文是关于台阶采煤工作面保护措施的规定。

台阶采煤法主要应用于煤层倾角大于 45° 的急倾斜煤层。急倾斜煤层开采时，人员作业和行走时容易发生坠眼或下滑伤人事故，在工作面设置脚手板、护身板是作业安全所必需的。设置溜煤板主要是防止落煤（矸）在工作面飞滚伤人。

阶檐的宽度、台阶面长度和下部超前小眼的个数，应根据煤层赋存状况和开采技术条件通过技术经济论证后确定，并必须在作业规程中明确。

**第一百条** 采煤工作面必须存有一定数量的备用支护材料。严禁使用折损的坑木、损坏的金属顶梁、失效的单体液压支柱。

在同一采煤工作面中，不得使用不同类型和不同性能的支柱。在地质条件复杂的采煤工作面中使用不同类型的支柱时，必须制定安全措施。

单体液压支柱入井前必须逐根进行压力试验。

对金属顶梁和单体液压支柱，在采煤工作面回采结束后或者使用时间超过8个月后，必须进行检修。检修好的支柱，还必须进行压力试验，合格后方可使用。

采煤工作面严禁使用木支柱（极薄煤层除外）和金属摩擦支柱支护。

**【解读】** 本条文是关于工作面支护材料及其使用的相关规定。

工作面存有一定数量的备用支护材料，这是对采煤工作面实施及时支护的重要保障。备用支护材料的数量应在作业规程中明确。已损的支护材料和失效的单体液压支柱难以有效支撑顶板，易造成冒顶事故，故严禁使用。

不同类型的支柱其支护强度和承压方式是不同的。采用不同类型支护材料将会导致支撑力不均衡，控顶困难，甚至造成大面积顶板垮落事故。

入井前逐根进行压力试验是确保单体液压支柱质量的关键。支柱（包括新出厂支柱）在存放和运输过程中，易损坏或在内外柱表面形成蚀点，导致支柱承载力明显下降，部分元件的损害还可能使支柱完全失效，难以有效控制顶板。

定期对支柱检修是保证支柱可靠、有效使用的关键。要求在工作面回采结束后或使用时间超过8个月后必须上井进行检修，主要是防止超期或在未检修的情况下连续使用。

木支柱和金属摩擦支柱难以提供足够的支撑力，尤其是其初撑力小，易造成采煤工作面顶板大面积下沉和垮落，故严禁使用。对于极薄煤层，目前还没有适宜的液压支柱。极薄煤层压力相对较小，可适当放宽使用木支柱。

**第一百零一条** 采煤工作面必须及时支护，严禁空顶作业。所有支架必须架设牢固，并有防倒措施。严禁在浮煤或者浮矸上架设支架。单体液压支柱的初撑力，柱径为 100 mm 的不得小于 90 kN，柱径为 80 mm 的不得小于 60 kN。对于软岩条件下初撑力确实达不到要求的，在制定措施、满足安全的条件下，必须经矿总工程师审批。严禁在控顶区域内提前摘柱。碰倒或者损坏、失效的支柱，必须立即恢复或者更换。移动输送机机头、机尾需要拆除附近的支架时，必须先架好临时支架。

采煤工作面遇顶底板松软或者破碎、过断层、过老空区、过煤柱或者冒顶区，以及托伪顶开采时，必须制定安全措施。

**【解读】** 本条文是关于采煤工作面支护及支柱的相关规定。

及时支护是有效控制顶板的关键。及时支护是在工作面采后上覆岩层失去煤的支撑下，在最短的时间内用支护设备对顶板进行支撑，有效防止悬顶岩层产生下沉和离层，避免空顶作业，以保证工作面安全生产。所有支架架设牢固，可防止出现应力集中。

保证支柱有足够支撑力是有效控制顶板的前提。支柱的最小初撑力，是支柱选型的依据，也是衡量支柱能否有效控顶的主要指标，要严格检查。对于松软岩层，由于支柱支撑过程中易出现下扎而难以达到规定的初撑力，因此要制定相应安全措施，并报矿总工程师审批后组织实施。

立即恢复或者更换碰倒、损坏、失效的支柱，可防止支柱在失效状态下形成顶板空顶而导致顶板垮落。工作面上、下端头机头、机尾处是顶板压力集中区，因此移动输送机机头、机尾需要拆除附近的支架时，必须先架好临时支架。

工作面顶板松软或破碎，过断层、老空区、冒顶区或地质构造影响区，是事故多发时段，必须制定专项安全措施，以确保安全生产。

**第一百零二条** 采用锚杆、锚索、锚喷、锚网喷等支护形式时，应当遵守下列规定：

（一）锚杆（索）的形式、规格、安设角度，混凝土强度等级、喷体厚度，挂网规格、搭接方式，以及围岩涌水的处理等，必须在施工组织设计或者作业规程中明确。

（二）采用钻爆法掘进的岩石巷道，应当采用光面爆破。打锚杆眼前，必须采取敲帮问顶等措施。

（三）锚杆拉拔力、锚索预紧力必须符合设计。煤巷、半煤岩巷支护必须进行顶板离层监测，并将监测结果记录在牌板上。对喷体必须做厚度和强度检查并形成检查记录。在井下做锚固力试验时，必须有安全措施。

（四）遇顶板破碎、淋水，过断层、老空区、高应力区等情况时，应加强支护。

**【解读】** 本条文是关于采用锚杆、锚索、锚喷、锚网喷等支护形式时应遵守的相关规定。

（一）经论证和计算确定的锚杆（索）和混凝土的相关参数，既是巷道施工的依据，又是施工质量检查的依据，必须在施工组织设计或作业规程中明确，并严格执行。

（二）光面爆破具有巷道成形规整，巷道表面平整光滑，成巷速度快，对围岩的稳定性破坏小，超挖、欠挖工程量小，成本低等优点，并可为改革巷道支护、提高锚喷支护质量创造良好条件，是岩石巷道掘进普遍采用的方法，条件允许时应当积极采用。敲帮问顶是巷道及工作面作业前采取的一项行之有效的防止危石（煤）垮落伤人的措施。除敲帮问顶外，实践中还应采取其他措施，主要是因为随着巷道断面和高度的增加，当巷道高度超过 4 m 时，仅凭敲帮问顶难以判断围岩的状态，尤其是对离层很难判断，增加其他配套措施更有利于保证施工安全。

（三）对锚杆拉拔力、锚索预紧力以及喷体厚度和强度进行检查，是加强过程控制确保工程质量的重要环节，必须严格执行。

（四）略。

**第一百零三条** 巷道架棚时，支架腿应当落在实底上；支架与顶、帮之间的空隙必须塞紧、背实。支架间应当设牢固的撑杆或者拉杆，可缩性金属支架应当采用金属支拉杆，并用机械或者力矩扳手拧紧卡缆。倾斜井巷支架应当设迎山角；可缩性金属支架可待受压变形稳定后喷射混凝土覆盖。巷道砌碹时，碹体与顶帮之间必须用不燃物充满填实；巷道冒顶空顶部分，可用支护材料接顶，但在碹拱上部必须充填不燃物垫层，其厚度不得小于0.5 m。

**【解读】** 本条文是关于各类不同巷道支护形式的相关规定。

架棚支护属被动支护形式，其稳定性是靠顶帮充填背实来实现的。底板岩石松软、支架腿不落在稳定岩层上，很容易导致支架下扎、失控、倒架，现场多采用手镐刨柱窝的方法，使支架落在实底上。同时用背板将顶帮与支架之间的空隙背实，棚架之间用撑杆式拉杆固定，可以增加架棚的稳定性。

可缩性金属支架是一种限量性让压支架，其限量的数值通过计算或测试确定。在支架承压之前，要采用金属拉杆拉紧固定。为使巷道长期处于稳定状态，在可缩性支架让压结束处于限定让压阶段时，现场多采用喷射混凝土加固。此方法在巷道受周期来压影响时使用，效果很好。

目前，井下巷道除在井口或在大断层复杂条件下，很少采用砌碹支护。必须采用砌碹时，碹体与顶帮之间必须用不燃物充满填实。巷道冒顶后，应立即用支护材料充填接顶，以防长期空顶导致冒顶空间进一步扩展，造成冒顶事故。

**第一百零四条** 严格执行敲帮问顶及围岩观测制度。

开工前，班组长必须对工作面安全情况进行全面检查，确认无危险后，方准人员进入工作面。

**【解读】** 本条文是关于敲帮问顶及围岩观测的规定。

敲帮问顶是工人作业前进行围岩危石或离层处理的重要举措，简单易行，安全可靠。开工前，班组长必须亲自检查工作面，可充分发挥班组长作为安全生产第一道防线的作用。

本条文除强调敲帮问顶外，还要求严格执行围岩观测制度，主要是考虑随着巷道断面及高度的增加，单凭敲帮问顶难以判断超过 4 m 以上的危石（煤）状态及离层情况，两者结合更为安全可靠。

**第一百零五条** 采煤工作面用垮落法管理顶板时，必须及时放顶。顶板不垮落、悬顶距离超过作业规程规定的，必须停止采煤，采取人工强制放顶或者其他措施进行处理。

放顶的方法和安全措施，放顶与爆破、机械落煤等工序平行作业的安全距离，放顶区内支架、支柱等的回收方法，必须在作业规程中明确规定。

放顶人员必须站在支架完整，无崩绳、崩柱、甩钩、断绳抽人等危险的安全地点工作。

回柱放顶前，必须对放顶的安全工作进行全面检查，清理好退路。回柱放顶时，必须指定有经验的人员观察顶板。

采煤工作面初次放顶及收尾时，必须制定安全措施。

**【解读】** 本条文是关于采煤工作面采用垮落法管理顶板的相关规定。

除房柱式开采和极少数充填开采外，采煤工作面几乎都采用垮落法管理顶板。垮落法管理顶板的关键是减少悬顶时间和面积，以防止大面积悬顶使支架压力升高而导致支架压损。坚持及时放顶，是有效控制顶板的重要举措。顶板的悬顶距离应根据上覆岩层的岩性与结构，用极限跨度理论计算确定（同时还要根据现场观测的实际数据进行调整）。

放顶作业是工作面顶板管理的重要环节。要想有效控制顶板按照预定目标有序垮落，现场作业人员就必须要高度集中精力，通过煤岩崩落声判断顶板垮落的程度及压力传递的范围，靠观察判断垮落的面积及冒落效果。因此，要求放顶时必须停止工作面的一切作业，避免互相干扰和影响。放顶步距应根据开采煤层厚度、倾角以及顶板组合特征和岩石力学性质，经严密计算后确定。确定的放顶步距和方法及与其他工序之间的配合关系，必须在作业规程中明确。

工作面采用单体液压支柱支护，回柱放顶时，放顶人员应位于回撤支柱沿倾斜方向的上方，以防落矸伤人。采用密集支护方式放顶时，必须隔一定距离留好作为回柱人员的退路的出口，其退路出口间隔必须在作业规程中明确规定。回柱放顶是一项技术性很强、灵活性很大的工作，一般应由有经验的工人负责，并有专人配合。

工作面的初次放顶既是技术管理的重点，又是安全管理的重点，具有很强的时效性。放顶不及时，悬顶可能出现下沉、离层，导致大面积冒顶，危及设备和人身安全。超前放顶时，若放顶不充分，则会使顶板的压力向工作面前方转移，直接导致煤壁大面积片帮，甚至支架压损。工作面初次放顶及收尾时，必须制定专项安全措施，明确放顶方式、炮孔布置方式、切顶深度及装药量等相关内容。

**第一百零六条** 采煤工作面采用密集支柱切顶时，两段密集支柱之间必须留有宽 0.5 m 以上的出口，出口间的距离和新密集支柱超前的距离必须在作业规程中明确规定。采煤工作面无密集支柱切顶时，必须有防止工作面冒顶和矸石窜入工作面的措施。

**【解读】** 本条文是关于采煤工作面采用密集支柱切顶的相关规定。

单体液压支柱能够有效控顶，并能安全回柱放顶，因此现场多采用在工作面切顶线架设密集支柱的方式来提高切顶处支撑力，防止回柱放顶时上覆岩体压力向采煤工作面上方传递，造成工作面支柱压力升高。两段密集支柱之间留设的宽

0.5 m 以上的出口作为回撤支柱时回柱工人的退路。

采煤工作面无密集支柱切顶时，顶板容易垮落，矸石可能窜入工作面，因此必须制定相关措施。

**第一百零七条** 采用人工假顶分层垮落法开采的采煤工作面，人工假顶必须铺设完好并搭接严密。

采用分层垮落法开采时，必须向采空区注浆或者注水。注浆或者注水的具体要求，应当在作业规程中明确规定。

**【解读】** 本条文是关于厚煤层采用分层垮落法开采时对人工假顶的规定。

分层垮落法是厚煤层开采的一种常用方法。该开采方法的一个关键是上分层开采后，必须为下分层开采铺设人工假顶。人工假顶采用竹笆或钢丝网等铺设。为防止下层开采时在网笆搭接处漏矸，在铺设时多采用严密压茬搭接方式，且压茬搭接的数值应在作业规程中明确规定。向采空区注水或注浆，是为了使网笆与垮落岩体更好胶结成理想假顶。

**第一百零八条** 采煤工作面用充填法控制顶板时，必须及时充填。控顶距离超过作业规程规定时禁止采煤，严禁人员在充填区空顶作业；且应根据地表保护级别，编制专项设计并制定安全技术措施。

采用综合机械化充填采煤时，待充填区域的风速应当满足工作面最低风速要求；有人进行充填作业时，严禁操作作业区域的液压支架。

**【解读】** 本条文是关于采煤工作面用充填法控制顶板的规定。

厚煤层上行分层开采、承压水下开采、“三下”开采等，工作面采用充填法控制顶板，是有效控制上覆岩体垮落、地表下沉的重要措施。充填法控制顶板的目的是有效保护顶板岩层完整，防止出现裂隙带影响上覆水体、地表建（构）筑物等受护物体。采用充填法控制顶板时，要严格按照作业规程规定的控顶距离及时充填，超过控顶距离未完成充填工作时，必须停止采煤。“三下”采煤时应编制专项设计并制定安全技术措施，并报主管部门审批。

采用综合机械化充填时，充填区域的风量和风速（不小于 0.25 m/s）满足《规程》的要求，方可保证人员安全作业。风速太低将导致工作面充填区域温度升高，易造成机械故障和作业环境不良。人进入充填区域作业时，严禁操作该区域液压支架，以防操作支架造成顶板压力释放，危及安全。

**第一百零九条** 用水砂充填法控制顶板时，采空区和三角点必须充填满。充填地点的下方，严禁人员通行或者停留。注砂井和充填地点之间，应当保持电话联系，联络中断时，必须立即停止注砂。

清理因跑砂堵塞的倾斜巷道前，必须制定安全措施。

**【解读】** 本条文是关于用水砂充填法控制顶板的相关规定。

水砂充填是有效控制顶板垮落的一种方式，其优点是可就地取砂，通过管道将水砂输送到井下及时充填满工作面开采空间，减少留设支撑顶板的煤柱，大大提高煤炭资源回收率。其缺点是一定程度上增加了成本，施工中容易出现跑砂，增加了事故隐患。

全面充实采空区和三角点，是有效控制顶板的关键，应加强管理。多年的实践证明，三角点充实是充填工作的难点，多因充填管路漏水、充填管路不适合、工作面条件差等造成充不满、充不实，控顶效果差，易出现冒顶事故。

充填地点下方是水砂汇聚地，当充填倍线（管线垂距与水平距离之比）较大时，形成的水砂流会产生很大的冲击力，危及在注砂井和充填区域通行或停留人员的安全，故应严格禁止人员通行或停留。

充填工作是井上下互动的工作，管线长距离输送水砂，漏水堵管多有发生，意外事故较多，因此加强电话联系至关重要。联系中断时，必须停止充填作业，以防发生事故。

**第一百一十条** 近距离煤层群开采下一煤层时，必须制定控制顶板的安全措施。

**【解读】** 本条文是关于近距离煤层群开采下一煤层的规定。

近距离煤层群开采一般采用下行式开采顺序，即先采上层煤再采下层煤。但当煤层间距离较近时，上煤层采后围岩和煤柱内产生的支承压力有可能传递到下煤层，在工作面产生压力升高区。若上层煤采动压力破坏了下层煤顶板的完整性，冒落矸石就有直接涌入下层煤工作面的可能性，危及工作面生产安全。因此，必须制定控制顶板的安全措施。当上下煤层同采时，要保持一定的工作面错距，以免上煤层顶板冒落对底板产生动力冲击，影响下煤层的回采工作。反之，要防止下煤层回采后顶板岩石移动，影响上煤层工作面。

**第一百一十一条** 采用分层垮落法回采时，下一分层的采煤工作面必须在上一分层顶板垮落的稳定区域内进行回采。

【解读】本条文是关于采用分层垮落法开采时下分层采煤工作面顶板控制的规定。

分层开采是厚煤层开采的一种方法。煤层开采后，顶板岩层的垮落必然导致上覆岩层的整体移动，上覆岩层在垮落、弯曲下沉的过程中，动压显现明显，下分层工作面在不稳定区域内开采不安全。下分层开采要在上分层顶板垮落稳定区域内，且人工假顶在一定的时间后胶结成较为稳定并具有一定强度的条件下进行，才可确保生产安全。

**第一百一十二条** 采用柔性掩护支架开采急倾斜煤层时，地沟的尺寸，工作面循环进度，支架的角度、结构，支架垫层数和厚度，以及点柱的支设角度、排列方式和密度，钢丝绳的规格和数量，必须在作业规程中规定。

生产中遇断梁、支架悬空、窜矸等情况时，必须及时处理。支架沿走向弯曲、歪斜及角度超过作业规程规定时，必须在下一次放架过程中进行调整。应当经常检查支架上的螺栓和附件，如有松动，必须及时拧紧。

正倾斜柔性掩护支架的每个回采带的两端，必须设置人行眼，并用木板与溜煤眼相隔。对伪倾斜柔性掩护支架工作面上下2个出口的要求和工作面的伪倾角，超前溜煤眼的规格、间距和施工方式，必须在作业规程中规定。

掩护支架接近平巷时，应缩短每次下放支架的距离，并减少同时爆破的炮眼数目和装药量。掩护支架过平巷时，应当加强溜煤眼与平巷连接处的支护或者架设木垛。

【解读】本条文是关于采用柔性支架开采急倾斜煤层的相关规定。

柔性掩护支架采煤法是开采急倾斜中厚、厚煤层的较为适宜的一种方法。柔性掩护支架主要是由钢架、竹笆（金属网）及钢丝绳连接构成，故称其为柔性掩护支架。钢架长度（比煤层厚度小0.2～0.4 m，一般不宜超过3.2 m）、钢丝绳直径（一般为25～35 mm）、钢丝绳上铺设的竹笆或金属网的层数，都需要在作业规程中明确规定。

地沟尺寸，工作面循环进度，支架的角度、结构等参数，是工作面生产的关键参数，必须经充分论证后在作业规程中明确规定。

柔性掩护支架是靠垮落岩石的压力实现随采随下移的，生产中遇到断梁、支架悬空、窜矸等情况时，有可能破坏支架下移的轨迹，出现支架弯曲、歪斜及角度超过规定的情况，这是安全生产的重大隐患，必须及时处理。

由于急倾斜煤层的落煤运输是靠自溜实现的，为防止溜煤伤人，因此必须在正倾斜柔性掩护支架的每个回采带的两端设置人行眼，并用木板与溜煤眼相隔。掩护支架接近平巷时，为防止大距离放顶对平巷的冲击，应缩短每次下放支架的距离，并减少同时爆破的炮眼数目和装药量，以利于安全生产。

**第一百一十三条** 采用水力采煤时，必须遵守下列规定：

（一）第一次采用水力采煤的矿井，必须根据矿井地质条件、煤层赋存条件等因素编制开采设计，并经行业专家论证。

（二）水采工作面必须采用矿井全风压通风。可以采用多条回采巷道共用1条回风巷的布置方式，但回采巷道数量不得超过3个，且必须正台阶布置，单枪作业，依次回采。采用倾斜短壁水力采煤法时，回采巷道两侧的回采煤垛应当上下错开，左右交替采煤。

应当根据煤层自然发火期进行区段划分，保证划分区段在自然发火期内采完并及时密闭。密闭设施必须进行专项设计。

（三）相邻回采巷道及工作面回风巷之间必须开凿联络巷，用以通风、运料和行人。应当及时安设和调整风帘（窗）等控风设施。联络巷间距和支护形式必须在作业规程中规定。

（四）采煤工作面应当采用闭式顺序落煤，贯通前的采硐可以采用局部通风机辅助通风。应当在作业规程中明确工作面顶煤、顶板突然垮落时的安全技术措施。

（五）回采水枪应当使用液控水枪，水枪到控制台距离不得小于10 m。对使用中的水枪，每3个月应当至少进行1次耐压试验。

（六）采煤工作面附近必须设置通信设备，在水枪附近必须有直通高压泵房的声光兼备的信号装置。

严禁水枪司机在无支护条件下作业。水枪司机与煤水泵司机、高压泵司机之间必须装电话及声光兼备的信号装置。

（七）用明槽输送煤浆时，倾角超过25°的巷道，明槽必须封闭，否则禁止行人。倾角在15°~25°时，人行道与明槽之间必须加设挡板或者挡墙，其高度不得小于1 m；在拐弯、倾角突然变大及有煤浆溅出的地点，在明槽处应当加高挡板或者加盖。在行人经常跨过的明槽处，必须设过桥。必须保持巷道行人侧畅通。

除不行人的急倾斜专用岩石溜煤眼外，不得无槽、无沟沿巷道底板运输煤浆。

（八）工作面回风巷内严禁设置电气设备，在水枪落煤期间严禁行人和安排其他作业。

有下列情形之一的，严禁采用水力采煤：

（一）突出矿井，以及掘进工作面瓦斯涌出量大于3 $m^3$/min的高瓦斯矿井。

（二）顶板不稳定的煤层。

（三）顶底板容易泥化或者底鼓的煤层。

（四）容易自燃煤层。

**【解读】**本条文是关于水力采煤的相关规定。

水力采煤的优点是：设备投资少，工序简单，占用人员少，工作面人工效率高，适用于一些煤层倾角大、厚度变化大和地质条件比较复杂的煤层。缺点是：回收率低，通风条件差，瓦斯易超限，对矿山压力规律难以掌握。水力采煤由于存在串塘通风等问题，除现有水采矿井仍沿用外，其余很少采用。

（一）略。

（二）强调采用单枪作业的目的，是限制串塘通风的数量和范围，便于安全生产。

（三）略。

（四）略。

（五）由于水枪工作时产生较大的震动和冲击，使用中枪筒的中心线易发生偏离，难以准确控制水射流的方向，极易造成事故，因此应当定期对水枪进行检查，以确保其安全可靠。

（六）水力采煤是水枪司机、煤水泵司机与高压泵司机相互联动的工作，且有一定距离相隔，建立畅通的联系才能协同完成工作，因此必须在其间安装电话及声光兼备的信号装置。

（七）由于倾角过大，过速煤浆容易伤人，因此对明槽输送煤浆提出了上述具体安全要求。

（八）严禁在工作面回风巷内设置电气设备，是为了防止瓦斯含量高的乏风遇电气设备火花而导致事故发生。

水力采煤法存有通风和顶板管理等方面的问题，因此严禁在下列情况下采用：

（一）突出矿井，以及掘进工作面瓦斯涌出量大于 3 $m^3/min$ 的高瓦斯矿井。主要目的是防止不良的通风条件导致事故发生。

（二）顶板不稳定的煤层。不稳定的I类顶板、松软易碎顶板采用水力采煤，可能导致控顶困难，甚至造成大面积冒顶事故。另外，可导致煤炭资源回收率低、煤质差。

（三）顶底板容易泥化或者底鼓的煤层。易泥化和底鼓的煤层采用水力采煤，加剧了采煤工作面和巷道的围岩变形，造成维护管理困难。

（四）容易自燃煤层。不良的通风条件可能导致煤层自燃。

**第一百一十四条** 采用综合机械化采煤时，必须遵守下列规定：

（一）必须根据矿井各个生产环节、煤层地质条件、厚度、倾角、瓦斯涌出量、自然发火倾向和矿山压力等因素，编制工作面设计。

（二）运送、安装和拆除综采设备时，必须有安全措施，明确规定运送方式、安装质量、拆装工艺和控制顶板的措施。

（三）工作面煤壁、刮板输送机和支架都必须保持直线。支架间的煤、矸必须清理干净。倾角大于15°时，液压支架必须采取防倒、防滑措施；倾角大于25°时，必须有防止煤（矸）窜出刮板输送机伤人的措施。

（四）液压支架必须接顶。顶板破碎时必须超前支护。在处理液压支架上方冒顶时，必须制定安全措施。

（五）采煤机采煤时必须及时移架。移架滞后采煤机的距离，应当根据顶板的具体情况在作业规程中明确规定；超过规定距离或者发生冒顶、片帮时，必须停止采煤。

（六）严格控制采高，严禁采高大于支架的最大有效支护高度。当煤层变薄时，采高不得小于支架的最小有效支护高度。

（七）当采高超过3 m或者煤壁片帮严重时，液压支架必须设护帮板。当采高超过4.5 m时，必须采取防片帮伤人措施。

（八）工作面两端必须使用端头支架或者增设其他形式的支护。

（九）工作面转载机配有破碎机时，必须有安全防护装置。

（十）处理倒架、歪架、压架，更换支架，以及拆修顶梁、支柱、座箱等大型部件时，必须有安全措施。

（十一）在工作面内进行爆破作业时，必须有保护液压支架和其他设备的安全措施。

（十二）乳化液的配制、水质、配比等，必须符合有关要求。泵箱应当设自动给液装置，防止吸空。

（十三）采煤工作面必须进行矿压监测。

**【解读】**本条文是关于综合机械化采煤的相关规定。

（一）根据可靠的地质资料，编制回采工作面设计。可靠的地质资料既是编制工作面设计的依据，也是确保安全、高效生产的关键。近几年，大型矿井生产能力大（年产 3 Mt 以上）的工作面，开采前，多采用加强数字地震补充勘探等措施，进一步获取可靠地质资料，确保工作面设计的准确可靠。

（二）大吨位综采工作设备的安装和拆除，是工作面生产最主要的环节之一，是一个涉及众多设备和工艺组织的重点工程，工程量大，危险性较高，持续时间较长，参与的部门和人员多，协调管理难度大，因此必须在作业规程中明确相关内容和安全技术措施。

（三）工作面煤壁、刮板输送机和支架"三位一体"保持一条直线，有利于顶板切顶，实现随支架移设顶板随之垮落的最佳效果。工作面煤壁呈弯曲状，运输机和支架将随之弯曲，增加了顶板控顶面积，不利于切顶放顶。

（四）液压支架必须接顶是保持足够初撑力和有效控制顶板的关键。顶板破碎时必须采用超前支护，以防工作面上方大面积漏矸形成空顶，造成工作面压架事故。

（五）保持一定距离及时移架，是防止工作面顶板冒落、煤壁片帮的重要举措。

（六）支架的支撑高度有一安全极限，一旦超过支架允许高度，将会造成支架受损，并导致失稳倒架事故。同样，小于支架的最小有效支撑高度容易造成支架压死。

（七）现场应视煤体坚硬程度和采高确定是否设置护帮板。目前，在神东矿区井下大采高工作面，除在支架设置护帮板外，还在支架柱间增设防护钢网，效果很好。

（八）工作面端头是顶板压力集中区，必须使用端头支架或增设其他形式的支护，以有效控制端头矿压集中。

（九）略。

（十）略。

（十一）略。

（十二）略。

（十三）矿压监测是为了弄清上覆岩体的移动规律和矿压显现特征，并制定相应的安全技术措施。

**第一百一十五条** 采用放顶煤开采时，必须遵守下列规定：

（一）矿井第一次采用放顶煤开采，或者在煤层（瓦斯）赋存条件变化较大的区域采用放顶煤开采时，必须根据顶板、煤层、瓦斯、自然发火、水文地质、煤尘爆炸性、冲击地压等地质特征和灾害危险性进行可行性论证和设计，并由煤矿企业组织行业专家论证。

（二）针对煤层开采技术条件和放顶煤开采工艺特点，必须制定防瓦斯、防火、防尘、防水、采放煤工艺、顶板支护、初采和工作面收尾等安全技术措施。

（三）放顶煤工作面初采期间应当根据需要采取强制放顶措施，使顶煤和直接顶充分垮落。

（四）采用预裂爆破处理坚硬顶板或者坚硬顶煤时，应当在工作面未采动区进行，并制定专门的安全技术措施。严禁在工作面内采用炸药爆破方法处理未冒落顶煤、顶板及大块煤（矸）。

（五）高瓦斯、突出矿井的容易自燃煤层，应当采取以预抽方式为主的综合抽采瓦斯措施，保证本煤层瓦斯含量不大于6 $m^3/t$，并采取综合防灭火措施。

（六）严禁单体支柱放顶煤开采。

有下列情形之一的，严禁采用放顶煤开采：

（一）缓倾斜、倾斜厚煤层的采放比大于1∶3，且未经行业专家论证的；急倾斜水平分段放顶煤采放比大于1∶8的。

（二）采区或者工作面采出率达不到矿井设计规范规定的。

（三）坚硬顶板、坚硬顶煤不易冒落，且采取措施后冒放性仍然较差，顶板垮落充填采空区的高度不大于采放煤高度的。

（四）放顶煤开采后有可能与地表水、老窑积水和强含水层导通的。

（五）放顶煤开采后有可能沟通火区的。

**【解读】**本条是关于放顶煤开采的相关规定。

1. 可行性论证和设计

放顶煤开采是厚煤层开采安全高效的重要途径之一，与传统分层开采相比，该方法具有工作面准备巷道少、顶板管理相对简单、工作面产量高等优点，故在条件适宜的矿区得到了广泛应用。放顶煤开采涉及煤层的可放性、顶板管理、煤炭回收率、通风安全以及防灭火等众多影响因素，因此，开采前必须根据地质特征和灾害危险性进行可行性论证和设计。

放顶煤开采可行性论证主要包括顶煤的冒放性、放顶煤工艺、设备选型配套、安全保障（水、火、瓦斯、煤尘、顶板、冲击地压等的防治）等方面内容，论证由煤矿企业组织行业专家进行。当缓倾斜、倾斜厚煤层放顶煤工作面采放比大于1∶3时，必须进一步论证工作面采放高度对采空区瓦斯积聚、上覆水体导通及沟通火区的可能性，以及放顶煤支架支护强度、顶煤回收率、工作面推进度、采空区防火等方面的影响，在确保安全开采的条件下方可加大采放比。

2. 初采期间强制放顶措施

随着厚煤层放顶煤的进行，上覆岩层一般在一定区域内将随顶板垮落，但其垮落的高度在未达到充分采动的情况下是有限的，上覆未垮落岩层将呈悬壁梁状态，随着工作面的推进，悬顶面积逐渐扩大，一旦超过岩梁抗压强度的极限，上覆岩层将会突然垮落，造成工作面压架伤人事故，严重时将工作面支架压死并严重破损。初次放顶是生产和技术管理的关键。在顶板垮落不充分的情况下，采取强制放顶，使顶煤和直接顶充分垮落，是防止大面积悬顶和矿山压力集中的重要举措。

根据矿井初次放顶煤开采论证或放顶煤开采实践，初采期间顶煤冒落困难（顶煤初次垮落步距大于10 m）时，应当在开切眼位置预先采取爆破、水力压裂或其他方法强制弱化顶煤、顶板。

3. 坚硬顶板顶煤处理

坚硬顶板或坚硬顶煤易产生大面积悬顶，一则对放顶煤不利，二则将会出现大面积顶板突然垮落，危及工作面安全生产。因此，应对坚硬顶板或坚硬顶煤进行弱化处理。

预裂爆破处理坚硬顶板或者坚硬顶煤是常用方法，是指在放顶煤工作面煤壁前方未受采动影响区进行的顶煤、顶板弱化爆破作业。由于其特殊的条件和工况，安全风险较大，应制定专门安全技术措施。

预裂爆破处理坚硬顶板或者坚硬顶煤时，应在工作面超前支承压力影响区范围之外进行，编制爆破设计和作业规程，严格执行“一炮三检”“三人连锁爆破”和起爆前检查起爆地点甲烷浓度的制度。

严禁在工作面内采用炸药爆破方式处理未冒落顶煤、顶板及大块煤（矸），是为了防止破碎煤矸中瓦斯涌出积聚，在爆破火焰的诱发下发生瓦斯爆炸或浮煤自燃。

4. 严禁单体支柱放顶煤

采用单体支柱放顶煤时，不论其采用何种组合方式，由于其整体性较差，在顶煤放出的同时，支柱上方压力一旦减压将会失稳倒柱，造成大面积顶板垮落，严重危及工作面安全生产。

2011 年 11 月，国家煤矿安监局发布的《禁止井工煤矿使用的设备及工艺目录（第三批)》（安监总煤装〔2011〕17 号）规定发布之日起 1 年后禁止使用单体支柱放顶煤（不包括悬移和滑移支架放顶煤）开采工艺，禁止使用的原因是其安全性低，曾发生过多起重大事故。2018 年 12 月，国家煤矿安监局发布的《禁止井工煤矿使用的设备及工艺目录（第四批)》又将采用滑移、悬移支架放顶煤工艺列入禁止使用目录，自发布之日起 1 年后禁止使用。禁止使用的原因是其支护稳定性差，易发生倒架、伤人事故。因此，目前放顶煤开采只能采用综放液压支架放顶煤工艺。

5. 严禁采用放顶煤开采的情形

本条所列的五种情形，如果采用放顶煤开采，会存在重大安全风险，已经被实践所证实，应该严格执行其规定。

与 2016 版《规程》相比，本次修订做了如下修改：

（1）将“高瓦斯、突出矿井的容易自燃煤层，应当采取以预抽方式为主的综合抽采瓦斯措施和综合防灭火措施，保证本煤层瓦斯含量不大于 6 $m^3/t$”修改为“高瓦斯、突出矿井的容易自燃煤层，应当采取以预抽方式为主的综合抽采瓦斯措施，保证本煤层瓦斯含量不大于 6 $m^3/t$，并采取综合防灭火措施。”主要是文字结构优化，使表述更准确。

（2）删除了严禁采用放顶煤开采的情形中“煤层有突出危险的”。理由有两方面：一是该条款在执行过程中存在不同理解，原吉林煤矿安监局曾就“经消突后是否可以采取放顶煤开采”函请原国家煤矿安监局。原国家煤矿安监局回复，煤与瓦斯突出矿井的突出煤层经区域突出危险性预测后，为无突出危险区，可以采用放顶煤开采；经区域突出危险性预测后，为突出危险区，必须采取两个“四位一体”综合防突措施并经效果检验有效的，可以采用放顶煤开采。二是根据目前煤与瓦斯突出防治“不采突出层”“不掘突出面”的基本理念，有突出危险的煤层在采取措施消除突出危险并经效果检验有效前，不得进行采掘活动。故此，原规定并无实际意义，故予以删除。

（3）在严禁采用放顶煤开采的情形中，将“（五）矿井水文地质条件复杂，放顶煤开采后有可能与地表水、老窑积水和强含水层导通的”，修改为“（四）放顶煤开采后有可能与地表水、老窑积水和强含水层导通的”。即删除了“矿井水文地质条件复杂”这一前提条件，意味着不论矿井属于何种水文地质类型，只要放顶煤开采后有可能与地表水、老窑积水和强含水层导通，均不得采用放顶煤开采。

**第一百一十六条** 采用连续采煤机开采，必须根据工作面地质条件、瓦斯涌出量、自然发火倾向、回采速度、矿山压力，以及煤层顶底板岩性、厚度、倾角等因素，编制开采设计和回采作业规程，并应满足以下要求：

（一）工作面必须形成全风压通风后方可回采。

（二）严禁采煤机司机等人员在空顶区作业。

（三）运输巷与短壁工作面或者回采支巷连接处（出口），必须加强支护。

（四）回收煤柱时，连续采煤机的最大进刀深度应当根据顶板状况、设备配套、采煤工艺等因素合理确定。

（五）采用垮落法控制顶板，对于特殊地质条件下顶板不能及时冒落时，必须采取强制放顶或者其他处理措施。

（六）采用煤柱支承采空区顶板及上覆岩层的部分回采方式时，应当有防止采空区顶板大面积垮塌的措施。

（七）应当及时安设和调整风帘（窗）等控风设施。

（八）容易自燃煤层应当分块段回采，且每个采煤块段必须在自然发火期内回采结束并封闭。

有下列情形之一的，严禁采用连续采煤机开采：

（一）突出矿井或者掘进工作面瓦斯涌出量超过 3 $m^3$/min 的高瓦斯矿井。

（二）倾角大于8°的煤层。

（三）直接顶不稳定的煤层。

**【解读】**本条文是关于采用连续采煤机开采的相关规定。

连续采煤机采煤是解决矿井的局部块段、边角煤及难以采用正规工作面开采的区域实现机械开采的一种方法。神东矿区活鸡兔等煤矿采用连续采煤机开采已达数年之久，累计回收煤炭资源已达数亿吨，且实现了采煤的安全、高效和集约化。大海则煤矿采用连续采煤机单机作业曾创造 120 万 t/a 的纪录。同时，将其用于大断面煤巷掘进，创造了日进 159 m 的纪录，实现了我国煤炭工业采掘作业的重大突破。

（一）连续采煤机采煤多属于房柱式开采的范畴，加强和完善通风是开采管理的重点，也是安全生产的保障。

（二）略。

（三）略。

（四）回收煤柱时，采硐的最大进尺深度应根据顶板状况、设备配套、采煤工艺等因素合理确定。最大进刀深度与所选择的连续采煤机型号有关，在房柱开采设计时，已根据所选连续采煤机确定。进刀深度以不穿透留设部分煤柱为宜，留设的煤柱既可作为通风隔离屏障，又能起到在连续采煤机退出开采区域一定时间内支撑顶板不垮落的作用。最大进刀深度确定的原则是始终使司机处于稳定的支护空间作业。

（五）强制放顶减少悬顶面积，有利于顶板控制，实现安全生产。

（六）采用煤柱支承采空区顶板及上覆岩层的部分回采方式时，防止采空区顶板大面积垮塌的措施应在作业规程中明确，留设的控顶煤柱尺寸应根据上覆岩体的压力经计算确定。

（七）及时安设和调整风帘（窗）等控风设施，可确保工作空间保持良好的通风状态。

（八）采取分块段回采的方式，可使每个块段能在煤层自然发火期内回采结束。

下列情形严禁采用连续采煤机开采的原因是：

（一）突出矿井或者掘进工作面瓦斯涌出量超过 3 $m^3/min$ 的高瓦斯矿井，若局部通风不良造成瓦斯积聚，容易导致瓦斯爆炸。

（二）倾角大于 8°的煤层，不利于连续采煤机运行，难以实现安全生产。

（三）直接顶不稳定的煤层，顶板松软破碎，在开采时顶板控制困难，易冒顶造成人员伤亡事故，且大量碎石冒落会导致回收率降低。

## 第三节　采　掘　机　械

**第一百一十七条**　使用滚筒式采煤机采煤时，必须遵守下列规定：

（一）采煤机上装有能停止工作面刮板输送机运行的闭锁装置。启动采煤机前，必须先巡视采煤机四周，发出预警信号，确认人员无危险后，方可接通电源。采煤机因故暂停时，必须打开隔离开关和离合器。采煤机停止工作或者检修时，必须切断采煤机前级供电开关电源并断开其隔离开关，断开采煤机隔离开关，打开截割部离合器。

（二）工作面遇有坚硬夹矸或者黄铁矿结核时，应当采取松动爆破处理措施，严禁用采煤机强行截割。

（三）工作面倾角在15°以上时，必须有可靠的防滑装置。

（四）使用有链牵引采煤机时，在开机和改变牵引方向前，必须发出信号。只有在收到返向信号后，才能开机或者改变牵引方向，防止牵引链跳动或者断链伤人。必须经常检查牵引链及其两端的固定连接件，发现问题，及时处理。采煤机运行时，所有人员必须避开牵引链。

（五）更换截齿和滚筒时，采煤机上下 3 m 范围内，必须护帮护顶，禁止操作液压支架。必须切断采煤机前级供电开关电源并断开其隔离开关，断开采煤机隔离开关，打开截割部离合器，并对工作面输送机施行闭锁。

（六）采煤机用刮板输送机作轨道时，必须经常检查刮板输送机的溜槽、挡煤板导向管的连接情况，防止采煤机牵引链因过载而断链；采煤机为无链牵引时，齿（销、链）轨的安设必须紧固、完好，并经常检查。

**【解读】**本条文是关于使用滚筒式采煤机采煤必须遵守的规定。

（一）工作面采、运、支是互为联动、互相制约的主要生产环节。采煤机采煤时，刮板输送机必须及时将全部切割的煤体运出，以确保采煤机工作的正常运行。采煤机司机既要控制采煤机运行，又要在发现采煤机发生故障时立即停止输送机运行。在采煤机上装设能停止输送机运行的闭锁装置，可实现互为联保，保障采运设备的安全运行。“启动采煤机前，必须先巡视采煤机四周，发出预警信号，确认人员无危险后，方可接通电源”的规定，更进一步明确了开机前的安全准备工作。“采煤机停止工作或检修时，必须切断采煤机前级供电开关电源并断开其隔离开关，断开采煤机隔离开关，打开截割部离合器”的规定，有利于形成四位一体的综合联保体系，可确保工作人员的安全。

（二）强行截割坚硬夹矸或者黄铁矿结核，一是会损坏采煤机，二是在强行切割时会产生火花，导致事故发生。

（三）工作面倾角在15°以上时，采煤机沿倾斜方向上行切割时易产生打滑现象，影响工作面正常生产，因此必须设有可靠的防滑装置。

（四）略。

（五）这是更换截齿和滚筒时的安全措施。作出“采煤机上下 3 m 范围内，必须护帮护顶，禁止操作液压支架”的规定，主要目的是确保工作空间处于无任何干扰的状态，以防互相干扰导致事故发生。强调“必须切断采煤机前级供电开关电源并断开其隔离开关”，是为了防止采煤机在带电状态下工人误操作导致事故发生。进一步明确“断开采煤机隔离开关，打开截割部离合器，并对工作面输送机实行闭锁”的规定，可实现综合保护，确保安全可靠。

（六）略。

**第一百一十八条** 使用刨煤机采煤时，必须遵守下列规定：

（一）工作面至少每隔 30 m 装设能随时停止刨头和刮板输送机的装置，或者装设向刨煤机司机发送信号的装置。

（二）刨煤机应当有刨头位置指示器；必须在刮板输送机两端设置明显标志，防止刨头与刮板输送机机头撞击。

（三）工作面倾角在 12°以上时，配套的刮板输送机必须装设防滑、锚固装置。

**【解读】**本条文是关于使用刨煤机采煤必须遵守的规定。

（一）刨煤机一般用于薄煤层工作面。受工作环境和空间所限，薄煤层工作面的工人在作业时视线受阻，行走困难，对顶板、支护设备的状况以及其他影响安全生产的情况难以远距离掌控，为此，工作面至少每隔 30 m 设置随时停止刨头和刮板输送机的装置，或装设向刨煤机发送信号的装置，这是实现安全生产的重要举措。同时，刨煤机在运行中遇到夹矸、脱轨或断链等时可实现及时就地停机，防止事故发生。

（二）刨煤机工作时，工作面能见度低，常出现刨煤机司机操作失误造成与输送机机头机尾相撞的事故，因此，对刨煤机提出了应设有刨头位置指示器的要求。同时，为便于工人观测，在刮板输送机两端设置明显标志，可防止刨头与刮板输送机机头撞击。

（三）工作面倾角大于 12°时，刨煤机在运行中容易打滑，行走困难，故配套的刮板输送机必须装设防滑、锚固装置。

**第一百一十九条** 使用掘进机、掘锚一体机、连续采煤机掘进时，必须遵守下列规定：

（一）开机前，在确认铲板前方和截割臂附近无人时，方可启动。采用遥控操作时，司机必须位于安全位置。开机、退机、调机前，必须发出报警信号。

（二）作业时，应当使用内、外喷雾装置，内喷雾装置的工作压力不得小于2 MPa，外喷雾装置的工作压力不得小于4 MPa。在内、外喷雾装置工作稳定性得不到保证的情况下，应当使用与掘进机、掘锚一体机或者连续采煤机联动联控的除降尘装置。

（三）截割部运行时，严禁人员在截割臂下停留和穿越，机身与煤（岩）壁之间严禁站人。

（四）在设备非操作侧，必须装有紧急停转按钮（连续采煤机除外）。

（五）必须装有前照明灯和尾灯。

（六）司机离开操作台时，必须切断电源。

（七）停止工作和交班时，必须将切割头落地，并切断电源。

**【解读】**本条文是关于使用掘进机、掘锚一体机、连续采煤机掘进的相关规定。

1. 开机规定

掘锚机械的工作空间一般是狭窄的空间，且机械设备、器材较多，会造成司机视野受阻，给司机操作带来一定的困难。为了开机操作，不危及其他作业人员，开机前要确认铲板前方和截割臂附近无人，方可启动。

采用遥控操作时，需要司机注意力高度集中，可能影响对周边的关注，为了保证司机的安全，司机操作时必须位于安全位置，

开机、退机、调机前，必须发出生声光报警信号，这是提升机、带式输送机、架空乘人装置等大型机电设备的一致要求，必须严格遵守。

2. 作业时降尘规定

掘进工作面是井下的主要产尘点，粉尘危及现场工作人员的职业健康。降尘、防尘是保障职工职业健康的关键和重点。为实现有效降尘，现场实践证明，内、外喷雾装置的工作压力应当分别不小于2 MPa和4 MPa。此外，内喷雾还可起到消除火花、提高截齿寿命等作用。

现场实践中，掘进机尤其连续采煤机的内喷雾效果和工作稳定性往往难以保证，主要受制于其密封、内喷雾水道设计制造困难，现有制造工艺难以满足可靠性，安装及使用时密封圈、格莱圈容易损坏，工作效果得不到保证。近年来，我国大中型矿井综掘中，普遍采用了机载式除降尘装置，由除尘器、除尘风机、风筒等组成，与掘进机联动联控，除尘效果达到95%以上。为保证掘进机械

作业时粉尘的有效控制，本条规定，在内、外喷雾装置工作稳定性得不到保证的情况下，应当使用与掘进机、掘锚一体机或者连续采煤机联动联控的除降尘装置。

3. 截割部运行时禁止人员接近规定

掘进机运行时，将在工作空间产生大量的煤（矸石），滚落的煤（矸石）危及人身安全。因此，截割部运行时严禁人员在截割臂下停留和穿越，机身与煤（岩）壁之间严禁站人。

为了保证人员安全，美国等采矿发达国家着力推广掘进机作业时防止人员异常接近装置。掘进机运行时，如果人员接近至设定距离会发出声光报警；进一步接近时，会断电控制，停止掘进机运行。

4. 紧急停转按钮

在设备非操作侧装设紧急停转按钮（连续采煤机除外），是为了在紧急情况下能及时停止掘进机。在通常情况下，掘进机司机是在掘进机的一侧操作，由于掘进机工作时发出的噪声和产生的矿尘，司机有时很难观察到另一侧的情况。此时，若掘进工作面发生异常情况，在非操作侧的作业人员可立即停止掘进机，避免事故的发生和扩大。

应该注意，急停功能是带式输送机、架空乘人装置、无轨胶轮车等矿用大型机电设备的通用要求。

5. 照明与指示要求

掘进机装有前照明灯和尾灯，有利于掘进机司机操作时对前后方情况进行观察，同时对其他人员起到警示作用，提醒他人不要异常接近掘进机，避免造成人身伤害。

6. 司机停止操作规定

司机离开操作台时，必须断开电源开关，以防止其他人员误操作导致事故发生。

7. 停止作业规定

切割头是掘进机的工作机构，切割头上装有截齿，用以截割煤岩。切割头由电动机驱动，切割头的控制则由液压缸实现。当掘进机停止工作时，若切割头仍悬在空中，支撑切割头的液压缸处在承载状态，一旦液压缸密封圈破裂，切割头落下，势必造成人员伤害等事故。

与2016版《规程》相比，本次修订做了如下修改：

（1）将（一）中“开机、退机、调机时，必须发出报警信号”，修改为

"开机、退机、调机前，必须发出报警信号"，意欲强调报警信号必须在开机、退机、调机之前发出，以真正起到预警的作用。

（2）在（二）中增加"在内、外喷雾装置工作稳定性得不到保证的情况下，应当使用与掘进机、掘锚一体机或者连续采煤机联动联控的除降尘装置"。其目的主要由以下方面：其一，鉴于目前掘进机、连续采煤机内外喷雾，尤其是内喷雾使用稳定性及效果不佳的现象并不少见，为进一步保证掘进工作面有效降尘，增加安全措施要求；其二，推广使用已被实践证明行之有效除降尘技术及装备；其三，参考《悬臂式掘进机　第3部分　通用技术条件》（MT/T 238.3—2006）4.4.10规定：掘进机应设有内、外喷雾系统，并装有过滤装置。内喷雾装置的使用水压不得小于3 MPa，外喷雾装置的使用水压不得小于1.5 MPa。如果内喷雾装置的使用水压小于3 MPa或无内喷雾装置则应使用外喷雾装置和除尘器；其四，借鉴国外的做法，连续采煤机、横轴式掘进机基本不配置内喷雾，而是加强外喷雾以及除尘风机的使用效果。

**第一百二十条**　使用运煤车、铲车、梭车、履带式行走支架、锚杆钻车、给料破碎机、连续运输系统或者桥式转载机等掘进机后配套设备时，必须遵守下列规定：

（一）所有安装机载照明的后配套设备启动前必须开启照明，发出开机信号，确认人员离开，再开机运行。设备停机、检修或者处理故障时，必须停电闭锁。

（二）带电移动的设备电缆应当有防拔脱装置。电缆必须连接牢固、可靠，电缆收放装置必须完好。操作电缆卷筒时，人员不得骑跨或者踩踏电缆。

（三）运煤车、铲车、梭车制动装置必须齐全、可靠。作业时，行驶区间严禁人员进入；检修时，铰接处必须使用限位装置。

（四）给料破碎机与输送机之间应当设联锁装置。给料破碎机行走时两侧严禁站人。

（五）连续运输系统或者桥式转载机运行时，严禁在非行人侧行走或者作业。

（六）锚杆钻车作业时必须有防护操作台，支护作业时必须将临时支护顶棚升至顶板。非操作人员严禁在锚杆钻车周围停留或者作业。

（七）履带行走式支架应当具有预警延时启动装置、系统压力实时显示装置，以及自救、逃逸功能。

【解读】本条文是关于使用掘进机后配套设备必须遵守的相关规定。

近年来，我国煤炭工业的高新技术和装备有了长足发展，涌现出了一大批安全、高效现代化矿井。本条文以神东等矿区掘进机后配套设备多年的使用经验和现场执行规定为依据制定。

（一）运煤车、铲车等设备在狭窄空间运行，能见度低，易危及周围工作人员的安全，因此要求所有安装机载照明的后配套设备启动前必须开启照明，发出开机信号，确认人员离开，再开机运行。

（二）带电移动的设备电缆设有防拔脱装置，可防止电缆脱落，发生触电伤人事故。操作电缆卷筒时，骑跨或踩踏电缆，电缆可能漏电伤人，因此必须禁止。

（三）司机在驾驶室作业，与工作装置有一定距离，且作业时能见度低，因此作业时行驶区间严禁人员进入。设备铰接处使用限位装置，可防止其大幅度摆动失控伤人。

（四）给料破碎机与输送机之间设置联锁装置，便于统一前后协调控制。给料破碎机容易造成煤块（粉）飞扬，在其两侧行人和站人均不安全。

（五）略。

（六）略。

（七）履带行走式支架多应用于回撤通道、上下出口或局部开采回收煤炭的区域，工作空间相对狭小且设备集中，设置预警延时启动装置，可给周边设备和工作人员留出撤离的时间，以利于安全生产。设置系统压力实时显示装置，可使机器始终处于良好的工作状态。履带行走式支架独立运行在某一狭小空间，遇到顶板和围岩出现冒顶和片帮时，可利用自身设有的自救和逃逸装置，安全处理应急状况。

**第一百二十一条** 使用刮板输送机运输时，必须遵守下列规定：

（一）采煤工作面刮板输送机必须安设能发出停止、启动信号和通讯的装置，发出信号点的间距不得超过 15 m。

（二）刮板输送机使用的液力偶合器，必须按所传递的功率大小，注入规定量的难燃液，并经常检查有无漏失。易熔合金塞必须符合标准，并设专人检查、清除塞内污物；严禁使用不符合标准的物品代替。

（三）刮板输送机严禁乘人。

（四）用刮板输送机运送物料时，必须有防止顶人和顶倒支架的安全措施。

（五）移动刮板输送机时，必须有防止冒顶、顶伤人员和损坏设备的安全措施。

【解读】本条文是关于使用刮板输送机必须遵守的规定。

（一）近年来，工作面长度有逐渐加大的趋势，神东矿区回采工作面长度已达300 m以上。刮板输送机仅靠采煤机和机头装有的控制装置，难以保证其安全可靠运行，因此还必须安设能发出停止、启动信号和通讯的装置，以便能及时有效控制设备的运行，实现安全生产。

（二）液力偶合器是刮板输送机的连接保护装置，起到过载保护和过载缓冲的作用。为防止电动机长期过负荷运转，导致油温过高，使合金塞熔化，必须按所传递功率大小，注入规定的难燃液，并定期检查有无漏失。易熔合金塞易被污染，因此要设专人检查，清除塞内污物，保证其符合标准。

（三）目前，刮板输送机具有向大功率发展的趋势，链速也大有提升。在大功率高速运转的刮板输送机上乘人，容易发生伤人事故。

（四）刮板输送机在工作面狭小的空间内运行，且有若干工作人员在这一空间进行其他工作，用刮板输送机运输物料，容易发生顶人和顶倒支架的事故。

（五）略。

## 第四节　建(构)筑物下、水体下、铁路下及主要井巷煤柱开采

**第一百二十二条**　建（构）筑物下、水体下、铁路下及主要井巷煤柱开采，必须设立观测站，观测地表和岩层移动与变形，查明垮落带和导水裂缝带的高度，以及水文地质条件变化等情况。取得的实际资料作为本井田建（构）筑物下、水体下、铁路下以及主要井巷煤柱开采的依据。

【解读】本条文是关于井下保护煤柱开采的相关规定。

地下开采产生的采动影响，势必造成上覆岩层的垮落、离层、弯曲下沉和地面沉降，为防止地面及井下受护体受采动影响而遭到破坏，一般采用留设保护煤柱的方式。随着矿井的开采，需解放部分建（构）筑物下、水体下、铁路下及主要井巷煤柱时，通过观测站可获取地表和岩层移动变形、垮落带及导水裂缝带的高度以及水文地质条件变化等数据，为安全回收煤柱提供可靠依据。

在现场实际工作中，也有借鉴同一地区的相关数据的情况，但鉴于地质条

件，尤其是水文地质条件存在差异性，因此本条文强调必须在本矿设立观测站获取实际资料，以确保煤柱的安全回收。

**第一百二十三条** 建（构）筑物下、水体下、铁路下，以及主要井巷煤柱开采，必须经过试采。试采前，必须按其重要程度以及可能受到的影响，采取相应技术措施并编制开采设计。

**【解读】** 本条文是关于保安煤柱回采时进行试采的相关规定。

通过观测获取的岩移等相关数据是指导生产的依据，但在开采中为防止一些未知影响因素或观测误差导致决策或开采失误，要求建（构）筑物、水体下、铁路下及主要井巷煤柱开采时必须进行试采，然后再进行更大范围的开采。这是可靠的安全生产措施。

**第一百二十四条** 试采前，必须完成建（构）筑物、水体、铁路，主要井巷工程及其地质、水文地质调查，观测点设置以及加固和保护等准备工作；试采时，必须及时观测，对受到开采影响的受护体，必须及时维修。试采结束后，必须由原试采方案设计单位提出试采总结报告。

**【解读】** 本条文是关于煤柱试采前、试采时及试采结束后的相关规定。

保安煤柱开采事关矿井上下整体性安全的大局。本条对试采前提出了许多相关的要求，试采中对过程控制进一步细化明确，试采结束后又强调必须由原试采方案设计单位提出试采总结报告，这是强调责任贯穿始终的重要体现。

## 第五节　井巷维修和报废

**第一百二十五条** 矿井必须制定井巷维修制度，加强井巷维修，保证通风、运输畅通和行人安全。

**【解读】** 本条文是关于井巷维修制度建立的规定。

井巷、支护体破坏和在失稳的状态下，围岩有冒落的危险，危及人身和财产安全，因此必须制定井巷维修制度，做到定期维修。另外，破损井巷可能有大量冒矸或其他物料堆积，造成巷道堵塞、通风不畅，因此要加强维修。

**第一百二十六条** 井筒大修时必须编制施工组织设计。

维修井巷支护时，必须有安全措施。严防顶板冒落伤人、堵人和支架歪倒。

扩大和维修井巷时，必须有冒顶堵塞井巷时保证人员撤退的出口。在独头巷道维修支架时，必须保证通风安全并由外向里逐架进行，严禁人员进入维修地点以里。

撤掉支架前，应当先加固作业地点的支架。架设和拆除支架时，在一架未完工之前，不得中止作业。撤换支架的工作应当连续进行，不连续施工时，每次工作结束前，必须接顶封帮。

维修锚网井巷时，施工地点必须有临时支护和防止失修范围扩大的措施。

维修倾斜井巷时，应当停止行车；需要通车作业时，必须制定行车安全措施。严禁上、下段同时作业。

更换巷道支护时，在拆除原有支护前，应当先加固邻近支护，拆除原有支护后，必须及时除掉顶帮活矸和架设永久支护，必要时还应当采取临时支护措施。在倾斜巷道中，必须有防止矸石、物料滚落和支架歪倒的安全措施。

**【解读】**本条文是关于各类井巷维修施工应当遵守的相关规定。

井筒大修是较大的维修工程，涉及诸多环节和受多种因素影响，需要编制施工组织设计，具体细化各施工环节。

维修井巷支护是一项较危险的工作，多年裸露的围岩在失去有效支护的情况下，有垮落的危险。另外，破损支架在移设中也有歪倒伤人的可能性。因此必须制定安全技术措施，严防顶板冒落伤人、堵人和支架歪倒。

扩大和维修井巷时，有冒顶堵巷的可能性，因此开始施工前必须要明确安全出口，保证冒顶堵塞井巷时人员可以安全撤离。在独头巷道维修支架是井下经常遇到的情况。现场对独头巷道是严格进行封闭隔离的，但若要进行巷道维修，则必须先进行通风，待测定无有毒有害气体、通风满足生产需求时，方可施工。由外向里逐架维修支架，可确保工作后方处于良好支护状态。

在架设和拆除支架时，采用先架后撤的作业顺序，可使工作空间始终处于良好的支护条件下。锚网井巷一旦发生破坏，巷道围岩将会因失去支撑而发生冒落，因此维修时必须要有临时支护措施。

**第一百二十七条** 修复旧井巷时，必须首先检查瓦斯。当瓦斯积聚时，必须按规定排放，只有在回风流中甲烷浓度不超过 1.0%、二氧化碳浓度不超过 1.5%、空气成分符合本规程第一百三十五条的要求时，才能作业。

【解读】本条文是关于修复旧井巷前检查有害气体的相关规定。

在作业场所检查有害气体的浓度，是实现安全生产的关键，修复旧井巷时更应该重点关注。只有甲烷浓度（不超过1.0%）、二氧化碳浓度（不超过1.5%）及其他气体的浓度达到规程规定时，才能进行作业。

**第一百二十八条** 从报废的井巷内回收支架和装备时，必须制定安全措施。

【解读】本条文是关于从报废的井巷内回收支架和装备的规定。

报废井巷处于长期失修或维护不良的状态，围岩有可能产生不同程度的位移甚至破碎，容易冒落和片帮，因此要制定安全措施，明确若干条件下应注意和严格执行的事项，确保操作安全。

**第一百二十九条** 报废的巷道必须封闭。报废的暗井和倾斜巷道下口的密闭墙必须留泄水孔。

【解读】本条文是关于报废巷道必须进行封闭的相关规定。

报废巷道进行封闭，主要目的是防止人员误入导致事故发生。废巷封闭后要进行明显标示，并提醒人员不要损坏。报废的暗井和倾斜巷道下口的密壁墙上留设泄水孔，可防止井巷长期积水造成溃水事故。

**第一百三十条** 报废的井巷必须做好隐蔽工程记录，并在井上、下对照图上标明，归档备查。

【解读】本条文是关于报废井巷记录存档的相关规定。

**第一百三十一条** 报废的立井应当填实，或者在井口浇注1个大于井筒断面的坚实的钢筋混凝土盖板，并设置栅栏和标志。

报废的斜井（平硐）应当填实，或者在井口以下斜长20 m处砌筑1座砖、石或者混凝土墙，再用泥土填至井口，并加砌封墙。

报废井口的周围有地表水影响时，必须设置排水沟。

【解读】本条文是关于报废井筒的相关规定。

上述规定，是为了防止人员误入报废的井筒（平硐），造成坠人伤害事故。报废井口的周围有地表水影响时，必须设置排水沟，防止涌水溃入井下，危及相邻矿井或开采区域的安全。

## 第六节　防　止　坠　落

**第一百三十二条**　立井井口必须用栅栏或者金属网围住，进出口设置栅栏门。井筒与各水平的连接处必须设栅栏。栅栏门只准在通过人员或者车辆时打开。

立井井筒与各水平车场的连接处，必须设专用的人行道，严禁人员通过提升间。

罐笼提升的立井井口和井底、井筒与各水平的连接处，必须设置阻车器。

**【解读】**本条文是关于立井井口、井筒与各水平连接处的相关规定。

立井井口必须用栅栏或金属网围住，是为了防止人员进入井口工作区而导致坠井事故，并以明显标志警示非工作人员不要入内。

罐笼提升的立井井口和井底、井筒与各水平的连接处设置的阻车器，可防止车辆滚行至井筒造成事故。

**第一百三十三条**　倾角在25°以上的小眼、煤仓、溜煤（矸）眼、人行道、上山和下山的上口，必须设防止人员、物料坠落的设施。

**【解读】**本条文是关于倾斜巷道防止坠人、坠物的相关规定。

**第一百三十四条**　煤仓、溜煤（矸）眼必须有防止煤（矸）堵塞的设施。检查煤仓、溜煤（矸）眼和处理堵塞时，必须制定安全措施。处理堵塞时应当遵守本规程第三百六十条的规定，严禁人员从下方进入。

严禁煤仓、溜煤（矸）眼兼做流水道。煤仓与溜煤（矸）眼内有淋水时，必须采取封堵疏干措施；没有得到妥善处理不得使用。

**【解读】**本条文是关于防止煤（矸）堵塞和处理堵塞的相关规定。

因煤仓、溜煤（矸）眼的断面较小，煤（矸）堆积时或含泥水或在冬季冻结的情况下，易发生堵眼事故，因此必须有防止煤（矸）堵塞的措施。煤仓、溜煤（矸）眼兼做流水道，易造成环境污染，在冬季还容易造成冰冻堵眼事故。积水在不畅通的情况下，也会造成突水煤浆事故，危及人员安全。

# 第三章　通风、瓦斯和煤尘爆炸防治

## 第一节　通　　风

**第一百三十五条**　井下空气成分必须符合下列要求：

（一）采掘工作面的进风流中，氧气浓度不低于20%，二氧化碳浓度不超过0.5%。

（二）有害气体的浓度不超过表4规定。

表4　矿井有害气体最高允许浓度

| 名　称 | 最高允许浓度/% | 名　称 | 最高允许浓度/% |
|---|---|---|---|
| 一氧化碳 CO | 0.0024 | 硫化氢 $H_2S$ | 0.00066 |
| 氧化氮（换算成 $NO_2$） | 0.00025 | 氨 $NH_3$ | 0.004 |
| 二氧化硫 $SO_2$ | 0.0005 | | |

甲烷、二氧化碳和氢气的允许浓度按本规程的有关规定执行。

矿井中所有气体的浓度均按体积百分比计算。

**【解读】**本条是关于井下空气成分的规定。

井下空气成分指井巷风流中的空气成分。井下生产过程中会产生许多有毒有害气体和粉尘，地面空气进入井下后，其成分和状态参数都会发生变化。为了保障人员安全健康，创造适宜的作业环境，提高工作效率，《规程》对井下空气中 $O_2$ 和有毒有害气体浓度作出了具体规定。

本条规定的 $O_2$ 最低允许浓度、CO 和其他有害气体的最高允许浓度是指作业人员长期处于该环境中，其健康都不会受到影响的标准。有害气体最高允许浓度，主要参照《工业企业设计卫生标准》中关于车间卫生标准而制定的，要求井下劳动作业环境必须达到地面工业厂房环境的标准，保证矿工身体健康为目的。《规程》规定采掘工作面的进风流中，$O_2$ 浓度不低于20%，是指人员经常作业空间，而不是指回采工作面上隅角 $O_2$ 浓度不低于20%。对于部分 $N_2$ 涌出量较大的矿井，回采工作面上隅角 $O_2$ 浓度也可以不按这一浓度控制；只要不属于自然发火征兆，回采工作面上隅角的CO浓度也可以不按0.0024%控制。用防爆型柴油动力装置机车运输的矿井，机动车瞬间释放较高浓度的CO，则车辆行驶区域短时间内CO浓度也可以不按此标准控制；其他有害气体的情况相类似，具体控制标准，由当地煤矿安全生产监察监管部门会同煤炭企业根据实际情况确定，但必须保证作业人员安全。

另外需要说明的是，《规程》第六百四十条关于作业场所空气中粉尘（总粉尘、呼吸性粉尘）浓度应满足的要求，也是指作业人员长期接触的环境中粉尘浓度不能超过的极限值，而不是指产尘处或者作业人员偶尔接触的环境中粉尘浓度的瞬间值，在粉尘浓度较高处作业时，必须采取个体防护措施。

煤炭自燃和爆破作业，容易导致风流中CO超限，出现人员中毒；在瓦斯煤尘爆炸和明火火灾事故中，若逃生或避难方法不对，更容易出现更大范围的人员中毒。相反，员工如果能够正确掌握自救互救方法，就能够最大限度地减少伤亡。

**第一百三十六条** 井巷中的风流速度应当符合表5要求。

表5 井巷中的允许风流速度

| 井巷名称 | 允许风速/(m·s$^{-1}$) | |
|---|---|---|
| | 最低 | 最高 |
| 无提升设备的风井和风硐 | | 15 |
| 专为升降物料的井筒 | | 12 |
| 风桥 | | 10 |
| 升降人员和物料的井筒 | | 8 |
| 主要进、回风巷 | | 8 |
| 架线电机车巷道 | 1.0 | 8 |
| 输送机巷，采区进、回风巷 | 0.25 | 6 |
| 采煤工作面、掘进中的煤巷和半煤岩巷 | 0.25 | 4 |
| 掘进中的岩巷 | 0.15 | 4 |
| 其他通风人行巷道 | 0.15 | |

设有梯子间的井筒或者修理中的井筒，风速不得超过 8 m/s；梯子间四周经封闭后，井筒中的最高允许风速可以按表 5 规定执行。

无瓦斯涌出的架线电机车巷道中的最低风速可低于表 5 的规定值，但不得低于 0.5 m/s。

综合机械化采煤工作面，在采取煤层注水和采煤机喷雾降尘等措施后，其最大风速可高于表 5 的规定值，但不得超过 5 m/s。

**【解读】** 本条是关于井巷中的风流速度的规定。

限制井巷风速主要是从安全生产、人员健康、作业条件与环境等方面考虑的。主要通风井巷，包括主要进回风巷、人员升降的井筒和架线电机车巷道等，如果风速过高，运输提升都存在危险，人员作业困难、注意力不集中，存在隐患。另外，井下湿度较大，风速过高也会影响作业人员的身心健康。而对输送机巷、采区巷道和采掘工作面规定最高风速限制，同时考虑风速过高容易引起粉尘飞扬，不利于作业安全。

主要进、回风巷以及风井和风硐风速过高，也会导致通风阻力过大，影响矿井通风能力，而且一旦这部分井巷稍微出现一些变故，就会影响整个矿井通风系统的稳定性。限定最高风速，同时考虑到了巷道的最大通风承载能力。

规定最低风速的地点，主要是针对生产条件变化、有害气体涌出较多的采掘工作地点和相关巷道。风量过小、风速过低，就不能有效地稀释瓦斯及其他有害气体和粉尘，威胁安全生产，要求巷道中的风流完全呈紊流状态流动。

（1）表中对井筒、风桥和主要进、回风巷没有最低风速约束，这些井巷不是无风也可以，实际上在正常通风时，其风速不会太低。同理，对其他通风人行巷道也没有最高风速限制，是因为一般情况下其风速也不会太高。表中没有规定部分调节风窗口的最高风速，实际上这些窗口的断面积比较小，风速很大，但不属于行人通道，最高风速不作限制。

（2）表中规定掘进中的煤巷和半煤岩巷最低风速不得低于 0.25 m/s、掘进中的岩巷不得低于 0.15 m/s，是指“掘进中”的巷道，如果不是处于掘进中的，则不在此列。机电设备硐室及其他硐室、设置风门的巷道，没有明确最低风速规定，这些地点只要空气中有毒有害气体的浓度和空气温度不超规定，氧气浓度符合要求，其风速不作为考核指标。对于部分有瓦斯涌出的巷道，在保证风门构筑牢固的前提下，人为地分配一些风量以防止瓦斯积聚，也是合理的，但其最低风速不作限制。

（3）对于同处于主要进风系统或者同处于主要回风系统的并联巷道之间的联络巷，虽属于角联巷道，从避灾救灾和降低系统阻力的角度上讲都是有益的，只要其风向、风速稳定即可，其风流方向和风量大小不作限制，但联络巷的供风量必须满足要求。

（4）本条规定，对于瓦斯涌出量较大的综采工作面，在采取煤层注水和采煤机喷雾降尘等措施后，其最高风速可适当放宽，但不得超过5 m/s。但这并不是鼓励用这种办法来处理瓦斯，各矿井应该加强瓦斯抽采，实现“抽采达标，”最大限度地减少工作面风排瓦斯量。

（5）《煤矿井工开采通风技术条件》《煤矿瓦斯抽放规范》都规定了瓦斯抽采巷道风速不得低于0.5 m/s，是考虑到瓦斯抽采巷道部分区域可能有瓦斯涌出，为避免局部瓦斯积聚，适当提高这些巷道的风速。

（6）架线电机车巷道的顶部容易发生层状瓦斯积存，极易引发瓦斯燃爆事故，对于有瓦斯涌出的巷道，其风速不得低于1.0 m/s；即使无瓦斯涌出，其风速也不得低于0.5 m/s。

（7）规定了最低和最高风速，并不意味着只要风速不超限、风速特别低或者特别高就合理，对于各作业地点，还应该从构建合适的气候条件和排尘需要，一般认为，最优的排尘风速为1.5～2.0 m/s。

**第一百三十七条** 进风井口以下的空气温度（干球温度，下同）必须在2 ℃以上。

**【解读】** 本条是关于进风井口及井口以下空气最低温度的规定。

地面空气温度低于0 ℃，进入井口后遇到淋水和潮湿空气，容易结冰，对提升设备和人员的安全构成严重威胁，有时还可能发生冰凌突然坠落的恶性事故。因此，寒冷地区的进风井口都应安设空气预热设施，以保证进风井口（或与加热口交叉处）以下的空气温度在2 ℃以上。

**第一百三十八条** 矿井需要的风量应当按下列要求分别计算，并选取其中的最大值：

（一）按井下同时工作的最多人数计算，每人每分钟供给风量不得少于4 $m^3$。

（二）按采掘工作面、硐室及其他地点实际需要风量的总和进行计算。各地点的实际需要风量，必须使该地点的风流中的甲烷、二氧化碳和其他有害气体的浓度，风速、温度及每人供风量符合本规程的有关规定。

使用煤矿用防爆型柴油动力装置机车运输的矿井，行驶车辆巷道的供风量还应当按同时运行的最多车辆数增加巷道配风量，配风量不小于4 $m^3$/min·kW。

按实际需要计算风量时，应当避免备用风量过大或者过小。煤矿企业应当根据具体条件制定风量计算方法，至少每5年修订1次。

**【解读】** 本条是关于矿井风量计算的规定。

为保证井下人员有足够的新鲜空气呼吸，有效稀释和排出井下有害气体及矿尘，创造良好的气候环境，井下必须连续不断供给新鲜空气，其需风量必须通过计算来合理确定。矿井开拓、准备采区以及采掘作业前，要准确预测瓦斯涌出量，制定风量计算和配风标准，编制通风设计，保证采掘面配风充足；硐室配风量要满足设备降温、空气质量符合规定、有害气体不超限的要求；矿井有效风量率应达到要求。矿井风量应当在满足井下各作业地点、通风巷道和硐室等用风的前提下，加强通风能力配备，具备合理的富余系数，提高矿井抗灾能力。开采自燃、容易自燃煤层的矿井和采区，风量配备要在满足防治瓦斯的前提下进行有效控制，满足防范自然发火的要求。

1. 关于矿井总风量计算

按照《煤矿生产能力核定标准》的矿井需要风量计算办法执行，计算方法有两种：一是按照井下同时工作的最多人数计算，每人不得少于4 $m^3$/min；二是按照矿井实际布置的采掘工作面、硐室和其他巷道等用风地点分别计算，并符合风速规定的要求，分别逐个计算所需风量，再“由里向外”计算出采区、矿井的总需风量。

2. 关于单个采煤工作面风量的计算

采煤工作面风量要按照瓦斯（$CH_4$ 和 $CO_2$）涌出量、一次爆破使用的最大炸药量、同时作业的最多人数、合适的气候条件，分别计算需风量（这里不再逐一列举计算方法），取其最大值作为该采煤工作面的配风量，再进行风速验算。若该值处于按最低和最高风速验算得出的风量值之间，则将此值作为该工作面的配风量；如果此值大于按采煤工作面按最高允许风速求算出的风量，则需要采取措施，降低该工作面的瓦斯等有害气体涌出量或炸药量，确保采煤工作面风速符合《规程》要求。

备用工作面的风量不得低于该采煤工作面投入生产后实际需要风量的50%。

3. 关于单个掘进工作面风量计算

首先是按工作面瓦斯（$CH_4$ 和 $CO_2$）涌出量、一次爆破使用的最大炸药量、同时作业的最多人数等因素求算该掘进工作面需风量的最大值，然后确定局部通风机型号及其台数，再求算出局部通风机总吸风量（即需要供给风量），并按照风速验算确定需要给该掘进工作面的配风量。对于个别大断面一次爆破成巷的掘进工作面，用最大炸药量方法计算出来的风量值偏大时，可以适当延长爆破后排除炮烟时间，人员再进入工作面作业。

根据《煤矿用防爆柴油机无轨胶轮车安全使用规范》（AQ 1064）规定，要求按同时运行最多车辆数增加巷道配风量，其配风量不小于 4 $m^3/(min \cdot kW)$。因为柴油机车要消耗大量 $O_2$，并排出 CO 和氮氧化合物等有毒有害气体。

**第一百三十九条** *矿井每年安排采掘作业计划时必须核定矿井生产和通风能力，必须按实际供风量核定矿井产量，严禁超通风能力生产。*

**【解读】**本条是关于矿井通风能力核定的规定。

由于矿井生产区域和生产强度始终处于一种动态变化过程，瓦斯等有害气体涌出量也随之变化，若这些矿井的通风系统没有及时进行调整或改造，可能出现风量不足，存在隐患，甚至酿成重大事故。为避免在制定采掘计划时未考虑通风能力变化而造成的安全与生产脱节、事故隐患增加的被动局面，必须按实际供风量核定矿井产量，真正实现“以风定产”。不能满足用风需要时，应当进行通风系统改造以提高风量，否则必须降低产量、核减生产能力。

煤矿通风能力（含通风系统、瓦斯抽采达标等）核定由煤矿企业或者有核定能力的单位承担。《煤矿生产能力核定标准》的第八章是关于通风系统生产能力核定，对核定通风系统生产能力必须具备的条件、矿井需风量计算办法、通风系统生产能力计算、矿井通风系统生产能力验证等方面作了比较详细的规定，具体内容参照原文件。通风能力核定必须在每年年初结合煤矿年度采掘作业计划进行核定，核定过程和结果必须真实可靠。年度采掘作业计划严格按照核定的生产能力进行安排。

《煤矿重大事故隐患判定标准》第四条规定，“超能力、超强度或者超定员组织生产”重大事故隐患，是指有下列情形之一的：（一）煤矿全年原煤产量超过核定（设计）生产能力幅度在 10% 以上，或者月原煤产量大于核定（设计）生产能力的 10% 的；（二）煤矿或者其上级公司超过煤矿核定（设计）生产能力下达生产计划或者经营指标的；（三）煤矿开拓、准备、回采煤量可采期小于国家规定的最短时间，未主动采取限产或者停产措施，仍然组织生产的（衰老煤矿和地方人民政府计划停产关闭煤矿除外）；（四）煤矿井下同时生产的水平超过2个，或者一个采（盘）区内同时作业的采煤、煤（半煤岩）巷掘进工作面个数超过《规程》规定的；（五）瓦斯抽采不达标组织生产的；（六）煤矿未制定或者未严格执行井下劳动定员制度，或者采掘作业地点单班作业人数超过国家有关限员规定20%以上的。

**第一百四十条** 矿井必须建立测风制度，每10天至少进行1次全面测风。对采掘工作面和其他用风地点，应当根据实际需要随时测风，每次测风结果应当记录并写在测风地点的记录牌上。

应当根据测风结果采取措施，进行风量调节。

**【解读】** 本条是关于矿井风量测定及其调节的规定。

为确保通风系统的合理、稳定、可靠，各个用风地点风量满足当期配风要求，根据采掘工作面分布和风网结构的不断变化，必须及时调整通风系统并进行风量调节，以满足各用风地点风量要求。必须建立定期对矿井风量进行全面测定的管理制度，通过对矿井风量的全面测定，了解总进、回风量和各个用风地点的风量（风速）以及矿井的漏风、有效风量等现状及变化情况，为不断提高矿井通风管理水平提供科学依据。

风量调节可分为局部风量调节和全矿井风量调节。局部风量调节可分为增加风阻调节法和降低风阻调节法。当采用局部风量调节不能满足矿井生产需要时，还必须对矿井的总风量进行调节。矿井总风量调节主要是调整主要通风机的工况点，其方法是改变主要通风机的特性曲线或者工作风阻。改变主要通风机特性曲线调节法主要有：改变通风机转速；改变轴流式通风机动轮叶片数目、叶片的安装角度及对旋式主要通风机运转级数。前述方法仍然不能满足井下生产需要时，必须更换主要通风机。改变主要通风机工作风阻是对全矿井通风系统实施大改造。

**第一百四十一条** 矿井必须有足够数量的通风安全检测仪表。仪表必须由具备相应资质的检验单位进行检验。

**【解读】** 本条是关于矿井通风安全检测仪表管理的规定。

煤矿必须按照矿井井型大小、开采条件及灾害程度并依据《矿井通风安全装备标准》（GB/T 50518）配齐配足通风检测仪表，且每种仪表的备用量不小于应当配备的数量的20%，满足正常通风瓦斯检查需要。

对通风检测仪表的检验，有着一套严格的检验方法、送检期限和标准。具备相应资质的检验单位，是指法定的计量检测机构。检测对象主要包括风表、光干涉甲烷测定器、催化式甲烷检测报警仪及传感器、直读式粉尘浓度测定仪、井下粉尘采样器等。

**第一百四十二条** 矿井必须有完整的独立通风系统。改变全矿井通风系统时，必须编制通风设计及安全措施，由企业技术负责人审批。

**【解读】**本条是关于矿井通风系统管理的规定。

矿井通风系统是矿井通风方式、通风方法和通风网络的总称。包括向矿井各用风地点供给新鲜空气、排出污浊气体的通风动力、通风网络和通风设施等。“完整的独立通风系统”是指矿井必须设有符合要求的主要通风机装置，并有自己独立的进风井和独立的回风井，井下没有与邻近矿井相沟通的巷道。

“改变全矿井通风系统”主要指改变矿井通风方式、变更进回风巷道及其数量、改变主要通风机工作方法、更换主要通风机、改变矿井一翼及以上通风系统等情况。改变全矿井通风系统时，需要对矿井通风阻力进行全面测定，重新进行风量分配，通风设施、通风网络等需要重新改设或调整，并要对比和选择最佳通风方案等。煤矿企业要建立通风系统调整管理制度，不能随意改变矿井通风系统，要明确程序、分级审批、专人指挥，改变全矿井通风系统时，必须有严格的审批制度。

实际工作中应注意：

（1）要确保通风系统合理稳定可靠。技术部门要从系统设计、采掘部署把关，确保通风系统合理、通风能力满足生产需要；通风管理部门做好矿井通风系统的动态管理，不断简化优化通风系统。同时要把好矿井风量和通风能力关，定期进行核定。防止盲目扩大生产规模，超通风能力生产。

（2）各煤矿企业必须按照《煤矿重大事故隐患判定标准》第八条的规定，严肃认真地对矿井通风系统做定期或不定期的隐患排查。

（3）改变全矿井通风系统是一项较为复杂和细致、严谨的重要工作，处理不妥，有可能严重影响通风系统的稳定性，进而影响其防灾抗灾能力，甚至酿成事故。矿井通风系统改造设计重点内容：矿井概况；矿井通风系统现状；存在问题；矿井通风系统改造方案确定；对推荐方案作出工程设计、经费预算、预期效果；方案的实施的安全技术措施。并附各方案矿井通风系统图和通风网络图。

（4）新建、改扩建矿井也必须有完整的独立通风系统。

**第一百四十三条** 贯通巷道必须遵守下列规定：

（一）巷道贯通前应当制定贯通专项措施。综合机械化掘进巷道在相距 50 m 前、其他巷道在相距 20 m 前，必须停止一个工作面作业，做好调整通风系统的准备工作。

停掘的工作面必须保持正常通风，设置栅栏及警标，每班必须检查风筒的完好状况和工作面及其回风流中的瓦斯浓度，瓦斯浓度超限时，必须立即处理。

掘进的工作面每次爆破前，必须派专人和瓦斯检查工共同到停掘的工作面检查工作面及其回风流中的瓦斯浓度，瓦斯浓度超限时，必须先停止在掘工作面的工作，然后处理瓦斯，只有在 2 个工作面及其回风流中的甲烷浓度都在 1.0% 以下时，掘进的工作面方可爆破。每次爆破前，2 个工作面入口必须有专人警戒。

（二）贯通时，必须由专人在现场统一指挥。

（三）贯通后，必须停止采区内的一切工作，立即调整通风系统，风流稳定后，方可恢复工作。

间距小于 20 m 的平行巷道的联络巷贯通，必须遵守以上规定。

**【解读】** 本条是关于巷道贯通的规定。

巷道贯通会使井下通风系统发生不同程度的变化，涉及顶板、爆破和“一通三防”等多方面的安全问题，最为突出的是“一通三防”问题。如何防止因通风系统的突变而导致矿井各用风地点风量变化、瓦斯超限、煤尘飞扬和火区失控，以及如何防止因地应力集中而产生煤与瓦斯突出或冲击地压事故，是巷道贯通时的通风安全管理的关键。

**【案例】** 某矿 11 号工作面输送机巷和开切眼贯通时，多工种平行作业，为在贯通后抢时间出煤作准备工作。掏槽眼爆破时，将贯通口的棚子崩倒，开切眼迎头 2 节风筒向后滑落和脱节，并被崩落的煤压住，使待贯通的开切眼迎头处于无风状态，瓦斯积聚。放第二炮时，引起了瓦斯爆炸，84 人遇难。事故原因是多方面的：一是 11 号工作面输送机巷和开切眼贯通爆破时，没有检查被贯通巷道的瓦斯，装药量过多，抵抗线小，爆破时产生火焰；二是该采区中有 3 个掘进工作面停工后没有通风，瓦斯浓度高达 10% 以上，仅打了栅栏未打密闭；三是采区没有按规定编制正规设计和作业规程，盲目增加产量，在未形成正常通风系统的危险情况下，集中大量人员，突击11号工作面的巷道贯通和投产准备工作；四是地测人员虽两次向有关部门和领导汇报巷道即将贯通，但仍然没有研究安全措施；五是局部通风管理混乱，开切眼掘进工作面迎头有2节风筒无故被摘，处于无风状态。事故区域通风系统如图3－7所示。

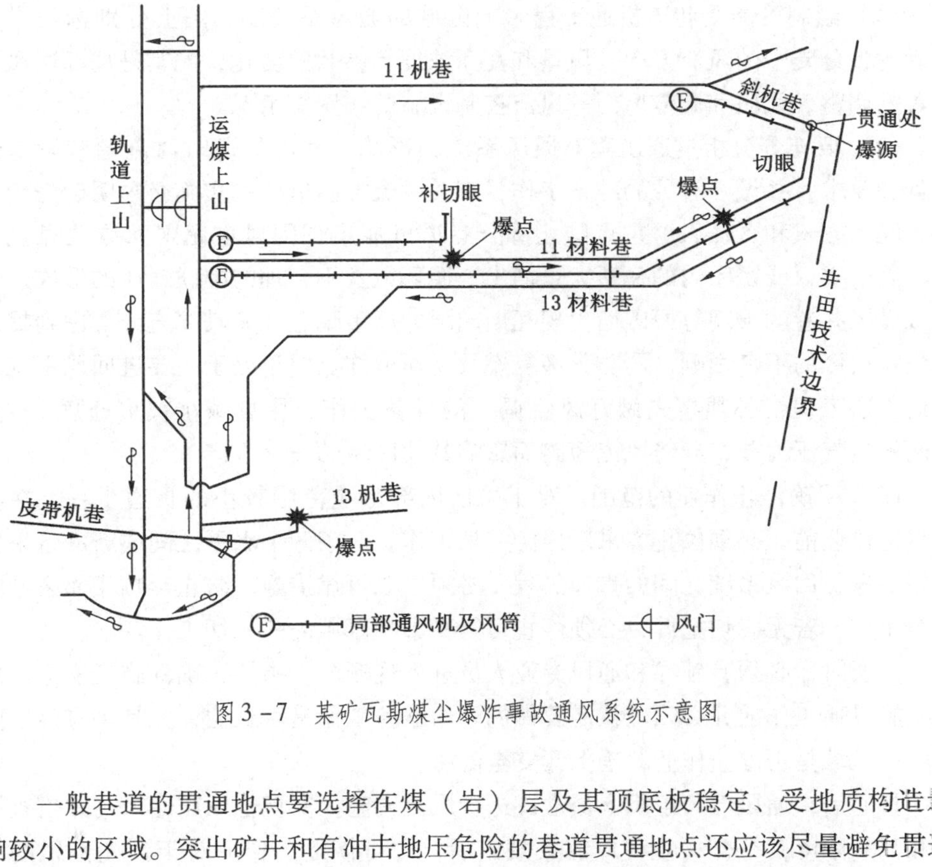


图3－7　某矿瓦斯煤尘爆炸事故通风系统示意图

一般巷道的贯通地点要选择在煤（岩）层及其顶底板稳定、受地质构造影响较小的区域。突出矿井和有冲击地压危险的巷道贯通地点还应该尽量避免贯通地点的应力叠加，确保瓦斯抽采充分，掘进工作面与煤层巷道交叉贯通前，被贯通的煤层巷道必须超过贯通位置，其超前距不得小于5 m，贯通点周围10 m内的巷道应加强支护。

巷道贯通必须编制专项措施：

1. 加强地测管理工作

综合机械化掘进巷道在相距50 m前、其他巷道在相距20 m前，地测部门必须出具贯通地点的地质报告，并通知通风部门。报告应包括贯通点附近的地质条件、岩性、地质构造、顶底板稳固性以及水文地质等情况。

2. 确保通风系统稳定可控

贯通前、贯通时和贯通后，都必须加强通风系统管理，严防风流紊乱。

贯通前，应做好正常的通风工作，保证两端的巷道内不积存瓦斯，并做好贯通时调整风流的准备工作。

（1）绘制可能受巷道贯通工程影响区域的通风系统图，图上分别标明贯通前后的各分支中的风流方向、风量和瓦斯浓度等参数的变化，尤其是局部通风机位置的调整、风门和调节风门等风流控制设施的布置等情况。

（2）要充分分析贯通工程对通风系统的影响，明确贯通时风流调节设施的布置和要求，并做好有关的准备工作，有关风流控制措施的实施必须明确先后顺序、联系方式和责任人。重点防止部分巷道可能出现因风速超限而导致煤尘飞扬，因采空区或密闭内的瓦斯大量涌出、循环风及不合理的串联通风的形成、无风或微风井巷的出现等原因而出现瓦斯超限的严重隐患，尤其要充分考虑到贯通工程对火区的不良影响，严防火区复燃及瓦斯爆炸。对于处于主要进回风系统之间的贯通工程，必须事先做好风流调节的准备工作，尽量减小被贯通煤（岩）柱两侧空气压力差，严防风流短路而影响其他区域的安全生产。

（3）明确停止作业的范围。对于采区内部影响范围较小的贯通工程，在实施贯通作业前，必须停止本采区内的一切工作。对于两个水平之间或新准备采区的主要进、回风系统之间的贯通工程，必须采取可靠措施，防止影响相邻区域的安全生产。若无确切把握，必须停止可能受影响区域内的一切工作。

贯通时，必须有领导和通风专业人员进入现场统一指挥，确保施工安全。准备实施贯通工作前，必须确认需要做的一切准备工作是否到位，尤其是应该停止作业的区域是否停止作业，确保无安全隐患。

贯通后，通风部门组织人员立即进行风流调整，实现全风压通风，并检查风速和瓦斯浓度，符合《规程》有关规定后，方可恢复工作。对于预先停风的掘进巷道，必须按要求安全排放瓦斯，恢复正常通风。

3. 必须做好贯通前掘进工作的安全管理

（1）按照本条要求的提前量，只准从一个工作面向前贯通，另外一个工作面停止掘进。停掘的工作面必须保持正常通风，设置栅栏及警标，每班必须检查风筒的完好状况和工作面及其回风流中的瓦斯浓度，瓦斯浓度超限时，必须立即处理。

（2）掘进的工作面每次爆破前，必须派专人和瓦斯检查工共同到停掘的工作面检查工作面及其回风流中的瓦斯浓度，瓦斯浓度超限时，必须先停止在掘工作面的工作，然后处理瓦斯，只有在2个工作面及其回风流中的甲烷浓度都在1.0%以下时，掘进的工作面方可爆破。每次爆破前，2个工作面入口必须有专人警戒。爆破工作应坚持“一炮三检”和“三人连锁爆破”制度。

（3）间距小于20 m的平行巷道的联络巷道贯通进行爆破时，两条巷道的人员都必须撤至安全地点，每条巷道的两端都必须有专人警戒。

（4）在地质构造复杂地区进行贯通工作，还应按处理破碎顶板防止冒顶的安全技术措施执行。

（5）突出矿井和有冲击地压危险的巷道贯通地点，必须有可靠的防突和防冲措施，并保证得到有效实施。

**第一百四十四条** 进、回风井之间和主要进、回风巷之间的每条联络巷中，必须砌筑永久性风墙；需要使用的联络巷，必须安设2道联锁的正向风门和2道反向风门。

**【解读】** 本条是关于进、回风井巷之间的联络巷设置通风设施的规定。

进、回风井之间和主要进、回风巷之间的联络巷，无论在什么条件下形成的，只要不作为硐室或者通风行人使用，必须进行永久封闭，保证矿井通风系统稳定可靠、避免风流短路。需要使用的联络巷道，必须安设2道联锁的正向风门和2道反向风门，或者2道具有反向风门功能的联锁风门。保证在人员或车辆通过联络道时或者反风时，2道风门不能同时打开，防止风流短路。保障矿井正常通风或者反风系统的稳定，风量满足要求。

**第一百四十五条** 箕斗提升井或者装有带式输送机的井筒兼作风井使用时，必须遵守下列规定：

（一）生产矿井现有箕斗提升井兼作回风井时，井上下装、卸载装置和井塔（架）必须有防尘和封闭措施，其漏风率不得超过15%。装有带式输送机的井筒兼作回风井时，井筒中的风速不得超过6 m/s，且必须装设甲烷断电仪。

（二）箕斗提升井或者装有带式输送机的井筒兼作进风井时，箕斗提升井筒中的风速不得超过6 m/s、装有带式输送机的井筒中的风速不得超过4 m/s，并有防尘措施。装有带式输送机的井筒中必须装设自动报警灭火装置、敷设消防管路。

【解读】本条是关于主要提升和运输井筒兼作风井使用时的安全规定。

抽出式通风的矿井中，主井无论是装备箕斗提升还是采用带式输送机运输，兼作回风井筒时，由于上下装、卸载装置和露出地面的井筒部位及相关设施封闭困难，导致严重的外部漏风而直接影响矿井的有效风量，运输提升过程对风流的稳定性也有较大影响。带式输送机也有产生火花引起瓦斯煤尘爆炸或者发生明火火灾的危险。因此，必须严格要求，并有可靠的安全保障措施。

抽出式通风的矿井中，主井兼作进风井时，必须有可靠的防止煤尘飞扬的措施，装有带式输送机时，还应该有可靠的防灭火措施。

（1）抽出式通风矿井中主井兼作回风井时，带式输送机运煤过程中，容易引起煤尘飞扬，要求井筒中的风速不得超过 6 m/s。带式输送机属于机电设备，回风井中瓦斯或煤尘浓度超限时，容易引起瓦斯煤尘爆炸，故要求其滚筒上方及回风井的风流中都必须安设甲烷断电仪，甲烷超限时立即切断带式输送机的电源，进行处理。而采用箕斗提升时，不会出现煤尘飞扬的情况，故风速按《规程》第一百三十六条执行。

（2）抽出式通风的矿井中，当主要提运设备装备在进风井筒时，箕斗提升井筒中煤炭集中在箕斗中，不易产生煤尘，故其最高风速限制值稍高。而带式输送机中煤炭处于连续分散运输状态，更容易出现煤尘飞扬，其最高风速限制值必须更低。要求在其上下装、卸载点安装喷雾装置，带式输送机的井筒安装净化水幕等设施，用以净化风流。另外带式输送机在运输过程中，有时会因为托辊转动失灵或胶带跑偏摩擦发热而发生火灾，故井筒中必须装设自动报警灭火装置和敷设消防管路，一旦出现发火征兆，立即报警并自动启动灭火装置进行灭火。

“生产矿井现有”作为限定范围，意思是生产矿井现有箕斗提升井兼作回风井时，必须按本条款采取措施；新建矿井采用抽出式通风的，箕斗提升井和装有带式输送机的井筒都不允许兼作回风井。本条要求“装有带式输送机的井筒中必须装设自动报警灭火装置、敷设消防管路”，是由于带式输送机有可能出现火灾，必须采取安全措施；而箕斗提升采取此措施不现实，也没有必要。

**第一百四十六条** 进风井口必须布置在粉尘、有害和高温气体不能侵入的地方。已布置在粉尘、有害和高温气体能侵入的地点的，应当制定安全措施。

【解读】本条是关于防止有害因素侵入进风井口的规定。

进风井口是输送井下空气的入口，应当制定切实可行的有针对性的防控措施，有效防治有害因素进入井下，保障矿井安全和作业人员的身体健康。

**第一百四十七条** 新建高瓦斯矿井、突出矿井、煤层容易自燃矿井及有热害的矿井应当采用分区式通风或者对角式通风；初期采用中央并列式通风的只能布置一个采区生产。

**【解读】** 本条是关于新建灾害较严重的矿井的通风方式选择的规定。

矿井必须根据实际条件选择合理的矿井通风系统，确保保持系统的简单、稳定、可靠，提高矿井防灾和抗灾能力。中央并列式通风系统，通风路线是折返式的，风路长，通风阻力大，当井田走向很长时，边远采区可能出现风量不足，且通过中央采区采空区的漏风较大，不利于通风瓦斯管理和煤炭自然发火的防治，矿井抗灾能力低。而分区式和对角式通风，风流在井下流动线路是直向式，风流线路短，阻力小，内部漏风小，安全出口多，矿井抗灾能力强，风量易调节，矿井风压相对稳定。因此新建灾害较严重的矿井应当优先采用分区式或者对角式通风。采用中央并列式的，必须有严格的限制条件。

新建属于本条规定的灾害较严重的矿井，不得采用中央并列式，应当优先应当采用分区式通风或者对角式通风。初期采用中央并列式通风的只能布置1个采区生产，后期增加生产采（盘）区必须增加回风井，采用分区式、对角式或者混合式通风系统。

本条是对新建矿井提出的要求，现有灾害较严重的生产矿井已经采用中央并列式的，不是立即取缔，而是必须有计划地进行通风系统改造。

本条强调灾害较严重的矿井对通风方式选择的重要性，从矿井通风系统的构建方面提高其防灾和抗灾能力。

**第一百四十八条** 矿井开拓新水平和准备新采区的回风，必须引入总回风巷或者主要回风巷中。在未构成通风系统前，可将此回风引入生产水平的进风中；但在有瓦斯喷出或者有突出危险的矿井中，开拓新水平和准备新采区时，必须先在无瓦斯喷出或者无突出危险的煤（岩）层中掘进巷道并构成通风系统，为构成通风系统的掘进巷道的回风，可以引入生产水平的进风中。上述2种回风流中的甲烷和二氧化碳浓度都不得超过0.5%，其他有害气体浓度必须符合本规程第一百三十五条的规定，并制定安全措施，报企业技术负责人审批。

【解读】本条是关于开拓新水平和准备新采区时掘进通风的规定。

开拓新水平和准备新采区施工过程中掘进巷道的通风，都必须实现独立通风，避免其回风串入生产水平或采区。然而，在开拓新水平或准备新采区施工初期，掘进巷道的回风系统尚未形成，较难实现独立通风，其回风只能串入生产水平或采区的进风流中，这种情况属于串联通风，有一定的危险，必须有可靠的安全技术措施。

实际工作中应注意：

（1）在开拓新水平和准备新采区的巷道布置时，巷道布置必须有利于尽快形成全风压通风系统，在未构成全风压通风系统前，其掘进工作面的回风可以进入生产水平或采区的进风流中，但掘进通风只允许一次串联，严禁二次及以上串联。

（2）在有瓦斯喷出或突出危险的煤（岩）层中掘进巷道回风串入生产区域，容易发生因为喷出或突出动力现象而在回风侧形成事故隐患，必须严禁。在这种情况下开拓新水平和准备新采区时，必须先在无瓦斯喷出或者无突出危险的煤（岩）层中掘进巷道并构成通风系统，为构成通风系统的掘进巷道的回风，可以引入生产水平的进风中。

（3）“上述2种回风流中的甲烷和二氧化碳浓度都不得超过0.5%”指的是开拓新水平和准备新采区的掘进巷道回风流中的$CH_4$和$CO_2$浓度，而不是指其回风流与生产水平或采区进风流混合处的气体浓度。

（4）此种情况下属于暂时的串联通风，一旦形成独立的通风系统，必须立即改为独立通风。

**第一百四十九条** 生产水平和采（盘）区必须实行分区通风。

准备采区，必须在采区构成通风系统后，方可开掘其他巷道；采用倾斜长壁布置的，大巷必须至少超前2个区段，并构成通风系统后，方可开掘其他巷道。采煤工作面必须在采（盘）区构成完整的通风、排水系统后，方可回采。

高瓦斯、突出矿井的每个采（盘）区和开采容易自燃煤层的采（盘）区，必须设置至少1条专用回风巷；低瓦斯矿井开采煤层群和分层开采采用联合布置的采（盘）区，必须设置1条专用回风巷。

采区进、回风巷必须贯穿整个采区，严禁一段为进风巷、一段为回风巷。

【解读】本条是关于采（盘）区通风系统及其构建过程的规定。

采（盘）区通风系统是矿井通风系统最重要的组成部分。矿井必须优化生产布局，合理组织生产，为瓦斯治理工作提供基础保障。同时要建立系统合理、设施完好、风量充足、风流稳定的通风系统，确保通风可靠。

本条规定所涉及的内容，是多次典型重大灾害事故惨痛教训的总结，前几版的《规程》多次进行了谨慎的修改，有关要求也是日常煤矿安全监察监管的重点。对本条文的深刻内涵，理解上存在的分歧最多、争论最大。本条既规定了“完整的采（盘）区通风系统”的状态要求，也规定了其构建过程必须重视的细节。

因为生产布局不合理和采区通风系统不完善等原因导致的恶性事故特别多。

**【案例】** 某矿因为采区通风系统不完善发生瓦斯爆炸事故，162 人遇难。该采区通风系统存在的问题基本体现了本条强调的重点内容，如图 3－8 所示。

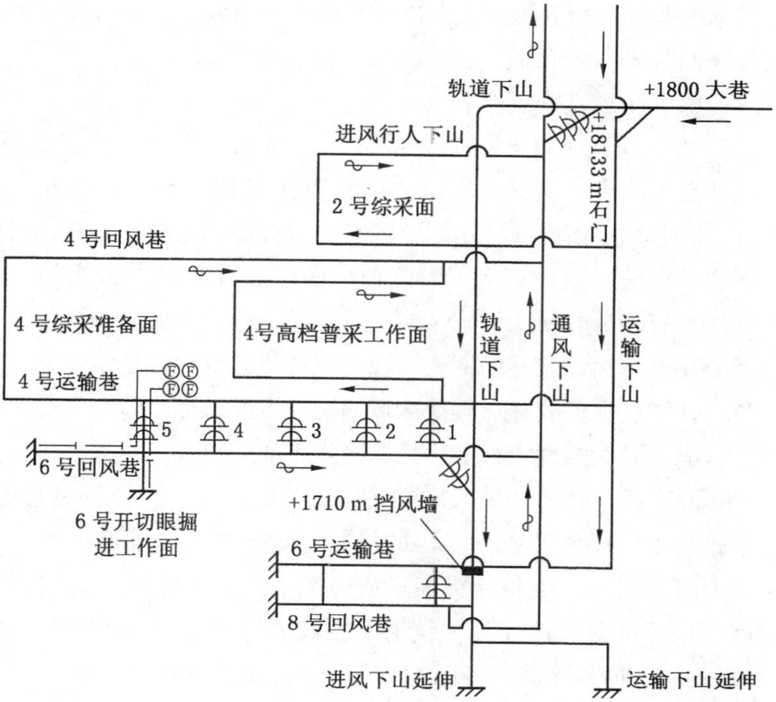


图 3－8　某矿瓦斯爆炸事故采区通风系统示意图

事故的直接原因是事故前的 +1813 m 石门内 3 道风门中的 2 道被运送综采

支架的平板车卡住不能关闭，另外1道风门又被车撞变形，整个采区风流严重短路；作业人员将进风行人下山内 +1710 m 标高处的挡风墙撞坏，局部风流短路；6号回风巷掘进工作面停风后排放瓦斯时，在4号运输巷内安装了4台局部通风机同时运转，且6号回风巷的第5联络巷至回风下山之间因积水排风不畅，导致局部通风机所在的4号运输巷处风量严重不足，产生循环风，6号回风巷排出的瓦斯经第5联络巷倒回4号运输巷局部通风机处（第5联络巷的风门没有及时完整地构建），瓦斯浓度达到爆炸界限，矿灯引爆。

事故的实质是采区生产布局和通风系统极其不合理：采区一翼同时布置的采掘工作面数目太多；采区没有专用回风巷（轨道下山兼作回风巷），采区下山未贯穿整个采区，边生产边延伸；巷道之间的联络巷太多且全部用风门隔开，通风设施构筑不及时。诸多因素增大了管理难度，也降低了通风系统的稳定性。必须指出的是，由于该煤矿没有合理安排采掘部署，其他区域不好布置工作面回采，发现4号综采准备工作面巷道遇到断层时，为了快出煤，在该工作面范围内又布置一个4号高档普采工作面。

实际工作中应注意：

（1）生产水平和采（盘）区必须实行分区通风。所谓“分区通风”，是指井下各用风地点的回风直接进入采（盘）区回风巷或总回风巷的通风方式。生产水平实行分区通风是指各水平之间，各有各自的进风系统，各有各自的回风系统，相互不交叉；采（盘）区实行分区通风是指各采（盘）区之间，各有各自的进风系统，各有各自的回风系统，相互不交叉。这种布置有许多优点，一是正常生产时期，互不干扰，能够保证相对独立，通风系统比较稳定可靠；二是在灾变时期，某一区域发生事故，对其他区域的通风设施破坏力就会降低，有害气体侵蚀范围小，能够最大限度地减少伤亡和次生事故。

（2）“准备采区，必须在采区构成通风系统后，方可开掘其他巷道”，是指在走向长壁式开采（即采区式布置）的情况。此处的“构成通风系统”是指采区的进风上山同其回风上山相互贯通形成通风系统。此处的“方可开掘其他巷道”是指既可以开掘采区内部相关绕道及区段岩石巷道，也可以开掘回采巷道（采煤工作面的进、回风平巷）。在这种情况下，即使采煤工作面的生产和通风系统已经形成，也不允许回采。对于下山采区，本《规程》第九十五条第五款规定“下山采区未形成完整的通风、排水等生产系统前，严禁掘进回采巷道”，是指在采区虽然形成了通风系统但没有形成完整的通风、排水等生产系统前，可以开掘采区内部相关绕道及区段岩石巷道，但不得开掘采煤工作面的进、回风平巷。主要是考虑到下山采区存在水害威胁，必须等完整的排水系统形成后，方可掘进回采巷道。

（3）“采用倾斜长壁布置的，大巷必须至少超前 2 个区段，并构成通风系统后，方可开掘其他巷道”是指采用盘区式布置时，盘区巷道掘进长度超过了 2 个条带的宽度之和并构成通风系统后，方可开掘其他巷道。此处的“构成通风系统”是指盘区的进回、风大巷相互贯通形成通风系统；“方可开掘其他巷道”是指既可以开掘盘区内部相关绕道及条带岩石巷道，也可以开掘采煤工作面的进、回风巷。在这种情况下，即使采煤工作面的生产系统和通风系统已经形成，也不允许回采。

（4）“采煤工作面必须在采（盘）区构成完整的通风、排水系统后，方可回采”是指采（盘）区巷道贯穿了整个采（盘）区，其进回风巷道相互贯通形成通风系统（即所谓“完整的通风系统”），而且在完整的排水系统也形成后，方可回采。对于采区式，上（下）山必须贯穿整个采区；对于盘区式，盘区巷道必须超过正在作业的采煤工作面至少 2 个条带的宽度。

（5）“专用回风巷”是指在采区巷道中，专门用于回风，不得用于运料、安设电气设备的巷道。在煤（岩）与瓦斯（二氧化碳）突出区，专用回风巷内还不得行人。此处的“不得行人”，是指井下一般人员不得随意进入专用回风巷，通风和巷修人员经过审批，可以进入专用回风巷进行检查和维护工作，但此时应当停止采（盘）区内一切采掘工作面的作业并制定严格的安全措施。对于走向长壁式开采，专用回风巷指的是采区回风上（下）山；对于倾斜长壁式开采，专用回风巷指的是盘区回风大巷；对于片盘斜井开采，专用回风巷指的是回风斜井。有些煤矿，从工作面回风巷另外开一条绕道与采（盘）区回风巷相连，定义为“专用回风巷”，这是不对的。

（6）部分矿井为瓦斯抽采需要开掘区段（或条带）岩石巷道，其掘进系统的回风进入采（盘）区另外的回风巷，该回风巷道不是为正在生产的采煤工作面通风系统直接服务的采（盘）区的轨道、运输或行人巷道，即称为辅助回风巷。此巷道可以用于运料、安设电气设备，无论是否为突出矿井，都可以行人。为采煤工作面通风系统直接服务的采（盘）区的轨道、运输或行人巷道，不得作为辅助回风巷。

（7）“采区进、回风巷必须贯穿整个采区，严禁一段为进风巷、一段为回风巷”此处的“贯穿整个采区”是指采区进、回风上（下）山必须贯穿整个采区的上下的两个水平，但对于运输上山，在采区上部第一个区段的溜煤眼处，其上端能够安装输送机头后，可以与轨道上山相连接后再通过绞车房与回风大巷相连接。对于回风下山，也可以只延伸至最下面一个区段的工作面回风巷连接处。

此处的“一段为进风巷、一段为回风巷”是指同一条采区上（下）山用风门隔成两段，一段为采掘工作面及其他用风地点的进风，另一段为采掘工作面及其他用风地点的回风。严禁此种布置是为了保证采区，尤其是采掘工作面的通风系统稳定可靠。类似图3-9，主要运输大巷和轨道运输大巷在总进风侧时都属于进风巷道，但继续往前双巷开拓掘进时，运输大巷用风门隔断，右端作为回风，这种情况不属于“一段为进风巷、一段为回风巷”。更不能理解为只要有风门的巷道，就是“一段为进风巷，一段为回风巷”。

对于盘区式布置，情况与上述采区式布置相似。

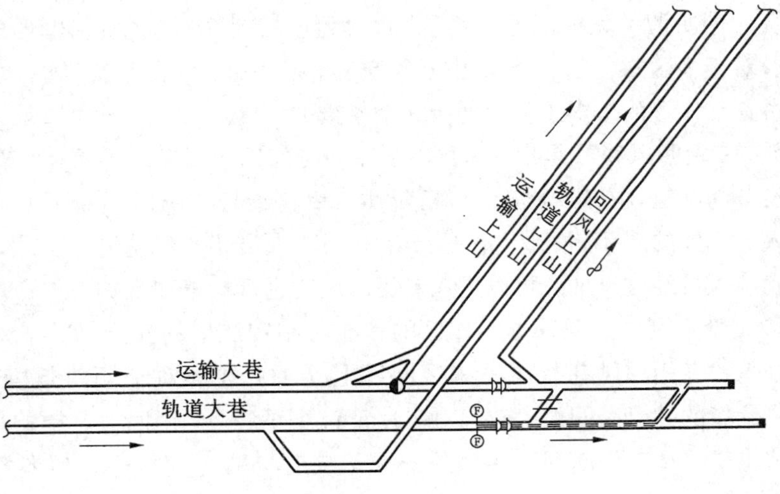


图3-9　开拓掘进通风系统与生产采区通风系统关系示意图

**第一百五十条**　采、掘工作面应当实行独立通风，严禁2个采煤工作面之间串联通风。

同一采区内1个采煤工作面与其相连接的1个掘进工作面、相邻的2个掘进工作面，布置独立通风有困难时，在制定措施后，可采用串联通风，但串联通风的次数不得超过1次。

采区内为构成新区段通风系统的掘进巷道或者采煤工作面遇地质构造而重新掘进的巷道，布置独立通风有困难时，其回风可以串入采煤工作面，但必须制定安全措施，且串联通风的次数不得超过 1 次；构成独立通风系统后，必须立即改为独立通风。

对于本条规定的串联通风，必须在进入被串联工作面的巷道中装设甲烷传感器，且甲烷和二氧化碳浓度都不得超过 0.5%，其他有害气体浓度都应当符合本规程第一百三十五条的要求。

开采有瓦斯喷出、有突出危险的煤层或者在距离突出煤层垂距小于 10 m 的区域掘进施工时，严禁任何 2 个工作面之间串联通风。

**【解读】** 本条是关于采掘工作面串联通风的规定。

采掘工作面独立通风是指每个采煤工作面或掘进工作面，都有各自的进、回风巷道，其回风各自直接排入采（盘）区回风巷而不串入其他作业地点的通风布置方式。串联通风是指井下某个用风地点的回风再次进入其他用风地点的通风方式。串联通风存在很多危险性，世界各国都曾经出现过多次惨痛的事故，所以采掘工作面应优先考虑独立通风系统。特殊情况下，布置独立通风系统有困难、必须采用串联通风时，必须满足本条要求，严禁不合理的串联通风。

实际工作中应注意：

（1）采煤工作面是井下人员较集中的工作的地点、作业环节多，相互之间难以协调，是受灾害威胁最大的地点，严禁任何采煤工作面之间串联通风，这是更高要求。将 1 个回采工作面分为 2 段及 2 段以上且同时进行采煤生产的，其通风方式采用“两进一回”或“多进一回”实现串联掺新的；或者在同一条通风线路中，将一个采煤工作面分为若干段、供电系统为同一系统且同时进行采煤生产的，都属于“采煤工作面串联通风”，必须严禁。

（2）只有在采区内为构成新区段通风系统的掘进巷道或采煤工作面遇地质构造而重新掘进的巷道，布置独立通风确有困难时，才允许其回风串入采煤工作面，且必须制定措施。只允许 1 个掘进工作面的回风串入 1 个采煤工作面；或者 1 个掘进工作面的回风串入另外 1 个掘进工作面；不允许 1 个采煤工作面的回风串入 1 个掘进工作面。

（3）无论何种串联通风，都必须制定安全措施，且串联通风的次数不得超过 1 次；对于本条规定的串联通风，必须在进入被串联工作面的巷道中装设甲烷传感器，此传感器是安装在被串联通风的采煤工作面的进风巷或者在被串联通风的掘进工作面局部通风机进风口前端，$CH_4$ 和 $CO_2$ 浓度都不得超过 0.5%，其他有害气体浓度都应当符合本规程第一百三十五条的要求。

(4) 串联通风的前提条件是“布置独立通风有困难时”，也就是说串联通风是暂时的，不能理解为凡是符合本条规定的串联通风都允许长期存在。构成独立通风系统后，必须立即改为独立通风。

(5) 根据本条最后一款，开采有瓦斯喷出、有突出危险的煤层或者在距离突出煤层垂距小于 10 m 的区域掘进施工时，容易出现误穿煤层突出或者突出煤层自行冲破煤（岩）柱突出，并可能产生次生事故。因此，严禁任何 2 个工作面之间串联通风。同时也严禁此处掘进工作面的回风串入其他采掘工作面。

(6) 对于采用串联通风的采掘工作面，停电停风后恢复供电的顺序要坚持“先进风侧，后回风侧”，必须先安全排放进风侧掘进工作面积聚的瓦斯，然后才能给回风侧的采煤工作面供电或掘进工作面局部通风机供电、排放其中的瓦斯。

**第一百五十一条** 井下所有煤仓和溜煤眼都应当保持一定的存煤，不得放空；有涌水的煤仓和溜煤眼，可以放空，但放空后放煤口闸板必须关闭，并设置引水管。

溜煤眼不得兼作风眼使用。

**【解读】** 本条是关于防止煤仓和溜煤眼引起通风系统风流不稳定的规定。

煤仓和溜煤眼保持一定的存煤，不得放空，主要是因为放空后的煤仓和溜煤眼容易引起风流短路，造成通风系统不稳定。即使因积水而放空，也必须及时关闭闸板。

煤仓和溜煤眼都不得兼作通风眼，因为边溜煤或放煤边通风就会导致大量煤尘飞扬，恶化生产环境，甚至引发事故。同时，溜煤眼或者煤仓经常边溜煤或放煤，若兼作通风眼，则系统极不稳定。

**第一百五十二条** 煤层倾角大于12°的采煤工作面采用下行通风时，应当报矿总工程师批准，并遵守下列规定：

（一）采煤工作面风速不得低于 1 m/s。

（二）在进、回风巷中必须设置消防供水管路。

（三）有突出危险的采煤工作面严禁采用下行通风。

**【解读】** 本条是关于采煤工作面采用下行通风时的规定。

下行通风有利于降低采煤工作面的煤尘浓度，对于防止工作面顶板层状瓦斯积聚和回风隅角瓦斯积聚、抑制煤炭自燃都具有很好的效果。但是煤层倾角较大的采煤工作面采用下行通风时，若工作面风速小、瓦斯涌出量大，尤其是一旦发生突出时，下行通风很容易引起大量瓦斯的逆流而进入上部进风水平，扩大突出事故的危害范围。

实际工作中应注意：

（1）煤层倾角不大于12°的，无论是否为突出煤层，采煤工作面均可采用下行通风。

（2）突出煤层倾角大于12°的，其采煤工作面严禁采用下行通风；如果采取区域性防突措施并经效果检验完全消除了突出危险性，也可以采用下行通风，但必须符合本条规定。非突出危险煤层倾角大于12°的采煤工作面采用下行通风时，应当制定符合本条规定的安全技术措施。

**第一百五十三条** 采煤工作面必须采用矿井全风压通风，禁止采用局部通风机稀释瓦斯。

采掘工作面的进风和回风不得经过采空区或者冒顶区。

无煤柱开采沿空送巷和沿空留巷时，应当采取防止从巷道的两帮和顶部向采空区漏风的措施。

矿井在同一煤层、同翼、同一采区相邻正在开采的采煤工作面沿空送巷时，采掘工作面严禁同时作业。

水采和连续采煤机开采的采煤工作面由采空区回风时，工作面必须有足够的新鲜风流，工作面及其回风巷的风流中的甲烷和二氧化碳浓度必须符合本规程第一百七十二条、第一百七十三条和第一百七十四条的规定。

**【解读】**本条是关于采场通风的规定。

采煤工作面是井下人员较集中的工作的地点，采场通风也是矿井通风系统中最关键的一个环节，必须为采煤工作面提供一个安全、稳定、可靠的通风系统，最大限度地降低瓦斯煤尘和火灾隐患。

（1）采煤工作面必须采用矿井全风压通风，禁止采用局部通风机稀释瓦斯。

采煤工作面没有实现矿井全风压通风，实际上就是“以掘代采”，就不可能保证2个畅通的安全出口。这种情况在小煤矿比较常见，历年来发生的事故非常多，必须严禁。部分矿井通风系统不合理，矿井全风压通风无法满足回采工作面的风量时，采用局部通风机辅助通风，非常不可靠，也必须禁止。《煤矿重大事故隐患判定标准》第十三条将“采煤工作面不能保证 2 个畅通的安全出口的”归入“使用明令禁止使用或者淘汰的设备、工艺”重大事故隐患。

严禁采用局部通风机向采煤工作面上隅角、Y 型通风回风巷等地点直接供风稀释瓦斯。用局部通风机稀释采煤工作面的瓦斯，容易导致通风系统不稳定且降低工作面通风能力，一旦出现故障，还可能引起瓦斯爆炸。

现场用局部通风机稀释采煤工作面回风隅角的瓦斯大体上分为两大类，第一大类是用局部通风机吹散，第二大类是用局部通风机抽排。第一大类中，一是从工作面联络巷新鲜风流处安设局部通风机，接风筒经回风巷强行稀释回风隅角瓦斯，此时风机的作用反向与工作面全风压的方向相反，风筒也会减小回风巷的有效通风断面，降低工作面的通风能力。这种做法只是从表面上降低了原积聚地点的瓦斯，没有从根本上减小这个区域的瓦斯量，甚至可能使瓦斯积聚地点向工作面反方向移动，瓦斯积聚位置随时变化，更为危险。二是在离回风隅角较近的工作面支架上直接安设局部通风机吹散瓦斯，此时局部通风机产生的噪声会严重影响作业环境，该风机若控制不恰当，可能会吸入采空区中的瓦斯，在比较小的范围内形成循环风，存在安全隐患。这两种做法都必须严禁。第二大类是用局部通风机接刚性风管直接将回风隅角的瓦斯抽排至回风巷，这时局部通风机处于工作面回风巷中，有较大隐患，还可能将采空区的瓦斯大量抽排至回风巷，增加风险，不得采用。

《规程》禁止采用局部通风机稀释采煤工作面回风隅角瓦斯，鼓励采用最安全有效的措施，通过瓦斯抽采系统对采空区瓦斯进行抽采，以降低瓦斯涌出量，以及采用增加风量的措施来解决。

特殊情况下，采煤工作面的采空区内有自然发火征兆，需在工作面的回风巷设置调节风门，在其进风巷构建风门并安装局部通风机增压，提高工作面绝对风压，属于“局部正压”的均压防灭火方法，必须制定严格可靠的技术措施，局部通风机必须实行“双风机双电源”，确保均压系统稳定。该措施不属于违背“采煤工作面必须采用矿井全风压通风，禁止采用局部通风机稀释瓦斯。”的范畴。

（2）矿井必须按《规程》要求及时封闭采空区和冒顶区，防止漏风，避免采掘工作面的进风或者回风流经过这些区域，保证风流稳定。

**【案例】** 2013 年 3 月 29 日和 4 月 1 日，某矿相继发生两起特别重大瓦斯爆炸事故，共造成 53 遇难。根本原因就是急倾斜自燃煤层工作面回采后区段煤柱垮落，上下区段采空区相通，煤炭自燃引起瓦斯爆炸，冒险蛮干、盲目处理灾情，导致事故扩大。

（3）无煤柱开采时要有可靠的防止采空区漏风措施。沿空送巷和沿空留巷防漏风的方法主要有充填法、挂帘法、喷涂法和风压调节法4种。

（4）在煤体内进行采掘活动后，在采煤工作面前、后方和掘进工作面的前方及两侧都会形成支撑压力带，采掘工作面同时作业就容易出现支撑压力叠加，矿山压力控制失效，就容易导致顶板事故。采空区顶板来压，也可能挤压出高浓度瓦斯，形成瓦斯灾害。所以，沿空送巷时，严禁在同一区域的采掘工作面同时作业。

**【案例】**2003年5月13日，某矿沿着正在作业的回采工作面的采空区掘进相邻工作面的回风巷（实际留设了1.2～3.0 m隔离煤柱），同时掘进相邻工作面的开切眼，同一区域“2掘1采”同时作业，支撑压力叠加，顶板来压垮落使采空区高浓度瓦斯被挤压出，引起瓦斯爆炸，86人遇难。

（5）要加强连续采煤机开采的采煤工作面的通风和防灭火管理。具体要求详见本《规程》第一百一十六条。

（6）要加强水力采煤工作面的通风和防灭火管理。具体要求详见本《规程》第一百一十三条。

（7）采煤工作面严禁使用专用排瓦斯巷。因为专用排瓦斯巷与工作面回风巷之间的联络巷是沿煤层掘进出来的，在封闭状态下易形成瓦斯库，且专用排瓦斯巷中的瓦斯浓度不可控，存在安全威胁。

**第一百五十四条**　采空区必须及时封闭。必须随采煤工作面的推进逐个封闭通至采空区的连通巷道。采区开采结束后45天内，必须在所有与已采区相连通的巷道中设置密闭墙，全部封闭采区。

**【解读】**本条是关于采空区和已采区封闭工作的规定。

及时封闭采空区和已采区的目的：一是防止向采空区漏风，避免采空区内遗留的浮煤自然发火；二是防止由于大气压力变化或采空区大面积悬顶突然垮落，致使采空区内积存的各种有毒有害气体瞬间大量压出，而引发窒息或瓦斯燃爆等灾害事故。废弃巷道、盲巷和与采空区联通的巷道要及时进行封闭，确保风流稳定。

采空区密闭的要求必须符合《矿井密闭防灭火技术规范》（AQ 1044）。密闭墙体应具有足够的承压强度、足够的气密性能、维修加固空间和使用寿命，有矿震危险的区域密闭必须具备抗冲击性能；永久密闭应优先选择充填方式封闭，不具备充填条件的密闭，必须增设一道可压缩密闭（可采用膨胀型可塑性材料）；大面积采空区封闭，可选择封闭长期不用巷道的方式，实现大范围封闭；需泄水的密闭应在确保不漏风的前提下，保证其泄水能力；密闭位置应选择在动压影响小、围岩稳定、巷道规整的巷段内预留加固空间，巷帮破裂的巷道封闭后，应对密闭周边巷道进行注浆加固处理；永久密闭墙体必须与巷壁紧密结合，连成一体；密闭前应设置栅栏、警标、检查箱和管理牌板，配齐观察孔、措施管、束管等辅助设施；矿井应建立完善的观测制度，掌握采空区内的气体情况，采空区密闭内气体要定期进行分析，并检查密闭墙的完好状态及漏风情况；密闭实行建档管理，密闭台账内容包括密闭材料及厚度、施工时间、封闭长度、封闭区基本状况等；与采空区连通的泄水孔实行建档、挂牌管理，及时进行封堵；所有密闭施工必须做到“一工程，一措施”，需要注浆的地点必须制定完善的防溃浆措施，保障注浆安全。

采区开采结束是指采区内最后1个采煤工作面采空区封闭完成或采区煤柱回收完成。

**第一百五十五条** 控制风流的风门、风桥、风墙、风窗等设施必须可靠。

不应在倾斜运输巷中设置风门；如果必须设置风门，应当安设自动风门或者设专人管理，并有防止矿车或者风门碰撞人员以及矿车碰坏风门的安全措施。

开采突出煤层时，工作面回风侧不得设置调节风量的设施。

**【解读】** 本条是关于矿井通风设施的规定。

通风设施在通风系统中有着至关重要的作用，通风设施质量牢固可靠、安设地点合理且及时，是构建稳定可靠通风系统的前提。同时，如果通风设施质量不可靠或安设位置不正确，一旦发生事故，通风系统容易遭受严重破坏，易造成灾情扩大。

实际工作中应注意：

（1）通风设施构建前，必须编制施工设计，施工质量及管理标准符合《煤矿安全生产标准化管理体系基本要求及评分方法（试行）》的要求，做到引导调控风流的设施安全可靠，系统稳定。要保持风门、风桥、风墙、风窗等井下通风设施及构筑物完好，明确其构筑标准和验收程序；已有设施要建立检查和维护制度，定期检查其完好情况，防止风流短路、系统紊乱和有害气体涌出；总回风巷、主要回风巷不得设置风流控制设施。采区应尽量减少通风构筑物，减少漏风，提高有效风量率；要根据采掘进度及时施工永久通风设施，杜绝通风工程亏欠。

（2）掘进工作面局部通风系统的构建对于其安全生产至关重要。如图3－10所示，为保证同掘进工作面相并联的系统有足够的风量，必须在采（盘）区进风巷1和回风巷2之间设置调节风流的设施，其措施有两种：

一是进风侧设阻，即在图3－10中局部通风机与联络道4之间设调节风门。这种布置方式的缺点是进风侧行人运料过程中经常开启风门，导致系统不太稳定，优点是掘进工作面回风系统比较畅通，一旦发生事故，有毒有害气体很快直接进入采（盘）区回风巷，不易侵蚀进风侧，无论是突出矿井还是非突出矿井，都可以采用这种布置。但突出矿井中，必须按《规程》第二百二十一条要求在局部通风机与联络巷4之间至少必须设2道反向防突风门。

二是回风侧设阻，即在图3－10中掘进系统回风巷与采（盘）区回风巷之间的联络道5设置调节风流设施（如果是调节风窗，则设置1道即可，如果是调节风门，必须至少2道），掘进工作面的回风系统不设置调节风流设施。这种布置方式的优点是调节风流设施处于回风绕道中，行人运料对通风系统的影响较小。但一旦发生事故，有毒有害气体难以迅速排出，容易逆流侵蚀进风系统。故开采突出煤层时，工作面回风侧不得设置调节风量的设施。

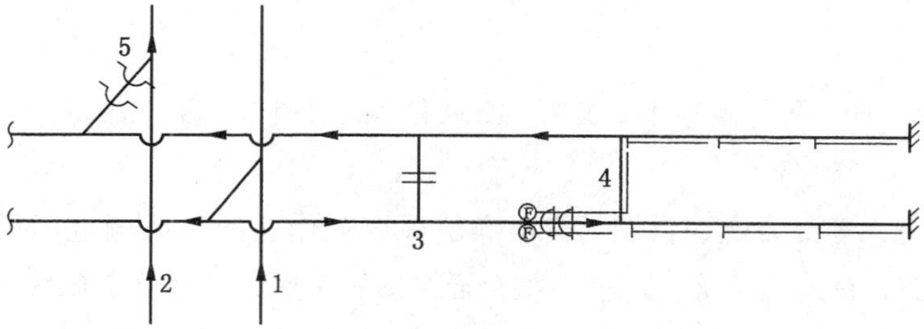


图3－10　掘进通风系统调节风流设施位置比较

另外必须指出，局部通风系统构建时必须注意风流控制设施构建的先后顺序，保证局部通风机所在全风压通风巷道的风量大于局部通风机的吸风量，防止出现循环风。如图3－10所示，局部通风机位置调整后，若3号联络巷道没有及时封闭，风流短路会使全风压供给局部通风机所在巷道的风量小于局部通风机的吸风量，产生循环风。对于有煤与瓦斯突出危险的区域，这种情况下即使在进风系统设调节风量设施，也存在安全隐患，因为两个掘进工作面同时掘进，一旦一个掘进工作面发生煤与瓦斯突出，必然危及另外一个工作面的安全。所以，突出危险区不允许这样的两个掘进工作面同时作业，但可以在都不停风的前提条件下交替作业。

【案例】1998 年 12 月 24 日，某矿 –700 m 水平南石门揭开煤层时发生突出，由于该掘进工作面的回风系统设有两道调节风门，突出后的高压气流不能顺利排出，瓦斯逆流将 –700 m 底板巷道的 2 道防突反向风门冲破，造成守候在风门外的 28 人缺氧窒息遇难，如图 3 – 11 所示。

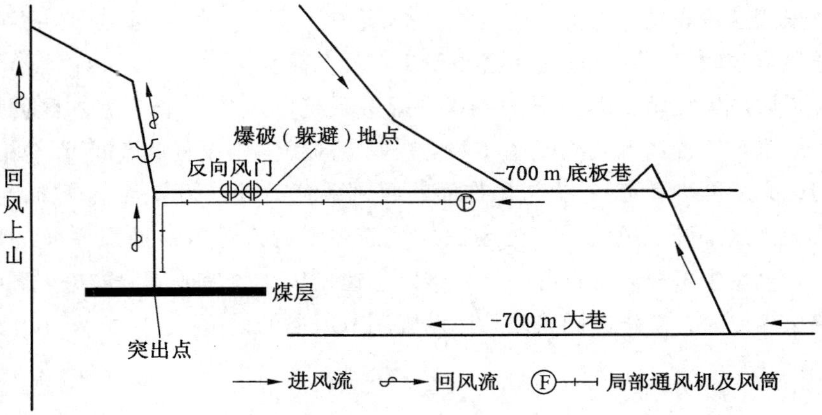


图 3 – 11　某矿"12·24"突出事故示意图

(3) 开采容易自燃、自燃的突出煤层采煤工作面的回风侧也不得设置调节风量的设施，在此情况下，应该从整个通风网络考虑，从降低漏风源的风压来实现均压防灭火。但在采取区域性防突措施并经效果检验完全消除了工作面所在区段（条带）的突出危险性后，经矿总工程师批准，可以在采煤工作面回风侧安设低强度的调节风量的设施。

**第一百五十六条**　新井投产前必须进行 1 次矿井通风阻力测定，以后每 3 年至少测定 1 次。生产矿井转入新水平生产、改变一翼或者全矿井通风系统后，必须重新进行矿井通风阻力测定。

【解读】本条是关于矿井通风阻力测定的规定。

矿井通风阻力是衡量矿井通风能力的主要指标，也是进行矿井通风设计和矿井通风管理的主要依据。井巷风阻是反映井巷通风特性的重要参数，通风阻力测定的主要任务是通过测定各种类型井巷的通风阻力和风量，求算符合本矿井实际的典型井巷的标准百米风阻值和标准摩擦阻力系数值，作为矿井通风技术管理的基础资料。同时，只有通过比较全面而系统的通风阻力测定，才能准确掌握矿井各通风系统阻力分布情况，为风量调节、均压防灭火和瓦斯管理及通风系统优化提供科学依据。

矿井通风阻力测定参照《矿井通风阻力测定方法》（MT/T 440）。各煤矿企业应根据矿井实际情况，按规定进行通风阻力测定，掌握各通风系统的阻力分布情况及阻力集中的主要原因。通风系统不合理时，应当进行系统改造。矿井通风阻力必须符合《煤矿井工开采通风技术条件》（AQ 1028）的规定，否则应采取降阻措施。

新井投产前必须进行1次矿井通风阻力测定。其目的是分析判断新井的通风能力能否满足生产能力的要求；了解新井通风阻力的大小及分布状况，为投产后进行的通风管理提供科学依据。

随着矿井开采活动的进行，采区分布和通风网络结构将发生变化，通风阻力也会随之发生变化。因此，每3年至少进行1次矿井通风阻力测定。

矿井转入新水平生产或改变一翼或者全矿井通风系统后，巷道分布和通风网络结构发生了变化，通风阻力的大小及其分布也必将随之变化。必须重新进行矿井通风阻力测定。此处的“改变全矿井通风系统”主要指改变通风系统类型、改变主要通风机工作方式、更换主要通风机、改变矿井一翼及以上通风系统的等。

**第一百五十七条** *矿井通风系统图必须标明风流方向、风量和通风设施的安装地点。必须按季绘制通风系统图，并按月补充修改。多煤层同时开采的矿井，必须绘制分层通风系统图。*

*应当绘制矿井通风系统立体示意图和矿井通风网络图。*

【解读】本条是关于绘制矿井通风图件的规定。

矿井通风系统图是在矿井采掘工程平面图的基础上绘制的，是煤矿生产管理中的必备图纸之一，是矿井通风安全管理的主要依据和基础资料，也是预防与处理矿井灾害事故时的必备的技术图件，必须准确绘制并及时更新，做到“图实相符”。

矿井通风系统图上必须标明主要通风机的安装位置及其规格性能、进回风井巷和采掘工作面的位置与名称、风流方向、风量大小、通风设施与设备的安装地点等，这些内容是日常通风管理工作和抢险救灾时经常和必须了解与掌握的基本情况。必须真实地反映井下通风现状，为分析矿井通风存在的问题和改善通风条件提供依据。要按季度绘制并按月补充修改，以便及时反映矿井开拓、开采和矿井通风系统的变化与现状。

同时开采 2 个煤层，能在同一张通风系统图中标绘清楚的可不必分层绘制，但 3 个及以上煤层联合开采，除绘制所有煤层通风系统图外，还必须绘制每层煤的通风系统图，层间相联系的巷道必须绘制齐全。矿井通风系统立体示意图和矿井通风网络图必须相对应。

煤矿非法违法行为主要表现为“五假三超”。其中“五假”是指假整改（以整改、维修等名义，擅自组织生产建设）、假密闭（隐藏掩盖超层越界、私挖乱采行为）、假数据（瓦斯抽采利用、监测监控、通风瓦斯等报表和相关资料造假）、假图纸（图实不符或多套图纸等）、假报告（瓦斯等级鉴定、突出危险性评价、地质勘探等造假）。国家多次强调的重点打击对象就包括“图纸造假，图实不符，打假密闭违法生产的”。这些违法现象在矿井采掘工程平面图和矿井通风系统图中难以准确体现。

我国一些民营煤矿相继发生的多起恶性事故中，都不同程度地存在为隐瞒非法越界开采、违法违规生产和掩盖停产期间的生产，采用假图纸和假资料、打假密闭墙、安设假视频监控和假人员定位，及时转运非法生产的煤炭，设置暗哨等多种手段恶意逃避监管。尤其是这些矿井实际通风系统图只掌握在个别人手中，在抢险救灾时，没有真实可靠的图纸作依据，严重影响了抢险救灾方案的科学制定和有效实施，延缓了救灾的进度，无法在第一时间最大限度地减少伤亡人数，教训极其惨痛。如 2007 年山西洪洞县某煤矿“12·5”瓦斯爆炸事故，105 人遇难；2012 年四川攀枝花市某煤矿“8·29”瓦斯爆炸事故，48 人遇难；2014 年安徽淮南市某煤矿“8·19”瓦斯爆炸事故，27 人遇难。

《煤矿重大事故隐患判定标准》第十八条规定的“其他重大事故隐患”包括图纸作假、隐瞒采掘工作面。

**第一百五十八条** *矿井必须采用机械通风。*

主要通风机的安装和使用应当符合下列要求：

（一）主要通风机必须安装在地面；装有通风机的井口必须封闭严密，其外部漏风率在无提升设备时不得超过5%，有提升设备时不得超过15%。

（二）必须保证主要通风机连续运转。

（三）必须安装2套同等能力的主要通风机装置，其中1套作备用，备用通风机必须能在10 min内开动。

（四）严禁采用局部通风机或者风机群作为主要通风机使用。

（五）装有主要通风机的出风井口应当安装防爆门，防爆门每6个月检查维修1次。

（六）至少每月检查1次主要通风机。改变主要通风机转数、叶片角度或者对旋式主要通风机运转级数时，必须经矿总工程师批准。

（七）新安装的主要通风机投入使用前，必须进行试运转和通风机性能测定，以后每5年至少进行1次性能测定。

（八）主要通风机技术改造及更换叶片后必须进行性能测试。

（九）井下严禁安设辅助通风机。

**【解读】**本条是关于主要通风机安装与使用的规定。

主要通风机是煤矿安全生产的最关键的设备之一，必须保证其连续稳定安全运转。对主要通风机的总体要求：性能与井下风网合理匹配，可调性好、高效区宽、运行效率高；安装、调节和运行费用低；在灾变时期，具有强有力的控制力，确保事故后有毒有害气体不容易扩散并侵蚀其他区域、遇险人员能够安全撤离，为抢险救灾提供安全保障。

实际工作中应注意：

（1）矿井必须按照《规程》第四百三十六条要求，有两回路电源线路或者有备用电源，确保主要通风机连续运转；矿井停产检修期间也不得停风，但为了防止采空区煤炭自燃，可以在采取切实可行的安全措施的前提下适当减少部分区域的风量；一旦风机停止运转，必须在10 min内保证备用风机可靠启动和运行；要按照《规程》第一百六十一条的要求制定主要通风机停止运转的应急预案。

（2）生产矿井同一回风井在逐步更新主要通风机时，可以配备2套同等能力但不一定是同一型号的主要通风机，新建矿井同一回风井应该装备2套同一型号同等能力的主要通风机。倒换风机时，必须先将准备启动的风机在不带井下负荷的前提下运行 10 min 以上，确保其稳定可靠时再连接井下负荷、停止原来的运转风机。严防由于出现未知故障，导致井下停风，形成隐患。

（3）抽出式通风的回风井口应当安装防爆门（盖）。防爆门（盖）的作用是一旦井下发生瓦斯煤尘爆炸，受冲击波影响，能够自动打开以实现卸压，保护主要通风机安全运行。待冲击波消失后，防爆门（盖）必须能够自动关闭，以保证主要通风机能够有效给灾区通风，及时排出有毒有害气体。在矿井反风（包括演习）时，必须迅速采取措施扣住防爆门（盖），以保证反风率。但矿井正常生产时，必须将防爆门（盖）的固定扣环打开，保证一旦出现爆炸时防爆门（盖）能够自动打开。现实中，部分矿井将防爆门（盖）用扣环固定是极其错误的。另外，主要通风机风硐附近有检查门，也是一个安全出口，平时应该关闭严密但绝对不允许锁死。

（4）改变主要通风机转速、叶片角度或者对旋式主要通风机运转级数时，会使主要通风机装置的性能发生较大改变，也会改变井下系统的风量、风压，必须制定相应的措施，确保井下通风网络风流分布合理，尤其对于井下有火区的情况下，必须重新合理地构建可靠的均压系统。

（5）主要通风机的性能测定工作，由有测试能力的煤矿企业或者有能力的单位按照《煤矿在用主通风机系统安全检测检验规范》（AQ 1011）测定。测定前由测试单位编制测定方案及安全措施，严防在性能测试期间形成井下停风或风流不稳定的事故隐患。

（6）准备安设辅助通风机本身就是因为通风系统的阻力大、风量不足，才不得已采取的措施。《规程》严禁安设辅助通风机，不单是因为辅助通风机及其配套电气设备需要设置在井下，存在安全隐患，管理困难；更重要的问题是通风系统不稳定、不可靠，通风能力有限，一旦出现灾情，隐患更大。对于这类高通风阻力的矿井，应该通过全面的通风系统改造来解决。

**第一百五十九条** 生产矿井主要通风机必须装有反风设施，并能在 10 min 内改变巷道中的风流方向；当风流方向改变后，主要通风机的供给风量不应小于正常供风量的 40%。

每季度应当至少检查 1 次反风设施，每年应当进行 1 次反风演习；矿井通风系统有较大变化时，应当进行 1 次反风演习。

**【解读】** 本条是关于全矿性反风的规定。

矿井反风分全矿性反风、区域性反风和局部性反风。全矿性反风是实现全矿井总进、回风井及主要进、回风巷风流全部反向的反风方式。全矿性反风是通过主要通风机的反风设施来实现的，其目的是一旦当矿井进风井口附近、进风井筒、井底车场和与井底车场直接相通的进风大巷等发生火灾时，应采用全矿性反风，防止高温烟流和有害气体随风流进入井下，从而保证井下人员的安全撤离和缩小灾害范围。

实际工作中应注意：

（1）实施全矿性反风的根本目的是防止有毒有害气体危及井下人员密集的区域。实施反风前，原进风侧人员必须安全撤离。矿井反风后实施救灾过程中，在无确切把握时，严禁随意改变风流调度措施。

对于采用抽出式通风的多回风井的通风系统，必须周密考虑灾变时期风流控制的准确性和可靠性，一旦井下某个区域发生爆炸，防爆盖被炸开、主要通风机停止运转，为了避免灾区的有毒有害气体侵蚀其他区域，非灾区可以根据情况，选择联合反风，并确定先后顺序。

**【案例】**某矿井采用分区式通风，共5个回风井，井下发生瓦斯爆炸后，负责灾区通风的回风井防爆盖被掀翻，主要通风机停止运转。在处理事故的第一时间，该矿下令停止其他4个回风井的主要通风机，有毒有害气体迅速被抽入其他个非事故区域，导致更多人员伤亡。在这种情况下，若非事故区域没有积聚高浓度的瓦斯，第一时间实现所有系统同时反风，肯定会最大限度减少人员伤亡。

（2）必须保证反风及其辅助设施灵敏可靠，包括主要通风机反转操控设施和电气设备，井口楼门窗及墙体、反风道，所有地面闸门和风门，电控设备绞车装置、防爆门、反风设备的防冻设施以及进、回风井之间和主要进、回风道之间的正、反向风门等。反风设施的检查每季度至少进行1次，查出问题，要限期解决，保障反风设施始终处在完好状态。

**【案例】**某矿由于平时不注意反风设施的维护和检查，进风斜井胶带着火事故发生初期无法实施反风，导致事故扩大，共80人遇难。

（3）主要通风机房内，应当挂设反风设施布置图和反风操作规程，并规定反风方法、操作顺序及注意事项。主要通风机值机人员必须熟练掌握。

（4）矿井必须有切实可行的反风演习计划，并按本条要求进行反风演习。对有火区的矿井，反风确有可能造成危害时，本年度可暂不进行反风演习，但必须对反风系统的完好情况进行检查，并制定发生火灾时的反风技术方案。

反风演习结束后必须按正确的操作顺序恢复正常通风，安全排放瓦斯。并编制《矿井反风演习报告书》，总结经验与教训，提出存在的问题及整改措施与时限，指出灾变时期反风时应该注意的事项。

（5）“主要通风机的供给风量不应小于正常供风量的40%”是指主要通风机反风时往井下的供风量不应小于该风机正常通风时该系统回风量的40%。

**第一百六十条** 严禁主要通风机房兼作他用。主要通风机房内必须安装水柱计（压力表）、电流表、电压表、轴承温度计等仪表，还必须有直通矿调度室的电话，并有反风操作系统图、司机岗位责任制和操作规程。主要通风机的运转应当由专职司机负责，司机应当每小时将通风机运转情况记入运转记录簿内；发现异常，立即报告。实现主要通风机集中监控、图像监视的主要通风机房可不设专职司机，但必须实行巡检制度。

**【解读】**本条是关于主要通风机日常管理的规定。

主要通风机是矿井的“肺脏”，必须保证其连续安全稳定运行。主要通风机房是煤矿的要害场所，必须有可靠的安全保护措施，严禁无关人员进入。矿井主要通风机要按规定定期检测、检修和维护，实行挂牌管理，专人负责并持证上岗。矿井主要通风机应当双机同能力配备，实现双回路供电。

实际工作中应注意：

（1）主要通风机房必须按要求正确装设水柱计，主要通风机司机、调度人员、管理和工程技术人员必须掌握水柱计读数的含义及作用，能够依据其变化分析判断异常情况。实现主要通风机集中监控、图像监视的，必须将风硐中风流的相对静压和反映风机风量的参数传输到监测系统。对于风机房计读数的含义及作用，实际安全生产管理过程中还没有引起足够的重视，众多的险情记录及事故调查报告，很少提及异常或灾变时期风机房水柱计读数的变化。

必须强调的是，并不是所有情况下风机房水柱计读数都与矿井通风阻力相等。1987年出台的《通风质量标准化标准及检查评比办法》首次提出了矿井通风阻力不得超过300 mm $H_2O$（2940 Pa），现行《煤矿井工开采通风技术条件》（AQ 1028）要求，不同的风量对应不同的矿井通风系统阻力上限值，该值是“矿井通风系统阻力”而非水柱计读数。随着井田范围和生产规模的不断扩大，大功率高效风机的推广应用，为提高矿井通风能力，在保证通风系统稳定可靠，尤其是能够有效控制煤炭自然发火的前提条件下，尽可能加大矿井总风量已成为当今煤矿的大趋势。风量增加，矿井通风阻力和风机房水柱计读数在一定范围内上升也是合理的，过分强调这一数值是不合适的。

（2）正常运转的轴流式风机出现喘振时，可适当打开风门，增加风机风量，或者适当降低其转速，保证其安全运转。此时井下风量会减少，必须采取措施，保证安全生产。

（3）常规的主要通风机房，专职司机应当每小时将通风机房水柱计读数、电流、电压、轴承温度及风机的运转情况记人运转记录簿内，发现异常，立即报告。实现集中监控、图像监视的主要通风机房可不设专职司机，但必须建立巡检制度，由专业人员严格按巡检周期进行巡检，巡检内容同前，并建立巡检台账。但由于主要通风机的安全稳定运行事关井下安全，一旦停转，如何保证 10 min 内恢复井下通风是一个极其关键的问题，实施时要特别慎重。

**第一百六十一条** 矿井必须制定主要通风机停止运转的应急预案。因检修、停电或者其他原因停止主要通风机运转时，必须制定停风措施。

变电所或者电厂在停电前，必须将预计停电时间通知矿调度室。

主要通风机停止运转时，必须立即停止工作、切断电源，工作人员先撤到进风巷道中，由值班矿领导组织全矿井工作人员全部撤出。

主要通风机停止运转期间，必须打开井口防爆门和有关风门，利用自然风压通风；对由多台主要通风机联合通风的矿井，必须正确控制风流，防止风流紊乱。

**【解读】**本条是关于主要通风机停转时安全管理的规定。

煤矿五大类重大灾害事故中虽然不包括全矿井突然停电事故，但这类事故如处理不及时或者处理不正确，往往会酿成重大灾害。停电使主要通风机停转，井下无风造成瓦斯积聚，一旦送电或者有人违章作业，可能引起瓦斯煤尘爆炸；主要通风机停转，可能从封闭的火区或采空区中泄出 CO、$CO_2$、$N_2$、$CH_4$ 等有毒有害气体，造成中毒或窒息事故，国内外都有过惨痛的教训。所以，必须把全矿井突然停电视为可能产生重大事故的前奏，或者作为重大隐患，严肃认真地对待。矿井必须预先制定主要通风机停止运转的应急预案，有严格的技术和管理措施，一旦出现紧急情况，所有人员都必须采取正确的措施，避免事故的发生和扩大。因检修、停电或者其他原因停止主要通风机运转时，必须制定停风和恢复正常通风的措施。

**【案例】** 1997 年 1 月 25 日 11：57，某矿全矿井突然停电，为保证井下通风，打开防爆盖形成自然通风。8 min 后恢复供电后，主要通风机运转，但忘记关闭防爆门，风流长期被短路，12：20，某综采工作面进行气焊，发生瓦斯爆炸，31 人遇难。该矿井瓦斯涌出量非常低，平时对通风瓦斯管理都不是太重视。据幸存者透露，事发前作业人员感觉头晕、腿软，认为是缺氧，但没有引起重视。采煤队安排当班电焊、气割，动火作业措施于当日上午才审批，但井下早已开始焊接，且气割没有制订安全措施。

1. 停电通知

正常合法生产时，供电部门因电路检修等原因需要停电时，必须将预计停电时间通知矿调度室，以便煤矿企业预先采取安全措施。即使对于存在重大事故隐患的煤矿强制停产整顿或者企业与电力部门存在纠纷时，任何部门都不能随意停电。根据《安全生产法》第七十条规定，“采取停止供电措施，除有危及生产安全的紧急情形外，应当提前二十四小时通知生产经营单位。”

**【案例】** 某市供电公司以拖欠电费和超负荷为由，对某市属煤矿频繁拉闸断电，导致主要通风机停止运转，10 min 后又恢复供电。正在井下火区组织灭火的救护队发现井下停风停电后，到采区变电所打电话了解情况，因为交换机无备用电源，通信瘫痪。随后井下恢复供风，不到 1 min 后发生瓦斯煤尘爆炸，55 人遇难。事故现场勘察表明，井下作业人员均是在撤离途中遇难的。

2. 主要通风机停风应急预案

（1）矿井因突然停电或其他原因造成主要通风机突然停止运转时，井下任何人都必须在第一时间无条件主动停止作业。调度室值班人员必须启动录音电话，立即督促井下所有人员立即停止工作、切断电源、全部撤到停风前全风压供风巷道中，并统计好现场作业人数及跟班管理人员姓名，再向值班矿领导汇报。根据事故的处理时间和结果，由值班矿领导决定：井下工作人员是否撤至地面；是否需要打开井口防爆门和有关风门以实现自然风压通风；是否需要进行风流控制以防止风流紊乱等等。

（2）调度室迅速将情况向机电、通风、救护等有关业务部门通报。矿领导必须迅速赶到调度室，查明停电和主要通风机停止运转的原因，并立即采取措施进行处理。

（3）调度室迅速将情况向集团公司总调度室汇报，由总调度室向集团公司值班领导汇报，同时通知所有与井下生产有关的单位，按照集团公司《安全生产事故应急预案》的规定，履行各自职责。

（4）相关单位值班领导必须在值班室待命，根据矿调度室命令，再次确认本区队井下工作人员是否撤至预案规定地点，并核准人数向矿调度室汇报。

（5）一旦出现事故，必须在第一时间召请救护队并按照《应急救援预案》程序要求，迅速科学地组织救灾。

3. 主要通风机停止运转时的重点注意事项

（1）如果是供电系统出现问题，机电部门值班领导必须立即安排人员到达停电现场，立即进行处理，恢复供电。如果是上级电网（某一回路）出现问题，应立即启动另一回路或者备用电源，恢复供电。

（2）如果是主要通风机出现故障，必须在 10 min 之内启动备用风机，恢复全矿井的正常通风。

（3）若主要通风机停止运转，并证实无法立即恢复正常通风，而井下供电系统仍然有电时，经矿领导批准，可以直接由地面变电所切断向井下的所有供电。

（4）如果 10 min 内无法恢复主要通风机正常通风，应迅速采取以下措施：由调度室通知机电部门打开风井安全门、防爆门（盖）等，利用自然风压通风；立即通知井下所有工作人员撤到地面；水泵工不能随意停泵，若地面指挥部经过分析，要求停泵时，水泵工接到停电通知后，方可停掉水泵，将电源开关打到“零”位，迅速撤到指定地点；变电所电工严格按照调度室指令，进行低压停电操作，接到撤人通知后，停掉高压电源后，再撤到指定地点。

（5）确认在 10 min 内无法恢复通风时，调度室对救护队下达有关调度命令。对由多台主要通风机联合通风的矿井，必须正确控制风流，防止风流紊乱。

4. 恢复供电后恢复矿井生产的安全措施

（1）编制恢复矿井通风和生产的安全技术管理措施，故障排除后，由总工程师批准，调度室命令地面变电所、风井变电所及主要通风机司机立即供电并启动主要通风机，恢复正常通风。恢复供电后恢复矿井生产的整个过程中，井下和地面要有人负责统一指挥。

（2）井下中央变电所、采区变电所以及井下所有配电点恢复供电前，必须检查所有电气设备及其开关地点附近 20 m 巷道内的 $CH_4$ 浓度，只有 $CH_4$ 浓度小于 0.5% 时，方可送电，同时严格执行逐级要电、送电顺序。

（3）采煤工作面及回风流瓦斯必须浓度小于 1.0%，方可恢复供电。其他全风压通风地点，主要通风机恢复供风 10 min 后，待风流稳定，方可送电。

（4）必须按照《规程》第一百六十四条要求和第一百七十六条的要求安全

开启局部通风机并采取安全措施排放独头巷道的瓦斯。

(5) 恢复供电的顺序应该是由外向里逐级恢复。尤其是对于采用串联通风的采掘工作面 更要坚持“先进风侧，后回风侧”。任何独头巷道，都必须先安全排放瓦斯。

**【案例】** 某矿二采区 202、203 两个掘进工作面串联通风，主要通风机停转后恢复通风和供电，局部通风机启动后，将 202 工作面的积聚的瓦斯吸入 203 工作面，203 掘进工作面试煤电钻引起瓦斯爆炸，冲击波扬起巷道积尘，又引起了全矿井瓦斯煤尘连续爆炸，147 人遇难。

**第一百六十二条** 矿井开拓或者准备采区时，在设计中必须根据该处全风压供风量和瓦斯涌出量编制通风设计。掘进巷道的通风方式、局部通风机和风筒的安装和使用等应当在作业规程中明确规定。

**【解读】** 本条是关于开拓和准备施工时局部通风设计编制的规定。

在矿井开拓或准备采区初期开掘巷道，其开掘点均在全风压通风巷道施工，一般处于水平或采区的进风巷道中，但也有在采区的回风系统中开掘。在进风巷开掘巷道，初期施工时独立的局部通风系统尚未形成，其回风必然串入生产水平或采区的进风流中，掘进过程中产生粉尘及有害气体形成污染源，危害很大；若开掘点布置在采区回风巷中，也会增加采区回风巷或总回风巷风流中有害气体浓度，必须采取有效措施防止有害气体浓度超限。因此，在设计中必须依据该处全风压供风量和有害气体涌出量编制通风设计，保证开拓和准备巷道的局部通风通风系统稳定可靠。

开拓和准备施工时，必须按照《规程》第一百四十八条的要求合理处理串联通风问题。必须按照《规程》第一百七十七条的要求做好遇到地质构造和首次接近煤层的探测工作，严防瓦斯事故，尤其是突出事故。

局部通风设计包含以下内容：

(1) 掘进工作面的地点、名称、煤岩层别、最大送风距离。

(2) 施工队组名称、作业方式和施工组织情况。

(3) 巷道设计断面、净断面大小和支护形式。

(4) 通风系统构建方法、局部通风方式和通风机安装地点，并附系统图。

(5) 掘进煤层的瓦斯参数及依据。

(6) 掘进工作面及局部通风机所需风量计算、局部通风阻力计算、局部通风机及其匹配风筒选择。

（7）瓦斯监测装置的安装、吊挂、报警、断电浓度和断电范围，并附安装布置图。

（8）局部通风机和动力设备的供电系统图、“三专”和“两闭锁”接线原理图、设备布置平面图以及风电闭锁试验和电气设备管理安全措施。

（9）采取“边掘边抽”瓦斯措施时，要有预计瓦斯涌出量、风排瓦斯量、边抽瓦斯量、边抽瓦斯工程量、钻孔布置及有关参数等，并附抽采系统图。

**第一百六十三条** 掘进巷道必须采用矿井全风压通风或者局部通风机通风。

煤巷、半煤岩巷和有瓦斯涌出的岩巷掘进采用局部通风机通风时，应当采用压入式，不得采用抽出式（压气、水力引射器不受此限）；如果采用混合式，必须制定安全措施。

瓦斯喷出区域和突出煤层采用局部通风机通风时，必须采用压入式。

**【解读】** 本条是关于掘进巷道局部通风方法的规定。

统计表明，80%左右的瓦斯煤尘爆炸事故是在掘进过程中发生的。一方面是局部通风机断电停风或风筒破损折断导致工作面风量不足，巷道中风速偏低以及煤层新被揭露、瓦斯涌出量大等原因易形成瓦斯积聚；另一方面，爆破、掘进机械和电气设备作业易产生火源。所以，掘进巷道必须采用矿井全风压通风或者局部通风机通风，根据实际情况，选择安全可靠的掘进通风方法，严防事故的发生。

抽出式通风存在瓦斯爆炸隐患，因此，只限于无瓦斯涌出的岩巷掘进使用。煤巷、半煤岩巷和有瓦斯涌出的岩巷掘进采用局部通风机通风时，应当采用压入式，不得采用抽出式（压气、水力引射器不受此限）。

煤巷、半煤岩巷和有瓦斯涌出的岩巷掘进如果采用混合式，必须制定安全措施，确保局部通风机及其风筒有良好的防爆、防静电和防摩擦火花性能。其布置应遵守以下规定：

（1）混合式通风应采用“长压短抽”的方式，如图3-12所示。两趟风筒末端与掘进工作面的距离，在风流的有效射（吸）程范围内，但抽出式通风的风筒末端与掘进工作面的距离不得大于5 m。

（2）必须采用经国家检定单位对防爆和防摩擦火花检验合格的抽出式局部通风机（除尘风机），风机置放在掘进巷道中，与压入式局部通风机的风筒出风

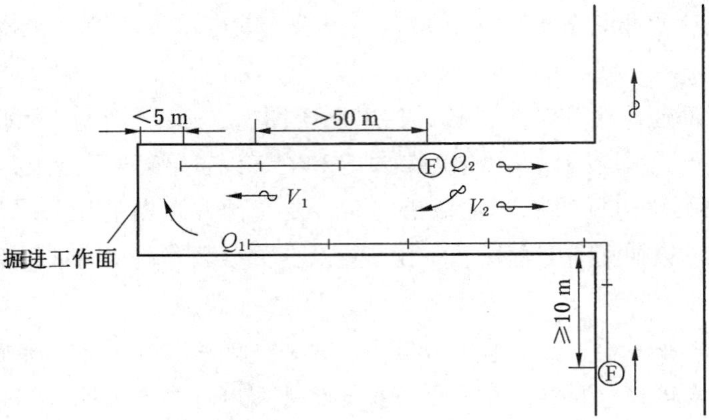


图 3-12　长压短抽局部通风示意图

口距离保持 50 m 以上，抽出式局部通风机的风量应大于压入式局部通风机的风量（$Q_2 > Q_1$）且掘进巷道各处的风速（$V_1$、$V_2$）都必须符合《规程》规定。

(3) 有瓦斯涌出的掘进工作面，抽出式通风的风筒吸风口应安设甲烷传感器，保证吸入风流中的甲烷浓度不超过 1.0%。

(4) 抽出式局部通风机（除尘风机）必须与压入式局部通风机闭锁联动，当压入式局部通风机停止运转时，抽出式局部通风机自动停止运转；压入式局部通风机未启动时，抽出式局部通风机被闭锁，不能先启动。

瓦斯喷出区域和突出煤层采用局部通风机通风时，必须采用压入式。不准采用其他方法，不得使用除尘风机在工作面净化风流除尘。

**第一百六十四条**　安装和使用局部通风机和风筒时，必须遵守下列规定：

（一）局部通风机由指定人员负责管理。

（二）压入式局部通风机和启动装置安装在进风巷道中，距掘进巷道回风口不得小于 10 m；全风压供给该处的风量必须大于局部通风机的吸入风量，局部通风机安装地点到回风口间的巷道中的最低风速必须符合本规程第一百三十六条的要求。

（三）高瓦斯、突出矿井的煤巷、半煤岩巷和有瓦斯涌出的岩巷掘进工作面正常工作的局部通风机必须配备安装同等能力的备用局部通风机，并能自动切换。正常工作的局部通风机必须采用三专（专用开关、专用电缆、专用变压器）

供电，专用变压器最多可向4个不同掘进工作面的局部通风机供电；备用局部通风机电源必须取自同时带电的另一电源，当正常工作的局部通风机故障时，备用局部通风机能自动启动，保持掘进工作面正常通风。

（四）其他掘进工作面和通风地点正常工作的局部通风机可不配备备用局部通风机，但正常工作的局部通风机必须采用三专供电；或者正常工作的局部通风机配备安装一台同等能力的备用局部通风机，并能自动切换。正常工作的局部通风机和备用局部通风机的电源必须取自同时带电的不同母线段的相互独立的电源，保证正常工作的局部通风机故障时，备用局部通风机能投入正常工作。

（五）采用抗静电、阻燃风筒。风筒口到掘进工作面的距离、正常工作的局部通风机和备用局部通风机自动切换的交叉风筒接头的规格和安设标准，应当在作业规程中明确规定。

（六）正常工作和备用局部通风机均失电停止运转后，当电源恢复时，正常工作的局部通风机和备用局部通风机均不得自行启动，必须人工开启局部通风机。

（七）使用局部通风机供风的地点必须实行风电闭锁和甲烷电闭锁，保证当正常工作的局部通风机停止运转或者停风后能切断停风区内全部非本质安全型电气设备的电源。正常工作的局部通风机故障，切换到备用局部通风机工作时，该局部通风机通风范围内应当停止工作，排除故障；待故障被排除，恢复到正常工作的局部通风后方可恢复工作。使用2台局部通风机同时供风的，2台局部通风机都必须同时实现风电闭锁和甲烷电闭锁。

（八）每15天至少进行一次风电闭锁和甲烷电闭锁试验，每天应当进行一次正常工作的局部通风机与备用局部通风机自动切换试验，试验期间不得影响局部通风，试验记录要存档备查。

（九）严禁使用3台及以上局部通风机同时向1个掘进工作面供风。不得使用1台局部通风机同时向2个及以上作业的掘进工作面供风。

**【解读】**本条是关于局部通风机及风筒安设与使用的规定。

为杜绝掘进过程中的瓦斯爆炸事故，必须加强局部通风安全管理，其关键是要确保局部通风机连续、稳定、足量地给掘进工作面供风，并确保“三专两闭锁”装置永远保持功能正常，保证甲烷超限断电功能、停风断电功能和断电范围的准确可靠。必须加强局部通风机及其风筒的安全管理，尤其要防止无计划停电停风、风量不足和循环风，改善安全装备，建立安全保障体系，防止瓦斯积聚和引爆火源。

实际工作中应注意：

（1）局部通风机必须由指定人员负责管理。由于局部通风机的管理混乱，随意停开局部通风机导致瓦斯积聚而引发瓦斯燃爆事故的教训是非常惨痛的。指定人员负责管理分为以下3种情况：一是由在该掘进面作业的班组长本人负责局部通风机的管理；二是由班组长指定本班组的其他人员负责管理；三是由专职看管局部通风机的人员负责管理。无论“兼职”还是“专职”都应当时时在现场并必须尽到看管责任：负责局部通风机的正常运转，严禁并制止任何人随意停、开局部通风机；局部通风机因故障停止运转，负责撤出人员和尽快通知专业人员维修，在经瓦斯检查工检查允许后，方可亲自启动局部通风机，并做好故障原因和停风时间等有关情况的记录；参加局部通风机切换试验和风电、甲烷电闭锁试验并负责将本班局部通风机运转情况，向下一个班次管理局部通风机的指定人员交接清楚。

（2）局部通风机安设地点及该处的供风量必须符合规定。局部通风机必须安装在进风巷道中、距巷道回风口不得小于10 m、该地点的全风压供给风量必须大于局部通风机的吸风量，该地点到掘进工作面回风口这段巷道内的风速不低于0.15 m/s（煤巷、半煤岩巷或有瓦斯涌出的岩巷风速不低于0.25 m/s），防止发生循环风。如果局部通风机处于架线电机车巷道，该处风速不得1.0 m/s（无瓦斯涌出时，不得低于0.5 m/s）。巷道风速也不得超过《规程》对最高风速的限制。

（3）要确保掘进巷道连续稳定安全供风。根据本条第（三）项，瓦斯灾害较严重的掘进工作面局部通风机必须实现“双风机、双电源、自动切换和风筒自动倒风”。正常通风时由专用开关供电，使局部通风机运转通风；一旦正常运转的局部通风机因故障停机时，电源开关自动切换，备用风机即刻启动，继续供风，从而保证掘进工作面连续通风。由于双风机共用一趟主风筒，风机要实现自动切换，则连接两风机的风筒也必须能够自动倒风。正常工作的局部通风机从采区变电所开始必须采用“三专”（专用开关、专用电缆、专用变压器）供电，1台专用变压器最多可向4个不同掘进工作面的局部通风机供电；备用局部通风机可不采用“三专”，但其电源必须取自同时带电的另一电源，当正常工作的局部通风机故障时，备用局部通风机能自动启动，保持掘进工作面正常通风。

根据本条第（四）项，其他掘进工作面和局部通风地点正常的局部通风机供电有两种方案可选：一是可不配备安装备用局部通风机，这种情况下正常运行的局部通风机必须采用“三专”供电；二是正常工作的局部通风机不要求装“三专”，但必须配备安装一台同等能力的备用局部通风机，并能自动切换。这种情况下，正常工作的局部通风机和备用局部通风机的电源必须取自同时带电的不同母线段的相互独立的电源，保证正常工作的局部通风机故障时，备用局部通风机能投入正常工作。

（4）风筒必须具有抗静电和阻燃性能，其安装质量必须符合标准。

一是必须使用抗静电、阻燃的标准风筒。尤其是自动切换的交叉风筒强度要足够，筒径与使用风筒一致，内切换舌摆动灵活与封堵侧的风筒口径能接触严密可靠，不漏风。

二是风筒末端到掘进工作面的距离合理。风筒口到迎头的距离，由煤炭企业统一规定且在作业规程中明确，必须小于风流有效射（吸）程，即风筒口的风量能流向工作面面壁，不出现循环涡流区，有效排出工作面产生的炮烟、瓦斯等有害气体和粉尘。

三是风筒接设和吊挂质量必须符合《煤矿安全生产标准化管理体系基本要求及评分方法（试行）》要求。

四是炮掘工作面末端应使用防炮崩风筒，严禁掘进工作面停风爆破和把末端风筒摘除爆破。

（5）正常工作和备用局部通风机均失电停止运转后，必须有可靠的应对措施。当正常工作和备用局部通风机均停电停转时，掘进工作面就处于无风状态，形成危险源。当电源恢复以后，正常工作局部通风机和备用局部通风机若能够自行启动，就有可能将高浓度瓦斯“一风吹”式排出。所以，所有局部通风机均不得自行启动，必须采用人工启动的方法开启，并严格按照《规程》第一百七十六条要求，安全排放瓦斯后再恢复正常通风。

（6）任何使用局部通风机供风的地点都必须实行风电闭锁和甲烷电闭锁。

风电闭锁指的是正常工作的局部通风机突然停止运转停风后或风筒中风逕低于规定值时，能自动切断停风区内全部非本质安全型电气设备的电源，并闭锁，期间人工送不上电，当局部通风机恢复正常通风或风筒中风速大于规定值时，系统应自动解锁，方可人工送电。即使切换到备用局部通风机通风，该区域也送不上电，因此，备用局部通风机通风时，该区域应停止工作。只有恢复到正常工作的局部通风机通风后方可恢复工作。

甲烷电闭锁指的是正常工作局部通风机通风范围内风流中甲烷浓度达到断电界限，能够自动切断供风范围所有非本质安全型电气设备的电源并闭锁，甲烷浓度未降到恢复送电界限值以下时，人工送不上电；只有当风流中甲烷浓度降到允许送电浓度，系统方可自动解锁、人工恢复送电。

使用 2 台局部通风机同时供风的，其中任意 1 台局部通风机停止运行或任意 1 趟风筒中风速低于规定值时，都能够自动切断 2 台局部通风机供风范围所有非本质安全型电气设备的电源并闭锁，实现无风或风量不足无法送上电源。只有 2 台局部通风机都正常运行且风量满足要求，系统方可自动解锁，人工送电。

(7) 必须保证"两闭锁"和局部通风机自动切换系统灵敏可靠。为确保风电闭锁和甲烷电闭锁装置功能可靠，必须定期进行"两闭锁"和局部通风机自动切换试验。该项工作由掘进施工单位同监控单位共同完成，每 15 天至少进行一次风电闭锁和甲烷电闭锁试验，每天应当进行一次正常工作的局部通风机与备用局部通风机自动切换试验。在进行甲烷传感器调校时，必须进行甲烷电闭锁试验。试验尽量少影响局部通风，并做好各种试验记录，填写现场牌板，试验记录要存档备查。

(8) 严格控制同一掘进工作面的通风机数目和同一通风机供风的掘进工作面数目。使用 3 台及以上局部通风机同时向 1 个掘进工作面供风是指部分矿井为了解决掘进巷道距离较长、瓦斯涌出量较大、通风能力不足的难题，采取了布置多台局部通风机和多趟风筒同时向 1 个掘进工作面供风。其根本原因就是没有落实"抽采达标"，致使掘进工作面瓦斯涌出量太大，而被迫采用的一种方法。这种布置方法明显的缺点：一是接设多台风机和多套风筒占据巷道大部分断面，不仅行人、运料不便，巷道侧帮和顶板也容易积聚瓦斯，对风筒的检查、维护也很困难；二是一旦其中任意 1 台局部通风机出现故障或者风筒位置稍有变化，将会迅速造成供风不足而引起瓦斯超限。因此，规定 1 个掘进工作面最多装设 2 台局部通风机 2 趟风筒供风。2001 年 4 月 6 日，某矿一掘进面发生瓦斯爆炸，其绝对瓦斯达 8 $m^3/min$，采用 4 台风机和 4 趟风筒为其供风。为吸取其教训，2001 年版《规程》首次提出了"严禁使用 3 台以上（含 3 台）局部通风机同时向 1 个掘进工作面供风"的规定。

不得使用 1 台局部通风机同时向 2 个及以上作业的掘进工作面供风，主要是为了保证掘进工作面有足够而稳定的风量。若 1 台局部通风机分接出 2 趟及以上多趟风筒，由于每个掘进工作面的进度不可能完全同步，势必造成各趟风筒长度不断变化。风筒长的阻力大、通过的风量少；反之亦然，这样会造成各个工作面的风量不断变化，系统极不稳定。特殊情况下，在低瓦斯矿井中的掘进工作面风量足够且系统稳定的前提条件下，安设在正在作业的掘进工作面的局部通风机如果同时向 1 个非作业的掘进工作面等其他地点供风（如为了稀释局部地点的瓦斯），必须制定可靠的安全技术措施，经矿总工程师批准后执行，但只能带 1 个供风地点。这种做法仍然存在隐患，教训也是相当惨痛的，虽从本条规定来看没有禁止，但尽可能不采用（使用 2 台局部通风机时，其中 1 台采用专门为瓦斯抽采钻场供风的除外）。

**第一百六十五条** 使用局部通风机通风的掘进工作面，不得停风；因检修、停电、故障等原因停风时，必须将人员全部撤至全风压进风流处，切断电源，设置栅栏、警示标志，禁止人员入内。

**【解读】** 本条是关于局部通风机停风后应对措施的规定。

局部通风机停风导致的事故教训极其惨痛。必须按照《规程》第一百六十四条要求，确保局部通风设施和设备安全可靠，避免局部通风机无计划停风。因故停风后，必须无条件及时停电撤人，这必须作为一条铁的纪律。

**【案例】** 2006 年 11 月 5 日，某矿某掘进工作面局部通风机无计划停电停风长达 25 min 造成瓦斯积聚；由于瓦斯电不闭锁，在未采取排放瓦斯措施的情况下，违章送电、送风；距巷口 630 m 处的动力电缆两通接线盒失爆产生火花，引爆瓦斯，47 人遇难。据查，该矿机电管理、通风和瓦斯管理混乱。未严格执行停送电制度，机电设备失爆现象严重；该掘进工作面瓦斯经常超限报警，工作面停电、停风后，工人经常不撤离，且在未按规定排放瓦斯情况下重新送电；事发当天，该掘进工作面曾 3 次停电，通风调度、生产调度和有关值班领导等均没有采取措施将作业人员撤至安全地带。事故后，国家煤矿安全监察局及时修订了《规程》，要求煤矿安全监控系统报警后，必须将相关区域作业人员全部撤至地面或全风压进风流处。

《规程》要求使用局部通风机供风的地点必须实行风电闭锁和甲烷电闭锁，只要系统正常，停风肯定会实现自动断电。即使系统失效，只要局部通风机停风，必须人工断电。停风后停电撤人是无条件的，所有作业人员必须自觉遵守。班组长和瓦斯检查工这时必须带头实施停电撤人。如果能够短时间恢复通风，即按照规定及时恢复，否则必须设置栅栏、警示标志，禁止人员入内。利用监控探头监测停风巷内瓦斯浓度，$CH_4$ 浓度 3% 以上且不能及时处理的，必须在 24 h 内临时密闭。

此处的“禁止人员入内”是指任何人都不允许进入。此时一般都是临时设置栅栏，来不及安装门锁，必须安设警示标志，提醒不知情的人员绝对不能进入。

**第一百六十六条** 井下爆炸物品库必须有独立的通风系统，回风风流必须直接引入矿井的总回风巷或者主要回风巷中。新建矿井采用对角式通风系统时，投产初期可利用采区岩石上山或者用不燃性材料支护和不燃性背板背严的煤层上山作爆炸物品库的回风巷。必须保证爆炸物品库每小时能有其总容积4倍的风量。

**【解读】** 本条是关于井下爆炸物品库通风的规定。

井下爆炸物品库是储存、发放炸药和雷管并进行雷管导通试验的硐室。炸药和雷管属爆炸危险品，爆炸后会产生巨大的冲击波和有毒有害气体。为避免井下爆炸物品一旦发生爆炸所造成灾情扩大，要求井下爆炸物品库必须有独立的通风系统，回风风流必须直接引入矿井的总回风巷或主要回风巷；同时，在井下爆炸物品库的回风侧，不应布置任何通风设施，以便爆炸产生的冲击波和爆炸产物畅通无阻地直接排入回风系统而尽可能小地危及其他地点，以减小灾情。

爆炸物品库的通风还必须满足《规程》第三百三十二条第（一）项和《规程》第三百三十五条第（五）项的规定。

**第一百六十七条** 井下充电室必须有独立的通风系统，回风风流应当引入回风巷。

井下充电室，在同一时间内，5 t及以下的电机车充电电池的数量不超过3组、5 t以上的电机车充电电池的数量不超过1组时，可不采用独立通风，但必须在新鲜风流中。

井下充电室风流中以及局部积聚处的氢气浓度，不得超过0.5%。

**【解读】** 本条是关于井下充电室通风的规定。

井下蓄电池机车需要经常充电，而蓄电池组箱内装有大量的浓硫酸，硫酸蒸气对人体呼吸系统有强烈的刺激作用。充电过程中还会产生氢气，其浓度过高对人体的呼吸也有影响，当浓度达4.0%～75%时，还会发生爆炸。必须保证井下充电室有良好的通风条件。

实际工作中应注意：处于新鲜风流的充电室采用扩散通风的，必须满足《规程》第一百六十八条关于扩散通风的要求。如果有瓦斯涌出，即使充电的电池组数较少，也绝对不允许采用扩散通风。

**第一百六十八条** 井下机电设备硐室必须设在进风风流中；采用扩散通风的硐室，其深度不得超过6 m、入口宽度不得小于1.5 m，并且无瓦斯涌出。

井下个别机电设备设在回风流中的，必须安装甲烷传感器并实现甲烷电闭锁。

采区变电所及实现采区变电所功能的中央变电所必须有独立的通风系统。

**【解读】**本条是关于井下机电设备硐室通风的规定。

机电设备硐室中安装高、低电压电气设备，在运行或维修过程中一旦产生火花，有引爆瓦斯的可能。机电设备在运行中会释放热量，需要相对干燥和没有粉尘污染的环境，才能保证有良好的性能，故必须设在进风风流中；采用扩散通风的，必须满足要求且无瓦斯涌出；由于生产条件限制，个别必须安设在回风流中的机电设备，必须安装甲烷传感器并实现甲烷电闭锁，一旦瓦斯超限，能够自动切断该机电设备的电源。

如果机电硐室中有瓦斯涌出，即使硐室深度和入口宽度都满足要求，也不得采用扩散通风。

采区变电所及其他具有采区变电所功能的硐室必须有独立的通风系统。采区变电所指的是设置供给采区用电设备电源的巷道和硐室。采区变电所电气设备、设施和电缆很多，存在着电气火灾的严重威胁。要求采区变电所的回风直接引入回风风流中，而不能串入其他作业地点。

“井下个别机电设备设在回风流中的，必须安装甲烷传感器并实现甲烷电闭锁。”是指在其上风侧10～15 m设置甲烷传感器，并具备甲烷超限断电闭锁功能，报警、断电浓度均为大于或者等于1.0%，复电浓度为小于1.0%。由于采煤工作面回风巷和掘进巷道已按要求设置了甲烷传感器，设置在这些区域的电气设备可不再单独设置甲烷传感器，其报警、断电和复电的甲烷浓度及断电范围详见《规程》第四百九十八条和第四百九十九条；但设置在回风流的机电硐室，其进风侧3～5 m处必须安装甲烷传感器并实现甲烷电闭锁，其报警、断电的浓度均为大于或者等于0.5%，复电浓度为小于0.5%，断电范围为机电硐室内全部非本质安全型电气设备。

## 第二节　瓦　斯　防　治

**第一百六十九条**　一个矿井中只要有一个煤（岩）层发现瓦斯，该矿井即为瓦斯矿井。瓦斯矿井必须依照矿井瓦斯等级进行管理。

根据矿井相对瓦斯涌出量、矿井绝对瓦斯涌出量、工作面绝对瓦斯涌出量和瓦斯涌出形式，矿井瓦斯等级划分为：

（一）低瓦斯矿井。同时满足下列条件的为低瓦斯矿井：

1. 矿井相对瓦斯涌出量不大于 10 $m^3/t$；
2. 矿井绝对瓦斯涌出量不大于 40 $m^3/min$；
3. 矿井任一掘进工作面绝对瓦斯涌出量不大于 3 $m^3/min$；
4. 矿井任一采煤工作面绝对瓦斯涌出量不大于 5 $m^3/min$。

（二）高瓦斯矿井。具备下列条件之一的为高瓦斯矿井：

1. 矿井相对瓦斯涌出量大于 10 $m^3/t$；
2. 矿井绝对瓦斯涌出量大于 40 $m^3/min$；
3. 矿井任一掘进工作面绝对瓦斯涌出量大于 3 $m^3/min$；
4. 矿井任一采煤工作面绝对瓦斯涌出量大于 5 $m^3/min$。

（三）突出矿井。

**【解读】** 本条是关于矿井瓦斯等级划分的规定。

将矿井瓦斯分为不同的等级，其主要目的是为了做到区别对待，提出不同的装备和管理要求，采取有针对性的综合治理措施，既保证严格管理，又避免不必要的投入。要根据矿井瓦斯等级，将瓦斯治理工程作为煤矿新建项目核准、“三同时”审查的重要内容，高瓦斯和煤与瓦斯突出矿井新建与改扩建项目，瓦斯治理工程不配套的，不得立项建设。

从本条来看，虽然将矿井瓦斯等级划分为 3 类，其实是按照瓦斯涌出量的大小，分为低瓦斯矿井和高瓦斯矿井；按照瓦斯涌出形式，分为突出矿井和非突出矿井。同时满足本条第（一）项规定的“4 个条件”才能定为低瓦斯矿井；只要具备本条第（二）项规定的“4 个条件”之一，即为高瓦斯矿井。

**第一百七十条**　每 2 年必须对低瓦斯矿井进行瓦斯等级和二氧化碳涌出量的

鉴定工作，鉴定结果报省级煤炭行业管理部门和省级煤矿安全监察机构。上报时应当包括开采煤层最短发火期和自燃倾向性、煤尘爆炸性的鉴定结果。高瓦斯、突出矿井不再进行周期性瓦斯等级鉴定工作，但应当每年测定和计算矿井、采区、工作面瓦斯和二氧化碳涌出量，并报省级煤炭行业管理部门和煤矿安全监察机构。

新建矿井设计文件中，应当有各煤层的瓦斯含量资料。

高瓦斯矿井应当测定可采煤层的瓦斯含量、瓦斯压力和抽采半径等参数。

**【解读】**本条是关于矿井瓦斯等级鉴定的规定。

煤矿对鉴定资料的真实性负责，鉴定单位对鉴定结果负责。突出矿井必须测定瓦斯含量、瓦斯压力和抽采半径等基础参数，试验考察确定突出敏感指标和临界值。

实际工作中应注意：

（1）低瓦斯矿井每 2 年进行的等级鉴定工作不包含突出危险性鉴定。但实际生产过程中，一旦发现相关指标超限，必须及时作突出危险性鉴定。

（2）根据《煤矿瓦斯等级鉴定办法》，突出矿井（或突出煤层）的鉴定工作，由具备煤与瓦斯突出鉴定资质的机构承担；高瓦斯矿井的等级鉴定工作，由具备鉴定能力的煤矿企业或者委托具备相应资质的鉴定机构承担，具体办法由省级煤炭行业管理部门会同省级煤矿安全监管部门和省级煤矿安全监察机构制定，并报国家煤矿安全监察局、国家能源局备案。

矿井瓦斯等级鉴定结果或者瓦斯涌出量测定和计算的结果，报省级煤炭行业管理部门和省级煤矿安全监察机构，是为了监察监管部门依据矿井瓦斯等级分类实施监察监管，而不需要这些部门对鉴定结果审批。

矿井瓦斯等级鉴定的要求详见《煤矿瓦斯等级鉴定办法》，鉴定及测定的具体方法参照《煤与瓦斯突出矿井鉴定规范》（AQ 1024）及《矿井瓦斯等级鉴定规范》（AQ 1025）。

（3）对于本条规定的“高瓦斯矿井应当测定可采煤层的瓦斯含量、瓦斯压力和抽采半径等参数”，属于瓦斯基础参数测定，有能力的企业可以自行测定，也可委托相关单位测定。主要是根据煤层瓦斯含量和瓦斯压力及时分析判断煤层有无进入突出危险的范畴，一旦接近临界值，必须及时作突出危险性鉴定。同时，测定这些参数，也是对以瓦斯抽采为主的瓦斯治理工程进行科学的评价，以便不断改进治理措施。

抽采半径按用途可分为：抽采影响半径和有效影响半径。抽采影响半径是指在规定的时间内原始瓦斯压力开始下降的测试点到抽采钻孔中心的距离。有效抽采半径是指在规定时间内以抽采钻孔为中心，该半径范围内的瓦斯压力或含量降到安全容许值的范围。钻孔的有效抽采半径是抽采时间、瓦斯压力、煤层透气性系数的函数，另外还与煤层原始瓦斯压力、吸附性能、抽采负压有关。目前，通常将抽采范围内最大压力（0.74 MPa）和最大含量（8 $m^3/t$）点到抽采钻孔中心的距离确定为有效抽采半径。瓦斯含量测试误差较大，且容易受取样孔瓦斯排放的影响，而瓦斯压力易于观察，且较为直观。

（4）本条规定“新建矿井设计文件中，应当有各煤层的瓦斯含量资料”，主要是为了掌握煤层瓦斯基础资料。矿井和采区设计要依据瓦斯地质资料详细分析和预测矿井瓦斯灾害情况，优化巷道布置，简化生产系统，积极采用先进的支护工艺，保证合理通风断面，明确煤层和工作面开采顺序；生产系统和布局必须充分考虑瓦斯治理的需要，并贯穿于新建、改扩建、水平延深、采区设计、生产准备到工作面衔接的各个环节；新采区投产前，必须完成有关瓦斯治理工程，具备瓦斯治理的各项功能和条件，否则不准投产；现有生产矿井要落实瓦斯治理的有关规定，完善瓦斯治理工程，调整和优化生产布局；科学合理确定工作面走向和倾斜长度，实现安全高效、合理集中生产。

本条对不同等级的矿井瓦斯等级鉴定工作进行了区分：将低瓦斯矿井瓦斯等级和二氧化碳涌出量的鉴定周期由 1 年延至 2 年，主要是避免鉴定工作过于频繁，同时一旦涌出量增加，又能够及时升级管理；高瓦斯、突出矿井不再进行周期性瓦斯等级鉴定工作，主要考虑高瓦斯、突出矿井不准降级管理，频繁而反复地进行鉴定，没有实际意义，只能增加煤炭企业负担。但要求高瓦斯、突出矿井应当每年测定瓦斯基础参数，既避免了不必要的投入，又能够依据瓦斯涌出量的变化合理配风或调整瓦斯抽采规划。

**第一百七十一条** *矿井总回风巷或者一翼回风巷中甲烷或者二氧化碳浓度超过 0.75% 时，必须立即查明原因，进行处理。*

**【解读】** 本条是关于矿井总回风巷或一翼回风巷风流中瓦斯浓度的规定。

矿井总回风巷或者一翼回风巷承担所有采区或者部分采区的回风任务，由于通风系统中还有其他没有瓦斯涌出或者瓦斯涌出量较小的独立通风及漏风分支的存在，这些区域通常较采区回风巷风流中的瓦斯浓度低，为满足任何一个采区回风巷风流中 $CH_4$ 或者 $CO_2$ 浓度都不得超过 1.0% 的规定，将该区域风流中 $CH_4$ 或者 $CO_2$ 浓度均控制在 0.75% 以下是比较合适的。若超过该控制范围，立即查明分析 $CH_4$ 或者 $CO_2$ 的涌出源等，采取对策进行处理。

对于井下采用临时瓦斯抽采泵站抽采瓦斯直接排入矿井总回风巷或者一翼回风巷的，下风侧栅栏外 $CH_4$ 或者 $CO_2$ 浓度均控制在 1.0%，一旦超限，自动切断瓦斯抽采泵站的电源。

在回风巷风流中测定 $CH_4$ 或者 $CO_2$ 浓度要求：

（1）在回风流中测风站内测定。

（2）测定巷道风流 $CH_4$ 浓度时要在巷道风流的上部（风流断面全高的上部 1/3 处）进行；测定 $CO_2$ 时应在巷道风流的下部（风流断面全高的下部 1/3 处）进行，每个部位连续测定 3 次，取其最大值。

（3）巷道断面风流范围划定：在有支架的巷道，距支架和巷底各不小于 50 mm的巷道空间的风流范围内；在无支架或用锚喷、砌碹支护的巷道，距巷道顶、帮、底各不小于 200 mm 的巷道空间的风流范围内。《规程》第一百七十二条至第一百八十条各条文中关于 $CH_4$ 或者 $CO_2$ 浓度的测定参考本要求。

矿井总回风巷或者一翼回风巷中有害气体浓度超限时，其危险性不在于总回风巷内部，而可能是采掘工作面及其他作业地点有害气体浓度超限，所以这时不是要求立即断电撤人，而是必须立即查明原因，进行处理。

**第一百七十二条** 采区回风巷、采掘工作面回风巷风流中甲烷浓度超过 1.0% 或者二氧化碳浓度超过 1.5% 时，必须停止工作，撤出人员，采取措施，进行处理。

**【解读】** 本条是关于采（盘）区回风巷和采掘工作面回风巷风流中瓦斯浓度的规定。

规定采（盘）区和采掘工作面回风巷风流中 $CH_4$ 浓度上限为 1.0%，提高安全系数。而 $CO_2$ 气体不具有燃爆性，对于个别高 $CO_2$ 的矿井，将其控制浓度放宽到 1.5%，不会影响安全和人身健康。

（1）采（盘）区回风巷风流中的 $CH_4$ 或者 $CO_2$ 浓度，应在该采（盘）区全部回风流汇合后的测风站内风流中测定。

采（盘）区回风巷中甲烷传感器（便携仪）的设置地点，报警、断电、复电浓度和断电范围详见《规程》第四百九十八条和第四百九十九条。对于设置了专用回风巷的采（盘）区，采（盘）区专用回风巷本身没有安装电气设备，不存在断电问题。但只要采（盘）区回风巷内瓦斯超限，本采（盘）区内某个（甚至多个）采掘工作面或其他作业地点瓦斯就会超限，接到报警后，必须立即在本采（盘）区范围内停止作业、本采（盘）区内全部人员都撤离到采（盘）区进风巷道中，查明原因，进行处理。

（2）采煤工作面回风巷风流中的 $CH_4$ 或者 $CO_2$ 浓度，应在距采煤工作面煤壁线 10 m 以外至采（盘）区回风巷交叉口前 10～15 m 的采煤工作面回风巷的风流中测定，并取其中最大值为测定结果和处理依据。

采煤工作面回风巷风流中甲烷传感器（便携仪）的设置地点，报警、断电、复电浓度和断电范围详见《规程》第四百九十八条和第四百九十九条。一旦瓦斯超限，本采煤工作面及其回风巷的人员立即停止作业，撤离到该采煤工作面进风巷或者采（盘）区进风巷道中，查明原因，进行处理。

（3）掘进工作面回风流（采用局部通风机压入式通风的）是指从风筒出风口开始至全风压通风巷道交叉口整个掘进巷道空间内的风流。$CH_4$ 或者 $CO_2$ 浓度是在风筒出口 10 m 以外的回风巷风流中测定和离全风压通风巷道交叉口 10～15 m 的风流中测定，并取其中最大值为测定结果和处理依据。

掘进工作面回风巷风流、高瓦斯和突出矿井的掘进巷道中部、高瓦斯矿井双巷掘进工作面混合回风流等地点甲烷传感器（便携仪）的设置地点，报警、断电、复电浓度和断电范围详见《规程》第四百九十八条和第四百九十九条。一旦掘进工作面回风流中瓦斯超限，本掘进工作面及其回风流的人员立即停止作业，撤离到该掘进工作面进风巷道或者采（盘）区的进风巷道中，查明原因，进行处理。

**第一百七十三条** 采掘工作面及其他作业地点风流中甲烷浓度达到 1.0% 时，必须停止用电钻打眼；爆破地点附近 20 m 以内风流中甲烷浓度达到 1.0% 时，严禁爆破。

采掘工作面及其他作业地点风流中、电动机或者其开关安设地点附近 20 m 以内风流中的甲烷浓度达到 1.5% 时，必须停止工作，切断电源，撤出人员，进行处理。

采掘工作面及其他巷道内，体积大于 0.5 $m^3$ 的空间内积聚的甲烷浓度达到 2.0% 时，附近 20 m 内必须停止工作，撤出人员，切断电源，进行处理。

对因甲烷浓度超过规定被切断电源的电气设备，必须在甲烷浓度降到1.0%以下时，方可通电开动。

**【解读】** 本条是关于采掘工作面及其他作业地点风流中甲烷浓度的规定。

采掘工作面及其他作业地点是煤矿井下主要作业地点，也是瓦斯涌出的主要来源。作业人员及生产设备较多，容易产生火花引爆瓦斯。尤其是作业人员操作失误，出现管理漏洞时，最容易出现事故。瓦斯超限继续作业是瓦斯爆炸事故的重要原因之一，其教训非常深刻。

实际工作中应注意：

（1）采掘工作面及其他作业地点风流中甲烷浓度达到1.0%时，必须停止用电钻打眼，并不是要求停电撤人；甲烷浓度达到1.5%时，必须停止工作，切断电源，撤出人员，进行处理。

（2）采煤工作面风流范围的划定：距煤壁、顶（岩石、煤或假顶）、底（岩石、煤或充填材料）各200 mm（小于1 m厚的薄煤层距采煤工作面顶、底各为100 mm）和采空区的切顶线为界的采煤工作面工作空间的风流。对于采用充填法管理顶板时，采空区一侧应以挡矸、砂帘为界。在采煤工作面回风隅角切顶线向采空区一侧未放顶暴露空间，应按局部瓦斯积聚空间（向采空区一侧不少于1.2 m范围）处理。

采煤工作面风流中甲烷传感器（便携仪）的设置地点，报警、断电、复电浓度和断电范围详见《规程》第四百九十八条和第四百九十九条。采煤工作面一旦瓦斯超限，该工作面及其回风巷内必须立即停止作业，人员撤离到该采煤工作面进风巷或者采（盘）区进风巷道中，查明原因，进行处理。

（3）掘进工作面风流范围的划定：掘进工作面迎头到风筒口这一段巷道空间的巷道风流。

掘进工作面风流中甲烷传感器（便携仪）的设置地点，报警、断电、复电浓度和断电范围详见《规程》第四百九十八条和第四百九十九条。掘进工作面一旦瓦斯超限，该掘进工作面及其回风巷必须立即停止作业，人员撤离到该掘进工作面进风巷或者采（盘）区进风巷道中，查明原因，进行处理。

（4）爆破地点和电动机及开关附近20 m风流范围或者局部空间的划定：采煤工作面的爆破地点是指沿工作面煤壁方向或者巷道的两端或者多端方向各20 m范围内的采煤工作面风流及暴露的盲巷或者空间；壁式采煤工作面采空区内顶板未冒落时，还应测定切顶线向采空区一侧不少于1.2 m范围内积聚甲烷浓度；爆破的掘进工作面向外20 m范围内的巷道风流，并包括此范围内盲巷的局部瓦斯积聚；电动机及其开关附近20 m风流范围是指其上风流和下风流各端20 m范围内的所有巷道风流。爆破地点和电动机及开关附近20 m风流中一旦瓦斯超限，作业地点及其回风巷内必须立即停止作业，人员撤离到该作业地点的进风巷或者采（盘）区进风巷道中，查明原因，进行处理。

（5）局部瓦斯积聚，是指采掘工作面及其他巷道风流范围以外暴露或者沟通空间中，甲烷浓度达到2.0%、其连续空间体积超过0.5 $m^3$时，按局部瓦斯积聚处理。一旦出现局部地点瓦斯超限，附近20 m（指上风侧和下风侧各20 m）内必须停止工作，人员撤离到进风巷道中，切断电源，查明原因，进行处理。

**第一百七十四条**　采掘工作面风流中二氧化碳浓度达到1.5%时，必须停止工作，撤出人员，查明原因，制定措施，进行处理。

**【解读】**本条是关于采掘工作面风流中$CO_2$浓度的规定。

$CO_2$过高会导致人缺氧窒息，但不具有爆炸危险，故将其控制浓度定为1.5%，比甲烷控制浓度稍高一点。

实际工作中应注意问题同《规程》第一百七十三条的解释。

**第一百七十五条**　矿井必须从设计和采掘生产管理上采取措施，防止瓦斯积聚；当发生瓦斯积聚时，必须及时处理。当瓦斯超限达到断电浓度时，班组长、瓦斯检查工、矿调度员有权责令现场作业人员停止作业，停电撤人。

矿井必须有因停电和检修主要通风机停止运转或者通风系统遭到破坏以后恢复通风、排除瓦斯和送电的安全措施。恢复正常通风后，所有受到停风影响的地点，都必须经过通风、瓦斯检查人员检查，证实无危险后，方可恢复工作。所有安装电动机及其开关的地点附近20 m的巷道内，都必须检查瓦斯，只有甲烷浓度符合本规程规定时，方可开启。

临时停工的地点，不得停风；否则必须切断电源，设置栅栏、警标，禁止人员进入，并向矿调度室报告。停工区内甲烷或者二氧化碳浓度达到3.0%或者其他有害气体浓度超过本规程第一百三十五条的规定不能立即处理时，必须在24 h内封闭完毕。

恢复已封闭的停工区或者采掘工作接近这些地点时，必须事先排除其中积聚的瓦斯。排除瓦斯工作必须制定安全技术措施。

严禁在停风或者瓦斯超限的区域内作业。

**【解读】**本条是关于井下停风和瓦斯超限时的应对措施的规定。

瓦斯超限违章作业、无风或微风作业导致的瓦斯爆炸事故特别多，所以必须树立“瓦斯超限就是事故”的理念，瓦斯超限和停风时，必须无条件停止作业、停电撤人。2016 年 5 月 3 日，昭通市某矿 +800 m 轨道上山发生瓦斯爆炸，6 人遇难；2016 年 6 月 18 日，曲靖市师宗县某矿 +1930 水平南翼残采点发生瓦斯爆炸，3 人遇难。这两起瓦斯爆炸事故都不同程度地存在无风或微风作业、瓦斯超限作业的违章行为。

《煤矿重大事故隐患判定标准》第五条规定，“‘瓦斯超限作业’重大事故隐患，是指有下列情形之一的：（一）瓦斯检查存在漏检、假检情况且进行作业的；（二）井下瓦斯超限后继续作业或者未按照国家规定处置继续进行作业的；（三）井下排放积聚瓦斯未按照国家规定制定并实施安全技术措施进行作业的。”

（1）认真落实“矿井必须从设计和采掘生产管理上采取措施，防止瓦斯积聚；当发生瓦斯积聚时，必须及时处理”，煤矿企业要重点把好“五关”：

一是把好设计关。在采掘工程设计中要充分考虑和保证瓦斯治理的需要。

二是把好生产布局关。避免生产过于集中、风量不敷分配。

三是把好措施审查关。特别是石门揭煤、巷道贯通、瓦斯排放、两个“四位一体”综合防突措施的落实和矿井通风系统调整等重点工程的安全技术措施的制定与审查。

四是把好隐患处理关。对重大瓦斯煤尘事故隐患要及时查清并处理。

五是把好资金使用关。保证“一通三防”安全费用用于改善矿井通风系统、瓦斯抽采等重点工程。

（2）切实做到“当瓦斯超限达到断电浓度时，班组长、瓦斯检查工、矿调度员有权责令现场作业人员停止作业，停电撤人。”煤矿企业要加强监控中心的值班、值守，明确值班、带班人员的责任，当瓦斯超限和各类异常现象出现时，要迅速做出反应，采取正确的应对措施，及时处理瓦斯异常问题。

这是长期以来煤矿多次恶性事故的惨痛教训，也是许多矿井在出现险情后迅速正确处置、最大限度避免伤亡或事故发生的成功经验。

**【案例】**2004 年 10 月 20 日，某矿发生煤与瓦斯突出，在长达 31 min 的时间内，没有对突出地点及其波及的大面积区域实施停电、撤人措施，致使瓦斯爆炸，造成事故扩大。

【案例】2009 年 11 月 21 日，某矿发生突出 13 min 后才下达事故区域撤人命令；23 min 后才下达事故区域停电命令；瓦斯超限长达 42 min，没有实现全矿井井下停电，瓦斯逆流进入二水平进风系统，电火花引起瓦斯爆炸，108 人遇难。据统计，此次事故中各工作面瓦斯检查工共计带领 162 名员工安全撤出，并及时向矿调度室报告，井下员工接到通知或感觉发生事故后自主撤出 258 人（其中救护队营救 15 人）。

（3）主要通风机停止运转的应急预案详见《规程》第一百六十一条及其解释，排放瓦斯的安全措施详见《规程》第一百七十六条及其解释。

（4）临时停工的地点，不得停风。否则就会出现无风或者微风状态，有缺氧窒息、中毒或者瓦斯爆炸的危险，要求必须切断电源，设置栅栏、警标，禁止人员进入，并向矿调度室报告。停工区内有害气体浓度超限不能立即处理时，必须在 24 h 内封闭完毕。临时停工巷道内瓦斯浓度达 3% 及以上，不能及时处理的应立即切断金属管线和轨道。

（5）封闭的区域，无论封闭时间长短、封闭内瓦斯浓度高低、封闭范围大小，启用或者采掘工作接近这些地点时，必须制定启封排放瓦斯的安全技术措施，经矿总工程师批准后执行。

**第一百七十六条** 局部通风机因故停止运转，在恢复通风前，必须首先检查瓦斯，只有停风区中最高甲烷浓度不超过 1.0% 和最高二氧化碳浓度不超过 1.5%，且局部通风机及其开关附近 10 m 以内风流中的甲烷浓度都不超过 0.5% 时，方可人工开启局部通风机，恢复正常通风。

停风区中甲烷浓度超过 1.0% 或者二氧化碳浓度超过 1.5%，最高甲烷浓度和二氧化碳浓度不超过 3.0% 时，必须采取安全措施，控制风流排放瓦斯。

停风区中甲烷浓度或者二氧化碳浓度超过 3.0% 时，必须制定安全排放瓦斯措施，报矿总工程师批准。

在排放瓦斯过程中，排出的瓦斯与全风压风流混合处的甲烷和二氧化碳浓度均不得超过 1.5%，且混合风流经过的所有巷道内必须停电撤人，其他地点的停电撤人范围应当在措施中明确规定。只有恢复通风的巷道风流中甲烷浓度不超过 1.0% 和二氧化碳浓度不超过 1.5% 时，方可人工恢复局部通风机供风巷道内电气设备的供电和采区回风系统内的供电。

【解读】本条是关于排放瓦斯的安全技术与管理措施的规定。

排放瓦斯本身是一种消除隐患的安全措施，但执行不好也会出问题。为做好这一工作，排放瓦斯前必须确证独头巷道中没有引爆火源；正常排放瓦斯工作的关键是要严格控制排放浓度，应正确选择排放线路，明确停电撤人的范围，加强现场监督和管理，各部门要密切合作，防止失误。

【案例】2013 年 7 月 22 日，四川某矿 8:27 因为供电网络出现故障造成某掘进工作面局部通风机停止运行，当班瓦斯检查员撤出工作面所有人员；9:20，在直接恢复通风过程中发生瓦斯爆炸，但没有造成人员伤亡；9:40 左右，救护队进入灾区侦查，于 10:20 侦查完毕并撤出。在未向公司及矿领导汇报的情况下，矿总工程师组织制定排放瓦斯措施并安排救护队进入灾区侦查和排放瓦斯；17:20，救护小队进入该独头巷道佩用呼气器采用逐段排放法开始排放瓦斯；22:20，在排放至距离迎头 80 m 位置，队员氧气呼吸器出现余压报警，全小队撤出灾区，向调度站和领导报告了排放瓦斯情况，并请示需要夜班继续排放剩余段巷道瓦斯；23 日 0:30，另一小队进入该巷道继续排放瓦斯；0:52 发生瓦斯爆炸，7 名救护队员全部牺牲。这次事故的深刻教训：排放瓦斯前必须确证独头巷道中没有引爆火源，尤其在瓦斯爆炸或者火灾事故处理过程中，要更加注意。

实际工作中应注意：

1. 排放瓦斯必须实行分级管理

（1）直接开启局部通风机（由瓦斯检查工负责）的条件：停风区中 $CH_4$ 最高浓度不超过 1.0% 和 $CO_2$ 最高浓度不超过 1.5%，且局部通风机及其开关附近 10 m 以内风流中的 $CH_4$ 浓度都不超过 0.5% 时。

（2）不需要编制措施，但必须采取安全措施控制排放瓦斯的条件：停风区中 $CH_4$ 浓度超过 1.0% 或者 $CO_2$ 浓度超过 1.5%，$CH_4$ 和 $CO_2$ 最高浓度都不超过 3.0% 时。

（3）必须制定安全排放瓦斯措施的条件：停风区中 $CH_4$ 浓度或者 $CO_2$ 浓度超过 3.0% 时。

需要强调的是，以上关于独头巷道中的瓦斯浓度是依据监控系统甲烷传感器的数据，掘进巷道停风后必须设置栅栏或警戒，任何人都不允许进入，包括瓦斯检查工。

2. 排放瓦斯必须有可靠的安全技术措施

（1）控制排放瓦斯的方法。为使排放瓦斯风流在同全风压风流混合后，其中的瓦斯浓度不超过 1.5%，必须采取控制排放方法，严禁“一风吹”，现场采取的控制方法主要有：

① 增阻限风法。增加局部通风机的工作风阻，以限制局部通风机的风量，达到控制排放瓦斯的目的。主要方法有2种，一是在局部通风机入风口用木板阻挡；二是在风机出风侧用绳子捆绑。

② 分风限风法。让风流分岔，只让部分风流通过风筒进入独头巷道以排放瓦斯，另一股风流则同全风压风流一起稀释排放出来的瓦斯。主要有3种：一是在风机出风侧设“三通”，通过调节2个阀门的开启程度来控制进入独头巷道的风量；二是将风筒在风机出风口断开，调节对口位置以控制送入独头巷道的风量；三是打开局部通风机上的调风窗口。

③ 逐段排放法。在独头巷道内将风筒断开，将独头巷道内积存的瓦斯由外向里逐段排放出来。

（2）有关参数计算。独头掘进巷道停风后，其内部积存的瓦斯量、瓦斯浓度、排放时最大供风量、最大排放量和最短的排放时间都必须在排放前制定的安全措施报告中计算出来。井下条件复杂，有关计算属于估算，与实际情况未必完全相符，执行时应根据实际情况灵活调整。

排放瓦斯时间应根据实际操作时再定，瓦斯排放完后，必须等30 min，确证无异常变化后 方可恢复正常供风与生产，故实际排放时间可参考本矿过去的经验值。

（3）在第一回风汇合处设置监控探头，实现井上、井下同时监督。

（4）排放瓦斯时停电撤人范围的确定。“混合风流经过的所有巷道内必须停电撤人，其他地点的停电撤人范围应当在措施中明确规定”，此规定的内涵比较深刻，需要结合实际通风网络，准确判断分析。实际工作中，必须确定排放瓦斯的流经路线和方向及影响范围，必须绘制有关通风系统图和供电系统图，图中标明排放瓦斯风流流经的线路，电气、通信、甲烷传感器、通风设施的位置，做到文图齐全。

对于“停电撤人范围”，比较严格的规定是“凡是可能受排放瓦斯风流影响的硐室、巷道和被排放瓦斯风流切断安全出口的所有采掘工作面，必须撤人停止作业，指定警戒人员的位置，禁止其他人员进入。排放瓦斯流经巷道内的电气设备必须指定专人在采区变电所和配电点两处同时切断电源，并设警示牌和设专人看管”。对于可能影响也可能不影响的区域，一定要划为停电撤人的范围内，包括因为通风系统临时出现变化（如风门被打开或巷道冒顶）可能导致风流反向或局部通风机出现循环风的情况。采取独立通风时，凡是处于排放瓦斯巷道回风侧的采掘工作面及其他工作地点都应该定为“被切断安全出口”，而处于入风侧的采掘工作面不属于此列。2 个掘进工作面串联通风时，无论哪个掘进工作面巷道排放瓦斯，另外一个掘进工作面都必须停电撤人。

3. 要做好排放瓦斯的有关安全工作的落实与监督

（1）排完瓦斯后，指定专人检查瓦斯，供电系统、电气设备必须完好，只有恢复通风的巷道风流中 $CH_4$ 浓度不超过 1.0% 和 $CO_2$ 浓度不超过 1.5%，且其他地点瓦斯浓度也符合要求时，方可人工恢复因排放瓦斯而停止供电的电气设备的供电。

（2）批准的排放瓦斯的安全措施必须由矿总工程师或通风安全副总工程师负责组织贯彻，责任落实到人，并签字备查。

（3）本矿安全监察部门负责监督排放瓦斯的安全措施的实施，必须有安监人员在现场监督检查，安全措施不落实，绝对禁止排放瓦斯；若发现违章排放瓦斯，必须责成立即停止，并追查责任，严肃处理。

**第一百七十七条** 井筒施工以及开拓新水平的井巷第一次接近各开采煤层时，必须按掘进工作面距煤层的准确位置，在距煤层垂距 10 m 以外开始打探煤钻孔，钻孔超前工作面的距离不得小于 5 m，并有专职瓦斯检查工经常检查瓦斯。岩巷掘进遇到煤线或者接近地质破坏带时，必须有专职瓦斯检查工经常检查瓦斯，发现瓦斯大量增加或者其他异常时，必须停止掘进，撤出人员，进行处理。

**【解读】** 本条是关于井巷施工首次接近煤层时安全措施的规定。

井巷首次揭煤时，瓦斯压力和瓦斯涌出量普遍比较大，且事先对揭煤工作面的瓦斯地质资料和瓦斯涌出规律掌握不清，容易出现危险。同时，随着煤层埋藏深度的增加，煤层瓦斯含量、瓦斯压力一般都会增加，工作面瓦斯涌出量也会增加，甚至非突出煤层有可能转化为突出煤层。要求井筒施工以及开拓新水平的井巷第一次接近各开采煤层时，必须审查矿井地质资料和检查孔资料，并绘制井巷工程地质预测剖面图，确定掘进工作面距煤层的准确位置，提前打探煤钻孔作进一步的实地探测，施工过程中要重点加强瓦斯检查，尤其要根据具体参数分析判断揭煤时有无突出危险性，一旦存在突出危险性，必须按突出危险工作面对待，采取相应的综合防突措施。

多年来，我国煤矿相继出现过几起岩巷掘进遇到煤线或者接近地质破坏带时产生突出、最终演化为爆炸的恶性事故，教训极其惨痛。

**【案例】** 2004 年 10 月 20 日，某煤矿 21 轨道下山岩石掘进工作面爆破揭穿地质构造复杂的逆断层，产生突出，瓦斯逆流到西大巷新鲜风流中，架线电机车产生火花，引发了瓦斯爆炸，148 人遇难。

**【案例】** 2009 年 11 月 21 日，某煤矿在地质构造复杂的三水平南二石门 15 号层探煤巷，爆破作业诱发煤（岩）与瓦斯突出，瓦斯逆流至二水平卸载巷，电机车架线并线夹接头产生电火花引起瓦斯爆炸，108 人遇难。

实际工作中应注意：

（1）井巷施工首次接近煤层时按照《煤矿井巷工程施工规范》(GB 50511—2010）执行。为了更严格揭煤管理，在岩巷掘进遇到煤线或者接近地质破坏带时，必须停止掘进，撤出人员，查明前方地质情况并进行处理，而不能等到瓦斯涌出量增大或异常时才停止作业，否则可能造成严重后果。

（2）在井巷施工及开拓新水平的井巷第一次接近各开采煤层时，必须通过探煤钻孔探查煤层埋藏状况，尤其是要探明煤层瓦斯赋存、变化状况和有无突出危险。为防止由于煤层倾角较小而误揭突出煤层发生危险，本条规定在距煤层垂距 10 m 以外开始打探煤钻孔，且终孔位置超前工作面的距离不得小于 5 m，并有专职瓦斯检查工经常检查瓦斯。

（3）探煤钻孔布置要求：立井施工时，在立井工作面至少布置 3 个孔径不小于 75 mm 的穿透煤层全厚的扇形钻孔；斜井或者新水平开拓时，在掘进工作面至少布置 2 个（扇形布置）孔径不小于 75 mm 的穿透煤层全厚的扇形钻孔。

（4）岩巷掘进遇到煤线或者接近地质破坏带时，因这些地点是瓦斯储存或者涌出的通道，掘进时在掘进工作面至少布置 2 个穿透煤线或者破坏带的扇形钻孔。打钻时必须有专职瓦斯检查工经常检查孔口及附近风流中的瓦斯，发现孔口处瓦斯压力较大，涌出量增加或者造成打钻处风流瓦斯超限时，必须停止掘进，撤出人员，采取打钻排放瓦斯等措施，进行处理。

**第一百七十八条** 有瓦斯或者二氧化碳喷出的煤（岩）层，开采前必须采取下列措施：

（一）打前探钻孔或者抽排钻孔。

（二）加大喷出危险区域的风量。

（三）将喷出的瓦斯或者二氧化碳直接引入回风巷或者抽采瓦斯管路。

【解读】本条是关于对有瓦斯喷出危险煤（岩）层开采前采取的安全措施的规定。

根据本《规程》的名词解释，瓦斯（二氧化碳）喷出是指从煤体或岩体裂隙、孔洞或炮眼中大量瓦斯（二氧化碳）异常涌出的现象。在 20 m 巷道范围内，涌出瓦斯量大于或者等于 1.0 $m^3$/min，且持续时间在 8h 以上时，该采掘区即定为瓦斯（二氧化碳）喷出危险区域。由于其时间上的突然性和空间上的集中性，对井下安全生产威胁较大，处理不好，容易酿成窒息或瓦斯爆炸事故，生产作业过程中必须高度重视。

实际工作中应注意：

（1）根据喷出瓦斯的裂缝显现原因不同，大致可以分为地质来源的和采掘地压形成的两大类。本规程对于有瓦斯喷出危险的区域，在通风系统的构建与采掘生产作业时，其防治瓦斯爆炸的管理措施与有突出危险的区域基本相似。

（2）对于瓦斯沿原地质构造洞缝的喷出，其喷出大多发生在地质破坏带、石灰岩溶洞裂缝区、背斜或向斜轴部储瓦斯区以及其他储瓦斯构造与原始洞缝相通的区域。其特点是喷出的瓦斯流量一般较大、持续时间较长、无明显的地压显现预兆，掘进巷道的瓦斯喷出一般位于工作面的迎头周围。喷瓦斯裂缝多属于开放型，多与储气层（溶洞、砂岩、煤层等）或断层破坏带相通。对于此类瓦斯喷出，必须加强地质工作，根据瓦斯压力、储瓦斯容积和地质采掘条件制定防治瓦斯喷出的设计和安全措施。利用封堵喷出缝口，将瓦斯直接引入回风巷或者抽采瓦斯管路。

（3）对于瓦斯沿采掘地压生成的裂缝的喷出，其喷出也往往与地质构造有关，在这些区域内，采掘地压和瓦斯压力的联合作用使裂缝突然张开，成为瓦斯喷出的通道。其特点是喷出即将发生时，伴随有地压显现效应，出现多种显著预兆（如出现支架声响、掉渣、煤岩开裂、支架折断等），喷出瓦斯持续的时间较短，喷出瓦斯量与卸压区面积及瓦斯储量有关。掘进巷道一般发生在距离迎头 20 ~ 40 m 的已经掘进过的巷道处；采煤工作面一般发生在工作面从开切眼推进后 1 ~ 3 倍层间距（卸压瓦斯源所在邻近层与开采层的间距）处。对于此类瓦斯喷出，除查清地质构造外，还应该掌握层间岩性与厚度的变化、邻近层瓦斯压力和含量、地应力与顶底板活动规律等。应该根据初期卸压面积估算卸压瓦斯量、瓦斯喷出危险性和层间距确定抽采瓦斯的钻孔数量及孔位。

（4）为了防止巷道掘进过程中误入瓦斯富集区域而导致瓦斯事故，该条规定必须打前探钻孔或抽排钻孔，并采取加大风量稀释瓦斯，或者将喷出的瓦斯直接引入回风巷，最有效的办法是加大瓦斯抽采力度，提高卸压瓦斯的抽采效果。

（5）在有瓦斯或二氧化碳喷出危险的煤岩层中凿井或掘进巷道时，可参照下列方法打前探钻孔：

① 掘凿岩巷前方的煤层有喷出危险时，应向煤层打前探钻孔，钻孔超前工作面的距离不得小于5 m，孔数不少于3个，钻孔呈扇形布置，孔径不小于75 mm。

② 煤巷掘进有喷出危险时，可边打前探钻孔边掘进，钻孔超前工作面的距离及钻孔直径和数目同第一种情况。

③ 在有岩石裂隙、溶洞或破坏带的岩层中掘进有喷出危险时，应打超前探钻孔，钻孔超前工作面的距离及钻孔直径同第一种情况，孔数不少于2个。

④ 在岩层中掘进巷道，其上（下）邻近煤层有喷出危险时，可向邻近煤层打前探钻孔，掌握煤岩层间距，探明瓦斯压力。

⑤ 打前探钻孔后，如果喷出量较大，应打排放钻孔进行排放。

为防止打前探钻孔或者打排放钻孔及排放过程中瓦斯超限，应当调整并加大喷出区域的风量，控制风流中瓦斯浓度。若风量控制有困难，应当通过钻孔接管直接将瓦斯引到回风巷，有抽采管路的直接连管抽采。

**第一百七十九条**　在有油气爆炸危险的矿井中，应当使用能检测油气成分的仪器检查各个地点的油气浓度，并定期采样化验油气成分和浓度。对油气浓度的规定可按本规程有关瓦斯的各项规定执行。

**【解读】** 本条是关于对有油气爆炸危险的矿井采取的安全措施的规定。

大多数油气都具有可燃性，其性质与瓦斯比较相似，所以在油气爆炸危险的矿井必须检查油气浓度。

“应当使用能检测油气成分的仪器检查各个地点的油气浓度”。因为不同的油气，在光学甲烷检测仪中的光干涉结果不同，纯粹跟检查甲烷一样，用同一种仪器，检查结果的可信度没有保证。

**第一百八十条**　矿井必须建立甲烷、二氧化碳和其他有害气体检查制度，并遵守下列规定：

（一）矿长、矿总工程师、爆破工、采掘区队长、通风区队长、工程技术人员、班长、流动电钳工等下井时，必须携带便携式甲烷检测报警仪。瓦斯检查工必须携带便携式光学甲烷检测仪和便携式甲烷检测报警仪。安全监测工必须携带便携式甲烷检测报警仪。

（二）所有采掘工作面、硐室、使用中的机电设备的设置地点、有人员作业的地点都应当纳入检查范围。

（三）采掘工作面的甲烷浓度检查次数如下：

1. 低瓦斯矿井，每班至少 2 次；

2. 高瓦斯矿井，每班至少 3 次；

3. 突出煤层、有瓦斯喷出危险或者瓦斯涌出较大、变化异常的采掘工作面，必须有专人经常检查。

（四）采掘工作面二氧化碳浓度应当每班至少检查 2 次；有煤（岩）与二氧化碳突出危险或者二氧化碳涌出量较大、变化异常的采掘工作面，必须有专人经常检查二氧化碳浓度。对于未进行作业的采掘工作面，可能涌出或者积聚甲烷、二氧化碳的硐室和巷道，应当每班至少检查 1 次甲烷、二氧化碳浓度。

（五）瓦斯检查工必须执行瓦斯巡回检查制度和请示报告制度，并认真填写瓦斯检查班报。每次检查结果必须记入瓦斯检查班报手册和检查地点的记录牌上，并通知现场工作人员。甲烷浓度超过本规程规定时，瓦斯检查工有权责令现场人员停止工作，并撤到安全地点。

（六）在有自然发火危险的矿井，必须定期检查一氧化碳浓度、气体温度等变化情况。

（七）井下停风地点栅栏外风流中的甲烷浓度每天至少检查 1 次，密闭外的甲烷浓度每周至少检查 1 次。

（八）通风值班人员必须审阅瓦斯班报，掌握瓦斯变化情况，发现问题，及时处理，并向矿调度室汇报。

通风瓦斯日报必须送矿长、矿总工程师审阅，一矿多井的矿必须同时送井长、井技术负责人审阅。对重大的通风、瓦斯问题，应当制定措施，进行处理。

**【解读】**本条是关于矿井通风瓦斯检查制度的规定。

瓦斯检查是瓦斯管理工作的首要环节，煤矿企业要建立瓦斯等有害气体的检查制度，配备足够的瓦斯检查人员；要树立“瓦斯超限就是事故”的理念，建立瓦斯超限追查制度，查找和消除事故隐患。必须结合本矿的瓦斯等级及灾害情况建立瓦斯巡回检查制度、请示报告制度和瓦斯检查工现场交接班制度等，要明确检查人员责任、检查范围、项目、周期、记录报表及汇报处理要求等。制度建立后要认真组织学习贯彻执行。

实际工作中应注意：

（1）所有采掘工作面、硐室、使用中的机电设备的设置地点、有人员作业的地点都应当纳入检查范围。矿井总回风巷、一翼回风巷、采（盘）区回风巷、采掘工作面、硐室、机电设备设置地点、停风地点（栅栏外）、密闭外和有人作业的地点等，是 $CH_4$、$CO_2$ 和其他有害气体涌出和发生变化的主要地点，也是容易发生事故隐患的地点，都必须纳入检查范围。根据矿井开采煤（岩）层含有并逸出有害气体的类别及不同灾害程度要求，确定检查项目：正常情况下，检查 $CH_4$、$CO_2$ 浓度；在开采有自燃、容易自燃煤层的矿井还要检查 CO 和气体温度；开采含有硫化矿物的煤（岩）层时还要检查 $H_2S$ 和 $SO_2$ 浓度；盲巷栅栏口等无风地点还要检查 $O_2$ 浓度。任何地点每次检查瓦斯的结果，都必须记入瓦斯检查手册和检查地点的记录牌板上，并通知现场的工作人员。

每个测点连续测定 $CH_4$、$CO_2$ 的浓度 3 次，取最大值为该测点浓度，各测点的最大值为该区域风流瓦斯浓度的测定结果和处理依据。

（2）规定每班至少检查次数，不等于达到或超过规定次数即可。总的原则是不能出现瓦斯管理的盲区。突出煤层、有瓦斯喷出危险或者瓦斯涌出较大、变化异常的采掘工作面，必须有专人经常检查；不能忽略未进行作业的采掘工作面有害气体的检测工作。

（3）煤炭企业必须健全通风瓦斯分析制度和重大隐患排查治理制度。要按照本条第（五）项要求健全和落实瓦斯检查工的瓦斯巡回检查制度和请示报告制度及第（八）项规定矿领导通风瓦斯报表审阅制度。掌握瓦斯变化情况，发现问题，及时处理。对重大的通风、瓦斯问题，应当及时有针对性地制定措施并正确处理。

① 杜绝空检、漏检和假检。空检是指瓦斯检查工没有上岗，空岗、迟到或早退；漏检是指没有按分工区域和规定次数进行巡回检查，未能及时发现瓦斯隐患；假检是指根本没有进行实地检查而填写假记录、汇报假情况，弄虚作假。

② 检测的数值要准确。所检测出的瓦斯数值与检测地点的实际瓦斯浓度必须相符。一是检测时要避开风流混合处不稳定的区段；二是测定风流瓦斯浓度时，要尽量避开瓦斯涌出量较大或变化异常的局部地点（如高顶、旧巷、火区和断层等），而测定瓦斯积聚或局部瓦斯涌出时，应靠近这些地点；三是要正确

运用不同区域的测定方法，并在所测地点内多选点，取多次测定中具有代表性的最大值。

③ 做到“三统一”和“三对口”。“三统一”是指光学甲烷检测仪、便携式甲烷检测报警仪、甲烷传感器在同一地点检测数据就高不就低；“三对口”是指瓦斯检查工随身携带的瓦斯检查手册、设在检查地点的记录牌板和瓦斯检查班报三者所填写的检查内容、数值必须齐全且一致。另外，发现瓦斯超限、积聚或遇有其他隐患、问题时，应积极采取措施处理，并将处理情况如实向矿调度室汇报。

④ 在指定地点交接班。瓦斯检查工在井下指定地点交接班，要交接清楚现场情况和责任。要包括交清分工区域内的通风、瓦斯和生产情况有无异常，若有异常是如何处理的，是否需要进一步处理和应采取何种措施；交清分工区域内各种设施，包括通风、防尘、防火、防突、局部通风以及安全监控等有关设备和装置的状态，是否需要维修、增设或撤除；交清分工区域内原来和新发生的各种隐患，当班处理情况和需要如何继续处理；交清有关领导对某项工作指示的落实情况和需要请示的问题；交清其他应交接的工作内容。接班人和交接班人都必须在交接手册上签字，做到有据可查。

⑤ 确保自身安全。瓦斯检查人员在进行瓦斯检查的过程中要集中精力，保持清醒头脑和饱满的精神状态；要严格遵守操作规程，正确运用不同地点的检查方法和手段，尤其是不能进入盲巷、火区或临时停风的独头巷道等地点，严防发生中毒或窒息事故。另外，必须随身携带自救器，并注意冒顶、片帮以及撞击火花等危险源。

⑥ 检查结果的记录、汇报与处理。将瓦斯检查结果及时记入检查地点的记录牌、瓦斯检查手册及班报，瓦斯检查工升井后立即将班报向通风值班人员审阅签字，并向矿调度室汇报。

矿长是第一安全责任者，矿总工程师对通风安全工作负有技术管理责任，必须随时了解和掌握矿井所有地点的通风瓦斯现状，对可能出现的重大通风、瓦斯问题或隐患，必须及时制定有效措施，进行处理。通风瓦斯日报必须送矿长、矿总工程师审阅签字。一矿多井的，必须先送井长、井技术负责人审阅签字。

⑦ 非正常情况的处置。发现瓦斯超限和积聚未处理完，瓦斯检查工不准离岗，等接班瓦斯检查工到现场后，交下班处理；排放瓦斯工作未结束，接班瓦斯检查工未到不准离岗；局部通风机无计划停止运转，未查明原因和未处理的，瓦

斯检查工不得离岗；发现工作地点风流不正常，未查明原因进行处理的，瓦斯检查工不准离岗；发现可能危及安全生产的事故隐患，未安排处理的，瓦斯检查工不准离岗。

**第一百八十一条** 突出矿井必须建立地面永久抽采瓦斯系统。

有下列情况之一的矿井，必须建立地面永久抽采瓦斯系统或者井下临时抽采瓦斯系统：

（一）任一采煤工作面的瓦斯涌出量大于5 $m^3$/min或者任一掘进工作面瓦斯涌出量大于3 $m^3$/min，用通风方法解决瓦斯问题不合理的。

（二）矿井绝对瓦斯涌出量达到下列条件的：

1. 大于或者等于40 $m^3$/min；
2. 年产量1.0～1.5 Mt的矿井，大于30 $m^3$/min；
3. 年产量0.6～1.0 Mt的矿井，大于25 $m^3$/min；
4. 年产量0.4～0.6 Mt的矿井，大于20 $m^3$/min；
5. 年产量小于或者等于0.4 Mt的矿井，大于15 $m^3$/min。

**【解读】** 本条是关于建立矿井抽采瓦斯系统的规定。

瓦斯抽采可以减少开采时的瓦斯涌出量，减轻风排瓦斯的负担；也可以大大降低瓦斯压力及其潜能、提高煤层透气性、改善煤体结构性能，减小甚至消除煤与瓦斯突出危险性。是高瓦斯、突出矿井瓦斯灾害治理最有效的措施之一。煤层瓦斯同样是一种资源，抽采瓦斯可以起到保护环境和提高经济效益的作用，也是绿色开采的必然要求。瓦斯抽采必须坚持“多措并举、应抽尽抽、抽采平衡、效果达标”，确保抽采达标。具体要求详见《煤矿瓦斯抽采基本指标》（AQ 1026）。

突出矿井必须建立地面永久抽采瓦斯系统，不等于只能建地面系统。根据需要，井下还可以增加临时抽采系统作为辅助抽采系统。也并不是要求某突出矿井所有采掘工作面都必须构建与地面永久抽采瓦斯系统相连接的抽采系统，对于非突出区域尤其是低瓦斯区域，不具备瓦斯抽采条件的，没必要硬性规定不切实际的抽采系统。但这不能作为本身具备瓦斯抽采条件、必须通过地面永久系统进行抽采而蓄意不进行抽采的借口。

（1）采煤或掘进工作面瓦斯涌出量达到此条标准，用通风方法解决瓦斯问题不合理时，必须进行瓦斯抽采。如果采用合理的通风方法就能有效解决采掘工作面瓦斯问题且不具备瓦斯抽采条件，可以不抽采。从理论上讲，只要采掘工作面风速不超限、生产过程中瓦斯浓度不超限，就应该属于“用通风方法解决瓦斯问题合理”，但实际上，采掘工作面风速达到或者接近最高允许风速、瓦斯浓度经常处于临界值，通风系统或采掘工程稍微出现变故，就会出现严重隐患，是非常危险的。所以，允许“用通风方法解决瓦斯问题合理”而不进行瓦斯抽采，但这绝对不能成为部分矿井蓄意不进行瓦斯抽采的借口。

（2）根据不同的井型，规定了必须进行瓦斯抽采的矿井绝对瓦斯涌出量下限值，也是对瓦斯涌出量较大、具备瓦斯抽采条件的区域进行抽采，并不是要求对所有区域都必须进行抽采。也就是说，瓦斯涌出量较小、不具备瓦斯抽采条件的区域可以不进行抽采。但这也不能成为部分矿井蓄意不进行瓦斯抽采的借口。

（3）对于非突出矿井，原则上是“永久系统”和“临时系统”可以二选一，也可以同时建立两类系统，各系统发挥不同的作用。但是，地面永久抽采瓦斯系统能力大、系统稳定，而且有利于瓦斯利用，所以对于瓦斯灾害严重、瓦斯资源丰富、具备瓦斯抽采条件的区域，必须建立永久系统。临时系统只是不便于布置永久系统或者布置永久系统不合理时作为必要的补充。并不是有了瓦斯抽采系统就属于符合要求。

**第一百八十二条** 抽采瓦斯设施应当符合下列要求：

（一）地面泵房必须用不燃性材料建筑，并必须有防雷电装置，其距进风井口和主要建筑物不得小于 50 m，并用栅栏或者围墙保护。

（二）地面泵房和泵房周围 20 m 范围内，禁止堆积易燃物和有明火。

（三）抽采瓦斯泵及其附属设备，至少应当有 1 套备用，备用泵能力不得小于运行泵中最大一台单泵的能力。

（四）地面泵房内电气设备、照明和其他电气仪表都应当采用矿用防爆型；否则必须采取安全措施。

（五）泵房必须有直通矿调度室的电话和检测管道瓦斯浓度、流量、压力等参数的仪表或者自动监测系统。

（六）干式抽采瓦斯泵吸气侧管路系统中，必须装设有防回火、防回流和防爆炸作用的安全装置，并定期检查。抽采瓦斯泵站放空管的高度应当超过泵房房顶 3 m。

泵房必须有专人值班，经常检测各参数，做好记录。当抽采瓦斯泵停止运转时，必须立即向矿调度室报告。如果利用瓦斯，在瓦斯泵停止运转后和恢复运转前，必须通知使用瓦斯的单位，取得同意后，方可供应瓦斯。

**【解读】**本条是关于地面抽采瓦斯站及其配套设施的规定。

地面抽采瓦斯设施是指地面抽采瓦斯站内所有与抽采有关的设备设施。包括地面瓦斯泵房等建筑设施、防雷电装置、抽采瓦斯泵及其附属设备、抽采管路及其安全装置、放空管、检测管道参数的仪表或者自动监测系统以及通信设施等。瓦斯泵房是要害场所，其设置地点对防火、防雷电、防燃爆要求更高。必须保证瓦斯抽采系统的安全、稳定运行，设备设施到位，满足井下瓦斯治理的需要。一旦地面抽采瓦斯设施出现故障，必须在第一时间准确分析并判断对井下安全生产的影响，立即启动应急预案。

实际工作中应注意：

（1）新建泵房应设在回风井广场内，主管道从回风井入井，泵房和排空管应当按照《建筑物防雷设计规范》（GB 50057）的要求，设置防雷电设施，分别装设避雷带或者避雷针装置；通往井下的抽采管路应当按照《煤矿瓦斯抽采工程设计规范》（GB 50471）的要求，采取防雷和隔离措施。瓦斯泵房内电气设备、照明和其他电气仪表及电缆接线处等都应当采用矿用防爆型，否则必须采取防止电火花的安全措施。根据《规程》第四百九十八条，在地面瓦斯抽采泵房内必须设置甲烷传感器，报警浓度大于或者等于0.5%。但必须强调，瓦斯抽采泵房出现报警时要查明原因、进行处理，确保瓦斯抽采设备安全，绝对不能将抽采泵断电。

（2）井下抽采瓦斯的条件比较复杂，有的抽采地点（如采空区）抽出的瓦斯浓度较低，抽采钻孔及抽采管路都有发生漏气的可能，抽采管路内的瓦斯浓度有可能下降到瓦斯爆炸上限。而干式抽采瓦斯的叶轮无水环封闭，可能产生机械摩擦火花引爆瓦斯，所以在干式抽采瓦斯泵吸气侧的管路中，必须装设有防回火、防回流和防爆炸作用的安全装置。主要有水封式、铜网式两种型式。

（3）地面瓦斯泵站是抽采系统安全管理的重要地点，必须设置经过培训合格、持证上岗的专职人员管理，严格履行岗位操作规程和值班制度，每2 h巡回检查瓦斯泵及其附属设备、设施、检测仪器、监测系统的运行状况以及观测管路瓦斯浓度、流量、压力等参数，并做好各项记录。发现异常，立即处理，并同相关部门汇报。抽采瓦斯时，如果瓦斯泵停止运转，必须立即向矿调度室报告。如果利用瓦斯，通知使用瓦斯的单位关闭阀门；恢复运转前，也必须取得用户同意后方可供应瓦斯，以免用户忘记关闭阀门或点火不当而引起人员窒息或爆炸事故。

**第一百八十三条** 设置井下临时抽采瓦斯泵站时，必须遵守下列规定：

（一）临时抽采瓦斯泵站应当安设在抽采瓦斯地点附近的新鲜风流中。

（二）抽出的瓦斯可引排到地面、总回风巷、一翼回风巷或者分区回风巷，但必须保证稀释后风流中的瓦斯浓度不超限。在建有地面永久抽采系统的矿井，临时泵站抽出的瓦斯可送至永久抽采系统的管路，但矿井抽采系统的瓦斯浓度必须符合本规程第一百八十四条的规定。

（三）抽出的瓦斯排入回风巷时，在排瓦斯管路出口必须设置栅栏、悬挂警戒牌等。栅栏设置的位置是上风侧距管路出口 5 m、下风侧距管路出口 30 m，两栅栏间禁止任何作业。

**【解读】**本条是关于采用井下临时抽采瓦斯系统的规定。

要高标准构建并严格管理井下临时抽采瓦斯系统，必须保证瓦斯抽采系统的安全、稳定运行，设备设施到位，满足井下瓦斯治理的需要。一旦抽采瓦斯设施出现故障，必须在第一时间准确分析并判断对井下安全生产的影响，立即启动应急预案。

（1）井下临时抽采瓦斯泵站的设置。为尽量缩短抽采管路负压段的长度、减小阻力，提高作用到钻孔或者管口的抽采负压，增大抽采能力，临时抽采泵站应当安设在抽采瓦斯地点的附近。临时抽采瓦斯泵站是由电动机、抽采泵、启动装置等设备组成的，为防止处在正压管路中的瓦斯偶然泄漏而引起瓦斯事故，临时抽采泵站应安设在新鲜风流中。

（2）井下临时抽采瓦斯泵站抽出的瓦斯可引排到总回风巷、一翼回风巷，根据《规程》第四百九十八条，在井下临时瓦斯抽采泵站下风侧栅栏外 1 m 处必须设置甲烷传感器，报警和断电浓度大于或者等于 1.0%、复电浓度为小于 1.0%，断电范围为瓦斯抽采泵站电源。如果临时抽采泵站抽出的瓦斯直接送至永久抽采系统的管路中，直达地面进行利用时，则必须保证利用瓦斯的浓度不低于 30%；不利用瓦斯、采用干式抽采瓦斯设备时，抽采瓦斯浓度不低于 25%。

（3）临时抽采瓦斯泵站的栅栏设置：为了防止临时抽采泵站抽出的较高浓度的瓦斯，在与回风巷风流均匀混合时，发生熏人或遇火源引发瓦斯爆炸事故，在排瓦斯管路出口必须设置栅栏、悬挂警戒牌和甲烷传感器等，两栅栏之间禁止任何作业和人员通行。栅栏设置的位置是上风侧距管路出口 5 m、下风侧距管路出口 30 m。

**第一百八十四条** 抽采瓦斯必须遵守下列规定：

（一）抽采容易自燃和自燃煤层的采空区瓦斯时，抽采管路应当安设一氧化碳、甲烷、温度传感器，实现实时监测监控。发现有自然发火征兆时，应当立即采取措施。

（二）井上下敷设的瓦斯管路，不得与带电物体接触并应当有防止砸坏管路的措施。

（三）采用干式抽采瓦斯设备时，抽采瓦斯浓度不得低于25%。

（四）利用瓦斯时，在利用瓦斯的系统中必须装设有防回火、防回流和防爆炸作用的安全装置。

（五）抽采的瓦斯浓度低于30%时，不得作为燃气直接燃烧。进行管道输送、瓦斯利用或者排空时，必须按有关标准的规定执行，并制定安全技术措施。

**【解读】** 本条是对瓦斯抽采及利用的安全规定。

瓦斯抽采和利用如果控制不妥，也存在一定的安全隐患，必须高度重视。尤其要注意瓦斯浓度处于瓦斯爆炸界限附近时的情况。一旦地面抽采瓦斯设施出现故障，必须在第一时间准确分析并判断对井下安全生产的影响，立即启动应急预案。

（1）在进行采空区瓦斯抽采时，有可能造成采空区风流变化，促使自然发火。而煤层自然发火时导致 CO 浓度和气体温度升高，必须严密监控，以判断采空区是否有着火征兆。如有，必须立即采取措施进行处理。抽采管路内 CO 浓度或其增量大于或者等于临界值时，应停止采空区瓦斯抽采。

（2）煤矿井下的生产条件较复杂多变，抽采瓦斯管路可能被砸坏，井上管路风吹日晒雨淋、年久失修、接头不严等原因，可能导致管路内瓦斯泄漏现象的发生，如果遇到带电物体漏电产生的电火花，极易导致瓦斯爆炸事故。瓦斯管路的敷设严格按照《煤矿瓦斯抽采工程设计规范》（GB 50471）和《煤矿瓦斯抽放规范》（AQ 1027）执行。不得使用抗冲击性能较差的玻璃钢管路和 PVC、SUP、PE 等塑料类管路（封孔管除外）。

（3）干式抽采瓦斯浓度的限值要求：采用干式抽采瓦斯设备时，因为该抽采设备不像湿式水环式真空泵那样有水环安全封闭，有产生机械火花引爆瓦斯的可能性，对它提出了比采用水环式真空泵抽采瓦斯更严格的要求，即瓦斯浓度不得低于25%，以确保安全。

（4）为了确保瓦斯利用安全可靠性，利用瓦斯时，在利用瓦斯的系统中必须装有防回火、防回流和防爆炸作用的安全装置，共保抽采和利用两个过程中的安全。抽采的瓦斯浓度低于30%时，不得作为燃气直接燃烧是指不得作为民用燃气、工业用燃气等直接燃烧，但不包括浓度低于1.5%的瓦斯做助燃用，如乏风助燃、乏风氧化利用等；也不包括浓度低于30%的瓦斯做非直接燃烧用，如内燃机发电等。抽采瓦斯利用发电的，瓦斯浓度不得低于8%。

## 第三节　瓦斯和煤尘爆炸防治

**第一百八十五条**　新建矿井或者生产矿井每延深一个新水平，应当进行1次煤尘爆炸性鉴定工作，鉴定结果必须报省级煤炭行业管理部门和煤矿安全监察机构。

煤矿企业应当根据鉴定结果采取相应的安全措施。

**【解读】**本条是对煤尘爆炸性鉴定的规定。

煤尘爆炸是煤矿重大灾害之一。然而，并非所有煤层的煤尘都具有爆炸危险，即使有爆炸危险的煤尘，其煤尘爆炸性能的强弱也不尽相同。必须通过煤尘爆炸性鉴定加以区别，煤尘的爆炸性与煤层挥发分的含量等性质有着直接关系，随着矿井生产水平的延深，地质条件和煤层性质可能发生变化，从而引起煤尘爆炸性能的变化。

（1）煤尘的爆炸性鉴定工作由具备相应资质的单位负责，主要采用大管状煤尘爆炸性鉴定装置进行鉴定，并根据鉴定结果确定煤尘是否具有爆炸危险性。煤尘的爆炸性鉴定用的煤样采取与制备、鉴定装置及设备和鉴定方法及步骤等，严格按照《煤尘爆炸性鉴定规范》（AQ 1045）执行，确保鉴定结果准确可靠。

新建矿井，由煤田地质勘探单位负责在勘探钻孔的煤芯采取煤层的煤样；生产矿井，由矿井的煤质和地质部门共同负责在每一水平新暴露的采掘工作面上采取煤样。按要求送交具备相应资质的单位进行鉴定。鉴定结果必须由煤样提供单位，上报省级煤炭行业管理部门和煤矿安全监察机构。煤矿企业应根据鉴定结果采取相应的综合防尘安全技术措施。

(2) 计算煤尘爆炸指数并判断爆炸性能。用工业分析计算出的煤尘爆炸指数，可粗略判断煤尘有无爆炸性和其爆炸性的强弱，但不能作为确定煤尘有无爆炸性的依据。通常用挥发分占可燃物的百分比作为判断煤尘爆炸强弱的一项指标，该指标叫作煤尘爆炸指数。煤尘爆炸指数越高，则爆炸性越强。

**第一百八十六条** 开采有煤尘爆炸危险煤层的矿井，必须有预防和隔绝煤尘爆炸的措施。矿井的两翼、相邻的采区、相邻的煤层、相邻的采煤工作面间，掘进煤巷同与其相连的巷道间，煤仓同与其相连的巷道间，采用独立通风并有煤尘爆炸危险的其他地点同与其相连的巷道间，必须用水棚或者岩粉棚隔开。

必须及时清除巷道中的浮煤，清扫、冲洗沉积煤尘或者定期撒布岩粉；应当定期对主要大巷刷浆。

**【解读】** 本条是对预防和隔绝煤尘爆炸措施的规定。

为防止发生煤尘连续爆炸事故，减少事故灾害扩大范围，该条规定了开采有煤尘爆炸危险煤层的矿井，必须完善预防和隔绝煤尘爆炸的措施，在相关地点安设隔绝煤尘爆炸的设施。

预防和隔绝煤尘爆炸的措施是从控制煤尘的浓度方面考虑，采取相应对策，在尘源及浮煤的控制上严格落实综合防尘措施。定期清除落尘，防止沉积煤尘参与爆炸，可有效降低煤尘爆炸威力，使爆炸环境得不到尘源的补充而逐渐熄灭；撒布岩粉是指定期在巷道撒布惰性岩粉以惰化粉尘的爆炸性能，抑制煤尘爆炸的传播；设置隔爆水棚实际上是一旦发生煤尘爆炸，水槽棚或水袋棚中的水被吸出，起到降温和降低爆炸环境中氧气浓度、扬尘浓度，使爆炸减弱直至终止的作用；设置岩粉棚是在巷道中安装若干块岩粉台板，台板间隔稍大于板宽，每块台板上放置一定数量的惰性岩粉，一旦发生爆炸，冲击波将台板震倒、岩粉弥漫，使混合粉尘失去爆炸性能；自动隔爆棚是利用各种传感器将瞬间探测的煤尘爆炸时各种物理参量迅速转换为电讯号，指令演算器，使抑制装置适时强制喷撒固体或者液体消火剂来扑灭爆炸火焰。

**第一百八十七条** 矿井应当每年制定综合防尘措施、预防和隔绝煤尘爆炸措施及管理制度，并得到有效实施。

矿井应当每周至少检查1次隔爆设施的安装地点、数量、水量或者岩粉量及安装质量是否符合要求。

**【解读】** 本条是对矿井综合防尘措施及防治煤尘管理制度的规定。

相对于瓦斯而言，煤尘爆炸产生的概率比较低。但一旦瓦斯爆炸后有煤尘参与，或者是煤尘单独发生爆炸，其爆炸威力都特别大、破坏力更强，要求所有矿井都必须制定综合防尘措施、预防和隔绝煤尘爆炸措施及管理制度，并得到有效实施。

矿井综合防尘是指采取各种技术手段减少矿井粉尘的产生量、降低粉尘浓度，以防止粉尘对人体健康和井下安全生产的危害。综合粉尘措施大体上分为通风除尘、湿式作业、密闭抽尘、净化风流、个体防护及其他一些特殊的除、降尘措施。

减尘措施是矿井尘害防治工作中最积极、有效的技术措施。包括煤层注水、湿式钻眼、水封爆破等项目。降尘措施包括采掘机内外喷雾、爆破喷雾、支架喷雾、巷道净化水幕等项目。有煤尘爆炸危险的掘进工作面爆破作业时，必须使用风水强力洒水装置，防止爆破引起粉尘爆炸。

矿井综合防尘及隔爆措施，必须依据井下开采条件、采掘布置、生产工艺和防尘效果情况，及时进行修改完善，每年重新制定符合矿井实际的有效防、隔尘措施，并保证隔爆设施处于完好、有效状态。

**第一百八十八条** 高瓦斯矿井、突出矿井和有煤尘爆炸危险的矿井，煤巷和半煤岩巷掘进工作面应当安设隔爆设施。

**【解读】** 本条是对掘进工作面安设隔爆设施的规定。

煤巷和半煤岩巷掘进工作面是瓦斯煤尘爆炸事故多发地点之一。为了防止瓦斯和煤尘连续爆炸，减轻灾害程度，对于开采煤层瓦斯涌出量较大或者煤尘具有爆炸危险的煤层掘进巷道，都应当安设隔爆设施。隔爆水槽和隔爆水袋必须符合《煤矿用隔爆水槽和隔爆水袋通用技术条件》（MT 157）。

需要安设隔爆设施的范围为高瓦斯矿井、突出矿井和有煤尘爆炸危险的矿井的煤巷和半煤岩巷掘进工作面，主要考虑到这些矿井发生瓦斯爆炸的危险性较大，多次事故都是瓦斯爆炸后，冲击波引起煤尘飞扬参与爆炸，使灾情扩大；所有有煤尘爆炸危险性的矿井，无论是低瓦斯、高瓦斯还是突出矿井，都应当安设隔爆设施。

# 第四章　煤(岩)与瓦斯(二氧化碳)突出防治

## 第一节　一　般　规　定

**第一百八十九条**　在矿井井田范围内发生过煤（岩）与瓦斯（二氧化碳）突出的煤（岩）层或者经鉴定、认定为有突出危险的煤（岩）层为突出煤（岩）层。在矿井的开拓、生产范围内有突出煤（岩）层的矿井为突出矿井。

煤矿发生生产安全事故，经事故调查认定为突出事故的，发生事故的煤层直接认定为突出煤层，该矿井为突出矿井。

有下列情况之一的煤层，应当立即进行煤层突出危险性鉴定，否则直接认定为突出煤层；鉴定未完成前，应当按照突出煤层管理：

（一）有瓦斯动力现象的。

（二）瓦斯压力达到或者超过 0.74 MPa 的。

（三）相邻矿井开采的同一煤层发生突出事故或者被鉴定、认定为突出煤层的。

煤矿企业应当将突出矿井及突出煤层的鉴定结果报省级煤炭行业管理部门和煤矿安全监察机构。

新建矿井应当对井田范围内采掘工程可能揭露的所有平均厚度在 0.3 m 以上的煤层进行突出危险性评估，评估结论作为矿井初步设计和建井期间井巷揭煤作业的依据。评估为有突出危险时，建井期间应当对开采煤层及其他可能对采掘活动造成威胁的煤层进行突出危险性鉴定或者认定。

**【解读】**本条是关于突出煤层、突出矿井的定义及其鉴定认定规定。

1. 矿井井田范围

矿井井田范围是指经国土资源部门批准的矿井井田范围。在矿井井田范围内的煤（岩）层是指该矿井平面上的矿界范围和从地表到最深部矿界的范围内所有的煤层和岩层；矿井的开拓、生产范围是指该矿井在其矿井井田范围内已经开拓、生产的范围以及计划将要进行开拓、生产的范围，包括开拓、生产的采掘工程直接进入的煤层和岩层以及可能威胁到采掘作业安全的煤层和岩层。

2. 煤与瓦斯突出（简称突出）

煤与瓦斯突出是在地应力和瓦斯的共同作用下，破碎的煤、岩以及瓦斯由煤体或岩体内突然地向采掘空间抛出的异常动力现象。煤与瓦斯突出是煤矿井下发生的严重自然灾害之一，有时还可能产生冒顶、瓦斯爆炸和燃烧等次生灾害。

我国是世界煤矿突出灾害最严重的国家之一，从1950年5月2日吉林省辽源矿务局富国矿西二井埋深305 m煤巷掘进工作面发生第一次有文字记载的煤与瓦斯突出以来，据不完全统计及其分析，截止到2015年底，共发生突出20000余次，约占世界总突出次数的一半；一次突出煤岩量超过千吨的特大型突出为140余次。

经鉴定或认定为有突出危险的煤（岩）层是指按鉴定程序出具突出危险性鉴定报告，鉴定结论为有突出危险的煤（岩）层，或经煤矿企业、主管部门、煤矿安全监督管理部门、煤矿安全监察机构等任一机构出具的有关认定文件或事故调查报告认定为有突出危险的煤（岩）层。

3. 突出的分类

1）按突出气体种类划分

按突出气体种类划分，突出可分为甲烷（瓦斯）突出、二氧化碳突出以及甲烷（瓦斯）与二氧化碳混合气体突出，这三类气体类型的突出我国都发生过，其中甲烷类型突出占绝大多数。按突出的固体种类划分，可分为煤突出、岩石突出以及煤和岩石突出，这三类固体类型的突出我国都发生过，其中煤与瓦斯类型突出占绝大多数。

2）按突出发生的采掘工程类别划分

按突出发生的采掘工程类别划分，突出可分为石门（包括立井、斜井及岩巷）揭穿煤层突出、煤巷（包括煤层平巷、煤层上山和煤层下山）掘进突出以及采煤工作面突出，这三种采掘工程类型的突出我国都发生过，其中石门揭穿煤层类型突出的平均突出强度最高，煤巷掘进突出的总次数最多。

3）按突出强度（一次突出煤岩量）划分

按突出强度（一次突出煤岩量）划分，突出可分为小型突出（突出煤岩量小于10 t）、中型突出（突出煤岩量为10 ~ 99 t）、次大型突出（突出煤岩量为100 ~ 499 t）、大型突出（突出煤岩量为500 ~ 999 t）和特大型突出（突出煤岩量大于1000 t）。

4）按突出动力原因划分

按突出动力原因划分，突出可分为煤突然倾出伴随强烈瓦斯涌出（以下简称倾出）、煤突然压出伴随强烈瓦斯涌出（以下简称压出）和煤与瓦斯突出（以下简称突出）。

(1) 倾出。倾出是瓦斯含量较高的煤在地应力和煤自重作用下，煤突然抛出并有较强的瓦斯涌出的动力现象，通常发生在急倾斜松软煤层和厚及特厚煤层。主要特征有：

① 倾出煤块大小不一呈混杂状态，无分选现象。

② 倾出的煤位于孔洞下方，按自然安息角堆积。

③ 倾出后煤体留有舌形、袋形、梨形等孔洞，其轴线沿煤层倾斜或铅垂(厚煤层）方向延伸。

④ 倾出常发生在煤质松软的急倾斜煤层中。倾出煤量一般为数吨到数十吨，个别情况可达百吨以上。

⑤ 倾出时伴随有大量瓦斯涌出，可使工作面及风流瓦斯浓度超限，但一般无瓦斯逆流现象。

(2) 压出。压出是瓦斯含量较高的煤在地应力作用下，煤突然抛出并有较强的瓦斯涌出的动力现象，压出表现有煤体整体外移（鼓出）和碎煤抛出一定距离两种形式，通常位移和抛距都不大。主要特征有：

① 压出的煤呈碎块状或整体外移鼓出，无分选现象。

② 压出后，在煤层与顶板之间常出现缝隙，有瓦斯往外涌出并留有细煤粉，整体外移的煤体上有大量裂隙，压出孔洞呈口大腔小、外宽内窄的楔形、袋形和缝形，有时无孔洞。

③ 压出时伴随有大量瓦斯涌出，能使工作面及风流瓦斯浓度超限，但一般无瓦斯逆流现象。

④ 有较明显的动力效应，如折断支架、推移设备等。压出发生时常伴随底鼓。

⑤ 压出的煤堆积在原来位置的对面，堆积坡度一般小于自然安息角。

(3) 突出。突出是瓦斯含量较高的煤在地应力和瓦斯压力作用下，突然抛出煤炭和瓦斯的动力现象。主要特征有：

① 煤抛出的距离可由数米到数百米，煤的堆积坡度小于自然安息角。

② 突出的煤有明显的气体搬运特征，堆积煤的块、粒度自下向上、由近及远逐渐变小。突出煤中含有大量细微粉。在大型及特大型突出的堆积煤顶部与巷

道顶板之间，一般都留有排瓦斯气道。

③ 突出时有较强的瓦斯喷出，吨煤瓦斯涌出量远大于煤的瓦斯含量，有时会使风流逆转，特大型突出时瓦斯逆流可达千米以上，可使数千米巷道充满高浓度瓦斯。

④ 突出孔洞呈口小腔大的梨形、舌形、倒瓶形以及奇异的分岔形等。

⑤ 有明显的动力效应，如形成冲击风暴，翻倒折毁矿车、搬运提升巨石、破坏支架、推移损坏设施、摧毁通风设施等。

4. 突出矿井鉴定工作

煤矿企业及其主管部门、政府煤矿安全监督管理部门和煤矿安全监察机构等任一组织发现矿井开拓、开采范围内的煤层或岩层出现所列情况之一时，应在7个工作日内提出将煤层或岩层按突出煤层或突出岩层进行管理的书面意见；煤矿企业及其主管部门也可提出直接认定为突出煤层或突出岩层的书面意见；从提出按突出煤层或突出岩层进行管理的书面意见当日起算，在煤与瓦斯突出等鉴定规范规定的期限内由煤矿企业提出申请对该煤层或岩层进行突出危险性鉴定；在规定期限内煤矿企业未按程序提交鉴定报告时，煤矿安全监督管理部门应及时提出直接认定该煤层或岩层为突出煤层或岩层的书面意见，煤矿安全监察机构应及时督促上述鉴定或认定程序的实施。

煤层瓦斯动力现象不论在表观方面还是在机理方面都是很复杂的，涉及地质学、流体力学、固体力学、爆炸力学、岩石力学等多学科，例如，矿井内初次出现的煤层瓦斯动力现象类型，在缓倾斜煤层多为压出类型，它与片帮现象较难区别开；在急倾斜煤层或厚及特厚煤层（沿底采掘）多为倾出类型，它与冒顶现象难以区分。判断瓦斯动力现象的类型，需要运用力学基础知识、经验丰富的专业知识、通过细心的现场勘察分析、实测煤层瓦斯压力以及取样分析化验有关参数等，综合考虑突出发生的三大要素，才能做出既符合实际又能得到科学解释的鉴定。

初次出现瓦斯动力现象的矿井往往缺乏能够正确判断瓦斯动力现象类型的人员和认知，而正确、可靠的鉴定结果是搞好瓦斯管理，预防突出事故，确保职工生命安全的基础。国家对突出煤层鉴定资质有严格的管理，不仅要求有长期从事防突技术研究的专业人员，还要有满足要求的实验设备和完备的管理体制，以确保鉴定质量。因此，矿井和煤层突出危险性的鉴定必须委托具有突出危险性鉴定资质的单位进行。鉴定机构接受委托后，应当指派包括1名具有高级职称在内的3名以上本机构专职技术人员进行现场勘测并核实有关资料。

鉴定工作的依据分为煤层发生过突出的和尚未发生突出的两类。发生过突出的煤层应依据其动力现象表现为主要鉴定依据，应当将现场勘测情况与倾出、压出和突出的基本特征进行对比，当现场勘测情况基本符合倾出、压出和突出的基本特征时，可确定为突出（含倾出与压出）。依据瓦斯动力现象表现不能确定为突出（含倾出与压出）或者尚未发生突出（含倾出与压出）时，应以反映煤层突出危险性的实测指标为鉴定依据。

采用煤层突出危险性指标进行突出煤层鉴定的，应当将实际测定的煤层瓦斯压力、煤的坚固性系数、煤的破坏类型、煤的瓦斯放散初速度作为鉴定依据。全部指标均处于“判定煤层突出单项指标的临界值及范围表”所示临界值范围的，确定为突出煤层；打钻过程中发生喷孔、顶钻等突出预兆的，确定为突出煤层。

煤层突出危险性指标未完全达到“判定煤层突出单项指标的临界值及范围表”（表3－4）所述指标的，测点范围内的煤层突出危险性由鉴定机构根据实际情况确定；但当$f \leqslant 0.3$、$P \geqslant 0.74$ MPa，或$0.3 < f \leqslant 0.5$、$P \geqslant 1.0$ MPa，或$0.5 < f \leqslant 0.8$、$P \geqslant 1.5$ MPa或$P \geqslant 2.0$ MPa的，一般确定为突出煤层；认定为非突出煤层的范围和需要重新鉴定的条件，应当在鉴定报告中明确划定或者说明。

表3－4　判定煤层突出单项指标的临界值及范围表

| 判定指标 | 煤的破坏类型 | 瓦斯放散初速度 $\Delta p$ | 煤的坚固性系数 $f$ | 煤层瓦斯压力 $P$/MPa |
|---|---|---|---|---|
| 有突出危险的临界值及范围 | Ⅲ、Ⅳ、Ⅴ | ≥10 | ≤0.5 | ≥0.74 |

当鉴定结果认定为非突出煤层时，采掘工程进入原鉴定报告圈定的范围以外，或者矿井开拓新水平、新采区，或采深增加超过50 m，或者进入新的地质单元时，应当重新测定参数进行鉴定。

采用煤层突出危险性指标进行突出煤层鉴定时，还应当符合下列要求：

（1）突出危险性指标数据应当为实际测定数据。

（2）指标测定或者采取煤样地点应当能有效代表待鉴定范围的突出危险性，测点应按照不同的地质单元分别布置，测点分布和数量根据煤层范围大小、地质构造复杂程度等确定，但同一地质单元内沿煤层走向测点不应少于2个，沿倾向不应少于3个，并应在埋深最大的开拓工程部位布置有测点。

（3）各指标值取鉴定煤层各测点的最高煤层破坏类型、软分层煤的最小坚固性系数、最大瓦斯放散初速度和最大瓦斯压力值。

（4）所有指标测试应严格按照相关标准执行，测试仪器仪表应保证在其检定有效期内使用，相关材料的性能、型号和有效期等应符合要求。

凡需鉴定的矿井应向鉴定的授权单位提出申请报告，并提供以下资料：

（1）矿井概况。包括矿井地质概况（所属煤田、成煤时代、地质构造、煤层及其赋存情况等）；矿井生产概况（开拓方式、采煤方法、顶板管理方法、生产水平和开拓水平的标高及垂深）；矿井通风瓦斯概况（通风方式、风量、瓦斯涌出量、瓦斯压力、瓦斯含量等）。

（2）发生动力现象地点有关参数情况。包括发生动力现象采区的地质及构造资料（断层和褶曲分布、煤层厚度和倾角变化），发生动力现象巷道名称、类别、标高及距地表垂深，发生动力现象地点与邻近层开采的相对位置、煤层瓦斯压力、瓦斯含量、煤的坚固性系数、瓦斯放散初速度及其破坏类型等资料。

（3）动力现象实况描述及其主要特征。鉴定报告主要包括矿井基本情况；瓦斯动力现象发生情况或煤层突出危险性指标测定情况；确定是否为突出矿井（煤层）的主要依据；鉴定结论；应采取的措施及管理建议等内容。

采用煤层突出危险性指标鉴定时，鉴定报告应附有瓦斯参数测点和煤样采样点布置图、煤层瓦斯压力上升曲线图、实验室指标测定报告、现场指标测定所用仪器仪表的规格及其检定证书等。

突出煤层和突出矿井的鉴定由煤矿企业委托具有突出危险性鉴定资质的单位进行。鉴定单位应当在接受委托之日起 120 d 内完成鉴定工作。鉴定单位对鉴定结果负责。煤矿企业应当将鉴定结果报省级煤炭行业管理部门和煤矿安全监察机构。

5. 新建矿井煤层突出危险性评估、鉴定及其防治的程序

新建矿井煤层突出危险性评估、鉴定及其防治的程序按图 3－13 执行。

新建矿井在可行性研究阶段，应当依据地质勘探资料、同一矿区的地质资料和相邻矿井相关资料等，对矿井内采掘工程可能揭露的所有平均厚度在 0. 3 m 以上的煤层进行突出危险性评估，评估结果应当在可研报告中表述清楚。

评估认为有突出危险性煤层的新建矿井，建井期间应当对开采煤层及其他可能对采掘活动造成威胁的煤层进行突出危险性鉴定；未进行突出危险性鉴定的，按突出煤层管理。

评估结果是矿井立项、初步设计和建井期间井巷揭煤作业的依据。

6. 非突出生产矿井的突出防治程序

非突出生产矿井的突出防治程序按图 3－14 执行。

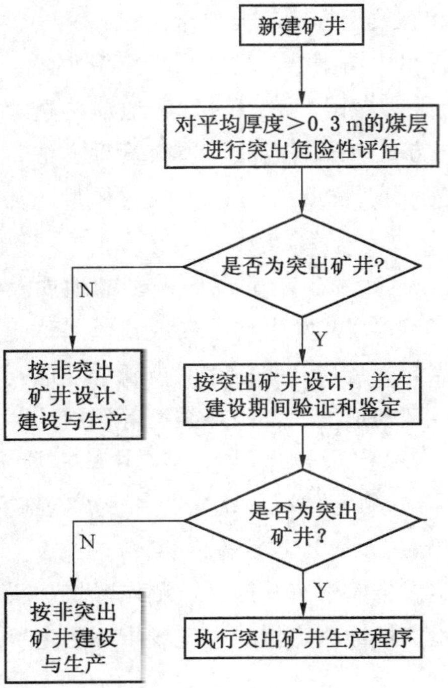


图3-13　新建矿井煤层突出危险性评估、鉴定及其防治的程序图

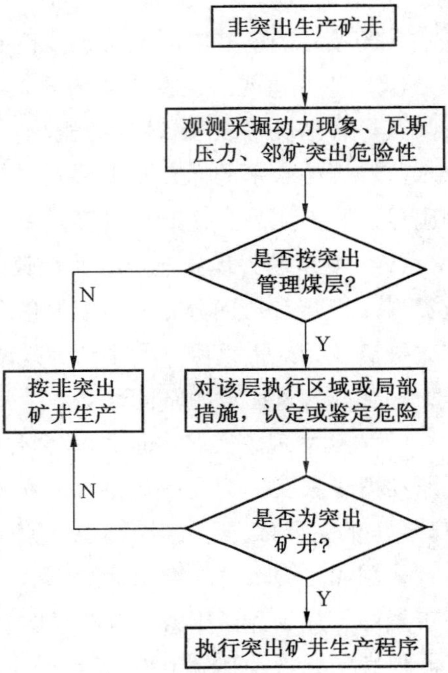


图3-14　非突出生产矿井的突出防治程序图

**第一百九十条**　新建突出矿井设计生产能力不得低于0.9 Mt/a，第一生产水平开采深度不得超过800 m。中型及以上的突出生产矿井延深水平开采深度不得超过1200 m，小型的突出生产矿井开采深度不得超过600 m。

**【解读】**本条是关于新建突出矿井的设计生产能力、开采深度和突出生产矿井延深水平开采深度的规定。

1. 设计生产能力

防治煤与瓦斯突出是一项系统工程，需要大量的资金投入、先进的技术装备、专业的技术人才、高素质的专业施工队伍和高水平的专业管理能力，没有足够的规模效益作为经济支撑几乎是不可能的。前一时期一些开采突出煤层的小煤矿防突工作不到位、事故高发，主要原因之一是没有足够的经济实力按要求长期、大量实施必要的两个“四位一体”防突技术措施，以至于安全生产建立在碰运气的基础上。因此，《规程》本条要求所有新建突出矿井设计生产能力不得低于0.9 Mt/a。

原则上，改扩建的矿井也应根据各地条件参照这一要求执行。对于现有矿井的生产能力，虽然也有规模效益和维持高投入的问题，但考虑到客观现状和各地的经济水平差异、各矿的灾害程度和经营实际条件等，本条没有提出具体要求，各地区可根据实际情况进行灵活处理，出台相关实施意见或者办法等。

2. 开采深度

开采深度是影响煤层突出危险程度的主要因素之一。深度越大，地应力越高，煤层瓦斯含量也越大，煤层突出危险性也随之增加。防突工作最主要的技术手段是向煤层施工钻孔释放瓦斯和地应力，但开采深度大的煤层实施这一措施的难度也更大，这使得开采深度大的矿井煤层突出危险性更高、防突技术更复杂。此外，深井开采还可能带来高地应力、矿井热害以及通风、运输、排水系统复杂性的问题。因此，限于目前科技水平和管理能力的条件，必须对矿井开采深度进行限制。同时，考虑到如果新建矿井第一水平过深，矿井一投产就面临复杂的突出防治问题，既不利于突出防治工作的到位、有效，也使矿井日后的延深严重受限，不利于矿井的安全经济开采。因此，本条要求新建矿井设计第一水平（或首采水平）的深度不得超过800 m。待逐步掌握煤层突出危险的特点和规律，总结、积累防突技术实践经验后，再延深开采深度。

对于生产的突出矿井，本条要求中型及以上矿井的最大开采深度不得超过1200 m。从当前全国的防突技术水平看，具有较高技术力量的煤矿是能够满足1000 m深井的防突技术要求的。经过综合技术论证、更严密的技术管理和足够的安全投入，1200 m以浅矿井的防突工作也基本能够达到安全生产的要求。但煤层突出危险性越高，意味着对煤层更小的扰动就能引发相当大的突出，而在深度超过1200 m的深井向煤层打钻孔诱发突出的风险将可能达到难以接受的程度，何况实施满足防突要求钻孔的技术难度也将超出现有装备的能力。因此，综合考虑当前的能源需求形势和防突技术发展水平，要求中型及以上突出矿井的开采深度不得超过1200 m。

对于小型的突出生产矿井，由于其资源条件、技术能力等所限，规定其开采深度不得超过600 m。结合《规程》第八十六条“新建、改扩建小型矿井开采深度不应超过600 m”的规定，所有小型的突出矿井，包括新建、改扩建、延深、生产的小型突出矿井的开采深度均不应超过600 m。

此条规定对于当前进行的供给侧结构性改革和去过剩产能等具有现实意义。

此外，国家发展改革委、国家安全监管总局、国家能源局、国家煤矿安监局《关于加强煤矿井下生产布局管理控制超强度生产的意见》（发改运行〔2014〕893号）中提出："新建大中型矿井开采深度（第一水平）不应超过1000 m"。针对此项要求，再考虑突出矿井存在煤层的突出危险性随着开采深度的增加而加重的规律，提出了新建突出矿井第一生产水平开采深度不超过800 m的规定。

本次修订做了两方面调整，一是对突出生产矿井的开采深度按不同类型，提出不同的要求，这与《规程》第八十六条的规定相统一。二是增加了"小型的突出生产矿井开采深度不得超过600 m"的规定。一般来讲，开采深度小于300 m的煤矿防突工作难度较小，只要认真执行《防治煤与瓦斯突出细则》的各项措施和要求，不偷工减料、弄虚作假，就能够达到较好的安全生产目标。开采深度为300～600 m的矿井，就需要有丰富防突经验的煤矿技术和管理人员。但如前所述，只有煤矿具有较高水平的技术力量、更高的防突投入，才能保证600～1000 m深井的防突技术措施得到有效、可靠地实施，而这是一个不具有规模效益、难以聚集较高水平技术力量的小型煤矿所难以达到的。因此，增加这一规定要求是必要的。

**第一百九十一条** 突出矿井的防突工作必须坚持区域综合防突措施先行、局部综合防突措施补充的原则。

区域综合防突措施包括区域突出危险性预测、区域防突措施、区域防突措施效果检验和区域验证等内容。

局部综合防突措施包括工作面突出危险性预测、工作面防突措施、工作面防突措施效果检验和安全防护措施等内容。

突出矿井的新采区和新水平进行开拓设计前，应当对开拓采区或者开拓水平内平均厚度在0.3 m以上的煤层进行突出危险性评估，评估结果作为开拓采区或开拓水平设计的依据。对评估为无突出危险的煤层，所有井巷揭煤作业还必须采取区域或者局部综合防突措施；对评估为有突出危险的煤层，按突出煤层进行设计。

突出煤层突出危险区必须采取区域防突措施，严禁在区域防突措施效果未达到要求的区域进行采掘作业。

施工中发现有突出预兆或者发生突出的区域，必须采取区域综合防突措施。

经区域验证有突出危险，则该区域必须采取区域或者局部综合防突措施。

按突出煤层管理的煤层，必须采取区域或者局部综合防突措施。

在突出煤层进行采掘作业期间必须采取安全防护措施。

【解读】本条是关于防突工作基本程序、内容与原则的规定。

制定本条文的目的在于突出矿井的防突工作必须坚持区域综合防突措施先行、局部综合防突措施补充的原则，即通过执行规定的防突程序将有突出危险煤（岩）区域转变为无突出危险煤（岩）区域，将有突出危险煤（岩）工作面转变为无突出危险煤（岩）工作面，实现无突出危险条件下的安全生产。

突出生产矿井防治突出程序按图3－15执行。

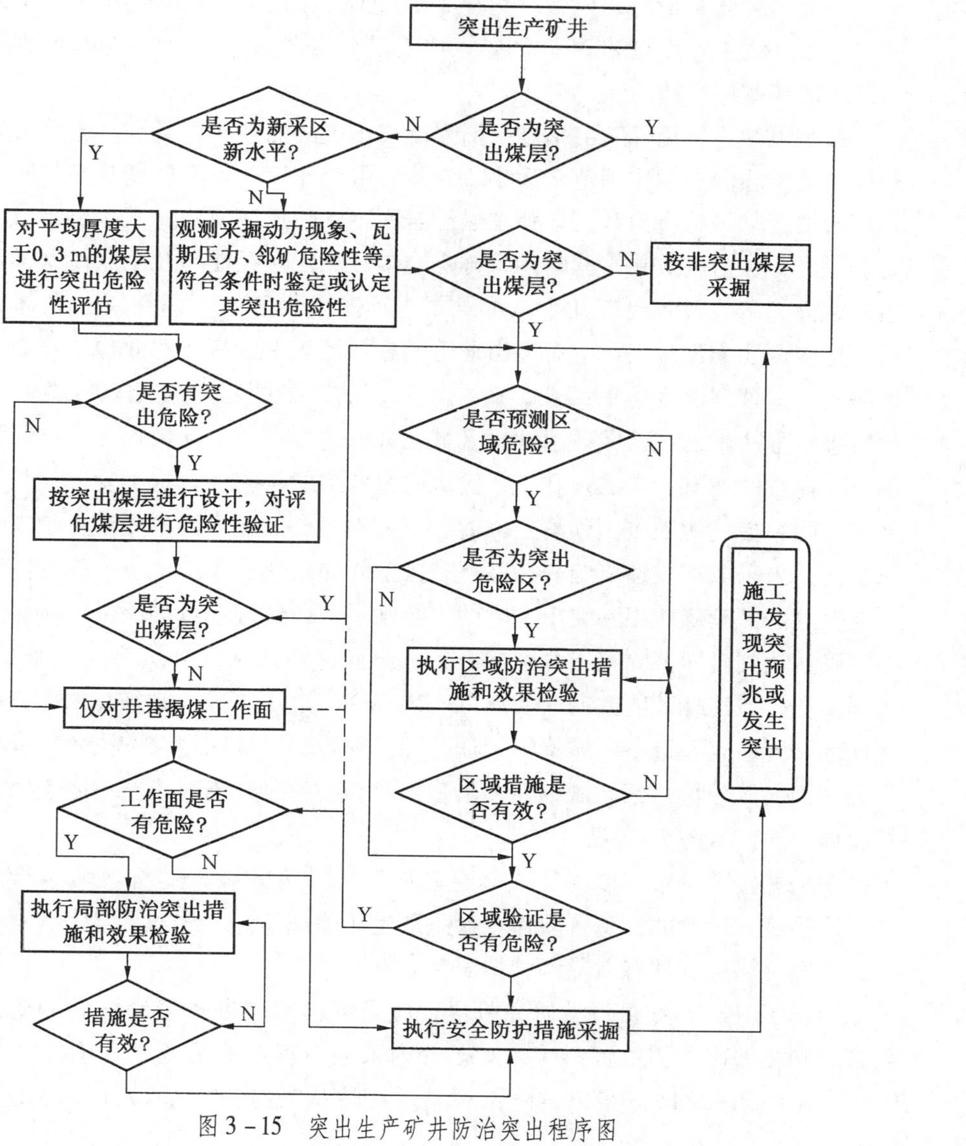

图3－15　突出生产矿井防治突出程序图

在突出煤层的突出危险区首先必须采取区域综合防突措施，其内容及其程序为：①区域突出危险性预测→②区域防突措施→③区域措施效果检验→④区域验证。在区域验证达标区域方允许进行采掘工作。但在采掘过程中，还必须每前进10～50 m至少进行2次区域验证，只要区域验证发现有突出危险，必须补充实施局部或区域综合防突措施，这就是区域综合防突措施先行，局部综合防突措施补充。

局部综合防突措施的内容及其程序是：①工作面突出危险性预测→②工作面防突措施→③工作面措施效果检验，④安全防护措施，后者是在所有的程序中都必须采取的基本措施。

总结以往采取局部防突措施仍然发生突出事故的最主要教训，原因首先在于局部防突措施的有效作用范围太小，它没有将工作面附近在区域范围尺度上的松软煤岩的超临界地应力和瓦斯弹性潜能全面降到临界值以下，其次出于技术、从简等考虑，在措施效果检验时的采样点或参数测定点只能是几个点，这样得到的指标达标的结果只能代表几个点的结果，不能代表区域范围空间上全部点的结果，这样可能会出现实际上有突出危险的超标区域因没有布置效检钻孔而没有被检测到，这种情况发生的突出，就成了所谓的“低指标”突出，补救、发现这种隐患的方法就是在区域效检达标区域在采掘过程中，必须根据突出危险程度的不同，连续的或有间隔的布孔进行区域防突效果的再验证，这个验证就是实施局部综合防突措施的工作面预测。因此，更科学、合理、可行的做法就是在煤层采掘之前，先采取区域性措施，在区域范围空间先将超临界的地应力弹性能和瓦斯潜能普遍降低到确能根除突出危险的安全水平，并经过选点抽检进行实际参数检测，确认达到全面消除突出危险标准后，再允许在达标区域进行煤层采掘工作。为预防在区域达标范围内的未检点万一出现突出危险情况，必须在采掘进程中对达标区布置检查孔进行区域指标验证，即必须采取局部综合防突措施的局部预测作为发现区域效检达标区域存在突出隐患的必要手段，当检出突出隐患时应实施补救局部或区域防突措施。

在采掘接替紧张时期，往往会在区域防突措施效果未达标区域进行采掘作业，这是极其危险的，是冒险作业，是严重的违规行为，故应严禁。

按突出煤层管理有以下两种情况：

（1）新建矿井在可行性研究阶段，应当依据地质勘探资料、同一矿区的地质资料和相邻矿井相关资料等，对矿井内采掘工程可能揭露的所有平均厚度在0.3 m以上的煤层进行突出危险性评估，评估认为有突出危险性煤层的新建矿井，建井期间应当对开采煤层及其他可能对采掘活动造成威胁的煤层进行突出危险性鉴定；未进行突出危险性鉴定的，按突出煤层管理。

（2）非突出矿井或者突出矿井的非突出煤层，在采掘过程中出现瓦斯动力现象或者相邻矿井开采的同一煤层发生突出或煤层瓦斯压力达到 0.74 MPa 以上的，该煤层应当立即按照突出煤层管理。

**第一百九十二条** 突出矿井必须确定合理的采掘部署，使煤层的开采顺序、巷道布置、采煤方法、采掘接替等有利于区域防突措施的实施。

突出矿井在编制生产发展规划和年度生产计划时，必须同时编制相应的区域防突措施规划和年度实施计划，将保护层开采、区域预抽煤层瓦斯等工程与矿井采掘部署、工程接替等统一安排，使矿井的开拓区、抽采区、保护层开采区和被保护层有效区按比例协调配置，确保采掘作业在区域防突措施有效区内进行。

**【解读】** 本条是关于突出矿井采掘部署和编制区域防突措施规划、年度实施计划的规定。

本条的目的一是要求突出矿井的采掘部署必须有利于区域防突措施的实施，二是要求突出矿井必须编制区域防突措施规划和年度实施计划，以确保采掘作业在区域防突措施有效区内进行。

突出矿井应当做好防突工程的计划和实施，煤层群突出矿井的保护层开采或单一煤层突出矿井的预抽煤层瓦斯等区域防突措施工程的采掘部署必须合理，要求煤层的开采顺序、巷道布置、采煤方法、采掘接替等都能做到有利于区域防突措施的实施。

实现合理的采掘部署，要加强矿井的开拓、瓦斯预抽、保护层开采等工作。实现水平延深、开拓、预测、瓦斯预抽、采区准备、保护层开采六个超前，即开拓超前于预测、预抽超前于准备、准备超前于保护层开采、保护层开采超前于主采。以主采保效益、以瓦斯保利用；掌握水平煤量、开拓煤量、准备煤量、回采煤量、安全煤量、可开采的安全煤量及其可采期；保证保护层工作面、主采煤层工作面、采区和水平的正常接替。

煤层群突出矿井要形成六超前的部署，健全开拓区、准备区、回采区互不干扰的独立系统，实现准备区超前于保护层开采区、保护层开采区超前于主采层开采区，避免集中布置、集中开采，预防突出事故。

煤层群突出矿井最可靠、最有效的防突措施是优先开采保护层。只有在保护层开采之后，才能进入突出煤层进行巷道布置和开采。这就是说突出煤层的储量是有突出危险的煤量，只有通过保护层开采，变成了安全煤量之后方准采掘。煤层群突出矿井有利于区域防突措施的实施的开采顺序是先开采保护层，然后在受到保护的区域内开采被保护层的安全煤量；单一煤层突出矿井因无保护层，最合理的巷道布置是在煤层的底板布置底抽岩巷，以便打上向穿层钻孔实施区域防突措施。

突出矿井必须根据矿井生产采掘计划，结合区域预测所划分的突出危险区，制定出矿井的年度、季度、月份防治突出计划。其目的是将区域综合防突工作纳入矿井的正常生产计划中，以便加强对防突工作的管理。此外还要把防突计划和矿井采掘计划结合起来，调整好矿井的开采程序，合理搭配保护层工作面、主采、卸压煤层工作面，为突出煤层区域治理留足空间和时间，从而保证矿井生产接替不失调。

非突出矿井要求采用三个煤量（开拓煤量、准备煤量、回采煤量）来衡量采掘部署的合理性，其指标要求达到开拓煤量大于3年，准备煤量大于1年，回采煤量大于3个月。而突出矿井突出煤层的采掘工作，只允许在已采取了区域防突措施，并使突出煤层的这一区域经区域防突措施效果检验达标成为“安全煤量”的区域进行。区域防突措施的煤层瓦斯预抽工程需要划定的空间和时间。为了保障安全生产，突出矿井的作业头（面）数量受限、掘（推）进速度受限，生产集中度受限。因此，突出矿井的合理采掘部署对“三个煤量”的指标要求必须提高，开拓煤量宜在5年以上，准备煤量宜在2年以上，回采煤量宜在1年以上。此外，还必须有安全煤量要求，安全煤量是反映突出矿井生产接续的一项重要指标，安全煤量的控制指标应大于回采煤量，介于回采煤量和准备煤量之间较为合理。

**第一百九十三条** 有突出危险煤层的新建矿井及突出矿井的新水平、新采区的设计，必须有防突设计篇章。

非突出矿井升级为突出矿井时，必须编制防突专项设计。

**【解读】** 本条是关于有突出危险煤层的新建矿井及突出矿井的新水平、新采区的防突设计的规定。

本条的目的要求：

（1）有突出危险煤层的新建矿井设计，必须有防突设计专篇，突出矿井的新水平、新采区的设计，必须有防突设计专章。

（2）对非突出矿井升级为突出矿井时，作出必须编制防突专项设计的规定，既体现了对突出矿井的统一要求，也强制性地落实了对所有突出矿井都必须编制防突专项设计的基本要求。

**第一百九十四条** 突出矿井的防突工作应当遵守下列规定：

（一）配置满足防突工作需要的防突机构、专业防突队伍、检测分析仪器仪表和设备。

（二）建立防突管理制度和各级岗位责任制，健全防突技术管理和培训制度。突出矿井的管理人员和井下作业人员必须接受防突知识培训，经培训合格后方可上岗作业。

（三）加强两个“四位一体”综合防突措施实施过程的安全管理和质量管控，实现质量可靠、过程可溯、数据可查。区域预测、区域预抽、区域效果检验等的钻孔施工应当采用视频监视等可追溯的措施，并建立核查分析制度。

（四）不具备按照要求实施区域防突措施条件，或者实施区域防突措施时不能满足安全生产要求的突出煤层、突出危险区，不得进行采掘活动，并划定禁采区。

（五）煤层瓦斯压力达到或者超过 3 MPa 的区域，必须采用地面钻井预抽煤层瓦斯，或者开采保护层的区域防突措施，或者采用井下顶（底）板巷道远程操控方式施工区域防突措施钻孔，并编制专项设计。

（六）井巷揭穿突出煤层必须编制防突专项设计，并报企业技术负责人审批。

（七）突出煤层采掘工作面必须编制防突专项设计。

（八）矿井必须对防突措施的技术参数和效果进行实际考察确定。

**【解读】**本条是关于防突的机构人员、管理制度、质量管控措施、采掘工作面技术措施编制以及对某些条件下的区域防突措施选择等的规定。

1. 防突机构、队伍、人员与设备

煤与瓦斯突出防治是专业性、技术性很强的一项工作，其工艺要求与一般的生产差异很大，实施的效果需要专门的指标和测定过程、仪器来验证。最为关键的是，防突作业的技术掌握、质量控制非常重要，任何疏忽或者差池，极有可能造成重大经济损失，甚至是重特大煤与瓦斯突出事故。因此，煤矿应设有职能部门并赋予其管理防突的技术和日常业务职责，让防突业务能有人进行全过程地综合管理，建立能更好掌握防突作业技术要求和特点的专业防突队伍。专业防突队伍主要包括防突工、瓦斯抽采队等。

此外，突出源于煤体内部，必须配备专门的仪器设备才能进行探查、分析，例如测定煤层瓦斯参数、工作面突出危险性指标的仪器等。因此，突出矿井应当配备满足防突工作所需要的设备。

2. 防突管理制度和防突培训

防突是非常复杂的任务，仅靠某项技术难以从根本上解决问题，而要系统化管控、层层把关，防突的管理制度就成为非常重要、必不可少的内容。根据《防治煤与瓦斯突出细则》第三十五条的规定：

（1）有突出矿井的煤矿企业主要负责人应当每季度、突出矿井矿长应当每月至少进行1次防突专题研究，检查部署防突工作，解决防突所需的人力、财力、物力，确保抽、掘、采平衡和防突措施的落实。

（2）有突出矿井（煤层）的煤矿企业、煤矿应当建立防突技术管理制度，煤矿企业技术负责人、煤矿总工程师对防突工作负技术责任，负责组织编制、审批、检查防突工作规划、计划和措施。

（3）煤矿企业、煤矿的分管负责人负责落实所分管范围内的防突工作。

（4）煤矿企业、煤矿的各职能部门负责人对职责范围内的防突工作负责；区（队）长、班组长对管辖范围内防突工作负直接责任；瓦斯防突工对所在岗位的防突工作负责。

（5）煤矿企业、煤矿的安全生产管理部门负责对防突工作的监督检查。

鉴于在做好防突各项工作中人的重要性，本条在提出建立管理制度的同时，还要求对各类人员进行相关培训，突出矿井的管理人员和井下作业人员接受防突知识的培训，并经考核合格后方可上岗作业。根据《防治煤与瓦斯突出细则》第四十一条的规定，各类人员的培训应当达到以下要求：

（1）突出矿井的井下工作人员的培训包括防突基本知识以及与本岗位相关的防突规章制度。

（2）突出矿井的区（队）长、班组长和有关职能部门的工作人员应当全面熟悉两个“四位一体”综合防突措施、防突的规章制度等内容。

（3）突出矿井的防突工属于特种作业人员，必须接受防突知识、操作技能的专门培训，并取得特种作业操作证。

（4）有突出矿井的煤矿企业技术负责人和突出矿井的矿长、总工程师应当接受防突专项培训，具备突出矿井的安全生产知识和管理能力。

**【案例】**2019年12月16日23时10分，贵州省黔西南州安龙县戈塘镇广隆煤矿21202运输巷掘进工作面发生一起煤与瓦斯突出事故，造成16人死亡、1

人受伤，直接经济损失约 2311 万元。重要原因之一是煤矿矿长、总工程师均只有从事低瓦斯矿井工作的经历，且未参加过防突知识专门培训，对防突知识不了解;在井下出现明显突出预兆后,未立即停产撤人;煤矿专业技术人员配备不足,仅有总工程师和通防副总工程师两名专业技术人员,且均无防突工作经验及能力。

3. 防突过程管控

随着煤矿突出防治技术的不断发展，现有技术已经达到了相当高的防突可靠性。但对近期仍屡有发生的突出事故分析发现，最大的问题出在防突措施的实施质量方面，现场管理不力、措施执行不到位，致使防突效果大打折扣，不能有效防止突出的发生。因此，本条规定：应当加强两个“四位一体”综合防突措施实施过程的安全管理和质量管控，实现质量可靠、过程可溯、数据可查。区域预测、区域预抽、区域效果检验等的钻孔施工应当采用视频监视等可追溯的措施，并建立核查分析制度。

《防治煤与瓦斯突出细则》也有相关要求。第四十四条规定：突出矿井应当详细记录突出预测、防突措施实施、措施效果检验、区域验证等关键环节的主要信息，并与视频监控、仪器测量、抽采计量等数据统一归档管理，并至少保存至相关区域采掘作业结束。第四十七条规定：区域预测、区域预抽、区域效果检验等钻孔施工应当采用视频监控等手段检查确认钻孔深度，并建立核查分析制度。

**【案例】** 2019 年 11 月 25 日 3 时 7 分，贵州万峰矿业有限公司织金县三甲乡三甲煤矿四盘区 41601 运输巷掘进工作面发生一起煤与瓦斯突出事故，造成 7 人死亡、1 人受伤，直接经济损失 1312 万元。未按规定开展工作面突出危险敏感指标测定，瓦斯预抽钻孔施工记录和瓦斯抽采达标评判弄虚作假，安全监控系统人为造假是其重要原因。

4. 禁采区

本条提出了“禁采区”的概念。对于没有条件按有关规定实施区域防突措施的区域，有不少人会认为是法规对措施的要求过高，甚至认为在这样的区域适当放松要求是合理合法的，这是完全错误的认识。

我国煤矿的煤层条件千差万别，但无论是哪种条件的区域或煤层，能否进行采掘的前提是按要求实施了有效的区域防突措施，而不是先假定了某区域必须要采掘，再来寻找有哪些可实施的措施。如果在现有的规定中找不到，这样的区域在当前的技术水平下就是禁采区。

5. 突出危险性大的煤层防突措施要求

突出危险性大的煤层意味着对煤层较小的扰动即可能发生大规模的突出，尤其当瓦斯压力达到或超过 3 MPa 时，这种效应将更严重。在这种情况下，即使在煤层内或距离煤层较近的地点实施区域措施时，也将面临一定的安全风险。为此，本条要求在煤层瓦斯压力达到或超过 3 MPa 的区域，应先期在地面进行一定的预抽，适当降低瓦斯压力、含量，或者直接采用开采保护层的措施，或者采用井下顶(底)板巷道远程操控方式施工区域防突措施穿层钻孔等,以便降低实施区域措施时作业人员的安全风险。为保证相关工作的有效进行,应当编制专项设计。

6. 井巷揭煤要求

国内外突出统计表明，井巷揭煤工作面的突出强度普遍大于煤巷掘进和采煤工作面。原因是煤巷采气掘作业过程中，前方的煤体应力、瓦斯都通过掘进断面、回采煤壁进行了一定程度的逐渐释放，即使发生突出，其强度也会显著降低。而对于石门揭煤工作面,因岩柱的阻隔和强力支撑,使其前方煤体在被突然揭开前一直处于原始煤层的高应力、高瓦斯压力及含量水平,揭煤前后的应力、瓦斯变化梯度更陡。在同样的煤层条件下,石门揭煤工作面发生的突出危险性大、频率高,而且突出的煤岩量多、瓦斯量大,国内五千吨以上的特大型突出绝大多数都是石门突出。故其防突设计及其施工必须慎之又慎,应有更严格的要求。因此,本条提出“必须编制防突专项设计,并报企业技术负责人审批”的强制性规定。

7. 防突专项设计

实施局部“四位一体”综合防突措施，是突出煤层采掘工作面生产中的工作量很大、安全风险高、又特点突出的一项作业，其技术要求不能仅仅包含于工作面采掘作业规程之中，而必须起草、审批一个专项的防突技术措施。同时，防突技术法规对于采掘工作面防突措施仅提出了一般性的要求，而即使同一个突出煤层在不同区域的瓦斯参数、煤层厚度、倾角、构造都可能会有较大的差异或变化。这就需要每个采掘工作面在防突措施的选择、布置参数的优化、实施过程的管控、效果检验指标的选取等方面，均应提出适应这些变化的具体方案。因此，突出煤层采掘工作面必须编制防突专项设计，详细、具体提出防突各个环节、各项作业的要求。

8. 防突措施技术参数和效果实际考察

防突措施的技术参数及其效果指标，包括钻孔间距、抽放时间、有效半径、残余瓦斯压力、含量等，是防突措施设计的主要依据。只有合理选取这些参数才能保证防突措施在对应范围、要求时间内达到预期的防突效果。但实践证明，煤层在同一区域内不同地点的瓦斯赋存参数、地质构造、煤层厚度等可能呈现较大的变化，而且受采掘接替的影响，各个工作面给予防突措施实施的时间也有差异。因此,需要对不同瓦斯参数、构造特点等条件下,防突措施的效果等随时间的变化规律及其有效参数进行考察,才能设计出合理的、适合各区域条件的防突措施。

需要指出的是，本条“防突措施的技术参数”不宜简单化地认为是单一的有效半径数值，而应该是在不同瓦斯参数、构造特点下的一套参数。

本次修订在2016版《规程》的基础上，做了诸多修改。修改主要考虑到与《防治煤与瓦斯突出细则》相协调，总结我国煤矿突出防治先进经验，充分吸取近期突出事故教训。主要修改了以下内容：

（1）增加了防突机构、队伍、人员与设备的规定。

（2）增加了防突管理制度和防突培训的规定。

（3）增加了防突过程管控规定，要求实现质量可靠、过程可溯、数据可查。近年来的事故表明，区域和局部防突措施实施不到位是导致突出事故发生的重要原因，如钻孔施工不到位、出现顶钻、喷孔等突出预兆不报告，预测、检验和验证测定的数据不真实，瓦斯抽采计量不准确等。

（4）增加了划分禁采区的规定。

（5）增加了突出危险性大的煤层区域防突措施要求及编制专项措施规定。主要针对煤层瓦斯压力达到或超过3 MPa的区域，实施区域措施无法保障防突安全的限制性开采问题。

**第一百九十五条** 突出矿井的采掘布置应当遵守下列规定：

（一）主要巷道应当布置在岩层或者无突出危险煤层内。突出煤层的巷道优先布置在被保护区域或者其他无突出危险区域内。

（二）应当减少井巷揭开（穿）突出煤层的次数，揭开（穿）突出煤层的地点应当合理避开地质构造带。

（三）在同一突出煤层的集中应力影响范围内，不得布置2个工作面相向回采或者掘进。

**【解读】**本条规定了突出矿井采掘布置的原则。

突出矿井的主要巷道布置在岩层或非突出煤层内的目的与意义是：

（1）主要巷道位置没有突出危险，在主要巷道施工中避免突出事故的发生，不仅减少防突费用及其工程，而且施工速度快，工期有保障。

（2）可以利用该巷道直接实施区域防突措施。

（3）有利于准确实测突出煤层瓦斯压力等突出危险参数，为科学、合理、有效防治突出和瓦斯治理奠定可靠参数依据。

突出煤层的巷道优先布置在被保护区域或其他非突出危险区域内，掘进时不需要再采取防突措施，降低了掘进成本，可适当提高掘进速度，减少巷道维护工程量，简化了生产管理。

从突出事故危险性方面分析，井巷揭穿突出煤层发生的突出频率比沿突出煤层采掘发生的突出频率高，突出强度也比沿突出煤层采掘发生的突出强度大，伤亡人数比沿突出煤层采掘发生的突出多；从井巷揭穿突出煤层的安全工程难度及工程量等方面分析，井巷揭穿突出煤层要比沿突出煤层采掘采用的防突措施多，工艺更复杂，工序更严格，工程量更大，工期更长，人力、物力投入都更高，安全工程量更大。因此，从安全与生产两方面分析，都要求尽量减少井巷揭穿突出煤层的次数。

本条要求突出矿井的主要巷道布置在岩层或非突出煤层内，为了布置采煤工作面而进行煤巷施工时，不可避免地要揭穿突出煤层，这就相应地增加了揭穿煤层次数。为减少揭煤次数，可采用许多突出矿井的做法，即在突出矿井的采区已设计的轨道大巷、运输大巷和回风大巷均位于岩层内的条件下，可另外再增加一条沿煤层的回风巷作为减少揭煤次数的巷道。显然，在该煤巷施工前，应对该巷所在区域的煤层突出危险性进行区域预测，预测结果如有突出危险，必须实施区域综合防突措施，如无突出危险，则每掘进 10 ~ 50 m 采用工作面预测方法进行区域验证，当验证有突出危险时应该采取局部或区域综合防突措施。

突出事故教训表明，在地质构造带揭煤比一般揭煤更危险。这是因为地质构造带可能存在残余构造应力，这增加了发动突出的动力条件；地质构造带不仅煤岩破碎，强度降低，抑制突出的阻力降低，还存在有煤变质程度较强、瓦斯放散初速度较高、瓦斯含量较大的可能，这将更容易发生强度更猛烈的大型，甚至是特大型突出。因此揭开（穿）突出煤层的地点应合理避开地质构造带。

理论与实践都证明，在同一突出煤层的集中应力影响范围内，有两个工作面相向回采或掘进时，将在两个工作面前方煤体内都会形成由两个集中应力叠加而成的应力集中系数非常高的集中地应力，这不仅将增高突出危险性，而且会加大突出强度，这是极其危险的。因此，在同一突出煤层的集中应力影响范围内，不得布置 2 个工作面相向回采或掘进。

**【案例】** 1967 年，北票三宝一井的 9B 煤巷掘进工作面向前方的 $3^1/_2$ 煤门掘进，当两个工作面距离为 12 m 时，9B 煤巷掘进工作面爆破诱发突出，致 12 m 煤柱全部摧毁，两个工作面被突出孔贯通，两巷都堆积有突出煤，突出煤量达 1500 t，突出瓦斯量超过 10 万 $m^3$。经过研究发现，两巷掘进工作面前方集中应力叠加的高地应力，与地质构造力的再叠加形成的极高应力，以及深度变质煤的高瓦斯含量是造成这次特大型突出的主要原因。

**第一百九十六条** 突出煤层的采掘工作应当遵守下列规定：

（一）严禁采用水力采煤法、倒台阶采煤法或者其他非正规采煤法。

（二）在急倾斜煤层中掘进上山时，应当采用双上山、伪倾斜上山等掘进方式，并加强支护。

（三）上山掘进工作面采用爆破作业时，应当采用深度不大于 1.0 m 的炮眼远距离全断面一次爆破。

（四）预测或者认定为突出危险区的采掘工作面严禁使用风镐作业。

（五）在过突出孔洞及其附近 30 m 范围内进行采掘作业时，必须加强支护。

（六）在突出煤层的煤巷中安装、更换、维修或者回收支架时，必须采取预防煤体冒落引起突出的措施。

**【解读】** 本条是关于突出煤层采掘工作的规定。

水力采煤法、倒台阶采煤法或者其他非正规采煤法在采煤过程中都普遍存在上方及周围悬露煤岩体或者没有支护或者不能及时支护的问题，容易冒顶片帮诱发突出。水力采煤等冲击震动会引起煤岩体应力及其梯度的剧烈变化和瓦斯压力及其梯度的增高，这都加大了突出危险；倒台阶采煤工作面的隅角集中应力高、瓦斯压力梯度大、上悬煤体的自重力等都是突出易发生的有利条件。

非正规采煤法是指采煤工作面没有形成运输、通风等正规生产系统及两个以上安全出口的情形，现场更多地表现为巷道式采煤，容易发生片帮冒顶诱发突出事故，这种方法因为没有抗灾系统，缺乏抗灾能力，一旦发生突出不仅遇难人员难以自救而且应急救援也非常困难。故严禁采用水力采煤法、倒台阶采煤法或者其他非正规采煤法。

**【案例】** 2002 年，湖南娄底新化县新源煤矿发生重大突出事故，瓦斯逆流直达进风井，从主井冲出黑烟，时间长达 2 min，井下 18 人无一生还。事故工作面采用巷道式非正规采煤方法，发生事故时，该矿沿煤层底板推进的巷道式采煤工作面遇到地质构造变化，煤层变厚，煤质变软。

急倾斜突出煤层煤质松软，受地应力及煤体自重作用，容易发生由冒顶而诱发的突出；冒顶或突出的煤顺上山而下，极易将上山下部出口堵塞，中断通风，形成瓦斯聚集；工作人员难以从现场撤离，易被冒落或突出的煤埋没、砸伤或窒息而死亡。急倾斜煤层采用双上山掘进时,2 个上山之间应开联络巷,联络巷间距应不大于 10 m,上山与联络巷只准许 1 个工作面作业。双上山之间有多个联络巷,这不仅对遇险人员的逃生与自救增加了生还条件而且对应急救援也具有重要意义。

急倾斜突出煤层上山采用伪倾斜上山掘进，既可减轻煤体自重对冒顶或突出的作用，同时又方便人员逃生。煤质硬的急倾斜突出煤层上山施工方式可以考虑先行采用大直径钻孔打穿突出煤层的整个阶段高度，形成通风系统后，再刷大钻孔至所需要的断面，在刷大断面成巷时必须加强支护。

急倾斜突出煤层的重要特性是位于重力场内的上悬煤岩体自重重力持续作用与显现，对其失控，不仅会产生片帮冒顶事故，而且会诱发更加严重的突出事故。因此,在上山设计、施工及其管理中必须强调支护强度、支护及时与支护质量。

远距离全断面一次爆破既可较圆满地完成上山掘进工作面最危险的落煤作业，又能在万一不测情况下发生突出时，因为爆破人员已事先撤到距突出点足够远、瓦斯逆流达不到的安全地点，避免受到突出伤害，做到万一突出但不伤人。

撤人距离一定要留有余地,可根据上山掘进工作面的突出危险程度、以往突出逆流距离、矿井通风系统及其设施的抗灾能力以及安全避险设施布局等因素确定。

风镐作业时产生的冲击力、与煤岩疲劳破坏频率相共振的震动频率以及挖掘煤体破坏地应力平衡的动载荷等作用都会使处于临界应力状态下的煤岩体发生片帮、冒顶、底鼓进而诱导突出。因此，预测或者认定为突出危险区的采掘工作面必须严禁使用风镐作业。

**【案例】**2012 年，贵州盘南公司响水煤矿河西采区 1135 运输巷掘进工作面发生违规使用风镐挖掘迎头下部斜脚煤体时诱发重大突出事故，23 人死亡，突出煤量约 490 t，瓦斯量约 45000 $m^3$。

经分析论证认为事故的直接原因是 3 号煤层为突出煤层，1135 运输巷掘进工作面遇煤层变厚、裂隙和错动、煤质变软，巷道下帮抽采钻孔控制范围不符合规定，钻孔验收不规范，区域效果检验方法不符合规定，抽采未达标，在突出煤层中违规使用风镐挖迎头底煤时诱发突出事故。

过突出孔洞是一项较为复杂的工作，特别是突出强度较大的孔洞，困难更多。煤层赋存条件不同,突出孔洞的发展也不同,通常突出危险煤层的厚度越小,倾角越缓、煤越硬,突出强度越小,突出孔洞比较容易穿过,反之,就比较困难。

突出孔洞缺少支撑存在有垮塌危险；其周围一定范围存在集中应力影响煤体的稳定性；孔洞内的碎煤在尚未压实之前不仅是松散的而且还有流动性，在清理装车作业中，碎煤矸会不断地往下流动，当流动边缘扩展到巷道轮廓线时，如不及时采取止流措施，可能会因孔洞悬露面积过大而发生冒顶事故，甚至由冒顶诱发二次突出。通常情况下，突出强度在100 t左右时，突出孔洞的影响范围可达到30 m。因此，在突出孔洞附近30 m范围内进行采掘作业时，必须加强支护，强化综合防治突出措施。

在突出煤层煤巷实践表明，在煤巷中安装、更换、维修或回收支架时，悬露煤岩体在一段时间里失去支撑力，平衡被破坏，极易发生冒顶事故，而冒顶的发展可能导致诱发突出事故，因此在突出煤层的煤巷中安装、更换、维修或回收支架时，必须采取诸如先架设好临时支架后再安装、更换、维修支架，预防煤体冒落引起突出的措施。

**【案例】**1985年，松藻煤矿二井+352水平，在突出煤层危险区的报废煤巷内进行回收金属支架期间，未采取预防煤体冒落措施，先发生冒顶、瓦斯涌出量增高和回收支架点瓦斯浓度增大现象，25 min后引发突出，突出煤量700多吨，瓦斯6.8万$m^3$，死亡13人。

**第一百九十七条** 有突出危险煤层的新建矿井或者突出矿井，开拓新水平的井巷第一次揭穿（开）厚度为0.3 m及以上煤层时，必须超前探测煤层厚度及地质构造、测定煤层瓦斯压力及瓦斯含量等与突出危险性相关的参数。

**【解读】**本条是关于有突出危险的新建矿井或开拓新水平首次揭煤时必须探煤并测定煤层突出危险性参数的规定。

有突出危险煤层的新建矿井或者突出矿井开拓新水平虽然在开拓前做过突出预测，但其参数不是现场直接探测和直接实际测定的，其可靠性和准确性既达不到揭煤防突专项设计的要求也达不到区域综合防突措施的要求。同时，首次实测资料也是突出矿井的基础瓦斯资料，对研究矿井瓦斯赋存规律、瓦斯资源及其抽采、矿井瓦斯涌出量预测及矿井通风设计、煤层突出危险性规律及其治理等都是非常重要和必需的，所以做出该规定。

石门揭开突出危险煤层前的突出危险性预测方法有综合指标法、钻屑瓦斯解吸指标法或者其他经试验证实有效的方法，这些预测方法中涉及的综合指标$D$与$K$、钻屑解吸指标$\Delta h_2$和$K_1$以及防突钻孔有效影响半径等参数，都与瓦斯压力、瓦斯含量、煤的坚固性系数、瓦斯放散初速度、开采深度等有关。此外，煤层突出危险也与煤层厚度及地质构造等密切相关，因此对有突出危险的新建矿井或者突出矿井开拓新水平的井巷首次揭穿（开）厚度为0.3 m及以上煤层时，必须超前探测与煤与瓦斯突出有关的相关参数，以便确定煤层实际的突出危险性和采取有针对性的防突措施，以确保石门揭煤过程的生产安全。

**第一百九十八条** 在突出煤层顶、底板掘进岩巷时，必须超前探测煤层及地质构造情况，分析勘测验证地质资料，编制巷道剖面图，及时掌握施工动态和围岩变化情况，防止误穿突出煤层。

**【解读】** 本条是关于突出煤层顶底板岩巷掘进预防误穿突出煤层的规定。

制定本条的目的是防止岩巷误穿突出煤层而诱发突出事故。在突出煤层的顶、底板掘进岩巷时，必须保证岩巷距突出煤层有一定的安全距离（其距离视煤层顶、底板岩性、地质构造复杂程度及煤层突出危险性而定）。为确保该安全距离，必须采用钻探或物探方法超前探明煤层、地质构造情况以及岩巷到突出煤层法线距离，分析勘测验证地质资料，编制巷道剖面图，及时控制施工安全动态情况。如果探测到法线距离不足 7 ~ 10 m 时，应保持有 7 m 以上的法线距离来实施穿层钻孔条带预抽区域综合防突措施。

在突出煤层的顶底板掘进岩巷时，矿井地测部门必须定期勘测验证提供的地质资料，掌握施工动态和围岩变化情况，预防误穿煤层。

**【案例】** 1988 年六枝矿务局化处矿一采区 2171 底板抽放岩巷掘进工作面爆破后约 15 min 发生延期性突出，造成 10 人死亡 35 人受伤。该岩巷工作面掘进至地质构造带前，没有超前探测煤层及地质构造等情况；掘进进入地质构造带后，底板岩巷距突出危险煤层的垂距减小，工作面前方又遇到一个未知的落差为 2.5 m 的断层，致岩巷与突出煤层之间的岩柱仅剩 2.1 m，没有采取防突措施，导致误穿突出煤层事故。

**第一百九十九条** 有突出矿井的煤矿企业应当填写突出卡片、分析突出资料、掌握突出规律、制定防突措施；在每年第一季度内，将上年度的突出资料报省级煤炭行业管理部门。

**【解读】** 本条是关于有突出矿井的煤矿企业填写突出卡片、分析掌握突出规律及突出资料报送的规定。

突出卡片是突出事故的原始记录之一，对分析突出事故原因、总结突出发生规律、制定有效防突措施以及提供职工素质的教育培训等都具有重要意义。因此，企业应该做好突出及其防治资料的管理。

防突资料管理的主要要求如下：

（1）突出后，矿井防突机构指定专人进行现场调查，认真填写突出卡片，提交专题调查报告，分析突出发生原因，总结经验教训，提出对策措施。

（2）每年第一季度将上一年度突出基本情况调查表（表3－5）、突出记录卡片（表3－6）、矿井突出汇总表（表3－7）和总结报告等报省级煤炭行业管理部门、煤矿安全监管部门和驻地煤矿安全监察机构。

表3－5　突出矿井基本情况调查表

<table>
<tr><td colspan="2">矿井设计能力/t</td><td></td><td rowspan="3">首次突出</td><td colspan="4">时间</td><td colspan="3"></td></tr>
<tr><td colspan="2">矿井实际生产能力/t</td><td></td><td colspan="4">地点及标高/m</td><td colspan="3"></td></tr>
<tr><td colspan="2">开拓方式</td><td></td><td colspan="4">距地表垂深/m</td><td colspan="3"></td></tr>
<tr><td colspan="2">矿井可采煤层层数</td><td></td><td rowspan="3">突出次数</td><td colspan="7">各类坑道中突出次数/次</td></tr>
<tr><td colspan="2">矿井可采煤层储量/t</td><td></td><td>总计</td><td>石门</td><td>平巷</td><td>上山</td><td>下山</td><td>回采</td><td>其他</td></tr>
<tr><td colspan="2">突出煤层可采储量/t</td><td></td><td></td><td></td><td></td><td></td><td></td><td></td><td></td></tr>
<tr><td rowspan="6">突出煤层及围岩特征</td><td>名称</td><td></td><td rowspan="2">突出最大强度</td><td colspan="4">煤（岩）量/t</td><td colspan="3"></td></tr>
<tr><td>厚度/m</td><td></td><td colspan="4">突出瓦斯量/$m^3$</td><td colspan="3"></td></tr>
<tr><td>倾角/(°)</td><td></td><td colspan="4">千吨以上突出次数</td><td></td><td rowspan="7">采取何种防突措施及其效果</td><td rowspan="7" colspan="2"></td></tr>
<tr><td>煤质</td><td></td><td rowspan="6">其中</td><td colspan="3">石门</td><td></td></tr>
<tr><td>顶板岩性</td><td></td><td colspan="3">平巷</td><td></td></tr>
<tr><td>底板岩性</td><td></td><td colspan="3">上山</td><td></td></tr>
<tr><td rowspan="4">保护层</td><td>类型</td><td></td><td colspan="3">下山</td><td></td></tr>
<tr><td>煤层名称</td><td></td><td colspan="3">回采</td><td></td></tr>
<tr><td>厚度/m</td><td></td><td colspan="3">其他</td><td></td></tr>
<tr><td>距危险层最大距离/m</td><td></td><td rowspan="3" colspan="2">目前正在进行的防治突出的研究课题</td><td colspan="3">主攻方向</td><td colspan="3"></td></tr>
<tr><td rowspan="2">瓦斯压力</td><td>最高压力/MPa</td><td></td><td colspan="3">进展情况</td><td colspan="3"></td></tr>
<tr><td>测压地点距地表垂深/m</td><td></td><td colspan="3">人员及参加单位</td><td colspan="3"></td></tr>
<tr><td colspan="2">煤层瓦斯含量/($m \cdot t^{-1}$)</td><td></td><td rowspan="3" colspan="2">备注</td><td rowspan="3" colspan="6"></td></tr>
<tr><td colspan="2">矿井瓦斯涌出量/($m^3 \cdot min^{-1}$)</td><td></td></tr>
<tr><td colspan="2">有无抽采系统及抽采方式</td><td></td></tr>
</table>

表3-6 煤与瓦斯突出记录卡片

<table>
<tr><td colspan="3">突出日期</td><td colspan="2">年 月 日 时</td><td>地点</td><td colspan="2"></td><td rowspan="9">发生动力现象后的主要特征</td><td>孔洞形状轴线与水平面之夹角</td><td></td></tr>
<tr><td>标高</td><td></td><td>巷道类型</td><td></td><td>突出类型</td><td></td><td>距地表垂深/m</td><td></td><td>喷出煤量和岩石量</td><td></td></tr>
<tr><td colspan="4">突出地点通风系统示意图（注距离尺寸）</td><td colspan="4">突出处煤层剖面图（注比例尺）煤层顶底板岩层柱状图</td><td>煤喷出距离和堆积坡度</td><td></td></tr>
<tr><td rowspan="2">煤层特征</td><td>名称</td><td></td><td>倾角/(°)</td><td></td><td rowspan="2">邻近层开采情况</td><td>上部</td><td></td><td>喷出煤的粒度和分选情况</td><td></td></tr>
<tr><td>厚度/m</td><td></td><td>硬度</td><td></td><td>下部</td><td></td><td>突出地点附近围岩和煤层破碎情况</td><td></td></tr>
<tr><td colspan="5">地质构造的叙述（断层、褶曲、厚度、倾角及其变化）</td><td colspan="3"></td><td>动力效应</td><td></td></tr>
<tr><td colspan="3">支护形式</td><td></td><td colspan="2">棚间距离/m</td><td colspan="2"></td><td rowspan="2">突出前瓦斯压力和突出后瓦斯涌出情况</td><td rowspan="2"></td></tr>
<tr><td colspan="3">控顶距离/m</td><td></td><td colspan="2">有效风量/($m^3 \cdot min^{-1}$)</td><td colspan="2"></td></tr>
<tr><td colspan="3">正常瓦斯浓度/%</td><td></td><td colspan="2">绝对瓦斯量/($m^3 \cdot min^{-1}$)</td><td colspan="2"></td><td>其他</td><td></td></tr>
<tr><td colspan="4">突出前作业和使用工具</td><td colspan="4"></td><td colspan="2">突出孔洞及煤堆积情况（注比例尺）</td><td></td></tr>
<tr><td colspan="4" rowspan="2">突出前所采取的措施（附图）</td><td colspan="4" rowspan="2"></td><td colspan="2">现场见证人（姓名、职务）</td><td></td></tr>
<tr><td colspan="2">伤亡情况</td><td></td></tr>
<tr><td colspan="4">突出预兆</td><td colspan="4"></td><td colspan="3">主要经验教训</td></tr>
<tr><td colspan="4" rowspan="2">突出前及突出当时发生过程的描述</td><td colspan="3" rowspan="2"></td><td>填表人</td><td colspan="2">矿防突机构负责人</td><td>矿技术负责人</td><td>矿长</td></tr>
<tr><td></td><td colspan="2"></td><td></td><td></td></tr>
</table>

表3-7　矿井突出汇总表

| 编号 | 时间 | 地点 | 巷道类别 | 标高/m | 距地表垂深/m | 煤层 | | | 地质构造 | 邻近层开采情况 | | 突出前作业及工具 | 预防措施 | 预兆 | | | | | | | | 突出情况 | | | | |
|---|---|---|---|---|---|---|---|---|---|---|---|---|---|---|---|---|---|---|---|---|---|---|---|---|---|---|
| | | | | | | 层别 | 厚度/m | 角度/(°) | | 未采 | 已采但遗留煤柱 | | | 煤体内声响 | 煤硬度变化 | 煤光泽变化 | 煤层层理变化 | 掉渣及煤面外移 | 支架压力增加 | 瓦斯忽大忽小 | 打钻夹钻喷煤 | 抛出煤量/t | 抛出距离/m | 堆积坡度/(°) | 有无分选 | 突出瓦斯量/$m^3$ |
| | | | | | | | | | | | | | | | | | | | | | | | | | | |
| | | | | | | | | | | | | | | | | | | | | | | | | | | |
| | | | | | | | | | | | | | | | | | | | | | | | | | | |
| | | | | | | | | | | | | | | | | | | | | | | | | | | |
| | | | | | | | | | | | | | | | | | | | | | | | | | | |

煤矿企业负责人：　　　　煤矿企业技术负责人：　　　　防突机构负责人：　　　　填表人：

(3) 有突出的煤矿企业和突出矿井应做好突出资料存档管理。

(4) 煤矿企业每年对全年的防突技术资料进行系统分析总结，提出整改措施。

**第二百条**　突出矿井必须编制并及时更新矿井瓦斯地质图，更新周期不得超过1年，图中应当标明采掘进度、被保护范围、煤层赋存条件、地质构造、突出点的位置、突出强度、瓦斯基本参数等，作为突出危险性区域预测和制定防突措施的依据。

**【解读】**本条是关于突出矿井编制矿井瓦斯地质图的规定。

突出矿井瓦斯地质图是以矿井煤层底板等高线图和采掘工程平面图为地理底图，将地勘以及建矿以来采掘工程揭露和测定的煤层瓦斯压力、瓦斯含量、瓦斯放散初速度 $\Delta p$、煤的坚固性系数 $f$ 值、突出危险综合指标 $K$ 值、钻屑瓦斯解吸指标 $\Delta h_2$、$K_1$、钻孔最大瓦斯涌出初速度 $q_{max}$、钻孔最大钻屑量 $s_{max}$、瓦斯涌出量、瓦斯抽采量、突出日期突出煤岩量及瓦斯量、突出危险区域划分和地质构造等资料按照图例编绘的图。它能集中地展示出煤层采掘和地质勘探过程测试的瓦斯地质信息，可反映矿井地质构造、瓦斯赋存及其涌出规律，显示出瓦斯涌出量预测值、煤层瓦斯压力和含量、煤层突出危险性、瓦斯资源量及其开发技术条件等，是指导突出矿井安全生产；计划和实施区域、局部综合防突措施和瓦斯治理，促进合理采掘接续和煤与瓦斯共采的基础工程图。

突出矿井必须编制矿井瓦斯地质图，并应做到及时更新，更新周期不得超过1年。

**第二百零一条** 突出煤层工作面的作业人员、瓦斯检查工、班组长应当掌握突出预兆。发现突出预兆时，必须立即停止作业，按避灾路线撤出，并报告矿调度室。

班组长、瓦斯检查工、矿调度员有权责令相关现场作业人员停止作业，停电撤人。

**【解读】** 本条是关于突出煤层工作面作业人员、瓦斯检查工、班组长应掌握突出预兆，发现突出预兆时应急处理的规定。

制定本条的目的一是要求突出煤层工作面的作业人员、瓦斯检查工和班组长应具有掌握突出预兆的知识与技能；二是发现突出预兆时，必须立即停止作业，按避灾路线撤出，并报告矿调度室，以避免发生突出事故及伤亡。

突出煤层工作面是指在突出煤层的突出危险区和无突出危险区内的所有作业地点、向突出煤层施工的作业地点、可能诱发突出煤层瓦斯动力现象的顶底板内的作业地点等。

发现突出预兆时，必须立即停止作业，按避灾路线撤出，并报告矿调度室是指任何人发现有突出预兆时，都有权利和责任立即停止作业，按避灾路线撤出，向矿调度室报告。班组长、瓦斯检查工、矿调度员发现或接到报告确认有突出预兆时，无须请示任何人，有权利也有责任立即责令现场作业人员停止作业和撤人，也有权利和责任立即责令相关现场作业人员对该区域按有关规定实施停电。

突出发生前，通常都有多种预兆。突出煤层工作面的作业人员、瓦斯检查工、班组长都应熟悉突出预兆，以便及时发现突出隐患。每个采掘工作面应设置专职瓦斯检查工，这是长期防突实践得出的一种能及时发现突出预兆的有效办法，专注观察随时出现的突出预兆，认真检测瓦斯变化，一旦发现突出预兆，必须立即停止作业，按避灾路线撤出人员，切断电源，并报告矿调度室。

专职瓦斯检查工在井下指定地点交接班，有利于及时发现突出预兆。

**第二百零二条** 煤与二氧化碳突出、岩石与二氧化碳突出、岩石与瓦斯突出的管理和防治措施参照本章规定执行。

**【解读】** 本条是关于煤与二氧化碳突出、岩石与二氧化碳突出、岩石与瓦斯突出管理和防治的规定。

参照本章规定执行是指管理规定和程序上严格按本章规定执行，技术方案上结合各自特点参照执行。

## 第二节 区域综合防突措施

**第二百零三条** 突出矿井应当对突出煤层进行区域突出危险性预测（以下简称区域预测）。经区域预测后，突出煤层划分为无突出危险区和突出危险区。未进行区域预测的区域视为突出危险区。

**【解读】** 本条是关于突出矿井对突出煤层进行区域预测及突出危险区划分的规定。

本条要求突出矿井应当对所有突出煤层都要进行区域预测，这是因为在客观上突出煤层各个区域的突出危险程度是有差别的，存在着无突出危险区和突出危险区两种。现代的技术水平通常能够比较可靠地做出这种划分，这样可以更科学地对突出煤层进行差别化管理，在无突出危险区域，可以节省区域防突措施的人力、物力并有利于缓解采掘接替紧张局面。经过区域预测不仅仅划分出突出危险区和无突出危险区，还让技术、管理人员明白不同区域具有不同的突出危险性，以便在安排和从事采掘工作中做到心中有底，利用这种划分科学地进行有差别管理。

未进行区域预测的区域因未能查明该区域内突出危险差别，为安全起见该区域应按突出危险区进行管理。

**第二百零四条** 具备开采保护层条件的突出危险区，必须开采保护层。选择保护层应当遵循下列原则：

（一）优先选择无突出危险的煤层作为保护层。矿井中所有煤层都有突出危险时，应当选择突出危险程度较小的煤层作保护层。

（二）应当优先选择上保护层；选择下保护层开采时，不得破坏被保护层的开采条件。

开采保护层后，在有效保护范围内的被保护层区域为无突出危险区，超出有效保护范围的区域仍然为突出危险区。

**【解读】**本条是关于选择与开采保护层的规定。

迄今为止，开采保护层仍然是预防煤和瓦斯突出最有效、最可靠、最经济的措施。自1933年法国最先使用这项措施以来，已在有突出的国家得到普遍使用，如我国、俄罗斯、乌克兰、波兰、保加利亚、英国、比利时、荷兰以及日本等。

我国自1958年以来，先后在多个矿区进行了开采保护层防治突出的试验研究，并得到了普遍推广应用。开采保护层并同时抽采被保护层卸压瓦斯区域防突措施，可使被保护层相应区域彻底消除突出危险，杜绝了突出事故的发生，实现了煤与瓦斯两种资源共采，促进了安全生产。

保护层开采后，其对应的采空区顶底板岩层（包括被保护的突出煤层）便发生位移、破坏和膨胀变形，使对应的被保护煤层中的原始地应力降低，煤体发生破坏和膨胀变形，其弹性能得到释放，煤的裂隙增多，孔隙率增加，煤层透气性成百倍甚至上千倍地提高，瓦斯流动条件大幅度改善，煤层瓦斯活化。在煤层瓦斯压力作用下，被保护煤层中的卸压瓦斯或通过其顶底板层间岩石裂隙，不断地流向保护层采空区或流向卸压范围内的抽采钻孔，两种都会使被保护煤层的瓦斯压力不断地降低，吸附瓦斯解吸为游离瓦斯，成为卸压瓦斯流的不间断气源，导致被保护煤层瓦斯含量不断降低，同时使煤层强度与稳定性有所提高。上述一系列的变化，将使被保护煤层发动突出所具有的地应力弹性能和瓦斯潜能逐渐释放掉，直到消除突出危险；同时，采用保护层防治突出要比采用其他区域防突措施不仅成本低得多，而且安全性和可靠性都要高得多。所以，国内外开采煤层群的突出矿井都广泛应用开采保护层作为区域防突措施的首选。

我国经过长期的研究与实践，在开采保护层并同时抽采被保护层卸压瓦斯这一区域防突措施领域，不但积累了丰富的实践经验，而且对保护层的作用机理、保护范围等一些理论问题也有了更加深入的认识及发展，全面完善了开采各类保护层结合抽采卸压瓦斯这一具有我国特色的煤与瓦斯共采理论与技术。因此，凡是具有上、下保护层条件的突出危险煤层，必须优先开采保护层。

开采煤层群的突出矿井，选择保护层前，首先应对各开采煤层的瓦斯基本参数进行实测考察，建立基础数据库，在此基础上对各煤层的赋存位置、煤厚、层间岩石性质、层间距、地质构造、煤层瓦斯基本参数及其突出危险性以及矿井开拓开采等条件进行保护层选择方案的分析比较，优先选择无突出危险煤层作为保护层。矿井中所有煤层都有突出危险时，应选择突出危险程度较小的煤层作为保护层。

优先选择上保护层既可使保护层的开采水平标高以上的被保护层都在其保护范围内，方便对被保护煤层工作面全长的管理，又符合下行开采顺序原则，让上保护层开采对下方被保护层的采动破坏影响最小，有利于采掘部署和巷道维护。

为保障被保护层的开采安全，选择近距离下保护层时，不得破坏被保护层的开采条件。

保护层开采后，在被保护的突出煤层中相应出现了受到保护的安全区域和没有受到保护的危险区域。所谓受到保护，即该区域内因保护层的开采作用使被保护层的瓦斯地质因素发生了质的变化，被保护层相应区域的地应力大幅度下降、煤层透气性系数出现超过百倍以上增大，卸压瓦斯通过采动裂缝大量排放掉或被抽采，瓦斯含量和瓦斯压力明显减少，煤体强度和稳定性有所增强，失去了发动突出的条件，不再有突出危险性。相反，超出有效保护范围的区域可能不仅不再是原始的甚至还可能是保护层采动的集中应力作用区，其地应力可能保持未变或升高，煤层透气性系数可能保持不变或变差，瓦斯压力可能保持未变或因集中应力的压缩作用而增高，突出危险性可能更加严重，成为超高危险的突出危险区。因此，开采保护层后，其有效保护范围内的被保护层区域为无突出危险区，超出有效保护范围的区域仍然为突出危险区或超危险的突出危险区。当被保护层采掘工作面由保护区接近突出危险区或超危险的突出区一定距离时，矿井地测部门可采用向被保护层采掘工作面发出预警的做法，预防误入突出区。例如当采掘工作面距有效保护范围边界线 10 m 时，发出黄色预警，当采掘工作面距有效保护范围边界线 7 m 时，发出红色预警。超出有效保护范围的区域是突出危险区，严禁采掘进入或再次采取区域综合防突措施并达标后方可进入。

**【案例】** 重庆南桐鱼田堡煤矿 1406 采区大巷掘进时，超掘误入 3 号煤层有效保护边界外的超危险突出区，发生特大突出。全矿井被突出瓦斯所笼罩，突出瓦斯冲出地面防爆门外，工人前来关闭防爆门时，发生了窒息事故。

**第二百零五条** 有效保护范围的划定及有关参数应当实际考察确定。正在开采的保护层采煤工作面，必须超前于被保护层的掘进工作面，其超前距离不得小于保护层与被保护层之间法向距离的3倍，并不得小于100 m。

**【解读】** 本条是关于有效保护范围的确定和保护层采煤工作面超前于被保护层掘进工作面距离的规定。

有效保护范围是指保护层开采并同时抽采被保护层卸压瓦斯后，使突出煤层的突出危险区域经过有关参数的实际检验确认达标的无突出危险的有效空间范围，包括沿倾斜方向、走向方向和层间法线方向等3个方向的保护范围。保护范围及保护效果实际考察参数应当包括：

（1）被保护层原始瓦斯压力和瓦斯含量。

（2）被保护层残余瓦斯压力和残余瓦斯含量。

（3）被保护层卸压瓦斯抽采量。

（4）被保护范围内煤层钻孔或工作面采掘作业中的实际消除突出效果检验指标值。

（5）保护层开采过程中被保护层顶底板相对位移量。

保护层的走向保护范围同倾向、层间法向保护范围一样，都是根据保护层开采过程中对被保护层的卸压消突效果诸参数进行一系列测定与研究来确定的。

保护层回采过程中，随着工作面前进，在被保护煤层中的地应力、瓦斯压力以及煤的物理力学性能等都在不断地发生变化，并以被保护煤层顶底板相对位移变形、瓦斯压力变化、瓦斯含量变化、钻孔瓦斯流量变化、温度和透气性系数等形式反映出来。其变化的规律表现为，对应于保护层回采工作面前方30 m以远，为正常应力带，有关突出参数尚未受到回采影响或影响不大，处于原始状态；30 m以内为集中压应力带，有关突出参数向更危险方向变化；而在工作面后方的已采区直至3倍于层间距范围的被保护煤层中的有关突出参数都同卸压距离及卸压时间相一致，相对应地向无危险方向变化，即距工作面距离越远，卸压时间越长，残余瓦斯压力越低，残余瓦斯含量越小。在3倍层间距以远的地带，各种变化趋于稳定，通常被保护层中的瓦斯压力都能普遍降低到0.5 MPa以下，煤层膨胀相对位移变形达到3‰以上，保护效果充分，达到零突出危险，在此范围内布置掘进巷道，从理论上与实践中都证实是安全的。

为了充分利用保护层的保护效果，保证被保护层的掘进工作面的作业安全，这里规定保护层回采工作面必须超前于被保护层掘进工作面，且超前距离不得小于其层间距的3倍，为保证在层间距较小条件下，也能有足够的卸压位移变形和足够的抽采瓦斯时间及空间，要求超前距不得小于100 m。

**第二百零六条** 对不具备保护层开采条件的突出厚煤层，利用上分层或者上区段开采后形成的卸压作用保护下分层或者下区段时，应当依据实际考察结果来确定其有效保护范围。

【**解读**】本条是关于开采突出厚煤层时，上分层或区段对下分层或下区段保护范围的规定。

突出厚煤层倾斜分层开采时，第一分层采过以后，对其他分层有保护作用，称为厚煤层的自我保护。但是不具备保护层开采条件的突出厚煤层，在第一分层开采前必须采取区域预抽煤层瓦斯防突措施且效果达标后方可采掘。为避免这种麻烦，可改用水平分层采煤方法。因为突出厚煤层在上阶段采过以后，对下阶段的上部有自我保护作用，当分层厚度处于这个保护范围内时，就能实现自我保护。突出厚煤层水平分层的第一分层采掘前，应预先采用底（顶）板岩巷穿层钻孔预抽水平分层第一分层采高加上其上 20 m 和其下 10 m 高度的条带煤体瓦斯区域防突措施，抽采达标确认第一分层及其上 20 m、其下 10 m 无突出危险后，方可进入第一分层进行掘进与回采。当第一分层开采以后，下一分层又处于上分层的保护范围内。但其保护范围与煤层倾角、分层厚度、工作面参数等因素有关，故应对水平分层第一分层的有效保护范围进行实际考察。

下一分层或下区段的采掘工作面，必须布置在上分层或上区段的有效保护范围内。

**第二百零七条** 开采保护层时，应当不留设煤（岩）柱。特殊情况需留煤（岩）柱时，必须将煤（岩）柱的位置和尺寸准确标注在采掘工程平面图和瓦斯地质图上，在瓦斯地质图上还应当标出煤（岩）柱的影响范围。在煤（岩）柱及其影响范围内采掘作业前，必须采取区域预抽煤层瓦斯防突措施。

【**解读**】本条是关于开采保护层在采空区留有煤（岩）柱的管理规定。

开采保护层是最有效的区域防治突出措施，也是在保护范围管理方面要求极为严格的措施，若管理失察，很容易发生重特大伤亡事故。

开采保护层时必须加强煤柱管理。在保护层开采过程中，必然会使被保护层及其顶底板岩层的原始应力状态发生重新分布，与保护层已采空区域相对应的被保护层出现大面积的卸压区域，与保护层留有煤柱相对应的被保护层产生应力集中系数达 2 ~ 3 以上的集中应力带，后者的突出危险性极大，不仅突出强度大而且突出发生的概率非常高。

为了防止在被保护层中因保护层留有煤（岩）柱而发生的突出事故，开采保护层时，应不留设煤（岩）柱。若因地质等特殊情况不得不留煤（岩）柱时，应履行审批程序，并做好记录。

如果保护层煤柱的边界线是不规则的，可用一段或数段直线代替煤柱外缘边界线，并使煤柱的最外边缘均被这些直线段所圈定，然后依这些圈定煤柱外缘轮廓的框线，按照保护层保护范围的确定规定来确定其影响范围的边界线。

非留煤柱不可时，必须填写记录表（表 3－8）。不规则煤柱要按最外缘轮廓框线，确定其影响范围，被保护层掘进工作面施工时，还要注意瓦斯、地质等变化，及时修改影响范围。

表 3－8　保护层采空区遗留煤柱记录表

<table>
<tr><th rowspan="3">采区名称</th><th rowspan="3">保护层名称</th><th colspan="3">保护层遗留煤柱</th><th rowspan="3">煤柱影响突出煤层煤量/t</th><th rowspan="3">煤柱绘制人</th><th rowspan="3">矿总工程师</th></tr>
<tr><th rowspan="2">遗留时期</th><th colspan="2">尺寸/m</th></tr>
<tr><th>沿走向</th><th>沿倾向</th></tr>
<tr><td></td><td></td><td></td><td></td><td></td><td></td><td></td><td></td></tr>
<tr><td></td><td></td><td></td><td></td><td></td><td></td><td></td><td></td></tr>
</table>

由于煤（岩）柱影响范围内的突出危险性是增大的，因此对煤柱的留设必须严加管理。当被保护层采掘工作面距保护区边界线 30 m 以前，矿井地测部门必须向有关采掘区提交采掘工作面临近未保护区通知单（表 3－9），并报告矿总工程师。采掘区负责人接到通知单后必须签收，并按有关规定执行。

表 3－9　采掘工作面临近未保护区通知单

<table>
<tr><td>水平</td><td></td><td>煤层</td><td></td><td>采掘工作面名称</td><td></td></tr>
<tr><td colspan="3">距保护区边界线距离/m</td><td colspan="3"></td></tr>
<tr><td colspan="6">未保护区好采掘工作面相对位置图</td></tr>
<tr><td colspan="6">说明</td></tr>
<tr><td colspan="6">矿总工程师意见</td></tr>
<tr><td colspan="6">采掘区区长签收</td></tr>
</table>

**【案例】** 1988 年南桐鱼田堡矿一石门工作面在下保护层煤柱内打揭煤震动炮眼时，发生自行冲破岩柱突出事故。为预防突出事先采用了水力冲孔措施，冲出总煤量 7t，但远未达到防突指标要求，石门接近煤层 1.5 m 时发生片帮，出现岩柱留不住现象。清理完突出物后实测，自行冲破岩柱突出时石门工作面距煤层的砂页岩岩柱真厚为 0.88 m，没有达到采用震动爆破措施时，石门掘进工作面距倾斜和缓倾斜煤层的最小垂距 1.5 m 的要求。

**第二百零八条** 开采保护层时，应当同时抽采被保护层和邻近层的瓦斯。开采近距离保护层时，必须采取防止误穿突出煤层和被保护层卸压瓦斯突然涌入保护层工作面的措施。

**【解读】** 本条是关于开采保护层时抽采卸压瓦斯的规定。

受保护层采动影响，其顶板形成垮落带、断裂带和弯曲下沉带等三带，其底板形成底鼓位移变形与卸压带，这些带内的岩层及被保护层长时间呈现卸压状态，卸压煤层吸附瓦斯解吸，变为游离态卸压瓦斯，卸压煤岩层开裂透气性大增，瓦斯“活化”。

断裂带和底鼓带的卸压瓦斯在瓦斯压力的作用下，沿着纵向裂缝流向保护层采空区，然后在进、回风巷风压差作用下，采空区漏风流携带这些瓦斯进入采煤工作面回风隅角，造成保护层工作面及其回风巷瓦斯浓度超限或局部聚集，严重威胁人身生命安全，影响生产，甚至被迫停产。

抽采断裂带和底鼓带内的卸压瓦斯可以从源头上解决保护层工作面及其回风巷瓦斯浓度超限或局部聚集难题。

抽采弯曲下沉带被保护层卸压瓦斯可强化远距离保护层的保护效果并实现煤与瓦斯两种资源共采。

瓦斯是发动和实现突出的主要因素之一，抽采突出煤层瓦斯，必然会降低突出煤层的瓦斯压力、瓦斯含量，并增强煤体坚固性系数。当抽采达标时，突出煤层就变成了无突出危险煤层。当保护层与被保护层间距较远时，保护层的保护作用会降低，处于弯曲下沉带的被保护层，因其缺乏连通到保护层采空区的采动裂缝，其卸压瓦斯不能排放掉，保护效果变差，抽采远距离被保护层的卸压瓦斯，不仅能强化远距离保护层的保护效果，而且也为被保护层开采时的瓦斯治理打下良好基础，这样还实现了煤与瓦斯两种资源共采。

当开采近距离保护层时，保护层工作面从开切眼起一直推进到保护层与被保护层层间距2倍长度的过程中，都可能发生被保护层卸压瓦斯突然涌入保护层采掘工作面事故，特别是当保护层工作面初次来压时，可能会发生被保护层突然大面积卸压，致使大量吸附瓦斯集中解吸变为承压游离瓦斯，若顶底板岩石裂缝的生成滞后于卸压时，则先形成的卸压瓦斯因缺少裂缝通道而出现卸压瓦斯积聚形成高压瓦斯现象，这时高压游离瓦斯的承压压力和地应力的合力作用致使近距离保护层采空区顶、底板或巷道的底板突然发生大面积来压和形成沟通采空区的断裂裂缝，并伴随着强烈的高压卸压瓦斯喷出，导致工作面人员缺氧窒息的群死群伤事故。

采取区域预抽和专门的边采边抽近距离突出煤层瓦斯措施可以有效地预防误穿煤层突出和近距离保护层采掘工作面发生被保护层卸压瓦斯突然喷出事故。

**【案例】** 2002年，湖南娄底市资江煤矿保护层Ⅲ煤层3336采煤工作面下出口往上29.3 ~ 54.8 m之间的煤层底板突然上鼓，隆起面积200 $m^2$，被保护层Ⅳ煤层的卸压瓦斯由底鼓裂缝突然涌入采煤工作面，喷出瓦斯4.1万 $m^3$，瓦斯逆流400 m，致18人窒息死亡。Ⅲ煤层与Ⅳ煤层之间岩层为厚度4.8 ~ 5.35 m的细砂岩。3336采煤工作面由上下两段组成，上段工作面斜长50 m，下段斜长60 m，至发生喷出事故时，开切眼沿走向上段已推进6 m（含开切眼）下段推进7.2 m（含开切眼）。

**第二百零九条** 采取预抽煤层瓦斯区域防突措施时，应当遵守下列规定：

（一）预抽区段煤层瓦斯区域防突措施的钻孔应当控制区段内整个回采区域、两侧回采巷道及其外侧如下范围内的煤层：倾斜、急倾斜煤层巷道上帮轮廓线外至少20 m，下帮至少10 m；其他煤层为巷道两侧轮廓线外至少各15 m。以上所述的钻孔控制范围均为沿煤层层面方向（以下同）。

（二）顺层钻孔或者穿层钻孔预抽回采区域煤层瓦斯区域防突措施的钻孔，应当控制整个回采区域的煤层。

（三）穿层钻孔预抽煤巷条带煤层瓦斯区域防突措施的钻孔，应当控制整条煤层巷道及其两侧一定范围内的煤层，该范围要求与本条（一）的规定相同。

（四）穿层钻孔预抽井巷（含石门、立井、斜井、平硐）揭煤区域煤层瓦斯区域防突措施的钻孔，应当在揭煤工作面距煤层最小法向距离7 m以前实施，并控制井巷及其外侧至少以下范围的煤层：揭煤处巷道轮廓线外12 m（急倾斜煤层底部或者下帮6 m），且应当保证控制范围的外边缘到巷道轮廓线（包括预计前方揭煤段巷道的轮廓线）的最小距离不小于5 m。当区域防突措施难以一次施工完成时可分段实施，但每一段都应当能够保证揭煤工作面到巷道前方至少20 m之间的煤层内，区域防突措施控制范围符合上述要求。

（五）顺层钻孔预抽煤巷条带煤层瓦斯区域防突措施的钻孔，应当控制的煤巷条带前方长度不小于60 m，煤巷两侧控制范围要求与本条（一）的规定相同。钻孔预抽煤层瓦斯的有效抽采时间不得少于20天，如果在钻孔施工过程中发现有喷孔、顶钻或者卡钻等动力现象的，有效抽采时间不得少于60天。

（六）定向长钻孔预抽煤巷条带煤层瓦斯区域防突措施的钻孔，应当采用定向钻进工艺施工，控制煤巷条带煤层前方长度不小于300 m和煤巷两侧轮廓线外一定范围，该范围要求与本条（一）的规定相同。

（七）厚煤层分层开采时，预抽钻孔应当控制开采分层及其上部法向距离至少20 m、下部10 m范围内的煤层。

（八）应当采取保证预抽瓦斯钻孔能够按设计参数控制整个预抽区域的措施。

（九）当煤巷掘进和采煤工作面在预抽防突效果有效的区域内作业时，工作面距前方未预抽或者预抽防突效果无效范围的边界不得小于20 m。

**【解读】**本条是关于预抽煤层瓦斯区域防突措施在钻孔布置方面的规定。

1. 预抽区段煤层瓦斯区域防突措施钻孔的控制范围

预抽区段煤层瓦斯区域防突措施，意思是对一个（或多个）区段内的全部回采区域、回采巷道条带的煤层范围进行全部的预抽，达到要求区域防突指标后再进行煤巷掘进、回采的一种区域防突措施。当然，实际实施中也可分段进行效果检验。但总的来讲，一个采煤工作面的所有煤巷掘进、采面回采均在整个区域的区域防突到达要求后展开，实施区域防突措施时没有采掘作业的交互影响，这是当前的技术条件能实际实现的预抽范围最大、区域预抽超前性最好、经济效果最优的一种方式。具体实施的方式，可以通过大范围的穿层钻孔、定向穿层钻孔预抽，也可用顺层定向长钻孔、顺层长钻孔的区段递进预抽方式实现（图3－16），未来的技术发展也可能会用地面井预抽来实现。

不论采用穿层或者顺层钻孔预抽区段煤层瓦斯，钻孔应当控制整个回采区域、两侧回采巷道及其巷道轮廓线以外一定范围。对于倾斜、急倾斜煤层，这个范围是指上部回采巷道上帮轮廓线外不小于20 m，下部回采巷道下帮不小于10 m，如图3－17a所示。对于缓倾斜、近水平煤层，则分别为上部、下部回采

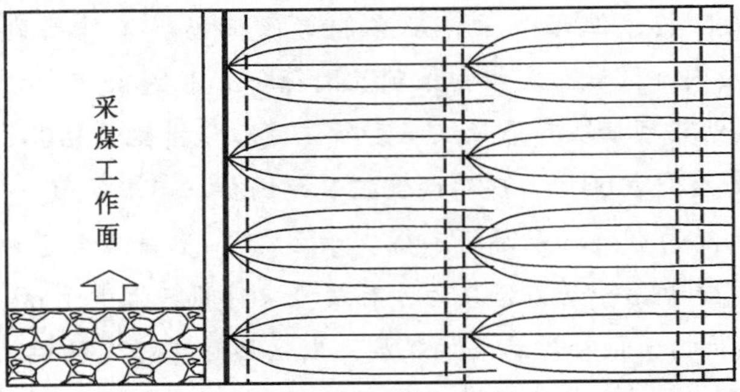


图 3－16　区段递进式顺层（定向）长钻孔预抽区段煤层瓦斯区域防突措施示意图

巷道外侧不小于 15 m，如图 3－17b 所示。

2. 预抽回采区域煤层瓦斯区域防突措施钻孔的控制范围

采用顺层或者穿层钻孔预抽回采区域煤层瓦斯作为区域防突措施时，其钻孔应当控制整个回采区域。在平面上，整个回采区域是指上、下回采巷道与开切眼、停采线圈成的范围。当然，根据不同情况，对于整个回采区域内不同块段的控制钻孔可以分阶段实施。

3. 穿层钻孔预抽煤巷条带煤层瓦斯区域防突措施钻孔的控制范围

采用穿层钻孔预抽煤巷条带煤层瓦斯作为区域防突措施时，其钻孔的控制范围应包括巷道范围内的煤层及其两侧一定范围的煤层。这里的两侧范围与图 3－17 相同。

4. 穿层钻孔预抽井巷揭煤区域煤层瓦斯区域防突措施钻孔的控制范围

采用穿层钻孔预抽井巷揭煤区域煤层瓦斯作为区域防突措施时，其钻孔应当控制井巷（含石门、立井、斜井、平硐）及其轮廓线外侧一定范围内的煤层，并在揭煤工作面距煤层最小法向距离 7 m 以前实施。该范围至少应满足以下要求：揭煤处巷道轮廓线外 12 m（急倾斜煤层底部或者下帮 6 m），且应当保证控制范围的外边缘到巷道轮廓线（包括预计前方揭煤段巷道的轮廓线）的最小距离不小于 5 m，如图 3－18 所示。

此外，考虑到对于厚煤层或缓倾斜、近水平煤层，当巷道与煤层夹角过小，揭煤段过长，有的达到四五十米甚至超过百米，一次施工完揭煤区域煤层的区域防突措施很困难，对分段实施区域措施提出了要求。在分段实施区域措施时，每

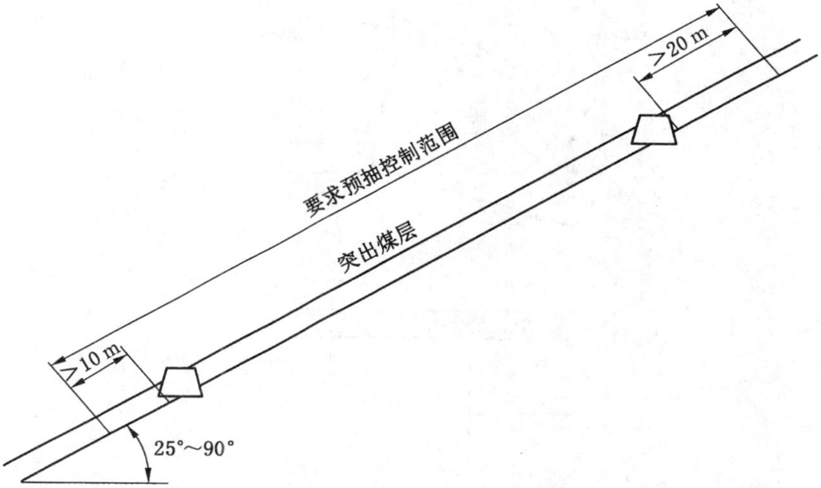


(a) 倾斜、急斜煤层穿层、顺层钻孔预抽区段煤层瓦斯时钻孔控制范围

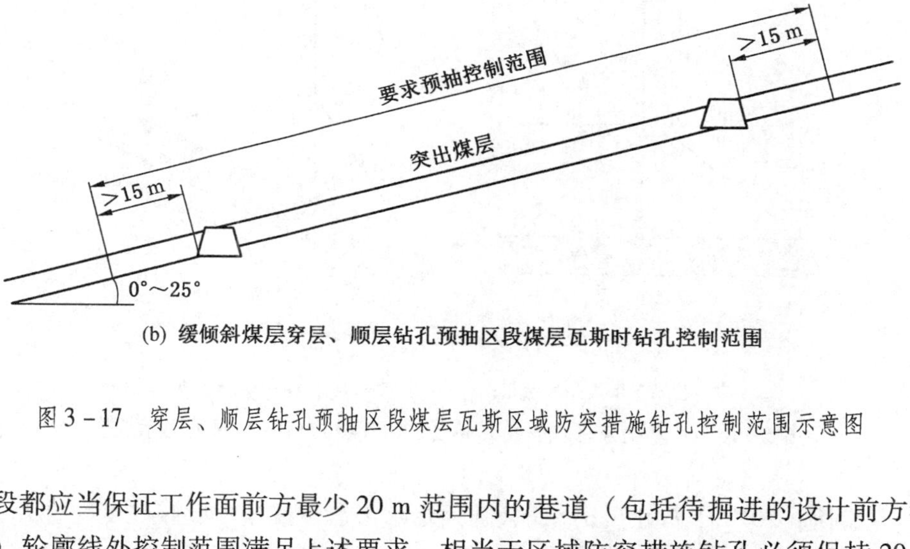


(b) 缓倾斜煤层穿层、顺层钻孔预抽区段煤层瓦斯时钻孔控制范围

图 3－17　穿层、顺层钻孔预抽区段煤层瓦斯区域防突措施钻孔控制范围示意图

一段都应当保证工作面前方最少 20 m 范围内的巷道（包括待掘进的设计前方巷道）轮廓线外控制范围满足上述要求，相当于区域防突措施钻孔必须保持 20 m 的超前距离。

5. 顺层钻孔预抽煤巷条带煤层瓦斯区域防突措施钻孔的控制范围

采用顺层钻孔预抽煤巷条带煤层瓦斯作为区域防突措施时，其钻孔控制巷道两侧的范围与图 3－17 相同，并保证控制的煤巷条带前方长度不小于 60 m，如图 3－19 所示。

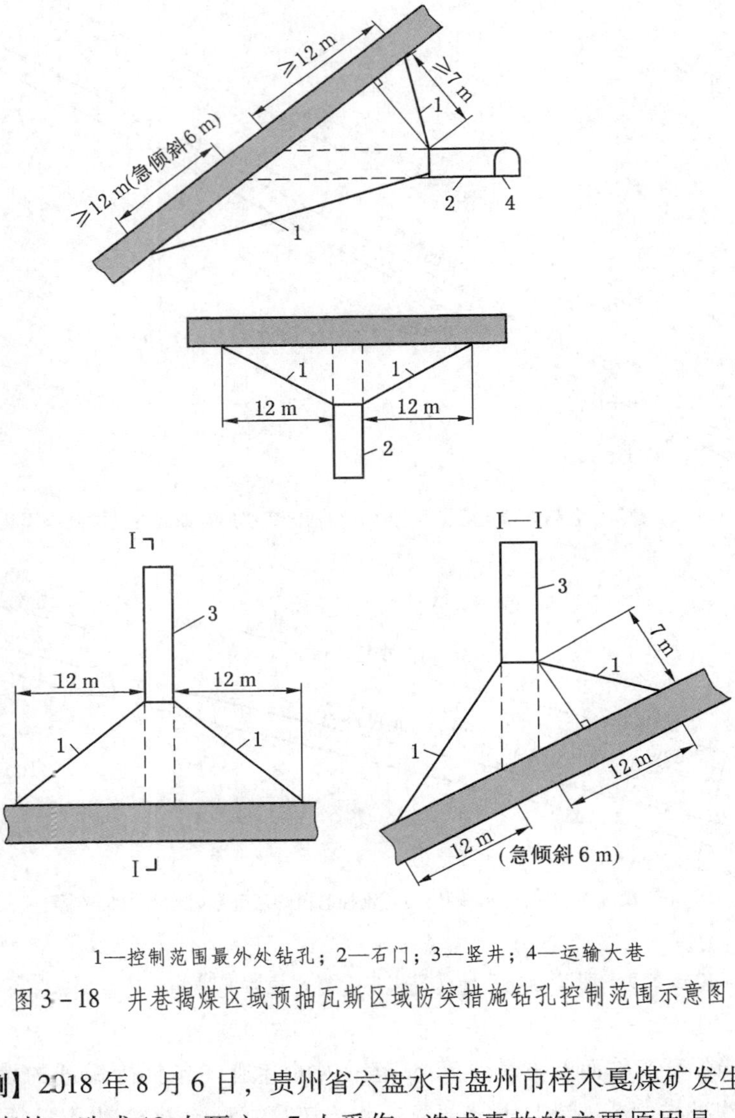


1—控制范围最外处钻孔；2—石门；3—竖井；4—运输大巷

图 3－18　井巷揭煤区域预抽瓦斯区域防突措施钻孔控制范围示意图

**【案例】** 2018 年 8 月 6 日，贵州省六盘水市盘州市梓木戛煤矿发生重大煤与瓦斯突出事故，造成 13 人死亡、7 人受伤。造成事故的主要原因是：110102 切眼掘进工作面违规采用顺层钻孔预抽煤巷条带瓦斯作为区域防突措施，瓦斯治理方案制定有缺陷、现场落实有差距，导致煤层突出危险性没有消除，作业过程中扰动煤体，诱发煤与瓦斯突出事故。

考虑到这一措施实施中最大的问题，是当采掘接续紧张时难以保证足够的预抽时间，甚至实施足够钻孔的时间，规定预抽时间不得少于 20 天，而且，如果

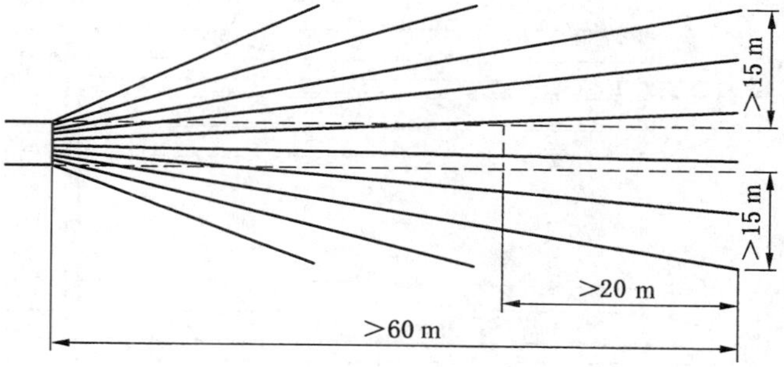


图 3－19　顺层钻孔预抽煤巷条带瓦斯区域防突措施钻孔控制范围示意图

在钻孔施工过程中发现有喷孔、顶钻和卡钻等动力现象，有效抽采时间不得少于 60 天。

6. 定向长钻孔预抽煤巷条带煤层瓦斯区域防突措施钻孔的施工与控制范围

采用定向长钻孔预抽煤巷条带煤层瓦斯作为区域防突措施时，要求一次控制巷道条带的长度不低于 300 m，而且钻孔必须使用定向钻机施工。由于要求控制的范围更大、钻孔的轨迹能够按设计要求控制，这在很大程度上减轻了频繁实施防突措施与掘进作业间的时间交互影响，也更能保证钻孔实施的可靠性和准确性，因而是当前的一项先进技术措施，应在可能的地点尽可能地推广应用。

同时，除了可直接在煤层中施工定向长钻孔、控制长度至少 300 m 的煤巷条带外（图 3－20），也可采用定向钻机先在煤层顶、底板岩层施工主孔，再在煤层中开分支孔等方法，实现一次控制至少 300 m 以上条带的方式（图 3－21）。这种方式既有定向长钻孔预抽煤层瓦斯区域防突措施的钻孔轨迹可控、质量可靠的优点，也有穿层钻孔预抽方式作业人员安全性高的优势，因此，既可以作为定向长钻孔预抽煤层瓦斯区域防突措施使用，也可以作为穿层钻孔对煤巷条带、回采区域等进行大区域预抽的措施。

7. 厚煤层分层开采时预抽钻孔控制范围

厚煤层分层开采首先开采下分层时，考虑顶煤的自重作用有助于突出的发生，预抽瓦斯的范围要适当增大，即预抽钻孔应控制本开采分层及其上部法向距离至少 20 m 范围，如图 3－22 所示。

厚煤层分层开采首先开采上分层时，考虑到上分层的底煤自重作用有阻止突出的倾向，预抽范围可适当减小，预抽钻孔应控制本开采分层及其下部法向距离

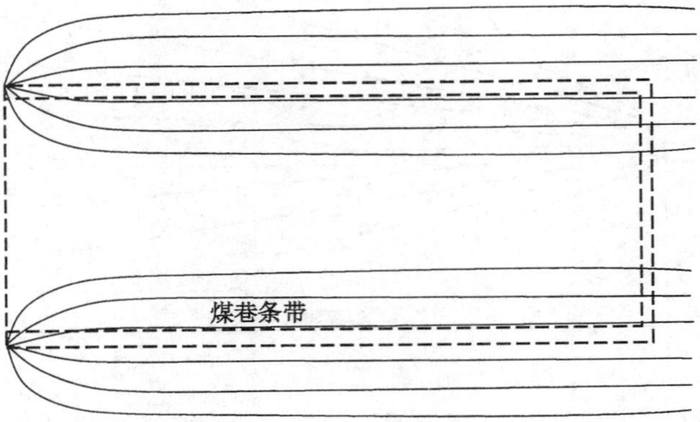


图 3-20　顺层定向长钻孔预抽煤巷条带煤层瓦斯区域防突措施示意图

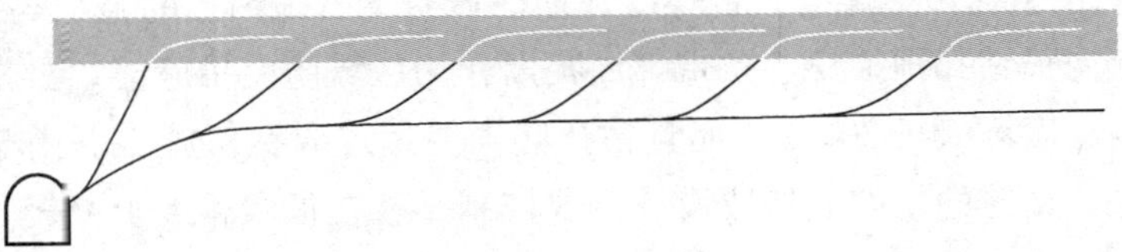

图 3-21　顶、底板穿层定向长钻孔预抽煤巷条带煤层瓦斯区域防突措施示意图

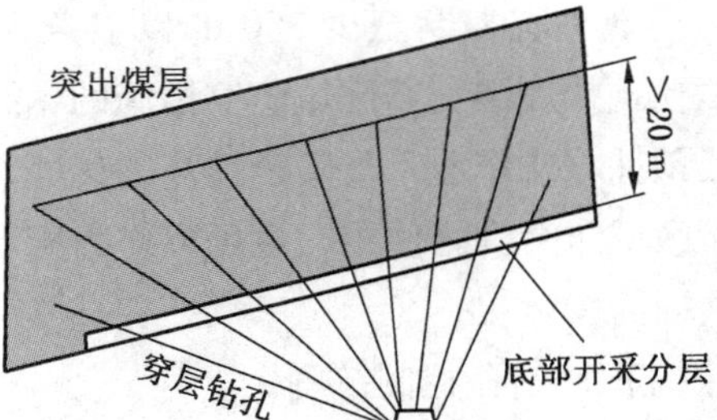


图 3-22　厚煤层分层开采首先开采下分层时预抽钻孔控制范围示意图

至少 10 m 范围，如图 3－23 所示。

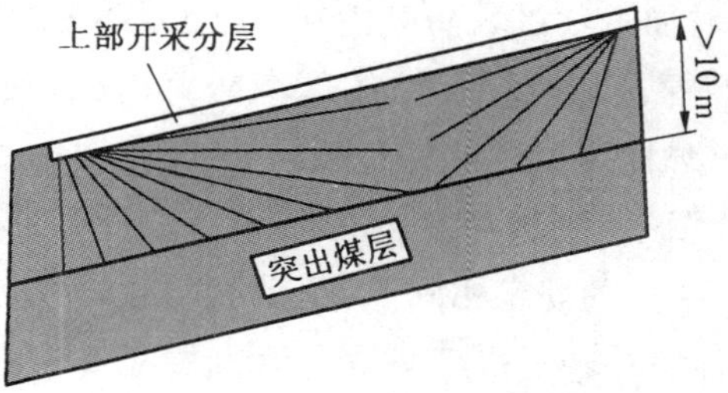


图 3－23　厚煤层分层开采首先开采上分层时预抽钻孔控制范围示意图

8. 保证预抽瓦斯钻孔按设计参数控制整个预抽区域的措施

编制完成一个区域的预抽煤层瓦斯区域防突措施钻孔布置设计后，由于现场环境、实际煤层条件、设备状况、仪器误差，还有人员的技术熟练程度、责任心等的差异，实际施工不可能与设计完全相同，有一定的误差是正常的，不能苛求绝对的准确。但如果与设计的差异达到一定程度，安全风险就将超出可控的范围。因此，尽管差异不可避免，但实施中也应采取技术可行、经济合理的措施，使这些差异尽可能减小，并控制在一定范围内。

实践中这些差异主要包括成孔深度、孔间距没有达到设计要求，或钻孔的抽放效能没有持续足够的时间等。出现这些情况的原因有客观条件上的，比如煤层赋存状态发生了较大变化等；也有技术上的，例如钻孔设备、工艺达不到设计的钻孔深度，或者钻孔偏斜致使孔间距局部过大等；也有主观上的，例如操作人员技术水平差、工作不认真，甚至偷懒、利欲熏心而故意偷工减料、弄虚作假等。

可以采取的措施主要包括：选用先进、适用、可靠的设备、工艺技术，提高成孔深度和钻孔轨迹控制能力等；加强技术和职业操守培训；建立完善的施工和质量管理措施、过程管控手段；根据现场条件的变化及时修改技术工艺、设计参数等。

9. 距前方未预抽或者预抽防突效果无效的范围要求

当煤巷掘进和采煤工作面在预抽防突效果有效的区域内作业时，为了保证安全，工作面距未预抽或者预抽防突效果无效范围的前方边界不得小于 20 m，参见图 3－19。

本次修订在 2016 版《规程》的基础上做了较大调整，主要是优化表述、与

《防治煤与瓦斯突出细则》相协调、总结我国防突实践成功经验，以及充分吸取近年突出事故教训。主要变化有以下方面：

（1）在（一）中增加了“区域防突措施”，使表述更加完整。

（2）增加了预抽回采区域煤层瓦斯的区域防突措施钻孔的控制范围。主要考虑到预抽煤层瓦斯区域防突措施的完整性。

（3）将（三）中“该范围与（一）中回采巷道外侧的要求相同”，修改为“该范围要求与本条（一）的规定相同”，更加准确、简练。

（4）对穿层钻孔预抽井巷揭煤区域煤层瓦斯原条文中的“一定范围”明确了具体要求和说明。增加了分段实施防突措施钻孔的方式及其要求，这与《防治煤与瓦斯突出细则》相协调。

（5）修改顺层钻孔预抽煤巷条带煤层瓦斯的区域防突措施钻孔的控制范围相关表述，使其更加准确、简练。考虑到这一措施实施中最大的问题，是当采掘紧张时难以保证足够的预抽实践，甚至实施足够钻孔的时间，专门增加了要保证预抽时间不得少于20天的内容，如果在钻孔施工过程中发现有喷孔、顶钻和卡钻等动力现象，有效抽采时间不得少于60天。目的是充分吸取事故教训，防止预抽时间不够，短暂抽放、监测预警指标“暂时”达标就急忙进行作业而导致突出事故，从而规定一个最起码的抽放时间要求。

（6）增加了采用定向长钻孔预抽煤巷条带煤层瓦斯作为区域防突措施时的施工与控制范围要求，以促进先进技术措施的推广应用。

**第二百一十条** 有下列条件之一的突出煤层，不得将在本巷道施工顺煤层钻孔预抽煤巷条带瓦斯作为区域防突措施：

（一）新建矿井的突出煤层。

（二）历史上发生过突出强度大于500 t/次的。

（三）开采范围内煤层坚固性系数小于0.3的；或者煤层坚固性系数为0.3～0.5，且埋深大于500 m的；或者煤层坚固性系数为0.5～0.8，且埋深大于600 m的；或者煤层埋深大于700 m的；或者煤巷条带位于开采应力集中区的。

**【解读】** 本条是关于本突出层煤巷施工顺层孔预抽煤巷条带瓦斯区域防突措施的规定。

在未消除突出危险的区域内的煤巷施工顺层钻孔过程中，存在着所打钻孔不断地破坏煤巷安全屏障并同时扰动地应力重新分布，可能会使局部集中应力增高诱发动力现象，以及在煤中固定的钻孔防喷装置可靠性差，控制喷孔的能力弱等重大隐患。在煤巷掘进应用这种区域防突措施的实践中，曾发生过多起突出事故。

新建矿井的突出煤层因缺乏其有关突出危险性程度的实际资料与防突实践，不得将在本巷道施工顺煤层钻孔预抽煤巷条带瓦斯作为区域防突措施。

历史上发生过突出强度大于500 t/次事故的煤层表明，该种煤层的突出危险性是相当严重的，在这样的情况下的煤巷，施工顺层钻孔都要从煤巷工作面迎头煤壁开孔，钻孔都要穿过前方的安全防护屏障（防突措施超前距）进入应力集中带与原始煤体60 m以上，但是工作面前方的安全防护屏障是处于极限应力临界状态的卸压煤体，其煤体强度仅维持着极限应力平衡状态，很脆弱、不稳定、不可靠，在打钻孔过程中，每打一个钻孔都要穿过它一次，都要破坏它一次，同时打钻引起的地应力重新分布都有一部分扰动加载到这安全屏障上，另一部分应力扰动加载到集中应力带上。这样不仅使集中应力带的集中应力增大、应力梯度变陡、透气性变差而且使集中应力带的瓦斯压力也增高，瓦斯压力梯度也加大，其结果使集中应力带的突出危险增大。如此，打的钻孔越来越多，一方面，安全屏障被钻的面积也越来越大，这里的地应力扰动加载可能也越来越高、越集中，安全屏障可能越来越受到更大破坏、越来越失去安全屏障的作用及功能；另一方面集中应力带的集中应力越来越大、瓦斯压力越来越高，他们梯度都越来越陡，发动突出的危险更加严重。近年已发生多起煤巷条带打这类钻孔时引发的重特大突出事故。应该指出，在突出煤层区域防突措施没有达标的区域内进行煤巷的各种施工，时时刻刻都是有突出危险的，特别是打钻、割煤、落煤、打锚杆锚索孔、对巷道轮廓邦底凸起找平等等直接挑动破坏地应力平衡作业，更加危险，可诱导突出。因此，必须对煤巷应用这种措施的条件作出严格的限制。

根据对突出煤层巷道施工顺层钻孔的实践及成孔长度的统计结果进行的研究表明，在本条（三）所列的诸条件下，执行第二百零九条（五）关于控制煤巷条带前方长度不小于60 m和煤层两侧一定范围的规定在钻孔施工方面的难度非常困难，因为煤的坚固性低，而埋深大（即相应的地应力高、瓦斯压力瓦斯含量大），当钻孔深度进入到巷道集中应力带或者更深区域时，便出现塌孔、堵孔、卡钻、响煤炮、顶钻、喷孔乃至断钻杆等事故，致实际成孔长度普遍很短，单孔长度达标的概率低，而控制条带范围内钻孔分布达到设计要求的概率更低。煤巷条带位于开采应力集中区和复杂地质构造区的，加重了突出危险性。突出煤层本煤层巷道施工顺层钻孔作业是在尚没有消除煤层区域突出危险条件下进行的，时刻都面临可能发生突出事故的危险。总结近年在煤层松软巷道施工煤巷条带区域防突顺层钻孔因长度不到位发生的多起恶性突出事故的教训，特作出本款规定。

**【案例】** 2008 年河南平禹四矿煤巷条带打钻引发的突出事故，突出煤 2555 t，瓦斯 26 万 $m^3$，死亡 23 人。再如 2010 年河南国民煤业公司煤巷掘进瓦斯异常、响煤炮、喷孔和卡钻等，施工钻孔过程中发生突出，瓦斯逆流至副井进风井口，遇明火发生爆炸并引起瓦斯燃烧，共造成 44 人死亡（其中有地面 5 人），6 人下落不明。

**第二百一十一条** 保护层的开采厚度不大于 0.5 m、上保护层与突出煤层间距大于 50 m 或者下保护层与突出煤层间距大于 80 m 时，必须对每个被保护层工作面的保护效果进行检验。

采用预抽煤层瓦斯防突措施的区域，必须对区域防突措施效果进行检验。

检验无效时，仍为突出危险区。检验有效时，无突出危险区的采掘工作面每推进 10 ~ 50 m 至少进行 2 次区域验证，并保留完整的工程设计、施工和效果检验的原始资料。

**【解读】** 本条是关于区域性防突措施进行防突效果检验的规定。

每推进 10 ~ 50 m 至少进行 2 次区域验证，这里 10 ~ 50 m 取值范围较大，具体取值应根据构造复杂程度确定，构造极其复杂的区域取值为 10 ~ 15 m，构造复杂区域取值小于 15 ~ 25 m，构造较复杂区域取值小于 25 ~ 40 m，构造简单区域取值小于 40 ~ 50 m。

区域验证方法主要采用工作面突出危险性预测方法，执行一个工作面预测循环表示完成一次区域验证。至少应连续进行 2 次区域验证，任意一次区域验证为有突出危险，表明该区域有突出危险。对构造复杂和极其复杂区域应连续进行 3 次以上的区域验证。

理论与实践都表明，当煤层的开采厚度减小时，顶板岩石的冒落高度也随之变小，其结果是卸压影响程度减弱和作用范围缩小，保护效果减小。一般，保护层开采厚度的经验临界值为 0.5 m，保护层开采的影响范围随着突出煤层与保护层之间的层间距加大而减小，根据国内外研究与考察资料，开采保护层后，通常对上面的有效影响范围可达 80 m，对下部可达到 50 m，因此保护层的开采厚度不大于 0.5 m。上保护层与突出煤层间距大于 50 m 或下保护层与突出煤层间距大于 80 m 时，必须对每个被保护层工作面的保护效果进行检验，主要采用残余瓦斯压力、残余瓦斯含量、顶底板位移量及其他经试验证实有效的指标和方法。

预抽煤层瓦斯区域防突措施的防突效果的检验可以采用直接测定法实测预抽煤层瓦斯区域煤的残余瓦斯压力、残余瓦斯含量值，当实测的最高残余瓦斯压力、最大残余瓦斯含量超过其临界值时，则预抽瓦斯防突措施效果无效，仍为突出危险区；反之，小于其临界值并且未发现其他异常情况，则预抽瓦斯防突措施效果有效。

对预抽区域较大的检验也可以根据预抽前的瓦斯含量减去预抽和预排瓦斯量的方法，计算得到残余瓦斯含量的间接计算值。该值是整个评价计算区域内煤层残余瓦斯含量的平均值，而在计算的预抽和预排瓦斯量中包括一些瓦斯量是从计算区域外原始煤体高压点流进计算区域内预抽预排区，然后又流入预抽钻孔和预排钻孔的瓦斯量，因此，计算得到残余瓦斯含量的间接计算值比实际的残余瓦斯含量偏小，而且评价计算区域的范围越小，这种偏小值越大；另外由于煤层透气性的分布存在很大的不均匀性，特别是在地质构造复杂区或高集中应力区，煤层透气性的分布极不均匀，计算区域内煤层实际瓦斯含量的分布是很不均匀的，存在着比计算平均值大的高残余瓦斯含量煤，这两种残余瓦斯含量计算平均值比实际都偏小的差值具有叠加特性。因此，利用残余瓦斯含量计算平均值作为效果检验指标的安全可靠性很差，数据内藏着突出危险隐患。因此，对于预抽煤巷条带煤层瓦斯和穿层钻孔预抽石门、立井、斜井揭煤区域煤层瓦斯两种较为狭小区域进行区域防突措施效果检验时，应首先根据预抽前的瓦斯含量及抽排瓦斯量等参数间接计算残余瓦斯含量进行初步判断，达到了要求后，再根据残余瓦斯压力或瓦斯含量的直接测定值进行措施效果复核，以确保效果检验结果安全可靠。

鉴于钻屑瓦斯解吸指标法能对穿层钻孔预抽石门揭煤区域煤层瓦斯进行相关指标的测定，所以对于穿层钻孔预抽石门揭煤区域煤层瓦斯区域防突措施的效果检验，还可以采用钻屑瓦斯解吸指标进行检验。采用后者时，由石门工作面向煤层的适当位置至少打 3 个钻孔，在钻孔见煤起每钻进 1 m 在孔口采集一次从孔口排出的粒径 1 ~3 mm 的煤钻屑，测定其瓦斯解吸指标 $K_1$ 或 $\Delta h_2$ 值。测定时，应考虑不同钻进工艺条件下欲采集的煤钻屑到达孔口的时间，预测钻孔布置参见图 3 – 24。各煤层石门揭煤工作面钻屑瓦斯解吸指标的临界值应根据试验考察确定，在确定前可暂按表 3 – 10 所列的指标临界值确定突出危险性。当实测的瓦斯解吸指标 $K_1$ 或 $\Delta h_2$ 值超过其临界值时，则防突措施效果无效，仍为突出危险区，反之 $K_1$ 或 $\Delta h_2$ 值小于其临界值并且未发现其他异常情况，防突措施效果有效。

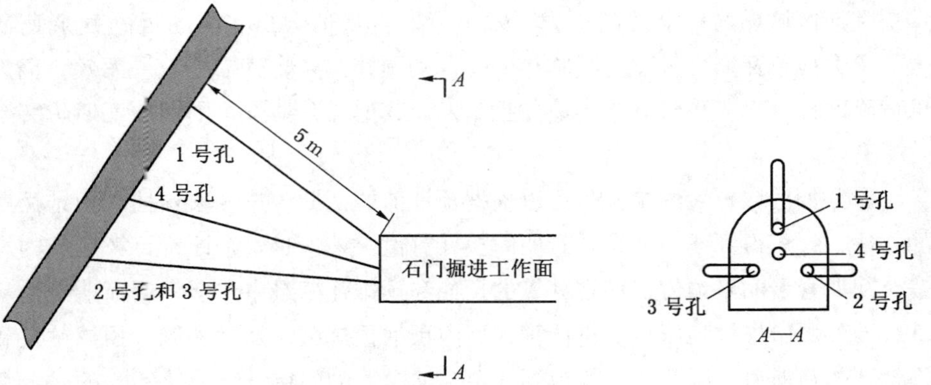


图 3-24　石门揭煤工作面钻屑瓦斯解吸指标法预测钻孔布置示意图

表 3-10　钻屑瓦斯解吸指标临界值表

| 预测石门揭煤工作面突出危险性的参考临界值 | | |
|---|---|---|
| 煤　样 | 指 标 临 界 值 | |
| | $\Delta h_2$/Pa | $K_1$/(mL · g$^{-1}$ · min$^{-\frac{1}{2}}$) |
| 干煤样 | 200 | 0.5 |
| 湿煤样 | 160 | 0.4 |

最后，保留完整的工程设计、施工和效果检验的原始资料，其目的是用于分析核对验证结论的可靠性。

## 第三节　局部综合防突措施

**第二百一十二条**　突出煤层采掘工作面经工作面预测后划分为突出危险工作面和无突出危险工作面。

未进行突出预测的采掘工作面视为突出危险工作面。

当预测为突出危险工作面时，必须实施工作面防突措施和工作面防突措施效果检验。只有经效果检验有效后，方可进行采掘作业。

**【解读】** 本条是关于突出煤层采掘工作面突出危险分类及其管理的规定。

按工作面类别划分可将突出危险预测分为 3 类：

（1）石门（井筒）揭煤突出危险预测。

（2）煤巷掘进突出危险预测。

（3）回采工作面突出危险预测。

按工作面突出危险预测结果分为两类：

（1）突出危险工作面（未进行预测的工作面视为突出危险工作面）。

（2）无突出危险工作面。

突出危险工作面必须实施工作面防突措施，工作面防突措施是指经工作面预测对存在有突出危险的局部煤体实施的防突措施。采掘工作面防突措施的有效作用范围分别不得小于3 m（采煤）、5 m（掘进）防突措施超前距和2 m效检孔超前距加上允许采、掘进度之和。在地质构造破坏严重地带应当增加超前距，对此，煤巷掘进工作面超前距不少于7 m，采煤工作面不少于5 m。

工作面防突措施所依据防突原理可归结为以下5种：

（1）降低工作面前方煤体的地应力及其弹性潜能或者使高地应力远离工作面向深部转移。

（2）降低煤层瓦斯压力或者瓦斯含量。

（3）增强煤体抗御突出的力学性质如提高煤体力学强度，加强煤体稳定性等。

（4）改善采掘工艺，降低采动附加应力和瓦斯压力变化梯度，如采用震动小、推进深度浅、卸压和缓的落煤工艺，超前支护预防片帮冒顶等。

（5）在采掘工作面设计与管理方面，力求在二维平面和三维空间上避免采掘应力集中与叠加，充分利用采动卸压，避免相向推进，避免在地质构造带和集中应力区布置石门揭煤和采掘等工程。

实施工作面防突措施后必须对防突措施效果进行检验，以确认是否有效，只有经效果检验确认有效后，方可进行采掘作业。

无突出危险工作面必须在采取安全防护措施并保留足够的预测超前距或防突措施超前距的条件下进行采掘作业。

**第二百一十三条** 井巷揭煤工作面的防突措施包括预抽煤层瓦斯、排放钻孔、金属骨架、煤体固化、水力冲孔或者其他经试验证明有效的措施。

**【解读】**本条是关于井巷揭煤工作面防突措施的规定。

井巷掘进工作面防突措施是指预先能把井巷工作面揭穿突出危险煤层一定范

围内的煤体全面转变为无突出危险状态，且在工作面实施的防突措施，简称为井巷揭煤工作面防突措施。

预抽瓦斯、排放钻孔和水力冲孔等在揭穿突出煤层前能预先将石门工作面附近的煤体转变为无突出危险状态并可在石门工作面实施，故常被用于石门揭煤工作面；金属骨架和煤体固化等因不能将石门工作面附近的煤体转变为无突出危险状态，故应在采用了其他防突措施并经效检有效后方可在揭煤前实施，由此，他们可强化石门断面轮廓线外周边煤体强度和稳定性，有抑制垮塌阻止突出作用，用来做辅助措施。

1. 预抽瓦斯与排放钻孔

预抽瓦斯与排放钻孔在防突作用机理方面是相似的，预抽瓦斯与排放瓦斯都可以将突出煤层中的瓦斯压力与瓦斯含量降低到该煤层始突深度水平的突出临界值以下，既可使抽排瓦斯有效半径范围内的煤与瓦斯完全丧失突出的能力；又可使抽排钻孔有效卸压半径范围内的煤体地应力全面低于发动突出的水平。

预抽瓦斯与排放钻孔的区别在于前者借助于瓦斯泵产生的小于大气压力的负压，从而加快了突出煤层瓦斯压力和瓦斯含量降低速度，有效卸瓦斯半径稍大，工作面瓦斯涌出量降低得较多，显著改善安全生产环境；而后者是自然排放，没有负压作用，仅靠突出煤层瓦斯压力与处于敞开状态的排放钻孔大气压力差，效果稍差，有效卸瓦斯半径较小，工作面瓦斯涌出量降低得较少。煤体瓦斯含量降低后，煤体发生收缩变形，煤的坚固性系数提高，煤体稳定性改善，这一切可有效地消除突出危险性。

1）对预抽瓦斯措施的要求

（1）煤层透气性较好，并保证抽采时间，可直接采用预抽瓦斯措施；煤层透气性较差，宜采用增透、扩孔掏煤、密集钻孔等强化措施并保证足够抽采时间，以确保抽采达标。

（2）石门揭煤工作面钻孔的控制范围：石门的上部和两侧轮廓线外至少 5 m，下部至少 3 m 煤层；立井揭煤工作面钻孔的控制范围：近水平、缓倾斜、倾斜煤层为井筒轮廓线外至少 5 m，急倾斜煤层沿走向两侧及沿倾斜上部井筒轮廓线外至少 5 m，下部轮廓线外至少 3 m。

（3）预抽钻孔直径一般为 75 ~ 120 mm，当钻孔直径超过 120 mm 时，应采用专门的钻机设备和制定专门的施工安全措施。

（4）预抽钻孔在控制范围内应当均匀布置，钻孔数量、孔底间距等应当根据实测的钻孔有效半径确定。

（5）在抽放钻孔控制范围内，效检指标降到突出临界值以下的，认为防突措施有效。

（6）预抽钻孔在揭穿煤层之前应当保持抽采状态。

（7）对于缓倾斜厚煤层，当钻孔不能一次打穿煤层全厚时，可采取分段打钻，但第一次打钻钻孔穿煤长度不得小于 15 m。进入煤层掘进时，掘进工作面防突钻孔的有效作用范围不得小于 5 m 防突措施超前距和 2 m 效检孔超前距加上允许掘进进尺之和。在地质构造破坏严重地带煤巷掘进工作面超前距不少于 7 m。

2）对排放钻孔措施的要求

（1）在煤层透气性较好，并有足够的抽放时间时，可采用钻孔排放措施。

（2）排放钻孔的控制范围：石门的上部和两侧轮廓线外至少 5 m，下部至少 3 m 煤层内。

（3）排放钻孔直径一般为 75～120 mm，当钻孔直径超过 120 mm 时，必须采用专门的钻机设备和制定专门的施工安全措施。

（4）排放钻孔在控制范围内应当均匀布置，钻孔数量、孔底间距等应当根据实测的钻孔有效排放半径确定。

（5）在排放钻孔控制范围内，如效检指标降到突出临界值以下，防突措施有效。

（6）对于缓倾斜厚煤层，当钻孔不能一次打穿煤层全厚时，可采取分段打钻，但第一次打钻钻孔穿煤长度不得小于 15 m。进入煤层掘进时，掘进工作面防突钻孔的有效作用范围不得小于 5 m 防突措施超前距和 2 m 效检孔超前距加上允许掘进进尺之和。在地质构造破坏严重地带煤巷掘进工作面超前距不少于 7 m。

（7）排放钻孔在揭穿煤层之前应当保持自然排放状态。

2. 金属骨架

金属骨架于 1958 年在南桐东林煤矿试验成功后，先后在南桐、中梁山、打通、红卫、北票等局推广应用，取得较好效果，金属骨架的布孔参见图 3－25，它适用于急倾斜厚度不大、松软的突出煤层（通常煤层厚度不超过 4 m，若煤层厚度大，骨架容易发生强烈弯曲，起不到支撑煤体的作用）。金属骨架的主要作用是增加石门揭穿煤层时巷道上方煤层的稳定性和骨架钻孔排除煤体瓦斯，使骨架孔周围一定范围的瓦斯含量降低，煤强度和稳定性有所提高。但该措施不能把工作面附近煤体完全转变为无突出危险状态，故它仅能配合其他防突措施作为辅助措施使用。金属骨架的设置是在揭穿煤层前通过钻孔事先实现的。实际上，在松软的急倾斜煤层中，为了防止煤层冒顶而引发的突出，它起到了前探支架的预先支撑作用。金属骨架措施的要求如下：

（1）在揭开具有软煤和软围岩的薄及中厚突出煤层时，可采用金属骨架。

（2）在石门上部和两侧周边 0.5 ~ 10 m 范围内布置骨架钻孔。

（3）骨架钻孔穿过煤层并进入煤层顶（底）板至少 0.5 m，钻孔间距一般不得大于 0.3 m，对于软煤要架两排金属骨架，钻孔间距应小于 0.2 m，参见图 3 - 26 石门揭煤金属骨架布置图。

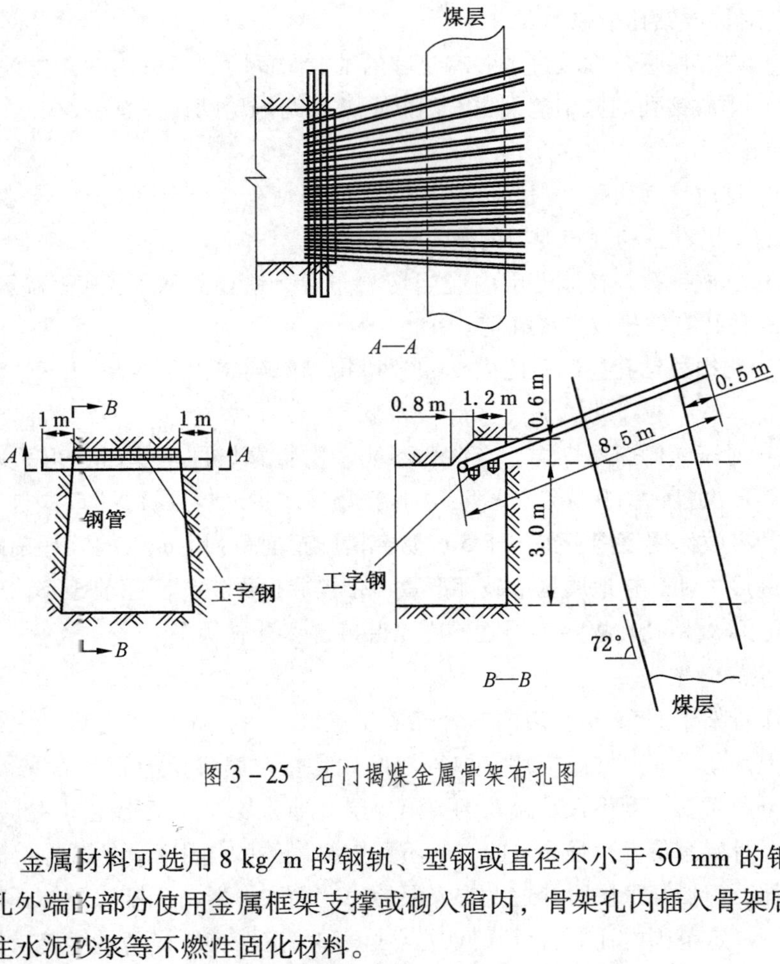


图 3 - 25　石门揭煤金属骨架布孔图

（4）金属材料可选用 8 kg/m 的钢轨、型钢或直径不小于 50 mm 的钢管，其伸出钻孔外端的部分使用金属框架支撑或砌入碹内，骨架孔内插入骨架后，应向孔内灌注水泥砂浆等不燃性固化材料。

（5）金属骨架安装后至少要经过一个昼夜方可开始揭煤。

（6）揭开煤层后，严禁拆除金属骨架，以防悬煤垮落引发突出。

（7）采用金属骨架防治突出措施时，应与预抽瓦斯、水力冲孔或排放钻孔

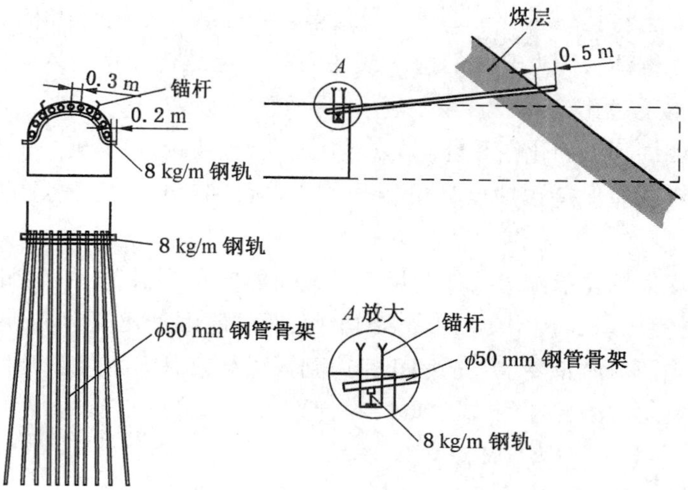


图 3-26　石门揭煤金属骨架布置图

等措施配合使用。

（8）实施金属骨架、煤体固化措施时的最小安全岩柱厚度为 2 m，当石门断面大、岩性差时应加大安全岩柱厚度。

3. 煤体固化

煤体固化措施是在石门工作面揭煤前，将固化材料注入预先在工作面断面周边布置好的钻孔内，用以增加工作面周围煤体的力学强度，起到防治突出作用。该措施主要是依靠固化材料加强工作面前方煤体的稳定性，并通过注入固化材料的钻孔，排放钻孔附近煤体中的瓦斯，钻孔还有利于缓和煤体的应力状态。

由于煤体固化措施释放突出潜能数量及范围有限，不能把工作面附近煤体预先完全转变为无突出危险状态，故它只能配合其他防突措施作为辅助措施使用。所以，这一措施应在采取了其他防突措施并检验有效后方可在揭煤前实施。

石门揭煤工作面煤体固化措施适用于松软煤层，用以增加工作面周围煤体的强度。向煤体注入固化材料的钻孔应施工至煤层顶（底）板 0.5 m 以上，一般钻孔间距不大于 0.5 m，钻孔位于巷道轮廓线外 0.5 ~ 2.0 m 范围内，根据需要也可在巷道轮廓线外布置多排环状钻孔。当钻孔不能一次施工至煤层顶板时，则第一次进入煤层的深度不应小于 10 m。

各钻孔应当将孔口不少于 1.0 m 段封堵牢固以后，方可向孔内注入液态固化材料。可以根据注入压力升高的情况或注入量决定是否停止注入。固化操作时，所有人员不得正对孔口。

在巷道四周环状固化钻孔外侧的煤体中，预抽或排放瓦斯钻孔自固化作业开始到完成揭煤前应保持预抽或自然排放状态，否则应打一定数量的排放瓦斯钻孔。

考虑到煤体固化措施对工作面煤壁的瓦斯涌出有抑制作用，因此，如果固化后揭煤时间持续过长时，巷道四周煤体的瓦斯可能因涌出受阻致使瓦斯压力升高，形成危险。对此特要求，从固化完成到揭煤结束时间超过 5 天时，必须重新进行工作面突出危险性预测或措施效果检验。

4. 水力冲孔

水力冲孔与预抽、排放钻孔作用一样，也是为了排除煤层中的瓦斯，达到降低煤层瓦斯压力、瓦斯含量与地应力的目的。水力冲孔是借助于水压，快速破坏钻孔孔底前方的煤体，形成新的暴露面，使钻孔周围的应力发生突变，瓦斯压力梯度陡增，诱发钻孔内产生突出，由于钻孔孔口断面小，并用专门的孔口安全装置加以控制，因而孔内的突出是可控的。当孔口排渣畅通时，孔内突出将得到延续；不畅通或被堵塞时，孔内瓦斯压力陡增，煤层暴露面上的瓦斯压力梯度降低甚至消失，则突出被遏制，借此控制释放煤层中的能量。由于应力的作用，冲孔洞穴周围的煤体发生流变，应力与瓦斯得到释放，措施的有效影响范围也随之增大，产生明显的防突效果。

20 世纪 70 年代初南桐矿务局首创石门水力冲孔并获得成功，水力冲孔用于石门揭煤是以留有一定厚度的岩柱（穿层冲孔岩柱一般不小于 5 m）作为安全屏障，向突出煤层打钻（在安全屏障内不允许冲孔），在穿过岩柱见煤后，通过钻头切削和高压水激发喷孔，使煤层突出能量在可控的条件下缓慢释放。在冲孔过程中，随着孔深的加深，会产生喷孔，煤、水、瓦斯经钻孔排出，钻孔周围煤体便会向钻孔轴心方向产生位移，造成钻孔周围的煤体发生膨胀变形、裂隙增加，煤层透气性增加近百倍，促进瓦斯排放，进而钻孔周围煤体瓦斯含量降低、煤强度增高、湿度增加和钻孔附近煤层顶底板的相向位移，促使煤层地应力降低，达到既消减了煤层突出动力又改善煤的性质，故而起到防突作用。水力冲孔措施适用条件及要求如下：

（1）水力冲孔防突措施适用于煤层在打钻时具有自喷能力并含有软分层，

坚固性系数小于0.5的突出煤层。水力冲孔应在软分层中进行，这样防突效果好。某一钻孔水力冲孔完成后，其孔内套管不应拔出，以防邻近钻孔冲孔时煤水瓦斯从已冲钻孔喷出，影响安全。

（2）水力冲孔的水压根据煤层的软硬程度而定，一般应大于3 MPa。

（3）根据水力冲孔的有效影响范围确定水力冲孔的钻孔布置，可布置冲孔6~10个，在石门工作面的中央布置一个检查孔，冲孔钻孔的终孔位置在石门的上部和两侧轮廓线外至少5 m，下部至少3 m煤内。

（4）水力冲孔的钻孔布置方式可参照图3－27，为避免各孔之间的卸压干扰，冲孔顺序应为先冲巷道断面外的对角孔，然后再冲中间孔，最后冲断面内的钻孔。

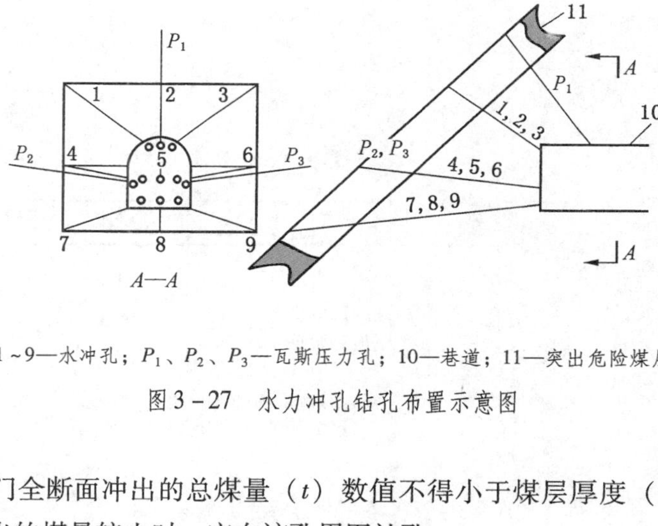


1~9—水冲孔；$P_1$、$P_2$、$P_3$—瓦斯压力孔；10—巷道；11—突出危险煤层

图3－27　水力冲孔钻孔布置示意图

（5）石门全断面冲出的总煤量（$t$）数值不得小于煤层厚度（$m$）乘以20。若有钻孔冲出的煤量较少时，应在该孔周围补孔。

**第二百一十四条**　井巷揭穿（开）突出煤层必须遵守下列规定：

（一）在工作面距煤层法向距离10 m（地质构造复杂、岩石破碎的区域20 m）之外，至少施工2个前探钻孔，掌握煤层赋存条件、地质构造、瓦斯情况等。

（二）从工作面距煤层法向距离大于5 m处开始，直至揭穿煤层全过程都应当采取局部综合防突措施。

（三）揭煤工作面距煤层法向距离2 m至进入顶（底）板2 m的范围，均应当采用远距离爆破掘进工艺。

（四）厚度小于0.3 m的突出煤层，在满足（一）的条件下可直接采用远距离爆破掘进工艺揭穿。

（五）禁止使用震动爆破揭穿突出煤层。

**【解读】**本条是关于井巷揭穿突出煤层的规定。

在石门揭煤过程中，我国曾多次出现由于煤层赋存条件、地质构造、瓦斯情况等情况不明而误揭煤层，导致重特大突出事故。因此掌握煤层的准确位置、赋存条件、瓦斯情况等对于确保石门揭煤安全具有重要意义。

石门揭煤实践证明，石门揭煤的全部作业过程，都必须采取综合防治突出措施，参见图3－28石门揭煤程序示意图。

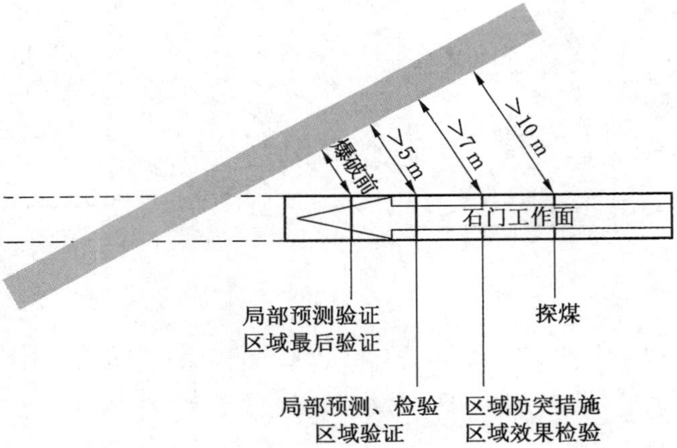


图3－28　石门揭煤程序示意图

1. 探煤、测压预测煤层区域突出危险性

石门工作面距突出煤层10 m前，至少打两个穿透煤层全厚且进入顶、底板不小于0.5 m的前探钻孔，并详细记录岩芯资料，以便获得准确可靠的突出煤层位置、赋存、地质构造和瓦斯情况等实际资料，为正确编制石门揭煤设计提供依据，并避免发生误穿煤层事故。

测定煤层瓦斯压力钻孔布置在岩层比较完整且距离煤层10 m以远的地方可使测值更准确可靠。

依据煤层瓦斯压力、煤的破坏类型、煤的瓦斯放散初速度$\Delta p$和煤的坚固性系数$f$的实测结果，进行煤层突出危险性区域预测。预测指标临界值可采用表3－11所示的临界值及范围，四项指标均出处于临界值范围的确定为突出危险区。

表3－11　预测煤层突出危险性单项临界指标值及范围

| 预测指标 | 煤的破坏类型 | 瓦斯放散初速度 $\Delta p$ | 煤的坚固性系数 $f$ | 煤层瓦斯压力 $P$/MPa |
|---|---|---|---|---|
| 有突出危险的临界值及范围 | Ⅲ、Ⅳ、Ⅴ | ≥10 | ≤0.5 | ≥0.74 |

2. 施工区域防突措施及其效果检验

在突出危险区域内的石门工作面距突出煤层大于7 m位置，应施工区域防突措施，然后对其效果进行检验，效果达标后，允许石门工作面掘进到距突出煤层大于5 m位置。在非突出危险区域内的石门工作面可不采取区域防突措施，石门工作面可直接掘进到距煤层距离大于5 m位置。

3. 区域突出危险性验证、局部防突措施及其效果检验

石门工作面从距突出煤层底（顶）板的最小法向距离5 m开始，到穿过煤层进入顶（底）板最小法向距离2 m的过程均属于揭煤作业。揭煤作业前应编制揭煤专项设计，报煤矿企业技术负责人批准。揭煤作业应当由具有相应技术能力的专业队伍施工。

工作面防突措施也称局部防突措施，它是针对经工作面预测尚有突出危险的局部煤层实施的防突措施，其有效作用范围一般仅限于当前工作面周围的较小区域。

当突出危险区域内的石门工作面掘进到距突出煤层大于5 m位置时，必须进行区域防突效果验证。非突出危险区域的石门工作面掘进到距煤层大于5 m位置时，必须进行非突出危险区域的验证，用以验证石门工作面是否仍是非突出危险工作面。

区域防突效果的验证方法与指标临界值仍采用四项指标实测法。

经区域突出危险性验证为有突出危险的工作面，必须实施局部防突措施，然后对局部防突措施的效果进行检验，措施效果有效的，石门工作面可掘进至采用远距离爆破揭开煤层位置，即石门揭煤工作面距煤层最小法向距离大于1.5 m（煤层倾角≤45°）或石门揭煤工作面距煤层最小法向距离大于2.0 m（煤层倾角＞45°）位置。如果岩石松软、破碎，还应适当增加岩柱的最小法向距离。

石门揭煤工作面的突出危险性预测和局部防突措施防突效果检验应当选用综合指标法（$D$、$K$ 值）、钻屑瓦斯解吸指标法（$K_1$、$\Delta h_2$）进行。

采用综合指标法预测石门揭煤工作面时，应当由工作面向煤层的适当位置至少打 3 个钻孔测定煤层瓦斯压力 $P$，测压钻孔在每 $m$ 煤孔采 1 个煤样测定煤的坚固性系数 $f$，把每个钻孔中坚固性系数最小的煤样混合后测定煤的瓦斯放散初速度 $\Delta p$，则此值及所有钻孔中测定的最小坚固性系数 $f$ 值作为软分层煤的瓦斯放散初速度和坚固性系数参数值。综合指标 $D$、$K$ 值的计算公式为：

$$D=[(0.0075H/f)-3]\times(P-0.74) \tag{3-1}$$

$$K=\Delta p/f \tag{3-2}$$

式中 $D$、$K$——工作面突出危险性综合指标；

$H$——埋深，m；

$P$——瓦斯压力，MPa；

$\Delta p$——瓦斯放散初速度；

$f$——坚固性系数。

石门揭煤工作面突出危险性预测综合指标 $D$、$K$ 参考临界值见表 3-12。

表 3-12　石门揭煤工作面突出危险性预测综合指标 $D$、$K$ 参考临界值

| 综合指标 $D$ | 综合指标 $K$ | |
|---|---|---|
| | 无烟煤 | 其他煤种 |
| 0.25 | 20 | 15 |

当测定的综合指标 $D$、$K$ 都小于临界值，或者指标 $K$ 小于临界值且式（3-1）中两括号内的计算值都为负值时，若未发现其他异常情况，该工作面即为无突出危险工作面；否则，为突出危险工作面。

采用钻屑瓦斯解吸指标（$K_1$、$\Delta h_2$）法预测石门揭煤工作面时，由工作面向煤层的适当位置至少打 3 个钻孔，在钻孔钻进到煤层时每钻进 1 m 采集一次孔口排出的粒径 1~3 mm 的煤钻屑，测定其瓦斯解吸指标 $K_1$ 或 $\Delta h_2$ 值。测定时，应考虑不同钻进工艺条件下的排渣速度。各煤层石门揭煤工作面钻屑瓦斯解吸指标的临界值应根据试验考察确定，在确定前可暂按表 3-13 中所列的指标临界值预测突出危险性。实测的指标值均小于临界值，并且未发现其他异常情况，则该工作面为无突出危险工作面；否则，为突出危险工作面。

表3-13　钻屑瓦斯解吸指标法预测石门揭煤工作面突出危险性的参考临界值表

| 煤　样 | 指标临界值 | |
| --- | --- | --- |
| | $\Delta h_2$/Pa | $K_1$/(mL·g$^{-1}$·min$^{-\frac{1}{2}}$) |
| 干煤样 | 200 | 0.5 |
| 湿煤样 | 160 | 0.4 |

经区域突出危险性验证为无突出危险的石门工作面，可直接掘进到采用远距离爆破揭开煤层位置。

石门工作面从距突出煤层最小法向距离5 m开始，必须采用物探或钻探手段边探边掘，保证工作面到煤层的最小法向距离不小于远距离爆破揭开突出煤层前要求的最小法向距离。

石门工作面与突出煤层之间的岩柱是维持安全施工环境，抵御突出的岩石屏障，在远距离爆破揭开突出煤层前必须保证有足以抵御住自行突出发生的最小法向厚度。我国煤矿曾发生过多起因岩柱厚度不足导致的自行突出事故。

**【案例】**南桐煤矿一井+90 m水平5312石门工作面右上方遇落差2.2 m，断层导致岩柱最小法向厚度仅剩约0.9 m，正准备打揭煤震动炮炮眼时，发现顶板悬矸松动，来压，出现像剥笋一样地呈片状开裂、掉渣，人员撤出，随后发生煤与瓦斯突出。

4. 远距离爆破揭开煤层前的石门工作面应进行突出危险性的最后验证

由于在最小法向距离5 m前进行的工作面预测以及措施效果检验时所打的预测和效检钻孔都比较长，参数检测较难，预测和检验结果的准确性、可靠性通常较低；加之石门工作面掘进到远距离爆破揭开突出煤层位置时，决定揭煤处附近突出危险性的煤层应力、瓦斯以及力学性能等与5 m位置时相比已发生了较大变化，在此位置进行突出危险性的验证，钻孔短，检验结果的准确性较高，因此在揭煤前进行突出危险性最后验证是必需的。

5. 在采取安全防护措施条件下用远距离爆破揭穿煤层

远距离爆破是局部综合防突措施中安全防护的内容之一，本条规定石门揭煤工作面距煤层法向距离2 m至进入顶（底）板2 m的范围，均应采用远距离爆破掘进工艺。

采用远距离爆破是考虑到石门揭穿突出煤层的突出危险性大、突出强度大。为了确保石门揭煤工作面爆破时作业人员的安全，规定采用远距离爆破，即石门工作面爆破的起爆，必须在全部人员撤离到距工作面较远的指定地点，并经确认无误以后方准进行，以避免爆破时发生突出而造成人员伤亡。起爆地点距工作面的距离由矿井技术负责人确定，但起爆及撤人地点必须位于500 m以外全风压通风的新鲜风流中，或300 m以外的避难硐室内。

揭煤作业是在采取区域、局部防突措施后且经过效果检验达标以后进行的，故揭煤爆破要求要对煤体的震动作用尽量小，以防震坏效果达标范围内的煤体引起垮塌等灾害，故严禁使用震动爆破。

规定在石门揭煤工作面与被揭煤层之间保留一定安全岩柱的条件下采用远距离爆破揭开煤层，这一规定与原来使用震动性爆破揭煤，在人员远离作业现场以爆破方法完成最危险的破岩揭煤和落煤工序方面没有区别。但是震动性爆破揭煤，炮眼多、装药量大、一次起爆，对工作面煤岩体产生巨大震动，可能诱发突出甚至是特大型突出，是很不安全的，应该禁止使用。在现今，在石门工作面揭煤前已实施了区域防突和局部防突两个“四位一体”综合防突措施，石门揭煤区域突出危险性经区域验证已消除，局部突出危险性经最后验证也已确认为无突出危险，在有把握从根本上消除突出危险的情况下，石门揭煤就如同一般巷道掘进一样，在采取安全防护措施条件下，采用远距离爆破揭穿煤层，起爆后万一引发突出也不会造成人员伤亡，因为全部人员已撤至远离突出灾区的安全地点。

6. 在岩石巷道与煤层连接处应加强支护

鉴于岩层与煤层在力学强度方面存在重大差别和在岩层与煤层连接界面的地应力分布是不连续的，容易发生因支护不力或不及时产生位移破坏现象，情况严重时会发生冒顶或冒顶诱发的突出，因此，在岩石巷道与煤层连接处必须加强支护。

对于厚度小于0.3 m的突出煤层，必须要有2个前探钻孔的确切验证，即在工作面距煤层法向距离10 m（地质构造复杂、岩石破碎的区域20 m）之外，至少施工2个前探钻孔，掌握煤层赋存、地质构造、瓦斯情况等条件并制定好应急预案，采用远距离爆破直接揭穿。

**第二百一十五条** 煤巷掘进工作面应当选用超前钻孔预抽瓦斯、超前钻孔排放瓦斯的防突措施或者其他经试验证明有效的防突措施。

**【解读】** 本条是关于煤巷掘进工作面防突措施选用的规定。

超前钻孔预抽瓦斯和超前钻孔排放瓦斯防突措施的共同点是超前钻孔，超前钻孔的优点在于，在打钻期间和成孔以后的较长时间都能比较平稳可靠的将超前钻孔有效影响半径周围的突出危险煤体内的瓦斯压力、瓦斯含量降低到突出临界值以下，它还可以引起超前煤体产生收缩变形，提高其力学强度和增加其稳定性，同时对超前地应力也有降低作用，这些都能对超前煤体起到有效的防突作用，该措施适用范围宽广，工艺较简单，可以做到机械化、自动化。

**第二百一十六条** 采煤工作面可以选用超前钻孔预抽瓦斯、超前钻孔排放瓦斯、注水湿润煤体、松动爆破或者其他经试验证实有效的防突措施。

**【解读】**本条关于采煤工作面选用防突措施的规定。

后退式回采工作面的煤层瓦斯含量通常受工作面准备时期巷道掘进过程中的瓦斯涌出和瓦斯抽采的影响变为较低的残余瓦斯含量，而采动集中应力很高，其突出类型多表现为压出，故采煤工作面的防突措施应注重针对其采场地压的主要因素进行防控。与巷道掘进相比采煤工作面的施工场地有较大的选择余地。

1. 在采煤工作面内施工的防突措施

如超前钻孔预抽瓦斯、超前钻孔排放瓦斯、注水湿润煤体、松动爆破等。一般沿工作面布置与推进方向一致的措施钻孔，钻孔通常顺煤层成单排布孔，孔间距根据有效影响半径确定，钻孔深度不小于5 m。为避免防突措施施工时的地应力与采煤工艺采动应力叠加诱导突出，严禁防突措施施工与采煤工艺在时间上同时作业。由于这些措施是在工作面施工的，时间受限，措施的控制范围一般较小，防突效果也较差。

2. 在工作面巷道内施工的防突措施

如超前长钻孔预抽瓦斯、超前长钻孔排放瓦斯、长钻孔卸压控制爆破和长钻孔注水湿润煤体等。一般沿工作面巷道布置且与工作面巷道方向呈90°或斜交或立体交叉钻孔，根据煤厚及有效影响半径可布置单排或双排三花布孔，孔间距根据有效影响半径确定，钻孔深度应覆盖工作面长度。这些措施的施工对工作面采煤工艺的影响不大，时间和空间宜超前安排，防突措施的控制范围较大且作用时间较长，故防突效果较好，但需采用强力钻机及其配套装备以及在技术方面需克服突出煤层长钻孔施工与护孔等困难。

**第二百一十七条** 突出煤层的采掘工作面，应当根据煤层实际情况选用防突措施，并遵守下列规定：

（一）不得选用水力冲孔措施，倾角在8°以上的上山掘进工作面不得选用松动爆破、水力疏松措施。

（二）突出煤层煤巷掘进工作面前方遇到落差超过煤层厚度的断层，应当按井巷揭煤的措施执行。

（三）采煤工作面采用超前钻孔预抽瓦斯和超前钻孔排放瓦斯作为工作面防突措施时，超前钻孔的孔数、孔底间距等应当根据钻孔的有效抽排半径确定。

（四）松动爆破时，应当按远距离爆破的要求执行。

**【解读】**本条是关于突出煤层采掘工作面选用防突措施的规定。

在突出煤层掘进上山，突出危险性增高，世界各主要产煤国家，虽然经过多年努力，至今仍未找到满意的防治上山突出的方法。在上山掘进过程中，煤体时刻受到煤自重的持续作用，由于突出煤的强度低，很容易发生垮塌并诱发突出，这种现象在急倾斜煤层中尤为常见。另外，在突出煤层中掘进上山，即使在发生垮塌或突出前工作人员发现了突出预兆，由于受条件的限制，很难迅速地从危险现场撤离。所以在突出煤层掘进上山时必须采取有助于增加煤层稳定性的防突措施。

水力冲孔措施在施工中要求必须有可靠的安全岩柱屏障来保护作业人员安全和施工环境，而采掘工作面的安全屏障为破裂的处于极限应力状态的卸压煤体，它根本抵抗不住水力冲孔措施在施工中的高水压冲击，可能在水力冲孔过程中发生煤壁垮塌和诱发突出，存在重大突出隐患。因此，特规定采掘工作面不得选用水力冲孔措施，倾角在8°以上的上山掘进工作面不得选用松动爆破、水力疏松措施。

突出煤层煤巷掘进工作面前方遇到落差超过煤层厚度的断层时，工作面迎头将变为全岩，该全岩工作面所面临的煤层突出诸参数分布以及突出危险与井巷揭煤情况类似，当突出煤层煤巷掘进工作面前方遇到落差超过煤层厚度的断层，应当按井巷揭煤的措施执行。

超前钻孔预抽瓦斯，是在采掘工作面打若干排（或圈）超前预抽瓦斯钻孔，然后对超前预抽钻孔进行封孔，并使钻孔与瓦斯抽采管道系统相连接，借助于真空泵产生的负压，抽采煤层中的瓦斯。超前钻孔排放瓦斯是在采煤工作面向前方煤体打一定数量的钻孔，使工作面前方煤体卸压，同时这些钻孔始终处于与大气相通的开放状态，在煤体瓦斯压力作用下，经钻孔排放瓦斯，并始终保持钻孔对工作面有一定的超前距，以便起到减弱和消除突出的作用。

采煤工作面采用超前钻孔预抽瓦斯和超前钻孔排放瓦斯作为工作面防突措施时，钻孔直径一般为75～120 mm。超前钻孔预抽瓦斯和超前钻孔排放瓦斯防治突出的核心都在于钻孔的合理布置及施工到位，其防突效果均取决于钻孔布置和所用的有效半径同现场实际的吻合程度。超前排放钻孔和超前预抽钻孔的孔数、孔底间距等应当根据实测的钻孔有效抽排半径来确定。钻孔在控制范围内应当均匀布置，以便使钻孔控制范围内的卸压较均匀，残余瓦斯压力分布较均匀、残余瓦斯含量分布较均匀，消除煤体防突效果无效空白。在煤层的软分层中可适当增加钻孔数，以强化在重点层位内防突措施的有效性和可靠性。

松动爆破起爆过程中对突出煤层有较强的震动作用，有诱导突出的可能，在实践方面也有松动爆破引发突出的事故案例，为了确保安全，松动爆破时，应按远距离爆破的要求执行。

**第二百一十八条** 工作面执行防突措施后，必须对防突措施效果进行检验。如果工作面措施效果检验结果均小于指标临界值，且未发现其他异常情况，则措施有效；否则必须重新执行区域综合防突措施或者局部综合防突措施。

**【解读】** 本条是关于工作面防突措施效果检验的规定。

1. 防突措施效果检验内容

（1）检验已竣工的防突措施是否达到了设计要求和是否达标。

（2）了解、收集工作面及实施防突措施过程中的喷孔、卡钻等突出预兆情况，作为措施效果检验报告的重要内容之一。

（3）各检验指标的测定情况及指标值。

（4）根据实际检验指标值和突出预兆情况对措施效果做出评判。

2. 采掘工作面防突措施效果检验要求

1）石门工作面防突措施效果检验要求

（1）选择石门钻屑瓦斯解吸指标法或其他经试验证实有效的方法。

（2）防突措施效果检验孔个数不得少于5个，分别位于石门的上部、中部、下部和两侧。效果检验孔布置如图3－29所示。

（3）检验的各项指标值都在该煤层突出危险临界值以下，且未发现其他异常情况，则措施有效；反之，判定为措施无效，必须重新实施防突措施，并再次进行效果检验，直至措施效果有效为止。

2）煤巷掘进工作面防突措施效果检验要求

（1）检验孔大于或者等于3个。

（2）检验孔深小于或者等于措施钻孔深度。

（3）效果检验指标值小于临界值，且无异常情况，则措施有效；反之，判

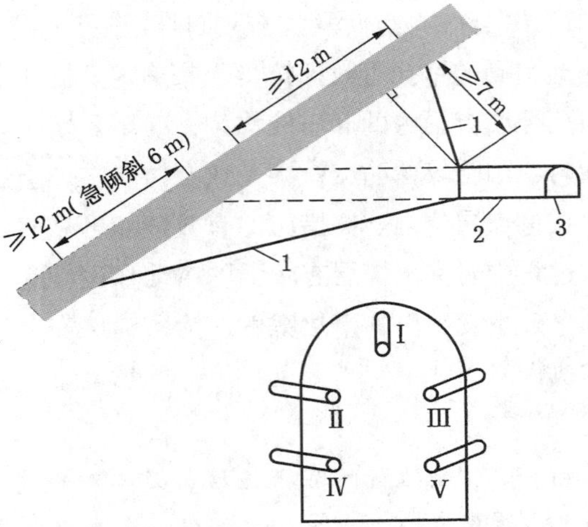


1—区域防突措施钻孔控制范围；2—石门；3—底板岩石巷道

Ⅰ—石门上部检验孔；Ⅱ、Ⅲ—石门中部两侧检验孔；Ⅳ、Ⅴ—石门下部两侧检验孔

图 3-29　石门工作面措施效果检验孔布置示意图

定为措施无效。

（4）当检验结果措施有效时，若检验孔与措施孔投影孔深相等，则留足防突措施超前距并在采取安全防护措施的条件下掘进。

（5）当检验孔的投影孔深小于措施孔时，则应留足所需的防突措施超前距，同时保留至少 2 m 检验孔投影孔深超前距，在采取安全防护措施实施掘进作业。

（6）填写防突措施效果检验报告单（表 3-14），格式如防突措施效果检验报告单所示。

表 3-14　防突措施效果检验报告单

| 煤层 | | 地点 | | 检验日期 | 年　月　日 |
|---|---|---|---|---|---|
| 采用的防突技术措施 | | | | | |
| 措施名称及方案设计 | | | 措施施工情况 | | |
| | | | | | |
| 措施效果检验 | | | | | |
| 检验方法 | | | 实测数据 | | |
| | | | | | |
| 检验意见 | | | | | |
| 总工程师 | | | 防突专业队队长 | | |
| 通风科（区）长 | | | 检验人员 | | |

3）采煤工作面防突措施效果检验要求

（1）检验方法参照采煤工作面预测方法进行。

（2）沿采煤工作面每隔 10 ~ 15 m 布置一个检验钻孔，深度小于或者等于措施孔深度。

（3）检验指标值小于指标临界值，且无异常，则措施有效；否则，判定措施无效。

（4）措施有效时，若检验孔与防突措施孔深度相等，则留措施超前距，采取安全防护措施回采；当检验孔深度小于措施孔长时，则应当在留足所需的防突措施超前距并同时保留有 2 m 检验孔超前距的条件下，采取安全防护措施实施回采作业。

**第二百一十九条** 在煤巷掘进工作面第一次执行局部防突措施或者无措施超前距时，必须采取小直径钻孔排放瓦斯等防突措施，只有在工作面前方形成 5 m 以上的安全屏障后，方可进入正常防突措施循环。

**【解读】** 本条是关于煤巷掘进工作面进入正常防突措施循环条件的规定。

煤巷掘进工作面第一次执行局部防治突出措施或无防突措施超前距时，安全施工要求工作面前方 5 m 内的煤体必须具备安全屏障来作掩护，即要求工作面前方 5 m 范围的煤体必须已充分卸压，其突出预测指标必须达标，以便在采取措施过程中，具备无突出危险的环境条件。为此，必须先采用小直径钻孔排放瓦斯等防突措施，形成必要的安全屏障，并经校检，证实工作面突出预测指标达标后，方可进入正常防突措施循环。防突经验得出，此时采取打小直径排放钻孔等对煤体扰动小的措施，是可行的有效的措施，既能排放瓦斯，又可提高煤体强度。

**第二百二十条** 井巷揭穿突出煤层和在突出煤层中进行采掘作业时，必须采取避难硐室、反向风门、压风自救装置、隔离式自救器、远距离爆破等安全防护措施。

**【解读】** 本条是关于安全防护措施的规定。

1. 安全防护措施及其意义

安全防护措施可分为两部分，一是落煤过程是引发突出概率最大的工艺，此时工作人员应远离现场，主要措施为远距离爆破、遥控采掘机械落煤等；二是突出后工作人员应有一套完整的生命保证系统，主要有避难硐室、反向风门、隔离式自救器、压风自救装置等。

安全防护措施是局部综合防治突出措施中的最后一个关口，为防万一发生突出，必须要有一套完整的安全防护措施，以保证工作人员安全。

2. 避难硐室、避难所、压风自救系统

1）避难硐室

避难硐室是供矿工在井下遇到事故无法撤退，暂时躲避待救的设施，分永久避难硐室和临时避难硐室两种。永久避难硐室事先构筑在井底车场附近或采掘工作面附近或爆破启动地点。临时避难硐室是利用独头巷道、硐室或两道风门之间的巷道，由避难人员临时修建的。避难人员尽量利用身边现有的材料（如木料、笆片、风筒布、溜槽、衣服等）严密构筑，以减少有害气体的侵入。临时避难硐室机动灵活，修筑方便，往往能发挥很好的救护作用。

有突出煤层的采区必须设置采区避难硐室，避难硐室的位置应当根据实际情况确定，并符合下列要求：

（1）避难硐室设置向外开启的隔离门，隔离门设置标准按照反向风门标准安设。室内净高不得低于2 m，深度满足扩散通风的要求，长度和宽度应根据可能同时避难的人数确定，但至少能满足15人避难，且每人使用面积不得少于0.5 $m^2$。避难所内支护保持良好，并设有与矿（井）调度室直通的电话。

（2）避难硐室内放置足量的饮用水、安设供给空气的设施，每人供风量不得少于0.3 $m^3/min$。如果用压缩空气供风时，设有减压装置和带有阀门控制的呼吸嘴。

（3）避难硐室内应根据设计的最多避难人数配备足够数量的隔离式自救器。

2）采掘工作面避难所

突出煤层的采掘工作面应设置工作面避难所或压风自救系统。应根据具体情况设置其中之一或混合设置，但掘进距离超过500 m的巷道内必须设置工作面避难所。

工作面避难所应当设在采掘工作面附近和爆破工操纵爆破的地点。根据具体条件确定避难所的数量及其距采掘工作面的距离。工作面避难所应当能够满足工作面最多作业人数时的避难要求，其他要求与采区避难硐室相同。

3）压风自救系统

压风自救系统应当达到下列要求：

（1）压风自救装置安装在掘进工作面巷道和回采工作面巷道内的压缩空气管道上。

（2）在以下每个地点都应至少设置一组压风自救装置：距采掘工作面25～40 m的巷道内、爆破地点、撤离人员与警戒人员所在的位置以及回风道有人作业处等。在长距离的掘进巷道中，应根据实际情况增加设置。

（3）每组压风自救装置应可供5～8个人使用，平均每人的压缩空气供给量不得少于0.1 $m^3$/min。

3. 反向风门

在突出煤层的石门揭煤和煤巷掘进工作面进风侧，必须设置至少2道牢固可靠的反向风门，以控制突出时的瓦斯能沿回风巷道流入回风系统，防逆流装置布置如图3－30所示。风门之间的距离不得小于4 m。

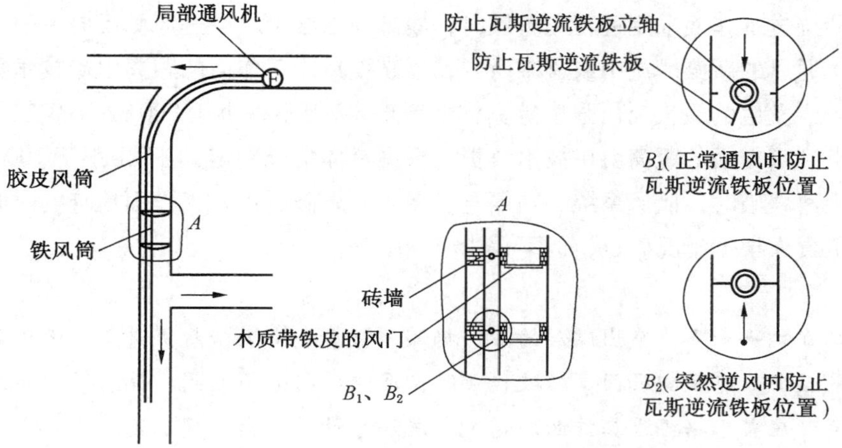


图3－30　防逆流装置布置示意图

反向风门墙垛可用砖、料石或混凝土砌筑，嵌入巷道周边岩石的深度可根据岩石的性质确定，但不得小于0.2 m；墙垛厚度不得小于0.8 m。在煤巷构筑反向风门时，风门墙体四周必须掏槽，掏槽深度见硬帮硬底后再进入实体煤不小于0.5 m。通过反向风门墙垛的风筒、水沟、刮板输送机道等，必须设有逆向隔断装置。

4. 隔离式自救器

依靠自救器中提供的氧气，供佩戴人呼吸并同外界空气完全隔绝的一种救生装置。因本身能产生氧气供佩戴人呼吸，它就不受外界空气中有毒气体的种类及其浓度和氧气含量的限制。在有煤和瓦斯突出危险的矿井中，必须采用隔离式自救器。

5. 远距离爆破

井巷揭穿突出煤层和突出煤层的炮掘、炮采工作面必须采取远距离爆破安全防护措施。

石门揭煤采用远距离爆破时，必须制定包括爆破地点、避灾路线及停电、撤人和警戒范围等的专项措施。

在矿井尚未构成全风压通风的建井初期，在石门揭穿有突出危险煤层的全部作业过程中，与此石门有关的其他工作面必须停止工作。在实施揭穿突出煤层的远距离爆破时，井下全部人员必须撤至地面，井下必须全部断电，立井口附近地面 20 m 范围内或斜井口前方 50 m、两侧 20 m 范围内严禁有任何火源。

煤巷掘进工作面采用远距离爆破时，爆破地点必须设在进风侧反向风门之外的全风压通风的新鲜风流中或避难所内，爆破地点距工作面的距离由矿技术负责人根据曾经发生的最大突出强度等具体情况确定，但不得小于 300 m；采煤工作面爆破地点到工作面的距离由矿技术负责人根据具体情况确定，但不得小于 100 m。

远距离爆破时，回风系统必须停电、撤人。爆破后进入工作面检查的时间由矿技术负责人根据情况确定，但不得少于 30 min。

**第二百二十一条** 突出煤层的石门揭煤、煤巷和半煤岩巷掘进工作面进风侧必须设置至少 2 道反向风门。爆破作业时，反向风门必须关闭。反向风门距工作面的距离，应当根据掘进工作面的通风系统和预计的突出强度确定。

**【解读】** 本条是关于石门揭煤和煤巷掘进工作面设置和使用反向风门的规定。

反向风门距工作面的距离应当根据工作面突出危险程度的大小或者预计的突出强度确定，确定的原则是一旦发生预计最大强度的突出也不会把反向风门摧毁。但同时它又受到通风系统和空间条件的限制，譬如反向风门还必须安装在掘进工作面进风风路上，且不影响掘进工作面通风系统的构成，因而通常与掘进工作面局部通风机的正向隔断风门成组安装。为了确保反向风门不被破坏，如果受通风系统和空间条件限制，使得反向风门到工作面的最短距离小于 70 m 时，应至少再增加一组反向风门，以提高其抗灾能力。

反向风门的作用是阻止突出的逆流不波及进风风流，因而发生突出时反向风门的开闭直接关系到这一措施的成败。然而何时发生突出又往往难以预测，如果反向风门处于常开状态，一旦发生突出将来不及关闭反向风门，反向风门也就失去意义。如果反向风门处于常闭状态，一旦发生突出将给反向风门以里人员的逃生带来困难。介于这些原因综合考虑，本规程仅规定爆破作业或无人作业时必须关闭，其他条件的开闭应结合矿井突出强度、掘进施工工艺、通风系统等具体条件确定。风门设置和使用的具体做法如下：

（1）突出煤层掘进工作面进风侧，必须设置至少2道牢固的反向风门，反向风门和防逆风装置布置如图3－31所示。

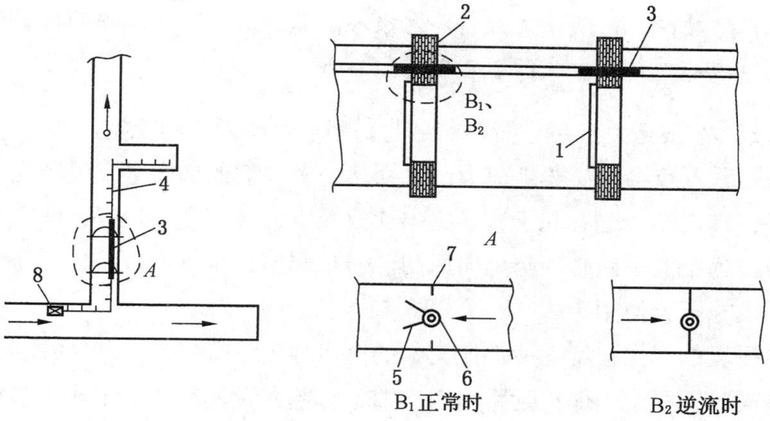


1—木质带铁皮的风门；2—墙垛；3—铁风筒；4—胶质风筒；5—防止瓦斯逆流铁板；6—防止瓦斯逆流铁板的主轴；7—定位圈；8—局部通风机

$B_1$—正常通风时防止瓦斯逆流铁板位置；$B_2$—瓦斯逆流时铁板位置

图3－31　反向风门和防逆风装置布置

（2）风门间距离不小于4 m。

（3）反向风门距工作面回风巷距离不小于10 m，与工作面的最近距离不小于70 m；小于70 m时应设置至少三道反向风门。

（4）反向风门墙垛用砖、料石或混凝土砌筑，嵌入巷道周边岩石的深度0.2 m；墙垛厚度不小于0.8 m。

（5）在煤巷构筑反向风门时，风门墙体四周掏槽深度见硬帮硬底后再进入实体煤深度不小于0.5 m。

（6）通过反向风门墙垛的风筒、水沟、刮板输送机道等，必须设有逆向隔断装置。

**第二百二十二条** 井巷揭煤采用远距离爆破时，必须明确起爆地点、避灾路线、警戒范围，制定停电撤人等措施。

井筒起爆及撤人地点必须位于地面距井口边缘20 m以外，暗立（斜）井及石门揭煤起爆及撤人地点必须位于反向风门外500 m以上全风压通风的新鲜风流中或者300 m以外的避难硐室内。

煤巷掘进工作面采用远距离爆破时，起爆地点必须设在进风侧反向风门之外的全风压通风的新鲜风流中或者避险设施内，起爆地点距工作面的距离必须在措施中明确规定。

远距离爆破时，回风系统必须停电撤人。爆破后，进入工作面检查的时间应当在措施中明确规定，但不得小于30 min。

**【解读】** 本条是关于井巷揭煤和煤巷采用远距离爆破的规定。

爆破过程不仅会使煤体地应力、瓦斯压力及他们的梯度等发生突变而容易激发突出外，其震动力也有利于诱导突出，故减少人员伤亡的最好办法就是采用远距离爆破。远距离爆破必须与反向风门、避难硐室、压风自救装置、压缩氧自救器等安全设施配合使用。

井巷揭煤的突出强度一般都比其他的突出强度大得多，因此，井巷揭煤采用远距离爆破时，要求确保在远距离爆破前，将起爆及其有关的工作人员全部撤离到更远的确保安全的地点，以防形成的瓦斯逆流波及到起爆地点，确保作业人员的安全。同时，井巷揭穿突出煤层采用远距离爆破时，即使不发生突出，因煤层是第一次揭露，瓦斯涌出量必然很大。为防止爆破后的大量瓦斯涌出以及突出瓦斯产生爆炸、燃烧、窒息等次生灾害，必须结合现场实际制定包括起爆地点，避灾路线及停电、撤人及警戒范围，通风系统及风量等一整套安全措施。

井筒爆破揭煤发生突出时，通常冲出井口的瓦斯流会波及较大范围，为了保障起爆人员的安全，井筒起爆及撤人地点必须位于地面距井口边缘20 m以外上风向的安全地点。

为确保爆破揭煤作业人员安全，免遭突出瓦斯逆流波及危害影响，暗立（斜）井及石门采用远距离爆破揭煤前，起爆及撤人地点必须位于反向风门外500 m以上全风压通风的新鲜风流中或反向风门外300 m以上全风压通风的进风巷道避难所内。

反向风门虽然能起到隔离突出物流动到进风侧和防止突出瓦斯逆流的作用，但当突出强度较大时，突出的煤（岩）、瓦斯可能会将反向风门摧毁，从而波及工作面进风侧，这时若起爆人员仅处在反向风门外的新鲜风流中，而不是处在全负压通风的新鲜风流中，当反向风门被摧毁时，就可能造成起爆人员的伤亡。若起爆人员处在全负压通风的一定长度的新鲜风流中，由于全负压通风系统的风流状态不会因突出破坏了通风设施而受到大的影响，即使突出的瓦斯逆流到了起爆地点，逆流的瓦斯在全负压风流的作用下也会不断得到稀释，可将遇险人员产生窒息的可能性降低，对人身安全有利。煤巷掘进工作面采用远距离爆破时，起爆地点必须设在进风侧反向风门之外全风压通风的新鲜风流一定距离之中或避险设施内，起爆地点距工作面的距离必须在措施中明确规定。

远距离爆破时，即使未发生突出，爆破后瓦斯涌出量也会较大，这时回风系统可能有超限、爆炸、燃烧和窒息等危险，所以远距离爆破时，回风系统必须停电撤人。

为了防止爆破后瓦斯涌出量大、炮烟熏人窒息事故以及延期突出等，远距离爆破后，进入工作面检查的时间应在措施中明确规定，但不得小于 30 min。

**第二百二十三条** 突出煤层采掘工作面附近、爆破撤离人员集中地点、起爆地点必须设有直通矿调度室的电话，并设置有供给压缩空气的避险设施或者压风自救装置。工作面回风系统中有人作业的地点，也应当设置压风自救装置。

**【解读】** 本条是关于在突出煤层采掘工作面及爆破撤离人员集中地点、起爆地点安全防护的规定。

突出煤层的采掘工作面是不断移动的工作场所，在地质条件、煤层厚度、采掘进尺、煤层瓦斯情况等时刻都在发生动态变化，为了使矿负责人等管理人员随时了解突出工作面安全情况及需求，进行调度与管理并在发现突出预兆应急或突出灾变时期提供空气自救，突出煤层的采掘工作面附近、爆破撤离人员集中地点、起爆地点都必须设置直通矿调度室的电话和有供给压缩空气设施的避险设施或压风自救装置。另外，工作面回风系统是工作面突出瓦斯流必经的路线，其中有人作业的地点，也必须设置压风自救装置，以便突出时，遇险人员应急自救。

20 世纪 70 年代，国外一些突出矿井就设置了利用压风管路向遇险矿工供给压缩空气的各种类型的自救装置。如波兰在采掘工作面附近及沿逃生巷道每隔一定距离设立压风呼吸站；日本在采区巷道安设压风急救袋；英国在采煤工作面附近设置压风自救装置等。

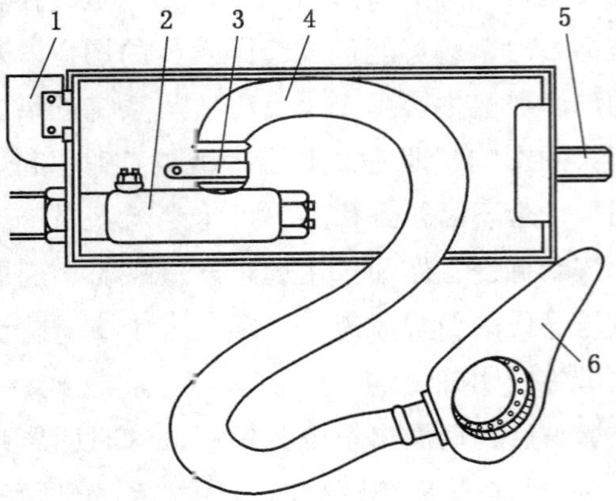


1—盒体；2—送风器；3—卡箍；4—波纹软管；
5—紧固螺母；6—半面罩

图3－32　ZY－M型压风自救装置结构示意图

我国压风自救系统大多由空气压缩机、压风管路和压风自救点组成。其中空气压缩机可以是地面空气压缩机或井下空气压缩机，压力0.4～0.5 MPa，压风自救专用管路为50 mm钢管。煤炭科学研究总院重庆分院研制的ZY－M型压风自救装置是由盒体、送风器、卡箍、波纹软管、紧固螺母和半面罩等组成（图3－32），供风能力为100 L/min。

压风自救点主要设置在突出区域内的爆破地点、警戒人员和人员撤离达到地点、人回风道有人作业地点及避难所应设压风自救点等。长距离掘进和长距离人风、回风巷道，每50 m设一个点，每个压风自救点有可供5～8人使用的带阀门的压风头，供每人压缩空气量不得少于0.3 $m^3$/min。

**第二百二十四条**　清理突出的煤（岩）时，必须制定防煤尘、片帮、冒顶、瓦斯超限、出现火源，以及防止再次发生突出事故的安全措施。

**【解读】** 本条是关于对突出的煤处理的规定。

突出的煤破碎程度较高，比表面积较大，与空气中的氧气接触可能低温氧化自热，再加上突出孔洞附近通风不良，突出煤氧化后所发生的热量容易积累，发生自燃。如四川芙蓉煤矿突出后，突出煤尚未清理完毕就发生自燃。所以，必须及时清理突出的煤。突出煤一般都干燥、破碎，清理时可先用棉麻编织品覆盖在突出煤堆的暴露表面上方，然后向覆盖编织物洒水，湿润突出煤以防止煤尘飞扬和减少瓦斯涌出。突出孔洞附近煤体松软、地应力大，清理突出物过程容易发生冒顶与片帮；突出孔洞附近瓦斯浓度容易超限，上述这些情况都易引发次生事故。因而在清理突出煤岩前，应编制防煤尘、片帮、冒顶、瓦斯超限、火灾以及防止再次发生突出事故的安全措施。

# 第五章　冲击地压防治

## 第一节　一　般　规　定

**第二百二十五条**　在矿井井田范围内发生过冲击地压现象的煤层，或者经鉴定煤层（或者其顶底板岩层）具有冲击倾向性且评价具有冲击危险性的煤层为冲击地压煤层。有冲击地压煤层的矿井为冲击地压矿井。

**【解读】**本条是关于冲击地压煤层与冲击地压矿井界定的规定。

冲击地压又称冲击矿压，是指井巷或工作面周围煤岩体，在采掘扰动作用下，由于弹性变形能突然释放产生剧烈破坏的动力灾害，常伴有煤岩体抛出、巨响及气浪等现象。

冲击地压煤层和冲击地压矿井的界定是冲击地压防治的基础和前提。矿井如果发生过冲击地压，则直接认定为冲击地压矿井。煤层或其顶底板岩层经鉴定具有冲击倾向性，并且该煤层经评价具有冲击危险性，则确定为冲击地压煤层。

煤岩冲击倾向性依据《冲击地压测定、监测与防治方法　第1部分：顶板岩层冲击倾向性分类及指数的测定方法》（GB/T 25217.1—2010）和《冲击地压测定、监测与防治方法　第2部分：煤的冲击倾向性分类及指数的测定方法》（GB/T 25217.2—2010）进行鉴定。底板的冲击倾向性参照《冲击地压测定、监测与防治方法　第1部分：顶板岩层冲击倾向性分类及指数的测定方法》（GB/T 25217.1—2010）进行鉴定。

煤岩冲击倾向性是煤层发生冲击地压的条件之一。煤层是否会发生冲击地压还与煤层地质条件、开采技术条件等因素有关，因此需要进一步评价煤层的冲击危险性。既有冲击倾向性又有冲击危险性的煤层才是冲击地压煤层。存在冲击地压煤层的矿井为冲击地压矿井。煤层（或者其顶底板岩层）具有强冲击倾向性且评价具有强冲击地压危险的，为严重冲击地压煤层。

**第二百二十六条**　有下列情况之一的，应当进行煤岩冲击倾向性鉴定：

（一）有强烈震动、瞬间底（帮）鼓、煤岩弹射等动力现象的。

（二）埋深超过 400 m 的煤层，且煤层上方 100 m 范围内存在单层厚度超过 10 m 的坚硬岩层。

（三）相邻矿井开采的同一煤层发生过冲击地压的。

（四）冲击地压矿井开采新水平、新煤层。

**【解读】** 本条是关于矿井进行煤岩冲击倾向性鉴定的规定。

煤岩具有冲击倾向性是煤层发生冲击地压的内因，对于冲击地压防治具有重要意义。

（一）煤岩强烈震动、瞬间底（帮）鼓、煤岩弹射等是煤岩的典型动力现象。这些现象进一步发展，极易演变为冲击地压灾害。因此，出现此类现象的煤层区域应当进行煤岩冲击倾向性鉴定。

**【案例】** 巨野煤田某矿首采工作面巷道掘进过程中即出现巷道突然底鼓现象并伴随强烈震动现象，该矿工作面回采过程中多次出现冲击地压灾害，并导致了井巷破坏和人员受伤。煤岩强烈震动、瞬间底鼓等现象表明了该矿煤层开采存在冲击地压动力显现的倾向。

（二）煤层埋藏深度大于 400 m 后，自重应力达到较高水平，此时如果煤层上方 100 m 范围内存在单层厚度超过 10 m 的坚硬岩层，该岩层破断运动将对煤层产生强烈动力扰动，冲击地压发生的可能性明显增加。因此，这类矿井应当进行煤岩冲击倾向性鉴定。

**【案例】** 鹤岗某矿一工作面回风巷采深为 448 ~ 460 m，煤层伪顶为 0. 2 ~ 3. 33 m 的炭页岩，直接顶为 5. 2 ~ 14. 9 m 的灰色粉砂岩，基本顶为 19. 3 ~ 70. 4 m 的中粗砂岩，直接顶和基本顶均为厚度大于 10 m 的坚硬岩层。该工作面回风巷掘进和回采过程中发生了多次冲击地压显现，造成了严重的灾害后果，其中最严重的一次导致了人员伤亡。

（三）相邻矿井开采的同一煤层的物理力学性质与地质条件等往往较为相近。相邻矿井开采的同一煤层发生过冲击地压的，本矿井开采该煤层时，发生冲击地压的可能性较大。因此，相邻矿井开采的同一煤层发生过冲击地压的，应当进行煤岩冲击倾向性鉴定。

**【案例】** 华亭矿区砚北煤矿与华亭煤矿相邻，两个矿井在开采 5 号煤层时均多次出现了较为严重的冲击地压显现。

（四）冲击地压矿井开采的新水平、新煤层，虽然开采的区域或煤层有所改变，但地质条件相近，仍可能存在冲击倾向性和冲击危险性，因此应当对所开采的新水平、新煤层进行煤岩冲击倾向性鉴定。

煤岩冲击倾向性鉴定由煤矿企业委托具有煤岩冲击倾向性鉴定能力的机构进行。为了便于管理和监管，促进煤矿企业冲击地压防治工作，煤矿企业应当将煤岩冲击倾向性鉴定结果报送省级煤炭行业管理部门和省级煤矿安全监察机构备案。

**第二百二十七条** 开采具有冲击倾向性的煤层，必须进行冲击危险性评价。

**【解读】**本条是关于煤层进行冲击危险性评价的规定。

冲击危险性评价是界定冲击地压煤层和开展冲击地压防治工作的重要依据，冲击危险性等级划分有利于针对性地进行冲击地压防治。

在确定为冲击地压煤层后，必须对煤层进行冲击危险性预测和分区，确定煤层不同区域的冲击危险性等级（可划分为 A 无危险、B 弱危险、C 中等危险、D 强危险 4 个等级，可参照综合指数法进行划分），用以指导开采设计、冲击地压监测预警和防范治理等工作。冲击危险性等级划分及相应的冲击地压防治对策可参照表 3－15 实施。

表 3－15 冲击危险性等级分类及防治对策表

| 危险等级 | 防 治 对 策 |
|---|---|
| A<br>无危险 | 正常进行设计及生产作业 |
| B<br>弱危险 | 考虑冲击地压影响因素进行开采设计，还应满足：<br>（1）配备必要的监测检验和治理设备；<br>（2）制定监测和治理方案，作业中进行冲击地压危险监测、解危和效果检验 |
| C<br>中等危险 | 考虑冲击地压影响因素进行开采设计，合理选择巷道及硐室布置方案、工作面接替顺序；优化主要巷道及硐室的设计参数、支护方式、掘进速度、采煤工作面超前支护距离及方式等。还应满足：<br>（1）配备完备的区域与局部监测检验设备和治理装备；<br>（2）采掘作业前，对采煤工作面支承压力影响区域、掘进煤层巷道迎头及后方巷帮采取预卸压措施；<br>（3）设置人员限制区域、确定避灾路线；<br>（4）制定监测和治理方案，作业中进行冲击地压监测、解危和效果检验 |

表 3－15（续）

| 危险等级 | 防治对策 |
| --- | --- |
| D<br>强危险 | 考虑冲击地压影响因素进行开采设计，合理选择巷道及硐室布置方案、工作面接替顺序等；优化巷道及硐室设计参数、支护方式和掘进速度等；优化采煤工作面顶板支护、推进速度、超前支护距离及方式、采放煤高度等参数。还应满足：<br>（1）配备完备的区域与局部监测检验设备和治理装备；<br>（2）采掘作业前，对采煤工作面回采巷道、掘进煤层巷道迎头及后方的巷帮实施全面预卸压，经检验冲击地压危险解除后方可进行作业；<br>（3）制定监测和治理方案，作业中加强冲击地压危险的监测、解危和效果检验措施，监测采掘作业对周边巷道、硐室等的扰动影响，并制定对应的治理措施；<br>（4）设置躲避硐室、人员限制区域、确定避灾路线。<br>如果经充分采取解危治理措施后，仍不能保证安全时，应停止生产或重新设计 |

**第二百二十八条** 矿井防治冲击地压（以下简称防冲）工作应当遵守下列规定：

（一）设专门的机构与人员。

（二）坚持“区域先行、局部跟进、分区管理、分类防治”的防冲原则。

（三）必须编制中长期防冲规划与年度防冲计划，采掘工作面作业规程中必须包括防冲专项措施。

（四）开采冲击地压煤层时，必须采取冲击危险性预测、监测预警、防范治理、效果检验、安全防护等综合性防治措施。

（五）必须建立防冲培训制度。

（六）必须建立冲击危险区人员准入制度，实行限员管理。

（七）必须建立生产矿长（总工程师）日分析制度和日生产进度通知单制度。

（八）必须建立防冲工程措施实施与验收记录台账，保证防冲过程可追溯。

**【解读】** 本条是关于矿井开展防冲工作的规定。

完善的组织机构、防冲原则、防冲流程与管理制度对于有序、有效开展防冲工作具有重要保障作用。

1. 专门的机构与人员

矿井冲击地压防治是专业性很强的工作，冲击地压矿井应设立专门的防冲机构，并配备专职防冲技术人员与专职施工队伍。

矿井专门的防冲机构，是指设置的机构配有专职负责冲击地压防治管理和技术工作的专业人员，该机构应为矿领导分管的独立机构。防冲机构负责日常的防冲管理与技术工作落实、科技创新、难题攻关，推广应用冲击地压防治新技术、新工艺、新装备。

2. 防冲原则

通过多年的实践和分析总结，我国确定了“区域先行、局部跟进、分区管理、分类防治”的防冲原则。坚持这一原则，对全面做好矿井冲击地压防治工作，有效防范冲击地压事故具有重大意义。

“区域先行”，是指从矿井建设可研阶段就开始，开展冲击地压矿井鉴别、从有利于矿井后期冲击地压灾害防治角度，开展矿井开拓、准备、回采设计与建设等，力争从设计源头、大的开拓部署方面提前进行冲击地压防范。

“局部跟进”，是指在区域防范基础上，对局部性的采掘区域实施冲击危险性评价、危险区域划分、防冲专项设计，以及采掘作业过程中，根据实时监测信息、冲击地压防治效果和新揭露的地质条件等动态信息，优化调整冲击地压监测和防治工作。

“分区管理”，是指根据冲击危险性评价结果，对划定的无、弱、中、强危险区域进行监测、防治、管理上区别对待。实际应用过程中必须注意的是划定的冲击危险区域、危险等级随着地质、开采等条件动态变化，因此存在各分区危险等级、范围动态确认问题。

“分类防治”，冲击地压的发生存在各种类型且分类方法较多，但是从防治角度来讲，应结合基于诱发冲击地压发生的载荷源分类方法，煤矿企业实际执行过程中，为了便于操作，还可以根据诱发冲击地压的主控因素进行冲击地压分类，针对主控因素上的措施区别来进行冲击地压分类防治。

3. 防冲规划、计划与措施

冲击地压矿井中长期防冲规划主要包括防冲管理机构及队伍组成、规划期内的采掘接续、冲击地压危险区域划分、冲击地压监测与治理措施的指导性方案、冲击地压防治科研重点、安全费用、防冲原则及实施保障措施等。冲击地压矿井年度防冲计划主要包括上年度冲击地压防治总结及本年度采掘工作面接续、冲击地压危险区域排查、冲击地压监测与治理措施的实施方案、科研项目、安全费用、防冲安全技术措施、年度培训计划等。防冲专项措施应是对防冲专项设计的细化与各项技术安全措施的补充完善，主要包括作业区域的冲击危险性分析、冲击危险等级及区域划分图表、冲击危险预防措施、监测、检验措施、冲击地压防治、防护措施，以及发生冲击地压灾害时的应急措施、避灾路线等。

4. 综合防治措施

开采冲击地压煤层时，必须采取冲击危险性预测、监测预警、防范治理、效果检验、安全防护等综合性防治措施。

冲击危险性预测是根据地质条件与开采技术因素、周边已采掘区域矿压显现情况、区域矿压监测情况、矿井以往发生冲击地压情况等对冲击危险性进行评价与预测。冲击地压不仅与围岩的应力状态、采掘生产作业有关，而且与褶曲、断层、覆岩大范围运动等有关。冲击危险性预测包括区域危险性预测和局部危险性预测。《防治煤矿冲击地压细则》第四十四条规定：冲击地压矿井必须进行区域危险性预测（以下简称区域预测）和局部危险性预测（以下简称局部预测）。区域预测即对矿井、水平、煤层、采（盘）区进行冲击危险性评价，划分冲击地压危险区域和确定危险等级；局部预测即对采掘工作面和巷道、硐室进行冲击危险性评价，划分冲击地压危险区域和确定危险等级。

冲击地压的监测预警包括区域监测预警和局部监测预警。冲击地压矿井必须建立区域与局部相结合的冲击危险性监测制度，区域监测应当覆盖矿井所有采掘活动区域，局部监测应当覆盖冲击地压危险区。目前冲击地压的区域监测预警主要采用微震监测方法，而局部监测预警主要有应力、地音、电磁辐射、钻屑等技术方法。《防治煤矿冲击地压细则》第五十条规定：冲击地压矿井应当根据矿井的实际情况和冲击地压发生类型，选择区域和局部监测方法。可以用实验室试验或类比法先设定预警临界指标初值，再根据现场实际考察资料和积累的数据进一步修订初值，确定冲击危险性预警临界指标。

防范治理包括主动防范和局部解危措施，且应坚持“区域防范措施先行，局部卸压、解危措施补充”的原则。防范措施包括开采保护层、优化生产布局、合理调整开采顺序、确定合理开采方法、降低应力集中、提前采取坚硬顶板、大型构造区井上下区域压裂卸压措施等，通过降低煤层冲击危险性，避免形成冲击地压发生基础条件；局部卸压、解危措施包括煤层注水、钻孔卸压、爆破卸压、水射流切缝、水力压裂等。

效果检验是采取防范和解危措施后，采用微震、震波 CT、应力、钻屑等方法对冲击危险区域的解危效果进行检验，经检验各项监测指标均降到临界值以下，确认危险解除后方可恢复正常作业。

安全防护是指避免因冲击地压造成人员伤害和设备损坏所采取的措施，包括完善压风自救系统、人身防护、设备固定、加强支护等。

5. 安全培训

防冲培训是提高煤矿职工对冲击地压防治基本知识的认识，增强自我防护与主动防治意识的重要途径。冲击地压矿井必须建立防冲培训制度，应每年至少组织一次全级次防冲知识培训。

6. 危险区人员准入制度

冲击地压是世界性难题，基于目前的研究水平，人们还无法对冲击地压事件发生的时间和破坏程度进行准确的预测预报；有时即使监测到位、防冲措施落实到位，但可能因能力不足，也无法确保采掘过程一定不发生冲击地压。但可以评价出可能发生冲击的具体危险区域，同时根据事故统计结果发生事故时“采场周围同时伴有扰动诱发活动”的特性，采取作业人员规避危险区域的措施，从制度上给以保障是科学的、也是必要的。

实行准入制度的目的是将采（掘）影响的同一空间人员控制到最少，践行“少人则安、无人则安”“人民至上、生命至上”的理念，最大程度降低冲击地压灾害造成的人员伤亡。因此，本条规定，矿井必须建立冲击危险区人员准入制度，实行限员管理。

**【案例】**2019 年 6 月 9 日，吉煤集团辽源矿业公司龙家堡矿业有限责任公司（以下简称龙家堡煤矿）305 综采工作面运输巷发生一起冲击地压事故，造成 9 人死亡，12 人受伤，事故发生时，305 综采工作面及两巷冲击危险区超前支护范围作业人员达 31 人，违反了《国家煤矿安监局关于加强煤矿冲击地压防治工作的通知》（煤安监技装〔2019〕21 号）第 8 条“回采工作面及两巷超前支护范围内进入人员生产班不得超过 16 人”的规定。该矿制定的《冲击地压危险区域人员准入制度（试行）》未明确防冲管理站对进入冲击危险区域的人数如何进行统计上报和监督管理；防冲管理站管理不严格，企业日常监督检查的部门，对防冲管理站人员疏于监督检查。

在实际执行过程中，建议注意以下问题：

（1）在作业规程中规定人员进入的时间、区域和人数时，应注意三个方面问题：一是必须明确危险性评价中辨识的危险区域；二是必须明确可能产生诱发冲击地压事件的扰动作业时间；三是必须明确人员规避前两者叠加的空间、时间。

（2）根据冲击地压事故发生地点统计，多发在采煤工作面的上下两巷（工作面前方 0～300 m、煤柱集中区、“见方”区、井巷工程叠加区、构造应力集中区），掘进工作面后（15 m 以后集中应力构造应力影响区），巷修（采煤、掘进活动及构造集中应力影响区）。根据冲击地压区域、局部监控统计显示，可能诱发冲击地压事件的采掘活动一般发生在可能造成采场力重新分布的作业行为，如爆破、移架、扩修、落煤等。因此采掘作业期间有必要规定“严禁人员进入停留在划定的危险区域”。

7. 日分析制度和日生产进度通知单制度

冲击地压是煤矿井下开采活动引起的，开采强度是影响冲击地压危险的重要因素之一。矿井开采强度增大，采掘空间覆岩运动范围与剧烈程度增加，使得围岩应力快速调整，容易导致冲击地压危险增强，尤其对于严重冲击地压矿井，开采强度增大可能直接诱发冲击地压。

日推进速度和采高是表征开采强度的两个重要指标，现场实测统计与相关研究表明，日推进速度越快采场释放的能量越多，易产生大能量微震事件，采场围岩大能量微震事件的比例就越高，因此控制开采强度的一个重要举措就是合理控制日推进速度。而日推进速度应根据每天的冲击地压综合监测数据分析，确定当日的冲击危险性，根据冲击危险性情况安排下达的日生产进度通知单，因此建立生产矿长（总工程师）日分析制度和日生产进度通知单制度是推动该项防冲工作有序开展的重要保障。

矿井安全生产主要包含技术指导和现场管理，总工程师负责冲击地压技术工作，生产矿长负责矿井生产工作与防冲措施落实。冲击地压危险性与工作面生产作业密切相关，工作面生产需根据工作面冲击危险性进行合理组织，建立生产矿长（总工程师）日分析制度可以保障生产与冲击地压相互协调、互为保障，从管理层面避免两者之间的矛盾与冲突。合理的日生产进度是生产作业与防冲工作的基础，为合理的开采强度确定与减少开采强度对冲击地压影响提供保障。

在实际执行过程中，建议注意以下问题：

（1）每日的日生产进度通知单要由防冲部门根据冲击地压综合监测数据的分析结果进行研究确定，经总工程师批准签字后，报备生产矿长，方可下达生产区队执行，由于不遵守日生产进度通知单组织生产造成事故的，不遵守者将承担主要责任。

（2）对下达超日生产进度、超能力产量计划或不合理利润指标，导致煤矿超能力生产、超强度开采的，要严肃追究上级主管部门和企业相关责任人的责任。

（3）要加强现场管理，严格落实各项防治措施、严格落实验收员执业制度；对防治措施落实不到位或防治效果不达标的，要立即停产整顿；凡因企业防冲工程措施落实不到位，导致冲击地压事故发生的，要依法严肃追究企业董事长、总经理、矿长、实际控制人、总工程师等“关键少数”的责任。

8. 防冲工程措施实施与验收记录台账

冲击地压矿井防冲工程措施实施过程存在施工参数与设计不符、未严格按防冲设计执行，施工工程量不够、数据造假，防冲工程施工不记录、记录不全、不如实记录等情况，防冲工程落实不到位造成冲击地压灾害事故发生，教训惨痛，追悔莫及，事故后又由于记录台账不全等问题无法深入剖析防冲工程对事故发生的关系，如此恶性循环则防冲工作无法得到保障。因此，建立防冲工程措施实施与验收记录台账是保障防冲工程措施从设计到施工、到验收全过程有据可依、落实到位的重要保障。

防冲工程措施实施是冲击地压防治重要环节，防冲工程措施验收记录台账是保障防冲工程措施实施到位的重要途径。为保障防冲工程措施实施到位，冲击地压矿井必须建立防冲工程措施实施与验收记录台账，通过记录台账能够使防冲措施设计与现场实施各环节有据可查，确保防冲过程可追溯。

与2016版《规程》本条相比，本次修订进行进一步补充和完善，目的是为了进一步贯彻落实习近平总书记等中央领导同志对煤矿冲击地压防治的相关指示精神；与《防治煤矿冲击地压细则》有机衔接，对总体要求进行调整；吸纳冲击地压灾害重但治理效果好的煤矿企业的好经验、好做法，增加对关键岗位管理人员的职责要求。主要修订如下内容：

（1）将原“区域先行、局部跟进”的防冲原则，扩展为“区域先行、局部跟进、分区管理、分类防治”的防冲原则，与《煤矿冲击地压防治细则》相协调。

（2）新增“危险区人员准入制度”规定。

（3）新增“生产矿长（总工程师）日分析制度和日生产进度通知单制度”规定。

（4）新增“防冲工程措施实施与验收记录台账、保证防冲过程可追溯”的要求。

**第二百二十九条** 新建矿井和冲击地压矿井的新水平、新采区、新煤层有冲击地压危险的，必须编制防冲设计。防冲设计应当包括开拓方式、保护层的选择、采区巷道布置、工作面开采顺序、采煤方法、生产能力、支护形式、冲击危险性预测方法、冲击地压监测预警方法、防冲措施及效果检验方法、安全防护措施等内容。

**【解读】** 本条是关于矿井编制防冲设计的规定。

防冲设计是冲击地压防治的基础工作。许多冲击地压灾害的发生是由于开采设计不合理造成的。不合理的开采方式一经形成将难以改变，开采过程中也只能采取局部解危措施，不仅费时费力，而且效果有限。因此，新建矿井和冲击地压矿井的新水平、新采区、新煤层，经冲击危险性评价具有冲击地压危险时，在编制矿井水平开拓方案、采区准备方案时，必须编制冲击地压防治设计。

编制防冲设计的主要原则是尽可能不形成或减弱高应力集中，减弱采掘相互扰动影响，避免形成孤岛工作面等。防冲设计根据开采设计原则，按照防治冲击地压的要求，合理选择开拓方式、开采顺序、推进方向、采煤工艺、巷道布置、顶板管理、巷道支护等。防冲设计应包括防冲设计说明书、冲击危险区域与等级划分图、现场人员管理制度等。

**第二百三十条** 新建矿井在可行性研究阶段应当进行冲击地压评估工作，并在建设期间完成煤（岩）层冲击倾向性鉴定及冲击危险性评价工作。

经评估、鉴定或者评价煤层具有冲击危险性的新建矿井，应当严格按照相关规定进行设计，建成后生产能力不得超过 8 Mt/a，不得核增产能。

冲击地压生产矿井应当按照采掘工作面的防冲要求进行矿井生产能力核定。矿井改建和水平延深时，必须进行防冲安全性论证。

非冲击地压矿井升级为冲击地压矿井时，应当编制矿井防冲设计，并按照防冲要求进行矿井生产能力核定。

采取综合防冲措施后不能将冲击危险性指标降低至临界值以下的，不得进行采掘作业。

**【解读】** 本条是关于新建冲击地压矿井认定以及冲击地压生产矿井生产能力核定等的规定。

1. 新建冲击地压矿井认定

近年来，蒙陕地区出现了一些建设期间发生冲击地压事故的矿井，而这些矿井在可研阶段没有考虑冲击地压问题，矿井初步设计、安全设施设计也没有考虑冲击地压灾害，造成设计不合理，井下工程已经实施难以调整的局面。因此，为了从建设源头防范冲击地压，本条款规定矿井可研阶段就应当开展冲击地压评估工作，并在建设期间完成煤（岩）层冲击倾向性鉴定及冲击危险性评价工作。

执行过程中，应注意以下问题：

（1）新建矿井对可采煤层及其顶底板岩层冲击倾向性进行评估工作，需要在项目安全核准前完成。

（2）评估工作应根据本矿井地质条件、周边矿井冲击倾向性鉴定、冲击显现等情况开展。所参照周边矿井应与本矿井具有相似的煤层条件、埋深条件、顶板及底板条件、构造影响程度等。

（3）评估有冲击倾向性煤层的矿井，应进行冲击危险性评价，评价结果作为矿井立项、初步设计和指导建井施工的依据。评价有冲击危险性的矿井，应按照冲击地压矿井进行设计，并在建井期间需要完成煤层及其顶底板岩层冲击倾向性鉴定。

（4）评估为无冲击倾向性煤层的矿井，可暂按一般矿井进行设计，但建井期间应及时开展煤层及其顶底板岩层冲击倾向性鉴定工作，来验证评估结果。若仍无冲击倾向性且煤层未发生过冲击地压现象，按照一般矿井进行设计；若鉴定有冲击倾向性或煤层发生过冲击地压现象，则应立即停止建设，并系统进行冲击危险性评价，按照冲击地压矿井修改初步设计等，分别经有关部门组织检查，按照设计要求整改，验收合格后方可恢复建设。

2. 冲击地压矿井建设要求

矿井建设期间可能未出现冲击地压显现，但是通过评估、鉴定以及评价技术认定后期可能会发生冲击地压，那么开拓、准备、回采等设计与施工必须按照《规程》《防治煤矿冲击地压细则》《煤矿建设项目安全审核基本要求》《煤矿建设项目安全设施设计审查和竣工验收规范》等法规、标准、规范的要求执行。

开采强度是影响冲击地压危险的重要因素之一。矿井开采强度（生产能力）增大，采掘空间覆岩运动范围与剧烈程度增加，使得围岩应力快速调整，容易导致冲击地压危险增强，尤其对于严重冲击地压矿井，开采强度增大可能直接诱发冲击地压。同时，冲击地压矿井在开采过程中需要实施大量冲击地压监测和防治工作，将较大程度减少矿井的有效生产时间。因此，冲击地压矿井应按照冲击地压防治的具体要求，由负责矿井生产能力核定工作的部门对其合理生产能力进行核定。结合《关于加强煤矿冲击地压源头治理的通知》（发改能源〔2019〕764号）相关要求，新建冲击地压矿井生产能力不得超过 8 Mt/a，不得核增产能。

3. 冲击地压生产矿井能力核定与水平延深

在不增加同时生产的采掘工作面数量条件下提高采掘工作面推进速度，以提高矿井生产能力时，需要论证基于防冲要求的采掘工作面安全推进速度，并在确保采掘工作面推进速度低于安全推进速度的前提下确定采掘工作面生产能力，进而再与主井提升系统、副井提升系统、井下运输系统、供电系统、通风系统、排水系统和地面生产系统的能力进行对比，从而确定最小系统能力，得到核定后的矿井生产能力。

当矿井进行改建或向新水平延深时，采掘布局及开采深度均会发生变化，从而可能造成冲击危险性的增加。因此，针对该情况必须开展冲击危险性评价，并在此基础上论证改建方案或向新水平延深的安全性，相应的防冲安全论证报告须经专家评审论证。同时，各级煤矿项目核准机关要严格执行采深限制规定，不再核准第一水平采深超过 1000 m 的新建矿井，采深超过 1200 m 的改扩建大中型矿井、超过 600 m 的新建（改扩建）其他矿井。

4. 一般矿井转为冲击地压矿井

有些矿井没有排查出冲击地压发生可能性，但是随着地质、开采条件变化被认定为冲击地压矿井，需要严格按照冲击地压矿井对待，开展防冲工作与生产能力重新核定。

非冲击地压矿井升级为冲击地压矿井时，应当编制矿井防冲设计，作为矿井开展防冲工作的指导依据。防冲设计应在煤岩冲击倾向性鉴定和冲击危险性评价基础上进行编制，并遵循“区域先行、局部跟进、分区管理、分类防治”的原则。矿井防冲设计应当包括开拓方式、保护层的选择、巷道布置、工作面开采顺序、采煤方法、生产能力、支护形式、冲击危险性预测方法、冲击地压监测预警方法、防冲措施及效果检验方法、安全防护措施、防冲必须具备的装备、防冲机构和管理制度、冲击地压防治培训制度和应急预案等内容。

当非冲击地压矿井升级为冲击地压矿井时，由于其冲击危险性增加，在相同开采强度下，很可能会增加危险区域的应力集中程度，同时制约防冲卸压工程的正常开展。因此，应重新进行矿井生产能力核定，以限制开采强度。产能核定时，应按照冲击地压矿井相关规定，考虑采掘工作面的防冲要求，综合确定其合理产能。

5. 冲击地压矿井采掘作业条件

在矿井具有冲击地压危险的区域进行采掘作业前，必须采取冲击地压危险性预测、监测预警、防范治理、效果检验、安全防护等综合性防治措施，降低冲击地压危险。针对条件复杂的冲击危险区域，实施防冲措施后难以直观准确的判断是否完全消除冲击危险。因此，需要结合矿井建立的区域与局部相结合的冲击地压监测体系，实时动态监测冲击危险性。只有确认冲击地压各项监测指标均小于预警临界指标后，才能实施采掘作业。否则，不得进行采掘作业，必须优化综合防冲措施并继续实施。

与2016版《规程》本条相比，本次修订进行了补充和完善，主要修订如下内容：

（1）增加了“新建矿井在可行性研究阶段应当进行冲击地压评估工作，并在建设期间完成煤（岩）层冲击倾向性鉴定及冲击危险性评价工作”的内容。目的是从建设源头防范冲击地压，避免造成设计不合理、井下工程已经实施难以调整的局面。

（2）增加了“经评估、鉴定或评价煤层具有冲击危险性的新建矿井，应当严格按照相关规定进行设计，建成后生产能力不得超过8 Mt/a，不得核增产能”的内容。目的是进一步明确新建冲击地压矿井设计相关要求，建成后“不得核增产能”的规定与《关于加强煤矿冲击地压源头治理的通知》（发改能源〔2019〕764号）相协调。

（3）将“冲击地压矿井应当按防冲要求进行矿井生产能力核定。提高矿井生产能力和新水平延深时，必须进行论证”，修改为“冲击地压生产矿井应当按照采掘工作面的防冲要求进行矿井生产能力核定。矿井改建和水平延深时，必须进行防冲安全性论证”，是为了强调冲击地压矿井生产能力核定的重要内容，是基于采掘工作面安全推进速度的采掘工作面生产能力。由于前款已经规定“不得核增产能”，因此删除“提高矿井生产能力”。

（4）增加了“非冲击地压矿井升级为冲击地压矿井时，应当编制矿井防冲设计，并按照防冲要求进行矿井生产能力核定”的内容。

（5）将“采取综合防冲措施后不能消除冲击地压灾害的矿井，不得进行采掘作业”，修改为“采取综合防冲措施后不能将冲击危险性指标降低至临界值以下的，不得进行采掘作业”，是基于原规定“采取综合防冲措施后不能消除冲击地压灾害的矿井”的可操作性较差，而采用监测指标进行判断更符合现场实际，更具备可操作性。

**第二百三十一条** 冲击地压矿井巷道布置与采掘作业应当遵守下列规定：

（一）开采冲击地压煤层时，在应力集中区内不得布置2个工作面同时进行采掘作业。2个掘进工作面之间的距离小于150 m时，采煤工作面与掘进工作面之间的距离小于350 m时，2个采煤工作面之间的距离小于500 m时，必须停止其中一个工作面。相邻矿井、相邻采区之间应当避免开采相互影响。

（二）开拓巷道不得布置在严重冲击地压煤层中，永久硐室不得布置在冲击地压煤层中。煤层巷道与硐室布置不应留底煤，如果留有底煤必须采取底板预卸压措施。

（三）严重冲击地压厚煤层中的巷道应当布置在应力集中区外。双巷掘进时2条平行巷道在时间、空间上应当避免相互影响。

（四）冲击地压煤层应当严格按顺序开采，不得留孤岛煤柱。在采空区内不得留有煤柱，如果必须在采空区内留煤柱时，应当进行论证，报企业技术负责人审批，并将煤柱的位置、尺寸以及影响范围标在采掘工程平面图上。开采孤岛煤柱的，应当进行防冲安全开采论证；严重冲击地压矿井不得开采孤岛煤柱。

（五）对冲击地压煤层，应当根据顶底板岩性适当加大掘进巷道宽度。应当优先选择无煤柱护巷工艺，采用大煤柱护巷时应当避开应力集中区，严禁留大煤柱影响邻近层开采。巷道严禁采用刚性支护。

（六）采用垮落法管理顶板时，支架（柱）应当有足够的支护强度，采空区中所有支柱必须回净。

（七）冲击地压煤层掘进工作面临近大型地质构造、采空区、其他应力集中区时，必须制定专项措施。

（八）应当在作业规程中明确规定初次来压、周期来压、采空区“见方”等期间的防冲措施。

（九）在无冲击地压煤层中的三面或者四面被采空区所包围的区域开采和回收煤柱时，必须制定专项防冲措施。

（十）采动影响区域内严禁巷道扩修与回采平行作业、严禁同一区域两点及以上同时扩修。

**【解读】**本条是关于冲击地压矿井巷道布置与采掘作业的规定。

1. 采掘工作面相互距离

冲击地压的发生与采掘活动密切相关，当多个采掘作业地点相互影响时，冲击危险将会成倍增加。因此开采冲击地压煤层时，在应力集中区内不得布置2个工作面同时进行采掘作业。2个掘进工作面之间的距离小于150 m时，采煤工作面与掘进工作面之间的距离小于350 m时,2个采煤工作面之间的距离小于500 m时，必须停止其中一个工作面。应该注意上述距离指的是球面距离，包括了上下层等情况。相邻矿井、相邻采区之间应当避免开采相互影响。采掘作业间距相关要求如图3－33～图3－35所示。

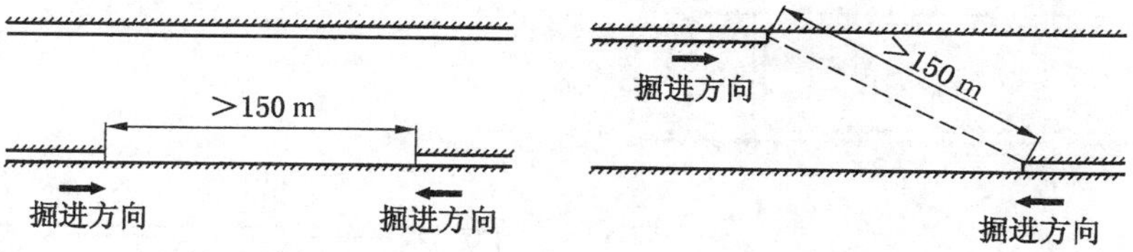


(a) 同一巷道相向掘进　　(b) 相邻巷道相向掘进

图 3－33　冲击地压危险煤层掘进工作面相隔距离要求

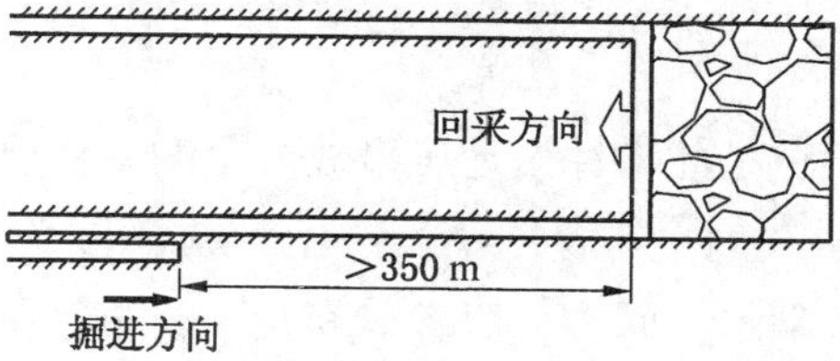


(a) 相邻掘进与采煤工作面相向推进

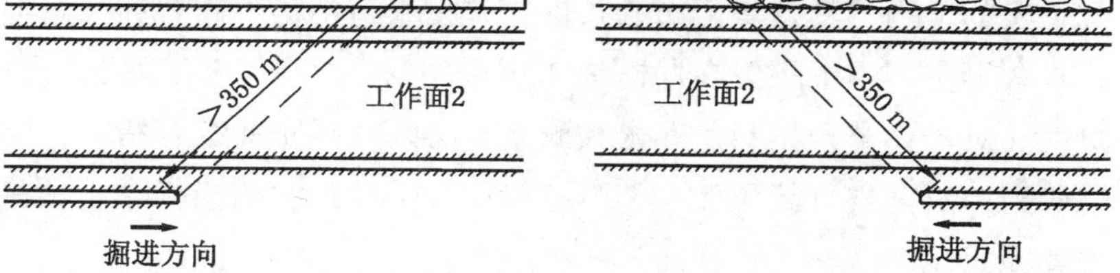


(b) 临近掘进与采煤工作面相向推进　　(c) 临近掘进与采煤工作面同向推进

图 3－34　冲击地压危险煤层掘进与采煤工作面相隔距离要求

**【案例】** 某矿 21141 下巷掘进工作面掘进至 657 m 时，发生冲击地压灾害，导致 590 m 处前后共 51 m 冲击显现严重，最大底鼓量达 2 m。此时 21141 下巷掘进工作面与正在回采的 21201 工作面最小直线距离约 330 m。经分析，由于采掘工作面作业区域间距不够，导致 21141 掘进工作面、21201 回采工作面之间采掘

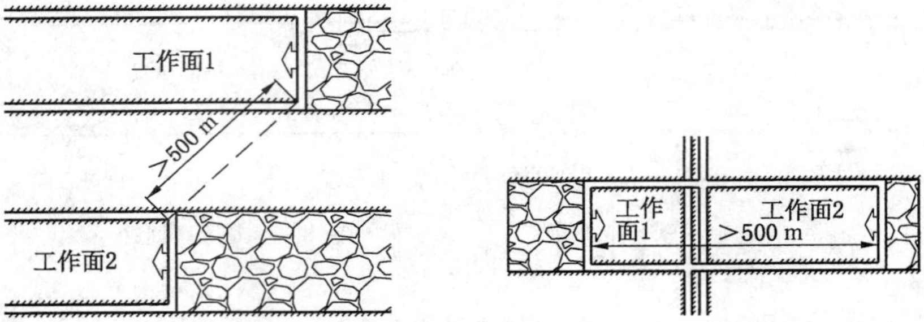


(a) 上下煤层工作面同向推进　　(b) 两翼工作面相向推进

图 3-35　冲击地压危险煤层采煤工作面相隔距离要求

支承压力相互叠加，这是此次冲击地压事故发生的主要原因之一。

2. 开拓大巷与永久硐室布置

开拓大巷、永久硐室空间大，服务时间长，若布置在严重冲击地压煤层或冲击地压煤层中，防冲难度大，一旦发生冲击地压事故将影响整个矿井的正常生产，易造成较大的经济损失。因此，规定开拓巷道不得布置在严重冲击地压煤层中，永久硐室不得布置在冲击地压煤层中。

本条款执行时，在《防治煤矿冲击地压细则》2018 年 8 月 1 日正式执行前已经形成事实的，当不具备重新布置条件，开拓巷道不得不布置在严重冲击地压煤层中、永久硐室不得不布置在冲击地压煤层中时，每 3～5 年需要论证一次其冲击危险性。对于这类开拓巷道和永久硐室，必须加强防冲综合措施，转移或释放其周边应力，对其进行卸压保护，只有确认冲击危险监测指标小于预警临界值后方可继续使用。

由于底板是支护薄弱点，底板内易形成水平应力集中。如果冲击地压煤层中布置的巷道或硐室留有底煤，底煤的抗拉、抗剪强度等比岩层弱，易造成冲击地压显现。因此，冲击地压煤层巷道与硐室布置和施工不应留底煤。如果确因条件限制留有底煤时，必须对底板采取钻孔卸压、爆破卸压等解危措施，降低底板冲击危险性。

3. 严重冲击地压厚煤层巷道布置

煤层厚度对冲击地压具有较大影响。对于严重冲击地压厚煤层，煤层厚度越大，积聚弹性能的能力越强，同时厚煤层一般采出空间大，波及岩层层位高，采动支承压力影响范围大，顶板活动更强烈。因此，严重冲击地压厚煤层中的巷道应当布置在应力集中区外。双巷平行布置时，巷间煤柱尺寸对冲击地压影响很大，如果两条巷道侧向支承压力峰值相互叠加，将极易引起煤柱冲击失稳，因此在时间、空间上应当避免相互影响。

4. 孤岛煤柱与孤岛开采要求

孤岛煤柱是指不再具备布置两个及以上正规工作面的孤立煤体，其受两侧采空的影响，煤柱内整体应力水平很高，如果一旦开采孤岛煤柱，发生冲击地压的概率和强度都将成倍增加。同时，孤岛煤柱应力集中区不仅对本煤层有影响，对邻近煤层的开采也产生很大影响，当在煤柱应力集中区域周边进行采掘作业时，容易发生冲击地压。

因此，冲击地压煤层开采时，采空区内不得留有煤柱，如果特殊情况必须在采空区留有煤柱时，必须将煤柱的位置、尺寸及影响范围标注在采掘工程图上，为相邻煤层冲击地压防治提供资料。

**【案例】** 2012 年 11 月 17 日 5 时 0 分 15 秒，山东省某矿 3 下煤层 31 采区 3112 材料道综掘工作面发生一起冲击地压事故，造成 6 人死亡，2 人轻伤，事故造成直接经济损失 1040 万元。经鉴定，该矿所采 3 下煤层具有中等冲击倾向性，局部地段煤层为中等偏强冲击倾向性，顶板岩层具有弱冲击倾向性，工作面具有冲击危险性，为冲击地压矿井。该矿开拓布局不合理，未严格按顺序开采，3112 采煤工作面形成孤岛工作面，3112 材料道埋深为 881 ~ 910 m，并在三面采空及断层切割范围内的掘进巷道，煤层和顶板具有冲击倾向性，且顶板及高位顶板具有坚硬厚层砂砾岩，具备产生冲击地压的力源条件；该区域因停止作业产生的顶板应力调整失衡，形成叠加的高应力集中；冲击地压监测预报及防治不到位，导致发生冲击地压事故。

孤岛煤柱比一般煤柱承载更大的上覆岩层传递的荷载，是应力异常集中区域，冲击地危险性极强，因此孤岛煤柱开采前，应当组织专家进行防冲安全开采论证。论证结果表明冲击危险性高，不能保障安全开采的，不得进行采掘活动。孤岛工作面（煤柱）的界定如图 3－36 所示。

煤层或其顶底板岩层具有强冲击倾向性，且经评价具有强冲击危险性的煤层为严重冲击地压危险，这类煤层不得开采孤岛工作面。

**【案例】** 某矿 $43_{上}$ 05 工作面为四面采空的孤岛工作面。开切眼北邻 $143_{上}$ 02 工作面采空区 60 m，西邻 $43_{上}$ 06 工作面采空区，东邻 $43_{上}$ 04 工作面采空区，南部距开切眼 180 m 处为 $43_{上}$ 05－1 工作面采空区，500.4 m 处为 $43_{上}$ 05－2 工作

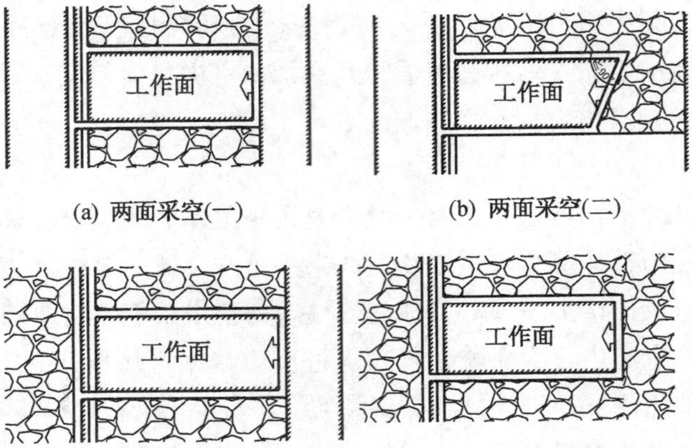


(a) 两面采空(一)　(b) 两面采空(二)

(c) 三面采空　(d) 四面采空

图 3-36　孤岛工作面（煤柱）示意图

面采空区。$43_{上}$05 开切眼导硐施工至距停头位置 2 m 左右发生冲击地压，迎头后 28～68 m 范围内巷道发生 3 处冒顶。开切眼两帮移近 0.9～3.8 m，工作面一侧煤帮抛出 0.4～2.3 m，顶底板移近 1.35～3.0 m；三处断面几乎全部堵塞，堵塞长度 18.1 m；风筒损坏 193 m，折断单体液压支柱 55 根，倒柱 115 根，拉断锚杆 366 根、锚索 39 根，造成 1 人死亡，4 人受伤。孤岛工作面（煤柱区）掘进是导致此次冲击地压的主要原因之一。

5. 巷道断面与煤柱宽度

冲击地压巷道应力高，易发生大变形，采用宽巷布置，在巷道出现较大变形时仍可满足使用要求，即使发生冲击地压，也有更大的生存空间。同时，在采动影响区域，大断面巷道有利于减小甚至避免巷道扩修，对冲击地压防治有利。因此，规定对冲击地压煤层，应当根据顶底板岩性适当加大掘进巷道宽度。

合理的煤柱尺寸对冲击地压防治极为重要，采用无煤柱护巷时，巷道处于应力降低区，冲击地压发生的概率将明显下降，因此要优先选择无煤柱护巷工艺。当采用大煤柱护巷时，如果将巷道布置在应力集中区，巷道变形及冲击危险将大大增加，因此需要避开应力集中区。同时大煤柱会不可避免地形成应力集中，因此在采用大煤柱布置巷道时，应该考虑对邻近煤层开采的影响。

刚性支护没有很好的缓压性，支架允许变形小，在冲击动压作用下很容易发生破坏，因此冲击地压巷道严禁采用刚性支护。

6. 采空区管理

采用垮落法管理顶板时，支架支护强度高有利于切落顶板，使顶板及时垮落充填采空区，避免大面积悬顶和强烈来压；同时，能承担较高的顶板压力，有利于缓解工作面前方煤体的应力集中，对冲击地压防治有利。因此要求支架（柱）应当有足够的支护强度。采空区支架不及时回收，将对采空区顶板起到临时支撑作用，不利于顶板及时垮落，增加了悬顶面积和顶板垮落时产生的动载强度，容易造成冲击地压的发生。

7. 回采区域专项措施

冲击地压煤层掘进工作面临近大型地质构造、采空区、其他应力集中区时，应力分布更复杂，冲击地压防治难度更大，常规的防冲措施往往难以控制冲击地压的发生，因此需要在常规卸压措施的基础上进行适当补充，并必须制定专项措施。

大型地质构造是指幅度在 30 m 以上、长度在 1000 m 以上的褶曲，落差大于 20 m 的断层。

**【案例】**河南义马煤田位于陕渑—义马大向斜轴部北翼，在东北边界的岸上断层、西北边界的扣门山—坡头断层及南部 F16 逆冲断层所组成的三角形断块范围内，受高水平构造应力的影响，区内常村、跃进、千秋、耿村、杨村五个矿井均为冲击地压矿井，冲击地压频发。2011 年 11 月 3 日 19 时 18 分，千秋煤矿 21221 掘进工作面下巷发生能量 $4.5\times10^{7}$ J、震级 4.1 级的冲击地压事故，造成 10 人死亡，经济损失高达 2748.48 万元，最终导致该工作面封闭。

8. 回采时期专项措施

回采巷道冲击地压的发生往往与顶板活动有密切关系，顶板初次来压、周期来压、采空区“见方”期间，顶板活动加剧，更容易诱发强烈震动甚至冲击地压。因此，必须在作业规程中明确规定针对上述区域的防冲措施。所谓采空区“见方”，是指工作面回采后采空区走向长度与工作面倾斜长度近似相等（图 3-37a）。采空区“见方”时，上覆岩层呈正“O-X”破断（图 3-37b），应力集中程度高，矿压显现明显，是冲击地压的重点防治阶段。

顶板异常活动可持续一段时期，影响一段巷道，因此可将初步确定的来压位置两侧一定范围内划为冲击危险区。一般而言，采空区“见方”期间顶板范围更大，影响范围更广，对应的冲击危险区或将更大。此时，应结合微震监测数据、应力监测数据、工作面常规矿压监测数据，掌握工作面来压或“见方”期间顶板岩层的时空运动规律，做好危险区域与危险时段的判定。

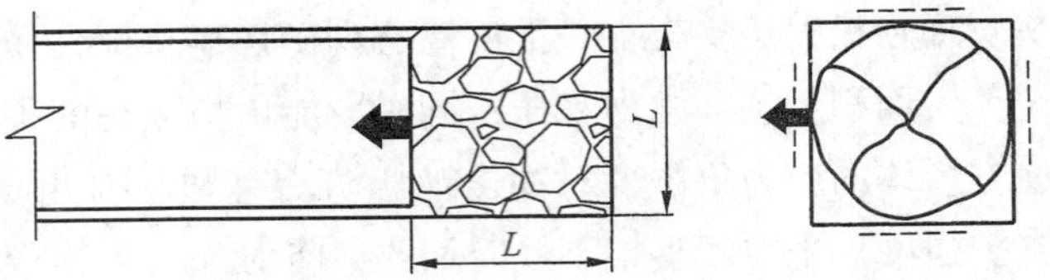


(a) 采空区“见方”平面示意图　　(b) 覆岩正“O-X”破断

图 3－37　工作面采空区“见方”示意图

针对以上特殊时期，应在作业规程中明确其可能的影响范围，制定专项防冲措施，内容包括：加强监测预警、加强局部卸压、加强巷道支护及个体防护、加强人员及物料管理等。由于顶板异常特殊活动通常是无法避免的，加强特殊区段的卸压强度至关重要，具体可包括：加大顶板预裂高度及范围、加大帮部大直径卸压孔直径和密度或降低工作面推进速度等。

**【案例】** 神华新疆能源有限责任公司宽沟煤矿 W1143 综采面开采 B4－1 煤层，埋深 317 m，走向长 1495 m，斜长 162 m，倾角 10°～16°，煤厚平均 3 m，采高 3 m。2010 年 10 月 8 日，工作面累计推进 173 m，综采工作面下部发生强烈冲击地压，造成了人员伤亡和设备损坏的严重后果。分析认为，该工作面上覆坚硬顶板，“见方”期间顶板发生大规模活动，为诱发冲击地压的主要因素。

9. 无冲击地压煤层中的三面、四面采空区域开采

冲击地压发生的本质，一是煤岩具有冲击倾向性的固有属性；二是应力集中达到冲击地压发生的极限。在无冲击地压煤层，三面或者四面被采空区所包围的区域，应力集中程度很高，开采期间顶板易发生大范围失稳。在顺序开采条件下不会发生冲击地压的煤层，在这种条件下也有可能发生冲击地压。因此，在无冲击地压煤层中的三面或者四面被采空区所包围的区域开采和回收煤柱时，必须制定专项防冲措施。

三面采空和四面采空（图 3－38），就是在开采前待开采区域必须有三面或四面临近采空区。很多情况下，待开采区域与采空区之间存在一定宽度的煤柱，以下两点同时具备时可判定为临近该采空区：煤柱宽度小于采空区侧向支承压力显著影响区域；该煤柱是不再回收的。

10. 采动影响区巷道扩修

冲击地压煤层在掘进和回采期间发生冲击地压的概率明显大于非采掘作业

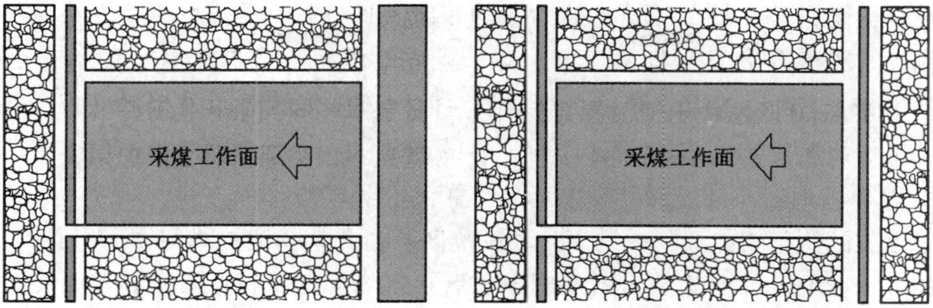


(a) 三面采空区　　(b) 四面采空区

图 3-38　三面采空或四面采空区域示意图

期间，而在采掘影响区域，应力集中程度高，作业空间小，如果在采掘作业期间开展巷道扩修作业，扩修作业进一步增加扰动源，从而提高冲击地压发生风险。

一般需要扩修的巷道由于支护时间长，周边围岩应力基本处于极限平衡状态，巷道扩修会打破原有的极限平衡状态，使应力重新分布，在此过程中受扩修活动的扰动，极易诱发冲击地压。如果同一地点有两处及以上巷道扩修或巷修施工与回采作业同步进行，多重扰动叠加作用下，采场或巷道围岩活动性将进一步增加，势必加剧冲击地压发生的可能性。

巷道扩修前制定的专项措施中，应明确巷道扩修施工顺序、支护方式、监测预警方法、卸压施工时间及范围和参数、效果检验方法、人员管控和安全防护措施等。

近年来，多起冲击地压事故的发生都与同一区域多点作业有关。

**【案例】**河南省某矿准备工作面设计长度 1520 m，开切眼长度 180 m，平均煤层厚 23 m，煤层倾角为 10°～14°，埋深 760 m，是采区下山西翼第 7 个工作面。2011 年 11 月 3 日 19：18：45，在该工作面下巷煤层中发生一次能量 $3.5\times10^8$ J、震级 4.1 级的冲击事件。下巷断面 24 $m^2$，采用锚网索 +36U 钢棚 + 大立柱复合支护。冲击发生时，该工作面下巷掘进至 715 m，距离冲击发生位置 73 m。发生冲击地压前，该工作面下巷正在掘进，有 4 个扩修头正在作业。该次冲击地压造成 10 人死亡，80 m 巷道顶底板基本合拢。

**【案例】**吉林省某矿回采工作面设计走向长度 445 m，倾向长度 275 m，开采深度 854.4 ~ 978.4 m，平均煤层厚 10 m，煤层倾角为 18°，运输巷采用锚网索 + 可缩全封闭式 U 型棚 + 液压支架为主的三级支护方式，是采区下山西翼第 5 个工作面。2019 年 6 月 9 日 19：48：28，在该工作面运输巷发生一次冲击显现，能量 $1.55\times10^8$ J、震级 2.3 级。事故发生时，该工作面已回采 85 m。发生冲击前，工作面运输巷内多段平行作业。事故造成 21 人被困（12 人受伤，9 人遇难）、220 m 巷道不同程度破坏，其中严重破坏段 170 m。

该款的执行要点：其一是“采动影响区域内严禁巷道扩修与回采平行作业”中的采动影响区如何确定，以及确定了后在现场如何执行；其二是“严禁同一区域两点及以上同时扩修”中的同一区域的范围如何界定，以及巷道相邻区域多点扩修施工的方向是否确定。

对于采动影响区，一般可以根据工作面回采过程中微震事件超前分布范围或煤体应力超前支承压力影响范围来确定，而超前支护范围或防冲限员管理站往往也是根据采动超前影响范围来确定，一般为 200 ~ 300 m，可根据矿井现场实际情况确定。

对于“同一区域”，也可根据巷道扩修影响范围来确定，不小于单点巷修影响半径的两倍，可初步将“同一区域”的范围确定为半径 150 m，具体情况可以矿井现场实际条件来调整。对于巷道相邻区域多点扩修方向的问题，由于巷道扩修时施工方向前方围岩活动处在一个快速调整阶段，前方（待扩修区）危险性整体上要高于巷修点后方（已扩修区）。因此，为了保证发生冲击时能够及时逃离现场，巷道扩修从外往里扩修更加合理。同时，为了降低多点巷修时的扰动叠加影响，应同向或背向施工，严禁对向施工。

冲击地压煤层采掘错距的规定是根据大量冲击地压事故的采掘干扰情况等总结确定的，具有理论与实践依据。明确规定了孤岛煤柱，经组织专家进行防冲安全开采论证认为不能保障安全开采的，不得进行采掘活动。

与 2016 版《规程》本条相比，本次修订新增了有冲击地压危险区域巷道扩修及回采与巷修平行作业的相关规定。其目的是对近年来多点扩修诱发冲击地压事故的特别重视，也为了与《防治煤矿冲击地压细则》相协调。具体是在 2016 版《规程》的基础上，增加了第（十）款，即“（十）采动影响区域内严禁巷道扩修与回采平行作业、严禁同一区域两点及以上同时扩修。”

**第二百三十二条** 具有冲击地压危险的高瓦斯、突出煤层的矿井，应当根据本矿井条件，制定专门技术措施。

【解读】本条是关于高瓦斯、煤与瓦斯突出煤层冲击地压与突出灾害综合防治的规定。

开采具有冲击地压危险的高瓦斯、煤与瓦斯突出煤层，在发生冲击地压动力灾害时，由于动力显现导致的摩擦、撞击或电设备受损等瞬间产生火花，如遇瓦斯积聚等，有引发瓦斯爆炸灾害的可能性。特别是进入深部开采后，面临高原岩应力、强烈采动应力、高瓦斯压力等不利开采环境，煤岩体对开采扰动和外部动力响应的敏感性增加，冲击地压、煤与瓦斯突出等动力灾害之间的相互诱发可能性增强。因此，具有冲击地压危险的高瓦斯、突出煤层的矿井，不能仅从冲击地压或煤与瓦斯突出单方面考虑灾害防治措施，应综合考虑并制定同时有利于冲击地压、煤与瓦斯突出防治的综合技术措施。此类矿井冲击地压、煤与瓦斯突出防治的综合技术措施应当由负责冲击地压防治和负责煤与瓦斯突出防治的部门共同研究制定。

【案例】2005 年 2 月 14 日 15 时 01 分，某矿发生一起由冲击地压（矿震）诱发的特别重大瓦斯爆炸事故，造成 214 人死亡，30 人受伤。经调查，冲击地压造成该矿 3316 工作面风道外段大量瓦斯异常涌出，3316 风道里段掘进工作面局部停风造成瓦斯积聚，致使回风流中瓦斯浓度达到爆炸界限并接触电火花引起了此次瓦斯爆炸。

**第二百三十三条** 开采具有冲击地压危险的急倾斜、特厚等煤层时，应当制定专项防冲措施，并由企业技术负责人审批。

【解读】本条是关于急倾斜、特厚等特殊煤层开采冲击地压防治的规定。

急倾斜、特厚煤层的开采方法、采掘空间结构、冲击地压解危措施等与一般缓倾斜和倾斜煤层都有所不同，目前针对急倾斜特厚煤层冲击地压发生机理的认识尚不够清楚。因此，应当制定急倾斜煤层、特厚煤层的冲击地压专项防治措施。

【案例】新疆某矿煤层倾角 83°~88°，平均 87°，开采 $B_{1+2}$煤层和 $B_{3+6}$煤层，$B_{1+2}$煤层平均厚度 37.45 m，$B_{3+6}$煤层平均厚度 48.87 m，采用水平分段综采放顶煤开采方法，回采 +500 m 水平。地表为 +850 m。该矿开采 +500 m 水平时，冲击地压灾害开始出现。2013 年 2 月 27 日 7 时 38 分，该矿南采区 +500 m 水平 $B_{3+6}$煤层发生冲击地压显现。影响范围超前工作面约 150 m，工作面超前 75 m 区域巷道帮鼓最严重，南帮帮鼓 600 mm、北帮帮鼓 500 mm，巷道底鼓 640 mm，巷道 50 m 处顶板下沉、巷道高仅为 1.9 m；造成 $B_3$ 巷道串车掉道，端头处顶板下沉 300 mm，底鼓 100 mm，巷道全宽仅剩 2.7 m；造成 $B_6$ 巷道严重破坏，$B_6$ 巷道变形较 $B_3$ 巷道更为明显，转载机整体向巷道北帮位移 300 mm，$B_6$ 巷道 20 m 段带式输送机被掀翻，巷道内管路破坏。

## 第二节　冲击危险性预测

**第二百三十四条**　冲击地压矿井必须进行区域危险性预测（以下简称区域预测）和局部危险性预测（以下简称局部预测）。区域与局部预测可根据地质与开采技术条件等，优先采用综合指数法确定冲击危险性。

**【解读】** 本条是关于冲击地压区域与局部预测的规定。

冲击地压区域与局部预测为冲击地压监测与防治方案的制定奠定了基础，对提高冲击地压防治效果具有重要作用。因此，采取行之有效的冲击地压区域与局部预测方法进行冲击危险性预测具有重要意义。

影响冲击地压发生的因素众多，其中包括地质因素和开采技术条件因素。综合指数法是经实践证实最为有效的冲击危险预测方法之一。综合指数法通过综合分析开采区域的地质因素和开采技术条件因素确定这些影响因素对冲击地压的影响权重，分别得出地质因素和开采技术条件因素的危险指数并取其大值作为冲击地压危险的综合指数，并依据该综合指数对冲击地压危险进行评价，确定开采区域的冲击地压危险等级。

综合指数法具体使用方法如下：首先根据表 3－16、表 3－17 确定地质因素、开采技术条件因素对应的危险指数 $W_{t1}$、$W_{t2}$，并分别确定对应的冲击危险等级，然后取其大值作为预测区域的综合指数，该值对应的危险等级作为预测区域的冲击危险性等级。

表 3－16　地质因素对应的冲击地压危险指数评估表

| 序号 | 影响因素 | 因素说明 | 因素分类 | 评估指数 |
|---|---|---|---|---|
| 1 | $W_1$ | 同一水平煤层冲击地压发生历史（次数 $n$） | $n=0$ | 0 |
| | | | $n=1$ | 1 |
| | | | $2\leqslant n<3$ | 2 |
| | | | $n\geqslant 3$ | 3 |

表3-16（续）

| 序号 | 影响因素 | 因素说明 | 因素分类 | 评估指数 |
|---|---|---|---|---|
| 2 | $W_2$ | 开采深度 $h$ | $h \leqslant 400$ m | 0 |
| | | | 400 m $< h \leqslant 600$ m | 1 |
| | | | 600 m $< h \leqslant 800$ m | 2 |
| | | | $h > 800$ m | 3 |
| 3 | $W_3$ | 上覆裂隙带内坚硬厚层岩层距煤层的距离 $d$ | $d > 100$ m | 0 |
| | | | 50 m $< d \leqslant 100$ m | 1 |
| | | | 20 m $< d \leqslant 50$ m | 2 |
| | | | $d \leqslant 20$ m | 3 |
| 4 | $W_4$ | 煤层上方100 m范围顶板岩层厚度特征参数 $L_{st}$ | $L_{st} < 50$ m | 0 |
| | | | 50m $< L_{st} \leqslant 70$ m | 1 |
| | | | 70m $< L_{st} \leqslant 90$ m | 2 |
| | | | $L_{st} > 90$ m | 3 |
| 5 | $W_5$ | 开采区域内构造引起的应力增量与正常应力值之比 $\gamma = (\sigma_g - \sigma)/\sigma$ | $\gamma \leqslant 10\%$ | 0 |
| | | | $10\% < \gamma \leqslant 20\%$ | 1 |
| | | | $20\% < \gamma \leqslant 30\%$ | 2 |
| | | | $\gamma > 30\%$ | 3 |
| 6 | $W_6$ | 煤的单轴抗压强度 $Rc$ | $Rc \leqslant 10$ MPa | 0 |
| | | | 10 MPa $< Rc \leqslant 14$ MPa | 1 |
| | | | 14 MPa $< Rc \leqslant 20$ MPa | 2 |
| | | | $Rc > 20$ MPa | 3 |
| 7 | $W_7$ | 煤的弹性能指数 $W_{ET}$ | $W_{ET} < 2$ | 0 |
| | | | $2 \leqslant W_{ET} < 3.5$ | 1 |
| | | | $3.5 \leqslant W_{ET} < 5$ | 2 |
| | | | $W_{ET} \geqslant 5$ | 3 |
| 危险等级评估 | $W_{t1} = \dfrac{\sum_{i=1}^{n} W_i}{\sum_{i=1}^{n} W_{imax}}$ | | $W_{t1} \leqslant 0.25$ | 无危险 |
| | | | $0.25 < W_{t1} \leqslant 0.5$ | 弱危险 |
| | | | $0.5 < W_{t1} \leqslant 0.75$ | 中等危险 |
| | | | $W_{t1} > 0.75$ | 强危险 |

表3-17 开采技术条件因素对应的冲击地压危险指数评估表

| 序号 | 影响因素 | 因素说明 | 因素分类 | 评估指数 |
|---|---|---|---|---|
| 1 | $W_1$ | 保护层的卸压程度 | 好 | 0 |
| | | | 中等 | 1 |
| | | | 一般 | 2 |
| | | | 很差 | 3 |
| 2 | $W_2$ | 工作面距上保护层开采遗留的煤柱的水平距离 $h_z$ | $h_z \geqslant 60$ m | 0 |
| | | | 30 m $\leqslant h_z < 60$ m | 1 |
| | | | 0 m $\leqslant h_z < 30$ m | 2 |
| | | | $h_z < 0$（煤柱下方） | 3 |
| 3 | $W_3$ | 工作面与邻近采空区的关系 | 实体煤工作面 | 0 |
| | | | 一侧采空 | 1 |
| | | | 两侧采空 | 2 |
| | | | 三侧及以上采空 | 3 |
| 4 | $W_4$ | 工作面长度 $L_m$ | $L_m > 300$ m | 0 |
| | | | 150 m $\leqslant L_m < 300$ m | 1 |
| | | | 100 m $\leqslant L_m < 150$ m | 2 |
| | | | $L_m < 100$ m | 3 |
| 5 | $W_5$ | 区段煤柱宽度 $d$ | $d \leqslant 3$ m，或 $d \geqslant 50$ m | 0 |
| | | | 3 m $< d \leqslant 6$ m | 1 |
| | | | 6 m $< d \leqslant 10$ m | 2 |
| | | | 10 m $< d < 50$ m | 3 |
| 6 | $W_6$ | 留底煤厚度 $t_d$ | $t_d = 0$ | 0 |
| | | | 0 m $< t_d \leqslant 1$ m | 1 |
| | | | 1 m $< t_d \leqslant 2$ m | 2 |
| | | | $t_d > 2$ m | 3 |
| 7 | $W_7$ | 向采空区掘进的巷道，停掘位置与采空区的距离 $L_{jc}$ | $L_{jc} \geqslant 150$ m | 0 |
| | | | 100 m $\leqslant L_{jc} < 150$ m | 1 |
| | | | 50 m $\leqslant L_{jc} < 100$ m | 2 |
| | | | $L_{jc} < 50$ m | 3 |
| 8 | $W_8$ | 向采空区推进的工作面，终采线与采空区的距离 $L_{mc}$ | $L_{mc} \geqslant 300$ m | 0 |
| | | | 200 m $\leqslant L_{mc} < 300$ m | 1 |
| | | | 100 m $\leqslant L_{mc} < 200$ m | 2 |
| | | | $L_{mc} < 100$ m | 3 |

表3-17（续）

| 序号 | 影响因素 | 因素说明 | 因素分类 | 评估指数 |
| --- | --- | --- | --- | --- |
| 9 | $W_9$ | 向落差大于3 m的断层推进的工作面或巷道，工作面或迎头与断层的距离$L_d$ | $L_d \geqslant 100$ m | 0 |
| | | | 50 m$\leqslant L_d <$100 m | 1 |
| | | | 20 m$\leqslant L_d <$50 m | 2 |
| | | | $L_d <$20 m | 3 |
| 10 | $W_{10}$ | 向煤层倾角剧烈变化（>15°）的向斜或背斜推进的工作面或巷道，工作面或迎头与之的距离$L_z$ | $L_z \geqslant 50$ m | 0 |
| | | | 20 m$\leqslant L_z <$50 m | 1 |
| | | | 10 m$\leqslant L_z <$20 m | 2 |
| | | | $L_z <$10 m | 3 |
| 11 | $W_{11}$ | 向煤层侵蚀、合层或厚度变化部分推进的工作面或巷道，接近煤层变化部分的距离$L_b$ | $L_b \geqslant 50$ m | 0 |
| | | | 20 m$\leqslant L_b <$50 m | 1 |
| | | | 10 m$\leqslant L_b <$20 m | 2 |
| | | | $L_b <$10 m | 3 |
| 危险等级评估 | $W_{t2}=\dfrac{\sum_{i=1}^{n} W_i}{\sum_{i=1}^{n} W_{imax}}$ | | $W_{t2} \leqslant 0.25$ | 无危险 |
| | | | $0.25 < W_{t2} \leqslant 0.5$ | 弱危险 |
| | | | $0.5 < W_{t2} \leqslant 0.75$ | 中等危险 |
| | | | $W_{t2} > 0.75$ | 强危险 |

除综合指数法之外，还可采用其他经实践证实有效的方法进行冲击地压危险性的预测评价及区域划分，如多因素模式识别法、多因素耦合分析法、可能性指数法等。

多因素模式识别法依据地质动力因素和开采技术因素提取信息，将待预测区域划分为有限个单元，分析导致冲击地压的开采深度、煤层物理力学性质、地应力、地质构造、围岩性质、采掘工艺、冲击地压防范措施等主要因素，获取各预测单元多个影响因素的量值和组合模式。运用模式识别方法计算待预测区域单元多因素组合模式与冲击地压发生模式的相似度，得出各预测单元冲击危险性概率值。按危险性概率临界值划分冲击地压危险区域，实现冲击地压煤层危险性预测。

多因素耦合分析法通过分析冲击地压主要影响因素的叠加作用，详细确定不同开采区域的冲击地压危险等级，用于指导冲击地压危险预测和防治工作。该方法首先判断开采区域是否具有冲击地压危险，若具有冲击地压危险，则使用多因素影响程度耦合叠加法对区域内各个局部进行分区分级预测。

可能性指数法是以冲击地压发生的可能性指数诊断法为基本方法，以构造分析、工程类比等为辅助方法进行综合研究。该方法认为“应力”和“煤层冲击倾向性”为诱发冲击地压的主要因素，通过分别计算应力与煤岩冲击倾向性对“发生冲击地压”事件的隶属度，综合评判采掘区域冲击地压发生的可能性指数。

**第二百三十五条** 必须建立区域与局部相结合的冲击地压危险性监测制度。

应当根据现场实际考察资料和积累的数据确定冲击危险性预警临界指标。

**【解读】** 本条是关于冲击地压危险性监测预警的规定。

为提高冲击地压危险性监测预警效果，必须建立区域与局部相结合的冲击地压危险性监测制度。为进行冲击危险性区域预测，应在冲击地压矿井建立区域监测预警系统，如微震监测系统；为提高采掘区域冲击危险性的预警准确性，需在重点区域进一步采用局部监测方法，如应力监测、电磁辐射监测、弹性波层析成像等，以实现对冲击地压危险的分区域综合监测预警。

冲击地压矿井的监测预警系统中必须采用区域和局部监测方法，尤其具有中等以上危险程度的冲击地压矿井必须至少装备一种区域和局部相结合的监测预警系统。目前冲击地压危险普遍采用的监测预警方法主要有微震监测法、地音监测法、电磁辐射监测法、应力监测法、钻屑法等。

1. 微震监测法

目前，冲击地压危险性区域监测主要采用微震监测法。采用微震监测法进行采掘区域冲击危险性监测预警，应当满足以下要求：

（1）微震监测系统的监测与布置应能覆盖全矿井范围，可对震动频率为1～150 Hz的矿震信号及冲击地压震动信号进行远距离、实时、动态监测，并能确定矿震及冲击地压震动发生的时间、能量及三维空间坐标等参数。

（2）微震监测指标及监测临界值应由矿井专门从事矿压防治与冲击地压监测工作的技术与管理人员研究确定。

（3）监测过程中，如果采掘工作面周围的矿震监测指标超过临界值，判定监测区域存在冲击地压危险，应当及时进行解危治理。

2. 地音监测法

采用地音监测法进行采掘工作面冲击危险性监测预警，应当满足以下要求：

（1）提供的监测结果应当包含监测时段内地音事件数和能量统计等。

（2）危险性监测预警指标临界值需根据各矿井的实际条件及时确定并分阶段修正。

3. 电磁辐射监测法

采用电磁辐射监测法进行采掘工作面冲击危险性监测预警，应当满足以下要求：

（1）电磁辐射监测系统应能监测电磁辐射强度和电磁辐射脉冲数。

（2）根据电磁辐射监测结果，可采用趋势法和临界值法相结合，进行冲击地压危险预警。

（3）危险性监测预警指标临界值需根据各矿井的实际条件及时确定并分阶段修正。

4. 应力监测法

采用应力监测法进行采掘工作面冲击危险性监测预警，应当满足以下要求：

（1）应力监测系统应能实现煤层应力变化的动态监测。

（2）应力监测系统提供的监测结果应包括监测点初始应力值、实时监测应力值等，具体预警指标需根据矿井实际条件及时确定并分阶段修正。

5. 地震层析成像方法

该方法通过主动震源激发的弹性波传播特性（如速度）进行煤岩应力、内部结构等评价，从而实现冲击地压危险预测。

6. 钻屑法

该方法可作为冲击地压危险监测和防冲措施实施效果的检验方法。钻屑法监测指标有单位长度钻孔煤粉质量（kg/m）或体积（L/m）、钻进过程动力效应等。

**第二百三十六条** 冲击地压危险区域必须进行日常监测预警，预警有冲击地压危险时，应当立即停止作业，切断电源，撤出人员，并报告矿调度室。在实施解危措施、确认危险解除后方可恢复正常作业。

停产3天及以上冲击地压危险采掘工作面恢复生产前，应当评估冲击地压危险程度，并采取相应的安全措施。

**【解读】** 本条是关于冲击地压危险区域监测预警及冲击危险性采掘工作面停产后恢复生产的规定。

1. 冲击地压危险区域预警与解危

对冲击地压危险区域进行日常监测、预警，可使冲击地压防治具备针对性，从而降低冲击地压防治工作的盲目性，减少不必要的防治工作及投入，并能及时预警冲击地压危险，有效提高冲击地压防治效果，避免或降低冲击地压造成的损害。

当监测指标超过冲击危险临界值、预警监测区域具有冲击危险性时，为尽可能降低冲击地压造成的损害，应立即停止作业，切断电源，迅速组织人员按避灾路线撤出，并报告矿调度室。恢复正常作业前，应实施解危措施，并确认解危措施的有效性。解危措施及效果检验执行《规程》第二百四十一条的规定。

2. 采掘工作面恢复生产条件

采掘工作面停产后，虽然工作面未进行推进，但工作面围岩仍处于缓慢变形和应力调整过程中。围岩缓慢变形和应力调整可使围岩受力状态比采动过程中更接近突变失稳的临界状态，此时突然进行采掘扰动，容易诱发冲击地压。因此，停产 3 天及以上的采掘工作面，恢复生产前，应由防冲专业人员根据钻屑法、震波 CT 法、应力监测法或微震监测法等检测情况，评估工作面的冲击地压危险程度。

如果评估存在冲击地压危险，应采取相应的卸压、防护等安全措施，确认冲击地压危险解除后才能恢复生产作业。

本条款执行过程中，需要注意的是，由于停产 3 天及以上，停产期间的微震、地音、应力监测数据不能参考，钻屑法受人为因素影响大，最方便快捷的方法是采用便携式微震仪进行震波 CT 扫描，原位探测采掘区域应力集中程度。

**【案例】** 某矿 411 工作面受矿井接续调整等原因，工作面停采半年。恢复生产前，对工作面超前影响范围开展震波 CT 探测，探测结果表明该工作面整体静载水平很高，同时划分了冲击危险区域。采用煤层爆破措施对冲击危险区域进行了解危，爆破解危期间，共诱发了 2 次 7 次方微震事件。解危后再次开展 CT 探测，表明静载水平显著降低，保障了工作面安全复产。

与 2016 版《规程》本条相比，本次修订进行了多处扩充、调整及细化。主要修订了如下内容：

（1）将“冲击地压危险区域必须进行日常监测，判定有冲击地压危险时”，修改为“冲击地压危险区域必须进行日常监测预警，预警有冲击地压危险时”。修订的主要原因是，原有规定中只规定了对冲击地压监测的要求，造成现场实际落实过程中普遍存在重视监测而忽视预警，即认为只安装有低廉的监测系统就能满足法规检查要求，造成监而不控、控而不馈的现象，不利于冲击地压的防治。

本次修订突出冲击地压预警，目的就是要求冲击地压矿井必须重视冲击地压监测数据的分析工作，提高冲击地压预警能力和水平，从而更有针对性地开展各项防冲工作。

（2）将“应当立即停止作业，撤出人员，切断电源，并报告矿调度室”，调整为“应当立即停止作业，切断电源，撤出人员，并报告矿调度室”。主要原因是，预警有冲击危险后需要第一时间切断电源后再撤出人员，不然人员先撤离了，未及时切断电源容易造成瓦斯、火等次生灾害。

（3）将“停采 3 天及以上冲击地压危险采煤工作面恢复生产前”，修改为“停产 3 天及以上冲击地压危险采掘工作面恢复生产前”。主要是基于原规定中仅针对采煤工作面，没有考虑掘进工作面。实际上，掘进巷道长时间停止掘进后，在掘进迎头附近应力会逐渐升高，如果突然恢复巷道掘进，煤岩能量释放将加剧，会增加冲击地压发生风险。因此，本次修订涵盖了采掘工作面，更合理、更全面。

## 第三节　区域与局部防冲措施

**第二百三十七条**　冲击地压矿井应当选择合理的开拓方式、采掘部署、开采顺序、采煤工艺及开采保护层等区域防冲措施。

**【解读】**本条是关于冲击地压矿井采取区域防冲措施的规定。

冲击地压的区域防范措施是冲击地压防治的前瞻性工作，是从根源上开展的冲击地压预防工作。冲击地压煤层区域防范措施应当包含以下几个方面：

（1）基于地应力测试的开拓布置。依据地应力分布方向设计开拓、准备巷道方向，尽可能避免局部应力集中。

（2）合理选择采煤方法。在合理进行开拓布置的基础上，从有利于降低应力集中程度的角度选择合理的采煤方法。

（3）优先选择无煤柱护巷或小煤柱护巷。无煤柱护巷或小煤柱护巷可使临空巷道处于应力降低区，有效避免和减弱临空巷道的冲击危险性。

（4）煤层群保护层开采。对于煤层群开采矿井，优先开采无冲击危险或冲击危险小的煤层，将其作为卸压保护层可有效减弱邻近冲击地压煤层的冲击危险性。

（5）合理确定同煤层开采顺序。针对同一煤层，应优化确定采区间和采区内的开采顺序，尽可能避免孤岛工作面等在高应力集中区域进行采掘工作。

(6) 在地质构造等特殊部位，应采取能避免或减缓应力集中或叠加的开采程序。

(7) 采区设计时，每个工作面的开切眼和停采线应在一条线上，避免开切眼和停采线外错，形成应力集中。

**【案例】** 鹤岗某矿冲击地压灾害较为严重，其四水平北 11 层一三区二段工作面开采初期采用分层综采开采工艺，多次出现冲击地压显现。为了防治冲击地压，该面后期改为综采放顶煤工艺，杜绝了冲击地压灾害显现。

**第二百三十八条** 保护层开采应当遵守下列规定：

（一）具备开采保护层条件的冲击地压煤层，应当开采保护层。

（二）应当根据矿井实际条件确定保护层的有效保护范围，保护层回采超前被保护层采掘工作面的距离应当符合本《规程》第二百三十一条的规定。

（三）开采保护层后，仍存在冲击地压危险的区域，必须采用防冲措施。

**【解读】** 本条是关于冲击地压煤层保护层开采的规定。

（一）保护层开采可有效降低被保护层的冲击危险性。具备保护层开采条件的矿井，应当选择开采保护层，且应当优先选择无冲击地压煤层或冲击危险性较低的煤层作为保护层。必要时，严重冲击地压煤层可开采软弱岩层作为保护层。

（二）由于不同矿井煤层的层间距、煤层倾角及开采条件等存在较大差异，保护层有效保护范围不尽相同。因此，应当根据煤层的实际条件，对保护层的有效保护范围进行确定，从而确定保护层与被保护层采掘空间的位置关系。另外，通过保护层有效保护范围的确定，有利于确定被保护层不同区域的冲击危险性，从而指导被保护层冲击地压防治。同时，为避免保护层、被保护层采掘作业的互相干扰，保护层与被保护层采掘工作面的位置关系应当符合本《规程》第二百三十一条的规定。

（三）保护层开采后，被保护层仍存在较高冲击危险性的区域，必须采用冲击地压防治措施进一步消除或降低冲击危险性。

**【案例】** 徐州某矿开采 7 煤和 9 煤。7 煤位于 9 煤上部，层间距 20 ~ 30 m，9 煤具有冲击倾向性。9 煤开采过程中，位于 7 煤采空区下部（7 煤采空区保护区域）时，矿压显现较弱，几乎无冲击危险性；位于 7 煤未开采区域下部时，矿压显现强烈，冲击危险性较高，并于 2015 年 1 月发生一起冲击地压显现。

**第二百三十九条** 冲击地压煤层的采煤方法与工艺确定应当遵守下列规定：

（一）采用长壁综合机械化开采方法。

（二）缓倾斜、倾斜厚及特厚煤层采用综采放顶煤工艺开采时，直接顶不能随采随冒的，应当预先对顶板进行弱化处理。

**【解读】** 本条是关于冲击地压煤层采煤方法与工艺确定的规定。

长壁综合机械化开采方法采用整体液压支架支护，支架工作阻力大，有利于降低工作面超前支承压力集中程度，同时具有较强的抵抗顶板冲击动载的能力，有利于防治冲击地压。因此，冲击地压煤层应采用长壁综合机械化开采方法。

对于缓斜、倾斜厚煤层（厚度大于 3.5 m）与特厚煤层（厚度大于 12 m），采用综采放顶煤开采时，当采放比过大时，直接顶垮落后的充填高度小，在采空区出现空洞，不但造成悬顶，还会造成顶板冲击或飓风，且易积聚瓦斯，增大了冲击地压及其次生灾害发生的可能性和危险性。此时，应预先对坚硬顶板进行弱化处理，增加顶板垮落的充填高度，减小悬顶步距，降低或避免顶板型冲击地压危险。

**第二百四十条** 冲击地压煤层采用局部防冲措施应当遵守下列规定：

（一）采用钻孔卸压措施时，必须制定防止诱发冲击伤人的安全防护措施。

（二）采用煤层爆破措施时，应当根据实际情况选取超前松动爆破、卸压爆破等方法，确定合理的爆破参数，起爆点到爆破地点的距离不得小于 300 m。

（三）采用煤层注水措施时，应当根据煤层条件，确定合理的注水参数，并检验注水效果。

（四）采用底板卸压、顶板预裂、水力压裂等措施时，应当根据煤岩层条件，确定合理的参数。

**【解读】** 本条是关于冲击地压矿井采取局部解危措施的规定。

（一）冲击地压煤层实施卸压措施时，煤岩体处于高应力状态，积聚了大量弹性变形能。实施钻孔卸压过程中，钻进扰动增大了发生冲击地压的可能性，可能在钻孔施工过程中诱发冲击地压灾害显现。此时，对钻孔施工人员安全威胁极大，因此采用钻孔卸压措施时，必须制定防止诱发冲击伤人的安全防护措施。

（二）煤层爆破一般有松动爆破、卸压爆破等形式。不同的煤层爆破措施，其使用条件和防冲目的不一样，应根据煤层实际情况选取适当的爆破方式，并确定合理的爆破参数。在煤层尚未形成高应力集中或目前不具有冲击地压危险但预测采煤过程中可能出现冲击危险的区域，可实施煤层松动爆破，以改变煤体的物理力学性质，避免煤体中弹性能集聚，防止冲击地压的发生。在煤层已形成冲击地压危险的区域可实施煤层卸压爆破，使煤体应力集中程度下降，煤体中支承压力峰值向煤体深部转移，降低煤层冲击危险性。实施煤体爆破时，爆破震动易诱发冲击地压显现，由于冲击地压显现范围一般在数十米，甚至达到上百米，为避免煤层爆破产生的冲击波以及冲击地压造成人员伤亡，起爆点到爆破地点的距离不得小于300 m。

（三）由于煤层地质条件和物理力学性质的差异，不同煤层注水孔间距、深度，以及注水压力、注水时间等有所不同。采用煤层注水方法防冲时，应根据煤层条件，确定合理的注水参数。同时，为了确保煤层注水的效果以及验证煤层注水的必要性，煤层注水后应检验注水效果，衡量煤层注水效果的指标主要有煤层含水率增量。

（四）底板卸压可破坏煤层底板完整性，降低底板应力集中，消除煤层底板产生冲击破坏的能力。顶板预裂通过人为方法使顶板提前产生破裂，降低顶板的完整性与强度，使顶板在工作面回采过程中及时垮落或下沉，减小顶板来压时的强度，避免大面积悬顶带来的冲击地压风险。水力压裂可破坏煤岩结构，降低煤岩冲击危险性。由于煤层条件的差异，底板卸压、顶板预裂、水力压裂等措施的参数存在较大差异，有针对性地选取技术参数才能保证冲击地压防治效果。因此，采用底板卸压、顶板预裂、水力压裂等措施时，应根据煤岩层条件，确定合理的参数。

**第二百四十一条** 采掘工作面实施解危措施时，必须撤出与实施解危措施无关的人员。

冲击地压危险工作面实施解危措施后，必须进行效果检验，确认检验结果小于临界值后，方可进行采掘作业。

**【解读】** 本条文是关于采掘工作面冲击危险区解危中人员要求和解危后复工条件的规定。

1. 解危作业周边人员

冲击地压属于世界性难题，按照目前对该灾害的认知水平，还无法准确获取冲击危险区域围岩内集聚的弹性能量值，无法精准预测冲击地压事件发生的时间、地点和强度，而解危施工是在冲击地压监测预警之后，施工区域是由监测系统得到的强或中等冲击危险区域，在冲击危险区域实施的解危施工可能扰动诱发冲击地压。因此，在解危施工中对现场无关人员的保护是必要的，实施解危措施时必须撤出与实施解危措施无关的人员。

实际执行过程中，需要注意以下两个重要问题：

（1）消除附近设备运转对解危施工的干扰。采取解危措施前，不仅需要撤出该区域内与解危卸压施工无关的人员，还应该停止该区域内与解危卸压施工无关的生产类设备的运转。

（2）加强对解危实施人员的保护。对于监测具有强冲击危险性或发生动力显现的采掘作业区域，应当对实施原位解危措施进行风险评估，当评估为具有作业风险时，不得采用大直径钻孔解危措施，应以最小人数采用小孔径爆破或远程解危措施。

2. 解危后复工条件

规定采掘工作面冲击危险区解危后的复工条件，为了防止冲击危险区解危效果不到位的情况下，进行采掘活动诱发冲击地压。解危措施的效果检验由防冲管理机构的专业人员负责，检验方法主要有钻屑法、震波 CT、微震法、应力监测法等；中等或强冲击危险区域解危效果检验方法一般不少于 2 种。

采用 2 种或以上方法综合检验时，当所有检验方法的结果均低于临界值时，解危工作才完成；否则需继续采取解危措施，直至所有检验结果均低于临界值为止。

与 2016 版《规程》本条相比，本次修订做了进一步的补充和完善。修订的目的，是为了与《防治煤矿冲击地压细则》有机衔接，对解危措施进行细化，以减少解危诱发冲击地压导致的人员伤亡。增加了“采掘工作面实施解危措施时，必须撤出与实施解危措施无关的人员”，进一步明确解危施工现场的人员要求。

## 第四节　冲击地压安全防护措施

**第二百四十二条**　进入严重冲击地压危险区域的人员必须采取特殊的个体防护措施。

**【解读】**本条是关于严重冲击地压危险区域个体防护措施的规定。

冲击地压发生时能量突然释放，易造成大量煤体或巷道内堆积物品的抛出或弹起伤人，人体在颠簸过程中与巷道帮顶、支架、设备及锚杆等突出物碰撞，极易造成人身伤害。防冲帽、防冲服可在很大程度保护人体头部、胸部等主要部位，降低冲击地压对作业人员身体的冲击伤害。

**第二百四十三条** 有冲击地压危险的采掘工作面，供电、供液等设备应当放置在采动应力集中影响区外。对危险区域内的设备、管线、物品等应当采取固定措施，管路应当吊挂在巷道腰线以下。

**【解读】** 本条是关于冲击地压危险区域设备放置、管线布设等的规定。

为避免冲击地压发生时掀翻或损坏供电、供液等重型设备甚至撞击伤人，应当将设备列车放在工作面采动应力集中影响区之外。

巷道内杂物应清理干净，保持行走路线畅通；在冲击地压危险区域不能随意存放材料和设备，如确需存放的应当按规定进行捆绑固定，设备、管路、物品应采取固定措施，避免因冲击地压抛起对人员造成伤害。

**第二百四十四条** 冲击地压危险区域的巷道必须加强支护。

采煤工作面必须加大上下出口和巷道的超前支护范围与强度，弱冲击危险区域的工作面超前支护长度不得小于70 m；厚煤层放顶煤工作面、中等及以上冲击危险区域的工作面超前支护长度不得小于120 m，超前支护应当满足支护强度和支护整体稳定性要求。

严重（强）冲击地压危险区域，必须采取防底鼓措施。

**【解读】** 本条是关于冲击地压危险区域巷道加强支护和治理底鼓的规定。

制定本条文的目的，是为了明确采煤工作面超前支护的最小范围、强度和稳定性要求，同时增加强冲击危险区域必须采取防底鼓的措施。

1. 加强巷道支护

根据近年来国内冲击地压发生情况统计分析，绝大多数冲击地压都发生在巷道，特别是集中在工作面采动应力影响范围内的巷道。

加强巷道支护，是指在提高锚杆（索）网支护强度、刚度，采用防崩措施的同时，可采用门式支架、垛式支架、自移式支架等支护形式，进一步提高巷道抗冲击破坏能力。

2. 超前支护范围与强度

为保障采煤工作面顺利回采、提高巷道安全性，必须对工作面上下出口及回采巷道超前一定范围采取加强支护措施，增强巷道（支护体系）的抗冲击能力，抵御并减少冲击地压带来的危害。冲击地压危险程度不同，回采巷道超前支护的范围也应有所区别。

厚煤层放顶煤工作面回采巷道一般为托顶煤布置，在冲击危险区域易产生顶板破碎下沉，同时发生冲击时易诱发冒顶等复合动力灾害，应该适当加大回采巷道的超前支护范围。

为防治采煤工作面动力灾害，根据对国内煤矿冲击地压防治实践的分析总结，规定了不同危险区域的最小超前支护距离，即：弱冲击危险区域的工作面超前支护长度不得小于70 m；厚煤层放顶煤工作面、中等及以上冲击危险区域的工作面超前支护长度不得小于120 m。同时超前支护应当满足支护强度和支护整体稳定性要求。

实际执行过程中，回采巷道超前支护的范围应根据矿井的具体条件进行确定，但不得小于上述最小值，并应注意以下几个问题：

（1）要统计分析本矿历史上采煤工作面冲击地压巷道破坏的最大长度，对于冲击地压发生机理类似的回采工作面超前支护长度不应小于巷道破坏的最大长度。一次破坏最大长度小于《规程》规定范围的，超前支护的长度不应低于规定范围。

（2）采动应力扰动范围评估时超过《规程》最小规定范围应当按照采动应力扰动范围设计超前支护长度。

（3）超前支护的支架在纵横间尽可能连接牢固，增加支护的稳定性和整体结构性，并且实现全断面支护。鉴于单体液压支柱整体稳定性较差，应不能作为主要支护方式，但可以与其他措施配套使用。

**【案例】**2020 年 2 月 22 日，山东某矿厚煤层综放工作面上平巷发生冲击，冲击范围达420 m。其中上平巷超前100 m采用了单元式支架进行超前支护，冲击区域超前支护段相较于无支护段巷道变形量较小，表明超前支护起到了一定的抗冲击作用。

3. 防底鼓措施

研究表明，当底板煤岩体受水平应力挤压作用达到极限破坏时会产生断裂鼓起，因而产生底板型冲击。据统计，多数冲击地压事故都会造成巷道底鼓，严重时会使巷道顶底板合拢，阻碍逃生通道。因此为了控制巷道底鼓，避免或减少底板冲击破坏，必须对严重（强）冲击地压危险区域采取防底鼓措施。

在实际执行过程中，建议注意以下问题：

（1）底板卸压目的是减少水平应力对底板的挤压作用。在采取底板爆破或底板卸压钻孔措施时，其参数要根据巷道底板煤岩特性和水平应力大小确定。

（2）对于强冲击危险区域未留设底煤，但底板岩石发生过底鼓的，也应采取底板爆破等措施进行处理。

（3）在底鼓严重的巷道应当综合使用底板卸压和底板加固措施，采取底板打设锚杆（锚索）加固底板时应考虑底鼓后锚杆（锚索）的处理方式。

与2016版《规程》本条相比，本次修订做了进一步补充和完善，修订目的是与《防治煤矿冲击地压细则》有机衔接；深刻汲取山东能源龙郓煤业“10·20”事故教训，加强冲击地压矿井巷道支护，防止冲击地压与巷道冒顶复合灾害事故发生。主要修订如下内容：

（1）新增了不同危险区域超前支护距离、整体稳定性要求，使规定更具可操作性。

（2）将“严重冲击危险区域，必须采取防底鼓措施”，修改为“严重（强）冲击危险区域，必须采取防底鼓措施”。目的是增加规定的严密性、全面性，也将严重冲击危险区域等同于强冲击危险区域。

**第二百四十五条** 有冲击地压危险的采掘工作面必须设置压风自救系统，明确发生冲击地压时的避灾路线。

**【解读】**本条是关于冲击地压危险区域压风自救系统与避灾路线设置的规定。

压风自救系统在冲击地压灾害发生后可为被困人员提供必要的空气和养料，为搜救工作提供充足的时间，可有效减少冲击地压导致的人员伤亡。因此，具有冲击地压危险的采掘工作面必须设置压风自救系统。

在有冲击地压危险的采掘工作面，必须最大限度减少施工人员的数量，无关人员不得进入。作业人员完成施工任务后，立即撤出冲击地压危险区域。为了使灾害发生时工作人员能够正确有序地撤出到安全区域，必须明确发生冲击地压时的避灾路线。

**【案例】**2011年11月3日，某矿21221下巷掘进工作面发生重大冲击地压事故。冲击地压造成21221下巷从290 m至掘进面巷道不同程度变形，风筒从360 m处被撕裂，无法向巷道里段进行供风；460～500 m、515～553 m段顶底板基本合拢；620～640 m巷道底鼓变形严重，巷道基本合拢。当班作业人员75人，冲击地压导致50多人被困。冲击地压发生后，由于立即利用原有的供水管、压风管向受灾点供风，加大救援作业区供风量，为被困人员提供了必要的生存条件，也为救援提供了充足的时间。此次事故除冲击地压直接导致的伤亡外，被困人员基本都得到了成功的解救。

# 第六章　防　灭　火

## 第一节　一　般　规　定

**第二百四十六条**　煤矿必须制定井上、下防火措施。煤矿的所有地面建（构）筑物、煤堆、矸石山、木料场等处的防火措施和制度，必须遵守国家有关防火的规定。

**【解读】** 本条是关于制定煤矿井上、下防火措施和制度的规定。

制定本条的目的，是预防井上火灾事故对井下的影响。

矿井火灾是指发生在矿井井下或地面井口附近，威胁矿井安全生产并形成灾害的一切非控制燃烧。煤矿为地下作业，但供风来源于地面，若地面发生火灾，不仅对井上造成危害，产生的火灾烟流可能进入煤矿井下，威胁井下人员的安全，因此，在做好煤矿井下防火的同时，必须制定井上、下防火措施。

国家有关防火规定主要指《建筑设计防火规范》（GB 50016—2014）、《煤矿矸石山灾害防范与治理工作指导意见》（安监总煤矿字〔2005〕162 号）等相关标准与规范中关于建（构）筑物的耐火极限、防火分区与防火分隔、建筑防火构造、防火间距、消防设施设置和矸石山安全管理等有关规定。

**第二百四十七条**　木料场、矸石山等堆放场距离进风井口不得小于 80 m。木料场距离矸石山不得小于 50 m。

不得将矸石山设在进风井的主导风向上风侧、表土层 10 m 以浅有煤层的地面上和漏风采空区上方的塌陷范围内。

**【解读】** 本条是关于木料场、矸石山堆放位置与进风井口距离的规定。

制定本条的目的，是防止这些地点的可燃物发生火灾威胁井下人员的安全。

煤矿地面木料场存放的木材为易燃材料，矸石山内的煤矸石在一定条件下会发生自燃。木料场、矸石山如果距进风井口过近或将矸石山安设在进风井的主导风向上风侧，一旦木材或矸石着火，火灾产生的有毒有害气体易进入矿井中，严重威胁井下人员的安全。国内外的实践已表明，木料场、矸石山与进风井的距离大于80 m，地面火灾气体一般不会进入到矿井中。80 m安全距离的规定最早由苏联提出。国内曾出现过当距离小于80 m时，矿井火灾气体进入矿井井下的示例。如1964年2月11日，抚顺顺利矿地面储煤场煤炭自然发火，火灾烟雾和气体进入了距储煤场24 m处的2号进风井中，但距储煤场88.2 m处的1号进风井则没有出现烟雾与有害气体进入的现象。木料场与矸石山都是地面的可燃物，按地面《建筑设计防火规范》要求，安全距离至少20～40 m，再考虑增加25%的有明火或能散发火花的防火间距，因此，木料场与矸石山之间的安全距离应大于50 m。

矸石山堆积时间长，有氧化升温和自然发火的可能，如果将矸石山设在进风井的主导风向上风侧，即使与进风井距离大于80 m，煤自燃产生的烟雾及有害气体也会威胁矿井的安全。如果矸石山下部表土10 m以内含有煤层，矸石山自燃产生的热量会影响到该煤层，会加速该煤层的自然发火。如果矸石山设在有漏风的采空区上方的塌陷范围内，火灾热量与有害气体会从漏风缝隙进入采空区和矿井内部，引起采空区遗煤发火和威胁井下人员安全。

**第二百四十八条** 新建矿井的永久井架和井口房、以井口为中心的联合建筑，必须用不燃性材料建筑。

对现有生产矿井用可燃性材料建筑的井架和井口房，必须制定防火措施。

**【解读】** 本条是关于矿井井口建筑防火的规定。

矿井井架和井口房承担着矿井原煤、材料、人员提升和运输的重要任务，内部机电设备布置密集，产生外因火源点的危险性较高；井口联合建筑包括生产指挥调度室、安全监控室、会议室等，人员活动较为频繁，人为因素造成外因火源点的危险性较大。这些建筑物若采用可燃性材料构筑，一旦与高温火源点接触，极易酿成外因火灾。2011年6月，山东兖矿集团鲍店煤矿发生井口火灾，火势迅速蔓延至井口食堂、灯房、洗衣房等井口联合建筑，烟气通过矿井口直接进入井下，严重威胁工作人员的生命安全，所幸未造成人员伤亡。因此，井口处各建筑必须采用不燃性材料建筑，如料石、砂等天然材料以及人工制成的无机材料和部分金属材料，已采用可燃性材料建成的井架和井口房必须制定相应的防火措施，保证其不发火，防患于未然，即使发火，也可在火灾发生初期将其迅速扑灭。

**第二百四十九条** 矿井必须设地面消防水池和井下消防管路系统。井下消防管路系统应当敷设到采掘工作面，每隔 100 m 设置支管和阀门，但在带式输送机巷道中应当每隔 50 m 设置支管和阀门。地面的消防水池必须经常保持不少于 200 $m^3$ 的水量。消防用水同生产、生活用水共用同一水池时，应当有确保消防用水的措施。

开采下部水平的矿井，除地面消防水池外，可以利用上部水平或者生产水平的水仓作为消防水池。

**【解读】** 本条是关于井上、下消防水池以及井下消防管路布置的规定。

井下消防管路系统每隔 100 m 设置支管和阀门可为就近灭火提供条件。井下带式输送机的输送带常因打滑、跑偏产生的摩擦热量而被引燃，故是火灾防范的重点对象，带式输送机巷道中每隔 50 m 就应当设置支管和阀门。为确保井下扑灭火灾的用水量，地面的消防水池必须经常保持不少于 200 $m^3$ 的水量。利用上部水平或生产水平的水仓作为消防水池，可减少施工量，确保灭火过程中取水的便捷性。当消防用水同生产、生活用水共用同一水池时，为确保消防用水，可采用在生活水泵吸水管上开一个虹吸孔、抬高生活水泵吸水管位置、使用水位控制器等措施。

采掘工作面是井下易发火的地点，井下消防管路系统敷设到采掘工作面，可为采掘工作面及时处理火灾提供有效的灭火手段，否则会贻误灭火良机，造成事故扩大的严重后果。

**第二百五十条** 进风井口应当装设防火铁门，防火铁门必须严密并易于关闭，打开时不妨碍提升、运输和人员通行，并定期维修；如果不设防火铁门，必须有防止烟火进入矿井的安全措施。

罐笼提升立井井口还应当采取以下措施：

（一）井口操车系统基础下部的负层空间应当与井筒隔离，并设置消防设施。

（二）操车系统液压管路应当采用金属管或者阻燃高压非金属管，传动介质使用难燃液，液压站不得安装在封闭空间内。

（三）井筒及负层空间的动力电缆、信号电缆和控制电缆应当采用煤矿用阻燃电缆，并与操车系统液压管路分开布置。

（四）操车系统机坑及井口负层空间内应当及时清理漏油，每天检查清理情况，不得留存杂物和易燃物。

**【解读】**本条是关于进风井口防火门和罐笼提升立井井口操车系统的相关规定。

制定本条的目的是，一旦井口发生火灾时防止火灾气体进入井下，以及防止罐笼提升立井井口发生火灾威胁井下。

1. 进风井口防火铁门

进风井口及附近一旦发生外因火灾，产生的烟雾及有害气体在矿井通风压力作用下，会进入井下威胁矿井安全和对人员造成伤害，故应当在进风井口安设防火铁门。进风井口防火铁门的安装必须以不妨碍矿井正常生产为前提，并定期组织人员对防火铁门的密闭性等进行检测，发现异常及时维护，以确保装置的可靠性。由于条件限制无法安设防火铁门时，必须实施其他能够防止烟火进入矿井的安全措施，如在井口严禁堆放可燃物，配备一定数量灭火器、砂子等消防器材，在井口房出口处设置防火铁门等。

2. 罐笼提升立井井口安全措施

罐笼提升立井井口安装有井口操车系统，由推车机、阻车器、摇台、安全门、集控液压系统和电控操作台等组成，诸多设备、管线安装在井口运输平台之下的负层空间内。由于负层空间少有人员进入，一些矿井疏于管理，可燃物、易燃物堆积，漏油不及时清理，又不与井筒隔离，一旦发生火灾，极易波及井筒、井下，造成重大事故。

**【案例】**2017 年 3 月 9 日，黑龙江省龙煤集团双鸭山矿业公司东荣二矿在副井井口运输平台违章电焊作业，产生的高温焊渣引燃平台负一层内的可燃物，致使提升机电力电缆、信号电缆和井口操车系统液压油管及油管内的液压油燃烧，副井平衡锤侧提升钢丝绳处于高温火区，在静张力作用下断裂，导致辅助提升系统发生坠罐运输事故，造成 17 人死亡。事故的主要原因是：井口房内进行电焊作业，未编制安全技术措施，违规操作；副井运输平台负一层可燃物堆积较多；没有装设防火铁门，特别是副立井井口负一层，四周均与井筒连通，没有防止烟火进入矿井的安全措施。

为防止井口操车系统基础下部的负层空间内发生火灾威胁井筒及整个矿井，应将井口操车系统基础下部的负层空间与井筒隔离，并在负层空间内设置用于扑灭电气火灾、油火的消防设施，做好火灾预防措施；信号电缆和控制电缆应采用煤矿用阻燃电缆，并与操车系统液压管路分开布置，防止发生短路，造成设备起火；液压管路应采用金属管或者阻燃高压非金属管，传动介质使用难燃液，液压站不得安装在封闭空间内；操车系统机坑及井口负层空间内不得留存杂物和易燃物，并对漏油及时清理。

有关难燃液，并不是指此类油品不燃烧，而是指该类产品火焰不蔓延。美国矿山安全与健康监察局定义“难燃液”：表示其化学组成和物理特性能够阻挡火焰传播，即该类产品的火焰不传播。难燃液在明火点燃的情况下，火源撤离后持续燃烧时间不大于 30 s。目前纳入安标管理的难燃介质 HFA 类产品，包括液压支架用乳化油、浓缩液和液压支架用防冻液，已广泛应用于煤矿液压支架中作为传动介质；HFC 类产品（水—乙二醇难燃液压液）和无水全合成难燃液压液，目前在井下电动滚筒和输送带张紧装置，以及冶金、钢铁行业已得到较为广泛的应用。选用难燃液，应选择取得安全标志的产品。

本次修订新增了罐笼提升立井井口安全措施的相关规定。目的是抓住安全管理薄弱环节，充分吸取事故教训，堵住管控漏洞，消除事故隐患。

**第二百五十一条** 井口房和通风机房附近 20 m 内，不得有烟火或者用火炉取暖。通风机房位于工业广场以外时，除开采有瓦斯喷出的矿井和突出矿井外，可用隔焰式火炉或者防爆式电热器取暖。

暖风道和压入式通风的风硐必须用不燃性材料砌筑，并应至少装设 2 道防火门。

**【解读】** 本条是关于井口房、通风机房、压入式通风风硐附近的防火规定。

制定本条的目的，是防止井口房及其附近发生火灾及火灾气体进入井下或引燃回风流中的瓦斯。

地面的井口房和通风机房是煤矿井下供风的首要来源，一旦附近发生火灾，烟火将严重威胁井下人员的生命健康以及安全生产。此外，无论是进风井口房，还是回风井口房，当井下发生瓦斯异常涌出时，特别是瓦斯突出有时会造成风流逆转，瓦斯和煤粉会从井口冲出地面，如果井口房和通风机房附近 20 m 内有烟火和明火炉，就有可能引起瓦斯和煤尘爆炸。

暖风道和压入式通风风硐是煤矿的进风口，为避免这些地点发生火灾，必须用不燃性材料筑砌。为防止地面火灾的烟雾与气体进入井下，防止井下异常涌出的瓦斯和煤粉进入风机房和通风机房，应至少装设2道防火门，并保证其严密和可靠，以增强抗灾能力。

**第二百五十二条** 井筒与各水平的连接处及井底车场，主要绞车道与主要运输巷、回风巷的连接处，井下机电设备硐室，主要巷道内带式输送机机头前后两端各20 m范围内，都必须用不燃性材料支护。

在井下和井口房，严禁采用可燃性材料搭设临时操作间、休息间。

**【解读】** 本条是关于井筒与井下巷道连接处、机电设备硐室和带式输送机端头等处的防火规定。

井筒与各水平连接处及井底车场，主要绞车道与主要运输巷、回风巷的连接处，均属井下运输系统的关键地点，高压电缆、管路铺设密集，箕斗、绞车等提升运输设备运行频繁，极易导致因机械碰撞、剧烈摩擦、电路短路而引起火灾。带式输送机机头为整个输送机的驱动部分，机头内装有电动机、联轴器、减速器和传动滚轴，当胶带发生跑偏、打滑等异常情况时，输送带与传动滚轴之间由滚动摩擦变为滑动摩擦，大量产热，导致热量积聚而可能造成机头发火，为避免火势通过可燃性材料蔓延，因此输送机机头前后两端各20 m范围内都必须用不燃性材料支护。同时，由于井筒、井底车场、运输巷处于矿井通风系统的关键位置，一旦发火，火势及产生的有毒有害烟气将可能波及整个采区、开采水平乃至整个矿井，采用不燃性材料可防止这些地点发火的可能性。目前，采用较多的不燃性支护形式包括巷道锚喷（水泥、沙子、石头等），金属支架，钢筋混凝土支架、双抗阻化网等。

井下和井口房临时操作间内通常进行机电操作，电焊火花多，而且井下临时操作间多设于大巷，一旦着火，燃烧速度快，过火面积大，大量有毒有害气体将随风流迅速蔓延；休息间是人员集聚场所，易出现工人吸烟、矿灯故障等情况而点燃可燃物，一旦引发火灾，高温和烟气将使得集中的人员疏散困难，因此在井下和井口房，严禁采用可燃性材料搭设临时操作间、休息间。

**【案例】** 2002年12月6日，吉林省万宝煤矿小新井绞车超载提升，导致自制配电盘打火产生电火花，溅出的火花引燃了绞车房内的可燃物，火焰蔓延，引燃绞车道木材支护棚架，造成火灾。火灾产生的浓烟和一氧化碳随风流流动，致使该区域的30名作业人员在逃生过程中毒死亡。

**第二百五十三条** 井下严禁使用灯泡取暖和使用电炉。

**【解读】**本条是关于井下严禁使用电炉和灯泡取暖的规定。

井下大型机电设备多，供电系统不稳定，一旦电压波动，灯泡可能发生炸裂，瞬间产生短路火花，其能量完全可以引燃一些可燃物或瓦斯爆炸；同时由于白炽灯丝工作时温度在2000 ℃以上，电炉温度在600 ~ 800 ℃，远高于木材等可燃物燃点（200 ~ 300 ℃），部分电炉功率达十几千瓦，高温热源以热辐射的方式向周围传热，若长时间工作可能导致邻近可燃物热量积聚，温度升高乃至将其引燃。如在瓦斯异常涌出、通风不畅造成瓦斯积聚的地点，灯泡和电炉的热量足以成为点火源，易引发瓦斯燃烧与爆炸事故。

**【案例】**1978年2月15日，吉林舒兰东富煤矿二井 +112 m水平水泵房休息室，水泵工擅离职守，用于取暖的灯泡炙烤木板使其着火，引燃木板房并蔓延到变电所而形成火灾，在抢险救灾过程中，又因未能及时反风，致使井下68人中毒死亡。

**第二百五十四条** 井下和井口房内不得进行电焊、气焊和喷灯焊接等作业。如果必须在井下主要硐室、主要进风井巷和井口房内进行电焊、气焊和喷灯焊接等工作，每次必须制定安全措施，由矿长批准并遵守下列规定：

（一）指定专人在场检查和监督。

（二）电焊、气焊和喷灯焊接等工作地点的前后两端各10 m的井巷范围内，应当是不燃性材料支护，并有供水管路，有专人负责喷水，焊接前应当清理或者隔离焊碴飞溅区域内的可燃物。上述工作地点应当至少备有2个灭火器。

（三）在井口房、井筒和倾斜巷道内进行电焊、气焊和喷灯焊接等工作时，必须在工作地点的下方用不燃性材料设施接受火星。

（四）电焊、气焊和喷灯焊接等工作地点的风流中，甲烷浓度不得超过0.5%，只有在检查证明作业地点附近20 m范围内巷道顶部和支护背板后无瓦斯积存时，方可进行作业。

（五）电焊、气焊和喷灯焊接等作业完毕后，作业地点应当再次用水喷洒，并有专人在作业地点检查1 h，发现异常，立即处理。

（六）突出矿井井下进行电焊、气焊和喷灯焊接时，必须停止突出煤层的掘进、回采、钻孔、支护以及其他所有扰动突出煤层的作业。

煤层中未采用砌碹或者喷浆封闭的主要硐室和主要进风大巷中，不得进行电焊、气焊和喷灯焊接等工作。

**【解读】** 本条是关于对井下、井口房进行焊接作业的规定。

焊接工作中会产生大量火星和高温焊碴，成为引发火灾事故的点火源，因此必须对井下焊接工作进行严格控制。由于井下条件随时都在变化，每次焊接工作开始前都要制定相应的安全措施，经由安全第一责任人的矿长批准。焊接工作进行过程中必须有专人进行检查监督，作业地点前后两端各 10 m 的范围内应当是不燃性支护材料，有专人进行喷水降温，并对作业地点进行清理，隔离焊碴飞溅区域内的可燃物，防止火花和焊碴飞溅到工作区域内的可燃物上将其点燃，造成火灾事故。为保障灭火设备实施的可靠性，必须保证工作地点至少有 2 个灭火器可供使用。在井口房、井筒和倾斜巷道内进行焊接作业时，焊碴和火花会顺着有坡度的地面向下方掉落，引燃远处的可燃物，因此必须在工作地点的下方用不燃性材料设施接受火星。为确保施焊工作的安全，对工作地点风流中甲烷浓度提出更严格的要求，不得超过 0.5%；在某些地质情况复杂的矿井中，巷道顶部的局部冒顶处或背板后通风不良，可能会存在局部瓦斯积存的现象，因此在焊接作业开始前要确保作业地点附近 20 m 范围内无瓦斯积存。焊接完毕后应再次对作业地点喷水降温，并检查 1 h，确保无高温热源存在。

1990 年 5 月黑龙江小恒山矿发生死亡 80 人的特别重大火灾事故，就是因气焊切割钢板时，飞溅的火花引燃作业点附近残留的胶末、胶带引起的，焊接工作开始前未制定相应安全措施，防灭火设施不齐全，导致事故进一步扩大。

煤矿瓦斯突出多为突发性、偶然性事故，难以准确预测，且多发生在受掘进、回采、钻孔、支护以及其他扰动突出煤层，改变煤层构造的作业中，因此，突出矿井井下进行电焊、气焊和喷灯焊接时，必须停止突出煤层的掘进、回采、钻孔、支护以及其他所有扰动突出煤层的作业，以防止进行电焊作业时引发瓦斯燃烧与爆炸事故。

近年来出现多起在井下焊接作业期间，焊接火花引发的瓦斯燃烧与爆炸事故，这是由焊接作业点附近采掘工作使风流状态、瓦斯浓度发生突然变化所致。如正在贯通巷道的附近地点进行焊接作业时，掘进巷道的贯通会引起焊接区域通风及瓦斯状况的变化；采煤工作面采空区来压垮塌造成附近焊接作业区域风流流动受阻而瓦斯积聚等。因此，在可能影响井下焊接作业点附近风流和瓦斯状况的区域，应停止其他无关作业。同时，还应强调在整个焊接作业期间进行持续瓦斯检查，防止突发事件引发瓦斯爆炸。

如果主要硐室和主要进风大巷未采用砌碹或喷浆封闭，煤层中赋存的瓦斯可能会异常涌出进入巷道，造成瓦斯浓度超限发生事故，因此在这些场所不得进行电焊、气焊和喷灯焊接等工作。

本条规定“井下和井口房内不得进行电焊、气焊和喷灯焊接等作业”，但也规定，井下主要硐室、主要进风井巷和井口房内如必须进行电焊、气焊和喷灯焊接等工作，必须根据每次的具体实施条件，制定安全措施，经矿长批准并遵守本条的相关规定方可允许作业。井下主要硐室、主要进风井巷和井口房处于进风系统，所在地点的巷道和煤岩体结构稳定和通风可靠，焊接作业的安全性能够得到保障。应指出，除上述特定地点外，在井下采掘工作面、煤仓和煤斗等地点均不得进行焊接作业，遇到采掘和煤斗等大型装备有焊接需要，搬运到地面十分困难等情况时仍不例外。这些地点可燃物多（瓦斯、浮煤等）、巷道结构及周围煤岩体不稳定和通风可靠性差，在这些地点进行焊接作业易导致事故的发生。如1997年1月25日，义马耿村煤矿在11101综采工作面进行电焊作业，引发重大瓦斯爆炸事故，死亡31人，重伤4人。又如2015年11月17日，山西省焦煤集团汾西矿业公司贺西煤矿中嵋芝进风立井水平车场掘进工作面进行电焊作业，引发瓦斯爆炸事故，死亡5人。

**第二百五十五条** 井下使用的汽油、煤油必须装入盖严的铁桶内，由专人押运送至使用地点，剩余的汽油、煤油必须运回地面，严禁在井下存放。

井下使用的润滑油、棉纱、布头和纸等，必须存放在盖严的铁桶内。用过的棉纱、布头和纸，也必须放在盖严的铁桶内，并由专人定期送到地面处理，不得乱放乱扔。严禁将剩油、废油泼洒在井巷或硐室内。

井下清洗风动工具时，必须在专用硐室进行，并必须使用不燃性和无毒性洗涤剂。

**【解读】** 本条是关于井下油类等易燃物运送、存放和使用的规定。

机械用油、棉纱、布头和纸等都是易燃物，如管理不善极易失火引发火灾。在井下使用时，必须指定专人进行运送，运输过程中要装入盖严的铁桶内以防漏出。汽油、煤油属于易挥发易燃液体，使用完毕后必须及时运回地面，以免出现油蒸气，发生蒸气爆炸。剩油、废油必须由专人运回地面，不得泼洒在井巷或硐室内。棉纱、布头和纸等材料必须放入盖严的铁桶内防止井下人员乱拿乱放，用过的材料也必须由专人定期运回地面。1959 年 5 月，辽宁阜新五龙矿变电所发生 18 人死亡的火灾事故，变电所旁的联络巷中存放有润滑油、橡胶电缆等易燃物，导致火势迅速扩大造成惨剧。

风动工具洗涤剂必须为不燃性和无毒性，否则容易引发火灾危害人身及生产安全，其中含有的挥发有毒气体极易对人员健康造成伤害，为防止清洗后残留的洗涤剂落入巷道中，存在安全隐患，必须在具备阻燃和独立通风条件的专用硐室内进行。

**第二百五十六条** 井上、下必须设置消防材料库，并符合下列要求：

（一）井上消防材料库应当设在井口附近，但不得设在井口房内。

（二）井下消防材料库应当设在每一个生产水平的井底车场或者主要运输大巷中，并装备消防车辆。

（三）消防材料库储存的消防材料和工具的品种和数量应当符合有关要求，并定期检查和更换；消防材料和工具不得挪作他用。

**【解读】** 本条是关于井上、下设置消防材料库的规定。

制定本条的目的，是为及时和有效地灭火提供灭火装备与材料。

井上消防材料库的设立主要针对发生在地面井口附近、井口房、井筒内的火灾救灾工作。“井上消防材料库应设在井口附近”是因为地面交通运输便利，能够迅速、及时地将所需消防器材运送至救灾地点，为保证井口火灾救灾所需材料供给的及时性。同时，因地面交通运输便利，也能够迅速、及时地将设置在井口附近的消防材料库所储备的消防器材运送至井口火灾位置，保证及时救灾之需。井口消防材料库“不得设在井口房内”是因为井口房储存有矿井提升运输和大量机电设备，流动性大，是火灾易发地点，同时井口房与井筒相连，容易受到井下火灾的波及，井口房内一旦发生火灾，势必直接损毁消防器材，影响救灾工作进度。

井下消防材料库的设立主要针对发生在井下各个生产水平不同巷道内的火灾救灾工作，为缩短消防器材运至各个生产水平间的距离，规定“井下消防材料库应设在每一个生产水平的井底车场或主要运输大巷中”；为提高运输速度，保证消防材料能够及时快捷到达任何火灾地点，规定“井下消防材料库应装备消防车辆”，从而为迅速、安全、有效地开展灭火救灾工作提供有力保障。

矿井火灾种类复杂多样，针对不同的燃烧类型，必须选用不同的消防器材才能安全、高效灭火，因此，井上、井下消防材料库储存的消防材料和工具的品种，必须能够应对可能发生的各种火灾类型，消防材料和工具的数量必须根据矿井规模合理配备。为保障火灾发生时，消防材料和工具使用的有效性，必须对消防材料库内储存的消防材料和工具定期检查和更换，以免出现灭火材料失效或器材损坏等问题，耽误灭火救援。消防材料和工具不得挪作他用，以保证火灾发生时能够按照应急预案及时投入到灭火工作中。

**【案例】**2004 年 5 月 5 日，辽宁省铁法煤业集团小青矿工人在井下更换副井压风管路及排水管路时，使用乙炔气焊作业，施焊产生的火花飞溅引起乙炔瓶着火，进而引发火灾。火灾发生初期，当班工人试图直接灭火，但由于缺乏灭火器、沙箱、水龙带等消防材料和工具而贻误了最佳灭火时机，导致火势蔓延扩大，为后期的处理带来了巨大的风险。

**第二百五十七条** 井下爆炸物品库、机电设备硐室、检修硐室、材料库、井底车场、使用带式输送机或者液力偶合器的巷道以及采掘工作面附近的巷道中，必须备有灭火器材，其数量、规格和存放地点，应当在灾害预防和处理计划中确定。

井下工作人员必须熟悉灭火器材的使用方法，并熟悉本职工作区域内灭火器材的存放地点。

井下爆炸物品库、机电设备硐室、检修硐室、材料库的支护和风门、风窗必须采用不燃性材料。

**【解读】**本条是关于井下易发火硐室和巷道的防火、配备灭火器材和使用要求的规定。

井下爆炸物品库存储有爆破用炸药、雷管等易燃易爆品；机电设备硐室、检修硐室内电气设备密集，开关操作频繁，且电机转速快，运转过程中温度高，易形成高温热表面；材料库内物品样式繁杂，可燃性材料较多；井底车场人员和车辆流动性大，易产生明火、金属摩擦火花等点火源；带式输送机和液力偶合器是长时间工作设备，磨损大，一旦发生摩擦起火，易随胶带蔓延，因此，这些地点火灾风险较大，必须备有灭火器材。上述区域可燃物种类不同，火灾范围差别大，因而，在灾害预防和处理时，为实现经济、快速灭火，灭火器材的数量、规格和存放地点需根据具体情况确定。

井下灭火器材主要包括灭火器、消防沙箱、消防水桶、消防锹、消防斧、消防沙袋等，井下火灾种类较多，可能是气体、液体或固体火灾，不同的火灾类型，需选用相应的灭火器材，一旦选型不当，不仅不能灭火，还有可能加剧火势，如出现燃油火灾时，需用沙土进行掩盖处理，如果误用洒水，将导致火势范围扩大。井下工作人员在上岗前必须经过相关培训，使其能够在发现火情时保持临危不乱，具备第一时间明确火灾种类，并迅速到达本职工作区域内灭火器材存放地点的能力，掌握使用各种灭火器材进行有效灭火的技能，力争将火灾扑灭于初期，因而，工作人员必须熟悉灭火器材的使用方法，并熟悉本职工作区域内灭火器材的存放地点，避免在发生火灾时，出现目击工人找不到灭火器材或不会使用灭火器材的情况。

井下爆炸物品库、机电设备硐室、检修硐室、材料库等区域内存在炸药、雷管、燃油、帆布、聚氨酯等大量易燃易爆物品，发生火灾后，火势发展非常迅速，很快在整个库（室）内形成高温火区，一旦烧穿支护结构或者风门、风窗等，库（室）内将发生极其危险的轰燃，火势进一步扩大，并向邻近区域蔓延，采用不燃性材料是延缓、避免轰燃和火势扩大的重要途径。

2006 年 11 月，山西南山煤矿井下爆炸品材料库炸药自燃引发火灾，并点燃库内煤炭和木支护，使得火势迅速蔓延，最终造成 34 人死亡。因此，这些场所必须采用不燃性材料构筑或支护，以便在火灾发生的初期隔离火区，并控制火区蔓延，将火情控制在小范围内，为灭火救灾争取时间。

**第二百五十八条** 每季度应当对井上、下消防管路系统、防火门、消防材料库和消防器材的设置情况进行 1 次检查，发现问题，及时解决。

**【解读】**本条是关于每季度应对井上、下消防设施进行检查的规定。

煤矿发生火灾事故的区域都存在有可燃物、易燃物，如果这些区域内消防系统齐全、有效，可以在火灾发生初期直接采取灭火措施阻止火势蔓延、发展，防止事故发生。因此，应当每季度对井上、下的消防管路系统、防火门、消防材料库和消防器材的设置情况进行 1 次检查，以便及时更换失效的消防材料，保证消防材料、设施的齐全、可靠，在发生火灾时可以尽快扑灭火灾，最大限度减少损失。检查内容应包括消防管路系统是否畅通、消防管路用水的水量水压是否充足、防火门是否可用、各消防材料及器材是否有损坏、设置位置是否合理等，每次检查由专人在旁监督并将结果记录在案，检查记录应交由矿消防单位存档、复检。

**第二百五十九条** 矿井防灭火使用的凝胶、阻化剂及进行充填、堵漏、加固用的高分子材料，应当对其安全性和环保性进行评估，并制定安全监测制度和防范措施。使用时，井巷空气成分必须符合本规程第一百三十五条要求。

**【解读】** 本条是关于矿井使用防灭火高分子材料的安全规定。

制定本条的目的，是防止井下使用高分子材料时危害人员健康和矿井安全的事故。

随着矿井防灭火技术的发展，新型防灭火材料不断涌现。煤矿井下条件复杂，又是相对封闭的空间，并且防灭火材料在使用过程中存在伤害人员和污染环境的危险，甚至产生高温，可能引发矿井火灾、瓦斯煤尘爆炸等事故。因此，防灭火材料使用前必须对其安全性和环保性进行评估，以确保选用的材料不会威胁矿井安全、危害工人健康和污染井下环境。

矿井防灭火使用材料的安全性主要是指易燃性、产热性、阻燃性和抗静电性。易燃性常用燃点或闪点进行评价，燃点与闪点代表材料着火的最低温度。燃点与闪点越低，表明越容易着火，则安全性越差。矿井防灭火使用的高分子材料的燃点或闪点通常不能低于 100 ℃。产热性是矿井堵漏、充填、加固用的高分子材料使用中面临的主要安全问题，该类材料在使用过程中会发生化学反应而放出热量，通常用化学反应的最高反应温度代表该特性，反应温度越高，释放出的热量就越大，则安全性越差。国内现有的行业标准中，规定充填用的承压或非承压高分子材料最高反应温度分别不能高于 95 ℃和 50 ℃，堵漏和加固用的高分子材料的最高反应温度不能高于 140 ℃。阻燃性是表征该类材料被引燃而参与火区燃烧的能力，常采用氧指数进行评价，氧指数指试样在氧、氮混合气体中，刚好维持试样燃烧的最低氧浓度。氧指数越高，材料越不易燃烧，阻燃性越好。以充填用高分子材料为例，现有行业标准规定承压类材料氧指数应不低于 35，非承压类材料氧指数应不低于 28。高分子材料的抗静电性越好，越不易产生火花和引发火灾爆炸事故，常用表面电阻进行评价，现有行业标准规定高分子材料的表面电阻不高于 $3\times10^{8}\ \Omega$。

矿井防灭火材料的环保性主要是指凝胶、阻化剂及高分子材料的毒性、刺激性和腐蚀性以及是否含有有害物质。毒性又称生物有害性，一般是指外源化学物质与生命机体接触或进入生物活体体内后，能引起直接或间接损害作用的相对能力，或简称为损伤生物体的能力，矿用防灭火材料要求具有无毒性。刺激性和腐蚀性主要是指材料接触工人身体后，对皮肤和眼睛的刺激性和腐蚀性，矿用防灭火材料要求具有无刺激性和无腐蚀性。有害物质主要指可溶性重金属和有害有机物，可溶性重金属极易污染地下水，有害有机物则具有较强的致癌作用，这些有害物质含量必须符合相关标准。

依据上述基本内容与要求，对矿井防灭火使用的充填、堵漏、加固用的高分子材料的安全性、环保性评估的内容应当包括：

（1）原材料及混成料对人体的危害，混成过程及喷、注过程产生的有害气体及对人体的危害，控制及防护措施的有效性；

（2）原材料及混成料对设备腐蚀危险性及防范措施的有效性；

（3）原材料及混成料对井下工作环境、水环境的污染程度；

（4）混成过程、喷注过程产生温升时，引发瓦斯煤尘爆炸、矿井火灾的危险性及其防控措施的有效性；

（5）混成料的阻燃、抗静电特性。

应当根据评估结果，采取具备针对性、可操作性的安全措施，主要内容应当包括：

（1）使用的各类材料应符合相关标准规范的规定。喷涂堵漏风用高分子材料应符合 AQ 1088《煤矿喷涂堵漏风用高分子材料技术条件》、加固煤岩体用高分子材料应符合 AQ 1089《煤矿加固煤岩体用高分子材料》、充填密闭用高分子发泡材料应符合 AQ 1090《煤矿充填密闭用高分子发泡材料》等的规定，应当建立产品到矿验收、抽检制度。

（2）原材料属危险化学品的，应当严格执行《危险化学品安全管理条例》的规定进行存储和运输，严禁将不同组分材料混放、混运。应当采用密封包装，包装容器上必须有牢固、清晰的标识。井下存放应当选择围岩条件好、无淋水、通风良好、周围 50 m 范围内无其他杂物的地点，并配备消防设施。

（3）从事施工操作的人员，应当接受专业培训，操作时必须佩戴好与所使用的高分子材料相适应的劳动保护用品，包括手套、防护眼镜、口罩、工作服和胶鞋等。

（4）应当编制专门的施工方案和作业规程。严格控制喷、注作业地点人数，监测空气中的有毒有害气体浓度。部分防灭火材料在使用时会放出有毒有害气体，如无机凝胶或阻化剂中常用碳酸氢铵（$NH_4HCO_3$）材料，其在常温(20 ℃)时即可开始分解，在温度为 30 ℃便会大量分解，产生刺激性强的氨气（$NH_3$），在使用过程中要着重监测氨气的浓度，保证空气中氨气的最高允许浓度不超过0.004%。因此，本条强调防灭火材料使用时，要制定安全监测制度和防范措施，井巷空气中有毒有害气体浓度必须符合《规程》第一百三十五条的规定。喷、注过程可能产生温升时，必须严格执行施工方案确定的喷注量和喷注速率，并监测喷注地点的温度。

## 第二节　井下火灾防治

**第二百六十条**　煤的自燃倾向性分为容易自燃、自燃、不易自燃3类。

新设计矿井应当将所有煤层的自燃倾向性鉴定结果报省级煤炭行业管理部门及省级煤矿安全监察机构。

生产矿井延深新水平时，必须对所有煤层的自燃倾向性进行鉴定。

开采容易自燃和自燃煤层的矿井，必须编制矿井防灭火专项设计，采取综合预防煤层自然发火的措施。

**【解读】**本条是关于煤的自燃倾向性分类与鉴定的规定。

制定本条的目的，是为矿井煤层自然发火防治提供基础。

煤的自燃倾向性是表示煤的氧化能力大小的内在属性，是评价煤矿煤层自然发火危险程度的一个重要指标。为便于分类管理，本条将煤的自燃倾向性分为3类：容易自燃、自燃、不易自燃，煤的自然倾向性类别是煤矿采取防治技术和管理措施的主要依据。

由于煤的组成成分及结构的复杂性，国内外对煤的自燃倾向性鉴定方法还没有一致的认识，目前我国只有推荐性国家标准《煤自燃倾向性色谱吸氧鉴定法》（GB/T 20104—2006）与推荐性行业标准《煤自燃倾向性的氧化动力学测定方法》（AQ/T 1068—2008）。由于现有标准都不是强制性标准，依据《中华人民共和国标准化法》第十四条规定“强制性标准，必须执行”，“推荐性标准，国家鼓励企业自愿采用”的要求，煤矿企业可自愿采用现有的推荐标准作为鉴定煤自燃倾向性的依据。

《煤自燃倾向性色谱吸氧鉴定法》采用1 g干煤在30 ℃、常压下的吸氧量（物理吸附氧量）作为判别煤自燃倾向性的主要依据。该标准依据的基本原理是：煤的吸氧量越大，煤越易自燃。由于煤的吸氧量与煤的自燃倾向性不完全是正相关，如褐煤和无烟煤都因孔隙率高而吸氧量大，但它们的自燃倾向性却相反，故该方法以挥发分 18% 为界进行区分，对不易自燃的无烟煤、贫煤和瘦煤提高吸氧量标准，并增加含硫量为辅助标准。

《煤自燃倾向性的氧化动力学测定方法》通过测试煤在低温氧化阶段和快速温升阶段临界点的氧化动力学参数：煤样 70 ℃时的耗氧量和交叉点温度，得出反映煤自燃综合特性的判别指数，据此评价煤的自燃倾向性。

煤的自燃倾向性与煤的组成及结构密切相关。煤层在形成过程中由于成煤原始物料、生物地球化学作用以及物理化学作用的不同，其在组成、结构、性质上具有显著差异，因此生产矿井延深新水平时，必须对所有煤层的自燃倾向性进行鉴定，因为每个煤层的自燃倾向性都可能不同，甚至差异很大，不能只选一个或部分有代表性的煤层进行鉴定。本条中的“所有煤层”指的是现有开采技术条件可采的所有煤层，并不包括不可开采的煤层。煤的自燃倾向性只能由国家安全生产监督管理总局或省级安全生产监督管理部门及省级煤矿安全监察机构批准的具有煤自燃倾向性鉴定甲级或乙级资质的机构进行鉴定。

开采容易自燃和自燃煤层的矿井，煤的自然发火危险性大，必须根据采煤方法、巷道布置、巷道支护和防灭火条件与编制的防灭火专项设计，采取综合防治措施，确保安全开采。防灭火专项设计应该包括矿井防灭火预测预报（安全监测系统、束管监测系统、人工监测以及采样分析方法），防灭火技术体系（灌浆、注阻化剂与注氮等防灭火系统），以及矿井火灾应急救援预案及安全管理等内容。

综合预防煤层自然发火的措施包括：①在开采技术方面，选择有利于防止煤炭自然发火的合理开拓方式、巷道布置、采煤方法、回采工艺和开采程序，加强采掘工作面顶板管理和巷道维护工作，结合煤层赋存条件，尽量减小煤层切割量，提高回采率及加快采掘工作面月推进度等，不给自然发火提供（或创造）碎煤堆积条件。②在通风管理方面，采用有利于防止煤炭自然发火的合理通风方式，降低通风负压，尽可能减少或杜绝漏风，不给自然发火创造供氧条件。

值得注意的是，煤的自燃倾向性仅反映煤自燃的内因属性，而煤的最小自然发火期反映煤自燃的内、外因属性，应该更加全面，但由于影响煤自燃的外因属性众多，即现场环境条件和防治、开采工艺条件因素各异，现场对最小自然发火期的准确统计和实验室的准确模拟都十分困难，故《规程》以能在实验室进行较准确测定的煤的内因属性——自燃倾向性来衡量煤的自燃特性，并据此针对开采容易自燃和自燃煤层的矿井，要求必须编制矿井防灭火专项设计和采取综合预防煤自然发火的措施。同时，必须指出，由于煤是有机可燃物，煤的氧化是其固有属性，只存在难易差别，因此，不能忽视不易自燃煤层的自燃防治。

**第二百六十一条** 开采容易自燃和自燃煤层时，必须开展自然发火监测工作，建立自然发火监测系统，确定煤层自然发火标志气体及临界值，健全自然发火预测预报及管理制度。

**【解读】**本条是关于煤自然发火监测系统及预测预报的规定。

煤自然发火与外因火灾的发展过程不同，存在较长的准备期与自热期，煤在自然发火过程中会呈现出气体与温度的变化特征，因此，基于此变化特征开展煤自然发火监测及预测预报工作，对掌握煤自燃的发展阶段、及时采取相应的防治措施将火灾隐患消灭在萌芽状态具有十分重要的意义。

煤自燃升温过程中的温度变化是煤自燃状况的直接反映，但由于煤（岩）的导热能力弱，即使邻近煤自燃火源处，其温度变化也较小，故测温不易直接反映出煤的自燃状态，因此，一般选择煤自燃过程中的氧化产物及浓度来反映煤的自燃状况。

根据煤化学理论，煤的化学结构主要有缩合程度不同的大分子芳香环、脂环、杂环以及小分子化合物等。煤在氧化过程中大分子开始裂解和解聚，在不同的温度阶段对应产生不同的气体产物与煤焦油液体产物。低于 300 ℃时，煤焦油液体产物产量较少且不易现场收集测量分析，但气体产物易收集和测定，故气体分析法是煤自然发火监测采用的主要方法。

煤自燃过程中产生的气体主要有一氧化碳（CO）、二氧化碳（$CO_2$）、甲烷（$CH_4$）、乙烯（$C_2H_4$）、乙烷（$C_2H_6$）、丙烷（$C_3H_8$）、乙炔（$C_2H_2$）等。煤自然发火标志性气体是煤在自燃升温过程中某一温度下开始出现的气体，是煤自燃达到该温度的标志。煤自然发火标志性气体要根据其出现所具有的规律性、敏感性、唯一性和可测性进行确定。规律性指气体浓度随煤温变化的必然上升或下降趋势；敏感性指气体随煤温变化而及时出现的特性；唯一性指该气体的出现仅与温升有关；可测性为现阶段技术装备可应用的测试条件。

煤氧化产生的 CO 气体具有规律性、敏感性和可测性，是煤自燃监测与预警普遍使用的标志性气体。CO 初始产生温度比较低，煤在常温时，煤的氧化就会产生 CO 气体，但产生量小，增幅也不大。随着煤温的升高，当煤温为 60 ~ 80 ℃时，CO 开始大量出现，CO 的浓度与煤体温度存在明显的对应关系，而且有着非常高的灵敏性。但 CO 不具有唯一性，主要受外界环境的影响，如井下爆破、井下燃油机车排出的尾气、其他可燃物的氧化与燃烧、煤层中原生吸附气体的逸出、老火区运移过来气体都可能含有 CO 气体，这些都会干扰是否因煤自燃而产生 CO 的判断。若采用 CO 浓度变化趋势而不是采用瞬时最大值来进行监测预警，当 CO 浓度变化率稳定增加时才认为存在煤自燃隐患，一般可排除环境因素对 CO 浓度变化的影响。

随着煤温的持续升高，煤结构中大分子芳香环的烷基侧链、含氧官能团、桥键及一些小分子开始裂解或解聚，并以气体产物的形式大量地脱附和逃逸，此时会出现 $CH_4$、$C_2H_6$、$C_2H_4$、$C_2H_2$、$H_2$ 等气体。由于井下瓦斯气体的主要成分就是 $CH_4$，在压力、温度条件发生变化的时候，$CH_4$ 会发生动态的吸附或脱附，$CH_4$ 作为指标气体的规律性和唯一性较差。随着煤温的升高，煤结构中的环状大分子大量地裂解，结果造成煤的活性基团剧增，$C_2H_6$ 出现的初始温度一般为 80～120 ℃、$C_2H_4$ 的为 90～140 ℃、$C_2H_2$ 的为 180～220 ℃。$C_2H_6$、$C_2H_4$、$C_2H_2$ 等气体在煤自燃过程中的出现具有一定的规律性、唯一性和可测性，但不具备敏感性，一般用于衡量煤自燃已发展到较高阶段的标志性气体。氢气（$H_2$）和其他复杂烷烃气体由于与对应煤温、煤阶的规律性不强或是现场可测性不高，不建议作为预测预报气体。

近年来煤矿火灾事故以及采空区、巷道高冒区自燃诱发瓦斯爆炸事故表明，未能及时发现火区初期及发展期状态变化、未能及时采取应对措施是火灾事故主要致因之一。因此，本条针对我国煤矿近年来在自然发火标志气体临界值存在的误区，明确指出确定自然发火标志气体临界值的要求。由于各矿区煤层条件各异，《规程》无法就自然发火标志气体临界值提出全国统一的预警限，但要求各矿应根据煤层自燃具体情况，通过实验研究、现场测试和统计分析，自行确定适合本矿条件的自然发火标志气体及其临界值。

确定临界值时要注意：在同一火源生成同一自然发火标志气体量的条件下，因回风井、采区、工作面回风巷等检测地点风量的巨大差异，检测出的标志气体浓度相差很大。因此，确定自然发火标志气体浓度临界值必须考虑风量稀释因素，宜采用自然发火标志气体浓度变化趋势或不同自然发火标志气体比值来排除环境和风量稀释的影响。吉林八宝“3·29、4·1”、黑龙江鹤岗富华“9·20”等特别重大火灾及瓦斯爆炸事故与采空区自燃未能及时预警有关。此外，不同检测地点风量的差异会造成检测出的气体浓度相差很大，我国相当多的煤矿，在没有考虑风量稀释的因素下，简单地将《规程》关于矿井有害气体 CO 的规定中，从人体健康角度规定的最高允许浓度 0.0024%（24 ppm）误认为是 CO 预测煤自燃的临界值，这种错误的认识是造成不能及时预警的原因之一，故必须明确认识到 CO 的 24 ppm 不能作为煤自燃临界值。

综上所述，国内目前普遍采用的是以 CO、$C_2H_6$、$C_2H_4$、$C_2H_2$ 等为主的综合预测预报指标体系。因此，煤矿可通过对开采煤层的煤样进行实验，确定出这些指标气体与温度的变化关系，与此同时，还应结合矿井历年发火规律及防灭火经验，确定出这些指标气体在不同通风状态下作为煤自然发火预测预报的临界值。

煤自然发火监测系统一般由采样系统、样品分析系统和数据分析及报警系统组成。自然发火监测系统有效运行的前提是如何获得监测点可靠的气体信息。气体的检测手段主要有两种，即人工检测和束管监测系统。人工取样分析方法简单易行、适用性强，但存在工作量大、间隔时间长、无法实时连续监测等不足。当前多数矿井采用束管监测系统 + 气相色谱分析系统，可实现对井下气体的连续监测。但实际运行中分析周期长，束管的施工、维护都十分不方便；束管路线长，管路易漏气，抽取检测的气体易失真。基于以上原因，一些已经安装了束管监测系统的煤矿并不能正常使用，仍采用人工采样分析的方法对易发火地点进行监测。

另外，煤矿安全监测系统也承担了自然发火监测系统的一部分作用。煤矿安全监测系统可以连续监测一氧化碳、二氧化碳、氧气等环境参数，根据这些环境参数的变化进行自燃预报，但存在传感器数量种类少、布置范围小和维护困难的不足。煤矿安全监测系统与煤炭自燃预报的束管监测系统相互配合使用，能更加有效地做好煤自然发火的监测及预测预报工作。

与此同时，健全自然发火预测预报及管理制度是自然发火监测系统有效运行的保证。应定期对井下工作人员进行系统的安全培训，并结合培训内容及时有效地组织应急演练，按照管理制度将工作分级落实到岗、责任到人。

**第二百六十二条** 对开采容易自燃和自燃的单一厚煤层或者煤层群的矿井，集中运输大巷和总回风巷应当布置在岩层内或者不易自燃的煤层内；布置在容易自燃和自燃的煤层内时，必须锚喷或者砌碹，碹后的空隙和冒落处必须用不燃性材料充填密实，或者用无腐蚀性、无毒性的材料进行处理。

**【解读】**本条是关于开采容易自燃和自燃煤层的集中运输大巷和总回风巷布置的规定。

制定本条的目的，是要求煤层巷道布置必须开展自然发火的预防工作。

集中运输大巷和总回风巷若布置在煤层内，需要留设大量护巷煤柱，增加了煤层在空气中的暴露面积并且在厚煤层或煤层群的开采中，集中运输大巷和总回风巷的服务时间长，短则几年长则数十年，巷道周围煤柱在围岩应力的长期作用下会发生破碎变形，产生大量裂隙；集中运输大巷和总回风巷通过的风量大、风压高，导致煤柱漏风严重。因此，开采容易自燃和自燃的单一厚煤层或煤层群的矿井应将集中运输大巷和总回风巷布置在岩层内或不易自燃的煤层内，否则煤柱中的破碎浮煤区在长时间的漏风作用下极易发生自燃。

当集中运输大巷和总回风巷需布置在容易自燃和自燃的煤层内时，必须采取措施防止巷道形成高冒区或者巷道壁出现裂隙，避免向煤层内漏风。锚喷和砌碹两种支护形式不仅能抵抗集中运输大巷和总回风巷的变形而且还能密实整个巷道壁面，防止向巷道周围漏风。因此，规定集中运输大巷和总回风巷布置在容易自燃和自燃的煤层内时，必须锚喷或者砌碹。锚喷支护是锚杆与喷射混凝土联合支护的简称，砌碹支护是用混凝土、料石等材料筑成连续整体的巷道支架。锚喷支护具有更好的支护性能和经济性，应优先选用，但是在地质条件差、顶帮破碎压力大的部分巷道仍然采用砌碹支护形式。随着矿井开采的进行，若一些支护巷道由于局部应力集中导致支护部分失效出现空隙和冒落，此时应及时采用不燃性且无腐蚀性、无毒性材料进行充填。

**第二百六十三条** 开采容易自燃和自燃煤层时，采煤工作面必须采用后退式开采，并根据采取防火措施后的煤层自然发火期确定采（盘）区开采期限。在地质构造复杂、断层带、残留煤柱等区域开采时，应当根据矿井地质和开采技术条件，在作业规程中另行确定采（盘）区开采方式和开采期限。回采过程中不得任意留设设计外煤柱和顶煤。采煤工作面采到终采线时，必须采取措施使顶板冒落严实。

**【解读】**本条是关于采煤工作面开采方式与开采期限、煤柱与顶煤的留设以及终采线顶板冒落的规定。

采煤工作面的开采方式包括前进式与后退式。采用后退式开采的工作面（图 3－38），进风巷与回风巷一般都处在未采动的实体煤层内，采空区一侧不存在通风巷道，采空区漏风的范围只是由工作面上、下两端之间的风压差所形成的漏风区域。采用前进式开采时（图 3－39），在采空区侧有通风巷道，向采空区漏风更加严重，采空区中的浮煤更易自燃。如江西省萍乡市百源煤矿 2548 工作面采用走向长壁前进式采煤，工作面开采才 3 个月就发现采空区中的遗煤发生了自燃。因此，开采容易自燃和自燃煤层时，必须采用后退式开采。需要指出的是，如果采煤工作面采用Y形或Z形通风方式，即使采用后退式开采，布置在采空区侧的巷道（图3－40）依然存在向采空区漏风及引发煤自然发火问题。因此，必须加强采空区的发火监测工作，提高应急处置能力。

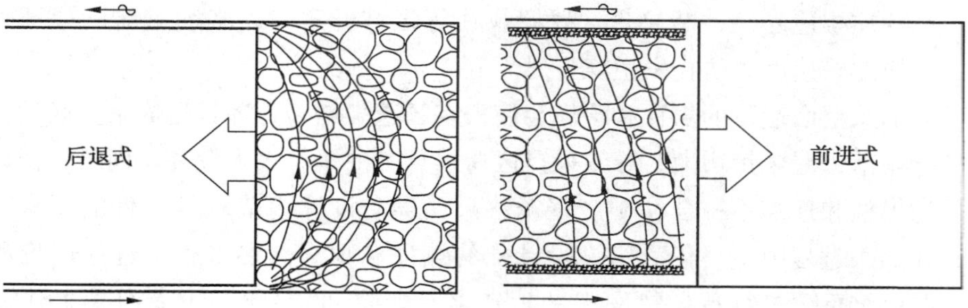


图3－39　U形通风方式采煤工作面巷道布置图

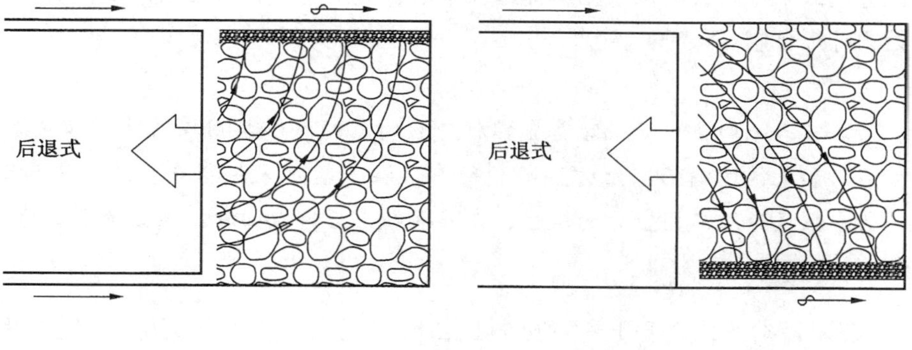


图3－40　后退式开采Y形与Z形通风方式采煤工作面巷道布置图

煤自燃是在常温状态下发生的氧化升温过程，煤氧化产生的热量需要一定的周期才能使其着火。煤从暴露在空气中到着火的最短时间为煤层自然发火期，通常以月为计量单位。煤层自然发火期是以时间量度表征煤层自然发火危险性的指标，煤层发火期越短发火危险性越大。煤层自然发火期既反映了煤层自燃的内在属性，又反映了煤层开采方法与技术、地质赋存条件、通风管理和采取的防火措施等对煤自燃影响的外因条件。因此，采取有效的防火技术措施可延长煤层自然发火期，以该发火期确定出采（盘）区开采期限，在低于煤层自然发火期的开采期限内作业就不会发生煤层自燃。目前主要靠统计的方法确定煤的自然发火期，其准确度还不够高，造成的误差也较大。

地质构造复杂、断层带、残留煤柱等区域煤体破碎，有大量浮煤堆积并且漏风通道复杂，漏风严重，煤自燃现象频繁发生。1984—1995 年，山东兖州兴隆庄矿区共发生 24 起自燃隐患及自然发火，其中 15 处发生在地质构造带附近。因此，在地质构造复杂、断层带、残留煤柱等区域开采时，必须重新设计开采方式，加快回采速度，防止发生煤自燃。

增加采空区遗留的煤柱和顶煤会使采空区遗煤增多，并且造成采空区顶板不能充分垮落，漏风量增大，导致采空区遗煤自燃的概率大大提高。同时，留设设计外的煤柱和顶煤不符合《矿产资源法》《煤矿设计规范》等文件的要求。因此，在回采过程中不得任意留设设计外的煤柱和顶煤。终采线附近浮煤堆积量大、漏风严重，是容易自然发火的地点之一。陕西建新矿 4102 回采工作面于 2013 年 10 月 25 日完成采煤工作并在两巷修建永久密闭墙封闭回采面。在封闭后的第 9 天，4102 工作面终采线端头顶板见烟雾，遗煤发生自燃。因此，回采面推进到终采线时，必须根据具体情况采取有效措施使顶板冒落严实，防止终采线处的碎煤自燃。

**第二百六十四条**　开采容易自燃和自燃的急倾斜煤层用垮落法管理顶板时，在主石门和采区运输石门上方，必须留有煤柱。禁止采掘留在主石门上方的煤柱。留在采区运输石门上方的煤柱，在采区结束后可以回收，但必须采取防止自然发火措施。

**【解读】**本条是关于开采急倾斜煤层时，在主石门和采区运输石门上方留设煤柱的规定。

制定本条的目的，是保证石门的安全性，防止向采空区漏风。

开采容易自燃和自燃的急倾斜煤层并采用垮落法管理采空区顶板时，主石门和运输石门易受采空区影响，也易出现向采空区漏风而引发煤自燃。在主石门和运输石门上方留有煤柱有利于保持石门完整性和稳定性，可防止向采空区漏风。

开采急倾斜煤层时，主石门贯穿于整个矿井的服务年限，担负着运输、通风、行人、管路敷设等任务，其上方留设的煤柱对隔离采空区、保护主石门完整性具有重要作用，因此，禁止采掘留在主石门上方的煤柱。

在采区结束后回收煤柱时，石门煤柱受工作面采动压力的影响，煤层松散，漏风通道增加，煤柱回收工作面易发生煤的自然发火，故必须制定相应的防灭火技术措施，确保煤柱的安全回收。

**第二百六十五条** 开采容易自燃和自燃煤层时，必须制定防治采空区（特别是工作面始采线、终采线、上下煤柱线和三角点）、巷道高冒区、煤柱破坏区自然发火的技术措施。

当井下发现自然发火征兆时，必须停止作业，立即采取有效措施处理。在发火征兆不能得到有效控制时，必须撤出人员，封闭危险区域。进行封闭施工作业时，其他区域所有人员必须全部撤出。

**【解读】** 本条是关于易自然发火的重点防治区域及处理自然发火措施的规定。

制定本条的目的，是防止这些区域发生煤自然发火，处理发火征兆时必须保证人员安全。

开采容易自燃和自燃煤层时，上述地点较易形成自然发火的三个条件如下：

（1）破碎煤体。在采空区内，特别是工作面始采线和终采线处浮煤较多；上下煤柱线处因进、回风巷保护煤柱无法开采，留在采空区中的煤柱在长期的应力作用下呈破碎状态堆积；三角点即工作面的上、下隅角，作为采面的边角，不可能将三角点处的煤完全采出，也会留有大量浮煤；巷道高冒区、煤柱破坏区都是因原煤受外力作用发生破碎，易形成浮煤堆积。

（2）漏风供氧。采空区、巷道高冒区和煤柱破坏区都与矿井的通风巷道相连，无法完全隔绝与通风巷道之间的漏风，造成氧气与浮煤充分接触。

（3）良好蓄热。破碎状态下的浮煤具有良好的蓄热条件，又很少受外界条件变化的影响，有较为稳定的持续氧化时间。

因此，上述地点是煤矿井下最容易自然发火的区域。开采容易自燃和自燃煤层时，为了降低煤的自然发火危险，必须制定防治这些区域自然发火的技术措施。

为了避免火灾产生的烟雾和有毒有害气体危及作业人员的生命安全，当井下发现自然发火征兆时，必须停止作业。因为煤氧化产生的热量需要一定的时间才能使煤着火，在刚发现自然发火征兆时，煤自燃火源强度较弱，此时必须立即采取有效灭火措施，控制火势；否则火势会迅速蔓延，失去可控性，造成更大的危害。所谓的自然发火征兆，主要通过以下两个方面判断：①人体感知征兆，如煤、岩、空气和水的温度超过正常值，附近巷道湿度增大，附近巷道壁面和支架表面出现水珠（挂汗），巷道中有煤油、汽油、松节油和焦油等气味；②仪器检测征兆，如出现一氧化碳气体且其含量呈上升趋势，氧含量持续降低，出现其他有毒有害气体。1975 年 4 月 26 日 15 时，湖北马鞍山矿施工立眼布置投产工作面时，井下安全员反映立眼温度高、有煤焦味，矿上并没有立即采取措施。18 时，值班人员再次反映相同的问题，直到 21 时 10 分才采取相应的措施。6 个多小时的时间严重助长了火势的发展，失去了最佳的灭火时机。凌晨 2 时左右，立眼烧垮，积聚在老火区内大量有害气体、烟雾扩散至进风流，蔓延到 -180 ~ 250 m 的所有巷道，35 人全部中毒死亡。因此，当井下发现自然发火征兆时，必须停止作业，在自然发火初始阶段采取有效措施处理。

火区治理过程中，若温度及有毒有害气体浓度持续上升，火势得不到有效控制时，按照“以人为本、生命至上”的理念，必须及时撤出作业人员，并对危险区域进行封闭。自然发火征兆得不到有效控制时，已经说明主动的直接灭火措施失效，煤自燃朝向引起灾变的方向发展，此刻该区域不具备继续生产的条件，应立刻启动下一步灭火措施，即封闭火区。在封闭危险区域过程中，风流迅速减小，瓦斯浓度增大，发生瓦斯爆炸的可能性变大且爆炸强度未知，为防止灾害扩大化，其他区域所有人员必须全部撤出。2002 年 4 月 8 日，黑龙江鸡西矿业集团东海煤矿发出 100 余人下井作业指令，其中包括封闭火区的工作任务。17 时 40 分左右火区内发生瓦斯爆炸，正在下井途中的第二批人员（60 余人）发现了爆炸征兆，停车返回地面，事故共造成 24 人死亡，37 人受伤。此次事故说明封闭过程中存在瓦斯爆炸的危险性，其他区域所有人员应全部撤出，减少不必要的伤亡。

**第二百六十六条** 采用灌浆防灭火时，应当遵守下列规定：

（一）采（盘）区设计应当明确规定巷道布置方式、隔离煤柱尺寸、灌浆系统、疏水系统、预筑防火墙的位置以及采掘顺序。

（二）安排生产计划时，应当同时安排防火灌浆计划，落实灌浆地点、时间、进度、灌浆浓度和灌浆量。

（三）对采（盘）区始采线、终采线、上下煤柱线内的采空区，应当加强防火灌浆。

（四）应当有灌浆前疏水和灌浆后防止溃浆、透水的措施。

【**解读**】本条是关于灌浆防灭火措施的规定。

灌浆是一种有效的常规性防灭火措施，其主要作用是隔氧与降温，即通过浆体材料包裹煤体，隔绝氧气与煤体的接触面积，防止煤氧化，同时利用浆液良好的吸热特性对自燃煤体进行降温。高质量泥浆还能胶结采空区中的浮煤和矸石，形成再生顶板，有利于厚煤层分层开采。此外，灌浆还有降温除尘、减少漏风等作用。因此，灌浆是一种极其有效的煤矿防灭火手段，因其原料来源广泛，适宜现场长期应用。

在灌浆实施的过程中，若巷道布置方式不合理、隔离煤柱尺寸过小、灌浆系统有缺陷、疏水系统不完善、防火墙位置布置及采掘顺序不当，在防灭火过程中或开采灌浆区下部（或相邻）煤层时，一旦受外界条件影响，极易造成溃浆、透水事故，致使人员伤亡、财产损失。因此，本条规定煤矿采（盘）区设计应当明确规定巷道布置方式、隔离煤柱尺寸、灌浆系统、疏水系统、预筑防火墙的位置以及采掘顺序，避免溃浆、透水事故发生。

灌浆是一项贯穿采区准备到回采结束的一项防灭火系统工程，应当在安排生产计划时，同时安排防火灌浆计划。在安排防火灌浆计划时，应合理安排灌浆地点、时间、进度、灌浆浓度和灌浆量。灌浆时根据工作面的采煤工艺、遗煤特点、漏风规律，针对易自燃区域，通过埋管灌浆、钻孔灌浆或者洒浆等工艺实行重点灌注。

采（盘）区始采线、终采线、上下煤柱线内的采空区是自然发火危险性较高的区域。始采线工作面顶板破碎严重、遗煤较多、回采速度慢，破碎遗煤有充足的氧化蓄热时间。终采线处有大量浮煤堆积，采空区内持续大量漏风，故自然发火隐患大。在采动压力和地应力作用下，上下煤柱容易被压裂、破碎或坍塌，形成大量的浮煤堆积，同时形成漏风通道，容易发生自燃。综上所述，灌浆防灭火技术适宜在上述地点重点应用，能够对煤炭自然发火的高危区域进行针对性治理。因此，本条规定“对采（盘）区始采线、终采线、上下煤柱线内的采空区应加强防火灌浆”。

灌浆能发挥防灭火作用的同时也容易发生溃浆、透水，引发重大灾害事故。这是因为当采空区内积水严重时，一方面会严重影响现场人员对所灌浆量与浓度的判断，从而使浆液的防灭火效能不能完全发挥，另一方面过量积水极易造成溃浆事故，所以必须事先制定采空区灌浆前的疏水措施。

对采空区灌浆后，采空区内存在大量浆液，当受外界条件影响或发生地压活动时，极易发生溃浆、透水事故，采空区周边即成为溃浆、透水事故发生的高危区域。因此，在采空区灌浆后应当制定防止溃浆、透水的措施，同时应当避免在已灌浆区域周边进行其他活动。

**【案例】** 2007 年 12 月 24 日，内蒙古太西煤集团炭窑沟煤矿在实施井下灭火工程时，缺乏相应灌浆前疏水措施和灌浆后防止溃浆、透水措施，发生溃浆事故。当时井下有 7 名矿工正在实施灭火密闭运料工作，事故造成位于下部的 4 人遇难。

为避免灌浆导致的安全事故，需采取以下措施：灌浆前，应该根据采空区内积水区位置、预测水量大小、工作地点排泄水设施和设备能力等因素制定疏水措施，当采空区积水量不超过矿井的排水能力时，可用探水钻孔直接放水；灌浆时，应严格控制浆液水土比并控制灌浆量，灌浆量不应太大，同时应加强水情观测，对采空区内的灌浆量和排水量进行观测并做记录；另外应该在灌浆区下部巷道设置滤浆密闭，将灌浆区和工作区隔开；在灌浆区下部开展采掘工作前，必须对灌浆区进行探放水。

**第二百六十七条** 在灌浆区下部进行采掘前，必须查明灌浆区内的浆水积存情况。发现积存浆水，必须在采掘之前放出；在未放出前，严禁在灌浆区下部进行采掘作业。

**【解读】** 本条是关于在灌浆区域下部进行采掘作业的规定。

在利用灌浆防灭火技术对煤自燃发火区进行防治的过程中，受灌浆流量大小、浆液质量好坏和发火区岩层或煤层裂隙大小的影响，灌浆区会出现不同程度的浆水积存。如果灌浆区积存浆水无法及时疏排，在其下部采掘时，采掘作业会造成上覆岩层松动，浆水将在上覆围岩的压力和积水重力的双重作用下涌入下部采掘空间，诱发溃浆事故，淹没作业人员和设备，造成财产损失甚至人员伤亡。

**【案例】** 1976 年 6 月 15 日，吉林辽源西安煤矿掘进工作面发生溃浆事故。该矿为立井阶段式开拓，上阶段回采完后在已采的三个采空区内共灌浆 7525 $m^3$ 后，仅流出 797 $m^3$，余下的 6728 $m^3$ 泥浆存积于采空区。在未探明浆水积存的前提下进行下阶段采掘作业，在 1121 切割上开掘时，距离上阶段灌浆采空区 5.6 m 处突然发生了溃浆事故，致使工作面 7 人全部死亡。事故发生后，救护队员在救援时，泥浆二次泄出，造成 12 人死亡、10 人重伤、4 人轻伤，发生二次事故。

因此，在灌浆区下部进行采掘作业前，必须采用物探或钻探技术对灌浆区内的浆水积存情况进行探测，一旦查明有浆水积存，必须由专业人员把积存的浆水排出，避免采掘作业过程中发生溃浆事故，有利于保障作业人员和设备安全。

**第二百六十八条** 采用阻化剂防灭火时，应当遵守下列规定：

（一）选用的阻化剂材料不得污染井下空气和危害人体健康。

（二）必须在设计中对阻化剂的种类和数量、阻化效果等主要参数作出明确规定。

（三）应当采取防止阻化剂腐蚀机械设备、支架等金属构件的措施。

**【解读】** 本条是关于采用阻化剂防灭火的规定。

阻化剂是一类阻止煤炭氧化自燃的化学物质，主要是通过抑制或延缓煤的氧化过程达到防止煤炭自燃的目的。过去对煤矿工人职业健康关注力度不够，部分煤矿为降低成本曾选用铝厂炼镁槽渣、造纸厂黑液、酿酒厂废液、化工厂硼酸废液等工业废料作为阻化剂。虽然这些废料成本低廉，具有一定的阻化效果，但成分未知，对人体的毒害性不明，并且不少废料本身就具有较强的刺激性气味,将它们用于煤矿井下相对封闭空间后，很容易污染井下空气，对工人身体健康造成危害。因此，应该将绿色环保和安全无毒作为阻化剂选用的前提和基础。

根据阻化剂防治煤自燃的机理，可将阻化剂分为物理阻化剂和化学阻化剂。物理阻化剂主要通过隔氧、降温和保湿等物理作用达到阻化效果。相对而言，化学阻化剂则通过破坏或减少煤体中活性官能团的氧化反应，增大煤氧化反应的难度，从而实现对煤体的阻化。因此，化学阻化剂可以从根本上降低煤的自燃倾向性，且阻化效果不随外界条件而改变，具有使用浓度低、阻化率高、阻化寿命长的特点。阻化剂种类的选用也视煤种而异，如水玻璃等对高硫煤的阻化效果较好，而氯化镁等对非高硫煤的阻化效果较好。阻化剂的浓度和用量不同，阻化效果也必然存在差异。因此，采用阻化剂防灭火前，应针对特定的目标煤体取样进行阻化效果实验，测定阻化率和阻化寿命。根据阻化效果、成本和现场实际条件（遗煤量等参数）合理确定阻化剂的种类、浓度、用量以及使用工艺（喷洒、压注或气雾方式），从而达到理想的阻化目标。

由于阻化剂多为盐类或碱类物质，极易腐蚀金属。因此，采用阻化剂防灭火前，应对阻化剂的金属腐蚀性进行检测，选取腐蚀性较低的阻化剂。在使用过程中，应对机械设备和支架等金属制品采取防腐措施。如在阻化剂中加入缓蚀剂或对金属制品喷涂防腐蚀漆等。

**第二百六十九条** 采用凝胶防灭火时，编制的设计中应当明确规定凝胶的配方、促凝时间和压注量等参数。压注的凝胶必须充填满全部空间，其外表面应当喷浆封闭，并定期观测，发现老化、干裂时重新压注。

**【解读】** 本条是关于采用凝胶防灭火的规定。

凝胶是胶体的一种特殊存在形式，是介于固体与液体之间的一种特殊状态，其主要成分为水，含水量通常在80%以上，具有渗透性和封堵性好、促凝时间可控等特点。

凝胶防灭火是将凝胶材料灌注至目标地点，液态凝胶材料成胶后可以封堵裂隙，把松散的煤体变成凝胶整体，并在表面形成凝胶保护层，通过固水、覆盖、隔氧、降温等作用，实现防灭火目的。因此，对于较小空间或裂隙地点及高位火点的防治有较好的效果。

凝胶材料的配方、促凝时间和压注量直接决定了现场的使用工艺和防灭火效果，因此，应当明确规定其参数并编制凝胶灌注方案，以期达到最佳的防灭火效果。在制定凝胶灌注方案时，应根据灌注空间的体积和预计的渗漏情况计算凝胶的压注量，结合灌注管路的长度、所需的凝胶扩散半径等参数，合理计算促凝时间，并根据促凝时间，确定材料配方和添加浓度。以水玻璃凝胶为例，当基料为90~100 kg/m$^3$、促凝剂为20 kg/m$^3$ 时，促凝时间为7~8 min；而当促凝剂为50 kg/m$^3$时，促凝时间只有25 s。若促凝时间与现场工艺参数不匹配，则可能导致凝胶的泄漏浪费或堵塞管道。

压注时凝胶必须充满全部空间，向外溢出后方可停止压注，否则便无法实现空隙的完全充填和煤体的完全覆盖，对高位火点也无法达到相应的防灭火效果。当凝胶材料灌注完后，应对凝胶层的外表面进行喷浆覆盖，主要是为了减缓高温环境下凝胶的水分蒸发，防止老化和干裂。凝胶材料老化和干裂后便会失去隔氧、降温等作用，导致防灭火功能失效。因此，应当定期观测凝胶状态，发现老化和干裂时，重新压注同种凝胶材料进行补充。

**第二百七十条** 采用均压技术防灭火时，应当遵守下列规定：

（一）有完整的区域风压和风阻资料以及完善的检测手段。

（二）有专人定期观测与分析采空区和火区的漏风量、漏风方向、空气温度、防火墙内外空气压差等状况，并记录在专用的防火记录簿内。

（三）改变矿井通风方式、主要通风机工况以及井下通风系统时，对均压地点的均压状况必须及时进行调整，保证均压状态的稳定。

（四）经常检查均压区域内的巷道中风流流动状态，并有防止瓦斯积聚的安全措施。

**【解读】** 本条是关于均压技术防灭火的规定。

均压防灭火是利用矿井通风调节设施，降低井下均压施治区域进、回风两端的压力差，减少或杜绝漏风，使火区窒息、煤炭自然发火被抑制的技术，具有简便、经济、实用的特点。

均压通风是区域性防灭火措施，其设计必须以完整的区域风压和风阻资料为依据。同时，区域风压和风阻可能会发生动态变化，矿井应有完善的检测手段，以便及时掌握和调整。所以本条规定“有完整的区域风压和风阻资料以及完善的检测手段”。

均压防灭火系统施工完成后，风流稳定性易受通风网络、自然风压、机械通风动力、火风压以及瓦斯等有害气体涌出等多种因素的破坏，进而造成施治区域内进、回风两端的压力差变化，最终导致均压失败。如1988年河北省盛源矿业集团下花园煤矿，大巷和副巷之间的煤柱出现自然发火征兆，矿方决定在大巷建立负压均压室，并在副巷和风巷的均压室位置设置密闭，由于均压施治区域压力平衡未得到有效维持，密闭漏风供氧，17天后，明火蔓延至均压室，均压失败。因此本条规定，煤矿企业“有专人定期观测与分析采空区和火区的漏风量、漏风方向、空气温度、防火墙内外空气压差等状况，并记录在专用的防火记录簿内”。均压平衡破坏后，尤其是在改变矿井通风方式、主要通风机工况以及井下通风系统时，要及时检测压差及漏风状况，采取均压调整措施，防止邻区采空区、采煤工作面、采空区和护巷煤柱等处的漏风量增加，防止火灾气体涌入生产井巷和作业空间，保证均压的稳定性与可靠性。

煤矿企业应高度重视均压防灭火可能产生的瓦斯事故隐患，防止瓦斯事故。如1978年贵州省六枝四角田煤矿采用均压技术处理1173(2）火区时，在局部通风机停运后，均压平衡状态受到破坏，1173（1）采空区内积聚的高浓度$CH_4$（5%～8%）涌入1173(2）回风巷，遇明火发生爆炸。因此，要经常检查均压施治区域内巷道中的风流流动状态，落实瓦斯检查制度，查清$CH_4$涌出情况和气样变化，防止瓦斯积聚或流向火源，并制定稀释、断电、撤人等应急处理方案。

**第二百七十一条** 采用氮气防灭火时，应当遵守下列规定：

（一）氮气源稳定可靠。

（二）注入的氮气浓度不小于97%。

（三）至少有1套专用的氮气输送管路系统及其附属安全设施。

（四）有能连续监测采空区气体成分变化的监测系统。

（五）有固定或者移动的温度观测站（点）和监测手段。

（六）有专人定期进行检测、分析和整理有关记录、发现问题及时报告处理等规章制度。

**【解读】**本条是关于采用氮气防灭火的规定。

氮气是一种不自燃也不助燃的惰性气体。采用注氮防灭火，能够降低惰化空间内的氧浓度，抑制遗煤氧化自燃，促进火源窒息，并降低惰化空间内气体的可燃、可爆性；同时能够使防灭火区域形成正压，有效减少防灭火区域的漏风。采空区范围广且氮气易随漏风流泄漏，必须长时间连续注氮才能达到预期效果，因此采用氮气防灭火时，氮气源必须稳定可靠，能够以一定流量长时间持续稳定地制备浓度达标的氮气。

目前，煤矿广泛采用膜分离等方法以空气为原料制备氮气。空气中氮气体积分数占78%、氧气占21%、稀有气体占0.939%、二氧化碳占0.031%、水和杂质占0.03%，其中除了氮气，只有二氧化碳和稀有气体中的氩气通过制氮膜组的渗透率低于氧气，而这两部分气体所占体积分数很低，因此制备的氮气中其他气体成分主要为氧气。氧气是燃烧三要素之一，注入的氮气浓度会影响其防灭火效果。当氮气浓度较低时，氧浓度偏高，不仅不能够熄灭火源，反而会继续支持火源发展。因此，注入的氮气浓度越高越好。从经济层面以及便于煤矿井下防灭火的实际出发，本条规定注入的氮气浓度不得小于97%。需要指出的是，虽然注氮能够形成窒息环境、控制火势发展，却不能有效消除高温点。实际应用过程中，采用长时间连续灌注氮气灭火的封闭火区在启封后火源迅速复燃的现象频繁发生，这是因为在一定条件下，火源在氧浓度为3%的环境中仍会维持阴燃状态。2013年8月27日，新疆某矿W4204工作面采空区遗煤自燃，之后在上下工作面航道施工密闭墙进行封闭。自8月28日开始实施封闭注氮，氮气浓度大于97%。注氮长达5个月后，于2014年2月8日启封，但2月14日中班在44号掩护架子靠采空区侧有烟雾涌出，立即重新进行了封闭。长达5个月的注氮并没有使火源彻底熄灭，导致启封后火区快速复燃。因此，实际采用氮气灭火时注入的氮气浓度最好不小于99%。采空区遗煤自燃应选择降温能力高的液体灭火介质，以实现采空区隐蔽火源的快速、彻底熄灭。

虽然氮气本身无毒但具有窒息性。采掘工作面等作业场所的氧气含量不得低于20%，否则会威胁工作人员的生命安全。因此，采用氮气防灭火时应至少配备1套专用的氮气输送管路系统及附属安全设施，防止氮气泄漏造成人员窒息。附属安全设施包括在氮气输送管路安装压力传感器以便实时监测注氮压力、在氮气输送管路周围布置氧气传感器以便实时监测氧气浓度等。注氮防灭火过程中，需要及时测试采空区内的温度、气体成分及浓度，分析注氮后的防灭火效果，确定隐蔽火源的燃烧状态，因此，需要建立能连续监测采空区气体成分变化的监测系统以及固定或移动式温度观测站（点）和监测手段。

**第二百七十二条** 采用全部充填采煤法时，严禁采用可燃物作充填材料。

**【解读】** 本条是关于采用全部充填法采煤时的规定。

采用全部充填法采煤时，充填材料严禁选用可燃物。因为将可燃材料充填到采空区后，会增大采空区出现火灾隐患的概率；采空区一旦出现火情，大量的可燃材料会加剧火势，增加采空区火区治理的难度，同时释放出有毒有害气体，危害工人身体健康和生命安全。

**第二百七十三条** 开采容易自燃和自燃煤层时，在采（盘）区开采设计中，必须预先选定构筑防火门的位置。当采煤工作面通风系统形成后，必须按设计构筑防火门墙，并储备足够数量的封闭防火门的材料。

**【解读】** 本条是关于采（盘）区必须构筑防火门的规定。

制定本条的目的，是采（盘）区内、外发生矿井火灾后便于灾害的控制和处理，避免采（盘）区灾情扩大或外部火灾波及采（盘）区。

防火门是在灭火过程中进行风量调节，控制火灾发展、蔓延乃至封闭整个火区防止风流流向火源的一种构筑物。由于封闭火区的危险性与封闭时间成正比，因此，在采（盘）区开采设计中必须预先选定构筑防火门的位置且在采煤工作面通风系统形成后及时构筑好防火门墙，提前准备好足够数量的封闭防火门的材料，从而减少火区封闭时间，避免贻误灭火时机。在有带式输送机等设备的采掘工作面的进、回风巷设置防火门具有一定难度，但经过防火门形式、施工顺序、材料储备位置的特殊设计后，仍可达到不影响正常生产的要求，一旦需要封闭火区，在已建防火门墙的基础上，使用预先储备的防火门构建材料构筑防火墙，减少构筑防火墙的时间。实施构筑防火门墙的条件和时间应在灾害预防与处理计划中给出明确说明。

【案例】1988 年 11 月 5 日，山西王庄矿 51 盘区变电所电器着火，由于该变电所的两个出口没有按照规定提前设置防火门，导致无法及时将火灾控制在变电所范围内，最终火势扩大，造成 17 人死亡。

在采（盘）区开采设计中，需要构筑防火门墙的地点有：①采区进、回风道各预布置防火门墙一道；②采区机电硐室入口设向外开放的防火铁门；③采区机电硐室处需布置由两道防火门墙构成的双防火门隔段硐室。

在采区进、回风道两侧各布置防火门墙主要考虑到当采区发生火灾时，需要对灾情进行控制与处理，新鲜风流的进入、烟流的蔓延以及火区的发展控制与监测是三个主要的防治着眼点。进风道中的防火门可有效防止新鲜空气进入灾区，防止使火情扩大或因火势发展烟流逆退、滚退混入进风流而造成的风流逆转；回风道中的防火门主要是在有工作面封闭需求时，实现进、回风道同时快速封闭火区。防火门还可以作为监控和处理采区火情的探口，对火情进行有效的监控和治理。

采区机电硐室是整个采区设备控制、电力输配的核心，硐室内高压高温，机电设备复杂且数量繁多，是采区发生火灾的高危部位，也是采区其他位置火灾一旦波及将产生次生灾害、造成灾害扩大恶化的部位，是灾变时期的重点防护部位。

在采区机电硐室设计当中，各个入口应当设立向外开放的防火铁门；当采区机电硐室位于单巷一侧时，单巷采区入口前后设立双防火门，两道防火门于巷道中隔出一段形成防火门硐室，可有效阻断来自机电硐室上、下游火情对于该位置的影响；当采区机电硐室位于进、回风联络巷中时，硐室入口左右两侧各设一道防火门，可有效防止进、回风巷道内的火灾对机电硐室的影响。防火门硐室的设计可保全矿井财产，避免在逃生、救灾过程中产生次生灾害。

**第二百七十四条**　矿井必须制定防止采空区自然发火的封闭及管理专项措施。采煤工作面回采结束后，必须在 45 天内进行永久性封闭，每周至少 1 次抽取封闭采空区内气样进行分析，并建立台账。

开采自燃和容易自燃煤层，应当及时构筑各类密闭并保证质量。

与封闭采空区连通的各类废弃钻孔必须永久封闭。

构筑、维修采空区密闭时必须编制设计和制定专项安全措施。

采空区疏放水前，应当对采空区自然发火的风险进行评估；采空区疏放水时，应当加强对采空区自然发火危险的监测与防控；采空区疏放水后，应当及时关闭疏水闸阀、采用自动放水装置或者永久封堵，防止通过放水管漏风。

**【解读】**本条是关于采空区封闭与管控的规定。

采空区是煤矿井下最易发生煤自然发火的地点之一，因范围大和火源隐蔽，一旦发火，治理十分困难，是防火重点区域。及时封闭采空区是防止采空区自然发火的一项关键技术措施，其主要内容包括：根据防火要求和现场条件制定并实施可靠周详的封闭方案；选用注入灌注泥浆、惰性气体、三相或阻化泡沫、均压和防止漏风等措施对采空区火源进行防治；建立完善的火灾预测预报系统，并对采空区情况进行实时监测和记录。

1. 采空区的及时封闭与管理

工作面回采结束后，必须及时对采空区进行永久性封闭。综合考虑我国煤层的最短自然发火期和煤矿现有的技术条件，本条规定采空区的封闭必须在 45 天以内完成。对采空区实施封闭后，还必须加强对采空区的监测与管理，要求每周至少 1 次抽取封闭采空区内的气样进行分析，发现情况异常应及时处理。应建立采空区管理台账，准确记录检查分析情况，并可溯源分析。近年来，对采空区的密闭质量和采空区内气样的定期检查与监测的忽视，已经引发了多起采空区自燃和爆炸事故，应该引起高度重视。

**【案例】**1984 年 11 月 15 日，黑龙江鹤岗兴安煤矿工作面采完后，没有按照要求进行封闭，也没有进行观测，采空区出现了自然发火，最终造成 3 人死亡、2 人受伤的事故。

矿井中各类密闭是防止矿内空气进入采空区或废弃区域，引发煤自燃的重要隔离措施。尤其是开采容易自燃、自燃煤层的矿井，采空区或废弃区域容易发生煤的自燃，及时构筑各类密闭并保证其坚固密实尤为重要。《煤矿防灭火细则》第七十六条规定：采用密闭防火时，应当编制密闭设计，并经矿总工程师批准，并应当遵守下列规定：

（1）开采容易自燃和自燃煤层的矿井，封闭采空区时，应当构筑不少于 2 道永久密闭墙，墙体中间采用不燃性材料进行充填。

（2）永久密闭必须采用不燃性建筑材料。

（3）密闭位置应当选择在动压影响小、围岩稳定、断面规整的巷道内。

（4）保证密闭施工安全和工程质量，提高密闭防火效果。煤巷施工永久密闭必须掏槽，岩巷施工永久密闭可不掏槽，但必须将松动岩体刨除见硬岩体。

（5）永久密闭应当留设放水孔、观测孔和措施孔。

（6）采煤工作面回采结束后的采空区、报废煤巷的自燃火灾预防，以及采煤工作面长期停产等特殊条件的采空区自燃火灾预防，应当采用密闭防火。

需要指出的是，本条强调的是所有矿井，无论是开采容易自燃、自燃煤层的矿井还是不易自燃煤层的矿井，都必须编制防止采空区自然发火的封闭及管理专项措施。

**【案例】**黑龙江鹤岗某煤矿 22412 采空区中的煤不易自燃，该矿因未及时封闭采空区和采取专项管理措施，导致该采空区因漏风严重，于 2012 年 4 月 7 日发生自然发火。

2. 与封闭采空区连通的各类废弃钻孔的永久封闭

过去一些煤矿认为抽采钻孔、地勘钻孔、探放水钻孔等各类废弃钻孔孔径不太大，未能重视其漏风影响。近年来，多起采空区自燃事故表明，与采空区连通的各类废弃钻孔以及排水后的原积水空间向采空区提供了漏风通道，使其成为促进采空区自燃的又一主要原因。因此，本条强调了对各类废弃钻孔必须永久封闭。

3. 构筑、维修采空区密闭时的专项安全措施

《煤矿防灭火细则》第七十七条规定：采用密闭防火时，必须分析掌握自然发火隐患区域，查明隐患区域的漏风分布、流向和漏风通道及其连通性，确定合理的封闭范围和密闭数量。专项安全措施的制定应遵循这些要求。

由于漏风风流方向、煤炭自燃程度等原因，在密闭口进行气体检查并不都能发现采空区里部、深部煤炭是否自燃。在构筑、维修采空区密闭时，一旦导致采空区内漏风风流改变方向，如果采空区内煤炭已经自燃或有其他火源，就极易引起瓦斯爆炸事故。因此，本条规定，煤矿在构筑、维修采空区密闭时必须编制设计和制定专项安全措施，密闭的构筑和维修都必须严格执行。

**【案例】**2013 年 3 月 29 日 21 时 56 分，吉林省吉煤集团通化矿业集团公司八宝煤业公司发生特别重大瓦斯爆炸事故，造成 36 人遇难、12 人受伤，直接经济损失 4708.9 万元。事故直接原因是 -4164 东水采工作面上区段采空区漏风，煤炭自然发火，引起采空区瓦斯爆炸，爆炸产生的冲击波和大量有毒有害气体造

成人员伤亡。4 月 1 日，该矿不执行吉林省人民政府禁止人员下井作业的指令，擅自违规安排人员入井施工密闭，10 时 12 分又发生瓦斯爆炸事故，造成 17 人死亡、8 人受伤，直接经济损失 1986. 5 万元。

4. 采空区疏放水的防火措施

实施采空区疏放水措施时，可能对采空区的密闭性产生影响而造成自然发火危险性增加。采空区疏放水前，应当对采空区自然发火的风险进行评估；采空区疏放水时，应当加强对采空区自然发火危险的监测与防控；采空区疏放水后，应当及时关闭疏水闸阀、采用自动放水装置或者永久封堵，防止通过放水管漏风。

**【案例】**2014 年 3 月 12 日，安徽省任楼煤矿发生一起由放水孔漏风造成工作面采空区遗煤自燃引发的瓦斯爆炸事故，造成 3 人死亡。

与 2016 版《规程》相比，本次修订内容如下：

（1）将第一款中“每周 1 次抽取封闭采空区气样进行分析”修改为“每周至少 1 次抽取封闭采空区内气样进行分析”。要求保证每周抽取的采空区气样必须是封闭采空区内的气样，使抽取的气样对封闭采空区内气体具备代表性，以能准确评判封闭采空区内的风险状况。在实施过程中，煤矿企业应采取相应措施予以保证。

（2）增加了采空区疏放水的防火措施要求，目的是要求煤矿企业高度重视矿井采空区疏放水工作，对采空区自然发火防治的影响，预先评判相关风险并采取相应措施；实施过程中加强监测和控制；完成后要采取防止通过疏放水通道漏风的措施。

**第二百七十五条**　任何人发现井下火灾时，应当视火灾性质、灾区通风和瓦斯情况，立即采取一切可能的方法直接灭火，控制火势，并迅速报告矿调度室。矿调度室在接到井下火灾报告后，应当立即按灾害预防和处理计划通知有关人员组织抢救灾区人员和实施灭火工作。

矿值班调度和在现场的区、队、班组长应当依照灾害预防和处理计划的规定，将所有可能受火灾威胁区域中的人员撤离，并组织人员灭火。电气设备着火时，应当首先切断其电源；在切断电源前，必须使用不导电的灭火器材进行灭火。

抢救人员和灭火过程中，必须指定专人检查甲烷、一氧化碳、煤尘、其他有害气体浓度和风向、风量的变化，并采取防止瓦斯、煤尘爆炸和人员中毒的安全措施。

**【解读】** 本条是关于井下发现火灾人员、现场作业负责人和救援人员对灾情报告与处理的规定。

矿井火灾从发生到蔓延扩大需要一定的时间。在矿井火灾发生的初期，应该采取一切可能的办法进行直接灭火，迅速控制火势。若人员弃火逃跑贻误灭火良机，一旦火势蔓延，灭火难度会更大，甚至会酿成重特大事故。1961 年 3 月 16 日，抚顺胜利煤矿 – 280 m 水泵房，由于高压配电室二号电容器爆炸引发了火灾。而当班的两名工人出于惊恐，没有及时采取适宜措施直接灭火，擅离工作岗位，致使火灾在一段时间内无人处理。30 min 后火势蔓延，高温烟流逆着风流方向进入采区进风巷，侵袭弥漫了两个采区，造成 110 人死亡。因此，井下任何人发现火灾时，应根据火灾性质、灾区通风和瓦斯情况做出判断，具备直接灭火条件的，应立即采取一切可能的办法直接灭火并迅速报告调度室。

发生火灾时，首先要保障人员的生命安全，受火灾威胁地区的人员如果不能及时撤离就可能受到伤害，造成重大的人员伤亡。因此，在直接灭火工作中，应当保留直接灭火所需的人员力量，全面撤离灾区极有可能波及区域内的其他人员，最大限度避免潜在的人员伤亡。如 1959 年 12 月 5 日，徐州韩桥煤矿在处理西石门 – 140 m 水平采区变电硐室起火时，从发现变电硐室起火到变压器爆炸，泵房断电长达一个小时，这期间没有将人员及时撤出，最终因灾害扩大导致 15 人死亡。

电气设备着火时，必须先切断其电源，防止电气火灾事故扩大和救火时发生触电伤人事故。如果在断掉电源前用导电的器材进行灭火，不仅不能安全、快速、有效地扑灭火灾，还可能由于灭火器材导电（譬如直接用水灭火），造成意外的人身触电伤亡事故。

在抢救人员和灭火过程中，检查甲烷、一氧化碳、煤尘、其他有害气体浓度和风向、风量的变化，不仅可以给救援决策提供有关依据，便于科学采取安全救援的措施，而且可以保障救灾过程中人员的安全。采取防止瓦斯、煤尘爆炸和人员中毒的安全措施，如直接灭火过程中保持正常的风流供给，防止瓦斯积聚；停止作业，灭火同时向积尘、扬尘区域洒水，防止煤尘飞扬；人员只准在火源上风侧灭火，用湿毛巾捂住口鼻，避免火灾有毒烟气对人体的侵害等。

**第二百七十六条**　封闭火区时，应当合理确定封闭范围，必须指定专人检查甲烷、氧气、一氧化碳、煤尘以及其他有害气体浓度和风向、风量的变化，并采取防止瓦斯、煤尘爆炸和人员中毒的安全措施。

【解读】本条是关于采用封闭火区灭火时的规定。

在井下受限空间内，当无法直接灭火或直接灭火无效时，常采用封闭火区控制火势，防止灾害的进一步扩大。在矿井火灾救灾中，通常将直接灭火称为主动灭火，将封闭火区称为被动灭火。封闭火区就是通过构筑防火墙（又称密闭）把连通火区的通道隔离，切断火区供氧来控制火势和灭火，同时防止火区影响其他区域。

封闭火区是在灾变过程中进行作业，加之井下条件复杂，是一项高风险工作。封闭火区首先要确定封闭的范围，这是救灾决策的一项核心内容。

合理的封闭范围主要指合理确定进、回风侧的密闭位置，确定的基本原则是选定的密闭位置要具备安全的施工条件，易于实现快速安全撤退，同时实施的密闭数量少、完成的时间短。合理确定封闭范围既包括了对缩小封闭范围的要求，更强调了要确保封闭过程的安全。封闭范围的合理性首先表现为安全性，这是对封闭工作的根本要求；同时合理性也表现为便捷性，为实现对火区的快速控制和缩小火区对其他区域的影响，应尽量缩小封闭范围、减少密闭数量、提高可靠性。只有这两者同时做到才是合理的。

合理封闭范围由救灾决策者根据灾情和矿井条件确定。决策者应按最危险条件对火区内的瓦斯量和来源、火区空间和通风对瓦斯浓度的影响进行分析与估算，掌握进、回风中的流量、气体成分、温度等参数及变化趋势，考虑火区的地形条件和实施封闭技术的能力与水平。一般而言，若巷道发生外因火灾且无瓦斯涌出，可通过控风减弱火势，封闭火区范围应尽量缩小。在含瓦斯区域，应稳定通风系统，在封闭过程中要保持足够的风量对瓦斯进行稀释；必须指定专人检查甲烷、氧气、一氧化碳以及其他有害气体浓度和风向、风量的变化；为实现快速密闭和缩小封闭范围，应在进、回风侧同时构筑密闭。应该指出的是，合理的封闭范围是与灾情紧密联系的。救灾决策者确定合理的封闭范围，需对灾情发生有较全面的了解，对灾情的发展有符合逻辑的预测，对构建密闭的组织与实施工作有一定的经验。

## 第三节　井下火区管理

**第二百七十七条**　煤矿必须绘制火区位置关系图，注明所有火区和曾经发火的地点。每一处火区都要按形成的先后顺序进行编号，并建立火区管理卡片。火区位置关系图和火区管理卡片必须永久保存。

**【解读】** 本条是关于井下火区管理的规定。

火区是指矿井因发生火灾而封闭的采掘空间。为实现火区的科学管理，煤矿必须绘制火区位置关系图，注明所有火区范围和曾经发火的地点，目的是明确火区的具体位置，避免在火区附近作业时误冒、误透火区，否则会使火区内有毒有害气体涌向作业空间，导致人员中毒窒息、甚至火区复燃，引发爆炸等更为严重的次生灾害。

火区位置关系图是以通风系统图为基础绘制的，即在通风系统图上标明所有火区的边界、防火墙位置、火源点位置、漏风路线及灌浆系统布置，同时在图上标明火区编号、名称及发火时间。按火区形成的先后顺序进行编号并建立火区管理卡片，目的是动态掌握火区的发展变化，为科学制定防灭火技术措施提供重要的参考资料。火区管理卡片应包括火区基本情况登记表、火区灌注灭火材料登记表、防火墙观测记录表以及火区位置示意图等。

矿通风管理部门负责绘制、填写火区位置关系图和火区管理卡片，作为火区管理的重要技术资料必须永久保存，目的是为设计人员进行采区设计、通风设计、安排生产以及防火设计等提供依据。

推进火区档案电子化建设，提高档案的标准化、规范化水平；开发和建设科学的档案数据库系统，利用网络链接形成开放分布式数据库群，提高自动化系统的效率；全面提高火区档案管理人员的综合素质，加强档案的集中统一管理。

**第二百七十八条** 永久性密闭墙的管理应当遵守下列规定：

（一）每个密闭墙附近必须设置栅栏、警标，禁止人员入内，并悬挂说明牌。

（二）定期测定和分析密闭墙内的气体成分和空气温度。

（三）定期检查密闭墙外的空气温度、瓦斯浓度，密闭墙内外空气压差以及密闭墙墙体。发现封闭不严、有其他缺陷或者火区有异常变化时，必须采取措施及时处理。

（四）所有测定和检查结果，必须记入防火记录簿。

（五）矿井做大幅度风量调整时，应当测定密闭墙内的气体成分和空气温度。

（六）井下所有永久性密闭墙都应当编号，并在火区位置关系图中注明。

密闭墙的质量标准由煤矿企业统一制定。

【解读】本条是关于永久性密闭墙管理的规定。

密闭墙属于通防安全设施范畴，在控制井下风流、防止区域瓦斯等有害气体的渗透、抑制区域煤炭氧化自燃、防控灾变事故发展扩大方面有重要作用。因此，必须加强密闭墙的管理，使其科学化、制度化。

永久性密闭墙大多构筑在工作面巷道中，与在用的巷道相连，导致此区域类似独头盲巷形成风流盲点，通风较差；另外，密闭墙内侧就是火区，积存大量有毒有害气体，有可能泄漏出来，在密闭墙和栅栏之间富集，威胁井下作业人员的安全。如 1995 年 9 月 2 日福建龙岩虎坑山煤矿，某工人严重违章私拆密闭墙外栅栏进入，引起 CO 中毒死亡事故。因此，每个密闭墙附近必须设置栅栏、警标，禁止人员入内，悬挂说明牌，同时应当加强教育和管理，避免发生中毒窒息事故。

密闭墙内的气体成分和空气温度是反映封闭火区内火源发展状态的有效指标，通过对其定期测定与分析可初步判断火区的状态，为正确分析火情发展、指导防灭火工作提供科学依据。

密闭墙出现裂隙会造成漏风量的增加，导致火区内有害气体的泄漏积聚。据原黑龙江鸡西矿区的统计，采空区密闭墙受到不同程度损坏的达 50% 以上，其中严重损坏的占 27.4%，受到邻近层采动影响的密闭墙几乎都有裂隙。通过定期检查密闭墙外的空气温度、瓦斯浓度、密闭墙内外空气压差以及密闭墙墙体，可以及时掌握密闭墙质量是否出现问题，以便发现异常，及时采取措施消除隐患。所有测定和检查结果，应当记录在防火记录簿中。在实际工作中，矿方应常给密闭墙刷面，靠近巷道边角的部位也要涂一层白灰，同时应认真检查，及时发现漏风之处。根据现场经验，若密闭墙附近听见“咝咝”声，则表明密闭墙出现漏风，应该及时向调度汇报并派人将其抹严，以防酿成更大的事故；若墙体发现较明显的裂隙，可采取压注水泥砂浆或石膏等方法进行封堵；对于砖砌密闭墙和石砌密闭墙，砖缝是最薄弱的环节，应定期进行勾缝处理。

矿井做大幅度风量调整时会使密闭墙内外压差发生较大的变化。当封闭区内部压力大于外部压力时，会导致封闭区有毒有害气体涌出富集；当封闭区内部相对外部压力较小时，会造成封闭区漏风严重，不利于火区熄灭。因此，在做大幅度风量调整时，应测定密闭墙内的气体成分和空气温度，及时掌握火区漏风情况及火源状态。

为便于集中管理，防止邻近火区的采掘作业对密闭墙体产生误透破坏，酿成不必要的事故，井下所有永久性密闭墙都应编号，并在火区位置关系图中明确注明。

永久性密闭墙根据用料不同分为木段、料石、砖和混凝土等多种形式。不同地质条件下的密闭墙的质量标准要求不同，如在地压较大的巷道内可使用木段与混凝土密闭墙；在顶板稳定、地压不大的巷道内可使用料石和砖密闭墙。各煤矿企业应根据自己的实际情况统一制定相应的密闭墙的结构设计和质量标准。

**第二百七十九条** 封闭的火区，只有经取样化验证实火已熄灭后，方可启封或者注销。

火区同时具备下列条件时，方可认为火已熄灭：

（一）火区内的空气温度下降到30 ℃以下，或者与火灾发生前该区的日常空气温度相同。

（二）火区内空气中的氧气浓度降到5.0%以下。

（三）火区内空气中不含有乙烯、乙炔，一氧化碳浓度在封闭期间内逐渐下降，并稳定在0.001%以下。

（四）火区的出水温度低于25 ℃，或者与火灾发生前该区的日常出水温度相同。

（五）上述4项指标持续稳定1个月以上。

**【解读】**本条是关于封闭火区内火源熄灭条件、火区启封或注销的规定。

制定本条的目的，是保证火区启封或注销的可靠性。

若封闭火区内火源未彻底熄灭，启封过程中火源会因为新鲜空气的进入而迅速复燃，造成再次封闭，甚至引起火区爆炸，导致重大伤亡事故。因此，对于封闭的火区，只有证实火源已熄灭后方可启封或者注销。1960年11月30日，四川省某煤矿5412回采工作面因火灾封闭。矿领导为了早日出煤，在火区尚未彻底熄灭的情况下，于12月14日中班违章指挥启开火区密闭。12月15日12时53分，火区发生瓦斯爆炸，死亡124人，重伤50人。

测气与测温是判断隐蔽火源燃烧状态的基本手段。乙烯与乙炔是煤自热氧化升到一定温度之后的产物。一般乙烯的初始产生温度在100 ℃左右，乙炔的初始产生温度高于190 ℃，因此，若火区内空气中无乙烯、乙炔时可判定隐蔽火源温度在100 ℃左右以下。若火区内空气中的一氧化碳浓度稳定下降，直到稳定在0.001%以下，说明隐蔽火源得到了有效控制。氧气是影响火源产热速率的主要因素，若火区内的氧浓度较高，火源不可能彻底熄灭。火区内的空气温度及出水温度明显高于日常温度，说明火区内仍存在高温火源。因此，规定根据火区内的空气温度、出水温度、氧浓度、乙烯、乙炔及一氧化碳的浓度多项指标综合推断隐蔽火源是否已经熄灭。

当各指标达到此规程中的要求并稳定1个月以上时，方可认为火已熄灭，但仍不能明确判定隐蔽火源已经彻底熄灭。在低氧浓度环境中，隐蔽火源仍会维持阴燃，但是阴燃火源产生一氧化碳、乙烯、乙炔气体的速率小，难以被检测到，并且阴燃火源温度较低，火区空气温度及出水温度不会受到明显影响；同时受检测分析方法与手段的限制以及火区范围大等因素的影响，取样分析结果会有偏差和错误。因此，即使分析结果已经满足本条规定中的每个指标，隐蔽火源仍然可能未彻底熄灭，火区启封后会迅速复燃。孟加拉国巴拉普库利亚煤矿1110工作面于2005年9月28日采空区遗煤发生自燃。采取措施无效后于10月4日对该工作面实施封闭。2006年4月4日分析结果表明已经满足启封条件，开始对工作面进行启封。但4月6日，在工作面回风隅角发现一氧化碳浓度达到$80\times10^{-6}$，4月7日在进风隅角检测一氧化碳浓度达到$400\times10^{-6}$，火源发生了复燃，采取措施无效后重新进行了封闭。

**第二百八十条** 启封已熄灭的火区前，必须制定安全措施。

启封火区时，应当逐段恢复通风，同时测定回风流中一氧化碳、甲烷浓度和风流温度。发现复燃征兆时，必须立即停止向火区送风，并重新封闭火区。

启封火区和恢复火区初期通风等工作，必须由矿山救护队负责进行，火区回风风流所经过巷道中的人员必须全部撤出。

在启封火区工作完毕后的3天内，每班必须由矿山救护队检查通风工作，并测定水温、空气温度和空气成分。只有在确认火区完全熄灭、通风等情况良好后，方可进行生产工作。

**【解读】**本条是关于启封已熄灭的火区的规定。

当火区内的气体、温度等指标都满足火区启封的条件时，隐蔽火源仍然可能未彻底熄灭且火区内往往积存大量瓦斯。而启封火区耗时长，短则几天长则数十天，所以在启封过程中火区随时有复燃的可能，会引发火区爆炸，导致重大伤亡事故。因此，启封火区前必须储备建筑防火墙的材料以满足再封闭的要求、预先确定排放瓦斯和有害气体的路线、配备紧急救护工具和直接灭火工具及材料等。

本条规定要求启封火区时要逐段恢复通风，主要是为了在启封过程中避免火区因受矿井全风压通风的影响而发生复燃。采取逐段恢复通风也存在火区复燃的危险，但能够更加有效地控制风流并及时重新封闭，减小了火区复燃的概率，降低了火区复燃的危险性。

回风流中出现一氧化碳并且其浓度呈现上升趋势或风流温度升高，表明火源发生了复燃。因此，在启封过程中必须同时测定回风流中一氧化碳、甲烷浓度和风流温度，实时判断火源是否发生复燃以及是否形成爆炸性气体。

在启封火区和火区恢复通风的初期，将会排出火区内积存的大量有害气体且隐蔽火源有复燃可能而引发爆炸，因此，火区回风风流所经过巷道中的人员必须全部撤出，否则其人身安全与健康会受到威胁。同时，矿山救护队是从事矿井灾害事故救治的专业队伍，配备有专业设备，可在一般人员无法进入的场所进行作业，因此，启封火区和恢复火区初期通风等工作必须由矿山救护队负责。

启封完成后火区仍有可能发生复燃，因此，规定启封火区工作完毕后的3天内仍必须对火区内的出水温度、空气温度和空气成分进行监测，在确定火区已经完全熄灭的前提下才可进行生产。

**第二百八十一条** 不得在火区的同一煤层的周围进行采掘工作。

在同一煤层同一水平的火区两侧、煤层倾角小于35°的火区下部区段、火区下方邻近煤层进行采掘时，必须编制设计，并遵守下列规定：

（一）必须留有足够宽（厚）度的隔离火区煤（岩）柱，回采时及回采后能有效隔离火区，不影响火区的灭火工作。

（二）掘进巷道时，必须有防止误冒、误透火区的安全措施。

煤层倾角在35°及以上的火区下部区段严禁进行采掘工作。

**【解读】** 本条是关于在火区周围进行采掘工作的规定。

在火区同一煤层的周围进行采掘工作时，火区周围的隔离煤（岩）柱和顶底板会在采动应力的作用下产生大量裂隙，造成向火区漏风供氧，引发火区复燃。同时，火区内的有害气体可能通过这些裂隙涌入周围采掘作业地点，威胁工作人员的生命安全。因此，不得在火区同一煤层的周围进行采掘工作。

因实际生产需要不得不在同一煤层同一水平的火区两侧、煤层倾角小于35°的火区下部区段、火区下方邻近煤层进行采掘时，为了不影响火区的灭火工作，必须编制设计并且留设足够宽（厚）的隔离火区煤（岩）柱，保证煤（岩）柱的稳定，避免产生大量裂隙。掘进巷道时若误冒或误透火区，形成向火区的漏风通道，会加剧火势发展，造成火区内的有毒有害气体大量涌出。所以在火区附近煤层或者区段进行采掘作业时也必须制定防止误冒、误透火区的安全措施并严格执行。

掘进巷道中为防止误冒、误透火区，必须保证钻孔方位角与巷道方位角相同，必须按照设计断面、已定中线及腰线要求进行施工，并且及时支护；加强巷道测量工作，应及时标定、延伸中线及腰线，严格按中线及腰线施工，及时测设附图，及时纠正掘进偏差；不得擅自更改方位、坡度；每班掘进工作面进尺前，必须在巷道顶部、中部、底部各打一超前探测孔（5 m），保证岩柱厚度不小于5 m，必须严格执行“探三掘一”“先探后掘”措施；施工人员必须准确掌握掘进长度，严禁超掘；掘进施工时，利用煤层底板标志层稳定的规律，严格沿标志层掘进，防止巷道掘进拐入煤层顶板附近地层；所有前探钻孔应能控制突出煤层层位及构造；技术人员做好钻探记录，发现异常时不准掘进，等待处理意见，未收到处理意见前不得擅自掘进。

散料在堆放时能够保持自然稳定状态的最大角度（倾斜面和水平面的角度）称为“安息角”。冒落矸石的自然安息角为35°，当煤层倾角大于35°时，顶板破裂和垮落的煤（岩）块就会沿着底板向下滚落。

此时火区下部区段的煤（岩）柱不仅受顶底板矿山压力的作用而产生变形破坏，而且还受倾斜方向冒落矸石重力分力的作用，极大地减弱了其稳定性。如果在火区的下部区段进行采掘作业，在爆破、矿压、采掘等震动下，隔离煤（岩）柱很可能向下塌落，造成上下区段连通，火区内尚未熄灭的火源掉入下部区段并引燃遗煤。因此，严禁在煤层倾角大于35°的火区下部区段进行采掘工作。

# 第七章　防　治　水

## 第一节　一　般　规　定

**第二百八十二条**　煤矿防治水工作应当坚持“预测预报、有疑必探、先探后掘、先治后采”基本原则，采取“防、堵、疏、排、截”综合防治措施。

**【解读】** 本条是关于防治水"十六字原则"和"五项综合防治措施"的规定。

防治水"十六字原则"科学地概括了水害防治工作的基本程序和要求。"预测预报"是水害防治的基础，是指在查清矿井水文地质条件基础上，运用先进、实用的水害预测预报理论和方法，对矿井水害做出科学分析判断和评价；"有疑必探"是指根据水害预测预报评价结论，对可能构成水害威胁的区域，采用物探、化探和钻探等综合探测技术手段，查明或排除水害；"先探后掘"是指先综合探查，确定巷道掘进没有水害威胁后再掘进施工；"先治后采"是指根据查明的水害情况，采取有针对性的治理措施排除水害隐患后，再安排采掘工程，例如井下巷道穿越导水断层时，必须预先注浆加固方可掘进施工，防止突水造成灾害。

"五项综合防治措施"是水害治理的基本技术方法。"防"主要指合理留设各类防隔水煤（岩）柱和修建各类防水闸门或防水墙等，防隔水煤（岩）柱一旦确定后，不得随意开采破坏；"堵"主要指注浆封堵具有突水威胁的含水层或导水断层、裂隙和陷落柱等导水通道；"疏"主要指探放老空水和对承压含水层进行疏水降压；"排"主要指完善矿井排水系统，排水管路、水泵、水仓和供电系统等必须配套；"截"主要指截断水源和加强对地表水（河流、水库、洪水等）的截流治理。

**第二百八十三条** 煤矿企业应当建立健全各项防治水制度，配备满足工作需要的防治水专业技术人员，配齐专用探放水设备，建立专门的探放水作业队伍，储备必要的水害抢险救灾设备和物资。

水文地质条件复杂、极复杂的煤矿，应当设立专门的防治水机构。

**【解读】** 本条是关于防治水制度、防治水专业技术人员、探放水设备与队伍、抢险救灾设备，以及机构设置等方面的规定。

制度是做好防治水工作的保障。煤矿企业、矿井应当建立健全水害防治岗位责任制、水害防治技术管理制度、水害预测预报制度、水害隐患排查治理制度，水文地质条件复杂或极复杂的矿井还要建立探放水制度、重大水患停产撤人制度等。要认真组织学习各项制度，并贯彻落实。

防治水工作技术性较强，只有具备一定地质、水文地质基础知识的专业人员经过实践方可胜任该项工作。因此，所有煤矿企业、矿井必须配备专门负责防治水工作的专业技术人员。防治水专业技术人员是指受过正规院校地质、水文地质专业教育且从事过防治水工作，或虽未受过正规院校地质、水文地质专业教育但受过正规院校其他专业教育且从事防治水工作超过5年的技术人员。防治水专业技术人员的配备以满足工作需要为目的，水文地质条件复杂、极复杂的煤矿企业、矿井配备专业技术人员不少于3人，其他煤矿企业可配备1～3人。专业技术人员要定期接受防治水专业培训，不断更新知识，收集、了解和掌握全国发生的重特大、典型水害事故，以及先进的防治水技术和经验，通过借鉴相关单位防治水先进技术和经验，吸取各地区发生的水害事故教训，结合本单位实际，不断完善防治水技术措施，提升防治水工作水平。

据统计分析，我国大部分煤矿水害事故是由于探放水措施不落实造成的，所以，煤矿必须配足专用探放水设备，建立专业探放水队伍。专用探放水设备主要是指专用探放水钻机及配套设施（泥浆泵、电动机等），即满足井下探放水技术条件与施工安全要求的矿井坑道钻机及配套设施。探放老空积水最小超前水平钻距不得小于30 m，止水套管长度不得小于10 m，所以配置的探放水钻机钻探能力应充分考虑这些规定的参数。探放水工已确定为特殊工种，必须进行专业培训并考核合格后方可上岗。严禁使用煤电钻、锚杆钻等非专用探放水设备进行探放水，严禁探放水作业人员无证上岗。井下是一个特殊的作业环境，一人违章有可能引发重特大事故。探放水工本来是消除水害隐患的，如果没有基本的水害防治知识，在发现有透水征兆时如不能果断采取措施，就有可能引发重特大水害事故，造成包括探放水工在内的群死群伤事故。

煤矿发生透水事故后，井下如果具备一定的生存条件，被困矿工是完全具有生还可能的。2009年6月17日，贵州省黔西南州晴隆县新桥煤矿发生透水事故，3名矿工被困井下25天后被成功救出。煤矿发生透水事故后，社会关注度高，矿工家属焦急，同时也在考验政府、企业的应急救援能力。所以，每一个煤矿企业都应加强水害应急救援能力建设，以便在透水事故发生后，能够在第一时间及时有效地展开抢险救援工作。煤矿企业、矿井必须储备必要的水害抢险救灾配套设备和物资。主要设备和物资包括适合矿井救灾的排水泵、排水管路以及配套的电缆等。每一个产煤省（区、市）都要建立健全防排水抢险救援基地，加大资金投入。除排水设备外，还要装备能够快速钻进的大口径成套钻机设备，并配备专职技术人员和熟练的技术工人。救援基地可依托大中型企业建立并加强管理。要加强人员的日常培训，保证设备处于完好状态，一旦发生透水事故能够快速投入到抢险救灾之中，真正发挥作用。井下的采掘巷道要及时准确地反映在采掘工程平面图上，为在地面打钻施救被困人员创造条件。

水文地质条件复杂、极复杂的煤矿要设立专门防治水机构（可与地测部门合署办公)，专业技术人员担任防治水机构负责人，以保证防治水工作得到充分重视，各项工作能够顺利开展。

【案例】贵州省六盘水市钟山区兴鑫煤矿属资源整合矿井，整合后设计生产能力为 9 万 t/a。该矿在防治水工作方面，未设立专门的防治水机构，未制定专门的防治水措施，明知存在老空积水，未采取措施将老空积水排出，也未开展过水害隐患排查治理工作，未使用过钻机探放水，一直盲目掘进施工。2009 年 6 月 5 日，在现场用煤电钻打钻的 3 名作业人员因突然溃水溺亡。

**第二百八十四条** 煤矿应当编制本单位防治水中长期规划（5～10 年）和年度计划，并组织实施。

矿井水文地质类型应当每 3 年修订一次。发生重大及以上突（透）水事故后，矿井应当在恢复生产前重新确定矿井水文地质类型。

水文地质条件复杂、极复杂矿井应当每月至少开展 1 次水害隐患排查，其他矿井应当每季度至少开展 1 次。

【解读】本条是关于防治水规划、水文地质类型划分、水害隐患排查的规定。

防治水工作具有专业性和系统性较强的特点，煤矿企业要组织有关技术人员广泛收集矿区和矿井资料，编制中长期防治水规划（5～10 年），分析水情和水害特点，总结以往突水事故经验和教训，提出防治水工作目标和保障措施，组织专家对防治水规划进行科学论证，形成论证意见，分步组织实施。同时，要及时总结规划实施效果，并不断修改完善规划。每年年初要有年度计划，落实资金和工程项目等，并及时进行总结和验收，研究水害形成和防治水规律，提升防治水整体工作水平。防治水规划编制、实施可采取现场专业技术人员与科研院所、高等院校专家合作的方式，优势互补。防治水规划编制原则、内容及要求可参阅《煤矿防治水手册》第 415～420 页。

矿井水文地质类型划分的目的是分析矿井水文地质条件，确定水文地质类型，指导矿井防治水工作，通过采取有效的防治水措施，确保煤矿安全生产。根据矿井受采掘破坏或者影响的含水层及水体、矿井及周边老空水分布状况、矿井涌水量、矿井突水量、矿井开采受水害影响程度以及防治水工作难易程度，可将矿井水文地质类型划分为简单、中等、复杂、极复杂 4 种类型（表 3－18）。矿井水文地质类型划分报告，由煤矿企业总工程师负责组织审定。考虑到开采煤层深度、范围等的不断变化，矿井水文地质类型应当每 3 年修订一次。当发生重大

表3-18 矿井水文地质类型

| 分类依据 | | 类别 | | | |
|---|---|---|---|---|---|
| | | 简单 | 中等 | 复杂 | 极复杂 |
| 受采掘破坏或影响的含水层及水体 | 含水层性质及补给条件 | 受采掘破坏或影响的孔隙、裂隙、岩溶含水层，补给条件差，补给来源少或极少 | 受采掘破坏或影响的孔隙、裂隙、岩溶含水层，补给条件一般，有一定的补给水源 | 受采掘破坏或影响的主要是岩溶含水层、厚层砂砾石含水层、老空水、地表水，其补给条件好，补给水源充沛 | 受采掘破坏或影响的是岩溶含水层、老空水、地表水，其补给条件很好，补给来源极其充沛，地表泄水条件差 |
| | 单位涌水量 $q$/($L\cdot s^{-1}\cdot m^{-1}$) | $q\leqslant 0.1$ | $0.1<q\leqslant 1.0$ | $1.0<q\leqslant 5.0$ | $q>5.0$ |
| 矿井及周边老空水分布状况 | | 无老空积水 | 存在少量老空积水，位置、范围、积水量清楚 | 存在少量老空积水，位置、范围、积水量不清楚 | 存在大量老空积水，位置、范围、积水量不清楚 |
| 矿井涌水量/($m^3\cdot h^{-1}$) | 正常 $Q_1$<br>最大 $Q_2$ | $Q_1\leqslant 180$<br>(西北地区 $Q_1\leqslant 90$)<br>$Q_2\leqslant 300$<br>(西北地区 $Q_2\leqslant 210$) | $180<Q_1\leqslant 600$<br>(西北地区 $90<Q_1\leqslant 180$)<br>$300<Q_2\leqslant 1200$<br>(西北地区 $210<Q_2\leqslant 600$) | $600<Q_1\leqslant 2100$<br>(西北地区 $180<Q_1\leqslant 1200$)<br>$1200<Q_2\leqslant 3000$<br>(西北地区 $600<Q_2\leqslant 2100$) | $Q_1>2100$<br>(西北地区 $Q_1>1200$)<br>$Q_2>3000$<br>(西北地区 $Q_2>2100$) |
| 突水量 $Q_3$/($m^3\cdot h^{-1}$) | | 无 | $Q_3\leqslant 600$ | $600<Q_3\leqslant 1800$ | $Q_3>1800$ |
| 开采受水害影响程度 | | 采掘工程不受水害影响 | 矿井偶有突水，采掘工程受水害影响，但不威胁矿井安全 | 矿井时有突水，采掘工程、矿井安全受水害威胁 | 矿井突水频繁，采掘工程、矿井安全受水害严重威胁 |
| 防治水工作难易程度 | | 防治水工作简单 | 防治水工作简单或易于进行 | 防治水工程量较大，难度较高 | 防治水工程量大，难度高 |

注：1. 单位涌水量以井田主要充水含水层中有代表性的为准。

2. 在单位涌水量 $q$，矿井涌水量 $Q_1$、$Q_2$ 和矿井突水量 $Q_3$ 中，以最大值作为分类依据。

3. 同一井田煤层较多，且水文地质条件变化较大时，应当分煤层进行矿井水文地质类型划分。

4. 按分类依据就高不就低的原则，确定矿井水文地质类型。

突（透）水事故后，矿井应当在恢复生产前重新确定矿井水文地质类型。重大突（透）水事故，是指突（透）水量首次达到300 $m^3/h$ 以上或者造成死亡3人以上的突（透）水事故。

煤矿企业总工程师要经常组织开展水害隐患排查治理活动，并切实做到整改措施、责任、资金、时限和预案“五到位”。水文地质条件复杂、极复杂矿井每月至少开展1次水害隐患排查及治理活动，其他矿井每季度至少开展1次。水害隐患整改不力造成事故的，要依法追究相关人员的责任。

**第二百八十五条** 当矿井水文地质条件尚未查清时，应当进行水文地质补充勘探工作。

**【解读】**本条是关于水文地质补充勘探工作的规定。

我国许多煤矿区受煤层上部含水层和下部岩溶水的严重威胁，突水和淹井事故时有发生。其主要原因与矿区水文地质条件不清，水文地质勘探程度低有关。

因此，为保障煤炭工业健康可持续发展，矿井有下列情形之一者应当开展水文地质补充勘探工作，查明深部地质构造、水文地质条件，分析矿井充水水源、充水通道，预测矿井涌水量，为实施带压开采和矿井防治水提供水文地质技术依据，保障煤矿安全生产。

(1) 矿井主要勘探目的层未开展过水文地质勘探工作的。一是指一些老矿区由于上组煤资源枯竭，准备或已经开采下组煤，而未进行深部水文地质勘探；二是指一些准备开采或新开的煤矿，由于某种原因未进行相应的水文地质勘探。

(2) 矿井原勘探工程量不足，水文地质条件尚未查清的。是指矿井在勘探阶段，由于种种原因，投入的水文地质工程量未达到相关规范要求，且未查清水文地质条件。

(3) 矿井经采掘揭露煤岩层后，水文地质条件比原勘探报告复杂的。是指矿井在采掘过程中，经井下水文地质观测发现水文地质条件比水文地质勘探报告复杂。

(4) 矿井经长期开采，水文地质条件已发生较大变化，原勘探报告不能满足生产要求的。是指矿井由于长期开采，改变了矿井直接或间接充水含水层水文地质条件，对矿井生产产生不良影响，而原水文地质勘探报告已不能指导矿井生产。

(5) 矿井开拓延深、开采新煤系（组）或者扩大井田范围设计需要的。是指当矿井因开拓延深、开采新煤系（组）、扩大井田范围进行矿山开采（补充）设计时，原水文地质勘探报告不能满足，需要进行水文地质勘探。

（6）矿井巷道顶板处于特殊地质条件部位或者深部煤层下伏强充水含水层，煤层底板带压，专门防治水工程提出特殊要求的。当上覆地层含水层发育，则导水裂隙带进入或接近含水层时，往往发生突水事故；特别是当上覆岩层为薄基岩或超薄基岩时，导水裂隙带、煤层隐伏露头又可能与孔隙含水层导通，甚至裂隙直通地表，使水文地质条件和充水因素等更趋复杂。查明水文地质条件，预测导水裂缝发育高度，分析研究矿井充水因素是防治水工作的基础。

随着开采深度的加大，底板水害问题日益突出。据统计，仅华北型煤田受底板岩溶水威胁的煤炭储量就达200多亿吨。深部水文地质条件的复杂性和岩溶、裂隙发育及其地下水赋存的不均一性，使得深部底板水的防治有其特殊性。因此，应采用综合勘探手段和科学的理论、方法，查明水文地质条件，分析、研究充水因素，进行突水危险性评价，进而为安全生产和防治水工作提供科学依据。

（7）各种井巷工程穿越强富水性含水层时，施工需要的。

水文地质补充勘探工程量布置，应当满足相应的工作程度，并达到防治水工作的要求。

矿井进行水文地质补充勘探时，应当对包括勘探矿区在内的区域地下水系统进行整体分析研究；在矿井井田以外区域，应当以水文地质测绘调查为主；在矿井井田以内区域，应当以水文地质物探、钻探和抽（放）水试验等为主。

矿井水文地质补充勘探工作应当根据矿井水文地质类型和具体条件，综合运用水文地质补充调查、地球物理勘探、水文地质钻探、抽（放）水试验、水化学和同位素分析、地下水动态观测、采样测试等各种勘查技术手段，积极采用新技术、新方法。

矿井水文地质补充勘探应当编制补充勘探设计，经煤矿企业总工程师组织审查后实施。补充勘探设计应当依据充分、目的明确、工程布置针对性强，并充分利用矿井现有条件，做到井上、井下相结合。

水文地质补充勘探工作完成后，应当及时提交成果报告或者资料，由煤矿企业总工程师组织审查、验收。

**第二百八十六条** 矿井应当对主要含水层进行长期水位、水质动态观测，设置矿井和各出水点涌水量观测点，建立涌水量观测成果等防治水基础台账，并开展水位动态预测分析工作。

【解读】本条是关于矿井应当开展水文地质动态观测和预测分析、建立防治水基础台账的规定。

地下水动态是指在各种因素综合影响下，地下水的水位、水量、水温及化学成分等要素随时间的变化。地下水动态的监测是研究地下水运动规律的有效手段，而建立合理、有效的地下水动态观测网，则是防治水工作不可或缺的工程技术方法。随矿区（井）水文地质条件的变化，应对观测网适时进行调整和完善。

观测点应布置在下列地段和层位：对矿井生产建设有影响的主要含水层；影响矿井充水的地下水强径流带（构造破碎带）；可能与地表水有水力联系的含水层；矿井先期开采的地段；在开采过程中水文地质条件可能发生变化的地段；人为因素可能对矿井充水有影响的地段；井下主要突水点附近，或者具有突水威胁的地段；疏干边界或隔水边界处。

矿井应当在开采前的 1 个水文年内进行水位、水质和水温等地面水文地质观测工作。在采掘过程中，应当坚持日常观测工作；在未掌握地下水的动态规律前，应当每 7 至 10 日观测 1 次；待掌握地下水的水位、水质和水温等动态规律后，应当每月观测 1 至 3 次；雨季或者遇有异常情况时，应当适当增加观测次数。水质监测每年不少于 2 次，丰、枯水期各 1 次。

技术人员进行观测时，应当按照固定的时间和顺序进行，尽可能在最短时间内测完，并注意观测的连续性和精度。钻孔水位观测每回应当有 2 次读数，其差值不得大于 2 cm，取值可用平均数。测量工具使用前应当校验。水文地质类型属于复杂、极复杂的矿井，应当尽量使用智能自动水位仪观测、记录和传输数据。

矿井应当建立 15 种防治水基础台账，为分析水文地质条件提供基础资料：

（1）矿井涌水量观测成果台账；

（2）气象资料台账；

（3）地表水文观测成果台账；

（4）钻孔水位、井泉动态观测成果及河流渗漏台账；

（5）抽（放）水试验成果台账；

（6）矿井突水点台账；

（7）井田地质钻孔综合成果台账；

（8）井下水文地质钻孔成果台账；

（9）水质分析成果台账；

（10）水源水质受污染观测资料台账；

（11）水源井（孔）资料台账；

（12）封孔不良钻孔资料台账；

（13）矿井和周边煤矿采空区相关资料台账；

（14）水闸门（墙）观测资料台账；

（15）其他专门项目的资料台账。

水文地质条件复杂或极复杂的矿井还应根据防治水的需要，建立专门的基础台账。为了便于及时利用和更新，台账应当建立计算机数据库。专业技术人员要认真收集，全面整理、分析相关资料，为防治水措施提供决策依据。建立的防治水台账要长期保存，并每半年完善1次。

**第二百八十七条** *矿井应当编制下列防治水图件，并至少每半年修订1次：*

*（一）矿井充水性图。*

*（二）矿井涌水量与相关因素动态曲线图。*

*（三）矿井综合水文地质图。*

*（四）矿井综合水文地质柱状图。*

*（五）矿井水文地质剖面图。*

**【解读】**本条是关于矿井防治水必备五种图件的规定。

为了有针对性地做好防治水工作，防止误揭地质构造、误穿老空区导致事故发生，本规程要求矿井必须编制矿井充水性图、矿井涌水量与相关因素动态曲线图、矿井综合水文地质图、矿井综合水文地质柱状图和矿井水文地质剖面图。

矿井水文地质主要图件内容及要求如下：

（一）矿井充水性图，是综合记录井下实测水文地质资料的图纸，是分析矿井充水规律、开展水害预测及制定防治水措施的主要依据之一，也是矿井水害防治的必备图纸。一般采用采掘工程平面图作底图进行编制，比例尺为1∶2000～1∶5000，主要内容有：

（1）各种类型的出（突）水点应当统一编号，并注明出水日期、涌水量、水位（水压）、水温及涌水特征。

（2）古井、废弃井巷、采空区、老硐等的积水范围和积水量。

（3）井下防水闸门、水闸墙、放水孔、防隔水煤（岩）柱、泵房、水仓、水泵台数及能力。

（4）井下输水路线。

（5）井下涌水量观测站（点）的位置。

（6）其他。

矿井充水性图应当随采掘工程的进展定期补充填绘。

（二）矿井涌水量与各种相关因素动态曲线图，是综合反映矿井充水变化规律，预测矿井涌水趋势的图件。各矿应当根据具体情况，选择不同的相关因素绘制下列几种关系曲线图：

（1）矿井涌水量与降水量、地下水位关系曲线图。

（2）矿井涌水量与单位走向开拓长度、单位采空面积关系曲线图。

（3）矿井涌水量与地表水补给量或水位关系曲线图。

（4）矿井涌水量随开采深度变化曲线图。

（三）矿井综合水文地质图，主要是反映矿井水文地质条件的图纸之一，也是进行矿井防治水工作的主要参考依据。综合水文地质图一般在井田地形地质图的基础上编制，比例尺为1：2000～1：10000。主要内容有：

（1）基岩含水层露头（包括岩溶）及冲积层底部含水层（流砂、砂砾、砂礓层等）的平面分布状况。

（2）地表水体，水文观测站，井、泉分布位置及陷落柱范围。

（3）水文地质钻孔及其抽水试验成果。

（4）基岩等高线（适用于隐伏煤田）。

（5）已开采井田井下主干巷道、矿井回采范围及井下突水点资料。

（6）主要含水层等水位（压）线。

（7）老窑、小煤矿位置及开采范围和涌水情况。

（8）有条件时，划分水文地质单元，进行水文地质分区。

（四）矿井综合水文地质柱状图，是反映含水层、隔水层及煤层之间的组合关系和含水层层数、厚度及富水性的图纸。一般采用相应比例尺随同矿井综合水文地质图一道编制。主要内容有：

（1）含水层年代地层名称、厚度、岩性、岩溶发育情况。

（2）各含水层水文地质试验参数。

（3）含水层的水质类型。

（五）矿井水文地质剖面图，主要是反映含水层、隔水层、褶曲、断裂构造等和煤层之间的空间关系。主要内容有：

（1）含水层岩性、厚度、埋藏深度、岩溶裂隙发育深度。

（2）水文地质孔、观测孔及其试验参数和观测资料。

（3）地表水体及其水位。

（4）主要井巷位置。

矿井水文地质剖面图一般以走向、倾向有代表性的地质剖面为基础。

水文地质条件复杂、极复杂的矿井还应根据受水害威胁的情况，编制专门图件，如带压开采评价图、注浆堵水平面及剖面图和水化学分析图等。

防治水图件是做好防治水工作的基础，所编制的图件内容要真实可靠，并数字化。专业技术人员应当及时将收集的资料和井下揭露的地质、水文地质情况标注在各种图件上，并进行综合分析，总结水害形成的规律和防治水措施。绘制数字化图件主要是便于及时修改，矿井应当至少每半年对相关图件进行修订 1 次。

**【案例】** 2009 年 9 月 13 日，河南省洛阳市新安县鑫泰煤业公司发生水害事故，死亡 10 人。该矿为乡镇煤矿，正在进行技改，设计生产能力 15 万 t/a。井田内有一口正在使用的水井，储水量约 450 $m^3$。为了防止透水，在井下施工时，进行了探放水，已发现有 10 $m^3/h$ 的透水量，决定绕道施工。矿上测量人员对水井位置测量，上图的水井位置偏离实际位置直线距离约 70 m。在施工 11051 绕巷时，也未再进行探放水，水井井筒内积水瞬间溃出，导致事故发生。经现场勘察，事故发生时，11051 绕巷迎头右帮距水井井壁只有 1 m 距离。引发此次事故的主要原因是图件中水井位置错误，严重偏离实际位置，导致了防治水工作的错误判断并引发突水。因此，必须重视防治水图件的真实可靠性，并及时更新，为防治水工作提供基础依据。

**第二百八十八条** 采掘工作面或者其他地点发现有煤层变湿、挂红、挂汗、空气变冷、出现雾气、水叫、顶板来压、片帮、淋水加大、底板鼓起或者裂隙渗水、钻孔喷水、煤壁溃水、水色发浑、有臭味等透水征兆时，应当立即停止作业，撤出所有受水患威胁地点的人员，报告矿调度室，并发出警报。在原因未查清、隐患未排除之前，不得进行任何采掘活动。

**【解读】** 本条是关于矿井出现透水征兆时应及时组织撤人的规定。

大部分透水事故发生前均会显现出不同的透水征兆，所有入井人员都必须熟悉透水征兆。当井下发现有透水征兆时，就要立即撤出所有受水威胁的作业人员到安全地点，组织专业技术人员分析原因，采取有效措施，这样做可以大大减少人员伤亡。井下一旦出现透水征兆，现场带班人员、班组长和调度人员应立即在第一时间下达停产撤人命令。因撤离不及时导致人身伤亡事故的，要从重追究相关人员的法律责任。

老空水透水征兆有：煤层变潮湿、松软，煤帮出现滴水、淋水现象，工作面气温降低及出现雾气、水叫、硫化氢气味等。

工作面底板灰岩含水层突水征兆有：工作面压力增大，底板鼓起，底鼓量有时可达500 mm 以上；底板产生裂隙并逐渐增大，沿裂隙向外渗水；底板发生“底爆”，伴有巨响，水大量涌出。

冲积层水突水征兆有：突水部位发潮、滴水，并逐渐增大，仔细观测可发现水中有少量细沙；工作面发生局部冒顶，水量突增并出现流沙；发生大量溃水、溃沙，这种现象可能影响到地表，致使地表出现塌陷坑。

以上征兆是典型情况，在突（透）水过程中，不一定全部表现出来。所以，出现突（透）水征兆时，应先撤人到安全地点，再组织技术分析，做出科学判断，综合考虑各种因素，防止误判。没有查明原因、排除隐患的，不得组织生产。

## 第二节　地面防治水

**第二百八十九条**　煤矿每年雨季前必须对防治水工作进行全面检查。受雨季降水威胁的矿井，应当制定雨季防治水措施，建立雨季巡视制度并组织抢险队伍，储备足够的防洪抢险物资。当暴雨威胁矿井安全时，必须立即停产撤出井下全部人员，只有在确认暴雨洪水隐患消除后方可恢复生产。

**【解读】** 本条是关于煤矿在雨季开展隐患排查、建立巡视制度及暴雨洪水期间停产撤人的规定。

雨季是水害多发的季节，煤矿应当根据各地区雨季的时间，提前做好雨季“三防”（防洪、防排水、防雷电）工作，在雨季前开展隐患排查。隐患排查的重点是：位于地表河流、湖泊、水库、山洪部位等附近矿井的防洪设施和防范措施是否到位；与矿井连通的采煤塌陷坑是否填平压实；井口标高低于当地历年最高洪水位的矿井是否采取防范措施；开采防隔水煤（岩）柱的矿井是否采取了相应的加固和阻隔工程措施；井田范围内及周边已关闭的废弃煤矿是否充实填死；是否存在超层越界开采等。

对查出的隐患要制定方案，加强领导，明确责任，资金到位，保证质量，限期完成，由矿总工程师组织相关人员按照设计的要求，进行全面验收。防治水工程不合格的，不得投入使用。

近些年，极端天气多发，在一些干旱缺水的地区也发生了洪水灾害，因此，煤矿要制定应急预案，制定撤出井下作业人员的标准，明确井下联络人员以及撤人的程序、路线等细节。如有的地区已规定预报有大到暴雨时，不得安排人员下井作业，在 24 h 降雨达到 50 mm 时，井下必须停产撤人。在暴雨期间，要安排专人对重点水患地区进行 24 h 巡视检查，及时将信息反馈给矿调度室和矿领导，以便做出正确的决策。当暴雨洪水威胁矿井安全时，矿调度室、生产现场带班人员及班组长等有关负责人应当立即组织撤出井下所有作业人员，确保矿工安全。

**【案例】**2010 年 8 月 10 日，吉林省通化市宏远煤矿发生洪水倒灌矿井事故，造成 18 人死亡。该矿生产能力为 6 万 t/a，矿井井口距离大罗圈沟河堤坝只有 100 m 左右。7 月末以来，通化地区连续降雨；至 8 月 10 日，大罗圈沟河水位暴涨，在已出现淹井险情的情况下，该矿不但拒不执行政府立即撤出井下所有作业人员的指令，而且还强令工人冒险入井拆撤设备；而大罗圈沟河水漫过堤坝后，倒灌矿井，致使正在升井的 18 名矿工被洪水冲回井下而死亡。

**第二百九十条**　煤矿应当查清井田及周边地面水系和有关水利工程的汇水、疏水、渗漏情况；了解当地水库、水电站大坝、江河大堤、河道、河道中障碍物等情况；掌握当地历年降水量和最高洪水位资料，建立疏水、防水和排水系统。

煤矿应当建立灾害性天气预警和预防机制，加强与周边相邻矿井的信息沟通，发现矿井水害可能影响相邻矿井时，立即向周边相邻矿井发出预警。

**【解读】**本条是关于煤矿要查明矿区地面水文情况，建立疏水、防水和排水系统以及建立灾害性天气预警和预防机制的规定。

为了防止地表水体在雨季洪水季节期间倒灌矿井，煤矿要全面查清井田及周边地面水系和有关水利工程的汇水和渗漏情况，了解河流上游和下游水库的蓄水情况。煤矿还要收集井田百年之内当地最大降雨量和最高洪水位资料，据此建立疏水、防水和排水系统。

疏水系统：在井田内部修筑疏水渠道。四面环山的工业场地选择可利用的地形构筑泄洪隧洞，将矿区内汇集的水引至井田以外。严禁在河道中堆积矸石等杂物影响泄洪，致使河流水位抬高，河流通过废弃老井倒灌矿井。

防水系统：在编制矿井设计时，井口和工业场地应选择在不受洪水威胁的地点，矸石、炉灰及施工土方必须避开山洪和河流的冲刷方向，以免冲到工业场地和建筑物附近或淤塞沟渠和河道；对沿河布置的低于当地历年最高洪水位且受到河水威胁的建筑物或民用建筑物，应修筑防洪堤坝；对于坡面汇水应修挖防洪沟截住山洪，防止内侵或通过露头渗入矿井，封堵地面水渗入井下的塌陷裂缝和塌陷洞等通道；漏水的沟渠和河流应整铺河底或改道；加强地面在用钻孔及封闭不良钻孔的管理。

排水系统：对于内涝区和洪水季节河水有倒流现象的矿区及工业场地，应在井田周围或井田内泄洪总沟的出口处建立水闸，设置排洪站，以备河水倒灌时向外排水；如果塌陷区范围太大、无法填平时，可用水泵排水，以防止地面水渗入井下。

煤矿是安全生产的责任主体，应当主动与气象、水利、防汛等部门联系，建立灾害性天气预警和预防机制。矿井应当及时掌握可能危及安全生产的暴雨洪水灾害信息，密切关注灾害性天气的预报预警信息；及时掌握汛情水情，采取安全防范措施；加强与周边相邻矿井信息沟通，发现矿井水害可能影响相邻矿井时，立即向周边相邻矿井发出预警。

**第二百九十一条** 矿井井口和工业场地内建筑物的地面标高必须高于当地历年最高洪水位；在山区还必须避开可能发生泥石流、滑坡等地质灾害危险的地段。

矿井井口及工业场地内主要建筑物的地面标高低于当地历年最高洪水位的，应当修筑堤坝、沟渠或者采取其他可靠防御洪水的措施。不能采取可靠安全措施的，应当封闭填实该井口。

**【解读】** 本条是关于矿井井口和工业场地内建筑物标高及防水措施的规定。

矿井井口及工业场地是煤矿生产的咽喉和腹地，在任何情况下，均应保证井口和其他地面设施不被洪水淹没。因此，井口和各种工业建筑物的地面标高，在设计时均应高于当地百年之内最高洪水位，在山区还应当避开可能发生泥石流、滑坡等地质灾害危险的地段。

老矿井井口及工业场地内建筑物的高程低于当地历年最高洪水位的，必须修筑堤坝、沟渠或者采取河道清障等其他可靠防御洪水的措施。不能采取可靠安全措施的，应当封闭填实该井口。

**【案例】** 2009 年 5 月 28 日，云南省红河州开远市妈达煤矿发生地表洪水泥石流倒灌矿井事故，造成3人死亡。该矿始建于2000年，2008年实际生产能力为3.5万t/a。由于强降雨，山体滑坡，洪水引发泥石流通过主斜井井口溃入井下。事故前有关部门曾发出暴雨预警，但未引起煤矿重视。该矿井口的设计位置没有避开洪水泥石流威胁区域。

**第二百九十二条** 当矿井井口附近或者开采塌陷波及区域的地表有水体或者积水时，必须采取安全防范措施，并遵守下列规定：

（一）当地表出现威胁矿井生产安全的积水区时，应当修筑泄水沟渠或者排水设施，防止积水渗入井下。

（二）当矿井受到河流、山洪威胁时，应当修筑堤坝和泄洪渠，防止洪水侵入。

（三）对于排到地面的矿井水，应当妥善疏导，避免渗入井下。

（四）对于漏水的沟渠和河床，应当及时堵漏或者改道；地面裂缝和塌陷地点应当及时填塞，填塞工作必须有安全措施。

**【解读】**本条是关于防止地表水溃入井下的规定。

防止地表水（河流、水库、洪水等）溃入井下主要采取截流治理措施，阻截地表水通过塌陷区、废弃矿井、井口等通道灌入井下。煤矿企业必须认真排查隐患，采取可靠的安全措施，防止地表水溃入井下。

（一）对于地表出现威胁矿井生产安全的积水区的处理，总体原则是在矿区内部以导流为主，导排结合。

为了避免积水通过塌陷裂缝等通道涌入井下，若留设防水煤（岩）柱经济上不合理或无法留设时，可采取修筑泄水沟渠，向矿区外围自然排泄积水的防治水措施，将积水排出矿区。

露头、裂隙和导水断层往往是地表水直接或间接流入井下的通道，为了避免积水通过沟渠人为地与露头、裂隙、导水断层相连，造成积水溃入矿井，修筑沟渠时要避开这些薄弱地点。对于特别低洼的地点不能修筑沟渠排水时，为了防止积水对矿井安全构成威胁，可将积水低洼区进行填平压实，以防再度积水，从而彻底保证消除水害隐患。

当范围太大无法填平、经济不合理时，要建排水泵站排水，妥善将积水排出矿区，防止内涝积水渗入井下。

（二）当矿井受到河流、山洪威胁时，应当修筑堤坝和泄洪渠，防止洪水侵人。

（1）采用修筑堤坝的方法将河水截断，使水流改道，从矿区外围流走。

（2）采用建造构筑（建筑）物的方法将洪水挡在煤矿井口和工业场地以外。

（三）对于排到地面的矿井水，应当妥善疏导，防止积水往井下渗入和雨季水位暴涨溃入井下。在修筑沟渠排水时，应避开露头、裂缝和导水岩层。

为防止矿井水再次通过露头、塌陷裂隙带等薄弱地点渗入井下，防止矿井水的恶性循环，避免影响矿井安全，必须采取修建石拱桥（沟渠）等排水措施，将矿井水排出矿区，用于灌溉农田，或者进行水净化处理，供工业、生活用水，做到排、供、环一体化管理，同时也保证了矿井的安全。

（四）对于漏水的沟渠和河床，应当及时堵漏或者改道；地面裂缝和塌陷地点应当及时填塞，填塞工作必须有安全措施，如由外向内逐步填塞，填塞后的地方必须经过彻底碾压压实，以防止人员在工作时陷入塌陷坑内。

**【案例】**2007 年 7 月 22 日，山西省吕梁市兴县魏家滩镇马圐圙煤矿，因山洪暴发，造成河床下采空区发生塌陷，沉陷面积约 800 $m^2$，洪水经采空区溃入矿井，导致 11 人死亡。

**第二百九十三条**　降大到暴雨时和降雨后，应当有专业人员观测地面积水与洪水情况、井下涌水量等有关水文变化情况和井田范围及附近地面有无裂缝、采空塌陷、井上下连通的钻孔和岩溶塌陷等现象，及时向矿调度室及有关负责人报告，并将上述情况记录在案，存档备查。

情况危急时，矿调度室及有关负责人应当立即组织井下撤人。

**【解读】**本条是关于降大到暴雨时，观测地面、井下水文情况和及时撤人的规定。

为了防止暴雨洪水造成淹井事故，要及时了解暴雨洪水信息，组织相关专业人员分别到地面、井下各水害观测点，认真观测降雨造成的水文情况变化，并及时报告值班矿调度和矿领导。情况危急时，要立即撤出井下作业人员。

有条件的矿井，应当尽量使用智能自动水位观测、记录和传输数据，以提高决策效率。

**第二百九十四条**　当矿井井口附近或者开采塌陷波及区域的地表出现滑坡或者泥石流等地质灾害威胁煤矿安全时，应当及时撤出受威胁区域的人员，并采取防治措施。

**【解读】**本条是关于防治滑坡或泥石流等地质灾害的规定。

受滑坡或泥石流威胁的矿区，煤矿企业应组织相关专家进行专门论证，制定防范措施和应急救援预案。

**第二百九十五条** 严禁将矸石、杂物、垃圾堆放在山洪、河流可能冲刷到的地段，防止淤塞河道和沟渠等。

发现与矿井防治水有关系的河道中存在障碍物或者堤坝破损时，应当及时报告当地人民政府，清理障碍物或者修复堤坝，防止地表水进入井下。

**【解读】**本条是关于矿井严禁将矸石、杂物、垃圾堆放在河道的规定。

堆放在山谷中或其他区域的煤（岩）矸石、杂物、垃圾等，在雨季或其他季节，经过山洪、河流的冲刷，就可形成矿山泥石流的灾害，可以冲到工业场地和建筑物附近或者淤塞河道、沟渠，抬高河流水位，形成堰塞湖，造成灾害或重大人员伤亡。如果河道两岸有废弃老窑时，还有可能通过老井筒溃入井下。

河道中障碍物影响矿井安全的，要及时进行全面清障，因管理权限无法清障的，要书面报告地方政府及相关部门。安委会要充分发挥综合协调作用，防范洪水决堤导致恶性淹井事件。

**第二百九十六条** 使用中的钻孔，应当安装孔口盖。报废的钻孔应当及时封孔，并将封孔资料和实施负责人的情况记录在案，存档备查。

**【解读】**本条是关于钻孔孔口应采取措施的规定。

井田内所有钻孔必须全部标注在采掘工程平面图上，建立台账。煤矿在掘进、回采过程中，根据钻孔台账的记录，逐孔分析检查，特别是打穿多含水层、煤层的钻孔处理，更要查清历史资料；无资料的，必须采取探放水措施或留设防隔水煤（岩）柱。

对于正在使用中的观测孔、注浆孔和电缆孔等钻孔，要确保每个钻孔安装孔口管并加盖封好，孔口管的高程应当高出当地最高洪水位；低于此规定的，必须采取措施，防止地表水沿钻孔灌入井下。报废的钻孔无论是在井上还是在井下，都必须及时注浆封孔。

为确保封孔的质量和封孔资料便于查找利用，有关封孔的设计、封孔报告等资料要进行存档备查。

**【案例】** 1999年6月18日，郑煤集团超化煤矿在井下21下山开拓时，发生突水，最大突水量达到600 $m^3/h$，导致采区被淹。经认真分析，该突水处附近有一个未封孔的水文勘查孔，且未标绘在采掘工程平面图上，经重新封孔处理，才解除了水患。

## 第三节 井下防治水

**第二百九十七条** 相邻矿井的分界处，应当留防隔水煤（岩）柱；矿井以断层分界的，应当在断层两侧留有防隔水煤（岩）柱。

矿井防隔水煤（岩）柱一经确定，不得随意变动，并通报相邻矿井。严禁在设计确定的各类防隔水煤（岩）柱中进行采掘活动。

**【解读】** 本条是关于矿井分界处防隔水煤（岩）柱留设的规定。

1. 相邻井田人为边界防隔水煤（岩）柱的留设和计算

1）水文地质简单型到中等型的矿井

可采用横向法留设，即用式（3-3）计算，但安全系数 $K$ 一般应取4~10，且总宽度不得小于40 m。

$$L = 0.5KM\sqrt{\frac{3p}{K_P}} \geqslant 20\ \text{m} \tag{3-3}$$

式中 $L$——安全煤柱留设的宽度，m；

$K$——安全系数，一般取2~5；

$M$——煤层厚度或采高，m；

$p$——水头压力，MPa；

$K_p$——煤的抗拉强度，MPa。

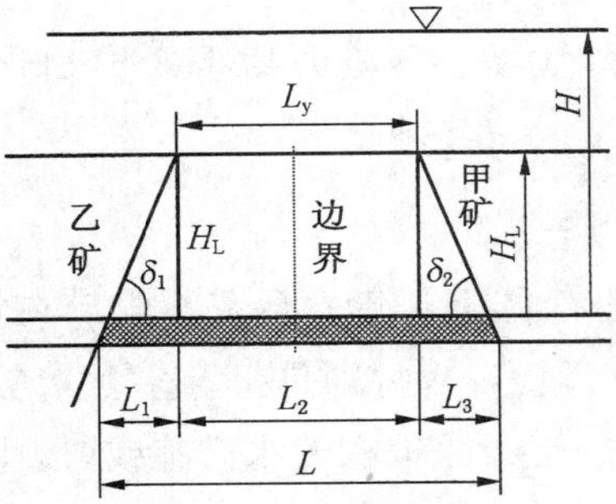


$L_1$、$L_2$、$L_3$—部分边界煤柱宽度；$H_L$—导水裂缝带高度；$H$—静水位高度；$\delta_1$、$\delta_2$—岩层移动角

图3-41 相邻井田人为边界防隔水煤（岩）柱留设图

2）水文地质复杂型到极复杂型的矿井

应当根据煤层赋存条件、地质构造、静水压力、开采上覆岩层移动角、导水裂缝带高度等因素确定。

单一煤层边界煤柱留设如图3-41所示。对水文地质条件复杂和极复杂的矿井也可按式（3-4）和式（3-5）计算导水裂缝带上限岩柱宽度 $L_y$ 和顺层边界煤柱宽度 $L$，但 $L_y$ 不应小于20 m。

$$L_y = \frac{H - H_L}{100T_s} \quad (3-4)$$

$$L = L_1 + L_3 + L_y = \frac{H_L}{\tan\delta_1} + \frac{H_L}{\tan\delta_2} + \frac{H - H_L}{100T_s} \quad (T_s\text{为临界突水系数}) \quad (3-5)$$

对于多煤层开采的情况：

（1）当上、下两层煤的层间距小于下层煤开采后的导水裂缝带高度时，下层煤的边界防隔水煤（岩）柱，应当根据最上一层煤的岩层移动角和煤层间距向下推算，如图3－42a所示。

（2）当上、下两层煤之间的垂距大于下煤层开采后的导水裂缝带高度时，上、下煤层的防隔水煤（岩）柱，可分别留设，如图3－42b所示。

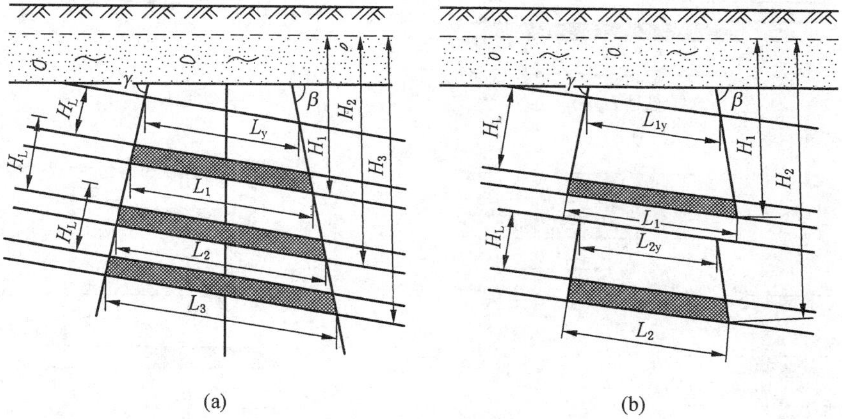


$H_L$—导水裂缝带上限；$H_1$、$H_2$、$H_3$—各煤层底板以上的静水位高度；γ—上山岩层移动角；β—下山岩层移动角；$L_y$、$L_{1y}$、$L_{2y}$—导水裂缝带上限岩柱宽度；$L_1$—上层煤防水煤柱宽度；$L_2$、$L_3$—下层煤防水煤柱宽度

图3－42　多煤层地区边界防隔水煤（岩）柱留设图

导水裂缝带上限岩柱宽度的计算，可采用式（3－6）。

$$L_y = \frac{H - H_L}{100T_s} \geqslant 20\text{ m} \quad (3-6)$$

式中　$L_y$——导水裂缝带上限岩柱宽度，m；

$H$——煤层底板以上的静水位高度，m；

$H_L$——导水裂缝带的高度，m；

$T_s$——临界实水系数（水压与岩柱宽度的比值），取0.1 MPa/m。

2. 以断层为界的井田防隔水煤（岩）柱的留设和计算

以断层为界的井田，其边界防隔水煤（岩）柱可参照断层防隔水煤（岩）柱留设，但应当考虑井田另一侧煤层的情况，以不破坏另一侧所留煤（岩）柱为原则，既不能使断层两盘设计的采空区相互沟通，又要防止强含水层水涌入巷道。除参照断层煤柱的留设外，可参考图 3－43 所示的例图。

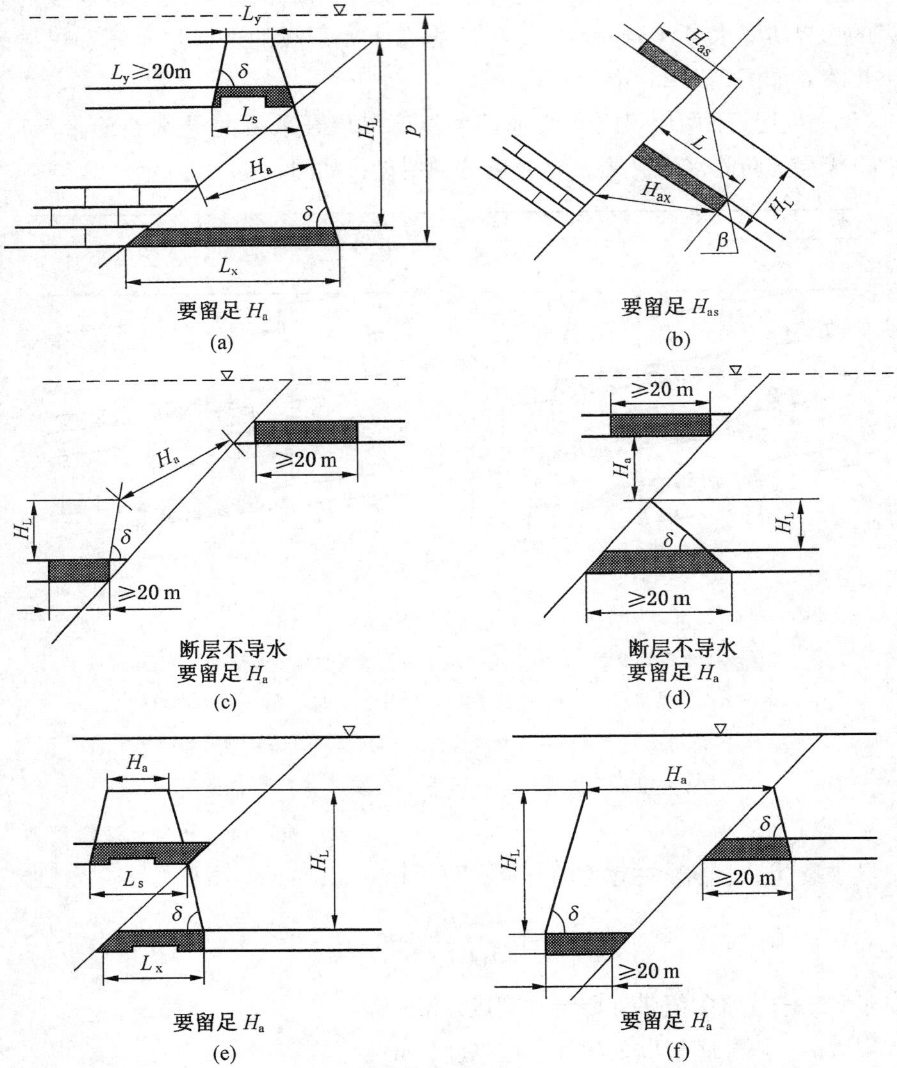


$L$—煤柱宽度；$L_s$、$L_x$—上、下煤层的煤柱宽度；$L_y$—导水裂缝带上限岩柱宽度；$H_a$、$H_{as}$、$H_{ax}$—安全防水岩柱厚度；$H_L$—导水裂缝带上限；$p$—底板隔水层承受的水头压力

图 3－43　以断层分界的井田防隔水煤（岩）柱留设图

矿与矿边界必须留设防隔水煤（岩）柱；以断层为界，则必须在断层两侧留有防隔水煤（岩）柱。防隔水煤（岩）柱尺寸，应当根据相邻矿井的地质构造、水文地质条件、煤层赋存条件、围岩性质、开采方法以及岩层移动规律等因素，按照《煤矿防治水细则》的有关要求执行，并在矿井设计时确定。矿井防隔水煤（岩）柱一经确定，不得随意变动。如确需变动，必须经设计部门同意。

矿井边界煤（岩）柱已破坏的，要采取有效措施，建立防水承压的隔离措施，并加强观测。正在生产的煤矿不得开采防隔水煤（岩）柱；矿井资源枯竭、回采煤柱时，必须制定严格的安全措施，加强管理，以防透水事故发生。

特别要指出的是，超层越界开采、超深开采导致水害事故频发，所以煤矿要严禁超层越界开采和超深开采。

**【案例】** 2014 年 8 月 14 日，黑龙江安之顺煤矿违法超层盗采煤炭资源，当五段反上 24 层平巷工作面掘至邻近废弃矿井采空区边界后，造成与废弃矿井采空区之间煤柱变小，废弃矿井老空积水压垮煤柱并溃入井下，导致重大水害事故发生，死亡 16 人。

**第二百九十八条** 在采掘工程平面图和矿井充水性图上必须标绘出井巷出水点的位置及其涌水量、积水的井巷及采空区范围、底板标高、积水量、地表水体和水患异常区等。在水淹区域应当标出积水线、探水线和警戒线的位置。

**【解读】** 本条是关于图件中标绘井巷出水点、采空区积水量、地表水体和水患异常区等的规定。

为了掌握矿井水害的形成规律，对重大水患做到心中有数，矿井应定期观测井下发生的出水点及水量变化情况，并标绘在图件上，定期进行分析，查找出水原因，探寻防治水规律，制定防范措施。

无论是老空区形成的积水区，还是出水点形成的积水区，都应在采掘工程平面图和矿井充水性图上标出，并确定探水警戒线，按规定采用钻探方法进行探放水，其中探放老空水的最小距离不得小于 30 m，孔口管长度不得小于 10 m。

由于地下水的动态变化，煤矿要定期核查积水的井巷及采空区的积水范围、底板标高和积水量等，并标绘在采掘工程平面图和矿井充水性图上。

（1）积水线的确定。根据调查所得老空积水区分布资料，或由物探、钻探探查确定的老空积水区范围，圈定积水线。

（2）探水线的确定。根据老空积水区的水压、煤层的坚硬程度、资料可靠程度等因素沿积水线平行外推一定距离画一条线即为探水线（图3－43）。当采掘工作面接近至此线时就要采取探放水措施。探水线经验值参考表3－19。

表3－19 老空水探水线　　m

| 边界名称 | 确定方法 | 煤层软硬程度 | 资料依靠调查分析判别 | 有一定图纸资料作参考 | 可靠图纸资料作依据 |
|---|---|---|---|---|---|
| 探水线 | 由积水线平行外推 | 松软 | 100～150 | 80～100 | 30～40 |
| | | 中硬 | 80～120 | 60～80 | 30～35 |
| | | 坚硬 | 60～100 | 40～60 | 30 |

（3）警戒线的确定。由探水线再平行外推一定距离划定一条线即为警戒线（图3－44）。当采掘工作面接近此线后，应警惕积水威胁，注意采掘工作面水情变化，如发现有透水征兆时要提前探放水，情况危急时要及时撤离受水威胁区域人员。警戒线一般取值为50～150 m，具体外推距离的大小可以根据水体性质、范围、水文地质条件和资料的可靠性等因素来确定。

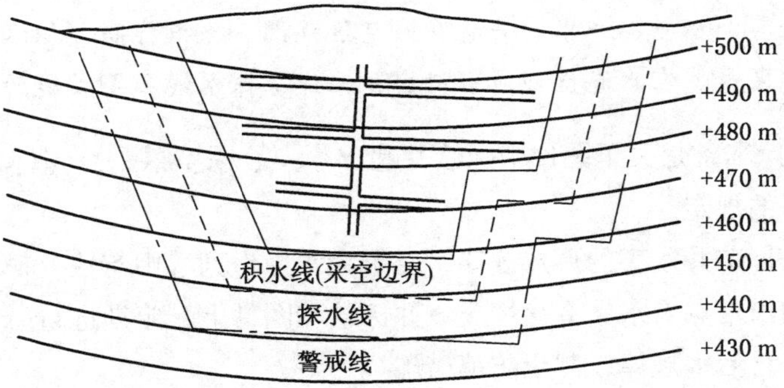


图3－44　积水线、探水线、警戒线示意图

**第二百九十九条**　受水淹区积水威胁的区域，必须在排除积水、消除威胁后方可进行采掘作业；如果无法排除积水，开采倾斜、缓倾斜煤层的，必须按照《建筑物、水体、铁路及主要井巷煤柱留设与压煤开采规范》中有关水体下开采的规定，编制专项开采设计，由煤矿企业主要负责人审批后，方可进行。

严禁开采地表水体、强含水层、采空区水淹区域下且水患威胁未消除的急倾斜煤层。

**【解读】**本条是关于水体下、强含水层下、水淹区域下采煤的规定。

在水淹区域下采煤和在水体下采煤其本质是一致的，任何一个薄弱环节都可能造成重特大水害事故，因此，必须引起高度重视。只要有条件的，对受水淹区域积水威胁的采掘工作面，必须排除积水、消除威胁后进行布置和采掘。在水淹区域下开采倾斜、缓倾斜煤层的，如果无法排除积水，则必须查明地质情况，按照《建筑物、水体、铁路及主要井巷煤柱留设与压煤开采规程》中有关水体下开采的规定，编制专项开采设计，组织相关技术人员研究确定安全可靠的防隔水煤（岩）柱和安全防范措施，经煤矿企业主要负责人审批后，方可进行采掘活动，并要加强观测，有异常情况，立即停产撤人。

由于急倾斜煤层开采后的抽冒问题没有得到有效解决，因此，本条规定严禁在地表水体、强含水层、采空区水淹区域以下开采水患威胁未消除的急倾斜煤层。

另外，由于在开采过程中遇到的高角度正断层也易发生类似急倾斜煤层的抽冒现象，在开采过程中要引起重视，防止断层导水或者沿断层抽冒发生事故。

**第三百条**　在未固结的灌浆区、有淤泥的废弃井巷、岩石洞穴附近采掘时，应当制定专项安全技术措施。

**【解读】**本条是关于在未固结的灌浆区、有淤泥的废弃井巷、岩石洞穴附近采掘时的规定。

未固结的灌浆区、有淤泥的废弃井巷、岩石洞穴都是井下水患事故的隐患，在其附近采掘时，应制定专项安全技术措施，按照受水淹积水威胁进行管理。矿井要收集相关资料，标绘在采掘工程平面图和矿井充水性图上，确定探水线的位置，必要时建立水闸墙，以防发生事故。准确判断积水的区域是否彻底放完水，防止淤泥堵塞钻孔造成放完水的假象。

如果在未固结的灌浆区、有淤泥的废弃井巷、岩石洞穴下部采掘时，也应制定专项安全技术措施，必须彻底消除威胁后方可进行采掘活动；或者按照水体下采煤的有关规定，制定专项安全技术措施，经企业主要负责人审批后，方可进行采掘活动，同时要加强观测，有异常情况，立即停产撤人。

**第三百零一条**　开采水淹区域下的废弃防隔水煤柱时，应当彻底疏干上部积水，进行安全性论证，确保无溃浆（砂）威胁。严禁顶水作业。

【解读】本条是关于废弃防隔水煤（岩）柱开采的规定。

开采水淹区下废弃防隔水煤（岩）柱时，危险较大，必须编制专门开采设计，进行安全性论证，制定疏放上部积水的安全技术措施，由企业总工程师组织相关技术人员审核后，方可进行施工。废弃防隔水煤（岩）柱上部积水未彻底疏放结束，不得进行采掘活动，严禁顶水作业施工，防止积水突然溃出造成事故。

**第三百零二条** 井田内有与河流、湖泊、充水溶洞、强或者极强含水层等存在水力联系的导水断层、裂隙（带）、陷落柱和封闭不良钻孔等通道时，应当查明其确切位置，并采取留设防隔水煤（岩）柱等防治水措施。

【解读】本条是关于井下工程遇导水通道的防治水工作的规定。

导水构造是造成水害的通道，因此，必须查明井田内有关断层、裂隙（带）、陷落柱等构造的确切位置，为水害治理提供科学依据。

充水水源（河流、湖泊、溶洞、含水层）与导水通道（断层、裂隙带、陷落柱、封闭不良钻孔）二者之间的有机结合构成矿坑充水条件，所以井田内导水构造一般要留设防隔水煤（岩）柱，以防突水造成灾害。

1. 通道的探查

井田内有与河流、湖泊、溶洞、含水层等存在水力联系的导水断层、裂隙（带）、陷落柱等构造时，必须查出其确切位置。

井下探查应当遵守下列规定：

（1）采用矿井物探、坑道钻探、突水监测、原位测试、水质分析和放水试验等多种方法和手段。

（2）采用井下与地面相结合的综合勘探方法，充分发挥地面钻探、物探所获得的技术资料，通过井下钻探、物探进一步完善，使井上、下探查结果相互验证和相互补充。

（3）井下勘探施工作业时，存在有害气体的逸出超限、积水意外涌出等不安全因素，必须保证矿井安全生产，并采取可靠的安全防范措施。

井下探查应当符合下列要求：

（1）钻孔的各项技术要求、安全措施等钻孔施工设计，经矿总工程师批准后方可实施。

（2）施工并加固钻机硐室，保证正常的工作条件。

（3）钻机安装牢固。钻机首先下好孔口管，并进行耐压试验。在正式施工前，安装孔口安全闸阀，以保证控制放水。安全闸阀的抗压能力大于最大水压。在揭露含水层前，安装好孔口放喷装置。

（4）按照设计进行施工，并严格执行施工安全措施。

（5）进行连通试验，不得选用污染水源的示踪剂。

（6）对于停用或者报废的钻孔，及时封堵，并提交封孔报告。

2. 留设防隔水煤（岩）柱

在导水或含水断层、裂隙（带）两侧或陷落柱周围，为防止积水溃入井下必须留设足够的防隔水煤（岩）柱。

含水或导水断层防水煤柱的留设方法，按《煤矿防治水细则》附录三的规定执行。陷落柱防水煤柱的留设，可参照断层煤柱的留设方法，沿陷落柱边缘，呈环状留设。

1）煤层与强含水层或导水断层接触防隔水煤（岩）柱的留设

在导水或含水断层、裂隙（带）两侧或陷落柱周围，为防止积水溃入井下必须留设足够的防隔水煤（岩）柱。

导水或含水断层防水煤柱的留设方法，按《煤矿防治水细则》附录三的规定执行。陷落柱防水煤柱的留设，可参照断层煤柱的留设方法，沿陷落柱边缘，呈环状留设。

煤层与强含水层或导水断层接触，并局部被覆盖时，防隔水煤（岩）柱的留设要求参见图 3－45。

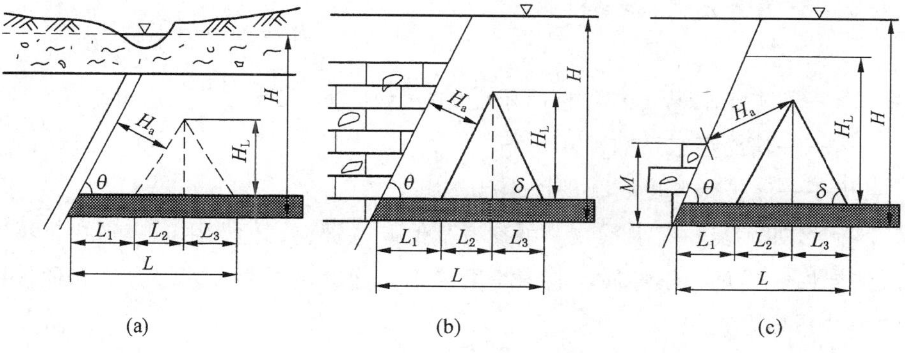


图 3－45　煤层与富水性强的含水层或导水断层接触时防隔水煤（岩）柱留设图

当含水层顶面高于最高导水裂缝带上限时，防隔水煤（岩）柱可按图 3－

45a、图 3－45b 留设。其计算公式为

$$L = L_1 + L_2 + L_3 = H_a \csc\theta + H_L \cot\theta + H_L \cot\delta$$

最高导水裂缝带上限高于断层上盘含水层时，防隔水煤（岩）柱按图 3－45c 留设。其计算公式为

$$L = L_1 + L_2 + L_3 = H_a(\sin\delta - \cos\delta\cot\theta) + (H_a\cos\delta + M)(\cot\theta + \cot\delta) \geqslant 20\ \text{m}$$

式中 $L$——防隔水煤（岩）柱宽度，m；

$L_1$，$L_2$，$L_3$——防隔水煤（岩）柱各分段宽度，m；

$H_L$——最大导水裂缝带高度，m；

$\theta$——断层倾角，(°)；

$\delta$——岩层塌陷角，(°)；

$M$——断层上盘含水层层面高出下盘煤层底板的高度，m；

$H_a$——断层安全防隔水煤（岩）柱的宽度，m。

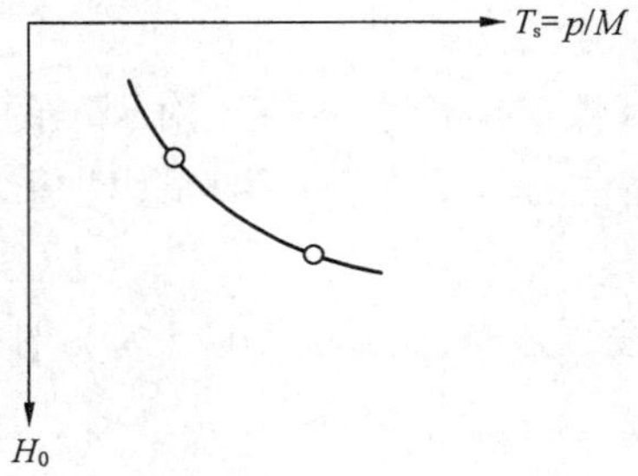


图 3－46　$T_s$ 和 $H_0$ 关系曲线图

$H_a$ 值应当根据矿井实际观测资料来确定，即通过总结本矿区在断层附近开采时发生突水和安全开采的地质、水文地质资料，计算其水压（$p$）与防隔水煤（岩）柱厚度（$M$）的比值（$T_s = p/M$），并将各点之值标到以 $T_s = p/M$ 为横轴，以埋藏深度 $H_0$ 为纵轴的坐标纸上，找出 $T_s$ 值的安全临界线（图 3－46）。

$H_a$ 值也可以按下列公式计算：

$$H_a = \frac{p}{T_s} + 10$$

式中 $p$——防隔水煤（岩）柱所承受的静水压力，MPa；

$T_s$——临界突水系数，MPa/m；

10——保护带厚度，一般取 10 m。

本矿区如无实际突水系数，可参考其他矿区资料，但选用时应当综合考虑隔水层的岩性、物理力学性质、巷道跨度或工作面的控顶距、采煤方法和顶板控制方法等一系列因素。

2）煤层位于含水层上方且断层导水时防隔水煤（岩）柱的留设

在煤层位于含水层上方且断层导水的情况下（图 3－47），防隔水煤（岩）柱的留设应当考虑 2 个方向上的压力：一是煤层底部隔水层能否承受下部含水层水的压力；二是断层水在顺煤层方向上的压力。

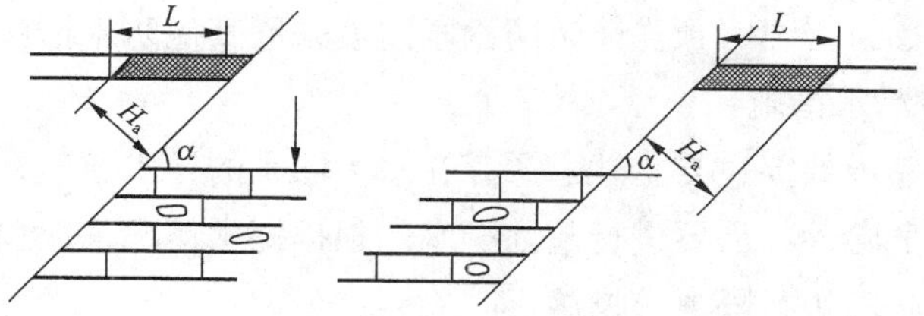


(a)　　　　　　　　(b)

图 3－47　煤层位于含水层上方且断层导水时防隔水煤（岩）柱留设图

当考虑底部压力时，应当使煤层底板到断层面之间的最小距离（垂距），大于安全煤柱宽度（$H_a$）的计算值，并不得小于 20 m。其计算公式为

$$L=\frac{H_a}{\sin\alpha}\geqslant 20\ \mathrm{m}$$

式中　$\alpha$——断层倾角，(°)；

$H_a$——断层安全防隔水煤（岩）柱的宽度，m；

$L$——防隔水煤（岩）柱宽度，m。

当考虑断层水在顺煤层方向上的压力时，按《煤矿防治水细则》附录三之二计算煤柱宽度。

根据以上两种方法计算的结果，取用较大的数字，但仍不得小于 20 m。

如果断层不导水，防隔水煤（岩）柱的留设尺寸，应当保证含水层顶面与断层面交点至煤层底板间的最小距离，在垂直于断层走向的剖面上大于安全煤柱宽度（$H_a$）时即可，但不得小于 20 m，如图 3－48 所示。

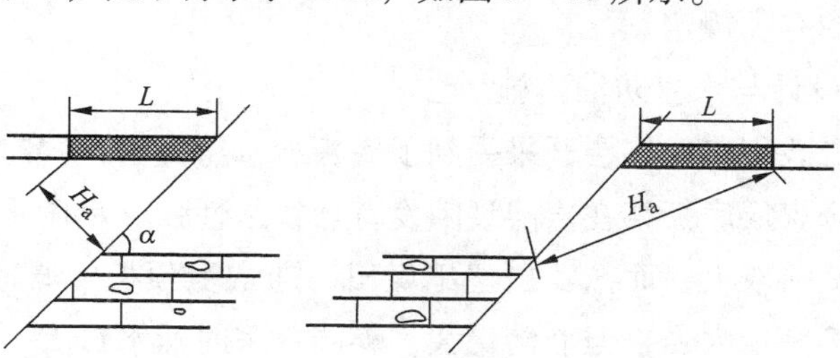


(a)　　　　　　　　(b)

图 3－48　煤层位于含水层上方且断层不导水时防隔水煤（岩）柱留设图

巷道穿过上述构造时，应当采取有效的防治水措施。如果前方有水，应超前预注浆封堵加固，必要时预先建筑防水闸门或采取其他防水措施。

3. 其他防治水措施

如果井下巷道要穿过与上述水源存在水力联系的导水通道，则在巷道掘进过程中具有突水危险性，需要进行超前探水。根据探水情况采取预注浆加固巷道围岩、建筑防水闸门进行隔离等措施。

因此，巷道掘进过程中探水注浆作业是确保安全施工的一项常规的、重要的矿井水文地质工作，尤其是巷道接近水文地质异常体时，一定要坚持探水注浆制度，否则不能掘进。为了减少井巷工程涌水量，为掘进作业创造良好的工作环境，对于已经穿越含水层的井巷，淋水较大时，应当进行壁后注浆，一般会收到良好的效果。

对于不导水的断裂构造带，也建议注浆加固，以便于巷道支护和维修，同时也可防止滞后延迟突水。

**第三百零三条** 顶、底板存在强富水含水层且有突水危险的采掘工作面，应当提前编制防治水设计，制定并落实水害防治措施。

在火成岩、砂岩、灰岩等厚层坚硬岩层下开采受离层水威胁的采煤工作面，应当分析探查离层发育的层位和导含水情况，超前采取防治措施。

开采浅埋深煤层或者急倾斜煤层的矿井，必须编制防止季节性地表积水或者洪水溃入井下的专项措施，并由煤矿企业主要负责人审批。

**【解读】** 本条是关于具有突水危险采掘工作面、离层水防治以及开采浅埋深或急倾斜煤层的有关规定。

1. 防治水设计与水害防治措施

我国石炭二叠纪煤田煤层开采受到顶底板含水层夹击，同时受顶底板水的威胁，大部分矿区煤层底板存在岩溶裂隙发育、富水性强、承压水头高的奥灰强含水层，底板水威胁较大；而侏罗白垩纪煤田，通常受顶板巨厚砂岩含水层影响，虽然其富水性不一定太强，但静储量大，煤层开采时涌水量大，易发生顶底板突水事故，甚至淹没矿井。

为了防止水害事故发生，顶、底板存在强富水含水层且有突水危险的采掘工作面，应当提前在开采前编制防治水设计，查明水文地质条件，评价是否具有突水可能性；根据不同的水文地质条件制定针对性的防治水措施和开采方案：对于顶板水，应当采用超前疏放、注浆改造含水层、帷幕注浆、充填开采或者限制采高等方法，消除威胁；针对底板水带压开采，采取地面区域治理、井下注浆加固底板或者改造含水层、疏水降压、充填开采等防治水措施，消除水害威胁。

2. 离层水防治

所谓离层水，是指煤层开采后，顶板覆岩不均匀变形及破坏而形成的离层空腔积水。由于上覆层状沉积岩层在煤层采动时沉降量不同，在层与层之间形成离层，特别是上部为硬岩层，如火成岩、砂岩、砾岩、灰岩等厚层坚硬岩层，而下部为煤系软岩层，如泥岩、砂泥岩、粉砂岩、页岩等软弱岩层，极易形成层间离层空间。离层空间必须封闭才具备储水条件，封闭空间存在水源补给，才可能形成离层水。由此可见，利于形成离层的岩层结构、离层空间封闭、具备补给水源等条件同时具备，才可形成离层水，缺一不可。具备了离层水充水水源，还必须有采动过程中形成的垂向裂隙配合导通离层水才能形成灾害。事实也证实，离层水灾害在顶板水害类型中并不常见，只有所有条件同时具备才能发生，其中任何一个因素或条件不具备均可阻断离层水事故。

鉴于离层水灾害的上述特征，在采掘前有必要分析是否具备离层形成条件，是否具备离层水储集条件，是否具备灾害形成条件；如果同时具备上述条件，则工作面开采受离层水威胁。在此情形下，再考虑探查积水层位和位置、积水量等，提出疏堵治理方案。由于火成岩、砂岩、砾岩、灰岩等厚层坚硬岩层下开采易于形成离层水，因此，特别强调具备此种顶板岩层结构条件的采煤工作面，应分析受离层水的威胁，提出消除威胁的措施方案。

**【案例】**2016 年 4 月 25 日 8 时 05 分，陕西省铜川市耀州区照金矿业有限公司 202 综采放顶煤工作面发生顶板突水溃砂事故，淹没工作面及部分运输和回风巷道，造成 11 人遇难。造成事故的原因是，洛河组下段含水层水进入工作面顶板宜君组与直罗组之间的离层空腔，形成离层水，由于采动强烈扰动，顶板沿工作面煤壁发生切冒形成集中通道，在水压、矿压、泥石体重力的共同作用下，离层水泥浆沿切冒形成集中通道溃入工作面，造成突水溃砂事故。

防治离层水，一般应做好以下方面工作：

（1）应根据勘探资料及采掘揭露对煤层顶板覆岩结构特征及其力学性质、含水层富水性等进行分析，并依据关键层位置、导水裂隙带发育高度，分析判断可能形成离层水的层位。

（2）应分析工作面顶板覆岩运移规律及涌水情况，总结离层水的涌水规律。

（3）应进行工作面离层水水量预测，依据结果配置排水系统。

（4）应对可能形成离层水的部位进行超前探测及疏放。

（5）应对离层水的形成机理及防治技术开展专项研究。

离层水的治理措施，可主要从两方面考虑：一是从预防离层积水方面考虑，可人为破坏其相对封闭性，或注浆充填离层空间，使离层带无法积水；如果离层水补给水源清楚，可超前疏放或封堵截流离层补给水源，使离层带得不到补给。二是，如果确定离层积水已形成，可对采场顶板离层水超前疏导（放），如施工井下离层水导流孔和截流孔疏放离层水。

离层水灾害预防措施，主要从防止充水通道形成方面考虑。采动形成的垂向裂隙是连接离层水与采掘空间的通道，阻断通道也是预防致灾的措施之一，主要措施包括：

（1）改变采煤方法，降低采掘强度。

（2）实施顶板预裂，减少裂隙高度。

（3）实施精准注浆，填充垂向通道。

3. 开采浅埋深或急倾斜煤层矿井溃水防治

浅埋深煤层开采时，导水裂隙带甚至垮落带可以导通地表，或者急倾斜煤层开采可能抽冒到地表，地表水体或沟谷洪水可直接溃入井下造成事故，必须制定防止季节性地表积水或洪水溃入井下的专项措施，经煤矿主要负责人审批后实施。

对于威胁矿井生产安全的地表季节性积水区处理，总体原则是在矿区内部以导流为主，导排结合。季节性地表积水具有时限性和有限性，可以采取疏排积水消除隐患。防止洪水溃入井下可以采取措施：一是截流改道治理措施，阻截洪水通过塌陷区、抽冒区等通道灌入井下；二是及时填塞地面裂缝和塌陷区，填塞工作必须有安全措施，如由外向内逐步填塞，填塞后的地方必须经过彻底碾压压实。

**【案例】**2021 年 8 月 14 日，青海省刚察县柴达尔煤矿综放工作面发生冒顶溃砂事故，造成 20 人死亡。该矿为地方国有企业，生产能力 90 万吨/年，急倾斜煤层，采用综采放顶煤开采。煤层上覆基岩产生抽冒塌陷，导致地表积水携裹泥沙溃至采煤工作面，造成事故。

本次修订做了较大修改和补充，主要是提升水害防治工作重视程度，进一步明晰概念，增强可操作性，增加离层水灾害类型，并充分吸取事故教训。主要修改内容如下：

（1）将第一款中“对于煤层顶、底板带压的采掘工作面”修改为“顶、底板存在强富水含水层且有突水危险的采掘工作面”。修改的原因有以下两方面：其一，进一步明晰概念。《煤矿防治水细则》中有关带压开采的定义：是指在具有承压水压力的含水层上进行的采煤。承压含水层上开采，而顶板为含水层（或水体）下开采，无论承压与否均不属于带压开采的范畴，且无论承压与否均会对下伏煤层开采带来压力，因为即使含水层非承压也存在水的重力作用，由此看来，将顶板与底板放在一起来讨论带压开采，概念上解释不通。其二，增强可操作性和针对性。顶板含水层无论承压与否煤层采掘均带有压力，即使含水层非承压也存在着水体自重重力，按原规定要求，均应提前编制防治水设计，如此就几乎涵盖了所有存在顶板水的工作面，扩大了适用对象，相对降低了可操作性和针对性。本次修订后，不再涉及带压开采问题，不论顶板还是底板，存在强富水含水层且有突水危险的，均应提前开展防治工作。

（2）增加了离层水防治相关规定，要求“在火成岩、砂岩、灰岩等厚层坚硬岩层下开采受离层水威胁的采煤工作面，应当分析探查离层发育的层位和导含水情况，超前采取防治措施”。主要是充分吸取事故教训，对以前很少出现的离层水危害应予以高度重视。

（3）增加了开采浅埋深或急倾斜煤层矿井溃水防治相关规定，要求“开采浅埋深或急倾斜煤层的矿井，必须编制防止季节性地表积水或洪水溃入井下的专项措施，并由煤矿企业主要负责人审批”。

**第三百零四条** 煤层顶板存在富水性中等及以上含水层或者其他水体威胁时，应当实测垮落带、导水裂隙带发育高度，进行专项设计，确定防隔水煤（岩）柱尺寸。当导水裂隙带范围内的含水层或者老空积水等水体影响采掘安全时，应当超前进行钻探疏放或者注浆改造含水层，待疏放水完毕或者注浆改造等工程结束、消除突水威胁后，方可进行采掘活动。

**【解读】**本条是关于煤层顶板存在富水性中等及以上含水层或其他水体威胁时安全开采的规定。

煤层顶板存在富水性中等及以上含水层或其他水体威胁时，要查明含水层富水性和积水情况，根据《建筑物、水体、铁路及主要井巷煤柱留设与压煤开采规范》的规定合理确定防隔水煤（岩）柱尺寸，确保安全开采。如果煤层开采影响到含水层，必须预先修建排水系统，预先对含水层进行疏水降压或者注浆改造，确保不影响矿井安全；如果煤层上方是老空积水、岩溶水，则必须待疏放水完毕或者注浆改造等工程结束、消除突水威胁后，方可掘进、回采。

在矿井疏水降压或疏干开采过程中，应当进行定性、定量分析，可应用“三图—双预测法”进行顶板水害分区评价和预测。有条件的矿井可结合现场实测应用数值模拟技术，进行导水裂隙带发育高度、疏干水量和地下水流场变化的模拟和预测。

“三图—双预测法”是一种解决煤层顶板充水水源、通道和强度三大关键技术问题的顶板水害预测评价方法。

1. “三图”

“三图”是指煤层顶板充水含水层富水性分区图、顶板冒裂安全性分区图和顶板涌（突）水条件综合分区图。

充水含水层富水性分区图，可通过影响控制含水层富水程度的厚度和岩性、地质构造、渗透特性、单位涌水量、钻孔岩心描述和采取率、冲洗液消耗量、抽（放）水试验和井下涌（突）水形成的地下水渗流场分析、地下水水化学场和地球物理勘探场分析等资料，根据多源信息复合原理，应用 GIS 的叠加功能编制形成。

顶板冒裂安全性分区图，是指根据煤层回采过程中诱发的顶板导水裂缝带加保护层总高度与煤层至含水层之间覆岩厚度之差绘制的图，它是煤层回采过程中顶板突水灾害发生的前提。顶板导水裂缝带发育总高度受控因素多，具有非常复杂的非线性特征，除了受控于煤层覆岩岩性组合、塑性与脆性岩沉积厚度比值和其沉积位置、倾角和构造条件以及原岩地应力分布等自然影响因素外，开采工艺、采高和工作面斜长以及具体的顶板管理方式等人为影响因素也同等重要地控制其发育总高度。导水裂缝带发育总高度一般可采用经验统计公式或数值模拟计算评价，也可采用井下现场实测确定。

顶板涌（突）水条件综合分区图，是指应用 GIS 的多源信息复合叠加功能，将前述的煤层顶板充水含水层富水性分区图与顶板冒裂安全性分区图复合叠加处理后编制而成的图。

2. “双预测”

“双预测”是指在天然和人为改造状态下的采煤工作面分段和整体工程涌水量预测。

天然和人为改造状态下的采煤工作面分段和整体工程涌水量预测，是根据研究矿井具体的充水水文地质物理概念模型，建立地下水流系统的三维数值模拟模型，在反演识别基础上，根据采煤工作面周期来压步距，分别预测在天然和人为改造两种不同状态下的采煤工作面分段和整体工程涌水量。

**【案例】**2002 年 11 月 10 日，淮北矿业集团公司桃园煤矿发生突水、溃砂事故，造成 4 人死亡、1 人受伤。事故主要原因是：盲目提高开采上限，防水、防砂煤柱留设不够。

**第三百零五条** 开采底板有承压含水层的煤层，隔水层能够承受的水头值应当大于实际水头值；当承压含水层与开采煤层之间的隔水层能够承受的水头值小于实际水头值时，应当采取疏水降压、注浆加固底板改造含水层或者充填开采等措施，并进行效果检验，制定专项安全技术措施，报企业技术负责人审批。

**【解读】**本条是关于煤层底板存在承压含水层时带压开采的规定。

通过测定底板隔水层平均重度、平均抗拉强度和底板隔水层承受的水头压力，按照《煤矿防治水细则》有关安全隔水层厚度和突水系数计算评价是否可以带压安全开采。

有条件的矿井可以采用“脆弱性指数法”或“五图双系数法”等新方法，对底板突水危险性进行多因素的综合分区评价。可以采用比拟法、解析法和数值模拟法等方法预计矿井涌水量。

在带压开采过程中，要加强动态监测，制定现场应急预案，防止误揭断层、裂隙密集带和岩溶陷落柱等导水地质构造。

根据《煤矿防治水细则》中安全水头压力值计算，如果承压含水层与开采煤层之间的隔水层能够承受的水头值小于实际水头值，应当采取疏水降压、注浆加固底板改造含水层或者充填开采等措施，把承压含水层的水头值降到对应隔水层允许的安全水头值以下，防止突水淹井。

在疏水降压过程中，应积极推广应用矿井排水、供水、生态环保三位一体优化组合的管理模式和方法，有效解决由于煤矿大流量、大降深疏排地下水而导致的矿区所在城市与周围地区的供水困难和生态环境恶化的难题。根据矿井所在区域的具体水文地质条件和经济社会发展对水资源的需求，在取水建筑物选型中，要多方面考虑，不仅选择在井下打专门疏（放）水孔或巷道，也可选择在矿井地面打抽水孔，或在承压含水层的浅部隐伏露头补给区处打地面浅排孔。

当承压含水层的补给水源充沛，不具备疏水降压条件时，可以采用注浆加固底板和改造含水层或充填开采等措施。其措施必须进行效果检验，确保其可靠性。

**【案例】**2004 年 10 月 20 日，河北省邯郸市武安市德盛煤矿发生 1 起透水事故，造成矿井被淹，29 人下落不明。与其相邻的邯郸煤业集团陶一煤矿、陶二煤矿等生产矿井受到严重水害威胁。德盛煤矿主要开采下组煤，受奥灰水影响严重，矿井设计生产能力为15万t/a，采用立井单水平开拓方式。

事故直接原因是：该矿1841工作面上部遇到落差1.5 m左右的张性断层，工作面底板隔水层岩石破碎，在水压和采动影响等多种因素的作用下，底板隔水层能够承受的水头值小于实际水头值，在未采取措施的情况下，奥灰承压水从工作面后方采空区的断层破碎带发生滞后突水，导致矿井被淹。

**第三百零六条** 矿井建设和延深中，当开拓到设计水平时，必须在建成防、排水系统后，方可开拓掘进。

**【解读】**本条是关于矿井建设和延深到设计水平，必须建设防、排水系统的规定。

因为含水层水有顺层疏干和袭夺现象，上水平的水可以向下水平转移。具有底板或顶板承压含水层的条件下，随着水平延伸的深度增加，承压含水层的压力水头值增大，突水的危险性增加，突水量也会增大。要确保整个矿井的安全，矿井建设和生产矿井延深水平到底后，要优先建设该水平防水系统和排水系统，如设置防水闸门，建立水仓，铺设管路，安装水泵，尽快形成综合防、排水能力。只有防排水系统建成并发挥作用，方可开拓掘进。

**第三百零七条** 煤层顶、底板分布有强岩溶承压含水层时，主要运输巷、轨道巷和回风巷应当布置在不受水害威胁的层位中，并以石门分区隔离开采。对已经不具备石门隔离开采条件的应当制定防突水安全技术措施，并报矿总工程师审批。

**【解读】**本条是关于煤层顶、底板分布有强岩溶承压含水层时巷道布置的规定。

岩溶含水层含水丰富，但富水性不均衡，一旦发生突水，往往造成灾害性后果，特别是遇到导水陷落柱，更是防不胜防。华北地区煤系地层底部有奥陶系灰岩含水层，华南地区煤系地层底部茅口和顶部长兴灰岩含水层，都曾发生过淹井伤亡事故，教训十分深刻。

如果布置的巷道可能受到水害威胁，则必须在充分查明矿井水文地质条件的基础上，采取安全有效的防范措施，如安装大流量、高扬程潜水泵，预先注浆加固等，确保矿井和人员安全。

**【案例】**2004年12月12日，贵州省铜仁地区思南县天池煤矿发生溶洞突水事故，突水量约3万$m^3$，造成36人死亡。矿区内主要含水层为茅口组（底板）

和吴家坪组（顶板），岩性均为石灰岩，主要含岩溶裂隙水和岩溶溶洞水，煤厚0.8 m。由于排水系统不完善，抢险救援到2005年1月11日，发现21名遇难人员遗体，另有15人未找到。

**第三百零八条** 水文地质条件复杂、极复杂或者有突水淹井危险的矿井，应当在井底车场周围设置防水闸门或者在正常排水系统基础上另外安设由地面直接供电控制，且排水能力不小于最大涌水量的潜水泵。在其他有突水危险的采掘区域，应当在其附近设置防水闸门；不具备设置防水闸门条件的，应当制定防突（透）水措施，报企业主要负责人审批。

防水闸门应当符合下列要求：

（一）防水闸门必须采用定型设计。

（二）防水闸门的施工及其质量，必须符合设计。闸门和闸门硐室不得漏水。

（三）防水闸门硐室前、后两端，应当分别砌筑不小于5 m的混凝土护碹，碹后用混凝土填实，不得空帮、空顶。防水闸门硐室和护碹必须采用高标号水泥进行注浆加固，注浆压力应当符合设计。

（四）防水闸门来水一侧15～25 m处，应当加设1道挡物箅子门。防水闸门与箅子门之间，不得停放车辆或者堆放杂物。来水时先关箅子门，后关防水闸门。如果采用双向防水闸门，应当在两侧各设1道箅子门。

（五）通过防水闸门的轨道、电机车架空线、带式输送机等必须灵活易拆；通过防水闸门墙体的各种管路和安设在闸门外侧的闸阀的耐压能力，都必须与防水闸门设计压力相一致；电缆、管道通过防水闸门墙体时，必须用堵头和阀门封堵严密，不得漏水。

（六）防水闸门必须安设观测水压的装置，并有放水管和放水闸阀。

（七）防水闸门竣工后，必须按设计要求进行验收；对新掘进巷道内建筑的防水闸门，必须进行注水耐压试验，防水闸门内巷道的长度不得大于15 m，试验的压力不得低于设计水压，其稳压时间应当在24 h以上，试压时应当有专门安全措施。

（八）防水闸门必须灵活可靠，并每年进行2次关闭试验，其中1次应当在雨季前进行。关闭闸门所用的工具和零配件必须专人保管，专地点存放，不得挪用丢失。

【**解读**】本条是关于设置防水闸门等的规定。

多年实践证明，防水闸门对防止突水后淹井有一定作用，在某些矿井确实能够起到分区隔离、减少矿井水灾损失的作用。如焦煤集团公司通过关闭防水闸门，避免了多起淹井事故。所以，水文地质条件复杂、极复杂或者有突水淹井危险的矿井，应当在井底车场周围设置防水闸门。

防水闸门在实际生产应用过程中也存在很多问题，如巷道围岩条件差，防水闸门位置难以确定；其质量要求高，建设困难，建筑成本高；耐水密封性检测试验困难，维护费用高，每年关闭试验困难；常与生产互有干扰；突水后井下人员是否全部撤出，井底防水闸门能否下决心关闭；需关闭水闸门时过水量大、水中杂物多，人工关闭、关严困难等。

随着我国现代科学技术的发展，高扬程、大排水量的潜水泵已经国产化，它的优点是能在地面控制，泵房淹没后仍能正常工作，新建矿井可以采用卧泵排水系统，也可采用潜水泵排水系统或者卧泵与潜水泵相结合的排水系统。

水文地质条件复杂、极复杂的矿井，应当在井底车场周围设置防水闸门，建议有条件的矿井也可选择用潜水泵排水系统代替防水闸门，但潜水泵排水系统不能替代原有的排水系统。

**第三百零九条** 井下防水闸墙的设置应当根据矿井水文地质条件确定，防水闸墙的设计经煤矿企业技术负责人批准后方可施工，投入使用前应当由煤矿企业技术负责人组织竣工验收。

**【解读】** 本条是关于防水闸墙设计、施工和验收的规定。

井下构筑的防水闸墙，要承受一定的水压，其技术要求高。因此，防水闸墙应由具有资质的单位进行设计，经煤矿企业技术负责人批准后方可严格按设计施工，投入使用前应当由煤矿企业技术负责人组织竣工验收。矿井不得自行设计构筑防水闸墙。原来已建设使用的防水闸墙，应请设计部门逐个检查，加强观测，有重大隐患问题立即整改。

**【案例】** 2009 年 7 月 19 日，贵州六盘水市钟山区汪家寨镇煤洞坡煤矿发生透水事故，3 人死亡。该矿属资源整合矿井，整合后设计生产能力为 9 万 t/a。该矿生产系统内有一处老巷曾经着火，后打密闭灭火。密闭墙施工时设置的泄水管不能满足排水要求，密闭内采空区积水，将密闭墙压爆，导致透水事故发生，透水量约 100 $m^3$。

**第三百一十条** 井巷揭穿含水层或者地质构造带等可能突水地段前，必须编制探放水设计，并制定相应的防治水措施。

井巷揭露的主要出水点或者地段，必须进行水温、水量、水质和水压（位）等地下水动态和松散含水层涌水含砂量综合观测和分析，防止滞后突水。

**【解读】**本条是关于井巷揭露地质构造前必须进行探放水和对出水点进行观测的规定。

一些地质构造在矿井开采前是不导水的，开采后，由于矿压的影响，变成了导水构造。为了防止滞后突水淹井，必须在揭穿含水层、地质构造带前，进行探放水，并提出具体防范措施。

井巷揭穿含水层、地质构造带前，必须探水前进。如果前方有水，应当超前预注浆封堵加固，必要时可预先构筑防水闸门或者采取其他防治水措施；否则，不准施工。穿过含水层段的井巷，应当编制探放水和注浆堵水计划，按照防水的要求进行壁后注浆处理。

井巷揭露的主要出水点要按照《煤矿防治水细则》的有关要求及时观测，并进行认真分析，查找突水原因，探索水害的规律。

## 第四节　井　下　排　水

**第三百一十一条**　矿井应当配备与矿井涌水量相匹配的水泵、排水管路、配电设备和水仓等，并满足矿井排水的需要。除正在检修的水泵外，应当有工作水泵和备用水泵。工作水泵的能力，应当能在20 h内排出矿井24 h的正常涌水量（包括充填水及其他用水）。备用水泵的能力，应当不小于工作水泵能力的70%。检修水泵的能力，应当不小于工作水泵能力的25%。工作和备用水泵的总能力，应当能在20 h内排出矿井24 h的最大涌水量。

排水管路应当有工作和备用水管。工作排水管路的能力，应当能配合工作水泵在20 h内排出矿井24 h的正常涌水量。工作和备用排水管路的总能力，应当能配合工作和备用水泵在20 h内排出矿井24 h的最大涌水量。

配电设备的能力应当与工作、备用和检修水泵的能力相匹配，能够保证全部水泵同时运转。

**【解读】**本条是关于矿井设置排水系统及其配置的规定。

矿井应当配备与矿井涌水量相匹配的水泵、排水管路、配电设备和水仓等，确保矿井排水能力充足。

（1）对水泵的要求。是从两个方面考虑保证安全的。第一是从正常涌水量考虑，为了不间断地排除矿井正常涌水量，工作水泵的排水能力必须大于矿井正常涌水量能力，规定了工作水泵的能力应能在 20 h 排出 24 h 的正常涌水量，即工作水泵的能力是正常涌水量的 1.2 倍。第二是从最大涌水量考虑，工作和备用泵的总能力应能在 20 h 排出矿井 24 h 的涌水量，即最大涌水量的 1.2 倍。所谓最大涌水量是指受大气降水的影响，矿井涌水量增加到最大程度时的水量。因为有些矿井受大气降水的影响很大，雨季时矿井最大涌水量和正常涌水量相差数量很大；若一律按 70% 规定，则不能保证安全，故又提出按最大涌水量计算的规定。按此规定配置备用泵，当矿井雨季最大涌水量和正常涌水量相差小于 70% 时就可以减少备用水泵的台数。在计算水泵台数时，如出现小数时应取偏上整数。如要保持水泵的正常运转必须经常检修，所以规定了检修水泵的能力应不小于工作水泵能力的 25% 。水文地质条件复杂和极复杂的矿井，可在主水泵房内预留安装一定数量水泵的位置。

（2）水管的过水能力与水泵的排水能力相适应。必须有工作和备用水管，但不要求有检修水管，也不必一台水泵配一趟管路。即使涌水量很小的矿井，为防涌水量增大或排水管路损坏，也必须设置备用水管，即至少有 2 趟水管。

（3）配电设备在运转一定时间后也需要检修，故规定配电设备应同水泵的工作、备用和检修相适应。

**【案例】**焦作演马庄煤矿二水平正常涌水量 40 $m^3$/min，承压含水层突水涌出水量曾达到 240 $m^3$/min。工作水泵与备用泵的总能力，若按 680 KF 一台水泵 7 $m^3$/min配置，就需水泵 4 台，加上 25% 检修泵，总台数 50 台，需要建造一个约 300 m 长的泵房。突水时 48 台水泵全部开动，泵房内的温度必然很高，通风降温很难解决。

**【案例】**开滦范各庄煤矿二水平泵房有水泵 18 台，检修 5 台，工作和备用水泵 13 台。2171 工作面岩溶陷落柱突水时，13 台水泵全部开动，因泵房温度太高，采取局部通风机通风降温的方法效果不大，泵房很快被淹。矿井恢复后，为防再突水淹井扩大排水能力，经专家研究设计，在二水平建立了潜水泵房安装 4 台潜水泵，扩大排水能力 66.4 $m^3$/min。由此可见，在有突水淹井危险的矿井另行增建抗灾强排能力泵房是必要的。

**第三百一十二条**　主要泵房至少有 2 个出口，一个出口用斜巷通到井筒，并高出泵房底板 7 m 以上；另一个出口通到井底车场，在此出口通路内，应当设置易于关闭的既能防水又能防火的密闭门。泵房和水仓的连接通道,应当设置控制闸门。

排水系统集中控制的主要泵房可不设专人值守，但必须实现图像监视和专人巡检。

**【解读】**本条是关于矿井主要泵房安全出口的规定。

泵房是矿井排水系统的主要工程，泵房设置是否得当是关系到排水设施能否长期正常运转的重大问题，所以本条就泵房设计中几个涉及安全的问题做出了规定：

（1）为了泵房通风降温和泵房被淹时及时撤人，规定了主要泵房至少有两个出口，一个出口用斜巷通到井筒,作为回风和设置水管、电缆用。为了提高泵房的通风能力,规定了高出泵房底板 7 m 以上。另一个出口通到井底车场,可以作为水泵安装时的运输道,由于井底车场标高较低,作为进风通道也有利于泵房通风。

（2）为了防止泵房被淹和失火，又规定了在此出口通路内应设置易于关闭的既能防水又能防火的密闭门。

（3）为了防止水仓水进入泵房，影响水泵的正常运转，又规定了泵房和水仓的连接通道，应设置可靠的控制闸门。

积极推广应用先进的排水设备和技术。排水系统集中控制的主要泵房采用远程监控集控系统，可不设专人值守，但必须实现图像监视和专人巡检，提高矿井的抗灾能力。

**第三百一十三条**　矿井主要水仓应当有主仓和副仓，当一个水仓清理时，另一个水仓能够正常使用。

新建、改扩建矿井或者生产矿井的新水平，正常涌水量在 1000 $m^3/h$ 以下时，主要水仓的有效容量应当能容纳 8 h 的正常涌水量。

正常涌水量大于 1000 $m^3/h$ 的矿井，主要水仓有效容量可以按照下式计算：

$$V=2(Q+3000)$$

式中　$V$——主要水仓的有效容量，$m^3$；

　　$Q$——矿井每小时的正常涌水量，$m^3$。

采区水仓的有效容量应当能容纳 4 h 的采区正常涌水量。

水仓进口处应当设置箅子。对水砂充填和其他涌水中带有大量杂质的矿井，还应当设置沉淀池。水仓的空仓容量应当经常保持在总容量的 50% 以上。

**【解读】**本条是关于矿井排水系统水仓的规定。

水仓是井下排水的重要设施，水仓设置是否合适关系排水系统排水能力能否正常发挥。

矿井涌水中带有大量杂质很容易占据容水空间，必须经常清理才能保证水仓的有效容量，所以规定了主要水仓必须有主仓和副仓，当一个水仓清理时，另一个水仓能正常使用。

新井、改扩建矿井或生产矿井的新水平，水仓有效容量的规定分两种情况：

（1）正常涌水量在1000 $m^3/h$ 以下时，主要水仓的有效容量能容纳8h的正常涌水量。

（2）正常涌水量大于1000 $m^3/h$ 的矿井，主要水仓有效容量可按下式计算：

$$V=2(Q+3000)$$

式中 $V$——主要水仓的有效容量，$m^3$；

$Q$——矿井每小时的正常涌水量，$m^3$。

上述公式是以1000 $m^3/h$ 为最低数，并按8 h的容量为基数，其超过部分（$Q-1000$），按2 h的容量为基数，即 $V=1000\times8+(Q-1000)\times2=2(Q+3000)$。按此式计算，矿井正常涌水量越大，计算所得水仓有效容积与矿井正常涌水量相比的比值越小，如矿井正常涌水量为3000 $m^3/h$，计算水仓的有效容量为12000 $m^3$，相当于4 h的正常涌水量。如果矿井正常涌水量为6000 $m^3/h$，计算得水仓有效容量为18000 $m^3$，相当于3 h的矿井正常涌水量。

矿井最大涌水量与正常涌水量相差大的矿井，应全面统计分析涌水量构成情况，编制专门设计，由煤矿企业总工程师组织审查批准。

**第三百一十四条** 水泵、水管、闸阀、配电设备和线路，必须经常检查和维护。在每年雨季之前，必须全面检修1次，并对全部工作水泵和备用水泵进行1次联合排水试验，提交联合排水试验报告。

水仓、沉淀池和水沟中的淤泥，应当及时清理，每年雨季前必须清理1次。

**【解读】** 本条是关于对排水设施进行检查、维护、试验和清理的规定。

井下排水设施是矿井安全生产的重要保证设施，其中水泵、水管、闸阀、排水用的配电设备和输电线路是排水设施的重要组成部分，必须经常进行维护和检查，以保证其正常运转。

雨季是地表洪水泛滥、地下含水层得到补充、水量充足的时期，洪水淹井事故时有发生。为确保汛期安全生产，将可能产生的最大涌水量排出矿井，在雨季前必须对排水设施进行全面检修一次。同时对全部工作水泵和备用水泵进行一次联合排水试验，以便发现问题及时处理，为防汛工作做好充分的准备。

每年在雨季前，至少对水仓、沉淀池和水沟中的淤泥清理1次，以便在汛期到来之前将水仓、沉淀池和水沟中的水位降到最低，有效容量达到最大。

**第三百一十五条** 大型、特大型矿井排水系统可以根据井下生产布局及涌水情况分区建设，每个排水分区可以实现独立排水，但泵房设计、排水能力及水仓容量必须符合本规程第三百一十一条至第三百一十四条要求。

**【解读】**本条是关于大型、特大型矿井排水系统建设的规定。

对于开采面积大、开采盘区多、煤层接近水平、通流条件差，利用一个中央排水系统疏排多个盘区比较困难的大型、特大型矿井，为保障矿井安全高效生产的要求，在综合考虑排水系统经济性、安全性、可靠性的基础上，矿井排水系统可根据井下生产布局及涌水情况采取分区排水方式，在井田内划分排水分区，通过分盘区建设外排水泵房将矿井水直接排至地面。但每一分区内排水系统的泵房设计、排水能力及水仓容量必须符合《规程》第三百一十一条至第三百一十四条规定要求。

**第三百一十六条** 井下采区、巷道有突水危险或者可能积水的，应当优先施工安装防、排水系统，并保证有足够的排水能力。

**【解读】**本条是关于施工井下采区或巷道应优先施工安装防、排水系统的规定。

为了防止采区、巷道在施工中发生突水，同时为施工作业创造良好环境，保证采掘作业人员的安全和健康，提高劳动效率，对于有突水或可能积水的，应当优先施工安装防、排水系统，如水闸门、排水管路、水泵、水仓等，并保证有足够的排水能力。

1. 采区水泵

（1）采区正常涌水量在50 $m^3/h$ 以下且最大涌水量在100 $m^3/h$ 以下时，可选用2台水泵，其中1台工作、1台备用，可敷设1条排水管路。工作水泵排水能力应在20 h内排出采区24 h的最大涌水量。

（2）采区正常涌水量大于50 $m^3/h$ 或最大涌水量大于100 $m^3/h$ 时，有突水危险或有综采工作面的采区，可采取增加水泵、排水管路或预留相应设备的安装位置等措施。

2. 井底水窝水泵

有提升设备的立井和斜井井筒，井底水窝水泵安装应符合下列规定：

（1）应设 2 台水泵，1 台工作，1 台备用。

（2）水泵能力应在 20 h 内排出水窝 24 h 积水量。

（3）应首先考虑使用泥浆泵或潜污泵。

3. 巷道水泵

（1）巷道水泵设置台数应根据巷道涌水量确定，除工作水泵外，还应有备用水泵。水泵类型应首先考虑使用泥浆泵或潜污泵。

（2）排水管路在迎头 100 m 范围内应使用橡胶软管，其他地段可选用铁管或塑料管。

（3）水窝应及时清挖。

矿井要制定应急措施，形成施工人员易于逃生的安全出口。

## 第五节　探　　放　　水

**第三百一十七条**　在地面无法查明水文地质条件时，应当在采掘前采用物探、钻探或者化探等方法查清采掘工作面及其周围的水文地质条件。

采掘工作面遇有下列情况之一时，应当立即停止施工，确定探水线，实施超前探放水，经确认无水害威胁后，方可施工：

（一）接近水淹或者可能积水的井巷、老空区或者相邻煤矿时。

（二）接近含水层、导水断层、溶洞和导水陷落柱时。

（三）打开隔离煤柱放水时。

（四）接近可能与河流、湖泊、水库、蓄水池、水井等相通的导水通道时。

（五）接近有出水可能的钻孔时。

（六）接近水文地质条件不清的区域时。

（七）接近有积水的灌浆区时。

（八）接近其他可能突（透）水的区域时。

**【解读】** 本条是关于矿井探放水的规定。

在矿井受水害威胁区域进行巷道掘进前必须查清水文地质条件，若在地面无法查清时，应在采掘前采用井下物探、化探和钻探等综合方法查清水文地质条件，分析矿井充水因素。

在大量水害事故教训基础上总结了八种情况必须开展探放水工作。矿井应依据本条规定的八种情况进行全面排查，并绘制在采掘工程平面图和矿井充水性图上，确定探水警戒线。经钻探探水确认无水害威胁后，方可施工。探放水要编制设计，施工时严格按照探放水设计进行探放水。

在有水害威胁的矿井，坚持“有疑必探、先探后掘、先治后采”的探放水原则是防止井下水害事故发生的有效措施。《规程》规定了八种需要进行探放水的条件，在具备这些条件时，必须停止施工，确定探水线开始进行超前探水，探水中要采用专用钻机，由专业人员和专职队伍进行探放水，探清情况，经钻探探水确认无水害威胁后，采取有效措施，继续施工。

探水是井下防治水重要的手段，井下每个采掘开工作面周围（前、后、左、右、上、下）的水文地质情况必须清楚而确切，不能似是而非。接近水淹或可能积水的井巷、老空区或相邻煤矿等八种情况以及采掘工作面有出水征兆时，都必须先钻探水，以查明情况，掩护采掘作业活动，直至最终放出威胁水体或排除疑点。所有这类探水应以钻探为主，物探为辅，用物探配合确定钻探的重点和方向。

（一）接近水淹或可能积水的井巷、老空区或相邻煤矿时必须进行探放水。

年代久远的老窑、生产矿井的老空区、矸子窑和废巷等积水，均以各种几何形状存在于采掘工作面的周围，它们既可形成大片积水区，也可以各种不规则的形状零星分布，这种水体的水量有时虽然不很大，一般不至于造成淹井，但均属管道流，水量集中，来势迅猛，流动十分迅速，一旦意外接近或接触，就能在短时间内以“有压管道流”的形式突然溃出，水大时可达几万至十几万立方米，水小时只有几十立方米，但也具有很大的冲击力和破坏力，可能造成人身伤亡甚至是重大人身伤亡事故。

**【案例】**2005 年 1 月 19 日，河北邢台某矿在只有 14 $m^3$ 积水溃出的情况下，发生导致了 14 人死亡的特大事故，教训极其深刻。

发生这类事故的因素和条件是极为复杂的，但在技术上是可以解决的。其防治的对策主要就是“探”，先探后掘，坚持不探明、不放净不掘进、不回采，必须高度重视老空（窑）水的探放工作。探水前查明其空间位置、积水量和水压，根据具体情况和有关规定确定探水线；探放水时，要撤出探放水点部位受水害威胁区域的所有人员；探放水时必须打中老空水体，要监视放水全过程直到老空水放完为止。此外，一定要克服麻痹思想，杜绝侥幸心理，严格执行《规程》规定，做好水患超前分析和预测预报工作。

（二）接近含水层、导水断层、溶洞和导水陷落柱时，必须进行探水。

1. 冲积层松散砂岩含水层

我国不少矿区的煤系基岩上覆盖有冲积层，由于后者分布面积较大，能广泛接受和储存大气降水，并与下伏基岩含水层呈角度不整合接触而使两者的水力联系较好，因而它不仅成为压在矿坑上方的一个巨大的含水体，而且也是矿井涌水的补给来源。我国煤矿开采史上曾有过多次穿透冲积层水的恶性事故，其中主要原因是煤柱留设不够，或者开采前由于没有超前探查造成水文地质条件不清，没能按含水层下回采留设煤柱，或者超限出煤，破坏了煤柱的完整性。

**【案例】** 1974 年，江苏某矿由于没有超前探查查明冲积层岩性的结构，含水层分布及富水程度使防水煤柱的留设尺寸不够以及超限开采，704 工作面上方开了“天窗”，发生了透冲积层底部砾石层水的突水事故，最大突水量 7.56 $m^3$/min，水夹带着砂浆砾石、碎矸、煤块等杂物溃入井下，淤积物共 1600 $m^3$。事故发生后东二采区被迫关闭，造成了重大经济损失。

2. 煤系砂岩裂隙含水层

由于基岩裂隙水的埋藏、分布和水动力条件等都具有明显的不均匀性，煤层顶、底板砂岩水、岩溶水等在某些（某一）地段对采掘工作面没有任何影响，而在另一些地段却带来不同程度的危害。为确保矿井安全生产，必须超前探清含水层的水量、水压和水源等，才能予以治理。

防治煤层顶、底板含水层的水害，既要从整体上查明水文地质条件，采取疏干降压或截源堵水等防治措施，又要重视井下采区的探查。

疏干降压是指煤层顶板含水层的疏干；而疏水降压是指对煤层底板含水层而言，其目的是使煤层底板含水层水压降低至采煤安全水压。

煤系砂岩裂隙含水层，在没有地表水、冲积层水及其他水源补给的情况下，其动、静储量往往不很大，不会对煤矿的安全生产形成很大的威胁。但不少平原区的煤田、煤系之上多数覆盖有不同厚度和不同富水性的第四系、第三系冲积层松散含水层，因此砂岩裂隙常常成为冲积层水补给砂岩含水层的直接通道，使砂岩裂隙含水层成为赋水性较强的含水层，如果采掘活动前不超前疏水降压，将水压降至安全水压以下，采掘工作面遇到断裂、裂隙带沟通或直接揭露就会造成砂岩裂隙含水层水突然涌出，使工作面被淹或者建井时造成淹井。我国煤矿砂岩水害造成的事故较小，约占全部事故的 1%，分布地区也较窄。具有此类水害的煤矿床主要在开滦矿区，其中的 5 煤层顶板砂岩含水层赋水性普遍较强，是煤层开采的直接充水水源，必须提前采取疏水降压或提前施工泄水巷等措施，达到本质安全开采。

**【案例】** 1979 年 2 月 1 日，开滦某矿南翼 1096 运输巷掘进中遇 F16 断层沟通上覆 46 m 左右含水丰富、水压达 2.3 MPa 的 5 煤层顶板砂岩裂隙强含水层，发生突水，最大水量达 17 $m^3$/min。1980 年 1 月 17 日，该矿 1093 采面推进过程中，回采冒顶也沟通了 5 煤层顶板高压强含水层，发生突水，水量最大达 20 $m^3$/min，造成该面不能正常开采，埋压了 33 组原联邦德国进口综采支架，并影响其他采煤工作面的回采。以后采取了提前施工专门泄水巷、打钻疏水降压形成疏降漏斗等超前措施，确保了安全生产。

矿井提前疏干可以避免地下水突然涌入矿井，杜绝灾害事故，可以提高劳动生产率，消除地下水静水压力造成的破坏作用等，是煤矿防治水的一种主要措施。

3. 北方型薄层灰岩岩溶裂隙含水层

我国北方石炭二叠纪煤系下部常常含有数层灰岩，由于它们或被夹在几个煤层之间，或被夹在煤层与奥陶系灰岩之间，与煤层间距都比较近，溶洞、裂隙又都比较发育，在构造断裂的作用下，不仅其本身的含水性较好，而且有的还与相邻的薄层灰岩、冲积层及奥陶系灰岩等有较好的水力联系，因而在开采下组煤时，常常发生突水事故。根据这类水害的特点和现有技术水平，其防治的基本对策和要点主要包括：超前探明采区内可能存在的各条中小断层；打钻注浆加固底板，改造富水的薄层灰岩；对于底板承压含水层，当水压大于其上部有效隔水层的抗水压能力——安全压力时，必须超前打钻放水。

4. 北方型厚层灰岩岩溶裂隙含水层

我国北方石炭二叠纪煤系的基底是奥陶系石灰岩岩溶裂隙含水层，由于其特定的地质条件，这一巨厚石灰岩中溶洞、裂隙比较发育，富水性极好。它不仅能广泛接受大气降水的补给，而且与地表水体、冲积层底部含水层等也有较好的互补关系，地下水动、静储量十分丰富。我国煤矿开采史上曾发生多次奥陶系灰岩水突水淹井的重大事故，主要防治对策可根据具体情况采取：超前探测最下可采煤层与奥灰顶界面的间距，监控底板破坏深度，保持必要的安全距离；超前疏水降压，将水压降至安全水头值以下；超前探测断裂构造、溶洞、陷落柱的发育以及富水情况；注浆、注骨料加固封堵导水裂隙带、岩溶陷落柱等。

5. 以茅口灰岩、栖霞灰岩为代表的南方型厚层灰岩含水层及溶洞水

喀斯特发育的特点多以洞穴、暗河等喀斯特管道为主。喀斯特水的充水水源，主要来自地表降水和地表径流的透入。由于这类石灰岩多赋存于主要煤层的

底板附近，与煤层之间几乎没有可利用的隔水层保护层，矿井开拓、开采无法摆脱其影响，因而常常发生突水、突泥，甚至暗河突水等灾害，来势迅猛，具有极大的破坏力。

**【案例】**1971 年 6 月 5 日，湖南涟邵某矿在 – 130 m 水平茅口灰岩运输大巷掘进时，发生煤层底板茅口灰岩溶洞水突水事故，瞬时最大突水量达 450 $m^3$/min，该矿井被淹没，经济损失巨大。

该类水害的主要防治对策包括：利用物探、钻探、化探等超前查明喀斯特水的主要补给来源和主要补给通道，在可能突水、突泥的地段或层位掘进时，先用物探超前探查，再有针对性地探放水。

6. 导水断层

巷道过导水断层不采取超前措施往往会造成突水事故。断层突水是矿井开采中一种常见多发的灾害事故，矿井底板突水事故中有 70% ~80% 是由于断层导致的，断层突水一般都会造成较大的危害，造成工作面停产、水平停产以至全井停产、伤人等事故。

**【案例】**1965 年 5 月 29 日，江苏某矿西翼 352 电钻眼由于没有进行超前探水，工作面遇新一号断层突水，最大突水量 8. 9 $m^3$/min，造成淹没下水平的突水事故，全井停产 60 天。

发生事故的原因是由于巷道揭露或接近断裂构造，形成局部导水通道，而突水和断层使所掘巷道与强含水层遭遇或接近而突水。巷道施工将要揭露或接近导水断层时必须超前进行探测，探明断层的产状要素和断层的水文地质条件。通过断层的探水工作，搞清断层的位置、方向、落差、倾向、倾角及断层带厚度等情况，另外通过探水要判断出断层带本身的含水性和含水层的位置、水量、水压，然后根据具体情况留设合理的防水煤柱或注浆封堵加固导水断裂构造，利用管棚超前支护等技术加固过断层构造段的巷道，超前对对盘含水层进行疏水降压，达到安全水压后，方可通过断层。

7. 岩溶陷落柱

煤层底板为厚层石灰岩的华北型煤田，由于导水岩溶陷落柱的存在，使某些处于上覆地层本来没有贯穿煤系基底强含水层的中、小型断层或一些张裂隙，成为水源充沛、强富水的突水薄弱带，一旦被揭穿，将引起突水。若导水陷落柱直接突水，其后果就更严重，我国煤矿已先后多次发生由陷落柱突出奥陶系灰岩水的事故。

**【案例】**1984 年 6 月 2 日，开滦范各庄煤矿 2171 采面的陷落柱突水最为迅猛，高峰期 11 h 的平均涌水量为 2053 $m^3$/min，成为世界采煤史上最大的一次突水，突水 20 h 后，相距 2315 m 的奥陶系灰岩观测孔水位下降近 97 m，21 h 后这座大型现代化矿井全部被淹。

这一情况表明，华北型奥陶系灰岩溶洞水不但有极为丰富的静储量，而且还有一个连绵数十千米之上的溶洞水网络，它不似南方的喀斯特暗河，又胜似暗河，而陷落柱作为奥陶系灰岩水的一个重要通道和突水口，又比导水断层的危害程度要大得多，对陷落柱突水的防治具有重要的意义。防治对策主要包括：通过物探手段，探查可能存在的陷落柱位置和边界；对于查出的“异常点”要用物探、钻探进一步查明；对于查找出来的导水陷落柱比较彻底的防治方法是采取打钻注浆、注骨料或留设防水煤柱等措施。

（三）打开隔离煤柱放水时必须超前探水。在受水害威胁的地段，预留一定宽度和高度的煤（岩）层，使工作面与水体保持一定距离，达到截断水源保证安全生产的目的，把所留下的煤（岩）层称为防水煤（岩）柱；相邻矿井之间为了保证安全，也必须留设一定宽度的隔离煤柱。各类防（隔）水煤（岩）柱一经留设，任何工程不准在煤（岩）柱内开掘巷道，更不得回采。同时为确保煤柱尺寸的准确，在工作面接近前要超前探水。如因工程特殊需要，不得不在防（隔）煤（岩）柱内施工时，要在工作面接近前采取超前探测、试验、研究等措施，确证安全并上报上级主管部门审批后方可施工。

（四）接近可能与河流、湖泊、水库、蓄水池、水井等相通的断层破碎带时要超前探水，以便找出破裂面的确切位置，并按《规程》规定留设防水煤柱。由于特殊原因，巷道必须穿过有水力联系的导水断层时，必须编制安全技术措施，报上级主管部门领导批准，同时必须遵守以下规定；接近导水断层以前，必须探水前进；巷道穿过导水断层以前，可采取超前预注浆或疏放水等措施，防止或减少突然涌水的事故，预计涌水量对矿井安全有威胁或涌水量大于矿井工作水泵排水能力时，必须先砌筑防水闸门，穿过断层破裂面的一段巷道，要采取帷幕注浆、管棚支护等超前加固措施等。

（五）接近有出水可能的钻孔时必须超前探水。矿区在煤炭资源勘探时期的各类钻孔，未曾封孔或虽经封孔但质量不好，往往贯穿了若干含水层，有的甚至连通了本来没有水力联系的含水层或含水体，从而使煤层开采的充水条件复杂化，不仅可能增大矿井涌水量，而且也可能给生产带来突水、突泥砂等安全隐患。为此，必须将其作为矿井防治水中的一个重要问题。

预防钻孔突水的对策主要有：对历史上已有的钻孔认真核实其封孔情况，对未封或封闭不良的钻孔要建立专门台账，并标绘在有关工程图上。凡能够在地面找到其原孔位的，要透孔到底并重新封孔处理。无法在地面施工处理的，要在工程图上画出警戒线和探水线，进行超前探水或留设《规程》规定的防水煤柱。

（六）水文地质条件不清的区域可能有突水危险，也可能没有突水危险。为了确保万无一失，接近水文地质条件不清的区域时必须进行探水。

（七）接近有水的灌浆地区时要超前探水。工作面回采结束后，为了预防老空区煤层自燃，往往需要向老空区进行灌浆注水，成为重大水害隐患。如果对已采区的老空、老巷的充填情况、流出的水量、积水情况等不清楚，不超前探放水，冒险生产，就有可能发生重大水害事故。

**【案例】**1969 年，辽宁阜新某矿因突击生产、乱采滥掘透老巷中的灌浆泥水，造成泥水溃出死伤事故，死亡 4 人，轻伤 1 人。

（八）接近其他可能出水地区时要超前探水。矿井生产建设中，水文地质条件非常复杂，当出现挂红、挂汗等透水征兆或怀疑有其他水害危险时，一定要提高警惕，超前分析和开展超前探水工作，切不可盲目生产和冒险蛮干。

**【案例】**2005 年 12 月 2 日，河南省洛阳市新安县寺沟煤矿发生透水事故，造成 35 人死亡，7 人下落不明。该矿水文地质资料不全，08 采掘煤巷非法进入矿井边界煤柱，在接近已关闭的桥北煤矿（1998 年关闭）老空积水区采煤时，未使用专用探水钻机探放水，没有在采掘工程平面图上设立水患警戒线；且在透水征兆明显的情况下，既不撤出受水患威胁区域的人员，也不采取有关处置措施，仍然冒险组织生产；造成煤柱突然垮落，桥北煤矿老空区积水体和与其存在密切水力联系的松散孔隙地下水及青河地表水迅速溃入井下，导致了事故发生。

**第三百一十八条** 采掘工作面超前探放水应当采用钻探方法，同时配合物探、化探等其他方法查清采掘工作面及周边老空水、含水层富水性以及地质构造等情况。

井下探放水应当采用专用钻机，由专业人员和专职探放水队伍施工。

探放水前应当编制探放水设计，采取防止有害气体危害的安全措施。探放水结束后，应当提交探放水总结报告存档备查。

**【解读】**本条是关于矿井采掘工作面的探放水方法、技术人员和队伍等方面的规定。

矿井探放水工作有高压水威胁，且必须在一定的安全距离范围内才能进行探放。探放水必须由专用探放水钻机、专业人员和专职探放水队伍进行施工，而且探放水工应当持证上岗。矿井专用探放水钻机具有钻探深度大且可以固定防喷性能；而煤电钻只能在很小的有限距离内进行，一般只能用于在煤层中探查煤的厚度，钻探能力小。因此，矿井探放水必须用专用探放水钻机，严禁使用煤电钻、锚杆钻等非专用设备进行探放水。在煤层内用煤电钻探放水，可能导致包括探放水作业人员在内的大量人员伤亡。

为了确保探放水效果，探放水前要认真编制探放水设计，采取防止有害气体危害的安全措施，严格进行审查。掘进工作面施工前或采煤工作面回采前一定要认真收集该区域及周边水文地质资料，水文地质条件不清的，必须采用钻探方法或者钻探验证、配合其他方法（如物探、化探和水文地质试验等）查清采掘工作面及周边老空水、含水层富水性以及地质构造等情况。探放水结束后，地测部门根据各种方法的勘探结果，编制探水总结和水害预测报告，分析充水水文地质条件，提出水害防范对策措施和处理建议。应该注意，由于物探结果具有多解性，不经过钻探验证，不能作为设计和施工的依据。

矿井总工程师组织相关专业技术人员对探水总结和水害预测报告进行认真审查，重大水患要先治理后掘进、回采。专业技术人员要经常深入井下了解实际揭露的水文地质情况，不断完善水害防范对策措施，发现有重要异常情况，及时报告。矿井总工程师要组织专业技术人员及时研究发现新问题，有效防范水害事故的发生。

如果采掘工作面涌水量增大，发生底鼓、片帮和冒顶等现象，发现断层、裂隙和陷落柱等构造以及其他地质异常现象的，必须立即停止施工，分析原因，加强监测，并及时上报有关部门，采取有效措施。同时，要加强预警，一旦突水增大，立即撤人到安全地点。

**【案例】**2005 年 10 月 4 日，四川华蓥山龙滩煤电有限责任公司龙滩矿井（在建矿井）发生溶洞突水事故，死亡 28 人。

该矿采用平硐开拓，发生事故的工作面已进入长兴组灰岩 13.3 m。

事故直接原因是：事故当班作业人员未按规定施工探水钻孔，违章掘进施工，在有透水征兆的情况下仍然爆破，诱发岩溶透水。

**第三百一十九条**　井下安装钻机进行探放水前，应当遵守下列规定：

（一）加强钻孔附近的巷道支护，并在工作面迎头打好坚固的立柱和拦板，严禁空顶、空帮作业。

（二）清理巷道，挖好排水沟。探放水钻孔位于巷道低洼处时，应当配备与探放水量相适应的排水设备。

（三）在打钻地点或者其附近安设专用电话，保证人员撤离通道畅通。

（四）由测量人员依据设计现场标定探放水孔位置，与负责探放水工作的人员共同确定钻孔的方位、倾角、深度和钻孔数量等。

探放水钻孔的布置和超前距离，应当根据水压大小、煤（岩）层厚度和硬度以及安全措施等，在探放水设计中做出具体规定。探放老空积水最小超前水平钻距不得小于30 m，止水套管长度不得小于10 m。

**【解读】**本条是关于井下探放水作业场地、钻孔的布置和超前距离的规定。

矿井探放水工作有高压水威胁，且必须在一定的安全距离范围内才能进行探放。安装钻机前的巷道安全条件、排水沟，以及配置通信工具和制定应急预案等应符合相关规定。

1. 探放水钻探场地

探水作业直接关系到探水人员的安全，关系到探放水周围地区甚至整个矿井的安危，对钻探施工场地的安全环境、安全设施的严格要求非常重要。加强钻场附近的巷道支护，并在工作面打好坚固的立柱和拦板，可以防止冒顶、防高压水冲垮煤壁及支架事故等发生。为满足探水钻孔出水畅通和施工人员安全撤离，必须清理巷道，挖好排水沟，在适当位置配备与探放水量相适应的完好的排水设备。

在打钻地点或附近安设专用电话，可以在遇到紧急险情时及时与有关领导和部门取得联系，汇报情况，以便及时采取有效措施。

为杜绝随意性，保证探放水钻孔准确打到靶位，确保钻孔标定准确，在确定主要探放水钻孔位置、方位、倾角、深度以及钻孔数目时，测量以及负责探放水的技术人员必须亲临现场，根据已批准的设计给予确定，未经批准，不得擅自改变设计。

2. 探放水钻孔的布置和超前距离

探放水前应编制探放水设计。在探放水设计中应根据水压大小、煤（岩）层厚度和硬度以及安全措施等具体规定探放水钻孔的布置、超前距离和止水套管长度，但探放老空积水最小水平钻距不得小于30 m，止水套管长度不得小于10 m。按设计进行探放水，在放水过程中，也要加强观测，防止在放水过程中出现次生灾害。特别要注意在放水过程中，杂物堵塞钻孔会造成水量变小而认为水量已放完的假象，在这方面有深刻教训。

3. 探放水钻孔承压套管的安装和加固

为确保探放水钻孔出水后能有效地控制放水量，确保安全，在水压较大的地点探水时，都应预先安装孔口承压套管。为确保承压套管的牢固可靠，开孔位置应选择在岩层比较完整、坚硬的地方，承压套管的长度按《煤矿防治水细则》执行。目前一般采用的是双层套管，考虑钻孔出水会影响套管的下放，因此，外层套管长度一般较短，尽可能下在无水段。承压套管要用高压注浆泵进行水泥固结，使套管和岩体成为一体，套管下放凝固至规定的时间后，进行扫孔，然后进行压水耐压试验，试验的压力不得小于设计水压，稳压时间必须至少保持半小时，孔口周围不漏水，孔口管牢固不活动，即为合格，否则必须重新注浆，这样才能保证孔口管在钻孔出水后不被冲出。孔口管下好后要带好控制闸阀，这样才能在钻孔一旦出水后有效地控制水量，防止排水能力不足而放水孔又不能有效控制而影响矿井安全。

在水文地质条件复杂和水压、水量大的情况下，按照探放水规定要求，安装孔口承压套管和控制闸阀进行钻进。

**第三百二十条** 在预计水压大于0.1 MPa的地点探放水时，应当预先固结套管，在套管口安装控制闸阀，进行耐压试验。套管长度应当在探放水设计中规定。预先开掘安全躲避硐室，制定避灾路线等安全措施，并使每个作业人员了解和掌握。

**【解读】**本条是关于探放水钻孔安装承压套管和避灾的规定。

为确保探放水钻孔出水后能有效控制放水量，确保安全，在水压较大的地点探水时都应预先安装孔口承压套管。套管长度按照《煤矿防治水细则》的要求在设计中确定。不安装孔口管或不按规定安装孔口管，有可能导致在放水过程中，由于放水对钻孔的不断冲刷，致使钻孔孔径增大，积水突然溃出，导致事故发生。

为确保承压套管的牢固可靠，开孔位置应选择在岩层比较完整、坚硬的地方，承压套管的长度主要视水压、岩石坚硬程度而定，目前一般采用的是双层套管。考虑钻孔出水会影响套管的下放，因此外层套管长度一般较短，尽可能下在无水段。承压套管要用高压注浆泵进行水泥固结使套管和岩体成为一体，套管下放凝固至《规程》规定的时间后进行扫孔，然后进行压水耐压试验，试验的压力不得小于设计水压，稳压时间必须至少保持半小时，孔口周围不漏水、孔口管牢固不活动即为合格，否则必须重注，这样才能保证孔口管在钻孔出水后不被冲出。孔口管下好后要带好控制闸阀，钻孔一旦出水，这样才能有效控制水量，防止排水能力不足而放水孔又不能有效控制而影响矿井安全。

实践证明，在水文地质条件复杂，水压、水量大的情况下开展探放水工作要求按规定下放孔口承压套管，带控制闸阀进行钻进对安全都是非常必要的。在放水前还要制定安全措施，预先开掘安全躲避硐室，安装电话，一旦发生异常情况，及时报告矿调度室。

**第三百二十一条** 预计钻孔内水压大于1.5 MPa时，应当采用反压和有防喷装置的方法钻进，并制定防止孔口管和煤（岩）壁突然鼓出的措施。

**【解读】** 本条是关于探放高压水的规定。

在高压水的探放过程中，当钻孔揭露含水层后，水压和水量会猛增，若不能有效控制，除直接影响钻进效率外，还特别容易出现高压水喷出、钻具被顶出伤人事故。探放水压大于1.5 MPa时，除按照第三百二十条采取相关措施外，还要采用反压和有防喷装置的方法钻进和控制钻杆，防止钻进或退钻时，由于水压过大，高压水喷出、钻具被顶出而发生伤人事故。

反压就是给一个与水压反向的作用力。防喷就是防水、防钻杆、防孔内碎岩石块喷出。在高压水地区施工钻孔时，如果不采用反压、防喷装置是非常危险的。例如，某矿在井下施工探放奥灰高压水钻孔时，由于没有采取上述措施，就曾发生突然出水后钻杆无法控制顷刻之间被高压水顶出，之后钻杆被顶到巷道，近百米钻杆像面条一样被扭曲成麻花状，险些酿成人员伤亡事故。因此，在高压水地区施工钻孔时，防喷问题必须引起高度重视。

**第三百二十二条** 在探放水钻进时，发现煤岩松软、片帮、来压或者钻孔中水压、水量突然增大和顶钻等突（透）水征兆时，应当立即停止钻进，但不得拔出钻杆；现场负责人员应当立即向矿井调度室汇报，撤出所有受水威胁区域的人员，采取安全措施，派专业技术人员监测水情并进行分析，妥善处理。

**【解读】** 本条是关于在探放水过程中出现透水征兆时的规定。

人们在与矿井水长期斗争中积累了宝贵的经验，总结出了在钻进时接近或揭露强含水体的一般征兆。在钻进时，当煤岩出现松软、片帮、来压或钻孔中的水压、水量突然增大以及顶钻等异状时，说明前方已经接近或揭露了强含水体。当遇到这种异常情况时，如果继续钻进，或将钻杆拔出，极有可能造成难以控制的更大出水以及钻杆在拔出的过程中被高压水顶出而发生伤人事故，后果不堪设想。因此，必须及时停止钻进，将钻杆固定，严禁移动和起拔，钻机后面严禁站人，以免钻杆伤人。

在钻孔出现出水异常情况时，要立即将现场的情况向矿调度室汇报，撤出所有受水害威胁地区的人员到安全地点，采取安全措施。调度室接到上报的情况后，派专业技术人员监测水情，结合具体情况进行分析处理。

**第三百二十三条** 探放老空水前，应当首先分析查明老空水体的空间位置、积水范围、积水量和水压等。探放水时，应当撤出探放水点标高以下受水害威胁区域所有人员。放水时，应当监视放水全过程，核对放水量和水压等，直到老空水放完为止，并进行检测验证。

钻探接近老空时，应当安排专职瓦斯检查工或者矿山救护队员在现场值班，随时检查空气成分。如果甲烷或者其他有害气体浓度超过有关规定，应当立即停止钻进，切断电源，撤出人员，并报告矿调度室，及时采取措施进行处理。

**【解读】**本条是关于矿井探放老空水过程中的规定。

老空水害事故死亡人数已占水害事故死亡人数的80%以上，是防治水工作的重点。其主要原因是：矿井及周边老空水分布情况不明，探放水措施不落实，在有透水征兆的情况下仍违规组织生产，导致水害频发，社会影响很坏。因此，矿井要高度重视老空水的探放工作。

要广泛收集资料，走访调查，分析查明老空水体的空间位置、积水量和水压，做到心中有数。

探放水钻孔要打中老空水体，至少有一个孔要打中老空水体底板，才有可能放完老空水，排除隐患；未打中老空水体，盲目施工掘进，后患无穷。

当钻孔接近老空时，矿山救护队员要在现场值班，随时检查空气成分。如果瓦斯或者其他有害气体浓度超过有关规定，应当立即停止钻进，切断电源，撤出人员，并报告矿井调度室，及时处理。

**第三百二十四条** 钻孔放水前，应当估计积水量，并根据矿井排水能力和水仓容量，控制放水流量，防止淹井；放水时，应当有专人监测钻孔出水情况，测定水量和水压，做好记录。如果水量突然变化，应当立即报告矿调度室，分析原因，及时处理。

**【解读】** 本条是关于钻孔放水的规定。

根据矿井排水能力和水仓容量，控制放水流量，防止淹井；钻孔在放水前要测定孔内水压，放水过程中还应测定残存水压，直至把水放净。

监测放水过程，设专人负责记录，并及时进行分析。若水量发生变化，如变小，有可能是放水孔被堵塞，为了确保正常放水，就必须及时处理（如用钻杆透孔，未安孔口管的不得透孔），以免再度积水。

**第三百二十五条** 排除井筒和下山的积水及恢复被淹井巷前，应当制定安全措施，防止被水封闭的有毒、有害气体突然涌出。

排水过程中，应当定时观测排水量、水位和观测孔水位，并由矿山救护队随时检查水面上的空气成分，发现有害气体，及时采取措施进行处理。

**【解读】** 本条是关于排水复矿过程中加强水文观测和对有害气体及时检查处理的规定。

被淹井巷排水复矿前，要认真编制排水复矿方案，加强领导，明确责任，有应急救援措施；在排水过程中，对排水量、水位和观测孔水位及时进行观测并进行分析；井下作业面应由矿山救护队跟班检测空气成分，发现异常，及时报告，采取措施。

# 第八章　爆炸物品和井下爆破

## 第一节　爆炸物品贮存

**第三百二十六条** 爆炸物品的贮存，永久性地面爆炸物品库建筑结构（包括永久性埋入式库房）及各种防护措施，总库区的内、外部安全距离等，必须遵守国家有关规定。

井上、下接触爆炸物品的人员，必须穿棉布或者抗静电衣服。

**【解读】** 本条是关于永久性地面爆炸物品贮存库及接触爆炸物品人员着装的规定。

永久性地面爆炸物品库是指在地面建设长期专门用于贮存民用爆炸物品的库房及其配套设施，一般简称爆炸物品专用贮存库。爆炸物品专用贮存库是指在选址、建筑结构、内外部安全距离和安全设施等方面符合贮存相应危险等级的爆炸物品的仓库。其中，安全设施包括实体防范（物防）、技术防范（技防）和人力防范（人防）等设施。

地面爆炸物品贮存库可分为大型库、小型库、洞库和覆土库4种类型。根据爆炸物品库库型特点，在选址、建筑结构、内外部安全距离、防雷防静电、消防等安全技术要求方面，大型民用爆炸物品贮存库执行《民用爆破器材工程设计安全规范》（GB 50089）规定，小型民用爆炸物品贮存库执行《小型民用爆炸物品储存库安全规范》（GA 838—2009）规定，洞库和覆土库执行《地下及覆土火药炸药仓库设计安全规范》（GB 50154）规定。

地面爆炸物品贮存库治安防范系统执行《民用爆炸物品储存库治安防范要求》（GA 837）规定。

根据国家安全生产和爆炸物品安全管理的有关法律法规和规章规定，爆炸物品贮存库建设项目，应获得当地公安机关核准建设和安全评价，对于以爆炸物品贮存库为条件的行政许可事项，其贮存库未经安全评价或安全评价结论不合格的，不予行政许可。

接触爆炸物品人员必须穿棉布或抗静电衣服的主要目的是防止穿着其他服装产生静电，引起雷管意外爆炸。

静电易引起燃烧爆炸事故。静电积累到一定程度会产生火花放电，其放电火花能量按式（3－7）计算：

$$E = 0.5CU^2 \tag{3-7}$$

式中 $E$——静电能，J；

$C$——带电体的电容，F；

$U$——带电体的电位，V。

当静电能 $E$ 大于爆炸物品最小起爆能，就可能引起燃烧爆炸事故。

以穿着化纤类衣服为例，摩擦产生的静电电位可达10～15 kV，且不易流失，而一般工业电雷管耐静电电位为10～30 kV。所以，接触爆炸物品人员必须穿着纯棉服或抗静电服进行操作，防止摩擦产生的静电引起雷管意外爆炸。

静电除有可能导致爆炸物品意外爆炸外，静电放电严重的还会引起人体的疼痛、肌肉抽搐、麻木、动作失误和产生次生灾害。

相对于工业电雷管而言，工业炸药及其制品静电感度较低。实践表明：在不穿钉子鞋条件下，穿普通工作服能够满足工业炸药静电安全要求，但同一库区按工业雷管静电安全标准要求，作业人员应穿戴防静电或纯棉工作服。

**第三百二十七条** 建有爆炸物品制造厂的矿区总库，所有库房贮存各种炸药的总容量不得超过该厂1个月生产量，雷管的总容量不得超过3个月生产量。没有爆炸物品制造厂的矿区总库，所有库房贮存各种炸药的总容量不得超过由该库所供应的矿井2个月的计划需要量，雷管的总容量不得超过6个月的计划需要量。单个库房的最大容量：炸药不得超过200 t，雷管不得超过500万发。

地面分库所有库房贮存爆炸物品的总容量：炸药不得超过75 t，雷管不得超过25万发。单个库房的炸药最大容量不得超过25 t。地面分库贮存各种爆炸物品的数量，不得超过由该库所供应矿井3个月的计划需要量。

**【解读】** 本条是关于地面爆炸物品库炸药与雷管最大贮量的规定。

20世纪80年代，原煤炭、兵器和冶金工业部等部委根据行业发展需要和工业布局，先后建立了一定数量的爆炸物品生产企业和与厂矿生产配套的爆炸物品贮存库，专门用于贮存爆炸物品。其贮存库是民用爆炸物品生产系统配套设施的，由民用爆炸物品行业主管部门负责安全监管；没有爆炸物品制造厂的矿区总库，作为煤矿生产配套设施，由公安机关负责安全监管。

地面分库是煤矿企业根据爆破作业的需要，先后建立的爆炸物品贮存库。根据库型不同，大型库单库允许存放量及存放方式执行《民用爆破器材工程设计安全规范》（GB 50089）的规定，小型库执行《小型民用爆炸物品储存库安全规范》（GA 838—2009）的规定。地面分库安全监管由公安机关负责。

煤矿企业管理的在用地面爆炸物品贮存库的基本安全技术要求：

（1）应取得公安部门颁发的《爆破作业单位许可证》（非营业性）。

（2）应取得公安部门认可的具有爆破作业单位爆炸物品贮存库安全评价机构出具的有效期内的合格安全现状评价报告。

（3）通过当地民用爆炸物品主管机构组织的验收。

煤矿企业新建地面爆炸物品贮存库的基本程序：

（1）应取得公安部门颁发的非营业性爆破作业资质。

（2）应取得当地民用爆炸物品主管部门的核准意见书。

（3）应委托具有民用爆炸物品工程设计乙级及以上资质的设计单位进行设计。

（4）委托公安部门认可的具有爆破作业单位爆炸物品贮存库安全评价资质的安全评价机构开展安全预评价。

（5）建设完成后，委托公安部门认可的具有爆破作业单位爆炸物品贮存库安全评价资质的安全评价机构进行安全验收评价。

（6）通过当地民用爆炸物品主管机构组织的验收。

爆炸物品贮存库计算药量核算过程中，除综合考虑库区区域布置、总平面布置和贮存库面积等总体安全条件外，还应综合考虑运输距离、爆炸物品的质量保证期和矿区计划需要量。不论是地面总库还是地面分库，爆炸物品的贮存量必须既能满足安全许可能力，又能满足煤矿连续生产的需要。若安全许可贮存能力不能满足煤矿连续生产的需要，需要对库区进行整改。

地面爆炸物品库炸药与雷管最大贮存量见表3－20。

表3－20　地面爆炸物品库炸药与雷管最大贮存量

| 爆炸物品库种类 | | 最大贮存量 | |
|---|---|---|---|
| | | 炸药 | 雷管 |
| 矿区总库 | 建有爆炸物品制造厂的总库 | 不得超过该厂1个月生产量 | 不得超过该厂3个月生产量 |
| | 没有爆炸物品厂的总库 | 不得超过该总库所供应矿井的2个月计划需用量 | 不得超过该总库所供应矿井的6个月计划需用量 |
| | 总库内单个库房 | 不得超过200 t | 不得超过500万发 |
| 矿区分库 | 地面爆炸物品分库 | 不得超过75 t，并不得超过该分库所供应矿井的3个月计划需用量 | 不得超过25万发，并不得超过该分库所供应矿井的3个月计划需用量 |
| | 分库单个库房 | 不得超过25 t | 大型库：不得超过25万发；小型库：不得超过2万发 |

注：1. 根据本条关于地面爆炸物品库贮存量要求整理得出。

2. GA 838—2009的5.1.2规定：小型雷管库单个库房不得超过2万发。

**第三百二十八条** 开凿平硐或者利用已有平硐作为爆炸物品库时，必须遵守下列规定：

（一）硐口必须装有向外开启的2道门，由外往里第一道门为包铁皮的木板门，第二道门为栅栏门。

（二）硐口到最近贮存硐室之间的距离超过15 m时，必须有2个入口。

（三）硐口前必须设置横堤，横堤必须高出硐口1.5 m，横堤的顶部长度不得小于硐口宽度的3倍，顶部厚度不得小于1 m。横堤的底部长度和厚度，应当根据所用建筑材料的静止角确定。

（四）库房底板必须高于通向爆炸物品库巷道的底板，硐口到库房的巷道坡度为5‰，并有带盖的排水沟，巷道内可以铺设不延深到硐室内的轨道。

（五）除有运输爆炸物品用的巷道外，还必须有通风巷道（钻眼、探井或者平硐），其入口和通风设备必须设置在围墙以内。

（六）库房必须采用不燃性材料支护。巷道内采用固定式照明时，开关必须设在地面。

（七）爆炸物品库上面覆盖层厚度小于10 m时，必须装设防雷电设备。

（八）检查电雷管的工作，必须在爆炸物品贮存硐室外设有安全设施的专用房间或者硐室内进行。

**【解读】**本条是关于开凿平硐或利用已有平硐作为爆炸物品库的有关规定。

开凿平硐或利用已有平硐作为爆炸物品库时，硐口2道门需向外开启，门向外开启的主要目的是利于发生事故及灾害时硐内作业人员逃生；硐口应分别设置包铁皮的木板门（或防盗门）和栅栏门，主要起防火防盗作用；同时，当硐内气温较高时，库区保管员可开启木板门，利用内层栅栏门加强硐内通风，降低硐内温度。

为满足防火和安全疏散要求，硐口至最近贮存硐室的距离大于15 m时，必须设2个入口。

永久性硐室（或隧道）式爆炸物品库应布置于岩层或坚固的土层，采用平硐与地表联通，出口前横堤（土堤）的作用是硐内意外爆炸产生的冲击波经硐口土堤吸收和入射，削弱爆炸冲击波对外界破坏作用，防止事故扩大。

为便于排水，库房底板须高于通向爆炸物品库的巷道的底板，硐口到库房的巷道坡度为5‰，并应有带盖的排水沟。

为了方便运输，巷道内可铺设轨道，但库内不准铺设轨道，一方面是防止杂散电流从轨道流入道床和库房周围岩石；另一方面是防止轨道与车轮摩擦产生火花和起爆材料掉落轨道，撞击诱发爆炸。

库内必须有通风巷道（钻眼、探井或平硐），其入口和通风设备必须设置在围墙以内，其作用一是提供库内新鲜空气，降低库内温度；二是库内爆炸物品发生爆炸时，爆炸冲击波经库内衰减能量后，由排风道引出库外，以减少对库外巷道或建筑物的破坏；三是库外发生火灾时，可关闭库房入口，围墙内通风设备可正常维持库内通风。

为预防火灾，库房必须采用不燃性材料支护。

爆炸物品库上覆层厚度小于 10 m 时，必须采取防雷电安全措施：

（1）必须设有防雷电感应装置、防静电积聚装置和电气设备保护接地装置。一般采用装设避雷器，安装雷电报警仪等。

（2）在贮存电雷管的库房，必须设有感应雷电防护装置。

电雷管导通检查工作，必须在专用的单间室内进行，目的是将意外爆炸造成的破坏控制在最小范围内。雷管导通检查工作室应满足如下安全条件：

工作室内应有单独的工作台和防爆筒。

工作台台面必须铺有导静电的半导体橡胶板，并用导线接地。

（3）操作者胸前设护板和其他安全设施，防止导通检查时，因操作不当而发生事故。

（4）在专用的检查硐室进行雷管导通检查时，操作台上只能存放 100 发雷管，导通室内雷管的存放量不能超过 1000 发。

**第三百二十九条** 各种爆炸物品的每一品种都应当专库贮存；当条件限制时，按国家有关同库贮存的规定贮存。

存放爆炸物品的木架每格只准放 1 层爆炸物品箱。

**【解读】** 本条是关于爆炸物品专库贮存和同库贮存的规定。

爆炸物品按照功能和用途分为工业炸药（含制品）和起爆器材，其中，起爆器材又可分为工业雷管和工业索类火工品。目前，煤矿企业使用的工业索类火工品主要为煤矿许用导爆索。根据起爆能力和装药类别划分，工业雷管采用的起爆药属于初发炸药，感度较高；导爆索和工业炸药（含制品）感度较低，属于次发炸药。因此，工业雷管不能与导爆索和工业炸药及制品同库贮存，应专库贮存，且单库最大允许贮存量应符合表 3－21 的要求。

表3－21 爆炸物品贮存库单库允许同库贮存的品种及最大允许贮存量

| 库 型 | 产品类别 | 最大允许贮存量 |
| --- | --- | --- |
| 小型爆炸物品库 | 工业炸药及制品 | 5000 kg |
| | 工业导爆索 | 50000 m（计算药量600 kg） |
| 大型爆炸物品库 | 工业炸药及制品 | 200000 kg |
| | 工业导爆索 | 30000 m |

注：1. 本表根据《民用爆破器材工程设计安全规范》（GB 50089—2007）表7.1.3和《小型民用爆炸物品储存库安全规范》（GA 838—2009）表1整理。

2. 煤矿许用工业炸药制品主要指瓦斯抽排专用药柱等。

3. 其他民用爆炸物品按与表中产品相近特性归类确定贮存量；煤矿普通型导爆索药量为12 g/m，特殊规格产品的计算药量按照产品说明书给出的数值计算。

当煤矿企业库区设有多个爆炸物品库时，不同品种爆炸物品应当专库贮存，实施精细化安全管理。若受条件限制，同类别不同品种的爆炸物品可以同库贮存。同库存放不同品种的爆炸物品应执行《爆破安全规程》（GB 6722—2014）14.2.1.4的规定，见表3－22。

表3－22 危险品同库存放

| 危险品名称 | 雷管类 | 炸药类 | 导爆索类 |
| --- | --- | --- | --- |
| 雷管类 | ○ | × | × |
| 炸药类 | × | ○ | ○ |
| 导爆索类 | × | ○ | ○ |

注：根据《爆破安全规程》（GB 6722—2014）的14.2.1.4整理得出。

煤矿企业在爆炸物品贮存管理中实施定置管理，且不应超过限高线。

为了便于发放和整理，根据爆炸物品箱基本尺寸，部分煤矿企业在爆炸物品库内专门设置了木架，用于爆炸物品存放，目前主要用于工业雷管贮存，且木架每格只准放一层爆炸物品箱。单层堆放主要预防保管员发放和领取时碰撞或跌落，同时便于保管员日常检查和交接班核对。

**第三百三十条** 地面爆炸物品库必须有发放爆炸物品的专用套间或者单独房间。分库的炸药发放套间内，可临时保存爆破工的空爆炸物品箱与发爆器。在分库的雷管发放套间内发放雷管时，必须在铺有导电的软质垫层并有边缘突起的桌子上进行。

【**解读**】本条是关于地面爆炸物品库设立专用发放间及安全条件的规定。

爆炸物品库设置专用套间或者单独房间，主要是预防在爆炸物品开箱拆零过程中保管员误操作引发意外爆炸，降低库内爆炸物品意外爆炸风险。同时，发放间还可以暂存已开箱拆零的爆炸物品。

为减轻爆破工劳动，分库炸药发放间内，可临时保存爆破工空爆炸物品箱与发爆器。发放过程中，为预防摩擦静电引爆电雷管，在雷管发放桌上应铺有导静电软质垫层，如橡胶板等，板下敷设金属网并用导线接地。为预防雷管从桌子上掉落，桌子边缘应突起，阻挡雷管掉落。

目前，新建的地面民爆物品库，一般联建有发放间，用于爆炸物品开箱拆零作业，并暂存已开箱拆零的爆炸物品。

根据《小型民用爆炸物品储存库安全规范》（GA 838—2009）的 16.3 要求，雷管发放间应满足如下安全条件：

（1）发放间宜单独设立，当与库房联建时，发放间应有密实墙与库房隔开。

（2）发放间外部显著位置处设置标志牌。

（3）根据《小型民用爆炸物品储存库安全规范》（GA 838—2009）关于定量管理要求，雷管发放间定量不超过 1000 发。

（4）雷管发放套间的地面和台面应铺设导静电橡胶皮（板），其下铺设金属网并采用导线可靠接地。

（5）雷管发放套间应设置静电泄放装置，进入发放间的作业人员，应经泄放静电后才能进行操作。

（6）电雷管发放桌子的边缘突起高度，至少高于软质垫层 10 mm。

（7）雷管发放套间最多允许暂存 1000 发雷管，严禁将零散雷管放在地面上，宜挂在架上或存放在防爆箱内。

（8）单独设置的发放间至少应配备 2 具不少于 5 kg 的磷酸铵盐类干粉灭火器。

为提高爆破作业单位民用爆炸物品贮存库安全技术水平，规范爆炸物品安全管理，2009 年 6 月 29 日，公安部发布《小型民用爆炸物品储存库安全规范》（GA 838—2009），规定了小型民用爆炸物品贮存库基本技术要求，规范了小型民用爆炸物品贮存库设计、建设、改建和验收等。

2014 年 12 月 5 日，国家质检总局和标准化管委会联合发布了《爆破安全规程》（GB 6722—2014），统一了爆破作业单位民用爆炸物品贮存库安全技术标准，规定：小型民用爆炸物品贮存库执行《小型民用爆炸物品储存库安全规范》（GA 838—2009），大型民用爆炸物品贮存库执行《民用爆破器材工程设计安全规范》（GB 50089—2007），地下及覆土库执行《地下及覆土火药炸药仓库设计安全规范》（GB 50154—2009），保留了井下爆炸物品分库和发放站有关技术要求，取消了临时爆炸物品贮存库和临时性爆炸物品贮存方式，提高了爆炸物品贮存安全技术要求，以适应当前民用爆炸物品安全管理和社会公共安全发展的需要。

近几年的应用实践表明，大部分煤矿企业采用安全技术改造和新建民用爆炸物品贮存库等方式，根据《爆破安全规程》和《小型民用爆炸物品储存库安全规范》等要求，规范了民用爆炸物品贮存库，显著提高了民用爆炸物品贮存安全技术水平，逐步淘汰了地面临时性爆炸物品库和爆破作业现场搭建棚子、帐篷、洞穴和硐室等临时爆炸物品贮存方式，并依据《爆破作业单位资质条件和管理要求》（GA 990—2012）等要求，取得了《爆破作业单位许可证》。少部分暂未取得《爆破作业单位许可证》的煤矿企业，委托营业性爆破作业单位承担其爆破作业施工。

**第三百三十一条** 井下爆炸物品库应当采用硐室式、壁槽式或者含壁槽的硐室式。

爆炸物品必须贮存在硐室或者壁槽内，硐室之间或者壁槽之间的距离，必须符合爆炸物品安全距离的规定。

井下爆炸物品库应当包括库房、辅助硐室和通向库房的巷道。辅助硐室中，应当有检查电雷管全电阻、发放炸药以及保存爆破工空爆炸物品箱等的专用硐室。

**【解读】** 本条是关于井下爆炸物品库布置类型与结构的有关规定。

井下爆破物品库主要由库房、辅助硐室和通向库房的巷道组成。根据库房布置类型，井下爆炸物品主要有硐室式、壁槽式和含壁槽的硐室式3种。

目前煤矿井下爆炸物品库主要采用壁槽式，早期建设的部分煤矿采用硐室式结构。《规程》新增了含壁槽的硐室式库房，丰富了硐室式库房结构形式。该结构形式库房主要产生于利用现有硐室或巷道改造作为井下爆炸物品库，以充分利用矿井现有设施。井下爆炸物品库基本结构如图3－49所示。

库房内硐室和壁槽分别用于贮存煤矿许用炸药、煤矿许用电雷管和其他爆炸

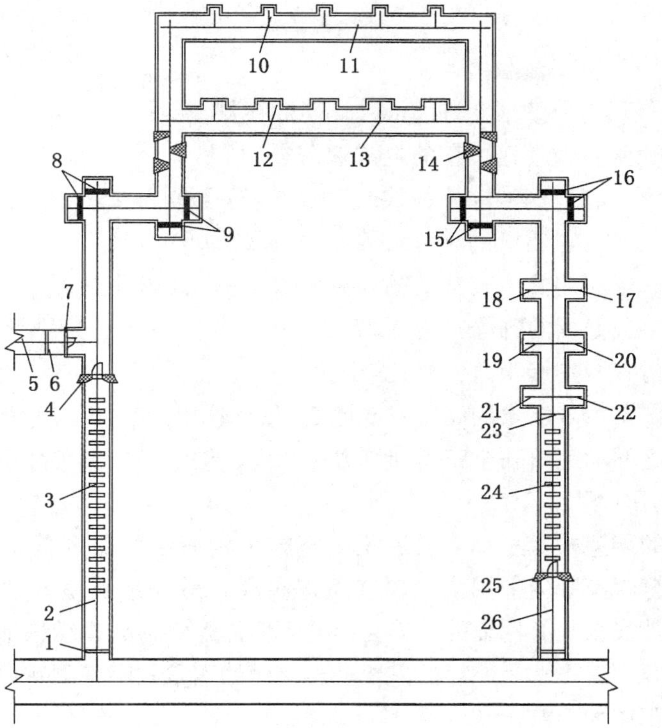


1、6、23—栅栏门；2—回风侧连通巷道；3、24—隔爆设施；4—抗冲击波密闭门；5—专用回风巷；7—调节风门；8、9、15、16—缓冲砂箱隔墙；10—雷管壁槽；11—雷管贮存区；12—炸药壁槽；13—炸药贮存区；14—齿形阻波墙；17—消防器材室；18—雷管导通室；19—雷管发放室；20—爆破工具室；21—炸药发放室；22—库区办公室；25—抗冲击波活门；26—进风侧连通巷道

图 3－49　井下爆炸物品库

物品。但不得在一个硐室内既设硐室式库房又设壁槽式库房。

辅助硐室包括电雷管全电阻检查、发放炸药、保存爆破工的空爆炸物品箱等专用硐室。通向库房的巷道，包括两个出口和一条专用回风道。

殉爆安全距离是指井下爆炸物品库内硐室或壁槽贮存的爆炸物品爆炸 100% 不引起邻近壁槽内爆炸物品殉爆的最小距离。

库内硐室或壁槽间距应大于殉爆安全距离。

爆炸物品殉爆安全距离经验计算公式有：

$$R = K_1 \sqrt{Q}$$

$$R = K_2 \sqrt{N}$$

$$R = K_3 \sqrt{Q} \tag{3-8}$$

式中　$R$——殉爆安全距离，m；

$Q$——硐室或壁槽允许的最大炸药贮存量，kg；

$N$——硐室或壁槽贮存的电雷管数量，个；

$K_1$——贮存炸药的计算系数，硝铵炸药一般取 0.25；

$K_2$——贮存电雷管的计算系数，一般取 0.06；

$K_3$——贮存电雷管与炸药的计算系数，一般取 0.1。

库内硐室或壁槽的殉爆安全距离，应根据式（3－8）分别计算各硐室或壁槽内炸药或雷管的殉爆距离，取其最大值。

贮存煤矿许用导爆索的硐室或壁槽之间的殉爆安全距离与贮存电雷管的硐室之间或壁槽之间的殉爆安全距离计算方法相同，按照 1 m 煤矿许用导爆索相当于 10 个煤矿许用雷管计算。

含壁槽的硐室式库房，本质还是硐室式结构库房，在区域布置、总平面布置、外部安全距离和内部安全距离（殉爆距离）等满足硐室式井下爆炸物品库的条件下，其安全是有保证的，丰富了井下爆炸爆炸物品库结构形式，满足了多样化的煤矿井下爆炸物品贮存的需要。含壁槽的硐室式库房硐室内壁槽间距应满足殉爆安全距离的要求。

**第三百三十二条**　井下爆炸物品库的布置必须符合下列要求：

（一）库房距井筒、井底车场、主要运输巷道、主要硐室以及影响全矿井或者一翼通风的风门的法线距离：硐室式不得小于 100 m，壁槽式不得小于 60 m。

（二）库房距行人巷道的法线距离：硐室式不得小于 35 m，壁槽式不得小于 20 m。

（三）库房距地面或者上下巷道的法线距离：硐室式不得小于 30 m，壁槽式不得小于 15 m。

（四）库房与外部巷道之间，必须用 3 条相互垂直的连通巷道相连。连通巷道的相交处必须延长 2 m，断面积不得小于 4 $m^2$，在连通巷道尽头还必须设置缓冲砂箱隔墙，不得将连通巷道的延长段兼作辅助硐室使用。库房两端的通道与库房连接处必须设置齿形阻波墙。

（五）每个爆炸物品库房必须有 2 个出口，一个出口供发放爆炸物品及行人，出口的一端必须装有能自动关闭的抗冲击波活门；另一出口布置在爆炸物品库回风侧，可以铺设轨道运送爆炸物品，该出口与库房连接处必须装有 1 道常闭的抗冲击波密闭门。

（六）库房地面必须高于外部巷道的地面，库房和通道应当设置水沟。

（七）贮存爆炸物品的各硐室、壁槽的间距应当大于殉爆安全距离。

**【解读】**本条是关于井下爆炸物品库布置的有关规定。

为控制井下爆炸物品库发生意外爆炸时对邻近井巷、主要风门和地面的破坏和伤害程度，井下爆炸物品库与邻近重要设施之间应设有一定的外部安全距离。

井下爆炸物品库的外部安全距离（法线距离）见表 3-23。

表 3-23　井下爆炸物品库的外部安全距离

m

| 被 保 护 对 象 | 硐室式 | 壁槽式 |
|---|---|---|
| 井筒、井底车场、主要运输巷道、主要硐室、主要风门 | ≥100 | ≥60 |
| 行人巷道 | ≥35 | ≥20 |
| 地面或上下巷道 | ≥30 | ≥15 |

注：根据本条关于井下爆炸物品库外部安全距离要求整理。

井下爆炸物品库内意外爆炸产生的爆炸冲击波和有毒有害气体，具有很强的破坏和伤害作用，为减弱和有效控制库内意外爆炸事故后果，库内应设置防爆安全设施。

从图 3-48 可知，库内意外爆炸产生的爆炸冲击波由库内向两侧通道分流，一路沿回风侧经齿状阻波墙、回风侧连通巷道和缓冲砂箱隔墙，强度逐渐减弱后由回风道排出；另一路沿进风侧连通经齿状阻波墙、进风侧连通巷道和缓冲砂箱隔墙，强度减弱后至抗冲击波活门处，经反射后折返，形成能量持续削减的震荡冲击波，经多次削减后由回风巷道排出。由表 3-24 冲击波通过不同分岔和转弯的衰减程度可知，库内冲击波每经过互成直角的连通巷道的衰减系数为 1.3。

尽头巷道内设置的缓冲砂箱隔墙，也是一种衰减爆炸冲击波能量的方式。当冲击波进入砂箱隔墙衰减和连通巷道尽头反射后，衰减一部分能量，降低了冲击波超压。因此，冲击波过后，尽头巷道将受到严重破坏，是库内破坏程度最严重部位之一，所以，尽头巷道不得作为辅助硐室使用。

尽头巷道端部，若为岩石或混凝土砌筑，类似于刚性界面，而根据冲击波传播规律，冲击波遇固定刚性障碍物时，入射波经叠加作用，反射波强度大于入射波 6~8 倍。所以，在尽头巷道端部设置缓冲砂箱隔墙，可以吸收一部分冲击波

表 3-24　冲击波通过不同分岔和转弯的衰减程度

| 分岔和转弯 | 衰减系数 | 分岔和转弯 | 衰减系数 |
|---|---|---|---|
| 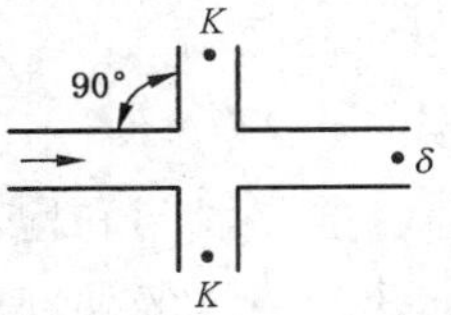 | $K_{xp}=4.4$<br>$\delta_{xp}=4.4$ | 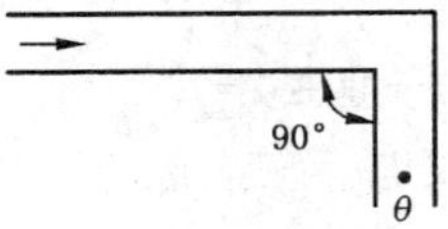 | $\theta_{90}=1.3$ |
| 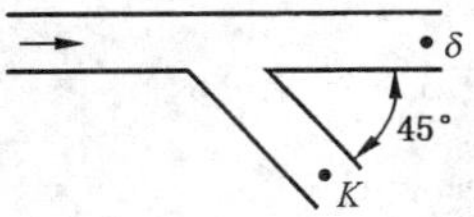 | $K_{45}=2.2$<br>$\delta_{45}=1.8$ | 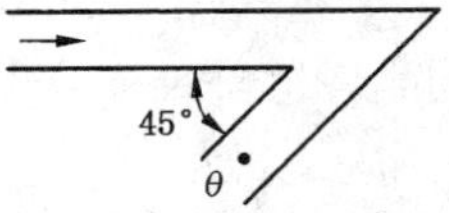 | $\theta_{45}=1.7$ |
| 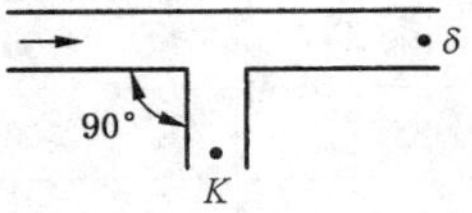 | $K_{90}=2.9$<br>$\delta_{90}=1.6$ | 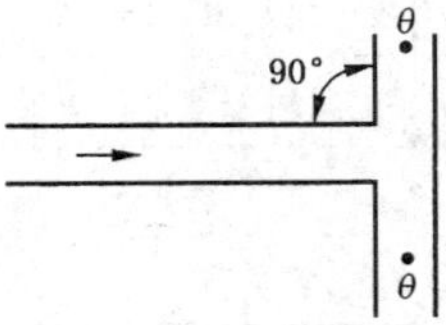 | $\theta_{90}=2.05$ |
| 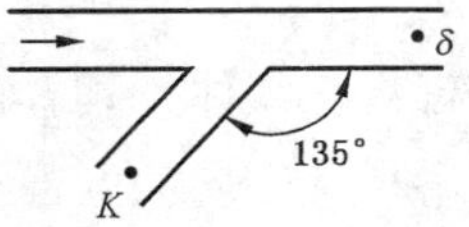 | $K_{135}=5.9$<br>$\delta_{135}=1.35$ | 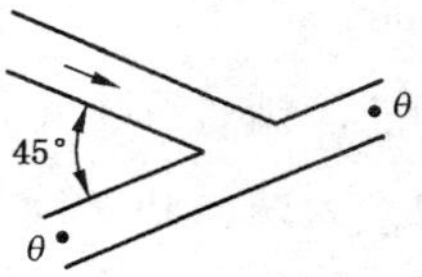 | $\theta_{45}=7.0$<br>$\theta_{135}=1.3$ |
| 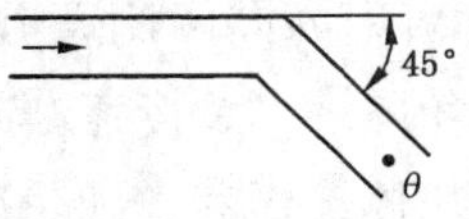 | $\theta_{45}=1.15$ | | |

能量，以进一步削弱爆炸冲击波的破坏作用。

由上述可知，如果库内尽头巷道兼作辅助硐室，特别是贮存爆炸物品或导通检查电雷管硐室，一旦库内发生意外爆炸事故，将加重事故后果和破坏程度。

井下爆炸物品库两个出口处分别设置能自动关闭的抗冲击波活门和抗冲击波密闭门，其作用是防止爆炸冲击波、火焰和有毒有害气体影响到外部巷道，而由库房专用回风巷进入总（主）回风巷排出。

抗冲击波活门装有 3 组通风孔（每组有 6 个通风孔），日常用作调节库内风量，灾变时关闭，起防火门作用。抗冲击波密闭门日常处于关闭状态，防止库内风流短路。

抗冲击波活门设于井下爆炸物品库发放爆炸物品和行人的连通巷道出口的一端，如图3－50所示；抗冲击波密闭门设于回风侧连通巷道出口的一端，如图3－51所示。两门通常是关闭状态。

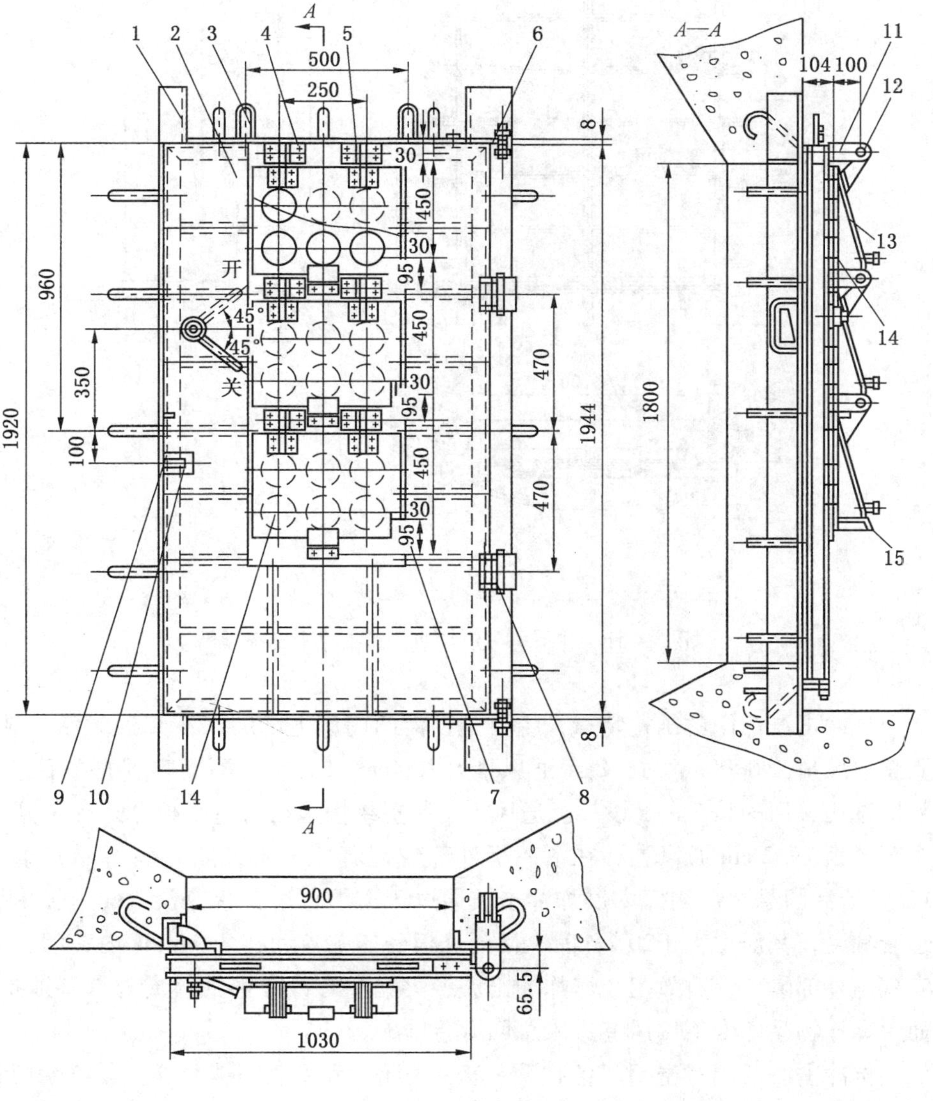


1—门框；2—门扇；3—吊环；4—悬板绞座；5—绞页板；6—油环；7—定位销；8—弹簧折页；9—门把手；10—紧急闭锁装置；11—支座；12—销轴；13—悬板；14—通风口；15—限位座

图3－50 井下爆炸物品库抗冲击波活门

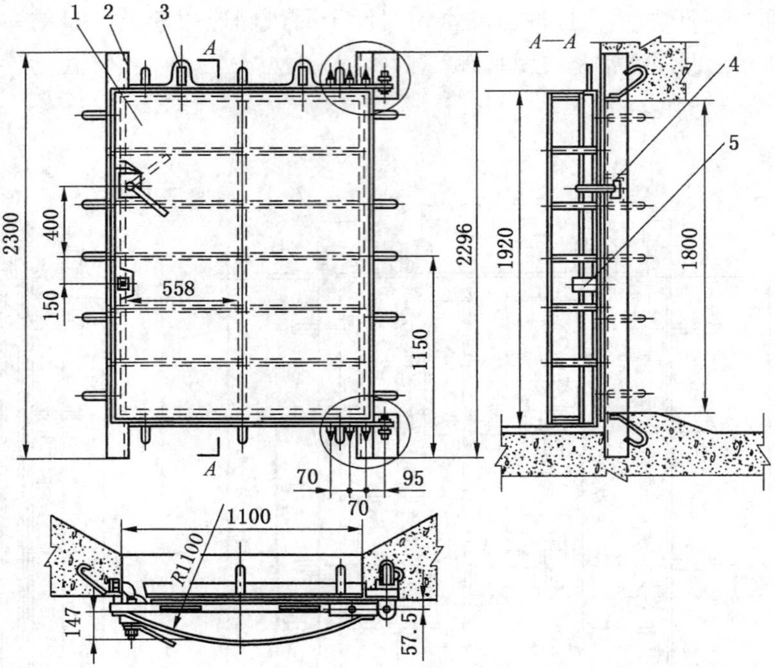


1—门扇；2—门框；3—吊钩；4—手柄；5—紧急闭锁装置

图3－51　井下民用爆炸物品库抗冲击波密闭门

抗冲击波活门的结构特点，主要是在活门门扇上部装有3组通风活门装置，其总通风量为6000 $m^3/h$，每组通风量为2000 $m^3/h$，可供不同容量的井下爆炸物品库选用，风速按8 m/s设计。通风活门装置结构是在活门底板上开有3组共18个直径为12.2 cm通风孔，在活门板外部（迎着冲击波方向）装有靠自重张开12°角的活门悬板。当库内爆炸冲击波通过3道拐直角弯巷道及2 m延长尽头巷道衰减后，其压力大于20 kPa时，活门悬板受压并自动在3～8 ms内关闭，从而实现与外部隔离，有效阻止爆炸冲击波、火焰和有毒有害气体向外部巷道扩散，而由爆炸物品库专用回风巷进入总回风巷排出。

抗冲击波活门和密闭门各有设一套手动闭锁和紧急闭锁装置。紧急闭锁装置作用是在防护活门开启较频繁而门扇未闭锁情况下，当爆炸冲击波压力大于20 kPa时，瞬间压缩门体周边的空心橡胶密封圈使门扇与门框紧闭。紧急闭锁装置锁头进入锁心，拨动双片弹簧制动闭锁，防止门扇受力后反弹。

为确保抗冲击波活门在经常开启情况下，做到“随手关门”，门体上装有复位弹簧折页，使其自动关闭。只有在受冲击波压力作用下压缩封圈后，紧急闭锁装置才发挥作用，平时仅需手动闭锁上。

为解决通常防火门的通风难题，抗冲击波活门在每个通风活门悬板一侧装有搭扣，一旦库房内或外部发生火灾时，即可拨动搭扣固定活门悬板，关闭通风孔，实现与外部隔离，起防火门作用。

根据库内抗冲击波门处爆炸冲击波超压计算，结合每个库房具体布置条件如贮存形式、库房距外部巷道的安全距离等具体条件，选用有效的抗冲击波超压能力的活门和密闭门。

抗冲击波门分为抗冲击波活门和抗冲击波密闭门，有 1500 kPa 和 2500 kPa 两种抗冲击波超压能力类型：

抗冲击波活门：

T86 – FH1500/918 – 00

T86 – FH2500/918 – 00

抗冲击波密闭门：

T86 – FM1500/1118 – 00

T86 – FM2500/1118 – 00

抗冲击波防护门选用：

（1）井下爆炸物品库布置，符合安全距离和防护设施（设置 3 条互成直角的连通巷道、2 m 尽头巷道、齿形阻波墙）等要求，并且库内发放炸药的硐室距设置防护活门的距离不小于 35 m 时，可选用抗冲击波超压能力 1500 kPa 的活门和密闭门。

（2）井下爆炸物品库布置符合安全技术要求，并且库内发放炸药的硐室距设置防护活门的距离不小于 15 m 时，可选用抗冲击波超压能力 2500 kPa 型的活门和密闭门。

（3）井下爆炸物品发放硐室距设置防护活门的距离不小于 15 m 时，可选用抗冲击波超压能力 2500 kPa 型的活门。

抗冲击波活门和密闭门的加工制造与安装，必须符合原煤炭工业部批准的通用标准设计规定要求，门框墙的砌筑（包括墙体预留排水管、电缆孔及拱端预留通风孔）均应严格按设计规定施工。

为便于库内排水，库房地面必须高于外部巷道的地面，库房和通道应设置水沟。

贮存爆炸物品的各硐室、壁槽的间距应符合第三百三十一条的规定。

含壁槽的硐室式库房，其区域布置、总平面布置和外部安全距离应满足本条和第三百三十一条关于硐室式库房要求。

**第三百三十三条** 井下爆炸物品库必须采用砌碹或者用非金属不燃性材料支护，不得渗漏水，并采取防潮措施。爆炸物品库出口两侧的巷道，必须采用砌碹或者用不燃性材料支护，支护长度不得小于5 m。库房必须备有足够数量的消防器材。

**【解读】** 本条是关于井下爆炸物品库支护方式和消防器材配备的有关规定。

井下爆炸物品库永久支护必须满足坚固耐用和服务年限长等要求，采用金属支架和金属锚杆等支护方式，虽能满足坚固耐用和防火要求，但不防渗漏，不能预防静电危害，因此，库内必须采用砌碹或用非金属不燃性材料支护。

我国的煤矿许用炸药均为硝铵类炸药，必须贮存在一定的温湿度环境下，库房潮湿或渗漏水会影响爆炸物品的爆炸性能，严重的会导致爆炸物品变质。

库房两侧出口长度不低于5 m的巷道采用砌碴或不燃性材料支护，除满足坚固耐用要求外，主要起防火隔离带作用。

井下爆炸物品库必须备有包括消防栓、灭火器、砂箱（袋）、消防桶、消防锹和消防钩等消防器材和设施，消防器材应存放在消防专用辅助硐室或连通巷道尽头，并定期检测检验，落实消防安全责任人，确保库内消防器材与设施的有效性。

根据《煤矿井下消防、洒水设计规范》（GB 50383—2006）、《煤炭工业矿井设计规范》（GB 50215—2015）和《煤炭工业小型矿井设计规范》（GB 50399—2006）等要求，井下爆炸物品库应设消防栓，并配备防腐水袋和相应水枪。消防栓应满足GB 50383—2006的6.1.3安全技术要求。

根据《煤炭矿井设计防火规范》（GB 51078—2015）的6.1.6要求，井下爆炸物品库应设置不少于1台推车式灭火器；硐室内灭火器最大保护距离应符合GB 51078—2015的6.1.7要求。

《矿井防灭火规范（试行）》〔（88）煤安字第237号〕第27条规定了井下爆炸物品库灭火器配备数量要求，见表3－25。

表3-25　井下爆炸物品库灭火器配备表

| 序号 | 配备地点 | 灭火器种类 | 数量 | 备注 |
| --- | --- | --- | --- | --- |
| 1 | 井下爆炸物品库 | 10 L灭火器 | 3 | 1台灭火器配于发放室，另2台配于贮存室 |
| | | 50 kg灭火器 | 1 | |
| 2 | 井下爆炸物品发放硐室 | 10 L灭火器 | 1 | |
| | | 8 kg灭火器 | 1 | |

为满足井下爆炸物品库消防安全要求，结合库区实际需要，井下爆炸物品库还应配备一定数量的消防砂箱（袋）、消防桶、消防锹和消防钩等消防器材。

**第三百三十四条**　井下爆炸物品库的最大贮存量，不得超过矿井3天的炸药需要量和10天的电雷管需要量。

井下爆炸物品库的炸药和电雷管必须分开贮存。

每个硐室贮存的炸药量不得超过2 t，电雷管不得超过10天的需要量；每个壁槽贮存的炸药量不得超过400 kg，电雷管不得超过2天的需要量。

库房的发放爆炸物品硐室允许存放当班待发的炸药，最大存放量不得超过3箱。

**【解读】**本条是关于井下爆炸物品库贮存量的有关规定。

根据本条和《煤矿井底车场硐室设计规范》（GB 50416）要求，井下爆炸物品库、单个硐室或壁槽及发放硐室的爆炸物品贮存量见表3-26。

表3-26　井下爆炸物品库最大贮存量

| 库硐别 | 炸药 | 电雷管 |
| --- | --- | --- |
| 全库 | ≤该矿3天需要量 | ≤该矿10天需要量 |
| 每个硐室 | ≤2 t | ≤该矿10天需要量 |
| 每个壁槽 | ≤400 kg | ≤该矿2天需要量 |
| 炸药发放硐室 | ≤3箱 | |
| 雷管发放硐室 | | ≤500发① |

注：①根据《煤矿井底车场硐室设计规范》（GB 50416）的6.1.2要求。

电雷管具有较高的感度，对外来电敏感，碰撞、甩拽以及静电、杂散电和射频电都有可能引起其意外爆炸。由于每发雷管装药量仅为1 g，即使1000发雷管在封闭空间意外爆炸，后果和损失也相对较小。而炸药则相对钝感，必须外力起爆或者产生热积累才可能爆炸。为了防止雷管意外爆炸而引爆炸药，导致爆炸事故扩大，因此炸药雷管必须单独库房存放，不能同库贮存。

库内发放硐室当班爆炸物品容许贮存量，是按下述原则确定的：当发放硐室距抗冲击波活门不小于 15 m，硐室内 3 箱约 72 kg 炸药全部爆炸的情况下，其冲击波喷入通道后呈双向 90°转弯再分向两端，其波压初次衰减，通过 15 m 至防护活门后，由于时间和距离的拉长波压再次衰减，衰减后的冲击波压力由抗冲击波活门承受，以防止冲击波、爆炸火焰和有毒气体向外部巷道扩散。

**第三百三十五条** 在多水平生产的矿井、井下爆炸物品库距爆破工作地点超过 2.5 km 的矿井以及井下不设置爆炸物品库的矿井内，可以设爆炸物品发放硐室，并必须遵守下列规定：

（一）发放硐室必须设在独立通风的专用巷道内，距使用的巷道法线距离不得小于 25 m。

（二）发放硐室爆炸物品的贮存量不得超过 1 天的需要量，其中炸药量不得超过 400 kg。

（三）炸药和电雷管必须分开贮存，并用不小于 240 mm 厚的砖墙或者混凝土墙隔开。

（四）发放硐室应当有单独的发放间，发放硐室出口处必须设 1 道能自动关闭的抗冲击波活门。

（五）建井期间的爆炸物品发放硐室必须有独立通风系统。必须制定预防爆炸物品爆炸的安全措施。

（六）管理制度必须与井下爆炸物品库相同。

**【解读】** 本条是关于特殊条件下井下爆炸物品发放硐室的有关规定。

发放硐室爆炸物品贮存量，既要满足区域生产的需要，又要符合发放硐室外部安全距离要求。经验算，规定爆炸物品贮存量不得超过 1 天的需要量，其中，炸药量不得超过 400 kg，距外部巷道的安全距离不小于 25 m。

在发放硐室内，炸药与电雷管必须用不小于 240 mm 厚的砖墙或混凝土墙隔开贮存，避免雷管意外爆炸殉爆炸药。

井下爆炸物品发放硐室如图 3－52 所示。

井下爆炸物品发放硐室通风应满足如下要求：

（1）爆炸物品发放硐室应设独立的通风系统，回风风流直接引入矿井或采

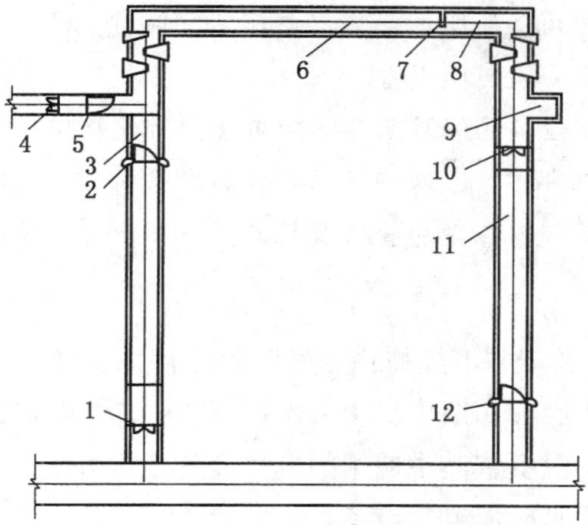


1、4、10—栅栏门；2—抗冲击波密闭门；3—回风侧连通巷道；5—铁制调节风门；6—炸药贮存区；7—隔墙；8—雷管贮存区；9—发放室；11—进风侧连通巷道；12—抗冲击波活门

图 3-52　井下爆炸物品发放硐室

区总回风巷道，以保证发放硐室具有良好的通风条件，并兼具调节硐室温度与灾变时泄压和排放有毒有害气体等功能。

（2）爆炸物品发放硐室通风风量以井下 0.15 m/s 的最低风速为通风下限。

（3）爆炸物品发放硐室必须在进风通道内设 1 道能自动关闭的抗冲击波活门，门上有调节风门，日常调节硐内风量和风速。一旦发放硐室内发生意外爆炸时，抗冲击波活门自动关闭，阻止爆炸冲击波、火焰和有毒有害气体向外部巷道扩散，逐步由回风道泄放。

（4）硐室内空气应尽量保持干燥，室内温度控制在 20 ℃，高温地区应不大于 30 ℃。

无论是生产矿井还是在建矿井，当井下无爆炸物品库而设立爆炸物品发放硐室时，必须建立健全安全管理制度，具体要求与井下爆炸物品库相同。

爆炸物品发放硐室设置独立通风系统，可减轻硐室内意外爆炸对矿井生产系统的破坏，提高硐室抗灾和灾后恢复能力。因为“独立风流”是从主要进风巷道分出的、经过发放硐室后进入主要回风巷道的风流，而“独立通风系统”是指必须设有符合规定的主要通风装置，并有自己独立的进风和回风系统，从而形成一个完整的、独立的通风网络结构。

**第三百三十六条** 井下爆炸物品库必须采用矿用防爆型（矿用增安型除外）照明设备，照明线必须使用阻燃电缆，电压不得超过 127 V。严禁在贮存爆炸物品的硐室或者壁槽内安设照明设备。

不设固定式照明设备的爆炸物品库，可使用带绝缘套的矿灯。

任何人员不得携带矿灯进入井下爆炸物品库房内。库内照明设备或者线路发生路障时，检修人员可以在库房管理人员的监护下使用带绝缘套的矿灯进入库内工作。

**【解读】** 本条是关于井下爆炸物品库照明的有关规定。

井下爆炸物品库存在瓦斯、煤尘积聚的可能，其中贮存的爆炸物品也可能挥发出易燃易爆气体，故要求其中使用的电气设备必须防爆，且具有较高的防爆水平，即不得使用增安型防爆电气设备。

防火措施是爆炸物品库的基本安全措施之一，为预防井下爆炸物品库内电缆引起的电气火灾，电缆应采用阻燃型。

《煤矿井下供配电设计规范》（GB 50417—2007）的 2.0.8 规定，井下固定照明电源电压宜采用 127 V。井下爆炸物品库照明设备电压不得超过 127 V，除满足井下低压电源电压和库内固定照明照度要求外，主要是低压有利于人身安全。

本《规程》第四百四十五条规定，井下照明设备的供电额定电压不超过 127 V。

除高温和电磁环境复杂等特殊要求外，煤矿井下爆破通常采用的煤矿许用爆炸物品，无耐温等特殊性能要求，硐室或壁槽装设固定照明灯，照明灯具的热效应，增加硐室或壁槽内爆炸物品意外爆炸风险。

库内使用矿灯照明时，应采用带绝缘套的矿灯，预防漏电引起电雷管意外爆炸。

**【案例】** 某煤矿 -11 m 水平一壁槽式爆炸物品库曾因 2 名爆破工身背无绝缘套的矿灯在库内发放处附近分发电雷管，脚线与失爆的矿灯相接触引发一人手中的一束雷管爆炸而发生了爆炸事故，爆炸相继引爆 2 人背包中已领取的 10 余公斤炸药，当场造成 4 人死亡，由于爆炸冲击波波及范围较大，库房外部巷道内有 10 余人受到冲击波不同程度的伤害。

**第三百三十七条** 煤矿企业必须建立爆炸物品领退制度和爆炸物品丢失处理

办法。

电雷管（包括清退入库的电雷管）在发给爆破工前，必须用电雷管检测仪逐个测试电阻值，并将脚线扭结成短路。

发放的爆炸物品必须是有效期内的合格产品，并且雷管应当严格按同一厂家和同一品种进行发放。

爆炸物品的销毁，必须遵守《民用爆炸物品安全管理条例》。

**【解读】** 本条是关于爆炸物品管理制度的有关规定。

爆炸物品安全管理，是矿井安全生产和社会公共安全的重要组成部分，矿井至少应建立健全以下9个方面的安全管理制度：

（1）爆炸物品装卸、运输管理制度。

（2）爆炸物品贮存、保管制度。

（3）爆炸物品领退管理制度。

（4）雷管电阻检查管理制度。

（5）爆炸物品消防管理制度。

（6）爆炸物品库保卫管理制度。

（7）爆炸物品销毁管理制度。

（8）爆炸物品丢失处理办法。

（9）爆破作业人员岗位责任制度。

上述管理制度中，爆炸物品领退管理制度和爆炸物品丢失处理办法尤为重要，目的是防止爆破工私自违章处理、丢失甚至盗窃爆炸物品，导致爆炸物品流向社会，造成公共安全危害。

爆炸物品领退制度主要包括以下5个方面的内容：

（1）根据本班爆破工作量和消耗定额提出爆炸物品的品种、规格和数量，填写三联单，经班组长审批后盖章。

（2）爆破工携带经班组长签章后的三联单，到爆炸物品库领取爆炸物品。

（3）领取爆炸物品后，必须当时检查品种、规格和数量是否符合，从外观上检查质量和电雷管的编号是否相符。

（4）每次爆破后，爆破工应根据使用爆炸物品的品种、数量、爆破工作情况和爆破事故处理情况填报爆破记录。

（5）爆破工作完成后，爆破工必须将剩余的、不能再使用的爆炸物品及处理拒爆、残爆后未爆的电雷管收集起来，清点无误后，将本班爆破的炮数、爆炸物品使用数量及缴回数量等经班组长签章，缴回爆炸物品库，由发放人员签章。爆破指标三联单由爆破工、班组长及发放人员各保留一份备查。

爆炸物品丢失管理办法主要包括以下两方面的内容：

（1）爆破工领取的爆炸物品，不得遗失，不得乱扔乱放，不得转交他人，不得私自销毁、抛弃和挪作他用。

（2）发现爆炸物品丢失、被盗，爆破工应立即报告班组长或向主管部门及公安机关报告。

电雷管在制造厂出厂包装前已经作了导通检查，但由于运输装卸过程中的颠簸以及储存过程中受潮或超过保质期，特别是清退入库的雷管，可能导致脚线折断或破皮，导致雷管桥丝脱焊或电阻值变化，最终在爆破作业时因雷管问题引起拒爆、漏爆等问题。

将脚线扭结成短路主要是防止杂散电流引起雷管意外爆炸。

根据电雷管串联准爆理论，要使同一网路中的电雷管不产生丢炮，必须满足当最敏感的雷管爆炸时，感度最低的雷管发火元件获得足够的能量使引火药剂燃烧，以引爆雷管。所以，对电雷管网路准爆具有决定意义的不是该网路中单个雷管发火冲量绝对值的大小，而是网路中所有雷管发火能量值的差异，即电雷管电学参数的一致性。

在对爆破作业影响较大的电性能方面，我国煤矿许用电雷管产品质量存在明显不足：

（1）雷管全电阻：产品的极差接近 1 Ω，最大达 1.7 Ω。

（2）安全电流：发火电流低于 0.22 A 约占 30%，单发发火电流的标准偏差大于 0.015 A 的占 70%，一方面表明安全电流处于临界状态的约占 70%；另一方面说明雷管的电感度高，抗杂散电流能力较差。

（3）发火冲能：采用升降法试验得到的标准差 $s$ 可以直观地反映产品的均匀性，刚性药头产品的标准差为 0.3 以下（4 个样品），而弹性药头产品的极差接近 0.5，最大达 1.07。

由于我国雷管产品电阻有较大的差异，表现的是煤矿许用电雷管的组网能力较差，这是采掘工作面经常发生丢漏炮的重要因素。因此，在使用时必须进行雷管电阻检测，同一爆破网路筛选电阻值相近的产品。

产品使用超过有效期的炸药会产生拒爆、半爆以及爆燃；使用超过有效期的雷管，会发生毫秒延期时间漂移或失去起爆能力。爆炸物品贮存时间超过质量保证期，不但影响爆破效果，而且会带来较大安全隐患。

不同工厂、不同品种、不同批号（简称“三不”）的电雷管，由于它们的电发火性能不同，电感度差异很大，敏感的雷管首先起爆，网路破坏后，钝感的雷管此时如尚未点燃，则会产生丢炮。

对已报废的爆炸物品进行销毁，是维护安全的一项重要措施，也是爆炸物品管理和使用部门的一项重要工作。销毁爆炸物品，煤矿企业应选择返回产品生产企业处理。若确时需要自己销毁处理，煤矿企业必须按照民用爆炸物品管理条例以及当地公安部门的要求建立健全销毁制度：

（1）凡被列入报废范围的爆炸物品，必须有主管部门和保管人员进行登记造册，阐明理由和原因，账物相符，方可准予销毁。

（2）报废的炸药和雷管在销毁前，主管部门必须按照申请报废销毁单填写申请报告，申请报废销毁的品种、数量、原因、时间、地点、方法、操作人、负责人及安全措施。

（3）报经有关部门审查核实，主管负责人签字同意，并经当地政府的公安机关批准后方可进行，每次销毁炸药数量不得超过 50 kg，雷管不得超过 500 发。

（4）销毁地点应选择空旷、无人、无建构物的地点，符合外部安全距离要求。

（5）销毁爆炸物品的操作者，必须是经过培训的持有合格证的人员。有关部门指派现场监护人、警戒人、负责人在场，所有参加人员逐一登记备查。

## 第二节　爆炸物品运输

**第三百三十八条**　在地面运输爆炸物品时，必须遵守《民用爆炸物品安全管理条例》以及有关标准规定。

**【解读】**本条是有关爆炸物品地面运输的安全规定。

爆炸物品地面运输，主要分为库区外和库区内运输，其中，库区外运输主要包括公路运输、铁路运输和水路运输。

《民用爆炸物品安全管理条例》第四章明确了爆炸物品运输许可程序，《爆破安全规程》（GB 6722—2014）对地面运输爆炸物品作出了详细规定。本条对爆炸物品地面运输提出了原则性要求。

作为煤矿企业，爆炸物品运输主要包括库外公路运输和库内运输。其中，公路运输爆炸物品必须遵守《爆破安全规程》的 14.1 规定。大型库区内运输爆炸物品，必须遵守 GB 50089—2007 的 7.2 规定。

根据《民用爆炸物品安全管理条例》以及《道路危险货物运输管理规定》（交通运输部令 2013 年第 2 号）等要求，爆炸物品运输应采用民用爆炸物品专用运输车运输，民用爆炸物品专用运输车应符合《民用爆炸物品运输车安全技术条件》（WJ 9073—2012）。

库区内运输爆炸物品，应满足以下要求：

（1）爆炸物品运输宜采用汽车运输，不应采用三轮汽车和畜力车运输。严禁采用翻斗车和各种挂车运输。

（2）总库区运输危险品的主干道中心线，与各类危险性建筑物的距离不应小于 10 m。

（3）总库区内运输危险品的主干道，纵坡不宜大于 6%。用手推车运输危险品的道路纵坡不宜大于 2%。

（4）非防爆机动车辆不应直接进入危险性建筑物内，宜在其门前不小于 2.5 m处进行装卸作业。防爆机动车辆可进入库房内进行装卸作业。

（5）总库区当采用铁路运输时，宜将铁路通到仓库旁边。当条件困难时，可在危险品总库区设置转运站台。站台上允许最大存药量（包括车厢内的存药量）以及站台与其邻近建筑物的最小允许距离及站台的外部距离，均应按所转运产品同一危险等级的仓库要求确定。

**第三百三十九条** 在井筒内运送爆炸物品时，应当遵守下列规定：

（一）电雷管和炸药必须分开运送；但在开凿或者延深井筒时，符合本规程第三百四十五条规定的，不受此限。

（二）必须事先通知绞车司机和井上、下把钩工。

（三）运送电雷管时，罐笼内只准放置 1 层爆炸物品箱，不得滑动。运送炸药时，爆炸物品箱堆放的高度不得超过罐笼高度的 2/3。采用将装有炸药或者电雷管的车辆直接推入罐笼内的方式运送时，车辆必须符合本规程第三百四十条（二）的规定。使用吊桶运送爆炸物品时，必须使用专用箱。

（四）在装有爆炸物品的罐笼或者吊桶内，除爆破工或者护送人员外，不得有其他人员。

（五）罐笼升降速度，运送电雷管时，不得超过 2 m/s；运送其他类爆炸物品时，不得超过 4 m/s。吊桶升降速度，不论运送何种爆炸物品，都不得超过

1 m/s。司机在启动和停绞车时，应当保证罐笼或者吊桶不震动。

（六）在交接班、人员上下井的时间内，严禁运送爆炸物品。

（七）禁止将爆炸物品存放在井口房、井底车场或者其他巷道内。

**【解读】**本条是关于井筒内运送爆炸物品的一般规定。

爆炸物品从井口运送至井下爆炸物品库应通过副井实施。副井主要用于提升人员、矸石、器材、设备和进风，提升任务重，人员上下频繁。虽罐笼运行比较平稳，但如果提升速度过快，堆箱超高，有可能导致雷管意外爆炸，若炸药与雷管在一个容器里混装会使事故扩大。为预防雷管爆炸殉爆炸药，炸药和雷管必须分开运送。在开凿或延深井筒时，起爆药卷必须在地面专用间里装配，所以，只能将装配好的起爆药包运往井底工作面，但严禁起爆药包与炸药在同一吊桶内运往井底工作面。

用罐笼或吊桶运送爆炸物品，必须事先通知绞车司机和井上下把钩工，通知他们注意信号和操作，不准超速运行，做到平稳启动和停车，防止发生碰撞事故。

工业电雷管的摩擦、撞击感度较高，如果堆放两层及以上雷管箱，由于颠簸、滑动，则可能导致上层雷管箱掉落，引起雷管意外爆炸。运送炸药时，为防止炸药箱在运送途中由于颠簸而甩出，爆炸物品箱堆放高度不得超过罐笼高度的2/3。如果将装有炸药或电雷管的车辆直接推入罐笼内运送时，爆炸物品应装在专用的、带盖的有木质隔板的车厢内，车厢内部应铺有胶皮或麻袋等软质垫层，并只准放一层爆炸物品箱。炸药箱可以装在矿车内，但堆放高度不得超过矿车上缘。因为吊桶运行不稳，运送爆炸物品必须采用专用箱，以防止颠簸、滑动引起意外爆炸。

为防止人货混运和预防运输过程中意外事故引起群死群伤，在运送爆炸物品的罐笼或吊桶内，只能有爆破工和护送人员，严禁其他人员搭乘。

交接班、人员上下井时，井口和井底等场所人员较多，此时间内运送爆炸物品，不仅要穿越人群，而且不确定因素较多，增加意外事故风险。

矿井井口房和井底车场等场所，是作业人员入井和升井的重要场所，日常人员较多，严禁在井口房和井底车场等贮存爆炸物品，防止爆炸物品意外爆炸造成群死群伤。

为保证矿井安全，爆炸物品应直接下井，禁止存放在井口房。运到井底后，应尽快直接运往井下爆炸物品库，禁止存放在井底车场或其他巷道内。

**第三百四十条** 井下用机车运送爆炸物品时，应当遵守下列规定：

（一）炸药和电雷管在同一列车内运输时，装有炸药与装有电雷管的车辆之间，以及装有炸药或者电雷管的车辆与机车之间，必须用空车分别隔开，隔开长度不得小于3 m。

（二）电雷管必须装在专用的、带盖的、有木质隔板的车厢内，车厢内部应当铺有胶皮或者麻袋等软质垫层，并只准放置1层爆炸物品箱。炸药箱可以装在矿车内，但堆放高度不得超过矿车上缘。运输炸药、电雷管的矿车或者车厢必须有专门的警示标识。

（三）爆炸物品必须由井下爆炸物品库负责人或者经过专门培训的人员专人护送。跟车工、护送人员和装卸人员应当坐在尾车内，严禁其他人员乘车。

（四）列车的行驶速度不得超过2 m/s。

（五）装有爆炸物品的列车不得同时运送其他物品。

井下采用无轨胶轮车运送爆炸物品时，应当按照民用爆炸物品运输管理有关规定执行。

**【解读】** 本条是关于井下用机车运送爆炸物品的规定。

为避免雷管意外爆炸引爆炸药，炸药和雷管不宜在同一列车内运输；同一列车运输时，装炸药车与装电雷管车之间，必须用空车隔开，隔开长度不得小于3 m，以防止雷管意外爆炸殉爆炸药。

列车行驶速度不得超过2 m/s，防止列车出轨掉道，引起爆炸物品撞击摩擦引起爆炸。列车运行中摇摆和颠簸等可能诱发工业雷管爆炸，工业电雷管因具有较高的撞击摩擦感度，应禁止电雷管箱与车厢刚性接触，车厢内应铺有胶皮或麻袋等软质垫层，并只准放1层爆炸物品箱。车厢要有盖，防止物品被甩出车厢。炸药箱可以装在矿车内，但堆放高度不得超过矿车上缘，以防止因车厢无盖甩出车外。

护送爆炸物品的人员必须是爆炸物品库负责人或经过专门培训的人员。主要是上述人员具备相应的知识，对运输过程中可能发生的意外事件可以及时采取适当的措施进行处理。跟车人员、护送人员和装卸人员应坐在尾车内，其他人员严禁乘车，主要是为了减少意外事故造成的损失。

装有爆炸物品的列车不得同时运送其他物品，避免装卸和运送过程中，因被其他物品和工具碰撞、摩擦发生爆炸事故。

**【案例】** 某矿开拓区672掘进工作面发生一起重大炸药爆炸事故，造成7人死亡，3 人轻伤。根据现场调查，爆破工领取的 15 kg 炸药和剩余的炸药违章同电雷管混装在电机车拉的矿车上，风钻维修工乱扔工具和配件，砸响电雷管而引起事故。

井下采用无轨胶轮车运送爆炸物品时，应当遵守以下规定：

（1）运送爆炸物品的无轨胶轮车应符合《矿用防爆柴油机无轨胶轮车通用技术条件》（MT/T 989—2006）等要求。

（2）无轨胶轮车使用过程中应符合《煤矿用防爆柴油机无轨胶轮车安全使用规范》（AQ 1064—2008）和《机动车运行安全技术条件》（GB 7258—2012）要求，定期维护和保养车辆，保持车况良好。

（3）在无轨胶轮车明显和易取用位置配备 2 台不小于 5 kg 磷酸铵盐干粉灭火器，灭火器应紧固。

（4）无轨胶轮车应设置符合《道路运输危险货物车辆标识》（GB 13392—2005）规定的警示标识，并且便于井下识别，如设置具有反光功能的“爆炸物品运输车”警示牌等。

（5）无轨胶轮车车厢底板铺设阻燃导静电胶皮，底板与胶皮之间采用导静电黏结剂平整、均匀粘固，阻燃导静电胶皮电阻率应符合《兵器工业防静电用品设施验收规程》（WJ 2146—1993）要求。

（6）车内有紧固包装箱的措施，防止滑动。

（7）运送爆炸物品前，驾驶员除进行一般车辆安全检查外，应重点检查专用车辆的防静电、消防和爆炸物品箱紧固等，严禁车辆带“病”运输。

（8）禁止炸药雷管同车运输。

（9）严格按照预先规定的时间和路线行驶，运送路线不应有其他车辆和人员作业。

（10）除驾驶员和押运员外，严禁搭乘其他人员。

**第三百四十一条** 水平巷道和倾斜巷道内有可靠的信号装置时，可以用钢丝绳牵引的车辆运送爆炸物品，炸药和电雷管必须分开运输，运输速度不得超过 1 m/s。运输电雷管的车辆必须加盖、加垫，车厢内以软质垫物塞紧，防止震动和撞击。

严禁用刮板输送机、带式输送机等运输爆炸物品。

**【解读】** 本条是对在水平巷道和倾斜巷道内运送爆炸物品的规定。

在平、斜巷道用钢丝绳牵引的车辆运送爆炸物品，必须有可靠的信号装置，保证车辆在运行过程中，机车司机或乘务人员在任何区段都能够按信号指令行车。

用钢丝绳牵引的车辆在行驶中存在摇摆、震动和碰撞等现象，车速过快，车辆易脱轨或翻车，可能诱发意外事故，因此，列车必须限速（≤1 m/s）行驶。车厢内用胶皮、麻袋等软质垫物塞紧，防止震动和撞击。炸药和电雷管必须分开运输，防止殉爆。由于绞车或机车牵引运行速度快，而爆炸物品箱在车厢内固定不牢、不平稳，容易前后左右摇摆与车厢碰撞，药箱从车厢内甩出，因此，车厢一定要加盖、加垫，以防止震动、撞击和甩箱。

由于刮板输送机和带式输送机的运行速度快，而爆炸物品箱不容易平稳牢固地固定在运输机上，会出现颠簸摆动，甚至滚出机外，而在运输机搭接处和机尾与溜煤眼搭接处危险性更大，爆炸物品受到冲击、摩擦就可能引起意外爆炸。另外，由于电机车和机电设备、动力、照明漏电造成的杂散电流，通过运输机等导电体与爆炸物品相接触，也可能引起爆炸物品意外爆炸。因此，严禁用刮板输送机、带式输送机等运输爆炸物品。

**【案例】** 1990 年 11 月 29 日，某矿一号井用串车运送 5000 发电雷管时，由于运输速度过快，加上轨道质量差，当串车运行至斜巷中部时，雷管车脱轨突然发生爆炸，并相继引起斜巷内的煤尘爆炸。爆炸冲击波及高温烟流迅速波及上部车场及绞车房，造成 15 人死亡、10 余人中毒的重大事故。

**第三百四十二条** 由爆炸物品库直接向工作地点用人力运送爆炸物品时，应当遵守下列规定：

（一）电雷管必须由爆破工亲自运送，炸药应当由爆破工或者在爆破工监护下运送。

（二）爆炸物品必须装在耐压和抗撞冲、防震、防静电的非金属容器内，不得将电雷管和炸药混装。严禁将爆炸物品装在衣袋内。领到爆炸物品后，应当直接送到工作地点，严禁中途逗留。

（三）携带爆炸物品上、下井时，在每层罐笼内搭乘的携带爆炸物品的人员不得超过 4 人，其他人员不得同罐上下。

（四）在交接班、人员上下井的时间内，严禁携带爆炸物品人员沿井筒上下。

**【解读】** 本条是关于人力运送爆炸物品的有关规定。

工业雷管撞击摩擦感度较高，运输过程中碰撞摩擦作用易诱发爆炸事故。一般人员未经过专业培训，不具备应有的预防知识，难以有效预防意外事故发生。因此，电雷管必须由爆破工亲自运送，炸药应由爆破工或在爆破工监护下运送。

工业电雷管在冲撞、静电和杂散电流作用下，易发生意外爆炸，为确保运输过程安全，爆炸物品应装在耐压和抗撞、防震、防静电的非金属容器运输，且电雷管与炸药应分开装在不同容器中。

携带爆炸物品人员上下井时，为了防止人多拥挤，造成意外爆炸，同时，为了减轻爆炸事故后果，因此规定在每层罐笼内搭乘的携带爆炸物品的人员不得超过4 人，其他人员不得同罐上下。

在交接班、人员上下井时，井筒上、下口附近人员较多，此时一旦发生意外爆炸，可能会造成人员的大量伤亡，因此规定在交接班和人员上下井时严禁携带爆炸物品人员沿井筒上下。

人工搬运爆炸物品时，除遵守上述规定外，还应遵守《爆破安全规程》（GB 6722—2014）的 14. 1. 6. 4 规定：

（1）运送人员应随身携带完好的矿用灯具。

（2）不应一人同时携带雷管和炸药；雷管和炸药应分别放在专用背包（木箱）内，不应放在衣袋里。

（3）领到爆破器材后，应直接送到爆破地点，不应乱丢乱放。

（4）不应提前班次领取爆炸物品，不应携带爆炸物品在人群聚集的地方停留。

（5）一人一次运送的爆炸物品数量不超过：

——雷管，1000 发；

——拆箱（袋）搬运炸药，20 kg；

——背运原包装炸药 1 箱（袋）。

煤矿井下爆破工若使用软帆布袋或绳子捆扎运送炸药，容易引起药卷破损、变形，特别是对药态较软的含水炸药更容易发生这种情况。破损、变形的药卷直径不均匀，也难以保证药卷连接良好，这种情况易造成爆轰不稳定，引起爆燃或拒爆。因此在煤矿井下携带拆箱的炸药应采用非金属抗静电刚性容器。

**【案例】**1983 年 3 月 6 日，在某矿一采煤工作面，当班班长派 2 名工人到井下爆炸物品库领取了 81 kg 炸药、280 发电雷管，分别混装在一条麻袋和一条尼龙编织袋里。背麻袋的工人由于在井下徒步走了 2800 m 的路程后十分疲劳，在未考虑和检查放置地点是否安全的情况下，随便把麻袋扔在采煤工作面的上出口处，正巧麻袋内外露的雷管脚线与电煤钻电缆线的漏电处接触，引起雷管爆炸，并相继引爆炸药，当场炸死 2 人、炸伤 3 人。

## 第三节　井　下　爆　破

**第三百四十三条**　煤矿必须指定部门对爆破工作专门管理，配备专业管理人员。

所有爆破人员，包括爆破、送药、装药人员，必须熟悉爆炸物品性能和本规程规定。

**【解读】** 本条是对煤矿爆破工作管理机构和爆破人员管理的规定。

煤矿爆破事故以及爆破引起的瓦斯煤尘爆炸事故较为严重。在“十一五”期间，我国煤矿共发生瓦斯事故 1083 起，死亡 4559 人，分别占煤矿事故总起数和死亡总人数的 10.5% 和 27.1% 。在国有重点煤矿一次死亡 3 人以上的瓦斯爆炸事故中，30% 是爆破作业引起的，爆破造成的死亡人数占我国煤矿生产事故总死亡人数的 3.55% 。

煤矿爆破安全技术主要包括两个方面的内容：一是爆破施工作业中的安全问题，主要涉及爆破器材性能、使用条件、检测方法和起爆技术安全性问题；二是爆破对环境安全的影响，主要涉及在煤尘瓦斯环境下爆破作业的安全准则、控制标准、爆破作用机理、爆破参数设计与方法有关的技术问题。因为煤矿爆破工作涉及爆炸物品的贮存、运输、通风、瓦斯以及地质状况等，需要多部门配合协调，而煤矿爆破工作的复杂性以及事故的严重性，需要形成煤矿爆破工作的安全保障体系。因此，煤矿爆破工作必须由一个部门进行协调与管理，并配备专业的管理人员。

爆破作业的高危性要求爆破作业人员具备专业知识，必须通过安全技术培训，提高安全意识，熟悉安全职责，了解《规程》及《爆破安全规程》等的规定，掌握爆炸物品领退、运送、贮存以及销毁制度，掌握爆破作业的程序、方法和基本操作技能，具备在特殊情况下处理爆破事故的能力。对于爆破工程技术人员以及爆破员、安全员、保管员和其他涉爆人员，煤矿主管部门必须按照《爆破作业人员资格条件和管理要求》（GA 53—2015）规定的考核内容与尺度对其进行培训，考核合格后方可持证上岗，严禁不经培训，无证上岗作业。

**第三百四十四条** 开凿或者延深立井井筒，向井底工作面运送爆炸物品和在井筒内装药时，除负责装药爆破的人员、信号工、看盘工和水泵司机外，其他人员必须撤到地面或者上水平巷道中。

**【解读】** 本条是关于开凿或者延深立井时的爆破安全规定。

开凿或延深立井井筒，是在只有一个出口的独头工作面作业，人员多，工作条件复杂，危险性大。一方面人员及爆炸物品上下全靠吊桶提升，物体坠落可能引起爆炸事故，另一方面在装药过程中一旦发生意外爆炸，井底工作面作业人员生还的可能性很小。为了避免向井底工作面运送爆炸物品和在井筒内装药时，发生意外爆炸事故或坠落事故，危及在井筒内作业人员的安全，应把留在井筒内作业的工种和人员数量压缩到最低限度，减少事故危害。

**第三百四十五条** 开凿或者延深立井井筒中的装配起爆药卷工作，必须在地面专用的房间内进行。

专用房间距井筒、厂房、建筑物和主要通路的安全距离必须符合国家有关规定，且距离井筒不得小于 50 m。

严禁将起爆药卷与炸药装在同一爆炸物品容器内运往井底工作面。

**【解读】** 本条是对开凿或者延深立井井筒中的起爆药卷装配、地点以及运输的规定。

为了确保装配起爆药卷工作的安全性，开凿或延深立井井筒的装配起爆药卷工作须在地面专用的房间内进行，以便将意外爆炸破坏的影响控制在最小范围内。

专用房间距周边建构物和主要通路的安全距离，主要是考虑在装配起爆药卷时发生意外爆炸，爆破地震波、空气冲击波和爆破飞石对人员及对井筒、厂房、建筑物和主要通道不造成伤害和损坏。

考虑到井筒的重要性，在经验公式计算的基础上，以炸药意外爆炸产生的地震波不至于导致井筒损伤，规定装配起爆药卷的专用房间最小安全距离应不小于 50 m。

由于起爆药卷已经装配雷管，因此具有较高感度，为了防止起爆药卷在往井底工作面运送过程中受外界因素影响意外爆炸，从而引爆同一容器内炸药，扩大爆炸事故，所以严禁将起爆药卷与炸药装在同一爆炸物品容器内运往井底工作面，应分开运送。这和炸药与雷管不能装在同一容器内运输的道理一样。

**第三百四十六条** 在开凿或者延深立井井筒时，必须在地面或者在生产水平巷道内进行起爆。

在爆破母线与电力起爆接线盒引线接通之前，井筒内所有电气设备必须断电。

只有在爆破工完成装药和连线工作，将所有井盖门打开，井筒、井口房内的人员全部撤出，设备、工具提升到安全高度以后，方可起爆。

爆破通风后，必须仔细检查井筒，清除崩落在井圈上、吊盘上或者其他设备上的矸石。

爆破后乘吊桶检查井底工作面时，吊桶不得蹾撞工作面。

**【解读】** 本条是对开凿或延深立井时的起爆工作和爆破后检查的规定。

开凿或延深立井井筒，是在只有一个出口的独头工作面作业，井底工作面爆破，炮眼多，一次起爆药量大，爆炸产生的冲击波和有毒有害气体冲向地面井口，因此，绝不允许爆破工在立井井筒内进行起爆工作。即使吊盘提升到安全高度，爆破时对人的安全仍有很大威胁。所以，开凿井筒和延深立井井筒爆破作业时，爆破工必须在地面或在生产水平巷道内进行起爆。

开凿和延深立井井筒爆破时，由于机电设备动力、照明交流电流的漏电会造成杂散电流通过沿井筒的导体（如管路和轨道）形成网络，该杂散电流如与潮湿的煤、岩壁接触，可造成煤、岩壁导电。如漏电电源之一相与另一漏电电源之一相经爆破母线或雷管脚线与之接触，就可能发生意外爆炸事故，造成人员伤亡。因此在爆破母线与电力起爆接线盒引线接通之前，井筒内所有电气设备必须断电。

除采取断电措施外，还应采取下列预防方法：

（1）爆破母线不与压风、洒水等管路，轨道、井圈、钢丝绳等导电体和动力、照明线路相接触；管路与电线不与母线同侧铺设，同侧铺设时要保持至少 0.3 m 的悬挂距离。

（2）加强井下机电设备和电缆、电线的检查和维修，使之不损坏漏电。

（3）电雷管脚线和连接线，脚线和脚线之间的接头，都必须悬空，不得与任何导电体和潮湿的煤、岩壁接触。

为了防止爆破产生的爆炸冲击波、爆生气体和飞石对井口人员、井筒及井筒内设施造成伤害和损坏，必须在爆破人员完成装药和连线工作之后，将所有井盖门打开，井筒和井口房内的人员全部撤出，设备、工具提升到安全高度之后，方可爆破。

在爆破通风后，必须仔细检查井筒的围岩、井圈支护、管路、工具、设备等，并清除崩落在井圈上、吊盘上或其他设备上的矸石，以防落石伤人。

在井底工作面炸落堆积的煤、矸中，可能有拒爆或残爆的电雷管和残药。当井底爆破结束后，乘吊桶检查井底工作面时，如果吊桶蹾撞工作面，在吊桶的冲击或重压下，在煤、矸中的起爆药卷和残药就可能发生爆炸，造成人员伤亡。

**第三百四十七条** 井下爆破工作必须由专职爆破工担任。突出煤层采掘工作面爆破工作必须由固定的专职爆破工担任。爆破作业必须执行“一炮三检”和“三人连锁爆破”制度，并在起爆前检查起爆地点的甲烷浓度。

**【解读】** 本条是对井下爆破作业人员以及爆破作业的规定。

井下爆破作业条件复杂，因此必须由掌握爆破安全技术专业知识、责任心强的专职爆破工担任。爆破工必须有2年以上采掘工龄，并经过专门培训合格，取得公安部门核发的爆破作业人员许可证。不得由兼职的、未经培训的人员担任此项工作。

与一般煤层相比，突出煤层的自然条件更为复杂，不仅瓦斯涌出量大，工作面出现瓦斯超限的概率大，而且由于防治突出的要求，对爆破工艺技术有更高要求。由于各个工作面的地质条件和爆破工艺要求相差较大，专职爆破工固定在同一工作面工作，能够掌握本工作面的地质条件和瓦斯特点，异常情况可以及时处理。

“一炮三检”制度是在装药前、爆破前，由瓦检工检查爆破地点的瓦斯浓度。“一炮三检”是防止装药前、爆破前和爆破后瓦斯超限条件下违章作业的重要措施。

装药前、爆破前，爆破地点附近20 m以内的风流中的瓦斯浓度达到或者超过1%时，不准装药、爆破。

爆破后，瓦斯浓度达到或者超过1%时，必须立即处理，若经过处理，瓦斯浓度不能降到1%以下，不准继续作业。

“三人连锁爆破”制度是爆破工、班组长（跟班队长）、瓦检工（安全员）三人必须同时自始至终参加爆破工作的全过程，并执行换牌制。“三人连锁爆破”制度是防止爆破混乱、爆破警戒不严或警戒不落实造成爆破伤人事故的有效措施。要点如下：

爆破工在检查连线工作无误后，将警戒牌交给班组长。

班组长接到警戒牌后，在检查顶板、支架、风量、瓦斯、洒水等爆破准备工作无误，达到爆破要求条件时下达爆破命令，并负责组织撤出人员、设置警戒，清点人数，确认无误。然后，将自己携带的瓦检牌交给瓦检工（安全员）。

瓦检工（安全员）检查确认瓦斯、煤尘浓度不超限，将自己携带的爆破牌交给爆破工。

在起爆前为了确保爆破工作的安全，瓦检工（安全员）必须检查起爆地点的瓦斯浓度，主要是为了防止在起爆的过程中，发爆器接线柱与爆破母线连接处部分外露导线因发爆器的瞬间放电产生电弧，进而形成火源引燃瓦斯。因此，只有当起爆点附近 20 m 以内瓦斯浓度低于 1% 时方可允许爆破工起爆。

**【案例】** 2013 年 4 月 20 日，吉林省某煤矿在 +214 m 标高三段十一路采用国家明令禁止的巷道式采煤方法，未形成全负压通风系统，造成瓦斯积聚。不按规定配齐特种作业人员，瓦斯检查工、安全检查工数量不足，以兼职代替专职；不按规定编制爆破说明书，随意确定炮眼深度、角度、装药量和封孔长度；不认真执行“一炮三检”及“三人连锁爆破”制度，违章爆破，导致特大瓦斯爆炸事故。事故造成 18 人死亡、12 人受伤，直接经济损失 1633.5 万元。

**【案例】** 2013 年 6 月 2 日 19 时，湖南省邵阳市邵东县司马冲煤矿发生重大瓦斯爆炸事故，造成 10 人死亡、3 人重伤、6 人轻伤，直接经济损失 737.1 万元。事故发生的直接原因是 13 采区 +168 m Ⅰ煤回采工作面违规采用巷道式采煤、局部通风机供风，风量不足，引起瓦斯积聚并达到爆炸浓度。在未检查瓦斯的情况下违规爆破，因发爆器接线柱产生电弧引起瓦斯爆炸。

**第三百四十八条** 爆破作业必须编制爆破作业说明书，并符合下列要求：

（一）炮眼布置图必须标明采煤工作面的高度和打眼范围或者掘进工作面的巷道断面尺寸，炮眼的位置、个数、深度、角度及炮眼编号，并用正面图、平面图和剖面图表示。

（二）炮眼说明表必须说明炮眼的名称、深度、角度，使用炸药、雷管的品种，装药量，封泥长度，连线方法和起爆顺序。

（三）必须编入采掘作业规程，并及时修改补充。

钻眼、爆破人员必须依照说明书进行作业。

**【解读】**本条是关于编制与执行爆破说明书的规定。

由于煤矿井下的地质条件复杂多变，各个作业点的岩石性质和构造情况不尽相同，且赋存及涌出瓦斯、含水涌水情况各异，爆破作业形成的巷道或硐室的用途或质量要求也不相同。为了提高爆破效果，减少爆破物品的消耗，同时也为了避免因爆破参数和工艺选择的不当而造成安全事故，煤矿井下每一个爆破地点都应根据所在地点的围岩性质、构造情况及瓦斯涌出量等情况编制爆破说明书。

爆破说明书是采掘工作面作业规程的主要内容之一，是爆破作业贯彻《规程》的具体措施，也是爆破作业人员进行爆破作业的依据。爆破说明书应包括以下几个方面的内容：

（1）简单描述巷道的特征（名称、用途、位置、断面形状和尺寸、坡度等），穿过岩石的名称、地质条件和岩石的物理力学性质，矿井瓦斯等级和通过岩层含瓦斯情况等。

（2）钻眼机械、钻眼工具和其他钻眼设备的选择。

（3）选择爆破器材。炸药的安全等级应与矿井或工作面瓦斯等级匹配；应选用煤矿许用雷管，严禁使用“三不同”雷管。

（4）钻眼爆破参数设计。包括：掏槽形式和掏槽爆破参数、光面爆破参数、崩落眼爆破参数。参数设计后，一要绘制炮眼布置正面图、平面图和剖面图，并标明炮眼编号；二要编制炮眼说明表，表中注明炮眼名称、深度、眼间距、角度，装药量，封泥长度及起爆顺序等。

（5）爆破网路计算。

（6）爆破采取的各项安全措施。

下面以某矿 -430 m 岩石流水巷的爆破说明书为例，具体展示掘进爆破说明书的内容。

（1）地点：某矿 -430 m 岩石流水巷。

（2）掘进断面积：11.5 $m^2$。

掘进宽度：4.2 m。

掘进高度：3.2 m。

（3）断面形状：直墙半圆拱。

（4）巷道坡度：平岩 5‰。

（5）岩质：硬质凝灰岩，中等稳定，$f=4\sim6$。

（6）每循环进度：1.7 m。

（7）炮眼深度：1.8 m。

(8) 瓦斯情况：无。

(9) 涌水及淋水：无。

(10) 使用炸药品种与规格：

周边眼：使用二号煤矿许用乳化炸药，$\phi$20 mm × 150 g；

其余炮眼：使用二号岩石硝铵炸药，$\phi$35 mm × 200 g。

(11) 发爆器能力：100 发。

(12) 爆破方式：预留周边眼二次爆破。

(13) 施工方法：预留周边眼二次爆破。

(14) 炮眼布置图（图 3－53）。

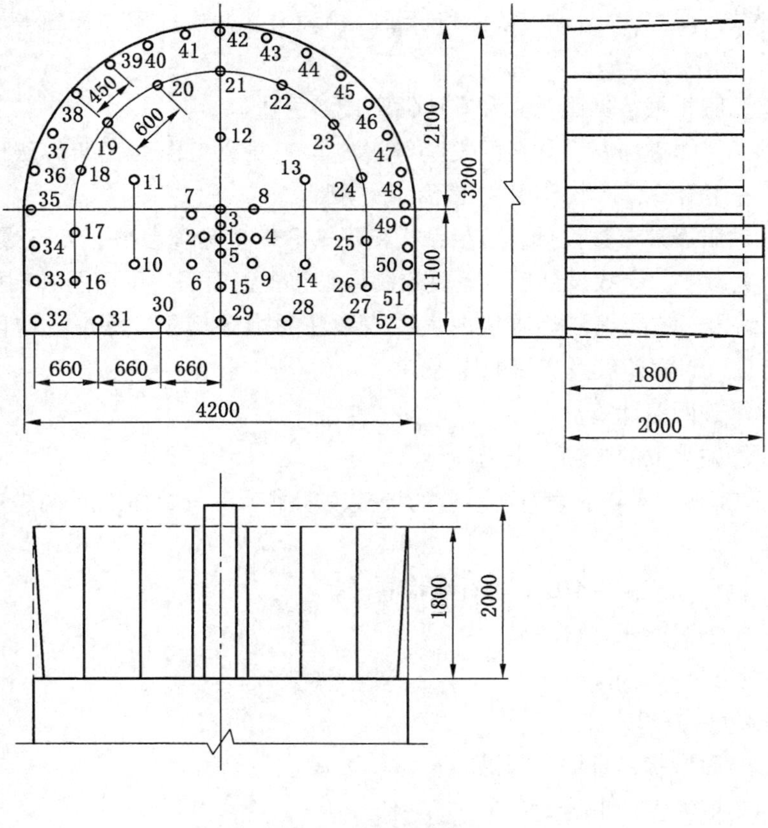


图 3－53　炮眼布置图

(15) 炮眼说明表（表 3－27）。

表3-27 炮眼说明表

| 眼名 | 眼号 | 个数 | 眼深/mm | 角度 | | 装药量 | | 炮泥长度/mm | 起爆顺序 | | 连线方式 |
|---|---|---|---|---|---|---|---|---|---|---|---|
| | | | | 水平 | 垂直 | 卷数/孔 | 合计/kg | | | | |
| 中空眼 | 1 | 1 | 2000 | 90 | 90 | 0 | 0 | 0 | | | |
| 角柱掏槽眼 | 2~5 | 4 | 2000 | 90 | 90 | 8 | 4.8 | 500 | Ⅰ | 一 | |
| 辅助眼 | 6~9 | 4 | 1800 | 90 | 90 | 6 | 3.6 | 600 | Ⅱ | 一 | |
| 三圈眼 | 10~15 | 6 | 1800 | 90 | 90 | 6 | 5.4 | 600 | Ⅲ | 一 | |
| 二圈眼 | 16~26 | 11 | 1800 | 90 | 90 | 6 | 9.9 | 600 | Ⅳ | 一 | |
| 底眼 | 27~31 | 5 | 1800 | 90 | 85 | 6 | 4.5 | 600 | Ⅴ | 一 | |
| 底角眼 | 32，52 | 2 | 1800 | 90 | 85 | 6 | 0.6 | 600 | Ⅵ | 一 | |
| 周边眼 | 33~51 | 19 | 1800 | 90 | 85 | 2 | 5.7 | 500 | 瞬发 | 二 | |
| 合计 | | 52 | 94600 | | | | 34.5 | | | | |

（16）预期爆破效果表（表3-28）。

表3-28 预期爆破效果表

| 序号 | 项目 | 单位 | 数量 |
|---|---|---|---|
| 1 | 掘进断面 | $m^2$ | 11.5 |
| 2 | 掘进进度 | m | 1.6 |
| 3 | 每循环掘进岩石量 | $m^3$ | 18.4 |
| 4 | 每循环炸药消耗量 | kg | 34.5 |
| 5 | 1 $m^3$ 岩石炸药消耗量 | $kg/m^3$ | 1.87 |
| 6 | 每循环雷管消耗量 | 个 | 52 |
| 7 | 1 $m^3$ 岩石雷管消耗量 | 个/$m^3$ | 2.82 |
| 8 | 炮眼深度 | m | 1.8 |
| 9 | 炮眼利用率 | % | 88.8 |
| 10 | 每循环炮眼消耗量 | m | 94.6 |
| 11 | 1 $m^3$ 岩石炮眼消耗量 | $m/m^3$ | 5.14 |

**第三百四十九条** 不得使用过期或者变质的爆炸物品。不能使用的爆炸物品必须交回爆炸物品库。

**【解读】** 本条是对过期或变质的爆炸物品不能使用而必须返库的有关规定。

我国煤矿许用炸药主要有煤矿许用乳化炸药、煤矿许用粉状乳化炸药、煤矿许用水胶炸药以及煤矿许用膨化硝铵炸药等4个品种，质量保证期分别是6个月和4个月，使用超过质量保证期的产品有可能导致爆燃、拒爆以及半爆、炮烟中毒等意外情况发生。由于贮存环境以及生产质量等因素，炸药有可能出现破乳、结块硬化等变质情况，也极有可能导致意外情况发生。因此，在煤矿接收爆炸物品时，应首先对煤矿爆炸物品进行检查，发现过期或者变质的爆炸物品，应严禁入库。在使用过程中，若操作人员发现炸药破损、变质或者超过质量保证期，应严禁使用，同时将不合格的爆炸物品交回爆炸物品库。

由于煤矿许用毫秒电雷管结构和工艺的制约，随着贮存时间的延续而产生的延期精度降低的现象在工程中称为电雷管的延期时间漂移。据对20个煤矿许用毫秒延期电雷管样品进行的贮存期内延期时间考察试验表明，随着贮存时间的延长，延期时间漂移严重。存储3个月以后，2～5段4个段别的延期时间分别漂移了8%～18%不等，且随段别增加漂移逐渐加大；存储6个月后其延期情况和存储3个月时大致相当，但存储9个月后与刚出厂相比，每段延期时间漂移都在30%以上，有个别段延期时间出现串段现象，5段有个别漂移达50%以上。

按照《工业电雷管》（GB 8031）的规定，电雷管的保质期为18个月，但实际上，我国几乎没有能够保证有效期内延期时间合格的雷管产品。究其原因，由于国内普遍采用的延期药剂的性能和延期体生产工艺技术一直未有大的突破，延期时间性能短期内难以有根本改观。

贮存9个月毫秒延期电雷管大面积出现秒量漂移以及部分出现串段以及总延期时间超过130 ms现象，不但影响爆破效率，同时也带来安全隐患。因此，从提高爆破质量和施工安全角度考虑，建议煤矿应使用贮存时间不超过9个月的煤矿许用毫秒雷管。

**第三百五十条** 井下爆破作业，必须使用煤矿许用炸药和煤矿许用电雷管。一次爆破必须使用同一厂家、同一品种的煤矿许用炸药和电雷管。煤矿许用炸药的选用必须遵守下列规定：

（一）低瓦斯矿井的岩石掘进工作面，使用安全等级不低于一级的煤矿许用炸药。

（二）低瓦斯矿井的煤层采掘工作面、半煤岩掘进工作面，使用安全等级不低于二级的煤矿许用炸药。

（三）高瓦斯矿井，使用安全等级不低于三级的煤矿许用炸药。

（四）突出矿井，使用安全等级不低于三级的煤矿许用含水炸药。

在采掘工作面，必须使用煤矿许用瞬发电雷管、煤矿许用毫秒延期电雷管或者煤矿许用数码电雷管。使用煤矿许用毫秒延期电雷管时，最后一段的延期时间不得超过 130 ms。使用煤矿许用数码电雷管时，一次起爆总时间差不得超过 130 ms，并应当与专用起爆器配套使用。

**【解读】**本条是对井下爆破作业使用煤矿许用型爆炸物品的规定。

煤矿许用炸药是指经主管部门批准，符合国家煤矿安全规程规定、允许在有瓦斯和（或）煤尘爆炸危险的煤矿井下工作面或工作地点使用的炸药。1877 年，法国人首先注意到一定比例的瓦斯—空气混合物在650 ℃下，经过10 s 的延期就会发生爆炸，而且温度越高，延迟期越短。基于以上事实，法国人首先从理论上提出了煤矿安全炸药的概念，在炸药组分中添加一定比例的消焰剂，以降低炸药的爆轰温度。与此同时，英、德、比利时等国家先后建立起实验巷道来模拟井下的条件，用试验对比的方法为煤矿选择合适的炸药，其原理和方法一直沿用至今。煤矿许用炸药的分级和适用范围是在科学研究的基础上并在长期的生产实践中总结经验对炸药进行严格检验后确定的，必须对应矿井瓦斯等级，使用不同等级的煤矿许用炸药。

煤矿许用炸药的安全性等级及使用范围见表 3－29。

表 3－29　煤矿许用炸药的安全性等级及使用范围

| 炸药名称 | 炸药安全等级 | 使用范围 |
|---|---|---|
| 一级煤矿许用乳化炸药<br>一级煤矿许用水胶炸药<br>一级煤矿许用粉状乳化炸药<br>一级煤矿许用膨化硝铵炸药 | 一级 | 低瓦斯矿井岩石掘进工作面 |
| 二级煤矿许用乳化炸药<br>二级煤矿许用水胶炸药<br>二级煤矿许用粉状乳化炸药<br>二级煤矿许用膨化硝铵炸药 | 二级 | 低瓦斯矿井煤层采掘工作面 |
| 三级煤矿许用水胶炸药<br>三级煤矿许用乳化炸药<br>三级煤矿许用粉状乳化炸药 | 三级 | 高瓦斯矿井、煤油共生矿井、煤与瓦斯突出矿井 |

煤矿许用电雷管是指经主管部门批准，符合国家煤矿安全规程规定、允许在有瓦斯和（或）煤尘爆炸危险的煤矿井下工作面或工作地点使用的电雷管。由于普通电雷管爆炸会产生灼热飞散碎片或高密度射流、雷管内的副爆轰药爆炸时产生高温和火焰、延期药燃烧喷出高温残渣等，这些有可能引燃瓦斯或煤尘。而煤矿许用电雷管在雷管结构上进行了改进，消除了飞散碎片或高密度射流，雷管副爆轰药添加了消焰剂，降低了爆轰温度和火焰长度，对于延期药燃烧喷出高温残渣采取延期火焰密封传播措施，避免了电雷管爆炸时将延期药燃烧生成的高温残渣喷出。

自20世纪80年代，中国对爆炸物品在煤矿使用采取“入井证”制度进行控制和管理。自2002年开始，国家安全生产主管部门针对爆炸物品在煤矿使用，制定、实施了矿用产品安全标志管理制度。目前，入井煤矿许用爆破器材产品已经纳入安全标志的常态化管理，安全标志从安全标准体系、技术审查、现场考核、检测检验和安标从业人员队伍等方面，已经形成了一套适用的、科学的管理体系，在安全生产中发挥了重要作用。煤矿许用爆炸物品产品质量直接涉及职工的生命安全，煤矿企业必须使用取得安全标志的煤矿许用型爆炸物品。

电雷管是由电引火元件点燃，因此有其电性能参数，如安全电流、发火电流、发火冲能、串联起爆准电流、静电感度等。不同厂家生产的雷管由于使用的材料、生产工艺或条件不同，其电性能参数也不同，不同电性能参数的雷管用在同一爆破网路中，就有可能出现拒爆。同理，不同品种的电雷管，其电性能参数也不同，所以也不能用在同一爆破网路中。

对于突出矿井，由于突出特性，要求更高安全等级的煤矿许用炸药，一方面是含水炸药爆轰稳定，抗爆燃性较高，另一方面我国煤矿许用炸药安全等级为三级的只有含水炸药。

在有瓦斯和煤尘爆炸危险的工作面进行爆破时，经过测定爆破后的瞬间瓦斯浓度，爆破后从新的自由面和崩落块中涌出的瓦斯浓度，130 ms 时为 0. 3% ~ 0. 5%，360 ms 时为 0. 35% ~ 1. 6%，实验表明只要总延时控制在 130 ms 以内，爆破安全是有保障的，因此规定毫秒爆破总延期时间不得超过 130 ms。

煤矿许用数码电子雷管是一种可以设定并准确实现延期发火时间的新型智能雷管。其本质在于一个微型电子芯片控制，取代了普通电雷管中的延期药与电点火元件，不仅大大提高了延时精度，而且控制了通往引火头的电源，从而最大限度地减少了因引火头能量需求所引起的误差。每只雷管的延时可以在 0 ~ 100 ms 内按毫秒量级编程设定，其延时精度可控制在 0. 2 ms 以内。煤矿许用电子雷管的使用应符合以下安全规定：

（1）煤矿许用数码电雷管的连接、使用以及在连接使用过程中应采取的安全预防措施必须严格执行电子雷管生产厂家的使用说明书。

（2）每家生产企业的煤矿许用数码电雷管有专用的起爆控制器，必须配套使用。起爆控制器必须取得安全标志。

（3）严禁在一次爆破中混合使用数码电雷管和电雷管，严禁在一次爆破中混合使用不同厂家或同一厂家不同类型的数码电雷管。

（4）使用煤矿许用数码电雷管一次起爆总延期时间不得超过 130 ms。

（5）煤矿井下应使用预设置型煤矿许用数码电雷管，延期段别一般不应超过 7 段。

（6）爆破网路连接接头应悬空，确保与地面或其他导体绝缘。

（7）应在爆破母线与起爆控制器连接前撤离现场作业人员。

（8）爆破母线与起爆控制器连接后，应用起爆控制器对雷管和网路进行检查，无误后，方可起爆。

（9）爆破后至少等待 30 min，方能返回工作面。

**第三百五十一条** 在有瓦斯或者有煤尘爆炸危险的采掘工作面，应当采用毫秒爆破。在掘进工作面应当全断面一次起爆，不能全断面一次起爆的，必须采取安全措施。在采煤工作面可分组装药，但一组装药必须一次起爆。

严禁在 1 个采煤工作面使用 2 台发爆器同时进行爆破。

**【解读】**本条是关于采掘工作面起爆方式和爆破方式的规定。

采掘工作面的起爆方式按延期时间不同，有瞬发爆破和毫秒延期爆破。瞬发爆破是指起爆药包采用煤矿许用瞬发电雷管起爆的爆破方法；毫秒延期爆破是指起爆药包采用煤矿许用毫秒延期电雷管起爆的爆破方法。瞬发爆破的优点是瞬时起爆（$<13$ ms），能防止瓦斯、煤尘爆炸，缺点是不能全断面一次爆破。毫秒延期爆破的技术优点为减少了抛掷作用和抛掷距离，防止崩倒支架或其他设备，而且爆堆集中，提高了装岩效率；减低了爆破震动作用，有效防止爆破对围岩或周围设施造成的破坏；能够实现全断面一次爆破，提高掘进速度。

当掘进工作面不能全断面一次爆破时，可采用分次爆破。分次起爆时应采取以下安全技术措施：

（1）加强顶帮和支架管理，坚持敲帮问顶；

（2）加强新自由面局部通风和瓦斯管理，防止瓦斯超限；

（3）应坚持一次打眼、一次装药、一次爆破，二次打眼避开形成贯通裂隙的地方，新形成自由面与炮眼的距离大于最小抵抗线；

（4）严格执行“一炮三检”制度和“三人连锁爆破”制度；

（5）注意检查每次爆破后有无拒爆。

采煤工作面爆破，应积极研究改进爆破技术，合理安排循环组织，做到分组装药，一组装药一次起爆。如果在采煤工作面分组装药，一组装药一次起爆确有困难时，可以打一次眼，间隔分组一次装药，分组起爆。分组装药的距离不得小于2 m。为了防止间隔区间未装药炮眼被爆破挤压，可以在炮眼中插上炮棍，最后视分组爆破情况，在装药爆破间隔区内的炮眼，实现一组装药一次起爆的要求。

采煤工作面一组装药分次起爆存在的危害：

（1）在有瓦斯或煤尘爆炸危险的采煤工作面采用一组装药分次起爆时，前次爆破后，瓦斯超限或煤尘飞扬，很容易被后次爆破产生的空气冲击波、炽热的固体颗粒、气体爆炸产物及二次火焰所引燃，以致发生瓦斯或煤尘爆炸，具有极大的危险性。

（2）一组装药分次起爆时，容易把相邻段炮眼的炸药压死，或把电雷管脚线崩断，或电雷管、炸药随爆破被带出，或将电雷管桥丝震断，造成拒爆或瞎炮。

（3）一组装药分次起爆，不能根据爆破实际情况有效控制或调整炮眼装药量。

（4）爆破时若崩倒支柱，往往因不能及时扶起，空顶面积大、时间长，连线和出煤时，容易发生冒顶伤人事故。

（5）爆破时，容易产生炮震裂缝，贯穿相邻炮眼，容易使爆破火焰从裂缝中喷出，影响爆破安全及爆破效果。

（6）连线和爆破次数多、时间长、劳动强度大，影响循环作业时间。

在一个采煤工作面使用2台发爆器同时进行爆破，由于爆破时间不可能同步，会造成一台发爆器起爆后，工作面风流中产生大量的浮游煤尘及瓦斯超限，极易引发瓦斯或煤尘爆炸及炮烟中毒事故。

**第三百五十二条** 在高瓦斯矿井采掘工作面采用毫秒爆破时，若采用反向起爆，必须制定安全技术措施。

**【解读】** 本条是关于在高瓦斯矿井的采掘工作面采用毫秒反向起爆时必须制

定安全技术措施的规定。

如果起爆点置于装药顶部，靠近眼口的位置，使爆轰波传向眼底，这种起爆方式为正向起爆。由正向起爆实施的爆破称为正向爆破。反之，起爆点置于装药底部，爆轰波传向眼口称为反向起爆。

从操作方便上讲，反向爆破比正向爆破好。主要是装药时可一只手拽着脚线进行操作，一旦炮眼发生堵塞炸药装不到眼底，可利用脚线将炸药退回来，待疏通炮眼后重新装药。正向爆破则不行，一旦药卷装不到眼底，就难以处理，不能退回来，爆破时有可能发生“打枪”现象。

从炸药发挥能量与威力看，反向爆破更加合理。这是因为岩石的抵抗是沿着炮眼的纵深方向从眼底到眼口逐渐增大，炮眼越长，眼底岩石的抵抗与夹制作用也越大，而炸药的能量和威力在爆轰过程中则是沿爆轰的传播方向逐渐衰减，这种现象对于低威力炸药表现得更为明显。很多实验证明，反向爆破比正向爆破时炮眼利用率可提高 5% ~20% 。

从安全性方面看，反向爆破时，爆炸冲击波、火焰、高温的爆生气体是直接从炮眼里喷出；正向爆破时，爆炸冲击波、火焰、高温的爆生气体是首先冲向眼底，折回后才从炮眼喷出。对正向起爆和反向起爆的安全性问题一直存在争论，有许多研究资料证明，反向爆破比正向爆破安全，如德国、法国和波兰等国家规定，采用毫秒爆破时，一般规定应采取反向爆破，中国对煤矿爆破事故的统计表明，反向起爆事故占比较高。

正向装药和反向装药示意图如图 3 – 54 所示。

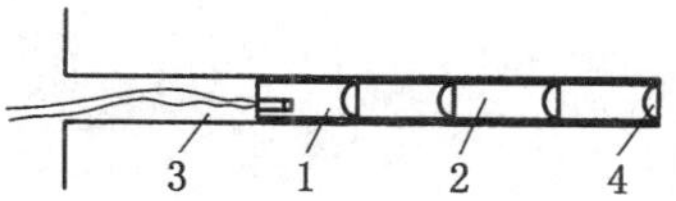

(a) 正向装药

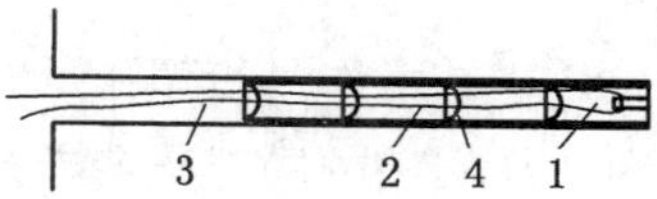

(b) 反向装药

1—起爆药卷；2—被动药卷；3—炮泥；4—聚能穴

图 3 – 54　正向装药和反向装药示意图

因此，在高瓦斯矿井的采掘工作面采用毫秒延期爆破，若采用反向起爆，必须制定安全措施。安全技术措施应包括以下内容：

（1）严格执行“一炮三检”制度和“三人连锁爆破”制度。

（2）毫秒雷管不准跳段使用，相邻两段的间隔时间不得大于 50 ms。

（3）严格执行炮眼封泥的规定。

（4）炮眼布置方式、炮眼深度、装药量、起爆顺序，必须严格按爆破说明书进行施工。

（5）煤矿许用毫秒雷管在出库前，必须事先进行导通试验，并逐个测定电阻，排除断路、短路、电阻特大或特小的电雷管，使同一网路的电雷管电阻差不得超过0.25～0.3 Ω。

（6）爆破前，爆破工必须做电爆网路全电阻检查。

**第三百五十三条** 在高瓦斯、突出矿井的采掘工作面实体煤中，为增加煤体裂隙、松动煤体而进行的10 m以上的深孔预裂控制爆破，可以使用二级煤矿许用炸药，并制定安全措施。

**【解读】** 本条是对在高瓦斯、突出矿井进行深孔预裂爆破的规定。

从煤矿爆破安全角度出发，针对防止突出、瓦斯治理，广泛应用并推广深孔预裂爆破、深孔松动爆破技术等。

深孔预裂爆破技术：它的主要特点是通过控制孔径、孔间距、线装药密度和堵塞长度使相邻炮孔之间形成裂缝，并通过爆生气体的气楔作用，使初始裂隙和原生裂隙扩展、张开，最后形成包括压缩粉碎圈、径向裂隙和横向裂隙及次生裂隙圈在内的立体连通裂隙网。由于预裂爆破作用范围大、工艺简单，在煤矿井下所有需要裂隙的情况下都可以应用。经过多年攻关，深孔预裂爆破在提高低透气性煤层的瓦斯抽放率、坚硬顶煤的可放性以及顶板管理方面已经成为成熟的实用技术。

深孔松动爆破技术作为治理瓦斯的一种手段比较广泛地起到了防治突出的作用。深孔控制卸压爆破的局部防突措施的实质，是在掘进工作面前方煤体中，打若干个长钻孔，其中有爆破孔和控制孔，由于控制孔的控制导向作用，所以深孔控制卸压爆破的结果是在介质内部的炮孔周围产生一柱状的压缩粉碎圈和一沿爆破孔与控制孔连心线方向的贯穿爆破裂缝面，使集中地应力转移，加速排放高压瓦斯，降低了瓦斯压力梯度，减少了突出势能，实现了空间上、时间上的超前防护作用，从而达到防治突出的目的。

由于我国煤矿许用炸药的整体技术水平限制，三级煤矿许用炸药作功能力相对较小，10 m以上的深孔预裂控制爆破若采用三级煤矿许用炸药很难达到预期的爆破效果。由于二级煤矿许用炸药同时具有足够的安全性能和作功能力的双重优点，本条规定10 m以上的深孔预裂控制爆破在采取安全措施的前提下，可以使用煤矿二级许用炸药。

目前我国已有企业研制出水胶炸药瓦斯抽排专用药柱，其主要成分为高威力三级煤矿许用水胶炸药，安全等级达到三级，其作功能力远远超过普通煤矿许用三级炸药。建议在深孔爆破时，优先采用水胶炸药瓦斯抽排专用药柱。

若使用二级煤矿许用炸药进行深孔预裂爆破，应采用以下安全措施：

（1）制定科学严谨的爆破方案。

（2）为防止产生爆燃，必须选用含水型的煤矿许用二级炸药，必须严格控制单孔装药量。

（3）煤矿许用毫秒雷管在出库前，必须事先进行导通试验，并逐个测定电阻。

（4）炮眼布置方式、炮眼深度、装药量、起爆顺序，必须严格按爆破说明书进行施工。

（5）由于炮孔内有煤渣，同时又受地应力的影响，在炮孔钻杆拔出时，用探孔管对炮孔进行探孔，并记录炮孔的深度后，确定装药的数量与长度。为了保证细长药卷间隔装药和连续装药起爆的可靠性，必须在炮孔内沿孔全长敷设煤矿许用导爆索。

（6）炮眼封泥炮孔封孔长度不低于孔深的1/3。

（7）爆破前，爆破工必须做电爆网路全电阻检查。

（8）炸药严格执行“一炮三检”制度和“三人连锁爆破”制度。

（9）为了防止延期突出，爆破后至少等20 min方可进入工作面，一般在预裂爆破后，工作面停止作业4 ~ 8 h。撤人和爆破距离根据突出危险程度确定，不得小于200 m，撤出人员应处于新鲜风流中。

（10）必须有撤人、停电、警戒、远距离爆破、反向风门等安全防护措施。

（11）爆破后应对爆破效果进行检验，并依此调整其爆破参数和布孔方式。

煤矿许用导爆索的结构如图3 - 55所示。

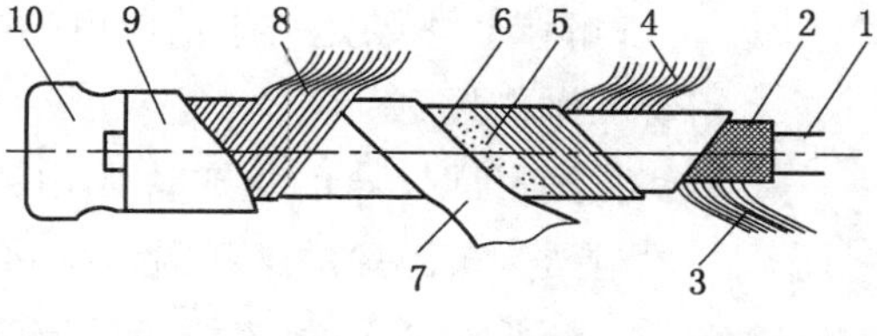


1—芯线；2—药芯；3—内层线；4—中层线；5—沥青线；6—消烟剂；
7—纸条；8—外层线；9—涂塑层；10—防潮帽或防潮层

图3 - 55　煤矿许用导爆索结构示意图

**第三百五十四条** 爆破工必须把炸药、电雷管分开存放在专用的爆炸物品箱内，并加锁，严禁乱扔、乱放。爆炸物品箱必须放在顶板完好、支护完整，避开有机械、电气设备的地点。爆破时必须把爆炸物品箱放置在警戒线以外的安全地点。

**【解读】** 本条是关于在采掘工作面存放爆炸物品的规定。

把雷管与炸药放在一起，雷管爆炸后，可能引起炸药爆炸，使爆炸事故扩大。

由于井下作业环境复杂及人员较多，为防止踩踏发生意外爆炸，或发生雷管丢失，造成公共安全事故，爆炸物品箱应加锁并由专业的爆破工负责。

爆炸物品箱若放在顶板、支护不完好的地点，或没有避开机械、电气设备的地点，一是冒落的石块撞击爆炸物品会引起爆炸；二是距离机械电气设备过近，漏电和杂散电流有可能引起雷管意外爆炸。另外爆炸物品箱特别是存放雷管的爆炸物品箱，还要避开通信基站，以免射频电引起雷管意外爆炸。

正常爆破时，在炸药起爆后会形成爆炸冲击波，并且会夹带飞石；同时有时还会因爆炸物品本身的问题或装药质量等问题出现爆燃、喷出灼热颗粒等异常情况，如果将爆炸物品箱放在警戒线以内，即小于避炮安全距离，就有可能受爆炸冲击波的冲击，被爆破飞出的碎石击中而发生意外爆炸。

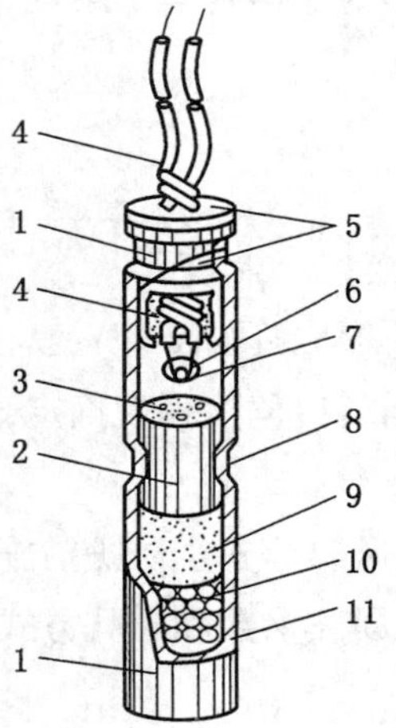


1—管壳；2—延期体；3—延期药芯；4—脚线；5—卡口塞；6—桥丝；7—引火头；8—卡痕；9—起爆药；10—二遍主装药；11——遍主装药

图 3-56 毫秒延期电雷管

**第三百五十五条** 从成束的电雷管中抽取单个电雷管时，不得手拉脚线硬拽管体，也不得手拉管体硬拽脚线，应当将成束的电雷管顺好，拉住前端脚线将电雷管抽出。抽出单个电雷管后，必须将其脚线扭结成短路。

**【解读】** 本条是关于从成束的电雷管中抽取单个电雷管的操作规定。

我国目前生产的煤矿许用电雷管，其结构是借助一段材质为聚乙烯的塑料封口塞将引火元件（由脚线、桥丝、药头组成）和装了药的基础雷管连接起来，如图 3-56 所示，电雷管引火元件与装了起爆药的管体接在一起。这种固接方式能承受的拉力有限，如果抓住管体硬拽脚线或是抓住脚线硬拽管体，都很容易造成封口塞松动，两根脚线错位，致使桥丝崩断，或引火药头脱落，最终导致雷管拒爆，更为严重的是起爆药和引火药头都是摩擦感度很高的物质，一旦拉动引火元件，容易造成这些敏感的药剂和管体内壁的强烈摩擦而发火，雷管在手中爆炸，造成人身伤亡事故。因此，在有关雷管的操作中，都要禁止硬拽脚线和管体。

从成束的电雷管中抽取单个雷管，正确的做法是：把整束的雷管脚线顺好，若无其他有效工具，应用脚轻轻踩住脚线末端，拉住管体前端脚线，缓缓用力将其抽出。抽出单个雷管后，将其脚线扭结成短路，防止脚线接触导电体或杂散电而被意外引爆。

**第三百五十六条** 装配起爆药卷时，必须遵守下列规定：

（一）必须在顶板完好、支护完整、避开电气设备和导电体的爆破工作地点附近进行。严禁坐在爆炸物品箱上装配起爆药卷。装配起爆药卷数量，以当时爆破作业需要的数量为限。

（二）装配起爆药卷必须防止电雷管受震动、冲击，折断电雷管脚线和损坏脚线绝缘层。

（三）电雷管必须由药卷的顶部装入，严禁用电雷管代替竹、木棍扎眼。电雷管必须全部插入药卷内。严禁将电雷管斜插在药卷的中部或者捆在药卷上。

（四）电雷管插入药卷后，必须用脚线将药卷缠住，并将电雷管脚线扭结成短路。

**【解读】**本条是对装配起爆药卷的有关规定。

装配起爆药卷的地点必须在顶板完好、支架完整处，以防止局部冒顶或落石撞击起爆药卷，同时也要避开电气设备和导电体，以防止电气设备失爆、漏电以及杂散电源通过导电体与起爆药卷接触，引发爆炸事故。在装配过程中不与潮湿的煤岩壁或导电体接触，以防漏电或杂散电流引爆电雷管。

装配时，严禁坐在爆炸物品箱上，如果爆炸物品箱不结实，轻则造成药卷变形，包装破损，导致产品不能使用，严重的可能会发生爆炸。因为起爆药已装配雷管，危险性大大增加。装配起爆药卷数量，用多少就装配多少，以当时需要的数量为限，不可多装。

电雷管必须从药卷的顶部（平头）装入，否则使雷管和起爆药卷的爆炸能量不能全部向被动药卷传递，导致下一个药卷拒爆或爆燃。

煤矿许用电雷管是起爆药卷中最敏感的部分，装配起爆药卷时必须防止电雷管受震动、冲击而引起意外爆炸。同时要保护好雷管的脚线和绝缘层，避免操作的过程折断电雷管脚线和损坏脚线绝缘层，否则会导致爆破网路漏电，发生丢漏炮现象。

装配起爆药包宜采用的方法：将电雷管脚线扭结成短路，用炮锥在药卷平头一端扎一个比雷管略长的小孔，将雷管正向全部置于小孔内，然后用雷管脚线在药卷上缠绕固定，以免雷管从药卷中松脱出来。

**第三百五十七条** 装药前，必须首先清除炮眼内的煤粉或者岩粉，再用木质或者竹质炮棍将药卷轻轻推入，不得冲撞或者捣实。炮眼内的各药卷必须彼此密接。

有水的炮眼，应当使用抗水型炸药。

装药后，必须把电雷管脚线悬空，严禁电雷管脚线、爆破母线与机械电气设备等导电体相接触。

**【解读】** 本条是对装药过程中操作方法的有关规定。

装药前，炮眼内的煤粉或岩粉必须清除掉。炮眼内存有煤岩粉，一是会造成药卷之间连接不实，药卷之间不能正常殉爆，或者发生爆燃，进而引起瓦斯、煤尘爆炸事故；二是煤粉是可燃物，极易被爆炸火焰燃烧，喷出孔外，有点燃瓦斯、煤尘的危险；三是若煤粉参与炸药的爆炸反应，就会改变原有炸药的氧平衡，使爆生气体中的有毒气体含量增高，影响人身健康。

装药时，若用炮棍冲撞或捣实药卷，一是会使药卷变形、膨胀，一旦把药卷的包装捣破，影响炸药的爆破性能；二是改变装药密度，严重的可能导致半爆、拒爆；三是用炮棍捣实药卷，有可能捣破电雷管的脚线包皮或捣断脚线，采用正向装药时，起爆雷管是在最外一卷炸药内，如用力捣炸药卷就可能捣爆雷管，因此装药时要用木质或竹质炮棍将药卷轻轻推入，不得冲撞或捣实。

有水的炮眼，应使用抗水型炸药。煤矿许用水胶炸药和煤矿许用乳化炸药呈凝胶状，抗水性能强，一般在水中浸泡 24 h 不影响爆破性能，使用方便简单。

由于井下电机车牵引网路引起的杂散电流和电气照明设备、采掘机械设备等漏电引起的杂散电流，都可以通过沿井巷的导体（如管路和轨道）形成电路。杂散电流与潮湿的煤、岩壁接触，可使煤、岩壁导电。漏电电源一相与另一漏电电源一相，经爆破母线或脚线与之接触，就可能发生意外爆炸事故，造成人员伤亡。因此，在装药后，必须把雷管脚线扭成短路并悬空，严禁雷管脚线、爆破母线与机械电气设备等导体接触，以防发生爆炸事故。

杂散电流对爆炸物品贮存、运输和使用过程具有较大危害，当杂散电流超过电雷管最小准爆电流时，可能引起电雷管爆炸。所以，在工作场所及附近，要定期检测杂散电流，其值一般不应超过50 mA，同时，要掌握工作场所杂散电流分布规律，并采取针对性措施，防止杂散电流产生，消除其危害。另外还应防止静电的产生，将有可能产生静电的设备、器材接地，使其产生的静电向大地泄漏，不至于积聚；加强洒水防尘、增加空气湿度，使静电难以产生；爆破工及接触爆炸物品的有关人员，必须穿纯棉布或抗静电服，以避免人体产生静电和积聚静电。

**第三百五十八条** 炮眼封泥必须使用水炮泥，水炮泥外剩余的炮眼部分应当用黏土炮泥或者用不燃性、可塑性松散材料制成的炮泥封实。严禁用煤粉、块状材料或者其他可燃性材料作炮眼封泥。

无封泥、封泥不足或者不实的炮眼，严禁爆破。

严禁裸露爆破。

**【解读】**本条是对炮泥和装填炮泥的有关规定。

用来封闭炮眼的材料统称为炮泥。炮泥的作用主要有：

（1）保证炸药反应充分，使之放出最大热量并减少有毒气体生成量；

（2）降低爆炸气体逸出自由面的温度和压力，提高炸药的热效率，使更多的热能转化为机械功；

（3）在有瓦斯的工作面，炮泥不但降低了爆生气体逸出自由面的温度和压力，还起着阻止灼热固体颗粒从炮眼内飞出的作用；

（4）炮泥影响爆炸应力波的参数，从而影响岩石的破碎过程和炸药能量的有效利用。

使用炮泥的目的是防止爆炸产生的高温、高压气态产物从炮眼口逸出，从而使药包的后爆炸药爆炸分解得更安全，提高整个柱状药包的爆炸有用功，提高爆破效果；同时起到阻止爆炸火焰喷出的作用，以免火焰直接与井下沼气、煤尘接触，诱使沼气、煤尘爆炸；还有降低爆破后产生粉尘的作用。虽然固体炮泥能起到充分发挥炸药能量的作用，但是不能减少由于爆炸产生粉尘的危害及有害气体的影响，而且当炮泥长度不够时，爆炸时仍会有火焰喷射，容易引燃瓦斯、煤尘，如果炮泥充填过长、捣得过实时，常常容易出现拒爆、残爆现象。固体炮泥的堵塞作用，主要取决于炮泥本身质量的大小及炮泥与孔壁的摩擦情况。

水炮泥属于不可压缩材料，与孔壁的摩擦远不如固体炮泥。水炮泥与固体炮泥结合使用，可以解决单用固体炮泥存在的问题。炸药爆炸后，水炮泥的水由于爆生气体的冲击作用形成水雾，起到了降低爆温、缩短爆炸火焰延续时间的作用，从而降低了引爆瓦斯、煤尘的可能性。水炮泥形成的水幕，有降尘和吸收爆炸气体中有害气体的作用。若在水炮泥中加上适当的辅助剂，将会更好地起到降尘和减少有毒气体的作用。

对于炮泥材料，在有瓦斯的工作面，必须采用聚乙烯塑料袋装的碱性水炮泥，同时必须采用声阻抗比水大的其他不燃性材料封堵眼口，一般采用黏土炮泥。试验表明，采用这种结构的堵塞方式时，装药爆炸，在水炮泥一端激起的冲击波和从另端反射的冲击波相撞时，可产生很高的阻力，减缓水炮泥的运动。

裸露爆破就是把炸药放在被爆破的煤、岩块的表面上，用黄泥等把炸药盖上进行爆破，又叫放糊炮。由于放糊炮是在煤和岩石表面上爆炸，爆炸火焰直接与井下空气相接触，最容易引起瓦斯、煤尘燃烧或爆炸；同时由于放糊炮的爆破方向和爆破能量难以控制，往往带来其他不安全因素，例如放糊炮容易崩倒和崩坏支架，造成冒顶，容易崩坏机电设备，造成生产事故。另外，裸露爆破还会在空气中引起强烈震动，容易把顶帮的浮石崩松或崩落，使离层面和围岩裂隙面扩大；容易把煤尘震起，使煤尘到处飞扬，既不利于工人健康，也容易引起煤尘爆炸事故。因此，严禁裸露爆破。

**【案例】** 2004 年 2 月 8 日，某煤矿 $43_{下}$ 04 综放工作面实施裸露爆破引起煤尘爆炸，死亡 2 人、受伤 16 人，直接经济损失 29.4 万元。

**第三百五十九条** 炮眼深度和炮眼的封泥长度应当符合下列要求：

（一）炮眼深度小于 0.6 m 时，不得装药、爆破；在特殊条件下，如挖底、刷帮、挑顶确需进行炮眼深度小于 0.6 m 的浅孔爆破时，必须制定安全措施并封满炮泥。

（二）炮眼深度为 0.6 ~ 1 m 时，封泥长度不得小于炮眼深度的 1/2。

（三）炮眼深度超过 1 m 时，封泥长度不得小于 0.5 m。

（四）炮眼深度超过 2.5 m 时，封泥长度不得小于 1 m。

（五）深孔爆破时，封泥长度不得小于孔深的 1/3。

（六）光面爆破时，周边光爆炮眼应当用炮泥封实，且封泥长度不得小于 0.3 m。

（七）工作面有2个及以上自由面时，在煤层中最小抵抗线不得小于0.5 m，在岩层中最小抵抗线不得小于0.3 m。浅孔装药爆破大块岩石时，最小抵抗线和封泥长度都不得小于0.3 m。

**【解读】**本条是对炮眼深度、炮眼的封泥长度和最小抵抗线的规定。

炮眼深度、炮眼长度、自由面和最小抵抗线是爆破工作中的几个重要概念，其定义如下：

炮眼深度——从炮眼底到自由面的垂直距离。

炮眼长度——沿炮眼轴线由眼口到眼底之间的距离。

自由面——被爆介质与空气的接触面。

最小抵抗线——从装药重心到自由面的最短距离。

图3－57为两个自由面情况下炮眼深度与最小抵抗线示意图。

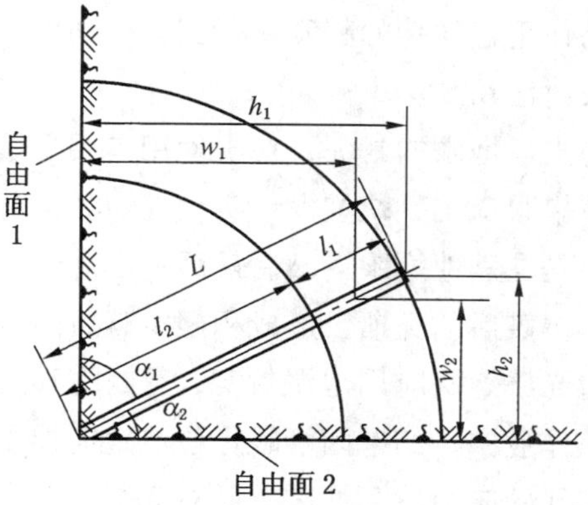


$h_1$、$h_2$—对自由面1和2的炮眼深度；$w_1$、$w_2$—对自由面1和2的抵抗线；$L$—炮眼长度；$l_1$—装药长度；$l_2$—炮泥堵塞长度；$\alpha_1$、$\alpha_2$—炮眼轴线与自由面1和2的夹角

图3－57　两个自由面情况下炮眼深度与最小抵抗线示意图

从图3－57可以看出，在炮眼长度与装药长度相同的情况下，炮眼的深度越大，则最小抵抗线也越大，炮眼轴线与自由面之间所夹的岩石越厚；反之，炮眼的深度越小，则最小抵抗线也越小，炮眼轴线与自由面所夹的岩石越薄。炮眼内的药卷爆炸时，炸药的爆炸能量是从有最小抵抗线的自由面释放的。由于炮眼深度越小，药卷对自由面的抵抗线也越小，当炮眼深度小于0.6 m时，扣除所装药卷长度后，炮泥长度肯定不足，就不能阻止高温高压的爆生气体和灼热的固体颗粒冲破抵抗线最小的自由面，极容易引燃、引爆瓦斯或煤尘。因此，本条规定，

炮眼深度小于 0.6 m 时，属浅孔爆破，不得装药、爆破。在特殊条件下，如挖底、刷帮、挑顶确需浅孔爆破时，必须制定安全措施。

炮眼深度小于 0.6 m 的挖底、刷帮、挑顶浅眼爆破所制定的安全措施必须符合下列要求：

（1）每孔装药量不得超过 150 g；

（2）炮眼必须封满填实炮泥；

（3）爆破前必须在爆破地点附近洒水降尘并检查瓦斯，瓦斯浓度超过 1% 不准爆破；

（4）检查并加固爆破地点附近的支架；

（5）爆破时，必须设置警戒，班长在现场指挥。

为了达到较好的爆破效果和保证爆破安全，炮眼深度还必须与封泥长度和封孔质量相适应。炮眼深度越大，装药长度也增大，则封泥长度也要相应增大，使封泥真正起到封堵密闭作用，炸药的膨胀功得到充分利用。所以，对不同深度的炮眼规定了相应不同的封泥长度。

光面爆破时，周边光爆炮眼的封泥，在没使用专用光爆炸药的情况下，采用空气柱装药结构，只在炮眼口用一块炮泥封实，在炮泥与药卷之间留有一段空气柱。由于光爆周边炮眼是在其他炮眼爆破后最后一次起爆，若在有瓦斯、煤尘爆炸危险的采掘工作面，爆破后的瓦斯已形成积聚，就可能引爆瓦斯。因此本条规定，光面爆破时，周边光爆炮眼应用炮泥封实，且封泥长度不得小于 0.3 m。

在掘进工作面爆破作业中，如果因打眼定位或定向控制不严，有时造成炮眼间距过小，此时先爆炮孔的应力波和爆破介质对后爆炮孔内炸药发生作用。有关研究表明，如果两炮眼间距小于 350 mm，由于后爆孔炸药发生压力钝化现象，异常爆轰出现的概率明显提高，见表 3－30。

表 3－30　不同炸药孔间距与爆轰异常概率的关系

| 孔间距/mm | 爆轰异常概率/% | | |
|---|---|---|---|
| | 二级煤矿乳化炸药 | 3 号煤矿铵锑炸药 | 三级煤矿水胶炸药 |
| <300 | 100 | 100 | 89 |
| 301～350 | 48 | 42 | 29 |
| 351～400 | 16 | 9 | 1 |
| 401～450 | 4 | 3 | 1 |
| 451～500 | 3 | 3 | 1 |

从表 3－30 可以看出，减少异常爆轰频数，相邻炮眼的间距应不小于 400 mm 或更大。但考虑到我国煤矿许用乳化炸药实际的作功能力，而且煤矿许用乳化炸药的使用量已占全部煤矿许用炸药的 50% 以上，炮眼间距规定过大，将影响爆破效率。综合考虑两种因素，规定岩层中最小抵抗线不小于 300 mm。

**【案例】** 1989 年 10 月 26 日 10 时 30 分，某县办煤矿 －98 m 水平掘进工作面因爆破引发一起瓦斯爆炸事故，造成 20 人死亡、3 人重伤。造成这起事故的主要原因是炮眼封泥不足。炮眼深度为 1.4 m，实际封泥仅为 0.3 m 左右，并用煤块封孔，且又未装水炮泥，导致炮口喷出火焰引发瓦斯爆炸。

深孔爆破在瓦斯治理、泄压、强制放顶以及顶煤预裂等方面已得到全面应用，从爆破安全考虑，封泥长度不低于孔深的 1/3，一是控制装药量，二是保障爆破安全。

**第三百六十条** 处理卡在溜煤（矸）眼中的煤、矸时，如果确无爆破以外的其他方法，可爆破处理，但必须遵守下列规定：

（一）爆破前检查溜煤（矸）眼内堵塞部位的上部和下部空间的瓦斯浓度。

（二）爆破前必须洒水。

（三）使用用于溜煤（矸）眼的煤矿许用刚性被筒炸药，或者不低于该安全等级的煤矿许用炸药。

（四）每次爆破只准使用 1 个煤矿许用电雷管，最大装药量不得超过 450 g。

**【解读】** 本条是对爆破处理溜煤（矸）眼卡眼的有关规定。

溜煤眼被卡后，其上、下部空间极易积聚瓦斯且煤尘也多，所以爆破前必须检查堵塞部位的上、下部空间的瓦斯。当瓦斯浓度超限时，严禁爆破作业。

处理卡在溜煤（矸）眼中的煤、矸时，爆破现场附近环境复杂，煤尘亦较多，为防止爆破作业引起煤尘意外爆炸，爆破前必须洒水降尘，降低爆破现场附近悬浮煤尘含量。

根据《煤矿许用裸露药包技术条件》（MT 1038—2007），煤矿许用被筒炸药制作方法，是将消焰剂（一般为氯化钠）压制成一定规格的外壳，将炸药包含在其中，而装药核心部分是二级煤矿许用炸药。当被筒中的炸药爆炸时，首先将安全被筒爆碎，形成烟雾蒸汽笼罩在爆焰周围，降低了爆热和爆压，因而煤矿许用被筒炸药有较高的安全性。根据安全被筒的外壳形态，分为刚性被筒和柔性被筒两种。最大装药量 450 g 是被筒炸药进行安全试验确定的。被筒炸药重 1300 g，内装二级煤矿许用炸药 450 g，实验时用 8 号煤矿许用电雷管起爆，在直径 0.8 m、长 9 m 爆炸室中，充（9 ±0.3)% 的瓦斯悬吊试验 50 炮，无一发引火。经在 10 多个矿务局的高、低瓦斯矿井的溜煤眼大量工业试验，没有发生瓦斯爆炸事故。因此，将悬吊实验（可以理解为裸露爆破）的实验药量规定为每次爆破的最大装药量，即 450 g。

每次爆破如果同时使用 2 个电雷管，即使是同一厂家同一批产品，其每段电雷管的秒量也有允许误差值，例如煤矿毫秒电雷管第 2 段的秒量是(25 ±10) ms，即秒量 15 ~35 ms 属于同一段雷管。如果眼底装的秒量小的雷管先爆，装在中间的秒量大的雷管后爆，则底部先爆的炸药爆炸冲击波会将外部的药包和起爆药包抛在自由面外边爆炸，就可能引起瓦斯煤尘爆炸。

**【案例】** 2005 年 11 月 27 日，黑龙江某煤矿违规爆破，用安全等级较低的煤矿许用炸药处理主煤仓堵塞，由于一次起爆药量控制不合理，导致煤仓给煤机垮落，煤仓内的煤炭突然倾出，带出大量煤尘并造成巷道内的积尘飞扬达到爆炸界限，爆破火焰引起煤尘爆炸。事故造成 171 人死亡。

**第三百六十一条** 装药前和爆破前有下列情况之一的，严禁装药、爆破：

（一）采掘工作面控顶距离不符合作业规程的规定，或者有支架损坏，或者伞檐超过规定。

（二）爆破地点附近 20 m 以内风流中甲烷浓度达到或者超过 1.0%。

（三）在爆破地点 20 m 以内，矿车、未清除的煤（矸）或者其他物体堵塞巷道断面 1/3 以上。

（四）炮眼内发现异状、温度骤高骤低、有显著瓦斯涌出、煤岩松散、透老空区等情况。

（五）采掘工作面风量不足。

**【解读】** 本条是关于煤矿井下爆破作业的禁止性规定。

（一）当采掘工作面的控顶距离不符合作业规程的规定，或者支架有损坏、伞檐超过规定时，在连线、装药时，容易发生落石伤人事故，爆破后容易发生冒顶、片帮事故。

（二）甲烷是瓦斯的主要成分。瓦斯在新鲜空气条件下的爆炸浓度为 5% ~16%（按体积计算），当如果可燃气体如氢（$H_2$）、硫化氢（$H_2S$）、一氧化碳（CO）等及煤尘混入含瓦斯的矿井空气中，会使瓦斯爆炸浓度下限下移。引爆瓦斯火源的温度一般为 650～750 ℃，实验表明，超过这一温度的高温会使爆炸下限下移，使原来未达到爆炸浓度的瓦斯发生爆炸。同时必须考虑一定的安全系数，所以规定采掘工作面风流中瓦斯浓度达到或超过 1% 时，严禁装药、爆破。

（三）当爆破地点 20 m 以内，有矿车、未清除的煤矸或其他物体堵塞巷道断面 1/3 以上时，既妨碍爆破操作，增加了巷道阻力，炮烟不能很快被吹散，又妨碍了爆炸产生冲击波的释放，因此，创造一条畅通的释放通道有利于冲击波能量的释放，防止瞬间产生的冲击波能量由于释放通道较小而对巷道及巷道内物品造成破坏；同时，一旦工作面发生冒顶、片帮时，还影响在工作面的作业人员安全撤离。因此，必须事先清除这些杂物，否则严禁装药、爆破。

（四）当炮眼内发现异状，如炮眼内有水流出、煤壁发潮、挂水珠、工作面发冷等，可能是透水的征兆；炮眼内温度忽高忽低或向外冒热气、流热水等，前方可能是火区；响煤泡、地压突然增大、炮眼内瓦斯忽大忽小等，则是煤与瓦斯突出的预兆。当遇到上述情况时，都严禁装药、爆破，因为遇到上述“征兆”时仍进行爆破，极可能诱发灾害事故并导致事故扩大。

（五）采掘工作面实际需风量应按瓦斯或二氧化碳涌出量、炸药使用量、局部通风机实吸风量、风速和人数分别进行计算，并必须取其中最大值。由于井巷作业空间狭小，当采掘工作面风量不足时，既不能排出和稀释各种有害气体与矿尘，还可能产生安全隐患。因此，在这种情况下，严禁装药、爆破。

**第三百六十二条**　在有煤尘爆炸危险的煤层中，掘进工作面爆破前后，附近 20 m 的巷道内必须洒水降尘。

**【解读】**本条是关于有煤尘爆炸危险的煤掘工作面必须洒水降尘的规定。

巷道内降洒水降尘的目的是降低浮尘、抑制落尘、增加湿度、降温，防止煤尘参与爆炸。

煤尘爆炸的条件之一是有一定浓度的浮游煤尘。空气中浮游煤尘爆炸的下限浓度为 30～50 g/m$^3$，上限浓度为 2000 g/m$^3$，爆炸力最强的浮游煤尘浓度为 300～400 g/m$^3$。浮游煤尘是煤尘爆炸的直接因素，而沉积煤尘是造成煤尘爆炸的最大隐患。煤尘爆炸引燃温度为 610～1050 ℃。井下爆破、瓦斯爆炸、电气短路火花、斜井跑车的摩擦火花及其他明火，都能在瞬间达到上述温度，从而导致煤尘爆炸或煤尘、瓦斯连续爆炸。为了确保爆破安全，杜绝因爆破作业引发的煤尘爆炸事故，规定必须在爆破前对爆破点前后 20 m 的范围内进行洒水降尘，一是为了降低空气中煤尘浓度；二是增加煤尘含水量，惰化煤尘活性，提高煤尘的引爆温度。

从工业卫生角度考虑，由于爆破时产生爆破冲击波，造成爆破点附近的空气震颤，若附近的煤尘含水偏低，则会出现爆破扬尘，使爆破地点及其下风流中的粉尘浓度加大，加大对作业人员健康的危害，导致尘肺病。因此，必须在爆破前洒水，以起到防尘的作用，保证从业人员不受粉尘危害。

采掘工作面爆破前后洒水降尘应做到以下几点：

（1）掘进工作面爆破前必须对工作面 20 m 范围内巷道周边进行冲洗。

（2）爆破时应在距工作面 10 ~ 20 m 处安装风水喷雾器，水幕应能覆盖巷道全断面，并在爆破后连续喷雾 10 min 左右。

（3）爆破后扒装前，必须对距工作面 20 m 范围内的巷道周边和煤（岩）堆洒水，装岩过程中边装边洒。

（4）炮采工作面应采用射程较远、水滴较粗的扁头喷嘴对距工作面 20 m 范围内的巷道进行喷雾降尘。

（5）炮采工作面爆破前后，都要分别冲洗一次煤壁、顶板，并浇湿底板和落煤，在出煤过程中，边出煤边洒水。

（6）割煤机、掘进机都应安装有效内外喷雾装置，无喷雾装置的不准工作。

**第三百六十三条** 爆破前，必须加强对机电设备、液压支架和电缆等的保护。

爆破前，班组长必须亲自布置专人将工作面所有人员撤离警戒区域，并在警戒线和可能进入爆破地点的所有通路上布置专人担任警戒工作。警戒人员必须在安全地点警戒。警戒线处应当设置警戒牌、栏杆或者拉绳。

**【解读】** 本条是关于在爆破前保护机电设备及警戒工作的规定。

爆破时，爆落的飞石有可能崩坏机电设备、液压支架和电缆等，因此，必须在爆破前，将其妥善保护好或将其移出工作面。

爆破时产生的冲击波和飞石足以致人死亡，同时爆破后产生的炮烟中含有氮氧化物等有毒有害气体，对作业人员有较大的危害，而井下流动工作人员，如瓦检工、安全员、维修工等，随时都会进入待爆破区域而出现意外伤亡事故，因此规定，爆破前必须在所有通入爆炸地点的通道上设置警戒和标志，如警戒牌、栏杆或拉绳。

爆破地点至所有通道警戒线的距离（俗称躲炮安全距离），一般应根据爆破场所使用炸药的威力、起爆炸药量、爆破地点距外部的环境，如有无拐弯巷道，拐几处、拐弯角度等，进行综合考虑确定。应在可能进入爆破地点的所有通路上的这个安全距离之外的安全地点设置警戒线，安排警戒人员。

爆破警戒工作是爆破作业的一个重要环节，它是防止爆破伤人事故发生的一项重要措施，为了做好警戒工作，应做到以下几点：

（1）爆破前，班组长必须亲自布置专人在警戒线和可能进入爆破地点的所有通道上担任警戒工作。

（2）必须指定由责任心强的人当警戒员，不能由未经培训的工人担任，也不准由爆破工兼任。

（3）警戒员必须在有掩护的安全地点进行警戒。警戒线必须超过作业规程中规定的避炮安全距离。

（4）警戒线处应设置警戒牌、栏杆或拉绳。

（5）警戒员应佩戴红色袖标，禁止其他人员进入爆破地点。

（6）警戒员不准兼作其他工作，不准擅自脱岗，不准打盹睡觉、聊天。

（7）一名警戒员不准同时警戒两个通路。

（8）一般贯通巷道相距 20 m，有冲击地压煤巷贯通掘进相距 30 m，实行单向掘进；每次爆破前，两个工作面都必须派专人警戒，并设栏杆。

（9）爆破地点较远或上、下山与平巷贯通，要多派一个人去，待警戒员就位后，此人返回通知班组长，才能下令爆破。

（10）爆破后，警戒员要接到口头通知后才能撤回，不准事先约好某种信号（如听几次炮响、敲几下煤壁等）便私自决定撤回。

**第三百六十四条** 爆破母线和连接线必须符合下列要求：

（一）爆破母线符合标准。

（二）爆破母线和连接线、电雷管脚线和连接线、脚线和脚线之间的接头相互扭紧并悬空，不得与轨道、金属管、金属网、钢丝绳、刮板输送机等导电体相接触。

（三）巷道掘进时，爆破母线应当随用随挂。不得使用固定爆破母线，特殊情况下，在采取安全措施后，可不受此限。

（四）爆破母线与电缆应当分别挂在巷道的两侧。如果必须挂在同一侧，爆破母线必须挂在电缆的下方，并保持0.3 m以上的距离。

（五）只准采用绝缘母线单回路爆破，严禁用轨道、金属管、金属网、水或者大地等当作回路。

（六）爆破前，爆破母线必须扭结成短路。

**【解读】**本条是对爆破母线、连接线的规定。

煤矿可以自主选择使用依据《爆破母线技术条件》（MT 376—1995）或《煤矿用阻燃爆破母线技术条件》（MT/T 930—2005）标准生产的爆破母线。其中，煤矿用阻燃爆破母线选用了阻燃氯丁橡胶材料的外防护套，可以避免因爆破母线续燃而发生的井下火灾事故，从根本上消除安全隐患。在实际应用时应注意：

（1）爆破母线长度必须大于规定的安全避炮距离。

（2）爆破母线外皮破损时，必须用绝缘胶布及时包扎。

（3）对爆破母线要定期进行电阻和绝缘性能检测，不合格的，要及时更换。

爆破母线和连接线、电雷管脚线和连接线、脚线和脚线之间的接头必须互相扭紧并悬挂，不得与轨道、金属管、金属网、钢丝绳、刮板输送机等导电体相接触。一是防止爆破网路漏电，导致发爆器起爆能力不足，造成盲炮；二是防止杂散电流引起电雷管意外爆炸。

爆破母线与电缆应分别挂在巷道的两侧。如果必须挂在同一侧，爆破母线必须挂在电缆的下方，并应保持0.3 m以上的距离。主要是防止感应、杂散电流等外来电串入母线，引起雷管意外爆炸。

正常情况下不得使用固定爆破母线，主要是防止母线被刷蹭导致丢漏炮以及意外爆炸事故。但在特殊条件下，如在45°上下山，因行走困难，可在采取安全措施后使用固定母线，但必须对固定的爆破母线进行定期检查。

铁道、水沟或其他导电物体，极易受照明线、动力线的影响导入杂散电流，用它们作导体爆破，容易造成意外爆炸事故。“严禁用轨道、金属管、金属网、水或者大地等当作回路”是防爆安全、电气安全的要求，必须遵守。爆破前，爆破母线必须扭结成短路，主要是防止杂散电流或漏电造成的意外爆炸事故。

**第三百六十五条**　井下爆破必须使用发爆器。开凿或者延深通达地面的井筒时，无瓦斯的井底工作面中可使用其他电源起爆，但电压不得超过380 V，并必须有电力起爆接线盒。

发爆器或者电力起爆接线盒必须采用矿用防爆型（矿用增安型除外）。

发爆器必须统一管理、发放。必须定期校验发爆器的各项性能参数，并进行防爆性能检查，不符合要求的严禁使用。

**【解读】** 本条是对井下爆破使用发爆器、动力电源起爆和对发爆器管理的有关规定。

井下爆破必须使用矿用防爆型发爆器。目前大多采用防爆型电容式发爆器，这种发爆器体积小、重量轻、外壳防爆。《煤矿用电容式发爆器》（GB 7958—2000）规定：在额定负载范围内，发爆器的安全供电时间不大于4 ms；或达到4 ms时，输出端子两端电压应降低到本质安全电路规定值以下。另外其防潮性能好，可在相对湿度98%的环境中使用。

井下爆破严禁用动力电缆、照明线、信号线、电机车架线等或明闸直接与爆破母线“搭火”明电起爆，统称为明火爆破。明电起爆一定产生电火花，电火花不但极易引起火灾，还可能引起瓦斯、煤尘燃烧甚至爆炸。

开凿或延深通达地面的井筒时，无瓦斯的井底工作面中，使用动力电源起爆，不得使用电压超过380 V的高压起爆，否则击穿线路或雷管脚线，降低雷管发火元件的可靠性，不能有效起爆。在用动力电源时，在地面安全地点必须设置电力起爆接线盒，即在动力电源与爆破网路之间设置中间开关，用电力起爆接线盒（图3－58）的目的在于避免直接用动力电源起爆，也防止非爆破工误操作提前起爆。

用动力电源起爆时，爆破工按以下规定顺序操作：

先接通动力电源，再接通爆破电源，最后开锁、接通，爆破刀闸闭合起爆。

发爆器或电力起爆接线盒必须采用矿用防爆型（矿用增安型除外）。

由于电容式发爆器的容量限制，为保证全部雷管同时起爆，发爆器必须同时满足以下3个条件：

（1）发爆器输出冲能应大于感度最低雷管的标称发火冲能，其数学表达式为：

$$\frac{V^2 C}{2R_c}(1-e^{-2t}) \geqslant K_{max} \qquad (3-9)$$

式中　$V$——发爆器最大输出电压，等于主电容充电电压，V；

$C$——主电容，F；

$R_c$——电爆网路总电阻，Ω；

$t$——通电时间，ms；

$K_{max}$——感度最低雷管的标称发火冲能，$A^2ms$。

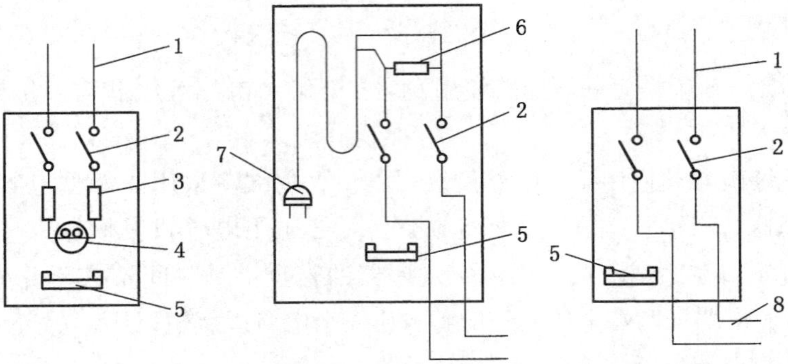


1—动力线；2—双刀双掷刀闸；3—保险丝；4—插座；

5—短路杆；6—指示灯；7—插头；8—爆破母线

图 3－58　电力起爆接线盒

(2) 最钝感雷管发火时间应小于最敏感雷管发火时间与最小传导时间之和，即

$$T_{max} \leqslant t_{min} + \theta_{min} \tag{3-10}$$

数学表达式为

$$\frac{R_c C}{2} \ln \frac{V^2 C - 2K_{min} R_c}{V^2 C - 2K_{max} R_c} \leqslant \theta_{min} \tag{3-11}$$

式中　$K_{min}$——感度最高雷管的标称发火冲能，$A^2$ ms；

$\theta_{min}$——最小传导时间。

(3) 感度最低雷管的发火时间应小于电流下降到雷管最小发火电流的时间，以此为条件，网路的总电阻应满足的条件为

$$R_c \leqslant \frac{-K_{max} + K_{max}^2 + I_{max}^2 C^2 V^2}{I_{min}^2 C} \tag{3-12}$$

式中　$R_c$——电爆网路总电阻，Ω；

$K_{max}$——感度最低雷管的标称发火冲能，$A^2ms$；

$C$——主电容，F；

$V$——发爆器最大输出电压，V；

$I_{max}$——电爆网路放电电流最大值，A；

$I_{min}$——电爆网路放电电流最小值，A。

基于以上原因，发爆器的使用必须符合以下要求：

（1）发爆器必须统一管理、发放。

（2）应按爆破网路总电阻和等效平均电流选择发爆器，以避免发生丢漏炮。

（3）定期使用发爆器参数测试仪对发爆器进行检查，发现有破损或发爆能力不足时，应立即更换。

（4）下井前应检查发爆器外壳、固定螺丝、接线柱、防尘小盖等部件是否完整及毫秒开关是否灵活。

（5）发爆器如发生故障应及时送到井上由专人修理，不得在井下自行拆开修理。发爆器钥匙由爆破工保管，不得转交他人。

**第三百六十六条** 每次爆破作业前，爆破工必须做电爆网路全电阻检测。严禁采用发爆器打火放电的方法检测电爆网路。

**【解读】** 本条是对电爆网路进行检查的有关规定。

由雷管脚线、爆破母线和电源经过连接组成一个爆破网路，煤矿井下爆破常见的有串联、串并联两种方式（图3－59）。

（1）串联：依次将相邻两个雷管脚线各一根互相连接起来，最后将两端剩余的两根脚线接到母线上，再用母线接入电源。此法优点是操作简便，不易漏连或接错，接线速度快，便于检查，网路计算简单；缺点是网路中如有一个雷管不导通或在一处开断，则全部雷管拒爆，在起爆电能不足的情况下，由于每个电雷管对电的敏感程度有差异，往往是较敏感的雷管先爆，电路被切断。

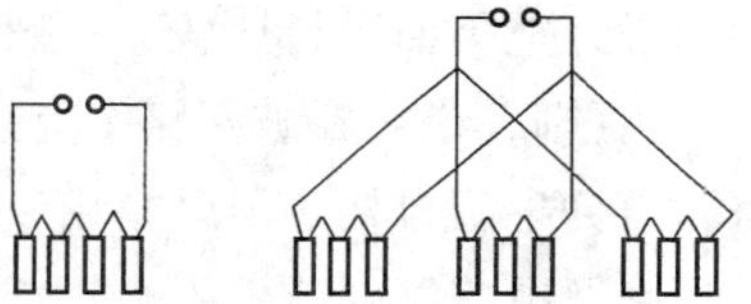
(a) 串联　(b) 串并联

图3－59　起爆网络连接方法

（2）串并联：先将雷管分组，每组的电阻相等或接近相等，每组串联接线，各组剩余的两根脚线都分别接到爆破母线上。

在实际爆破作业中，应根据具体爆破条件、雷管用量和发爆器的起爆能力，决定采取哪种方法。一般巷道掘进中，一次爆破的雷管数较少，且用发爆器起爆，发出的电压高，电量有限，故多采用串联。在大断面掘进和立井井筒，一次引爆电雷管较多，可采用串并联法。

网路全电阻是爆破母线电阻、连接线电阻、雷管和雷管脚线接头的接触电阻所构成的电阻之和。为可靠起爆，应先进行网路电阻的计算（不同连接形式的电爆网路电阻计算公式见表3－31），在此基础上选择适当的发爆器。

表3－31　电爆网路计算公式

| 电爆网路形式 | 电爆网路电阻 | | 通过雷管的电流 |
|---|---|---|---|
| | 总电阻 | 分支电阻 | |
| 串联 | $R_c = R_m + NR_d + (N-1)r$ | — | $I = \frac{V}{R_c}$ |
| 串并联 | $R_c = R_m + \frac{R_b}{m}$ | $R_b = nR_d + (n-1)r$ | $I^* = \frac{V}{mR_c}$ |
| 最优分支数 | $m\sqrt{\frac{NR_d}{R_m}}$ | | |

注：$N$—雷管总数，发；$n$—各分支电路内的雷管数，发；$R_d$—雷管电阻，Ω；$m$—分支数目，个；$R_m$—母线电阻，Ω；$V$—电源电压，V；$r$—区域线电阻，Ω；$I$—通过雷管的电流，A；$R_c$—电爆网路总电阻，Ω；$I^*$—最后一个雷管内的电流，A；$R_b$—分支电路电阻，Ω。

电爆网路连接完毕后，必须使用专门的导通仪对总电阻进行检测，并将实测值与设计电阻值进行比较。一般情况下，网路总电阻误差不得超过设计总电阻的5%，否则，说明爆破网路中有短路、漏连线或者漏电处，应对网路进行全面检查，直到电阻合格。另外，由于网路中常因雷管脚线间的短路和雷管脚线接头接地短路及电爆网路连接不合理或有错连、漏连等现象产生拒爆，为了确保一次连线全部起爆，必须进行爆破前网路导通检查。

应用电桥仪、导通表等检查电爆网路的全电阻，爆破线路电桥仪测电阻的范围是0.2～50 Ω，工作电流远小于电雷管的安全电流，密封通表的导通电流只有几十微安，均可确保电雷管导通测量时绝对安全。

用发爆器打火通电检测电爆网路时，发爆器打火通电，在电爆网路炸开瞬间会产生电火花或造成网路连接线与爆破母线接头短路、接触不牢，通电后瞬间产生的电火花可能导致爆破网路不通，也可能导致连线炮眼发生意外爆炸事故，还可能引起瓦斯、煤尘燃烧爆炸。因此必须严禁用发爆器打火的方式检测电爆网路。

**【案例】** 1989年6月24日10时3分，某矿+30 m水平掘进工作面发生了一起因用发爆器打火检查爆破母线及电爆网路是否连通时产生火花导致的瓦斯爆炸事故，伤10人、死亡13人。

**第三百六十七条** 爆破工必须最后离开爆破地点，并在安全地点起爆。撤人、警戒等措施及起爆地点到爆破地点的距离必须在作业规程中具体规定。

起爆地点到爆破地点的距离应当符合下列要求：

（一）岩巷直线巷道大于130 m，拐弯巷道大于100 m。

（二）煤（半煤岩）巷直线巷道大于100 m，拐弯巷道大于75 m。

（三）采煤工作面大于75 m，且位于工作面进风巷内。

**【解读】** 本条是对爆破工和起爆地点的有关规定。

爆破工是实施爆破工作的责任人、实际操作人。爆破工在完成装药、连线工作之后，确认爆破地点无其他人员在场时，最后撤离爆破地点，并撤离到安全地点进行起爆。

安全地点应是作业规程规定的避炮安全距离之外、顶板支架完好、有拐弯或有掩护的地点。从爆破地点到起爆地点或到警戒地点的距离，即避炮安全距离，必须在作业规程中具体规定，这个距离应综合考虑使用的炸药威力、起爆装药量以及爆破地点的外部环境（如有无拐弯巷道或掩护物等）情况后确定。

本条对起爆地点到爆破地点的最小距离做了具体规定，即：岩巷直线巷道大于130 m，拐弯巷道大于100 m；煤（半煤岩）巷直线巷道大于100 m，拐弯巷道大于75 m；采煤工作面大于75 m，且位于工作面进风巷内。如此规定，是基于以下几方面：

（1）保证包括爆破工在内的作业人员安全健康。实际作业中，绝大部分炮掘工作面爆破后，风流中的CO浓度严重超标。

（2）充分吸取事故教训。井下爆破过程由于安全管理缺陷造成过诸多伤亡事故。

（3）人员尽可能远离爆破地点，对减少爆破引起的瓦斯煤尘爆炸、透水等事故死亡人数有重要意义。

**【案例】** 2014年11月26日，辽宁省阜新矿业（集团）有限责任公司恒大煤业公司综采放顶煤工作面发生重大煤尘爆炸燃烧事故。造成 28 人死亡、50 人受伤。事故的主要原因是：采煤工作面违章放炮，放炮没有按规定撤人、设警戒；北翼 153 采区回风巷瓦斯超限，没有及时撤出作业人员；事故发生时，5336 综放工作面及上下顺槽共安排 89 人作业。

与 2016 版《规程》相比，本次修订对起爆地点到爆破地点的最小距离做了具体规定，目的是让作业人员尽可能远离爆破地点，进一步提高井下爆破工作的安全性，保证作业人员的生命安全健康。

**第三百六十八条** 发爆器的把手、钥匙或者电力起爆接线盒的钥匙，必须由爆破工随身携带，严禁转交他人。只有在爆破通电时，方可将把手或者钥匙插入发爆器或者电力起爆接线盒内。爆破后，必须立即将把手或者钥匙拔出，摘掉母线并扭结成短路。

**【解读】**本条是对发爆器的把手、钥匙保管使用的规定。

发爆器的把手、钥匙是启动发爆器的“按钮”，是控制爆破工作安全的关键点。若爆破工将钥匙、把手随意放置或丢失落入他人之手，或交于他人保管，不仅是爆破工失职，还可能造成意外爆破事故的发生。

爆破后，如不立即把手把或钥匙拔出，不但浪费电力，而且由于主电容端电压继续上升，不仅可能损坏发爆器内部元件，而且在仍具有高电压的情况下去做摘掉爆破母线等工作，可能引发意外事故。

**第三百六十九条** 爆破前，脚线的连接工作可由经过专门训练的班组长协助爆破工进行。爆破母线连接脚线、检查线路和通电工作，只准爆破工一人操作。

爆破前，班组长必须清点人数，确认无误后，方准下达起爆命令。

爆破工接到起爆命令后，必须先发出爆破警号，至少再等 5 s 后方可起爆。

装药的炮眼应当当班爆破完毕。特殊情况下，当班留有尚未爆破的已装药的炮眼时，当班爆破工必须在现场向下一班爆破工交接清楚。

**【解读】**本条是对连线、通电起爆工作的有关规定。

井下爆破作业，连线工作非常重要，应按爆破说明书规定的连线方式，把电雷管脚线与脚线、脚线与连接线、连接线与爆破母线连好接通。连线工作要认真仔细，不能漏连和误连；手要干净，要先把母线、连接线和脚线线尾的氧化层和污垢擦掉后，才可进行连线。接头要悬空，并与地面和其他导体绝缘。

爆破工经过安全技术培训和专门训练，熟悉爆破物品性能，并掌握一定安全爆破基础知识，爆破母线连接脚线、检查线路和通电工作，只准爆破工一人操作。由于脚线连接任务量大，脚线的连线工作可由经过专门培训的班组长协助爆破工进行，这样规定，分工明确，责任分明。

连线工作完毕，爆破工最后离开爆破地点。撤到起爆地点后，进行电爆网路全电阻检查。此时，班组长必须清点人数，确认无误后，方准下达起爆命令。

爆破工接到班组长下达的起爆命令后，必须发出爆破警号（喊话或吹哨），至少再等 5 s 方可起爆，使在爆破地点附近、避炮安全距离以内的人员听到警号后能尽快撤离。

装药的炮眼应当当班爆破完毕。当班留有尚未爆破的装药炮眼时，当班爆破工必须在现场向下一班爆破工交接清楚，如果未在现场向下一班爆破工交接清楚，则下一班作业人员很可能误触尚未爆破的装药炮眼而发生意外爆炸事故。

**第三百七十条** 爆破后，待工作面的炮烟被吹散，爆破工、瓦斯检查工和班组长必须首先巡视爆破地点，检查通风、瓦斯、煤尘、顶板、支架、拒爆、残爆等情况。发现危险情况，必须立即处理。

**【解读】**本条是关于爆破后要对爆破地点巡视检查的规定。

爆破后不等炮烟吹散，就急于进入工作面，容易造成炮烟熏人，使人慢性中毒。在矿井中允许工人在 8 h 内暴露在有毒气体的影响下工作，二氧化氮的最高允许浓度为 0.00025%，一氧化碳的最高允许浓度为 0.0024%。这些浓度值是加权平均值，是为了保证工人在实行每天 8 h 工作制中身体健康状况不致产生明显恶化，但长期接触超过此数值的有毒气体，则令人担忧，所以爆破后必须待炮烟被吹散吹净。另外，《爆破安全规程》（GB 6722—2014）规定：煤巷掘进工作面爆破时，起爆点应设在进风侧反向风门之外的全风压通风的新鲜风流中或避难硐室内，装药前回风系统必须停电撤人，爆破后不应小于 30 min 方允许进入工作面检查。

爆破后必须找出并且消除事故隐患。爆破后，爆破工、班组长和瓦斯检查工必须巡视爆破地点，检查通风、瓦斯、煤尘、顶板、支架、拒爆、残爆等情况，如有危险情况必须立即处理。

拒爆指经正常点火起爆而雷管或药包未爆的现象，又称瞎炮、盲炮。拒爆可以是单个药包拒爆，也可以是部分或全部药包拒爆。

残爆指雷管引爆后，炸药部分或完全不爆的现象。

当发现拒爆或残爆时，爆破工可用欧姆表检查电爆网路，找出拒爆的原因。

如爆破后检查无异常情况，则按照以下步骤进行工作：

(1) 撤除警戒。警戒人员由布置警戒的班（组）长通知撤回。

(2) 发布作业命令。只有在检查瓦斯不超限，被崩倒的支架已经修复，瞎炮（残爆）处理完毕之后，班（组）长才能发布人员进入工作面正式作业命令。

(3) 洒水降尘。目的是消除矿尘对人体健康及对设备的危害。

**第三百七十一条** 通电以后拒爆时，爆破工必须先取下把手或者钥匙，并将爆破母线从电源上摘下，扭结成短路，再等待一定时间（使用瞬发电雷管，至少等待5 min；使用延期电雷管，至少等待15 min)，才可沿线路检查，找出拒爆的原因。

**【解读】** 本条是关于检查拒爆的规定。

拒爆可以是单个药包拒爆，也可以是部分或全部药包拒爆。拒爆的原因主要有以下几点：炸药、雷管变质；发爆器起爆能力不足；雷管起爆能力不足；发爆器与母线、母线与脚线、脚线与脚线间漏连、连接不实、误接以及外界因素造成的短路、断路等。

通电后拒爆时，爆破工必须取下把手或者钥匙，并亲自保管，防止误操作。

将爆破母线从电源上摘下，并扭结成短路，防止杂散电流等外来电引起意外爆炸。

为了防止雷管发生缓爆造成的伤害事故，发生拒爆时，使用瞬发电雷管，至少等待5 min，使用延期电雷管，至少等待15 min后，方可沿线路进行检查。雷管在通电以后不能按规定的时间立即爆炸，而是隔了相当一段时间以后才响，这种现象叫雷管的缓爆。发生缓爆现象的原因是由于雷管起爆药受潮，通电以后，起爆药不能正常被点燃起爆，但能使起爆药燃烧，燃烧过程中产生的热量经过一段时间能把起爆药烘干，起爆药的反应就会由原来的燃烧转成爆炸。由于整个过程需要一定的时间，而这个时间又超出了通电以后立即爆炸这个概念，因此通常把这种现象叫雷管的缓爆。产生缓爆时，往往会误认为是爆破网路的原因，爆破工进入工作面去检查网路，恰恰此时炮响了，从而造成比较严重的伤害事故。

沿线路检查，应重点检查爆破母线外观是否破皮或折断，母线与脚线、脚线与脚线接头是否扭结牢靠等，发现问题立即进行技术处理。

**第三百七十二条** 处理拒爆、残爆时，应当在班组长指导下进行，并在当班处理完毕。如果当班未能完成处理工作，当班爆破工必须在现场向下一班爆破工交接清楚。

处理拒爆时，必须遵守下列规定：

（一）由于连线不良造成的拒爆，可重新连线起爆。

（二）在距拒爆炮眼 0.3 m 以外另打与拒爆炮眼平行的新炮眼，重新装药起爆。

（三）严禁用镐刨或者从炮眼中取出原放置的起爆药卷，或者从起爆药卷中拉出电雷管。不论有无残余炸药，严禁将炮眼残底继续加深；严禁使用打孔的方法往外掏药；严禁使用压风吹拒爆、残爆炮眼。

（四）处理拒爆的炮眼爆炸后，爆破工必须详细检查炸落的煤、矸，收集未爆的电雷管。

（五）在拒爆处理完毕以前，严禁在该地点进行与处理拒爆无关的工作。

**【解读】** 本条是对处理拒爆、残爆的有关规定。

爆破工可用导通表或其他仪器检测网路，若网路导通，则可重新爆破；若网路不通，需逐段检查，查出问题加以处理，然后检查瓦斯浓度，重新连线起爆。

确认不是连线引起的拒爆，应在班组长指导下进行处理。

首先将拒爆炮眼眼口的炮泥掏出约 100 mm 长，插上炮棍，展示拒爆炮眼方向，再在距拒爆炮眼 0.3 m 以外另打与拒爆眼平行的新炮眼，重新装药爆破。其目的是为了防止新炮眼打偏打斜，或因钻杆打眼的强烈震动、撞击，引起拒爆炮眼药卷内摩擦感度高的电雷管、炸药爆炸。

处理拒爆、残爆时，严禁用镐刨或者从炮眼中取出原放置的起爆药卷或从起爆药卷中拉出电雷管。不论有无残余炸药严禁将炮眼残底继续加深；严禁用打孔的方法往外掏药；严禁用压风吹拒爆、残爆炮眼，因为上述做法都可能引起爆炸事故。

处理拒爆、残爆时，应在当班处理完毕，不给下一班留下后患。如果当班未能处理完毕，当班爆破工必须在现场向下一班爆破工交接清楚。

爆破后，爆破工必须详细检查炸落的煤（矸），收集未爆的电雷管并妥善保管，下班后交回爆炸物品库，因为这些未爆的电雷管和残药，仍具有爆炸危险。如未进行清理收集，雷管和残药混入煤中，一是在装煤矸时撞击摩擦导致爆炸，造成人身伤亡事故；二是混入煤中流出会造成公共安全事故；三是在锅炉燃烧时会发生锅炉爆炸和人员伤亡。在处理拒爆完毕以前，严禁在该地点进行与处理拒爆无关的工作。这一规定是为了防止干扰处理工作，防止发生意外爆炸事故时造成更大的伤亡。

**第三百七十三条** 爆炸物品库和爆炸物品发放硐室附近 30 m 范围内，严禁爆破。

**【解读】** 本条是关于爆炸物品库和爆炸物品发放硐室附近爆破的规定。

爆炸物品库及爆炸物品发放硐室（以下简称硐室）内贮存着炸药、雷管及其他爆炸物品。炸药是爆炸危险品，雷管和一些摩擦感度高的爆炸物品易在外来动力冲击、强烈震动下发生爆炸，为了硐室的安全，规定在其附近 30 m 范围内，严禁爆破。确定这个距离，是考虑在这个距离外进行爆破作业时，爆破震动和爆破产生的地震波对硐室已无危险影响，可以保证硐室以及硐室贮存的爆炸物品的安全。

# 第九章　运输、提升和空气压缩机

## 第一节　平巷和倾斜井巷运输

**第三百七十四条** 采用滚筒驱动带式输送机运输时，应当遵守下列规定：

（一）采用非金属聚合物制造的输送带、托辊和滚筒包胶材料等，其阻燃性能和抗静电性能必须符合有关标准的规定。

（二）必须装设防打滑、跑偏、堆煤、撕裂等保护装置，同时应当装设温度、烟雾监测装置和自动洒水装置。

（三）应当具备沿线急停闭锁功能。

（四）主要运输巷道中使用的带式输送机，必须装设输送带张紧力下降保护装置。

（五）倾斜井巷中使用的带式输送机，上运时，必须装设防逆转装置和制动装置；下运时，应当装设软制动装置且必须装设防超速保护装置。

（六）在大于16°的倾斜井巷中使用带式输送机，应当设置防护网，并采取防止物料下滑、滚落等的安全措施。

（七）液力偶合器严禁使用可燃性传动介质（调速型液力偶合器不受此限）。

（八）机头、机尾及搭接处，应当有照明。

（九）机头、机尾、驱动滚筒和改向滚筒处，应当设防护栏及警示牌。行人跨越带式输送机处，应当设过桥。

（十）输送带设计安全系数，应当按下列规定选取：

1. 棉织物芯输送带，8 ~9。

2. 尼龙、聚酯织物芯输送带，10 ~12。

3. 钢丝绳芯输送带，7 ~9；当带式输送机采取可控软启动、制动措施时，5 ~7。

**【解读】**本条是关于采用滚筒驱动带式输送机运输的规定。

制定本条文的目的，是规范带式输送机重要部件的选型，明确对输送机的设计、配置、使用和安全保护装置及设施的要求，以保证带式输送机安全可靠运行。

（一）滚筒驱动带式输送机是以输送带作为承载体和牵引体的一种连续输送机械。带式输送机运行过程中，会因超载、张紧力下降、沿线托辊阻力变大、卸载受阻、输送带触碰异物等原因，使系统总阻力大于传动滚筒与输送带间的摩擦驱动力，致使输送带与传动滚筒表面发生打滑现象，长时间打滑摩擦产生的热量会引燃输送带；因托辊损坏，轴承座与轴摩擦产生的热量也能够引燃输送带；此外，外来火源同样会使输送带燃烧。输送带着火后会产生大量有毒气体，直接危及矿工的人身安全，同时造成设备的严重毁坏。

非金属托辊、非金属聚合物制造的输送带以及滚筒包胶材料等都是易产生和积累静电的物质。输送带在运行过程中，当它与非金属托辊和包胶滚筒接触再分离时产生静电，当电荷聚集量（带电量）达到一定值时便会发生火花放电现象，有可能点燃瓦斯或煤尘从而造成重大恶性事故。

因此，采用非金属聚合物制造的输送带、托辊和滚筒包胶材料等，其阻燃性能和抗静电性能必须符合以下标准的规定：

《煤矿用钢丝绳芯阻燃输送带》 MT/T 668—2019

《煤矿用织物芯阻燃输送带》MT/T 914—2019

《煤矿用阻燃钢丝绳牵引输送带技术条件》MT 669—1997

《煤矿带式输送机滚筒用包覆层》MT/T 962—2019

《煤矿井下用带式输送机托辊技术条件》MT 821—2006

《煤矿井下用聚合物制品阻燃抗静电性通用试验方法和判定规则》MT 113—1995

（二）带式输送机保护装置。

防打滑保护：带式输送机运行过程中，打滑摩擦产生的热量会使滚筒表面温度急剧升高，易引发火灾等事故。因此必须装设打滑保护装置。当输送带 10 s 内速度均在（50% ~70%）$V_e$（$V_e$ 为额定带速）范围，或输送带速度小于或等于 50% $V_e$，或输送带速度大于或等于 110% $V_e$ 时，打滑保护装置应报警，同时中止带式输送机的运行。对带式输送机正常起动和停止过程的速度变化，打滑保护装置不应有保护动作。打滑保护应采用反时限特性。

跑偏保护：带式输送机在运行过程中，输送带可能出现跑偏现象，跑偏会引起运煤洒落、输送带与机架等摩擦，造成机尾处大量积煤、输送带张力增大、损伤机架，以及使输送带磨损、划伤甚至撕裂等后果。因此，带式输送机必须装设防跑偏保护装置。当运行的输送带超出托辊端部边缘 20 mm 时，跑偏保护装置中止带式输送机的运行。

堆煤保护：在带式输送机工作过程中，如果卸载滚筒处发生积煤现象，不仅影响巷道正常通风，而且还会使输送机负荷增大，导致打滑、磨断输送带，甚至引发火灾事故。因此，带式输送机必须装设堆煤保护装置。堆煤保护装置在 2 s 内连续检测到煤位超过预定位置，应当报警，同时中止带式输送机运行。

撕裂保护：带式输送机在运转过程中，由于坚硬锋利的大块矸石、煤块或金属制品直接砸在输送带上，卡在装、卸载挡煤板上，输送带跑偏卡刮在机架上等情况时有发生，会造成输送带纵向撕裂事故。如果纵向撕裂事故不能被及时发现，将会使输送带报废，造成重大经济损失。因此，带式输送机必须装设撕裂保护装置。运行的输送带纵向撕裂时，撕裂保护装置应报警，同时中止带式输送机运行，以防撕裂事故的扩大。

温度、烟雾监测与自动洒水保护：对于带式输送机某些易产生超温、过热或燃烧而引发烟雾的位置，如传动滚筒附近，应当设温度、烟雾监测装置和自动洒水装置，确保在出现高温或烟雾情况下，监测装置能及时动作，一是自动停止输送机，二是自动打开洒水电磁阀，向输送带、传动滚筒及周边喷水以达到降温灭雾的目的。

（三）目前，煤矿井下长距离带式输送机应用越来越多。输送机在运转过程中，沿线可能会有各种设定保护之外的故障和问题发生，在此情况下巡检人员可拉动覆盖沿线的双向急停开关，使输送机快速停车。该开关应为具有闭锁功能的非自复位式开关，只有待故障处理完毕后，才能人为解除闭锁，进行二次开车。同时该急停开关也能屏蔽起车指令。双向急停开关在任何一边的拉线上施加40～200 N的力时，双向急停开关都能中止带式输送机的运行，并能自锁和人为复位。

本项规定为新增内容，主要是为了在发现带式输送机故障或突发事件发生时，巡检或维护人员能实现人为紧急停车，最大限度地降低故障造成的损害或损伤。

各种保护装置应符合《煤矿用带式输送机保护装置技术条件》（MT 872—2000）的要求。

（四）在主要运输巷道安装使用的带式输送机，张紧力一旦下降，可能出现打滑、运行阻力增大等现象，影响正常生产并可能引发火灾。因此，必须装设张力下降保护装置以避免此类事故的发生。

在带式输送机运行过程中，当出现张紧力在设定范围值之外并超过时限时，应中止带式输送机的运行。

（五）倾斜井巷中使用的上运带式输送机，制动装置既可保证带式输送机不发生逆转，又能控制停车的时间，而防逆转装置则是上运带式输送机带载停车后，防止其倒转的安全装置。制动装置与防逆转装置在结构上是完全独立的两个装置。尽管制动装置同时具备防逆转装置的功能，但为提高系统工作的可靠性与安全性，避免带载起车时发生逆转冲击现象，因此，必须同时装设防逆转装置与制动装置。

倾斜井巷中使用的下运带式输送机达到一定角度时，在一些工况下，异步电动机有可能工作在发电制动状态。当负载力矩超过电动机的最大发电制动力矩时，电动机的转速将升高，制动力矩反而下降，这会使转速进一步升高以致引发严重的“飞车”事故。为避免“飞车”事故，系统装设防超速保护装置是必要的。防超速保护装置在下运带式输送机电动机转速升高到接近发电制动临界转速时，发出停车信号使输送机自动停车。防超速保护装置是一个速度监测装置，其速度信号既可取用电机转速也可取用带速，或同时取自电机转速和带速。

软制动是指在制动过程中通过调节制动装置的制动力大小使带式输送机的停

车减速度保持在一定范围内（一般为 0.1 ~ 0.25 $m/s^2$），以减小制动冲击和输送带的动张力，避免其他安全事故（例如滚料、滑料等现象）的发生。

（六）普通带式输送机用于井下原煤输送时，考虑到运行环境条件、煤与输送带间的摩擦能力条件，以及起动与停车的方式等因素，通常上运输送倾角不大于 18°，下运输送倾角不大于 16°。如果超过这个输送倾角，原煤含水量又较大，在输送机运行过程中，尤其在起车或停车时，加、减速度的变化可能会导致原煤在输送带上滑动、块煤在输送带上滚动、飞溅，对周围人员造成伤害，对周围设备设施造成损伤。为防止物料或原煤在输送带上滑动，可采用深槽托辊组、花纹输送带、软启动装置、软制动装置等技术措施；为防止大块物料或原煤滚落，可沿线在承载分支上方间隔加装挡料链或挡料板。

（七）液力偶合器是一种依靠液体的动能变化来传递能量的液力元件。在工作过程中，当负载阻力过大，甚至超过偶合器的传动力矩时，偶合器便在大滑差或 0 工况（涡轮堵转）下运转，起到过载保护的作用，但同时偶合器中的传动介质温度会快速升高，一旦此工况维持时间较长，外壳上的过热保护塞就会熔化，传动介质喷出，液力偶合器停止工作，从而保护了电机及其他传动部件。如果传动介质为可燃油，同时使用了熔化温度高于传动油闪点的过热保护塞，当高温油喷出到空气时就会燃烧而引发火灾事故。因此液力偶合器只能使用不可燃性传动介质，如难燃液、清水等，以从根本上消除由液力偶合器引发的火灾事故。

由于调速型液力偶合器的传动油是通过循环至外部经冷却后再进入工作腔中，油温不会达到闪点，因而不会发生燃烧事故。此外使用油做传动介质有利于提高调速型液力偶合器的性能和寿命。

（八）带式输送机的机头、机尾和装卸载处通常是驱动装置、拉紧装置、清扫装置、导料与缓冲装置等部件的安装点，这些部件通常因为受力大或受外部因素影响大而宜出现故障，属重点巡检的部位和观察区域。因此机头、机尾及搭接处，应有照明。

（九）要求对输送机部分部位进行防护，目的是保护行人，避免人体或其他物品被卷入输送机滚筒而造成伤害，因此，应在输送机机头、机尾、驱动滚筒和改向滚筒处设防护栏及警示牌。为方便行人安全跨越带式输送机，应在行人需要跨越带式输送机的地方设置过桥。

（十）输送带是带式输送机的主要组成部分，也是涉及安全的重要部件。带式输送机所用输送带安全系数的大小，不仅关系到投资和运转费用的高低，而且直接影响着输送带与输送机的安全运行问题。因此很有必要对输送带设计安全系数提出要求。

输送带安全系数应根据输送带类型、工作条件、接头特征及输送机起动和制动性能等因素确定。我国在带式输送机设计水平、关键技术部件研发、制造技术水平和输送带接头技术与质量等方面都有了很大提高，在此基础上参考国外标准及现场实际应用经验，对输送带设计安全系数提出科学合理的规定，确保安全可靠，经济合理。

可控软启动、软制动是指通过软启（制）动、变频或其他调速装置，使输送机的加（减）速度从零缓慢地上升到最大值，实现加（减）速度变化率的可控，这样可以减小输送机系统在起动加速和停车减速时的振动冲击，从而大大减小输送带的动张力。当带式输送机具备上述条件时，钢丝绳芯输送带的安全系数可以从 7 ~ 9 降为 5 ~ 7。

**【案例】** 1994 年 8 月 3 日，某矿丁戊四采区使用高强带式输送机运输，距离高强带式输送机机尾滚筒中心线 18.9 m 处，底托辊卡阻，摩擦严重，输送带跑偏，托辊与输送带长时间摩擦发热，使托辊与其下方浮煤积蓄大量热能后引燃输送带，无人及时发现、扑救，造成输送带着火事故，死亡 17 人，整个运输设备及设施报废。

**第三百七十五条** 新建矿井不得使用钢丝绳牵引带式输送机。生产矿井采用钢丝绳牵引带式输送机运输时，必须遵守下列规定：

（一）装设过速保护、过电流和欠电压保护、钢丝绳和输送带脱槽保护、输送带局部过载保护、钢丝绳张紧车到达终点和张紧重锤落地保护，并定期进行检查和试验。

（二）在倾斜井巷中，必须在低速驱动轮上装设液控盘式失效安全型制动装置，制动力矩与设计最大静拉力差在闸轮上作用力矩之比在 2 ~ 3 之间；制动装置应当具备手动和自动双重制动功能。

（三）采用钢丝绳牵引带式输送机运送人员时，应当遵守下列规定：

1. 输送带至巷道顶部的垂距，在上、下人员的 20 m 区段内不得小于 1.4 m，行驶区段内不得小于 1 m。下行带乘人时，上、下输送带间的垂距不得小于 1 m。

2. 输送带的宽度不得小于 0.8 m，运行速度不得超过 1.8 m/s，绳槽至输送带边的宽度不得小于 60 mm。

3. 人员乘坐间距不得小于 4 m。乘坐人员不得站立或者仰卧，应当面向行进方向。严禁携带笨重物品和超长物品，严禁触摸输送带侧帮。

4. 上、下人员的地点应当设有平台和照明。上行带平台的长度不得小于5 m，宽度不得小于0.8 m，并有栏杆。上、下人的区段内不得有支架或者悬挂装置。下人地点应当有标志或者声光信号，距离下人区段末端前方2 m处，必须设有能自动停车的安全装置。在机头机尾下人处，必须设有人员越位的防护设施或者保护装置，并装设机械式倾斜挡板。

5. 运送人员前，必须卸除输送带上的物料。

6. 应当装有在输送机全长任何地点可由乘坐人员或者其他人员操作的紧急停车装置。

**【解读】** 本条是关于采用钢丝绳牵引带式输送机运输的规定。

制定本条文的目的，主要是明确对在用钢丝绳牵引带式输送机部件和安全保护装置、设施的要求，规范输送机的运行使用。

鉴于钢丝绳牵引带式输送机与目前广泛采用的滚筒驱动带式输送机相比劣势明显，存在结构复杂、设备与基建投资高、输送带制作工艺复杂且成本高、牵引钢丝绳与托绳轮使用寿命短、维护维修量大、运转费用高等缺点；考虑到目前全国煤矿仍有在用钢丝绳牵引带式输送机，暂时难以强制全部淘汰。条款要求新建矿井不得使用钢丝绳牵引带式输送机，生产矿井已有的钢丝绳牵引带式输送机可以继续使用，逐步自然淘汰。对于在用钢丝绳牵引带式输送机应遵守本规定。

（一）钢丝绳牵引带式输送机在生产过程中通常承担着运送人员和运输煤炭的双重任务。运送人员时，速度一旦超过规定值，乘坐人员就会精神紧张；可能有人会从输送带上随机跳下，速度过快可能会造成伤亡；过速也会对设备、传动装置、输送带、牵引钢丝绳等产生不利影响。因此，采用钢丝绳牵引带式输送机运输时必须装设过速保护。为防止系统超载引发安全事故，同时为保护电动机与其他电气设备免遭破坏，系统必须装设过电流和欠电压保护。

钢丝绳牵引带式输送机运转过程中，一旦发生钢丝绳与输送带脱槽，就可能发生断带、拉倒机架、损坏钢丝绳、因电机过载损坏电机、乘坐人员掉地摔伤甚至死亡等事故。因此，必须装设钢丝绳和输送带脱槽保护，一旦发生脱槽，立即自动停车，防止事故扩大。

当输送带发生局部过载时，输送带局部横向扰度加大甚至使输送带中钢条折断，可能会造成脱槽事故。因此必须装设输送带局部过载保护。

牵引钢丝绳随着运行时间的增加和载荷变化等会产生弹塑性伸长，如张紧车到达极限终点位置或张紧重锤落地，都会使张紧力显著下降，极易造成钢丝绳在驱动轮上打滑或引发脱槽事故。因此，必须装设钢丝绳张紧车到达终点和张紧重锤落地保护。

（二）为提高制动装置工作的可靠性与有效性，应选择制动力矩未经中间传动系统变换而直接作用在输出摩擦轮上的方式，因此制动装置必须安装在低速驱动轮上。从制动装置类型上应优先选择液压控制的常闭式失效安全型盘式制动装置，其制动力矩与控制油压成反比，当油压为0时，制动力矩最大。考虑到制动工况下机械系统的力学特性，制动力矩过小达不到所要求的停车效果，过大会对系统产生较大的机械冲击而发生松绳、打滑甚至断绳事故。根据分析计算制动装置的最大制动力矩不应小于最大静张力矩的2倍，不应大于最大静张力矩的3倍。为确保制动过程中制动油缸的回油油路可靠畅通，液控系统除有正常自动回油制动油路外，还应有一条与其并联的手动操作回油油路，以避免因回油油路堵塞而造成制动失灵。

（三）采用钢丝绳牵引带式输送机运送人员时，在上下人员的20 m区段内上分支输送带面至巷道顶部的垂距不得小于1.4 m，这是乘坐人员弯腰行走时不使头部碰巷道顶板的高度。行驶区段内垂距不得小于1 m，下行带乘人时，上、下输送带间的垂距不得小于1 m。是根据人的平均身高和坐姿，保证人员乘坐输送带时有足够的空间，避免人的头部碰到巷道顶板或机架，从而保证人身安全。

乘人输送带的宽度不得小于0.8 m，主要是根据人的平均肩宽一般在0.4 m以上，必须保证乘坐人员左右有足够的空间，不至于在运行中被机架碰伤；如果输送带运行速度超过1.8 m/s，由于惯性的作用，人员上下输送带时极易摔伤，尤其是随身携带物品上下时更不安全；绳槽至输送带边的宽度不得小于60 mm，是为了防止乘坐输送带的人员为保持身体平衡，会不自觉地用手抓带边，宽度小于60 mm，手指就可能被钢丝绳挤压或被碾压折断。

人员乘坐间距不得小于4 m，是因为输送机机架间距一般为5 m，若小于4 m，人员密集，易造成局部过载，使输送带脱槽，发生事故。另外，乘坐人员的间距过小，在到达下人地点时，就可能发生前面的人刚下来还没有离开下人平台，后面的人就下来了，可能会发生人员拥挤、相互碰撞等受伤现象。由于受巷道条件的制约，运人过程中乘人如站立很容易被顶板锚栓、棚梁、管线或其他障碍物等碰伤。仰卧在输送带上容易使人入睡，到站不能及时从输送带上下来。乘坐时人员应面向行进方向，以随时观察输送机运行情况，如发现意外及时采取措施自救，必要时还可以拉动沿线设置的紧急停车开关实施紧急停车，避免发生人员伤亡事故。乘坐携带笨重物品上下输送带时，协调性变差，动作迟缓易摔倒，物品一旦滑落将伤及他人；笨重物品还可能造成输送带局部过载脱槽，对乘坐人员产生伤害。携带超长物品不当，很容易卡在机架上，造成人身事故。严禁抚摸输送带侧帮是为了防止钢丝绳与托绳轮挤伤手指。

平台是为了乘坐人员上、下输送带时方便、安全、不致摔伤或侧滑。照明是为了乘坐人员有良好的视线范围，以便观察和发现周边有无异常情况。由于惯性作用，人员在下带后必然会向前移动几步，因此要有一个缓冲平台，其长度需根据带速和乘人下带行走速度而定，但不得小于 5 m。设置栏杆是保护人员在上、下输送带时有扶手，不致摔伤。上、下人的区段内不得有支架或悬挂装置，是为了保证乘坐人员在上、下输送带时不至于被周围的固定物所碰伤，确保人身安全。下人地点应有标志或声光信号，是为了提醒乘坐人员提前做好下带准备，保证安全下带。距离下人区段末端前方 2 m 处，必须设有能自动停车的安全装置，是为了避免没来得及下带的人员被拉进煤仓或被转载，造成人身伤害。机头机尾一般是钢丝绳牵引带式输送机的载荷终点，乘坐人员到此必须下带，一旦发生下带越位现象后果是十分危险的。因此必须采取多项并行安保措施，防止乘人坠入煤仓或被转载摔伤，其中机械式倾斜挡板就是将越位的乘坐人员强制性地从输送带上推下。

钢丝绳牵引带式输送机如果人煤混运将会产生以下危害：发生局部过载导致脱槽事故；煤炭滑落砸伤人员；因运煤带速比运人带速要快，所以乘坐人员上、下输送带时极不安全。因此运送人员前，必须卸除输送带上的物料。

安装紧急停车装置的目的：一是在出现人为意外事件以及输送带、机架等机电设备出现故障时，搭乘人员或其他人员能够及时地通过操作紧急停车装置来实现快速停车，防止事故扩大；二是便于进行沿线设备和部件的检修和更换。

**【案例】**某矿使用钢丝绳牵引带式输送机，运行中由于输送带发生脱槽，保护失灵，输送机和牵引钢丝绳却一直运行，从而造成断带事故。当时整条输送带上都有煤，上承载分支输送带从断带处下滑 270 m，发生打卷、折叠，和下滑的煤一起将巷道堵死，损坏机架 18 架。该矿投入人力 700 多人次处理事故，事故影响生产 21 h。

**第三百七十六条** 采用轨道机车运输时，轨道机车的选用应当遵守下列规定：

（一）突出矿井必须使用符合防爆要求的机车。

（二）新建高瓦斯矿井不得使用架线电机车运输。高瓦斯矿井在用的架线电机车运输，必须遵守下列规定：

1. 沿煤层或者穿过煤层的巷道必须采用砌碹或者锚喷支护；

2. 有瓦斯涌出的掘进巷道的回风流，不得进入有架线的巷道中；

3. 采用炭素滑板或者其他能减小火花的集电器。

（三）低瓦斯矿井的主要回风巷、采区进（回）风巷应当使用符合防爆要求的机车。低瓦斯矿井进风的主要运输巷道，可以使用架线电机车，并使用不燃性材料支护。

（四）各种车辆的两端必须装置碰头，每端突出的长度不得小于100 mm。

**【解读】**本条是关于采用轨道机车运输时，选用轨道机车的规定。

制定本条文的目的，是规范和明确矿井轨道机车的选型及使用范围的要求，同时对轨道机车的运行条件及相关设施进行要求。

除低瓦斯矿井进风井筒和主要进风巷可以选用架线电机车、高瓦斯生产矿井已有的架线电机车外，其他必须选用符合防爆要求的机车。

低瓦斯矿井井底车场、总进风巷和主要进风巷可以使用架线电机车，但巷道必须使用不燃性材料支护。因架线电机车的集电器与架线之间摩擦，经常有较大的火花发生。

新建高瓦斯矿井不得使用架线电机车运输。由于架线电机车使用中产生电火花与杂散电流，且导线与受电器裸露，设备自身缺陷明显，在高瓦斯矿井中使用存在较大安全隐患，曾多次发生重大事故，因此要求新建高瓦斯矿井禁止使用架线式机车，而应使用矿用防爆特殊型蓄电池电机车、矿用防爆柴油机车、防爆电机车等运输设备，在高瓦斯矿井中逐步淘汰架线电机车。高瓦斯生产矿井主要进风巷在用的架线电机车可以继续使用，但必须满足本《规程》有关规定。

各种车辆两端装置碰头，是为了保护车体不直接接受撞击。由于碰头内设有缓冲弹簧（或采用的橡胶碰头），使车辆受到的撞击得以缓冲，可使顶车、停车时平稳。在通过变坡点时，由于有碰头的间隔，使车厢体不直接接触而受到保护。在编列连环时保证车辆之间至少有200 mm以上的间隙，为人员的操作提供安全间隙。因此，各种车辆的两端不能没有碰头，而且每端的突出长度不得小于100 mm。

**第三百七十七条**　采用轨道机车运输时，应当遵守下列规定：

（一）生产矿井同一水平行驶7台及以上机车时，应当设置机车运输监控系统；同一水平行驶5台及以上机车时，应当设置机车运输集中信号控制系统。新建大型矿井的井底车场和运输大巷，应当设置机车运输监控系统或者运输集中信号控制系统。

（二）列车或者单独机车均必须前有照明，后有红灯。

（三）列车通过的风门，必须设有当列车通过时能够发出在风门两侧都能接收到声光信号的装置。

（四）巷道内应当装设路标和警标。

（五）必须定期检查和维护机车，发现隐患，及时处理。机车的闸、灯、警铃（喇叭）、连接装置和撒砂装置，任何一项不正常或者失爆时，机车不得使用。

（六）正常运行时，机车必须在列车前端。机车行近巷道口、硐室口、弯道、道岔或者噪声大等地段，以及前有车辆或者视线有障碍时，必须减速慢行，并发出警号。

（七）2辆机车或者2列列车在同一轨道同一方向行驶时，必须保持不少于100 m的距离。

（八）同一区段线路上，不得同时行驶非机动车辆。

（九）必须有用矿灯发送紧急停车信号的规定。非危险情况下，任何人不得使用紧急停车信号。

（十）机车司机开车前必须对机车进行安全检查确认；启动前，必须关闭车门并发出开车信号；机车运行中，严禁司机将头或者身体探出车外；司机离开座位时，必须切断电动机电源，取下控制手把（钥匙），扳紧停车制动。在运输线路上临时停车时，不得关闭车灯。

（十一）新投用机车应当测定制动距离，之后每年测定1次。运送物料时制动距离不得超过40 m；运送人员时制动距离不得超过20 m。

**【解读】**本条是关于机车运输的规定。

制定本条文的目的是，规范机车运输线路及机车装备要求，明确机车运输监控系统或运输集中信号控制系统的设置标准，明确机车定期检查、维护、试验的要求，规范机车司机的正规操作。

（一）关于机车运输监控系统及集中信号控制系统的设置要求，为新增内容。随着煤矿新设备新技术的应用和发展，机车运输监控系统技术发展也日臻成熟，该技术在矿井中的使用，对于提高机车运输效率，保障运输安全，减少人员发挥了重要作用。因此，此次《规程》参照《煤矿井下机车运输信号设计规范》（GB 50388—2006），增加了这部分内容。

机车运输监控系统——用以监测信号机状态、电动转辙机状态、机车位置、机车编号、运行方向、运行速度、空（实）车皮数等，实现信号机、电动转辙机闭锁控制、地面远程调度与控制等功能，满足调度员在控制中心迅速、准确、及时地指挥站内发车和调车的功能需要。

机车运输集中信号控制系统——用以监测信号机状态、电动转辙机状态、区间占用状态等，实现区间闭锁、信号机、电动转辙机闭锁控制、远程调度与控制等功能，可以迅速、准确、及时地指挥站内发车和调车。

（二）机车前有照明是井下司机瞭望运行前方有无行人、障碍物和运行车辆的必备条件。机车前无照明，就等于司机闭上眼睛开车一样，有可能发生事故。后有红灯是防止车辆追尾的警示信号，红色代表危险，警示行人及车辆不准接近。

（三）列车通过风门时，由于风门的阻隔，机车的灯光和声音无法被风门对面的人所察觉，必须向风门两侧发出声光信号，才能避免风门和机车伤人。

（四）由于煤矿井下巷道、硐室较多，需安设指示某一地点名称的标志路标，以防人员进入非行进方向的巷道。需在巷道口、硐室口、弯道、道岔或者噪声大的地段安设警标，以警示人员、车辆，如限速牌、警冲标等。

（五）必须定期检查和维护机车，发现隐患，及时处理，重要装置不正常时，不得使用。这项规定为新增内容。良好的运行状态是保证机车安全运行的有效保障，机车的闸、灯、警铃（喇叭）、连接装置以及撒砂装置是机车的重要组成部分，任何一项不正常或失去防爆性都会严重影响机车的安全运行。

（六）正常运行时，机车必须在列车前端牵引，严禁在列车后端顶车运行。因为顶车时，机车离列车前端较远，司机无法看清列车前方的情况，轨道上有无异物、行人及障碍，无法做出行车、减速还是停车的决定，是冒险行驶。只有在临时调车时，在有押车工配合和指挥下，才允许临时顶车。

机车行近巷道口、硐室口、弯道、道岔或者噪声大的地段，以及前有车辆或者视线有障碍时，必须减速慢行，并发出警号。

**【案例】**某矿运搬工区电机车司机姜某、副司机刘某驾驶 7 t 8 号电机车，负责矿井东翼掘进迎头矸石、物料的运送任务。由于车速过快，造成通过道岔时电机车窜叉掉道，因离碹壁太近，紧急制动无效，电机车撞到碹嘴上。车棚被撞得严重变形，司机姜某头部被挤在车棚角铁架上，经抢救无效死亡。

在要求机车“必须减速慢行，并发出警号”的情况中，《规程》删除了“坡度较大”这种情况。其主要原因是：电机车运行坡度有严格要求，当轨道线路坡度大于电机车运行标准时，电机车无法有效牵引和制动列车。因此，运行坡度符合机车运行要求是保证机车安全运行的前提条件。

（七）2 辆机车同一方向行驶，当前方车辆遇到紧急情况突然减速或停车时，后方车辆司机需要有一定的反应时间（由于井下受巷道、照明度等条件的影响，这个时间会较长），以及施闸空动时间、闸动作时间、闸作用时间（闸起作用后的制动距离）等，在这段时间内后方车辆会继续向前行驶，如果运行时不保持 100 m 以上的安全距离，就很有可能发生 2 车相撞的事故。

（八）同一区段的轨道，往往不设分支道岔，如果行驶非机动车与机车相遇时，非机动车无法避让，将影响机动车的正常行驶。

（九）井下环境复杂，行车巷道内的巷道口、硐室口、弯道多，且巷道内经常有行人，远距离发现不了有车。当车辆驶近被发现后，由于环境嘈杂，车辆运行声音大，喊声很难被司机听到，只有用矿灯发出紧急停车信号，才是最方便及时的。因此，矿井必须明确规定，人人皆知，防止发错信号增加发生事故的危险。但在非危险情况下，任何人不得使用紧急停车信号。

（十）规范机车司机开车前、运行中、停车时的操作行为，消除事故隐患。由于电机车司机违章操作曾发生过大量事故，必须严格规范。

**【案例】**某矿 -100 m 水平五石门，机车送空矿车到装煤口装煤时，由于失修，机车控制器 1、4 挡失灵，只能用 5、6 挡起动。因起动太快，与装煤漏斗相撞，司机被挤在漏斗与蓄电池之间，导致死亡。

**【案例】**1990 年 8 月 21 日，某矿电机车进入南一新平硐，过第三道风门（风门宽为 1.3 m、高 1.7 m，机车宽 1 m）时，司机赵某违章作业，在机车运行中将头探出车外，被门框与机车驾驶室挤伤，最后导致死亡。

（十一）依据中煤总生字（1992）第 580 号《电机车制动距离试验细则》要求：“新购进的机车，在使用前必须进行列车制动距离试验”，通过制动距离试验，可有效检验机车的制动能力是否达到要求，从而保证电机车能够在出现应急情况时可靠制动。

机车运行 1 年后，随着运行、检修、零部件的更换，其制动性能可能有所变化。为了掌握实际制动性能，以便发现问题，及时解决，防止因制动性能达不到要求而发生运输事故。因此，规定之后每年至少要测定 1 次。

列车的制动距离测定，应以日常运输时的最大载荷、最大速度在最大坡度

（下坡）的条件下进行撒砂制动。测试时要测定从司机开始操作到列车停止运行所需的时间和制动距离。如果制动距离超过规定，除对机车制动系统进行检修和调整外，应降低运行速度，减少牵引载荷或其他措施，在同一线路重新进行试验，直至符合要求为止。机车要常备筛好的干燥砂、动态调整坡度大的轨道、降低运行速度、减少牵引车数，以保证制动距离不超过规定，保证运输安全。

制动距离是从司机开始操作施闸手轮或电闸手把到列车停止运行的距离。能否满足《规程》的规定，使列车制动距离合格，从列车制动距离的计算公式，可以看到影响制动距离的有关因素及其对制动距离的影响程度。

$$s = vt + \frac{Kv^2(Q+W)}{2g[Q\varphi + (Q+W)(f-i)]} \qquad (3-13)$$

式中 $s$——制动距离，m；

$v$——开始制动时的运行速度，m/s；

$K$——考虑列车车轮动惯量的系数，取 1.05；

$Q$——机车的黏着质量，即电机车总质量，kg；

$W$——被牵引列车的总质量，kg；

$\varphi$——机车黏着系数，撒砂时为 0.24，不撒砂时为 0.12；

$f$——运行阻力因数，0.01；

$t$——施闸的空动时间，s；

$i$——运行轨道坡度的千分数，最大为 0.007；

$g$——重力加速度，9.8m/s$^2$。

可见影响制动距离的有关因素为：

（1）运行速度。制动距离与运行速度的平方成正比，速度快一点儿，制动距离大很多。

（2）与被牵引列车的总质量基本上成正比，被牵引的列车质量越大，制动距离越长。

（3）黏着系数越大，制动距离越小，即撒砂制动，可使制动距离减少。

（4）运行轨道的坡度越大，制动距离越大。

（5）施闸的空动时间越短，空行程越短，即司机动作越快，制动距离越短。

到底能否达到《规程》要求的制动距离呢？以一台 7 t 电机车、牵引机车质量 $W=56$ t 的列车为例，计算出制动距离。

设运行速度 $v=4$ m/s

空动时间 $t=2$ s

撒砂制时 $\varphi=0.24$

轨道坡度 $i=0.007$

则制动距离 $s$ 为

$$
\begin{aligned}
s &= vt+\frac{Kv^2(Q+W)}{2g[Q\varphi+(Q+W)(f-i)]}\\
&=4\times2+\frac{1.05\times4^2\times(7000+56000)}{2\times9.8\times[7000\times0.24+(7000+56000)\times(0.01-0.007)]}\\
&=36.9\ \mathrm{m}<40\ \mathrm{m}
\end{aligned}
$$

可见在速度为 4 m/s、牵引质量是机车质量 8 倍时，撒砂制动距离不大于《规程》规定。

可以看出，在轨道坡度一定时，制动距离主要取决于运行速度和牵引质量，现将在 7‰坡度的轨道上，在不同速度及不同牵引质量时的制动距离列于表 3－32。

表 3－32　不同速度及牵引质量的制动距离

| $W/Q$ \ $v/(\mathrm{m\cdot s^{-1}})$ | 3.5 | 4 | 4.5 | 5 |
|---|---|---|---|---|
| 5 | 22.3 | 27.9 | 34.2 | 41.1 |
| 6 | 24.6 | 31 | 38.1 | 45.9 |
| 7 | 26.9 | 34 | 41.9 | 50.6 |
| 8 | 29.1 | 36.9 | 45.6 | 55.1 |
| 9 | 31.3 | 39.7 | 49.2 | 59.6 |
| 10 | 33.4 | 42.5 | 52.7 | 64 |

可见，当运行速度为 4 m/s 时，机车在 7‰轨道坡度向下运行，撒砂制动时，允许牵引质量为机车质量的 9 倍；而速度为 4.5 m/s 时，为 6 倍，并且与机车质量无关，只与牵引相对机车质量的倍数有关。

列车的制动距离是在测试条件下实现的。在实际生产中，有时客观上不具备测试时的条件，如坡度大些，轨面可能因有泥水滑一些，司机精神不集中，所以实际运行时列车的制动距离可能超过运送物料时 40 m、运送人员时 20 m 的规定。

在实际执行过程，建议注意以下问题：

（1）新投用的运输监控系统及集中信号控制系统，必须为性能可靠的产品。

（2）完善机车运行规定，加强机车的定期检查维护，强化对机车司机及检修人员的安全操作培训。机车司机要严格按要求操作，管理单位要加强监督检查，严格按标准考核。

**第三百七十八条** 使用的矿用防爆型柴油动力装置，应满足以下要求：

（一）具有发动机排气超温、冷却水超温、尾气水箱水位、润滑油压力等保护装置。

（二）排气口的排气温度不得超过 77 ℃，其表面温度不得超过 150 ℃。

（三）发动机壳体不得采用铝合金制造；非金属部件应具有阻燃和抗静电性能；油箱及管路必须采用不燃性材料制造；油箱最大容量不得超过 8 h 用油量。

（四）冷却水温度不得超过 95 ℃。

（五）在正常运行条件下，尾气排放应满足相关规定。

（六）必须配备灭火器。

**【解读】** 本条是关于矿用防爆型柴油动力装置在制造和使用中的规定。

制定本条文的目的，是为了明确矿用防爆型柴油动力装置设计、制造及运行的安全要求，完善安全保护，确保设备完好运行，防止事故发生。

矿用防爆型柴油动力装置的保护装置：当矿用防爆型柴油动力装置中某监控参数，如发动机排气超温、冷却水超温、尾气水箱水位、润滑油压力等出现异常情况时，能及时发出报警信号，并能使柴油动力装置的动力系统自动停止运转的安全装置。

（一）关于对矿用防爆型柴油动力装置的保护装置的要求。防爆柴油机在爆炸危险环境中运行，为防止其产生危险温度、火花引燃引爆瓦斯煤尘及尾气排放超标，必须安装相关安全保护。排气超温保护：当排气温度超过 77 ℃时，停止运行；冷却水超温保护：当排气温度超过 95 ℃时，停止运行（防止温度过高及水汽化）；尾气水箱水位保护：尾气水箱起隔爆作用及净化尾气作用，但其中水位低于设计规定值时必须停止运行；润滑油压力保护：当油压过低时，不但会使摩擦表面润滑不良而加快磨损，而且严重时还会导致烧瓦、拉缸，因此设置润滑油压力保护非常有必要。

（二）排气口的排气温度不得超过 77 ℃。这样规定，除参考澳大利亚规定外，也有利于尾气排放处理。因为这一温度与防爆关联不大，提高一点温度有利于提高柴油机燃烧效率，减轻尾气污染。要求其表面温度不得超过 150 ℃是防爆要求，即表面有煤尘堆积时，表面最高温度不高于150 ℃的要求，以确保其防爆性能。

（三）铝合金等轻金属受摩擦、冲击时产生的火花容易引起瓦斯、煤尘爆炸，故井下严格限制铝合金的使用。但由于零部件多为铝质且在车辆、设备内部，一般不易受到冲击，故本次放宽了相关要求，但所用的铝合金材料必须通过MT 13813 规定的相关试验。

防爆型柴油动力装置，以柴油为动力，一旦出现故障发生火灾，非阻燃材料会助长火势，迅速燃烧，扩大灾情，同时会释放大量有毒烟气，危害很大，故使用非金属材料时，必须阻燃。

由于防爆型柴油动力装置内储存的柴油，运行时在容器内冲撞，排气管路又有高速高压气体流动，会产生一定程度的静电电压。如果是金属部件，随时都会因金属导电而释放，不会造成电荷的积累和电压升高。如果使用非金属材料，产生静电后不能随时释放，造成电荷的积累使电压升高。电压高到一定程度便从绝缘薄弱点放电，产生电火花，有造成瓦斯、煤尘事故的危险。故使用非金属材料时，一定要使用防静电材料。油箱和管路必须用不燃性材料制造，有助于防止火灾的发生。

防爆型柴油动力装置油箱不宜过大，油量够8 h使用即可，每班8 h不一定一分钟不停地运转，够8 h使用就足够一个班用的，包括路上用油。回库后，下个班用油再添加。如果油箱储油过多，一旦出现火灾，将加大事故的危害。

（四）水温不超过95 ℃，主要是防止水的汽化。柴油机工作时，冷却水的正常温度应保持在75～90 ℃。此时柴油机可发出最大功率，燃油消耗最经济，机件磨损最小。冷却水温度超过95 ℃以上时，会使润滑油温度升高而变稀、机油压力降低，使机油消耗加快，零件磨损加快，严重时会造成拉缸、抱轴和烧瓦等事故。柴油机的金属零件在长时间的高温作用下，强度、弹性和耐磨性会下降。同时，高温使零件膨胀变形，严重地影响配合零件的正常间隙，甚至卡死。缸内温度过高，使燃油和空气混合比例失调、燃烧不充分和排气管冒黑烟，从而导致柴油机输出功率降低。

**【案例】**2011年7月13日，某矿车队司机杨某驾驶甩掉发动机表面温度保护装置的41号WC－3E(A) 型防爆车运输混凝土。卸完料后升井行驶过程中发现水温表显示95 ℃，继续行驶至1号北辅运59联巷，发现车辆前方水箱盖板观察孔附近有火光，立即将车停至巷道边将车辆熄火，随即利用随车灭火器将火熄灭。

（五）尾气排放应满足相关规定。其目的是要减少井下空气污染，为作业人员提供适宜的生产环境；现有标准 MT/T 990、MT 220 及 AQ 1064 等对尾气排放的规定过低，也不满足现有相关国家标准的规定。目前，这些标准均已列入修标计划，待其出台后执行其相关要求。

（六）为了防备万一发生火灾，防爆柴油动力装置必须配备足够的适宜柴油灭火的灭火器，以在最短时间内完成灭火，最大限度地减少巷道中的有毒烟气和火灾造成的损失。

在实际执行过程中，建议注意以下问题：

（1）要严把防爆柴油动力装置入井关，对选型、配置不合理，本身存在设计缺陷、运行性能差、尾气排放不达标的设备严禁入井使用。

（2）对使用中的防爆柴油动力装置的安全保护装置，要定期做好保护试验，保证安全保护灵敏可靠，有效预防事故发生。严禁封用各类保护装置。

**第三百七十九条** 使用的蓄电池动力装置，必须符合下列要求：

（一）充电必须在充电硐室内进行。

（二）充电硐室内的电气设备必须采用矿用防爆型。

（三）检修应当在车库内进行，测定电压时必须在揭开电池盖 10 min 后测试。

**【解读】** 本条是关于蓄电池动力装置充电及检修的规定。

（一）由于蓄电池是直流电源，具有较大电感和电容元件，充电时可能因残余电荷放电而引起火花，有发生爆炸的危险。因此对蓄电池动力装置的充电场所做出要求。

（二）铅酸蓄电池动力装置在充电终了或过充时，正极板析出大量的氧气，负极板析出大量的氢气，氧气和氢气遇火都会发生爆炸。由于硐室内电池数量大，同时析出的氧气和氢气多，一旦在充电硐室内局部聚集，则有发生爆炸的危险。所以，在充电硐室内必须采用矿用防爆型电气设备。

（三）矿用防爆型蓄电池电机车上的蓄电池部分，由于自身不能停电，不能在机车库以外的地方检修。同时，由于是直流电源，在有较大电感和电容元件检修时，还可能因残余电荷放电而引起火花，所以井下矿用防爆型蓄电池电机车上的电气设备，必须在车库内才能打开检修。由于库外检修占用运输线路，照明亮度达不到车库内的要求，当其他车辆正常运行时，远距离发现不了正在检修的机车，当车辆驶近被发现后，有可能发生碰撞事故。

用普通型电压表测量蓄电池电压时，会在表笔触碰蓄电池极板时产生火花。为了不使氧气和氢气发生爆炸，要在揭开电池盖 10 min 以后，氧气和氢气已经被风流稀释后浓度在 0.5% 以下，完全没有爆炸危险时再进行测量。

建议在实际执行过程中注意以下问题：

（1）煤矿井下蓄电池动力装置在充电及检修时，应有专人负责。

（2）严格按照规定在充电硐室内进行，且充电硐室内的电气设备及人员的操作应符合规定，消除充电过程中因氧气和氢气析出而引发爆炸的危险，确保人员安全。充电人员应注意观察电池在充电过程中发生的变化，如有异常情况应停电处理。

（3）充电硐室内应安设氢气传感器，进行实时监测。

（4）充电硐室内应设立灭火装置等设施。

**第三百八十条** 轨道线路应当符合下列要求：

（一）运行 7 t 及以上机车、3 t 及以上矿车，或者运送 15 t 及以上载荷的矿井、采区主要巷道轨道线路，应当使用不小于 30 kg/m 的钢轨；其他线路应当使用不小于 18 kg/m 的钢轨。

（二）卡轨车、齿轨车和胶套轮车运行的轨道线路，应当采用不小于 22 kg/m 的钢轨。

（三）同一线路必须使用同一型号钢轨，道岔的钢轨型号不得低于线路的钢轨型号。

（四）轨道线路必须按标准铺设，使用期间应当加强维护及检修。

**【解读】**本条是关于矿井运输轨道线路的规定。

随着综采综掘设备和大型机电设备的广泛应用，设备的单件运输重量越来越大，轨型的大小直接影响提升运输安全。为了消除因轨道轨型小造成的断轨、脱轨等事故，为了使轨道线路选型与线路运输负荷相匹配，《规程》提出了轨型最低标准。规定的轨道线路要求不仅仅局限于辅助运输，而是针对矿井的全部轨道。

（一）轨道对机车和矿车起着承重、限制其运行方向、使其运行平稳和减小纵向冲击波等作用，在列车重复荷载的作用下，以及井下环境条件的影响下，将产生磨耗、腐蚀、腐朽、疲劳伤损和残余变形，同时还会发生轨距、水平、方向、高低等几何形位的变化。这些变化积累起来，将加剧冲击振动，严重的甚至会引发脱轨、颠覆事故。为使钢轨更好地承受来自各方面的力，保证必要的强度条件，《规程》要求应采用不低于 30 kg/m 的钢轨。只有不低于 30 kg/m 的钢轨才能适应 7 t 及以上机车、3 t 及以上矿车或者运送 15 t 及以上载荷对其承载、冲击和稳定运行的要求，否则对于钢轨和车辆都会加快损坏，甚至造成运输事故。因此，矿井主要水平运输大巷、车场、主要运输石门、采区主要上下山、地面运输系统等应采用不低于 30 kg/m 的钢轨。

设定了 18 kg/m 轨型的下限要求，即最低标准，15 kg/m 及以下的钢轨不再允许在煤矿井下使用。

（二）卡轨车、齿轨车和胶套轮车由于其自身重量较大，为了保证运行安全，轨道必须有足够的强度和刚度，应当采用不小于 22 kg/m 的钢轨，以防止承载后产生弹性变形，造成脱轨。轨道安装必须符合标准，扣件必须安全、牢固并与轨型相符，轨道接头间隙、高低和左右偏差等不能超过规定，直线段轨面的水平偏差，曲线段加宽后外轨抬高的上、下偏差，轨枕的规格、间距及道砟厚度，均应按规定标准执行。

（三）同一型号的钢轨，其接头平整度及内错差的差距较小，可以避免车辆掉道、歪车等事故。

（四）略。

**【案例】**某矿吕某等 4 人，人工向新东四采区甩道口推车，当料车推到该车场的拐弯处，由于轨道铺设质量不合格，轨距达 630 ~ 645 mm（轨距最大不得超过 608 mm），外轨曲率半径约为 3 m（设计曲率半径为 12 m），造成车辆左前轮掉道，倒向巷道左帮，吕某的胸部及头部被压，经抢救无效死亡。

在实际执行过程，建议注意以下问题：

（1）设计采用轨道运输时，应严格按标准选用符合要求的轨型，轨道线路在使用期间应加强维护，消除因轨道选型不合格或质量差造成的运输事故。

（2）轨道线路（含道岔）质量标准，应按照《煤矿窄轨铁道维修质量标准及检查评级办法》执行。

**第三百八十一条**　采用架线电机车运输时，架空线及轨道应当符合下列要求：

（一）架空线悬挂高度、与巷道顶或者棚梁之间的距离等，应当保证机车的安全运行。

（二）架空线的直流电压不得超过600 V。

（三）轨道应当符合下列规定：

1. 两平行钢轨之间，每隔50 m应当连接1根断面不小于50 $mm^2$ 的铜线或者其他具有等效电阻的导线。

2. 线路上所有钢轨接缝处，必须用导线或者采用轨缝焊接工艺加以连接。连接后每个接缝处的电阻应当符合要求。

3. 不回电的轨道与架线电机车回电轨道之间，必须加以绝缘。第一绝缘点设在2种轨道的连接处；第二绝缘点设在不回电的轨道上，其与第一绝缘点之间的距离必须大于1列车的长度。在与架线电机车线路相连通的轨道上有钢丝绳跨越时，钢丝绳不得与轨道相接触。

**【解读】**本条是关于电机车架空线悬吊高度、悬吊间距、架线电机车最高使用电压及轨道电阻的规定。

制定本条文的目的，是为了规范架空线布设及配套轨道线路设置，以保证机车的安全运行，减少人员的触电危险，防止架线电机车的回电电流流入采区或有瓦斯、煤尘爆炸危险的区域，造成事故。

（一）电机车架线的悬吊高度，是根据井下不同地点、人们所容易触碰到的高度和电机车集电器的有效工作高度综合考虑规定的。

从井底到乘车场，是入井工作人员的必经之路，这一段路行走的人最多、最集中，人员复杂，携带工具材料的最多。为了防止扛在肩上的金属工具和材料触碰到架线，架线高度应不小于2.2 m。

在行人的巷道、车场内，以人在行走时，不低头也触碰不到架线的安全高度为自轨面起到架线的高度不低于2 m。一般身材佩戴安全帽后，不超过1.9 m，触碰不到架线。否则，井下潮湿，人体出汗后，头部汗水和潮气，会通过安全帽的排气孔排出，如果安全帽与架线接触，同样可以遭受触电危险。在不行人的巷道内，虽然很少有人行走，但仍有推车、巷修、检查人员通过，架线太低，仍然有触电危险。

井下电机车架线距巷道顶或棚梁之间的距离，是靠两端固定在巷道两侧巷壁上的横拉线，与瓷吊线器固定后实现的。横拉线虽然拉得很紧，但在其自重和架线重力作用下，不可能是完全水平的，有一定下垂距离。当机车通过时，在集电器对架线压力的推动下，横拉线的下垂距离要减小，甚至会向上拱起，减小了架线与巷道顶或棚梁的距离。巷道来压会使架线更接近巷道顶或棚梁，架线的对地放电距离更近。所以，架线与巷道顶或棚梁的距离不得小于0.2 m。

电机车轨道距不行人侧的巷壁较近，在横拉线的固定高度上，巷道的宽度又比腰线以下小了许多，也就是说架线距巷壁已很近，加上架线要作“之”形左右摆动，又缩小了架线与巷壁的距离（为了不使架线总与集电器一个位置接触，延长集电器的使用时间，架线要作“之”形摆动）。当曲线段外轨抬高时，又要求架线向里侧偏移，如果悬吊绝缘子距架线超过0.25 m，悬吊绝缘子与巷壁就太近，甚至无法安装悬吊绝缘子与巷壁之间的横拉线。

为了使架线在两个横拉线悬吊之间平直，不产生更大的下垂挠度，也为了“之”形的形成，直线段悬挂点的间距不得超过5 m。在曲线段，架线应在轨道的中上方随着轨道的曲率半径安装，既不能安装过多的悬吊横拉线，使架线和轨道一样是圆弧形，也不能由于悬吊横拉线太少，使架线偏离轨道中心太多，影响集电器与架线的接触效果，必须根据不同的轨道曲率半径，确定不同的悬挂点间距，达到既使架线不超出集电器有效的工作范围，又使悬吊横拉线最少的效果。

（二）煤矿井下环境潮湿，电压越高，漏电量越大，人的触电危险也越大。但是电压越高，电机车的用电电流就越小，电压降也越小，电机车的运行距离就可以远些，或架线断面可以小些，而断面小又使磨损加快。根据一般矿井的运输距离和架线电机车的数量，以及电压高所带来的危险程度，综合考虑，规定煤矿井下架线电机车的直流电压不超过600 V。

（三）钢轨接头受来往车辆的冲击，很容易使螺栓和扣件发生松动，松动后就会使电阻增大很多，甚至根本不导电。所以，要求接头不仅要扣件螺栓齐全牢固，要经常检查和紧固，还必须用导线或采用轨缝焊接工艺进行连接，使每个接缝电阻不大于规定值。为了防止每条钢轨因一个接缝不好而大大降低导电作用，要求两平行钢轨之间，每隔50 m连一根断面不小于50 $mm^2$ 的铜导线，或其他具有等效电阻的导线，这样可使个别增大电阻的接缝，对总的回电电阻影响不大。

架线电机车的回电，是由两条平行钢轨来实现的，努力减小轨道接头的电阻，才能保证电压损失最小，使电机车在最远端的电压符合要求，保证电机车起动和牵引车时有足够的牵引力。否则，不但电机车没有足够的牵引力，还会使电机车的回电电流，由于轨道电阻过大，而经由其他路径回到牵引变流所，这种电流叫杂散电流。当杂散电流进入采区，会使雷管爆炸，也会引起瓦斯和煤尘发生爆炸。

为了防止架线电机车的回电电流，经过不担负回电的轨道（如通往采区的绞车道和不走架线电机车的石门轨道等），流入采区或有瓦斯、煤尘爆炸危险的区域，在不回电的轨道与回电轨道之间，必须加两处绝缘，以防由于列车将两处绝缘同时短路。还要经常检查绝缘点的绝缘电阻，防止被水浸泡而短路或使其绝缘电阻降低。

为了防止穿越轨道的钢丝绳将回电电流导向别处，规定钢丝绳不得直接与轨道接触。

**第三百八十二条** 长度超过 1.5 km 的主要运输平巷或者高差超过 50 m 的人员上下的主要倾斜井巷，应当采用机械方式运送人员。

运送人员的车辆必须为专用车辆，严禁使用非乘人装置运送人员。

严禁人、物料混运。

**【解读】** 本条是关于井下机械运送人员的规定。

制定本条文的目的，是为了规范井下机械运人方式及设备，最大限度地减少人员上下井的时间和体力消耗，提高劳动效率，同时消除步行时跌倒摔伤、顶板掉物、架线触电、碰伤和运输机械损伤等事故隐患。

在长度超过 1.5 km 的主要运输平巷或高差超过 50 m 的主要倾斜井巷人员行走或上下，由于脚下可能不平坦，又拿有物品，行走很艰难，存在跌倒、摔伤和滚坡的危险，会消耗很大体力，不利于安全生产。上班时，到了工作地点已感疲乏，若携带一定的工具和物品，更易劳累及行走不便，直接影响工作。下班后，经过一个班的紧张工作再继续行走，更会增加疲劳感。所以应采用机械方式运送人员。

根据《矿用人车安全要求》（GB 21011）及相关产品标准的规定，专用人车应该有顶棚、车厢、座椅、安全带或牢固依靠物、扶手、减震、防碰撞装置，除平巷人车外应该有制动装置。

井下机械运送人员影响车辆安全运行的因素很多，如安全间隙、顶板坠物、轨道质量、巷道半径、运行速度等。若采用固定车厢式矿车、翻转车厢式矿车、底卸式矿车、材料车和平板车等运送人员时，车辆不具备运送人员的安全结构性能，如不注意抬高身体，容易被巷道内的棚梁、锚栓、铁丝、电缆等碰伤；尤其是车辆下行时，突然停车，还会把乘车人员甩出很远掉于车下。因此，本条规定，运送人员的车辆必须为专用车辆，严禁使用非乘人装置运送人员。

严禁人、物料混运，目的是消除人、物料混运的安全隐患。因为，运人车辆载运货物可能导致车辆总质量、重心变化，进而影响车辆的转向、制动性能；有些易燃易爆的货物可能直接危害人员的健康与生命；货物固定不牢，也会影响乘车环境及人员安全。

**【案例】**2012 年 2 月 16 日，某煤矿使用矿车在斜井（斜长 420 m，坡度 28°）运送人员，且运料车与乘人矿车混挂（4 节载人矿车在运行方向之前，4 节料车在后），运行中第 2 节与第 3 节料车连接绳套（用钢丝绳和绳卡子自制的绳套）拉脱，导致 2 节料车和 4 节矿车跑车，造成多人伤亡。

**第三百八十三条** 采用架空乘人装置运送人员时，应当遵守下列规定：

（一）有专项设计。

（二）吊椅中心至巷道一侧突出部分的距离不得小于 0.7 m，双向同时运送人员时钢丝绳间距不得小于 0.8 m，固定抱索器的钢丝绳间距不得小于 1.0 m。乘人吊椅距底板的高度不得小于 0.2 m，在上下人站处不大于 0.5 m。乘坐间距不应小于牵引钢丝绳 5 s 的运行距离，且不得小于 6 m。除采用固定抱索器的架空乘人装置外，应当设置乘人间距提示或者保护装置。

（三）固定抱索器最大运行坡度不得超过 28°，可摘挂抱索器最大运行坡度不得超过 25°，运行速度应当满足表 6 的规定。运行速度超过 1.2 m/s 时，不得采用固定抱索器；运行速度超过 1.4 m/s 时，应当设置调速装置，并实现静止状态上下人员，严禁人员在非乘人站上下。

表 6　架空乘人装置运行速度规定

m/s

| 巷道坡度 $\theta$/(°) | $28\geqslant\theta>25$ | $25\geqslant\theta>20$ | $20\geqslant\theta>14$ | $\theta\leqslant14$ |
|---|---|---|---|---|
| 固定抱索器 | ≤0.8 | ≤1.2 | | |
| 可摘挂抱索器 | — | ≤1.2 | ≤1.4 | ≤1.7 |

（四）驱动系统必须设置失效安全型工作制动装置和安全制动装置，安全制动装置必须设置在驱动轮上。

（五）各乘人站设上下人平台，乘人平台处钢丝绳距巷道壁不小于 1m，路面应当进行防滑处理。

（六）架空乘人装置必须装设超速、打滑、全程急停、防脱绳、变坡点防掉绳、张紧力下降、越位等保护，安全保护装置发生保护动作后，需经人工复位，方可重新启动。

应当有断轴保护措施。

减速器应当设置油温检测装置，当油温异常时能发出报警信号。沿线应当设置延时启动声光预警信号。各上下人地点应当设置信号通信装置。

（七）倾斜巷道中架空乘人装置与轨道提升系统同巷布置时，必须设置电气闭锁，2种设备不得同时运行。

倾斜巷道中架空乘人装置与带式输送机同巷布置时，必须采取可靠的隔离措施。

（八）巷道应当设置照明。

（九）每日至少对整个装置进行1次检查，每年至少对整个装置进行1次安全检测检验。

（十）严禁同时运送携带爆炸物品的人员。

**【解读】** 本条是关于采用架空乘人装置运送人员的规定。

制定本条文的目的，是为了规范架空乘人装置的设计、安装，完善架空乘人装置安全保护，强化设备检测检修管理。

固定抱索器，指与牵引钢丝绳紧固连接的抱索器。

可摘挂抱索器，指与牵引钢丝绳非紧固连接的抱索器，包括普通可摘挂抱索器、大坡度可摘挂抱索器等。

（一）规定架空乘人装置应有专项设计，是为了从设计入手加强对架空乘人装置的规范管理，提高制造水平，保证现场安装质量，确保架空乘人装置设计、制造、安装符合要求。专项设计应由具有煤炭行业（矿井）设计资质的机构，参照地面架空客运索道设计规范，根据运行巷道的断面、坡度、变坡点，运量与运输距离等，进行具体的选型计算，并由煤矿总工程师组织审查，满足设备选型安装、各类保护设置、使用环境安全的各项要求。

（二）本项细化了对钢丝绳间距、吊椅距底板的高度、乘人间距、乘人间距提示或者保护装置的要求。

吊椅中心至巷道一侧的距离如果小于0.7 m，巷壁有突出物时，就会使左右摆动的蹬座触碰巷壁，使乘人碰伤或摔伤。双向同时运送人员时，若钢丝绳间距小于0.8 m，固定抱索器的钢丝绳间距小于1.0 m，也会使左右摆动的吊椅相互触碰，使乘人碰伤或摔伤。乘人吊椅距底板的高度若小于0.2 m，不能保证吊椅在运行区间内顺利通行和不出现自滑等现象，有可能造成吊椅碰撞底板脱离钢丝绳摔伤人员；在上下人站处大于0.5 m时，会造成人员上下困难，使乘人碰伤或摔伤。运行速度越高，吊杆的摆动幅度会越大，上下人员会越困难。采用可摘挂抱索器的架空乘人装置应当设置乘人间距提示或者保护装置。乘坐间距越小，上下人时的速度就越快，有的人动作慢来不及，有可能碰撞摔伤；同时间距太小，乘坐的人员就多，也会产生过负荷和制动力矩不足的问题。

（三）运行坡度和运行速度的提高，是基于增加设备安全保护装置、使用可摘挂抱索器和调速装置、改善乘人站环境等技术措施的条件下实现的。因此只有达到《规程》的这项要求，才能保障架空乘人装置在大坡度和高速度的情况下安全运行。

因为架空乘人装置的结构特点和技术性能是根据巷道倾角设计的，当巷道的实际倾角大于设计制造所规定的倾角时，乘人装置就会出现牵引力不够、过负荷、制动力不足、向下运行停不住、制动距离过长或钢丝绳在摩擦轮上打滑等危险现象。提高运行速度应该满足上下车地点能实现静止状态上下人员的要求，且巷道间隙及乘人间距符合要求。

（四）本项的制定是为了防止因断轴、断齿时高速轴上的工作制动装置失效而导致飞车事故。

（五）为了方便人员上下，提高安全性。

（六）架空乘人装置装设各类安全保护装置，可以有效保证架空乘人装置的运行安全。具备这些保护后，当发生设备超速、失速运行、掉绳、人员乘车越位及其他应急情况时，能够及时停止设备运行，防止人员摔伤或钢丝绳损坏等事故的发生。

设置断轴保护措施，主要是防止因断轴造成驱动轮、尾轮在钢丝绳张力作用下快速移动而伤人；减速器设置油温检测装置，是为了保障减速器的安全运行；沿线设置延时启动声光预警信号，是为了在设备启动前发出声光预警信号，提醒乘坐人员注意；各上下人地点设置信号通信装置，是为了方便各乘人处与司机进行信号和通信联络。

（七）架空乘人装置与轨道同巷布置时，架空乘人装置的驱动部必须与提升绞车实现电气闭锁，使两种设备不能同时运行，以消除同时运行时出现的安全隐患。可通过将架空乘人装置磁力启动器与提升绞车磁力启动器控制回路中分别串接对方的常闭接点的方式实现。

架空乘人装置与带式输运机同巷布置时，隔离措施主要是指在带式输送机与架空乘人装置间安装防护网，并采取其他防飞矸措施，以避免煤矸滚落伤人事故的发生。

架空乘人装置与其他设施同巷布置，应确保设备的安全间隙符合要求，任意一种设备运行时都不得影响其他设备的安全。安全措施应优先保证人员的运送安全，当其他设备运行时不得对人员造成伤害。

（八）巷道装设照明，可以为乘人提供舒适和安全的视觉环境，保证行人能够看清线路、路面状况，有无障碍物，对各类标识、牌板进行辨认，有助于人员确定上下车位置，保证运人安全。

（九）通过设备测试、检验检测等技术手段，可以对架空乘人装置的安全状况、完好状况、使用状况进行分析，做出评价，提出处理意见，使用单位可以根据检测检验结果制定设备检修、维护方案，消除设备运行隐患，保证安全运行。

架空乘人装置在实际应用中易出现问题，为提高安全运行的可靠性，因此应按照《煤矿用架空乘人装置安全检验规范》（AQ 1038）要求，对其进行全面检测。

**【案例】**2010 年 11 月 28 日 5 时 25 分，某矿副井架空乘人装置，由于维护不到位，减速机缺油，致使减速器涡轮齿脱落，造成架空乘人装置运行失控飞车，致使乘坐员工摔落，多人伤亡。

（十）严禁同时运送携带爆炸物品的人员，是因为架空乘人装置运行时人员集中，若发生人员相撞、掉绳等机械故障，引起碰撞、摩擦而导致爆炸物品爆炸时，将对人员的生命安全构成严重威胁。

**第三百八十四条** 新建、扩建矿井严禁采用普通轨斜井人车运输。

生产矿井在用的普通轨斜井人车运输，必须遵守下列规定：

（一）车辆必须设置可靠的制动装置。断绳时，制动装置既能自动发生作用，也能人工操纵。

（二）必须设置使跟车工在运行途中任何地点都能发送紧急停车信号的装置。

（三）多水平运输时，从各水平发出的信号必须有区别。

（四）人员上下地点应当悬挂信号牌。任一区段行车时，各水平必须有信号显示。

（五）应当有跟车工，跟车工必须坐在设有手动制动装置把手的位置。

（六）每班运送人员前，必须检查人车的连接装置、保险链和制动装置，并先空载运行一次。

**【解读】**本条是关于斜井人车运送人员的规定。

制定本条文的目的，是为了加强生产矿井在用煤矿斜井运人系统安全管理，强化对斜井运人系统的日常保养维护和安全检查，保障设备设施完好，确保运输安全。

普通轨斜井人车是指在倾斜井巷采用标准轨道，按照行业标准规定运送人员的设备，包括 XRC 系列、XRB 系列。

新建、扩建矿井严禁采用普通轨斜井人车运输，是因为普通轨斜井人车制动装置自身设计存在先天性问题，制动性能可靠性差，且无法实现运送人员时车辆不脱轨、不翻车的安全要求；制动装置失效造成的重大伤亡事故时有发生，造成极坏的社会影响，是煤矿运输多年来难以解决的重大隐患和危险源 。因此将普通轨斜井人车确定为限制并逐步淘汰的设备，新建、扩建矿井严禁使用，生产矿井在用的普通轨斜井人车也要逐步淘汰。

（一）斜井人车必须装设可靠的制动装置，当断绳或跑车时，能自动发生作用而停车。还必须有手动扳把，当发现前方有障碍或人，需要立即停车时，可随时扳动手把。

**【案例】** 2008 年 10 月 19 日，某矿井副斜井人车接送第一班夜班工人出井，当人车行至 223. 8 m 时，绞车液压系统发生故障，离合器处于分离状态，插爪式人车制动装置未起作用，发生人车跑车事故，致使多人伤亡。

（二）当车辆运行中需要紧急停车时，跟车工必须及时向绞车司机发送停车信号，当绞车司机接到停车信号后，应立即停车并向跟车工询问情况。

（三）当一个水平的把钩工发出开车信号后，在绞车房应有发出信号地点的显示（即显示水平位置或水平位置的编号），使绞车司机有思想准备，开明白车，以便能掌握好运行速度，及时加减速。

（四）人员上下地点应当悬挂与绞车房或其他水平联系的信号牌，便于发现问题及时联系。在各个水平的人员上下车地点，都必须设置运行指示灯，绞车不开信号不显示，提示候车人员不能过早走出候车室，以免发生危险。

（五）跟车工在运行前，应检查人员乘车情况不能超员，不能携带超长、超大和严禁携带的物品，如火药雷管；不能将身体的任何部位露出车外，挂好防护链或关好安全门，防止运行中与巷道中的任何物体剐碰。斜井人车在运行中，任何地点都有发现紧急情况需要立即停车的可能，如运行前方轨道上发现有人、有异物、轨道状况不好、乘车人员有意外情况等，为确保跟车工能及时扳动制动装置手把，使制动装置发生作用紧急停车，跟车工必须坐在设有手动制动装置把手的位置。

（六）检查连接装置、保险链和制动装置，是为了防止在挂车时连接装置、保险链和防坠器未连好或不完好，发生跑车事故的发生。特别是人车在摘钩时，为了不使制动装置下落，在摘钩前会用专用工具将钢丝绳牵引的主传动轴卡住。当再挂上人车后，一定要把它取下，否则跑车时制动装置不会发生作用。每班运送人员前，先空载运行是为了检查提升巷道、轨道的状况，确认没有影响人车运行的隐患后，才能正式运送人员。

**【案例】**2013 年，某技改矿井人行斜井中当班入井工人乘坐的人行车，制动装置突然失灵，车辆无法控制，沿着人行斜井快速向下方跑车，跑车过程中，由于遇到转弯处，导致车辆猛撞到巷壁上，致使整个车辆全部变形，多人伤亡。

**第三百八十五条** 采用平巷人车运送人员时，必须遵守下列规定：

（一）每班发车前，应当检查各车的连接装置、轮轴、车门（防护链）和车闸等。

（二）严禁同时运送易燃易爆或者腐蚀性的物品，或者附挂物料车。

（三）列车行驶速度不得超过 4 m/s。

（四）人员上下车地点应当有照明，架空线必须设置分段开关或者自动停送电开关，人员上下车时必须切断该区段架空线电源。

（五）双轨巷道乘车场必须设置信号区间闭锁，人员上下车时，严禁其他车辆进入乘车场。

（六）应当设跟车工，遇有紧急情况时立即向司机发出停车信号。

（七）两车在车场会车时，驶入车辆应当停止运行，让驶出车辆先行。

**【解读】**本条是关于采用平巷人车运送人员的规定。

制定本条规定的目的，是为了确保平巷人行车运行时乘人安全，强化对平巷人车的运行管理，规范平巷人车运送人员中对平巷人车、运行巷道中安全设施和车辆运行的有关要求，提高运行的安全可靠性。

（一）若人车的连接装置使用其他物品代替或没按规定连接，在运送人员过程中，连接装置有可能自动脱开，造成部分人车被丢掉，也可能人车掉道后被拉翻。如果轮轴有问题，在运行途中掉轮、断轴或掉道，将造成人车严重歪斜，产生剧烈震动和摆动，甚至会翻车，必将产生严重后果。车闸失灵，不能紧急停车，使制动距离大大延长，一旦运行前方有人或有车辆和障碍物时，会造成猛烈相撞，后果严重。

检查车门（防护链），是为了在人车出现侧翻、落辙等突发异常情况时，防止将乘车人员甩出车厢或身体露出车外，导致人员伤亡。

（二）人车过轨道接头、道岔时会产生颠簸，如果随车携带了有爆炸性的、易燃性的或腐蚀性的物品，在强烈的颠簸下，易发生爆炸、燃烧和腐蚀性液体溢出。当人车脱轨时，这些危险品可能被掉落车下，被车轮碾压，在架线电机车的轨道和车轮之间通过的电流，将使可爆炸物品爆炸，可燃烧性物品燃烧，对人身、轨道和车辆产生严重危害。当人车附挂材料车时，由于材料车的装载重量大或装载重心的偏移，在起动、加速和过弯道时，会因为材料车的运行阻力大，使人车易掉道而伤害乘车人员。

（三）当人车运行速度大于 4 m/s 时，制动距离可能会超过 20 m。当前方遇到紧急情况如人车掉道、轨道上有异物时，就有可能发生撞车事故。

（四）上下车地点应当有足够的照明，便于检查车辆、乘车状况，使其他车辆易于观察，确保有人员乘车时不得进入乘车场。为了使上下车人员和所携带的工具物品不触电，人员上下车时必须切断该区段架空线电源。

（五）人员上下车占用了乘车场，为了上下车人员的安全，应严禁其他车辆进入，同时必须设置信号区间闭锁。

（六）设置跟车工，是为了便于维护乘人秩序，及时观察和掌握人员上下车情况，发送开车信号，在遇有紧急情况时，能够立即发送停车指令。

（七）规定车场会车时让驶出车辆先行，是为了提高车辆运行安全性，防止事故发生。

**第三百八十六条** 人员乘坐人车时，必须遵守下列规定：

（一）听从司机及跟车工的指挥，开车前必须关闭车门或者挂上防护链。

（二）人体及所携带的工具、零部件，严禁露出车外。

（三）列车行驶中及尚未停稳时，严禁上下车和在车内站立。

（四）严禁在机车上或者任意 2 车厢之间搭乘。

（五）严禁扒车、跳车和超员乘坐。

**【解读】**本条是关于井下乘车人员必须遵守的有关规定。

制定本条规定的目的，是为了强化乘车人员的行为规范和现场管理，使乘车人员按规定乘坐人车，杜绝因人员自身疏忽或违章乘坐造成的事故。

（一）若未关好车门或挂好防护链，运行中可能被巷道中杂物或其他车辆碰伤。

（二）乘车人员身体的任何部位和所携带的工具、零部件露出车外时，有可能因距巷道壁间隙过小而造成碰撞事故。

**【案例】** 某矿一位从事多年煤矿井下运输工作的干部，工作很有经验，一天在准备入井乘坐斜井人车时，已经挂好了防护链，看到了离人车很近的挡绳立辊，回头对后面的人说"可得注意，这样的辊没少碰人"。由于回头，右腿探出了车外，正好此时人车向下移动，瞬间将他的腿碰断。

（三）列车行驶中及尚未停稳时由于惯性，人和车同样保持向前的运动状态，如果此时上下车，人还具有一定的速度，易摔倒造成事故。由于井下空间小，车辆高度达不到站立要求，人员弯腰站在车厢内，重心不稳，在加减速或及停车时易摔倒。

（四）人在机车上或者在任意 2 车厢之间搭乘，若发生紧急停车，人员有可能被甩到车下或被车辆挤伤腿脚。若运行途中掉道时，会使车辆之间的间隙减小或歪倒，如果两车之间有人，后果很严重。

（五）井下环境窄小，运行的车辆离巷壁近，又经常有杂物障碍，上有架线，下有道木泥水，路面不平又滑，身体活动范围受到限制；车在运行中，人体的惯性很难与车的速度相适应，扒车和跳车都是相当危险的。手没抓准，抓不住，脚下跟不上，没踩准或没踩住，都会使身体摔于车下，易造成事故。超员乘坐，会使车内很挤，人员没有自由活动的空间，形成一个整体随车摆动，互相之间没有缓冲，加大了对车辆的侧向压力，易造成脱轨或翻车，一旦脱轨或翻车，由于互相挤压，无法采取自救措施，将加大伤害。

**第三百八十七条** 倾斜井巷内使用串车提升时，必须遵守下列规定：

（一）在倾斜井巷内安设能够将运行中断绳、脱钩的车辆阻止住的跑车防护装置。

（二）在各车场安设能够防止带绳车辆误入非运行车场或者区段的阻车器。

（三）在上部平车场入口安设能够控制车辆进入摘挂钩地点的阻车器。

（四）在上部平车场接近变坡点处，安设能够阻止未连挂的车辆滑入斜巷的阻车器。

（五）在变坡点下方略大于 1 列车长度的地点，设置能够防止未连挂的车辆继续往下跑车的挡车栏。

上述挡车装置必须经常关闭，放车时方准打开。兼作行驶人车的倾斜井巷，在提升人员时，倾斜井巷中的挡车装置和跑车防护装置必须是常开状态并闭锁。

【解读】本条是关于倾斜井巷串车提升时设置和使用挡车装置的规定。

制定本条规定的目的，是为了规范倾斜井巷挡车装置的安装位置和使用要求。

（一）在倾斜井巷中，应安设能够将已跑车辆阻止住的跑车防护装置，建议其安装位置为：倾斜井巷中布置有中部车场时，安设在各中部车场甩车道岔岔尖以上5～10 m处；在下部车场起坡点以上5～15 m处；无中部车场的倾斜井巷等地点，根据现场情况安设若干组。掘进上下山时每100～180 m安设一组，在耙装机之后5～15 m安设一组。

（二）当矿车被提升到各水平，向各水平车场甩车但还未摘钩时，矿车带绳沿车场坡道继续向前运行到车场边界时，必须有阻车器将车辆阻止住，以防止车辆继续向前，超出车场范围，与车场以外的车辆或人员相撞。

（三）上部平车场与外部巷道连接处为车场入口，车场入口必须安设能够控制由外部巷道进入车场摘挂钩地点的阻车器。

（四）在上部平车场接近变坡点处，即在车辆即将能够向绞车道自动滑行的地点之前，安设能够阻止未连挂的车辆滑入绞车道的阻车器。

（五）在变坡点下方略大于1列车长度的地点，安设防止未连挂的车辆继续往下跑的挡车栏，与变坡点处的阻车器连续形成两道安全防护。

上述各防护装置和阻车器，必须经常处于阻止车辆运行的状态，即关闭状态，只有正常运行的车辆接近要通过时才能打开，车辆通过后要及时关闭。

兼作行驶人车的倾斜巷道，斜井人车运行区段内的各防护装置在升降人员时必须全部打开并闭锁，等升降人员完成后再关闭，防止斜井人车通过时发生被挡、撞车等伤人事故。

【案例】2009年3月21日，某煤矿当班值班长安排曾某到二水平上部车场将材料车下放到第三水平，曾某和柏某超载下放1辆装满圆木的材料车和1个空矿车，曾某将材料车和矿车连好钩后，推材料车下放，等材料车越过变坡点，曾某发现钢丝绳钩头未连好，材料车和矿车发生跑车事故，由于二水平暗斜井上部车场未装设阻车器，变坡点下方及井筒中间均没有装设挡车装置，车辆跑至井底车场（未设置安全躲避硐）撞到坐在车场内的柏某等人，造成伤亡事故。

**第三百八十八条** 倾斜井巷使用提升机或者绞车提升时，必须遵守下列规定：

（一）采取轨道防滑措施。

（二）按设计要求设置托绳轮（辊），并保持转动灵活。

（三）井巷上端的过卷距离，应当根据巷道倾角、设计载荷、最大提升速度和实际制动力等参量计算确定，并有1.5倍的备用系数。

（四）串车提升的各车场设有信号硐室及躲避硐；运人斜井各车场设有信号和候车硐室，候车硐室具有足够的空间。

（五）提升信号参照本规程第四百零三条和第四百零四条规定。

（六）运送物料时，开车前把钩工必须检查牵引车数、各车的连接和装载情况。牵引车数超过规定，连接不良，或者装载物料超重、超高、超宽或者偏载严重有翻车危险时，严禁发出开车信号。

（七）提升时严禁蹬钩、行人。

**【解读】** 本条是关于倾斜井巷使用提升机或者绞车提升的规定。

制定本条规定的目的，是强制完善斜巷安全设施，对巷道硐室、信号、过卷距离等设计提出要求，规范人员操作，最大限度地消除和减少潜在的危害。

（一）轨道防滑指的是防止轨道下滑。斜巷轨道受自重影响，在长期纵向力的冲击下，会自动缓慢下滑，使下部的轨道受力变形，轨道状态变坏，严重影响行车安全。因此，斜巷轨道要采取防滑措施。

（二）斜巷绞车道的托绳轮（辊）是减小提升钢丝绳摩擦阻力和降低磨损的装置，托绳轮（辊）齐全、转动灵活，可以延长钢丝绳的使用寿命，还可以降低绞车的负荷和钢丝绳的最大静张力。如果托绳轮（辊）不转，被钢丝绳磨成深沟，会限制钢丝绳的运行方向；钢丝绳从沟内突然跳出，会使矿车突然加速，如果升降人员，会感到有很大的冲击。

（三）过卷距离是矿车提升到终点触碰过卷开关并动作后矿车前轮所处的位置到轨道端头或挡车装置的距离。过卷距离不得小于过卷后矿车实际运行距离的1.5倍，即保留1.5倍备用系数，防止过卷装置失灵时矿车冲出轨道。

矿车过卷后的实际运行距离分两种情况，一种是矿车的自然减速度小于或等于绞车安全制动减速度时，即绞车滚筒先停矿车后停，或同时停，矿车过卷后的实际运行距离，就是矿车以其自然减速度运行的距离；另一种是矿车的自然减速度大于绞车的安全制动减速度，即矿车停得快绞车停得慢，则矿车不能按自己的自然减速度停车，还要被滚筒拖动运行一段距离，实际的过卷运行距离，应按绞车的保险制动减速度进行计算。

1. 保险闸空动时间内矿车运行的距离 $S_x$

（1）系统自然减速度 $a_x$：过卷开关动作后，电源跳闸，提升系统按其惯性

运行到保险闸空动时间结束，即以系统的惯性力为动力，以移动部分的下滑力和运行阻力为制动力，故减速度 $a_x$ 为

$$a_x = \frac{F_c}{\sum m + \frac{F_c}{g}} \tag{3-14}$$

$$F_c = n(Q_0 + Q)(\sin\alpha + f_1\cos\alpha) \div 102$$

$$\sum m = \frac{W_j + W_d + W_t + P_0 L \div 102}{g}$$

$$W_d = [GD_d^2]\frac{i^2}{D_T^2} \div 102$$

式中　$F_c$——矿车在过卷开关处下滑力和运行阻力，kN；

$n$——矿车数；

$Q_0$——一台矿车质量，kg；

$Q$——一台矿车载重，kg；

$\alpha$——过卷开关处的倾角，（°）；

$f_1$——矿车运行阻力因数，$f_1 = 0.01 \sim 0.015$；

$\sum m$——包括缠绕在滚筒上的钢丝绳在内的转动部分的变位质量，kN·$s^2/m$；

$W_j$——绞车机械部分的变位重量，kN；

$W_d$——电机的变位重量，kN；

$D_d$——电机转子的回转惯量，kg·$m^2$；

$i$——减速比；

$D_T$——滚筒直径，m；

$L$——缠在滚筒上的钢丝长度，m；

$P_0$——钢丝绳每米质量，kg/m；

$g$——重力加速度，取 $9.8m/s^2$；

$W_T$——天轮的变位重量，kN。

$$W_t = G_t D_t^2 \div D_t^2 \div 102 \quad 或 \quad W_t = 140D_t^2 \div 102$$

$G_t$——天轮轮缘重量，kg；

$D_t$——天轮直径，m。

（2）空动时间结束时间的矿车运行速度 $v_x$：

$$v_x = v_{max} - a_x t_x \tag{3-15}$$

式中　$v_{max}$——过卷前的矿车运行速度，m/s；

$t_x$——保险闸空动时间，盘式制动闸 0.3 s，压缩空气驱动闸瓦式制动器 0.5 s，储能液压驱动闸瓦 0.6 s。

（3）空动时间内的矿车运行距离 $s_x$：

$$s_x = \frac{v_{max} - vx}{2} t_x \tag{3-16}$$

2. 保险制动后，矿车减速度的确定

（1）保险制动后转动部分的制动减速度 $a_z$：

$$a_z = \frac{F_z}{\sum m} \tag{3-17}$$

$$F_z = \frac{M_z}{R_T}$$

式中　$F_z$——折算到滚筒周边的保险制动力，kN；

$M_z$——保险制动力矩，kN·m；

$R_T$——滚筒半径，m。

（2）矿车的自然减速度 $a_j$：

$$a_j = 8(\sin\alpha - f_1\cos\alpha) \tag{3-18}$$

（3）保险制动后，矿车的实际运行减速度的确定：当 $a_z > a_j$ 时，矿车以 $a_j$ 运行；$a_z < a_j$ 时，矿车以下面的减速度 $a_j'$ 运行。

$$a_j' = \frac{F_z + F_c}{\sum m + \frac{F_c}{g}} \tag{3-19}$$

3. 保险制动后矿车行程 $s_j$

$$s_j = \frac{v_x^2}{2a_j} \quad 或 \quad s_j' = \frac{v_x^2}{2a_j'} \tag{3-20}$$

4. 过卷距离的确定

$$s_T = 1.5(s_x + s_j) 或 s_T = 1.5(s_x + s_j') \tag{3-21}$$

**【案例】** 1987 年 1 月 15 日 1 时 15 分，某工程处二井风井，机电值班主任在检修时把绞车安全回路短路了，没告诉司机就走了。当人车接到井口信号时，井上把钩工打点停车，人车没停，把钩工大喊“快跳车”，有 19 人跳下车，有 2 人和人车一起被拉下桥头，一死一伤。这是由于过卷保护失灵，过卷距离不够，人车拉到轨道尽头仍未停车所造成的。

（四）此项规定是为了满足车辆提升期间岗位工及候车人员安全躲避的需要，一旦发生跑车等事故不会对人员造成伤害。

（五）此项规定完善补充了提升信号的内容，对于规范、完善倾斜井巷提升信号设置，消除漏洞，保障提升安全具有重要作用。

（六）斜巷提升的把钩工，必须熟知绞车的性能、允许提升的最大静张力，按照现场悬挂的最大提升重量及提升车数牌板，从而确定出应连挂的各种车辆的数量，严禁超载运行。特别是对于不经常拉的材料，如果不知其重量，决不能盲目连挂，必须向有关人员问清楚，否则只许少挂不许多挂，超载超重都会使制动力矩不够，造成断绳或跑车。

矿车之间、矿车与钢丝绳之间的连接，必须牢固可靠并有防脱装置，插销必须要插到位。运送的物品超高、超宽和偏载，在运行中有可能被巷道中的杂物、顶板锚杆等刮碰造成掉道或翻车，严重影响行车安全。所以，当牵引车数超过规定，连接不良或装载物料超重、超高、超宽或偏载严重有翻车危险时，严禁发出开车信号。

**【案例】**1988 年 5 月 8 日，某煤矿一级斜井提升 2 辆矿车到井口变坡点还未出井口时，井口管理员发现前面空车的插销未插到底，当空车跨过变坡点时，第二辆重车脱钩跑车，造成多人伤亡。

（七）针对倾斜井巷提升时，岗位工蹬钩及行车行人导致伤亡事故的实际情况，规定提升时严禁蹬钩、行人，以规范人员的行为，杜绝蹬钩、行车行人违章行为。

**第三百八十九条** 人力推车必须遵守下列规定：

（一）1 次只准推 1 辆车。严禁在矿车两侧推车。同向推车的间距，在轨道坡度小于或者等于 5‰时，不得小于 10 m；坡度大于 5‰时，不得小于 30 m。

（二）推车时必须时刻注意前方。在开始推车、停车、掉道、发现前方有人或者有障碍物，从坡度较大的地方向下推车以及接近道岔、弯道、巷道口、风门、硐室出口时，推车人必须及时发出警号。

（三）严禁放飞车和在巷道坡度大于 7‰时人力推车。

（四）不得在能自动滑行的坡道上停放车辆，确需停放时必须用可靠的制动器或者阻车器将车辆稳住。

**【解读】**本条是关于井下人力推车的规定。

制定本条文的目的，是为了规范人力推车时的操作行为，明确防护措施及人力推车的巷道条件。

（一）井下人力推车只能从后面推，因为侧面一面距巷壁或运输设备间隙小，脚下又可能有杂物，不便推车；另一侧会有另一条轨道上来往车辆，不安全，也不宜推车；前面更不能拉车，以防下坡摔倒，被车碰伤，只有在后面推。另外又由于巷道宽度限制站不开更多的人，推车时碰头又遮住视线，看不清脚下，所以推车的力量受到了很大限制，一旦前方有特殊情况，需要立即停车，如正赶上坡度大时，推车的几个人是很难使矿车立即停下的。如果在坡度为5‰以下，推车间距不小于10 m 推车还可以；在坡度大于5‰时，间距小于30 m，就有两车相撞的危险。

（二）推车时必须时刻注意前方，以便及时发现前方的人或障碍物。在接近道岔、弯道、巷道口、风门、硐室出口等地，由于视线受阻，对于突然出来的人或车，互相看不见，受惯性影响推车人不容易使车立即停下，所以必须提前发出警号。

（三）放飞车是一种毫不顾及安全的违章行为。由于车速快，人与车脱离推车人无法向车前方的人发出警号，前方有人发现有车也来不及躲避；遇有弯道或道岔，很容易掉道和翻车，甚至造成人身伤亡。当坡度大于7‰时，人力很难控制住矿车，所以严禁推车。

（四）在能自动滑行的坡道上停放车辆时，车辆有自滑的危险，确需停放时必须用可靠的制动器或者阻车器将车辆稳住。

**【案例】**2015 年 1 月 4 日早班，某矿矿车用锚链固定在坡度为 3.5°（即61‰）的轨道上，蒋某等 4 人解除锚链后拉着车辆向下滑行，当运行 2 ~ 3 m 后车辆失去控制，车辆继续在 3.5° ~ 13°的斜巷中向下滑行并不断加速，车辆脱轨将巷道内 1 名人员撞伤致死。

**第三百九十条** 使用的单轨吊车、卡轨车、齿轨车、胶套轮车、无极绳连续牵引车，应当符合下列要求：

（一）运行坡度、速度和载重，不得超过设计规定值。

（二）安全制动和停车制动装置必须为失效安全型，制动力应当为额定牵引力的 1.5 ~ 2 倍。

（三）必须设置既可手动又能自动的安全闸。安全闸应当具备下列性能：

1. 绳牵引式运输设备运行速度超过额定速度 30% 时，其他设备运行速度超过额定速度15%时，能自动施闸；施闸时的空动时间不大于0.7 s。

2. 在最大载荷最大坡度上以最大设计速度向下运行时，制动距离应当不超过相当于在这一速度下6 s的行程。

3. 在最小载荷最大坡度上向上运行时，制动减速度不大于5 $m/s^2$。

（四）胶套轮材料与钢轨的摩擦系数，不得小于0.4。

（五）柴油机和蓄电池单轨吊车、齿轨车和胶套轮车的牵引机车或者头车上，必须设置车灯和喇叭，列车的尾部必须设置红灯。

（六）柴油机和蓄电池单轨吊车，必须具备2路以上相对独立回油的制动系统，必须设置超速保护装置。司机应当配备通信装置。

（七）无极绳连续牵引车、绳牵引卡轨车、绳牵引单轨吊车，还应当符合下列要求：

1. 必须设置越位、超速、张紧力下降等保护。

2. 必须设置司机与相关岗位工之间的信号联络装置；设有跟车工时，必须设置跟车工与牵引绞车司机联络用的信号和通信装置。在驱动部、各车场，应当设置行车报警和信号装置。

3. 运送人员时，必须设置卡轨或者护轨装置，采用具有制动功能的专用乘人装置，必须设置跟车工。制动装置必须定期试验。

4. 运行时绳道内严禁有人。

5. 车辆脱轨后复轨时，必须先释放牵引钢丝绳的弹性张力。人员严禁在脱轨车辆的前方或者后方工作。

**【解读】**本条是关于单轨吊车、卡轨车、齿轨车、胶套轮车、无极绳连续牵引车等新型辅助运输设备安全运行的规定。

制定本条文的目的，是明确对轨道线路、运行环境、安全保护装置、设备维修检测检验和操作运行的基本要求，规范设备选型设计，完善设备安全保护，强化人员正规操作，消除设备运行隐患，确保安全运行。

无极绳连续牵引车是利用卡轨车和无极绳绞车的有关技术和原理，结合煤矿实际情况开发出的新型运输设备；利用煤矿现有轨道运输系统，由无极绳牵引绞车（以下简称绞车）、张紧装置、梭车、轮组、尾轮等部件，以钢丝绳串联形成的运行于普通轨道上的辅助运输设备；具有系统简单、设备投入低、运输距离长、牵引力大、可实现转弯和上下坡运行、安装和维护简单、安全性能高、占用人少、运输环节少等优点。近些年来无极绳连续牵引车获得大力发展，对于煤矿实现安全高效快捷辅助运输、减人提效发挥了十分重要的作用。

（一）单轨吊车、卡轨车、齿轨车、胶套轮车和无极绳连续牵引车等运输设备的结构强度、牵引能力、制动力矩等都是根据其适用的运行坡度、运行速度和载荷重量设计计算和制造的，在使用时运行坡度、运行速度和载荷重量中有一项超过了设计和制造的允许值，其结构强度、牵引功率和制动力矩就满足不了需要，从而发生零部件损坏、过负荷、因制动力矩不够而跑车等情况，不但不能正常生产，还会造成事故。

（二）安全制动和停车制动装置必须设计成失效安全型，即制动时施闸不受任何影响，什么故障也不影响施闸。如靠重锤重量和弹簧弹力施闸的制动装置，当制动装置出现任何故障时，都不会影响重锤重量和弹簧的弹力，最为可靠。

单轨吊车、卡轨车、齿轨车、胶套轮车和无极绳连续牵引车，有的由钢丝绳牵引，有的由机车牵引。但都工作在有一定倾角的巷道中，都有一定的运行速度；在上行施闸制动时，都有制动减速度；当速度为零时，都有受重力作用产生下滑的力，其值要大于上行的牵引力，如果制动力与牵引力相等，会制动不住而下滑。为了制动可靠并平稳地停住，其制动力不应低于额定牵引力的1.5倍。太大了，也有制动减速度大于自然减速度的松绳和向下冲击断绳问题，因为其转动部分的转动惯量往往比提升绞车小，所以其保险制动力矩不应太大，以不大于额定静张力矩的2倍为宜。

（三）关于绳牵引式运输设备自动施闸的速度限制不再局限于“超过额定速度的15%”，而是当绳牵引式运输设备运行速度超过额定速度30%时，即自动施闸。绳牵引式运输设备中，钢丝绳本身具有较大的张力和在运行中钢丝绳张力不断变化的特性，即在上坡时钢丝绳张力增加，当车辆越过上坡段进入下坡段时，由于钢丝绳张力的作用，车辆会突然加速，易造成牵引车上的制动装置出现误动作的情况，为此将超过额定速度15%提高到30%，以确保设备安全装置的正常使用和保障行车安全。

在最大载荷最大坡度上以最大设计速度向下运行时，制动距离应不超过相当于在这一速度下6 s的行程，也就是在非故障的最坏条件下允许的最大制动行程。

当单轨吊车、卡轨车、齿轨车、胶套轮车和无极绳连续牵引车的牵引机车或驱动绞车的保险制动和停车制动的制动力为一定时，其系统转动部分的变位质量也一定，制动减速度最大值就是在最小负荷最大坡度向上运行时的制动减速度，根据制动减速度的计算公式为

$$a_z = \frac{F_z - Q(\sin\alpha + f_1\cos\alpha)}{\sum m_j + \frac{Q}{g}} \tag{3-22}$$

式中 $F_z$——制动力；

$Q$——载荷重量；

$\alpha$——运行倾角；

$f_1$——承载体的运动阻力因数；

$\sum m_j$——除载荷外的系统运动部分的变位质量。

上式当载荷最小时，分子为最大值，分母为最小值，制动减速度 $a_z$ 最大，所以在最小载荷最大坡度向上运行时，制动减速度不大于 5 m/s$^2$，载荷增大后或坡度减小，制动减速度就不会大于 5 m/s$^2$。

虽然零载荷时制动减速度有大于 5 m/s$^2$ 的可能，但是零载的制动减速度是牵引机车或驱动绞车自身的制动减速度，大于 5 m/s$^2$ 不会产生不利的影响，而被牵引或驱动的载荷的制动减速度大于 5 m/s$^2$ 时，便可能造成松绳、松链，载荷反向下滑造成冲击，甚至有断绳跑车的危险，所以规定向上运行的最大制动减速度不大于 5 m/s$^2$。

（四）胶套轮车因在车轮上加装了胶套，可以增加车轮与轨道间的摩擦力。胶套轮材料应阻燃，抗静电，符合 MT 113—1995 规定。

（五）采用柴油机和蓄电池单轨吊车、齿轨车和胶套轮车运输时，和采用机车运输一样，为了瞭望运行前方有无行人、行车和障碍物，防止撞人、撞车事故的发生，头车和牵引机车必须设有足够的照明。为了让行人及时躲开，引起行车、行人的注意，运行中要鸣笛示警，特别是在弯道或有障碍物影响视线时，必须及时鸣响喇叭，给人以充足的躲避时间。同样，列车尾设红灯，是为了防止追尾事故的发生，以红色代表危险，禁止车辆和行人接近。

钢丝绳牵引的单轨吊车、卡轨车和无极绳连续牵引车由于运行和停止都由绞车控制，尽管前有照明和喇叭，但是绞车司机必须与列车司机配合，协调操作，才能正常行驶和工作。如果发现问题紧急停车时，绞车司机不知道，有可能拉断钢丝绳，下放行车还可能造成大量松绳，造成冲击断绳事故。因此，列车司机与绞车司机不但要有紧急联络信号，还必须要有说明原因和具体要求的通信装置。

（六）根据近些年单轨吊车的使用经验和国外产品的技术要求，提出配备 2 路以上独立回油的制动系统及超速保护装置，做到安全冗余，每一回路必须独立且能独立承担回油任务，以保障单轨吊车的安全运行。当一路回油系统出现故障如制动电磁阀损坏、油路堵塞等情况时，另一路回油系统可以正常工作，避免发生制动失效的事故。设置通信装置是为了方便调度站与机车司机的通信联络，及时掌握车辆运行情况，提高运输效率。

（七）对无极绳连续牵引车、绳牵引卡轨车、绳牵引单轨吊车的其他规定：

（1）此规定是依据《煤矿井下钢丝绳牵引卡轨车技术条件》MT/T 590 制定的。

（2）在驱动部、各车场设置行车报警装置是为了对巷道和各车场人员进行提升警示，防止人员误入；设置信号装置是为了使信号工与司机能够及时联络，相互交换信息，保证设备的安全运行。

（3）设置卡轨或护轨装置，是为了确保人车不脱轨和不翻车，制动功能可以确保人车不跑车，设置跟车工能够在出现紧急情况时发送停车信号，并与司机实现通话联络。

（4）为保障行人安全，防止设备运行时碰伤挤伤人员，因此规定，设备运行时绳道内严禁有人。

（5）根据现场经验及教训，车辆脱轨后，如牵引钢丝绳紧绷，在复轨时容易造成弹绳伤人，并且不易操作，故而要求在复轨前应将弹性张力释放；车辆复轨时危险性较大，不确定因素较多，人员如果站位不当，极易造成车辆挤伤人员事故。

**【案例】**2012 年 8 月 7 日，某矿 2301 工作面轨道巷卡轨车提升三辆矿车时，由于一处道岔方位错误，导致卡轨车牵引车脱轨，道岔岔尖将钢丝绳碰撞切断，造成断绳跑车。

**第三百九十一条** 采用单轨吊车运输时，应当遵守下列规定：

（一）柴油机单轨吊车运行巷道坡度不大于 25°，蓄电池单轨吊车不大于 15°，钢丝绳单轨吊车不大于 25°。

（二）必须根据起吊重物的最大载荷设计起吊梁和吊挂轨道，其安装与铺设应当保证单轨吊车的安全运行。

（三）单轨吊车运行中应当设置跟车工。起吊或者下放设备、材料时，人员严禁在起吊梁两侧；机车过风门、道岔、弯道时，必须确认安全，方可缓慢通过。

（四）采用柴油机、蓄电池单轨吊车运送人员时，必须使用人车车厢；两端必须设置制动装置，两侧必须设置防护装置。

（五）采用钢丝绳牵引单轨吊车运输时，严禁在巷道弯道内侧设置人行道。

（六）单轨吊车的检修工作应当在平巷内进行。若必须在斜巷内处理故障时，应当制定安全措施。

（七）有防止淋水侵蚀轨道的措施。

**【解读】**本条是关于采用单轨吊车运输的规定。

制定本条文的目的，是明确对单轨吊车的运行环境、轨道线路安装质量、单轨吊车安全保护装置、维修检测检验，以及操作运行的严格要求，提高单轨吊车的使用效率和运行范围。

（一）柴油机单轨吊车运行巷道坡度不大于25°，是依据《柴油机单轨吊机车》（MT/T 883—2000）中，设备爬坡能力不大于25°，结合国外产品设备性能指标和现场实际使用情况及经验确定的；蓄电池单轨吊车不大于15°，是结合产品设备性能指标和现场实际使用情况及经验确定的；钢丝绳单轨吊车不大于25°，是依据《煤矿井下辅助运输设计规范》（GB 50533—2009）中，运行巷道坡度不大于25°来定的。单轨吊车近年来在山西、山东、安徽、内蒙古、陕西等地逐步推广应用，在现场使用中积累了丰富的经验，同时借鉴国外使用的情况，在确保高效、快捷、安全可靠的基础上确定了各类机车的运行坡度要求。在现场使用中要根据巷道坡度、起吊重物的最大载荷等设计选用机车牵引力。

（二）必须根据起吊重物的最大载荷设计起吊梁和吊挂轨道，就是要根据起吊重物的最大载荷来设计和选用起吊梁型号、单节轨道长度、轨道型号、吊挂方式、吊挂点强度、吊挂链强度等。满足载荷不超起吊梁、吊挂轨道和机车牵引力的要求，才能确保重载运行时的安全。

（三）设置跟车工的目的是协助起吊物件，特别当机车司机处于运行尾部时要负责观察运行前方情况及时指导司机安全运行；机车过风门、道岔、弯道时进行确认。起吊或者下放物件时，人员严禁在起吊梁两侧，以防起吊物件时左右摆动或侧翻伤人。

（四）制动装置应安装在驱动部或采用制动车，两侧必须设置的防护装置是指防护链或防护杆。

（五）采用钢丝绳牵引单轨吊车运输时，严禁在巷道弯道内侧设置人行道，防止钢丝绳脱槽伤人。

（六）单轨吊车的检修工作应当在平巷内进行。若必须在斜巷内处理故障时，应当制定安全措施。因为在斜巷内处理故障时，有因工作失误将制动闸松开造成跑车事故的危险。

（七）由于单轨吊车工作原理是依靠驱动轮与轨道腰间的摩擦力产生的牵引力，若轨道被淋水侵蚀后，摩擦系数大幅度降低，驱动轮打滑，会使机车牵引力大幅度下降甚至发生跑车事故。

在实际执行过程，建议注意以下问题：

(1) 煤矿应从设计入手，从巷道坡度、转弯半径、巷道断面等方面为单轨吊车的使用创造巷道基本条件。

(2) 单轨吊吊轨悬挂结构应符合下列规定：

① 采用锚喷支护时每个吊轨悬挂点应采用双锚杆吊挂。

② 采用矿用工字钢梯形棚支护时可用顶梁或在顶梁间加小短梁悬挂吊轨，支架间应设纵向拉杆。

③ U形可缩性金属支护时可采用支架顶梁悬挂吊轨，支架间应设纵向拉杆。

④ 料石或混凝土墙金属横梁支护时可采用横梁悬挂吊轨。

⑤ 以上悬挂吊轨必须满足对锚杆锚同力或对悬挂点进行预定集中载荷试验的要求。

⑥ 吊轨及悬挂点应按列车运行中的最大负载进行设计，需要时可增设悬挂点。

(3) 单轨吊车吊轨敷设质量应符合下列规定：

① 单轨吊车吊轨宜采用I140E型和I140型专用轨，并应与单轨吊车设备型号配套选用。吊轨起始端、终止端应设置阻车机构。

② 单轨吊车吊轨设置应符合下列规定：直轨每段长度不得大于3 m；水平弯轨曲率半径不得小于4 m，每节弧长不得大于2 m，弧长超过1.6 m时，应在其中点设一吊耳；垂直弯轨曲率半径不得小于10 m，每节弧长不得大于3 m，弧长超过1.6 m的凸轨，应在其中设一吊耳；当采用I140型轨道时，其垂直弯轨的弧长不得大于2 m。

③ 同一线路必须使用同型号吊轨，吊轨接头间隙不得大于3 mm，高低和左右允许偏差分别为2 mm和1 mm，接头摆角垂直不得大于7°，水平不得大于3°。

④ 道岔轨型应与吊轨型号一致，并应布置在不大于5°的吊轨线路段，道岔活动轨的摆角不得大于11°。道岔框架4个悬挂点的受力应均匀，对每个悬挂点应做不小于90 kN的预定集中荷载试验。

**第三百九十二条** 采用无轨胶轮车运输时，应当遵守下列规定：

（一）严禁非防爆、不完好无轨胶轮车下井运行。

（二）驾驶员持有“中华人民共和国机动车驾驶证”。

（三）建立无轨胶轮车入井运行和检查制度。

（四）设置工作制动、紧急制动和停车制动，工作制动必须采用湿式制动器。

（五）必须设置车前照明灯和尾部红色信号灯，配备灭火器和警示牌。

（六）运行中应当符合下列要求：

1. 运送人员必须使用专用人车，严禁超员；

2. 运行速度，运人时不超过25 km/h，运送物料时不超过40 km/h；

3. 同向行驶车辆必须保持不小于50 m的安全运行距离；

4. 严禁车辆空挡滑行；

5. 应当设置随车通信系统或者车辆位置监测系统；

6. 严禁进入专用回风巷和微风、无风区域。

（七）巷道路面、坡度、质量，应当满足车辆安全运行要求。

（八）巷道和路面应当设置行车标识和交通管控信号。

（九）长坡段巷道内必须采取车辆失速安全措施。

（十）巷道转弯处应当设置防撞装置。人员躲避硐室、车辆躲避硐室附近应当设置标识。

（十一）井下行驶特殊车辆或者运送超长、超宽物料时，必须制定安全措施。

**【解读】**本条是关于采用无轨胶轮车运输的规定。

制定本条文的目的，是明确对无轨胶轮车道路、运行环境、安全保护装置、维修检测检验、驾驶人员资格，以及设备操作运行的要求，规范设备的使用，保障设备的运行安全。

目前无轨胶轮车在部分矿区得到了应用，但相关运输事故屡屡发生，提高无轨胶轮车安全要求、加强井下矿用无轨胶轮车的管理十分重要而紧迫。

（一）煤矿井下必须采购、使用具有煤矿矿用产品安全标志的无轨胶轮车，严禁非防爆、不完好无轨胶轮车机下井运行，不得擅自改装、拆除车辆安全保护设施。

**【案例】**2011年6月17日，某煤矿准备队14人乘坐024号跃进牌自卸非防爆非载人农用车入井，行至东辅运大巷联巷与东辅运大巷拐弯处时，由于在

1570 m 巷道内长距离下坡行驶中，车辆操作不当、超速行驶，撞上巷道壁，造成多人伤亡。

（二）井下驾驶无轨胶轮车的作业人员必须具有中华人民共和国机动车辆驾驶证和岗位操作资格证（上岗证）。即驾驶员应经过煤矿井下安全培训和车辆驾驶人员应知、应会的相关知识培训，并考试合格，持证上岗。严禁不具备资格人员在井下驾驶车辆。

（三）煤矿企业必须建立健全无轨胶轮车入井运行和检查制度。如车辆采购制度、下井验收制度、使用运行和操作管理制度、维护保养管理制度、设备大中修管理制度、车辆检验试验制度、车辆报废管理制度等，以确保无轨胶轮车安全运行和高效运输。

**【案例】**2011 年 9 月 24 日，某煤矿作业人员乘坐四轮车从副斜井入井 200 m 后，司机变挡时发现车辆不能正常换挡、在车辆下滑过程中随着车速加快，刹车失灵，滑行至副斜井第一绕道内 40 m 处（距副井口 1863 m），四轮车左前轮爆胎后失控，撞在左侧巷帮上，造成多人伤亡。

（四）无轨胶轮车必须设置工作制动、紧急制动和停车制动。紧急制动和停车制动可为一套系统，但与工作制动应是各自独立控制的两套机构。湿式制动器有利于控制其温度不致过高而降低刹车性能，同时也保证刹车时不产生火花，而目前湿式制动器技术已经十分成熟，因此要求井下无轨胶轮车的工作制动应全部采用湿式制动器。

工作制动：驾驶员能够根据道路和运行等情况对制动力进行控制，以实现一定程度的强制制动，使车辆减速或停止运行，保证行车安全的制动系统。

紧急制动：驾驶员在行驶过程中遇到紧急情况时，能够迅速正确地使用制动器装置，在最短距离内将车停住，保证行车安全的制动系统。

停车制动：停车时，采取作用于车轮的制动形式，给车辆一个阻力，使车辆不溜车的制动系统，一般也叫作手刹制动。

**【案例】**2013 年 6 月 5 日，某煤业有限公司发生一起无轨胶轮车失控的运输事故，生产厂家未严格按照申办矿用产品安标证书时的要求生产，将无轨胶轮车的制动装置由湿式制动更改为气压干式制动，造成车辆失控，导致多人伤亡，直接经济损失 591 万元。

（五）警示牌是指运送炸药等特殊物件时车辆上应悬挂“危险”等字样的警示牌；阻车装置是指用于车辆在斜坡上停车时防止跑车、溜车的阻车装置。

（六）对运行中的无轨胶轮车做出的六项规定。

（1）强调运送人员使用专用人车，不得使用非专用人车运送人员，以保障乘人安全。超限运输，会使车辆长期处于超负荷状态，就会导致车辆的制动和操作等安全性能迅速下降，表现为轮胎变形爆胎，刹车失灵，转向器轻飘抖动，钢板弹簧折断，半轴断裂等。超员乘坐，会使车内很挤，人员没有自由活动的空间，形成一个整体随车摆动，互相之间没有缓冲，加大了对车辆的侧向压力，易造成脱轨或翻车，一旦脱轨或翻车，由于互相挤压，无法采取自救措施，将加大伤害。

（2）运送人员时运行速度不得超过 25 km/h，运送物料时不得超过 40 km/h，这是关于最高车速的限定。车速过快会使行驶安全性下降，容易导致车辆失控，造成人身伤害。

（3）在井下受巷道、照明度等条件的影响，司机很难将距离估计准确，如果运行时不保持 50 m 以上的安全距离，当前方车辆突然减速或停车，就很有可能发生相撞的危险。

（4）长时间空挡溜车，车辆的车速会在自重的作用下越来越快，必须要辅之刹车。随着不断地刹车，刹车系统的温度不断上升，最终使刹车液汽化，导致刹车失效发生事故。

（5）通过设置随车通信系统或车辆位置监测系统，可以实时掌握机车运行位置，调度员或管理人员可以监控机车运行状态，方便调度指挥，提高运输效率。

（6）专用回风巷和微风、无风区域，无法保障车辆的正常运行和人员安全，因此不得进入其中。

（七）由于巷道路面、坡度、质量，会影响车辆的运行状态、车速的变化、制动距离等，所以要确保巷道能满足车辆安全运行的基本要求，以保证运行安全。

（八）交通管控信号是指包括车辆监控系统在内的交通管控信号系统。采用信号灯、标志、标线、文字或符号传递引导、限制、警告或指示信息，保证车辆运行安全、顺畅。在巷道弯道或驾驶员视线受阻的区段，应设限速、鸣笛标志。人员躲避硐室、车辆躲避硐室附近应设置提示标志。各类标志应符合 GB 5768 的规定。

（九）车辆失速安全措施，包括水平缓坡段、应急车道、巷道侧设置缓冲物等措施。

（十）防撞装置包括在巷道侧设置废旧轮胎等缓冲物。人员躲避硐室、车辆躲避硐室附近设置标识要醒目，使得人员在较远处就能看到，有利于人员或车辆快速躲避。

（十一）运送物料超出货厢长度1/3、单侧超出货厢宽度150 mm时，要采取强化的捆绑固定措施，在车辆上设置警示闪光灯，在车辆后方设置“危险”字样警示的反光牌，禁止相向车辆的行驶，加大同向行驶车辆间的间距，车辆运行速度不得超过规定最高运行速度的70%，要注意避开人员集中上下井时间。特殊车辆是指井下支架搬运车、装载车、铲运车等体积较大的无轨运输车辆。特殊车辆运行速度不得超过有关规定的要求。

在实际执行过程中，建议注意以下问题：

（1）煤矿应从设计入手，从巷道坡度、转弯半径、巷道断面等方面为使用无轨胶轮车创造巷道基本条件。

（2）煤矿企业应加强对无轨胶轮车的采购与维护管理，严禁非防爆无轨胶轮车、自行改装无轨胶轮车在井下使用，严防无轨胶轮车辆带病下井。

（3）煤矿应制定无轨胶轮车检修制度和检修计划，定期进行检修。要加强对运输系统各类安全保护装置或信号装置的检查。要按规定定期进行检验，严禁运输设备超负荷、带病运转或超期服役。

## 第二节　立　井　提　升

**第三百九十三条**　立井提升容器和载荷，必须符合下列要求：

（一）立井中升降人员应当使用罐笼。在井筒内作业或者因其他原因，需要使用普通箕斗或者救急罐升降人员时，必须制定安全措施。

（二）升降人员或者升降人员和物料的单绳提升罐笼必须装设可靠的防坠器。

（三）罐笼和箕斗的最大提升载荷和最大提升载荷差应当在井口公布，严禁超载和超最大载荷差运行。

（四）箕斗提升必须采用定重装载。

**【解读】**本条是关于立井提升容器和载荷的规定。

制定本条的目的，是确保立井系统装卸载及提升容器的配置、运行和操作的安全可靠。

（一）罐笼顶部有上盖，可防止井筒内坠落物伤人，罐笼四周有壁板和栏杆，可防止人员坠入井筒。

（二）由于单绳提升装置只有一条提升钢丝绳和一副连接装置，其断绳和坠罐的可能性比多绳提升大。当采用单绳提升罐笼升降人员时，为了避免发生意外坠罐，有效保护人员生命安全，必须装设可靠的防坠器。

**【案例】**2012 年 3 月 15 日，某矿副立井提升机，提升高度 270 m，采用 3 m 双卷筒缠绕式提升机，罐笼质量 4438 kg，每次提升 21 人，提升钢丝绳直径 34 mm，截面积 475 $mm^2$，单位质量 4.68 kg/m，弹性模数 $1.1\times106\ N/mm^2$，破断拉力 848 kN。在下放人员时摇台未抬起，摇台摇尖卡住而下放罐笼，松绳保护失效，松绳长度达 65.91 m 时，摇尖劈开，罐笼坠落，而同时罐笼防坠器失效，导致罐笼坠落到井底，罐内所乘 13 人全部死亡。其钢丝绳冲击力为 5089 kN，为钢丝绳破断载荷的 6 倍，导致钢丝绳破断。事故原因：摇台摇尖不能灵活转动卡住井口罐笼；松绳保护装置失效；断绳防坠器失效，致使提升容器在松绳冲击力作用下，坠落到井底。

（三）提升系统的最大载荷和最大载荷差取决于提升系统的提升能力，超载（单钩提升）和超载荷差（双钩提升）就是超提升能力运行，不但造成电机过载，钢丝绳、连接装置、制动装置的可靠性也会降低，各种安全系数随之降低。为了避免超载和超载荷差运行，罐笼和箕斗的最大提升载荷和最大提升载荷差应当在井口公布，让所有升井、入井人员都能看到，相互监督，防止不遵守秩序、多装人员或超载现象发生。

（四）为防止箕斗超载，应采取控制装载的措施。目前有定重、定容、定时等多种方式，定重装载是最可靠的装载方式。因此规定，箕斗提升必须采用定重装载。

在执行过程中，除必须执行上述规定，还建议注意以下问题：

（1）自动化运行的箕斗提升系统应具备可靠的防止重复装载的闭锁功能，在提升机重复装载后可闭锁提升机，不能开车，预防超载事故。

（2）发改委、安监局等四部委颁发的《煤炭生产技术与装备政策导向》中提出“提升载荷监测”为鼓励类技术。目前，国内有几种类型的钢丝绳张力测量装置，即无线称重装置，可以较准确地测量提升容器的载荷，有效防止超载运行或箕斗重复装载建议推广使用。

**【案例】**1988 年 7 月 4 日，某矿主井四绳摩擦轮提升机发生了一起坠箕斗的重大责任事故。头班 12 点开始提煤，副箕斗在装载处装满后打点提升，由于超重电流过大，没等提升到井口，过电流继电器动作后，停电安全制动。但由于制动力矩不足，副箕斗下滑，速度越来越快，直至坠入井底。主箕斗被高速提升，撞坏了模型罐道、防撞梁、水泥地板，挤断了导向轮的2个轴承座后，被挡在司机室地板下，4个连接器的销子全部被剪断，4条钢丝绳带着4个连接器，绕过摩擦轮将操纵台砸碎，司机被人拉走，幸免于难。原因是严重超载，定重装载装置损坏，12 t箕斗中装满了石头，同时个别盘形闸间隙超大，碟簧有断裂失效的。

**第三百九十四条** 专为升降人员和升降人员与物料的罐笼，必须符合下列要求：

（一）乘人层顶部应当设置可以打开的铁盖或者铁门，两侧装设扶手。

（二）罐底必须满铺钢板，如果需要设孔时，必须设置牢固可靠的门；两侧用钢板挡严，并不得有孔。

（三）进出口必须装设罐门或者罐帘，高度不得小于1.2 m。罐门或者罐帘下部边缘至罐底的距离不得超过250 mm，罐帘横杆的间距不得大于200 mm。罐门不得向外开，门轴必须防脱。

（四）提升矿车的罐笼内必须装有阻车器。升降无轨胶轮车时，必须设置专用定车或者锁车装置。

（五）单层罐笼和多层罐笼的最上层净高（带弹簧的主拉杆除外）不得小于1.9 m，其他各层净高不得小于1.8 m。带弹簧的主拉杆必须设保护套筒。

（六）罐笼内每人占有的有效面积应当不小于0.18 $m^2$。罐笼每层内1次能容纳的人数应当明确规定。超过规定人数时，把钩工必须制止。

（七）严禁在罐笼同一层内人员和物料混合提升。升降无轨胶轮车时，仅限司机一人留在车内，且按提升人员要求运行。

**【解读】** 本条是关于专为升降人员和升降人员与物料的罐笼及其安全要求的规定。

制定本条的目的，是确保人员和物料的安全运送及便于事故救援。

（一）乘人层的罐笼顶部设置可以打开的铁盖能防止井筒内坠落物伤人；铁门是当提升系统发生故障，且长时间停在井筒中时，罐笼内人员的安全出口，有利于事故救援和逃生；两侧装设扶手是便于乘罐人员在罐笼运行时抓扶。

（二）罐笼底铺满钢板是防止乘罐人员手拿工具插入罐底或掉进井筒。如果由于罐笼有机构设在罐底，底板必须开孔时，要用钢板将其包围封严，并设可以打开的活门，便于打开观察和检修，但门要牢固可靠。

（三）罐笼进、出口装设罐门或罐帘就是要把人可靠地拦在里面，罐帘不会因为太矮、中间或下面间隙太大把人漏出罐外。门不得向外开、门轴防脱，是为了防止罐笼在运行中，门被撞开或门轴脱开刮碰罐道、罐道梁，或掉进井筒。

（四）由于罐笼在井筒中运行速度很快，受罐道不直和接头的影响，有很大的横向撞动，矿车在罐内如无阻车器的可靠阻挡或无轨胶轮车没有设置专用定车或锁车装置，矿车或无轨胶轮车会自滑溜出罐外，碰撞罐道或罐道梁，造成严重事故。

（五）为了便于升降较高的设备、材料和人员，要求最上层的罐笼净高不得小于 1.9 m，其他层不小于 1.8 m。由于罐内阻车器弹簧在停罐时被拉长，如果弹簧未设置套筒保护，乘罐人员不注意时易将手指伸进弹簧间隙，在开罐时弹簧收缩会将手指挤伤，故规定弹簧外必须有套筒保护。

（六）如果罐内太挤，互相之间没有活动的余地，会形成一个整体，在罐笼运行的冲撞下，同时向一侧挤压，有挤坏罐帘或罐门掉入井筒的危险。同时，考虑一定的舒适度要求，相关标准规定每人占有的有效面积是 0.2，结合煤矿实际情况，因此规定，人均 0.18。

（七）罐笼在高速运行时可能会产生强烈的横向摆动，这样会使罐内的货物产生移动，这种移动有时是急促的、具有冲击性的，如果人货混装，会对人造成伤害，甚至将人撞出罐笼。

罐笼装载无轨运输车辆时，由于罐笼内空间狭小，无轨胶轮车司机难以下车，司机留在驾驶室内，有驾驶室作为防护，仅限司机一人留在车内，但应确保无轨胶轮车的安全定车或锁车。

当提升系统按无轨胶轮车司机留在司机室内运行时，钢丝绳的安全系数应不小于提升人员时的安全要求。操车、信号控制应按提升人员要求运行。

**第三百九十五条** 立井罐笼提升井口、井底和各水平的安全门与罐笼位置、摇台或者锁罐装置、阻车器之间的联锁，必须符合下列要求：

（一）井口、井底和中间运输巷的安全门必须与罐位和提升信号联锁：罐笼到位并发出停车信号后安全门才能打开；安全门未关闭，只能发出调平和换层信号，但发不出开车信号；安全门关闭后才能发出开车信号；发出开车信号后，安全门不能打开。

（二）井口、井底和中间运输巷都应当设置摇台或者锁罐装置，并与罐笼停止位置、阻车器和提升信号系统联锁：罐笼未到位，放不下摇台或者锁罐装置，打不开阻车器；摇台或者锁罐装置未抬起，阻车器未关闭，发不出开车信号。

（三）立井井口和井底使用罐座时，必须设置闭锁装置，罐座未打开，发不出开车信号。升降人员时，严禁使用罐座。

**【解读】**本条是关于立井罐笼提升井口、井底和各水平的罐笼位置、摇台、安全门及阻车器之间闭锁关系的规定。

（一）罐笼到位后触碰限位开关，解除与安全门的闭锁，安全门才能打开，避免罐笼不到位就打开安全门，以防向井筒坠人掉物。

安全门打开时，井筒必须处在提升容器的封堵状态，罐笼只能进行调平和换层操作，不许提升容器未到位时打开安全门，这样人员和车辆就会直接通向井筒，有可能发生坠入井筒的事故。在安全门打开时，发不出开罐信号。在安全门关闭时才能发出开罐信号，而罐笼离开井口位置后，安全门闭锁不能打开（必须闭锁）。

（二）限位开关的另一个作用是和摇台闭锁，即罐笼不到位，摇台或锁罐装置放不下来也打不开阻车器，而摇台或锁罐装置不抬起，阻车器不关闭发不出开罐信号，可避免罐笼不在时放下摇台或锁罐装置和打开阻车器，将矿车推入井筒。

由于罐笼提升的载荷越来越大，同时由于提升钢丝绳为弹性体，在罐笼装、卸重型设备时，钢丝绳的弹性变形量很大，钢丝绳弹性力容易导致设备和车辆的倾覆，为此在井底装、卸重型设备时，必须采用锁罐装置。

（三）罐座是利用可伸缩的托爪托住罐笼，使矿车在井底能平稳进出。当罐笼提升到井口车场位置时，操纵手柄使罐座伸出，罐笼落在罐座上后，进行装卸载工作。继续提升时，要先将罐座上的罐笼稍为提起，罐座靠配重自动收回。罐座使司机的操作复杂且易过卷，容易发生蹾罐事故。为防止过卷和蹾罐事故，升降人员时，严禁使用罐座。

**第三百九十六条** 提升容器的罐耳与罐道之间的间隙，应当符合下列要求：

（一）安装时，罐耳与罐道之间所留间隙应当符合下列要求：

1. 使用滑动罐耳的刚性罐道每侧不得超过 5 mm，木罐道每侧不得超过 10 mm。

2. 钢丝绳罐道的罐耳滑套直径与钢丝绳直径之差不得大于 5 mm。

3. 采用滚轮罐耳的矩形钢罐道的辅助滑动罐耳，每侧间隙应当保持 10 ~ 15 mm。

（二）使用时，罐耳和罐道的磨损量或者总间隙达到下列限值时，必须更换：

1. 木罐道任一侧磨损量超过 15 mm 或者总间隙超过 40 mm。

2. 钢轨罐道轨头任一侧磨损量超过 8 mm，或者轨腰磨损量超过原有厚度的 25%；罐耳的任一侧磨损量超过 8 mm，或者在同一侧罐耳和罐道的总磨损量超过 10 mm，或者罐耳与罐道的总间隙超过 20 mm。

3. 矩形钢罐道任一侧的磨损量超过原有厚度的 50%。

4. 钢丝绳罐道与滑套的总间隙超过 15 mm。

**【解读】**本条是关于提升容器罐耳与罐道之间的间隙及磨损量的规定。

制定本条的目的，是限制提升容器的罐耳与罐道间的安装误差和使用中的磨损量，保证提升容器的安全可靠运行。

（一）罐道对提升容器的运行起固定运行轨道、限制提升容器横向摆动的作用。提升钢丝绳在承载后产生扭转作用，如无罐道限制，提升容器会在井筒中旋转影响提升安全。提升容器的罐耳与罐道之间的间隙越小，提升容器运行就越平稳，受到的冲击就越小。但是提升容器经过一定时间的运行磨损，由于提升容器在不同位置的速度不同，罐道磨损程度不同，罐耳与罐道的间隙也不同，罐道又不能更换太频繁，所以规定了罐耳与罐道的最大间隙。

（二）提升过程中，由于钢丝绳的扭转力，提升容器经常对罐道的一侧进行磨损。同时，由于提升钢丝绳的摆动和罐道接头的影响，使罐道各处的磨损程度不同，造成罐耳和罐道之间的间隙不同，增加了提升容器的横向摆动。间隙越大，运行速度越高，提升容器的摆动量就越大，冲击也就越大，形成恶性循环，使得罐道接头和固定螺栓越容易松动。罐道磨损到一定程度，就会使提升容器的运行安全受到威胁，因此必须对各种罐道的磨损限度进行规定，达到限定的磨损程度必须及时更换。

（三）罐耳与罐道之间的间隙：

（1）罐道和罐耳的磨损量及其最大间隙，应参照图 3－60、表 3－33 的规定执行。

表 3－33 罐道和罐耳的磨损量及其最大间隙表 mm

| 罐道种类 | 木罐道 | | 钢 轨 罐 道 | | | 矩形钢罐道 | | 钢丝绳罐道 | | 备注 |
|---|---|---|---|---|---|---|---|---|---|---|
| 项目部位 | 罐道 | 罐耳 | 轨头 | 轨腰 | 罐耳 | 罐道 | 辅助滑动罐耳 | 钢丝绳直径 | 罐耳滑套厚度 | |
| 安装时每侧最大侧面间隙（$\delta_0$） | 10 | | 5 | | | 10～15 | | — | | 矩形钢罐道的滚动罐耳在运动中紧靠矩形钢罐道 |
| 安装时最大侧面总间隙（$2\delta_0$） | 20 | | 10 | | | 20～30 | | — | | |
| 安装时最大径向间隙（$d_2-d_1$） | — | | — | | | — | | 5 | | |
| 许可最大磨损量（任一侧） | 15 | 10 | 8 | 原有厚度的25% | 8 | 钢板厚度的50% | 10 | — | | 当罐耳厚度小于20 mm 时，罐耳每侧磨损量，按原有厚度的50%设计 |
| | — | — | — | | | — | | 直径的15% | 设计厚度的50% | 采用封闭式钢丝绳罐道时，许可磨损为外层钢丝厚度的50% |
| 同一侧罐道和罐耳总磨损量 | | | 10 | | | — | | — | | |
| 罐道和罐耳最大总间隙 | 40 | | 20 | | | 30～40 | | 15 | | |

（2）立井井口、井底和中间水平的四角稳罐道和罐耳之间的间隙以及许可最大磨损量，可参照表 3－33 中有关钢轨罐道规定执行。罐道和罐耳最大总间隙：正面（宽）25 mm，侧面（长）35 mm。对固定的中间水平稳罐道，当提升容器通过时，如果出现严重冲击，应及时进行检查调整，在冲击现象未消除前应减速运行。

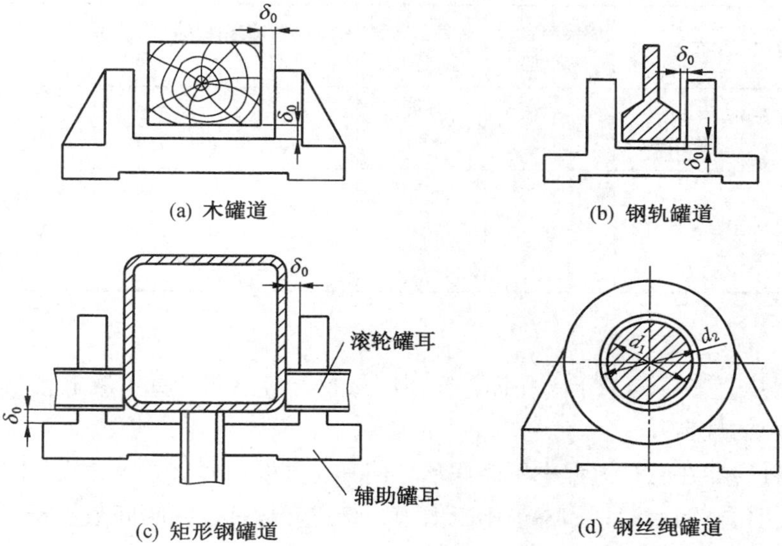


图 3-60　罐道和罐耳之间的间隙

**第三百九十七条**　立井提升容器间及提升容器与井壁、罐道梁、井梁之间的最小间隙，必须符合表 7 要求。

提升容器在安装或者检修后，第一次开车前必须检查各个间隙，不符合要求时不得开车。

采用钢丝绳罐道，当提升容器之间的间隙小于表 7 要求时，必须设防撞绳。

表 7　立井提升容器间及提升容器与井壁、罐道梁、井梁间的最小间隙值

mm

| 罐道和井梁布置 | | 容器与容器之间 | 容器与井壁之间 | 容器与罐道梁之间 | 容器与罐井梁之间 | 备　注 |
|---|---|---|---|---|---|---|
| 罐道布置在容器一侧 | | 200 | 150 | 40 | 150 | 罐耳与罐道卡子之间为 20 |
| 罐道布置在容器两侧 | 木罐道<br>钢罐道 | | 200<br>150 | 50<br>40 | 200<br>150 | 有卸载滑轮的容器，滑轮与罐道梁间隙增加 25 |

表7（续） mm

| 罐道和井梁布置 | | 容器与容器之间 | 容器与井壁之间 | 容器与罐道梁之间 | 容器与罐井梁之间 | 备　注 |
|---|---|---|---|---|---|---|
| 罐道布置在容器正面 | 木罐道<br>钢罐道 | 200<br>200 | 200<br>150 | 50<br>40 | 200<br>150 | |
| 钢丝绳罐道 | | 500 | 350 | | 350 | 设防撞绳时，容器之间最小间隙为200 |

**【解读】** 本条是关于立井提升容器间及提升容器与井壁、罐道梁、井梁之间最小间隙的规定。

提升容器在运行过程中不断摆动，使其与井壁、罐道梁、井梁之间的间隙不断发生变化。随着罐耳和罐道不断磨损，罐道和罐耳之间的间隙不断增加，则会加大提升容器的摆动量，也会使提升容器之间，提升容器与罐道梁、井壁之间的间隙随之减小。间隙过小可能导致提升容器在运行过程中发生强烈撞击，使提升容器、罐耳、罐道产生变形，进一步增加提升容器与井梁、罐道梁及提升容器之间相撞的危险，最终酿成生产事故。

立井提升井筒内各种间隙的说明和规定：

（1）表7中所规定的最小间隙，是指建井和安装工程完成后，提升容器在静止状态与其对立物之间须保持的最小距离。

（2）表7中钢丝绳罐道栏所列的间隙值，是根据提升容器有四根罐道钢丝绳而每根罐道的最小刚性系数不小于500 N/m而规定的，但对于只有两根罐道钢丝绳的平衡锤提升系统，如果仍采用该表所列的间隙值时，每根罐道钢丝绳的最小刚性系数不得小于1000 N/m。

每根罐道钢丝绳的最小刚性系数 $K_{min}$ 可按式（3-23）计算：

$$K_{min}=\frac{4qg}{\ln(1+\alpha)} \tag{3-23}$$

$$\alpha=\frac{qgL}{Q_s} \tag{3-24}$$

式中 $q$——罐道钢丝绳单位长度的质量，kg/m；

$g$——重力加速度，m/s²；

$\alpha$——罐道钢丝绳自重力与下端张紧力的比值；

$L$——罐道钢丝绳的悬垂长度，m；

$Q_s$——罐道钢丝绳下端承受的张紧力，N。

（3）每一提升容器有四根罐道钢丝绳时，各钢丝绳张紧力的差值不应超过5%～10%。如果一个提升容器或重锤只有两根罐道钢丝绳时，各钢丝绳的张紧力应相等。

**第三百九十八条** 钢丝绳罐道应当优先选用密封式钢丝绳。

每个提升容器（平衡锤）有4根罐道绳时，每根罐道绳的最小刚性系数不得小于500 N/m，各罐道绳张紧力之差不得小于平均张紧力的5%，内侧张紧力大，外侧张紧力小。

每个提升容器（平衡锤）有2根罐道绳时，每根罐道绳的刚性系数不得小于1000 N/m，各罐道绳的张紧力应当相等。单绳提升的2根主提升钢丝绳必须采用同一捻向或者阻旋转钢丝绳。

**【解读】**本条是关于钢丝绳罐道选用与安装使用要求的规定。

制定本条的目的，是限制提升容器的摆动量。

钢丝绳罐道应优先选用密封式钢丝绳，因为密封式钢丝绳表面平滑、无绳沟，耐磨、延伸率小、抗腐蚀能力强，能够保证使提升容器的运行平稳、耐磨，延伸率小，抗腐蚀能力强。

罐道绳的刚性系数是指被拉紧的罐道绳抵抗提升容器横向作用力的能力。罐道绳的刚性系数越大，抵抗容器对罐道绳横向作用力的能力越强，则提升容器的摆动就越小。每个提升容器采用4根罐道绳时，每根罐道绳的平均刚性系数是采用2根罐道绳的1/2，即承受相同横向力作用的横向位移不变。当刚性系数足够大时，罐道绳就如刚性罐道一样，把容器的摆动限制到最低程度。

一对提升容器相邻的一侧为内侧，内侧罐道绳的刚性系数比外侧大，主要是为了减小一对提升容器相遇时之间的间隙变化，保证一对提升容器不碰撞。

单绳提升钢丝绳的2根主绳必须采用同一捻向或阻旋转钢丝绳，是防止不同捻向钢丝绳使2个提升容器的旋转方向相反，从而减小2个提升容器之间同一侧的距离，容易发生碰撞。

**第三百九十九条** 应当每年检查1次金属井架、井筒罐道梁和其他装备的固定和锈蚀情况，发现松动及时加固，发现防腐层剥落及时补刷防腐剂。检查和处理结果应当详细记录。

建井用金属井架，每次移设后都应当涂防腐剂。

**【解读】** 本条是关于检查并处理井架、井筒金属装备固定和锈蚀情况的规定。

制定本条目的，是减小井架、井筒金属装备的锈蚀，保证安全使用。

井筒罐道梁和井架等金属装备，受井筒环境潮湿的影响或长期风吹雨淋，甚至是弱酸或弱碱性井筒淋水的侵蚀，锈蚀很快，使其强度大为减弱。当强度降低到一定程度时，提升容器高速频繁运行产生的强烈撞击或机械震动会使某些连接部位产生变形和松动，对提升安全造成严重威胁。而更换井筒金属装备，是一项艰难、危险和耗资很大，又影响生产的工作，应尽量避免。因此，对井筒中的金属装备进行防锈蚀处理和及时加固，是非常重要的。

建井用金属井架，每次移设后都有可能出现剐伤、碰伤或磨损等局部损伤，且下次使用时间未定，有可能需要长期保存，这样就必须对金属井架进行防腐处理，涂抹防腐剂。

**第四百条** 提升系统各部分每天必须由专职人员至少检查1次，每月还必须组织有关人员至少进行1次全面检查。

检查中发现问题，必须立即处理，检查和处理结果都应当详细记录。

**【解读】** 本条是关于对提升系统各部分进行定期检查的规定。

制定本条的目的，是及时发现事故隐患，保证提升系统安全运行。

提升系统是矿井安全生产的关键环节，提升系统如果出现问题，轻则影响生产，重则造成重大事故。由于提升机连续不断地操作和运行，哪个部分都可能发生变化形成隐患，如不检查及时发现和处理，势必使隐患发展扩大，后果将是严重的。提升系统检查部位主要包括：提升容器、连接装置、防坠器、罐耳、罐道、阻车器、摇台（锁罐装置）、装卸设备、天轮（导向轮）、钢丝绳、卷筒、制动装置、位置指示器、防过卷装置、调绳装置、传动装置、电动机和控制设备及各种保护和闭锁装置。

提升系统日常检测是在生产活动中，为保证提升系统安全运行，由指定的专职人员依据规定和程序对提升系统进行日常检查、测量及试验的活动。检测内容为：检查各部分的连接零件（如螺栓、铆钉、销轴等）是否松动；检查润滑系统的供油情况；检查位置指示器的丝杠螺母松动情况，以及保护装置和仪表等；

检查各转动部分的稳定性，如轴承是否振动；各部机座和基础螺栓（螺钉）是否松动；检查制动系统的工作状况，如闸盘、传动机构、液压站等是否正常，间隙是否合适；试验过卷保护装置；手试一次松绳信号装置，试验各种信号（包括开机、停机、紧急信号等）；检查各接触器、继电器触点磨损情况，对烧损者要进行修理（用砂布和小锉刀）或更换，以保持其接触良好；检查调绳离合器及天轮的转动情况，如衬垫、轴承等；检查提升容器及其附属机构（如阻车器、连接装置等）的结构情况是否正常；检查防跑车系统的拦车网、联动杆等的连接和润滑情况；检查井口安全设施（如阻车器、安全门等）的工作情况；检查提升钢丝绳的工作状况（如截面积、断丝、锈蚀和捻距等）及钢丝绳在卷筒上的排列情况；检查平衡钢丝绳（尾绳）最低处，是否被水淹或被井底撒煤埋住。

矿井提升系统月检的基本内容：详细检查和调整保险制动系统及安全保护装置，必要时要清洗液压零件及管路；拆开联轴器，检查其工作状况，如间隙、端面倾斜、径向位移、连接螺栓、弹簧及内外齿等是否有断裂、松动及磨损等；检查部分轴瓦间隙；检查和更换各部分的润滑油，清洗部分润滑系统中的部件（如油泵、滤油器及管路等）；检查防跑车系统；检查井筒装备，如轨道、巷道、罐道等情况；试验安全保护装置和制动系统的动作情况。

**第四百零一条**　检修人员站在罐笼或箕斗顶上工作时，必须遵守下列规定：

（一）在罐笼或箕斗顶上，必须装设保险伞和栏杆。

（二）必须系好保险带。

（三）提升容器的速度，一般为 0.3～0.5 m/s，最大不得超过 2 m/s。

（四）检修用信号必须安全可靠。

**【解读】**本条是关于检修人员站在罐笼或箕斗顶上工作时的规定。

在罐笼或箕斗顶上检修时装设保险伞和栏杆，主要是为了防止井筒掉物砸伤检修人员和防止检修人员不慎坠入井筒。

检修时身体可能探出栏杆范围，或是多人作业空间有限，仍有坠入井筒的危险，必须系好保险带，才能放心地工作。

井筒中的检修工作需要提升容器经常变更高度，遇有特殊情况或检修完毕需升井时，都必须用信号与提升机司机联系。但如信号失灵，便无法与外界联系，所以为了可靠，还要设移动电话。

**第四百零二条** 罐笼提升的井口和井底车场必须有把钩工。

人员上下井时，必须遵守乘罐制度，听从把钩工指挥。开车信号发出后严禁进出罐笼。

**【解读】** 本条是关于罐笼提升设置把钩工和人员乘罐的规定。

罐笼提升把钩工的职责是配合信号工、提升机司机完成提升人员物料任务的人员。把钩工必须坚守职责，做到不安全不发送信号，保证提升安全。严格遵守操作规程、交接班制度、巡回检查制度、要害场所管理制度等各种规章制度。

罐笼提升的把钩工交接班后，与信号工配合试验信号装置及井口的闭锁装置，经过一次动态检查，确认无误后方可正式运行；检查操作摇台、安全门、阻车器的按钮及转换开关灵活可靠，均处于完好状态。

升降人员前，先放下摇台，打开安全门，打开罐帘门，确认安全无误后，站在离井口 1 ~2 m 处，等待人员入罐；升降人员时，人员入罐要清点乘罐人数，达到规定人数时，关闭（或放下）罐帘门，关闭安全门，升起摇台；向信号工发出开车信号。

提升机运行中，把钩工严禁脱离岗位。密切关注罐笼的运行情况，如运行中发现有钢丝绳松散、提升容器卡住、罐笼到停止位置没有减速或停车等，必须立即给信号工发送停车信号停车，向区队值班人员汇报，待所有问题处理正常后方可重新发送信号。

罐笼到位后，放下摇台，打开安全门，再打开（挂起）罐帘门，确认安全无误后，站在离井口 1 ~2 m 处，等待人员出罐，进出罐完毕后关闭（或放下）罐帘门，关闭安全门，升起摇台。

人员乘罐必须遵守秩序，不能混乱，否则会因乘罐超员拥挤，而发生坠井和挤伤事故。人员乘罐笼应遵守下列要求：

（1）任何人上下罐笼都要听从把钩工的指挥，按顺序上下。

（2）不得在罐笼内拥挤和打闹。

（3）罐笼未停稳以前或未得到把钩工允许的情况下，严禁上下罐笼。

（4）进入罐笼后必须关好罐门、罐帘、人要站稳，两腿稍弯曲，手要握住扶手，不要抬头或把手以及携带的工具伸到罐笼外面。

（5）乘罐笼时，严禁人员往井筒内抛扔物品。

（6）严禁人、物或矿车同乘一层罐笼，在装有爆破材料的罐笼内，除爆破工和护送人员外，其他人员不得同行。

（7）罐笼严禁超员。

**第四百零三条** 每一提升装置，必须装有从井底信号工发给井口信号工和从井口信号工发给司机的信号装置。井口信号装置必须与提升机的控制回路相闭锁，只有在井口信号工发出信号后，提升机才能启动。除常用的信号装置外，还必须有备用信号装置。井底车场与井口之间、井口与司机操控台之间，除有上述信号装置外，还必须装设直通电话。

1 套提升装置服务多个水平时，从各水平发出的信号必须有区别。

**【解读】**本条是关于提升信号装置的规定。

制定本条的目的，是保证提升信号的准确、清晰、无误。

提升信号包括工作、检修、紧急停车等信号。信号装置应兼备声光信号、提升钩数记忆、显示和信号的存储等功能；具备信号发送程序闭锁和与提升机电控回路闭锁功能；在同一大厅（提升机房）安装两台提升机时，两套提升信号音响应有区别。

主井提升信号装置应符合下列规定：工作信号应具有自动发送和手动发送功能；当有溜煤嘴时，应设置溜煤嘴正常位置指示灯及防撞闭锁；当设置自动信号时，信号回路应与装卸载设备联锁；应设置停车及装、卸载指示灯；井底及井口煤仓应设煤位信号，当采用自动信号时，应与提升信号回路联锁；大型箕斗，宜设箕斗卸空信号，并应与提升信号联锁；开车信号应为保留式信号。

副井提升信号装置应符合下列规定：副井双容器提升的工作信号应经井口转发，井底及中间水平应能向提升机司机直发紧急停车信号；开车信号应为保留式信号，并应设置提人、提物及检修指示；井口、井底及中间水平的井口安全门与提升信号应设闭锁装置，只有安全门关闭后方能发出开车信号，并在发出开车信号后，未发出停车信号前，安全门手动方式应不能打开；应设置摇台（锁罐装置）正常位置指示灯及防撞闭锁。

提升信号是信号工向提升机司机发出的开车的命令，也是工作需要的意思表达。井口信号工把收集来的井下信号和自己在井口看到的实际情况进行综合分析，最后做出决策让司机如何开车，随即发出正确决策的开车信号。所以井下信号工只能向井口信号工发出信号，再由井口信号工向提升机司机发出信号。决不允许井下信号工越级将信号直接发往提升机室，除非发送紧急停车信号。司机只有在接到井口信号工发来的信号后才能起动提升机。

立井提升除常用信号装置外，还应设置备用信号装置，备用信号电源应采用专用电源线路，电源要求与常用信号装置相同。备用信号装置是提升信号装置故障时采用的简易打点信号。

有很多情况用信号不能完全表达，井下与井口、井口与提升机房经常需要电话联系，因此应设直通电话。

**第四百零四条** 井底车场的信号必须经由井口信号工转发，不得越过井口信号工直接向提升机司机发送开车信号；但有下列情况之一时，不受此限：

（一）发送紧急停车信号。

（二）箕斗提升。

（三）单容器提升。

（四）井上下信号联锁的自动化提升系统。

**【解读】** 本条是关于不得越级发送提升信号及不受此限的情况的规定。

制定本条的目的，是在保证提升机司机正确开车的前提下，简化信号操作。

（一）发送紧急停车信号，不管在哪个提升水平，不管是井底还是井口，发生紧急情况需立即停车时，必须有直通提升机室的紧急停车信号，以求尽快停车，防止事故扩大。

（二）正常提煤的箕斗，井底装载结束，即可向司机发出开车信号；卸载时间一般都比装载时间短，只要没有满仓、松绳等保护发生作用的信号，即可正常开车。

（三）当单容器提升时，提升容器或在井底或在井口，其他地方没有提升容器，所以可直接向司机发出开车信号。

（四）自动化提升系统的井上下信号可以实现自动闭锁，只要有一处条件不具备，就发不出开车信号。

**第四百零五条** 用多层罐笼升降人员或者物料时，井上、下各层出车平台都必须设有信号工。各信号工发送信号时，必须遵守下列规定：

（一）井下各水平的总信号工收齐该水平各层信号工的信号后，方可向井口总信号工发出信号。

（二）井口总信号工收齐井口各层信号工信号并接到井下水平总信号工信号后，才可向提升机司机发出信号。

信号系统必须设有保证按上述顺序发出信号的闭锁装置。

**【解读】**本条是关于多层罐笼升降人员或物料时发送信号顺序及信号闭锁装置的规定。

制定本条的目的，是保证提升机司机能接收到准确的信号指令。

用多层罐笼升降人员或物料时，各层平台有可能出车也有可能向罐笼内进车，所以进车侧和出车侧都必须设有信号工。进车侧进车完毕，抬起摇台，关闭阻车器后给出车侧发信号；出车侧也出车完毕，抬起摇台，才可以向该水平的总信号工发出信号。井下总信号工收齐井下各水平的信号后，方可向井口总信号工发出信号。井口总信号工收齐井口各层信号和井下总信号工的信号后，才能向提升机司机发出信号。

上述的信号发出顺序，不但信号工必须遵守，信号系统本身必须具备按上述信号发出顺序的自动闭锁功能。

**第四百零六条** 在提升速度大于3 m/s的提升系统内，必须设防撞梁和托罐装置。防撞梁必须能够挡住过卷后上升的容器或者平衡锤，并不得兼作他用；托罐装置必须能够将撞击防撞梁后再下落的容器或者配重托住，并保证其下落的距离不超过0.5 m。

**【解读】**本条是关于防撞梁和托罐装置的设置要求的规定。

制定本条的目的，是防范提升容器过卷事故的危害。

对于跑车或打滑后的提升系统，由于提升容器的强大惯性，楔形罐道和过卷缓冲装置可能挡不住，因此必须设置牢固可靠的防撞梁，以阻止提升容器继续向上运行。

提升容器全速过卷撞击到防撞梁时，提升钢丝绳会全部断裂，这样提升容器将以自由落体的方式坠落，为防止容器坠入井底，扩大事故，必须在正方不超过0.5 m处设有托罐装置将其托住。如果托罐装置距离超过0.5 m，会因容器或重锤冲击力过大而将托罐装置损坏。

目前广泛采用的钢带式过卷缓冲及托罐装置，是采用插爪，将下落的容器或者配重托住，插爪的作用力传递到钢带上，靠钢带变形力阻止容器下落。若钢丝绳未断裂，则可在0.5 m内可靠托住容器，若钢丝绳断裂，则制动距离会较长。

当提升容器全速过卷而过卷缓冲装置未起作用时，提升容器直接撞击到防撞梁而卡住时的冲击力为

$$f_{dk} = mV\omega \tag{3-25}$$

式中 $m$——撞击防撞梁后提升系统的总惯性质量，kg；

$V$——撞击防撞梁时的提升速度，m/s；

$\omega$——撞击防撞梁时提升钢丝绳的振动频率，$s^{-1}$。

由式中可以看出，过卷冲击力的大小与提升速度成正比，与提升系统的总惯性质量成正比，与提升钢丝绳的振动频率成正比。

**第四百零七条** 立井提升装置的过卷和过放应当符合下列要求：

（一）罐笼和箕斗提升，过卷和过放距离不得小于表8所列数值。

表8 立井提升装置的过卷和过放距离

| 提升速度*/($m \cdot s^{-1}$) | ≤3 | 4 | 6 | 8 | ≥10 |
|---|---|---|---|---|---|
| 过卷、过放距离/m | 4.0 | 4.75 | 6.5 | 8.25 | ≥10.0 |

*提升速度为表8中所列速度的中间值时，用插值法计算。

（二）在过卷和过放距离内，应当安设性能可靠的缓冲装置。缓冲装置应当能将全速过卷（过放）的容器或者平衡锤平稳地停住，并保证不再反向下滑或者反弹。

（三）过放距离内不得积水和堆积杂物。

（四）缓冲托罐装置必须每年至少进行1次检查和保养。

**【解读】**本条是关于立井提升装置过卷和过放距离的规定。

制定本条的目的，是保证提升容器在过卷和过放时有合理的安全运行距离，防止事故扩大。

（一）过卷距离是为避免提升容器过卷可能造成的破坏，在确定井架（井塔）高度时留有的安全距离。过放距离是为避免过放时提升容器在井底因碰撞可能造成的破坏，在井底所设的同过卷距离相应的安全距离。

当提升速度大于10 m/s时，若取过卷距离为10 m，则当提升速度大于12 m/s时，过卷制动减速度应大于7.2 $m/s^2$，当提升速度大于15 m/s时，过卷制动减速度应大于11.25 $m/s^2$。但目前的过卷缓冲制动装置的制动距离均小于最小过卷距离，特别是有些矿井既装设过卷缓冲装置，又装设楔形木罐道，这样，实际过卷制动减速度会很大，会严重损坏提升钢丝绳。为此，本次修订中对提升速度大于或等于10 m/s时，适当增大了过卷距离。

1. 过卷距离的量取方法

过卷距离是指提升容器或配重从装卸载时的正常位置起，可以自由上提（不考虑楔形罐道或其他类型的制动缓冲装置）的一段距离，上提的界限为下列之一：

（1）提升容器的顶部与防撞梁相接触。

（2）提升容器的顶部与制动绳或罐道绳的固定横梁相接触。

（3）连接装置的上端（第一道绳卡或反向的绳头）与天轮轮缘相接触。

2. 过放距离的量取方法

过放距离是指在井底装卸载位置以下，与过卷距离相对应，可以容许提升容器自由下行（不考虑楔形罐道或其他类型的制动缓冲装置）的一段距离，下放的界限为下列之一：

（1）提升容器的底部与井底防撞梁相接触。

（2）提升容器的底部与固定制动绳或罐道绳的横梁相接触。

（3）提升容器的底部与尾绳导向装置相接触。

3. 采用插值法计算过卷和过放距离

（1）如果实际运行速度与表 8 中给出的提升速度值相同，可直接选取与提升速度对应的过卷和过放距离数值。

（2）如果实际运行速度在表 8 中给出的提升速度值之间，则可应采用下述差值法计算：

$$S = S_1 + \frac{S_2 - S_1}{V_2 - V_1}(V - V_1) \tag{3-26}$$

式中 $V_1$、$V_2$——表 8 中给出的前后两个提升速度值；

$S_1$、$S_2$——表 8 中分别对应于 $V_1$、$V_2$ 的过卷（过放）距离，m；

$V$——介于 $V_1$ 和 $V_2$ 间的实际运行速度值；

$S$——对应于提升速度 $V$ 时的过卷（过放）距离。

（二）当提升容器过卷而防过卷开关失灵时，提升容器会以较大的速度与防撞梁相撞，将产生剧烈的震动和冲击，会对提升系统造成严重的破坏；如果乘人，将发生重大的人身伤亡事故。因此应当在过卷和过放距离内设置可靠的缓冲装置，将全速过卷（过放）的容器或平衡锤平稳地停住，并保证不再反向下滑或者反弹，以防事故扩大。

缓冲装置的过卷制动减速度数值应保证提升钢丝绳承受的冲击力小于断绳荷载。因此，建议：罐笼提升的过卷减速度不得大于重力加速度，这样过卷时罐笼内的人员或物料就不会浮动；箕斗提升的过卷减速度不得大于 2 倍重力加速度，这样可防止过卷制动时冲击力过大而拉断提升钢丝绳。目前一些矿井同时设置了钢带式过卷缓冲装置和楔形木罐道，这样过卷、过放制动减速度大大超过上述数值，可能会造成事故隐患。

**【案例】** 2007 年 3 月 6 日，安徽淮北矿业集团涡北矿主井，12 t 箕斗以 10 m/s速度过卷；2010 年 10 月 26 日，河北峰峰集团梧桐庄矿主井，25 t 箕斗以 11 m/s 速度过卷；2013 年 3 月 6 日，武钢矿业公司金山店矿主井，32 t 箕斗以 6 m/s速度过卷。由于采用了性能可靠的钢带式过卷缓冲装置，在过卷距离内成功地托住了提升容器，防止了过卷事故的扩大。

（三）过放距离内有积水或堆积杂物，将影响提升系统过放制动安全。

（四）缓冲托罐装置必须安全可靠，过去许多矿井安设的摩擦式过卷（过放）缓冲装置，因为锈蚀等原因影响制动安全，现基本更换为钢带式。对钢带式也应加强检查和保养，确保过卷制动的有效性。所以缓冲托罐装置必须每年至少进行 1 次检查和保养。

## 第三节　钢丝绳和连接装置

**第四百零八条**　各种用途钢丝绳的安全系数，必须符合下列要求：

（一）各种用途钢丝绳悬挂时的安全系数，必须符合表 9 的要求。

（二）在用的缠绕式提升钢丝绳在定期检验时，安全系数小于下列规定值时，应当及时更换：

1. 专为升降人员用的小于 7。
2. 升降人员和物料用的钢丝绳：升降人员时小于 7，升降物料时小于 6。
3. 专为升降物料和悬挂吊盘用的小于 5。

表 9　钢丝绳安全系数最小值

| 用　途　分　类 | | | 安全系数*的最小值 |
|---|---|---|---|
| 单绳缠绕式提升装置 | 专为升降人员 | | 9 |
| | 升降人员和物料 | 升降人员时 | 9 |
| | | 混合提升时** | 9 |
| | | 升降物料时 | 7.5 |
| | 专为升降物料 | | 6.5 |

表9（续）

<table>
<tr><th colspan="3">用　途　分　类</th><th>安全系数*的最小值</th></tr>
<tr><td rowspan="5">摩擦轮式<br>提升装置</td><td colspan="2">专为升降人员</td><td>$9.2-0.0005H$***</td></tr>
<tr><td rowspan="3">升降人员和物料</td><td>升降人员时</td><td>$9.2-0.0005H$</td></tr>
<tr><td>混合提升时</td><td>$9.2-0.0005H$</td></tr>
<tr><td>升降物料时</td><td>$8.2-0.0005H$</td></tr>
<tr><td colspan="2">专为升降物料</td><td>$7.2-0.0005H$</td></tr>
<tr><td rowspan="2">倾斜钢丝绳牵引<br>带式输送机</td><td colspan="2">运人</td><td>$6.5-0.001L$****<br>但不得小于6</td></tr>
<tr><td colspan="2">运物</td><td>$5-0.001L$<br>但不得小于4</td></tr>
<tr><td rowspan="2">倾斜无极绳绞车</td><td colspan="2">运人</td><td>$6.5-0.001L$<br>但不得小于6</td></tr>
<tr><td colspan="2">运物</td><td>$5-0.001L$<br>但不得小于3.5</td></tr>
<tr><td colspan="3">架空乘人装置</td><td>6</td></tr>
<tr><td colspan="3">悬挂安全梯用的钢丝绳</td><td>6</td></tr>
<tr><td colspan="3">罐道绳、防撞绳、起重用的钢丝绳</td><td>6</td></tr>
<tr><td colspan="3">悬挂吊盘、水泵、排水管、抓岩机等用的钢丝绳</td><td>6</td></tr>
<tr><td colspan="3">悬挂风筒、风管、供水管、注浆管、输料管、电缆用的钢丝绳</td><td>5</td></tr>
<tr><td colspan="3">拉紧装置用的钢丝绳</td><td>5</td></tr>
<tr><td colspan="3">防坠器的制动绳和缓冲绳（按动载荷计算）</td><td>3</td></tr>
</table>

* 钢丝绳的安全系数，等于实测的合格钢丝拉断力的总和与其所承受的最大静拉力（包括绳端载荷和钢丝绳自重所引起的静拉力）之比；

** 混合提升指多层罐笼同一次在不同层内提升人员和物料；

*** $H$ 为钢丝绳悬挂长度，m；

**** $L$ 为由驱动轮到尾部绳轮的长度，m。

**【解读】**本条是关于各种用途钢丝绳的安全系数的规定。

制定本条的目的，是保证钢丝绳在承受各种载荷时的提升安全。

1. 钢丝绳安全系数钢丝绳的安全系数，等于实测的合格钢丝拉断力的总和

与其所承受的最大静拉力（包括绳端载荷和钢丝绳自重所引起的静拉力）之比，计算式为

$$n = \frac{Q_q}{F_{max}} \tag{3-27}$$

式中　$n$——钢丝绳的安全系数；

$Q_q$——实测的合格钢丝拉断力的总和，kN；

$F_{max}$——钢丝绳所承受的最大静拉力（包括绳端载荷和钢丝绳自重所引起的静拉力），kN。

为保证矿井提升系统安全可靠地工作，钢丝绳安全系数应满足下列条件：

（1）保证钢丝绳能承受矿井的各种正常载荷，如装载、加减速、紧急制动、扭转、多根钢丝绳张力不平衡等因素产生的拉力载荷。

（2）保证钢丝绳实际拉力必须小于计算疲劳寿命时钢丝屈服应力的极限拉力和报废拉力。

（3）保证钢丝绳在非正常工况的冲击载荷下（全力矩急停、过卷、起动卡罐等）不被破断。

各国矿井提升钢丝绳安全系数对比分析见表3－34（折算到钢丝绳最小破断力计算）。

表3－34　各国钢丝绳安全系数对比分析表

| 国家 | 计算公式 | | 提升高度/m | | | | |
|---|---|---|---|---|---|---|---|
| | | | 500 | 800 | 1000 | 1200 | 1500 |
| 俄罗斯 | 600 m 以内 | 人员 | 8 | | | | |
| | | 物料 | 7 | | | | |
| | 600 m 以上 | 人员 | | 7.24 | 6.63 | 6.11 | 5.47 |
| | | 物料 | | 5.98 | 5.48 | 5.05 | 4.52 |
| 加拿大 | $8-0.00164H$ | | 7.18 | 6.69 | 6.36 | 6.03 | 5.54 |
| 澳大利亚 | $7.5-0.001H$ | | 7.00 | 6.70 | 6.50 | 6.30 | 6.00 |
| 南非 | $m=\frac{25000}{4000+H}$ | | 5.56 | 5.21 | 5.00 | 4.81 | 4.55 |

表3-34（续）

| 国家 | 计算公式 | | 提升高度/m | | | | |
|---|---|---|---|---|---|---|---|
| | | | 500 | 800 | 1000 | 1200 | 1500 |
| 中国(按三角股换算) | $(9.2-0.0005H)/1.177=7.816-0.000425H$ | 人员 | 7.60 | 7.48 | 7.39 | 7.31 | 7.18 |
| | $(8.2-0.0005H)/1.177=6.97-0.000425H$ | 物料 | 6.75 | 6.63 | 6.54 | 6.46 | 6.33 |
| | $(7.2-0.0005H)/1.177=6.117-0.000425H$ | 物料 | 5.90 | 5.78 | 5.69 | 5.61 | 5.48 |
| 中国(按圆股换算) | $(9.2-0.0005H)/1.226=7.5-0.000408H$ | 人员 | 7.30 | 7.18 | 7.10 | 7.01 | 6.89 |
| | $(8.2-0.0005H)/1.226=6.7-0.000408H$ | 物料 | 6.48 | 6.36 | 6.28 | 6.20 | 6.08 |
| | $(7.2-0.0005H)/1.226=5.9-0.000408H$ | 物料 | 5.67 | 5.55 | 5.46 | 5.38 | 5.26 |

从表3-34中可以看出：当提升高度等于1000 m时，除南非外，其余各国的钢丝绳安全系数均大于5；折算到最小钢丝绳拉断力后计算的钢丝绳安全系数，在提升物料时国内与国外的钢丝绳安全系数非常接近，并且比澳大利亚、加拿大和俄罗斯的要略小。这样，按折算到钢丝绳最小破断力计算的钢丝绳安全系数，我国规定的数值并不大。为此，在使用中应加强钢丝绳维护，提高钢丝绳使用寿命。

2. 实测的合格钢丝拉断力的总和是指钢丝绳的所有合格钢丝逐根拉断后的拉断力相加的总和，计算式为

$$Q_q = F_{min} K_h \tag{3-28}$$

式中　$F_{min}$——实测钢丝绳破断拉力，kN。

$K_h$——钢丝破断拉力的总和与实测钢丝绳破断拉力的换算系数。

按GB 8918的规定，虽然新绳制造中主要以整绳破断力为基础，但在矿用钢丝绳的选型、验收、检测中，仍执行MT 716，以合格钢丝破断力的总和为基准，二者间按表3-35给出的数值进行换算。

表3-35 钢丝破断拉力的总和与实测钢丝绳破断拉力的换算系数

<table>
<tr><th rowspan="2">钢丝绳类别</th><th colspan="2">典型结构</th><th colspan="2">换算系数</th></tr>
<tr><th>钢丝绳</th><th>股绳</th><th>绳纤维</th><th>钢芯</th></tr>
<tr><td>6×7</td><td>6×7<br>6×9W</td><td>(1+6)<br>(3+3/3)</td><td>1.134</td><td>1.214</td></tr>
<tr><td>6×19</td><td>6×19S<br>6×19W</td><td>(1+9+9)<br>(1+6+6/6)</td><td>1.214</td><td>1.308</td></tr>
<tr><td rowspan="2">6×37</td><td>6×25Fi<br>6×26WS<br>6×31WS<br>6×29Fi<br>6×36WS<br>6×41WS<br>6×49SWS<br>6×55SWS</td><td>(1+6+6F+12)<br>(1+5+5/5+10)<br>(1+6+6/6+12)<br>(1+7+7F+14)<br>(1+7+7/7+14)<br>(1+8+8/8+16)<br>(1+8+8+8/8+16)<br>(1+9+9+9/9+18)</td><td>1.226</td><td>1.321</td></tr>
<tr><td>6×37S</td><td>(1+6+15+15)</td><td>1.191</td><td>1.283</td></tr>
<tr><td>8×19</td><td>8×19S<br>8×19W</td><td>(1+9+9)<br>(1+6+6/6)</td><td>1.214</td><td>1.360</td></tr>
<tr><td>8×37</td><td>8×25Fi<br>8×26WS<br>8×31WS<br>8×36WS<br>8×41WS<br>8×49SWS<br>8×55SWS</td><td>(1+6+6F+12)<br>(1+5+5/5+10)<br>(1+6+6/6+12)<br>(1+7+7/7+14)<br>(1+8+8/8+16)<br>(1+8+8+8/8+16)<br>(1+9+9+9/9+18)</td><td>1.226</td><td>1.374</td></tr>
<tr><td rowspan="2">18×7<br>18×19</td><td>17×7</td><td>(1+6)</td><td colspan="2">1.250</td></tr>
<tr><td>18×7<br>18×19W<br>18×19S</td><td>(1+6)<br>(1+6+6/6)<br>(1+9+9)</td><td colspan="2">1.283</td></tr>
<tr><td rowspan="2">34×7</td><td>34×7</td><td>(1+6)</td><td colspan="2">1.300</td></tr>
<tr><td>36×7</td><td>(1+6)</td><td colspan="2">1.334</td></tr>
<tr><td>35W×7<br>24W×7</td><td>35W×7<br>24W×7</td><td>(1+6)</td><td colspan="2">1.287</td></tr>
</table>

表3-35（续）

| 钢丝绳类别 | 典型结构 | | 换算系数 | |
|---|---|---|---|---|
| | 钢丝绳 | 股绳 | 绳纤维 | 钢芯 |
| 6V×7 | 6V×18<br>6V×19 | (/3×2+3/+9)<br>(/1×7+3/+9) | 1.156 | 1.191 |
| 6V×19 | 6V×21<br>6V×24 | (FC+9+12)<br>(FC+12+12) | 1.177 | — |
| | 6V×30<br>6V×34 | (6+12+12)<br>(/1×7+3/+12+12) | 1.177 | 1.213 |
| 6V×37 | 6V×37<br>6V×43<br>6V×37S | (/1×7+3/+12+15)<br>(/1×7+3/+15+18)<br>(/1×7+3/+12+15) | | |
| 4V×39 | 4V×39S<br>4V×48S | (FC+9+15+15)<br>(FC+12+18+18) | 1.191 | |
| 6Q×19+6V×21 | 6Q×19+6V×21<br>6Q×33+6V×21 | 外股（5+14）<br>内股（FC+9+12）<br>外股（5+13+15）<br>内股（FC+9+12） | 1.250 | |

**第四百零九条** 各种用途钢丝绳的韧性指标，必须符合表10的要求。

**【解读】**本条是关于各种用途钢丝绳韧性指标的规定。

制定本条的目的，是提高钢丝绳的安全使用寿命。

钢丝绳的韧性指标是指钢丝做反复弯曲和单向扭转的次数。提升钢丝绳在使用过程中不可避免地要进行弯曲和反向弯曲，反向弯曲严重影响钢丝绳使用寿命。提升钢丝绳在绳端载荷和钢丝绳质量作用下会被拉伸，同时并产生扭转。由于钢丝在钢丝绳中所处位置不同，拉伸和扭转时位移的大小也不相等，钢丝绳内的张力就会发生重新分布，最大可差2倍多，造成个别钢丝绳受力过大，严重影响钢丝绳使用寿命。因此，钢丝绳应有合理的韧性指标以适应不同用途。

《煤矿重要用途钢丝绳验收技术条件》MT/T 716规定的提升钢丝绳的反复弯曲次数和扭转次数，其性能指标高于《重要用途钢丝绳》（GB 8918），因此，各类矿井提升钢丝绳的韧性指标应分别按《煤矿重要用途钢丝绳验收技术条件》

表10　不同钢丝绳的韧性指标

| 钢丝绳用途 | 钢丝绳种类 | 钢丝绳韧性指标下限 | | 说　明 |
|---|---|---|---|---|
| | | 新　绳 | 在用绳 | |
| 升降人员或升降人员和物料 | 光面绳 | MT 716 中光面钢丝绳韧性指标 | 新绳韧性指标的 90% | 在用绳按 MT 717 标准（面接触绳除外） |
| | 镀锌绳 | MT 716 中 AB 类镀锌钢丝韧性指标 | 新绳韧性指标的 85% | |
| | 面接触绳 | GB/T 16269 中钢丝韧性指标 | 新绳韧性指标的 90% | |
| 升降物料 | 光面绳 | MT 716 中光面钢丝绳韧性指标 | 新绳韧性指标的 80% | |
| | 镀锌绳 | MT 716 中 A 类镀锌钢丝韧性指标 | 新绳韧性指标的 80% | |
| | 面接触绳 | GB/T 16269 中钢丝韧性指标 | 新绳韧性指标的 80% | |
| 罐道绳 | 密封绳 | 特级 | 普级 | 按 YB/T 5295 标准 |

(MT/T 716)、《煤矿重要用途在用钢丝绳性能测定方法及判定规则》(MT/T 717)、《压实股钢丝绳》(YB/T 5359)（替代 GB/T 16269)、《密封钢丝绳》(YB/T 5295) 进行检验和判定。

**第四百一十条**　新钢丝绳的使用与管理，必须遵守下列规定：

（一）钢丝绳到货后，应当进行性能检验。合格后应当妥善保管备用，防止损坏或者锈蚀。

（二）每根钢丝绳的出厂合格证、验收检验报告等原始资料应当保存完整。

（三）存放时间超过 1 年的钢丝绳，在悬挂前必须再进行性能检测，合格后方可使用。

（四）钢丝绳悬挂前，必须对每根钢丝做拉断、弯曲和扭转 3 种试验，以公称直径为准对试验结果进行计算和判定：

1. 不合格钢丝的断面积与钢丝总断面积之比达到 6%，不得用作升降人员；达到 10%，不得用作升降物料。

2. 钢丝绳的安全系数小于本规程第四百零八条的规定时，该钢丝绳不得使用。

（五）主要提升装置必须有检验合格的备用钢丝绳。

（六）专用于斜井提升物料且直径不大于18 mm的钢丝绳，有产品合格证和检测检验报告等，外观检查无锈蚀和损伤的，可以不进行（一）、（三）所要求的检验。

**【解读】** 本条是关于使用与管理新钢丝绳的规定。

（一）新钢丝绳到货后应根据订货时的协议进行验收，应按MT/T 716标准中规定的检验方法检验，按以下标准执行：

（1）光面和镀锌钢丝绳按MT/T 716。

（2）面接触钢丝绳按GB/T 16269，压实股钢丝绳按YB/T 5359。

（3）罐道绳按YB/T 5295。

检验合格后应当妥善保管备用，防止损坏或者锈蚀。

（二）每根钢丝绳的出厂合格证、验收检验报告、安全标志证书等原始资料应当保存完整，作为钢丝绳安全使用和检测的依据。

（三）如果钢丝绳内部润滑不好，浸油有不到之处，保管1年后可能局部有锈蚀；热处理不好，机械性能可能发生变化；保管和运输途中发生意外情况但没被发现处理，如内部进水表面看不出来等，都会对其安全性能有影响。故保管期超过1年，悬挂前必须进行性能检验，合格后方可使用。

（四）钢丝绳悬挂前，应对每根钢丝做拉断、弯曲和扭转3种试验，以公称直径为准，根据MT/T 716标准对试验结果进行计算和判定。

**【案例】** 1979年9月3日，某矿主井钢丝绳露天存放3年，未作检验，换上后不久就发生断绳，防坠器动作，幸未坠罐。

（五）钢丝绳的报废有正常报废和突发报废两种。由于卡罐、过卷、受突然冲击等引发的钢丝绳突发报废，是无法预料的、随时可能发生的，如无合格的备用钢丝绳，必将造成主要提升装置停运、全矿停产。而钢丝绳是根据用户的要求定制的，厂家不会把各种型号、各种规格和长度的钢丝绳都制造出来等待用户购买，新制造一根钢丝绳需要半月、一个月或更长时间，进口钢丝绳则需半年以上。因此规定，主要提升装置必须有合格的备用钢丝绳。

（六）直径为18 mm及其以下的钢丝绳钢丝直径小，直径小的钢丝的抗弯曲和扭转的性能都大大高于直径大的钢丝，其韧性指标比直径大的钢丝绳优越许多。有厂家合格证书，抗拉强度合格，既不用于立井提升，也不用于提人，表面检查无锈蚀无损伤，新绳到货验收和悬挂前超过1年保管期的钢丝绳，均可不作拉力强度和韧性的检验。

**第四百一十一条** 在用钢丝绳的检验、检查与维护，应当遵守下列规定：

（一）升降人员或者升降人员和物料用的缠绕式提升钢丝绳，自悬挂使用后每6个月进行1次性能检验；悬挂吊盘的钢丝绳，每12个月检验1次。

（二）升降物料用的缠绕式提升钢丝绳，悬挂使用12个月内必须进行第一次性能检验，以后每6个月检验1次。

（三）缠绕式提升钢丝绳的定期检验，可以只做每根钢丝的拉断和弯曲2种试验。试验结果，以公称直径为准进行计算和判定。出现下列情况的钢丝绳，必须停止使用：

1. 不合格钢丝的断面积与钢丝总断面积之比达到25%时；
2. 钢丝绳的安全系数小于本规程第四百零八条规定时。

（四）摩擦式提升钢丝绳、架空乘人装置钢丝绳、平衡钢丝绳以及专用于斜井提升物料且直径不大于18 mm的钢丝绳，不受（一）、（二）限制。

（五）提升钢丝绳必须每天检查1次，平衡钢丝绳、罐道绳、防坠器制动绳（包括缓冲绳）、架空乘人装置钢丝绳、钢丝绳牵引带式输送机钢丝绳和井筒悬吊钢丝绳必须每周至少检查1次。对易损坏和断丝或者锈蚀较多的一段应当停车详细检查。断丝的突出部分应当在检查时剪下。检查结果应当记入钢丝绳检查记录簿。

（六）对使用中的钢丝绳，应当根据井巷条件及锈蚀情况，采取防腐措施。摩擦提升钢丝绳的摩擦传动段应当涂、浸专用的钢丝绳增摩脂。

（七）平衡钢丝绳的长度必须与提升容器过卷高度相适应，防止过卷时损坏平衡钢丝绳。使用圆形平衡钢丝绳时，必须有避免平衡钢丝绳扭结的装置。

（八）严禁平衡钢丝绳浸泡水中。

（九）多绳提升的任意一根钢丝绳的张力与平均张力之差不得超过±10%。

**【解读】**本条是关于检验、检查与维护在用钢丝绳的规定。

（一）因钢丝绳无损检测技术尚处于发展之中，对提升钢丝绳的日常检查方法，普遍是眼看、手摸，这样只能观察到钢丝绳表面的断丝、直径减小、锈蚀等，有时表面有泥还看不清楚。如果内部有断丝、磨损、锈蚀等，同样会降低钢丝绳的安全系数，对安全生产构成威胁，所以必须在使用一段时间后，再作一次检验。因此规定升降人员或者升降人员和物料用的缠绕式提升钢丝绳，自悬挂使用后每6个月进行1次性能检验；悬挂吊盘的钢丝绳，每12个月检验1次。升降物料用的缠绕式提升钢丝绳，悬挂使用12个月内必须进行第一次性能检验，以后每6个月检验1次。

（二）见（一）。

（三）缠绕式提升钢丝绳可以定期剁绳头进行检验，可以方便地进行钢丝绳的钢丝破断拉力检验。通过每根钢丝的拉断和弯曲2种试验结果，可以准确判定钢丝绳的安全系数和韧性指标。但钢丝绳的安全系数应大于第四百零八条的规定数值。

检验方法应按MT/T 716规定的钢丝绳"复验及判定规则"中的拆股钢丝方法检验。

（四）略。

（五）由于运行中的提升钢丝绳所处的位置和环境，每时每刻都在变化，断丝或碰伤等随时都可能发生，并且不容易发现。所以，提升钢丝绳必须每天检查1次，平衡钢丝绳、罐道绳、防坠器制动绳（包括缓冲绳）、架空乘人装置钢丝绳、钢丝绳牵引带式输送机钢丝绳和井筒悬吊钢丝绳必须每周至少检查1次。

在用钢丝绳的检验、检查与维护方法：

（1）对提升钢丝绳的日检和对平衡钢丝绳等的周检，都必须将检查结果记入钢丝绳检查记录簿，并由检查人员签字。记录的内容，应包括断丝、锈蚀、直径缩小、捻距变化和其他损伤等情况。

（2）检查钢丝绳时，应利用提升容器位置指示器或其他标志确定断丝和其他损伤的部位。

（3）对易损坏或腐蚀较重、断丝较多的部位和区段，应停车检查。分析其产生损坏的原因。把断丝的突出部分剪下来，防止钢丝绳在通过天轮、卷筒时损坏衬垫或断头被拉长。保管好断丝头做好记录，为以后分析钢丝绳的质量和使用中出现的问题提供根据。

（4）对使用桃形环的连接装置，每季度应将绳卡子打开进行检查，并将钢丝绳串出0.5 m。

（5）检查钢丝绳时，除了肉眼观察和用手抚摸外，还可采用高准确度的钢丝绳无损检测装置作为辅助检查。

（6）矿机电科长至少每月查阅一次钢丝绳检查记录簿，查阅后签字，并注明查阅日期。

（7）矿机电科每月应根据日检和周检记录，进行一次统计分析，并整理出技术资料。

(8) 钢丝绳检查记录簿由矿机电科永久保存。整理出的技术资料应归档保存待查。

(六) 对使用中的钢丝绳，应当根据井巷条件及锈蚀情况，采取防腐不同的措施。摩擦提升钢丝绳的摩擦传动段应当涂、浸专用的钢丝绳增摩脂或摩擦脂，并保证钢丝绳与衬垫间的摩擦系数要大于0.25，但不经绕摩擦轮的钢丝绳段必须涂防腐油。

(七) 由于平衡绳不提升重物，不受罐道的约束而自由运行，为了防止上、下运行的平衡绳贴近接触而相互摩擦，在平衡绳的最低位置加装隔绳装置，正常运行时其下面不接触平衡绳；当提升容器过卷时，提升钢丝绳的另一端的提升容器又可能卡在楔形罐道或缓冲装置上下不来，则平衡绳的最低折返位置就要上升；如果隔绳装置过低，平衡绳就有被拉坏的可能，所以要求平衡绳的长度必须与提升容器过卷高度相适应，防止过卷时损坏平衡绳。

平衡钢丝绳只起平衡主绳重量的作用，不承担任何载荷，只承受自身重量，国内对其抗拉强度没有规定，俄罗斯规定平衡绳的安全系数为5。国内平衡钢丝绳多采用编制而成的扁钢丝绳，这样运行中的钢丝绳不会旋转。如果采用圆形股捻钢丝绳，运行中的钢丝绳质量会造成钢丝绳旋转，故应采用抗旋转钢丝绳。为了避免平衡钢丝绳扭结，圆股平衡钢丝绳在尾绳与提升容器连接处，应设可自由转动的连接装置，随时将钢丝绳的扭力破掉，防止扭结。

(八) 平衡钢丝绳如果浸泡在水中，就会改变钢丝绳的运动轨迹，造成钢丝绳漂移或碰撞隔绳梁，造成平衡钢丝绳损坏。另外，钢丝绳浸泡水中运行会导致钢丝绳严重腐蚀，缩短平衡钢丝绳使用寿命。因此严禁平衡钢丝绳浸泡水中。

(九) 多绳摩擦轮提升的各条钢丝绳规格、直径、破断力均相同，各条钢丝绳在运行中所承受的张力也应基本平衡，不能有其中某一条绳受力偏大的现象，否则将加快该绳的报废时间，提前更换全部提升钢丝绳，造成很大浪费。因此多绳提升的任意一根钢丝绳的张力与平均张力之差不得超过±10%。目前，虽然采用自动平衡悬挂装置，但若不注意调节油缸位置和衬垫车削，在加减速阶段各条钢丝绳张力差距仍然很大。

**第四百一十二条** 钢丝绳的报废和更换，应当遵守下列规定：

(一) 钢丝绳的报废类型、内容及标准应当符合表11的要求。达到其中一项的，必须报废。

表11　钢丝绳的报废类型、内容及标准

<table>
<tr><th>项目</th><th colspan="2">钢丝绳类别</th><th>报废标准</th><th>说明</th></tr>
<tr><td rowspan="4">使用期限</td><td rowspan="2">摩擦式提升机</td><td>提升钢丝绳</td><td>2年</td><td rowspan="2">如果钢丝绳的断丝、直径缩小和锈蚀程度不超过本表断丝、直径缩小、锈蚀类型的规定，可继续使用1年</td></tr>
<tr><td>平衡钢丝绳</td><td>4年</td></tr>
<tr><td colspan="2">井筒中悬挂水泵、抓岩机的钢丝绳</td><td>1年</td><td rowspan="2">到期后经检查鉴定，锈蚀程度不超过本表锈蚀类型的规定，可以继续使用</td></tr>
<tr><td colspan="2">悬挂风管、输料管、安全梯和电缆的钢丝绳</td><td>2年</td></tr>
<tr><td rowspan="4">断丝</td><td colspan="2">升降人员或者升降人员和物料用钢丝绳</td><td>5%</td><td rowspan="4">各种股捻钢丝绳在1个捻距内断丝断面积与钢丝总断面积之比</td></tr>
<tr><td colspan="2">专为升降物料用的钢丝绳、平衡钢丝绳、防坠器的制动钢丝绳（包括缓冲绳）、兼作运人的钢丝绳牵引带式输送机的钢丝绳和架空乘人装置的钢丝绳</td><td>10%</td></tr>
<tr><td colspan="2">罐道钢丝绳</td><td>15%</td></tr>
<tr><td colspan="2">无极绳运输和专为运物料的钢丝绳牵引带式输送机用的钢丝绳</td><td>25%</td></tr>
<tr><td rowspan="2">直径缩小</td><td colspan="2">提升钢丝绳、架空乘人装置或者制动钢丝绳</td><td>10%</td><td rowspan="2">1. 以钢丝绳公称直径为准计算的直径减小量<br>2. 使用密封式钢丝绳时，外层钢丝厚度磨损量达到50%时，应当更换</td></tr>
<tr><td colspan="2">罐道钢丝绳</td><td>15%</td></tr>
<tr><td>锈蚀</td><td colspan="3">各类钢丝绳</td><td>1. 钢丝出现变黑、锈皮、点蚀麻坑等损伤时，不得再用作升降人员<br>2. 钢丝绳锈蚀严重，或者点蚀麻坑形成沟纹，或者外层钢丝松动时，不论断丝数多少或者绳径是否变化，应当立即更换</td></tr>
</table>

（二）更换摩擦式提升机钢丝绳时，必须同时更换全部钢丝绳。

**【解读】** 本条是关于报废和更换钢丝绳的规定。

（一）由于摩擦式提升机用钢丝绳的使用长度是固定的，短了就无法提升了，不能取样做检验，只能硬性规定使用时间。根据过去的制造水平和维护情况确定使用期为2年。到期后如果钢丝绳的断丝、直径缩小和锈蚀程度不超过表11断丝、直径缩小、锈蚀类型的规定，可继续使用1年，这样提升钢丝绳使用期限最多为3年。

目前，提升钢丝绳的检查主要靠肉眼观察和用手抚摸。随着技术进步、材料和工艺技术提高，应逐步发展、完善钢丝绳无损探伤等新的检测技术并科学确定钢丝绳的报废标准。

（二）对于平衡钢丝绳的使用年限应不超过 4 年，如果钢丝绳的断丝、直径缩小和锈蚀程度不超过《规程》规定，可继续使用，但不得超过 1 年，这样平衡钢丝绳使用期限最多为 5 年。对于扁平衡钢丝绳，在使用年限内、断丝和锈蚀不超过规定，但却发生大量断丝甚至断绳，也应引起足够重视。

（三）根据钢丝绳损伤的性质和特征，可将钢丝绳的损伤分为：局部缺陷型（Localized Faul，LF 损伤）和截面积损耗型（Loss of Metallic Cross - sectional Area LMA 型损伤）。LF 型损伤是指在钢丝绳局部产生的损伤，主要包括内外部断丝、锈蚀、局部变形等，特点是钢丝绳的金属截面积突然减小。LMA 型损伤是指钢丝绳在轴向较长的范围内有效金属截面积的缓慢减少，主要包括磨损、长距离锈蚀、绳径缩细等，特点是钢丝绳的金属截面积在较长范围内普遍减小。使用中的提升钢丝绳一旦发生断绳事故，往往造成人员伤亡和经济损失。

钢丝绳的断丝以每个捻距的断丝截面积与钢丝总截面积之比来判定，当钢丝绳内的钢丝直径都相同时，也可以用断丝的根数与钢丝总根数之比代替截面积比，结果是一样的。每条钢丝绳的总断丝数没有规定，因为每根钢丝超过一个捻距的再次断丝，对钢丝绳的拉力强度只有断 1 丝的影响。因此规定升降人员或者升降人员和物料用钢丝绳 1 个捻距内断丝断面积与钢丝总断面积之比应小于 5%；专为升降物料用的钢丝绳、平衡钢丝绳、防坠器的制动钢丝绳（包括缓冲绳）、兼作运人的钢丝绳牵引带式输送机的钢丝绳和架空乘人装置的钢丝绳 1 个捻距内断丝断面积与钢丝总断面积之比应小于 10%。

（四）钢丝绳直径减小主要是因为磨损和捻距伸长引起的，对于有效断面的抗拉强度影响较小。断丝主要是弯曲和扭转疲劳造成的，同一断面的钢丝所受的弯曲和扭转的次数和强度相差不会太多。已有 10% 断丝，其余钢丝也会受不同程度疲劳的影响，使钢丝绳的抗拉强度受到影响。所以，断丝的 10% 和直径减小的 10%，对钢丝绳的强度影响基本相当。

（五）钢丝绳的锈蚀会使钢丝绳有效断面减小，已经点蚀成沟纹的，使钢丝的有效断面不均匀，在沟纹处断面突然减小，在受弯曲作用时产生应力集中，很快从沟纹处折断。这样的锈蚀不可能只在 1 根钢丝上出现，一定是在一定的面积内影响数根钢丝，必须立即更换。

钢丝绳锈蚀对强度的影响不同于磨损对钢丝绳强度的影响。磨损导致的直径减小可直接测出，多由于表面磨损而形成，钢丝绳内部变化不大，而且磨损较均匀，钢丝的断面逐渐变化。而锈蚀的钢丝绳不光表面能看到锈蚀，内部也会产生锈蚀；当绳芯断裂或干燥无油时，内部失去了润滑和必要的支撑；锈蚀成麻坑或形成沟纹时，钢丝有效断面不是均匀变化。所以，锈蚀对钢丝绳的潜在危害大于磨损导致的直径减小，应予以重视。

（1）钢丝绳的锈蚀等级，可划分为：

Ⅰ级锈蚀——外观检查：钢丝变色，失去光泽，有轻微锈皮或细小的点蚀，抗拉强度损失在10%以下。

Ⅱ级锈蚀——外观检查：钢丝表面锈皮较厚，出现点蚀麻坑，但尚未连成沟纹，抗拉强度损失10%～20%。

Ⅲ级锈蚀——外观检查：钢丝表面有严重的锈蚀裂纹、点蚀麻坑形成沟纹，外层钢丝松动，抗拉强度损失20%以上。

（2）对锈蚀的钢丝绳，应按下列规定处理：

① 对Ⅰ级锈蚀的钢丝绳，必须加强检查，记录锈蚀发展情况，并结合断丝、变细和使用时间等具体情况确定是否更换。

② 升降人员的钢丝绳达到Ⅱ级锈蚀时，必须立即更换。

③ 升降物料的钢丝绳达到Ⅱ级锈蚀并发现断丝时，必须加强检查；如果断丝发展速度较快，应结合锈蚀因素确定是否更换。

④ 升降物料的钢丝绳达到Ⅲ级锈蚀时，必须立即更换。

（3）对新出库的钢丝绳，如发现锈蚀，必须依据锈蚀等级进行检查鉴定，合格后方可使用。

（4）每一矿井应备有根据钢丝绳的锈蚀状态和拉力试验数据而确定锈蚀等级的对照样品。

（六）摩擦式提升机钢丝绳在使用过程中，随着运行时间的延长和提升次数的增加，钢丝绳的性能也将随之发生变化，如直径变小、捻距加长、弹性下降、韧性变差、总体破断拉力下降等。如果换绳时不把全部钢丝绳同时更换，将新绳和旧绳组合在一起使用，虽然受力大小可调整到基本平衡，但由于旧绳的弹性伸长量已大大降低，在负载加大张力增加时，旧绳的受力就会比新绳增加得多，降低了旧绳的安全系数而很快报废。这样既降低了整组钢丝绳的安全性能，又发挥不出旧绳的使用价值。

**第四百一十三条** 钢丝绳在运行中遭受到卡罐、突然停车等猛烈拉力时，必须立即停车检查，发现下列情况之一者，必须将受损段剁掉或者更换全绳：

（一）钢丝绳产生严重扭曲或者变形。

（二）断丝超过本规程第四百一十二条的规定。

（三）直径减小量超过本规程第四百一十二条的规定。

（四）遭受猛烈拉力的一段的长度伸长0.5%以上。

在钢丝绳使用期间，断丝数突然增加或者伸长突然加快，必须立即更换。

**【解读】** 本条是关于钢丝绳受到卡罐、突然停车等猛烈拉力时如何处理的规定。

钢丝绳在运行中受到卡罐、过卷等猛烈拉伸时，钢丝绳承受的冲击力远大于正常载荷的拉力。如果冲击力超过了钢丝绳的许用应力，将会产生直径减小、断丝、突然伸长或扭曲变形等，其强度大大降低，安全系数明显下降，继续使用是很危险的，必须立即停车检查，将受力段剁掉或全部更换。特别是倾角小的斜井提升机，在安全制动紧急停车时，可能造成松绳使钢丝绳产生反向冲击力而损坏。

提升钢丝绳在悬挂后由塑性变形引起的永久伸长，这是正常现象。由钢丝绳质量和绳端载荷引起的扭转力，会使提升钢丝绳不同位置的捻距产生变化，有些矿井不同位置的捻距甚至能相差30%。挂绳后应对提升钢丝绳各处的捻距进行测量记录，绘制对应于提升次数的断丝数和伸长量曲线，并定期进行对比分析。

受损段钢丝绳是指在运行中遭受到卡罐、突然停车等猛烈拉力时承受拉力的一侧钢丝绳或缠绕式提升系统松绳段的钢丝绳。

如果钢丝绳遭受猛烈拉力冲击后与此前的钢丝绳检验记录相比，如受损段钢丝绳的捻距再突然伸长0.5%以上，则认为钢丝绳受到了损伤。通过测量比较钢丝绳遭受猛烈拉力段前后的捻距变化值，可计算出受损段钢丝绳因猛烈拉力造成的长度伸长率。

$$\varepsilon = \left(\frac{l_{n1}}{l_{n0}} - 1\right) \times 100\% \qquad (3-29)$$

式中 $\varepsilon$——受损段钢丝绳因猛烈拉力造成的长度伸长率；

$l_{n1}$——遭受猛烈拉力后受损段钢丝绳的 $n$ 个捻距长度，一般取受损段钢丝绳的50个捻距，mm；

$l_{n0}$——未遭受猛烈拉力前受损段钢丝绳的 $n$ 个捻距长度，mm。

如果伸长率超过0.5%，则必须将受损段剁掉或者更换全绳。提升钢丝绳在正常提升过程中的捻距变化不受此限。

**第四百一十四条** 有接头的钢丝绳，仅限于下列设备中使用：

（一）平巷运输设备。

（二）无极绳绞车。

（三）架空乘人装置。

（四）钢丝绳牵引带式输送机。

钢丝绳接头的插接长度不得小于钢丝绳直径的1000倍。

**【解读】**本条是关于哪些设备可用有接头的钢丝绳以及接头插接长度的规定。

钢丝绳接头的插接长度，是根据插接后的拉断力不低于正常钢丝绳的拉断力，并有一定的安全系数确定的。插接头的强度由插接长度内每根绳股在相邻两股挤压的摩擦力和夹紧力共同形成。插接长度不够钢丝绳直径的1000倍，就会使绳股间的摩擦力不足，使接头的抗拉强度受影响。

**第四百一十五条** 新安装或者大修后的防坠器，必须进行脱钩试验，合格后方可使用。对使用中的立井罐笼防坠器，应当每6个月进行1次不脱钩试验，每年进行1次脱钩试验。对使用中的斜井人车防坠器，应当每班进行1次手动落闸试验、每月进行1次静止松绳落闸试验、每年进行1次重载全速脱钩试验。防坠器的各个连接和传动部分，必须处于灵活状态。

**【解读】**本条是关于对新安装或大修后的防坠器进行脱钩试验的规定。

新安装或大修后的防坠器，没经过实践考验和证明，不能认为是十分可靠的。经过真正的脱钩试验，可以发现存在的问题并及时改进，同时也是对罐道的一次考验。因此，新安装或大修后的防坠器，必须进行脱钩试验。

1. 脱钩试验注意事项

（1）试验过程中，确保罐笼内及罐笼顶部和天轮处无杂物，严防在试验过程中一些物件下坠，砸坏电缆、井筒或砸伤人员等。

（2）参加实验的人员必须戴安全帽，且安全帽必须完好、可靠。

（3）高空作业时必须系安全带，且安全带必须完好、可靠。

（4）试验期间，在井口及井下处设置警戒，并派专人把守，严禁闲杂人员穿行及逗留试验区域。

（5）试验结束后，要及时撤除警戒，并通知相关人员。必须对罐笼、防坠器、导向套的各部位进行一次全面检查，检查内容与试验前检查内容相同。

2. 脱钩试验的要求

(1) 试验工作应在地面井口出车处进行，井口上需架设坚固可靠的钢梁，并在其上铺设枕木。

(2) 检查缓冲器及其底座的安装固定情况。

(3) 缓冲钢丝绳进入缓冲器之前，不得有卡绳现象，不应受到阻碍。

(4) 检查抓捕器在罐笼上安装的正确性，导向套和抓捕器是否同心。

(5) 检查抓捕器的所有零部件是否齐全完整，在各转动滑动的地方是否落有杂物影响动作。

(6) 当罐笼停在下部水平时，检查拉紧装置与罐笼导向套是否同心及制动绳的固定情况及拉紧程度。

(7) 将罐笼停放在上井口罐笼封闭物上，放松提升钢丝绳，在拉簧拉力的作用下抓捕器的楔子紧靠在制动绳上，测量楔子的露出长度和拉簧长度，弹簧的行程不得超过最大行程的2/3，然后拉紧提升绳，提起罐笼，再测量弹簧长度及楔子露出长度。

(8) 检查楔子露出长度是否符合 ±5.0 mm 的要求，弹簧长度是否符合设计中工作拉力的要求。

(9) 检查性试验用空载罐笼或重载罐笼，每罐笼的检查性试验不应少于 3 次，确保各部位机构动作灵活可靠后再作下一步的试验。

(10) 重罐笼停在井口罐座或封闭物上，放松提升钢丝绳，抽出两个叉杆和板之间的销子，这时抓捕器的楔子在弹簧作用下压在制动绳上。将罐笼上提 400 ~ 1000 mm，已被接通的抓捕器在制动绳上滑动，停罐后，在制动绳和缓冲绳上做出标记，再放松提升绳，这时抓捕器沿制动绳下滑一段距离后停住。罐笼沿制动绳下滑的距离不得超过 40 mm，缓冲器绳不得有抽出现象。每台罐笼要用载有矸石矿车的重罐进行 2 次静负荷试验，每次抓捕不应在同一地点。

对于使用中的防坠器，受环境影响产生锈蚀，又经常处于不动作状态，很可能在需要发挥作用时失灵。因此规定，“应当每 6 个月进行 1 次不脱钩试验，每年进行 1 次脱钩试验”才能知道防坠器是否灵活可靠。

**第四百一十六条** 立井和斜井使用的连接装置的性能指标和投用前的试验，必须符合下列要求：

(一) 各类连接装置的安全系数必须符合表 12 的要求。

(二) 各种环链的安全系数，必须以曲梁理论计算的应力为准，并同时符合下列要求：

表12 各类连接装置的安全系数最小值

| 用　　途 | | 安全系数最小值 |
|---|---|---|
| 专门升降人员的提升容器连接装置 | | 13 |
| 升降人员和物料的提升容器连接装置 | 升降人员时 | 13 |
| | 升降物料时 | 10 |
| 专为升降物料的提升容器的连接装置 | | 10 |
| 斜井人车的连接装置 | | 13 |
| 矿车的车梁、碰头和连接插销 | | 6 |
| 无极绳的连接装置 | | 8 |
| 吊桶的连接装置 | | 13 |
| 凿井用吊盘、安全梯、水泵、抓岩机的悬挂装置 | | 10 |
| 凿井用风管、水管、风筒、注浆管的悬挂装置 | | 8 |
| 倾斜井巷中使用的单轨吊车、卡轨车和齿轨车的连接装置 | 运人时 | 13 |
| | 运物时 | 10 |

注：连接装置的安全系数等于主要受力部件的破断力与其所承受的最大静载荷之比。

1. 按材料屈服强度计算的安全系数，不小于2.5；

2. 以模拟使用状态拉断力计算的安全系数，不小于13。

（三）各种连接装置主要受力件的冲击功必须符合下列要求：

1. 常温（15 ℃）下不小于100 J；

2. 低温（－30 ℃）下不小于70 J。

（四）各种保险链以及矿车的连接环、链和插销等，必须符合下列要求：

1. 批量生产的，必须做抽样拉断试验，不符合要求时不得使用；

2. 初次使用前和使用后每隔2年，必须逐个以2倍于其最大静荷重的拉力进行试验，发现裂纹或者永久伸长量超过0.2%时，不得使用。

（五）立井提升容器与提升钢丝绳的连接，应当采用楔形连接装置。每次更换钢丝绳时，必须对连接装置的主要受力部件进行探伤检验，合格后方可继续使用。楔形连接装置的累计使用期限：单绳提升不得超过10年；多绳提升不得超过15年。

（六）倾斜井巷运输时，矿车之间的连接、矿车与钢丝绳之间的连接，必须使用不能自行脱落的连接装置，并加装保险绳。

（七）倾斜井巷运输用的钢丝绳连接装置，在每次换钢丝绳时，必须用2倍于其最大静荷重的拉力进行试验。

（八）倾斜井巷运输用的矿车连接装置，必须至少每年进行1次2倍于其最大静荷重的拉力试验。

**【解读】** 本条是关于连接装置的性能指标和投用前进行试验的规定。

（一）连接装置的安全系数等于主要受力部件的破断力与其所承受的最大静载荷之比。关于罐笼和箕斗的安全系数数值，国内最初是根据开滦钱家营煤矿进口的德国B型悬挂装置时提出的要求，由德国设计人员给出的计算理论（经验公式）。我国后来使用国产化B型、XSZ型、XSZZ型悬挂也是按德国给出的经验公式设计计算的。按这种算法生产的XSZ系列张力自动平衡悬挂装置在全国推广使用了20年，从未发生过一例耳孔断裂失效的安全事故。因此，20年的成功应用实践证明，按照德国经验公式计算与校核的悬挂产品，其安全性和可靠性是完全满足煤矿安全生产的。

在用连接装置遭受猛烈拉力后（如卡罐、快速过卷、容器与防撞梁相撞等），应进行变形和探伤检查，如发现严重异常情况，不得继续使用。

连接装置的投用日期、历次更换日期、累计使用时间、历次探伤和拉力试验结果，都必须记入专用的记录簿。

必须有合格的备品，并妥善保管，严防锈蚀。

（二）曲梁计算理论是一种主要针对桁架、管道结构计算的一种计算方法。在矿井提升设备中，环链的计算校核必须采用曲梁理论。按材料屈服强度计算的安全系数不小于2.5，与以模拟使用状态拉断力计算的安全系数不小于13等同。

（三）略。

（四）略。

（五）楔形连接器是利用具有绳槽的一对楔形夹铁，将钢丝绳夹住，并可在一固定滑道上滑动，钢丝绳所受拉力越大，楔铁越上移，对钢丝绳的夹力越大，就越不容易从楔铁中抽出。

连接器平时磨损较轻，防锈油容易保持，设计和制造的安全系数较大，所以使用时间较长。但在发生卡罐、过卷等猛烈冲击时，连接器和钢丝绳承受着同样的拉力，受力件也有过度疲劳和断裂的可能。在由于受猛烈冲击而损坏或更换钢丝绳时，必须对其受力部件进行探伤检查。

（六）斜井运输矿车掉道是较易发生的，掉道的矿车在枕木上运行，上下颠簸得很严重，而矿车之间和矿车与钢丝绳之间呈现出一松一紧的运行状态，此时连接插销极易自行窜出脱落造成跑车，从而造成事故。所以倾斜井巷运输时，矿车之间的连接、矿车与钢丝绳之间的连接，必须使用带闭锁的、不能自行脱落的插销和三连环连接装置连接，并加装保险绳保险。保险绳的安全系数应不小于2。

矿车的连接装置，可以不逐件编号，但必须有制造厂出厂时间的标记。

（七）略。

（八）略。

## 第四节　提　升　装　置

**第四百一十七条**　提升装置的天轮、卷筒、摩擦轮、导向轮和导向滚等的最小直径与钢丝绳直径之比值，应当符合表13的要求。

表13　提升装置的天轮、卷筒、摩擦轮、导向轮和导向滚等的最小直径与钢丝绳直径之比值

<table>
<tr><th colspan="2">用　途</th><th>最小比值</th><th>说　明</th></tr>
<tr><td rowspan="2">落地式摩擦提升装置的摩擦轮及天轮、围抱角大于180°的塔式摩擦提升装置的摩擦轮</td><td>井上</td><td>90</td><td rowspan="14">在这些提升装置中，如使用密封式提升钢丝绳，应当将各相应的比值增加20%</td></tr>
<tr><td>井下</td><td>80</td></tr>
<tr><td rowspan="2">围抱角为180°的塔式摩擦提升装置的摩擦轮</td><td>井上</td><td>80</td></tr>
<tr><td>井下</td><td>70</td></tr>
<tr><td colspan="2">摩擦提升装置的导向轮</td><td>80</td></tr>
<tr><td colspan="2">地面缠绕式提升装置的卷筒和围抱角大于90°的天轮</td><td>80</td></tr>
<tr><td colspan="2">地面缠绕式提升装置围抱角小于90°的天轮</td><td>60</td></tr>
<tr><td colspan="2">井下缠绕式提升机和凿井提升机的卷筒，井下架空乘人装置的主导轮和尾导轮、围抱角大于90°的天轮</td><td>60</td></tr>
<tr><td colspan="2">井下缠绕式提升机、凿井提升机和井下架空乘人装置围抱角小于90°的天轮</td><td>40</td></tr>
<tr><td rowspan="3">斜井提升的游动天轮</td><td>围抱角大于60°</td><td>60</td></tr>
<tr><td>围抱角在35°～60°</td><td>40</td></tr>
<tr><td>围抱角小于35°</td><td>20</td></tr>
<tr><td colspan="2">矸石山绞车的卷筒和天轮</td><td>50</td></tr>
<tr><td colspan="2">悬挂水泵、吊盘、管子用的卷筒和天轮，凿井时运输物料的提升机卷筒和天轮，倾斜井巷提升机的游动轮，矸石山绞车的压绳轮以及无极绳运输的导向滚等</td><td>20</td></tr>
</table>

**【解读】** 本条是关于提升装置的天轮、卷筒、摩擦轮、导向轮和导向滚等的最小直径与钢丝绳直径之比值的规定。

制定本条的目的，是减小钢丝绳在使用中的弯曲应力，提高钢丝绳的安全性。

钢丝绳在经过天轮、卷筒等设备时会受到弯曲应力的作用，产生类似圆柱体的弯曲变形，外圆钢丝受拉力，内圆钢丝受压力，各钢丝受力情况不同。钢丝绳的弯曲半径越小，内、外圆钢丝的受力差别越大，当弯曲半径小到一定程度，外层钢丝便有被拉断的可能。

钢丝绳经过天轮、卷筒等设备时弯曲变形的过程，是由直到弯又由弯到直的变化过程。由于外圆钢丝运行长度大于内圆钢丝的运行长度，各股和各钢丝之间产生了相对运动。弯曲半径越小，相对运动越明显。钢丝绳内部各钢丝之间在重载挤压下的摩擦过程，对钢丝绳的强度影响也是明显的。因此对钢丝绳运行中的弯曲半径必须加以限制。

有导向轮（或天轮）的提升钢丝绳，经过导向轮时的弯曲方向与摩擦轮相反，称为反向弯曲。反向弯曲使原来受拉的钢丝受压，原来受压的钢丝受拉，使钢丝也承受了反向弯曲，显然对钢丝绳的疲劳损失比单向弯曲大。因此，对有导向轮（或天轮）的钢丝绳的弯曲半径要求比没有导向轮的大，也就是卷筒、天轮等的直径要大。

根据提升机的安装地点（井上和井下、井塔和落地）、使用条件和重要程度，规定不同的天轮、卷筒、摩擦轮和导向轮直径与钢丝绳直径的最小比值。如有导向轮的摩擦提升的直径比值比无导向轮的大。

对于运行次数少和钢丝绳围抱角很小的，由于对钢丝绳的弯曲疲劳影响很小，所以绳轮与钢丝绳直径的比值可以更小，如悬挂水泵、吊盘、管子用的卷筒和天轮，凿井时运输物料的提升机卷筒和天轮，倾斜井巷提升提升机的游动轮，矸石山提升机的压绳轮以及无极绳提升机的导向滚等。

对于调度绞车的卷筒最小直径与钢丝绳直径的比值，可参考式（3－30）计算确定。

$$D/d=40+4V \qquad (3-30)$$

式中 $D/d$——提升机直径与钢丝绳直径之比；

$V$——提升速度，m/s。

**第四百一十八条** 各种提升装置的卷筒上缠绕的钢丝绳层数，必须符合下列要求：

（一）立井中升降人员或者升降人员和物料的不超过1层，专为升降物料的不超过2层。

（二）倾斜井巷中升降人员或者升降人员和物料的不超过2层，升降物料的不超过3层。

（三）建井期间升降人员和物料的不超过2层。

（四）现有生产矿井在用的绞车，如果在滚筒上装设过渡绳楔，滚筒强度满足要求且滚筒边缘高度符合本规程第四百一十九条要求，可按本条（一）、（二）所规定的层数增加1层。

（五）移动式或者辅助性专为升降物料的（包括矸石山和向天桥上提升等），不受本条（一）、（二）、（三）的限制。

**【解读】**本条是关于卷筒上缠绕钢丝绳层数的规定。

当第1层钢丝绳缠绕到卷筒边缘后，开始缠第2层钢丝绳的第1圈时，钢丝绳便跳到第1层钢丝绳两圈之间的间隙槽中，这一跳动引起了钢丝绳的突然抖动，使钢丝绳的张力突然加大。如果是提升或下放人车，乘车人员会有速度突变的感觉，在立井提升中感觉尤为明显，所以立井提人提升机只允许缠绕1层钢丝绳。斜井提人允许缠2层，专供升降物料时可以缠3层。

现有生产矿井的缠绕式提升机，当在卷筒上装设了平行折线绳槽过渡排绳或过渡绳楔而不发生钢丝绳跳动时，允许再多缠1层钢丝绳。

移动式或者辅助性专为升降物料的（包括矸石山、向天桥上提升、检修绞车和调度绞车等），卷筒上的钢丝绳可以多层缠绕，不受本条（一）、（二）、（三）项规定的限制。

**第四百一十九条** 缠绕2层或者2层以上钢丝绳的卷筒，必须符合下列要求：

（一）卷筒边缘高出最外层钢丝绳的高度，至少为钢丝绳直径的2.5倍。

（二）卷筒上必须设有带绳槽的衬垫。

（三）钢丝绳由下层转到上层的临界段（相当于绳圈1/4长的部分）必须经常检查，并每季度将钢丝绳移动1/4绳圈的位置。

对现有不带绳槽衬垫的在用提升机，只要在卷筒板上刻有绳槽或者用1层钢丝绳作底绳，可继续使用。

**【解读】** 本条是关于在卷筒上多层缠绕钢丝绳的规定。

（一）对于卷筒在缠绕钢丝绳越层过渡时出现的抖动现象，如果卷筒边缘高度不够，钢丝绳有跳出卷筒的可能，所以要求卷筒边缘至少高出最外层钢丝绳2.5倍钢丝绳直径的高度。

（二）若利用卷筒上第1层钢丝绳作为底绳代替绳槽，又没有装设平行折线绳槽过渡排绳或过渡绳楔，虽然在缠绕第1层钢丝绳时努力将每圈绳之间靠得很紧，但是在起车加速产生的猛烈钢丝绳拉力作用下,第1层绳仍有被挤压出缝而影响第2层绳的正常排列的可能。卷筒上设带绳槽的衬垫,可避免此种情况出现。

（三）如果钢丝绳在卷筒上缠绕时每次越层过渡的位置不变，钢丝绳会因为在该处多次弯曲和挤压而断丝，因此对该处钢丝绳要经常检查有无断丝和变形。经常窜动越层过渡钢丝绳的位置，可有效地避免该处钢丝绳的断丝和变形。

对不带绳槽衬垫的在用提升机，只要在卷筒上用1层钢丝绳作底绳，可继续使用，但要注意斜井提升机钢丝绳调头后的卷筒排绳问题。如果调头晚了，当原钩头端的钢丝绳直径减小较多时，调头后缠在卷筒上每2圈绳的间距小于新绳较多，会给被调出卷筒外的原来缠在卷筒里直径没减小的钢丝绳在卷筒上的排绳造成困难，所以要掌握好钢丝绳的调头时间。

**第四百二十条** 钢丝绳绳头固定在卷筒上时，应当符合下列要求：

（一）必须有特备的容绳或者卡绳装置，严禁系在卷筒轴上。

（二）绳孔不得有锐利的边缘，钢丝绳的弯曲不得形成锐角。

（三）卷筒上应当缠留3圈绳，以减轻固定处的张力，还必须留有定期检验用绳。

**【解读】** 本条是关于在卷筒上固定钢丝绳绳头的规定。

（一）缠绕式提升机的钢丝绳头应固定在卷筒上的专用卡绳装置上，而不能固定在卷筒轴上。如果钢丝绳固定在卷筒轴上，会给卷筒轴增加弯矩，超出了卷筒轴的使用条件。一旦引起卷筒轴产生弯曲变形，将严重影响提升机的安全运转。另外，钢丝绳固定在卷筒轴上，也会使钢丝绳的弯曲半径过小而损坏钢丝绳。

（二）如果绳孔有锐利的边缘，钢丝绳的弯曲又呈锐角，极易使钢丝绳产生大量断丝，从而发生断绳跑车事故。

（三）提升机在使用中卷筒上钢丝绳最少应缠留3圈，是为了降低了钢丝绳固定处的张力，防止固定的绳头受力过大损坏或脱开。考虑到钢丝绳由下层转到上层的临界段（相当于绳圈1/4长的部分）必须经常检查，并每季度将钢丝绳移动1/4绳圈的位置及预留的不小于30 m钢丝绳用于定期剁绳头来检验钢丝绳，实际在卷筒上缠绕的钢丝绳是大于7圈的。

在换绳时必须按钢丝绳的最大使用年限所需要检验的钢丝绳的总长度，较充分地留足。特别是单卷筒可分离式提升机，受钢丝绳从固定卷筒向活动卷筒过渡缝的限制，每次必须剁掉卷筒上一圈的钢丝绳，并把可能出现的钢丝绳意外伤害的长度适当考虑在内，防止钢丝绳在使用后期，由于没有检验长度而提前报废。

**第四百二十一条** 通过天轮的钢丝绳必须低于天轮的边缘，其高差：提升用天轮不得小于钢丝绳直径的1.5倍，悬吊用天轮不得小于钢丝绳直径的1倍。

天轮和摩擦轮绳槽衬垫磨损达到下列限值，必须更换：

（一）天轮绳槽衬垫磨损达到1根钢丝绳直径的深度，或者沿侧面磨损达到钢丝绳直径的1/2。

（二）摩擦轮绳槽衬垫磨损剩余厚度小于钢丝绳直径，绳槽磨损深度超过70 mm。

**【解读】**本条是关于天轮轮缘的高度、天轮和摩擦轮绳槽衬垫磨损限值的规定。

（一）提升容器在运行中受罐道垂直度、磨损、弯曲等影响，将产生横向抖动，速度越高，抖动越严重。将造成天轮横向和径向的强烈摆动。由于提升钢丝绳质量和载荷的作用，会造成钢丝绳的扭转，如果绳槽不深，钢丝绳就会沿天轮绳槽的斜面滑出绳槽。所以规定，钢丝绳在天轮绳槽内，轮缘到钢丝绳的外径上表面的垂直距离不得小于钢丝绳直径的1.5倍，但进口提升机天轮往往不满足此要求。

（二）由于钢丝绳的扭转力，使摩擦轮和天轮衬垫的磨损向一侧偏斜，当绳槽磨损较大，偏斜较多时，就改变了钢丝绳和天轮的运行中心，使天轮承受钢丝绳的压力偏向一侧，天轮两侧的辐条受力失去平衡，增加了天轮运行的轴向摆动。因此，规定了摩擦轮和天轮的磨损限值。

**第四百二十二条** 矿井提升系统的加（减）速度和提升速度必须符合表14的要求。

表14　矿井提升系统的加（减）速度和提升速度值

| 项　目 | 立井提升 | | 斜井提升 | |
|---|---|---|---|---|
| | 升降人员 | 升降物料 | 串车提升 | 箕斗提升 |
| 加（减）速度/（$m \cdot s^{-2}$） | ≤0.75 | | ≤0.5 | |
| 提升速度/（$m \cdot s^{-1}$） | $v \leqslant 0.5\sqrt{H}$，且不超过12 | $v \leqslant 0.6\sqrt{H}$ | ≤5 | ≤7，当铺设固定道床且钢轨≥38 kg/m时，≤9 |

注：$v$—最大提升速度，m/s；$H$—提升高度，m。

**【解读】** 本条是关于矿井提升系统加（减）速度和提升速度的规定。

（1）限制提升机加（减）速度，可以减小钢丝绳动张力，降低提升系统的动力冲击，防止摩擦轮提升机打滑，保证提升机安全运行。

乘罐人员在提升机加速和减速运行时，都会有失重感觉，加（减）速度变化率越大，失重感觉越严重，使乘罐人员有恐惧感，对于有心脏病和高血压的人，身体容易出现问题。如果能够限制加速度变化率，就可以限制提升机加速和减速时钢丝绳的弹性振动和提升容器的弹性振荡，提高钢丝绳的使用寿命，提高人员乘坐罐笼的舒适度和罐笼的平层准确度。本条规定了加速度和减速度数值，但在实际运行中，仅限制加速度数值，达不到上述目的，应限制提升机的加速度变化率。

建议提升机控制曲线采用梯形加速度曲线，《煤矿提升系统工程设计规范》（GB/T 51065）规定了提升机加（减）速度变化率的取值为0.3～0.5 $m/s^3$。

如图3－61所示，在起动加速或制动减速的加（减）速时间 $t_1 = T_1$（基波振动周期）时，系统的弹性振动消失了，这样不仅能大大降低提升钢丝绳的动张力、提高下井人员的乘坐舒适度、保证提升容器准确停车，而且可以在提升机加、减速阶段减小有功冲击和无功冲击，改善电网的供电质量，降低电动机的温升。这个特性也可在带式输送机和电梯中使用。

（2）斜井串车提升，当轨道有不平或不直时，矿车会产生剧烈的颠簸和震动，速度越高，颠簸、震动越严重。所以限定斜井串车提升时，不管是提人还是提物，速度都不得超过5 m/s。

斜井箕斗提升，由于不乘人，物料也不会从箕斗中散落，故最大速度不超过7 m/s。由于考虑到震动和颠簸，速度不能再大了。如果铺设固定道床，采用

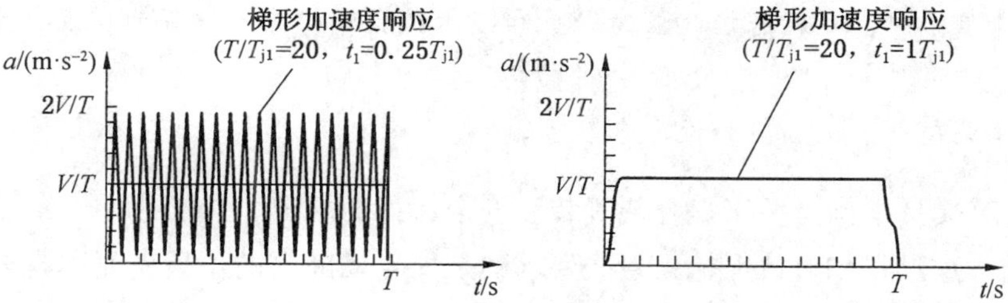


图 3-61　限制振动的减速度控制曲线图

大于或等于 38 kg/m 钢轨时，由于大大减轻了震动和颠簸，最大速度可提高到 9 m/s。

**第四百二十三条**　提升装置必须按下列要求装设安全保护：

（一）过卷和过放保护：当提升容器超过正常终端停止位置或者出车平台 0.5 m 时，必须能自动断电，且使制动器实施安全制动。

（二）超速保护：当提升速度超过最大速度 15% 时，必须能自动断电，且使制动器实施安全制动。

（三）过负荷和欠电压保护。

（四）限速保护：提升速度超过 3 m/s 的提升机应当装设限速保护，以保证提升容器或者平衡锤到达终端位置时的速度不超过 2 m/s。当减速段速度超过设定值的 10% 时，必须能自动断电，且使制动器实施安全制动。

（五）提升容器位置指示保护：当位置指示失效时，能自动断电，且使制动器实施安全制动。

（六）闸瓦间隙保护：当闸瓦间隙超过规定值时，能报警并闭锁下次开车。

（七）松绳保护：缠绕式提升机应当设置松绳保护装置并接入安全回路或者报警回路。箕斗提升时，松绳保护装置动作后，严禁受煤仓放煤。

（八）仓位超限保护：箕斗提升的井口煤仓仓位超限时，能报警并闭锁开车。

（九）减速功能保护：当提升容器或者平衡锤到达设计减速点时，能示警并开始减速。

（十）错向运行保护：当发生错向时，能自动断电，且使制动器实施安全制动。

过卷保护、超速保护、限速保护和减速功能保护应当设置为相互独立的双线型式。

缠绕式提升机应当加设定车装置。

**【解读】**本条是关于提升装置装设安全保护的规定。

（一）过卷和过放保护：条文要求的是能自动断电的位置，而不是开始触碰过卷开关，否则将使自动断电的距离加大，从而加大了制动器发生作用时的提升容器的运行速度，影响制动效果。

（二）超速保护：目前提升机速度控制均采用包络线控制，精度控制在 10% 以内，按 15% 的超速保护一般都能实现。

（三）过负荷保护：一种是瞬间出现的严重过负荷，电流可达正常电流的数倍，可能是由于卡罐等突发情况所致，必须立即停车紧急施闸；另一种是过负荷造成的电流超过正常值的幅度不太大，但持续的时间较长，会使电机过热，加快绝缘老化，影响电机寿命。所以必须进行过负荷保护。

欠电压保护：电机在欠电压下运行，会降低电机的有效功率，会使电机过热或启动不了，所以必须进行欠电压保护。

（四）限速保护：关键是在减速阶段能使提升速度降下来，并将提升终了速度控制在 2 m/s 以内，这样就可以防止高速过卷事故。

一般情况下在减速点附近应设减速点开关或同步开关，在减速终了应设同步开关。当减速段速度超过设定值的 10% 时，就说明减速失效，必须采取措施，应能自动断电且使制动器实施安全制动。

当斜井提升提升机未能及时减速，全速运行冲出井口进入栈桥或上部车场时发生了安全制动，由于栈桥或上部车场坡度变小，矿车自然减速度变小，运行距离加大，钢丝绳的松绳长度加长，此时矿车到卷筒之间的距离又最短，矿车反向冲击最容易断绳，所以在减速点设限速保护开关很重要。如老旧设备设限速保护确实有困难，至少也要设减速点示警信号。

（五）提升容器位置指示保护：提升容器位置指示器失效时，由于失去了位置指示作用，如果提升机不能按速度设定值运行，就容易造成过卷事故。因此必须能自动断电，且使制动器实施安全制动。

机械式位置指示器，因离合器没合到位、定位销失效、断轴等失去位置指示作用时，也必须能自动断电，且使制动器实施安全制动。

（六）闸瓦间隙保护：当盘形闸打开后闸瓦与制动盘间隙超过 2 mm 后，会造成制动力矩下降，可能造成安全事故。因此，当间隙超过 2 mm 后应能报警并闭锁下次开车。

（七）松绳保护：缠绕式提升系统发生钢丝绳松弛时的保护措施。

在井筒内松绳时，应将松绳保护信号接入提升机电控系统的报警回路和安全回路；在斜井上部车场内松绳时，应将松绳保护信号接入提升机电控系统的报警回路。

由于立井卸载煤仓满时，有时会使卸载箕斗卡住，箕斗下放产生松绳。此时，松绳保护装置动作并报警。如果此时受煤仓放煤，煤位下降，托不住箕斗，会产生坠斗断绳事故。因此，此时严禁受煤仓放煤。

**【案例】** 2012 年 3 月 15 日，某矿副立井提升机，提升高度 270 m，采用 3 m 双卷筒缠绕式提升机，罐笼质量 4438 kg，每次提升 21 人，提升钢丝绳直径 34 mm，截面积 475 $mm^2$，单位质量 4.68 kg/m，弹性模数 1.1 × 106 $N/mm^2$，破断拉力 848 kN。在下放人员时摇台未抬起，摇台摇尖卡住而下放罐笼，松绳保护失效，松绳长度达 65.91 m 时，摇尖劈开，罐笼坠落，而同时罐笼防坠器失效，导致罐笼坠落到井底，罐内所乘 13 人全部死亡。

（八）仓位超限保护：提升箕斗的卸载煤仓满仓时，箕斗里的煤由于煤仓中煤位的上升而无法卸净，使箕斗里的煤和煤仓里的煤堆连在一起。如果没有仓位超限保护装置，提升机司机不知道已经满仓，超过正常卸载时间后，司机认为箕斗已经卸完煤，便开车下放。由于箕斗中的煤和煤仓里的煤堆连在一起，对底卸式箕斗扇形门的关闭形成很大阻力。如果提升机已经开始下放，必然造成松绳，此时煤仓下部正在放煤，很快使煤位下降，箕斗下滑失去阻力，立即快速下冲，使已放松的钢丝绳在巨大冲击力作用下发生断绳而坠斗。由此而发生松绳、冲击断绳坠斗的事故曾发生过多次。因此当箕斗提升的井口煤仓仓位超限时，能自动发出报警信号并闭锁开车，使提升机不能提升。

（九）减速功能保护：当提升容器或者平衡锤到达设计减速点时，应设置减速点开关或同步开关，能示警并开始减速。

（十）错向运行保护：与设定的运动方向发生了反方向运动时的保护措施。

当提升机运行方向发生反向时，当反向运动距离达到 0.3 m 时，能自动断电，且使制动器实施安全制动。否则，由于提升容器自由落体速度过快、冲击力过大，会导致钢丝绳断裂从而发生坠罐事故。

**【案例】** 某矿主井塔式摩擦轮提升系统，发生了错向事故。由于错向保护的整定时间较长，在箕斗高速坠落过程中才发出制动信号，制动盘高温失效，造成了严重的坠箕斗事故。

过卷保护、超速保护、限速保护和减速功能保护直接关系到提升过程中的人员生命安全和提升安全，因此除软件保护系统外，应设置为相互独立的双线型式。

相互独立的双线型式就是这些保护都是按两条回路进行设计的，每条回路互不影响，又互为备用，这就是双线制。其中一路是提升机控制系统安全回路的防止过卷保护、超速保护、限速保护和减速功能保护，另一路是监控系统（或后备保护）上的防止过卷保护、超速保护、限速保护和减速功能保护。他们是相互独立的，发生故障时能够及时准确的安全制动。

为保证提升安全，根据相关标准的规定，提升装置的电气传动系统还应满足下列要求：主接线方式应具有四象限运行功能；设有行程控制器和行程显示器，根据提升速度图准确实现提升速度和位置的设定和调节；设有完善的保护和闭锁；超速、井筒终端减速区限速保护、过卷和过放等重要保护装置应各自按冗余原则设置；具有故障显示、诊断功能；具有功能完善的闸控系统和安全电路。提升装置的电控系统应具有下列保护和联锁：变流器和电动机主回路短路、失压、过负荷、接地等故障保护；控制装置故障保护；等速及减速段超速保护；过卷、过放保护；测位、测速回路故障保护；制动系统故障保护；润滑系统故障保护；错向操作保护；缠绕式提升机松绳故障保护；多绳摩擦式提升机滑绳保护；提升机尾绳故障保护；机械制动转矩与主电机转矩的闭锁；箕斗卸载站受矿仓满仓闭锁；主令控制手柄不在零位或工作制动手柄不在全抱闸位置，不允许解除紧急制动闭锁；未接到提升机开车信号，不能起动提升机的闭锁。

为了在检修制动系统时，将提升机卷筒固定住，不因制动失效而发生坠斗、坠罐和跑车事故，立井、斜井缠绕式提升提升机应当加设定车装置。

**第四百二十四条** 提升机必须装设可靠的提升容器位置指示器、减速声光示警装置，必须设置机械制动和电气制动装置。

严禁司机擅自离开工作岗位。

**【解读】**本条是关于提升机必须设置提升容器位置指示器、减速声光示警装置、制动装置及司机工作要求的规定。

提升容器位置指示器是指示提升容器位置的，如果没有位置指示器就不知道提升容器所在位置，无法开车。减速声光示警装置是显示和发出故障警报的，必须安设。

提升机制动装置是提升系统安全运转的最重要组成部分，必须十分可靠。目前，国内外矿井提升机都能实现自动或半自动运行，在停车阶段先进行电气制动，当速度为零或接近零时再进行机械制动，可减少制动冲击和闸瓦磨损，防止跑车事故，确保提升系统的停车安全。因此，规定了提升机必须设置机械制动和电气制动装置。

**第四百二十五条** 机械制动装置应当采用弹簧式，能实现工作制动和安全制动。

工作制动必须采用可调节的机械制动装置。

安全制动必须有并联冗余的回油通道。

双滚筒提升机每个滚筒的制动装置必须能够独立控制，并具有调绳功能。

**【解读】** 本条是关于提升机机械制动装置的通用要求的规定。

（1）弹簧式的制动装置是由弹簧的弹力发生作用的，不用外力驱动，不受外界条件影响，动作可靠，能在事故状态下自动泄油，靠弹簧力制动，有利于提高提升机制动的安全可靠性。

（2）工作制动是每次提升都要进行的操作，闸瓦磨损较快，为了防止因闸瓦间隙增大而使制动力矩下降，制动装置必须是随时可以调整的机械制动装置。

近年来国内发生了多起停车跑车和过卷提升事故，许多是由制动系统失灵造成的。为了防止制动装置不回油造成的跑车事故，建议工作制动装置应设置压力监视、电气制动闭锁及冗余的快速回油通道。

（3）安全制动是在发生意外、紧急情况下制动的，必须是安全、可靠和自动的。为提高提升系统安全、可靠性，安全制动必须有并联冗余的回油通道。

并联冗余的回油通道：一是液压站内的回油通道必须冗余；二是两台液压站同时工作，或采用多通道液压站时，从制动器、回油管路及液压站内回油路等均为冗余。现场满足上述任一条即可。

**【案例】** 某矿落地式主井提升，在重载调试阶段，当提升终了电动机断电后，因液压站不回油，导致制动装置失效，从而造成跑车事故。电气系统在事故时切断了主供电回路，而没有切除励磁回路，箕斗坠落过程中产生的电能烧毁了主电动机。结果重箕斗坠落井底，砸坏了井下系统，空箕斗冲天，撞飞了防撞梁，撞坏了上、下天轮，使提升系统遭受严重损坏，给矿井生产造成了重大损失。

（4）双卷筒提升机有固定卷筒、游动卷筒及调绳离合器。每个卷筒都有自己的制动闸瓦，在调绳或需要一个卷筒运行时，另一个卷筒必须可靠地制动，不能2套闸瓦同时动作，每个卷筒的制动装置必须能够独立控制。

当提升机运行一段时间后，钢丝绳长度会伸长，导致一侧提升容器在井口时，而另一侧提升容器在井底的停车位置比原位置靠下，此时需要打开调绳离合器调绳。调绳离合器的作用是使游动卷筒与主轴连接或脱开，以便需要调节绳长或更换提升水平时，2个卷筒可以有相对运动。

双卷筒提升机的调绳操作规程：

（1）调绳前，必须将提升机两侧的提升容器卸空，并将活卷筒侧容器放到井底。

（2）调绳时，必须先将活卷筒固定好（锁牢），经松闸试验锁牢后方可打开离合器进行调绳，待位置准确后再合上离合器。

（3）在合离合器前应进行对齿，离合器啮合要准确，不准过紧，如退不出或合不进时，可以送电，使死卷筒少许转动后再退（合），不得硬打以防损坏离合器。

（4）调绳期间，严禁单钩提升或下放。

（5）调绳结束后，检查离合器各部位是否紧固，无松动现象，确认无误后进行空载运行，确认调绳位置正确，方可正常提升。

**第四百二十六条** 提升机机械制动装置的性能，必须符合下列要求：

（一）制动闸空动时间：盘式制动装置不得超过0.3 s，径向制动装置不得超过0.5 s。

（二）盘形闸的闸瓦与闸盘之间的间隙不得超过2 mm。

（三）制动力矩倍数必须符合下列要求：

1. 制动装置产生的制动力矩与实际提升最大载荷旋转力矩之比$K$值不得小于3。

2. 对质量模数较小的提升机，上提重载保险闸的制动减速度超过本规程规定值时，$K$值可以适当降低，但不得小于2。

3. 在调整双滚筒提升机滚筒旋转的相对位置时，制动装置在各滚筒闸轮上所产生的力矩，不得小于该滚筒所悬重量（钢丝绳重量与提升容器重量之和）

形成的旋转力矩的1.2倍。

4. 计算制动力矩时，闸轮和闸瓦的摩擦系数应当根据实测确定，一般采用0.30～0.35。

**【解读】**本条是关于提升机机械制动装置的性能的规定。

（一）为了使事故的影响控制在最小，制动闸的空动时间越短越好。由于各种方式的保险制动所能达到的最快速度和闸瓦间隙不同，空动时间也不同，当达不到规定的空动时间时，必须查找原因，及时处理。

同时由于制动过程中，回油管泄油速度很快，在闸瓦贴闸盘后瞬间力矩达到最大值，使提升系统产生剧烈的冲击振动，会严重损伤提升钢丝绳等提升装备。根据理论研究和国外制动技术经验，建议对闸瓦贴闸盘后的制动力矩建立时间进行适当控制，以减小安全制动过程中对提升系统的动力冲击及限制摩擦轮提升系统的钢丝绳滑动。

（二）为了保证提升机的制动力矩，防止制动力矩下降，盘形闸的闸瓦与闸盘之间的间隙不得超过2 mm。

（三）制动器的作用是在需要时，能可靠地使提升系统停止运行。要使提升系统可靠地停止运行，每个制动器的制动力矩只比最大载荷所产生的旋转力矩大是不够的，还必须克服系统的转动惯量才能停住车。为了保证制动安全，并使制动装置产生的制动力矩与实际提升最大载荷旋转力矩的比值 $K$ 有一定的储备量，$K$ 值不得小于3。

对于斜井提升系统，如果系统总变位质量较小，提升重载安全制动时制动减速度常常大于提升容器的自然减速度，这样会导致松绳，提升容器在松绳后反向冲击，极易造成断绳跑车事故。因为上提重物停车时，钢丝绳承受的最小冲击张力是最大静张力的2倍，确定 $K \geqslant 2$，则会保证可靠停车。若 $K < 2$ 时，则有安全隐患。另外提升机制动力矩倍数也是为了与提升机电动机的过载能力（1.8～2）相适应。且当箕斗重复装载或过载时，也会因制动力矩过小而造成坠箕斗、跑车事故。

双卷筒提升机车，每个卷筒各有一套制动装置，正常提升时，离合器将两个卷筒连在一起共同运转，两套制动装置共同作用。因是双钩，若无尾绳提升时，最大静张力差是一侧的钢丝绳、提升容器及其载荷的重力之和，制动器的制动力应不小于最大静张力差的3倍，每个卷筒制动装置的变位制动力不低于一半。而在调绳检修时，要把离合器打开，每套制动装置分别对所负担的卷筒制动，负担的最大静张力是钢丝绳、提升容器及其载荷的重力之和，这里的载荷增加了提升容器产生的重力。

在调整双卷筒提升机卷筒旋转的相对位置时，制动装置在各卷筒闸轮上所产生的力矩，不得小于该卷筒所悬重量（钢丝绳重量与提升容器重量之和）形成的旋转力矩的1.2倍。显然，要求的这个制动力大于两套制动装置全部变位制动力的一半。

双钩等重平衡绳提升系统，正常提升时两套制动装置的全部变位制动力不低于一次提升载重的3倍，每套制动装置担负一半制动力，便会低于提升一侧的钢丝绳和提升容器重量之和的1.2倍。这项规定更为重要，否则只满足最大静张力差3倍的一半，调绳时会因制动力不够而坠斗、坠罐。

由于闸轮和闸瓦的实际摩擦系数与接触面积、表面状态、闸瓦材质等参数有关，设计值一般按0.35，实测值有的会更大，计算制动力矩时，闸轮和闸瓦的摩擦系数应当根据实测确定，否则，会造成制动力矩过大或过小，影响提升安全。

**第四百二十七条** 各类提升机的制动装置发生作用时，提升系统的安全制动减速度，必须符合下列要求：

（一）提升系统的安全制动减速度必须符合表15的要求。

表15 提升系统安全制动减速度规定值

| 减速度 | $\theta \leqslant 30°$ | $\theta > 30°$ |
|---|---|---|
| 提升减速度/($m \cdot s^{-2}$) | $\leqslant A_c^*$ | $\leqslant 5$ |
| 下放减速度/($m \cdot s^{-2}$) | $\geqslant 0.75$ | $\geqslant 1.5$ |

$* A_c = g\ (\sin\theta + f\cos\theta)$

式中 $A_c$—自然减速度，$m/s^2$；

$g$—重力加速度，$m/s^2$；

$\theta$—井巷倾角，（°）；

$f$—绳端载荷的运行阻力系数，一般取0.010～0.015。

（二）摩擦式提升机安全制动时，除必须符合表15的要求外，还必须符合下列防滑要求：

1. 在各种载荷（满载或者空载）和提升状态（上提或者下放重物）下，制动装置所产生的制动减速度计算值不得超过滑动极限。钢丝绳与摩擦轮衬垫间摩擦系数的取值不得大于0.25。由钢丝绳自重所引起的不平衡重必须计入。

2. 在各种载荷和提升状态下，制动装置发生作用时，钢丝绳都不出现滑动。

计算或者验算时，以本条第（二）款第1项为准；在用设备，以本条第（二）款第2项为准。

**【解读】** 本条是关于提升系统的安全制动减速度和防滑要求的规定。

（一）上提重物的安全制动，在考虑振动冲击的条件下，要保证提升容器的制动减速度不大于提升容器的自然减速度，即保证不松绳；下放重物的安全制动减速度，倾角小于或等于30°的斜井提升系统应大于0.75 m/s²，在倾角大于30°的斜井和立井提升系统应大于1.5 m/s²。

对于采用恒力矩制动装置的斜井单卷筒提升系统，在上提重物安全制动满足不松绳的条件下，下放重物的制动减速度有可能小于减速度下限0.75 m/s²，这种情况下应采用恒减速制动系统或可变力矩制动系统。

**【案例】** 某矿井口轨面标高988.5 m，井底轨面标高560.033 m，提升高度428.467 m，井筒斜长1316.06 m，井筒倾角19°。采用1.5 t矿车：质量980 kg，载荷2700 kg，每次提升矿车数4辆。5 t平板车（材料车）：质量910(940)kg，载荷5000 kg，每次提升平板车2辆。33 t平板车：质量5490 kg，载荷33000 kg，每次提升平板车1辆。设计选用JK－3.5/28E提升机，配恒减速液压站Z500－4A高速直流电动机，额定速度2.2 m/s，弱磁调速到4.5 m/s运行。自然减速度为3.333 m/s²。

按提升重载计算的最大制动力矩为270.5 kN·m，按下放重载制动减速度0.75 m/s²计算的最小制动力矩为300 kN·m。显然，最大制动力矩小于《规程》要求的最小制动力矩。若满足下放重载制动减速度的要求，则在上提重载紧急制动时必然出现松绳事故；若满足上提重载自然减速度的要求，则在下放重载时紧急制动时制动减速度小于0.75 m/s²，产生了矛盾，无法同时满足规定的要求。因此，设计中采用了恒减速制动系统来解决此类问题。

针对此类问题，现场中也有因此可变制动力矩的，也就是提升重载采用较小的制动力矩，下放重载采用较大的制动力矩，但必须要求制动系统、控制系统与提升载荷的运行方向相匹配，否则，极易出现安全事故。

（二）由于钢丝绳与衬垫都是弹性体，弹性体之间的摩擦系数变化规律与刚性体不同。摩擦轮提升机钢丝绳与摩擦轮衬垫间的摩擦系数由黏附项摩擦系数和变形项摩擦系数两部分组成，黏附项摩擦系数与绳衬比压成反比；变形项摩擦系数与绳衬比压成正比，与滑动速度成正比。

在实际提升过程中，摩擦系数值与界面接触状况、绳衬比压、滑动速度、接触界面的温度、界面间的复合弹性模数等因素有关。在不同的接触状况下，黏附项和变形项所占比重不同。一般情况下，钢丝绳与绳衬间的摩擦阻力以黏附摩擦为主。因为实际提升过程中，钢丝绳难免带油或带水，油或水能有效地抑制变形项摩擦阻力。即摩擦系数随绳衬比压的增加而降低。但对干燥表面，由于绳表面的宏观微凸体引起的变形项摩擦阻力所占比重较大。当蠕动速度增加时，摩擦系数值增加。摩擦衬垫的失效形式主要是高温熔化，因此，要求摩擦衬垫要耐高温、耐磨、耐压，黏附性强，有适当的弹性和硬度，能适应钢丝绳在弯曲过程中的椭圆化变形。

目前，国内许多衬垫的摩擦系数都大于0.3，在计算中一般取摩擦系数的值为0.25，上提或下放重物的安全制动减速度不能超过按刚体动力学计算的滑动极限减速度。考虑到钢丝绳的弹性动张力，在满足上述不打滑条件下，安全制动过程中都伴有微小滑动，国外一般对极限减速度都考虑0.82～0.9的防滑储备系数。

在实际应用中摩擦轮提升系统时常伴随着微小滑动（蠕动），摩擦轮提升每钩都要进行调零操作，钢丝绳与衬垫间的微小滑动，不会导致摩擦衬垫融化失效，一般不会出现危险滑动。为保证提升系统的防滑安全，应采用高摩擦系数、耐压、耐热、耐磨性能好的摩擦衬垫。

1. 摩擦轮提升的驱动力计算

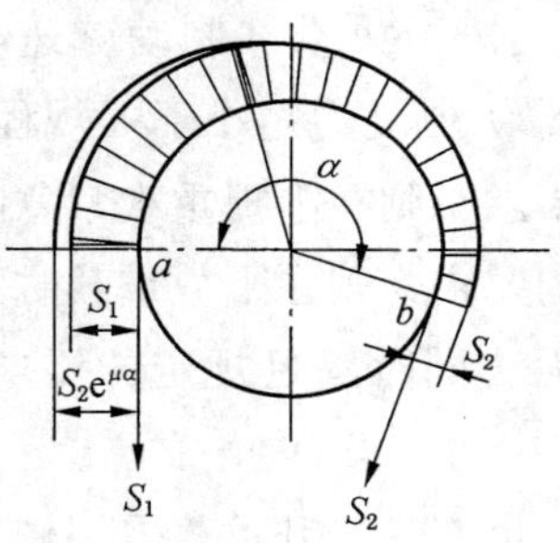


图3－62　摩擦式提升机的工作原理图

摩擦式提升机是靠钢丝绳与摩擦轮衬垫间的摩擦力克服作用于摩擦轮两边钢丝绳的张力差而传递摩擦轮作用力（驱动力或制动力）的。钢丝绳与绳衬间的摩擦力分布符合欧拉公式（图3－62）。即

$$S_1 \leqslant S_2 e^{\mu\alpha} \tag{3-31}$$

式中　$S_1$——摩擦轮两侧瞬时最大张力，N；

$S_2$——摩擦轮两侧瞬时最小张力，N；

$\mu$——衬垫的摩擦系数；

$\alpha$——钢丝绳在摩擦轮上的围抱角，（°）。

2. 极限减速度计算

摩擦轮提升机在提升和下放重载紧急制动时的滑动方向如图3－63所示。

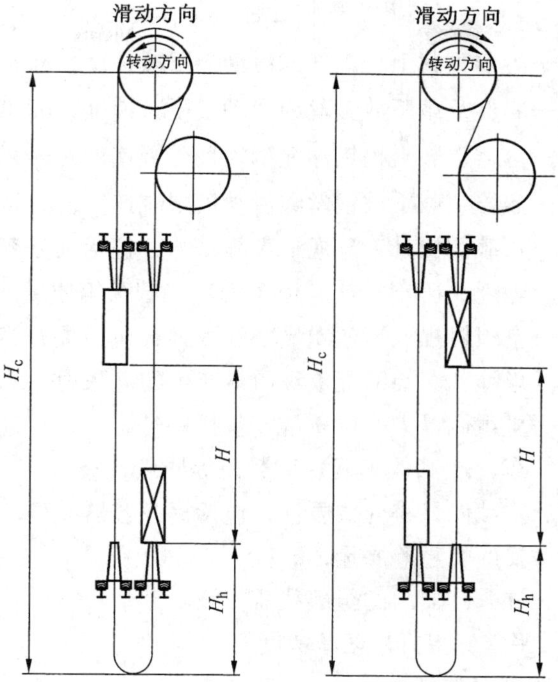


图 3-63　提升和下放重载紧急制动时的滑动方向

由图 3-62 可以看出，提升重载紧急制动的滑动方向为空载容器方向，下放重载紧急制动时的滑动方向为重载容器方向。

1）双容器提升极限减速度

提升重载、下放空容器：

$$[a_{3s}] = \frac{F_1 e^{\mu\alpha} - F_2}{m_1 e^{\mu\alpha} + m_2} \tag{3-32}$$

下放重载、提升空容器：

$$[a_{3x}] = \frac{F_2 e^{\mu\alpha} - F_1}{m_2 e^{\mu\alpha} + m_1} \tag{3-33}$$

提升重载、载荷为零：

$$[a_{3ks}] = \frac{(F_1 - Qg) e^{\mu\alpha} - F_2}{(m_1 - Q) e^{\mu\alpha} + m_2} \tag{3-34}$$

下放重载、载荷为零：

$$[a_{3kx}] = \frac{F_2 e^{\mu\alpha} - (F_1 - Qg)}{m_2 e^{\mu\alpha} + m_1 - Q} \tag{3-35}$$

式中 $[a_{3s}]$——容器重载上提钢丝绳滑动极限减速度，$m/s^2$；

$[a_{3x}]$——容器重载下放钢丝绳滑动极限减速度，$m/s^2$；

$[a_{3ks}]$——容器空载上提钢丝绳滑动极限减速度，$m/s^2$；

$[a_{3kx}]$——容器空载下放钢丝绳滑动极限减速度，$m/s^2$；

$F_1$——重载侧提升钢丝绳最大静张力，包括提升容器、悬挂装置、钢丝绳、矿车（或其他车辆）和载荷等质量产生的静张力，N；

$F_2$——空载侧提升钢丝绳最小静张力，包括提升容器、悬挂装置、钢丝绳和必要的配重等质量产生的静张力，N；

$m_1$——重载侧最大变位质量，包括提升容器、悬挂装置、钢丝绳、矿车（或其他车辆）和载荷等质量，kg；

$m_2$——空载侧最小变位质量，包括提升容器、悬挂装置、钢丝绳和必要的配重等质量，kg；

$Q$——提升容器内的全部载荷，kg。

2）单容器带平衡锤提升极限减速度

提升重载、下放平衡锤：

$$[a_{3s}] = \frac{F_1 e^{\mu\alpha} - F_{p2}}{m_1 e^{\mu\alpha} + m_{p2}} \tag{3-36}$$

下放重载、提升平衡锤：

$$[a_{3x}] = \frac{F_{p2} e^{\mu\alpha} - F_1}{m_{p2} e^{\mu\alpha} + m_1} \tag{3-37}$$

提升空容器、下放平衡锤：

$$[a_{3ks}] = \frac{F_2 e^{\mu\alpha} - F_{p1}}{m_2 e^{\mu\alpha} + m_{p1}} \tag{3-38}$$

下放空容器、提升平衡锤：

$$[a_{3kx}] = \frac{F_{p1} e^{\mu\alpha} - F_2}{m_{p1} e^{\mu\alpha} + m_2} \tag{3-39}$$

式中 $F_{p1}$——平衡锤侧钢丝绳最大静张力，包括平衡锤、悬挂装置和钢丝绳等质量产生的静张力，N；

$F_{p2}$——平衡锤侧钢丝绳最小静张力，包括平衡锤、悬挂装置和钢丝绳等质量产生的静张力，N；

$m_{p1}$——平衡锤侧最大变位质量，kg；

$m_{p2}$——平衡锤侧最小变位质量，kg。

3. 安全制动减速度计算

1）双容器提升安全制动减速度

提升重载、下放空容器：

$$a_{3s}=\frac{F_z+F_{jmax}}{\sum M} \tag{3-40}$$

式中 $F_z$——安全制动力，kN；

$F_{jmax}$——最大静张力差，kN；

$\sum M$——提升系统总变位质量，kg。

下放重载、提升空容器：

$$a_{3x}=\frac{F_z-F_{jmax}}{\sum M} \tag{3-41}$$

提升重载、载荷为零：

$$a_{3ks}=\frac{F_z+(F_{jmax}-Qg)}{\sum M-Q} \tag{3-42}$$

下放重载、载荷为零：

$$a_{3kx}=\frac{F_z-(F_{jmax}-Qg)}{\sum M-Q} \tag{3-43}$$

2）单容器带平衡锤提升安全制动减速度

提升重载、下放平衡锤：

$$a_{3s}=\frac{F_z+F_{jmax}}{\sum M} \tag{3-44}$$

下放重载、提升平衡锤：

$$a_{3x}=\frac{F_z-F_{jmax}}{\sum M} \tag{3-45}$$

提升空容器、下放平衡锤：

$$a_{3ks}=\frac{F_z-F_{jmax}}{\sum M-Q} \tag{3-46}$$

下放空容器、提升平衡锤：

$$a_{3kx}=\frac{F_z+F_{jmax}}{\sum M-Q} \tag{3-47}$$

**第四百二十八条** 提升机操作必须遵守下列规定：

（一）主要提升装置应当配有正、副司机。自动化运行的专用于提升物料的箕斗提升机，可不配备司机值守，但应当设图像监视并定时巡检。

（二）升降人员的主要提升装置在交接班升降人员的时间内，必须正司机操作，副司机监护。

（三）每班升降人员前，应当先空载运行1次，检查提升机动作情况；但连续运转时，不受此限。

（四）如发生故障，必须立即停止提升机运行，并向矿调度室报告。

**【解读】**本条是关于操作提升机的规定。

主要提升装置的特点：一是工作重要，提升机不能轻易停，停了对产量、升降人员都有很大影响；二是作业时间长，如果只有一名司机，长时间的精神高度集中、连续不断地操作，会产生身体和精神上的过度疲劳，又不能轻易停车，勉强坚持必然会引起误操作。所以必须有正、副两名司机轮换操作，这样才能保证正确操作和生产安全。

提升机的全自动控制是指提升机电控系统能根据装、卸载信号由提升机自动完成一次完整提升过程的控制，不需要人工操作。

自动化运行是在提升机全自动控制的基础上，设有提升容器到位时驱动与制动信号闭锁、反向保护、井上下煤仓煤位监测、防止重复装载保护、防止过载等保护，并设有图像监视、远程故障诊断和移动通信的全自动控制系统。自动化运行的专用于提升物料的箕斗提升机，在提升物料的过程中可不配备专职司机，但应安排人员加强对关键环节的巡回检查。在检修和井筒维护等特殊情况时，应由司机开车，并与检修人员有通信联络。

目前，由于矿井自动化水平的提高，副井提升机电控系统具备了各种运行控制功能，通常有半自动和手动等运行方式。半自动控制是电控系统根据信号种类通过人工按钮开车，使提升机完成一次完整提升过程的控制。手动控制是电控系统根据信号种类通过人工操作主令手柄的速度给定器件控制提升机的运行速度。

对于采用半自动开车的副井提升系统，司机对提升机操作的重点已发生变化，由对提升机的全程控制变为按钮操作，司机的责任心和操作准确性至为关键。相比较而言人是最主要的不安全因素，应按操作规程操作，减少误操作失误。为保证运送人员的安全，在交接班升降人员的时间内，必须正司机操作，副司机监护。

**第四百二十九条** 新安装的矿井提升机，必须验收合格后方可投入运行。专门升降人员及混合提升的系统应当每年进行1次性能检测，其他提升系统每3年进行1次性能检测，检测合格后方可继续使用。

**【解读】**本条是关于检查和测试矿井主要提升装置的规定。

新安装的提升装置，没有经过实际生产的考验，在设计、制造、安装、各零部件的质量和调试上，都可能存在问题，必须经过试运行和由具备资质的第三方检测检验机构，依据《煤矿在用摩擦式提升机系统安全检测检验规范》《煤矿在用缠绕式提升机系统安全检测检验规范》和《煤矿在用提升绞车系统安全检测检验规范》规定的内容和要求进行检验，检测合格和验收合格后，才能投入运行。大修或技术改造后交付使用的提升装置也存在安装、各零部件的质量和调试上的问题，也必须由具备资质的第三方检测检验机构进行检验，检测合格和验收合格后，才能投入运行。

专门升降人员及混合提升的系统应当由具备资质的第三方检测检验机构每年进行1次性能检测，检测合格后方可继续使用。有关人员应详细检查、记录各部位发生的变化，有无损坏、存在什么问题、应作哪些改进、与实际要求还有什么不足等等，为以后的运行和维护提供经验和教训，以确保人身安全。

设备运行3年后，薄弱环节均已暴露，质量差的零部件的技术性能都能在测试中被发现；如不作测试，就发现不了性能的某些变化，在运行中暴露出来就会影响生产安全。因此，其他提升系统至少每3年由具备资质的第三方检测检验机构进行1次性能检测，检测合格后方可继续使用。

**第四百三十条** 提升装置管理必须具备下列资料，并妥善保管：

（一）提升机说明书。

（二）提升机总装配图。

（三）制动装置结构图和制动系统图。

（四）电气系统图。

（五）提升机、钢丝绳、天轮、提升容器、防坠器和罐道等的检查记录簿。

（六）钢丝绳的检验和更换记录簿。

（七）安全保护装置试验记录簿。

（八）故障记录簿。

（九）岗位责任制和设备完好标准。

（十）司机交接班记录簿。

（十一）操作规程。

制动系统图、电气系统图、提升装置的技术特征和岗位责任制等应当悬挂在提升机房内。

**【解读】** 本条是关于提升装置必须具备哪些技术资料和资料悬挂要求的规定。

提升装置必须具备齐全的技术资料和检查资料，以便提升设备出现故障时，能及时地从技术资料中对症查找分析问题，又可以通过日常检查记录资料查看管理工作，确保大型设备处于完好状态。

对提升装置的技术资料（如提升机说明书、提升机总装配图、制动装置结构图和制动系统图、电气系统图等）和原始检查记录资料（如钢丝绳的试验和更换记录簿，提升机、钢丝绳、天轮、提升容器、防坠器和罐道等的检查记录簿，司机交接班记录簿等），均应进行妥善保管。对提升系统极为重要的制动系统图、电气系统图、提升装置的技术特征和岗位责任制等应当悬挂在提升机房内。这样，可以帮助有关人员正确地掌握和熟悉提升机的技术性能，正确操作，合理地使用、维护和检修；出现问题可从图纸和技术说明书上进行核对；为技术改进提供参数；为定期检修提供依据；为零配件的购买提供资料；为事故调查分析溯源提供基础等。

## 第五节　空 气 压 缩 机

**第四百三十一条**　矿井应当在地面集中设置空气压缩机站。

在井下设置空气压缩设备时，应当遵守下列规定：

（一）应当采用螺杆式空气压缩机，严禁使用滑片式空气压缩机。

（二）固定式空气压缩机和储气罐必须分别设置在2个独立硐室内，并保证独立通风。

（三）移动式空气压缩机必须设置在采用不燃性材料支护且具有新鲜风流的

巷道中。

（四）应当设自动灭火装置。

（五）运行时必须有人值守。

【**解读**】本条是关于设置空气压缩机站及空气压缩设备的规定。

由于空气压缩机为压力设备，排气温度高，容易发生事故，是一种危险源，因此井下原则上不宜设置空气压缩机站。而空气压缩机站在地面集中安装时，设备运行环境好，安全性高，便于管理，故应当优先考虑在地面集中设置空气压缩机站。但对于某些矿井，井下用风点距地面距离较长，如将空气压缩机站设置在地面，由于输送过程中风压损失大，用风地点压力达不到风动设备的额定压力，会妨碍正常工作的进行。

另外部分井下设备，如移动制氮机组、制冷设备等均设有空气压缩装置，在实际生产中还需要在井下设置空气压缩设备，但需要按照本条款的要求对压缩机型式、安设地点环境及运行做出严格要求。

（一）滑片式空气压缩机在工作过程中，滑片与内壁摩擦时可能产生火花，存在安全隐患且设备整机效率低，已被列入《禁止井工煤矿使用的设备及工艺目录（第三批）》（安监总煤装〔2011〕17 号），严禁在煤矿井下使用。活塞式空压机噪声大、效率低、事故率高，国家发展改革委、国家安全监管总局、国家能源局、国家煤矿安监局制定下发《煤炭生产技术与装备政策导向（2014 年版）》，也将活塞式空气压缩机列为限制类产品。因此，规定井下应采用安全高效的螺杆式空气压缩机。

（二）固定式空气压缩机的储气罐是储存压缩空气的设备，空气压缩机在工作过程中会产生大量的热量，储气罐内的压缩空气在受热后压力会增大，当超过储气罐容许压力时就会发生爆炸。为防止空气压缩机和储气罐之间的相互影响，必须将空气压缩机和储气罐分别设置在 2 个独立硐室内。硐室应布置于岩石巷道内，不允许放置在半煤岩或煤巷内，且必须在采用不可燃材料支护，以避免空气压缩机着火时引燃周围可燃材料导致事故扩大。硐室应独立通风，一是能够有效降低硐室内温度，二是在发生火灾事故时，有毒、有害气体可直接进入回风流中。

（三）移动式空气压缩机应设置在顶板完整的地点，以保证不会因巷道冒顶损坏设备。在移动式空气压缩机前后至少 5 m 范围内，巷道要用不燃性材料支护，这是为了避免压缩机发生火灾后引燃巷道可燃支护材料而导致扩大事故范围。

（四）设置自动灭火装置的目的是在空气压缩机着火时能够及时灭火，避免火势蔓延，除必须设置自动灭火装置外，还应根据需要设置其他必要的灭火器材。

（五）井下空气压缩设备运行时必须有人员值守，以便出现问题时，及时发现并迅速处理，防止造成事故。

**【案例】** 2013 年 2 月 28 日，某煤矿井下滑片式空气压缩机着火，引燃附近区域巷道木支护，救援人员使用灭火器灭火，但因现场温度过高、巷道顶冒落等原因无法控制火势，火灾产生大量有毒、有害气体，造成下风侧 12 名工人 CO 中毒死亡、1 人失踪。

**第四百三十二条** 空气压缩机站设备必须符合下列要求：

（一）设有压力表和安全阀。压力表和安全阀应当定期校准。安全阀和压力调节器应当动作可靠，安全阀动作压力不得超过额定压力的 1.1 倍。

（二）使用闪点不低于 215 ℃的压缩机油。

（三）使用油润滑的空气压缩机必须装设断油保护装置或者断油信号显示装置。水冷式空气压缩机必须装设断水保护装置或者断水信号显示装置。

**【解读】** 本条是关于空气压缩机站安全保护设施的规定。

（一）压力是空气压缩机安全工作的重要参数，通过压力表可以了解空气压缩机是否工作正常，通过压力调节器可以自动调节压风系统压力。如果压力表不准确，就会对压风机的工作状态产生误判，成为事故隐患。因此，压力表必须由有资质的计量检测机构每半年校准一次，以保证其精准度。

安全阀在压风系统中起安全保护作用。当系统压力超过规定值时，就会危及整个系统的安全，这时安全阀自动打开卸压，能够确保管路、储气罐等设备的安全。因此，安全阀应由特种设备检测检验机构每年校准一次，以保证做到动作可靠。如果安全阀动作压力值整定过高，则起不到保护设备安全的作用，因此要求安全阀动作压力不得超过额定压力的 1.1 倍。

（二）空气压缩机工作时排气温度较高，如果压缩机油闪燃点过低，就有可能导致燃烧爆炸事故，所以必须使用闪点不低于 215 ℃的压缩机油。

（三）润滑油中断或水冷式空气压缩机冷却水中断都会使空气压缩机气缸温度超温，有发生爆炸的危险，因此，使用油润滑的空气压缩机必须装设断油保护装置或者断油信号显示装置；水冷式空气压缩机必须装设断水保护装置或者断水信号显示装置。

**第四百三十三条** 空气压缩机站的储气罐必须符合下列要求：

（一）储气罐上装有动作可靠的安全阀和放水阀，并有检查孔。定期清除风包内的油垢。

（二）新安装或者检修后的储气罐，应当用1.5倍空气压缩机工作压力做水压试验。

（三）在储气罐出口管路上必须加装释压阀，其口径不得小于出风管的直径，释放压力应当为空气压缩机最高工作压力的1.25~1.4倍。

（四）避免阳光直晒地面空气压缩机站的储气罐。

**【解读】**本条是关于空气压缩机站储气罐的安全要求的规定。

储气罐是储存压力空气的容器，长期运行的储气罐底部会有油水混合物，油水混合物会形成油垢，油垢长时间在高温作用下会发生碳化，如果储气罐内温度过高，超过积碳的闪点便可能产生爆炸。另外，这些油水混合物长期积存在罐底会减少储气罐有效容积，并可能对储气罐产生腐蚀。因此，储气罐要设置放水阀，定期清理储气罐里的油垢和积水。储气罐应安装安全阀，当罐内压力超过安全阈值时能够可靠动作，及时释放超压气体，降低压力，保证储气罐安全。

如果储气罐在日光下暴晒，就会使罐内气体温度升高、体积膨胀从而导致压力增加，如果超过容器允许压力，就可能发生爆炸。储气罐为压力容器，必须按照压力容器的检测方法做水压试验。如果提高储气罐的工作压力，在水压试验前还必须经过强度核算。

储气罐的水压试验，应符合下列要求：

（1）必须编制试压程序，并规定好人员的分工和信号联系。

（2）打压时应缓慢升至工作压力的1.5倍。

（3）稳压持续时间至少5 min，在稳压持续时间内：①不得自行降低；②无明显变形；③无漏水和渗水；④无特异声响；⑤无其他损坏征兆。

储气罐及高压缸至储气罐之间的管路，每年至少清除油垢及积尘2次。

**第四百三十四条** 空气压缩设备的保护，必须遵守下列规定：

（一）螺杆式空气压缩机的排气温度不得超过120 ℃，离心式空气压缩机的排气温度不得超过 130 ℃。必须装设温度保护装置，在超温时能自动切断电源并报警。

（二）储气罐内的温度应当保持在 120 ℃以下，并装有超温保护装置，在超温时能自动切断电源并报警。

**【解读】** 本条是关于空气压缩设备温度保护的规定。

空气压缩机的排气温度或储气罐内温度过高，都会有爆炸的危险，因此空气压缩机和储气罐超温时都要立即报警并迅速自动切断设备电源，以保证空气压缩机和储气罐的安全。

活塞式空气压缩机效率低、事故率高，目前已逐渐被高效的螺杆式和离心式空气压缩机所取代。

# 第十章 电　　气

## 第一节　一　般　规　定

**第四百三十五条**　煤矿地面、井下各种电气设备和电力系统的设计、选型、安装、验收、运行、检修、试验等必须按本规程执行。

**【解读】** 本条是关于煤矿电气系统在设计选型等方面的规定。

本条是对煤矿电气设备和煤矿电力系统在设计、选型、安装、验收、运行、检修、试验等方面的总体要求。

合理正确的设备选型是保证设备安全使用的必要条件，如果选型不当，所选用的电气设备与现场的环境、运行工况或与防爆保护级别不相符时，可能会造成安全隐患，所以煤矿用的电气设备必须符合煤矿特殊的环境要求。

**第四百三十六条**　矿井应有两回路电源线路（即来自两个不同变电站或来自不同电源进线的同一变电站的两段母线）。当任一回路发生故障停止供电时，另一回路应担负矿井全部用电负荷。区域内不具备两回路供电条件的矿井采用单回路供电时，应报安全生产许可证的发放部门审查。采用单回路供电时，必须有备用电源。备用电源的容量必须满足通风、排水、提升等要求，并保证主要通风机等在10 min内可靠启动和运行。备用电源应有专人负责管理和维护，每10天至少进行一次启动和运行试验，试验期间不得影响矿井通风等，试验记录要存档备查。

矿井的两回路电源线路上都不得分接任何负荷。

正常情况下，矿井电源应采用分列运行方式。若一回路运行，另一回路必须带电备用。带电备用电源的变压器可热备用；若冷备用，备用电源必须能及时投入，保证主要通风机在10 min内启动和运行。

10 kV及其以下的矿井架空电源线路不得共杆架设。

矿井电源线路上严禁装设负荷定量器等各种限电断电装置。

**【解读】** 本条是关于矿井供电电源和矿井内一级负荷供电运行方式的规定。

1. 关于矿井供电电源的规定

本《规程》规定矿井应有两回电源线路，这两回电源线路来自两个不同方向的变电站，不同方向的变电站应是独立的电网电源（发电厂）。同时规定了不具备来自两个方向变电站，也可来自同一个变电站不同电源进线的两个母线段，上级变电站已具备了双电源供电条件或本地区已组成网络性供电的电源，能担负起矿井的连续供电，矿井的供电电源可取自上级变电站的两个母线段为其矿井供电。

2. 矿井两回路电源容量的要求

两回路电源必须同等容量（包含线路和变压器），即一回路故障后，另一回路必须担负起矿井的全部负荷，主要是由煤矿生产的不间断性和安全环境的要求所决定。

3. 区域内不具备双回路电源的矿井

区域内指一个矿井不具备从不同方向变电站引入双电源或上级变电站也不具备是双电源线路，但确实需要建设或生产的矿井，应报安全生产许可证的发放部门审查。

4. 矿井供电电源线路上不得分接任何负荷的要求

矿井供电电源无论是哪种供电模式，都不得从上一级供电电联接点至矿井的电源线路上有分支和T接负荷。这是因为矿井对供电可靠性的要求非常高，矿井电源线路上分接其他负荷，就会增大此线路故障跳闸的可能性，对矿井安全构成威胁。所有矿井都是一级重要供电用户。矿井停电，会造成通风机停止通风、井下瓦斯积聚、提升机制动、运输系统物料压车等事故隐患。

5. 矿井两回电源运行方式

为了保证矿井用电的连续性，矿井两回电源应分列运行，也就是这两个电源分别承担矿井的 50% 负荷，由于国家电价按基本电价和电度电价收缴，分列运行不经济，矿井可采用一回路电源运行一回路热备用。因此本规程规定，若一回电源线路运行，另一路必须带电备用。带电备用分热备用和冷备用，热备用是指带电备用的开关仅差闭合，只要闭合，矿井供电变电站母线就带电；冷备是指电源进线刀闸和开关均处于断开位置，电源线路处于带电状态。若矿井实现不了热备，运行的电源线路故障后，冷备电源线路必须保证通风机在 10 min 内开起。

6. 关于矿井架空电源线路共杆架设的规定

为保障矿井供电的可靠性与连续性，规定 10 kV 及以下的矿井架空线路不允许共杆架设。原因是，矿井架空线路共杆架设存在以下问题：

（1）如果电杆遭到破坏，两回路电源线路会同时中断供电。

（2）由于两回路电源线路架设在同一电杆上，线间距离较近，当一回线路遭受大风、冰雹坠断或人为破坏而断线时，极易搭接到另一回路上，造成短路故障，致使两回路电源线路同时中断供电。

（3）当一回路出现故障需进行检修时，因 10 kV 两回线路电气安全距离较近，出于检修人员安全的考虑，另一回路供电可能被迫中断，使两回路同时中断供电。

7. 关于矿井电源线路上装设限电断电装置的规定

负荷定量器等各种限电断电装置的作用，是当用电最高负荷超过线路或电力部门限定的负荷量时，就自动使电源停止供电。在矿井电源线路上装设负荷定量器等各种限电断电装置，将增加矿井突然中断供电的概率，易造成通风、排水、提升等系统的瘫痪，对矿井安全生产造成严重威胁。

随着电力电子技术的不断发展，新型限电断电装置不断出现，最为典型的即为负荷控制终端，其将保护功能、自动断电、报警、复电、最大需量、最高负荷限量等功能集于一体，限制负荷越量使用。为了保证矿井供电的可靠性和连续供电要求，避免人为停电对矿井安全造成威胁，不论何种限制用电或定量用电等相同功能的限电装置，在矿井电源线路上均不得装设。

**第四百三十七条** 矿井供电电能质量应当符合国家有关规定；电力电子设备或者变流设备的电磁兼容性应当符合国家标准、规范要求。

电气设备不应超过额定值运行。

**【解读】**本条是关于矿井供电电能质量、电力电子设备的电磁兼容性及电气设备额定值的规定。

1. 矿井供电电能质量

矿井供电电能质量直接影响煤矿安全生产。衡量电能质量的主要指标有电压、谐波、三相不平衡、频率等。一旦供电电压、频率有效值的变化，电压波动及闪变、电压暂降、短时中断和三相电压不平衡，谐波、暂态和瞬态过电压，以及这些参数变化的幅度超出国家标准规定，将会导致电气设备故障或误操作，从而引发事故。

国家电能质量标准主要有《电能质量供电电压允许偏差》（GB/T 12325）、《电能质量　公用电网谐波》（GB/T 14549）、《电能质量　电压波动和闪变》（GB 12326）、《电能质量　三相电压允许不平衡度》（GB/T 15543）、《电能质量　电力系统频率允许偏差》（GB/T 15945）、《电能质量　暂时过电压和瞬态过电压》（GB/T 18481）等。

由于煤矿井下电网的建设与煤矿开采设备发展的不配套，在设备使用时特别是大型设备的直接起动等，都会影响井下电网的电能质量，因此煤矿应在设备选型、配套运行等方面合理设计、合理安排，做到均衡用电；采用有载调压变压器；合理选择就地补偿方式和谐波抑制。

2. 电子设备符合电磁兼容性

电磁兼容（EMC）是指设备或系统在所处的电磁环境中能正常工作且不对该环境中任何其他事物构成不能承受的电磁骚扰的能力。它包括两个方面：一方面是指设备在正常运行过程中对所在环境产生的电磁干扰不能超过一定的限值（EMI）；另一方面是指器具对所在环境中存在的电磁干扰具有一定程度的抗扰度，即电磁敏感性（EMS）。

增加电磁兼容性的原因：电力电子调速等设备在矿井通风、提升运输、采掘等中得到越来越广泛的应用，如防爆变频器、软启动、各种功率补偿器等，这些电力电子设备或变流设备的大量使用，在提高生产效率、节能环保的同时，也对井下电网质量有一定影响，由于电力电子设备的使用，除对本身造成一定的危害，同时对通信、监控造成干扰，严重时使数据丢失、保护误动，因此要求电力电子设备要符合电磁兼容性。

由于电子设备的多样性，标准也是多样的，每个产品都有各自的适用标准，主要标准有 GB/T 17626.1－17、GB/T 17626.27－29 及 GB 12668.3－10 等。解决和降低电磁兼容的办法也是多层次、多样化的。从总体上看，解决电子、电气设备或系统的电磁兼容性所采取措施有两个方面：一是技术措施，二是组织措施。所谓技术措施，包括系统工程方法、电路技术方法、设计和工艺，其目的是改善电子、电气设备的性能，采用这些方法是为了降低干扰源产生的干扰，增加干扰在传播途径上的衰减，降低敏感设备对于干扰的敏感性或提高抗扰度等。

对于电磁兼容性采取的措施一般有接地、屏蔽等方法。接地能使整个电路系统中的所有单元电路都有一个公共的参考零电位，保证电路系统能稳定地工作，防止外界电磁场的干扰。机壳接地，可以使由于静电感应而积累在机壳上的大量电荷通过大地泄放，否则这些电荷形成的高压可能引起设备内部放电，而造成干扰。电路的屏蔽体若选择合适的接地，也可获得良好的屏蔽效果。

屏蔽：屏蔽就是对两个空间区域之间进行金属的隔离以控制电场、磁场和电磁波由一个区域对另一个区域的感应和辐射。对防爆型变频器来说，隔爆外壳具有强大的屏蔽效果，但动力电源线需要采取屏蔽措施，动力线与控制信号线的布置必须隔开一段距离，防止动力线对信号线的辐射骚扰，同时也能防止对周围环境的骚扰。

滤波：滤波是抑制和防止干扰的一项重要措施。滤波器可以显著地减小传导干扰的电平，因为干扰频谱成分不高于有用信号的频率，滤波器对于这些与有用信号频率不同的成分有良好的抑制能力，从而起到其他干扰抑制难以起到的作用。所以采用滤波网络无论是抑制干扰源和消除干扰耦合或是增强接收设备的抗干扰能力都是有力措施。

平衡：有时候采用屏蔽后仍不能满足抑制和防止干扰的要求，可以结合屏蔽采取平衡措施等电路技术。平衡电路是指双线电路中的两根导线与连接到这两根导线的所有电路对地或对其他导线都具有相同的阻抗。其目的在于使两根导线所检拾到的干扰信号相等。进入煤矿的电力电子设备必须具有电磁兼容符合要求才能取得 MA 认证，多数企业的产品在电力电子设备的输入端有专用的滤波设施，煤矿用户在购买时应包含这些电磁兼容专用设施，使用时必须有效接地，采取屏蔽措施等，减少电磁干扰。

3. 电气设备额定值运行

《规程》规定："电气设备不应超过额定值运行。"主要是严禁低电压等级的电气设备用到高一级电压等级的电气设备上，目的是保证电气设备安全可靠运行，防止因电气设备超过铭牌所标出的标称值运行，造成电气设备过热，进而加剧绝缘老化，损坏设备，引起电气事故。

**第四百三十八条** 对井下各水平中央变（配）电所和采（盘）区变（配）电所、主排水泵房和下山开采的采区排水泵房供电线路，不得少于两回路。当任一回路停止供电时，其余回路应当承担全部用电负荷。向局部通风机供电的井下变（配）电所应当采用分列运行方式。

主要通风机、提升人员的提升机、抽采瓦斯泵、地面安全监控中心等主要设备房，应当各有两回路直接由变（配）电所馈出的供电线路；受条件限制时，其中的一回路可引自上述设备房的配电装置。

向突出矿井自救系统供风的压风机、井下移动瓦斯抽采泵应当各有两回路直接由变（配）电所馈出的供电线路。

本条上述供电线路应当来自各自的变压器或者母线段，线路上不应分接任何负荷。

本条上述设备的控制回路和辅助设备，必须有与主要设备同等可靠的备用电源。

向采区供电的同一电源线路上，串接的采区变电所数量不得超过3个。

**【解读】**本条是对矿井主要一级负荷设备供电线路的规定。

1. 关于井下变（配）电所、排水泵房、局部通风机供电的规定

井下各水平中央变（配）电所和采（盘）区变（配）电所，担负着为井下采掘工作面、提升运输设备和局部通风机供电的重任；主排水泵房和下山开采的采区排水泵房担负着全矿井或下山采区的排水任务，若其供电中断、排水泵停止运转，将可能发生淹井事故，因此要求对井下各水平中央变（配）电所和采（盘）区变（配）电所、主排水泵房和下山开采的采区排水泵房供电线路必须设置双回路供电，以保证其供电的安全、可靠。局部通风机担负着为掘进工作面通风的任务，若其停转，很可能造成甲烷积聚而给安全生产及矿工生命安全造成严重威胁，因此，向局部通风机供电的井下变（配）电所应采用分列运行方式，以保证局部通风机的安全运行。这里分列运行是指变电所的高压部分应分列运行，也就两回路电源线路同时带井下负荷，当任一回路出现问题，都能通过母联使局部通风机得到连续供电。

2. 关于主要通风机、提升机等主要设备房双回路供电的规定

矿井主要通风机、提升人员的提升机、抽采瓦斯泵、地面安全监控中心等是煤矿安全生产的一级负荷设备。应采用双回路专线供电，应有两回路直接由变（配）电所馈出的供电线路。当受条件所限，不能保证双回路专线供电时，其中必须有一个回路为专线供电，另一回路可引自其中任一一级负荷设备房配电装置上的另一母线段。根据用电设备容量和经济性，两回路专线可以从变（配）所的高压侧引出，也可以从变电所低压的两个母线段引出。

“地面安全监控中心”担负着矿井安全监控、有线通信、人员位置监测以及调度指挥的功能，是矿井主要信息、指挥中枢神经系统，所以把地面监控中心列为一级负荷。

3. 关于突出矿井自救系统压风机、井下移动瓦斯抽采泵供电的规定

突出矿井的地面压风自救系统是在矿井突发煤与瓦斯突出等紧急事故情况下，为遇险矿工输送氧气，保障矿工生命安全的重要设施，必须保证其安全可靠运转。井下移动式瓦斯抽采泵停转，可能造成采掘工作面瓦斯超限甚至灾害事故，也必须安全可靠运行。为此，本条款规定，向突出矿井自救系统供风的压风机、井下移动瓦斯抽采泵应当采用双回路专线供电，各有两回路直接由变（配）电所馈出的供电线路。这里专线指的是直接由变（配）电所引出的电源线路。

4. 关于重要设备双回路供电线路和不得分接任何负荷的规定

担负着矿井主要一级负荷的用电设备均应当分别来自各自的变压器或母线段。这条主要指若矿井供电电源为直供供电方式，该用电设备供电线路应引自变电站母线段；若是经降压方式供电的用电负荷，两回路应分别引自降压变压二次回路。线路上均不应当分接任何负荷，以保证独立的双电源和供电安全可靠。

5. 关于控制回路和辅助设备供电的规定

矿井一级负荷的重要设备控制回路和辅助设备必须有与主要设备同等可靠的备用电源，目的也是保证重要设备安全可靠地运行。矿井主要一级负荷设备控制电源原则上是与主回路同电源，由同一回路电源担任，若是分别引入，要求必须双回线路，并与主回路有电气闭锁关系。

6. 关于向采区供电的同一电源线路上串接的采区变电所数量的规定

向采区供电的同一电源线路上串接的采区变电所数量不得超过 3 个。其目的：一是为了避免在同一电源线路上串接的采区变电所过多，而降低井下供电的安全可靠性；二是为了方便故障状态下的处置，减少处置供电故障时造成井下大

面积停电的可能性。各变电所馈出线出口保护应满足本规程第四百五十一条和第四百五十二条的规定。

《煤矿井下供配电设计规范》（GB 50417—2007）规定：向采区供电的同一电源线路上，也就是说从中央变电所馈出的高压电源线路分别经各采区馈出总数不超过 3 个。

采区变电所接线示意图及要求如图 3 - 64 所示。

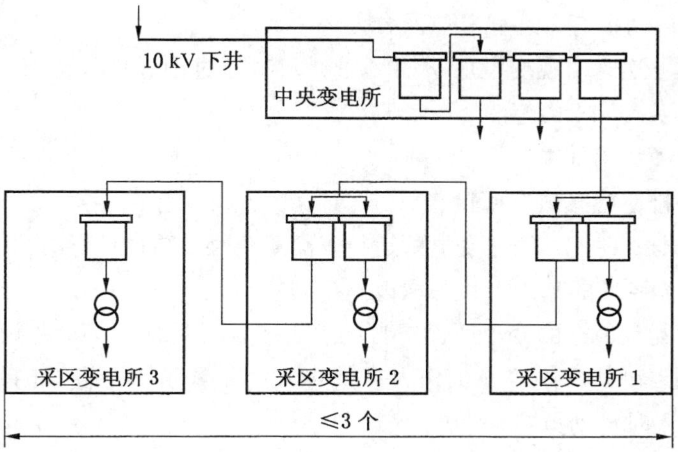


图 3 - 64　采区变电所串接示意图及要求

**第四百三十九条**　采区变电所应当设专人值班。无人值班的变电所必须关门加锁，并有巡检人员巡回检查。

实现地面集中监控并有图像监视的变电所可以不设专人值班，硐室必须关门加锁，并有巡检人员巡回检查。

**【解读】** 本条是关于煤矿井下采区变电所管理的规定。

采区变电所担负着采区采煤、掘进、采区运输的主要用电负荷，采区变电所内各种高低压配电、变电等设备较多，加之采掘工作面都是移动设备，运行过程中易受到损害，易引起采区变电所电气设备故障。因此，本条款规定采区变电所应设专人值班，其目的是确保在出现供电故障、事故时及时予以排除，恢复正常供电，保障供电安全和采区用电的及时性。但同时也考虑到采区变电所距采面较近，发生停电后采面值班电工容易到采区变电所，所以允许无人值守，但对于无人值守的变电所应关门加锁，安排巡回人员巡查，这样可以有效地防止非岗位人员进入无人值班的采区变电所，避免对设备的误操作，防止事故发生。

随着信息和网络技术的发展，矿井综合自动化、电力监控系统的实施，使在地面监控室对井下变电所实时监控成为现实。为了尽可能减少井下作业人数，实现减人提效，本条款规定：实现地面集中监控的变电所可不设专人值班。

无人值守变电所应满足：

（1）能够实现地面对变电所的集中监测和控制，实时数据上传、运行参数监测、故障自动报警、远程复位及合分。

（2）能够实时监视变电所室内场景，及时通过图像能发现异情（如电气火灾）和非巡视人员入内等。

（3）必须关门加锁。

（4）安排巡检人员巡回检查。

为进一步提高无人值守变电所运行安全可靠性及事故应急处置，建议煤矿企业在执行上述要求的基础上，采取以下措施：

（1）对无人值守的变电所设置自动灭火装置（系统）等应急设备。

（2）在入口处悬挂“非工作人员禁止入内”警示牌；设置门禁系统，有非岗位人员闯入时自动报警。

（3）针对可能发生的供电故障或事故，制定相应的应急预案。

**第四百四十条** 严禁井下配电变压器中性点直接接地。

严禁由地面中性点直接接地的变压器或者发电机直接向井下供电。

**【解读】**本条是对井下变压器中性点不得直接接地的规定。

制定本条款的目的是，有效保证井下供电安全和人身安全。

1. 变压器中性点直接接地的危害

井下配电变压器中性点直接接地的危害主要有3个方面：一是由于井下供电电缆的敷设受井巷条件限制，一般高度均较低，人体可以直接触摸，一旦发生人体触电时其触电电流相对于中性点不接地系统来说大许多倍，对人员生命构成威胁；二是单相接地时形成单相短路，单相短路的电流很大，可引起变压器、供电设备及线路损坏事故或爆炸着火事故，同时接地点产生很大的电弧，有可能引起瓦斯煤尘爆炸事故；三是接地点的高电位、大地中的大电流有可能引发电雷管超前引爆，这些事故的后果极为严重。

图 3－65 所示为当人体触及一相带电体时，跨接于人体的是电源的相电压，受井下潮湿影响，人身电阻按 1000 Ω 计算。按欧姆定律，当电源电压为 127 V 时，流经人体的电流为 73 mA；当电源电压为 380 V 时流经人体的电流为 220 mA；而当电源电压为 660 V 时，流经人体的电流则高达 380 mA。此时电流路径为：电源 *c* 相→人身→大地→接地体→电源中性点。

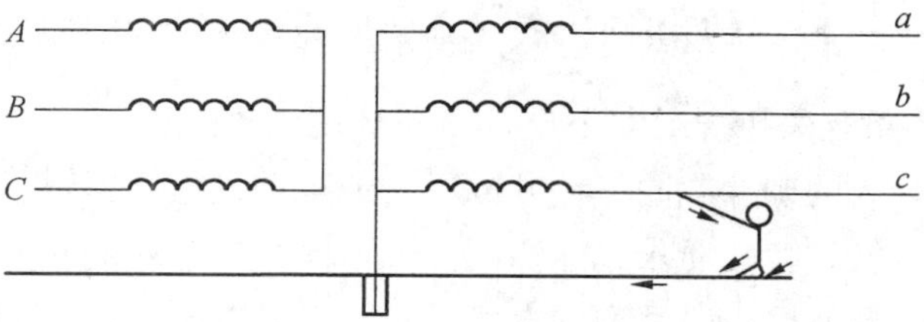


图 3－65　变压器中性点直接接地

研究资料表明，当人体通过 5 mA 电流时，就有触电感觉；通过 30 mA 电流时，就有危险；通过 50 mA 可以致死；通过 100 mA 绝对致死。中性点直接接地时，即使是 127 V 电路，通过人体的电流也高达 73 mA，足以致人死亡。

2. 中性点不接地供电系统分析

如图 3－66 所示，$R_a$、$R_b$、$R_c$ 分别为电缆三相芯线的绝缘电阻，$C_a$、$C_b$、$C_c$ 为三相芯线的对地电容，则人身的触电电流所通过的路径为：电源 *c* 相→人身→大地→*a* 相 *b* 相绝缘及对地电容→*a* 相 *b* 相芯线→电源中性点。

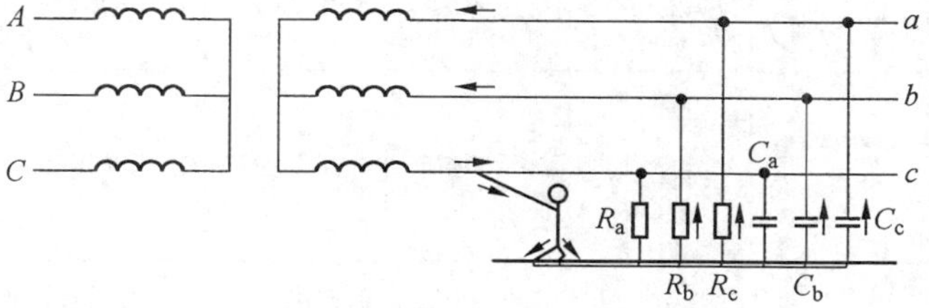


图 3－66　变压器中性点绝缘系统

设电网每相绝缘电阻在 380 V 是为 90000 Ω，660 V 时为 35000 Ω（实际上常为兆欧级），而人身电阻仍为 1000 Ω，通过计算，其触电电流分别为 7 mA 和 30 mA。可见，在中性点不直接接地时，通过人体的电流是安全的。

由于电路的对地分布电容不容忽视，目前普遍采用在漏电继电器中加零序电抗线圈来补偿对地的电容电流。

鉴于上述原因分析，为了确保矿井安全，严禁井下配电变压器中性点直接接地；出于同样原因，也严禁由地面中性点直接接地的变压器或发电机直接向井下供电。

**第四百四十一条** 选用井下电气设备必须符合表16的要求。

**【解读】** 本条是关于煤矿井下电气设备选用的规定。

不同瓦斯等级的矿井或同一矿井的不同地点，发生瓦斯煤尘爆炸的危险性不同，对于使用电气设备的要求也就不同。即不同瓦斯等级的矿井，或同一矿井的不同地点，应选择使用不同类型的电气设备。本条规定也是GB 3836《爆炸性环境》等的相关规定。

表16 井下电气设备选型

<table>
<tr><th rowspan="3">设备类别</th><th rowspan="3">突出矿井和瓦斯喷出区域</th><th colspan="5">高瓦斯矿井、低瓦斯矿井</th></tr>
<tr><th colspan="2">井底车场、中央变电所、总进风巷和主要进风巷</th><th rowspan="2">翻车机硐室</th><th rowspan="2">采区进风巷</th><th rowspan="2">总回风巷、主要回风巷、采区回风巷、采掘工作面和工作面进、回风巷</th></tr>
<tr><th>低瓦斯矿井</th><th>高瓦斯矿井</th></tr>
<tr><td>高低压电机和电气设备</td><td>矿用防爆型（增安型除外）</td><td>矿用一般型</td><td>矿用一般型</td><td>矿用防爆型</td><td>矿用防爆型</td><td>矿用防爆型（增安型除外）</td></tr>
<tr><td>照明灯具</td><td>矿用防爆型（增安型除外）</td><td>矿用一般型</td><td>矿用防爆型</td><td>矿用防爆型</td><td>矿用防爆型</td><td>矿用防爆型（增安型除外）</td></tr>
<tr><td>通信、自动控制的仪表、仪器</td><td>矿用防爆型（增安型除外）</td><td>矿用一般型</td><td>矿用防爆型</td><td>矿用防爆型</td><td>矿用防爆型</td><td>矿用防爆型（增安型除外）</td></tr>
</table>

注：1. 使用架线电机车运输的巷道中及沿巷道的机电设备硐室内可以采用矿用一般型电气设备（包括照明灯具、通信、自动控制的仪表、仪器）。

2. 突出矿井井底车场的主泵房内，可以使用矿用增安型电动机。

3. 突出矿井应当采用本安型矿灯。

4. 远距离传输的监测监控、通信信号应当采用本安型，动力载波信号除外。

5. 在爆炸性环境中使用的设备应当采用EPL Ma保护级别。非煤矿专用的便携式电气测量仪表，必须在甲烷浓度1.0%以下的地点使用，并实时监测使用环境的甲烷浓度。

GB 3836.1—2010《爆炸性环境　第1部分：设备　通用要求》对防爆电气设备进行危险评定分类，将防爆设备分为Ⅲ类：

Ⅰ类设备：用于煤矿有甲烷的爆炸性环境中的设备EPL分为Ma、Mb两级。

Ⅱ类设备：除煤矿甲烷气体之外，爆炸性气体环境中的设备EPL分为Ga、Gb、Gc三级。

Ⅲ类设备：除煤矿之外爆炸性粉尘环境中的设备EPL分为Da、Db、Dc三级。

其中，Ma、Ga、Da级的设备具有“很高”的保护等级，该等级具有足够的安全程度，使设备在正常运行过程中、在预期的故障条件下或者在罕见的故障条件下不会成为点燃源。对Ma级来说，甚至在气体突出时设备带电的情况下也不可能成为点燃源，所以在爆炸性环境中使用的设备应采用EPL Ma保护级别。

高瓦斯矿井使用架线电机车运输的巷道中及沿巷道的机电设备硐室内可以采用矿用一般型电气设备（包括照明灯具、检测、监测、通信、自动控制的仪表、仪器），这是因为架线电机车受电线路本身不具备防爆性能，架线电机车在运行中受电器与架线接触网本身就有火花，因此在此巷道内的电气设备及监控设备可以使用矿用一般型电气设备。按相关规定，架线电机车只能在主要进风巷使用。

矿用增安型电气设备，虽然在温升、绝缘等方面采取了一定的安全措施，但设备内部一旦出现事故时，其防爆性能完全丧失，因此，在煤（岩）与瓦斯（二氧化碳）突出矿井和瓦斯喷出区域、瓦斯矿井的总回风巷、主要回风巷、采区回风巷、工作面和工作面进回风巷不能使用，以防其防爆性能丧失引起瓦斯和煤尘事故。仅突出矿主排水泵房内的电动机可以使用增安型电动机。

（1）中央变电所一般都应设在主要进风的井底车场内，新鲜风流中与井底车场、总进风巷和主要进风巷的环境中，允许使用的电气设备类型高瓦斯和低瓦斯矿井一致。因此在主要进风巷或总进风巷设置的中央变电所，按表16选择相应的防爆类型设备。

（2）煤矿井下爆炸性环境是指瓦斯浓度超限的环境，如灾变环境、低瓦斯抽放管道环境等。GB 3836.1—2010《爆炸性环境　第1部分：设备　通用要求》对防爆电气设备进行危险评定分类，分为EPL Ma和EPL Mb两类，在爆炸性环境仍需带电运行的电气设备应选用保护级别为EPL Ma的设备，如防爆标志为ExiaI EPL Ma或ExmaI EPL Ma的防爆电气设备，也可以采用两种完全独立的保护级别分别为EPL Mb防爆类型叠加构成的复合防爆电气设备。煤矿企业可通过防爆电气设备上的铭牌信息、防爆合格证以及使用说明书等，判定电气设备的保护级别。

（3）对非煤矿专用的便携式电气测量仪表在煤矿井下使用作了规定。如电气试验设备等必须在瓦斯浓度1.0%以下的地点使用，并应有安全措施和现场甲烷检测人员，实时监测使用环境的瓦斯浓度。

（4）对安全监控和通信信号远距离传输时（除动力载波信号外），其信号源必须是本安电路。因为本质安全是通过限制电路中的能量来满足防爆要求，本质安全信号进行长距离电缆传输时，安全性高，且在瓦斯超限情况下仍可使用。如果远距离传输信号为隔爆信号，当线路出现漏电或短路时，产生的电火花可能点燃周围爆炸性气体，安全性较差，且在瓦斯超限情况下必须停电，不能使用。

（5）过去由于技术上的限制，矿灯属于防爆特殊型设备，并不能完全满足防爆安全要求，安全性较差，我国煤矿由于矿灯引发的瓦斯煤尘事故也并不鲜见。随着矿灯技术尤其是LED技术的发展，使矿灯本质安全化成为可能。本安型矿灯也已实现批量生产。突出矿井的瓦斯灾害威胁相对较高，万一发生煤与瓦斯突出，矿工必须使用矿灯避险逃生，要求突出矿井使用的矿灯应具备更高的安全性。因此，本条规定突出矿井应采用本安型矿灯。同时，建议高瓦斯矿井、低瓦斯矿井逐步推广使用本安型矿灯。

**第四百四十二条** 井下不得带电检修电气设备。严禁带电搬迁非本安型电气设备、电缆，采用电缆供电的移动式用电设备不受此限。

检修或者搬迁前，必须切断上级电源，检查瓦斯，在其巷道风流中瓦斯浓度低于1.0%时，再用与电源电压相适应的验电笔检验；检验无电后，方可进行导体对地放电。开关把手在切断电源时必须闭锁，并悬挂“有人工作，不准送电”字样的警示牌，只有执行这项工作的人员才有权取下此牌送电。

**【解读】**本条是关于电气设备及电缆、检修、搬迁的规定。

制定本条款的目的，是为了规范井下现场操作，有效防止因带电检修或搬迁电气设备、电缆，引发人身触电或瓦斯煤尘爆炸事故。

1. 井下不得带电检修电气设备的规定

带电检修电气设备危险性极大。带电检修非本安型设备（隔爆型、隔爆兼本安型、增安型、矿用一般型等设备）会因工具与设备内部某一带电部分相互接触碰撞，或通过工具用具使之与设备外壳接触碰撞，都会产生短路电弧，伤害作业人员，或引起煤矿爆炸事故。带电检修本安型电气设备时，在极端情况下也有产生电气火花的可能。

2. 井下严禁搬迁非本安型电气设备、电缆的规定

根据以往生产实践，在搬迁隔爆型、隔爆兼本安型、增安型、矿用一般型等电气设备时，因带电搬迁带电设备极易震动造成带电体螺丝松动、内部短路或设备外壳带电、连接装置电缆受力或拔脱等问题，造成绝缘破坏、人员触电、设备失爆引发瓦斯煤尘爆炸等事故，给矿井安全和人身安全造成严重伤害。

本安型设备和传输本安信号的电缆，具有功率小，在常规运行及规定故障情况下不会成为点燃源的特点，决定了即使带电搬迁出现电气设备故障、电缆受力断裂短路等问题，产生危险温度和危险火花的可能性也较小。为保证安全监控系统、人员位置监测系统、通信系统等本安系统的连续稳定运转，可允许本安型电气设备、电缆按有关规定带电搬迁。

3. “采用电缆供电的移动式用电设备不受此限”的规定

随着井下机械化水平的提高，井下使用电缆供电的移动式用电设备越来越多，如梭车、装载机、履带式钻机、钻车、采煤机、工作面运输机、综掘机、装煤机等。凡是需要带电移动工作的设备，应具备前级控制，有漏电、短路、缺相、欠压和绝缘监视保护；当电缆因外机械力拉脱接线盒时，保护跳闸；有防电缆从电气设备拔脱措施。由于已经采取上述保护和防护措施，故规定“采用电缆供电的移动式用电设备不受此限”。

4. 检修或搬迁前，必须切断上级电源的规定

本条款进一步强调检修或搬迁电气设备必须切断上级电源，确保检修搬迁本级设备必须是在无电情况下进行，并严格执行在切断电源的开关必须闭锁，并悬挂“有人工作，不准送电”字样的警示牌，只有执行这项工作的人员才有权取下此牌送电。

在打开或搬迁的电气设备时还应检查甲烷气体，在其巷道风流中甲烷浓度低于1.0%时，再用与电源电压相适应的验电笔检验；检验无电后，方可进行导体对地放电。对于有储能元件的设备，必须按说明书规定，保证储能元件足够的放电时间，确认验电无电后及时对地放电、设置三相短路接地线。检修或搬迁完成后，应确认送电线路上无工作人员，设备、线路已恢复到完好状态，并由谁停电谁送电，摘下“有人工作，不准送电”字样的警示牌，严禁其他人代替本项工作。

**【案例】** 王庄矿触电事故案例分析

事故经过：1989年1月30日2时30分，王庄矿4300工作面正在打眼作业，

突然出现停风，带班班长通知电工马某排除设备故障。该电工在配电点馈电开关未停电的情况下，便开启磁力起动器，带电排除故障，不慎触及660 V带电体，触电身亡。

事故原因：

（1）该采区变电所内检漏继电器未投入使用，作业者触及带电体时，未能使馈电开关跳闸、切断电源，加大了作业者触电的危险性。

（2）4300工作面配电点内馈电开关处于合闸状态，且未悬挂任何警示牌。

（3）该工作面磁力起动器、综合保护装置外壳均未安装保护接地。

（4）作业者不遵章守纪，违章冒险作业是导致这起触电事故发生的主要原因。

（5）作业者受培训教育程度不高，安全意识淡薄，以致违章冒险作业。

**第四百四十三条** 操作井下电气设备应当遵守下列规定：

（一）非专职人员或者非值班电气人员不得操作电气设备。

（二）操作高压电气设备主回路时，操作人员必须戴绝缘手套，并穿电工绝缘靴或者站在绝缘台上。

（三）手持式电气设备的操作手柄和工作中必须接触的部分必须有良好绝缘。

**【解读】**本条是关于对操作井下电气设备人员具备相应技能的规定。

（一）操作井下电气设备是技术性较强的工作，操作人员必须具备相关电气安全技术能力。国家将煤矿井下电气作业人员纳入特种作业人员管理，非专职人员由于电气安全知识和技术能力的缺失或不足，以及非值班电气人员由于职责及对实际情况把握的不确定性，在操作电气设备尤其是高压电气设备时，极易发生错送电、错停电等问题，造成电气事故或人身触电事故，在瓦斯超限区域错送电甚至会引发瓦斯煤尘爆炸事故。因此规定了非专职人员或者非值班电气人员不得操作电气设备。

（二）这里的主回路指的是电气操作机构直接与主回路通过绝缘机构件直接与主回路带电体进行单一分合操作。为了防止高压电气设备主回路绝缘损坏发生漏电和主回路在合分时产生电弧，危及操作人员安全，要求操作人员必须戴绝缘手套，并穿电工绝缘靴或站在绝缘台上操作。

（三）手持式电气设备的操作手柄（如煤电钻、电锤）和工作中必须接触的部分是极易发生触电的部位，必须有良好的绝缘，如绝缘手柄、绝缘护套等，按本规程要求必须使用综合保护装置。

**第四百四十四条** 容易碰到的、裸露的带电体及机械外露的转动和传动部分必须加装护罩或者遮栏等防护设施。

**【解读】**本条是关于裸露带电体、机械外露转动和传动部分的规定。

制定本条的目的是，防止人员意外接触带电体造成人身触电伤害，或接触传动和转动体造成机械伤害。

容易碰到的带电体（如架线电机车的架线，必须要有一定高度满足人不易碰到），还有矿用一般型电气设备裸露的带电体，机械转动旋转体（如联轴器、电动机冷却风扇、传动滚筒及储带仓和张紧部位，提升机卷筒等），都需要加装护罩或遮栏等防护设备。此外，如果连接装置松脱，高速旋转时容易甩出，也可能造成人员受伤或其他设备故障。因此，对于机械外露的转动和传动部分应当加装护罩或者遮栏等防护设施保护人身和设备安全。

井下生产过程中，为防止人身碰到裸露的带电体及机械外露的转动和传动部件，宜使用屏障、遮栏、护罩、箱盒等防护设施将其与外界隔离。为保证防护有效，防护设施应尽量采用封闭机构。当防护设施采用网状结构时，网口尺寸应能防止手指、上下肢、足尖等人体部位误入。同时，应确保防护设施布局合理，使人体不能直接进入危险区域。必要时，还应设置警示标志。此外，还应定期对旋转过程中的连接装置及旋转部件上的紧固件进行检查，保持紧固可靠。

**第四百四十五条** 井下各级配电电压和各种电气设备的额定电压等级，应当符合下列要求：

（一）高压不超过 10000 V。

（二）低压不超过 1140 V。

（三）照明和手持式电气设备的供电额定电压不超过 127 V。

（四）远距离控制线路的额定电压不超过 36 V。

（五）采掘工作面用电设备电压超过 3300 V 时，必须制定专门的安全措施。

**【解读】**本条是关于井下各级供电电压等级的规定。

制定本条款的目的是，规范井下各类设备的电压等级，确保电气设备使用及人身安全。

井下供配电电力系统主要由供电、变电、配电、控制及用电等多种设备构成，其电压等级从高压到低压各不相同，对井下各级配电电压和各种设备的额定电压做出明确规定，是保障煤矿安全生产的重要基础之一。

我国煤矿井下采区使用3300 V电压等级已经有20多年的历史，技术已经成熟，不论是在安全供电还是设备用电上已经有了完善的安全保护措施，可不再要求制订专门的安全措施。随着重型采掘机械的发展和使用，提高采煤用电设备电压等级是一种发展趋势，国外煤矿井下采煤工作面已有使用4160 V电压等级的先例。有鉴于此，应该允许3300 V以上电压等级设备在采煤工作面使用。但用电设备电压等级提高后会对于已成熟使用的现有的3300 V电压等级带来一些新情况、新课题：首先是绝缘问题，不同电压等级的电气设备，其绝缘要求是不同的，尤其是供电电缆，要求不光具有现有电缆的柔软性、绝缘监视，还应有一定的绝缘水平。随着供配电的电压升高，电路的电容电流、接地电流也随之增大，在地面供电内涉及矿井电力网单相接地电容电流超过规定值应当加以限制。因此，采煤工作面用电设备电压超过3300 V时，必须制定专门的安全措施，必要时要进行科研评估。

在实际执行过程，建议注意以下问题：

（1）为安全起见，可先试行比现在高一级电压等级进行科研试验，试行前应组织开展充分的技术论证。

（2）建立科学完整的电气保护，如漏电保护、先导保护、短路保护、在线式绝缘监视保护。

（3）试行过程中应注意收集、整理相关技术资料，为相关标准规范的制定创造基础。

**第四百四十六条** 井下配电系统同时存在2种或者2种以上电压时，配电设备上应当明显地标出其电压额定值。

**【解读】** 本条是对井下配电系统配电设备标识的规定。

制定本条款的目的是，能够有效防止检修或停、送电时误接线、误操作和错停送电，确保设备可靠运行。

煤矿井下常用的交流电压等级有127、380、660、1140、3300 V及6(10)kV，其中低压配电系统常使用380、660、1140 V这3种电压。由于这3种电压等级中使用的馈电开关，其外形十分相似，且有的馈电开关原本就是按两种使用电压设计制造的，当在同一硐室内存在两种以上电压馈送时，工作人员很难从设备外观上迅速确定其电压等级，稍有疏忽就可能发生送错电、停错电、错接线等事故。

随着负荷中心、组合式电气应用的增多，而出线连接装置同样不好识别，而如果每台电气设备及其电缆线路上都清楚地标注上该设备和电缆线路的额定电压值，不仅会为日常操作和安全供电提供极为有利的条件，而且在发生电气故障，需要紧急停电时，特别是在抢险救灾的紧要关头需要停电或送电，而熟悉情况的电工又不在现场时，这些标志牌就能准确告知抢险人员操作部位，有效地避免事故的发生、蔓延和扩大。所以，从安全和日常管理方便考虑，《规程》规定，当配电系统同时存在 2 种或 2 种以上电压时，配电设备（含电缆的引入装置外）应明显标出电压额定值的规定。

我国煤矿原有井下配电系统多为低压配电系统，随着煤炭科技进步，供、配、用电技术的不断发展，目前高、中、低压配电系统在煤矿井下均有大量使用。不同电压等级供、配、用电设备的误接、误操作，均可能引发重大问题。

**第四百四十七条** 矿井必须备有井上、下配电系统图，井下电气设备布置示意图和供电线路平面敷设示意图，并随着情况变化定期填绘。图中应当注明：

（一）电动机、变压器、配电设备等装设地点。

（二）设备的型号、容量、电压、电流等主要技术参数及其他技术性能指标。

（三）馈出线的短路、过负荷保护的整定值以及被保护干线和支线最远点两相短路电流值。

（四）线路电缆的用途、型号、电压、截面和长度。

（五）保护接地装置的安设地点。

**【解读】**本条是关于对矿井电气设备电气系统图的规定。

通过电气系统图及时掌握煤矿井下负荷分布情况，以及井下配电系统主结构，以便指导生产、维护设备、指挥抢险救灾。要求要有井上下配电系统图、井下电气设备布置示意图和供电线路平面敷设示意图。图纸要求与实际相符，图纸内容符合本条款要求，负荷发生变化或安装地点发生变化要及时修改。

**第四百四十八条** 防爆电气设备到矿验收时，应当检查产品合格证、煤矿矿用产品安全标志，并核查与安全标志审核的一致性。入井前，应当进行防爆检查，签发合格证后方准入井。

**【解读】**本条是对防爆电气设备到矿验收、入井检查的规定。

制定本条款的目的是，防止假冒伪劣、不具备安全保障的电气设备进入煤矿，杜绝有失爆缺陷的电气产品下井。

多年来的实践经验证明，防爆电气设备入井前的检查，是确保井下防爆电气设备安全运行和设备完好、杜绝井下电气设备失爆的重要前提，“产品合格证”是对设备质量的承诺与保证，“煤矿矿用产品安全标志”是对设备防爆性能的保证。

如果在入井、使用中不严格按电气防爆性能的要求执行，往往会导致井下电气设备因适用场所不对或设备本身存在防爆缺陷而失爆。防爆电气设备在失爆状态下运行，可能引起瓦斯煤尘爆炸，因此必须保证所有入井的电气设备防爆性能完好。这就是《规程》做出这一规定的原因所在。

1. 关于防爆电气设备到矿验收的要求

规定防爆电气设备到矿验收时，应检查产品合格证、煤矿矿用产品安全标志，并核查与安全标志审核的一致性。目的是为了对采购到的产品辨别真伪，防止假冒伪劣、以次充好的产品进入煤矿，保证采购到的产品合法有效、具备足够的安全保障。

组成防爆电气设备的重要零（元）部件直接关系到产品的安全性和可靠性，安全标志审核备案的产品主要零（元）部件是通过技术审查、检验合格的，能够保证产品在使用中的安全可靠，在生产及使用过程中不可随意更换。设备到矿后，核查设备的主要零（元）部件与安标备案的技术文件中所列的是否一致，判断生产单位是否存在擅自降低安全要求、以次充好等行为，以进一步保证产品的合法性、安全性。

2. 关于防爆电气设备入井前检查的要求

建议在执行过程中，进行产品入矿验收时，应注意以下问题：

（1）设备采购时，网查安全标志的有效性，索要产品合格证、安全标志证书及附件，使用说明书、受控主要零（元）部件明细表等文件资料。

（2）设备验收时，应核查产品说明书、安全证书、产品合格证及相关零（元）部件合格证书及说明书。铭牌上所载信息应与安全标志证书上所载信息一致。

（3）核对设备的主要零（元）部件。设备主要零（元）部件，包括其名称、型号规格、安全标志或其他强制性安全认证编号等，应与安全标志审核备案的产品主要零（元）部件明细表中所载明的信息一致。

（4）验收检查应做好记录并存档。经查验及一致性检查合格的产品，应张贴合格标记。

设备入井前的防爆检查：无论是新到电气设备还是修理过、在库内存放的，凡入井前均应进行防爆检查。应由防爆检查员进行检查，合格的签发合格证。防爆检查应包括以下主要内容：

（1）标志。设备上应有“MA”标志、防爆标志，且内容完整、清晰；并有“严禁带电开盖”等永久性警告和警示标志。

（2）铭牌。铭牌上应有产品名称及型号、产品额定参数、防爆标志号、防爆合格证号、生产许可证号、MA 标志号、出厂编号、出厂序列号、出厂日期及制造厂商等与产品相关的内容。

（3）接地。设备上接地部位有清晰的接地标识和接线柱。

（4）必要的绝缘复检，如电动机、电气主回路等。

（5）引入装置。多余的电缆引入口应使用相匹配的封堵件进行封堵，密封圈和压紧元件之间应有一个金属垫圈，密封圈不应有老化、破损等现象。

（6）隔爆面。可打开的门或盖以及易磨损的隔爆面应完好、进行过防锈处理，无损伤或者锈蚀；隔爆间隙应符合标准的规定。

（7）紧固件。紧固件应完整，不得缺失、松动。

（8）抗电弧。隔爆壳体内部应有喷涂耐弧漆等抗电弧措施。

（9）机械联锁。设备门或盖采用快开门结构时，机械联锁应正常、可靠，门或盖打开后隔离开关不能合闸。

（10）电气设备接线盒内或直接引入的接线端子，电气间隙和爬电距离应符合表 3－36 的规定。

表 3－36　电气间隙和爬电距离

| 工作电压/V | 最小爬电距离/mm | | | 最小电气间隙/mm |
|---|---|---|---|---|
| | 材料级别 | | | |
| | Ⅰ | Ⅱ | Ⅲ | |
| $U \leqslant 15$ | 1.6 | 1.6 | 1.6 | 1.6 |
| $15 < U \leqslant 30$ | 1.8 | 1.8 | 1.8 | 1.8 |
| $30 < U \leqslant 60$ | 2.1 | 2.6 | 3.4 | 2.1 |

表 3－36（续）

| 工作电压/V | 最小爬电距离/mm | | | 最小电气间隙/mm |
|---|---|---|---|---|
| | 材料级别 | | | |
| | Ⅰ | Ⅱ | Ⅲ | |
| $60<U\leqslant110$ | 2.5 | 3.2 | 4 | 2.5 |
| $110<U\leqslant175$ | 3.2 | 4 | 5 | 3.2 |
| $175<U\leqslant275$ | 5 | 6.3 | 8 | 5 |
| $275<U\leqslant420$ | 8 | 10 | 12.5 | 6 |
| $420<U\leqslant550$ | 10 | 12.5 | 16 | 8 |
| $550<U\leqslant750$ | 12 | 16 | 20 | 10 |
| $750<U\leqslant1100$ | 20 | 25 | 32 | 14 |
| $1100<U\leqslant2200$ | 32 | 36 | 40 | 30 |
| $2200<U\leqslant3300$ | 40 | 45 | 50 | 36 |
| $3300<U\leqslant4200$ | 50 | 56 | 63 | 44 |
| $4200<U\leqslant5500$ | 63 | 71 | 80 | 50 |
| $5500<U\leqslant6600$ | 80 | 90 | 100 | 60 |
| $6600<U\leqslant8300$ | 100 | 110 | 125 | 80 |
| $8300<U\leqslant11000$ | 125 | 140 | 160 | 100 |
| $U=1140$ | 24 | 28 | 35 | 18 |

（11）安全警示：接线盒内电源与负荷同腔时应隔离并有安全标识。

## 第二节　电气设备和保护

**第四百四十九条**　井下电力网的短路电流不得超过其控制用的断路器的开断能力，并应校验电缆的热稳定性。

**【解读】** 本条是对电力网中开关开断能力的规定。

制定本条款的目的是，为了防止在电网发生短路时，断路器不能有效切除短路故障，造成设备损坏、电缆着火、引燃引爆瓦斯、煤尘等恶性事故。

“井下电力网的短路电流”是特指在断路器出口处三相金属性短路电流冲击值。短路电流大小是由系统供电电源容量在最大运行方式下所决定。在设备选型前首先要了解该区域电源的容量和未来发展的电源容量，确定本系统最大运行方式下的短路电流。“断路器开断能力”是指断路器能保证可靠开断的最大峰值电流。如果电力网断路器出口发生三相金属性短路故障，短路电流大于断路器的开断能力，断路器将不能分断故障电流，在极短的时间内将造成供电中断或电力电缆、变压器等电气设备绝缘破坏、着火事故。

因而，井下电力网的短路电流不得超过其控制用的断路器的开断能力。

$$i_{gf} > i_{ch}$$

式中 $i_{gf}$——断路器最大分断电流峰值；

$i_{ch}$——电网短路电流冲击值，$i_{ch}=2.55I_{\infty}$（$I_{\infty}$为电网短路电流的有效值）。

“电缆的热稳定性”是指电缆能够承受短路电流的热作用而不会导致电缆绝缘损坏的能力。

电缆的热稳定校验：

$$S > A_{min} = I_{\infty}\sqrt{t_j}/C \times 1000$$

式中 $S$——电缆的截面积，$mm^2$；

$A_{min}$——导体需要最小截面，$mm^2$；

$C$——热稳定系数：交联聚乙烯绝缘电缆铜芯取 135；聚氯乙烯绝缘电缆铜芯取 100；

$I_{\infty}$——稳态短路电流，也可以用开关的最大遮断电流，kA；

$t_j$——假想时间，是短路电流周期分量和非周期分量的假想时间，反映超瞬变短路电流有效值与稳态短路电流有效值之比，查发电机供电时短路电流周期分量的假想时间曲线，一般 $t_j = t + 0.05$ 计算；

$t$——主保护的速动时间，一般取 0.15 s。

煤矿供电的设计人员和运行管理人员，在设计选型或使用中必须用井下电力网的最大三相短路电流核定其控制用的断路器的开断能力，并且校验电缆的热稳定性，不能满足要求时，应采取措施限制短路电流或更换设备。

**第四百五十条** 井下严禁使用油浸式电气设备。

40 kW 及以上的电动机，应采用真空电磁起动器控制。

**【解读】**本条是关于井下严禁使用油浸式电气设备和 40 kW 及以上电动机应采用真空电磁起动器控制的规定。

制定本条款的目的是，提高煤矿安全保障能力，防止淘汰及落后设备在井下使用，引发事故。

1. 关于井下严禁使用油浸式电气设备的规定

油浸式电气设备在井下使用时较易发生漏油、溢油故障，当电气设备所带负荷较大时，会发生绝缘下降的问题，又造成设备喷油或火灾事故的可能性。

**【案例】** 2002 年 10 月 29 日，××煤矿井下四采区变电所变压器超负荷运行，低压侧接线错误，导致橡套电缆短路，产生电弧火花，点燃积存在地板上的高压防爆配电箱漏出的绝缘油及渗漏在地板上的变压器油，引起火灾事故，造成 30 人死亡，直接经济损失 198.8 万元。

2. 关于 40 kW 及以上的电动机应采用真空电磁起动器控制的规定

40 kW 及以上的电动机启动电流大，如 660 V 电压、40 kW 功率的电动机，其额定电流按经验公式计算，$I_N \approx 1.15 \times 40 = 46$ A，其启动电流按额定电流的 5~7 倍计算，高达 200~300 A。如果使用普通的空气绝缘的磁力开关频繁启动的 40 kW 及以上的电动机，由于启动电流过大，将会产生很大的接触电弧，接点极易烧坏粘连，维护工作量较大，开关故障率高。

真空电磁起动器容量大，开断能力强，绝缘等级高，触头开合时无电弧产生，消除了引燃、引爆瓦斯等可燃性气体的可能。所以 40 kW 及以上的电动机，应采用真空电磁起动器控制。

**第四百五十一条** 井下高压电动机、动力变压器的高压控制设备，应当具有短路、过负荷、接地和欠压释放保护。井下由采区变电所、移动变电站或者配电点引出的馈电线上，必须具有短路、过负荷和漏电保护。低压电动机的控制设备，必须具备短路、过负荷、单相断线、漏电闭锁保护及远程控制功能。

**【解读】** 本条是关于高压电动机、动力变压器的高压控制设备、采区变电所、移动变电站引出馈电线上，以及低压电动机的控制设备等各种保护装置的规定。

制定本条款的目的是，确保井下电气设备能够安全可靠运行，防止发生短路、过负荷、接地、欠电压、单相断线等故障，造成设备损坏、人身触电、火灾等恶性事故。

条文中“短路”是指中性点不直接接地的电力系统中相与相之间发生非正常连接，保护应动作于跳闸。

“过负荷”是当电流超过额定值并超过规定时间，使设备跳闸的一项保护，一般分为定时限和反时限两种，保护动作于跳闸。

“接地”是指中性点不直接接地的电力系统中任一相与地之间发生非正常连接。发生接地故障时，不破坏系统线电压的对称性，不影响负荷的短时间运行，但是有可能会造成人身触电事故，保护动作切除故障线路。

“欠压释放保护”是指在电网电压低于额定电压65%时能够释放从而切断负荷电源的一种保护，防止电压过低损坏电气设备，保护应动作于跳闸。

“单相断线”是指三相供电系统中有一相断线。电动机在运行中发生单相断线故障还能保持短时间运行，但是功率减小，转速降低，在外部负荷未发生变化时，未断线两相电流增加，若不能及时切除故障，将会使电动机绕组烧毁，保护应动作于跳闸。

“漏电闭锁”是指在开关合闸前对负荷进行绝缘监测，当负荷对地绝缘阻值低于闭锁值时起闭锁作用不能合闸，减少漏电故障的断电次数，缩小漏电故障的断电范围。当主电路的对地绝缘电阻降低到表3－37动作值时，应实现漏电闭锁，当对地绝缘电阻上升到动作值1.5倍时，应解除漏电闭锁。

表3－37 漏电闭锁值

| 主电路额定工作电压/V | 单相漏电闭锁整定值/kΩ | 动作值允许误差/% |
|---|---|---|
| 127 | 6 | 20 |
| 380 | 7 | 20 |
| 660 | 22 | 20 |
| 1140 | 40 | 20 |
| 3300 | 100 | 20 |

“远程控制功能”是满足设备的远程启动和停止，以及信息采集和自动化控制要求的必备条件。

煤矿应根据《规程》《煤矿电气试验规程》《煤矿井下低压检漏保护装置的安装、运行、维护与检修细则》《煤矿井下低压电网短路保护装置的整定细则》等相关规定，对井下高压设备保护装置，每年进行一次定期检验，配电系统继电保护每半年进行一次整定值检查，负荷变化时应及时整定，保证各种保护装置动作灵敏可靠。

低压电动机的短路、过负荷、单相断线保护，其特性应符合表3－38。

表3-38 低压电动机的短路、过负荷、单相断线保护特性

| 名 称 | 整定电流倍数 | 动 作 时 间 | 备 注 |
|---|---|---|---|
| 过负荷 | 1.05 | 长期不动作 | |
| | 1.2 | 5 min＜$t$＜20 min | 从刻度电流电平开始 |
| | 1.5 | 1 min＜$t$＜3 min | 从刻度电流电平开始 |
| | 6 | 8 s＜$t$＜16 min | 从零电流电平开始 |
| 单相断线 | 一相为零<br>二相为1.15倍整定电流 | ＜20 min | 0.6倍整定电流热态 |
| | 一相为零<br>二相为1.15倍整定电流 | ＜3 min | 0.6倍整定电流热态 |
| 短路 | 8~10 | 20 ms＜$t$＜400 ms | 从零电流电平开始 |

**第四百五十二条** 井下配电网路（变压器馈出线路、电动机等）必须具有过流、短路保护装置；必须用该配电网路的最大三相短路电流校验开关设备的分断能力和动、热稳定性以及电缆的热稳定性。

必须用最小两相短路电流校验保护装置的可靠动作系数。保护装置必须保证配电网路中最大容量的电气设备或者同时工作成组的电气设备能够起动。

**【解读】** 本条是关于井下配电网馈出开关设备选型、校验及保护的要求。

制定本条款的目的是，为了保证井下配电网路过流、短路保护的灵敏性与可靠性，防止保护出现拒动和误动作，造成电气设备烧毁或设备启动运行不正常。

1. 井下配电网路保护装置

井下配电网路一般馈出的距离较长，但无论所带负载是电动机或变压器以及变压的馈出线路都必须有相应短路和过流保护，防止任一级发生短路越级跳闸或长期的过负荷运行使设备损坏造成事故。

2. 关于井下开关设备及电缆分断能力和动热稳定性校验的规定

井下配电网路的最大三相短路电流是指在最大运行方式下，在断路器或接触器所控线路中，由于电路三相金属性短路而产生的电流。

（1）矿井井下配电网路，无论是高压还是低压，都必须验算开关设备切断短路电流的能力。在电网发生短路故障时，不仅要求装在故障线路上的开关能及时跳闸，而且要求开关有能力将跳闸时产生的电弧迅速熄灭。因为电弧本身就是电流，只有所有电弧完全熄灭后，短路电流才被真正切断。如果电弧不能被迅速熄灭，不仅故障电流没有消失，相反在强烈短路电弧的热作用下，开关设备的触

头将被烧毁，甚至将开关设备的外壳或隔爆外壳烧穿。在电弧的作用下，系统存在的电感和电容，容易使系统产生谐振过电压，威胁矿井供电安全、人身安全和矿井安全。因此，在选择开关设备时必须验算它们切断短路电流的能力。

由于开关设备分断能力对电气设备的安全运行有着重大保障作用，直接决定着配电网路的安全，故必须用最大三相短路电流校验开关设备的分断能力和动作稳定性。

（2）井下配电网路短路事故时有发生，虽然配电网路及电气设备均装备有短路保护装置，但在发生短路到保护装置动作仍有一个过程时间，其在短路电流作用下对开关设备本身和相连的电缆都存在着一定的危害。所以，从避免电网短路造成的高压开关、电缆损坏角度考虑，在具体选择时必须用配电网路最大三相短路电流校验开关设备和电缆的热稳定性，以确保在发生短路事故、出现最大三相短路电流时，相关的开关设备和电缆不被损坏。

3. 关于保护装置可靠动作系数的规定

（1）最小两相短路电流是指，井下配电网路采用中性点不直接接地系统，短路保护装置所保护范围末端的两相最小运行方式下的短路电流。

（2）可靠动作系数是衡量短路保护装置的可靠性与灵敏性的重要参数。

为确保短路保护装置的可靠性与灵敏性，必须用最小两相短路电流来校验开关可靠动作，并达到规定值。通常用可靠系数来判断灵敏性。

可靠动作系数用 $K_r$ 表示，校验应符合以下规定：

$$K_r \geqslant I_{s.\,min}^{(2)}/I_{s.\,e}$$

式中 $I_{s.\,min}^{(2)}$——保护范围末端的最小两相短路电流，$I_{s.\,min}^{(2)}=I_{s.\,max}^{(3)}\times\frac{\sqrt{3}}{2}$，kA；

$I_{s.\,e}$——短路保护装置整定动作电流值，kA；

$I_{s.\,max}^{(3)}$——短路点三相短路电流有效值。

《煤矿井下低压电网短路保护装置的整定细则》规定，主保护 $K_r \geqslant 1.5$；后备保护 $K_r \geqslant 1.7$；电子保护器 $K_r \geqslant 1.2$；假若短路电流校验不能满足要求时，可根据具体情况，分别采取以下措施：①加大干线或支线电缆截面；②设法减少低压电缆线路长度；③换用大容量变压器或采取变压器的并联；④增设分段保护开关；⑤采用相敏保护器或软起动等新技术提高灵敏度；⑥采用移动变电站或移动变压器。

**第四百五十三条** 矿井 6000 V 及以上高压电网，必须采取措施限制单相接地电容电流，生产矿井不超过20 A，新建矿井不超过10 A。

井上、下变电所的高压馈电线上，必须具备有选择性的单相接地保护；向移动变电站和电动机供电的高压馈电线上，必须具有选择性的动作于跳闸的单相接地保护。

井下低压馈电线上，必须装设检漏保护装置或者有选择性的漏电保护装置，保证自动切断漏电的馈电线路。

每天必须对低压漏电保护进行1次跳闸试验。

煤电钻必须使用具有检漏、漏电闭锁、短路、过负荷、断相和远距离控制功能的综合保护装置。每班使用前，必须对煤电钻综合保护装置进行1次跳闸试验。

突出矿井禁止使用煤电钻，煤层突出参数测定取样时不受此限。

**【解读】**本条是关于限制高压电网单相接地电容电流和高、低压馈电线上漏电保护装置的规定。

制定本条款的目的是：

（1）防止因高压电网单相接地故障，造成人身触电，电气火灾，引燃引爆瓦斯、煤尘，提前引爆电雷管等事故。

（2）防止因高压电网单相接地故障，引起过电压，导致电缆、电容器等电气设备绝缘击穿，损害电网安全运行的恶性事故，当发生高压电网单相接地故障时，及时准确地选出发生故障的线路，发出信号或切除故障线路。

（3）防止井下低压电网因漏电故障，造成人身触电事故，当发生漏电故障时，能够迅速准确地切除故障线路，以确保人身安全和缩小停电范围。

（4）防止因煤电钻保护失灵、灵敏度不可靠而造成人身触电、人员伤害、设备损坏、引燃引爆瓦斯等事故。

1. 关于矿井高压电网单相接地电容电流的规定

在矿井高压电网中性点不接地系统中，单相接地电容电流过大，会出现以下主要危害：

（1）可能因单相接地故障引起系统谐振过电压，破坏系统正常运行。

（2）可能因单相接地故障引起电气火灾，破坏矿井高压电网的正常运行，增大引发矿井瓦斯、煤尘爆炸的概率。

（3）使正常状态下不带电的电气设备外壳（包括电缆）等接地网对地电位升高，产生对人体构成触电危险的接触电压和跨步电压。

（4）易导致回流路径上的电雷管超前引爆。

国家标准的规定与研究结论：

（1）GBT 50064—2014《交流电气装置的过电压保护和绝缘配合设计规范》第3款和GB 50070—2009《矿山电力设计规范》3.0.9.1中规定：当6 kV或10 kV系统发生单相接地不要求立即切除故障回路而要维持故障回路短时期运行时，应采用不接地、高阻接地或消弧线圈接地方式，并应将流经单相接地故障点的电容电流限制在10 A以内。

（2）德国、苏联、美国、罗马尼亚、英国标准限制单相接地电容电流为10 A。

（3）华北、湖北电力试验研究所试验表明：单相接地电容电流小于10 A时，一旦发生单相接地故障，几乎接地点全能自灭弧；当电容电流在16 A及以上时，不能自灭弧，但也不能达到稳定的电弧，导致电网中的电感与电容回路电磁振荡，产生全网的电弧接地过电压，对电网绝缘造成破坏。

因此确定了10 A以下为单相接地电容电流的安全电流，当矿井高压电网单相接地电容电流大于10 A时必须有限制单相电容电流的措施。同时考虑到老矿井按原规程而建设，因此对已生产矿井还执行单相电容电流不超20 A的要求。但无论是新建还是已建都要定期测试矿井单相接地电容电流值，确保保护设备能正常运行，当单相电容电流发生后的电容电流值应在限制规定范围内。

可以采取的主要措施有：

（1）采取分割措施减小电网规模，如采用多台变压器分列运行，矿井电源取自多个变电站等。

（2）在采取分割措施不能奏效时，宜采取变压器中性点经消弧电抗线圈接地或经限流阻抗接地。

（3）缩短供电网路距离。

（4）采用经消弧电抗线圈接地自动补偿方式时，同时采用自动调整补偿量的措施，以防止网路出现过量补偿或补偿谐振现象。

2. 关于矿井高压馈电线上装设选择性单相接地保护装置的规定

（1）井上、下高压馈出回路必须具备有选择性的单相接地保护，此保护可动作于跳闸或发出信号。选择性单相接地保护主要是让馈电线上的保护单元自动检测出故障，使故障线路开关跳闸，避免其他线路上的开关联动，减小停电区域，保障安全生产。

（2）向移动变电站和电动机供电的高压馈电线上，必须具有选择性的动作于跳闸的单相接地保护。

井下高压单相接地保护应采用有选择性的高压单相接地保护系统，其系统一般采取地面变电所、井下中央变电所、采区变电所三级保护系统，其整定原则可参考《煤矿电工手册》第二分册中的有关内容。

3. 关于井下低压馈电线上装设漏电保护装置的规定

井下低压馈电线路上必须装设漏电保护装置或有选择性的漏电保护装置，能自动切断漏电回路，并要求每天对低压漏电保护做一次试验。

首先，低电压漏电保护试验原理我国基本上都是采取模拟漏电而进行，尽管使馈电柜动作跳闸，但不是回路中相电压对地，对供电系统不会造成危害。其次低压系统易出现故障，当出现故障后要求漏电监测单元能可靠检测出故障回路，并能准确可靠地使开关跳闸。

煤矿井下低压电网各种电压等级下的漏电保护装置，应满足以下要求：

（1）对电网的绝缘水平进行连续的监视。

（2）对电网的分布电容必须具有足够的补偿能力。

（3）当电网对地绝缘电阻小于表 3－39 规定数值时，自动切断电网电源。

表 3－39　漏电跳闸及漏电闭锁保护基本参数表

| 补偿方式 | 额定电压/V | 单相漏电动作电阻整定值/kΩ＋20% | 单相漏电闭锁电阻整定值/kΩ＋20% | 经 1 kΩ 电阻单相接地动作时间/ms | 电容为 0.22～1.0 μF/相的补偿率 η/% |
|---|---|---|---|---|---|
| 有 | 127 | 3 | 6 | ≤250 | ≥60 |
| | 380 | 3.5 | 7 | ≤100 | |
| | 660 | 11 | 22 | ≤80 | |
| | 1140 | 20 | 40 | ≤50 | |
| | 3300 | 50 | 100 | | |
| 无 | 127 | 3 | | ≤100 | |
| | 380 | 3.5 | 7 | ≤100 | |
| | 660 | 11 | 22 | ≤80 | |
| | 1140 | 20 | 40 | ≤50 | |
| | 3300 | 50 | 100 | | |

普通的检漏保护装置是采用附加直流的工作原理，电网对地绝缘电阻越小，

附加检测电流越大，当绝缘电阻下降到漏电保护装置动作电阻值时，漏电保护装置动作，切断由变压器供电的全部设备电源，这种保护没有选择性，停电范围大。

为了减少漏电保护的动作次数，缩小漏电故障的停电范围，应选用有选择性的漏电保护，保证自动切断漏电的馈电线路。《煤矿井下低压检漏保护装置的安装、运行、维护与检修细则》对有选择性的漏电保护的基本参数做了规定，见表3－40。

表3－40　选择性漏电保护基本参数表

| 额定电压/V | 电网对地电容不大于1μF/相时单相对地动作电阻值/kΩ | 单相经1 kΩ电阻接地时作为第一级的漏电保护动作时间/ms |
|---|---|---|
| 380 | 3～7 | ≤30 |
| 660 | 5～13 | |
| 1140 | 5～20 | |

高压配电装置的单相接地保护装置无论是采用功率方向型、电流型还是电流方向型保护原理，单相接地保护装置的动作参数规定为：

（1）零序电流互感器原边最低起动电流 $I_o$ =0.5 A，最高整定电流 $I_o$ =6 A。

（2）电压互感器开口三角形开口电压的最低起动电压 $U_o$ =3 V，最高整定电压 $U_o$ =25 V。

漏电电阻应在1 kΩ以下能可靠动作，$U_o$ 动作值推荐不超过10 V。整定电流 $I_e$ 推荐最高不超过2 A为宜，以提高漏电保护装置的灵敏度。保护装置本身动作时间不大于100 ms。

上述保护之外，由产品标准规定。

4. 关于矿井使用煤电钻的规定

煤电钻为井下手持式电气设备，为确保安全使用煤电钻，必须使用具有检漏、漏电闭锁、短路、过负荷、断相和远距离控制功能的综合保护装置。每班使用前，必须对煤电钻综合保护装置进行1次跳闸试验。严禁甩掉综合保护装置使用煤电钻。

**【案例】**2006年5月14日，××煤矿由于煤电钻综保开关保护失灵，煤电钻负荷电缆损坏，三相芯线扭接在一起造成相间短路，导致煤电钻综保开关变压器烧毁，开关外壳带电未能及时跳闸，造成1名掘进工触电死亡。

**【案例】**2009年9月8日，××煤矿201机巷顶板垮落造成其局部通风机停风，积聚了大量高浓度瓦斯，又因 201 掘进巷内的煤电钻电缆短路产生高温火源引起瓦斯爆炸，煤尘参与爆炸，造成 76 人死亡，14 人受伤，直接经济损失 3986.4 万元。

突出矿井或突出煤层瓦斯含量较高，煤与瓦斯突出危险性大，一旦出现电气火花，极易发生瓦斯与煤尘爆炸等恶性事故。煤电钻使用过程中易发生短路故障引起火花、人身触电、综合保护故障等事故，为了提高煤矿安全保障能力，突出矿井禁止使用煤电钻，可采用气动钻机或液压钻机代替煤电钻。考虑到气动钻机采用风力吹孔或存在漏风等情况，影响瓦斯参数测定的准确性，煤层突出参数测定取样时不受此限，但必须确保煤电钻综合保护装置的完好与可靠。

**第四百五十四条** 直接向井下供电的馈电线路上，严禁装设自动重合闸。手动合闸时，必须事先同井下联系。

**【解读】** 本条是关于直接向井下供电的高、低压馈电线上严禁装设自动重合闸的规定。

制定本条款的目的是，煤矿井下由于漏电、短路等原因造成的电气故障，在没有切除的情况下，自动重合闸有可能引起电气火灾或设备损坏，甚至会引起大面积越级跳闸，造成矿井大面积停电，对矿井安全造成严重威胁。

“自动重合闸”装置是指线路上的开关因故障自动跳开后能使开关重新合闸，迅速投入运行的一种自动装置。

直接向井下供电的馈电线路上出现故障，在故障未排除情况下，自动重合闸装置会造成故障进一步扩大。

为保障人身、生产设备及供电系统的安全，手动合闸时，必须事先同井下联系，确认井下设备及馈电线路故障已经排除，具备送电条件，方可送电。

煤矿供电的运行管理人员，应该严格按照操作规程，先查明事故原因，切除或隔离故障后，再逐级恢复送电，防止事故扩大。

**第四百五十五条** 井上、下必须装设防雷电装置，并遵守下列规定：

（一）经由地面架空线路引入井下的供电线路和电机车架线，必须在入井处装设防雷电装置。

（二）由地面直接入井的轨道、金属架构及露天架空引入（出）井的管路，必须在井口附近对金属体设置不少于 2 处的良好的集中接地。

【解读】本条是关于井上、下必须装设防雷电装置的规定。

制定本条款的目的是，防止地面雷电波沿导体引入井下，造成瓦斯、煤尘爆炸以及人身伤害等事故。

防止地面雷电波及井下，必须做到：

（1）经由地面架空线路引入井下的供电线路（包括电机车架线），必须在入井处装设避雷器，其接地电阻不得大于5 Ω。

（2）由地面直接入井的轨道，金属架构及露天架空引入（出）的管路，可能会将雷电引入井下导致事故或伤害。因此必须在井口附近将金属体进行不少于2 处的可靠接地，接地极的电阻不得大于5 Ω；两接地极的距离应大于 20 m。

【案例】1984 年 9 月 24 日，××煤矿一号风井地面工业广场 6 kV 线路停电改架，在尚未恢复送电前，雷雨交加，因未安装防雷电装置，遭受强雷击，引起井下瓦斯爆炸，死亡 1 人，损失 34.5 万元。

【案例】1980 年 8 月，某矿地面 +465 m 处打雷，因未安装防雷电装置，井下大巷轨道同时闪弧。

## 第三节 井下机电设备硐室

**第四百五十六条** 永久性井下中央变电所和井底车场内的其他机电设备硐室，应当采用砌碹或者其他可靠的方式支护，采区变电所应当用不燃性材料支护。

硐室必须装设向外开的防火铁门。铁门全部敞开时，不得妨碍运输。铁门上应当装设便于关严的通风孔。装有铁门时，门内可加设向外开的铁栅栏门，但不得妨碍铁门的开闭。

从硐室出口防火铁门起 5 m 内的巷道，应当砌碹或者用其他不燃性材料支护。硐室内必须设置足够数量的扑灭电气火灾的灭火器材。

井下中央变电所和主要排水泵房的地面标高，应当分别比其出口与井底车场或者大巷连接处的底板标高高出 0.5 m。

硐室不应有滴水。硐室的过道应当保持畅通，严禁存放无关的设备和物件。

【解读】本条是关于永久性井下中央变电所、采区变电所和其他机电设备硐室方面的规定。

制定本条款的目的是，保证井下变电所和井底车场内的其他机电设备硐室具备防火灾、防水患等方面的安全要求。

“永久性井下中央变电所和井底车场内的其他机电设备硐室，应当采用砌碹或者其他可靠的方式支护，采区变电所应当用不燃性材料支护”，其主要目的是防止采区变电所内一旦发生电气火灾，会引起支护材料甚至是煤层着火，并沿硐室巷道向外蔓延，形成大面积火灾，甚至引发矿井瓦斯、煤尘爆炸等重大恶性事故。另外，火灾过程中产生的热量可灼伤人员，而可燃物（支护材料、橡胶、油类、煤炭）燃烧时产生大量的 $CO$、$CO_2$、$NO$、$NO_2$ 等有毒有害气体，这些气体进入回风巷道内，将使处于火源下风侧的井巷及作业区烟气弥漫，造成该区域内工作人员的窒息和中毒伤亡事故。

硐室必须装设向外开的防火铁门，装有铁门时，门内可加设向外开的铁栅栏门，但不得妨碍铁门的开闭，其主要目的是一旦硐室内部发生电气火灾时，便于人员撤离，并防止人员拥挤在门口处而打不开防火门，延误人员撤离火区。在设置防火铁门时，铁门上应装设便于关严的通风孔，在正常情况下便于控制硐室通风量，而在意外火灾情况时便于隔绝通风。

“从硐室出口防火铁门起 5 m 内的巷道，应当砌碹或者用其他不燃性材料支护。硐室内设置足够数量的扑灭电气火灾的灭火器材”，其主要目的是防止硐室外部万一发生火灾时，其火势能够被不燃性支护材料所阻隔，不致蔓延到变电所内，引起电气火灾。为防止硐室内外发生火灾时及时灭火，硐室内必须设置足够数量的扑灭电气火灾的灭火器材，灭火器材的数量和质量应按照消防部门规定的要求执行。

“井下中央变电所和主要排水泵房的地面标高，应当分别比其出口与井底车场或大巷连接处的底板标高高出 0.5 m”，其主要目的：一是防止由井底车场或大巷等处向中央变电所和主要排水泵房内倒灌水，加剧电气设备锈蚀，降低电气设备绝缘，容易引起电气设备失爆、接地、短路故障，造成全矿井井下停电；二是矿井一旦发生意外水灾，大巷、井底车场出现水险后，由于中央变电所和主要排水泵房的标高高出大巷 0.5 m，它们仍能维持继续运行，保持排水不间断，为火灾抢险争取时间。

“硐室不应有滴水。硐室的过道应当保持畅通，严禁存放无关的设备和物件”，其主要目的是硐室内有滴水容易使电气设备锈蚀、降低绝缘强度，造成设备失爆和漏电。硐室内存放无关的设备和物件，影响硐室通风，不利于电气设备散热。

**第四百五十七条** 采掘工作面配电点的位置和空间必须满足设备安装、拆除、检修和运输等要求，并采用不燃性材料支护。

【解读】本条是关于采掘工作面配电点的位置和空间的规定。

制定本条款的目的是，保证采掘工作面配电点的位置和空间在设计、施工时要满足配电点的设备检修和安装、拆除、运输等要求，同时保证配电点位置和空间范围内支护材料具备防火要求。

“采掘工作面配电点的位置和空间必须能满足设备检修和巷道运输、矿车通过及其他设备安装的要求”，主要是因为采掘工作面配电点的电气设备存在负载变动较大，安装拆除频繁，需要经常维修和排除故障等问题，同时采掘工作面配电点环境较为恶劣，巷道容易来压变形，底板容易膨胀，如果不留有空间，设备容易被挤压，造成电气设备故障。有的采掘工作面配电点设置在轨道旁侧，则必须留有矿车通过的空间及安装和检修的要求，以免被矿车碰撞和挤压，造成电缆短路和设备失爆引发着火等事故。

“采用不燃性材料支护”，主要是因为大部分采掘工作面配电点都设置在运输轨道旁侧，设备及电缆容易被挤伤，造成火灾事故；有的电气设备设置在巷道硐室内，受巷道来压变形影响，电器及电缆容易被挤压，造成电缆短路和设备失爆引发着火等事故。为避免发生火灾，阻止火势蔓延，采掘工作面配电点的位置和空间必须应用不燃性材料支护。

**第四百五十八条** 变电硐室长度超过6 m时，必须在硐室的两端各设1个出口。

【解读】本条是关于变电硐室两端设出口的规定。

制定本条款的目的是，保证变电硐室满足通风、温度排放、人员安全撤离等要求。

因为变电硐室长度超过6 m，靠扩散通风已不能完全有效的排放和稀释硐室内释放出来的瓦斯和其他有毒有害气体，不利于硐室散热。保证变电硐室内温度不超过30 ℃，方便硐室散热。变电硐室两端各设1个出口，便于人员撤离。

**第四百五十九条** 硐室内各种设备与墙壁之间应为留出0.5 m以上的通道，各种设备之间留出0.8 m以上的通道。对不需从两侧或者后面进行检修的设备，可以不留通道。

【解读】本条是关于硐室内各种设备检修通道的规定。

制定本条款的目的是，检修人员在检修设备时，有一定的检修空间，方便开盖更换元器件、做电气试验等有关检修工作。另外在检修时方便运放仪器仪表等工器具。

**第四百六十条** 硐室入口处必须悬挂“非工作人员禁止入内”警示牌。硐室内必须悬挂与实际相符的供电系统图。硐室内有高压电气设备时，入口处和硐室内必须醒目悬挂“高压危险”警示牌。

硐室内的设备，必须分别编号，标明用途，并有停送电的标志。

**【解读】** 本条是关于机电硐室警示牌和硐室内悬挂供电系统图、设备编号、用途和设置停送电标志的规定。

制定本条款的目的是，防止非工作人员在不熟悉变电所有关规定的情况下，误碰、误停、误送，造成触电伤人或机电事故的发生。

硐室入口处和硐室内悬挂警示牌，主要原因是硐室内有各种电气设备用于给各种负载配电和供电，非工作人员入内不但有触电危险，还可能因为碰撞等原因造成误停电或误送电，发生事故。

硐室内悬挂的供电系统图必须与实际供电范围所带负荷、连接电缆一致，当负荷或接线发生变化应及时修改系统图。主要原因：一是帮助机电运行管理人员了解供电电源和配出线路的供电范围和负载容量；二是可以帮助检查检修人员确定停、送电开关和影响范围；三是便于电气工作人员确定供电系统合理分配负荷配置；四是了解确定各保护装置的整定值和短路保护装置是否符合规定。

“硐室内的设备，必须分别编号，标明用途”，是为了加强设备的管理，掌握设备的运行状态。设置停送电标志主要是为了防止电气设备误停、误送电等事故发生。

## 第四节　输电线路及电缆

**第四百六十一条** 地面固定式架空高压电力线路应当符合下列要求：

（一）在开采沉陷区架设线路时，两回电源线路之间有足够的安全距离，并采取必要的安全措施。

（二）架空线不得跨越易燃、易爆物的仓储区域，与地面、建筑物、树木、道路、河流及其他架空线等间距应当符合国家有关规定。

（三）在多雷区的主要通风机房、地面瓦斯抽采泵站的架空线路应当有全线避雷设施。

（四）架空线路、杆塔或者线杆上应当有线路名称、杆塔编号以及安全警示等标志。

**【解读】** 本条是关于对地面固定式架空电源线路安装运行环境的规定。

制定本条款的目的是，为了保障地面架空线路的安全运行，确保矿井重要负荷的安全供电。

（一）矿区采空区地表发生沉降后，将影响到采空区地表架空线路的安全运行，因此必须采取必要的安全措施，以确保矿井安全供电。新建架空线路的路径选择应避开沉陷区，对不能避开沉陷区的，应减少穿过沉陷区的距离，选用合理的杆塔形式并采取措施防止倒塔事故的发生。另外两回平行线路间距要大于线路杆塔在倒杆情况下的1.5倍距离以上，防止地表沉陷后造成的架空线路杆塔倒塌等事故影响到平行线路。对已发生倾斜的杆塔应加强监测，一旦倾斜超标，应及时采取纠偏、换塔改线等措施。

**【案例】** 2014年12月，开滦集团荆各庄矿业分公司35 kV变电站的317电源进线线路的三座杆塔，受采煤塌陷影响，杆塔发生倾斜变化，为确保矿井的安全、可靠供电，矿方与供电局及时联系，使供电线路避开了塌陷区，确保了矿井供电的安全性、可靠性。

（二）在存有易燃、易爆物的仓储区域上方跨接有架空线路，如果发生倒杆、断线事故时导线甩出碰撞而产生火花、电弧，将会引起易燃、易爆物着火或爆炸，因此架空线不得跨越易燃、易爆物的仓储区域。同时为保证线路的安全运行及线路下方设施及经过的人员的安全，架空线路与地面、建筑物、树木、道路、河流及其他架空线等安全间距应符合《电力设施保护条例》《架空线路设计规范》等有关规定。日常应加强输电线路走廊的巡视和维护，严禁在线路保护区内植树、采矿、建造构筑物等，保证线路满足安全运行要求。

（三）多雷区的供电设施应当采取相关避雷措施，最大限度地避免和减轻雷电灾害造成的损失。根据中国气象局有关雷暴日指数的规定，年雷暴日数在40～90天属多雷区。在多雷区矿井主要通风机房、地面瓦斯抽采泵站的架空线路依据具体情况可采取下列部分措施：架设避雷线、安装避雷针、加强线路绝缘、采用差绝缘方式、装设避雷器、降低杆塔接地电阻等措施。对瓷绝缘子，还应加强零值、低值绝缘子的检出工作。重视接地引下线的运行维护工作，腐蚀严重地区适当增大接地引下线的截面，在雷雨季节前加强接地引下线与（杆）塔连接情况的检查。

（四）对架空线路、杆塔或线杆进行命名、编号及设有安全警示标志，是防止出现误登误上线路、杆塔或线杆及防止误碰线路的有效措施之一。特别是在可能引起误碰线路的区段应设立限高警示牌或采取其他有效警示手段，防止吊车等施工机具刮碰导线引起跳闸或断线事故。

**【案例】**1988 年 7 月 15 日，××矿，两条主要通风机电源线路遭雷击，线路上端的电力线被击断，引起风机全停电 1 h 20 min。

**第四百六十二条**　在总回风巷、专用回风巷及机械提升的进风倾斜井巷（不包括输送机上、下山）中不应敷设电力电缆。确需在机械提升的进风倾斜井巷（不包括输送机上、下山）中敷设电力电缆时，应当有可靠的保护措施，并经矿总工程师批准。

溜放煤、矸、材料的溜道中严禁敷设电缆。

**【解读】**本条是关于在总回风巷、专用回风巷、机械提升的进风倾斜井巷（不包括输送机上、下山）及溜放煤、矸、材料的溜道中能否敷设电力电缆的规定。

制定本条款的目的是，明确在矿井的上述特殊场所中，能否敷设电缆及敷设电缆时应制定相关保护措施，以确保安全供电。

总回风巷、专用回风巷及机械提升的进风的倾斜井巷（不包括输送机上、下山）中不应敷设电力电缆的原因：

（1）煤矿总回风巷、专用回风巷的风流中都含有一定量的瓦斯，一旦敷设的电力电缆出现故障，产生电火花，可能引起瓦斯爆炸事故。矿井总回风和专用回风巷风流中一旦瓦斯超限，敷设在其中的电力电缆必须停电，否则将对矿井造成威胁，同时影响停电区域的生产。

（2）矿井总回风巷或专用回风巷相对湿度大，腐蚀性气体含量高，电力电缆使用寿命短、故障率高。

（3）机械提升的进风倾斜井巷（不包括输送机上、下山）中敷设电力电缆，发生跑车事故时易砸坏电缆，可能引起火灾。

确需在机械提升的进风的倾斜井巷（不包括输送机上、下山）中敷设电力电缆时，应当有可靠的保护措施，并经矿总工程师批准，主要措施应包括：

（1）应敷设在发生断绳跑车事故时不易砸坏的场所或增设电缆沟槽、隔墙，以防砸坏电缆。

（2）不应设接头，需设接头时，必须用金属的接线盒保护壳，并可靠接地。

（3）保证敷设质量，并指定专人对其接头、绝缘电阻、局部温升和电力电缆的吊挂等进行定期检查。

（4）巷道支护必须完好。

（5）定期清扫井巷及电力电缆上的煤尘。

溜放煤、矸、材料的溜道中敷设电缆容易被碰撞、挤压和掩埋，容易发生短路、断线等故障。溜放煤、矸、材料的溜道中严禁敷设电缆。

**第四百六十三条** 井下电缆的选用应当遵守下列规定：

（一）电缆主线芯的截面应当满足供电线路负荷的要求。电缆应当带有供保护接地用的足够截面的导体。

（二）对固定敷设的高压电缆：

1. 在立井井筒或者倾角为45°及其以上的井巷内，应当采用煤矿用粗钢丝铠装电力电缆。

2. 在水平巷道或者倾角在45°以下的井巷内，应当采用煤矿用钢带或者细钢丝铠装电力电缆。

3. 在进风斜井、井底车场及其附近、中央变电所至采区变电所之间，可以采用铝芯电缆；其他地点必须采用铜芯电缆。

（三）固定敷设的低压电缆，应当采用煤矿用铠装或者非铠装电力电缆或者对应电压等级的煤矿用橡套软电缆。

（四）非固定敷设的高低压电缆，必须采用煤矿用橡套软电缆。移动式和手持式电气设备应当使用专用橡套电缆。

**【解读】**本条是煤矿井下高、低压电缆选用的规定。

制定本条款的目的是，通过电缆的合理选用，确保电缆运行安全，并强调了井下电缆选用应是煤矿专用电缆。

（一）电缆主线芯的截面应满足供电线路负荷的要求，一是满足负荷电流在经济电流密度运行，电流密度过高易引起电缆过热，绝缘提前老化，过小则造成投资浪费；二是应按系统压降校验，应满足电气设备运行、起动时压降符合相关规定；三是校验电气系统在最大运行方式下三相短路的最小截面积，严禁电缆超负荷运行，以免电缆接头或电缆绝缘老化部位的损坏，造成电缆接地甚至短路事故。

（二）无论是煤矿用铠装电缆还是橡套软电缆，都应带有供保护接地用的足够截面的导体。井下保护接地网是通过高、低压铠装电缆的金属外皮和橡套电缆的接地芯线，把井下所有电气设备的金属外壳在电气上连接起来，并与矿井主接地极、各局部接地极连接起来组成井下接地网，形成保护接地。

（三）对固定敷设的高压电缆：

（1）立井井筒敷设的电缆成悬垂状态，在重力作用下将会被拉伸，选用粗钢丝铠装能承受较大的拉力，起抗压、抗砸或抗张保护作用。

（2）钢带或细钢丝铠装电力电缆能承受一般的拉力，适合在水平巷道或者倾角在45°以下的井巷内使用，起抗压或抗张保护作用。

（3）在进风斜井、井底车场及其附近、中央变电所至采区变电所之间，可以采用铝芯电缆，是因为这些部位都是主进风巷电缆基本固定，不需经常移动，为了合理降低矿井投资成本，可以选用铝芯电缆。除此之外，其他地点必须采用铜芯电缆，不能采用铝芯电缆的原因是：铝的氧化热远远大于铜的氧化热，对于同样尺寸的试验材料，铝的氧化热比铜大5.5倍。铝芯电缆短路放炮时比铜芯电缆引发瓦斯、煤尘爆炸事故的概率高。因此规定铝芯电缆只能在主要进风巷道内使用。

（四）非固定敷设的高低压电缆，适用于随生产变化电缆需要迁移的场所，选用矿用橡套电缆是因为其柔软、轻便，且橡皮护套的强度、弹性、柔软性较高，适合频繁移动。

**第四百六十四条** 电缆的敷设应当符合下列要求：

（一）在水平巷道或者倾角在30°以下的井巷中，电缆应当用吊钩悬挂。

（二）在立井井筒或者倾角在30°及以上的井巷中，电缆应当用夹子、卡箍或者其他夹持装置进行敷设。夹持装置应当能承受电缆重量，并不得损伤电缆。

（三）水平巷道或者倾斜井巷中悬挂的电缆应当有适当的弛度，并能在意外受力时自由坠落。其悬挂高度应当保证电缆在矿车掉道时不受撞击，在电缆坠落时不落在轨道或者输送机上。

（四）电缆悬挂点间距，在水平巷道或者倾斜井巷内不得超过3 m，在立井井筒内不得超过6 m。

（五）沿钻孔敷设的电缆必须绑紧在钢丝绳上，钻孔必须加装套管。

**【解读】** 本条是关于电缆敷设的规定。

煤矿井下电缆数量多，现场环境复杂，电缆的正确敷设方式，是保证电缆安全运行的先决条件，所以《规程》对井下电缆的敷设、吊挂提出了明确要求。

（一）在水平巷道或倾角在30°以下井巷中用吊钩悬挂，防止电缆落地容易被水淹、被运输车辆刮、碰和被冒落的煤、岩块砸伤，使电缆绝缘破坏，造成供电事故。

（二）在立井井筒敷设电缆时，由于电缆成悬垂状态，在重力的作用下电缆将会被拉伸，若敷设过程中不进行固定或进行固定的设施不能保证电缆在一定范围内的稳定、不发生滑移，则电缆被拉伸的长度会随敷设的长度的加大而不断加大，最后导致电缆绝缘破坏，所以在立井井筒敷设电缆时必须用夹子、卡箍或其他夹持装置予以固定。而对于倾角在30°及以上的巷道，由于角度较大，敷设在其中的电缆所受重力在倾斜方向的分力较大，若此时仍用吊钩固定，则在重力分力的作用下，电缆会向下滑移，造成电缆的拉伸变形；当发生滑移的电缆长度较长时，就有可能造成电缆的损坏，造成事故。所以倾角在30°及以上的巷道中敷设电缆时必须用夹子、夹箍或其他夹持装置予以固定。

（三）敷设的电缆应保持一定的弛度，当电缆受外力作用，电缆会发生一定量的移动，从而相应地缓冲电缆所受作用力，减小外力对电缆的破坏程度，有效保护电缆，延长电缆使用寿命。

（四）悬挂点间距的规定，是为防止电缆受力过大损伤电缆绝缘。

（五）钻孔内敷设的电缆应绑紧在承力的钢丝绳上，是为了避免电缆承受过大的自身重力而损坏；钻孔加装套管是为了防止电缆因空壁岩石挤压而损坏。

**【案例】** 2010年7月17日20时10分，××矿发生电缆着火事故，当班井下28人遇难。事故的直接原因是该矿3号煤车场交叉点处下料车撞断电缆（悬挂高度不够）引起短路着火，致使巷道木支护燃烧并发生局部冒顶，造成被困人员中毒窒息死亡。

**第四百六十五条** 电缆不应悬挂在管道上，不得遭受淋水。电缆上严禁悬挂任何物件。电缆与压风管、供水管在巷道同一侧敷设时，必须敷设在管子上方，并保持0.3 m以上的距离。在有瓦斯抽采管路的巷道内，电缆（包括通信电缆）必须与瓦斯抽采管路分挂在巷道两侧。盘圈或者盘“8”字形的电缆不得带电，但给采、掘等移动设备供电电缆及通信、信号电缆不受此限。

井筒和巷道内的通信和信号电缆应当与电力电缆分挂在井巷的两侧，如果受条件所限：在井筒内，应当敷设在距电力电缆 0.3 m 以外的地方；在巷道内，应当敷设在电力电缆上方 0.1 m 以上的地方。

高、低压电力电缆敷设在巷道同一侧时，高、低压电缆之间的距离应当大于 0.1 m。高压电缆之间、低压电缆之间的距离不得小于 50 mm。

井下巷道内的电缆，沿线每隔一定距离、拐弯或者分支点以及连接不同直径电缆的接线盒两端、穿墙电缆的墙的两边都应当设置注有编号、用途、电压和截面的标志牌。

**【解读】** 本条是关于电缆与井巷管线相对位置的规定。

制定本条款的目的是，通过明确电缆与各种管路、信号电缆与电力电缆及高、低压电缆相互之间的吊挂位置关系，确保各种电缆能安全、可靠运行。

1. 井巷中的电缆悬挂

（1）为确保电缆的安全运行，电缆不应悬挂在管路上，其原因是：如果将电缆悬挂在管路上，一是管路一旦垮落，将砸坏电缆；二是若电缆漏电，万一保护失灵，管路将带有高电位，容易发生人身触电事故；三是如果因管路泄漏使电缆遭受淋水，水容易沿电缆进入电缆接线盒，使电缆和接线盒绝缘受到破坏，发生短路或接地的故障。

（2）电缆必须敷设在管子的上方，是为了避免管子下落砸坏电缆，保持 0.3 m 以上距离是为了方便管路检修不影响电缆的供电，且管路损坏后含有油的压缩空气或水不会喷溅到电缆或接线盒上。

（3）在有瓦斯抽采管路的巷道内，电缆与瓦斯抽采管路分挂在巷道两侧，是为了避免因电缆漏电流产生火花，引爆或引燃瓦斯。

（4）盘圈或者盘“8”字形的电缆不得带电，其原因是：如果带电的供电电缆盘圈或盘“8”字形，感抗增加，电流增大，易产生涡流电缆发热，电缆温度容易增高，使电缆负载能力下降，寿命减低，造成电缆发热、绝缘老化，甚至引发火灾事故，所以盘圈的电缆不得带电。但采、掘机组等移动用电设备，如采煤机、刮板输送机、综掘机、装煤机等需要带电缆移动工作，移动过程中多余电缆需要盘圈，否则此类设备就无法工作，所以规定给移动设备供电的电缆不受此限，但盘圈电缆带电运行具有一定的危险性，因此应对运行中的盘圈电缆进行巡视，盘圈直径尽量大，减少涡流发热。用于监控、通信和监视的通信与信号电缆，电缆中传输的信号电流很小，发热量很小，因此，不会因盘圈发生火灾，也不会产生较强的电磁场引爆瓦斯和电雷管，并且对附近电工电子产品电磁干扰也较小。

2. 电力电缆与通信信号电缆悬挂

电力电缆与通信信号电缆应分别悬挂在井筒和巷道的两侧，万一电力电缆发生短路放炮、甚至着火故障和巷道冒顶故障，电力电缆与通信电缆将同时受到影响，使矿井供电、通信和信号同时中断，不但影响矿井的生产，也影响故障的处理，因此井筒和巷道内的通信和信号电缆应与电力电缆分挂在井巷的两侧。受条件所限时可按规程要求执行，原因是电力电缆电流大，磁场干扰大，为了不影响矿井的通信，故规定电力电缆与通信和信号电缆的距离：在井筒内不小于0.3 m；在巷道内不小于0.1 m。

3. 高低压电缆悬挂

高低压电缆之间、高压电缆之间、低压电缆之间的距离要求，是为了避免一条动力电缆出现短路事故时殃及相邻电缆。

4. 电缆标志牌

井下电缆标志牌的安装有利于加强电缆的技术管理，避免电缆超负荷运行，检修、回撤电缆或处理电缆事故时相对节约了时间。因此要求井下巷道内的电缆，隔一定距离、拐弯或者分支点以及连接不同直径电缆的接线盒两端、穿墙电缆的墙两边都应当设置注有编号、用途、电压和截面的标志牌。

**第四百六十六条** 立井井筒中敷设的电缆中间不得有接头；因井筒太深需设接头时，应当将接头设在中间水平巷道内。

运行中因故需要增设接头而又无中间水平巷道可以利用时，可以在井筒中设置接线盒。接线盒应当放置在托架上，不应使接头承力。

**【解读】**本条是对立井井筒中电缆需要做中间接头时，接线盒应如何放置所做的规定。

制定本条款的目的是，做好井筒电缆接线盒的防护，减少电缆接线盒事故的发生。

处于立井井筒中的电缆接线盒易受井筒淋水的影响，其绝缘更容易被破坏，而且井筒中的接线盒更容易受坠物砸击而破坏，因此立井井筒中敷设的电缆中间不得有接头。因井筒太深需设接头时，应将接头设在中间水平巷道内。

运行中井筒电缆确需做接头且无中间巷道可利用时，应将接线盒放置在托架上，做好防淋水、防砸措施，且不应使接头承力。

**第四百六十七条** 电缆穿过墙壁部分应当用套管保护，并严密封堵管口。

**【解读】** 本条是对电缆穿过墙的规定。

制定本条款的目的是，防止未加套管保护的穿墙电缆受压损坏，造成电缆接地甚至短路事故。

井下机电硐室及巷道受矿井地压变化的影响容易变形，机电硐室及巷道风门等处的墙壁将承受压力，并作用在穿过墙壁的电缆上，使电缆受到挤压损伤，导致电缆发生漏电、接地、短路事故。因此，电缆穿过墙壁的部分，应用材质坚硬、耐积压的套管加以保护。而在设置电缆套管后，为防止套管处漏风影响通风及考虑防灭火的需要，电缆套管的两端应进行严密的封堵。

**第四百六十八条** 电缆的连接应当符合下列要求：

（一）电缆与电气设备连接时，电缆线芯必须使用齿形压线板（卡爪）、线鼻子或者快速连接器与电气设备进行连接。

（二）不同型电缆之间严禁直接连接，必须经过符合要求的接线盒、连接器或者母线盒进行连接。

（三）同型电缆之间直接连接时必须遵守下列规定：

1. 橡套电缆的修补连接（包括绝缘、护套已损坏的橡套电缆的修补）必须采用阻燃材料进行硫化热补或者与热补有同等效能的冷补。在地面热补或者冷补后的橡套电缆，必须经浸水耐压试验，合格后方可下井使用。

2. 塑料电缆连接处的机械强度以及电气、防潮密封、老化等性能，应当符合该型矿用电缆的技术标准。

**【解读】** 本条是关于电缆连接的规定。

制定本条款的目的是，通过规定电缆与电气设备的连接、不同型电缆之间的连接及同型电缆之间的连接方式，确保电缆连接后能安全、可靠的使用。

（一）电缆线芯与电气设备的连接，如果把电缆线芯做菊花头与接线端子连接，容易出现接触面积小，压力不够均匀，电缆连接处易松动等问题，导致接线柱和电缆头发热，烧毁接线柱，造成断相、接地和短路等故障。因此电缆与电气设备连接时必须使用齿形压线板（卡爪）、线鼻子或者快速连接器等满足安全使用的材料进行连接。

（二）不同型电缆的封端方式不同、材料导体不同，若直接连接会使电缆连接点绝缘防护强度下降、导电能力变差、连接点电阻增大，会发热烧伤，另外不同型的电缆直接连接，在使用中也容易造成混乱。因此不同型电缆的连接，必须使用接线盒、连接器或母线盒，否则将会降低电缆的防护性能，失去防护意义，构成安全隐患。

（三）同型电缆之间连接

（1）橡套电缆的修补必须使用阻燃材料进行硫化热补或者与热补有同等效能的冷补，且在地面修补后必须做浸水耐压试验，合格后方可下井使用，以满足矿井特殊环境的使用要求。电缆的浸水试验做法：修补后的电缆浸水时间不少于1 h（《煤矿电工手册》第二分册矿井供电（下）），电缆的两个端头伸出水面长度应不小于200 mm，不同型号电缆的耐压试验标准按国标执行。

（2）塑料电缆的连接处的机械强度以及电气、防潮密封、老化等性能，应当符合该型矿用电缆的技术标准。

**【案例】**2010 年 9 月 3 日，某煤业工业广场 35 kV 变电所供往新副井的 659 号回路高压开关柜速断跳闸，659 号回路电缆一段为非阻燃油浸纸绝缘铝芯电缆，一段为铜芯电缆，两段电缆接头连接质量不合格，长时运行，接头处氧化，绝缘下降，造成两相短路着火。

## 第五节　井下照明和信号

**第四百六十九条**　下列地点必须有足够照明：

（一）井底车场及其附近。

（二）机电设备硐室、调度室、机车库、爆炸物品库、候车室、信号站、瓦斯抽采泵站等。

（三）使用机车的主要运输巷道、兼作人行道的集中带式输送机巷道、升降人员的绞车道以及升降物料和人行交替使用的绞车道（照明灯的间距不得大于30 m，无轨胶轮车主要运输巷道两侧安装有反光标识的不受此限）。

（四）主要进风巷的交岔点和采区车场。

（五）从地面到井下的专用人行道。

（六）综合机械化采煤工作面（照明灯间距不得大于15 m）。

地面的通风机房、绞车房、压风机房、变电所、矿调度室等必须设有应急照明设施。

**【解读】**本条是井上下主要工作场所照明的规定。

井下巷道狭窄，若照明不足，可见度低，则不能及时发现车辆或采煤机等设备的运行状态和周围环境的变化，就不能及时发现险情，提前采取措施，极易发生人身事故。

有些场所，因为长期照明不足，工人只靠头戴矿灯工作，易在眼睛的视力中心产生盲点，严重的会发展到丧失直接观看物件的能力，即所谓的矿盲职业病，井下各地点照明度见表3－41。

表3－41　井下照明照度表参考值

| 序　号 | 照明地点 | 照度值/lx | 测量照度地点 |
|---|---|---|---|
| 1 | 主（中央）变电所 | 30 | 底板上0.8 m水平面 |
| 2 | 主排水泵房 | 15 | 底板水平面 |
| 3 | 机电硐室 | 20 | 底板上0.8 m水平面 |
| 4 | 电机车库 | 15 | |
| 5 | 爆破材料库发放室 | 30 | |
| 6 | 翻车机硐室 | 15 | |
| 7 | 信号站、调度室 | 50 | |
| 8 | 候车室 | 20 | |
| 9 | 保健站 | 75 | |
| 10 | 井底车场巷道 | 15 | 底板水平面 |
| 11 | 运输巷道 | 5 | |
| 12 | 巷道交岔点 | 10 | |
| 13 | 专用人行道 | 5 | |

“无轨胶轮车主要运输巷道两侧安装有反光标识的不受此限”。因为一些煤矿井下采用无轨胶轮车进行辅助运输，只需在运输巷道两侧装有反光标识即可。而无轨胶轮车具备相应亮度的照明，前大灯的照射约为50°角，井下开启大灯照射到反光路标时，路标油漆中的反光材料（有序排列的微玻璃球）将光线反射进入驾驶者视角，容易辨识井巷道路两侧障碍物，效果特别明显，是井巷无轨胶轮安全行驶的一项重要安全设施。若有照明与车灯光线成反差，反而对井巷两侧障碍不易辨识，易出现盲区，所以使用无轨胶轮车主要巷道两侧安装了反光标识可以不设照明。

**第四百七十条** 严禁用电机车架空线作照明电源。

**【解读】** 本条是严禁用电机车架空线作照明电源的规定。

我国煤矿井下电机车架空的电压为直流 250 V 和 550 V 两种，而井下照明电压为交流 127 V，使用电机车架空线电压为照明电压，一是电压太高，容易造成漏电和人身触电事故。二是直流的回路靠地回流，若用电机车架线作照明，易引发触电事故。

**第四百七十一条** 矿灯的管理和使用应当遵守下列规定：

（一）矿井完好的矿灯总数，至少应当比经常用灯的总人数多 10%。

（二）矿灯应当集中统一管理。每盏矿灯必须编号，经常使用矿灯的人员必须专人专灯。

（三）矿灯应当保持完好，出现亮度不够、电线破损、灯锁失效、灯头密封不严、灯头圈松动、玻璃破裂等情况时，严禁发放。发出的矿灯，最低应当能连续正常使用 11 h。

（四）严禁矿灯使用人员拆开、敲打、撞击矿灯。人员出井后（地面领用矿灯人员，在下班后），必须立即将矿灯交还灯房。

（五）在每次换班 2 h 内，必须把没有还灯人员的名单报告矿调度室。

（六）矿灯应当使用免维护电池，并具有过流和短路保护功能。采用锂离子蓄电池的矿灯还应当具有防过充电、过放电功能。

（七）加装其他功能的矿灯，必须保证矿灯的正常使用要求。

**【解读】** 本条是关于矿灯管理和使用的规定。

（一）由于井下的特殊条件，下井人员都必须携带矿灯。除了正常井下工作人员专人专灯外，还必须有为上级检查人员、救灾人员和外来学习等不定期下井人员备用的完好矿灯，以及用于故障矿灯更换和井下连班人员换灯等需要的矿灯。因此要求矿灯总数至少比正常用灯的总人数多 10%。

（二）矿灯的集中管理，每盏矿灯都有独自编号，实行“专人专灯”，建立发、放灯牌台账，实行“账、灯、卡”三对照管理形式，能有效地防止矿灯的丢失，及时掌握矿灯迟交和不交的现象。专人专灯有利于在事故情况下，清点统计人数，便于事故救援。有条件的矿井应实行矿灯智能化管理，对矿灯发放、回收、充电、人员统计、超时使用等及时在信息系统中显示，便于管理人员及掌握。

（三）矿灯是“矿工的眼睛”，是从事煤矿井下工作人员随身携带的必备照明工具。矿灯的不完好，则失去其防护性能，不仅影响正常使用，还有可能造成瓦斯、煤尘爆炸等严重事故。因此，必须保证下井矿灯盏盏完好。对于不满足完好的矿灯或照明时间不够的矿灯严禁发放。

（四）矿灯是特殊型的电气防爆产品，在井下拆开矿灯或敲打、撞击矿灯，会造成矿灯壳体、灯头、灯线破损，矿灯就失去了防爆性能；同时，拆开、敲打、撞击矿灯的过程中又容易产生电气火花，一旦所在有瓦斯的地方，就会酿成瓦斯事故。因此，为了确保矿井生产安全，严禁使用矿灯的人员在井下拆开、敲打、撞击矿灯。升井人员必须及时交回矿灯，防止因不及时交回矿灯发生误检情况。

**【案例】**1988 年 8 月 4 日夜班，甘肃某矿一号井 2 号掘进上山与采空区打通，瓦斯浓度高达 10%。通风员和瓦检员向上山加接了一节风筒，排放上山的高浓度瓦斯。此时工人们正在回风平巷中休息，等待瓦斯降低后再进行工作。此时，一名掘进工人拆卸矿灯进行修理，因矿灯产生火花引起瓦斯爆炸，造成 45 人死亡，4 人受伤。

**【案例】**2003 年 2 月 24 日 14 时 52 分，贵州省水城矿业（集团）公司木冲沟煤矿四采区，因现场作业人员摆弄矿灯灯头，矿灯失爆产生火花引起了瓦斯爆炸，造成 39 人死亡、18 人受伤。

（五）对于交接班超 2 h 未及时把没有上交矿灯的人员统计汇报给调度室的规定，一是防止下井人员即没有延点加班也没有给领导汇报而失去联系。汇报给调度室，调度室在掌握具体情况后应及时处理。二是防止矿灯过放造成电池寿命降低。

（六）矿灯应使用免维护电池，是因为免维护电池最大的特点就是“免维护”，当到达使用寿命后，更换即可，使用比较方便。矿灯应具有过流和短路保护，是因为矿灯如无过流保护，长期过流会产生过多热量，使电池破裂、冒烟、甚至爆炸；如无短路保护，当负载线路发生短路后，大的短路电流冲击电池，可导致电池瞬间爆裂，引起伤人或瓦斯、煤尘爆炸事故。锂离子蓄电池使用寿命长、不含有毒有害物质，但锂离子蓄电池不适合过充电和过放电，在过充电时往往会因过热损坏电池或产生爆炸，过放电会降低放电时间（内部会产生较高的温度而损耗能量），并可能发生危险，所以使用锂离子蓄电池应防止过充过放电的要求，这是由制造厂在充电设备和矿灯使用中必须加的保护功能。

（七）加装其他功能的矿灯，必须保证矿灯的正常使用要求，是因为随着矿灯技术的发展，矿灯可实现的功能越来越多。目前，国内已有个别煤矿选用加装有甲烷报警、人员信息跟踪、呼叫通信等功能的矿灯。但使用多功能矿灯的前提条件是，必须满足矿灯的正常使用要求，保证矿有连续放电时间大于 11 h。

**第四百七十二条** 矿灯房应当符合下列要求：

（一）用不燃性材料建筑。

（二）取暖用蒸汽或者热水管式设备，禁止采用明火取暖。

（三）有良好的通风装置，灯房和仓库内严禁烟火，并备有灭火器材。

（四）有与矿灯匹配的充电装置。

**【解读】**本条是关于矿灯房和矿灯充电装置的规定。

（一）矿灯房是煤矿矿灯集中管理的地方，也是一个低压配电室、电气工作室，充电头基本裸露，为了防止电气火灾事故的发生，矿灯房必须采用不燃性材料建筑。防止一旦发生火灾，引起建筑材料着火，并向外蔓延，形成大面积火灾。同样，外部发生火灾时，其火势将被不燃性材料阻隔在外部，不致蔓延到矿灯房内，再去引起矿灯房内电气设备着火。

（二）本条规定了灯房必须采用蒸汽或热水管式设备，禁止采用明火取暖。目前采暖方式较多，有以电为取暖方式的，还有以天然气为取暖方式的，因为灯房内都是矿灯和充电设备，无论是铅酸电池，还是免维护电池如锂离子电池，遇明火，同样会爆炸，为防止火灾事故的发生，矿灯房内取暖应采用蒸汽或热水管式装置，禁止采用明火取暖。

（三）矿灯房是一个为电池充电的地方，在充电过程中会析出氢等有害气体，所以灯房应有良好的通风和灭火器材。

（四）现在煤矿使用的矿灯，无论是磷酸铁锂蓄电池还是锰酸锂离子蓄电池，因电池容量不同、电压同样没有统一，为保证矿灯的充电质量，充电装置应与充电电池相匹配，电流与电压过大会把电池充坏，寿命缩短，过小电池充电不足，影响使用和寿命。所以充电设备必须与电池相匹配。

**第四百七十三条** 电气信号应当符合下列要求：

（一）矿井中的电气信号，除信号集中闭塞外应当能同时发声和发光。重要信号装置附近，应当标明信号的种类和用途。

（二）升降人员和主要井口绞车的信号装置的直接供电线路上，严禁分接其他负荷。

**【解读】** 本条是对矿井电气信号的规定。

矿井电气信号包括：提升机信号指令系统、带式输送机保护系统、乘人装置控制保护系统、无极绳控制系统、各种绞车信号指令系统、各种单轨吊车信号指令系统、信号信息引导系统等。电气信号是指挥、控制设备运行的指令，同时又是对设备沿线及设备检修人员、运行值班人员的警示、提醒和告示，是设备运行安全预防的一项重要措施，同时也是对设备正常运行的一种重要保护。所以对于有起车信号指令的必须有预警和发光。电气信号发光和发声还能够使设备操作人员进一步确认信号的准确性，减少操作人员误操作的可能性。

集中闭塞的所有信号都符合要求的条件下，才能发出指令信号。如多水平提升系统信号。

对于发生错误可能造成重大事故的信号装置，应标明信号的种类和用途，以提示发信号时予以注意。

升降人员和主要井口的绞车信号装置的直接供电线路上，如果分接其他负荷，则可能因其他负荷的干扰造成信号误发或信号中断，发生急停或使司机误操作，造成生产中断或掉道、挤人和跑车等重大事故。因此，为确保升降人员和主要井口绞车信号装置的正常、可靠的工作，信号装置的直接供电线路上严禁分接其他负荷。

**第四百七十四条** 井下照明和信号的配电装置，应当具有短路、过负荷和漏电保护的照明信号综合保护功能。

**【解读】** 本条是关于照明、信号配电装置的规定。

煤矿井下照明和信号必须使用带有综合保护器的配电装置，综合保护器必有短路、过负荷和漏电保护。

照明线路和信号线路易发生挤压、撞碰，所以必须有短路保护和漏电保护。因照明均为单项负载，为了保护干式变压器不至于过载，必须有过负荷保护。

## 第六节 井下电气设备保护接地

**第四百七十五条** 电压在 36 V 以上和由于绝缘损坏可能带有危险电压的电气设备的金属外壳、构架，铠装电缆的钢带（钢丝）、铅皮（屏蔽护套）等必须有保护接地。

**【解读】**本条是为了防止人身触电对井下电气设备必须设置保护接地的规定。

制定本条款的目的是，预防人身触电，减少人身触电概率。

保护接地是以安全为目的在设备、装置或系统上设置的一点或多点接地；人体触及交流电压 36 V 以上带电导体时都存在触电危险，因而要求电压在 36 V 以上的电气设备的金属外壳、构架，铠装电缆的钢带（或钢丝）、铅皮或屏蔽护套等必须有保护接地。规程要求对于煤矿井下所有 36 V 以上带电体的外壳、电缆接地芯线、铠装电缆的钢带（钢丝）、铅皮、橡套电缆屏蔽护套等通过接地极、局部接地极、接地母线、局部接地母线形成完整的保护接地网，并限定在一定的阻值内，通过保护接地的分流作用最大限度降低和减少人员触电后通过人身上的电流，起到保护人身安全的作用。保护接地与系统漏电配合，漏电保护及时的跳开漏电回路，切断漏电，最大限度减少人身触电的时间。

**第四百七十六条** 任一组主接地极断开时，井下总接地网上任一保护接地点的接地电阻值，不得超过 2 Ω。每一移动式和手持式电气设备至局部接地极之间的保护接地用的电缆芯线和接地连接导线的电阻值，不得超过 1 Ω。

**【解读】**本条是关于对井下总接地网接地电阻最大值的规定。

制定本条款的目的是，被保护体发生漏电故障时，通过保护接地网，把漏电电流通过接地网导入大地，同时将带电的设备电位与大地的电位差降低，减轻人体触电时的危害程度。

这次最大区别是主接地极断开任一组，在井下总地网上任一保护接地点所测到的接地电阻值不大于 2 Ω。

保护接地的保护原理是当人身触及带电设备的金属外壳时，电流将通过人体和接地电阻并联入地，再通过电网绝缘电阻流回电源。由于接地电阻比人体电阻小得多，所以大部分电流通过接地电阻入地，而人体仅有很小的电流通过（图 3 -67）。如通过人体的电流小于极限安全电流（30 mA），就可以保障人身安全。设总的漏电电流为 $I$，则流过人身的电流 $I_r$ 为

$$I_r = I \times \frac{R_d}{R_d + R_r}$$

流过接地体的电流 $I_d$ 为

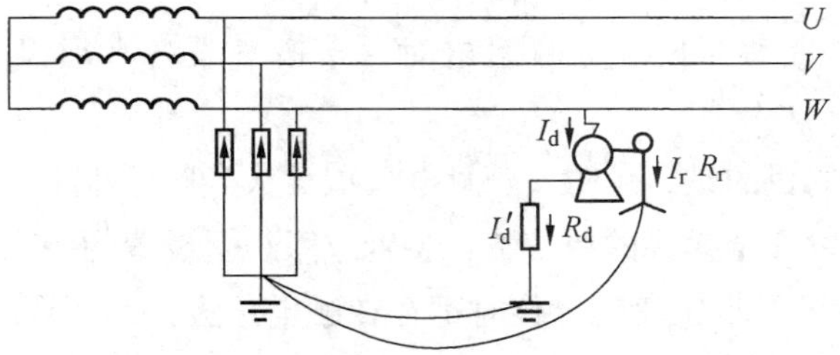


图 3－67　保护接地触电示意图

$$I_d = I \times \frac{R_r}{R_d + R_r}$$

如总漏电电流 $I = 10$ A，人身电阻 $R_r$ 为 1000 Ω，接地电阻 $R_d$ 为 2 Ω，则可以算出流过人身的电流：

$$I_r = 10 \times \frac{2}{1000 + 2} \approx 19.96 \text{ mA}$$

流过接地电阻的电流：

$$I_d = 10 \times \frac{1000}{1000 + 2} \approx 9.98 \text{ A}$$

可见绝大部分的漏电通过接地电阻流入大地。

电网的电容电流在 20 A 时，接触电压不超过 40 V，则接地电阻值 $R_d \leqslant 40/20 = 2$ Ω。实际应用中依据《规程》第四百五十三条和 MT/T 661—2011《煤矿井下用电器设备通用技术条件》，零序电流互感器原边最低起动电流 $I_o = 0.5$ A，最高整定电流 $I_o = 6$ A；按 6 A 计，则流入人体的电流为 11 mA。

漏电电阻应在 1 kΩ 以下能可靠动作，$U_o$ 动作值推荐不超过 10 V。整定电流 $I_e$ 推荐最高不超过 2 A 为宜，此时流入人体电流为 4 mA 远小于安全电流 30 mA。保护装置本身动作时间不大于 100 ms。无论是高压电网还是井下低压电网，保护接地是预防人身触电，减少因电气引起其他事故的重要保护措施，切不可当作可有可无之事。

移动式和手持式电气设备外壳没有接地极，漏电时通过内接地、电缆接地线、供电设备的接地极流入大地，为了限制移动工具和手持式电气设备的漏电接地电压，要求移动式和手持式电气设备到局部接地极之间的保护接地用的电缆芯线和接地连接导线的电阻值，不得超过 1 Ω。

**第四百七十七条** 所有电气设备的保护接地装置（包括电缆的铠装、铅皮、接地芯线）和局部接地装置，应当与主接地极连接成1个总接地网。

主接地极应当在主、副水仓中各埋设1块。主接地极应当用耐腐蚀的钢板制成，其面积不得小于0.75 $m^2$、厚度不得小于5 mm。

在钻孔中敷设的电缆和地面直接分区供电的电缆，不能与井下主接地极连接时，应当单独形成分区总接地网，其接地电阻值不得超过2 Ω。

**【解读】** 本条是关于保护接地形成1个总接地网和分区总接地网及主接地极规格和设置的规定。

（1）要形成1个总接地网的原因，主要基于3方面考虑。一是某一个接地极（主接地极、局部接地极、辅助接地极）受到损坏失去作用时，由于总接地网的整体接地作用，仍然可以保障与损坏接地极（主接地极、局部接地极、辅助接地极）相连的电气设备不失去保护接地的功能。二是总接地网实质上就是所有的保护接地体都并联成一体，如果每个保护接地体保护接地电阻都认为是 $R_d$，则 $n$ 个保护接地体保护接地电阻为 $R_d/n$。三是在连接成总接地网的各设备中，如果一旦有2台或2台以上的设备金属外壳与不同相的电源之间发生绝缘损坏事故时，则将通过连成一体的接地网流过很大短路电流，使短路保护装置动作，及时切断故障电路，防止事故的持续蔓延。煤矿井下要绘制井下电气设备保护接地网示意图。多水平开采的矿井，各开采水平总接地网之间应通过接地干线相互连接。

（2）主接地极在主、副水仓中各设一块的原因是水仓中水的电阻率比土壤低，设在水仓中可以降低接地电阻。主、副水仓中各设一块是为了在清理水仓和检修主接地极时可以保证一个主接地极起保护作用。

主接地极使用耐腐蚀钢板，主要原因是矿井水含酸性，采用耐腐蚀钢板可以提高其抗腐蚀的性能。

井下主接地极安装时应考虑方便日常检查，如加装井下主接地极机械升降装置，接地导线应使用铜质软线。

（3）由地面经钻孔中敷设的电缆或由地面分区直接向井下供电的电缆，当不能与井下主接地极连接时，可在其供电范围单独形成一分区井下总接地网，并应符合第四百七十六条之规定，其接地网上任一保护接地所测得电阻值均不得超过2 Ω。分区式供电的煤矿井下也应有主接地极、辅助接地极、接地母线和辅助接地母线，主接地极应分别放置于区域水仓内。

**第四百七十八条** 下列地点应当装设局部接地极：

（一）采区变电所（包括移动变电站和移动变压器）。

（二）装有电气设备的硐室和单独装设的高压电气设备。

（三）低压配电点或者装有3台以上电气设备的地点。

（四）无低压配电点的采煤工作面的运输巷、回风巷、带式输送机巷以及由变电所单独供电的掘进工作面（至少分别设置1个局部接地极）。

（五）连接高压动力电缆的金属连接装置。

局部接地极可以设置于巷道水沟内或者其他就近的潮湿处。

设置在水沟中的局部接地极应当用面积不小于0.6 $m^2$、厚度不小于3 mm的钢板或者具有同等有效面积的钢管制成，并平放于水沟深处。

设置在其他地点的局部接地极，可以用直径不小于35 mm、长度不小于1.5 m的钢管制成，管上至少钻20个直径不小于5 mm的透孔，并全部垂直埋入底板；也可用直径不小于22 mm、长度为1 m的2根钢管制成，每根管上钻10个直径不小于5 mm的透孔，2根钢管相距不得小于5 m，并联后垂直埋入底板，垂直埋深不得小于0.75 m。

**【解读】** 本条是关于局部接地极设置地点和制作局部接地极材料、规格尺寸的规定。

1. 关于局部接地极设置地点的规定

采区变电所是采区变、配电中心，电气设备比较集中，局部接地极和采区变电所全部设备连接，对全部设备都起到了保护接地作用。采区变电所电气设备操作频繁、负荷大、故障率高，所以经常需要排除故障和检修，故电气设备外壳带电的概率较大，必须设置局部接地极，以防止触电事故。

矿用隔爆型移动变电站、矿用隔爆型干式变压器、矿用防爆型动力负荷控制中心和高压电缆的金属连接装置都是高压电气设备。高压电网的单相接地电流远大于低压电网，人身触及高压电气设备带电的金属外壳时，则可能产生危险接触电压。为降低高压电气设备带电的接触电压值，矿用隔爆型移动变电站、矿用隔爆型干式变压器、装有电气设备的硐室和单独装设的高压电气设备、连接高压动力电缆的连接装置，都必须设置局部接地极，同时，便于对漏电保护装置进行漏电保护试验。

采煤工作面、掘进工作面中的电气设备一般都不设局部接地极，其接地保护作用是通过电缆接地芯线将漏电流分流入其他局部接地极来实现的。为保证电缆芯线和接地连接导线的电阻值不超过1 Ω，在采区变电所与工作面之间的低压配电点、采煤工作面的运输巷、回风巷、胶带运输巷以及由变电所单独供电的掘进工作面，至少应分别设置1个局部接地极。采煤工作面的运输巷或回风巷的局部接地极应尽量靠近工作面，其作用是运输巷或回风巷电气设备电缆线路接地芯线断裂时，仍能起到保护人身触电的作用。

2. 关于局部接地极设置方式和制作局部接地极材料、规格尺寸的规定

局部接地极的主要作用是减小接地网的总接地电阻，局部接地极越多，总接地网的电阻就越小。当人身触及带电设备的金属外壳时，通过人身的触电电流与保护接地电阻成正比，保护接地电阻越小，分流作用越大，通过人身的触电电流越小，保护接地的保护作用越好。因此，局部接地极应设置于巷道水沟内或者其他就近的潮湿处。

**第四百七十九条** 连接主接地极母线，应当采用截面不小于50 $mm^2$ 的铜线，或者截面不小于100 $mm^2$ 的耐腐蚀铁线，或者厚度不小于4 mm、截面不小于100 $mm^2$ 的耐腐蚀扁钢。

电气设备的外壳与接地母线、辅助接地母线或者局部接地极的连接，电缆连接装置两头的铠装、铅皮的连接，应当采用截面不小于25 $mm^2$ 的铜线，或者截面不小于50 $mm^2$ 的耐腐蚀铁线，或者厚度不小于4 mm、截面不小于50 $mm^2$ 的耐腐蚀扁钢。

**【解读】** 本条是关于对接地母线、接地导线、接地引线等材料、规格尺寸的规定。

为保证井下总接地网的接地电阻和接地装置的机械强度，接地母线、辅助接地母线和连接引线、接地导线等所用材料、规格尺寸按此规定执行，且电阻不超过2 Ω（图3－68、表3－42）。

接地母线：与主接地极连接，供井下主变电所、主水泵房等电气设备外壳进行连接的母线。

辅助接地母线：与局部接地极、电缆的接地部分连接，供采区变电所、机电硐室和配电点内的电气设备外壳进行连接。

接地导线：主接地极与接地母线之间，局部接地极与辅助接地母线之间连接的导线。

接地引线：电气设备的金属外壳、铠装电缆的铠装金属与接地母线或辅助接地母线连接的导线。

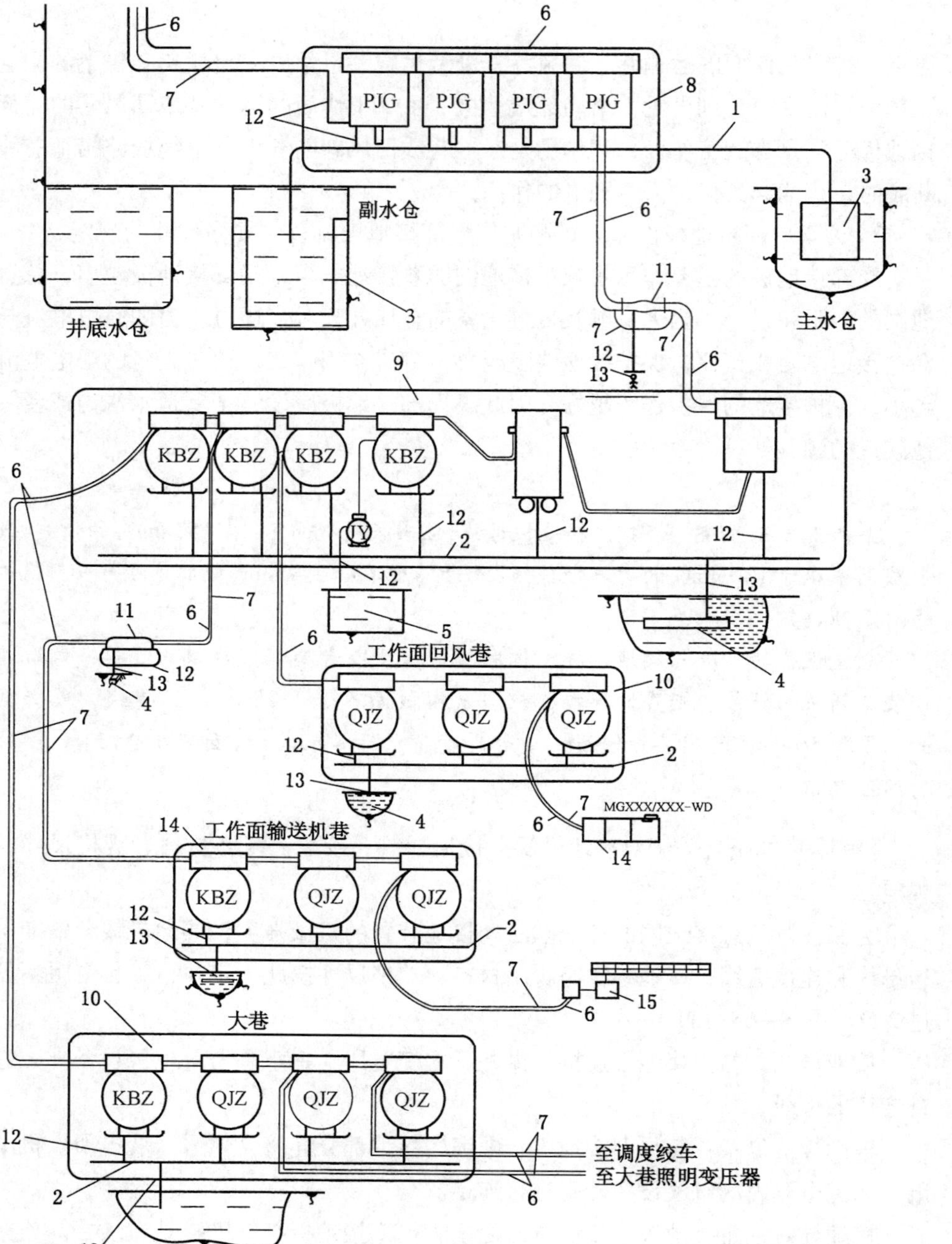


1—接地母线；2—辅助接地母线；3—主接地极；4—局部接地极；5—漏电保护辅助极；6—电缆；7—电缆接地层；8—井下主变电所；9—采区变电所；10—配电点；11—电缆接线盒；12—连接导线；13—接地导线；14—采煤机；15—带式输送机

图 3－68　煤矿井下保护接地示意图

表 3-42　保护接地安装地点及要求

| 名称 | 安装地点 | 数量 | 材料 | 最小截面 | 最小面积 |
| --- | --- | --- | --- | --- | --- |
| 主接地极 | 主、副水仓 | ≥2 | 耐腐蚀 | | ≥0.75 $m^2$，厚度≥5 mm 钢板 |
| 局部接地极 | 采区变电所、移动变电站、配电硐室、3 台以上配电点、单独的高压设备、无配电点的采煤工作面进回风巷、掘进工作面、带式输送机巷 | ≥1 | 耐腐蚀 | | ≥0.6 $m^2$，厚度≥3 mm 钢板；或直径不小于 35 mm、长度不小于 1.5 m 铁管 |
| 主接地母线 | 连接主接地极的导线 | | 耐腐蚀 | ≥50 $mm^2$ Cu，或≥100 $mm^2$ 的耐腐蚀 Fe，或厚度≥4 mm、截面≥100 $mm^2$ 的耐腐蚀扁钢 | |
| 辅助接地线 | 电气设备外壳与接地母线、辅助接地母线、局部接地极的连线、电缆连接装置两头等 | | 耐腐蚀 | 截面不小于 25 $mm^2$ 的铜线，或者截面不小于 50 $mm^2$ 的耐腐蚀铁线，或者厚度不小于 4 mm、截面不小于 50 $mm^2$ 的耐腐蚀扁钢 | |

**第四百八十条**　橡套电缆的接地芯线，除用作监测接地回路外，不得兼作他用。

**【解读】**本条是关于橡套电缆的接地芯线的规定。

橡套电缆接地芯线兼作他用时，接地芯线上则有电流通过，电气设备之间产生电位差，此电位差容易引起人身触电和产生电火花，引发瓦斯和煤尘爆炸事故。因此，橡套电缆的接地芯线，除用作监测接地回路外，不得兼作他用。

## 第七节　电气设备、电缆的检查、维护和调整

**第四百八十一条**　电气设备的检查、维护和调整，必须由电气维修工进行。高压电气设备和线路的修理和调整工作，应当有工作票和施工措施。

高压停、送电的操作，可以根据书面申请或者其他联系方式，得到批准后，由专责电工执行。

采区电工，在特殊情况下，可对采区变电所内高压电气设备进行停、送电的操作，但不得打开电气设备进行修理。

**【解读】**本条是关于井下电气设备检查、维护、调整、操作人员技能和工作制度的规定。

制定本条款的目的是，防止非专业人员进行此项工作造成电气事故伤害。为此，应做好以下几方面的工作：

（1）高压电气设备和线路的修理和调整工作，应有工作票和施工措施。工作票制是确保高压电气设备检修时组织措施和技术措施的重要手段，组织措施包括：工作票制度、工作许可制度；工作监护制度；工作间断、转移和终结制度；技术措施包括：停电、验电、接地、悬挂标示牌和装设遮栏。这些措施都是通过工作票具体实施内容而体现，因此高压电气系统检修、检查、维护和调整必须执行工作票制度。

（2）电气设备的检查、维护、调整应由有相应知识和一定工作经验的作业人员进行。

（3）高压电气设备进行单一性的停送电可书面申请（工作票）或其他可靠的联系方式，这种联系方式，应是常设的固定电话，得到批准后，必须由长期从事此项工作的专职电工负责操作，且双方应做好记录，记清停电回路、停电原因、停电时间、影响范围、申请人、记录人。送电时要做到谁停电、请申请送电，并确认送电线路无人工作、送电线路满足送电条件，方可送电。严禁任何时候约时停送电。

（4）特殊情况是指有危及人员安全、安全生产、有可能带来重大事故，且采区电工距采区变电所又比较近时，采区电工可以对采区变电所内高压电气设备进行停、送电的操作。此工作操作只限于停送电，不得打开电气设备进行修理，这是因为电气配电网络上的高压配电设备与采区动力配电设备在原理和操作上都

有区别，所以要求采电工不得进行采区高压电气设备的维修工作。

**第四百八十二条** 井下防爆电气设备的运行、维护和修理，必须符合防爆性能的各项技术要求。防爆性能遭受破坏的电气设备，必须立即处理或者更换，严禁继续使用。

**【解读】** 本条是对井下运行的防爆电气设备的有关规定。

制定本条款的目的是，保证井下使用的防爆电气设备的各项防爆性能符合要求，防止井下防爆电气设备失去防爆性能，引起煤矿井下瓦斯和煤尘爆炸。

电气设备在运行中或发生故障时，产生的过热现象或产生的电弧、电火花，是导致煤矿井下瓦斯和煤尘爆炸的主要火源之一。此时若电气设备失爆，必然会引起设备内部爆炸性混合气体的爆炸，进而点燃四周爆炸性混合气体，导致煤矿重大事故发生，因此失去防爆性能的电气设备决不允许在井下使用。

防爆电气设备隔爆性能技术指标，包括隔爆外壳、隔爆结合面、紧固件、电缆连接装置、密封圈、连锁装置、电气间隙和爬电距离等。以下为重点检查：

1. 外壳

壳体变形部位边缘的长度（即最长的两点间的直线距离）应不超过 50 mm，且深度应不超过 5 mm；壳体不应有裂纹、开焊或不合格焊缝；壳体内外表面不应有氧化层（锈皮）脱落；安装有轴承转轴且穿过壳体壁的地方均应设置隔爆轴承盖；壳体的隔爆腔之间应保持原设计的隔爆性能，严禁直接贯通；壳体上的透明件（如观察窗或灯具的透明罩）严禁破裂、松动，表面伤痕或磨损深度应小于 1 mm；透明件只允许用原制造厂规定的配件替换；不应进行胶粘金属制成的壳体，内表面应涂耐弧漆修理；金属制成的壳体内表面应涂耐弧漆。

2. 隔爆结合面

隔爆结合面结构参数应符合 GB 3836. 2 的规定。机械伤痕，其深度、宽度均不超过 0. 5 mm，其剩余无伤隔爆面有效宽度 $L'$ 应不小于规定宽度 $L$ 的 2/3；伤痕两侧高于无伤表面的凸起部分应磨平。无伤隔爆面的有效宽度 $L'$ 计算如图 3 – 69 所示。

局部出现的直径不大于 1. 0 mm、深度不大于 1. 0 mm 的砂眼，在宽度 $L$ 为 40. 0 mm 和 25. 0 mm 的隔爆面上每平方厘米应不超过 3 个，宽度 $L$ 为 12. 5 mm 的隔爆面上每平方厘米应不超过 2 个。

隔爆接合面的锈迹，经擦拭后不应留有锈蚀斑痕；隔爆接合面上不应有油漆

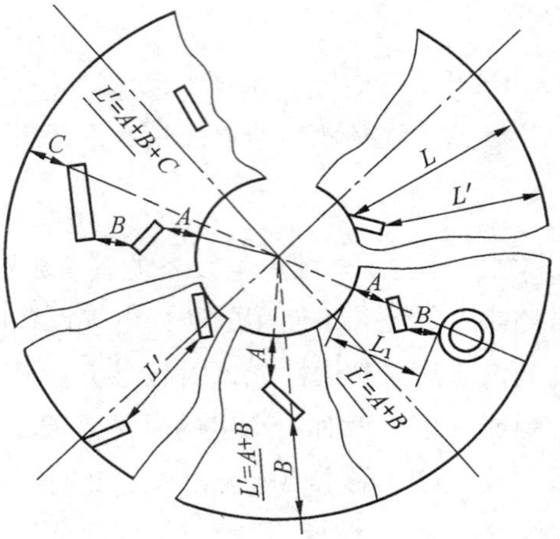


$L'$—无伤隔爆面有效宽度；$L$—隔爆面隔爆接合面规定宽度；

$L_1$—合面螺孔边缘至隔爆面边缘最短有效宽度

图 3－69　无伤隔爆接合面的有效宽度计算

或杂物；隔爆接合面表面应进行防锈处理。

3. 紧固件

隔爆接合面紧固件应齐全、完整、紧固，螺母应上满扣。紧固用螺栓、螺母应有防止紧固件因振动而松脱，弹簧垫圈应与螺栓规格相配套，弹簧垫圈应压平；螺栓拧入螺孔的长度不小于螺栓的直径（铸铁、铜、铝件不小于螺栓直径的 1.5 倍）；螺栓或螺钉没有垫圈而完全拧入螺孔时，螺孔底部应留有螺纹裕量。双头螺栓应固定牢固。

4. 带弹性密封圈的电缆引入装置

（1）未接线的电缆引入装置有密封圈、金属挡板、金属垫圈用压紧元件（即喇叭嘴）压紧；已接线的电缆引入装置，应依次有压紧元件、金属垫圈、密封圈，并用压紧元件压紧。密封圈和电缆压紧元件压紧不得松动。压紧元件压紧后，压紧元件与联通节应有大于或者等于 1 mm 的间隙。压紧元件可以是压盘式或螺纹式。

（2）有电缆压线板的电缆引入装置，电缆必须用压线板压紧，压紧电缆后的压扁量不得超过电缆直径的 10%，压线板与压紧元件缺口平面之间应留有大于等于 1 mm 的裕量。

（3）金属挡板直径与引入装置内径差应符合表3－43的要求，厚度应不小于2 mm，且无锈蚀。金属垫圈外径与引入装置内径差应符合表3－43的要求；金属垫圈内径应符合如下要求：（外径－内径）/2应大于或者等于压紧元件的压紧部位的壁厚，同时内径应大于电缆外径至少1 mm；金属垫圈厚度应不小于2 mm。

表3－43　密封圈外径与电缆引入装置内径

| $D_a$/ mm | $D_{ob}-D_a$/ mm |
|---|---|
| $D_a \leqslant 20$ | $\leqslant 1$ |
| $20 < D_a \leqslant 60$ | $\leqslant 1.5$ |
| $D_a > 60$ | $\leqslant 2$ |

注：$D_a$—密封圈外径、金属垫圈外径、金属挡板直径；$D_{ob}$—引入装置内径。

（4）密封圈内径与电缆外径差应小于1 mm，芯线截面积4 $mm^2$及以下电缆的密封圈内径应不大于电缆外径。

（5）密封圈的宽度不小于电缆外径的0.7倍，且不小于10 mm，厚度应大于外径的0.3倍（芯线截面积70 $mm^2$及以上的电缆除外），且不小于5 mm；密封圈应完整、无破损。

（6）挡板直径与进出线装置内径之差应不大于2 mm，厚度不小于2 mm，金属圈外径与进出线装置内径之差应不大于2 mm，厚度应不小于公称尺寸1 mm。

（7）橡套电缆的护套应伸入接线腔器壁内5～15 mm。

（8）隔爆接线腔内导线的电气间隙应符合要求。

5. 密封铠装电缆引入装置

铠装电缆引入装置采用填料密封，应采用符合规定的绝缘密封胶（填料）封至叉口以上40 mm。未接线的铠装电缆引入装置，应采用与电缆引入装置法兰厚度、直径相符并符合隔爆要求的钢垫板封堵压紧。

6. 联锁装置

为使某一防爆型式用的联锁装置起作用，其结构应非专用工具不能轻易解除它的联锁功能。开关合闸位置，开关门不能打开，开关门打开位置时，开关手把不能送电。隔离开关置零位时自动联锁切除断路器（接触器），隔离开关的操作把手置于零位后，负荷侧不得带电。

【案例】2009年2月22日某煤矿发生一起因防爆电气设备失爆引起的瓦斯爆炸，造成74人死亡的特别重大事故。该矿南四盘区12403工作面1号联巷处于微风或无风状态，形成瓦斯局部积聚达到爆炸浓度。此时，1号联巷内的防爆电气开关失爆，引起瓦斯爆炸。

**第四百八十三条** 矿井应当按表17的要求对电气设备、电缆进行检查和调整。

表17 电气设备、电缆的检查和调整

| 项　　目 | 检查周期 | 备　　注 |
|---|---|---|
| 使用中的防爆电气设备的防爆性能检查 | 每月1次 | 每日应当由分片负责电工检查1次外部 |
| 配电系统断电保护装置检查整定 | 每6个月1次 | 负荷变化时应当及时整定 |
| 高压电缆的泄漏和耐压试验 | 每年1次 | |
| 主要电气设备绝缘电阻的检查 | 至少6个月1次 | |
| 固定敷设电缆的绝缘和外部检查 | 每季1次 | 每周应当由专职电工检查1次外部和悬挂情况 |
| 移动式电气设备的橡套电缆绝缘检查 | 每月1次 | 每班由当班司机或者专职电工检查1次外皮有无破损 |
| 接地电网接地电阻值测定 | 每季1次 | |
| 新安装的电气设备绝缘电阻和接地电阻的测定 | | 投入运行以前 |

检查和调整结果应当记入专用的记录簿内。检查和调整中发现的问题应当指派专人限期处理。

【解读】本条是对电气设备、电缆检查时间的规定。

（1）每月对防爆电气设备防爆性能检查应由专门机电管理部门组织进行，加强对电气设备的检查，是提高设备完好率和减少事故发生的一项行之有效的措施。电气设备的检查分日常巡视检查和定期的专项检查。每日应由分片负责电工对电气设备外部（紧固件、外壳、电缆引入装置以及使用范围内电缆）进行检查。

防爆检查组对井下使用中的防爆电气设备的防爆性能实施监督检查，对事故隐患提出处理意见，并有权停止使用。进一步加强井下电气设备防爆检查，杜绝电气设备失爆，消灭电气火源，确保井下生产安全，《规程》强调：每月要对使用中的电气设备的防爆性能进行一次检查，通过建立自上而下的设备防爆检查体系，强化电气设备防爆管理，为煤矿安全生产创造一个安全的工作环境。

（2）确保配电系统正常运行，发生故障后能及时准确的跳开故障回路，降低减少事故范围。因此要求每半年对配电系统综合保护装置检查整定，负荷发生变化或系统变化时应及时调整保护定值。

（3）高压电缆运行正常是矿井供电安全的重要保证，所以每年应对高压电缆进行泄漏和耐压试验。直流泄漏试验是提前发现运行中电缆潜在故障的重要手段，耐压是考验绝缘的耐电强度，漏泄是检查绝缘状况。高压电缆的泄漏和耐压试验可以发现绝缘电阻测定过程中不能发现的绝缘缺陷，能较好地反映出电缆受潮、绝缘下降、劣化和局部缺陷等方面的问题，在运行中，当电缆绝缘能力降低或经过修理后，应随时进行泄漏和耐压试验。

（4）主要电气设备（含电缆、电动机）如承担矿井提升的运输设备、通风、排水设备和采掘等电气设备应定期用相适应的检查仪表对其进行绝缘电阻检查，至少半年应做一次，并应做好记录。绝缘电阻是检查绝缘状态最简单的方法之一，测量绝缘电阻能发现电气设备导电部分影响绝缘异物、绝缘局部或整体受潮和脏物、绝缘材料、介质老化，是电气检修、运行、试验人员都应掌握的基本方法。

（5）固定敷设电缆的绝缘和外部检查，至少每季用相适应的绝缘摇表进行一次绝缘检查，并做好记录用备查和对比。每周应有专职人员进行一次外观检查。移动的电缆绝缘电阻每月至少检查一次，每班应由于当班人员或专职值班电工进行外观检查。

（6）接地电阻应每季检查一次并做好记录备查和对比。

**【案例】**2015 年 6 月 19 日，某煤矿发生一起较大瓦斯爆炸事故，造成 3 人死亡。该矿二部盲斜 +4 m 平巷上山掘进工作面停止作业期间，局部通风机未运转，造成瓦斯积聚；当作业人员开启局部通风机后，达到爆炸界限的瓦斯流经上山口处，遇电缆接头产生的火花，引起爆炸。

## 第八节　井下电池电源

**第四百八十四条**　井下用电池（包括原电池和蓄电池）应当符合下列要求：

（一）串联或者并联的电池组保持厂家、型号、规格的一致性。

（二）电池或者电池组安装在独立的电池腔内。

（三）电池配置充放电安全保护装置。

**【解读】**本条是关于煤矿井下电池（组）选用的规定。

制定本条款的目的是，防止电池组中单体电池特性参数不一致、电池缺少保护装置而影响电池性能。

（一）关于电池组中电池一致性的规定。

电池包括原电池和蓄电池，应用于煤矿井下各种设备中，为设备提供工作电源或备用电源。

单体电池的电压较低，目前在井下应用的各类电池中，单体电池标称电压最高的是锂离子蓄电池，也仅为3.7 V。为满足设备工作电压要求，需要将单体电池串联成电池组；为满足设备工作时间等要求，有时还会将单体电池并联以获得更大的容量。

电池的类型很多，同类型电池的结构、型号规格也很多，即使相同型号规格的电池，由于不同生产厂家的生产工艺、原材料等存在差异，导致电池的容量、内阻、允许的工作电流等电池特性参数也存在差异。特性不一致的电池组合在一起会发生同一电池组中各单体电池的工作参数不一致。如：并联电池组中若电池内阻不一致，则单体电池通过的电流也不一致，内阻小的电池通过的电流大；串联电池组中若电池内阻不一致，则单体电池的端电压也不一致，长期运行容易损害电池性能，甚至发生电池故障。

因此，组成电池组的单体电池的厂家、型号、规格应一致。若使用过程中电池组发生故障，应首先考虑更换整个电池组，即使仅更换部分电池，也要保证和原电池组中电池的厂家、型号、规格一致。

（二）关于电池（组）安装方式的规定。

电池一般均由外壳、正负极、隔膜、电解质等组成，而电解质包括酸性、碱性无机物电解质和有机物电解质，若在使用中发生电解质泄漏，会腐蚀或污染其他设备或器件；此外，也可能由于电池内部短路或充电等导致电池热失控，发生起火或爆炸。因此，电池（组）应安装在独立的电池腔内，除必要的电池温度、电压测试元件和保护电路外，不要和设备的其他电路等混装在一起。

电池安装腔体应符合有关防爆形式的规定，其输出电路和其他部分的接口也应符合相关防爆形式的规定。

（三）关于电池保护装置的规定。

电池是荷电产品，放电时由化学能转化为电能，充电时（指蓄电池）将电能转化为化学能储存在电池中。因此电池的充放电是化学能和电能相互转化的过程，并伴有热效应发生。如果在充放电过程中发生短路、高温、电流偏大、电压偏高或偏低，可能会造成热失控、电化学系统老化失效，破坏电池的安全性能和结构，甚至发生起火、爆炸等。

为保护电池（组），需根据电池类型配置具有过充电、过放电、过流、温度等一种或几种保护功能的保护装置，避免电池（组）在过流、过电压、高温等非预期使用状态下发生故障，甚至引发安全事故。

**第四百八十五条** 使用蓄电池的设备充电应当符合下列要求：

（一）充电设备与蓄电池匹配。

（二）充电设备接口具有防反向充电保护措施。

（三）便携式设备在地面充电。

（四）机车等移动设备在专用充电硐室或者地面充电。

（五）监控、通信、避险等设备的备用电源可以就地充电，并有防过充等保护措施。

**【解读】**本条是对使用电池的设备在充电方面的规定。

制定本条款的目的是，防止不匹配的充电设备、不安全的充电方式或地点破坏电池性能，甚至引发事故。

（一）充电电流和电压过大或过小、过高或过低都将减少电池寿命，甚至引发充电事故，所以要求充电设备与电池所需的电压和电流必须相匹配。

（二）反向充电即充电时正负极反接，相当于对电池（组）进行强制放电，不仅达不到充电的目的，而且可能破坏电池（组）性能。

为防止反向充电，充电接口应具有防止反向充电的保护措施，该措施可以通过机械装置或电气装置来实现，当充电接口极性反向时使充电接口无法连接，阻止对电池（组）充电。

（三）矿灯、检测仪表等便携式设备的充电设备一般为非防爆产品，不能用于井下。此外，便携式设备一般每班后需进行维护、检查、校准等工作，因此，便携式设备应在地面专用充电房进行充电，也便于设备的统一维护管理。

（四）采用蓄电池电源的设备，其电池荷电量都是有限的，运行一定时间后必须充电才能继续工作。电池充电时发生电化学反应，其正负极材料、电解质等都会发生变化。如铅酸蓄电池充电时会析出氢气和氧气，尤其充电后期，气体析出量更大，若氢气积聚浓度大于0.5%，则存在爆炸危险。此外，铅酸蓄电池充电时还会排出酸雾，容易对设施造成腐蚀。因此，采用蓄电池电源的机车等移动设备应尽可能在地面充电，若无法在地面充电，应在井下专用充电硐室进行充电，充电硐室独立的通风系统可以及时排出或降低危险气体浓度，避免危险气体积聚，保证充电安全。锂离子蓄电池等密封型电池虽然在正常充电过程中不会释放出气体，但充电接口在插接时仍可能产生火花，存在不安全因素。

因此，移动设备应避免在井下充电，必须在井下充电时，应在专用充电硐室中进行。

（五）监控系统、通信、避险等设备为保证正常供电线路发生故障时能持续工作，必须配置备用电源。由于电池会自放电，导致电池电量降低，为保持备用电源的荷电状态，须随时准备为备用电源充电。同时，由于备用电源一般固定安装在特定场所，不便于移动，可以采取就地充电方式，即充电设备实时和电源连接在一起，并根据电源荷电量自动进行充电。为防止长时间自动充电造成电源过充电，应采取过充电保护措施。

**第四百八十六条** 禁止在井下充电硐室以外地点对电池（组）进行更换和维修，本安设备中电池（组）和限流器件通过浇封或者密闭封装构成一个整体替换的组件除外。

**【解读】** 本条是关于电池（组）更换、维修场所的规定。

制定本条款的目的是，防止电池（组）维修、更换时引发事故。

因电池存在荷电，在井下维修、更换可能造成电池（组）正负极短路或产生电火花。电池（组）短路瞬间释放大量热量，可能点燃井下可燃物；电池（组）正负极短路时，或其他与电池（组）电极接触的触点产生移动时，可能会产生电火花，同样可能点燃井下可燃物。因此不允许在井下维修、更换电池（组），以防止电池（组）短路或产生电火花。

按 GB 3836.4—2010《爆炸性环境　第 4 部分：由本质安全型“i”保护的设备》标准规定，采用电池（组）作为电源的本安设备，电池（组）允许采用两种结构：一种是电池（组）与限流器件通过浇封或密闭封装构成一个可整体替换的组件，只有输出端子可暴露在外；另一种是电池（组）与限流器件不采取浇封或密闭封装措施，只是固定安装在腔体内。对于第一种结构，更换时不会影响电池组件的结构，由于电池（组）只有输出端子暴露在外，即使正负极短路，在限流器件保护下，其短路产生的电火花或热效应均不能点燃可燃物。对于第二种结构，由于电池（组）与限流器件、连接电路等没有封装在一起，在维修或更换时，可能发生电池之间、电池与连接电路之间发生短路，如果短路点在限流器件的保护之外，产生的热效应或电火花可能点燃可燃物。因此，对第二种结构须禁止在井下充电硐室以外地点对电池（组）进行更换和维修。

# 第十一章　监 控 与 通 信

## 第一节　一　般　规　定

**第四百八十七条**　所有矿井必须装备安全监控系统、人员位置监测系统、有线调度通信系统。

**【解读】** 本条是关于矿井装备安全监控系统、人员位置监测系统、有线调度通信系统的规定。

煤矿安全监控系统用来监测甲烷浓度、一氧化碳浓度、二氧化碳浓度、氧气浓度、风速、风压、温度、风向、烟雾、馈电状态、风门状态、风筒状态、局部通风机开停、主要通风机开停等，并实现甲烷超限和煤与瓦斯突出声光报警、断电和甲烷风电闭锁控制等。煤矿安全监控系统是瓦斯、火、冲击地压、煤尘等重特大事故防治的有效措施之一，在煤矿安全生产中发挥着重要作用。因此，所有矿井必须装备安全监控系统。

煤矿井下人员位置监测系统具有人员位置、携卡人员出入井时刻、重点区域出入时刻、限制区域出入时刻、工作时间、井下和重点区域人员数量、井下人员活动路线等监测、显示、打印、存储、查询、异常报警、路径跟踪等功能，在遏制超定员生产、事故应急救援、领导下井带班管理、特种作业人员管理、井下作业人员考勤等方面发挥着重要作用。因此，所有矿井必须装备煤矿井下人员位置监测系统。矿井人员定位系统同人员位置监测系统相比，具有对煤矿井下人员精确定位的功能，因此，新装备系统的矿井，应装备矿井人员定位系统。

矿用有线调度通信系统不需要井下供电，当井下发生事故时，只要电缆不断、电话不坏，就能通信，其在煤矿安全生产和事故应急救援中发挥着重要作用。因此，所有矿井必须装备矿用有线调度通信系统，严禁用移动通信系统、IP电话系统、广播通信系统等替代矿用有线调度通信系统。

**第四百八十八条** 编制采区设计、采掘作业规程时，必须对安全监控、人员位置监测、有线调度通信设备的种类、数量和位置，信号、通信、电源线缆的敷设，安全监控系统的断电区域等做出明确规定，绘制安全监控布置图和断电控制图、人员位置监测系统图、井下通信系统图，并及时更新。

每3个月对安全监控、人员位置监测等数据进行备份，备份的数据介质保存时间应当不少于2年。图纸、技术资料的保存时间应当不少于2年。录音应当保存3个月以上。

**【解读】**本条是关于编制采区设计、采掘作业规程时，对安全监控系统、人员位置监测系统和有线调度通信系统的要求，以及对安全监控、人员位置监测等数据备份、资料保存的规定。

**第四百八十九条** 矿用有线调度通信电缆必须专用。严禁安全监控系统与图像监视系统共用同一芯光纤。矿井安全监控系统主干线缆应当分设两条，从不同的井筒或者一个井筒保持一定间距的不同位置进入井下。

设备应当满足电磁兼容要求。系统必须具有防雷电保护，入井线缆的入井口处必须具有防雷措施。

系统必须连续运行。电网停电后，备用电源应当能保持系统连续工作时间不小于2 h。

监控网络应当通过网络安全设备与其他网络互通互联。

安全监控和人员位置监测系统主机及联网主机应当双机热备份，连续运行。

当工作主机发生故障时，备份主机应当在 5 min 内自动投入工作。

当系统显示井下某一区域瓦斯超限并有可能波及其他区域时，矿井有关人员应当按瓦斯事故应急救援预案切断瓦斯可能波及区域的电源。

安全监控和人员位置监测系统显示和控制终端、有线调度通信系统调度台必须设置在矿调度室，全面反映监控信息。矿调度室必须 24 h 有监控人员值班。

**【解读】**本条是关于安全监控等系统的线缆、电磁兼容、防雷、备用电源、联网、双机热备、调度台与监控终端、区域断电的规定。

为保证矿用有线调度通信系统的可靠性、本质安全防爆性能，并与矿井安全监控系统互补，矿用有线调度通信电缆必须专用。

为保证矿井安全监控系统的实时性，严禁安全监控系统与图像监视系统共用同一芯光纤。为提高矿井安全监控系统的抗故障能力，矿井安全监控系统主干线缆应当分设两条，从不同的井筒或者一个井筒保持一定间距的不同位置进入井下。

为提高系统抗干扰能力、减少对其他设备的干扰，设备应当满足电磁兼容要求。为防止雷电造成设备损坏、影响系统正常工作，系统必须具有防雷电保护，入井线缆的入井口处必须具有防雷措施。

为防止电网停电后，影响系统正常工作，系统必须连续运行，电网停电后，备用电源应当能保持系统连续工作时间不小于 2 h。

为防止黑客入侵和病毒等，监控网络应当通过网络安全设备与其他网络互通互联。

为避免因主机故障，影响系统正常工作，安全监控和人员位置监测系统主机及联网主机应当双机热备份，连续运行。当工作主机发生故障时，备份主机应当在 5 min 内自动投入工作。

为避免瓦斯爆炸事故的发生，当系统显示井下某一区域瓦斯超限并有可能波及其他区域时，矿井有关人员应当按瓦斯事故应急救援预案切断瓦斯可能波及区域的电源。

为及时掌握安全监控、人员位置等生产和安全信息，指挥煤矿安全生产，安全监控和人员位置监测系统显示和控制终端、有线调度通信系统调度台必须设置在矿调度室，全面反映监控信息。矿调度室必须 24 h 有监控人员值班。

## 第二节　安　全　监　控

**第四百九十条**　安全监控设备必须具有故障闭锁功能。当与闭锁控制有关的设备未投入正常运行或者故障时，必须切断该监控设备所监控区域的全部非本质安全型电气设备的电源并闭锁；当与闭锁控制有关的设备工作正常并稳定运行后，自动解锁。

安全监控系统必须具备甲烷电闭锁和风电闭锁功能。当主机或者系统线缆发生故障时，必须保证实现甲烷电闭锁和风电闭锁的全部功能。系统必须具有断电、馈电状态监测和报警功能。

**【解读】** 本条是关于安全监控系统必须具备故障闭锁、甲烷电闭锁和风电闭锁等功能的规定。

甲烷传感器、风筒传感器和分站等发生故障时，将不能及时发现瓦斯超限和掘进工作面停风等，如不故障闭锁，当瓦斯超限时，不能及时断电，可能会造成瓦斯爆炸等事故。因此，要求安全监控设备必须具有故障闭锁功能。

当瓦斯超限或掘进工作面停风时，必须快速、可靠切断相关区域电源。因此，甲烷电闭锁和风电闭锁功能必须由分站等现场设备完成，当主机或者系统线缆发生故障时，也不会影响甲烷电闭锁和风电闭锁功能。

为防止因电缆断缆、设备安装错误或设备故障，造成系统发出断电指令后，被控区域不能及时断电，系统需监测被控设备断电和馈电状态，异常时报警。

**第四百九十一条**　安全监控设备的供电电源必须取自被控开关的电源侧或者专用电源，严禁接在被控开关的负荷侧。

安装断电控制系统时，必须根据断电范围提供断电条件，并接通井下电源及控制线。

改接或者拆除与安全监控设备关联的电气设备、电源线和控制线时，必须与安全监控管理部门共同处理。检修与安全监控设备关联的电气设备，需要监控设备停止运行时，必须制定安全措施，并报矿总工程师审批。

**【解读】** 本条是关于安全监控设备的供电电源和断电控制的规定。

为避免瓦斯超限或掘进工作面停风时，切断安全监控设备电源，安全监控设备的供电电源必须取自被控开关的电源侧或者专用电源，严禁接在被控开关的负荷侧。

**第四百九十二条** 安全监控设备必须定期调校、测试，每月至少1次。

采用载体催化元件的甲烷传感器必须使用校准气样和空气气样在设备设置地点调校，便携式甲烷检测报警仪在仪器维修室调校，每15天至少1次。甲烷电闭锁和风电闭锁功能每15天至少测试1次。可能造成局部通风机停电的，每半年测试1次。

安全监控设备发生故障时，必须及时处理，在故障处理期间必须采用人工监测等安全措施，并填写故障记录。

**【解读】**本条是关于安全监控设备调校、测试与故障处理的规定。

目前，传感器的稳定性均不小于15天，为减少井下调校工作量，将采用载体催化元件的甲烷传感器和便携式甲烷检测报警仪调校周期由原来的7天延长至15天。为避免更换传感器影响甲烷的连续监测功能，要求甲烷传感器必须使用校准气样和空气气样在设备设置地点调校。为减少调校对局部通风机的影响，可能造成局部通风机停电的，每半年测试1次。

**第四百九十三条** 必须每天检查安全监控设备及线缆是否正常，使用便携式光学甲烷检测仪或者便携式甲烷检测报警仪与甲烷传感器进行对照，并将记录和检查结果报矿值班员；当两者读数差大于允许误差时，应当以读数较大者为依据，采取安全措施并在8 h内对2种设备调校完毕。

**【解读】**本条是关于安全监控设备及线缆日常检查、甲烷传感器监测数据比对及数据异常处理的规定。

为及时发现传感器工作异常，每天使用便携式光学甲烷检测仪或者便携式甲烷检测报警仪与甲烷传感器进行对照，并将记录和检查结果报矿值班员；当两者读数差大于允许误差时，应当以读数较大者为依据，采取安全措施并在8 h内对2种设备调校完毕。采取的安全措施：当甲烷浓度达到报警浓度时，停止作业；当甲烷浓度达到断电浓度时，停电、撤人。

矿用低浓度甲烷传感器允许误差：①$0 \leqslant X < 1.0\%\ CH_4$ 时，$\leqslant 0.1\%\ CH_4$；②$1.0\%\ CH_4 \leqslant X < 3.0\%\ CH_4$ 时，$\leqslant 10\%\ CH_4$；③$3.0\%\ CH_4 \leqslant X < 4.0\%\ CH_4$ 时，$\leqslant 0.3\%\ CH_4$。

**第四百九十四条** 矿调度室值班人员应当监视监控信息，填写运行日志，打印安全监控日报表，并报矿总工程师和矿长审阅。系统发出报警、断电、馈电异常等信息时，应当采取措施，及时处理，并立即向值班矿领导汇报；处理过程和结果应当记录备案。

**【解读】**本条是关于矿调度室值班人员有关安全监控职责和报警、断电、馈电异常等信息处理的要求。

当系统发出报警、断电、馈电异常等信息时，为及时处理事故隐患，防止瓦斯爆炸等事故发生，要求矿调度室值班人员按应急预案先采取措施，再向值班矿领导汇报。

**第四百九十五条** 安全监控系统必须具备实时上传监控数据的功能。

**【解读】**本条是关于安全监控系统联网功能的规定。

为满足集团公司或重点产煤县市监管的需求，安全监控系统必须向上级实时上传监控数据。

**第四百九十六条** 便携式甲烷检测仪的调校、维护及收发必须由专职人员负责，不符合要求的严禁发放使用。

**【解读】**本条是关于便携式甲烷检测仪的调校、维护及收发的规定。

为保证便携式甲烷检测仪工作正常，便携式甲烷检测仪的调校、维护及收发必须由专职人员负责。便携式甲烷检测仪应定期使用空气气样和校准气样校准。每班要清理隔爆罩上的煤尘，发放前必须检查便携式甲烷检测报警仪的零点和电压或电源欠压值，不符合要求的严禁发放使用。

**第四百九十七条** 配制甲烷校准气样的装备和方法必须符合国家有关标准，选用纯度不低于99.9%的甲烷标准气体作原料气。配制好的甲烷校准气体不确定度应当小于5%。

**【解读】**本条是关于甲烷校准气样配制的规定。

为保证甲烷传感器测量误差在允许范围内，应定期使用空气气样和校准气样校准甲烷传感器。煤矿一般在离市区较远的山区，装备甲烷传感器数量较多，校准气样需求量较大，若使用甲烷标准气样，运输和存储既不安全，也不方便，更不经济。监测煤矿井下甲烷是煤矿企业内部瓦斯防治的需要，不涉及企业外的单位和个人，因此，可以使用按MT 423《空气中甲烷校准气体技术条件》等有关标准要求配置的校准气体。

**第四百九十八条** 甲烷传感器（便携仪）的设置地点，报警、断电、复电浓度和断电范围必须符合表18的要求。

表18 甲烷传感器（便携仪）的设置地点，报警、断电、复电浓度和断电范围

| 设置地点 | 报警浓度/% | 断电浓度/% | 复电浓度/% | 断电范围 |
|---|---|---|---|---|
| 采煤工作面回风隅角 | ≥1.0 | ≥1.5 | <1.0 | 工作面及其回风巷内全部非本质安全型电气设备 |
| 低瓦斯和高瓦斯矿井的采煤工作面 | ≥1.0 | ≥1.5 | <1.0 | 工作面及其回风巷内全部非本质安全型电气设备 |
| 突出矿井的采煤工作面 | ≥1.0 | ≥1.5 | <1.0 | 工作面及其进、回风巷内全部非本质安全型电气设备 |
| 采煤工作面回风巷 | ≥1.0 | ≥1.0 | <1.0 | 工作面及其回风巷内全部非本质安全型电气设备 |
| 突出矿井采煤工作面进风巷 | ≥0.5 | ≥0.5 | <0.5 | 工作面及其进、回风巷内全部非本质安全型电气设备 |
| 采用串联通风的被串采煤工作面进风巷 | ≥0.5 | ≥0.5 | <0.5 | 被串采煤工作面及其进、回风巷内全部非本质安全型电气设备 |
| 高瓦斯、突出矿井采煤工作面回风巷中部 | ≥1.0 | ≥1.0 | <1.0 | 工作面及其回风巷内全部非本质安全型电气设备 |
| 采煤机 | ≥1.0 | ≥1.5 | <1.0 | 采煤机电源 |
| 煤巷、半煤岩巷和有瓦斯涌出岩巷的掘进工作面 | ≥1.0 | ≥1.5 | <1.0 | 掘进巷道内全部非本质安全型电气设备 |
| 煤巷、半煤岩巷和有瓦斯涌出岩巷的掘进工作面回风流中 | ≥1.0 | ≥1.0 | <1.0 | 掘进巷道内全部非本质安全型电气设备 |
| 突出矿井的煤巷、半煤岩巷和有瓦斯涌出岩巷的掘进工作面的进风分风口处 | ≥0.5 | ≥0.5 | <0.5 | 掘进巷道内全部非本质安全型电气设备 |
| 采用串联通风的被串掘进工作面局部通风机前 | ≥0.5 | ≥0.5 | <0.5 | 被串掘进巷道内全部非本质安全型电气设备 |
| | ≥0.5 | ≥1.5 | <0.5 | 被串掘进工作面局部通风机 |

表18（续）

| 设 置 地 点 | 报警浓度/% | 断电浓度/% | 复电浓度/% | 断 电 范 围 |
|---|---|---|---|---|
| 高瓦斯矿井双巷掘进工作面混合回风流处 | ≥1.0 | ≥1.0 | <1.0 | 除全风压供风的进风巷外，双掘进巷道内全部非本质安全型电气设备 |
| 高瓦斯和突出矿井掘进巷道中部 | ≥1.0 | ≥1.0 | <1.0 | 掘进巷道内全部非本质安全型电气设备 |
| 掘进机、连续采煤机、锚杆钻车、梭车 | ≥1.0 | ≥1.5 | <1.0 | 掘进机、连续采煤机、锚杆钻车、梭车电源 |
| 采区回风巷 | ≥1.0 | ≥1.0 | <1.0 | 采区回风巷内全部非本质安全型电气设备 |
| 一翼回风巷及总回风巷 | ≥0.75 | — | — | |
| 使用架线电机车的主要运输巷道内装煤点处 | ≥0.5 | ≥0.5 | <0.5 | 装煤点处上风流 100 m 内及其下风流的架空线电源和全部非本质安全型电气设备 |
| 矿用防爆型蓄电池电机车 | ≥0.5 | ≥0.5 | <0.5 | 机车电源 |
| 矿用防爆型柴油机车、无轨胶轮车 | ≥0.5 | ≥0.5 | <0.5 | 车辆动力 |
| 井下煤仓 | ≥1.5 | ≥1.5 | <1.5 | 煤仓附近的各类运输设备及其他非本质安全型电气设备 |
| 封闭的带式输送机地面走廊内，带式输送机滚筒上方 | ≥1.5 | ≥1.5 | <1.5 | 带式输送机地面走廊内全部非本质安全型电气设备 |
| 地面瓦斯抽采泵房内 | ≥0.5 | | | |
| 井下临时瓦斯抽采泵站下风侧栅栏外 | ≥1.0 | ≥1.0 | <1.0 | 瓦斯抽采泵站电源 |

**【解读】**本条是关于甲烷传感器（便携仪）的设置地点，报警、断电、复电浓度和断电范围的规定。

无线甲烷传感器不需要电缆，除具有甲烷监测、超限报警、断电等功能，还具有不需要维护电缆的优点，因此，采煤工作面回风隅角宜设置无线甲烷传感器。

为及时发现煤与瓦斯突出，突出矿井采煤工作面进风巷、突出矿井的煤巷和半煤岩巷及有瓦斯涌出岩巷的掘进工作面的进风分风口处、采区回风巷、一翼回风巷及总回风巷应设置甲烷传感器。

为及时监测甲烷浓度，高瓦斯和突出矿井采煤工作面回风巷中部、高瓦斯矿井双巷掘进工作面混合回风流处、高瓦斯和突出矿井掘进巷道中部、井下煤仓、封闭的带式输送机地面走廊内、带式输送机滚筒上方、连续采煤机、掘锚一体机、锚杆钻车、梭车、矿用防爆型柴油机车和无轨胶轮车应设置甲烷传感器。

当被串掘进工作面局部通风机前甲烷传感器甲烷浓度≥1.5% $CH_4$ 时，应切断被串掘进工作面局部通风机电源。因为，当被串掘进工作面局部通风机前甲烷传感器甲烷浓度较高时，压入掘进工作面风流的甲烷浓度也较高，加上掘进工作面甲烷涌出，掘进工作面甲烷浓度会更高，此时就应当切断被串掘进工作面局部通风机电源。

**第四百九十九条** 井下下列地点必须设置甲烷传感器：

（一）采煤工作面及其回风巷和回风隅角，高瓦斯和突出矿井采煤工作面回风巷长度大于1000 m时回风巷中部。

（二）煤巷、半煤岩巷和有瓦斯涌出的岩巷掘进工作面及其回风流中，高瓦斯和突出矿井的掘进巷道长度大于1000 m时掘进巷道中部。

（三）突出矿井采煤工作面进风巷。

（四）采用串联通风时，被串采煤工作面的进风巷；被串掘进工作面的局部通风机前。

（五）采区回风巷、一翼回风巷、总回风巷。

（六）使用架线电机车的主要运输巷道内装煤点处。

（七）煤仓上方、封闭的带式输送机地面走廊。

（八）地面瓦斯抽采泵房内。

（九）井下临时瓦斯抽采泵站下风侧栅栏外。

（十）瓦斯抽采泵输入、输出管路中。

**【解读】** 本条是关于甲烷传感器设置地点的规定。

甲烷超限报警和断电，是避免瓦斯爆炸事故发生的有效措施。因此，在采掘工作面等可能发生瓦斯积聚的地点，应设置甲烷传感器。

低浓度甲烷传感器可满足低瓦斯和高瓦斯矿井瓦斯防治的需求，因此，为降低成本，不要求低瓦斯和高瓦斯矿井装备全量程和高低浓度甲烷传感器。

为及时发现甲烷超限，矿井应设置采煤工作面、回风隅角和回风巷甲烷传感器，掘进工作面和回风流甲烷传感器，采区回风巷、一翼回风巷、总回风巷甲烷传感器。

当高瓦斯和突出矿井采煤工作面回风巷长度大于1000 m、掘进巷道长度大于1000 m时，巷道中部应增设甲烷传感器。

突出矿井采煤工作面进风巷、掘进工作面进风分风口处应增设甲烷传感器。

**第五百条** 突出矿井在下列地点设置的传感器必须是全量程或者高低浓度甲烷传感器：

（一）采煤工作面进、回风巷。

（二）煤巷、半煤岩巷和有瓦斯涌出的岩巷掘进工作面回风流中。

（三）采区回风巷。

（四）总回风巷。

**【解读】** 本条是关于突出矿井采掘工作面、采区回风巷和总回风巷必须设置全量程或者高低浓度甲烷传感器的规定。

低浓度甲烷传感器量程为0～4.0% $CH_4$，不能用于浓度大于4.0% $CH_4$ 甲烷监测。煤与瓦斯突出后，环境中甲烷浓度会大于4.0% $CH_4$，因此突出矿井应采用全量程或者高低浓度甲烷传感器。

**第五百零一条** 井下下列设备必须设置甲烷断电仪或者便携式甲烷检测报警仪：

（一）采煤机、掘进机、掘锚一体机、连续采煤机。

（二）梭车、锚杆钻车。

（三）采用防爆蓄电池或者防爆柴油机为动力装置的运输设备。

（四）其他需要安装的移动设备。

**【解读】** 本条是关于采煤机、掘进机等移动设备设置甲烷断电仪、便携式甲烷检测报警仪的规定。

为及时发现甲烷超限，避免或减少瓦斯爆炸等事故发生，采掘、运输等移动设备应设置甲烷断电仪、便携式甲烷检测报警仪。要求机载和车载的甲烷传感器和便携式甲烷检测报警仪应具有无线传输功能，实时将监测到的甲烷浓度上传至调度室。

**第五百零二条** 突出煤层采煤工作面进风巷、掘进工作面进风的分风口必须设置风向传感器。当发生风流逆转时，发出声光报警信号。

突出煤层采煤工作面回风巷和掘进巷道回风流中必须设置风速传感器。当风速低于或者超过本规程的规定值时，应当发出声光报警信号。

**【解读】** 本条是关于突出煤层采掘工作面设置风向传感器和风速传感器的规定。

为及时发现煤与瓦斯突出，突出煤层采煤工作面进风巷、掘进工作面进风的分风口必须设置风向传感器。当发生风流逆转时，发出声光报警信号。

为及时发现采煤工作面煤与瓦斯突出，突出煤层采煤工作面回风巷和掘进巷道回风流中必须设置风速传感器。当风速正常，采煤工作面回风巷甲烷浓度达到报警浓度或迅速增高，结合采煤工作面回风隅角、工作面、进风巷的甲烷浓度、风向和传感器损坏情况，发出煤与瓦斯突出报警信号。

为及时发现掘进工作面煤与瓦斯突出，当风速正常，掘进巷道回风流中甲烷浓度达到报警浓度或迅速增高，结合掘进工作面甲烷浓度和传感器损坏情况、进风分风口风向等，发出煤与瓦斯突出报警信号。

**第五百零三条** 每一个采区、一翼回风巷及总回风巷的测风站应当设置风速传感器，主要通风机的风硐应当设置压力传感器；瓦斯抽采泵站的抽采泵吸入管路中应当设置流量传感器、温度传感器和压力传感器，利用瓦斯时，还应当在输出管路中设置流量传感器、温度传感器和压力传感器。

使用防爆柴油动力装置的矿井及开采容易自燃、自燃煤层的矿井，应当设置一氧化碳传感器和温度传感器。

主要通风机、局部通风机应当设置设备开停传感器。

主要风门应当设置风门开关传感器，当两道风门同时打开时，发出声光报警信号。甲烷电闭锁和风电闭锁的被控开关的负荷侧必须设置馈电状态传感器。

**【解读】** 本条是关于风速、风压、一氧化碳、温度、设备开停、风门开关、馈电状态传感器，管路流量、温度和压力传感器的设置的规定。

为监测通风系统，每一个采区、一翼回风巷及总回风巷的测风站应当设置风速传感器，主要通风机的风硐应当设置压力传感器。

为监测采空区火灾，防止一氧化碳中毒，开采容易自燃、自燃煤层的矿井，应当设置一氧化碳传感器和温度传感器。为防止一氧化碳中毒，使用防爆柴油动力装置的矿井，应当设置一氧化碳传感器。

为监测主要通风机和局部通风机工作状态，主要通风机和局部通风机应设置设备开停传感器。

为监测风门状态，及时发现两道风门同时打开，避免造成风流短路，主要风门应设置风门开关传感器，当两道风门同时打开时，发出声光报警信号。

为监测甲烷超限、局部通风机停风是否可靠断电，甲烷电闭锁和风电闭锁的被控开关的负荷侧必须设置馈电状态传感器。

为监测瓦斯抽采系统工作状态，瓦斯抽采泵站的抽采泵吸入管路中应当设置流量传感器、温度传感器和压力传感器；利用瓦斯时，还应当在输出管路中设置流量传感器、温度传感器和压力传感器。

## 第三节　人员位置监测

**第五百零四条**　下井人员必须携带标识卡。各个人员出入井口、重点区域出入口、限制区域等地点应当设置读卡分站。

**【解读】**本条是关于煤矿井下人员位置监测标识卡携带和读卡分站设置的规定。

为全面掌握煤矿井下作业人员位置，下井人员必须携带标识卡。为掌握下井人数，各个人员出入井口应设置读卡分站。为掌握重点区域作业人数，采掘工作面等重点区域出入口应设置读卡分站。为及时发现人员误入限制区域，限制区域等地点应设置读卡分站。

**第五百零五条**　人员位置监测系统应当具备检测标识卡是否正常和唯一性的功能。

**【解读】**本条是关于人员位置监测系统唯一性检测功能的规定。

为确保下井人员只携带自己的识别卡，防止1人多卡或不带卡下井，人员位置监测系统应当具备检测标识卡是否正常和唯一性的功能，可采用虹膜、人脸等识别技术，进行标识卡唯一性检测。

**第五百零六条**　矿调度室值班员应当监视人员位置等信息，填写运行日志。

**【解读】**本条是关于矿调度室值班员有关人员位置监测职责的规定。

矿调度室值班员应监视人员位置等信息，填写运行日志，接到超定员、人员进入危险区域等报警后，应报告值班领导，及时处理。

## 第四节　通信与图像监视

**第五百零七条**　以下地点必须设有直通矿调度室的有线调度电话：矿井地面变电所、地面主要通风机房、主副井提升机房、压风机房、井下主要水泵房、井下中央变电所、井底车场、运输调度室、采区变电所、上下山绞车房、水泵房、带式输送机集中控制硐室等主要机电设备硐室、采煤工作面、掘进工作面、突出煤层采掘工作面附近、爆破时撤离人员集中地点、突出矿井井下爆破起爆点、采区和水平最高点、避难硐室、瓦斯抽采泵房、爆炸物品库等。

有线调度通信系统应当具有选呼、急呼、全呼、强插、强拆、监听、录音等功能。

有线调度通信系统的调度电话至调度交换机（含安全栅）必须采用矿用通信电缆直接连接，严禁利用大地作回路。严禁调度电话由井下就地供电，或者经有源中继器接调度交换机。调度电话至调度交换机的无中继器通信距离应当不小于10 km。

**【解读】** 本条是关于矿用有线调度通信系统的规定。

为确保通信联络畅通，主要机电设备硐室和地点必须设有直通矿调度室的有线调度电话。

为防止因井下停电，造成电话不通，严禁调度电话由井下就地供电，或者经有源中继器接调度交换机。

煤矿井下采掘工作面距地面调度室距离长达10 km，为满足煤矿井下调度通信需求，调度电话至调度交换机的无中继器通信距离应当不小于10 km。

**第五百零八条**　矿井移动通信系统应当具有下列功能：

（一）选呼、组呼、全呼等。

（二）移动台与移动台、移动台与固定电话之间互联互通。

（三）短信收发。

（四）通信记录存储和查询。

（五）录音和查询。

【**解读**】本条是关于矿井移动通信系统功能的规定。

减少煤矿井下作业人员数量是安全高效现代化矿井的必然选择。固定岗位无人值守的煤矿，除应装备远程监控系统外，还应装备矿井移动通信系统，为巡视人员等配备矿用防爆手机，以便及时发现问题和处理故障。

**第五百零九条** 安装图像监视系统的矿井，应当在矿调度室设置集中显示装置，并具有存储和查询功能。

【**解读**】本条是关于矿用图像监视系统的规定。

煤矿无人值守的岗位和地点，除应装备远程监控系统外，还应设置矿用图像监视设备，以便观察设备和环境状况等。为及时发现问题和及时处置，矿调度室应设置集中显示装置。为便于分析和调查，图像监视系统应具有存储和查询功能。

# 第四编　露　天　煤　矿

## 第一章　一　般　规　定

**第五百一十条**　多工种、多设备联合作业时，必须制定安全措施，并符合相关技术标准。

**【解读】**本条是关于露天矿工种、设备之间联合作业的规定。

多工种是指同一系统或设备有2个及2个以上工种联合作业；多设备是指同一位置有2台及2台以上设备同时进行配合作业。联合作业包括采装过程中采装设备与运输、辅助和破碎设备在一个场所的交叉作业，如采装设备与轮式推土机、履带推土机、平路机、自移式破碎机等；运输过程中运输设备和辅助设备的交叉作业，如卡车与平路机、履带推土机、洒水车等；排土过程中运输设备和排土设备的交叉作业；设备维修中各种设备的配合作业以及测量人员作业时与采装运输辅助设备的交叉作业等。联合作业发生的频率不同，对安全措施的要求程度也不同，因此，应根据联合作业发生的频率、具有的特点制定具有针对性的安全措施。一是对于工艺中始终存在的联合作业，在制定作业规程、安全操作规程时给予明确；二是不属于工艺范畴，是随机发生的联合作业问题，应根据实际情况，制定专门的安全措施。

**第五百一十一条**　采用铁路运输的露天采场主要区段的上下平盘之间应当设人行通路或者梯子，并按有关规定在梯子两侧设置安全护栏。

**【解读】**本条是关于铁路运输露天采场设置人行安全通道的规定。

露天煤矿可根据台阶边坡角、平盘宽度等因素选择设置人行通路或梯子，其目的是为了作业人员在上下台阶行走的方便和安全。设置人行通道或梯子要选择安全的地段，梯子的质量要可靠，设置不歪斜，必须保证行走人员的安全。同时，根据采矿进度，做好移设工作。要设专人负责人行梯子的设置和维修工作。

坚持经常检查，发现坏梯子及时维修或更换，保证梯子经常处于完好状态。梯子在雨季和冬季应采取捆绑草绳、防滑胶条等物品或焊接防滑铁条等措施。各矿根据自身的作业特点，制定人行通道和梯子的使用管理办法。

**第五百一十二条** 在露天煤矿内行走的人员必须遵守下列规定：

（一）必须走人行通路或者梯子。

（二）因工作需要沿铁路线和矿山道路行走的人员，必须时刻注意前后方向来车。躲车时，必须躲到安全地点。

（三）横过铁路线或者矿山道路时，必须止步瞭望。

（四）跨越带式输送机时，必须沿着装有栏杆的栈桥通过。

（五）严禁在有塌落危险的坡顶、坡底行走或者逗留。

**【解读】** 本条是关于在露天煤矿内行走人员的安全规定。

除铁路工艺露天矿外，其他工艺露天矿除作业、维修、移设地点外，不允许人员在地面通行。

铁路工艺露天矿人员确需在地面通行时，必须走人行通道或者梯子。一般情况下，不准在铁路上行走，因工作需要必须沿铁路行走时，应遵守以下规定：

(1) 尽量在铁道线路外侧迎着来车方向行走。

(2) 在铁道线路上行走必须时刻注意前后方向来车和躲车，发现来车时要躲到线路外侧 3 m 以外安全的地方，面向列车进行待避。

(3) 受客观条件限制，必须在会车线内躲车时，应蹲在两条线路中间，面向重车待避，避免被列车上甩下的石块砸中。

(4) 在有塌落危险的坡顶、坡底，应设置警戒区域，确需通行时应尽快通过，严禁逗留。

**第五百一十三条** 严禁非作业人员和车辆未经批准进入作业区。

**【解读】** 本条是关于煤矿企业生产作业区内严禁闲杂人员进入的规定。

露天煤矿机械化程度较高，作业现场各种机械设备较多，老空区、火区、沉陷区、片帮区等可能存在，条件复杂，非作业人员和车辆未经安全培训，不了解现场的基本情况和各种规定，进入作业区域危险性很大。因此，应做好以下方面的工作：

(1) 在进入露天作业区域的必经地段设置门岗，对进入的设备和人员进行核对。

(2) 因工作需要进入矿坑的，如设备维修厂家等，应对其进行安全培训，并在矿方人员陪同下进入；对于参观人员，必须在矿方人员带领下方可进入。

**第五百一十四条** 采场内有危险的火区、老空区、滑坡区等地点，应当充填或者设置栅栏，并设置警示标志；地面、采场及排土场内临时设置变压器时应当设围栏，配电柜、箱、盘应当加锁，并设置明显的防触电标志；设备停放场、炸药厂、爆炸物品库、油库、加油站和物资仓库等易燃易爆场所，必须设置防爆、防火和危险警示标志；矿山道路必须设置限速、道口等路标，特殊路段设警示标志；汽车运输为左侧通行的，在过渡区段内必须设置醒目的换向标志。

严禁擅自移动和损坏各种安全标志。

在运输线路两侧堆放物料时，不得影响行车安全。

**【解读】** 本条是关于采场内的危险区域、危险建筑场所、危险设施及特殊交通应采取安全保护措施的规定。

露天煤矿生产环节多，设备设施多，作业人员多，自然的和人为的危险源也多，因此应在各个场所采取安全措施加以提醒和警示，在有危险的区域、建筑场所和设施上设置明显的安全警示标志，告知生产作业人员及其他有关人员提高警惕，在有警示标志的区域或场所不准靠近等，以保证人员和设备的安全。

**第五百一十五条** 在下列区域不得建永久性建（构）筑物：

（一）距采场最终境界的安全距离以内。

（二）爆炸物品库爆炸危险区内。

（三）不稳定的排土场内。

（四）爆破、岩体变形、塌陷、滑坡危险区域内。

**【解读】** 本条是关于露天煤矿发生岩体变形、滑坡和爆破区域内等不准建永久性建（构）筑物的规定。

在该条款规定的4种区域内，无论是什么性质的建筑，都存在滑落、下沉变形和爆破震动的威胁，所以规定其区域内不准建永久性建（构）筑物。

**第五百一十六条** 机械设备内必须备有完好的绝缘防护用品和工具，并定期进行电气绝缘性能试验，不合格的及时更换。

【解读】本条是对电力驱动机械设备内配备防护用品和工具的规定。

绝缘防护用品指绝缘靴、绝缘手套等，绝缘工具一般为绝缘杆或绝缘钩，不是维修工具，主要是副司机在移动电缆时使用。电气绝缘性能试验周期根据《电力安全工器具预防性试验规程》（DL/T 1476—2015）规定，绝缘靴、绝缘手套为半年，绝缘杆为1年，绝缘钩参照绝缘杆。目前大部分煤矿针对绝缘靴、绝缘手套每半年更新1次，绝缘钩1年试验1次，不合格的进行更换。

**第五百一十七条** 采掘、运输、排土等机械设备作业时，严禁检修和维护，严禁人员上下设备；在危及人身安全的作业范围内，严禁人员和设备停留或者通过。

移动设备应当在平盘安全区内走行或者停留，否则必须采取安全措施。

【解读】本条是关于机械设备作业时严禁人员上下及危险区域严禁人员、设备停留的规定。

各露天煤矿为了实现安全生产，保护职工在生产作业中的安全，依据《规程》的要求，制定了采掘、运输、排土等设备的安全作业规程和操作规程。规定在机械设备运转时严禁任何人员上下设备，严禁人员和设备在作业设备最大作业半径以内通过或停留。

【案例】1992年10月7日，某露天煤矿一台77 t矿用自卸卡车正在一台10 $m^3$的挖掘机采场装车时，呈一字形装车方式。装完一勺货之后，挖掘机发生临时小故障，暂停一会，挖掘机司机自行处理。一名卡车检修工乘这个时间爬上卡车检查，没有通知挖掘机人员。当这名检修工人站在卡车驾驶室外的走台上检查时，挖掘机故障处理完，开始挖货装车，该名检修工人认为在走台上有护板覆盖没有危险，所以没有下车，也没有进入驾驶室。而卡车司机忘记了给上制动，结果勺斗卸货时，卡车受卸下物料的冲击，加上地盘有点小坡，使卡车向前移动，这名检修工因害怕卡车继续滑行掉到台阶下边，急忙从走台上跳下，双脚摔伤。

**第五百一十八条** 设备走行道路和作业场地坡度不得大于设备允许的最大坡度，转弯半径不得小于设备允许的最小转弯半径。

【解读】本条是关于设备运行场地技术要求的规定。

**第五百一十九条** 遇到特殊天气状况时，必须遵守下列规定：

（一）在大雾、雨雪等能见度低的情况下作业时，必须制定安全技术措施。
（二）暴雨期间，处在有水淹或者片帮危险区域的设备，必须撤离到安全地带。
（三）遇有6级及以上大风时禁止露天起重和高处作业。
（四）遇有8级及以上大风时禁止轮斗挖掘机、排土机和转载机作业。

**【解读】** 本条是关于特殊天气状况下现场作业的安全规定。

**第五百二十条** 作业人员在2 m及以上的高处作业时，必须系安全带或者设置安全网。

**【解读】** 本条是关于露天煤矿高空作业时设置安全保护装置的规定。

# 第二章 钻 孔 爆 破

## 第一节 一 般 规 定

**第五百二十一条** 露天煤矿钻孔、爆破作业必须编制钻孔、爆破设计及安全技术措施，并经矿总工程师批准。钻孔、爆破作业必须按设计进行。爆破前应当绘制爆破警戒范围图，并实地标出警戒点的位置。

**【解读】** 本条是关于露天煤矿钻孔、爆破在设计、施工与警戒方面的规定。

对我国大多数露天煤矿而言，钻孔爆破是第一工序环节。钻孔爆破最终效果表现在爆量上，主要指标体现在有无拉底、硬帮、伞檐、大块等方面，直接影响到后续的采装效率、半干线平整度、半干线宽度等方面的工作。因此，需要工程技术人员根据岩石性质、岩石可爆性、钻机的规格、抵抗线的大小、自由面的多少、使用炸药的性能等确定钻孔的孔径、超深、前排距、行距、孔距、起爆方式、炸药单耗、装药方式、网络连接方式等，提前形成设计，制定安全技术措施，并在施工中严格执行。

特别是在爆破过程中，涉及的飞石、地震效应可能对人员、设备带来危害，因此需要根据地形条件、风力条件、施工中出现的情况设置警戒范围，实现安全爆破。

**第五百二十二条** 爆炸物品的购买、运输、贮存、使用和销毁，永久性爆炸物品库建筑结构及各种防护措施，库区的内、外部安全距离等必须符合《民用爆炸物品安全管理条例》等国家有关法规和标准的规定。

露天煤矿爆破作业，必须遵守《爆破安全规程》。

**【解读】** 本条是关于爆炸物品管理、爆炸物品库建筑结构及库区安全距离、爆破安全作业的规定。

由于爆炸物品具有燃烧、爆炸的危险性，容易发生人身伤害事故和造成国家财产损失，因此必须严格监督管理，认真执行有关对爆炸物品的购买、运输、贮存、使用和销毁的法律、法规，对每一个环节都要经过有关部门审查批准。未经批准，任何单位和个人都不准擅自从事爆炸物品的购买、运输、贮存、使用和销毁，否则要承担相应的法律责任。

## 第二节　钻　　孔

**第五百二十三条** 钻孔设备进行钻孔作业和走行时，履带边缘与坡顶线的距离应当符合表19的要求。

表19　钻孔设备履带边缘与坡顶线的安全距离　　m

| 台阶高度 | <4 | 4~10 | 10~15 | ≥15 |
|---|---|---|---|---|
| 安全距离 | 1~2 | 2~2.5 | 2.5~3.5 | 3.5~6 |

钻凿坡顶线第一排孔时，钻孔设备应当垂直于台阶坡顶线或者调角布置(夹角应当不小于45°)；有顺层滑坡危险区的，必须压碴钻孔；钻凿坡底线第一排孔时，应当有专人监护。

**【解读】** 本条是关于钻孔设备作业和行走安全的规定。

钻孔设备在作业时，如果与坡顶线之间的夹角太小，整个钻机即相当于站在了滑落三角体上，而且加大了三角体的下滑力，时刻有片帮掉钻的危险。钻孔设备在靠近坡底线作业时，为预防有大块掉落、片帮等情况发生，应做到：一是派专人观察，起到预警作用；二是钻机设备助手，应远离坡底线区域。

顺层滑坡危险区，是指岩石覆存倾向自由面一侧，有软弱层甚至有水弱化等，可能发生滑动危险的区域。发现该情况应采取压碴钻孔措施，即在未采掘前一幅爆量的前提下钻孔。如果前一幅爆量已采掘完毕，才发现有顺层滑坡危险区，则应重新确定钻孔方案、制定安全技术措施。

**第五百二十四条** 钻孔设备在有采空区的工作面钻孔时，必须制定安全技术措施，并在专业人员指挥下进行。

**【解读】** 本条是关于钻孔设备在有采空区的工作面钻孔作业时的规定。

有些露天煤矿，其开采范围内早期被井工矿开采过，形成了采空区，这些采空区直接威胁着露天煤矿的设备和人员安全。为保证钻孔设备在有采空区的工作面作业时的安全，必须在钻孔作业之前制定好安全技术措施，主要有以下几个方面：

（1）加强采空区安全技术管理。在钻孔设备作业前，工程技术人员应先绘制出露天煤矿范围内的井上下对照图，把采空区空巷的水平及空间位置画在井上下对照图上。明确了采空区的具体位置，确定了钻孔设备在什么位置站立安全，哪些地方能去，哪些地方不能去，从而使现场作业人员清楚作业现场情况，做好自主保安工作。

（2）严格采空区现场管理。一是现场标定采空区的具体位置，根据井上下对照图，由测量人员将采空区具体位置标定在现场，指导现场作业人员的行动方向和设备行走、钻孔站立的位置；二是培训相关人员学习在采空区作业的安全技术措施，使每个人都知道在采空区应该怎么作业，设备、人员应该怎么行走和停留；三是在采空区设置安全警示牌，极危险区域还应设置安全防护绳，防止非作业人员进入采空区发生危险。

（3）在采空区应打探查孔，进一步确定采空区的具体位置。对有充填旧巷的应加大打探查孔的间距或隔孔打探查眼，对每个探查眼的具体情况要认真做好记录。

（4）钻孔设备在采空区作业时，除在确定的采空区打探查孔外，还应在疑似区域打探查孔进行探测。但无论是确定的、疑似的，还是正常的钻孔，发现有采空区的，应对钻孔设置明显标志，并对探查结果（如上覆岩厚度、采孔高度等）进行记录。

（5）如发现采空区有冒烟现象，应配备气体监测仪对有毒有害气体进行监测，以确保职工作业环境安全。

## 第三节　爆　　破

**第五百二十五条**　爆炸物品的领用、保管和使用必须严格执行账、卡、物一致的管理制度。

严禁发放和使用变质失效以及过期的爆炸物品。

爆破后剩余的爆炸物品，必须当天退回爆炸物品库，严禁私自存放和销毁。

**【解读】** 本条是关于爆炸物品领用、保管、使用和退回等方面的规定。

（1）关于领用、保管、使用和退回的规定。必须严格执行账、卡、物一致的管理制度。账是对爆炸物品类别、数量准确登记的账本；卡是标明各类爆炸物品的名称、规格、型号、性能、数量的卡片或标签；物是指爆炸物品。

（2）关于对变质失效以及过期爆炸物品的规定。要求变质失效以及过期的爆炸物品严禁发放和使用，因为变质失效以及过期的爆炸物品一旦发放和使用将产生如下不良的后果：①由于爆炸物品性能明显降低，使用这种炸药进行爆破，不仅严重影响爆破质量，还容易发生拒爆。②如果造成爆破质量不好或发生拒爆，将严重影响下一道采装工作的正常进行。③由于爆破质量不好而产生的大块、伞檐、拉底，有可能引发其他事情的发生，如砸坏挖掘设备，导致挖掘设备大绳、斗齿消耗，另外，增加大块还需二次爆破，增加了爆炸物品单耗等。

（3）关于剩余爆炸物品的处理，主要有3点：①退回。爆破作业当天结束之后，剩余的爆炸物品必须退回爆炸物品库，执行退料单程序。②严禁私自存放。除爆炸物品库之外的任何地方都不准存放剩余的爆炸物品。③严禁私自销毁。剩余的爆炸物品必须送回爆炸物品库，不准私自销毁。

**【案例】** 2006年7月6日6时20分，某县一位村民家中起火，村民们纷纷前来救火。火势越烧越大，当烧到一位个体小煤矿矿主家时，发生了炸药爆炸，当场炸死31人，受伤人员中经抢救无效又死亡6人。原因是这家的小煤矿被封闭后，矿主私自把剩余的矿用炸药拿回家中藏了起来，大火烧到藏匿炸药处时，发生了爆炸，造成了重大人员伤亡。

**第五百二十六条**　爆炸物品车到达爆破地点后，爆破区域负责人应当对爆炸物品进行检查验收，无误后双方签字。

在爆破区域内放置和使用爆炸物品的地点，20 m 以内严禁烟火，10 m 以内严禁非工作人员进入。

加工起爆药卷必须距放置炸药的地点 5 m 以外，加工好的起爆药卷必须放在距炮孔炸药 2 m 以外。

**【解读】** 本条是关于爆炸物品交接验收、爆破区域内、起爆药卷加工的规定。

爆炸物品运输人员与施工人员的交接，一般由爆破区域负责人与运输人员就数量、种类、型号、质量等进行确认并交接，避免责任不清。爆炸物品放置及使用区域属于易爆危险区，烟火容易引起爆炸，非专业人员的碾压可能破坏传爆等性能。另外起爆药卷相当于起爆源，其一旦爆炸将引起炸药爆炸，危害会进一步扩大。

**第五百二十七条** 炮孔装药和充填必须遵守下列规定：

（一）装药前在爆破区边界设置明显标志，严禁与工作无关的人员和车辆进入爆破区。

（二）装药时，每个炮孔同时操作的人员不得超过 3 人；严禁向炮孔内投掷起爆具和受冲击易爆的炸药；严禁使用塑料、金属或者带金属包头的炮杆。

（三）炮孔卡堵或者雷管脚线、导爆管及导爆索损坏时应当及时处理；无法处理时必须插上标志，按拒爆处理。

（四）机械化装药时由专人现场指挥。

（五）预装药炮孔在当班进行充填。预装药期间严禁连接起爆网络。

（六）装药完成撤出人员后方可连接起爆网络。

**【解读】** 本条是关于装药和充填作业的规定。

人工装药时，装药、下线、充填等操作工序的人数不得超过 3 人。向炮孔内装药时，对起爆器或装有雷管的起爆药，或敏感性强的炸药均不得投掷，必须用非金属的绳索吊入孔中。压药的炮杆，必须用木制齐头炮杆，不准用金属或金属包头或塑料的炮杆。

机械化装药时必须由专人操作，是指铵油炸药混装车和乳化炸药车，按照现场要求用车上的注药管直接往孔内注药，这必须由专门经培训并考核合格的人员操作，不能由其他人代替或随意指派。

预装药是指提前装药，当天不起爆，待形成一定规模后再起爆的装药方式。

该方式在装药环节能力低、实施大炮区爆破的露天矿比较常见。该方式要求当日装药的炮孔必须当日充填，且不能进行网络连接。该规定主要是预防由于气候等原因造成单个炮孔起爆使爆破扩大化，同时，网络的连接必须是在装药完成的情况下，也是这种道理。

**第五百二十八条** 爆破安全警戒必须遵守下列规定：

（一）必须有安全警戒负责人，并向爆破区周围派出警戒人员。

（二）爆破区域负责人与警戒人员之间实行“三联系制”。

（三）因爆破中断生产时，立即报告矿调度室，采取措施后方可解除警戒。

**【解读】** 本条是关于爆破安全警戒和爆破后中断生产的规定。

露天煤矿采掘场范围大、设备多、人员杂，而爆破瞬间可能产生飞石，万一有人员、设备没有按时撤出警戒区，很容易发生事故，因此必须做好爆破安全警戒工作。

“三联系制”是指：

第一次信号：爆破区负责人向警戒人员发出第一次信号，确认警戒人员到达警戒地点，所有与爆破无关人员撤出警戒区，设备撤至安全距离以外，然后警戒人员向爆破区负责人发回安全信号，爆破区负责人命令起爆人员作起爆预备；

第二次信号：起爆预备完成后，爆破区负责人向警戒人员发出第二次信号，得到警戒人员发回的安全信号后，再向起爆人员发出起爆命令，进行起爆；

第三次信号：起爆后 5 min，确认无危险时，爆破区负责人和起爆人员进入爆破区进行检查，无问题后，向各警戒人员发出解除警戒信号。

因爆破后发生中断生产的情况有下列几种：掩埋或破坏运输道路，损坏或中断供电线路，设备被砸变形。发生这些情况时应立即报告矿调度室，由矿调度室通知相关人员到现场进行处理，完成后即可进行作业。

**第五百二十九条** 安全警戒距离应当符合下列要求：

（一）抛掷爆破（孔深小于 45 m）：爆破区正向不得小于 1000 m，其余方向不得小于 600 m。

（二）深孔松动爆破（孔深大于 5 m）：距爆破区边缘，软岩不得小于 100 m、硬岩不得小于 200 m。

（三）浅孔爆破（孔深小于 5 m）：无充填预裂爆破，不得小于 300 m。

（四）二次爆破：炮眼爆破不得小于200 m。

**【解读】**本条是关于爆破安全警戒距离的规定。

**第五百三十条** 起爆前，必须将所有人员撤至安全地点。接触爆炸物品的人员必须穿戴抗静电保护用品。

**【解读】**本条是关于起爆前人员撤离及相关人员穿戴保护用品的规定。

网络连接前，除网络连接人员外，其他人员必须全部撤出；起爆前，要进行警戒，防止无关人员进入；同时，爆破负责人必须对警戒区域进行整体巡视，确认无设备人员后方可下达起爆指令。

由于爆炸物品受到静电影响后可能产生爆炸，因此爆破人员必须穿戴抗静电保护用品，主要包括防静电衣服（纯棉衣服等）。为避免发生爆炸危险，不得穿带钉的鞋等。

**第五百三十一条** 设备、设施距松动爆破区外端的安全距离应当符合表20的要求。

表20 设备、设施距松动爆破区外端的安全距离 m

| 设备名称 | 深孔爆破 | 浅孔及二次爆破 | 备注 |
|---|---|---|---|
| 挖掘机、钻孔机 | 30 | 40 | 司机室背向爆破区 |
| 风泵车 | 40 | 50 | 小于此距离应当采取保护措施 |
| 信号箱、电气柜、变压器、移动变电站 | 30 | 30 | 小于此距离应当采取保护措施 |
| 高压电缆 | 40 | 50 | 小于此距离应当拆除或者采取保护措施 |

机车、矿用卡车等机动设备处于警戒范围内且不能撤离时，应当采取就地保护措施。与电杆距离不得小于5 m；在5～10 m时，必须采用减震爆破。

**【解读】**本条是关于松动爆破安全距离的规定。

对于部分设备，若其处于的位置无法移动，小于安全警戒距离，一般采取如下安全保护措施：驾驶室背向爆破区域，打开驾驶室门窗，用草席、棉被、纸箱等软体材料遮挡，对电缆采用黄土或软岩覆盖等。

**第五百三十二条** 设备、设施距抛掷爆破区外端的安全距离：爆破区正向不得小于600 m；两侧有自由面方向及背向不得小于300 m；无自由面方向不得小于200 m。

**【解读】**本条是关于抛掷爆破安全距离的规定。

抛掷爆破是指炸药爆炸时，被爆破岩体的一部分沿最小抵抗线方向抛出的爆破方法，台阶较高，一次起爆药量大，爆破影响范围广，地震波、空气冲击波和飞石的危害远大于松动爆破。经理论计算和现场试验的综合分析后，爆破区正向（抛掷方向）安全距离确定为600 m，其他方向安全距离确定为200 ~ 300 m。

**第五百三十三条** 爆破危险区的架空输电线、电缆和移动变电站等，在爆破时应当停电。恢复送电前，必须对这些线路进行检查，确认无损后方可送电。

**【解读】**本条是对供电设备设施爆破前后停送电的规定。

为预防带电体因爆破震动、飞石产生破坏，引起接地、漏电等对人及设备的危害，爆破前必须对爆破区域内的架空线等停电。爆破后在送电前应全面检查，如没有遭到损伤和破坏，则可以恢复送电。

**第五百三十四条** 爆破地震安全距离应当符合下列要求：

（一）各类建（构）筑物地面质点的安全振动速度不应超过下列数值：

1. 重要工业厂房，0.4 cm/s；

2. 土窑洞、土坯房、毛石房，1.0 cm/s；

3. 一般砖房、非抗震的大型砌块建筑物，2 ~ 3 cm/s；

4. 钢筋混凝土框架房屋，5 cm/s；

5. 水工隧道，10 cm/s；

6. 交通涵洞，15 cm/s；

7. 围岩不稳定有良好支护的矿山巷道，10 cm/s；围岩中等稳定有良好支护的矿山巷道，15 cm/s；围岩稳定无支护的矿山巷道，20 cm/s。

（二）爆破地震安全距离应当按下式计算：

$$R = (k/v)^{1/a} \cdot Q^m$$

式中　$R$——爆破地震安全距离，m；

$Q$——药量（齐发爆破取总量，延期爆破取最大一段药量），kg；

$v$——安全质点振动速度，cm/s；

$m$——药量指数，取 $m=1/3$；

$k$、$a$——与爆破地点地形、地质条件有关的系数和衰减指数。

（三）在特殊建（构）筑物附近、爆破条件复杂和爆破震动对边坡稳定有影响的地区进行爆破时，必须进行爆破地震效应的监测或者试验。

**【解读】**本条是关于爆破地震安全距离的规定。

爆破地震是指露天煤矿在实施爆破时，炸药爆炸后释放的膨胀压力能量对周围介质做功时产生的破坏性震动。此能量在对周围介质做功时逐步由强到弱地向四周扩散，直到完全消失。当炸药爆炸后的压力能量在周围介质中逐步扩散到已不能对周围物体造成破坏时的距离，称爆破地震安全距离。

**第五百三十五条** 爆破作业必须在白天进行，严禁在雷雨时进行；严禁裸露爆破。

**【解读】**本条是关于爆破作业时间和天气的规定。

在雷雨天气时，雷电极易引起爆炸物品的爆炸，因此严禁进行爆破作业。

**第五百三十六条** 在高温区、自然发火区进行爆破作业时，必须遵守下列规定：

（一）测试孔内温度。有明火的炮孔或者孔内温度在 80 ℃以上的高温炮孔采取灭火、降温措施。

（二）高温孔经降温处理合格后方可装药起爆。

（三）高温孔应当采用热感度低的炸药，或者将炸药、雷管作隔热包装。

**【解读】**本条是关于高温区、自然发火区爆破作业的规定。

露天煤矿着火的主要原因包括两方面：一是采空区自燃；二是煤层自然发火，这两种情况都能使需要爆破的煤岩钻孔温度升高，容易引爆爆炸物品，对爆破工作造成危害，因此必须采取降温等措施后方可爆破。

**第五百三十七条** 爆破后检查必须遵守下列规定：

（一）爆破后 5 min 内，严禁检查。

（二）发现拒爆，必须向爆破区负责人报告。

（三）发现残余爆炸物品必须收集上缴，集中销毁。

【解读】本条是关于爆破后检查的规定。

爆破后必须进行检查，其目的是检查有无拒爆的钻孔、有无残余的爆炸物品、爆破效果如何。现场使用的炸药均不能完全达到零氧平衡，均产生有毒有害气体，如爆破后产生淡黄色烟尘，这就要求检查人员不能爆破后立即进入爆破区域检查，必须等待烟尘土基本散尽才可进入，规定为 5 min。

发现有拒爆，必须报告负责人，参考《规程》第五百三十八条进行处理。同时，检查过程中发现有残余爆炸物品如导爆索等，不能遗留在爆破区，应收集并集中销毁。

**第五百三十八条** 发生拒爆和熄爆时，应当分析原因，采取措施，并遵守下列规定：

（一）在危险区边界设警戒，严禁非作业人员进入警戒区。

（二）因地面网路连接错误或者地面网路断爆出现拒爆，可以再次连线起爆。

（三）严禁在原钻孔位钻孔，必须在距拒爆孔 10 倍孔径处重新钻与原孔同样的炮孔装药爆破。

（四）上述方法不能处理时，应当报告矿调度室，并指定专业人员研究处理。

【解读】本条是关于爆破时拒爆或熄爆的处理规定。

一旦发生拒爆或熄爆，应进行检查，分析原因，提出处理办法。主要有以下几方面工作：

（1）警戒。不能撤销警戒。

（2）检查。一旦发现拒爆或熄爆，必须选择具有一定工作经验的人员进行检查。

（3）再次起爆。通过检查确认是因为地面网路连接错误或地面网路断线出现的拒爆，可以再次连线起爆。

（4）辅助炮眼法的规定。必须在距拒爆孔 10 倍孔径处重新钻与原孔同样的炮孔装药爆破，严禁在原孔钻孔，预防引起原爆炸物品发生爆炸。

（5）挖掘机处理拒爆孔。拒爆孔不能在现场立即处理时，应在拒爆孔旁插上标记，报告调度室，并认真做好登记。挖掘机采到该处时，要派专人指挥挖掘机，将孔内炸药和雷管挖出，必须做到：①挖掘机勺牙严禁直接接触炸药和雷管。②如果在有益矿物的工作面上（如油母页岩、煤炭等），一定要将炸药和雷管拣出来，防止发往用户。一旦发现炸药、雷管被装车运走的问题时，要及时向调度室报告，采取措施。③无论发生在什么样的工作面上，挖出的炸药、雷管都必须拣出来，另作销毁。

# 第三章 采　　装

## 第一节 一　般　规　定

**第五百三十九条** 露天采场最终边坡的台阶坡面角和边坡角，必须符合最终边坡设计要求。

**【解读】** 本条是关于最终边坡的台阶坡面角和边坡角的规定。

露天采场最终边坡的台阶坡面角和边坡角是由设计单位通过边坡稳定性评价设计出的，而边坡设计前必须进行专门的边坡工程地质勘探岩土物理力学试验，必要时，还应根据岩层的岩性、赋存条件、地质构造、边坡外形轮廓，对不同深度、不同部位边坡进行稳定性验算，其目的是为了保证露天矿采场最终边坡的稳定和安全生产。在生产过程中，如果坡面角和边坡角度留设过陡，容易造成边坡垮塌、片帮、滑落及滑坡等，由此带来的经济损失有可能很大。因此，每个露天矿采场最终边坡的台阶坡面角和边坡角是“量身定制”的，必须符合设计要求。如果在实际生产过程中，按照设计的角度仍然会发生垮塌、片帮、滑落及滑坡等，那就需要对岩性重新采样试验，对边坡重新进行稳定性分析评价，以确定台阶坡面角和边坡角。

**第五百四十条** 最小工作平盘宽度，必须保证采掘、运输设备的安全运行和供电通信线路、供排水系统、安全挡墙等的正常布置。

**【解读】** 本条是关于最小工作平盘宽度的规定。

最小工作平盘宽度是由设计单位根据露天矿采用的采装、运输设备的规格、型号而设计的，以实现较好的均衡剥采关系，使采矿生产持续发展。而安全挡墙的设置，是为了保证卡车的安全运行，避免因为司机注意力不集中或者卡车突然出现故障发生意外。

## 第二节　单斗挖掘机采装

**第五百四十一条**　单斗挖掘机行走和升降段应当符合下列要求：

（一）行走前检查行走机构及制动系统。

（二）根据不同的台阶高度、坡面角，使挖掘机的行走路线与坡底线和坡顶线保持一定的安全距离。

（三）挖掘机应当在平整、坚实的台阶上行走，当道路松软或者含水有沉陷危险时，必须采取安全措施。

（四）挖掘机升降段或者行走距离超过 300 m 时，必须设专人指挥；行走时，主动轴应当在后，悬臂对正行走中心，及时调整方向，严禁原地大角度扭车。

（五）挖掘机行走时，靠铁道线路侧的履带边缘距线路中心不得小于 3 m，过高压线和铁道等障碍物时，要有相应的安全措施。

（六）挖掘机升降段之前应当预先采取防止下滑的措施。爬坡时，不得超过挖掘机规定的最大允许坡度。

**【解读】**本条是关于单斗挖掘机行走和升降的安全规定。

单斗挖掘机行走和升降段前必须检查行走机构，特别是制动系统，防止行走特别是下坡时发生制动失灵等。在行走时，为防止砸铲或者挖掘机掉到下一个平盘，必须与坡底线和坡顶线保持一定的距离。当道路松软或者含水，挖掘机有沉陷危险时，必须采取相应措施，绕开此路段，如果绕不开，则必须进行处理，确保不陷铲。挖掘机升降段时，可将运输平盘宽度适当加宽，坡度适当减缓。

**第五百四十二条**　轮斗挖掘机作业和行走线路处在饱和水台阶上时，必须有疏排水措施，否则严禁作业和走行。

**【解读】**本条是关于轮斗挖掘机作业台阶和行走线路防排水的规定。

当遇到有水的台阶难以承受挖掘机体重压力，并有下陷的危险时，必须采取安全措施，保证不陷铲，否则挖掘机不得作业和行走。疏排水措施主要有以下几种：在露天矿地表四周修建沿帮拦截洪水的排水沟或永久性排水泵站，修建疏干巷道，在矿坑修建排水系统将水引到矿坑底部，在矿坑底部设置排至地表的排水管路等。

**第五百四十三条** 挖掘机采装的台阶高度应当符合下列要求：

（一）不需爆破的岩土台阶高度不得大于最大挖掘高度。

（二）需爆破的煤、岩台阶，爆破后爆堆高度不得大于最大挖掘高度的1.1～1.2倍，台阶顶部不得有悬浮大块。

（三）上装车台阶高度不得大于最大卸载高度与运输容器高度及卸载安全高度之和的差。

**【解读】** 本条是关于挖掘机采装台阶高度的规定。

挖掘机采装的台阶高度主要取决于采掘设备的工作规格和安全作业条件。在采掘过程中，如果台阶高度大于采掘设备最大挖掘高度，则大块和伞檐容易砸坏设备，严重时可使人员受伤。

**第五百四十四条** 单斗挖掘机尾部与台阶坡面、运输设备之间的距离不得小于1 m。停止作业时，上下设备梯子应当背离台阶。

**【解读】** 本条是关于单斗挖掘机与台阶坡面、运输设备之间距离的规定。

挖掘机尾部与采掘后的台阶坡面、运输设备之间的安全距离，必须大于1 m，如果小于这个距离，就有可能发生刮碰台阶坡面或运输设备的事故，同时也不利于挖掘机装车。因为如果挖掘机和运输设备的距离太小，挖掘机在卸料时，只能小角度或收缩勺杆子装车，卸料将十分困难。

挖掘机停止作业时，上下设备梯子应背离台阶。这是因为台阶一面是经过爆破后的松软物料，容易滑落和滚块，即使是挖掘后的工作面，也有可能存在浮货，一旦物料滚落，将会砸伤人员。

**第五百四十五条** 单斗挖掘机向列车装载时，必须遵守下列规定：

（一）列车驶入工作面100 m内，驶出工作面20 m内，挖掘机必须停止作业。

（二）列车驶入工作面，待车停稳，经助手与司旗联系后，方可装车。

（三）物料最大块度不得超过3 $m^3$。

（四）严禁勺斗压、碰自翻车车帮或者跨越机车和尾车顶部。严禁高吊勺斗装车。

（五）遇到大块物料掉落影响机车运行时，必须处理后方可作业。

**【解读】**本条是关于单斗挖掘机向列车装载的规定。

（一）这一规定主要目的是保证列车和挖掘机不互相发生刮碰事故。因为铁道线路与挖掘机采掘方向的平行距离小于挖掘机的作业回转半径，如果列车进入规定的距离之内，挖掘机继续运转作业，就可能发生挖掘机和列车刮碰的事故。

（二）列车进入工作面，不代表就在该工作面装车，也可能是从该工作面通过或者暂停再走，所以必须待列车停稳，挖掘机助手与列车司旗联系，确认是在本工作面装载的列车，将相关事项通报完毕，由司旗指挥列车移动车位进行装车。必须等列车进入工作面停稳后再开始装车，否则将会有下列情况发生：

(1) 由于列车没有停稳，还在运行状态中，勺斗突然卸货，列车因受物料向下较大的冲击力，很有可能脱轨。

(2) 列车正在运行中，勺斗突然卸货，很可能将物料卸在两辆矿车的中间，砸坏连接器或使列车垫脱轨。

(3) 勺斗在运行中的列车上部卸货时，一旦挖掘机突然断电，勺斗将直接砸在矿车上，可能将矿车砸坏，也可能由于矿车在运行中的推（拉）运行，将挖掘机勺杆扭坏。

(4) 列车在运行中，勺斗突然进入列车上方，如果勺斗动作慢，不能及时回转，或者突然发生故障，很容易发生勺斗刮碰机车或尾车房事故。

（三）挖掘机装车时对于勺斗的操作必须严格遵守以下规定：

(1) 严禁压、碰自翻车车帮。因为压、碰自翻车车帮，可使自翻车一侧倾斜，再回落时容易脱轨，还有可能直接将自翻车压、碰脱轨；有的挖掘机司机装车时，想借助车帮将勺斗插销顶开进行卸货，同样会造成自翻车脱轨，更有严重的，可能直接将自翻车撞坏。另外压、碰自翻车车帮，也会使自翻车车帮受损变形，造成翻车时车帮打不开，无法卸货，或者造成自翻车扣斗事故。

(2) 勺斗不能跨越机车或尾车顶部。因为挖掘机勺斗跨越机车或尾车顶部，不仅可能剐撞机车受电引子或机车、尾车顶部，而且一旦发生停电，勺斗会突然砸向机车或尾车顶部，其后果不仅是砸坏机车或尾车，还可能会造成人员伤害。

(3) 严禁高吊勺斗装车。挖掘机在装车卸货时，勺斗在自翻车上部距自翻车车帮顶部平面的高度超过了勺门的长度，在这种高度以上开勺门卸货，为高吊勺斗装车。高吊勺斗装车在物料卸货时，对于自翻车的车厢底部冲击力巨大，可能砸坏自翻车。

**第五百四十六条** 单斗挖掘机向矿用卡车装载时，应当遵守下列规定：

（一）勺斗容积和物料块度与卡车载重相适应。

（二）单面装车作业时，只有在挖掘机司机发出进车信号，卡车开到装车位置停稳并发出装车信号后，方可装车。双面装车作业时，正面装车卡车可提前进入装车位置；反面装车应当由勺斗引导卡车进入装车位置。

（三）挖掘机不得跨电缆装车。

（四）装载第一勺斗时，不得装大块；卸料时尽量放低勺斗，其插销距车厢底板不得超过0.5 m。严禁高吊勺斗装车。

（五）装入卡车里的物料超出车厢外部、影响安全时，必须妥善处理后，才准发出车信号。

（六）装车时严禁勺斗从卡车驾驶室上方越过。

（七）装入车内的物料要均匀，严禁单侧偏装、超装。

**【解读】**本条是关于用挖掘机装载矿用卡车的规定。

各种矿用卡车型号不同，载重量不同，而挖掘机的勺斗容量也各不相同。大容量勺斗的挖掘机不能装载重量小的矿用卡车，因为大容量勺斗的挖掘机，每勺挖掘的物料多，块度也大，小载重量的矿用卡车承受不了。小容量勺斗的挖掘机，也不能装载重量大的卡车，因为用小型挖掘机装大型矿用卡车不仅装车困难，而且装车时间也长，影响效率。因此，挖掘机勺斗容量必须和卡车载重量相适应。目前，国内大型露天煤矿的勺容比一般为3～4，且经过正规设计，符合技术经济合理的原则。

单面装车作业是指挖掘机只朝一个方向装载，双面装车作业是指挖掘机朝左右两个方向装载。双面装车，正面装车是指卡车位于挖掘机司机室一侧，反面装车是指卡车位于挖掘机非司机室一侧。

挖掘机装车时，勺斗内的物料在回转过程中很容易往下掉落岩块，如果跨越电缆，掉落的岩块会将电缆砸坏，还有可能勺斗自动开门，发生整勺物料砸埋电缆的事故。如果电缆是架空放置的而且高度不够，则勺斗跨越电缆的危险性更大，因为很容易发生刮砸电缆的事故。勺斗刮砸电缆会造成电缆损坏，勺斗受损破坏，而且刮断的电缆有可能使整个挖掘机带电，这是十分危险的。

挖掘机向矿用卡车内卸料时，第一勺物料不得装大块，要用细碎物料作为第一勺装入车厢内垫底，以保护车厢底板。卸料时，应尽量放低勺斗，这样可以防止勺斗开门卸货时，物料砸坏车厢底部。严禁吊勺装车，因为物料从高处落下，对车厢底部的冲击力极大，不仅能砸坏厢底，而且会使整个车体强烈震动，很可能伤害驾驶室内的人员及矿用卡车部件。

超出车厢外部的大块，在矿用卡车运行中，很容易掉落下来砸到人和设备，落在地上的大块还影响其他车辆的安全运行，因此发现物料超高或者有大块、杂物探出车厢外，挖掘机必须停止作业，立即进行妥善处理后，方可继续装车作业。

严禁勺斗从矿用卡车驾驶室上方越过。因为勺斗跨过矿用卡车驾驶室时，如果挖掘机司机操作不慎，物料可能掉落砸在驾驶室上，还可能使勺斗直接砸在驾驶室上，造成更大的伤害。

装入车内的物料要块度均匀，不能装偏车。因为偏车将会使矿用卡车重心失衡，在运行中，特别是在道路条件不好的情况下，容易发生翻车事故。另外不能超载装车，因为超过额定的载运量，矿用卡车超负荷运行，对卡车各个部件损害极大。

**第五百四十七条** 单斗挖掘机向自移式破碎机装载时，应当遵守下列规定：

（一）卸载时，勺斗斗底板下缘距受料斗不得超过0.8 m。严禁高吊铲斗卸载。

（二）自移式破碎机突出部位距单斗挖掘机机尾回转范围距离不得小于1.0 m。

**【解读】**本条是关于单斗挖掘机向自移式破碎机装载的规定。

卸载时对于勺斗斗底板下缘距受料斗距离的规定，以及严禁高吊斗卸载，都是为了防止卸载高度太高，卸载物料的冲击力将自移式破碎机砸坏。

自移式破碎机突出部位距单斗挖掘机机尾回转范围距离如果小于1.0 m，则有可能发生刮碰事故，这是安全距离要求。

**第五百四十八条** 操作单斗挖掘机或者反铲时，必须遵守下列规定：

（一）严禁用勺斗载人、砸大块和起吊重物。

（二）勺斗回转时，必须离开采掘工作面，严禁跨越接触网。

（三）在回转或者挖掘过程中，严禁勺斗突然变换方向。

（四）遇坚硬岩体时，严禁强行挖掘。

（五）反铲上挖作业时，应当采取安全技术措施。下挖作业时，履带不得平行于采掘面。

（六）严禁装载铁器等异物和拒爆的火药、雷管等。

**【解读】** 本条是关于操作单斗挖掘机或反铲的规定。

挖掘机是露天矿实施采矿作业装载物料的专用设备，不宜做其他工作，如用勺斗载人、砸大块和起吊重物，否则有可能造成人员伤亡，设备损坏等；挖掘机作业时和其他设备设施之间要有一定的安全距离，以防危及其他设备设施的安全。

挖掘机回转时，勺斗必须从采掘工作面的物料中离开才能回转，否则很容易将勺斗和勺杆损坏，另外如果勺斗还在物料堆中，强行回转有可能损坏回转电机。勺斗在回转中严禁跨越接触网（采掘铁道线路的侧架线），因为跨越过程中容易发生下列危险：勺斗掉块砸断接触网；勺斗直接刮碰接触网，将接触网刮断或者拽倒电柱，接触网落地；挖掘机突然停电，勺斗突然下落砸断接触网从而拽倒电柱。

在回转或挖掘过程中，严禁勺斗突然变换方向，因为挖掘机突然变换方向很容易刮碰到人或者其他设备。

遇坚硬岩体时，严禁强行挖掘，因为对坚硬岩体强行挖掘，可能发生下列情况：拉断提升大绳，损坏勺斗、勺杆，使提升电机受损等。

反铲上挖作业时，因物料的不同、司机视线的限制，可能造成砸设备、埋设备、伤人等不同的事故，因此必须依据现场条件具体分析，制定现场安全技术措施。下挖作业时，因为现场能时时掌握条件的变化，操作者可根据条件变化适时调整，但必须注意设备自身安全，防止设备倾翻，这就要求履带不能平行于采掘面。

**第五百四十九条** 2台以上单斗挖掘机在同一台阶或者相邻上、下台阶作业时，必须遵守下列规定：

（一）公路运输时，两者间距不得小于最大挖掘半径的2.5倍，并制定安全措施。

（二）在同一铁道线路进行装车作业时，必须制定安全措施。

（三）在相邻的上、下台阶作业时，两者的相对位置影响上下台阶的设备、设施安全时，必须制定安全措施。

**【解读】** 本条是关于2台以上单斗挖掘机在同一个台阶或相邻上、下台阶作业时的规定。

2台挖掘机在同一台阶同时作业时，互相之间不能刮碰干扰，因此必须留有足够的距离，公路运输时中间还需给矿用卡车转弯、调头、运行、错车保留一定的安全距离。

**第五百五十条** 挖掘机在挖掘过程中有下列情况之一时，必须停止作业，撤到安全地点，并报告调度室检查处理：

（一）发现台阶崩落或者有滑动迹象。

（二）工作面有伞檐或者大块物料。

（三）暴露出未爆炸药包或者雷管。

（四）遇塌陷危险的采空区或者自然发火区。

（五）遇有松软岩层，可能造成挖掘机下沉或者掘沟遇水被淹。

（六）发现不明地下管线或者其他不明障碍物。

**【解读】** 本条是关于挖掘机在挖掘过程中遇到特殊情况时的安全规定。

**第五百五十一条** 单斗挖掘机雨天作业电缆发生故障时，应当及时向矿调度室报告。故障排除后，确认柱上开关无电时，方可停送电。

**【解读】** 本条是关于单斗挖掘机在雨天作业电缆发生故障时的安全规定。

电缆发生故障后，变电所将自动跳闸，因此要及时向矿调度室报告，说明电缆故障时间、挖掘机的型号、电缆故障情况、电缆所挂的柱上断路器号码。但是在雷雨中绝对不能去柱上断路器处停送电，不管柱上断路器是否有电，一律按有电对待，必须等雷雨停后，方可去柱上开关处进行停送电。

雷雨过后，按照规程规定将柱上开关停电后，方可处理电缆故障。电缆故障处理完成后，按照规程规定给柱上开关送电，然后恢复作业。

## 第三节　破　　碎

**第五百五十二条** 破碎站设置应当遵守下列规定：

（一）避开沉降、塌陷、滑坡危险的不良地段。

（二）卸车平台应当便于卸载、调车。

（三）卸车平台应当设矿用卡车卸料的安全限位车挡及防止物料滚落的安全防护挡墙。

（四）卸车平台应当有良好的照明系统，并有卸料指示信号安全装置。

（五）移动式破碎站履带外缘距工作平盘坡底线和下台阶坡顶线距离必须符合设计。

**【解读】** 本条是关于破碎站设置的规定。

**第五百五十三条** 破碎站作业应当遵守下列规定：

（一）处理和吊运大块物料时，非作业人员必须撤到安全地点。

（二）清理破碎机堵料时，必须采取防止系统突然启动的安全保护措施。

**【解读】** 本条是关于破碎站作业的规定。

**第五百五十四条** 自移式破碎机必须设置卸料臂防撞检测、过负荷保护和各旋转部件防护装置。

**【解读】** 本条是关于自移式破碎机检测、保护装置的规定。

## 第四节 轮斗挖掘机采装

**第五百五十五条** 轮斗挖掘机作业必须遵守下列规定：

（一）严禁斗轮工作装置带负荷启动。

（二）严禁挖掘卡堵和损坏输送带的异物。

（三）调整位置时，必须设地面指挥人员。

**【解读】** 本条是关于轮斗挖掘机启动和挖掘过程及调整位置的规定。

轮斗挖掘机斗轮装置正常启动虽然配置了软启动，但电动机的启动电流仍然是额定电流的2～3倍，如果带负荷启动势必会造成启动电流过大，电机绝缘受损，同时造成扭力加大，损伤电机的传动部分。

轮斗作业系统配套有转载机、漏斗车以及地面设置的运输皮带系统，调整位置时属于联合作业，因此，必须设地面指挥人员，一般为本机组人员。

**第五百五十六条** 采用轮斗挖掘机－带式输送机－排土机连续开采工艺系统时，应当遵守下列规定：

（一）紧急停机开关必须在可能发生重大设备事故或者危及人身安全的紧急情况下方可使用。

（二）各单机间应当实行安全闭锁控制，单机发生故障时，必须立即停车，同时向集中控制室汇报。严禁擅自处理故障。

**【解读】**本条是关于轮斗挖掘机、带式输送机和排土机连续工艺系统对紧急停机、安全闭锁的规定。

紧急停机开关必须是紧急情况下使用的，它能让全系统立即停下来，避免造成人员的伤害和设备的重大损坏。如有人员接近转动部分可能危及人身安全、设备发生重大故障或发现火情、作业台阶发生坍塌或地面塌陷时，可操作紧急停机开关。

各单机间安全闭锁控制是指连续作业系统中，一旦单机设备出现故障停止运行时，其他单机设备也能够停止运行，保证了整个系统的安全。

## 第五节　拉 斗 铲 作 业

**第五百五十七条**　拉斗铲行走必须遵守下列规定：

（一）行走和调整作业位置时，路面必须平整，不得有凸起的岩石。

（二）变坡点必须设缓坡段。

（三）当行走路面处于路堤时，距路边缘安全距离应当符合设计。

（四）地面必须设专人指挥、监护，同时做好呼唤应答。

（五）行走靴不同步时，必须重新确定行进路线或者处理路面。

（六）严禁使用行走靴移动电缆。

**【解读】**本条是关于拉斗铲行走的规定。

行走方式为“迈步式”的拉斗铲，依靠回转系统转向（需要提起行走靴）和两侧行走靴前进，因侧向坡面或行走靴本身角度不一致造成行走靴不同步，就需要调整行进路线、处理路面和调整行走靴角度。

**第五百五十八条**　拉斗铲作业时，机组人员和配合作业的辅助设备进出拉斗铲作业范围必须做好呼唤应答。严禁铲斗拖地回转、在空中急停和在其他设备上方通过。

**【解读】**本条是关于拉斗铲作业的规定。

拉斗铲作业范围是指以回转中心到其铲斗外缘最大水平距离的作业区域，一般在 100 m 左右，处理场地和调整电缆均需要辅助设备及人员进出其作业范围，属于联合作业范畴，因此必须做好呼唤应答。

# 第四章 运 输

## 第一节 铁 路 运 输

**第五百五十九条** 铁路附近的建（构）筑物和设备接近限界，必须符合国家铁路技术管理规程。桥梁、隧道应当按规定设置人行道、避车台、避车洞、电缆沟及必要的检查和防火设施，立体交叉处的桥梁两侧设防护设施。运输线路上各种机车运行的限制坡度和曲线半径应当符合表21的要求。

表21 铁道线路的限制坡度和曲线半径

<table>
<tr><td rowspan="2">机车种类</td><td rowspan="2">限制坡度/‰</td><td colspan="4">曲线半径/m</td></tr>
<tr><td>固定线</td><td>半固定线</td><td>装车线</td><td>排土线</td></tr>
<tr><td>蒸汽机车</td><td>≤25</td><td>≥200</td><td>≥150</td><td>≥150</td><td rowspan="3">向曲线内侧排弃≥300；向曲线外侧排弃≥200</td></tr>
<tr><td>电力机车</td><td>≤30</td><td>≥180（困难情况≥150）</td><td>≥120</td><td>≥110</td></tr>
<tr><td>内燃机车</td><td>≤30</td><td>≥180（困难情况≥150）</td><td>≥120（困难情况≥110）</td><td></td></tr>
</table>

**【解读】**本条是关于铁路附近的建（构）筑物和设备接近限界、铁道运输线路坡度和曲线半径以及桥梁、隧道应具备的安全防护设施所做的安全规定。

铁路附近的建（构）筑物和设备接近限界，必须符合国家铁路技术管理规程。

煤矿铁路限界是用来规定机车车辆外廓及建筑物、设备接近线路的限定尺寸，其标准按《煤炭工业铁路技术管理规程》规定执行，分为建筑接近限界和机车车辆限界，它们都是一个和线路中心线垂直的横断面轮廓。

建筑接近限界要求，除机车车辆和与机车车辆直接相互作用的设备以外，其他建筑物和设备均不准侵入。建筑接近限界包括直线建筑接近限界、隧道建筑限界和桥梁建筑限界。直线建筑接近限界图中的横向尺寸由线路中心算起，高度由钢轨顶面算起。在曲线部分，相邻线路中心线距离以及线路中心线至建筑物间的距离均需加大，按《煤炭工业铁路技术管理规程》附图中“曲线上建筑接近限界加宽办法”计算。

机车车辆限界是规定机车车辆不同部位的宽度、高度的最大尺寸和零部件至轨面的最小距离。除电力机车升起的受电弓外，机车车辆的任何部分，均不得伸出这个轮廓以外。

建筑接近限界与机车车辆限界之间留有空隙，即安全空间。其作用：一是为阻止超限货物列车运行；二是为适应运行中的列车发生横向晃动偏移和竖向上下振动，防止与邻近的建筑物或设备发生碰撞。

《煤炭工业铁路技术管理规程》规定煤炭工业铁路固定线的桥梁、隧道，应按规定设置人行道、避车台、避车洞、电缆沟（槽）及必要的检查和防火设施。

（1）人行道是指铺设在桥梁上和隧道中铁路两侧的人行通道。人行道的宽度，不仅要保证行人的安全，还要考虑在桥梁上和隧道中对铁路实施养路机械化的需要。在桥梁上的人行道宽度按规程要求，在直线上铁路中心至人行道栏杆内侧距离不小于 3 m。

（2）避车台是指桥梁上的人行道每隔一定距离设置一个突出人行道外的平台，便于列车通过桥梁时在人行道上行走的人进入避车台躲避列车。

（3）避车洞是指在隧道内的人行道每隔一定距离在隧道两侧墙壁上开凿出硐室，当有列车通过隧道时，在隧道内人行道上行走的人可以到硐室内躲避列车。

（4）电缆沟是指专门放置供煤矿生产用的各种输电线路。除电力机车用的直流接触网之外的动力、通讯、信号等输电线路，都应设置在专门的沟槽之内，以防止列车刮碰和行人触碰。

除上述设施之外，还需要设置检查用的设施，如隧道内要有照明，还要有防火设施。这条规定还要求，在立体交叉处的桥梁应设置防护设施，主要是在桥梁两侧设置防护网，防止列车散落货物掉到桥下砸伤行人、机动车辆或其他设备设施。

对铁道运输线路坡度和曲线半径的安全规定：

（1）线路坡度。线路坡度是一坡道两端点的标高差及其水平距离之比，以

“‰”表示。在露天开采中，最大坡度一般采用限制坡度，根据开拓方式、机车车辆类型、计算运量、采掘与排弃重心的高差、行车安全、地质地形条件等条件综合考虑确定数值。限制坡度是指一台机车牵引规定重量的列车，能以规定的计算速度作等速运行的最大坡度，是决定列车牵引重量的坡度，也是满足露天开采运输生产实际需要的坡度。限制坡度较小时，列车重量较大，运输能力也较大，为完成相同的运输量，需要的列车的数量和运输次数少，运营费用相对较低，但相应的工程费用相对增加。限制坡度大的线路，运输能力降低，制动条件不利，影响行车安全。表21所列的限制坡度是国家煤炭技术管理部门在露天煤矿生产实践中，不断总结试验而确定的，露天煤矿铁道线路的坡度必须符合该表的规定。

（2）曲线半径。对曲线半径的要求主要是避免小半径曲线给铁路运输带来的危险和危害。小半径曲线有以下几项缺点：①限制行车速度。列车在曲线上运行时，由于离心力的作用，即使外轨超高已达到最大值，列车仍有较大的未被平衡的离心力，这就必须限制行车速度，否则，就有脱轨的危险。②轨道与车轮的磨耗严重。列车行驶在曲线上时，外轨轮缘挤压外轨头内侧，产生摩擦，而且车轮在钢轨上不仅有滚动，还有滑动现象，使钢轨与轮毂的磨耗增加，半径越小，磨耗越严重。③工程费和维修费用增加。小半径曲线上，为了防止轨道位移，需要加强轨道构造，如加厚道床、增多轨枕、安装轨距杆等，这样就增加了工程费和维修费。④行车阻力增大。列车在曲线运行时，要产生一种附加曲线阻力，它的大小和曲线半径有关，半径越小，阻力越大，对行车越不利。⑤机车牵引力下降。在小半径曲线上运行，机车动轮与钢轨之间产生滑动，使机车动轮与钢轨之间的黏着系数降低，实验证明，黏着系数降低的百分数随半径减少而增大，牵引力也随之降低。⑥延长线路长度。转向角不变的情况下，采用小半径曲线，将使线路长度增加。转向角越大，采用的曲线半径越小，增加的长度就越大。

因为小半径曲线有上述缺点，所以规程中规定了各类铁道线路的最小允许半径。

**第五百六十条** 路基必须填筑坚实，并保持稳定和完好。

装车线路的中心线至坡底线或者爆堆边缘的距离不得小于3 m；上装车线应当根据台阶稳定情况确定，但不得小于3 m。排土线路中心至坡顶线的距离不得小于1.5 m，至受土坑坡顶线的距离不得小于1.4 m。线路终端外必须留有不小于30 m的安全距离。

【解读】本条是关于铁路路基标准、采掘线路中心至坡底线、排土线路中心至坡顶线和铁路线路终端外安全距离的规定。

路基是铁路轨道的基础，它承载着轨道的全部重量及机车车辆的动力荷载，路基的质量直接影响铁路行车的速度与安全。如果路基的状态不良，出现局部下沉或膨胀，将影响线路平顺，甚至引起各组成部分的破坏，铁道线路则失去可靠的基础。路基变形带来的影响较轨道变形恶劣得多，恢复工作也大得多。所以路基必须用能够保证自身稳定性和坚固性的道砟来填筑，施工中严格夯实，符合技术标准。同时，执行好检修制度，凡影响路基干燥、稳固及完好状态的“病害”，维修养护工作中要加以整治，采取有效措施消除“病害”根源。水是影响路基稳固的重要因素，因此要求路基应有良好的排水设备和必要的防护、加固设备。

装车线路的中心线至坡底线或爆堆边缘的距离不得小于 3 m，主要是考虑：①挖掘机装车中，勺头可能刮碰到铁道或枕木头，造成铁道线路变形，影响行车安全和采矿生产；②台阶爆破时，如有大块滚到铁道边，易将铁道砸变形，或将运行中的列车垫脱轨，还有可能砸坏机车和矿石车的车体或零部件，造成机车车辆故障。

上装车时台阶坡肩距离线路中心不得小于 3 m，是综合考虑岩石性质、地质构造、挖掘机规格、台阶高度和安全要求而定的。因为台阶坡肩有个滑落三角体，时间长了受风吹、雨淋、日晒、冰冻、震动等会自然滑落，若距离小于 3 m，滑落时会影响铁道线路行车安全。

排土线路中心至排土梯段坡顶线的距离不得小于 1.5 m，至受土坑梯段坡顶线的距离不得小于 1.4 m，前者一般用推土犁排土，后者用挖掘机排土，是综合考虑排土梯段稳定性和排土效率两项因素制定的。

线路终端外必须留有不小于 30 m 安全距离规定的主要目的是：预防电机车司乘人员操作不当或机车制动不良发生闯路端事故时，避免人身伤害和降低事故损失。主要考虑 3 种情况：一是路端外是采掘掌子工作面。列车发生脱轨事故后，直接与掌子相撞，尤其是尾车在前的情况下，会直接威胁列车司乘人员的生命安全和身体健康。二是路端外是悬崖掌子。列车发生脱轨事故后，直接掉入悬崖掌子，既威胁列车司乘人员的生命安全和身体健康，又给事故救援带来隐患和难度，也增加事故损失。三是路端外有电柱或其他采矿机械工程设备等。列车发生脱轨事故后，直接与其相撞，会扩大事故性质和财产损失，严重的也会发生人身伤害。

**第五百六十一条** 铁道线路直线地段轨距为1435 mm，曲线地段轨距按表22的要求加宽。

表22 铁道线路曲线地段轨距加宽值

| 曲线半径 $R$/m | 轨距加宽值/mm | 曲线半径 $R$/m | 轨距加宽值/mm |
|---|---|---|---|
| $R \geqslant 350$ | 0 | $300 > R > 200$ | 15 |
| $350 > R \geqslant 300$ | 5 | $R \leqslant 200$ | 20 |

【解读】本条是关于铁道线路轨距的规定。

直线地段的轨距为1435 mm。轨距宽是钢轨头部顶面下16 mm范围内两股钢轨边缘之间的最小距离，在曲线地段，由于列车在行驶时的离心力作用，为防止脱轨，轨距应适当加宽。如何加宽，在本规定中提出了两种情况：

（1）新建及成段更换枕木的线路大修地段，应按规定中表22给的数据加宽。

（2）旧线路应按表22规定值逐步改造。按照《煤炭工业铁路技术管理规程》需说明3点：按表22对线路轨距进行验收时容许误差为+6 mm、-2 mm；移动线路（指采掘线，排弃线和地面的贮煤线、排矸线、采砂线及其他临时性的线路）轨距允许误差为+10 mm、-2 mm；道岔轨距应按道岔标准图规定。

**第五百六十二条** 直线地段线路2股钢轨顶面应当保持同一水平。道岔应当铺设在直线地段，不得设在竖曲线地段。道岔应当保持完好。

曲线地段外轨的超高度的计算公式如下：

$$h = 7.6v^2/R$$

式中 $h$——外轨的超高度，mm；

$v$——实际最高行车速度，km/h；

$R$——曲线半径，m。

双线地段外轨最大超高不得超过150 mm，单线不得超过125 mm。

【解读】本条是关于铁路运输直线地段线路2股钢轨顶面水平的规定。

根据本条规定，计算结果的尾数按5 mm进位，并允许增30%，减20%。

双线地段外轨最大超高不得超过150 mm，单线不得超过125 mm。这是因为牵引重量较大的货物列车，运行在上坡道的曲线上时，该曲线的外轨超高如果超过150 mm，列车低速运行时，则产生向心加速度，车辆的重量偏压在里股钢轨上，促使里股钢轨加速磨损；另外如果列车在曲线上行车，由于外轨超高过大，使车体向曲线内侧倾斜，如果装载易流易滑货物，就可能造成货物位移而影响行车安全，所以规定最大超高不大于 150 mm。在上、下行行车速度相差悬殊的单线线路上，如果超高偏大，低速运行的列车也将和上述情况相同，所以规定最大超高不得超过 125 mm。

线路两股顶面水平，较上述标准允许误差规定为：

（1）新建、大修、中修、维修的线路：正线、到发线不得大于 4 mm，其他线路不得大于 6 mm。

（2）保养固定线路的正线、到发线不得大于 6 mm，其他线路不得大于 8 mm；半固定线路不得大于 10 mm；移动线路不得大于 15 mm。

（3）维修、保养的道岔，在正线、到发线不得大于 4 mm，其他线不得大于 6 mm。

排弃移动线的直线和曲线部分的超高度，向外侧翻车时最大不超过 150 mm，最小不低于 40 mm；向内侧翻车时 2 股钢轨应保持水平或里股有不超过 60 mm 的反超高。

**第五百六十三条** 铁路与公路交叉时，应当符合下列要求：

（一）根据通过的人流和车流量按规定设置平面或者立体交叉。

（二）平交道口有良好的瞭望条件，并按规定设置道口警标和司机鸣笛标、护栏和限界标志；按标准铺设道口，其宽度与公路路面相同；公路与铁路采用正交，不能正交时，其交角不得小于 45°。

（三）道口按级别设置安全标志和设施。

（四）道口两侧平台长度不得小于 10 m，衔接平台的道路坡度不得大于 5%；否则制定安全措施。

（五）车站、曲线半径在 200 m 以下的线路段和通视条件不良的路堑不设道口。道岔部位严禁设道口。

重型设备通过道口，必须得到煤矿企业批准。

**【解读】** 本条是关于铁路与公路交叉时的安全规定。

（一）应根据通过的人流和车流量按规定设置平面或立体交叉。“规定”是指国家经交〔1986〕161 号文件《铁路道口管理暂行规定》。凡铁路与公路相交时，应优先考虑设置立体交叉，努力减少道口的数量。在有地形条件的地方，要多修小型简易立交，因为这样可以使铁路和公路的运行互不影响，保证安全。如果不能设置立体交叉时，则应设置平面交叉。

（二）关于设置平面交叉道口的有关规定：

（1）应有良好的瞭望条件。铁路上的列车、道路上的机动车辆，在以最快速度行驶时，一旦发现道口处有异常情况，能在到达道口之前将车停住，在这段制动距离之内，不应有任何影响瞭望的障碍物。

（2）按照《铁路道口管理暂行规定》，道口警标设在通向道口、距道口最外股钢轨不少于20 m处道路右侧；司机鸣笛标，设在铁路上距道口500 ~ 1000 m处。

（3）设置护栏和限界标志。护栏也叫栏门，当铁路上有列车通过道口前，将护栏木杆放下或将栏门关闭，用以阻拦道口两侧道路上的车辆及行人。限界标志，主要在电气化铁路道口，其最高通过高度不得大于4.5 m，防止道路上的机动车辆超高时刮碰架空直流接触网。还可以设置限界架，下边按规定高度设活动模板或吊链，超高车辆不得刮碰模板或吊链。

（4）铺设道口的安全规定。要求道口的铺设宽度与道路路面宽度相同；铁路与道路的交角不得小于60°，在特殊困难条件下不得小于45°。

（三）道口应按级别设置安全标志和设施。道口分为有人看守道口和无人看守道口。有人看守道口应有如下的安全标志和设施：看守房、带有标志的栏木（栏门）且标志为红色圆牌、夜间可设红灯、照明设备、电铃、自动报警信号和遮断色灯信号机、电话等。无人看守道口即指不设专人看管的道口，未设道口信号机的无人看守道口，可在安设道口信号机的位置设置停车让行标志。

（四）关于不准设置道口及重型设备通过道口的规定。

（1）要求在车站、曲线半径在200 m以下的铁路地段和瞭望条件不好的铁路地段，不能设置道口，道岔部位严禁设道口。

（2）重型设备主要是指超长（指前端超出车身，后端超过2 m并拖地）、超宽（超出车厢）、超高（超过4 m）、超重（超出额定载重量）的设备以及可能损坏铁路及道口设施的设备。重型设备通过道口时，必须提前向道口所属的煤矿企业申请，经过批准后，在企业专门人员的协助指导下通过。

**【案例】** 1997年10月4日，某露天煤矿一处矿内地面有人看守道口，一切安全标志和安全设施齐全，但道口两侧盖满了矿外的建筑物，道路上的行驶车辆不到道口旁边看不见铁道线路上两头的过往列车。一天早上4点多钟，雾大，能见度低，一辆卡车包括司机在内的3名本矿员工，要通过道口，此时道口拦木已放下，警铃响、信号灯亮表明即将有列车通过。卡车司机认为来车还得等一会，就下车不听道口看守人员的劝阻，把栏木抬起，然后回到车上驾车进入道口。这时一列火车推进的列车正通过道口，最前边的是矿内移路吊车，吊车的吊臂法兰将卡车驾驶室挤压变形，卡车顶翻，车上 3 人当场死亡。

**【案例】** 2003 年 3 月 14 日，某露天煤矿，本矿的一台吉普车要通过矿属地面铁道线的一处无人看守道口，没有执行“通过无人看守道口前，停车瞭望确认道口两端无列车通过时，方可进入道口通过”的规定，而是直接驾车进入道口。这时一辆电机车也通过道口，和吉普车相剐，吉普车被电机车拖出 46.6 m，吉普车司机受轻伤，另一名乘坐吉普车的员工面部划伤，当场休克，吉普车报废。

## 第二节　公　路　运　输

**第五百六十四条**　矿用卡车作业时，其制动、转向系统和安全装置必须完好。应当定期检验其可靠性，大型自卸车设示宽灯或者标志。

**【解读】** 本条是关于矿用卡车制动、转向系统和安全装置的规定。

制动、转向系统是矿用卡车运行最基本的操作系统，安全装置（后视镜、示宽灯、雨刷器、闭锁装置、故障报警系统等）是安全行车的必备设施，在行车前必须确认其状态完好。维修人员按照矿用卡车运行状态和设备使用说明书规定的周期定期进行保养、检修、更换、检验，确保矿用卡车始终保持完好状态。

**第五百六十五条**　矿场道路应当符合下列要求：

（一）宽度符合通行、会车等安全要求。受采掘条件限制、达不到规定的宽度时，必须视道路距离设置相应数量的会车线。

（二）必须设置安全挡墙，高度为矿用卡车轮胎直径的 2/5～3/5。

（三）长距离坡道运输系统，应当在适当位置设置缓坡道。

**【解读】** 本条是关于矿场道路的规定。

露天煤矿矿用卡车道路是生产运输的重要通道，其质量好坏、标准高低，不仅影响着全矿生产任务的完成，而且对车辆及其各部件也有着极大的影响。矿内道路的宽度应保证卡车通行、会车等的安全要求，这是设计单位在初设中根据运输设备的规格型号等设计的，一般道路必须达到通行车辆宽度的 3 倍。

安全挡墙是为了保证司机和矿用卡车的安全而设置，是为了避免因司机瞌睡或其他原因、矿用卡车故障如突然制动失灵、特别是发生意外情况时两车相撞故意撞上安全挡墙等而设置的，因此为达到安全目的，对安全挡墙高度有一定要求。

关于长距离坡道，《煤矿建设安全规范》（AQ 1083—2011）7.3.1.4 规定，"如果连续坡道长度超过 800 m，必须在下坡一侧设置制动失灵的'避险车道'"。根据《公路工程技术标准》（JTG B01—2014），矿山公路设计时速 40 km/h、纵坡坡度 8%，坡长限制为 300 m，如矿内长距离坡道运输系统超过 300 m，在适当位置设置缓坡路段即可达到目的，缓坡段的坡度不得大于 3%。矿内长距离坡道运输系统，在适当位置设置缓坡道，其目的主要是防止长时间上坡或下坡损坏设备，另外便于故障车辆及时停车处理。

**第五百六十六条** 严禁矿用卡车在矿内各种道路上超速行驶；同类汽车正常行驶不得超车；特殊路况（修路、弯道、单行道等）下，任何车辆都不得超车；除正在维护道路的设备和应急救援车辆外，各种车辆应为矿用卡车让行。

冬季应当及时清除路面上的积雪或者结冰，并采取防滑措施；前、后车距不得小于 50 m；行驶时不准急刹车、急转弯或者超车。

**【解读】** 本条是关于矿用卡车在矿内道路上行驶的规定。

（1）矿用卡车超速行驶是指在矿内道路上行驶速度超过了限速规定的标准。矿用卡车在矿内不同的道路上有不同的限速标准。山西某露天煤矿的规定如下：本矿交通规则为左侧行驶，所有机动车辆限速 40 km/h。在其他限速路段行驶时，不得超过该路段限制速度。除上述规定之外，特殊路段按照限速标志速度行驶，雨、雪、大风、雾等天气应降低速度。

（2）同类车辆不是指同一型号的车辆，而是指同一功能作用的车辆。无论什么型号，只要是矿用卡车，不论车型大小，载重量多少，都属于同一类型车辆。同类车辆在矿内道路上行驶时不准超车，主要是防止和相向行驶的车辆相撞。

**【案例】** 2004 年 2 月 20 日，某露天煤矿一台矿用卡车从排土场返回途中，司机想超越前方同向行驶的同类卡车，于是加速行驶，刚刚和前车平行时，超车司机发现对面驶来一辆重车，急忙向左打方向盘躲避，结果撞到路边安全挡墙上，造成车辆侧翻，司机受轻伤，卡车部分损坏。

（3）矿内各种车辆（除正在维护道路的设备和应急救援车辆外）必须为卡车让行。各种车辆是指卡车之外的所有车辆，生产指挥车辆、管理人员和领导人员乘坐的车辆等。现在，卡车车型越来越大，司机旁侧视角度小，转弯半径大，特别是在卡车转弯、调头、倒车时，一旦进入卡车司机侧面瞭望的死角，很容易造成碰撞挤压事故。

**【案例】** 1995 年 3 月 12 日 8：05 分，山西某矿采矿部龙班工长胡某驾驶吉普车接虎班下夜班的 9 名工人从 1736 铲返回更衣室途中，当行至距矿坑西帮交通运输联络道与 1345 水平出口拐弯交叉处 29 m 时，发现一辆卡车正转弯驶出，便采取了紧急刹车措施，但是由于车速过快，使吉普车钻入正在行驶的卡车右侧前后轮中间，被卡车右后轮轧过。事故造成吉普车报废，工长胡某，职工齐某、叶某当场死亡，职工贾某在送往医院途中死亡，其余 6 人受不同程度的轻伤。

（4）矿用卡车让车时，一般应遵循以下几点原则：

①空车让重车；②转弯车让直行车；③支线车让干线车；④在坡道、弯道和交叉路口，各种车辆都应让路于重型卡车；⑤下坡车让上坡车先行；⑥会车有困难时，有让路条件的一方让对方先行；夜间会车时，要互闭远光灯，减速慢行；⑦一般车让执行任务的特种车；⑧任何车辆必须让路于正在作业的养路机械。

**【案例】** 2001 年 12 月 14 日 20：20 分，某露天矿司机驾驶卡车由土场返回途中，行驶到该平盘至下个平盘的交叉路口处，遇到迎面而来的重车，双方均未按照相关规定减速避让，会车时措手不及，造成两车相撞，损失严重。

（5）机动车辆在冰雪、道路凹凸不平地段、泥泞道路上行驶时，应遵守下列规定：

①不超车；②不空挡滑行；③不争道抢行；④减速慢行，拉大车距，避免紧急制动，并采取防滑措施，如车轮安装防滑链，路上撒石子、防冻液等。

**【案例】** 1997 年 3 月 9 日上午 9：15 时许，某露天矿司机驾驶卡车从电铲去土场，当行驶至干道转弯处，由于对刚洒过水的路面重视不够，未能提前采取有效减速措施，转弯时急打方向，无法及时回正，两前轮越上 2 m 高安全挡墙，造成车轮损失。

**第五百六十七条** 矿用卡车在运输道路上出现故障且无法行走时，必须开启全部制动和警示灯，并采取防止溜车的安全措施；同时必须在车体前后 30 m 外设置醒目的安全警示标志，并采取防护措施。

雾天或者烟尘影响视线时，必须开启雾灯或者大灯，前、后车距不得小于30 m；能见度不足30 m或者雨、雪天气危及行车安全时，必须停止作业。

**【解读】**本条是关于矿用卡车在运输道路上出现故障以及影响司机视线情况时的规定。

矿用卡车在运输道路上出现故障且无法行走时，必须采取安全措施，主要有以下几个方面：①立即报告调度室或有关人员，并将矿用卡车移至不妨碍交通的安全地段，在车身后设警示标志以及采取其他安全措施。②如在坡道上发生故障，能横向停放的应尽量横向停放；不能横向停放的，要将矿用卡车的前轮或后轮靠上坚固的安全挡墙，并在轮胎下打掩，有条件堆货的要在矿用卡车后部堆货，以防溜车或撞车。③夜间出现故障的矿用卡车，在矿用卡车前后都应堆货，并开启全部制动和警示灯。

**【案例】**2011年2月6日，某露天矿某电铲发生故障，卡车工长安排电铲司机将在此电铲作业的所有卡车调到另一电铲作业。卡车司机接到命令后驶离该电铲，当第一辆卡车行至该电铲南部坡道转弯处时，突然出现电气故障，司机靠左边停车后进行复位操作，但没有采取任何车辆故障警示措施。此时后边行驶来另外一辆卡车，由于上坡转弯后，视线正好被太阳光照射，司机未能准确判断前面的故障卡车状况，致使后面卡车的驾驶室撞到故障卡车的大厢右后角，造成后面卡车驾驶室严重变形，司机闫某小腿骨折。

**【案例】**2000年6月13日，某露天矿司机驾驶卡车行驶至一上坡路段时，卡车刹车油管突然断裂，造成发动机起火，司机急忙下车开始灭火，在灭火时卡车开始沿坡道后溜，大厢尾部撞到了紧随其后行驶的卡车驾驶室，造成后面卡车前脸、平台及驾驶室严重损坏，卡车司机当场死亡。

**【案例】**2001年5月18日，某露天矿司机驾驶卡车在排土场排弃完返回，当行驶至主干道时，遇同班组司机驾驶卡车迎面而来，此时大风扬尘，二人各自驾车均未停车避风，因视线不清，两车迎面相撞，造成两车前脸、大梁严重损坏。

**【案例】**1996年4月3日某露天煤矿，白天烟雾弥漫整个矿坑，视线不好，一台矿用卡车空车入坑，该车没有减速行驶和打开雾灯或大灯。当卡车司机发现前方有一台同向行驶的卡车时，由于怕追尾，急忙打方向盘躲避，卡车驶向左侧台阶，司机怕撞到台阶上造成车辆损伤，又急忙向回打方向盘，结果连人带车越过右侧安全挡墙，掉到下一个台阶上，司机受轻伤。

**第五百六十八条** 矿用卡车不得在矿山道路拖挂其他车辆；必须拖挂时，应当采取安全措施，并设专人指挥监护。

**【解读】** 本条是关于矿用卡车在矿内道路上拖挂车辆的规定。

本条指的必须拖挂，有3个前提条件，一是矿用自卸卡车发生故障，影响了其他矿用自卸卡车的行驶或影响其他设备的正常作业，必须将其移到不影响其他车辆行驶或设备正常作业的地点，待修；二是矿用自卸卡车坏在坑内，需进入地面修理厂检修；三是拖挂的区域是矿坑内的卡车道路，不是地面道路。规定要求必须拖挂时应当采取安全措施，并设专人指挥监护，这是因为在矿坑内道路上拖挂车辆难度大，危险性大。难度大指的是矿坑内道路坡道多、弯道多、路面上行驶的车辆多，沿途两侧有行人和其他设备设施；被拖挂的矿用自卸卡车大都是“死车”，自身不能打转向，又无刹车。危险性大指的主要是拖挂时一旦发生连接两车的钢丝绳断开，被拖的卡车将沿坡道跑车，造成各种想象不到的事故；另外钢丝绳在拖挂用力之时突然断开也会伤害周围人员，所以必须采取可靠的安全措施。

**第五百六十九条** 矿用卡车在工作面装车必须遵守下列规定：

（一）待进入装车位置的卡车必须停在挖掘机最大回转半径范围之外；正在装车的卡车必须停在挖掘机尾部回转半径之外。

（二）正在装载的卡车必须制动，司机不得将身体的任何部位伸出驾驶室外。

（三）卡车必须在挖掘机发出信号后，方可进入或者驶出装车地点。

（四）卡车排队等待装车时，车与车之间必须保持一定的安全距离。

**【解读】** 本条是关于卡车在工作面装车的安全规定。

待进、装载的卡车所停地点与挖掘机距离的要求，主要是为了保证挖掘机无论如何动作都不会刮碰到卡车，另外保证卡车调头、倒车、转弯有足够的空间。

正在装载的卡车必须制动，防止溜车造成不必要的麻烦；司机严禁将身体任何部位探出车窗外，防止勺斗卸货时掉块砸伤，如果勺斗失控，后果更加严重。

等装待进的卡车排队时，前后车之间必须有一定的安全距离，这个安全距离，要保证前车突然倒车或后车向前滑行时，使后车有足够的时间采取安全措施。

**【案例】** 1993年8月10日，某露天煤矿，有5台卡车在坑下煤工作面外面的临时公路上排队等装，其中两辆卡车前后相距非常近，前车是108 t的大型车，后车是65 t的小型车。大型车突然鸣笛倒车，准备调头去别的挖掘机，后边的小型车司机发现前边的大型车向后倒车，因为距离太近，采取措施已来不及，赶快鸣笛，而前车因为启动噪声大听不到鸣笛，加上前车厢斗宽大，把后边的小型车遮挡住，看不见后面有车，继续倒车。后车司机眼看着前边大车的车厢尾部撞向自己的驾驶室，大车将后边的小车驾驶室压在下边，几乎压扁，后边的小车司机被吓，形成了心理疾病。

## 第三节　带式输送机运输

**第五百七十条**　采用带式输送机运输时，应当遵守下列规定：

（一）带式输送机运输物料的最大倾角，上行不得大于16°，严寒地区不得大于14°；下行不得大于12°。特种带式输送机不受此限。

（二）输送带安全系数取值参照本规程第三百七十四条。

（三）带式输送机的运输能力应当与前置设备能力相匹配。

**【解读】**本条是关于带式输送机运输的规定。

设计皮带倾斜角度应考虑下列问题：

（1）根据已经确定物料的粒度设计皮带倾斜角度。物料的粒度越大，在皮带上往下滚的力越大，皮带的倾斜角度应适当减小。

（2）根据当地的气温设计皮带的倾斜角度。特别是北方的冬天，冰天雪地，皮带在露天被冻的非常脆，物料在皮带上容易打滑。

（3）根据皮带廊是否有棚设计皮带倾斜角度。有棚的倾斜角度可以稍大点，没棚的应该适当小一点。因为没有棚，冬天往皮带上降雪，春夏季往皮带上降雨，都会使物料往下滑。

（4）根据皮带运行速度设计皮带倾斜角度。在物料粒度一定的前提下，皮带速度越快，物料在上面打滑的可能性越大，只能通过调整皮带的倾斜角或降低皮带运输速度来解决物料在皮带上打滑问题。

（5）根据物料的干湿程度设计皮带的倾斜角度。干物料在皮带上打滑少，而在冬天带水物料上皮带之前已经冻成冰球，到皮带上有些块会往下滚，在设计皮带倾斜角时，要考虑这种因素。

输送带设计安全系数应当按下列规定选取：

（1）棉织物芯输送带，8～9。

（2）尼龙、聚酯织物芯输送带，10～12。

（3）钢丝绳芯输送带，7～9；当带式输送机采取可控软启动、制动措施时，5～7。

**第五百七十一条** 带式输送机必须设置下列安全保护：

（一）拉绳开关和防跑偏、打滑、堵塞等。

（二）上运时应当设制动器和逆止器，下运时应当设软制动和防超速保护装置。

（三）机头、机尾、驱动滚筒和改向滚筒处应当设防护栏。

**【解读】** 本条是关于带式输送机安全保护装置的规定。

输送带应设置的保护装置共有以下6种：

（1）防止输送带跑偏的保护装置。输送带运行中一旦发生跑偏，仍然继续运行，会出现下面情况：①刮碰跑偏一侧的托滚、铁架，撕坏输送带的边缘部分。②会使输送带沿纵向方向折叠。③输送带摩擦托滚铁架，时间一长，容易摩擦起火，造成输送带着火。

（2）设置驱动滚筒打滑的保护装置，即设置驱动滚筒打滑自动停转的安全开关。一旦发生驱动滚筒打滑时，安全开关自动动作，使驱动滚筒停止转动。如果驱动滚筒打滑还继续转动，而输送带不随之运行，重载时，上行输送带上的物料会沿输送带往下滚落，造成物料淹埋机尾的事故。

（3）设置防止输送带纵向撕裂的保护装置，即在主输送带背面设置横向安全绳，安全绳连接停止开关。输送带运行中一旦有坚硬异物纵向撕裂输送带，必定刮碰背面安全绳，安全绳拉动停止开关，使输送带停止运行，否则输送带继续运行，坚硬异物不仅继续撕裂皮带，而且更为严重的是撕裂的主输送带内部有钢丝骨架，因输送带撕裂而露出来，会沿输送带运行方向逆向反卷，它将横扫输送带两侧的一切设施和人员，破坏力极强，会造成重大人身伤害事故。

（4）上行输送带应设置防止逆转的保护装置，即设置制动器和逆止器。上行输送带一旦停止运行时，制动器和逆止器发生作用，立即卡住，输送带不会因为有坡度、自重力及物料下滑力的推动而逆行。输送带一旦逆行，输送带上的物料下滑滚落速度会更快，会发生物料淹埋机尾等设备的事故。

（5）下行输送带应设置软制动和防超速保护装置。有时候输送带会运载物料下行，下行时因坡度和物料的重量推力，输送带很可能发生超速运行的情况，此时不进行限速或稳定速度，输送带继续超速运行，会发生物料流淌淹埋设备或损坏输送带的事故。

（6）输送带溜槽处应设置防止溜槽堵塞开关。当物料进入溜槽时，由于有杂物或块度较大时就容易发生堵塞溜槽的事故，有了防堵开关，大块物料以及其他杂物在溜槽处有发生堵塞可能时，防堵开关立即跳闸，输送带立即停止运行，以便疏通溜槽，否则溜槽将会越堵越严重，输送带上物料在溜槽处越积越多，会发生埋滚筒压住输送带，烧坏电机，甚至抻断输送带的事故。

在带式输送机沿线应设置紧急连锁装置，即在带式输送机沿线两侧，设置紧急拉线开关。因为带式输送机沿线很长，一旦发生异常，两侧任何地点的人员发现，都会就近拉动拉线，牵动停止开关，使带式输送机停止运转，否则发生异常情况时，没有紧急拉线开关，人员跑到开关处去拉停止开关拖延了时间，会扩大事故。

在驱动、传动和自动拉紧装置的旋转部件周围，应设保护装置，即在这些旋转部件的周围设置保护罩，使外界异物和人员与旋转部件隔离，否则会发生外界异物进入，卡堵部件、损坏设备或者人员接触部件被绞入其中，造成伤亡事故。

**第五百七十二条** 带式输送机设置应当遵守下列规定：

（一）避开采空区和工程地质不良地段，特殊情况下必须采取安全措施。

（二）带式输送机栈桥应当设人行通道，坡度大于5°的人行通道应当有防滑措施。

（三）跨越设备或者人行道时，必须设置防物料撒落的安全保护设施。

（四）除移置式带式输送机外，露天设置的带式输送机应当设防护设施。

（五）在转载点和机头处应当设置消防设施。

（六）带式输送机沿线应当设检修通道和防排水设施。

**【解读】**本条是关于带式输送机设置的规定。

带式输送机的设置应符合以下规定：

（1）设置行人栈桥。一般在50～100 m区间或工作需要处设一处行人栈桥，以备检修时行人通过。作为行人跨越皮带的主要措施，栈桥宽度一般在800 mm，两侧设扶手，倾斜带式输送机人行走廊地面应采取防滑措施。

（2）输送带下过人的地点，要求在皮带托辊下用 1.5 ~ 3 mm 铁板封闭，防止物料及托轮坠落伤人。

（3）带式输送机原则上有通廊，无条件的要设防护罩。

（4）在转载点处应设有消防设施，一般应设有水源或灭火器材。

（5）带式输送机沿线应当结合“雨季三防”和检修、应急救援等情况设置检修通道和防排水设施。

**第五百七十三条** 带式输送机启动时应当有声光报警装置，运行时严禁运送工具、材料、设备和人员。停机前后必须巡查托辊和输送带的运行情况，发现异常及时处理。检修时应当停机闭锁。

**【解读】** 本条是关于带式输送机启动、运行、停机的规定。

关于停机上锁，维修前必须对带式输送机做 3 件事：一是停机。不能在运转中维修。二是上锁。上锁是为了防止别人盲目启动。上锁地点可在启动开头处；如果是拉断电源停机，可在电源断路器处。上锁后钥匙由维修人员保管。三是设专人监护。监护人除监护他人启动带式输送机外，还要监护维修人员在整个维修过程的安全情况。

# 第五章　排　　土

**第五百七十四条** 排土场位置的选择，应当保证排弃土岩时，不致因大块滚落、滑坡、塌方等威胁采场、工业场地、居民区、铁路、公路、农田和水域的安全。

排土场位置选定后，应当进行地质测绘和工程、水文地质勘探，以确定排土参数。

**【解读】** 本条是关于排土场位置选择的规定。

排土场稳定性受到地形条件、区域土岩覆存条件、含水条件等的影响，因此必须进行地质测绘和工程、水文地质勘探，以确定排土场稳定与否。稳定，则选择合理，否则必须重新选址。

**第五百七十五条** 当出现滑坡征兆或者其他危险时，必须停止排土作业，采取安全措施。

**【解读】**本条是关于排土场出现滑坡征兆等危险时的规定。

**第五百七十六条** 铁路排土线路必须符合下列要求：

（一）路基面向场地内侧按段高形成反坡。

（二）排土线设置移动停车位置标志和停车标志。

**【解读】**本条是关于铁路排土线安全设置的规定。

（1）当自翻车进行翻车时，车厢抬起、货物沿车体滑落的过程中，产生两个作用力：一是自翻车自重力产生的侧翻力；二是自翻车内几十吨货物在翻车时的下滑力。这两个力均作用在外股钢轨上，容易使自翻车连车带岩石一起翻到台阶下面，造成自翻车扣斗。因此，外股钢轨按规程规定进行加高，以抵消侧翻力和下滑力。同时，路基面向场地内侧按段高形成反坡，也是为了在路基面上增加反作用力，增强铁路线路外股铁道的抵抗力，避免翻车扣斗的发生，并且还可以排除降落在排土平盘上的雨水，防止排土台阶滑坡，对保证安全排土有重要作用。

（2）排土线设置的常用标志有：①机车停车位置标；②路端终点标；③停车再开标；④鸣笛标；⑤临时停车标。

各类信号标志的设置标准：宽度距线路中心 4.5 m，高度距轨面 1.8 m，特殊地段列车司乘人员瞭望困难时，信号标志高度设为 2.5 m。信号标志应采用反光薄膜制品制成，一律设在线路里侧。

鸣笛标设在电铲排土线受土坑来车方向 300 m 线路里侧。机车停车位置标至路端的距离根据不同车型、连挂的具体车辆数量计算得出。

**第五百七十七条** 列车在排土线路的卸车地段应当符合下列要求：

（一）列车进入排土线后，由排土人员指挥列车运行。机械排土线的列车运行速度不得超过 20 km/h；人工排土线不得超过 15 km/h；接近路端时，不得超过 5 km/h。

（二）严禁运行中卸土。

（三）新移设线路，首次列车严禁牵引进入。

（四）翻车时 2 人操作，操作人员位于车厢内侧。

（五）采用机械化作业清扫自翻车，人工清扫必须制定安全措施。

（六）卸车完毕，在排土人员发出出车信号后，列车方可驶出排土线。

**【解读】**本条是关于列车在排土线上运行、卸车和扫车的规定。

（一）列车进入排土线时，车长在翻车房处与翻车工交接，由翻车工负责指挥列车运行和进行翻车操作。

翻车工对翻车线路和排土工作面的状态、翻车容量、重点险区、火区、沉陷区、水区等都了解，所以应将列车进入翻车线后的运行指挥工作交给翻车工。列车在排土线的运行速度不准超过《规程》规定。在超高段排土线路运行速度要控制在 15 km/h 以下；瞭望有困难时，翻车工应与司乘人员取得联系，列车运行速度不得超过 10 km/h；接近路端时，为了防止闯路端，列车速度不得超过 5 km/h。

（二）运行中卸土就是列车运行中进行翻车，最容易发生事故。翻车作业要先选好翻车位置，把列车引到翻车位置处，停车后翻车工和司旗才能互相联系翻车，并注意观察车辆翻起状态，发现有散帮、扣斗等危险情况时，应立即采取措施，停止翻车。若列车在运行中卸土，司旗和翻车工既要指挥列车运行，又要翻车卸土，还要观察自翻车翻起状态，顾此失彼，易发扣斗等事故，还有可能出现人身安全问题。所以，列车在运行中严禁卸土。

（三）线路移设后，道床未经压实，如果用机车牵引列车进入，由于机车自重较大，一是会引起较大的线路水平、前后高低的变化，发生脱轨事故；二是万一发生机车脱轨，不仅会增加救援的难度，而且影响机车的使用效率。因此，排土线路新移路后，第一次进车必须是机车推进进入，这实际上是进行试运行，检查线路质量。

（四）翻车作业由翻车工和司旗共同操作，主要是为了确保翻车作业和人身安全。翻车工和司旗互相监督，并执行复唱制度。翻车工负责自翻车给气阀和观察本侧三个抑制肘的情况，司旗负责自翻车排气阀和本侧的两个抑制肘的情况。司旗不到位，翻车工严禁翻车。两个人翻车时都站在与翻车方向相反侧操作，避免被车帮压住或被岩石块砸着。

（五）为了避免人身伤害事故的发生，自翻车清扫车底工作应采用机械化作业，机械化扫车具有下列优点：

（1）扫车范围广。①装运黏泥、电厂灰的自翻车，有时整个车都冻满了，人工无法扫，只能用机械设备扫；②怕翻扣斗的冻车到机械化扫车线，挖掘机用扫车器迎着自翻车翻，防止翻车扣斗；③打不开车帮的自翻车，在机械化扫车线，在专业人员指挥下，可以用挖掘机勺头稳稳地挤撞车帮，促使其开车帮。

（2）安全性能高，不用人靠近车，避免了人身伤害事故的发生。

（3）扫车效率高，速度快，缩短了扫车时间，提高了列车、排土电铲和排土线的使用效率。

在机械化扫车能力不足时，可以利用人工清扫车帮，但应结合本单位的实际情况制定安全措施。

**第五百七十八条** 单斗挖掘机排土应当遵守下列规定：

（一）受土坑的坡面角不得大于70°，严禁超挖。

（二）挖掘机至站立台阶坡顶线的安全距离：

1. 台阶高度10 m以下为6 m；

2. 台阶高度11~15 m为8 m；

3. 台阶高度16~20 m为11 m；

4. 台阶高度超过20 m时必须制定安全措施。

**【解读】**本条是关于单斗挖掘机排土时的各项安全规定。

（一）受土坑的坡面角不得大于70°，严禁超挖。一旦超挖，破坏了坡面角，上部台阶因坡面角过大，很容易发生片落塌陷，破坏翻车线路。如果坡面角太小，排土时物料不能顺利滑落到受土坑中。

（二）挖掘机至站立台阶坡顶线的安全距离，视挖掘机站立台阶的高度而定，高度越高，安全距离越大，如规定中所列数据。

台阶高度超过20 m时，应制定安全措施。因为超过20 m属于特高台阶，其稳定性不好，很容易发生滑坡，危及挖掘机的安全和下部场地设备的安全。稳定性视构成台阶的岩种及内部情况而定，如果是硬岩堆积而成，其内部没有积水和滑层，则比较稳定。如果是松散软岩石构成或内部有滑层、积水，则稳定性较差。安全措施包括加大安全距离、排弃时改岩种、保持挖掘机站立台阶无积水、下部场地的设备远离坡底线或者破段降低台阶高度等。

**第五百七十九条** 矿用卡车排土场及排弃作业应当遵守下列规定：

（一）排土场卸载区，必须有连续的安全挡墙，车型小于240 t时安全挡墙高度不得低于轮胎直径的0.4倍，车型大于240 t时安全挡墙高度不得低于轮胎直径的 0.35 倍。不同车型在同一地点排土时，必须按最大车型的要求修筑安全挡墙，特殊情况下必须制定安全措施。

（二）排土工作面向坡顶线方向应当保持 3%～5% 的反坡。

（三）应当按规定顺序排弃土岩，在同一地段进行卸车和排土作业时，设备之间必须保持足够的安全距离。

（四）卸载物料时，矿用卡车应当垂直排土工作线；严禁高速倒车、冲撞安全挡墙。

**【解读】**本条是关于矿用卡车排场及排弃作业的规定。

（一）从矿坑内的卡车公路到排土场公路及排土场周围必须修筑安全挡墙，以防止卡车突然闯出公路或排土场外。安全挡墙不能间断，必须连续，特殊情况下必须制定安全措施。所谓特殊情况，即排土场的地形地貌情况特殊，无法修筑安全挡墙或不必修筑安全挡墙，或者不必修筑连续的安全挡墙。例如，利用沟堑做排土场，沟堑的两帮即为天然的安全挡墙。特殊情况下，应根据实际情况为保证卡车排土的安全制定有针对性的措施。例如，用沟堑做排土场，虽然不必修筑安全挡墙，但沟堑较小，卡车调头、转弯、倒车地盘小，针对这种情况，应制定沟堑排土场卡车调头、转弯、倒车的安全措施。

同时，考虑到大型运输设备轮胎直径、排土（履带推土机）设备的作业能力、安全挡墙的作用等，根据载重能力将参数进行了调整，更适合露天煤矿的生产实际。

（二）必须向工作面坡顶线方向做 3%～5% 的逆向坡面，目的在于克服岩石的沉降，而且工作面要平整、无杂物、上空没有架空输电线。如果有架空线，必须超过本单位最大车型的举箱高度。

（三）卡车重载进入排土场后，必须在诱导员（或灯车、排土设备）的引导下按规定顺序排弃。一般情况下，应当是一处接一处的排下去，不能东排一车西排一车，更不准卡车司机私自做主，擅自排弃。只有按顺序排土，排土场才能保持平坦的工作面，保证排土场安全持续排土。同时，还规定在同一地段进行卸车和排土作业时，两台设备之间要保持足够的安全距离，一般为设备盲区的距离。

（四）卡车卸土方向应垂直排土工作线，确保卡车上的物料卸下，不出现卸偏车现象。

严禁高速倒车。重载卡车进入排土场后，调头向卸车地点倒车时，车速不能过快，最快不超过 10 km/h，防止越过安全挡墙，闯出卸货工作线，滑下排土台阶。

**第五百八十条** 推土机、装载机排土必须遵守下列规定：

（一）司机必须随时观察排土台阶的稳定情况。

（二）严禁平行于坡顶线作业。

（三）与矿用卡车之间保持足够的安全距离。

（四）严禁以高速冲击的方式铲推物料。

**【解读】** 本条是关于推土机、装载机作业的规定。

（一）观察排土台阶的稳定情况，需要从有无裂缝、安全挡墙的变化情况、土场沉降情况等方面进行观察，预防事故发生。

（二）严禁沿坡顶线（即排土线）方向平行推土，必须和排土线垂直进行推土，因为平行推土，外侧履带很容易陷落造成侧翻，甚至滑下工作面。

（三）鉴于大型卡车盲区大、不容易观察周围设备设施的实际情况，要求排土设备主动远离卡车，尤其是盲区，需要保持足够的安全距离，一般不小于卡车盲区的 2 倍。

（四）排弃物料一般为岩石，高速冲撞容易引起设备的非正常损坏，尤其是液压系统的元件及设施。因此，要求慢速、低挡作业。

**第五百八十一条** 排土机排土必须遵守下列规定：

（一）排土机必须在稳定的平盘上作业，外侧履带与台阶坡顶线之间必须保持一定的安全距离。

（二）工作场地和行走道路的坡度必须符合排土机的技术要求。

**【解读】** 本条是排土机排土作业的规定。

排土机机体庞大，受料臂和卸料臂长并伸出机体外得多，一般作业时两臂呈一定角度，作业时重心随时变化且震动大，作业平盘必须平整、稳定，否则排土机有侧倾的可能。同时，避免作业时震动引起台阶坡面坍塌，其安全距离一般不能小于 15 m。

**第五百八十二条** 排土场卸载区应当有通信设施或者联络信号，夜间应当有照明。

**【解读】** 本条是关于排土场卸载区设置相关通信设施、联络信号及照明的规定。

# 第六章　边　　坡

**第五百八十三条**　露天煤矿应当进行专门的边坡工程、地质勘探工程和稳定性分析评价。

应当定期巡视采场及排土场边坡，发现有滑坡征兆时，必须设明显标志牌。对设有运输道路、采运机械和重要设施的边坡，必须及时采取安全措施。

发生滑坡后，应当立即对滑坡区采取安全措施，并进行专门的勘查、评价与治理工程设计。

**【解读】** 本条是关于边坡管理的规定。

为确保露天矿边坡的稳定，必须进行边坡地质勘探和安全稳定性评价。露天煤矿的边坡稳定与否关系到生产能否正常接续及设备和人员的安全，为确保边坡稳定需要对边坡的稳定性进行分析评价，为露天煤矿生产设计和生产接续提供技术依据。

地质勘探所获取的水文地质、工程地质的数据资料和分析成果是露天煤矿设计、生产、边坡稳定性评价及边坡工程开展所必须用到的重要基础资料，必须在露天煤矿建设前和生产过程中通过地质勘探工作取得。所以，露天煤矿应当进行地质勘探工程。

露天煤矿开采前设计部门设计的边坡或生产新揭露出的边坡是否稳定，需要通过边坡稳定性分析评价确定。边坡稳定性分析评价存在边坡不稳定区域或生产过程出现边坡不稳定状况，必须采取专门的边坡工程进行处理，并对处理后的边坡稳定性进行评价，经过边坡稳定性评价确定处理后的边坡达到稳定状态，则边坡工程验收合格；否则，重新进行边坡工程并对其重新进行边坡稳定性评价直至评价合格为止。

**第五百八十四条**　非工作帮形成一定范围的到界台阶后，应当定期进行边坡稳定分析和评价，对影响生产安全的不稳定边坡必须采取安全措施。

**【解读】** 本条是关于非工作帮形成到界台阶后边坡管理的规定。

非工作帮形成一定范围的到界台阶后，其边坡的稳定性主要受以下几方面因素的影响：边坡同倾向的弱层被坡面切断，使上部岩体失去支撑；地表水与地下水的活动；爆破震动和设备运行震动。

基于上述情况，要随时检查非工作帮的边坡状态，并每年对边坡进行稳定性分析与评价，进行针对性的整治。

**第五百八十五条** 工作帮边坡在临近最终设计的边坡之前，必须对其进行稳定性分析和评价。当原设计的最终边坡达不到稳定的安全系数时，应当修改设计或者采取治理措施。

【解读】本条是关于到界工作帮边坡管理的规定。

工作帮边坡的设计是依据当时的地质勘探资料、边坡稳定性评价标准以及开采工艺等确定的，随着生产的不断推进、地质勘探资料的不断完善、开采技术的不断发展、开采工艺的变化，边坡参数发生了变化，必须根据实际情况对其进行稳定性分析和评价，并采取针对性的措施。

**第五百八十六条** 露天煤矿的长远和年度采矿工程设计，必须进行边坡稳定性验算。达不到边坡稳定要求时，应当修改采矿设计或者制定安全措施。

【解读】本条是关于长远和年度采矿设计中边坡稳定性验算的规定。

为验证长远和年度采矿工程设计中边坡的安全性，必须对设计区域的边坡稳定性、可能发生的滑坡概率及滑坡类型进行初步分析、验算和评价，必要时修改设计或采取安全措施。

**第五百八十七条** 采场最终边坡管理应当遵守下列规定：

（一）采掘作业必须按设计进行，坡底线严禁超挖。

（二）临近到界台阶时，应当采用控制爆破。

（三）最终煤台阶必须采取防止煤风化、自然发火及沿煤层底板滑坡的措施。

【解读】本条是关于最终边坡管理的规定。

临近到界台阶需要控制爆破时，一般采用减震的预裂爆破和使坡面规整的光面爆破，其目的是为了减弱主爆破对保留岩体的破坏，并形成平整的轮廓面。

**第五百八十八条** 排土场边坡管理必须遵守下列规定：

（一）定期对排土场边坡进行稳定性分析，必要时采取防治措施。

（二）内排土场建设前，查明基底形态、岩层的赋存状态及岩石物理力学性质，测定排弃物料的力学参数，进行排土场设计和边坡稳定计算，清除基底上不利于边坡稳定的松软土岩。

（三）内排土场最下部台阶的坡底与采掘台阶坡底之间必须留有足够的安全距离。

（四）排土场必须采取有效的防排水措施，防止或者减少水流入排土场。

**【解读】**本条是关于排土场边坡管理的规定。

（一）露天矿排土场分为内部排土场和外部排土场，是露天煤矿主要生产场地之一。排土场的边坡稳定是保证排土安全的关键因素。随着排土场边坡的形成和发展，需定期对排土场边坡进行稳定性分析评价，1 年至少进行 1 次。

（二）建设内排土场前，如果倾角偏大，排土前必须测绘地形，并将岩层的赋存状态、岩石和排弃物料的物理力学性质作为内排土场设计及边坡稳定性分析的计算依据。为保持内排土场的边坡稳定，排土前需清除基底上不利于边坡稳定的松软土岩。

（三）内排土场最下部台阶的坡底与采掘台阶坡底之间留有安全距离，目的是为了降低设备作业对边坡稳定的影响，同时避免因滑坡或片帮可能造成的人员、设备损害以及生产中断。

（四）水是影响边坡稳定的重要影响因素，尤其是排土场边坡，所以必须采取有效的防排水措施防止或减少地表水流入或渗入内排土场，例如截水沟、盲沟等，确保内排土场的边坡稳定。

# 第七章　防治水和防灭火

## 第一节　防　治　水

**第五百八十九条**　每年雨季前必须对防排水设施作全面检查，并制定当年的防排水措施。检修防排水设施、新建的重要防排水工程必须在雨季前完工。

【解读】本条是关于露天煤矿制定年度防排水措施，检查、检修防排水设施的规定。

露天煤矿防排水设施一般包括：排水泵、排水管线、供电电源、蓄水池、排水沟、防洪坝、防洪堤、疏干槽等。为了预防雨季降水对露天煤矿安全生产和周边设施造成不利影响，必须保证矿区内防排水设施的完好、有效，防洪物资齐全、可靠，因此露天煤矿针对自身情况，每年雨季前必须进行全面检查。需要维修的设施、新建的防排水工程也必须在雨季前完工。

露天煤矿随着生产的发展和采掘场的降深，每年都需要制定新的防排水计划，主要包括防排水系统图和防排水措施。

**第五百九十条** 对低于当地历史最高洪水位的设施，必须按规定采取修筑堤坝、沟渠，疏通水沟等防洪措施。

【解读】本条是关于对露天煤矿中低于当地历史最高洪水位的设施采取防洪措施的规定。

为降低露天煤矿地面系统中的低于当地历史最高洪水位的、难以撤离洪区的重要构筑物和生产设施遭受洪水破坏的风险，应采取修筑堤坝、沟渠，疏通水沟等防洪措施。

**第五百九十一条** 地表及边坡上的防排水设施应当避开有滑坡危险的地段。排水沟应当经常检查、清淤，不应渗漏、倒灌或者漫流。当采场内有滑坡区时，应当在滑坡区周围采取截水措施；当水沟经过有变形、裂缝的边坡地段时，应当采取防渗措施。

排土场应当保持平整，不得有积水，周围应当修筑可靠的截泥、防洪和排水设施。

【解读】本条是关于露天煤矿采场、排土场内防排水设施的设置、管理、检查、维修的规定。

防排水设施的设置位置应当能保证设施在使用期间正常、持续工作，应该选择在安全、可靠的位置，不宜频繁变更。

滑坡区是指可能发生滑坡的危险区域，为防止上部汇水流向该区域，应当在该区域上部周围采取截水措施。

**第五百九十二条** 用露天采场深部做储水池排水时，必须采取安全措施，备用水泵的能力不得小于工作水泵能力的50%。

**【解读】**本条是关于露天煤矿使用采场深部储水池排水的规定。

为避免人员和设备误入用做储水池的露天采场深部，必须在工作面出入口设置安全挡墙和明显的警示标识。

水泵规格型号相同时，备用台数不得低于工作台数的50%；规格型号不同时，备用系统小时排水能力不得低于工作系统能力的50%。

**第五百九十三条** 地层含水影响采矿工程正常进行时，应当进行疏干，疏干工程应当超前于采矿工程。

因疏干地层含水地面出现裂缝、塌陷时，应当圈定范围加以防护、设置警示标志，并采取安全措施；（半）地下疏干泵房应当设通风装置。

**【解读】**本条是关于疏干含水层的规定。

疏干方案应力求以最小的排水量、工程量获得最大的水位下降，且对矿区外围影响最小，尽可能保证环境不受破坏。疏干方法主要有垂直孔疏干法、水平孔疏干法、巷道疏干法、明渠和暗沟疏干法，其中采取垂直孔和巷道疏干法必须超前采矿工程。

因疏干地层含水地面出现裂缝、塌陷时，除基本的防护、设置警示标识外，还应根据实际情况选择采取回填夯实、注浆帷幕、排水防洪等安全措施。

（半）地下疏干泵房应建立完善的通风系统，设置通风装置，为泵房提供足够的风量，保证水泵正常排水和操作人员正常工作。

**第五百九十四条** 地下水影响较大和已进行疏干排水工程的边坡，应当进行地下水位、水压及涌水量的观测，分析地下水对边坡稳定的影响程度及疏干的效果，并制定地下水治理措施。

因地下水水位升高，可能造成排土场或者采场滑坡时，必须进行地下水疏干。

**【解读】**本条是关于确保地下水影响较大和已进行疏干排水工程的边坡稳定的规定。

地下水和疏干排水工程可对露天煤矿采场、排土场边坡有一定的影响，甚至导致滑坡，因此应当对相关参数进行观测和分析，并有针对性地制定地下水治理措施。

此外，如果在排土场或采场存在地下水且水位不断升高，造成基底浸泡并达到饱和状态，会导致应力发生变化，最终产生滑坡，给煤矿生产和安全造成极大危害，必须进行排水疏干。

## 第二节　防　　灭　　火

**第五百九十五条**　必须制定地面和采场内的防灭火措施。所有建筑物、煤堆、排土场、仓库、油库、爆炸物品库、木料厂等处的防火措施和制度必须符合国家有关法律、法规和标准的规定。

露天煤矿内的采掘、运输、排土等主要设备，必须配备灭火器材，并定期检查和更换。

**【解读】**本条是关于露天煤矿执行国家消防法律法规，主要设备配备消防器材的规定。

露天煤矿的主要设备，应根据设备的油脂、橡胶、高温部件、电气等的易燃情况，为扑救初期火情，配备必要的灭火器材，并按规定检查更换。

**第五百九十六条**　开采有自然发火倾向的煤层或者开采范围内存在火区时，必须制定防灭火措施。

**【解读】**本条是关于开采有自燃倾向的煤层或者开采范围内存在火区时，必须制定防灭火措施的规定。

采场范围内存在火区，应对爆破作业、设备采掘作业、有毒有害气体泄漏等制定相应的措施；对具有自然发火倾向的煤层，应按照自然发火倾向性的等级、暴露时间综合考虑制定安全措施。

# 第八章 电 气

## 第一节 一 般 规 定

**第五百九十七条** 露天煤矿的各种电气设备、电力和通信系统的设计、安装、验收、运行、检修、试验等工作，必须符合国家有关规定。

**【解读】** 本条是关于露天煤矿所使用的各种电气设备、电力和通信系统必须符合国家标准的规定。

**第五百九十八条** 采场内的主排水泵站必须设置备用电源，当供电线路发生故障时，备用电源必须能担负最大排水负荷。

**【解读】** 本条是关于露天煤矿主排水泵站必须设置备用电源的规定。

露天煤矿的主排水泵站的电源线路供电均为一级负荷。由于各地区的露天煤矿气候、地质及环境条件的不同，可选择不同方式的备用电源。若无备用电源，主排水泵站一旦出现故障，会有采场被淹没的危险，对安全生产极为不利。备用电源必须符合下列条件之一。

1. 备用电源之间无联系时

（1）备用电源来自不同的电力系统。

（2）对于允许短时间中断电源或应急防洪的露天煤矿，采用发电机组等形式的备用电源，容量必须大于主排水泵站的容量和满足主排水泵启动的要求，并制定应急措施。

2. 两个电源有联系时

（1）发生任何一种故障两个电源的任何部分应不致同时受到损坏。

（2）对于允许很短时间中断供电的一级负荷，应能在发生任何一种故障且主保护装置（包括断路器）失灵时，仍有一个电源不中断供电。对于允许稍长时间（手动切换时间）中断供电的一级负荷，应能在发生任何一种故障且保护装置动作正常时，有一个电源不中断供电；并且在发生任何一种故障且主保护装置失灵以致两个电源中断供电后，应能在有人值班的处所，完成各种必要的操作，迅速恢复一个电源供电。

**第五百九十九条** 采场内的移动式高压电动设备供电的变压器严禁中性点直接接地；当采用中性点经限流电阻接地方式供电时，且流经单相接地故障点的电流应当限制在200 A以内，必须装设两段式中性点零序电流保护。中性点直接接地的变压器还应当装设单相接地保护。

**【解读】** 本条是关于露天煤矿变压器中性点接地及其接地保护的规定。

露天煤矿采场配电系统基本上采用6～35 kV电缆配线，电缆配电网对地电容电流较大，从而对配电网中最主要的电气设备——变压器和电缆线路的绝缘耐压水平提出更高的要求。

在我国6～35 kV配电网中，变压器中性点接地主要采用不接地、经消弧线圈接地和经电阻接地三种形式。①如果变压器中性点采用不接地方式，一旦发生单相接地故障，由于弧光和铁磁谐振，将使健全相产生很高的过电压，可达正常的4～7倍，这种过电压对电缆、开关柜的绝缘和热稳定都会构成威胁。②当采用变压器中性点经消弧线圈接地时，由于配电网的对地电容电流较大，要求消弧线圈的容量也必须加大，在经济上不合理，而且配电网中消弧线圈的存在，会产生谐波污染。在谐波作用下，配电网容易发生谐振现象，谐波会使健全相产生数倍于正常值的过电压，导致电缆、设备绝缘破坏，甚至发生短路。③变压器采用中性点经电阻接地方式，发生单相接地故障后，由于电阻能吸收大量的弧光能量，从根本上限制了健全相过电压的倍数，大大减小了对电网一、二次电气设备的危害，增加了电网的可靠性，是降低中、低压配电网内部过电压和消除谐振过电压的最有效方式。

变压器中性点经电阻接地，在配电网正常时，中性点对地电压很小，流经中性点的电流也很小。当配电网出现故障时，变压器中性点电压将产生偏移，如果中性点装有接地电阻装置，它将使配电网的中性点强制接地并限制其故障电流，使继电保护设备有足够的时间进行检测，实现跳闸和备用切换，避免配电网和电气设备遭到破坏。

变压器中性点接地分为高阻接地和低阻接地，电力DL/T 620标准规定：高阻接地的系统设计应符合$R_0 \leqslant X_{C0}$的准则（$R_0$系统的等值零序电阻，$X_{C0}$是系统每相对地的分布容抗），一般采用接地故障电流小于10 A。低阻接地系统为获得快速选择性继电保护所需的足够电流，一般采用接地故障电流为100～1000 A，对于一般系统，限制瞬态过电压的准则是 $R_0/X_0 \geqslant 2$（$X_0$ 是系统等值零序感抗）。

采用变压器中性点直接接地，一般适用于固定设备供电的变压器，同时固定设备外壳必须直接重复接地。重复接地就是将零线上的一处或多处通过接地装置与大地重复连接，以保护接零系统的安全。重复接地既能降低漏电设备的对地电压，又能减少零线断线时的危险，还能缩短短路故障的时间，降低造成的伤害和损失程度。为避免单相接地时的故障扩大，故障线路与非故障线路要及时进行区分，及时切除故障线路电源，应装设单相接地保护，以降低人触电的危害。

**第六百条** 执行电气检修作业，必须停电、验电、放电，挂接三相短路接地线，装设遮栏并悬挂标示牌。

**【解读】** 本条是关于露天煤矿电气检修作业的安全作业流程的规定。

电气检修作业存在较大安全风险，必须按照规定的作业流程做好安全防护，避免造成触电。电气检修作业首先要办理工作票进行停电，严禁带电作业；其次对停电的设备进行验电，确定检修线路是否已停电；确定检修线路停电后，再对检修线路存在的残余电荷进行放电，以确保停错或线路残余电荷对人身的伤害；挂三相接地线是为了防止线路意外带电造成人身伤害，接地线必须在可能来电的方向设置。同时对可能触及的带电体装设遮栏，并悬挂标示牌，提醒人员注意安全。

## 第二节　变电所（站）和配电设备

**第六百零一条** 变电站（移动站）设置应当遵守下列规定：

（一）采场变电站应当使用不燃性材料修建，站内变电装置与墙的距离不得小于0.8 m，距顶部不得小于1 m。变电站的门应当向外开，门口悬挂警示牌。

（二）采场变电站、非全封闭式移动变电站，四周应当设有围墙或者栅栏。

（三）必须对变电站、移动变电站、开关箱、分支箱统一编号，门必须加锁，并设安全警示标志。变电站内的设备应当编号，并注明负荷名称，必须设有停、送电标志。

（四）移动变电站箱体应当有保护接地。

（五）无人值班的变电站、移动变电站至少每2周巡视一次。

（六）变电站室内必须配备合格的检测和绝缘用具。

**【解读】** 本条是关于采场变电站（移动站）以及设备安全管理的规定。

露天煤矿的采场变电站（移动站），是为采场穿、采设备及其他应急设备提供所需电力的电源。为了确保安全供电，防止火灾事故发生，采场变电站（移动站）在修建或制造过程中，必须采用阻燃性材料。同时，为了便于电气设备的安装、检修和维护，必须留有一定的作业活动空间，与墙的距离不得小于0.8 m，距顶部不得小于1 m。

采场变电站（移动站）的门必须向外开，其目的就是一旦变电站（移动站）发生火灾，便于人员往外撤离。在门口处必须悬挂“非工作人员，禁止入内”字样的安全警示牌，以防人员随意入内发生意外，影响变电站（移动站）的安全供电。

设置在采场的变电站（移动站）为防止无关人员攀爬，四周应设有围墙或栅栏，并悬挂“高压危险，禁止攀爬”字样的警示牌。同时要定期进行巡查，一般为2周进行一次，特殊季节应缩短周期，确保采场变电站（移动站）的安全可靠供电。

采场变电站（移动站）分为全封闭式和非全封闭式两种形式，不设专职人员值守，但门必须上锁。为了安全供用电，避免误操作，变电站（移动站）内的各种电气设备、开关柜、分线箱必须进行统一编号，并注明负荷名称，在开关断开和合闸时，必须立即悬挂停电和送电标示牌。为防止电气设备因绝缘不良漏电造成人员触电，变电站（移动站）所有电气设备的金属外壳和箱体，必须用导线与接地极进行可靠连接。

变电站（移动站）内配置的检测和绝缘用具，是保障操作人员和检修人员安全的必备用具，检测和绝缘用具必须定期进行试验，使用前必须进行检查，不合格的严禁使用。

**第六百零二条** 移动变电站进线户外主隔离开关必须上锁，馈出侧隔离开关与断路器之间必须有可靠的机械或者电气闭锁。

**【解读】** 本条是关于防止采场移动站户外隔离开关、馈出侧隔离开关与断路器误操作的规定。

为防止非作业人员随意拉合移动变电站进线户外主隔离开关，导致突然断电、供电，造成人员伤害和设备损坏，故将变电站进线户外主隔离开关上锁。隔离开关与断路器之间存在着拉合先后顺序的问题，顺序错误会产生弧光现象，造成人员伤害和设备损坏，为防止误操作，必须对移动站内或箱式变电站内馈出侧隔离开关与断路器之间设置可靠的机械或电气闭锁。

## 第三节　架空输电线和电缆

**第六百零三条**　采场内架空线路敷设应当遵守下列规定：

（一）固定供电线路和通信线路应当设置在稳定的边坡上。

（二）高压架空输电线截面不得小于35 $mm^2$，低压架空输电线截面不得小于25 $mm^2$。由架空线向移动式高压电气设备和移动变电站供电的分支线路应当采用橡套电缆。

（三）架设在同一电杆上的高低压输（配）电线路不得多于两回；对于直线杆，上下横担的距离不得小于800 mm；对于转角杆，上下横担的距离不得小于500 mm（10 kV线路及以下）。同一电杆上的高压线路，应当由同一电压等级的电源供电。垂直向采场供电的配电线路，同一杆上只能架设一回。

（四）架空线下严禁停放矿用设备，严禁堆置剥离物和煤炭等物料。

**【解读】** 本条是关于采场内架空线路位置的选择以及线路安全的规定。

固定供电线路和通信线路在选择设置位置时，必须根据采矿设计，选择地质条件较好的稳定区域，避免因滑坡或片帮造成的供电、通信线路损毁，导致生产和通信中断。

采场架空输电线路，材质、截面、经济、安全是必须考虑的问题，需要统筹考虑线路允许载流量、允许损失电压、经济电流密度、机械强度等。

架空线路的截面与架空线路的档距、导线最低点的拉力、架空线挠度、相应比载有关，具体见表4－1。

表4－1　架空配电线路导线允许最小截面表

| 导线构造 | 导线材料 | 高压线路 | 低压线路 |
|---|---|---|---|
| 单股 | 铜 | 不准使用 | 直径3.2 mm |
| | 铝 | 不准使用 | 不准使用 |
| 双股 | 铜 | 16 $mm^2$ | 10 $mm^2$ |
| | 铝 | 70 $mm^2$ | 25(16) $mm^2$ |
| | 钢芯铝线 | 35(25) $mm^2$ | 25(16) $mm^2$ |

采场架空线路导线截面，还应考虑线路末端电压损耗，一般6～10 kV为变电所二次标准电压的5%～8%；低压线路由变压器二次侧端子至低压进户线的最大电压损耗不应超过3.5%。选用高压配电线路的导线截面还应考虑经济电流密度。

架空线向移动式高压电气设备和电缆进线的移动变电站供电的分支线路应采用橡套电缆，在电缆引下接至用电设备时或供电设备的高压电缆应注意下列问题：

（1）经上断路器或其他开关引下的，断路器或其他开关必须选用户外式设备。

（2）高压橡套电缆绝缘良好，无破损、老化。使用前按照5倍的额定电压进行耐压试验，单相泄漏电流不大于75 mA。

（3）引下高压电缆始端应设有防止雷电侵入的防雷装置。

（4）电缆头密封良好，防止雨水侵入。各部连接牢固可靠。

同杆架设的高低压输（配）电线路不得大于两回，主要考虑采场台阶型的架设条件以及电杆埋设施工的困难，在这样的条件下，一是满足特殊情况下架空线路与堆放物料的安全距离；二是采场内的架空线路经常移动，电杆高度不会太高，一般不超过15 m，且应采用木质的电杆。若电杆高度过高，施工、移设将增加难度，费用大大增加。同时还要考虑故障、检修情况下对生产的影响。垂直向采场供电的配电线路，因受采场落差限制，同一杆上只能架设一回。

架空线路横担的选用、布置，都应符合相关标准的规定。一般情况下，上下横担的距离为800 mm；对于转角杆，上下横担的距离为500 mm时（10 kV线路及以下），跨距不大于50 m。在跨距增大、落差弧垂大的情况下，应加大横担长度和上下横担的距离，以满足线路挠度、风摆等因素对架空线路的影响。

为防止高压窜入低压，对低压系统产生影响，同一电杆上的高压线路，应由同一电压等级的电源供电。

架空线下堆放剥离物、煤炭等物料，将影响线路对地的安全净距，对安全供电以及排弃设备、人员的安全存在较大的安全隐患，特别是煤炭自燃将严重危及供电的安全。架空线路下停放设备时，可能发生触电的危险，同时停放的设备受高压架空线路磁场的干扰，会影响调度通信指挥。

**第六百零四条** 在最大下垂度的情况下，架空线路到地面和接触网的垂直距离必须符合表23的要求。

表23　架空线与地面及设施的安全距离　　m

| 电压等级/kV | <1 | 1~10 | 35 |
| --- | --- | --- | --- |
| 采场和排土场 | 6 | 6.5 | 7 |
| 人难以通行和地面运输必须通行的地点 | 5 | 5.5 | 6 |
| 台阶坡面 | 3 | 4.5 | 5 |
| 配电线和接触网的平面交叉点 | 2 | 2 | 3 |
| 铁路与配电线路的平面交叉点 | 7.5 | 7.5 | 7.5 |

【解读】本条是关于采场内架空线路最低点（最大弧垂下）对地及设施的安全距离的规定。

**第六百零五条**　移动金属塔架和大型设备通过架空线以及在架空输配电线附近作业的机械设备，其最高（最远）点至电线的垂直（水平）距离，应当符合表24的要求。

表24　设备距离架空线的安全距离

| 电压等级/kV | 最小距离/m | 电压等级/kV | 最小距离/m |
| --- | --- | --- | --- |
| ≤6 | 0.7 | 66 | 3.0 |
| 10 | 1.0 | 110 | 3.5 |
| 35 | 2.5 | | |

【解读】本条是关于架空线路下或附近作业的设备以及通过架空线路时的最小安全净距的规定。

露天矿大型设备作业或移动时，有可能在架空线路附近作业或从架空线下方穿过，为避免设备触碰架空线接地、短路从而导致停电事故的发生，保证作业设备、人员的安全，必须使大型设备、塔架等与架空线路保持足够的安全距离。

设备通过架空线路下方时，必须先进行测量，如现场条件不满足要求时，必须采取停电或下挖架空线下方的地面等临时安全措施。

**第六百零六条**　挖掘机作业不得影响和破坏电缆线、电杆或者其他支架基础的安全，不得损伤接地导体和接地线。

【解读】本条是关于防止挖掘机作业对供电设施造成影响和破坏的规定。

**第六百零七条** 台阶上 6 ~ 10 kV 的架空输配电线最边上的导线，在没有偏差的情况下，至接触网最近边的水平距离不应小于 2.5 m，至铁路路肩的水平距离不应小于 2 m。

**【解读】**本条是关于架空线与铁路、接触网的水平安全距离的规定。

**第六百零八条** 电压小于 10 kV 的输配电线，允许采用移动电杆，移动电杆之间的距离不应大于 50 m，特殊情况应当根据计算确定。

**【解读】**本条是关于采场内架空线路架设的规定。

在露天煤矿生产区域，由于工作面在不断扩展变化，供电线路随时调整，为解决线路频繁移动施工困难的实际问题，允许采用可移动式电杆。

移动电杆的距离大小由导线允许应力、导线截面和导线弧垂等因素决定，具体计算公式：

$$L = \sqrt{8TF/gs}$$

式中 $T$——导线允许承重，kg；

$F$——导线弧垂，m；

$g$——相应比载，kg/m · $mm^2$；

$s$——导线截面积，$mm^2$；

$L$——导线档距，m。

在露天煤矿采场，6 kV 输电线路的档距，一般均在 40 ~ 50 m。档距太大时，会导致导线松弛度增大，在大风天气，易发生因导线摆动从而导致相间短路的事故。

**第六百零九条** 敷设橡套电缆应当符合下列要求：

（一）避开火区、水塘、水仓和可能出现滑坡的地段。

（二）跨台阶敷设电缆应当避开有伞檐、浮石、裂缝等的地段。

（三）新投入的高压电缆，使用前必须进行绝缘试验；修复后的高压电缆必须进行绝缘试验；运行高压电缆每年雷雨前应当进行预防性试验。

（四）电缆接头应当采用热缩或者冷补修复，其强度和导电性能不低于原要求。

（五）缠绕在卷筒（盘）上电缆载流量的计算符合相关要求，温升不超过要求。

（六）电缆穿越铁路、公路时，必须采取防护措施，严禁设备碾压电缆。

**【解读】**本条是关于采场内敷设橡套电缆的规定。

露天煤矿采掘设备的尾线一般缠绕在设备尾部的电缆卷筒上，导致尾线电缆散热条件差、载流量降低、效率降低。电缆载流量可用 $I_g \leqslant I_n \times K$ 公式计算。式中，$I_g$ 为计算的工作电流；$I_n$ 为电缆在标准条件下敷设的额定电流；$K$ 为不同条件下的校正系数。单根 $K = K_t$，$K_t$ 为环境温度校正系数，见表 4－2、表 4－3。

表 4－2　在不同环境温度下电缆敷设的校正系数

| 缆芯最高温度/℃ \ 环境温度/℃ | 30 | 35 | 40 | 45 |
| --- | --- | --- | --- | --- |
| 60 | 1.22 | 1.11 | 1.0 | 0.86 |
| 65 | 1.18 | 1.09 | 1.0 | 0.89 |
| 70 | 1.15 | 1.08 | 1.0 | 0.91 |

表 4－3　电缆在桥架上无间距配置多层并列电缆时持续载流量的校正系数

| 类别 \ 层数 | 一　层 | 二　层 | 三　层 | 四　层 |
| --- | --- | --- | --- | --- |
| 桥架 | 0.8 | 0.6 | 0.55 | 0.5 |
| 卷盘 | 0.7 | 0.55 | 0.5 | 0.45 |

由此可见，橡套电缆在卷筒上无间距紧密并列敷设与标准敷设相比，其载流量降低甚多。但挖掘机使用的尾线电缆，只有少部分在卷盘中缠绕敷设，对整根电缆的工作载流量不会产生太大影响。

## 第四节　电气设备保护和接地

**第六百一十条**　高压配电线路应当装设过负荷、短路、漏电保护；低压配电线路应当装设短路和单相接地（漏电）保护；高压电动机应当装设短路、过负荷、漏电和欠压释放保护；低压电动机应当装设过流、短路保护；中性点接地的变压器必须装设接地保护；低压电力系统的变压器中性点直接接地时，必须装设接地保护。

【**解读**】本条是关于配电系统保护设置的有关规定。

配电线路及设备设置的保护是根据其用途、性质进行配置的，在《通用用电设备配电设计规范》（GB 50055—2011）、《电力装置的继电保护和自动装置设计规范》（GB 50062—2008）中已有明确规定，其目的是保护人员、输配电线路、用电设备的安全。

变电所内的电气设备和高压配出的输电线路，在连续的运行过程中，运行情况复杂多变，可能会出现过负荷、短路和漏电等多种故障和异常不正常的现象。为了使这些故障范围不再扩大，事故损失降到最小，事故得到及时妥善处理，必须在变电所内安装了各种保护装置，确保其具有灵敏性、可靠性、速动性、选择性。

在电气火灾中，由于电气线路引发的火灾占60%，而低压配电线路引发的火灾又占电气线路火灾的90%以上。而且，低压配电线路故障中，有80%是接地故障。在电弧短路状态下，由于电弧本身是一种阻抗，限制了短路电流，从而影响保护电器动作，0.5A的电弧能量即可引燃可燃物引发火灾，可见完善的低压配电系统的接地故障保护对工程安全有着非常重要的意义。在选择接地（漏电）保护时，应根据低压系统的形式（TN－C、TN－S、TT、IT）配置选择满足低压配电系统要求的接地（漏电）保护装置。采用了接地故障保护后，仍需要可靠的接地。所以低压配电线路应装短路和单相接地（漏电）保护。

高压电动机是可以旋转的动态设备，其所带的负荷是不断变化的，在运行过程中很容易发生过负荷现象，工作电流超过正常工作的额定电流。同时，由于某种因素有可能使运行中的高压电动机，出现工作电压不足的欠压现象。如果不采取措施，很快会使高压电动机的绝缘遭到破坏而出现短路故障。高压电动机在运转中，所出现的过负荷、短路和欠压，均对设备的安全形成极大的威胁，破坏设备的正常工作。

短路保护，就是电气设备在正常状态下运行或运转时，由于某种原因引发过载或短路等故障时，必定导致流经设备的电流增大，电气设备的发热效应也必然随之增大。当增大一定程度时，将严重威胁设备的安全运行。所以，为快速切除故障点，必须装设短路保护装置。

高压电动机过负荷即过载，过载有一定的界限和时间限制，必须严格执行，随着过载电流的增加，电气设备的发热效应将急剧增加，对电气设备构成严重威胁，必须采取过负荷保护装置。

漏电保护装置就是防止单线接地故障时，保护运行、检修人员安全的一种安全技术措施，一旦发生单相接地故障，设备的外壳将呈现危险的对地电压，对人员和设备构成威胁，所以为避免因漏电引起的单相电击事故，火灾和设备烧毁事故，必须安装漏电保护装置。

高压电动机欠压释放保护，就是在正常运行时，供电电压突然下降。下降幅度超过电气设备的额定电压的5%时，不仅降低了设备的功率，而且容易损坏设备，所以必须安装欠压释放保护装置。

关于低压电动机保护选择，应根据国标《通用用电设备配电设计规范》（GB 50055—2011）的有关规定，交流电动机应装设短路保护和接地故障保护，并应根据具体用途、环境分别装设过载保护、断相保护和低电压保护。

中性点是特指变压器低压端Y形接法中三个绕组的连接点。中性点与大地连接后称为中性点接地。保护接地是指用电设备外壳与大地连接，称为保护接地。

所谓保护接地就是将正常情况下不带电，而在绝缘材料损坏后或其他情况下可能带电的电器金属部分（即与带电部分相绝缘的金属结构部分）用导线与接地体可靠连接起来的一种保护接线方式。接地保护一般用于配电变压器中性点不直接接地（三相三线制）的供电系统中，用以保证当电气设备因绝缘损坏而漏电时产生的对地电压不超过安全范围。如果电气设备未采用接地保护，当某一部分的绝缘损坏或某一相线碰及外壳时，电气设备的外壳将带电，人体万一触及该绝缘损坏的电气设备外壳（构架）时，就会有触电的危险。相反，若将电气设备做了接地保护，单相接地短路电流就会沿接地装置和人体这两条并联支路分别流过。一般地说，人体的电阻大于1000 Ω，接地体的电阻按规定不能大于4 Ω，所以流经人体的电流就很小，而流经接地装置的电流很大。这样就减小了电气设备漏电后人体触电的危险。

**第六百一十一条** 变（配）电设施、油库、爆炸物品库、高大或者易受雷击的建筑，必须装设防雷电装置，每年雨季前检验1次。

**【解读】** 本条是关于装设和检验防雷电装置的规定。

根据被保护的设备、设施的不同，所采取的防雷装置也不同，主要有避雷器、避雷针、避雷线和避雷网等。避雷器应用最普遍、广泛，是用于输电线路和各种电气设备的防雷保护装置。避雷针主要用于易燃易爆的设施和变电所等重要区域。避雷线主要用于高压输电线路。避雷网主要用于易受雷击的高大建筑物等。

露天变电所是煤矿生产的重要部位，为了确保变电所的安全运行，在给变电所增设了各种保护的同时，在变电所输电线路引进和配出处以及其他重要电气设备，均应安装防雷保护装置，其接地电阻不得大于30 Ω，与此同时，还必须安设避雷针对变电所区域进行防雷保护。

油库、爆炸物品库属于易燃易爆的危险重要部位，不仅做好防火工作，还必须做好防静电工作。更重要的是对油库、爆炸物品库区域应安设避雷针，对其库房的低压供电线路应装设避雷器。

为确保防雷电装置安全可靠，每年雨季前必须对其进行检测，对不合格者进行维修处理，使防雷装置保持完好状态。

**第六百一十二条** 电气保护检验应当遵守下列规定：

（一）电气保护装置使用前必须按规定进行检验，并做好记录。

（二）运行中每年至少对保护做1次检验，漏电保护6个月1次，负荷调整、线路变动应当及时检验。

（三）接地系统每月检查1次，每年至少检测1次，并做好记录。

**【解读】** 本条是关于检验电气保护的规定。

电气安全保护装置，是指当电气设备发生故障时，能根据设备故障情况快速切断故障设备并发出预警信号，从而保护设备最小损失和保证人身安全。为了使保护装置安全、灵敏、可靠地工作，保护装置在投用前、使用中、变动后，都应按照《电力设备预防性试验规程》的规定要求进行检测。

使用前，必须随保护装置的机械性能和电气性能进行检查，检查其性能是否良好，同时检测各部位的动作是否正常，并熟知保护装置的结构原理。

运行中或变动后的保护装置，因受工作环境影响，装置本身影响，失去原有的灵敏性、可靠性，不能按照原设定的时限进行保护，必须重新进行校验。为此，必须严格执行检测周期，保证电气保护的灵敏性、可靠性。

**第六百一十三条** 采场必须选用户外型电气设备，所有高、低压电气设备裸露导电体必须有安全防护。

**【解读】** 本条是关于采场电气设备选用和防护的规定。

户外型电气设备在技术设计、工艺制造上，均考虑了采场作业易受气候和环境影响的特点，能够满足露天环境下运行的安全要求，因此在电气设备选型时必须选择户外型。此外，为防止触电事故的发生，对于裸露导电部分，必须设立安全防护栅栏、悬挂“有电危险”警示牌等安全防护设施。

**第六百一十四条** 变电所（站）的各种继电保护装置每2年至少做1次试验。

**【解读】** 本条是关于变电所（站）的各种继电保护装置检验周期的规定。

继电保护的作用是保护设备、设施安全运行，必须保证其灵敏性、可靠性、速动性、选择性。在运行中因振动、负荷变化、环境因素等影响，致使整定值发生变化。因此，必须严格执行《电力设备预防性试验规程》，不得缩短检验周期。通常，10 kV 电力系统的继电保护装置，每2年应校验1次；对供电可靠性要求较高的用户和35 kV 及以上的用户，继电保护装置应每年校验1次。继电保护装置进行改造、更换、检修和发生事故后，都应进行补充校验。变压器的瓦斯保护装置，应在变压器大修时进行校验。瓦斯继电器一般每3年进行1次内部检查。继电保护装置的校验内容包括：检查机械部分和进行电气特性试验；测量二次回路的绝缘电阻；二次回路通电试验；进行整组动作试验；根据保护装置改造、更换及事故情况确定的其他试验。

**第六百一十五条** 变电所开关跳闸后，应当立即报告调度人员，经查询，可试送1次；若仍跳闸，不得强行送电，待查明原因，排除故障后，方可送电。

**【解读】** 本条是关于变电所开关跳闸后送电的规定。

露天煤矿采场、排土场架空线路、电缆线路运行环境差，外部影响因素较多，容易引起变电所开关跳闸。跳闸后，变电所工作人员确定故障的性质并向调度汇报，通知用户查找原因，若未查出原因，可要求变电所试送一次，试送未成功，用户必须详细查明原因。

下列情况下线路跳闸，不得强送：空充电线路；试运行线路；线路跳闸后，经备用电源自动投入已将负荷转移到其他线路上，不影响供电；电缆线路；有带电作业工作并申明不能强送电的线路，在未得到工作负责人同意时；线路变压器组开关跳闸，重合不成功；运行人员已发现明显故障现象；线路开关有缺陷或遮断容量不足的线路；已掌握有严重缺陷的线路（水淹、杆塔严重倾斜、导线严重断股等）。

**第六百一十六条** 接地和接零应当符合下列要求：

（一）采场的架空线主接地极不得少于2组。主接地极应当设在电阻率低的地方，每组接地电阻值不得大于4 Ω，在土壤电阻率大于1000 $\Omega mm^2/m$ 的地区，不得超过30 Ω。移动设备与架空线接地极之间的电阻值不得大于1 Ω。接地线和设备的金属外壳的接触电压不得大于36 V。

（二）高压架空线的接地线应当使用截面大于35 $mm^2$ 的钢绞线。

（三）采用橡套电缆的专用接地芯线必须接地或者接零，严禁接地线作电源线。

（四）50 V以上的交流电气设备的金属外壳、构架等必须接地。

（五）连接电气设备与接地母线应当使用截面不小于50 $mm^2$ 的耐腐蚀的铁线，严禁电气设备的接地线串联接地，严禁用金属管道或者电缆金属护套作为接地线。

（六）低压接地系统的架空线路的终端和支线的终端必须重复接地，交流线路零线的重复接地必须用独立的人工接地体，不得与地下金属管网相连接。

**【解读】** 本条是关于架空线路、电缆线路接地和接零的有关规定。

（一）设置2组以上接地极是为了防止因1组主接地极因故失效导致失去保护作用。土壤电阻率高的区域影响接地极接地效果，必须采取降低电阻率的措施。为保证设备与接地极之间的连接可靠，各部连接点必须做到牢固、接触电阻小，一般移动设备与架空线接地极之间的电阻值不得大于1 Ω。36 V为人体安全电压值，超过该电压值，人员触碰后，将威胁人身的安全。

采场的交流架空线在设计规范中，35 kV及以上的每基杆塔均接地，10 kV及以下的已进行分段接地。架空线入坑的10 kV以下线路，因采场供电的特殊形式，接地线已随相线架设，并与移动变电站的接地极连接。

（二）采场高压架空线路的接地线，必须承受线路单相接地的故障电流和对地的泄漏电流。由于在露天煤矿的高压架空输配电线路最低允许导线截面为35 $mm^2$，所以通常使用的接地线截面积为35 $mm^2$ 及以上的钢绞线，埋在地下部分使用40 mm×40 mm的钢板。

（三）对于可移动的电气设备，其供电的电源线，由于采用4芯的橡套电缆，其中有一根固定专用的接地芯线，因此对于这种电气设备的接地保护装置的接地线，采用电缆的接地芯线即可，此线不能作为他用。

（四）50V以上的交流电压值，危及人身安全，必须远离这种电压。若出现短路和接地漏电故障，很容易发生人身触电的伤亡事故。因此，电气设备的金属外壳、构架等必须接地。

（五）电气设备一般为永久性设施，为保证连接电气设备与接地母线的机械强度和载流量，同时防止因腐蚀使接地电阻变大，避免多次维修，保证一定的服务年限，一般采用截面不小于 50 $mm^2$ 的耐腐蚀的镀锌铁线。要保证镀锌质量，耐腐蚀，安装符合质量标准。多台电气设备的接地线串接时，一台设备故障会影响其他设备，因此不得将电气设备的接地线串联接地。

接地装置是重要的安全保护装置，必须专设专用，不准利用其他设施。因为其他金属管道或电缆护套都是按照其他用途设计安装的，作为接地装置使用不可靠，也有可能被随时拆除。

（六）低压接地系统的架空线路预防触电的有效措施之一，是对机电设备和设施采取重复接地，重复接地就是在零线上的一处或多处通过人工接地体与大地再次连接，其作用如下：

（1）降低漏电设备和设施的对地电压。设置重复接地时，漏电设备外壳、构架的对地电压只有零线对地电压的一部分，能够大大减小人员触电伤害程度。

（2）降低零线断线时的触电危险。零线有重复接地时，人触电电压不再是相电压，要比相电压小很多，能够减小触电伤害程度。

（3）缩短短路事故时的持续时间。重复接地安全措施，使得重复接地与工作接地形成并联，增大了短路电流，加快断路器动作时间，减少事故损失。

（4）增强架空线路的防雷性能。能够对雷电产生的电流进行分流，从而限制雷电过电压。

重复接地装置是重要的安全保护装置，必须专设专用，不能兼作他用。

## 第五节　电气设备操作、维护和调整

**第六百一十七条**　严禁带电检修、移动电气设备。对设备进行带电调试、测试、试验时，必须采取安全措施。

移动带电电缆时，必须检查确认电缆没有破损，并穿戴好绝缘防护用品。

采用快速插接式的高压电缆头严禁带电插拔。

**【解读】**本条是关于带电检修、搬迁电气设备和电缆的规定。

设备在正常状态下突然出现了异常和故障，需进行临时性检修，由于时间短、内容单一，检修人员往往忽略断开电源总开关，这是非常危险的，为了防止发生意外伤害事故，必须停电进行检修。有时需带电进行测试设备的参数、对设备进行调试和试验，在工作前必须做好安全防范措施，避免触碰带电体和短路电弧灼伤电击事故。

露天煤矿移动的设备多，设备的尾线电缆在设备移动时，需要人工盘卷整理电缆，此时需要带电进行作业，为了保护作业人员的安全，作业人员必须按照规定穿戴好绝缘防护用品，同时在工作前对所盘卷整理的电缆进行检查，对于存在破损的电缆严禁人工盘卷整理。

露天煤矿大型移动设备都采用 6 kV 高压移动式橡套电缆供电，为提高采场高压电缆线路检修敷设效率，使用快速接头进行电缆线路的连接。带电插拔时会放电烧坏触头，甚至造成工作人员触电的危险，因此严禁带电插拔电缆快速接头。

**第六百一十八条** 操作电气设备必须遵守下列规定：

（一）非专职和非值班人员，严禁操作电气设备。

（二）操作高压电气设备回路时，操作人员必须戴绝缘手套、穿电工绝缘靴或者站在绝缘台上。

（三）手持式电气设备的操作柄和工作中必须接触的部分，必须有合格的绝缘。

（四）操作人员身体任何部分与电气设备裸露带电部分的最小距离应当执行国家相关标准。

**【解读】**本条是关于操作电气设备时的有关规定。

（一）对于电气设备的操作，尤其是对重要电气设备的操作，必须设立专职人员进行操作，严禁其他人员擅自操作，以防误操作，造成重大的电气事故和人员伤害事故。

（二）在进行操作高压电气设备回路时，特别是在户外操作供电比较复杂的高压回路时，必须由 2 名电工人员去进行操作，其中一人作监护。在操作时，必须穿戴绝缘手套、高压绝缘靴子或站在绝缘台上，以确保人身安全。

（三）在操作手持式电气设备前，必须用 500 V 的兆欧表对其进行绝缘电阻的测定。在可能的情况下，对相与相之间的绝缘强度也必须测定，其绝缘电阻值不得低于 1 MΩ，以免绝缘损坏造成漏电，发生人员触电事故。手提式电气设备外壳必须进行可靠的接地，由于该设备移动性很大，很难随意同接地极相连接，只有通过电缆的接地芯线与供电的电源处的接地装置相连接，从而进行接地保护。

（四）在操作电气设备时，操作人员必须注意自身保护，注意电气设备裸露带电部位，必须与其保持应有的安全距离，安全距离必须符合规定值。同时，为了操作安全，不发生触电的事故，根据电气设备的具体情况，还应设置安全隔离栏等保护设施。

**第六百一十九条** 检修多用户使用的输配电线路时，应当制定安全措施。

**【解读】** 本条是关于多用户输配电线路检修安全的规定。

一回输配电线路为多用户供电，在检修过程中，存在多点进行检修、用户同时检修和用户突然带电等危险，影响停、送电安全。因此，必须统筹安排检修工作，制定检修计划和安全措施，并认真贯彻执行。具体措施如下：

（1）输配电线路停电检修工作，必须由专人统一指挥。

（2）必须设立专人进行输配电线路停、送电。停电后，在停电开关处，必须悬挂“有人作业，禁止合闸”的安全警示牌。

（3）停电后必须进行验电，确认输配电线路无电后，必须做好线路的短路保护和接地保护。

（4）输电线路的停电检修工作全部完成以后，撤掉线路的短路保护和接地保护，清扫现场，通知负责人工作结束。

（5）用户检修必须办理工作票，不准借机搭车作业。

（6）所有用户检修工作结束后，由负责人统一安排送电。

**第六百二十条** 采场内（变电站、所及以下）配电线路的停送电作业应当遵守下列规定：

（一）计划停送电严格执行工作票、操作票制度。

（二）非计划停送电，应当经调度同意后执行，并双方做好停送电记录。

（三）事故停电，执行先停电，后履行停电手续，采取安全措施做好记录。

（四）严禁约时停送电。

**【解读】** 本条是关于停送电安全的有关规定。

露天煤矿供电系统停送电作业存在计划检修、非计划检修、事故应急处理三种情况。

（一）计划停送电是指有针对性地进行供电设备、设施的检修、位置调整的停送电。一般停电时间较长或影响生产较大时，进行计划性安排停送电时间。由于此项停送电影响范围大，时间长，各环节必须做好安全防范措施，并严格按照作业流程进行。因此，必须办理工作票、操作票，并严格按照工作票、操作票制度规定做好安全防范和停送电作业。

（二）非计划停送电是指设备、线路因临时性的检修、位置调整、加减电缆、电源切换等需要进行的停送电。此项工作属于局部停电，影响范围小，随时有可能进行停送电工作，如果办理工作票，对生产影响较大。为保障停送电安全，必须经过调度同意，并在停送电过程中做到：

(1) 停送电申请必须由工作负责人向调度员申报需停送电的供电设备、线路、用电设备的名称、编号、位置、停电原因、申请停电的联系人，并做到复述无误。

(2) 调度员必须与用电设备负责人取得联系，确认设备负责人允许停送电，并复述无误后，方可准许停送电操作。

(3) 停送电负责人接到调度员的停送电许可指令，复述无误后，方可操作。

(4) 调度员、停送电负责人必须进行全过程记录，记录保留一个月以上。

（三）供电系统在发生事故的情况下，为避免事故范围扩大造成无法弥补的后果，必须立即切断相应的电源。停电之后，应立即向调度汇报事故情况以及所采取的安全防范措施，同时补办工作票进行事故检修处理，以防止误送电。

（四）约时停送电是指提前约定停送电时间，且在停送电时不再进行任何联系程序的停送电。不论什么情况停送电，必须在停电前先联系，确定人员、设备安全后才能进行停送电，不得约定时间进行停送电操作，以保证人员和设备的安全。

**第六百二十一条**　高压变配电设备和线路的检修及停送电，必须严格执行停电申请和工作票制度。

停电线路维修作业必须遵守下列规定：

（一）必须由负责人统一指挥。

（二）必须有明显的断开点，该线路断开的电源开关把手，必须专人看管或者加锁，并悬挂警示牌。

（三）停电后必须验电，并挂好接地线。

（四）作业时必须有专人监护。

（五）确认所有作业完毕后，摘除接地线和警示牌，由负责人检查无误后通知调度恢复送电。

**【解读】** 本条是关于高压变配电设备和线路的检修及停送电的规定。

为使停电检修工作顺利、安全进行，防止误操作，杜绝重大事故的发生，在停电检修工作中，必须执行停电申请和工作票制度，并办理操作工作票，操作人和监护人对操作项目复述，无误后由操作人进行操作。

（一）高压变配电设备和线路停电检修工作，必须有负责人统一指挥。

（二）在线路断开处，必须悬挂“有人作业，禁止合闸”字样的警示牌，对电源开关把手设人看管或加锁。

（三）停电后必须进行验电、放电，断开电源开关后，必须做相间短路保护和相间接地保护。

（四）必须设专人进行停送电操作，必须设专人进行监护，监护人不得擅离职守。

检修人员做好个人防护，用好检修作业工具。

（五）在确认检修工作任务完成后，撤掉短路和接地保护后，按照送电程序进行送电。

**第六百二十二条** 雷电或者雷雨时，严禁进行倒闸操作，严禁操作跌落开关。

**【解读】** 本条是关于雷雨天气倒闸操作的规定。

雷电的危害极大，在雷电或雷雨天气，电气设备很容易受到雷电的侵扰，电气设备开关在断开和合闸瞬间产生的放电间隙，特别是没有消弧装置的跌落开关更容易引来雷电，一旦遭受雷击，对设备及人身会造成极大的危害。为此，室外的电气设备开关，严禁倒闸操作，严禁操作跌落开关。雷雨天气出现开关跳闸，应待雷雨过后进行维修，或采取必要的安全防范措施。

## 第六节　爆炸物品库和炸药加工区安全配电

**第六百二十三条** 爆炸物品库房区和加工区的 10 kV 及以下的变电所，可采用户内式，但不应设在 A 级建筑物内。

变电所与A级建筑物的距离不得小于50 m。

柱上变电亭与A级建筑物的距离不得小于100 m，与B级和D级建筑物不得小于50 m。

**【解读】** 本条是关于爆炸物品库房区和加工区的变电所与建筑物安全距离的规定。

爆炸物品库房区和加工区，是露天矿生产中的危险区域和重要部位，一旦管理不到位，防爆安全措施落实不到位，爆炸物品因为某种原因碰到了火花，就会立刻引起大爆炸，将会造成生命财产的巨大损失。

在爆炸物品区和加工区内建设的10 kV及以下的变电所，必须严格按照变电所的设计施工规范、施工标准进行设计施工，必须符合易爆危险区的安全要求。变电所可以采用户内式的，但不能建在A级建筑物内，因为A级建筑物内，均为易燃易爆或其他一些重要的物质。变电所必须与A级建筑物保持一定的安全距离，其距离不应小于50 m。只有这样，才能确保A级建筑物的安全。

对于柱上变电亭的设立，由于变电亭长期有载户外运行，绝缘性能逐渐减弱，遇有特殊天气，很容易发生电气故障，出现电火花，对A级建筑物的威胁更大。所以，为其安全，两者之间的安全距离不得小于100 m，对于仅次于A级的B级和D级建筑物，其安全距离不得小于50 m。

**第六百二十四条** 1~10 kV的室外架空线路，严禁跨越危险场所的建筑物。其边线与建筑物的水平距离，应当遵守下列规定：

（一）与A级和B级建筑物的距离，不应小于电杆间距的2/3且不应小于35 m；与生产炸药的A级建筑物的距离，不应小于50 m。

（二）与D级建筑物的距离不应小于电杆高的1.5倍。

**【解读】** 本条是关于1~10 kV架空线路与危险场所建筑物的安全距离的规定。

架空线路在架设之前，必须考虑线路的可靠性和安全性，决不允许跨越建筑物，特别是不得跨越有易燃易爆危险物质的建筑物。因为易燃易爆物质，一旦由于某种原因引起火灾和爆炸，将严重威胁线路的安全。同时，线路断线等故障又威胁到易燃易爆物质的安全。为了避免上述情况出现，确保输配电线路的安全，必须使输配电线路与危险场所的建筑物保持一定的水平距离，与A级和B级建筑物的距离，不应小于电杆间距的2/3，且不应小于35 m；与生产炸药的A级建筑物的距离，不应小于50 m。与D级建筑物的距离，不应小于电杆高的1.5倍。

**第六百二十五条** 变（配）电所至有爆炸危险的工房（库房）的380 V/220 V级配电线路，必须采用金属铠装交联电缆，其额定电压不低于500 V，中性线的额定电压与相线相同，并在地下敷设。

电缆埋地长度不应小于15 m。电缆的入户端金属外皮或者装电缆的钢管应当接地。在电缆与架空线的连接处应当装设防雷电装置。防雷电装置与电缆金属外皮、钢管、绝缘铁脚应当并联一起接地，其接地电阻不应大于10 Ω。

低压配电应当采用TN－S系统。

**【解读】** 本条是关于变电所至有爆炸危险的工房的低压供电线路的规定。

金属铠装交联电缆，不仅有着很好的机械性能，而且有着很强的电气防爆性能，电缆的绝缘不容易受潮受损，绝缘强度不容易降低，铠装电缆不容易发生相间短路和相间接地故障，电火花也不会很容易出现外泄。同时，为了进一步保证危险场所低压电缆的绝缘强度，避免出现相间短路和相间接地故障，将额定电压和中性线电压提高至500 V，确保变（配）电所至有爆炸危险的工房（库房）的380 V/220 V级配电线路的安全可靠运行。

在有爆炸危险的库房或区域内，低压供配电线路所采用的金属铠装交联电缆，为了防止雷电的侵入，必须穿入相应的良好钢管内，埋于地下，敷设的长度不得小于15 m。电缆的埋地敷设的长度与电缆的土壤率有密切关系，埋设长度可按2倍的土壤电阻率根方计算（$L=2\sqrt{\rho}$）。

铠装电缆在进户端的电缆头必须按照工艺要求制作，并进行试验检测，然后通过接线盒接入使用。铠装电缆的金属钢管及其金属部件均应接在防雷保护装置上。电缆的低压供电线路与架空输电线路连接处，必须安装防雷的避雷器，必须有合格的防雷保护装置。同时，应将防雷装置、铠装电缆的金属外皮、电缆保护钢管以及绝缘的铁脚等金属部件，用导线将其连接在一起并进行接地，其冲击接地电阻不应大于10 Ω。

在以往的低压配电380 V/220 V供电系统中，均采用三相四线制供电系统。这种系统在实际使用上、技术上存在一定的不安全因素。在三相四线制供电系统里，工作零线就是与中性点连接的引出线，也是单相设备电源回路的工作线。在实际中，即便千方百计达到三相负荷平衡，但各相之间的负荷率永远也不可能相等，所以工作零线的电压为零永远不可能做到。在这种情况下，如果人触碰到零线，即使是采取了多处重复接地，同样也要承受一定高的电压。这个电压值，就是不平衡电流乘以零线的阻抗。此外，工作零线和保护线，均为中性线一根共用，这根线既要承担单相负荷的工作电流，又要承担三相不平衡电流以及故障时的短路电流，或意外的冲击电流，工作零线的负担大大增加。因此，当通过零线的电流超过零线载流量的一定值时，工作零线就可能被烧断。此时，断线中性点的中性线电压就更高了，可达相线电压，人员触碰中性线危险更大。所以三相四线制供电系统，对人身安全、电气设备安全，其危险性较大，推广使用三相五线制。

三相五线制（TN－S）系统，如图4－1所示。在低压三相五线制供电系统中，为了工作需要而设的接地，称为工作接地（变压器中性点接地）。与中性点进行连接的引出线 *ON* 称为工作零线。如果将工作零线 *ON* 的一点或多点再次与大地进行可靠的连接，便称为重复接地。工作零线 *ON* 专为单相220 V的电气设备提供电源回路。此外，从中性点再引出一根导线 *OE* 专为电气设备做保护接零线用，称之为保护零线。从中性点引出一根工作零线 *ON*，一根保护零线 *OE*，2根导线共用一个中性点，而不共用一根中性线，二者截然分开，各自专用。正因如此，大大减轻了低压系统工作零线的负担，降低了故障率，也为确保三相五线制低压供电系统的安全供电和人身安全奠定了良好基础。

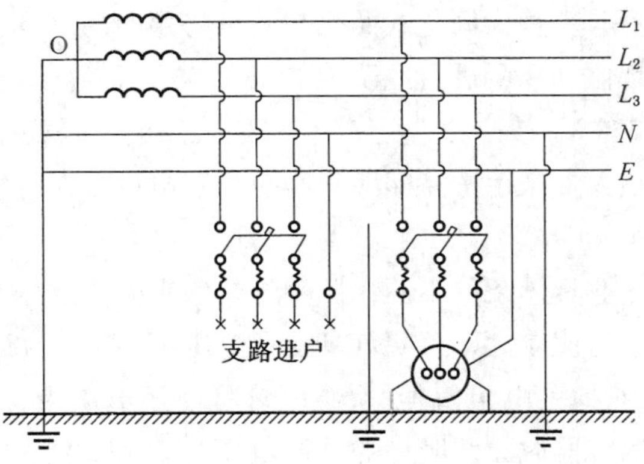


图4－1　低压380 V/220 V配电三相五线制供电系统图

**第六百二十六条**　有爆炸危险场所中的金属设备、管道和其他导电物体，均应当接地，其防静电的接地电阻不得大于100 Ω。该接地装置与电气设备的、防雷电的接地装置共用，此时接地电阻值取其中最小值。根据具体情况，还应当采用其他的防静电措施。

【解读】本条是关于爆炸危险场所防静电的有关规定。

在有爆炸危险的场所，除加强日常防火工作外，还必须注意做好防静电工作。为了保证有爆炸危险场所的安全，在可能产生静电的部位，必须设置防静电接地，将静电通过接地装置泄出。如果该接地装置与电气设备的防雷接地装置共用时，其接地电阻值应该取其中的最小值。

在有爆炸危险的场所，除采用防静电接地来消除金属物体上静电的措施外，还应该根据具体情况采用增湿法、加抗静电剂、中和法等措施，将静电泄掉。此外，工作人员还必须穿防静电劳动防护用品。

## 第七节　照明和通信

**第六百二十七条**　固定式照明灯具使用的电压不得超过 220 V，手灯或者移动式照明灯具的电压应当小于 36 V，在金属容器内作业用的照明灯具的电压不得超过 24 V。

在同一地点安装不同照明电压等级的电源插座时，应当有明显区别标志。

【解读】本条是关于照明灯具安全电压的规定。

照明分有两种，一种为固定式照明，就是将照明的灯具和电源供电线路固定在所需要照度的部位和场所进行照明，如工厂的厂房等。这种照明灯具所使用的电压，均为交流 220 V。另一种为手灯和移动式照明，是根据临时需要而接用的临时照明。由于是人员亲手操持照明，为防止漏电造成人身触电事故，照明灯具的使用电压必须小于 36 V。

此外，根据作业具体条件不同，照明灯具使用的电压也有所不同。如果在干燥区域内，地面电阻值较大，照明灯具使用电压可为交流 48 V，直流 120 V。在比较潮湿的区域内，地面电阻值很低，照明灯具使用电压为交流 24 V，直流 60 V。在浸入水中或金属容器内，照明灯的使用电压为 6 ~ 12 V。在比较开阔、通风良好的容器里作业时，照明灯的使用电压不得超过 24 V。

在同一供电电源、同一地点安装的不同电压等级的开关必须有明显标志，以防误操作，造成意外事故。

**第六百二十八条**　必须配置能够覆盖整个开采范围的无线对讲系统，有基站的必须配备不间断电源，同时配置其他的有线或者无线应急通信系统；调度室与附近急救中心、消防机构、上级生产指挥中心的通信联系必须装设有线电话。

**【解读】**本条是关于露天煤矿通信的规定。

在露天煤矿的生产过程中，通信设备是必不可少的。生产的协调指挥，以及突发事件的应急协调调动，都需要快速的组织、汇报，及时调动各方面的力量，使生产和意外事件得到迅速妥善处理和解决。由于露天煤矿采掘场的位置不断变化，设备零星分散在各个角落，且移动的设备非常多。要做到每台设备、每个地点及时联络协调，就必须配置无线对讲系统。同时，为了与外界应急机构和上级生产指挥中心联系，生产调度室应设2部以上的有线电话，以保证联络的及时畅通。

通信设备、设施必须做到线路畅通，全范围覆盖，通话清晰，不受外界干扰。为此应注意以下几点：

（1）对通信设备、设施必须进行定期检查、测试和维修。

（2）对无线基站必须设备用电源，保证不间断供电。

（3）对有线通信线路严格按照抗干扰有关规定进行敷设施工，以防干扰。

# 第九章　设　备　检　修

**第六百二十九条**　检修前，应当选择坚实平坦的地面停放，因故障不能移动的设备应当采取防止溜车措施，轮式设备必须安放止轮器。

**【解读】**本条是关于露天煤矿设备检修前停放的规定。

露天煤矿大型设备较多，设备体积和质量较大。如果设备在检修前，设备停放不稳定或所停放的场地凹凸松软，检修时就有可能因局部下沉造成设备倾斜甚至倾翻，将对设备造成极大的损失，甚至造成人员伤害。对于不能移动的故障设备和轮式设备，为防止溜车必须采取防止滑动措施，以保证设备和检修人员的安全。

**第六百三十条**　检修作业必须遵守下列规定：

（一）检修时必须执行挂牌制度，在控制位置悬挂“正在检修，严禁启动”警示牌。

（二）检修时必须设专人协调指挥。多工种联合检修作业时，必须制定安全措施。

（三）在设备的隐蔽处及通风不畅的空间内检修时，必须制定安全措施，并设专人监护。

（四）检查和诊断运动、铰接、高温、有压、带电、弹性储能等危险部位时，必须采取安全措施，检修前必须切断相应的动力源，释放压力。

（五）在带式输送机上更换、维修输送带时，应当制定安全措施。

**【解读】**本条是关于检修时安全措施的规定。

检修工作时刻都在进行，管理不善、安全措施不到位，就有可能造成人员的伤害和设备损失。如果没有明显警示，就有可能发生误操作。为此，必须在设备控制的位置设置明显的禁止警示标识，必要时设人看护，防止发生误操作。如果没有统一指挥协调，就有可能发生相互伤害，特别是多工种在一个设备上同时进行检修作业时，发生伤害事件的概率更大。所以，多工种一起检修作业，必须设立总工作负责人，由工作负责人统一协同指挥，并严格按照工作流程进行检修。同时对每一流程环节中存在的危险因素，提前制定安全防范措施，保证检修工作人员的安全。

在受限空间作业，危险因素较多，存在中毒窒息、触电、高处坠落、机械伤害、火灾爆炸、物体打击等不安全因素，为避免事故的发生，确保受限空间作业安全，应采取以下措施：

（1）必须办理作业许可。作业前，作业人员应向单位领导提出申请，制定安全措施，组织人员进行落实。当检查确认安全措施落实到位，方可进入受限空间作业。

（2）必须进行安全隔离。如果受限空间与生产系统连接，作业前，必须进行安全隔离，未经安全隔离，不得进入受限空间作业。只有彻底切断了人将要进入的设备与有毒有害、易燃易爆气体、液体相连的管道、动力电源，进入设备内部检修的安全才会有保障。

（3）必须切断动力电，使用安全灯具。进入受限空间作业前，应向电工提出申请，停电并在开关上挂上“禁止合闸，有人作业”的安全警示牌后，方可作业，防止密闭设备内的运转设备被人误动作而导致事故的发生。同时还应强调，进入受限空间作业，因通风不畅，人体易出汗，容易造成触电事故的发生，因此，进入受限空间作业，必须使用安全灯具。

（4）必须进行置换、通风。进入密闭容器作业前，应用空气将设备、容器内的有毒有害气体置换出来，使设备、容器内的氧含在18%以上，有毒有害物质的浓度，在国家规定的最高容许浓度以下。

（5）必须进行安全分析。一般情况下，进入受限空间作业前，都应对内部的氧含量及有毒有害气体成分进行取样分析，对通风置换的情况进行安全确认。只有氧含量在19%~22%之间，有毒有害物质浓度在国家规定的最高容许浓度之内，人员进行作业才是安全的。否则就必须佩戴供氧式防护用具进行作业。

（6）必须有人在容器外进行监护。为防止意外发生，进入受限空间作业时，在容器外必须有人监护，监护人同被监护人之间，要事先确定好联络信号，发现异常应及时进行救护。监护人进入容器内部救人时，必须佩戴防护用具，科学施救。

（7）必须有抢救后备措施。任何作业，虽然安全措施周密，但还是会有意外的时候，为防止意外发生，负责监护的人员，在作业前，必须编制应急救援措施，事先必须准备好用于救护作业的相应的工具，如安全绳、空气呼吸器、单架等救护用具。如果危险较大时，应提前安排救护队员进行现场监护。一旦发生意外，立即投入救援工作，把事故控制在较小的损失之内。

在检修工作中，必须首先切断电、气、风、油、水等相关动力源，同时释放掉所有储能部件的电荷、压力，并对高温部位降温。这些危险因素的存在，一旦释放，将对检修人员造成极大的伤害。

所以，检修作业必须制定检修流程，制定安全防范措施，确保检修工作的安全。

**第六百三十一条** 检修用电设备的高压进线和总隔离开关柜时，必须执行停送电制度。

检修设备高压线路时，必须切断相应的断路器和拉开隔离开关，并进行验电、放电、挂接短路接地线。

**【解读】** 本条是关于用电设备检修停送电的规定。

电气安全规范规定，用电设备检修时必须切断上一级电源，不得带电检修，以防触电伤害。检修设备电源进线和进线总隔离时，需要断开供电部门的该配电回路的开关，用电设备检修单位必须向供电部门申请停送电，由检修单位办理停送电工作票。

进入设备的电源，设备上都设有高压进线总开关，设备上的高压配电回路都由设备上的高压进线总开关柜控制，只要切断相应的断路器和拉开隔离开关，就不会发生触电伤害事故。因此，检修设备配电回路时，首先要断开相应配电回路的断路器和隔离开关，并加锁，挂警示牌；然后对所停回路进行验电、放电，防止人员触碰到电缆等储能部件放电造成伤害，放电后挂接三相短路接地线，防止误送电。

**第六百三十二条** 拆装高温（>40 ℃）或者低温（<-15 ℃）部件时，必须采取防护措施，严禁人体直接接触。

**【解读】** 本条是关于安全拆装高、低温部件的规定。

设备运行必然产生温度，长时间运行设备的摩擦旋转部位一般可达 40 ℃以上甚至更高，这些部位一旦接触人体，就有可能被灼伤。低温的冷却装置或需要冷缩安装的部件，人接触时会黏住人的皮肤冻伤。所以拆装高温（>40 ℃）或低温（<-15 ℃）部件时必须采取措施，必须注意以下几点：

（1）检修有可能产生高温的部件前必须进行测试。

（2）运行的设备，检修前必须停机降温。

（3）高温部件和低温部件应恢复到自然环境温度，方可进行拆装。

（4）需要高温和低温下拆装的部件，作业人员必须穿戴好防护用品，使用安全用具，作业人员皮肤不得外露。

（5）高温或低温部件应悬挂“高温（或低温）危险，请勿触碰”警示牌。

**第六百三十三条** 电焊、气焊、切割必须遵守下列规定：

（一）工作场地通风良好，无易燃、易爆物品。

（二）各类气瓶要距明火 10 m 以上，氧气瓶距乙炔瓶 5 m 以上。在重点防火、防爆区焊接作业时，办理用火审批单，并制定防火、防爆措施。

（三）在焊接或者切割盛放过易燃、易爆物品或者情况不明物品的容器时，应当制定安全措施。

（四）进入设备或者容器内部焊接、切割时，在确认无易燃、易爆气体或者物品，采取安全措施后，方可作业。

（五）各种气瓶连接处、胶管接头、减压器等，严禁沾染油脂。

（六）电焊机及电焊用具的绝缘必须合格，电焊机外壳接地。

**【解读】**本条是关于电焊、气焊和切割安全作业的规定。

电焊、气焊均为特种作业，由于作业环境多变，工作条件复杂，技术性很高，为此对焊接人员的要求也较高。在从事焊接工作之前，必须对身体健康状况进行检查，必须经过专门的安全技术培训，经考试合格后，方可持证上岗进行作业。

在进行电焊、气焊和切割工作时，场地内不准存放易燃易爆的物品，并应备有一定的消防器材，以防患于未然。在对受压容器、密封容器、各种油罐、管道及沾有可燃液体的设施进行焊接工作时，必须先除掉有毒、有害、易燃、易爆的物质，解除容器和管道中的压力，消除容器的密封状态，加强通风和照明，并设人看护，方可进行作业。在重点防火和防爆区域进行焊接作业时，必须到有关部门和单位办理用火审批手续，并按照焊接工作的有关规定，制定出可靠有效的安全措施。

电焊作业人员在作业时，必须遵守以下规定：

（1）掌握一般性的电气知识，掌握防火知识，熟悉灭火和触电的急救方法。

（2）电焊机的外壳必须有良好的接地保护。

（3）电焊机的电源绝缘导线必须完好，不得有损坏漏电处，焊钳必须有良好的绝缘性能。

（4）雨天不得在露天处进行电焊作业。在潮湿地带作业时，应站在绝缘台上或穿好绝缘鞋进行焊接作业。

（5）2台以上电焊机同时作业时，不得接在同一电源开关上。焊接结束时，停下电焊机的负荷后，必须切断电焊机电源。

气焊作业人员在作业时，必须遵守以下规定：

（1）氧气和乙炔气瓶之间，必须保持5 m以上的安全距离。氧气瓶和乙炔瓶与明火之间必须保持10 m以上的安全距离。

（2）气焊用的乙炔软管必须设有回火装置，不准使用浮桶式的乙炔发生器。

（3）发生回火时，首先应关掉氧气阀，之后关掉乙炔阀。乙炔管着火时，可采用弯折乙炔软管的方法将火熄灭。

（4）氧气瓶和乙炔气瓶的连接处、胶管接头、减压阀等不得沾染油脂。各部位的紧固件，必须坚固牢靠，不准松动、破损和漏气。

（5）气焊作业使用的氧气管，必须采用能够承受20个标准大气压的红色橡胶软管。乙炔管必须采用能够承受5个标准大气压的黑色橡胶软管，必须有产品合格证，否则不能使用。

（6）橡胶软管若有漏气、老化、鼓包和变质时，不得使用，应保持管内清洁，不得有杂物堵塞，橡胶软管不得放在高温处。

**第六百三十四条** 吊装作业必须遵守下列规定：

（一）吊装作业区四周设置明显标志，夜间作业有足够的照明。

（二）严禁超载吊装和起吊重量不明的物体；严禁使用一根绳索挂2个吊点；严禁绳索与棱角直接接触。

（三）2台及以上起重机起吊同一物体时，负载分配应当合理，单机载荷不得超过额定起重量的80%。

**【解读】** 本条是关于吊装安全作业的规定。

（一）吊装作业在工作范围内存在着物与物、物与人的工作联系，伴有磕碰、坠落、打击等安全隐患，必须制定安全防护措施和操作流程，划定警戒区域。同时在夜间视野不良时要保证照明。

（二）起重机超载或不明重物物体，都可能对起重机造成损坏，发生落臂、吊绳崩断、倾翻等。一根绳挂2点可能造成吊物翻转，形成冲击。钢丝绳靠近物体棱角会使吊绳割断，产生的后果将严重威胁工作人员的安全。

（三）2台或以上起重机起吊同一物体时，必须进行验算、分析、评估，制定方案，做到协调、统一、同步、平稳。

**第六百三十五条** 高处作业必须遵守下列规定：

（一）使用登高工具和安全用具。

（二）使用梯子时，支承必须牢固，并有防滑措施，严禁垫高使用。

（三）采取可靠的防止人员坠落措施，有条件时应当设置防护网或者防护围栏。

（四）人员站立位置及扶手采取防滑措施。

（五）防止物体坠落，严禁抛掷工具和器材。

（六）在有坠落危险的下方严禁其他人员停留或者作业。

**【解读】** 本条是关于高处安全作业的规定。

高处作业是指在坠落高度基准面 2 m 及以上、有可能坠落的高处进行的作业。高处作业最常见的也是最大的危险就是高空坠落。它包括人员坠落造成的伤害和各种物体从高处坠落砸在人员身上造成的伤亡事故。高处作业按照作业高度，可分为 4 级，一级 2 ~ 5 m，二级 6 ~ 15 m，三级 16 ~ 30 m，四级 31 m 及以上。

**第六百三十六条** 检修矿用卡车必须编制作业规程，并遵守下列规定：

（一）厢斗举升维修过程中，设定警戒区，严禁人员进入。

（二）厢斗举起后，采用刚性支撑或者安全索固定厢斗，严禁利用举升缸支撑作业。

（三）在车上进行焊接和切割作业时，要防止火花溅落到下方作业区或者油箱。必要时，应当采取防护措施。

（四）必须制定专门的检修轮胎安全技术措施。

**【解读】**本条是关于检修矿用卡车的规定。

（一）矿用卡车举升维修时，厢斗内可能残留的装载物易造成人员伤害。因此必须设定警戒区，严禁人员进入。

（二）液压举升存在突然降落的危险，刚性支架是防止厢斗突然降落最安全有效的措施，但必须对支架的强度和稳定性进行验算、论证；安全索是出厂时配套的安全装置，安全索要固定牢固、可靠。

（三）焊接和切割作业产生的火花溅落会伤及人员和设备，同时可能点燃油箱及易燃部位，发生事故。

（四）矿用卡车轮胎充气压力非常高，若由于卡车轮辋检修不到位而导致轮辋断裂，极易发生爆炸，其产生的冲击波以及轮辋组件飞出，极易造成人员伤亡事故。所以必须制定专门的检修轮胎安全技术措施，拆卸轮胎必须按规定流程进行。

# 第五编　职业病危害防治

## 第一章　职业病危害管理

**第六百三十七条**　煤矿企业必须建立健全职业卫生档案，定期报告职业病危害因素。

**【解读】** 本条是关于煤矿企业职业卫生档案建立和职业病危害因素报告的规定。

根据《职业病防治法》第二十条（四）、（五）的规定，用人单位应当建立、健全职业卫生档案和劳动者健康监护档案，建立、健全工作场所职业病危害因素监测及评价制度。

煤矿企业建立、健全职业卫生档案，定期报告职业病危害因素，对贯彻落实《职业病防治法》、适应当前职业病危害形势、规范职业病防治工作、预防和控制职业病危害、保护从业人员健康和应享有的合法权益等具有重要意义。

职业卫生档案是指煤矿企业在职业病危害防治和职业卫生管理活动中形成的，能够准确、完整反映本单位职业卫生工作全过程的文字、图纸、照片、报表、音像资料、电子文档等文件材料，是职业病危害预防、控制、治理、研究的重要依据，也是职业卫生监督检查的重要依据。

根据《煤矿作业场所职业病危害防治规定》（国家安全生产监督管理总局令第73号）第十七条的规定，企业职业卫生档案应当包括下列内容：

（1）职业病防治责任制文件。

（2）职业卫生管理规章制度。

（3）作业场所职业病危害因素种类清单、岗位分布以及作业人员接触情况等资料。

（4）职业病防护设施、应急救援设施基本信息及其配置、使用、维护、检修与更换等记录。

（5）作业场所职业病危害因素检测、评价报告与记录。

（6）职业病个体防护用品配备、发放、维护与更换等记录。

（7）煤矿企业主要负责人、职业卫生管理人员和劳动者的职业卫生培训资料。

（8）职业病危害事故报告与应急处置记录。

（9）劳动者职业健康检查结果汇总资料，存在职业禁忌证、职业健康损害或者职业病的劳动者处理和安置情况记录。

（10）建设项目职业卫生“三同时”有关技术资料。

（11）职业病危害项目申报情况记录。

（12）其他有关职业卫生管理的资料或者文件。

煤矿企业应当按照要求建立健全职业卫生档案，并按照有关法律法规的要求进行保存，不得擅自修改、伪造。

职业病危害因素主要包括职业活动中存在的各种有害的化学、物理、生物因素以及在作业过程中产生的其他职业有害因素。根据国家卫生计生委和国家安全监管总局统计司的统计数据结果，煤矿的职业病危害因素主要是粉尘、噪声、热害、有害气体等4类。

定期报告职业病危害因素，是指按《煤矿作业场所职业病危害防治规定》第十条的规定，煤矿企业应当每年进行一次作业场所职业病危害因素检测，检测结果向所在地安全生产监督管理部门和驻地煤矿安全监察机构报告，并向劳动者公布；第二十四条的规定，在申领、换发煤矿安全生产许可证时，应当如实向驻地煤矿安全监察机构申报职业病危害项目，同时抄报所在地安全生产监督管理部门。

**第六百三十八条** 煤矿企业应当开展职业病危害因素日常监测，配备监测人员和设备。

煤矿企业应当每年进行一次作业场所职业病危害因素检测，每3年进行一次职业病危害现状评价。检测、评价结果存入煤矿企业职业卫生档案，定期向从业人员公布。

**【解读】** 本条是关于煤矿职业病危害因素日常监测、定期检测及评价的规定。

进行职业病危害因素日常监测有助于及时了解、掌握作业场所职业病危害因素的浓度或强度，早期发现职业病危害，及时采取防护措施，消除或减少职业病危害因素对从业人员健康的影响。

根据《煤矿作业场所职业病危害防治规定》第九条的规定，煤矿应当配备专职或者兼职的职业病危害因素监测人员，装备相应的监测仪器设备。监测人员应当经培训合格；未经培训合格的，不得上岗作业。

监测设备的配备应满足煤矿主要的职业病危害因素日常监测，数量可根据煤矿实际需要的监测点数量进行确定；所配备的监测设备，凡属国家计量要求范围内的，应有有效期内的计量合格证。

除日常监测外，为客观、公正反映煤矿企业的职业危害情况，促进煤矿企业职业病危害防治工作开展，煤矿企业应委托具有资质的职业卫生技术服务机构，每年进行一次作业场所职业病危害因素检测，每三年进行一次职业病危害现状评价，对作业场所职业病危害因素的危害程度（浓度或强度）、防护措施及其效果进行评价，为职业病危害防治提供依据。定期检测、评价应由取得煤炭采选业资质的职业卫生技术服务机构承担。

依据《煤矿作业场所职业病危害防治规定》第十条的规定，煤矿企业应根据监测、检测、评价结果，落实整改措施，同时将日常监测、检测、评价结果、整改措施落实情况存入本单位职业卫生档案。检测、评价结果须向所在地安全生产监督管理部门和驻地煤矿安全监察机构报告，并向劳动者公布。

**第六百三十九条**　煤矿企业应当为接触职业病危害因素的从业人员提供符合要求的个体防护用品，并指导和督促其正确使用。

作业人员必须正确使用防尘或者防毒等个体防护用品。

**【解读】**本条是关于个体防护用品配备和使用的规定。

煤矿存在粉尘、有害气体、噪声、高温等多种职业病危害因素，且浓度高、强度大，而使用防尘或防毒等个体防护用品是预防和减少职业病危害因素对作业人员健康造成损害的最后一道保护措施。根据《职业病防治法》第三十四条的规定，用人单位应当对劳动者进行上岗前的职业卫生培训和在岗期间的定期职业卫生培训，普及职业卫生知识，督促劳动者遵守职业病防治法律、法规、规章和操作规程，指导劳动者正确使用职业病防护设备和个人使用的职业病防护用品。

劳动者应当学习和掌握相关的职业卫生知识，增强职业病防范意识，遵守职业病防治法律、法规、规章和操作规程，正确使用、维护职业病防护设备和个人使用的职业病防护用品，发现职业病危害事故隐患应当及时报告。

根据《煤矿作业场所职业病危害防治规定》第十三条的规定，煤矿应当按照《煤矿职业安全卫生个体防护用品配备标准》（AQ 1051），为接触职业病危害的劳动者提供符合标准的个体防护用品，并指导和督促其正确使用。

# 第二章　粉　尘　防　治

**第六百四十条**　作业场所空气中粉尘（总粉尘、呼吸性粉尘）浓度应当符合表25的要求。不符合要求的，应当采取有效措施。

表25　作业场所空气中粉尘浓度要求

| 粉尘种类 | 游离 $SiO_2$ 含量/% | 时间加权平均容许浓度/($mg \cdot m^{-3}$) | |
|---|---|---|---|
| | | 总　尘 | 呼　尘 |
| 煤尘 | <10 | 4 | 2.5 |
| 矽尘 | 10~50 | 1 | 0.7 |
| | 50~80 | 0.7 | 0.3 |
| | ≥80 | 0.5 | 0.2 |
| 水泥尘 | <10 | 4 | 1.5 |

注：时间加权平均容许浓度是以时间加权数规定的8 h工作日、40 h工作周的平均容许接触浓度。

**【解读】** 本条是关于煤矿作业场所粉尘浓度限值的规定。

煤矿生产过程中会产生大量的粉尘，如采煤时产生煤尘，巷道掘进时产生矽（煤）尘，巷道支护时产生水泥尘。为了更好地控制作业场所粉尘浓度，保护作业人员健康，本条规定了煤尘、矽尘和水泥尘的职业接触限值。

（1）采用时间加权平均容许浓度作为粉尘浓度限值要求。根据国内外流行病学调查资料，尘肺病的患病率与粉尘在人体的累积量和粉尘的毒性（粉尘中游离 $SiO_2$ 含量）显著相关，采用时间加权平均容许浓度作为限值可反映粉尘危害的累积效应，对尘肺病防治具有重要意义，在国际上也是一种通用的做法（表5-1），因此，本次修订依据《工作场所有害因素职业接触限值　第一部分：化学有害因素》（GBZ 2.1—2007），采用8 h时间加权平均容许浓度值作为粉尘浓度限值要求。

表5-1 主要产煤国家的粉尘浓度标准

| 国别 | 粉尘类别 | 时间加权平均容许浓度/($mg \cdot m^{-3}$) | |
|---|---|---|---|
| | | 总粉尘 | 呼吸性粉尘 |
| 美国 | 石英 | 30/(游离 $SiO_2$% +2) | 10/(石英% +2) |
| | 粉尘中游离 $SiO_2$ 含量：<5% 的煤尘 | 30/(游离 $SiO_2$% +2) | 2 |
| | 粉尘中游离 $SiO_2$ 含量：>5% 的煤尘 | 30/(游离 $SiO_2$% +2) | 10/(游离 $SiO_2$%) |
| | 方石英、鳞石英 | 30/(游离 $SiO_2$% +2) | 石英限值/2 |
| 德国 | 石英 | | 0.15 |
| | 粉尘中游离 $SiO_2$ 含量：>5% 的粉尘 | | 0.15 |
| | 粉尘中游离 $SiO_2$ 含量：<5% 的粉尘 | | 4 |
| 波兰 | 粉尘中游离 $SiO_2$ 含量：<10% | 4 | 2 |
| | 粉尘中游离 $SiO_2$ 含量：10% ~70% | 2 | 1 |
| | 粉尘中游离 $SiO_2$ 含量：>70% | 1 | 0.3 |
| 印度 | 粉尘中游离 $SiO_2$ 含量：<5% 的粉尘 | | 3 |
| | 粉尘中游离 $SiO_2$ 含量：>5% 的粉尘 | | 15/(呼吸性 $SiO_2$%) |
| 欧盟 | 粉尘中游离 $SiO_2$ 含量：<5% 的矿尘 | | 5 |
| | 粉尘中游离 $SiO_2$ 含量：>5% 的矿尘 | | 25/(石英%) |
| | 粉尘中游离 $SiO_2$ 含量：<7% 的矿尘 | | 25/(石英%) |

时间加权平均容许浓度可以用个体采样仪器进行一个工作班的个体采样计算其浓度，也可以用采样仪器定点分时段采样，用式（5-1）计算其浓度：

$$TWA = (C_1T_1 + C_2T_2 + \cdots + C_nT_n)/8 \tag{5-1}$$

式中 $TWA$——空气中粉尘 8 h 时间加权平均浓度，$mg/m^3$；

8——时间加权平均容许浓度规定的 8 h（工作不足 8 h 者，仍以 8 h 计）；

$C_1$、$C_2$、⋯、$C_n$——长时间采样或短时间（15 min）采样测得空气中粉尘浓度，$mg/m^3$；

$T_1$、$T_2$、⋯、$T_n$——劳动者在相应的粉尘浓度下的工作时间，h。

（2）按照粉尘种类对粉尘进行了分类，增加了水泥尘的接触限值。巷道支护多采用锚喷支护，锚喷作业过程中产生的水泥尘较大，对人体危害较大，容易引发尘肺病，因此，本次修订增加水泥尘接触限值，并按照粉尘种类进行了分类，有利于针对性地开展粉尘防治工作。

**第六百四十一条　粉尘监测应当采用定点监测、个体监测方法。**

**【解读】** 本条是关于粉尘监测方法的规定。

煤矿粉尘监测是粉尘防治工作的重要组成部分，合理规范的监测方法是粉尘防治工作的基础条件，为保障监测结果的准确性，本条规定了粉尘监测方法。

定点监测是采用定点、长时间采样方法或短时间采样方法对作业场所粉尘进行监测的方法，个体监测是采用个体采样的方法对作业场所粉尘进行监测的方法。

1. 定点采样

（1）从业人员在一个工作地点工作时采样可采用长时间采样方法或短时间采样方法进行采样。

① 固定工作地点的长时间采样方法，选定有代表性的、空气中粉尘浓度最高的工作地点作为重点采样点，将采样仪器的进气口尽量安装在从业人员工作时的呼吸带；采样仪器能够满足全工作日连续一次性采样时，空气中粉尘 8 h 时间加权平均浓度按式（5－2）计算；采样仪器不能满足全工作日连续一次性采样时，可根据采样仪器的操作时间，在全工作日内进行 2 次或 2 次以上的采样，空气中粉尘 8 h 时间加权平均浓度按式（5－1）计算。

② 固定工作地点的短时间采样方法，选定有代表性的、空气中粉尘浓度最高的工作地点作为重点采样点。将采样仪器的进气口尽量安装在从业人员工作时的呼吸带，在空气中粉尘不同浓度的时段分别进行采样，并记录每个时段从业人员的工作时间，每次采样时间一般为 15 min，空气中粉尘 8 h 时间加权平均浓度按式（5－1）计算。

（2）从业人员在一个以上工作地点工作或移动工作时采样。在从业人员的每个工作地点或移动范围内设立采样点，分别进行采样，并记录每个采样点从业人员的工作时间。在每个采样点，应在从业人员工作时，空气中粉尘浓度最高的时段进行采样，将采样仪器的进气口尽量安装在从业人员工作时的呼吸带，每次采样时间一般为 15 min，空气中粉尘 8 h 时间加权平均浓度按式（5－1）计算。

2. 个体采样

选择有代表性的、接触空气中粉尘浓度最高的从业人员作为重点采样对象。

依据《工作场所空气中有害物质监测的采样规范》（GBZ 159—2004）确定采样对象的数目。将个体采样仪器的空气收集器佩戴在采样对象的前胸上部，进气口尽量接近呼吸带。采样仪器能够满足全工作日连续一次性采样时间，空气中粉尘8 h时间加权平均浓度按式（5－2）计算：

$$TWA=\frac{m_2-m_1}{Q\cdot 480}\times 1000 \qquad (5-2)$$

式中 $TWA$——空气中粉尘8 h时间加权平均浓度，mg/m³；

$m_2$——采样后的滤膜质量，mg；

$m_1$——采样前的滤膜质量，mg；

$Q$——采样流量，L/min；

480——时间加权平均容许浓度规定的以8 h计，min。

3. 总粉尘、呼吸性粉尘、粉尘中粉尘分散度、粉尘中游离 $SiO_2$ 含量等的测定

其测定方法执行下列标准：

（1）采样方法执行《工作场所空气中有害物质监测的采样规范》（GBZ 159—2004）。

（2）总粉尘浓度测定方法执行《工作场所空气中粉尘测定　第1部分：总粉尘浓度》（GBZ/T 192.1—2007）。

（3）呼吸性粉尘浓度测定方法执行《工作场所空气中粉尘测定　第2部分：呼吸性粉尘浓度》（GBZ/T 192.2—2007）。

（4）工班个体呼吸性粉尘浓度测定方法执行《矿山个体呼吸性粉尘测定方法》（AQ 4205—2008）。

（5）粉尘中粉尘分散度测定方法执行《工作场所空气中粉尘测定　第3部分：粉尘分散度》（GBZ/T 192.3—2007）或《煤矿粉尘粒度分布测定方法》（GB/T 20966—2007）。

（6）粉尘中游离 $SiO_2$ 含量测定方法执行《工作场所空气中粉尘测定　第4部分：游离二氧化硅含量》（GBZ/T 192.4—2007）。

**第六百四十二条**　煤矿必须对生产性粉尘进行监测，并遵守下列规定：

（一）总粉尘浓度，井工煤矿每月测定2次；露天煤矿每月测定1次。粉尘分散度每6个月测定1次。

（二）呼吸性粉尘浓度每月测定1次。

（三）粉尘中游离 $SiO_2$ 含量每6个月测定1次，在变更工作面时也必须测定1次。

（四）开采深度大于200 m的露天煤矿，在气压较低的季节应当适当增加测定次数。

【解读】本条是对作业场所生产性粉尘监测内容和监测周期的规定。

为及时、准确地掌握粉尘危害情况，促进防尘装备正常使用，保护从业人员身体健康，本条规定了总粉尘浓度、呼吸性粉尘浓度和游离 $SiO_2$ 含量的监测周期。

国外在呼吸性粉尘采样周期方面，美国一般是2个月测定一次，超标时连续进行采样；德国通常条件下每月测定1次；英国当粉尘浓度不超标时，每月测定1次，若超标，则规定每周监测5次，直至找到原因，达标后再恢复为每月1次；西班牙为每月测定2次。

参照国外粉尘监测周期，根据我国实际情况确定粉尘监测周期。

**第六百四十三条** 粉尘监测采样点布置应当符合表26的要求。

表26 粉尘监测采样点布置

| 类别 | 生产工艺 | 测尘点布置 |
|---|---|---|
| 采煤工作面 | 司机操作采煤机、打眼、人工落煤及攉煤 | 工人作业地点 |
| | 多工序同时作业 | 回风巷距工作面10～15 m处 |
| 掘进工作面 | 司机操作掘进机、打眼、装岩（煤）、锚喷支护 | 工人作业地点 |
| | 多工序同时作业（爆破作业除外） | 距掘进头10～15 m回风侧 |
| 其他场所 | 翻罐笼作业、巷道维修、转载点 | 工人作业地点 |
| 露天煤矿 | 穿孔机作业、挖掘机作业 | 下风侧3～5 m处 |
| | 司机操作穿孔机、司机操作挖掘机、汽车运输 | 操作室内 |
| 地面作业场所 | 地面煤仓、储煤场、输送机运输等处进行生产作业 | 作业人员活动范围内 |

【解读】本条是关于煤矿粉尘监测采样点的选择和布置的规定。

粉尘监测点的布置直接影响粉尘监测值，合理布置采样点对掌握各作业人员接害程度及作业场所粉尘污染状况具有重要意义，因此，本条对粉尘监测采样点布置做出了要求。

明确了煤矿粉尘监测点，在不增加粉尘监测工作量的基础上统一了监测地点，有利于统一监测粉尘浓度和评价作业场所的职业卫生状况。

国外在采样位置方面，在长壁采煤面，除规定对工作面作业区域作业人员进行监测外、还须监测回风巷道中的粉尘，德国在距工作面 20 m 回风巷监测；掘进工作面，欧洲国家规定在距掘进头 10 ~ 30 m 位置处监测。结合我国实际情况，确定监测位置。

**第六百四十四条** 矿井必须建立消防防尘供水系统，并遵守下列规定：

（一）应当在地面建永久性消防防尘储水池，储水池必须经常保持不少于 200 $m^3$ 的水量。备用水池贮水量不得小于储水池的一半。

（二）防尘用水水质悬浮物的含量不得超过 30 mg/L，粒径不大于 0.3 mm，水的 pH 值在 6 ~ 9 范围内，水的碳酸盐硬度不超过 3 mmol/L。

（三）没有防尘供水管路的采掘工作面不得生产。主要运输巷、带式输送机斜井与平巷、上山与下山、采区运输巷与回风巷、采煤工作面运输巷与回风巷、掘进巷道、煤仓放煤口、溜煤眼放煤口、卸载点等地点必须敷设防尘供水管路，并安设支管和阀门。防尘用水应当过滤。水采矿井不受此限。

**【解读】** 本条是关于矿井防尘供水系统的规定。

完善的防尘供水系统是保证矿井粉尘治理效果的关键。为了确保防尘用水水源供给充足，水质符合防尘系统及采掘机械的要求，本条规定了防尘供水系统的要求及主要技术参数。

综合考虑煤矿井下消防水量和防尘用水量，确定储水池容积 $V$（$m^3$）按式（5－3）计算：

$$V = 4KQ \qquad (5-3)$$

式中 $K$——消防用水预留系数，取 1.2；

$Q$——矿井防尘用水量，$m^3$；

4——水池不得少于 4 h 的用水量。

按照《煤矿井下消防、洒水设计规范》（GB 50383—2016）的规定，矿井必须设置地面水池，地面水池的总容积应大于井下消防储备水量与井下洒水调节水量之和，当计算值小于 200 $m^3$ 时，应按 200 $m^3$ 取值。

备用水池要在主水池检修、损坏情况下担负井下用水，因此应当设置备用水池。备用水池贮水量不得低于永久性防尘水池的 50%，至少满足井下 2 h 的用水量。备用水池应是独立的水池，正常情况与永久性防尘水池不联通，但在需要使用备用水池时，应能快速启用。

对防尘用水水质的要求首先是考虑到避免用水设备的结垢、腐蚀、堵塞及喷雾对作业人员身体健康的影响，其次目前一般的矿井水处理技术及装备能够保证水质达标。因此，根据《煤矿井下消防、洒水设计规范》（GB 50383—2016）的规定，对基本的防尘用水水质指标即悬浮物浓度、粒径、碳酸盐硬度和 pH 值等提出要求。

**第六百四十五条** 井工煤矿采煤工作面应当采取煤层注水防尘措施，有下列情况之一的除外：

（一）围岩有严重吸水膨胀性质，注水后易造成顶板垮塌或者底板变形；地质情况复杂、顶板破坏严重，注水后影响采煤安全的煤层。

（二）注水后会影响采煤安全或者造成劳动条件恶化的薄煤层。

（三）原有自然水分或者防灭火灌浆后水分大于4%的煤层。

（四）孔隙率小于4%的煤层。

（五）煤层松软、破碎，打钻孔时易塌孔、难成孔的煤层。

（六）采用下行垮落法开采近距离煤层群或者分层开采厚煤层，上层或者上分层的采空区采取灌水防尘措施时的下一层或者下一分层。

**【解读】**本条是关于井工煤矿采煤工作面煤层注水防尘措施的规定。

煤层注水是井工煤矿采煤工作面减少粉尘产生量的根本性措施。煤层注水是将水注入煤层裂隙和孔隙之中湿润煤体，使其强度和脆性减弱、塑性增加。同时，存在于煤体孔隙和裂隙内的水，在开采过程中，使 5 μm 以下的煤尘结团为较大的尘粒而失去悬浮能力，从而减少浮尘的产生量。根据有关资料，吨煤注水量 10 ~ 12 L，降尘效率可达到 30% ~ 50%；吨煤注水量 30 ~ 40 L，降尘效率为 70% ~ 80%。国外曾经测定了煤层注水对 5 μm 以下煤尘的降尘效果，美国为 50% ~ 70%；法国在渗水性强的煤层中注水的降尘效率为 73%，在中等透水性煤层中，降尘效率为 47%。因此，为减少采煤工作面粉尘产生量，本条规定采煤工作面应采取煤层注水防尘措施。

煤层原有水分或者防灭火灌浆后水分大于 4% 的煤层，开采时粉尘产生量不大，从调研数据看，工作面总粉尘一般在 300 $mg/m^3$ 以下，采取其他内、外喷雾措施即可，若再进行注水，从投入产出考虑，意义不大；且若再进行注水，水分再增加，对生产、运输及煤质也会造成影响。

对孔隙率小于4%的煤层，其有效孔隙率可能更低，采取注水措施后，难以均匀有效湿润煤体，从实验数据和工程经验来看，这种情况下，实验室测试的煤体饱和水分增量很难达到1%以上，降尘效率一般在40%以下，甚至更低，因此可以不采取注水措施。

采用下行垮落法开采近距离煤层群或分层开采厚煤层，上层或者上分层的采空区采取灌水防尘措施后，下一层或者下一分层煤体水分一般可达到4%以上，产尘量较小，再进行注水已无必要。

**第六百四十六条** 井工煤矿炮采工作面应当采用湿式钻眼、冲洗煤壁、水炮泥、出煤洒水等综合防尘措施。

**【解读】** 本条是关于井工煤矿炮采工作面防尘措施的规定。

井工煤矿炮采工作面是多工序、多尘源的生产作业，其主要尘源有打眼、爆破、出煤及运输等工序，采用湿式钻眼、冲洗煤壁、水炮泥、出煤洒水等综合防尘措施，是降低炮采工作面各工序粉尘浓度、保护作业人员健康的行之有效的措施。

（1）湿式钻眼。湿式钻眼是将压力水送入孔底，使煤尘变成煤浆流出，抑制煤尘的生成与飞扬，降尘效率可达90%左右。美国国家职业安全与卫生研究所（NIOSH）完成的关于地表和井下钻孔过程中粉尘治理方法的综述中，湿式钻眼能将粉尘浓度降低到86%～97%。据现场实测数据，某矿井采用湿式钻眼，煤尘浓度由干式打眼平均浓度230.7 $mg/m^3$，降至23.6 $mg/m^3$，降尘效率达89.8%。

（2）水炮泥。采用水炮泥填塞炮眼，是将盛满水的水袋填入炮眼内，当炸药爆炸时，产生的高压将水压入煤裂隙内而湿润煤体，同时部分水在高温作用下气化成水雾，从而湿润尘粒，起到降尘的作用。

（3）冲洗煤壁及出煤洒水。爆破前冲洗煤壁，爆破后出煤前冲洗煤壁，并对落煤洒水。洒水量宜控制在使煤的含水量达6%的程度，即可达到快速湿润煤体的目的，根据煤体水分含量与产尘能力的试验数据，至少可减少70%以上的出煤产尘量。

**第六百四十七条** 采煤机必须安装内、外喷雾装置。割煤时必须喷雾降尘，内喷雾工作压力不得小于2 MPa，外喷雾工作压力不得小于4 MPa，喷雾流量应当与机型相匹配。无水或者喷雾装置不能正常使用时必须停机；液压支架和放顶煤工作面的放煤口，必须安装喷雾装置，降柱、移架或者放煤时同步喷雾。破碎机必须安装防尘罩和喷雾装置或者除尘器。

**【解读】**本条是关于机械化采煤工作面主要生产设备及产尘工序的基本防尘技术措施及主要参数要求的规定。

机械化采煤工作面是煤矿井下主要产尘点之一，粉尘浓度大，其主要产尘工序包括采煤机割煤、液压支架降柱移架、放顶煤及破碎机破煤等，是目前煤矿井下粉尘治理的难点。

采用内喷雾措施能从尘源处抑制采煤机滚筒割煤产尘，减少扬尘，并结合外喷雾降尘措施能够显著提高降尘效果，因此要求采煤机必须安装内、外喷雾装置，必须采取喷雾降尘措施。但目前国内采煤机内喷雾使用寿命短，堵塞严重，很多情况下不能正常使用，内喷雾的降尘效果得不到保证，因此，必须对外喷雾措施提出更高的要求。

根据煤炭学报《喷雾降尘机理的研究》、煤炭科学技术《喷雾参数对采煤机产尘降尘效果的影响》、太原理工大学学报《喷雾降尘效率的研究与分析》等文献资料，喷雾降尘效率主要与喷雾压力有关，随着压力的提高，雾粒粒径更小，喷雾的运动速度提高、抗风能力增强，有效射程增加，因而可大幅提高喷雾降尘效果。喷雾压力为 2 ~ 8 MPa 时，随喷雾压力提高，降尘效率增加，喷雾压力为 1 MPa 左右时的降尘效率只能达到 30% 左右，在喷雾压力为 3 ~ 6 MPa 时，降尘效率可以达到 60% ~ 80%，喷雾压力为 8 MPa 以上时，降尘效率增加趋势变缓。综合考虑降尘效率、增压系统可靠性、水雾对视线和生产影响及我国不同煤矿的条件等因素，参照《煤矿作业场所职业病危害防治规定》第四十二条的规定，本次修订将外喷雾工作压力规定为不得低于 4 MPa。

喷雾流量是喷雾降尘最重要的技术参数之一，一般情况下，采煤机功率越大，开采强度越大，产尘量越高，因此，《规程》规定采煤机喷雾流量应与机型相匹配。此外，工作面实际产尘强度还与煤层坚固性系数、水分含量、采高、风速等因素密切相关，因此，喷雾流量还应与工作面实际产尘强度相适应，产尘强度越大，喷雾流量越大。一般吨煤耗水量取 20 ~ 40 L，开采较厚煤层和煤质干燥的煤层时，取偏大值，反之，取偏小值。

放顶煤工作面的放煤口，产尘强度大，低压喷雾难以抑制粉尘产生和阻止粉尘扩散、飞扬，因此，根据《煤矿作业场所职业病危害防治规定》第四十二条的规定，放煤口必须安装高压喷雾装置（喷雾压力不低于8 MPa）或者压气喷雾降尘。《规程》对液压支架降柱、移架和放顶煤工作面的放煤口喷雾装置的工作压力和喷雾流量等参数均未做要求，有为煤矿企业灵活采取措施留有余地的考虑，因此，可参照《煤矿作业场所职业病危害防治规定》执行。

**第六百四十八条** 井工煤矿采煤工作面回风巷应当安设风流净化水幕。

**【解读】** 本条是关于井工煤矿采煤工作面回风巷安设风流净化水幕的规定。

制定本条文的目的，是防止采煤工作面产生的粉尘随风流向其他作业地点扩散，危害沿程作业人员，同时也防止回风巷道及生产设备沉积粉尘。

目前，风流净化水幕分为手动控制和自动控制两种，手动控制容易造成管理人员疏忽而常常忘记开、关水幕，不能有效净化风流。《煤矿作业场所职业病危害防治规定》第四十四条规定，井工煤矿的采煤工作面回风巷、掘进工作面回风侧应当分别安设至少2道自动控制风流净化水幕。

为保证工作面回风流粉尘能够有效地净化，风流净化水幕安设时应当：

（1）距离工作面不超过50 m。

（2）喷雾应覆盖巷道全断面。

为保证净化水幕正常运行，避免受人为因素影响，风流净化水幕控制装置应满足：

（1）适应工作面条件、可靠性好、自动化程度高。

（2）人员经过水幕地点时应能自动关闭，延时后能自动恢复。

（3）宜推广采用粉尘超限自动喷雾，避免粉尘浓度较小时喷雾常开造成的水量浪费，提高水资源利用率。

为进一步提高喷雾净化效果，可在净化水幕处设置捕尘网，提高捕尘效率。

**第六百四十九条** 井工煤矿掘进井巷和硐室时，必须采取湿式钻眼、冲洗井壁巷帮、水炮泥、爆破喷雾、装岩（煤）洒水和净化风流等综合防尘措施。

**【解读】** 本条是关于井工煤矿掘进井巷和硐室时的防尘措施的规定。

相关解读内容参见第六百四十六条和第六百四十八条。

**第六百五十条** 井工煤矿掘进机作业时，应当采用内、外喷雾及通风除尘等综合措施。掘进机无水或者喷雾装置不能正常使用时，必须停机。

【解读】本条是关于井工煤矿机掘工作面综合防尘的规定。

机掘工作面是煤矿井下粉尘浓度最大的作业场所之一，由于掘进面为独头，污风必会经过人员作业区域，对作业人员造成危害，因此机掘工作面也是煤矿井下尘肺病患病率最高的作业场所。目前在大多数情况下，采用单一降尘措施还难以将工作面粉尘浓度降低到容许浓度范围内。因此，为将工作面粉尘降至标准以内，根据国内外综掘面粉尘治理的成熟技术措施和实践经验制定本条。

采用内喷雾措施能从尘源处抑制滚筒割煤（岩）产尘，减少扬尘，并结合外喷雾降尘措施能够显著提高降尘效果，因此，要求掘进机作业时应当采用内、外喷雾降尘措施。

国内外大量工程实践表明，在机掘工作面合理的配套通风除尘措施，采用控、除尘技术及装备，其总粉尘降尘效率可达90%以上，是机掘工作面粉尘治理最有效的措施。根据国家煤监局2014年“煤矿粉尘防治技术及应用效果调研”报告，调研的13个综掘工作面，有6个工作面采用通风除尘等措施后，呼吸性粉尘时间加权平均浓度达到规定限值的要求。国外如德国、波兰等国家，采用控、除尘技术，结合内、外喷雾措施，均将粉尘浓度降至规定以下。

**第六百五十一条** 井工煤矿在煤、岩层中钻孔作业时，应当采取湿式降尘等措施。

在冻结法凿井和在遇水膨胀的岩层中不能采用湿式钻眼（孔）、突出煤层或者松软煤层中施工瓦斯抽采钻孔难以采取湿式钻孔作业时，可以采取干式钻孔（眼），并采取除尘器除尘等措施。

【解读】本条是关于井工煤矿钻孔施工作业防尘措施的规定。

目前煤矿井下有干式钻眼（孔）和湿式钻眼（孔）两种方式。

在突出煤层或者松软煤层中钻孔施工时，采取湿式钻孔作业极易出现堵钻、卡钻等情况，因此，常采取干式钻孔、压风排渣施工方式，目前国内适于干式钻孔作业的钻孔除尘器可将作业场所总粉尘浓度降至几十毫克每立方米以下，除尘效率最高，因此本条规定干式钻孔除尘应采用除尘器除尘。

**第六百五十二条** 井下煤仓（溜煤眼）放煤口、输送机转载点和卸载点，以及地面筛分厂、破碎车间、带式输送机走廊、转载点等地点，必须安设喷雾装置或者除尘器，作业时进行喷雾降尘或者用除尘器除尘。

【解读】本条是关于煤炭转运过程生产作业点防尘措施的规定。

煤炭转运过程中在煤仓放煤口、溜煤眼放煤口及地面筛分厂、破碎车间和带式输送机走廊等地点生产作业时均会产生大量粉尘，污染作业场所，危害作业人员健康，根据国内外成熟技术措施的工程经验，对煤炭转运过程中采取的防尘措施要求做出规定。

根据《煤矿作业场所职业病危害防治规定》第四十五条的规定，煤矿井下煤仓放煤口、溜煤眼放煤口以及地面带式输送机走廊必须安设喷雾装置或者除尘器，作业时进行喷雾降尘或者用除尘器除尘。煤仓放煤口、溜煤眼放煤口采用喷雾降尘时，喷雾压力不得低于 8 MPa。

输送机转载点落差应不超过 0.5 m，否则须安装导向板，减少冲击产生。

**第六百五十三条** 喷射混凝土时，应当采用潮喷或者湿喷工艺，并配备除尘装置对上料口、余气口除尘。距离喷浆作业点下风流 100 m 内，应当设置风流净化水幕。

【解读】本条是关于喷浆作业综合防尘措施的规定。

锚喷支护是目前煤矿最常用的支护手段。喷浆工艺分为干喷、潮喷和湿喷。喷浆或喷射混凝土时，以压风作动力将料高速喷射到岩面上，干喷粉尘产生量大，使作业环境恶化，工作面能见度降低，给施工安全带来严重威胁，国家安全监管总局、国家煤监局《关于发布禁止井工煤矿使用的设备及工艺目录（第三批）的通知》（安监总煤装〔2011〕17 号）已将干式混凝土喷射机列为禁止使用设备目录。湿喷可以从根本上解决锚喷作业的粉尘问题，但目前应用较少，国内仍以潮喷为主，潮喷过程中喷射机上料口、余气口和喷浆点产尘量较大，一般在 400 $mg/m^3$ 左右，因此，为了抑制粉尘的产生，降低粉尘浓度，根据当前锚喷作业的粉尘治理经验，对喷浆作业综合防尘措施做出规定。

潮喷作业时，搅拌砂、石前先洒水预湿后才加水泥搅拌，可降低拌料过程的粉尘浓度。其次，应采用低风压、近距离喷射工艺减少喷浆过程的粉尘。

针对上料口、余气口的除尘措施可参照图 5 - 1 所示的除尘方案。

根据《煤矿作业场所职业病危害防治规定》第四十七条规定，距离锚喷作业点下风向 100 m 内，应当设置 2 道以上自动控制风流净化水幕。

**第六百五十四条** 露天煤矿的防尘工作应当符合下列要求：

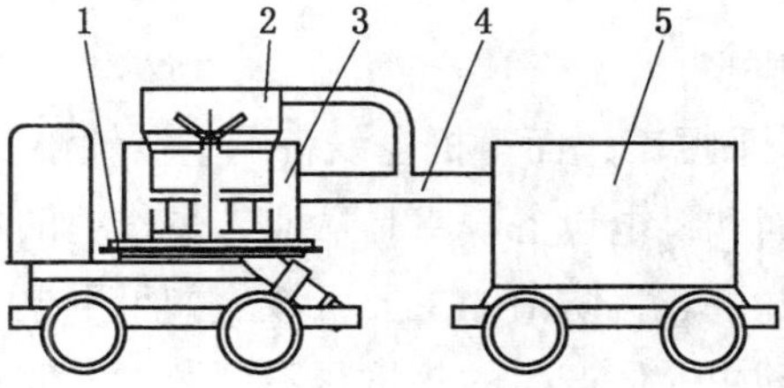


1—喷浆机；2—上料口捕尘罩；3—余气口及周边捕尘罩；4—抽尘管道；5—除尘器

图5-1　喷浆机除尘方案示意图

（一）设置加水站（池）。

（二）穿孔作业采取捕尘或者除尘器除尘等措施。

（三）运输道路采取洒水等降尘措施。

（四）破碎站、转载点等采用喷雾降尘或者除尘器除尘。

**【解读】** 本条是关于露天煤矿防尘用水及各生产工序综合防尘措施的规定。

露天煤矿在穿孔、破碎、转载、运输等生产过程中都会产生大量的粉尘，为防止粉尘污染作业场所，保护作业人员健康，本条规定了露天煤矿防尘用水及各生产工序综合防尘措施的要求。

露天煤矿须按照生产环节实际用水点数量、用水量以及道路、煤场防尘洒水等的用水量，设置专门稳定可靠的加水站（池），保证防尘用水的需要。

运输道路扬尘较大，须采取洒水降尘措施，为保证抑尘效果，防止粉尘飞扬，宜在防尘水中添加抑尘剂。

# 第三章　热　害　防　治

**第六百五十五条**　当采掘工作面空气温度超过 26 ℃、机电设备硐室超过 30 ℃时，必须缩短超温地点工作人员的工作时间，并给予高温保健待遇。

当采掘工作面的空气温度超过 30 ℃、机电设备硐室超过 34 ℃时，必须停止作业。

新建、改扩建矿井设计时，必须进行矿井风温预测计算，超温地点必须有降温设施。

**【解读】** 本条是关于采掘工作面、机电设备硐室空气温度的规定。

煤矿井下采掘工作面和机电设备硐室是从业人员作业的主要地点，热源种类多且散热量大，是煤矿井下热害防治的主要区域。如果采掘工作面、机电设备硐室的空气温度过高，劳动中人体产生的热量得不到散发，体温就会上升，产生疲劳、头痛、头晕等症状，甚至中暑，威胁从业人员身体健康和生命安全。为了创造良好的作业环境和舒适的气候条件，保证从业人员健康，提高工作效率，本条对采掘工作面、机电设备硐室空气温度进行了规定。

本条文中提到的温度均为干球温度。

《矿山安全法实施条例》第二十二条规定，井下作业地点的空气温度不得超过 28 ℃，超过时，应当采取降温或者其他防护措施。《矿井降温技术规范》（MT/T 1136—2011）规定，生产矿井采掘工作面空气温度不应超过 28 ℃，机电设备硐室的空气温度不应超过 30 ℃。采掘工作面的空气温度等于或超过 32 ℃、机电设备硐室的空气温度等于或超过 34 ℃时，应停止作业。当采掘工作面的风流温度为 28 ~ 30 ℃时，作业地点的风流速度应为 2.5 ~ 3.0 m/s；当采掘工作面的风流温度为 30 ~ 32 ℃时，作业地点的风流速度应为 3.0 ~ 4.0 m/s。

"采掘工作面的空气温度超过 30 ℃、机电硐室超过 34 ℃时，必须停止作业。"主要是从维护从业人员身体健康与安全考虑的。因为人无论是在工作或休息时，身体都在不断地产生热量和散放热量，以保持身体的热平衡，维持体温在 36.5 ~ 37 ℃之间。如果气温过高，劳动中人体产生的热量得不到散发，体温就会上升，产生疲劳、头痛、头晕等症状，甚至中暑。所以，一旦出现威胁从业人员身体健康和生命安全的高温时，必须停止作业，并进行相关处理。

"新建、改扩建矿井设计时，必须进行矿井风温预测计算，超温地点必须有降温设施。"这是因为目前我国矿井降温方式、降温系统呈现多元化趋势，小型区域的降温措施、降温设施的实施完全可以由煤矿企业灵活制定。这样规定既保证促使高温矿井降温措施的实施，又能促使煤矿企业降温措施的灵活落地，不拘于形式。

**第六百五十六条** 有热害的井工煤矿应当采取通风等非机械制冷降温措施。无法达到环境温度要求时，应当采用机械制冷降温措施。

**【解读】** 本条是关于有热害的井工煤矿降温措施的规定。

本条规定是为矿井优先采用通风降温或其他非机械制冷降温措施提供依据。根据具体矿井的不同情况优先采用通风降温等非机械制冷降温方式，但一味地采用通风、增加风量等非机械制冷降温措施并不一定能够达到环境温度要求，也并不一定比机械制冷降温经济。因此，有热害的井工煤矿应该先急后缓，优先采用通风等非机械制冷降温措施，并对不同降温方式进行相关的技术经济比较。

通风降温是矿井降温的主要技术途径，也是最经济的降温手段之一，实践证明，在一定的条件下，加大风量不仅可以排出热量、降低风温，而且还可以有效地改善人体的散热条件，增加人体舒适感。缩短入风线路长度也是通风降温常用的手段，在井巷热环境条件和风量不变的情况下，井巷进风的温升随其流程加长而增大，风路越短，风流沿途吸热量越小，温升也越小，达到降温目的。因此，井工煤矿应当采取通风降温、采用分区式开拓方式缩短入风线路长度等措施，降低工作面的温度。

当热害严重时，采用通常的降温措施不能有效解决采掘工作面等局部地点的高温问题时，必须采用机械制冷设备强制制冷。

目前机械制冷方法有3种：地面集中制冷机制冷、井下集中制冷机制冷、井下移动冷冻机制冷，煤矿可根据矿井条件和热害严重程度，选择相应的制冷措施。

# 第四章　噪　声　防　治

**第六百五十七条**　作业人员每天连续接触噪声时间达到或者超过8 h的，噪声声级限值为85 dB(A)。每天接触噪声时间不足8 h的，可以根据实际接触噪声的时间，按照接触噪声时间减半、噪声声级限值增加3 dB(A)的原则确定其声级限值。

**【解读】** 本条是关于作业人员接触噪声限值的规定。

制定本条文的目的，是为了保护煤矿作业人员的健康，防止职业性耳聋。

噪声强度卫生限值85 dB(A)不是指发生源的基础噪声，而是指从业人员每天连续接触噪声 8 h 的限值，即按一个工作日（8 h）用能量平均的方法，将连续或间竭噪声的几个不同声级用公式计算成等效连续 A 声级噪声。从业人员每日实际接声时间如果减半，可提高 3 dB(A) 的标准，不同接触时间下接触限值见表 5－2。

表 5－2　工作场所噪声等效声级接触限值

| 日接触时间/h | 接触限值/dB(A) | 日接触时间/h | 接触限值/dB(A) |
|---|---|---|---|
| 8 | 85 | 1 | 94 |
| 4 | 88 | 0.5 | 97 |
| 2 | 91 | | |

一般情况下，85 dB(A) 以下的噪声不至于危害听觉，而 85 dB(A) 以上则可能发生危险。统计表明，长期工作在 90 dB(A) 以上的噪声环境中，耳聋发病率明显增加。

**第六百五十八条**　每半年至少监测 1 次噪声。

井工煤矿噪声监测点应当布置在主要通风机、空气压缩机、局部通风机、采煤机、掘进机、风动凿岩机、破碎机、主水泵等设备使用地点。

露天煤矿噪声监测点应当布置在钻机、挖掘机、破碎机等设备使用地点。

**【解读】** 本条是关于噪声监测周期和监测点布置的规定。

由于采煤机、掘进机、风机、水泵等设备产生的噪声多属于稳态噪声，一般变化不大，但随着设备的老化，噪声会逐渐增大。为掌握作业场所噪声危害程度，本条规定了噪声监测地点和监测周期。

煤矿产生噪声地点越来越多，危害也越来越严重，必须加强噪声监测力度，缩短监测周期，因此，本条规定噪声每半年至少监测 1 次，并依据《工作场所物理因素测量　第 8 部分：噪声》(GBZ/T 189.8—2007) 相关规定，结合煤矿各工种作业特点，将噪声监测地点主要选择在噪声相对稳定且作业人员经常工作的地点。

**第六百五十九条**　应当优先选用低噪声设备，采取隔声、消声、吸声、减振、减少接触时间等措施降低噪声危害。

**【解读】** 本条是关于煤矿噪声危害防治措施的规定。

煤矿生产设备众多，体积大、分布广，相比其他降噪措施，优先选用低噪声设备，从根本上减少噪声的危害和其他降噪措施的投入。

# 第五章 有害气体防治

**第六百六十条** 监测有害气体时应当选择有代表性的作业地点，其中包括空气中有害物质浓度最高、作业人员接触时间最长的地点。应当在正常生产状态下采样。

**【解读】** 本条是关于煤矿有害气体监测地点、采样时段的规定。

为掌握作业场所有害气体危害程度，保护煤矿作业人员的安全，本条规定了有害气体监测地点和采样时段。

煤矿井下由于有机物的腐烂、煤炭氧化、爆破作业以及煤层不断释放各种气体等因素的影响，产生了 CO、$H_2S$、NO、$SO_2$、$NH_3$ 等有害气体。矿井有害气体最高允许浓度，见表 5－3。

表 5－3 矿井有害气体最高允许浓度

| 名 称 | 最高允许浓度/% | 名 称 | 最高允许浓度/% |
|---|---|---|---|
| 一氧化碳 CO | 0.0024 | 硫化氢 $H_2S$ | 0.00066 |
| 氧化氮（换算成 $NO_2$） | 0.00025 | 氨 $NH_3$ | 0.004 |
| 二氧化硫 $SO_2$ | 0.0005 | | |

煤矿企业日常监测也可以使用一氧化碳传感器、二氧化氮传感器、二氧化硫传感器、硫化氢传感器等进行在线监测。

一氧化碳（CO）监测方法执行《工作场所空气有毒物质测定无机含碳化合物》（GBZ/T 160.28—2004），二氧化氮（$NO_2$）监测方法执行《工作场所空气中无机含氮化合物的测定方法》（GBZ/T 160.29—2004），二氧化硫（$SO_2$）和硫化氢（$H_2S$）监测方法执行《工作场所空气中硫化物的测定方法》（GBZ/T 160.33—2004）的规定。

**第六百六十一条** 氧化氮、一氧化碳、氨、二氧化硫至少每 3 个月监测 1

次，硫化氢至少每月监测 1 次。

【解读】本条是关于煤矿井下有害气体监测周期的规定。

各国监测周期各不相同，参照粉尘监测，一般均在 1～4 月，1～2 月居多，但若一旦出现超标现象，则连续每天进行监测。根据我国煤矿实际情况，确定的监测周期既能动态掌握有害气体的浓度，又要兼顾煤矿监测人员不足、监测工作量大的实际情况。

近年来，在我国山西、新疆、贵州、陕西等地区井工煤矿均发生过硫化氢涌出导致伤亡的事故，煤矿应对有害气体给予高度重视，加大有害气体监测力度，因此，新增本条，规范有害气体的监测周期。

**第六百六十二条** 煤矿作业场所存在硫化氢、二氧化硫等有害气体时，应当加强通风降低有害气体的浓度。在采用通风措施无法达到作业环境标准时，应当采用集中抽取净化、化学吸收等措施降低硫化氢、二氧化硫等有害气体的浓度。

【解读】本条是关于降低煤矿井下有害气体浓度措施的规定。

为减少作业场所有害气体的浓度，保护作业人员的安全，根据硫化氢、二氧化硫等有害气体的治理经验，制定本条。

通风是防止化学毒物危害最常用的方法，因此，本条规定煤矿作业场所应当优先采用加强通风降低有害气体浓度的措施。在采用通风措施无法达到要求时，应当采用下列方法降低有害气体浓度：

（1）采用煤层注水，水中添加吸收液吸收化学毒物。

（2）采用喷雾措施，水中添加吸收液吸收释放出的有害气体。

（3）采用风流控制装置将含有有害气体的空气控制在无人区域，用风机将含有有害气体的空气抽出，并采用净化措施吸收净化。

# 第六章　职业健康监护

**第六百六十三条** 煤矿企业必须按照国家有关规定，对从业人员上岗前、在岗期间和离岗时进行职业健康检查，建立职业健康档案，并将检查结果书面告知从业人员。

**【解读】**本条是关于从业人员职业健康检查的规定。

上岗前职业健康检查的目的是掌握从业人员的健康状况、发现职业禁忌、分清责任。新录用、变更工作岗位或工作内容的从业人员在上岗前，根据从业人员拟从事工种和工作岗位，分析该工种和岗位存在的职业病危害因素及其对人体健康的影响，即靶器官、靶组织和生物敏感指标，确定特定的健康检查项目，根据检查结果，评价从业人员是否适合从事该工种作业，为从业人员的岗位安排提供依据。

在岗期间的定期职业健康检查的主要目的是及时发现健康损害和健康影响，对从业人员进行动态健康观察。根据从业人员所在工种和工作岗位存在的职业病危害因素及其对人体健康的影响规律，对靶器官、靶组织的危害性和生物敏感指标等，确定特定的健康检查项目，对该工种或岗位的从业人员按规定的时间周期进行职业健康检查，记录其健康变化，评价从业人员的健康变化是否与职业病危害因素有关，判断从业人员是否适合继续从事该工种作业。

离岗时职业健康检查目的是了解从业人员离岗时的健康状况，分清健康损害责任。根据从业人员所从事工种和工作岗位存在的职业病危害因素及其对人体健康的影响规律，对靶器官、靶组织的危害性和生物敏感指标等，确定特定的健康检查项目，根据检查结果，评价从业人员的健康状况、健康变化是否与职业病危害因素有关。另外，有些职业病危害因素的健康危害效应是远期的，这类职业病危害因素对人体的损害是缓慢的，人体的病理进程也是缓慢的，其健康损害后果出现较晚，甚至在从业人员离开该作业环境的10~30年以后才出现。如粉尘作业与尘肺。因此，还需要对接触这些危害因素的从业人员进行离岗后的医学观察。

煤矿企业应依据《职业健康监护技术规范》（GBZ 188—2014）等国家职业卫生标准的规定和要求建立职业健康档案，并做好职业健康档案管理工作。

**第六百六十四条**　接触职业病危害从业人员的职业健康检查周期按下列规定执行：

（一）接触粉尘以煤尘为主的在岗人员，每2年1次。

（二）接触粉尘以矽尘为主的在岗人员，每年1次。

（三）经诊断的观察对象和尘肺患者，每年1次。

（四）接触噪声、高温、毒物、放射线的在岗人员，每年 1 次。

接触职业病危害作业的退休人员，按有关规定执行。

**【解读】**本条是关于从业人员职业健康检查周期的规定。

本条依据《职业健康监护技术规范》（GBZ 188—2014），强化了职业健康检查周期的要求，缩短了检查周期。同时，除粉尘、毒物、放射线职业危害之外，本次修订增加了噪声和高温职业危害的检查周期要求。此外，由于职业危害对人体的损害是缓慢的，其健康损害后果出现较晚，本次修订对接触职业病危害作业的退休人员的健康检查也做出了相关规定。

**第六百六十五条** 对检查出有职业禁忌症和职业相关健康损害的从业人员，必须调离接害岗位，妥善安置；对已确诊的职业病人，应当及时给予治疗、康复和定期检查，并做好职业病报告工作。

**【解读】**本条是关于根据健康检查结果应采取的相应措施的规定。

为及时预防和减少职业病患病率，防止有职业禁忌和职业相关健康损害的从业人员出现更严重的健康危害，保护从业人员身体健康，制定本条。

职业禁忌症是指从业人员从事特定职业或者接触特定职业病危害因素时，比一般职业人群更易于遭受职业危害和罹患职业病，或者可能导致原有自身疾病病情加重，或者在从事作业过程中可能诱发导致他人生命健康构成危害的疾病的个人特殊生理与病理状态。

《职业病防治法》第五十六条第二款规定，用人单位应当按照国家有关规定，安排职业病病人进行治疗、康复和定期检查。第三十五条第二款规定，用人单位不得安排有职业禁忌的劳动者从事其所禁忌的作业；对在职业健康检查中发现有与所从事的职业相关的健康损害的劳动者，应当调离原工作岗位，并妥善安置。

职业病危害因素与劳动者的健康损害具有剂量效应关系，有职业禁忌和职业相关健康损害的从业人员接触特定职业病危害因素时，比一般职业人群更易于遭受到职业危害和罹患职业病。因此，针对有职业禁忌和职业相关健康损害的从业人员，必须调离接害岗位，以避免加重健康损害，同时，还应进行妥善安置，包括调换工种和岗位、医学观察、诊断等一系列措施。

**第六百六十六条** 有下列病症之一的，不得从事接尘作业：

（一）活动性肺结核病及肺外结核病。

（二）严重的上呼吸道或者支气管疾病。

（三）显著影响肺功能的肺脏或者胸膜病变。

（四）心、血管器质性疾病。

（五）经医疗鉴定，不适于从事粉尘作业的其他疾病。

**【解读】** 本条是关于不能从事接触粉尘作业的职业禁忌的规定。

由于粉尘的理化性质、荷电性的作用，游离 $SiO_2$ 毒性作用，结合尘肺病发病机理，接尘作业的职业禁忌主要以呼吸系统和心血管疾病为主。

严重的上呼吸道或支气管疾病，主要包括中度以上支气管炎、支气管哮喘、支气管扩张、萎缩性鼻炎、鼻腔肿瘤等。

显著影响肺功能的肺脏或胸膜病变，主要包括肺硬化、肺气肿、严重胸膜肥厚与粘连或由其他病因引起的肺功能中度损伤等。

心、血管器质性疾病，主要包括冠心病、风湿性心脏病、肺源性心脏病、先天性心脏病、心肌炎、高血压病等。

**第六百六十七条** 有下列病症之一的，不得从事井下工作：

（一）本规程第六百六十六条所列病症之一的。

（二）风湿病（反复活动）。

（三）严重的皮肤病。

（四）经医疗鉴定，不适于从事井下工作的其他疾病。

**【解读】** 本条是关于不能从事井下作业的行业禁忌症的规定。

与地面作业比较，井下环境湿度大（相对湿度可达80%以上）、在通风气流中还混杂有各种粉尘颗粒、有害气体，如：一氧化碳、二氧化硫、氮氧化物、硫化氢等，对身体危害较大，并且井下作业空间狭窄，作业时长期处于不良体位（如：弯腰、下蹲、前屈、仰首、爬行等），体力劳动强度大，照明度低，要求井下生产作业人员不但身体素质好，反应也要机敏灵活。因此，为避免井下从业人员病症加重，保障安全生产，有必要对井下从业人员的职业禁忌做出规定。

本条所规定的病种，有些虽然不属于职业禁忌（如风湿病、皮肤病），但它却是井下煤矿生产的行业禁忌。有此类疾病的人员在井下作业，也会加重自身疾病的发展，不仅损坏身体健康，还容易造成安全事故。

对行业禁忌症的筛查方式有两种：

(1) 就业前健康检查，发现患有行业禁忌症者不予上岗。

(2) 在岗期间员工因不属于职业健康体检范畴，需靠日常门诊医疗检查。

**第六百六十八条** 癫痫病和精神分裂症患者严禁从事煤矿生产工作。

**【解读】** 本条是关于严禁从事煤矿生产工作的人员的规定。

癫痫病是指一时性大脑功能紊乱引起的阵发性全身或躯体局部肌肉抽搐的综合征。临床特点为发作性精神丧失及全身抽搐或神志丧失的躯体局部抽搐。成年后的这种疾病多是由脑部疾病（大脑发育不全、脑炎、脑膜炎、脑寄生虫病、脑血管瘤及颅脑外伤等）及全身疾病（尿毒症、血糖过低及各种原因引起的脑部缺氧）引起的继发症状。

精神分裂症是由于各种原因引起的大脑功能失调而导致的行为、知觉、思维、情感及智能等方面异常的疾病。

煤矿生产工作，要求作业人员应保持高度安全意识和敏捷行动能力，而癫痫病和精神分裂症在发病时，不仅无自主、无自觉的意识能力，还可能因思维狂乱引起自身安全事故或诱发矿井不可预测的大型事故。因此，为保护癫痫病和精神分裂症患者，避免其病情加重，也为了保障矿井安全生产和他人身体健康，本条规定癫痫病和精神分裂症为煤矿生产作业禁忌症，严禁从事煤矿生产工作。

一般说来，癫痫病和精神分裂症在发病时是易于发现的，但在安定时间内是少有症状的，因此，要求医疗机构严密把关，一旦发现，应立即报告人事部门予以调离。

**第六百六十九条** 患有高血压、心脏病、高度近视等病症以及其他不适应高空（2 m 以上）作业者，不得从事高空作业。

**【解读】** 本条是关于不得从事高空作业的人员的规定。

高空作业是指从业人员凡在坠落高度基准面 2 m 以上（含 2 m）有可能坠落的高处进行作业。高空作业分为一般高空作业和特殊高空作业两种。特殊高空作业还因作业时工作条件、外界气象环境不同可分为强风高空作业、异常温度高空作业、雨雪天高空作业、夜间高空作业、带电高空作业等。

在煤矿中高空作业主要分布在立井井筒、露天煤矿、地面建筑、通信架线等作业，作业环境多是在室外露天情况下，特殊高空作业所占比重很大。由于高空作业的特殊性和较地面作业相对难度大的原因，本条规定了不能从事高空作业的工种禁忌症。

对没有经过高空作业培训的人员，有的会因生理恐惧不敢在高处环境站立、瞭望，而对患有心血管疾病的病人更会因精神因素，激发血压增高、血肌供血不足加剧原有病症，甚至恶化，同时也极易发生安全事故。因此，患有高血压、心脏病、高度近视等病症以及其他不适应高空（2 m 以上）作业者，不得从事高空作业。

**第六百七十条** 从业人员需要进行职业病诊断、鉴定的，煤矿企业应当如实提供职业病诊断、鉴定所需的从业人员职业史和职业病危害接触史、工作场所职业病危害因素检测结果等资料。

**【解读】**本条是关于煤矿企业应当如实提供与职业病诊断、鉴定有关资料的义务的规定。

职业病诊断、鉴定事关煤矿企业和从业人员的责任、权利和义务。为了保证职业病诊断、鉴定的客观性和公正性，有效维护当事人的合法权益，制定本条。

根据《职业病防治法》第四十七条第一款部分规定，用人单位应当如实提供职业病诊断、鉴定所需的劳动者职业史和职业病危害接触史、工作场所职业病危害因素检测结果等资料；安全生产监督管理部门应当监督检查和督促用人单位提供上述资料。

职业病诊断、鉴定所需的资料包括作业场所定期检测资料、个体防护用品配置情况、劳动者职业接触史、上岗前的职业健康检查结果，以及在岗期间的定期健康检查结果等资料，退休、离岗人员及换岗（调离原单位）人员还需提供离岗健康检查资料。

鉴于作业场所的职业病危害因素检测结果、职业健康监护档案等大多掌握在煤矿企业手里，患职业病的从业人员申请诊断、鉴定时，靠自己提供诊断、鉴定所需资料，客观上存在很大困难。因此，煤矿企业对从业人员申请职业病诊断、鉴定负有如实提供有关资料的义务。

对于先后在一个以上的煤矿企业工作过的从业人员申请职业病诊断鉴定，其有关煤矿企业应当分别履行提供有关资料的义务；煤矿企业已分立、合并、解散、依法撤销或宣告破产的，依照有关法律、法规的规定办理。

**第六百七十一条** 煤矿企业应当为从业人员建立职业健康监护档案，并按照规定的期限妥善保存。

从业人员离开煤矿企业时，有权索取本人职业健康监护档案复印件，煤矿企业必须如实、无偿提供，并在所提供的复印件上签章。

**【解读】**本条是关于职业健康监护档案内容、保存和使用管理的规定。

职业健康监护档案是健康监护全过程的客观记录资料，是职业病诊断鉴定的重要依据之一，也是区分健康损害责任和进行职业病诊断鉴定的重要证据。

根据《职业病防治法》第三十六条的规定，用人单位应当为劳动者建立职业健康监护档案，并按照规定的期限妥善保存。职业健康监护档案应当包括劳动者的职业史、职业病危害接触史、职业健康检查结果和职业病诊疗等有关个人健康资料。劳动者离开用人单位时，有权索取本人职业健康监护档案复印件，用人单位应当如实、无偿提供，并在所提供的复印件上签章。

职业史是指劳动者的工作经历，记录劳动者既往工作过的企业的起始时间和企业名称及从事工种、岗位；职业病危害接触史是指劳动者从事职业病危害作业的工种、岗位及其变动情况、接触工龄、接触职业病危害因素种类、强度或浓度等。

# 第六编　应　急　救　援

## 第一章　一　般　规　定

**第六百七十二条**　煤矿企业应当落实应急管理主体责任，建立健全事故预警、应急值守、信息报告、现场处置、应急投入、救援装备和物资储备、安全避险设施管理和使用等规章制度，主要负责人是应急管理和事故救援工作的第一责任人。

**【解读】** 本条是关于落实应急管理主体责任、建立规章制度方面的规定。

应急管理是指政府及其他公共机构在突发公共事件的事前预防、事发应对、事中处置和事后管理过程中，通过建立必要的应急机制，采取一系列必要措施，保障公众生命财产安全，促进社会和谐健康发展的有关活动。应急管理是对突发公共事件全过程的动态管理，包括预防、准备、响应和恢复四个阶段。应急管理还是个完整的系统工程，可以概括为“一案三制”，即突发公共事件应急预案，应急机制、体制和法制。

企业是生产经营活动的主体，是保障安全生产和应急管理的根本。强化和落实企业主体责任，强化落实企业主要负责人是应急管理第一责任人是做好应急管理工作的关键。

企业主要负责人作为应急管理的第一责任人，必须对本单位应急管理工作的各个方面、各个环节都要负责。首先，应对企业内部应急管理机构设置和人员配备上予以充分保障。因为，应急管理机构和应急管理人员，是企业开展应急管理工作的基本前提，在企业的应急管理工作中发挥着不可或缺的重要作用。其次，必须建立健全事故预警、应急值守、信息报告、现场处置、应急投入、救援装备和物资储备、安全避险设施管理和使用等应急管理工作的规章制度。最后，通过应急管理体制和机制建设，明确在管理机构中的各岗位责任人员、责任范围和考核标准等内容，最终达到层层落实应急管理主体责任的目的。

**第六百七十三条** 矿井必须根据险情或者事故情况下矿工避险的实际需要，建立井下紧急撤离和避险设施，并与监测监控、人员位置监测、通信联络等系统结合，构成井下安全避险系统。

安全避险系统应当随采掘工作面的变化及时调整和完善，每年由矿总工程师组织开展有效性评估。

【解读】本条是关于建立井下安全避险系统的规定。

煤矿井下是一种高危环境，存在瓦斯煤尘爆炸、矿井火灾、水灾、煤岩动力灾害等多种灾害事故发生的可能。由于井下属于管网式的巷道布置，一旦发生灾害事故，极易引发灾害事故耦合，应急处置十分困难。建立井下安全避险系统，对于保障遇险人员生命安全十分重要。不同的矿井，开采条件与采掘布置不同，灾害事故的威胁及可能的影响范围和程度存在差异，在险情或者事故情况下人员避险的实际需要也不相同。因此本条规定，矿井必须根据实际情况、险情或者事故情况下人员避险的实际需要，建设井下安全避险系统。这既是国务院《关于进一步加强企业安全生产工作的通知》（国发〔2010〕23 号）的规定，也是煤矿安全生产的客观要求。

安全避险包括险情或者事故情况下的紧急撤离（安全逃生）和撤离受阻情况下紧急避险待救两大内容，并应坚持撤离优先（即先逃生、后避险）的原则。井下安全避险系统应包括紧急撤离、避险待救的设施及对策措施。

为保证紧急撤离、避险待救的成功，应寻求矿井相关生产、安全系统的支持、支撑和保障，及时得到应急指令是安全避险的前提，压风、供水是维持人生命安全的基础。因此本条规定，井下紧急撤离和避险设施，必须与监测监控、人员位置监测、通信联络等系统有机结合。

井下生产过程中，采掘工作面不断推进，生产系统也会处于不断变化之中，紧急撤离和避险设施也可能需要随时调整，以保证其有效性。因此本条规定，安全避险系统应当随采掘工作面的变化及时调整和完善，每年由矿总工程师组织开展有效性评估，有效性评估的结果应存档。

**第六百七十四条** 煤矿企业必须编制应急救援预案并组织评审，由本单位主要负责人批准后实施；应急救援预案应当与所在地县级以上地方人民政府组织制定的生产安全事故应急救援预案相衔接。

应急救援预案的主要内容发生变化，或者在事故处置和应急演练中发现存在重大问题时，及时修订完善。

【解读】本条是关于煤矿企业必须编制应急救援预案的规定。

煤矿企业的事故应急救援预案是针对可能发生的（瓦斯、煤尘、火灾、水害和顶板等）重大事故所需的应急准备和响应行动而制定的指导性文件。

我国的煤炭行业存在的瓦斯、煤尘、火灾、水害和顶板等事故比较严重，不仅严重破坏煤矿的正常生产造成巨大的经济损失，而且还极大地威胁井下人员的生命安全。因此，每一个煤矿企业都必须针对辖区矿井存在的重大事故隐患，编制应急救援预案。

编制应急救援预案时，应成立矿长为组长、领导班子全员参加的领导小组，并由总工程师负责编写。其重要内容包括方针与原则、应急策划、应急准备、应急响应、现场恢复、预案管理与评审改进和附件这七大要素。应急救援预案应形成体系，针对煤矿可能发生的事故和所有危险源制订生产综合预案和专项应急救援预案，并明确事前、事发、事中、事后的各个过程中相关部门和有关人员的职责。

应急救援预案评审、实施与备案。煤矿企业应急救援预案编制完成后，为了保证预案的安全性和实用性，必须组织有关部门和人员进行评审，由经生产经营单位主要负责人批准后实施。当煤矿企业发生矿难事故时，为了保证事故处置的有效性和及时性，矿井应急救援预案应与所在地县级以上地方人民政府组织制定的生产安全事故应急救援预案相衔接。

煤矿的生产是一个动态变化的过程。煤矿安全生产应急救援预案是预防和减少事故发生、有效提高事故应急处置能力的一项重要措施。因此，通过事故处置或应急演习训练中发现重大问题，使应急救援预案主要内容发生变化时，应对预案及时进行修订完善。

**第六百七十五条** 煤矿企业必须建立应急演练制度。应急演练计划、方案、记录和总结评估报告等资料保存期限不少于2年。

【解读】本条是关于煤矿企业必须建立应急演练制度的规定。

因为，应急救援预案是指针对可能发生的事故，为迅速、有序地开展应急行动而预先制定的行动方案。因此，为了进一步加强煤矿安全生产应急救援预案体系建设，增强煤矿企业应急救援预案的科学性、针对性、实效性，检验应急救援预案的实用性和可操作性，提升应急救援队伍应对灾害事故的应急处置能力，完善科学、有效的应急救援体系，煤矿企业必须建立应急演练制度。并应每年开展一次应急救援演练，通过演练，一方面检验抢救指挥部的应急管理；另一方面检验应急救援队伍的应急响应和应急处置能力。

**第六百七十六条** 所有煤矿必须有矿山救护队为其服务。井工煤矿企业应当设立矿山救护队，不具备设立矿山救护队条件的煤矿企业，所属煤矿应当设立兼职救护队，并与就近的救护队签订救护协议；否则，不得生产。

矿山救护队到达服务煤矿的时间应当不超过30 min。

**【解读】** 本条是关于所有煤矿必须有矿山救护队为其服务的规定。

不具备设立矿山救护队条件的煤矿企业，是指生产规模较小、从业人员较少、建立矿山救护队确有困难的煤矿企业。

煤矿建设期间，煤矿建设单位如果没有矿山救护队或者其矿山救护队距离在建煤矿行车时间超过30 min，应当与在建煤矿就近的矿山救护队签订救护协议，并指定兼职应急救援人员。

矿山救护队到达服务煤矿的时间应当不超过30 min，是指矿山救护队驻地至服务煤矿的最远距离，在路况正常、无极端天气、车辆正常行驶等情况下，以行车时间不超过30 min为限。

兼职救护队的基本要求为：

（1）兼职救护队队员应由煤矿生产一线班组长和业务骨干人员组成。

（2）兼职救护队规模根据煤矿的生产规模、自然条件、灾害情况确定。

（3）煤矿应定期组织对兼职救护队员进行救护知识培训。

（4）兼职救护队主要任务是，协助矿井安全预防性检查；控制和处理煤矿初期事故，救助遇险人员；协助救护队开展事故救援工作。

**第六百七十七条** 任何人不得调动矿山救护队、救援装备和救护车辆从事与应急救援无关的工作，不得挪用紧急避险设施内的设备和物品。

**【解读】** 本条是关于矿山救护队、救护装备和救护车辆及紧急避险设施的管理的相关规定。

矿井发生事故时，矿山救护队接到事故报警后必须做到“闻警出动”。如果在发生灾情时，因为矿山救护队被调动而不能迅速集结队伍应急响应到位参加救援，就会失去抢救遇险矿工的生命和国家财产的最佳时机，就可能致使事故扩大而造成重大损失。

矿井发生事故时，矿山救护队必须使用不同的救护装备，保证救灾工作的正常进行。援外救灾必须乘车才能到达事故矿井，如果矿山救护装备和车辆外调，不能保证矿山救护队的使用和紧急出动，贻误战机，就可能造成事故扩大。因此，任何人不得调动矿山救护队、救护装备和救护车辆从事与救护工作无关的事情。矿山救护车必须专车专用，并制定车辆管理制度。

紧急避险设施内的设备和物品是矿井发生事故时保证矿工生命安全的救命物资，任何人不得挪用。如果在紧急避险设施内的设备和物品被挪用期间发生事故，必将严重威胁矿工的生命安全。因此，这一条规定是矿井发生事故后，保护现场矿工生命安全的刚性规定。

**第六百七十八条** 井工煤矿应当向矿山救护队提供采掘工程平面图、矿井通风系统图、井上下对照图、井下避灾路线图、灾害预防和处理计划，以及应急救援预案；露天煤矿应当向矿山救护队提供采剥、排土工程平面图和运输系统图、防排水系统图及排水设备布置图、井工老空区与露天矿平面对照图，以及应急救援预案。提供的上述图纸和资料应当真实、准确，且至少每季度为救护队更新一次。

**【解读】** 本条是关于井工煤矿、露天煤矿应向矿山救护队提供有关图纸、应急救援预案的规定。

矿山救护队需要通过图纸和技术资料准确掌握所服务矿山的最新情况，以便在发生事故时迅速做出反应，及时抢救遇险人员和国家财产。

矿山救护队应按照月工作计划定期组织小队熟悉服务煤矿的井下巷道或露天采场及排土场情况，进行预防性安全检查，并根据服务煤矿提供的应急救援预案制定预处理方案，进行演习训练。

**第六百七十九条** 煤矿作业人员必须熟悉应急救援预案和避灾路线，具有自救互救和安全避险知识。井下作业人员必须熟练掌握自救器和紧急避险设施的使用方法。

班组长应当具备兼职救护队员的知识和能力，能够在发生险情后第一时间组织作业人员自救互救和安全避险。

外来人员必须经过安全和应急基本知识培训，掌握自救器使用方法，并签字确认后方可入井。

【解读】本条是关于对煤矿入井人员入井安全、紧急避险、自救互救相关要求的规定。

当煤矿井下发生事故时，现场作业人员必须熟悉应急救援预案和避灾路线，熟练掌握自救器的使用方法，具有自救互救和安全避险知识，才能够在事故发生初期自救互救或逃生避险。只有掌握紧急避险设施的使用方法，才能够在不能有效撤离的情况下进入避险设施等待救援。

兼职矿山救护队员是指具备矿山救护队员身体条件、知识和能力，能够佩用氧气呼吸器的矿山骨干工人、工程技术人员和管理人员。

煤矿企业的班组长是带领工人在生产一线工作的基层领导。当现场发生事故险情时，班组长的首要职责是在第一时间内及时地组织现场作业人员自救互救和逃生避险。因此，《规程》要求班组长应当具备兼职救护队员的知识和能力，是对班组长称职要求的新标准。

对外来人员入井前的安全和应急基本知识培训的内容主要有：

（1）下井前必须正确佩戴好劳动保护用品，袖口必须扎紧、帽带必须系牢、带好照明工具，并检查一下照明能否正常使用。

（2）严禁酒后入井，严禁有明显症状（耳聋、高度近视、心脏病、高血压）的人员入井。

（3）入井人员必须遵守出入井管理制度，先登记后入井。

（4）乘坐罐笼下井时，要听从井口检身工指挥，要等罐笼停稳后再进罐笼，抓好把手，随罐人员要关好门帘，严禁人员将身体任何部位伸出罐笼外。

（5）在平巷行走时，靠右侧行走，当心过往车辆碰伤及脚下路面滑倒；在作业区域遇到车辆时，靠边止步待车通过。

（6）下井时，要听从带队人员指挥，禁止单独行动，随意走动，造成伤害。

（7）凡井下设置的严禁入内、危险等安全警示标志地段，切勿靠近，注意安全。

（8）带队人要针对本生产系统，向外来人员简单介绍安全生产概况，在路途中要随时提醒注意安全事项。

**第六百八十条** 煤矿发生险情或者事故后，现场人员应当进行自救、互救，并报矿调度室；煤矿应当立即按照应急救援预案启动应急响应，组织涉险人员撤离险区，通知应急指挥人员、矿山救护队和医疗救护人员等到现场救援，并上报事故信息。

**【解读】**本条是关于煤矿发生险情或事故后启动应急救援的规定。

1. 现场应急救援工作的启动

煤矿现场发生事故之时，即是矿山应急救援工作启动之际。矿井发生事故的初期，灾区现场的自救和互救非常重要。回顾我国的矿山救护史，有很多成功的案例都是由于灾区现场人员判断准确，遇险人员互助及时，或采取躲避在相对安全的地点采取措施等待救援，保护了自己。当矿井发生生产安全事故时，灾区现场人员的正确做法如下：

（1）在安全的情况下，灾区现场的人员应在班组长或有经验的老工人的带领下进行自救和互救。

（2）在有危险的情况下，灾区现场的人员应在班组长或有经验的老工人的带领下撤退和逃生。

（3）在有危险不能撤退的情况下，灾区现场的人员应在班组长或有经验的老工人的带领下采取躲避措施，等待矿山救护队进入救援和帮助脱险。

（4）灾区现场及附近区域的人员应立即向矿山调度室报告。调度室接到灾情信息后，立即启动应急救援预案，组织救援。

2. 应急救援预案的启动及应急响应

按照应急救援预案启动应急响应：

（1）向灾区现场和附近可能受影响区域的单位和人员发出警报，指挥他们停止生产工作，并根据事故性质按照预定的避灾路线撤退到安全地点或地面。

（2）通知有关部门及人员。当矿井发生生产安全事故时，调度室需要通知的人员有：矿长、矿总工程师、副矿长和矿井指挥部的成员，矿山救护队，医疗单位和服务人员等。上述人员到位后，指挥部正式成立运转，矿山事故应急救援工作按照预案的规定按部就班的全面开展。

（3）上报灾情信息。当矿井发生生产安全事故后，指挥部应该按照灾情上报方案，将发生事故的情况报给必要的单位和人员。上报的单位和人员主要有：矿山企业上级领导和主管单位，政府和国家安全监管监察部门，矿山应急救援指挥中心，工会和法院等。上述人员到位后，在他们的帮助下，抢险救灾需要的人力、物力和技术支持都会得到保证，有利于推动应急救援工作的顺利进行。

**第六百八十一条** 矿山救护队在接到事故报告电话、值班人员发出警报后，必须在1 min内出动救援。

**【解读】** 本条是关于矿山救护队应急响应的规定。

应急响应是在事故发生后立即采取的应急救援行动。

矿山救护队是处理矿井灾害事故的专业化应急救援队伍，为了保证矿井发生灾害事故时的快速反应，矿山救护队执行24 h昼夜值班制度。为了保证接到的事故信息准确无误，矿山救护队的值班事故电话可保存录音备案待查。

当接到上级领导部门的事故召请电话通知时，矿山救护队的电话值班员应按照规定首先问清楚并记录事故情况（事故地点、发生时间，事故类别、遇险遇难人员数量、通知人姓名及单位），然后复述一遍无误后，再拉响警铃，发出队伍紧急出动的警报命令。在队值班的救护队员听到紧急出动的警报后，必须在1 min内紧急出动。

**第六百八十二条** 发生事故的煤矿必须全力做好事故应急救援及相关工作，并报请当地政府和主管部门在通信、交通运输、医疗、电力、现场秩序维护等方面提供保障。

**【解读】** 本条是关于发生事故的煤矿必须全力做好应急救援和报请有关部门的规定。

应急救援工作是一项非常复杂的系统工程。当矿井发生矿难事故，启动应急救援预案后，立即成立以矿长为总指挥的指挥部和指挥中心。担负着应急救援职责和任务的所有组织和人员都必须在矿长和指挥中心的领导下，全力做好事故应急救援和相关工作。

矿井发生矿难事故时，为了有效地调动应急救援队伍、设备和材料抢险救灾。不仅需要上报事故信息，还应报请当地政府和主管部门在通信、交通运输、医疗、电力、现场秩序维护等方面协调支持，提供保障。

**【案例】** 2007年底，河北省承德市兴隆铁矿井下发生冒顶塌方堵塞巷道，被困11人需要从地面打钻施救。当指挥部了解到秦皇岛市的一个厂家有一台钻速高的钻机后，省安监局长立刻请求秦皇岛市支援。秦皇岛市接到通知后，立刻通知厂家准备好设备，派公安局通过高速公路将钻机设备送到事故矿井现场，加快了向井下打钻的速度，及时地抢救了11名遇险矿工。

# 第二章　安　全　避　险

**第六百八十三条**　煤矿发生险情或者事故时，井下人员应当按应急救援预案和应急指令撤离险区，在撤离受阻的情况下紧急避险待救。

**【解读】** 本条是关于发生险情或事故时井下人员安全避险行动原则的规定。

井下一旦发生险情或事故、危及人员生命安全时，遇险人员安全避险的行动原则：首先应自救互救，尽快撤离危险区；在撤离受阻、无法撤出的情况下寻求安全地点避险待救。根据这一原则，安全避险应包括紧急撤离（安全逃生）和紧急避险两大基本内容。

在井下灾害事故发生的初期，往往波及范围和危害作用均较小，这常常是控制事故、减少损失的最有利时机，而且救护队无论行动多么迅速，到达事故地点都需要一定的时间。在此期间，自救、逃生措施往往是防止事故扩大、减少伤亡的关键。每位井下作业人员均应掌握自救互救和安全避险知识，熟悉避灾路线，发生灾害事故时思想要冷静，行动要果断，按照应急预案和应急指令，迅速撤离危险区域。煤矿应根据矿井具体条件，编制应急救援预案和矿井灾害预防与处理计划，建立相应设施设备，为矿工安全逃生创造支持和保障条件。

当自救器有效防护时间内不能到达安全地点、撤离路线无法通过、因受伤等因素无法撤离时，遇险人员应尽快进入避难硐室等避险设施内，或寻求安全地点、创造紧急避险条件，避险待救。同时，应通过各种可能的手段，积极与外界取得联系。煤矿应根据规定建立井下紧急避险设施，并与监测监控、人员位置监测、压风、供水、通信等系统有机结合，为遇险人员紧急避险创造基础条件。

**【案例】** 2005 年 11 月 27 日，黑龙江省七台河某煤矿发生煤尘爆炸，171 人遇难。然而一位 54 岁的瓦斯检查工凭借丰富的自救经验，在生死关头带领 26 名工友脱离了危险。他们在自救器有效时间内按避灾路线走了一段距离，在自救器用完后转移到风道与采煤工作面岔路口，一个污染风流进不来的独头死角处坐着、不乱动、少说话，用毛巾蘸了巷道里的水，堵住口鼻，等待救援，最终成功获救。

**【案例】** 2010 年 8 月 5 日，智利某铜矿发生塌方，33 名矿工被困井下 700 m

深处，经过69天的全力营救全部获救。井下紧急避险设施对于矿工在救援人员实施救助前延续生命起到了关键作用。在被确定受困位置之前的十几天，矿工只能依靠避险设施内储存的食品维持生命，每人每48 h可以吃两汤勺的罐头鱼、半片饼干和半杯牛奶。矿工在灾难来临之时积极展开自救也是创造奇迹的重要因素。矿工自发组织起来，一名经验丰富的老矿工担任了领导者，指挥大家用一辆汽车的蓄电池为矿灯充电，用手头的机械寻找水源。在最后确定被营救人员出井顺序时，矿工们都争着最后一个出井。过硬的心理素质和冷静的头脑保证了矿工的生命。

**第六百八十四条** 井下所有工作地点必须设置灾害事故避灾路线。避灾路线指示应当设置在不易受到碰撞的显著位置，在矿灯照明下清晰可见，并标注所在位置。

巷道交叉口必须设置避灾路线标识。巷道内设置标识的间隔距离：采区巷道不大于200 m，矿井主要巷道不大于300 m。

**【解读】** 本条是关于井下工作地点设置灾害事故避灾路线的规定。

灾害事故避灾路线，是根据可能发生的不同灾害事故和发生地点而预先制定的能使井下人员用尽量短的时间、从最近的距离撤到安全地点的路线图。为保证矿井突发紧急情况下人员及时安全撤离，本条规定井下所有工作地点必须设置避灾路线。实践证明，这一规定非常重要，煤矿必须严格执行。为此，在采区设计和工作面作业规程中应包括相关内容，并宣贯至工作地点所有人员。避灾路线发生变化时，应及时告知所有相关人员。在采掘作业地点悬挂的牌板中也应包括相关内容。

为在突发紧急情况下遇险人员按正确的避灾路线撤离，在井巷中必须设置避灾路线指示。避灾路线指示应设置在巷道中不易受到碰撞的显著位置，其目的是为了保证指示的持久性，减少维护工作量，防止维护不及时造成不良后果。由于目前多数巷道灯为非本质安全型，在瓦斯超限的情况下必须停电，故在紧急情况下不能依靠巷道灯照明以发现避灾路线指示，因此要求避灾路线指示在矿灯照明下清晰可见。为了便于遇险人员在突发紧急情况下清楚所处位置，要求在避灾路线指示上应标注所在位置。

巷道交叉口是紧急撤离过程中遇险人员容易走错的位置，因此要求必须设置避灾路线标识。为了增强遇险人员在撤离过程中心理安慰、避免误判影响撤离进程，规定在采区巷道中每200 m、矿井主要巷道每300 m至少设置1处避灾路线标识。

井下设置避灾路线时，建议应满足以下要求：

（1）分类设置。煤矿灾害主要有水、火、瓦斯、煤尘、顶板五类，各类事故性质不同，影响范围各异，如矿井火灾及瓦斯事故的影响范围受通风系统影响明显，矿井水灾受底板标高影响明显，煤矿在设置井下避灾路线时应充分考虑各类事故的影响范围与制约因素，科学合理分类设置，确保有效避灾。

（2）路线最优。工作地点可能有多条通往安全区域的避灾路线，在设置避灾路线时应充分对比、分析，在保证安全避险的情况下选择最短的路线为避灾路线。应注意的是，最短的撤退路线并不等于最短的撤退时间，还受到巷道通行难易程度的影响，包括巷道断面、坡度、风速及局部通行障碍物等。此外，灾害事故的发生发展具有诸多不确定性，为保证人员安全避险，美国煤矿通常对一个作业地点确定两条避灾路线，其中一条为优先级，在矿井避灾路线图上以不同颜色或线条表示，这种方法值得借鉴和参考。

（3）沿途通畅。避灾路线应尽量选择状况好、支护完整有效、设备设施少、风门数量最少的巷道，以缩短人员撤离时间。在矿井生产中应加强对避灾路线沿途巷道的日常管理、维护，保证巷道支护完好，沿途无影响人员撤离的障碍物，确保人员顺利撤离。

（4）适时修订。避灾路线要根据矿井采掘延伸情况及时修订，确保避灾路线适应灾变时避灾需要。

**第六百八十五条**　*矿井应当设置井下应急广播系统，保证井下人员能够清晰听见应急指令。*

**【解读】**本条是关于井下应急广播系统的规定。

在矿井突发紧急情况时，第一时间通知灾区和可能受影响区域人员，下达应急指令，指挥人员及时撤离，对减少人员伤亡具有十分重要的作用。目前，井下有有线、无线等多种通信方式，但应急广播系统能以最简捷、最快的途径通知井下人员，并指导其紧急疏散或采取相应安全措施，因此本条规定矿井应当设置井下应急广播系统。

应急广播系统一般由上位机、控制主机、信号传输部分、防爆音箱等组成，可集安全播报、调度指挥、公共语音等为一体，日常可以进行安全宣传、教育，在指定区域播放安全规章、措施、注意事项等，以增强职工安全意识；井下出现突发紧急情况时，可以根据事先设定程序，调动相关应急预案，指挥现场人员撤离；也可以人工调用应急预案语音材料，播放给指定区域，并可通过麦克风，直接下达应急指令。

为了在矿井突发紧急情况下，能够第一时间通知到所有受影响区域的人员，井下应急广播系统的设置，应保证井下人员能够清晰听见应急指令。

**第六百八十六条** 入井人员必须随身携带额定防护时间不低于 30 min 的隔绝式自救器。

矿井应当根据需要在避灾路线上设置自救器补给站。补给站应当有清晰、醒目的标识。

**【解读】** 本条是关于入井人员必须随身携带自救器及矿井避灾路线上设置自救器补给站的规定。

1. 关于井下人员随身携带自救器的规定

煤矿井下属于半封闭空间和管网式的巷道布置，一旦发生瓦斯煤尘爆炸或矿井火灾，井巷空气极易受到污染，爆炸或火灾产生的一氧化碳等气体具有强毒性，遇险人员如不能及时佩戴自救器，极可能受到伤害，因此本条规定入井人员必须随身携带隔绝式自救器。

矿用自救器有过滤式和隔绝式两种类型。由于过滤式自救器仅适用于空气中氧气浓度≥17%、一氧化碳浓度≤1.5%的环境，使用条件非常有限，安全性较差，已被列入《禁止井工煤矿使用的设备及工艺目录（第三批）》，自 2012 年 1 月起禁止使用。因此，煤矿井下必须使用隔绝式自救器。

隔绝式自救器有化学氧自救器和压缩氧自救器两种。隔绝式化学氧自救器根据化学生氧物质产生氧气、供人呼吸的原理制造，呼吸保护器与外界空气隔绝，呼吸方式为循环式闭路呼吸系统，人体呼气进入生氧药罐，药罐产生的氧气进入气囊，贮存起来，吸气时直接吸入气囊中的氧气，完成整个呼吸循环。压缩氧自救器依据高压储氧原理制造，主要由高压系统、呼吸系统及 $CO_2$ 过滤系统等组成，使用时人员呼吸的气体与外界隔绝。两种自救器均具有较高的安全性，但化学氧自救器的生氧过程为放热反应，可能造成人员呼吸气体的温度较高，长时间配用时舒适感较差；压缩氧自救器的体积和质量相对较大，维护工作较为复杂。

因自救器属个体逃生用品，必须体积小、质量轻、便于携带，且应有保护外壳，保证气密，并防止因碰撞而损坏。由于煤矿井下生产区域较大，突发紧急情况下需要撤离的距离较长，要求自救器必须有足够的防护时间，以保护遇险人员从危险区域撤到安全地带。我国生产的矿用自救器额定防护时间有 15 min、30 min、45 min、60 min 等规格，15 min 自救器已被列入《禁止井工煤矿使用的设备及工艺目录（第三批）》，自 2013 年 6 月底起禁止使用。因此，井下人员随身携带自救器的额定防护时间不得小于 30 min。

2. 关于避灾路线上自救器补给站的规定

虽然已规定井下人员随身携带自救器的额定防护时间不小于 30 min，但在 30 min 内人员的撤退距离一般不会超过 2 km，如果考虑巷道条件、人的生理心理等因素，这一距离可能更短。而我国大多数煤矿在突发紧急情况下人员的撤退距离达数千米甚至更长，仅仅依靠人员随身携带的自救器不足以保证人员安全撤离，因此本条规定在避灾路线上应设置自救器补给站，以在人员随身携带自救器氧气耗尽时更换新的自救器，继续撤离。

自救器补给站必须设置在避灾路线上，并有清晰、醒目的标识，以方便遇险人员在撤离过程中使用。建议补给站的设置注意以下方面：

（1）根据井巷条件、可能的遇险人员的数量及分布等，确定补给站的位置、存储的自救器的数量，以满足需要为原则。避灾路线上需要设置多个补给站时，补给站的间距应根据其中存放的自救器额定防护时间进行确定，并考虑一定的安全系数。美国煤矿一般配备 1 h 自救器。美国矿山安全与健康管理局（MSHA）推荐的在行人巷道中自救器补给站之间的最大距离参考值见表 6－1，可供借鉴。

表 6－1　MSHA 推荐的自救器补给站点间的最大距离参考值　　m

| 巷道平均高度 | 自救器存放柜布置地点间最大距离 |
| --- | --- |
| <1.02，爬行 | 671 |
| 1.02～1.27，鸭步走 | 1006.5 |
| 1.27～1.65，低头走 | 1342 |
| >1.65，直立 | 1738.5 |

（2）为提高续航能力，补给站内存放的自救器宜选用额定防护时间长的自救器，如 60 min、90 min 或 120 min 自救器等。鉴于化学氧自救器在长时间佩戴时易造成人员不适、甚至呼吸道灼伤的问题，美国煤矿多选用压缩氧长时自救

器。

（3）为保证人员更换自救器时的安全，补给站内应安装有线电话，接入压风系统和供水系统，并可存放一定数量的饮用水、急救用品和矿灯，为遇险人员提供更多的支持和保障。

（4）可以利用已有硐室或巷道建立补给站，也可建立移动舱式的补给站。

**第六百八十七条** 采区避灾路线上应当设置压风管路，主管路直径不小于100 mm，采掘工作面管路直径不小于50 mm，压风管路上设置的供气阀门间隔不大于200 m。水文地质条件复杂和极复杂的矿井，应当在各水平、采区和上山巷道最高处敷设压风管路，并设置供气阀门。

采区避灾路线上应当敷设供水管路，在供气阀门附近安装供水阀门。

**【解读】**本条是关于采区避灾路线上设置压风、供水管路的规定。

矿井突发紧急情况下人员撤离的制约因素多、情况复杂，为保证人员撤离的成功率，需要寻求一切可能的支持和保障。而我国煤矿井下均有压风系统和供水系统，空气和水又是人生命的基础保障，在人员撤离的路线上设置压风和供水管路是最好的选择，因此本条规定在采区避灾路线上应设置压风管路和供水管路。

压风管路主管路直径不小于100 mm，采掘工作面管路直径不小于50 mm是矿井压风系统的设计要求，目的是保证压风管路既能满足矿井正常生产情况下的压风需要，也能在突发紧急情况下为人员安全撤离提供支撑。压风管路上供气阀门的间隔越小，越有利于人员撤离时取得压风系统的支持，因此本条规定采区避灾路线上压风供气阀门的间距不大于200 m。同时，在供气阀门附近应设置供水阀门，既可提供更多的支撑保障和便于管理，又可在特殊情况下互为备用，提高保障程度。

水文地质条件复杂和极复杂的矿井，受水害的威胁较大。一旦发生水灾，遇险人员安全避险的基本原则应该是：沿标高较高的巷道撤退；当水势较大时，应尽量避开泄水主流，防止被水平流动的木料和矸石撞伤；当无法撤退时，选择标高尽可能高的巷道避险等待救援。因此本条规定，应当在各水平、采区和上山巷道最高处敷设压风管路，并设置供气阀门，以为避险人员提供保障。

**【案例】**2007年7月29日，河南某煤矿发生水灾，69人被困。畅通的井下电话成为希望热线，压风管道成为生命线，经过75个多小时的紧急营救，遇险人员全部安全脱险。

**第六百八十八条** 突出矿井，以及发生险情或者事故时井下人员依靠自救器或者1次自救器接力不能安全撤至地面的矿井，应当建设井下紧急避险设施。紧急避险设施的布局、类型、技术性能等具体设计，应当经矿总工程师审批。

紧急避险设施应当设置在避灾路线上，并有醒目标识。矿井避灾路线图中应当明确标注紧急避险设施的位置、规格和种类，井巷中应当有紧急避险设施方位指示。

**【解读】** 本条是关于井下紧急避险设施建设的规定。

1. 关于井下紧急避险设施建设的要求

煤矿井下属高危环境，受到自然灾害的严重威胁，与一般工业企业相比具有较大的发生灾害事故的可能性，而且一旦发生灾害事故，容易引发灾害事故耦合，紧急撤离制约因素多，应急救援困难，建立井下紧急避险，具有特别重要的意义和作用，也是采矿发达国家的通行做法。

突出矿井瓦斯灾害的威胁更加严重，且具有发生煤与瓦斯突出的危险。一旦发生突出，在极短的时间内从煤岩层中喷出大量煤与瓦斯，并伴随有动力现象，使井巷中充满大量瓦斯，并可能引起瓦斯爆炸和矿井火灾。如果未建立紧急避险设施，极可能造成大量人员伤亡。因此本条规定，突出矿井必须建设井下紧急避险设施。

矿井规模较大或井巷条件复杂，依靠随身携带自救器或1次自救器接力不能安全撤至地面的矿井，也应建设紧急避险设施，以保证遇险人员的安全。自救器接力指随身携带自救器氧气用尽后，更换补给站内存放的自救器后继续撤离。限定1次自救器接力的目的，是减少自救器接力过程中的诸多不确定性带来的安全风险，提高安全保障水平。

本条规定也借鉴了国外采矿发达国家的做法。例如，美国煤矿基本为低瓦斯矿井，高瓦斯矿井数量也很少，矿工一般配备1 h自救器，美国矿山安全与健康监察局规定，在矿工30 min或更短时间内能够到达地面的矿山不需布置紧急避险设施。

2. 关于井下紧急避险设施设计的要求

井下紧急避险设施的建设是一项系统工程，需要在充分考虑矿井的安全条件、井巷布置、采掘部署、人员分布、可能发生的灾害事故类型及可能的影响范围等的因素的基础上，分析矿井紧急避险的实际需求，研究紧急避险设施的布局、类型、功能及技术性能，并与安全监测监控、人员位置监测、压风、供水、通信等系统有机结合，以实现整体最优。因此本条规定，紧急避险设施的布局、类型、技术性能等具体设计，应当经矿总工程师审批。

为达到预期效果，建议紧急避险设施设计应坚持以下原则：

（1）科学合理。应在科学的设计计算、综合比对和试验验证的基础上进行设计，保证设计的每项内容均具备科学依据。

（2）安全可靠。紧急避险系统建设是生命工程，应以安全性和高可靠性为首选。紧急避险设施工作条件特殊、环境恶劣，应比常规矿用设备具备更高安全等级，并有保证随时能用的技术保障手段。

（3）因地制宜。应紧密结合矿井的具体条件和突发紧急情况下矿工安全避险的需求，进行针对性的具体设计，体现自身的特点和需求。要充分利用已有硐室、井巷建立紧急避险设施。

（4）简单实用。设计应力求简单，避免系统的复杂性增加失效点和失效概率，最大限度减少人员混用、滥用的概率。系统设施和功能应该实用，避免功能多样化、装修高档化带来新的不安全因素，应以满足紧急避险基本安全需求为目的。

建议紧急避险设施的设计，应包括以下主要内容：

（1）设计的目标、依据和原则。

（2）安全风险分析。重点是矿井可能发生灾害事故的地点、类型、危害程度及影响范围，可能出现的次生灾害；灾害事故条件下人员应急逃生的制约因素及成功可能性，可能需要紧急避险的人员数量及分布；应急避险可能遭遇的内外部环境条件及可能变化等，为紧急避险设施设计创造前提条件。

（3）紧急避险设施的布局设计。包括紧急避险设施的分布、类型与功能选择，与监测监控、人员位置监测、压风、供水、通信等系统的有机结合等。

（4）紧急避险设施结构与功能设计。包括建造位置选择、结构与功能设计、配套设备选型、设施配套等。

3. 关于井下紧急避险设施标识、指示的规定

紧急避险设施应设置在避灾路线上，以方便避险人员找到或及时使用避险设施。矿井避灾路线图中应明确标注紧急避险设施的位置、规格和种类，以使井下人员在日常生产中能清晰掌握紧急避险设施的位置和功能，在需要时能及时使用。紧急避险设施的规格主要指其额定避险人数，紧急避险设施的种类指永久避难硐室、临时避难硐室、可移动式救生舱或其他临时避险设施等。建议在日常安全培训及应急演练中将其作为重要内容。

为便于遇险人员在发生险情或事故时发现避险设施，避险设施设置处应有醒目的标识，井巷中应当有紧急避险设施的方位指示。各类标识、指示均应满足在矿灯照明下清晰可见的要求。

**第六百八十九条** 突出矿井必须建设采区避难硐室，采区避难硐室必须接入矿井压风管路和供水管路,满足避险人员的避险需要,额定防护时间不低于96 h。

突出煤层的掘进巷道长度及采煤工作面推进长度超过500 m时，应当在距离工作面500 m范围内建设临时避难硐室或者其他临时避险设施。临时避难硐室必须设置向外开启的密闭门，接入矿井压风管路，设置与矿调度室直通的电话，配备足量的饮用水及自救器。

**【解读】**本条是关于突出矿井紧急避险设施的建设要求。

1. 关于采区避难硐室的规定

突出矿井无论地质条件、煤层厚度与强度、煤层瓦斯等情况均比较复杂，具有更高的发生灾害事故的可能性。一旦发生突出事故，突出瓦斯影响范围广，波及速度快，人员紧急撤离受到更多因素的制约，因而突出矿井具有更多的紧急避险需求。因此本条规定，突出矿井必须建设采区避难硐室。

采区避难硐室属于永久避难硐室，服务于整个采区，因此应满足较高的安全要求。采区避难硐室必须接入矿井压风管路和供水管路，以取得矿井压风系统、供水系统的支持和保障。如果在险情或事故条件下能保证压风、供水系统的有效，避险人员的生命安全就有了保障，96 h的额定防护时间一般不会存在问题。

为保证采区避难硐室的安全可靠，结合国内外采矿发达国家的成功经验，建议其建造位置选择应注意以下问题：

（1）设置在避灾路线上，遇险人员、救护队员均容易到达。

（2）布置在稳定的岩层中，避开地质构造带、高温带、应力异常区以及透水危险区，服务期间不受采动影响。特殊情况下确需布置在煤层中时，应有控制瓦斯涌出和防止瓦斯积聚、煤层自燃的措施。

（3）远离潜在岩崩、淹井、火灾、爆炸等危险的区域，如变电硐室、爆炸材料库、油脂存贮设施或车辆停放、检修硐室等。

（4）前后20 m范围内巷道应采用不燃性材料支护，且顶板完整、支护完好，符合安全出口的要求。

根据《防治煤与瓦斯突出细则》等的要求，借鉴国内外采矿发达国家的成功做法，建议采区避难硐室建设应注意以下问题：

(1) 采用过渡室（二道门）结构，以尽量减少人员进出时外界环境对避险空间的影响。外侧门应为向外开启的防护密闭门，并设气幕，以在门开启时减少有毒有害气体涌入。

(2) 室内净高不低于2 m，长度和宽度根据额定避险人数确定，人均有效使用面积不少于1.0 $m^2$。避难硐室内支护良好，支护材料应阻燃、抗静电、耐高温、耐腐蚀。

(3) 设置与矿调度直通的电话，并与安全监控、人员位置监测系统有机结合。

(4) 配备足够的自救器。必要时储存一定的饮用水、食品及急救用品。有条件的矿井，可为避难硐室设置有直达地面的大直径钻孔。

2. 关于临时避险设施的规定

煤与瓦斯突出一般发生在采掘工作面。工作面从开始出现明显的突出预兆到发生突出之间的最短时间间隔一般为2～3 min，按照正常人9 km/h的逃跑速度，可以跑出300～450 m。因此本条规定，应在距离采掘工作面500 m范围内设置临时避难硐室或其他临时避险设施。

临时避难硐室为采掘工作面服务，为给避险人员提供必要的安全保障。临时避难硐室必须设置向外开启的密闭门，接入矿井压风管路，设置与矿调度室直通的电话，配备足量的饮用水及自救器。

根据《防治煤与瓦斯突出细则》等的规定，建议临时避难硐室的建设应注意以下问题：

(1) 设在采掘工作面附近和爆破工操纵放炮的地点，根据具体条件确定临时避难硐室数量及其距采掘工作面的距离。建设位置选择上尽量避免受到采动影响。

(2) 额定人数应能够满足采掘工作面最多作业人数时的避险需要。

(3) 存放足量食品、急救用品及防护时间不小于45 min的隔离式自救器，安设压风自救装置。

煤矿也可根据简单、实用、有效的原则，选用、研发其他临时避险设施，如可移动式救生舱、带避险功能的补给站等，以满足发生险情或事故时采掘工作面人员紧急避险的实际需要为原则。

**【案例】** 2008年8月1日，河南平顶山某矿发生煤与瓦斯突出，2名矿工及时躲进20 m外的避难硐室，成功获救。

**第六百九十条** 其他矿井应当建设采区避难硐室，或者在距离采掘工作面

1000 m 范围内建设临时避难硐室或者其他临时避险设施。

**【解读】** 本条是关于低瓦斯矿井、高瓦斯矿井紧急避险设施建设的规定。

其他矿井指除突出矿井以外的矿井，包括低瓦斯矿井和高瓦斯矿井。虽然其受瓦斯灾害的威胁没有突出矿井严重，但也存在发生窒息、中毒甚至燃烧、爆炸的可能性，低瓦斯矿井发生瓦斯事故的比例并不低就是例证，况且还必须考虑万一发生水灾、火灾、冲击地压等灾害事故时的紧急避险需要。因此本条规定，其他矿井应当建设采区避难硐室，或者在距离采掘工作面 1000 m 范围内建设临时避难硐室或者其他临时避险设施。

避险设施的建设根据矿井实际需要确定，可在采区避难硐室与临时避难硐室或其他临时避险设施之间选其一，也可相互配合构建。采区避难硐室、临时避难硐室的建设要求，执行《规程》第六百八十九条的规定。

规定在距离采掘工作面 1000 m 范围内建设临时避难硐室或者其他临时避险设施，主要是基于我国煤矿井下多采用长壁开采方式，且在采区避灾路线均布置有压风系统和供水系统而考虑的。国外的规定比较严格，如美国规定，在距生产工作面和正在安装或拆除开采机械的地点 1000 ft（约 305 m）之内应设置避险设施。南非规定，长壁开采时，距离工作面不超过 750 m 的地点建立避险设施；房柱式开采时，每 1000 m 设置避险设施。加拿大不列颠哥伦比亚省规定，避险设施必须设置在距离主要工作区域 500 m 的范围内。

**第六百九十一条** 突出与冲击地压煤层，应当在距采掘工作面 25 ~ 40 m 的巷道内、爆破地点、撤离人员与警戒人员所在位置、回风巷有人作业处等地点，至少设置 1 组压风自救装置；在长距离的掘进巷道中，应当根据实际情况增加压风自救装置的设置组数。每组压风自救装置应当可供 5 ~ 8 人使用，平均每人空气供给量不得少于 0.1 $m^3$/min。

其他矿井掘进工作面应当敷设压风管路，并设置供气阀门。

**【解读】** 本条是关于井下压风管路和压风自救装置设置的规定。

在突出与冲击地压煤层中进行采掘活动时，存在煤与瓦斯突出、冲击地压、岩爆等动力灾害的威胁。一旦发生动力灾害，从出现征兆到发生时间短、进展快、影响范围大，及时利用压风自救装置避险具有特别重要的意义，爆破又是容易诱发动力灾害的作业，因此本条规定，突出与冲击地压煤层，应当在距采掘工作面 25 ~ 40 m 的巷道内、爆破地点、撤离人员与警戒人员所在位置、回风巷有人作业处等地点，至少设置 1 组压风自救装置。

巷道掘进通常为独头通风，长距离掘进时一旦发生动力灾害，需要撤离的距离远，为保证遇险人员的安全避险，本条规定在长距离的掘进巷道中，应当根据实际情况增加压风自救装置的设置组数。

压风自救系统自 20 世纪 70 年代就开始在国内外一些突出矿井使用。如波兰在巷道设立 AW 412 压风呼吸站，日本在采区巷道安设急救袋，英国在采煤工作面设置压风自救装置，苏联在采区巷道和工作面设置急救供风装置等。在我国也有数十年的使用历史，并有诸多成功案例。1995 年，原煤炭工业部发布的《防治煤与瓦斯突出细则》就对已压风自救装置的设置提出要求。2019 年 7 月 16 日，原国家煤矿安监局印发的《防治煤与瓦斯突出细则》，明确指出压风自救系统应当达到下列要求：

（1）压风自救装置安装在掘进工作面巷道和采煤工作面巷道内的压缩空气管道上。

（2）在以下每个地点都应当至少设置一组压风自救装置：距采掘工作面 25 ~ 40 m 的巷道内、起爆地点、撤离人员与警戒人员所在的位置以及回风巷有人作业处等地点。在长距离的掘进巷道中，应当每隔 200 m 至少安设一组压风自救装置，并在实施预抽煤层瓦斯区域防突措施的区域，根据实际情况增加压风自救装置的设置组数。

（3）每组压风自救装置应当可供 5 ~ 8 人使用，平均每人的压缩空气供给量不得少于 $0.1\ m^3/min$。

本条规定平均每人压缩空气供给量不得少于 $0.1\ m^3/min$，是按照剧烈运动和紧张状态下健康人吸气量 60 ~ 80 L/min，并考虑维持呼吸面罩或气袋内正压及排除有害气体而确定的。

除突出矿井、冲击地压矿井外的其他矿井，虽然不受煤岩动力灾害的严重威胁，但可能存在瓦斯窒息、瓦斯煤尘爆炸、水灾、火灾等灾害事故发生的可能性，且掘进工作面通常为独头通风，通风可靠性受到诸多因素的影响，因此本条规定其他矿井掘进工作面应敷设压风管路，并设置供气阀门。为方便应急情况下的安全可靠使用，建议在压风管路上安装矿井压风自救装置。

**【案例】**20 世纪 80 年代，江西丰城某矿发生煤与瓦斯突出事故，36 人利用压风自救装置，成功获救。

**【案例】**2007 年，辽宁抚顺某矿发生煤与瓦斯突出事故，16 人利用压风自救装置，成功脱险。

**第六百九十二条** 煤矿必须对紧急避险设施进行维护和管理，每天巡检1次；建立技术档案及使用维护记录。

**【解读】** 本条是关于紧急避险设施维护管理的规定。

井下紧急避险设施是应急备用的重要安全设施，必须保证时刻完好、随时能用。由于其在正常情况下并不使用，不易发现其存在的问题及缺陷，也正因此紧急避险设施的维护管理的重要性更加突出。因此本条规定，煤矿必须对紧急避险设施进行维护和管理，每天巡检1次；建立技术档案及使用维护记录。

为加强对紧急避险设施的维护管理，建议注意以下几方面重要问题：

（1）指定机构负责，落实责任，建立规章制度。

（2）明确检查、检测、维修、配件（品）更换等的技术要求、方法和周期，设备故障处理的技术措施。紧急避险设施配套的设备和材料的使用、维护及配件（品）的更换，应严格执行产品使用说明书的规定。除每天对紧急避险设施进行1次巡检外，还要根据产品使用说明书的要求，定期进行检查、检测、功能测试和备品更换。

（3）紧急避险设施应设巡检牌板，记录巡检时间、巡检人及检查结果。配套用仪器仪表的检定、标定等应符合国家有关规定。经检查发现紧急避险设施不能正常使用时，应及时维护处理；不能及时处理时，应停止采掘作业。

（4）紧急避险设施内应悬挂或张贴简明、易懂的使用说明或操作流程，指导避险矿工正确使用。避险设施不得挪作他用，舱内不得存放任何无关物品，不得撤除或断开避险设施的供电、供风、监控、通信等系统。

（5）紧急避险设施技术档案应包括以下主要内容：设计、施工、安装、验收技术资料，配套设备材料的技术文件、合格证及安全标志证书或其他强制性认证证书复印件，使用、维护、检测、配件配品更换记录等。

# 第三章　救　援　队　伍

**第六百九十三条** 矿山救护队是处理矿山灾害事故的专业应急救援队伍。

矿山救护队必须实行标准化、军事化管理和24 h值班。

【解读】本条是关于矿山救护队的性质和管理标准的规定。

矿山救护队是处理矿井火、瓦斯、煤尘、水、顶板等各种灾害事故的专业队伍，是职业性、技术性组织。

矿山救护队的职业性在于：救护队员要以抢险救灾为中心任务，必须时刻保持高度警惕。严格管理、严格训练，熟悉矿井巷道路线，检查消除隐患，并有每天不少于6人/小队的两个救护小队执行昼夜值班任务。当矿井发生矿难事故时，接到事故通知后，按照标准要求值班小队应在1 min内出动（不需乘车时出动时不超过2 min）。

矿山救护队的技术性在于：为了完成抢险救灾工作，每个矿山救护队员必须熟悉矿井采掘、通风、机电、急救和处理矿井各种灾害事故以及安全法规等方面的技术业务知识；了解各种救护装备的性能、构造和维护保养，并能熟练操作和排除故障；掌握在处理矿井灾害过程中需要救护队进行的各种技术操作等。

根据《矿山救护队质量标准化考核规范》（AQ 1009—2007）要求：

矿山救护中队应每季度组织一次达标自检，矿山救护大队（独立中队）应每半年组织一次达标检查，省级矿山救援指挥机构应每年组织一次检查验收，国家矿山救援指挥机构适时组织抽查。

矿山救护大队质量标准化考核包括：组织机构、技术装备与设施、救护培训、综合管理、所属各矿山救护中队质量标准化考核共五项，满分为100分。五个项目中，前四项标准分合计为40分，第五项为所属矿山救护中队质量标准化考核（百分制计分）平均得分乘以60%。

矿山救护中队质量标准化考核包括：救护队伍及人员，救援培训，救援装备、维护保养与设施，业务技术工作，救援准备，医疗急救，一般技术操作，综合体质，军事化队容、风纪、礼节，综合管理共十项，满分为100分。

矿山救护大队、中队质量标准化考核分为四个等级：

特级：总分90分以上（含90分）

一级：总分85分以上（含85分）

二级：总分80分以上（含80分

三级：总分75分以上（含75分）

质量标准化考核75分以下，必须限期整改。

我国的矿山救护队从建队开始到现在一直保持的全称——军事化矿山救护队。主要任务是抢救矿工生命和国家财产。军事化的主要内涵是：矿山救护中队每天 24 h 保证有两个小队战备值班。当矿井发生矿难事故时，救护队接到紧急出动指令后，不管是在队值班的小队，还是在家休息的小队，都能够快速集结到位，保证高效率的抢险救灾。

**第六百九十四条** *矿山救护大队应当由不少于2个中队组成，矿山救护中队应当由不少于3个救护小队组成，每个救护小队应当由不少于9人组成。*

**【解读】** 本条是对矿山救护大队、中队、小队组织结构的规定。

矿山救护大队不少于 2 个中队，并设有技术科、战训科、后勤科等职能科室。救护大队抢险救灾责任范围和功能有：

（1）矿山救护大队是本矿区的救护指挥中心，当本矿区井下发生矿难事故时，协调指挥各中队联合作战。

（2）矿山救护大队是本矿区救护队员的演习训练和培训中心，负责组织各中队的比武，联合演习训练、抽查、达标验收、业务竞赛等活动。负责本区域救护队员的初培、复训和新技术、新装备推广专项培训工作。

矿山救护中队是独立作战的单位，不少于 3 个小队，并有相应的技术组、后勤组（包括司机、充填修理工等）。

（1）在矿井正常生产的情况下，矿山救护中队 3 个小队的工作安排是：每天应有 2 个小队分别担负值班、待机任务，第三个小队下井熟悉巷道或休息。

（2）当矿井灾害发生事故时，矿山救护队应根据矿井应急救援指挥部的指令快速紧急出动。发生火灾、爆炸、突出、事故时，按《规程》规定出动两个小队（第三个小队应很快集结到位），其他事故可以出动一个小队。

（3）所谓独立作战的单位，就是当服务区域内的某一个矿井发生不太严重的矿难事故时，中队可以通过合理安排三个小队进行灾区侦察完成抢险救灾任务。中队组织灾区侦察时，合理安排三个小队连续作业的正确部署是：一小队进入灾区侦察，二、三小队在井下新鲜风流基地待机准备接替或支援。当侦察小队发现遇险人员需要抢救外运时，第二或第三小队进入将遇险人员运出灾区，第一小队继续向前侦察。三个小队可以这样周而复始的连续循环作业 8 ~ 9 h，体现了中队是独立的作战单位。

矿山救护小队是抢险救灾最小的作战单位，不少于 9 名队员，设有正、副小队长。小队长是带领小队作战的指挥员。当井下发生矿难事故，不少于 6 个人的矿山救护小队进入灾区侦察或工作，工作时间应不大于 3 h。

**第六百九十五条** 矿山救护队大、中队指挥员应当由熟悉矿山救援业务，具有相应煤矿专业知识，从事煤矿生产、安全、技术管理工作5年以上和矿山救援工作3年以上，并经过培训合格的人员担任。

**【解读】**本条是关于矿山救护队大、中队指挥员任职资格的规定。

要求指挥员“熟悉矿山救援业务，具有相应煤矿专业知识”是因为矿山救护队的日常主要工作是针对矿井灾害事故的处置方面学习训练，准备救灾。因此，不熟悉矿山救援业务、不具有相应煤矿专业知识就不能胜任矿山救护队长的工作。

“从事煤矿生产、安全、技术管理工作5年以上和矿山救援工作3年以上”这是从安全生产和应急救援工作实践方面考虑，对矿山救护队大、中队指挥员的任职资格提出的要求。也就是说必须在煤矿工作至少8年以上，才有资格任职矿山救护队大、中队指挥员。矿山救护队大、中队指挥员要有指挥和带领矿山救护队参加抢险救灾的能力，若资历不够，在遇到矿难事故时就可能没有主见，就不能胜任队长职责，很好地完成应急救援任务。

“经过培训合格的人员担任”即要求矿山救护队大、中队指挥员必须持证上岗。

救护大队长处理事故的职责：

（1）及时随队出发到事故矿井，负责指挥各中队的矿山救护工作。

（2）在事故矿井，是负责矿山救护队工作的领导人，必要时亲自带领救护队下井进行矿山救护工作。

（3）参加抢救指挥部的工作，参与制定事故处理方案，并组织制定矿山救护队的行动计划和安全技术措施。

（4）掌握矿山救护工作进度，合理组织和调动战斗力量，保证救护任务的完成。

（5）与指挥部总指挥研究变更事故处理方案。

救护中队长处理事故时的职责：

（1）接到命令后，立即带领救护队员奔赴事故矿井，担负中队作战工作的领导责任。

（2）到达事故矿井后，命令各小队做好下井准备，同时了解事故情况，向抢救指挥部领取救护任务，制定中队行动计划并向小队传达任务。

（3）如果事故矿井领导人不在时，可根据矿井灾害预防和处理计划及事故实际情况立即开展救护工作。

（4）向小队长布置任务时，要讲明完成任务的方法、时间、应补充的装备、工具和救护时的注意事项等。

（5）在整个救护工作过程中，与工作小队保持经常联系，掌握工作进程，向工作小队及时供应装备和物资。

**第六百九十六条** 矿山救护大队指挥员年龄不应超过55岁，救护中队指挥员不应超过50岁，救护队员不应超过45岁，其中40岁以下队员应当保持在2/3以上。指战员每年应当进行1次身体检查，对身体检查不合格或者超龄人员应当及时进行调整。

**【解读】** 本条是关于矿山救护队指战员的任职年龄及身体健康检查标准的规定。

《矿山救护规程》规定，凡有下列疾病之一者，严禁从事矿山救护工作：

（1）有传染性疾病者。

（2）色盲、近视（1.0以下）及耳聋者。

（3）脉搏不正常，呼吸系统、心血管系统有疾病者。

（4）强度神经衰弱，高血压、低血压、眩晕症者。

（5）尿内有异常成分者。

（6）经医生检查确认或经实际考核身体不适应救护工作者。

（7）脸形特殊不适合佩用面罩者。

**第六百九十七条** 新招收的矿山救护队员，应当具有高中及以上文化程度，年龄在30周岁以下，从事井下工作1年以上。

新招收的矿山救护队员必须通过3个月的基础培训和3个月的编队实习，并经综合考评合格后，才能成为正式队员。

**【解读】** 本条是关于矿山救护队招收新队员基本条件的规定。

**第六百九十八条** 矿山救护队出动执行救援任务时，必须穿戴矿山救援防护服装，佩戴并按规定使用氧气呼吸器，携带相关装备、仪器和用品。

**【解读】** 本条是关于矿山救护队出动执行救援任务时，对着装和携带的装备、仪器和用品的规定。

穿戴矿山救援防护服装的意义是：一方面，防护服装有抗热和防辐射等功能，对矿山救护队员身体有保护作用；另一方面，防护服装的颜色和反光标志等非常醒目，在视线不好的环境容易辨认和发现。

矿山救护队紧急出动时，携带的氧气呼吸器是保证矿山救护队员自身安全最重要的防护装备。在不适宜呼吸环境抢险救灾时，只有佩用氧气呼吸器的矿山救护队员才能进入灾区抢救遇险人员和国家财产。

**【案例】** 某矿发生瓦斯突出事故，矿调度室通知“井下有伤工”有误，矿山救护队紧急出动时，在中队长的带领下，值班小队未携带氧气呼吸器。到现场后发现是瓦斯突出，但是因为小队没有携带氧气呼吸器不能进入灾区侦察，贻误了战机。事后，大队规定：“救护小队参加熟悉巷道、预防检查时，也必须携带氧气呼吸器和小队装备”。因为，救护小队在正常的参加熟悉巷道、预防检查的过程中是工作队；一旦井下现场发生矿难事故，预防检查的矿山救护小队身份应立刻转换为抢险救灾的战斗队。

矿山救护队紧急出动时，必须根据事故性质携带小队最低装备（见第六百九十九条解读）。

# 第四章　救援装备与设施

**第六百九十九条**　矿山救护队必须配备救援车辆及通信、灭火、侦察、气体分析、个体防护等救援装备，建有演习训练等设施。

**【解读】** 本条是关于矿山救护队配备救援装备及设施的规定。

矿山救护队的救援装备有大队、中队、小队和指战员个人装备分别见表6－2、表6－3、表6－4、表6－5。

表6－2　矿山救护大队（独立中队）基本装备配备标准

| 类别 | 装备名称 | 要求及说明 | 单位 | 大队数量 | 独立中队数量 |
|---|---|---|---|---|---|
| 车辆 | 指挥车 | 随有应急警报装置 | 辆 | 2 | 1 |
| | 气体化验车 | 安装气体分析仪器，配有打印机和电源 | 辆 | 1 | 1 |
| | 装备车 | 4～5 t 卡车 | 辆 | 2 | 1 |

表6-2（续）

| 类别 | 装备名称 | 要求及说明 | 单位 | 大队数量 | 独立中队数量 |
|---|---|---|---|---|---|
| 通信器材 | 移动电话 | 指挥员1部/人 | 部 | | |
| | 视频指挥系统 | 双向可视、可通话 | 套 | 1 | |
| | 录音电话 | 值班室配备 | 部 | 2 | |
| | 对讲机 | 便携式 | 部 | 6 | 4 |
| 灭火装备 | 惰气（惰泡）灭火装备 | 或二氧化碳发生器（1000 $m^3/h$） | 套 | 1 | |
| | 高倍数泡沫灭火机 | 400型 | 套 | 1 | |
| | 快速密闭 | 喷涂、充气、轻型组合均可 | 套 | 5 | 5 |
| | 高扬程水泵 | | 台 | 2 | 1 |
| | 高压脉冲灭火装置 | 12 L储水瓶2支；35 L储水瓶1支 | 套 | 1 | 1 |
| 检测设备 | 气体分析化验设备 | | 套 | 1 | 1 |
| | 热成像仪 | 矿用本质安全或防爆型 | 台 | 1 | 1 |
| | 便携式爆炸三角形测定仪 | | 台 | 1 | 1 |
| | 演习巷道设施与系统 | 具备灾区环境与条件 | 套 | 1 | 1 |
| | 多功能体育训练器械 | 含跑步机、臂力器、综合训练器等 | 套 | 1 | |
| | 多媒体电教设备 | | 套 | 1 | 1 |
| | 破拆工具 | | 套 | 1 | 1 |
| 信息处理设备 | 传真机 | | 台 | 1 | 1 |
| | 复印机 | | 台 | 1 | 1 |
| | 台式计算机 | 指挥员1台/人 | 台 | | |
| | 笔记本电脑 | 配无线网卡 | 台 | 2 | 1 |
| | 数码摄像机 | 防爆 | 台 | 1 | 1 |
| | 数码照相机 | 防爆 | 台 | 1 | 1 |
| | 防爆射灯 | 防爆 | 台 | 2 | 1 |
| 材料 | 氢氧化碳 | | t | 0.5 | |
| | 泡沫药剂 | | t | 0.5 | |
| | 炼油 | | t | 1 | |

表6-3 矿山救护中队基本装备配备标准

| 类别 | 装备名称 | 要求及说明 | 单位 | 数量 |
| --- | --- | --- | --- | --- |
| 运输通信 | 矿山救护车 | 每小队1辆 | 辆 | |
| | 移动电话 | 指挥员1部/人 | 部 | |
| | 灾区电话 | | 套 | 2 |
| | 程控电话 | | 部 | 1 |
| | 引路线 | | m | 1000 |
| 个人防护 | 4 h 氧气呼吸器 | | 台 | 6 |
| | 2 h 氧气呼吸器 | | 台 | 6 |
| | 便携式自动苏生机 | | 台 | 2 |
| | 自救器 | 压缩氧 | 台 | 30 |
| | 隔热服 | | 套 | 12 |
| 灭火装备 | 高倍数泡沫灭火机 | | 套 | 1 |
| | 干粉灭火器 | 8 kg | 个 | 20 |
| | 风障 | ≥4 m×4 m | 块 | 2 |
| | 水枪 | 开花、直流各2个 | 支 | 4 |
| | 水龙带 | 直径63.5或50.8 mm | m | 400 |
| | 高压脉冲灭火装置 | 12 L储水瓶2支，35储水瓶1支 | 套 | 1 |
| 检测仪器 | 呼吸器校验仪 | | 台 | 2 |
| | 氧气便携仪 | 数字显示，带报警功能 | 台 | 2 |
| | 红外线测温仪 | | 台 | 2 |
| | 红外线测距仪 | | 台 | 1 |
| | 多种气体检测仪 | $CH_4$、CO、$O_2$等3种以上气体 | 台 | 1 |
| | 瓦斯检定器 | 10%、100%各2台 | 台 | 4 |
| | 一氧化碳检定器 | | 台 | 2 |
| | 风表 | 机械中、低速各1台；电子2台 | 台 | 4 |
| | 秒表 | | 块 | 4 |
| | 干湿温度计 | | 支 | 2 |
| | 温度计 | 0~100 ℃ | 支 | 10 |

表6-3（续）

| 类别 | 装备名称 | 要求及说明 | 单位 | 数量 |
|---|---|---|---|---|
| 装备工具 | 液压起重器 | 或起重气垫 | 套 | 1 |
| | 液压剪 | | 把 | 1 |
| | 防爆工具 | 锤、斧、镐、锹、钎等 | 套 | 2 |
| | 氧气充填泵 | | 台 | 2 |
| | 氧气瓶 | 40 L | 个 | 8 |
| | | 4 h 呼吸器备用 1 个/台 | 个 | |
| | | 2 h 呼吸器，备用 | 个 | 10 |
| | 救生索 | 长 30 m，抗拉强度 3000 kg | 条 | 1 |
| | 担架 | 含 2 副负压多功能担架 | 副 | 4 |
| | 保温毯 | 棉织 | 条 | 3 |
| | 快速接管工具 | | 套 | 2 |
| | 手表 | 副小队长以上指挥员 1 块/人 | 块 | |
| | 绝缘手套 | | 副 | 3 |
| | 电工工具 | | 套 | 1 |
| | 绘图工具 | | 套 | 1 |
| | 工业冰箱 | | 台 | 1 |
| | 瓦工工具 | | 套 | 1 |
| | 灾区指路器 | 或冷光管 | 支 | 10 |
| 设施 | 演习巷道 | | 套 | 1 |
| | 体能训练器械 | | 套 | 1 |
| 药剂 | 泡沫药剂 | | t | 1 |
| | 氢氧化钙 | | t | 0.5 |

表6-4　矿山救护小队基本装备配备标准

| 类别 | 名称 | 要求及说明 | 单位 | 数量 |
|---|---|---|---|---|
| 通信器材 | 灾区电话 | | 套 | 1 |
| | 引路线 | | m | 1000 |
| 个人防护 | 矿灯 | 备用 | | 2 |
| | 氧气呼吸器 | 2 h、4 h 氧气呼吸器 1 台 | 台 | 2 |
| | 自动苏生器 | | 台 | 1 |
| | 紧急呼救器 | 声音≥80 dB | 个 | 3 |

表 6-4（续）

| 类别 | 名　称 | 要求及说明 | 单位 | 数量 |
| --- | --- | --- | --- | --- |
| 灭火装备 | 灭火器 |  | 台 | 2 |
|  | 风障 |  | 块 | 1 |
|  | 帆布水桶 |  | 个 | 2 |
| 检测仪器 | 呼吸器检验仪 |  | 台 | 2 |
|  | 光学瓦斯检定器 | 10%、100%各1台 | 台 | 2 |
|  | 一氧化碳检定器 | 检定管不少于30支 | 台 | 1 |
|  | 氧气检定器 | 便携式数字显示，带报警功能 | 台 | 1 |
|  | 多功能气体检测仪 | 检测 $CH_4$、CO、$O_2$ 等 | 台 | 1 |
|  | 矿用电子风表 |  | 套 | 1 |
|  | 红外线测温仪 |  | 支 | 1 |
| 装备工具 | 氧气瓶 | 2 h、4 h 氧气瓶备用 | 个 | 4 |
|  | 灾区指路器 | 冷光管或灾区强光灯 | 个 | 10 |
|  | 担架 |  | 副 | 1 |
|  | 采气样工具 | 包括球胆4个 | 套 | 2 |
|  | 保温毯 |  | 条 | 1 |
|  | 液压起重器 | 或起重气垫 | 套 | 1 |
|  |  |  | 把 | 2 |
|  | 铀顶斧 |  | 把 | 2 |
|  | 两用锹 |  | 把 | 1 |
|  | 小镐 |  | 把 | 1 |
|  | 矿工斧 |  | 把 | 2 |
|  | 起钉器 |  | 把 | 2 |
|  | 瓦工工具 |  | 套 | 1 |
|  | 电工工具 |  | 套 | 1 |
|  | 皮尺 | 100 m | 个 | 1 |
|  | 卷尺 | 2 m | 个 | 1 |
|  | 钉子尺 | 内装钉子各1 kg | 个 | 2 |
|  | 信号喇叭 | 一套至少2个 | 套 | 1 |
|  | 绝缘手套 |  | 副 | 2 |
|  | 救生索 | 长30 m，抗拉强度3000 kg | 条 | 1 |
|  | 探险棍 |  | 个 | 1 |

表6-4（续）

| 类别 | 名　　称 | 要 求 及 说 明 | 单位 | 数量 |
|---|---|---|---|---|
| 装备工具 | 充分夹板 | | 副 | 1 |
| | 急救箱 | | 个 | 1 |
| | 记录本 | | 本 | 2 |
| | 圆珠笔 | | 支 | 2 |
| | 备件袋 | | 个 | 1 |
| 其他 | 个人基本配备装备 | 不包括企业消防服装，见表8 | 套/人 | 1 |

注：1. 急救箱内装止血袋、夹板、酒精、碘酒、绷带、胶布、药棉、消炎药、手术刀、镊子、剪刀、以及止痛药、中暑药和止泻药等。

2. 备件袋内装保明片、防雾液、各种垫圈每件10个，以及其他氧气呼吸器易损件等。

表6-5　矿山救护队指战员（含兼职矿山救护队指战员）个人基本装备配备标准

| 类别 | 装备名称 | 要 求 及 说 明 | 单位 | 数量 |
|---|---|---|---|---|
| 个人防护 | 氧气呼吸器 | 4 h | 台 | 1 |
| | 自救器 | 压缩氧 | 台 | 1 |
| | 战斗服 | 带反光标志 | 套 | 1 |
| | 胶鞋 | | 双 | 1 |
| | 毛巾 | | 条 | 1 |
| | 安全帽 | | 顶 | 1 |
| | 矿灯 | 双光源、便携 | 盏 | 1 |
| 检测仪器 | 温度计 | | 支 | 1 |
| 装备工具 | 手套 | 布手套、线手套各1副 | 副 | 2 |
| | 灯带 | | 条 | 2 |
| | 背包 | 装战斗服 | 个 | 1 |
| | 联络绳 | 长2 m | 根 | 1 |
| | 氧气呼吸器工具 | | 套 | 1 |
| | 粉笔 | | 支 | 2 |

救护队的演习训练设施主要有：

（1）演习设施：地面和地下演习巷道。主要作用是设置矿井灾害事故，有计划地组织佩用氧气呼吸器的矿山救护队模拟处置训练。

（2）训练设施：地面训练场和综合训练馆。地面训练场设置有传统训练项目的五部联合训练器材和检力器；综合训练馆设置有多功能健身器材和矿山救护队员体能、心理素质综合测试评价系统。

**第七百条** 矿山救护队技术装备、救援车辆和设施必须由专人管理，定期检查、维护和保养，保持战备和完好状态。技术装备不得露天存放，救援车辆必须专车专用。

**【解读】** 本条是关于矿山救护技术装备、救护车辆的管理的规定。

古人云："工欲善其事，必先利其器"。当矿井发生事故时，为了保证抢险救灾工作的顺利进行，需要完好的矿山救护技术装备快速地投入抢险救灾。因此，矿山救护队的技术装备必须专人管理，定期检查、维护和保养，保持100%完好的战备值班状态。

大、中队库房备用的仪器装备及库存物品要保持完好状态，每月由专人进行检查和保养，并做好工作记录。

小队装备必须根据小队人员进行分工保管，严格按规定检查、登记，使小队和个人装备经常保持"全、亮、准、尖、利、稳"六字要求。

当矿井发生事故时，参加事故抢救的矿山救护队和技术装备都需要矿山救护车运输到现场。因此，为了保证矿山救护队和技术装备能够快速投入抢险救灾的要求，矿山救护车必须专车专用，定期检查、维护和保养，保持100%完好的战备值班状态。

矿山救护队的司机必须坚守岗位，认真执行交接班制度，并认真填写出车记录。遵守劳动纪律，不准私自开动车辆做与救护无关的事情。

**第七百零一条** 煤矿企业应当根据矿井灾害特点，结合所在区域实际情况，储备必要的应急救援装备及物资，由主要负责人审批。重点加强潜水电泵及配套管线、救援钻机及其配套设备、快速掘进与支护设备、应急通信装备等的储备。

煤矿企业应当建立应急救援装备和物资台账，健全其储存、维护保养和应急调用等管理制度。

**【解读】** 本条是关于煤矿企业应储备必要的应急救援装备及物资并加强管理的规定。

**第七百零二条** 救援装备、器材、物资、防护用品和安全检测仪器、仪表，必须符合国家标准或者行业标准，满足应急救援工作的特殊需要。

**【解读】**本条是关于应急救援工作需要的装备、器材、物资等必须符合相关标准的规定。

# 第五章 救 援 指 挥

**第七百零三条** 煤矿发生灾害事故后，必须立即成立救援指挥部，矿长任总指挥。矿山救护队指挥员必须作为救援指挥部成员，参与制定救援方案等重大决策，具体负责指挥矿山救护队实施救援工作。

**【解读】**本条是关于煤矿发生灾害事故后成立救援指挥部的规定。

为了保障矿山应急救援工作的各个方面顺畅和有效运转，应立即成立由事故矿山企业负责人、上级领导、政府和国家应急救援管理部门等人员组成的指挥部，并应建立一条明确的指挥链，确保应急救援工作有效运转。

(1) 矿长是总指挥，位于指挥链的最顶端，对应急救援工作全面负责。

在抢险救灾期间每一班，矿长都要任命两名指挥员：其中一名负责协调新鲜风流基地的指挥工作；另一名负责在指挥中心接收新鲜风流基地工作的指挥员上报的灾区救护小队侦察信息，并代表指挥中心为新鲜风流基地工作的指挥员提供帮助和指导意见，指挥灾区救护小队工作。

(2) 总工程师是副总指挥，是协助矿长做好应急救援工作的主要助手之一，负责事故处理的技术工作。总工程师带领专家组收集和研究事故现场采集的所有信息，判断矿山事故处置过程中可能产生的变化和发展趋势，并制定相应的技术应对措施。

(3) 矿山救护队是指挥链中非常重要的一个链环。矿山救护指挥员是指挥部的成员，必须参与制定救援方案等重大决策，并与总指挥（矿山企业安全矿长、总工程师）或负责救护队工作的政府和国家应急救援指挥中心的官员进行联系。负责救护队的全面管理和事故现场的具体救护指挥工作。

(4) 应急救援指挥部的所有人员，都必须准确地知道自己在指挥链中的职责和任务。如接受谁的指挥，完成任务后向谁报告、谁向自己报告等。

**第七百零四条** 多支矿山救护队联合参加救援时，应当由服务于发生事故煤矿的矿山救护队指挥员负责协调、指挥各矿山救护队实施救援，必要时也可以由救援指挥部另行指定。

**【解读】**本条是关于有多支矿山救护队联合参加救援时，协调、指挥各队实施救援工作负责人的规定。

多支矿山救护队联合参加救援时，事故矿井的救护队需要与其他矿山救护队联合作战时，为了保证抢险救灾工作的有序进行，应成立矿山救护队联合作战部，由事故矿井的救护队指挥员担任作战部指挥协调各救护队实施救援。如其不能胜任指挥工作时，再由指挥部另行委任熟悉事故矿井情况、懂救护知识、有指挥能力的人担任作战部指挥员。

**第七百零五条** 矿井发生灾害事故后，必须首先组织矿山救护队进行灾区侦察，探明灾区情况。救援指挥部应当根据灾害性质，事故发生地点、波及范围，灾区人员分布、可能存在的危险因素，以及救援的人力和物力，制定抢救方案和安全保障措施。

矿山救护队执行灾区侦察任务和实施救援时，必须至少有1名中队或者中队以上指挥员带队。

**【解读】**本条是关于矿井发生灾害事故后，必须进行灾区侦察的规定。

灾区侦察：侦察一词是军事用语，它体现了我国矿山救护队实行军事化管理的特色，准确的用词应该叫灾区勘察。需要进行灾区侦察的矿难事故多数是火灾、爆炸和突出等灾害事故。

矿山救护队进行灾区侦察的技术要求：一个小队进入灾区侦察，另一个小队在井下新鲜风流基地待机。侦察小队随时把已探明灾区的情况通过灾区电话向井下新鲜风流基地传递信息，井下新鲜风流基地的指挥员随时向地面救援指挥部汇报灾区情况。救援指挥部根据侦察小队汇报的情况研究判断，采取措施，再让井下新鲜风流基地指挥员通过灾区电话把救援指挥部的指令传递给侦察小队，指导侦察小队工作。当侦察小队遇到困难或需要时，基地待机小队进入支援。

当矿井发生矿难事故时，因为井下的系统已经被破坏，指挥部只有派救护队进行灾区侦察之后，才能弄清楚灾区现场的情况，才能根据矿山救护队探明的灾害性质、发生地点、波及范围、遇险人员分布、通风设施被破坏等情况，制定合理、有效的救灾方案指导下一步工作。因此，为了安全高效地完成灾区侦察和实施救援任务，矿山救护队必须至少有1名中队或中队以上指挥员带队。

**第七百零六条** 在重特大事故或者复杂事故救援现场，应当设立地面基地和井下基地，安排矿山救护队指挥员、待机小队和急救员值班，设置通往救援指挥部和灾区的电话，配备必要的救护装备和器材。

地面基地应当设置在靠近井口的安全地点，配备气体分析化验设备等相关装备。

井下基地应当设置在靠近灾区的安全地点，设专人看守电话并做好记录，保持与救援指挥部、灾区工作救护小队的联络。指派专人检测风流、有害气体浓度及巷道支护等情况。

**【解读】**本条是关于矿井发生重特大事故或复杂事故时，设立地面基地和井下基地的相关规定。

1. 地面基地设置要求

（1）设置救护队待命区。当救护队抵达现场后，向指挥部报到并进行登记、待命的一块救护区域。

（2）设置设备调试区。应该在有水、靠近设备存放室的地方设置一个调试区。救护队员自己可以进行设备的清洗、测试和准备，保证基地内各种器材、仪器的完好战备状态。如方便，可以将驻矿救护队所在地当作调试区。

（3）救护队指挥员担任地面基地负责人时，其职责为保证基地正常有效的工作，安排通讯员、气体化验员、仪器修理员、汽车司机等人员值班。地面基地负责人应做到：

① 按救护队工作图表及时派地面基地待机小队下井接班。

② 及时把所需要和回收的救护器材储存于基地并进行登记。

③ 及时向矿山救护队指挥员报告救护人员报到情况。

④ 及时向矿山救护队指挥员报告器材消耗、补充和储存情况。

2. 井下基地设置要求井下基地是链接地面指挥部与井下的桥梁

（1）井下基地应设置在靠近灾区新鲜风流处的安全地点。为保证井下基地发挥作用，基地内必须配有作为接应救援力量的待机队，直通指挥部和灾区的通信设备，根据救灾需要储备的必要的救护装备和器材，为抢救遇险人员和救治受伤人员的值班医生和器材，为及时分析灾区有关气体成分的监测仪器，供救援人员充饥的食物和饮料等。

（2）为了有效地协调指挥井下救灾工作，抢救指挥部应选派有救灾经验和救护知识的人员担任井下基地负责人，具体负责整个井下救灾的指挥工作。为了保证救灾命令和灾情信息的及时准确传递，井下基地电话应设专人看守，做好记录，并经常和地面指挥部、地面基地和灾区工作的救护小队保持联系。

（3）灾情的变化可能波及和影响井下基地。为了保证井下基地的安全，在救灾过程中，基地指挥负责人应设专人检测基地及其附近可能影响基地安全区域的有毒有害气体浓度及其他情况的变化，以便采取应急措施。在处理有爆炸危险的事故时，为了及时准确地掌握灾区气体的变化，保证进入灾区工作小队的安全，井下基地必须设置能够快速化验《规程》规定的矿井有毒有害气体的便携式气相色谱仪。

（4）基地需要向灾区方向推进时，应得到指挥部的许可并通知灾区工作小队，否则可能发生危险。

**第七百零七条** 矿山救护队在救援过程中遇到突发情况、危及救援人员生命安全时，带队指挥员有权作出撤出危险区域的决定，并及时报告井下基地及救援指挥部。

**【解读】** 本条是关于矿山救护队在救援过程中遇突发情况带队指挥员有权做出撤出危险区域的决定的规定。

小队在灾区侦查过程中，当遇到灾情发生变化的突发情况时，带领小队侦察的矿山救护指挥员有权终止正在进行的救护工作，立即下令撤出救灾人员，然后再及时报告井下基地和救援指挥部。

抢险救灾过程中，当遇到灾情发生变化的突发情况时，井下基地指挥的救护指挥员有权终止正在进行的救护工作，撤出救灾人员，并及时汇报地面指挥部。例如，在处理火灾或瓦斯等有爆炸危险的矿难事故，当发现便携式气相色谱仪检测到灾区气体有爆炸危险时，为了保证救护人员的安全，基地指挥员应先下令撤出救灾人员，然后再及时向地面指挥部报告。

在救援过程中遇到的突发情况主要有：

（1）救护队员身体不适或配用的氧气呼吸器出现故障难以排除时，全小队必须立即撤出（见《规程》第七百零九条）。

（2）处理火灾事故过程中，应保持通风系统的稳定，指定专人检查瓦斯和煤尘，观测灾区气体和风流变化。当瓦斯浓度超过 2%，并继续上升时，必须立即将全体人员撤到安全地点，采取措施排除爆炸危险（见《矿山救护规程》10.1.1.1.14）。

（3）进入高温区的最长时间超过规定值（见《规程》第七百一十一条）。

（4）在高温作业巷道内空气升温梯度达到0.5～1 ℃/min时，小队应返回基地，并及时报告井下基地指挥员（见《矿山救护规程》10.1.1.2.3）。

（5）巷道烟雾弥漫能见度小于1 m时，严禁救护队进入侦察或作业需采取措施，提高能见度后方可进入。（见《矿山救护规程》10.1.1.1.16）。

（6）井下基地附近的空气中有毒有害气体超过安全界限规定时。

本条明确了井下抢险救灾过程中遇到突发情况，危及救援人员安全时，授予带队指挥员先动作后汇报的权利。

# 第六章　灾　变　处　理

**第七百零八条**　处理灾变事故时，应当撤出灾区所有人员，准确统计井下人数，严格控制入井人数；提供救援需要的图纸和技术资料；组织人力、调配装备和物资参加抢险救援，做好后勤保障工作。

**【解读】**本条是关于处理矿井灾变事故的规定。

所谓灾变事故，就是随着事故处理的时间延长，灾情会产生变化出现危险情况或造成次生事故的事故。例如，处理火灾事故封闭火区时，密闭墙会随着时间的延长而增长，风流会随着密闭强的升高而下降，瓦斯浓度会随着风流的下降而升高。这样的灾情变化会使密闭墙越接近封顶时，瓦斯爆炸的危险越大。因此，在处理灾变事故时，为了保证安全救灾，处理得越快越安全。

在处理灾变事故时，为了防止发生危险情况危及人员的安全，应当撤出灾区和灾区附近的所有人员。入井参加救灾的人除了矿山救护队员以外，越少越好。

为了保证快速、准确的处理好灾变事故，事故矿井指挥部必须提供救援需要的图纸和技术资料；例如，给入井侦察或工作的矿山救护队及时提供一张发生事故前井下通风系统图纸，它一方面是矿山救护队搜索前进的参考，另一方面可以作为矿山救护队进入灾区侦察或工作的记录本。矿山救护队随时把侦察途中发现的情况记录在图纸上并及时通过井下基地向地面指挥部报告。地面指挥部接到井下基地的报告后组织专家快速地研究，及时指导灾区的矿山救护队下一步工作。这样周而复始的循环，一直到灾区侦察工作结束。

为了保证快速、安全地处理好灾变事故，事故矿井指挥必须根据灾情：

(1) 组织充足的人力。应急救援指挥部应及时评估完成整个救灾工作需要的时间。并按照每个呼吸班 3 h 召请矿山救护队参加抢险救援。

(2) 俗话说：兵马未到，粮草前行。抢险救援工作和军队打仗一样，做好后勤保障工作也是非常重要。否则，就会延误抢险救援的时间，有的甚至造成矿山救护队自身伤亡的次生事故。

**【案例】**2006 年 8 月贵州省某煤矿发生火灾。在准备建挡水墙待料时，突然发生瓦斯爆炸，造成现场的 11 名救护队员中，8 名救护队员牺牲，2 名救护队员受重伤和 1 名指挥员受轻伤的事故，教训极为深刻。

**第七百零九条** 进入灾区的救护小队，指战员不得少于 6 人，必须保持在彼此能看到或者听到信号的范围内行动，任何情况下严禁任何指战员单独行动。所有指战员进入前必须检查氧气呼吸器，氧气压力不得低于 18 MPa；使用过程中氧气呼吸器的压力不得低于 5 MPa。发现有指战员身体不适或者氧气呼吸器发生故障难以排除时，全小队必须立即撤出。

指战员在灾区工作 1 个呼吸器班后，应当至少休息 8 h。

**【解读】**本条是关于进入灾区工作的救护小队人数、携带的装备及工作制度的规定。

(1) 小队进入灾区侦察或工作时，按照标准要求正小队长在前面负责敲帮问顶带路、副小队长携带灾区电话负责和井下基地报告侦察情况，在侦察过程中，如果发现遇险人员，按照标准快速诊断后需要外运时，至少需要 4 个救护队员抬担架，因此，进入灾区的救护小队的指战员不得少于 6 人。小队中的其他队员都携带着完成抢险救灾工作必要的救护装备，大家组成的小队是一个相互配合的战斗集体，因此，小队的队员之间必须保持在彼此能看到或听到信号的范围内，小队才能够保证安全、高效率的行动。在侦察过程中，任何情况下指战员的单独行动只能给本人和小队带来麻烦和危险，对完成任务没有任何帮助作用。

(2) 救护指战员进入灾区前必须检查氧气呼吸器，也称为氧气呼吸器的战前检查，目的是保证指战员佩用的氧气呼吸器是合格的。矿山救护队员佩用合格的氧气呼吸器对于完成抢险救灾任务是非常重要的。因为氧气呼吸器的完好是进入灾区指战员的生命安全的保证。氧气压力是保证氧气呼吸器使用时间的一项主要指标，为了完成抢险救灾任务，氧气呼吸器的压力不得低于18 MPa。

氧气呼吸器是一种带压缩氧气储备的隔绝再生式闭路循环呼吸保护装备（主要供矿山救护队员在窒息性或有毒气体环境中进行矿山救护工作时使用）。救护队员佩戴的是工作型4 h呼吸器，有时救护队员又把它叫作“机器”。氧气呼吸器被救护队员形象地称为救命器和救护指战员的第二生命。

（3）进入灾区侦察或工作时，矿山救护指战员佩用的氧气呼吸器允许氧气压力消耗的规定。小队进入灾区从事救护工作时，在任何情况下只允许消耗13 MPa气压氧气，必须保留5 MPa气压氧气，供返回途中万一发生故障时使用。在倾角小于15°的巷道中行进时，只允许将1/2允许消耗的氧气量消耗于前进途中，其余1/2用于返回途中；在倾角大于15°的巷道中行进时，将2/3允许消耗的氧气量用于上行，1/3用于下行。

氧气呼吸器中的氧气是救护队员在灾区维持生命必需的，没有氧气救援人员就不能在灾区生存。在灾区侦察过程中，因为灾区内的情况瞬息万变，有的情况可能延误小队的撤出时间。还应特别注意，救护队员的氧气呼吸器也可能突然发生故障而增大氧气的消耗，如高压跑气等，致使来不及撤出氧气就已消耗殆尽。因此，小队在灾区行进或工作时，小队长应每隔20 min检查一次队员的氧气压力，以氧气压力最低的一名队员的氧气呼吸器为准，确定返回时间。否则，就可能会发生危险。

**【案例】**2006年10月18日河北某煤矿发生瓦斯爆炸事故，在封闭采煤工作面进风巷道风墙的工作中，因为没有及时采取检查氧气呼吸器的压力的有效措施，当发现有一个队员的正压氧气呼吸器的氧气压力已经很低时，队长下令立即撤出。但是，因为剩余的氧气压力不够用，造成这名队员牺牲的惨痛教训。

因此，为了保证矿山救护指战员的安全，《规程》规定：小队进入灾区从事救护工作时，必须保留5 MPa气压氧气，供返回途中万一发生故障时使用。

（4）救护小队是抢险救灾的最小作战单位，小队人员之间都有明确分工和自己分管的装备。当小队长发现队员身体不适或呼吸器发生故障难以排除时，安排1～2人护送或让其自己撤出时，一方面，在护送途中队员病情加重或出现新的情况，都是不安全的；另一方面，因为安排1～2个人护送后，留在灾区的人员由于缺员已经不是一个完备的作战单位了。在这种情况下参加灾区侦察或事故抢救都是存在危险的。因此《规程》规定：矿井发生矿难事故后，在矿山救护小队侦察或工作过程中，小队长如果发现队员身体不适或呼吸器发生故障难以排出的问题时，必须立即带领全小队撤出灾区。体现了“以人为本安全施救”的理念。

佩戴氧气呼吸器在灾区工作不同于正常的井下工作。由于灾区环境恶劣，负重工作及呼吸的不自然，使队员产生过大心理的压力，致使他们远远大于正常情况下的体力消耗。如果队员过于疲劳，就会使注意力分散，在灾区的恶劣环境下佩用氧气呼吸器就容易出现问题，就可能出现危险造成自身伤亡。所以《规程》规定：矿山救护指战员工作在灾区 1 个呼吸器班后，应至少休息 8 h。

1 个呼吸器班：救护队员佩戴工作型的氧气呼吸器去灾区侦察或工作，自呼吸器供氧开始到将允许消耗的氧气用完后的时间总和。一般为 3 h 左右。

**第七百一十条** 灾区侦察应当遵守下列规定：

（一）侦察小队进入灾区前，应当考虑退路被堵后采取的措施，规定返回的时间，并用灾区电话与井下基地保持联络。小队应当按规定时间原路返回，如果不能按原路返回，应当经布置侦察任务的指挥员同意。

（二）进入灾区时，小队长在队列之前，副小队长在队列之后，返回时则反之。行进中经过巷道交叉口时应当设置明显的路标。视线不清时，指战员之间要用联络绳联结。在搜索遇险遇难人员时，小队队形应当与巷道中线斜交前进。

（三）指定人员分别检查通风、气体浓度、温度、顶板等情况，做好记录，并标记在图纸上。

（四）坚持有巷必察。远距离和复杂巷道，可组织几个小队分区段进行侦察。在所到巷道标注留名，并绘出侦察线路示意图。

（五）发现遇险人员应当全力抢救，并护送到新鲜风流处或者井下基地。在发现遇险、遇难人员的地点要检查气体，并做好标记。

（六）当侦察小队失去联系或者没按约定时间返回时，待机小队必须立即进入救援，并报告救援指挥部。

（七）侦察结束后，带队指挥员必须立即向布置侦察任务的指挥员汇报侦察结果。

**【解读】** 本条是关于矿山救护队进行灾区侦察的具体规定。

因为，灾区侦察既是一项面对复杂环境和很多未知情况的工作，又是一项面对多变量和危险的艰苦工作。它是救援指挥部制定救灾方案决策的基础依据。矿山救护队在进行灾区侦察时，应该时刻牢记救护队的安全是第一位的，抢救遇险人员是第二位的，恢复矿井正常是第三位的。在救护队前进时，要检测气体并评估现场条件，寻找遇险者的线索，将所有发现纪录在矿图上并报告新鲜风流基地。

（一）侦察小队应根据需要携带必要的救援装备，进入灾区前与基地指挥员和待机小队约定返回时间与路线，侦察期间用灾区电话与基地保持联系。侦察小队携带的救援装备主要是抢救遇险人员和保证自身安全必需的。

发生事故后，灾区巷道支护多数都有不同程度的破坏，虽经加固或临时支护，但依然存在着坍塌的可能。所以小队进入灾区前，应考虑退路被堵后应采取的措施（被堵后的生存及营救的方法、人力物力的准备等）；与基地指挥员和待机小队约定返回时间，并用灾区电话与井下新鲜风流基地保持不间断的联络。一旦发现与侦察小队的通信联络中断，井下新鲜风流基地的指挥员应立即指挥待机小队进入支援。同时，侦察小队在侦察过程中也要注意观察现场的一些便利条件（可以利用的水管、压风管等给被堵人员输送空气、食物和水等），以备万一被堵后能够迅速地组织自救。

（二）对小队行进时的队列顺序进行规定，既有利于防止小队人员混乱，造成人员丢失，又有利于搜索遇险遇难人员，保证全断面的搜索。小队长首先进入未侦察的区域，检查气体、顶板和巷道两帮的情况，且小队长在前能够根据视线、障碍等情况调整步伐，控制队伍的前进速度。

在救护队侦察前进时，一直拖在后面的灾区电话线或探险绳会标记着他们在矿井中的路线。队长或副队长用粉笔在重要的地点做标记，即做路标。做法如下：在救护队行进的过程中，队长或副队长在每一个改变前进方向的交叉口的边帮上画箭头，箭头所指的方向是新鲜风流基地的方向。在救护队返回新鲜风流基地时，队长或副队长在每个箭头上划上×，表示救护队经过了这点。

标记行进路线有两个作用：①帮助救护队找到返回新鲜风流基地的路；②如果需要待机的救护小队支援，待机小队能够据此判断救护小队所走过的路线。

视线不清时，对灾区内的积水、淤泥、暗井、溜煤眼，较深的水沟、地沟等不能准确避开，这时就需要用棍探测前进，为防止队员不慎坠落及保持队员之间的及时联系，队员之间要用联络绳联结。

侦察小队在搜索遇险遇难人员时，为了保证走过的巷道不留死角，小队队形应与巷道中线斜交前进。

（三）小队进入灾区侦察时，必须检查的要素，并标记在图纸上的规定。

（1）测风。通过检查通风情况，可以判断矿井通风系统的破坏情况并据此准备的措施。

（2）气体浓度检测。监测矿井空气中氧气、甲烷、一氧化碳的含量是救护队进行灾区侦察中的一个非常重要的任务。在每一个巷道交叉口、联络横巷、端头、独头巷及每一个采区的工作面都要进行监测。在要过的风门、风墙或风帘的另一侧，特别是要进入的另一侧的情况不明时，也需要进行监测。如遇烟雾或有潜在危险的气体时，应在前进中频繁地监测并取气样用气象色谱仪化验以掌握气体含量水平。

（3）温度。灾区气体的温度也是一个非常重要的参数。当巷道内气温超过30 ℃时，就应特别注意矿山救护队员佩用氧气呼吸器时的身体状况并限制连续作业时间。当灾区巷道内空气升温梯度达到0.5～1 ℃/min 时，带队指挥员应立即带领小队返回基地，并及时报告井下基地指挥员。

（4）察看和测试顶板和边帮。灾区侦察时，在救护队员进入该区域之前，队长应先察看和测试顶板：①目视：在救护队前进时，救护队长应不停地观察顶板和巷帮，顶板察看应从一侧的巷帮到另一侧的巷帮；②顶板勘察：在用目光查看显示顶板和边帮可能有危险时，小队应在通过前先剥落松散的物质或进行支撑。如果空间允许，救护队可以从危险顶板的左边或右边绕过。通常应用粉笔或其他工具标出该危险区域并在矿图上标注，让该危险区域很容易被认出，以便在队伍撤回时绕行。留下该标记，还可对后来的救护队起提醒作用。

在烟雾很浓无法进行观察时，必须注意地面上的新坠落物。此时，队长应在队伍前面先用探测棍对场地进行探测。在烟雾很浓的区域行进十分危险，通常的做法是在危险区域用粉笔或其他工具标注记号，并将它的地点写在矿图上。在这种情况下，指挥中心应估计所有的因素来决定救护队的下一步动作：①是否需要绕行；②支护后再通过。

（四）坚持有巷必察，并签字留名和标图的规定。

（1）前进和全面侦察。在灾区行进时，侦察小队应做到有巷必查，并签字留名，确保小队与新鲜风流基地之间的巷道都是安全的。在远距离和复杂巷道中侦察时，由于侦察距离远和巷道复杂，增加了侦察的难度，延长了搜索时间。为了避免错过抢救人员的时机，可组织几个小队分区段侦察。但是，尽量不要进入被破坏的巷道。

（2）凡走过的巷道应标注留名，并绘出侦察路线示意图。

① 需要标记侦察过的区域有：在工作面、入口、联络横巷和有垮落物而不

通的路、障碍物、风墙以及其他阻止救护队前进的要点处，队长要标记留名并注明日期。这些要点还应标记在矿图上，作为一种可视记录。在矿图上还应标记的内容有：坏的顶板、矿井水、烟、灾区气体浓度值和气样、水管和压缩空气阀门的位置和开关状态、灭火设备、发现遇险者和遇难者的位置、电力设备的类型和位置（开关状态）、材料的存贮区、火灾和爆炸的迹象、干粮袋、通风控制设备的情况，任何其他的重要情况、材料。

在小队进行侦察之前，绘图员应与新鲜风流基地的指挥员在一起，确定同时绘图的最佳方法。

② 绘出侦察线路示意图（基地绘图员）。在侦察小队前进时，绘图员应将在侦察过程中得到的各种信息记录在矿图上。同时，新鲜风流基地的指挥员将进展报告中所包括的内容标记在矿图上。这些相同的信息会传达到指挥中心，在那里会将救护队的发现标记在第三张矿图上。这样的“同步绘图”为指挥中心提供一个井下发生的事情的可视报告，表明队伍在行进过程中的活动和发展。这个矿图对抢险救灾是非常重要的，负责救援的地面指挥员以它为依据进行判断，并指挥救护队的行动。

（五）发现遇险人员应积极抢救，并做好标记的规定。

遇险人员：是指受伤或假死、还没有真正死亡的人员。抢救遇险人员是矿山救护队的首要任务，要创造条件以最快的速度、最短的路线，先将受伤、窒息的人员运送到新鲜空气地点进行急救。

抢救人员时的要求：

(1) 在引导及搬运遇险人员通过窒息区时，要给遇险人员佩戴全面罩氧气呼吸器或隔绝式自救器。

(2) 对有外伤、骨折的遇险人员要做包扎、止血、固定等简单处理。

(3) 搬运伤员时要尽量避免震动，防止伤员精神失常。

(4) 在抢救长时间被困在井下的遇险人员时，应有医生配合。

(5) 遇险人员不能一次全部抬运时，应给遇险者佩戴全面罩氧气呼吸器或隔离式自救器。多名遇险人员待救时，矿山救护队应根据“先活后死、先重后轻、先易后难、先近后远”的原则进行抢救；同时在发现遇险人员的地点要检查气体，并做好标记，为人员的救治和以后的事故分析提供依据。

（六）小队应按规定时间原路返回，如果不能按原路返回，应经布置侦察任务的指挥员同意。一旦发现与侦察小队失去联系或没按约定时间返回时，井下新鲜风流基地的指挥员应立即指挥待机小队进入救援，并及时报告救援指挥部。同时，侦察小队在侦察过程中也要利用现场的一些便利条件，创造一些营救自己的有利条件（可以利用水管、压风管等给被堵人员输送空气、食物和水），以备万一被堵后能够迅速地组织自救。

（七）侦察结束后，带队指挥员必须立即向布置侦察任务的指挥员汇报侦察结果。正常情况下，侦察小队需要返回新鲜风流基地时，带队侦察的指挥员应先向井下新鲜风流基地指挥员报告，得到允许后再动作；在侦察过程中遇到突发情况、危及救援人员生命安全时，带队指挥员可以先下令并带领小队撤出危险区，然后再及时报告井下基地及救援指挥部。

1. 返回新鲜风流基地

（1）完成任务返回基地。救护队保持一定的工作节奏非常重要，一定要为返回新鲜风流基地保留足够的氧气，以防任何不可预料的事情发生。同时，一定要考虑在返回新鲜风流基地时是非常疲惫的，所以返回基地所用的时间比前进过程中所用时间要长（保留 5 MPa 氧气的作用）。如果还带有遇险者，就需要更多的时间。

（2）遇到特殊情况返回基地：

① 如果救护队员的装备出现故障，队长可以命令救护队立即返回新鲜风流基地。

② 如果遇到了有可能爆炸的气体时，或不能扑灭的火情或突水时，队长也可以命令救护队立即返回新鲜风流基地。

③ 如果遇到无法绕过的但又非常危险的坏顶板时，队长也可以命令救护队立即返回新鲜风流基地。

当返回新鲜风流基地时，为了保证侦察工作准确无误，带队侦察的指挥员首先应与新鲜风流基地的指挥员交换意见，同时，救护队的绘图员和基地指挥员应比较他们所做的图上的标记是否一致。然后将本次侦察掌握的信息与接班要出发到灾区工作的救护队长交流。

2. 侦察结束返回地面

（1）小队长带领小队全体人员佩用氧气呼吸器完成的一个呼吸班的灾区侦察工作，是侦察小队、井下新鲜风流基地和地面指挥部三个点之间通过两条通道路线传递信息共同完成的一个呼吸班的侦察工作。

一条信息通道线是：侦察小队通过灾区电话将侦察情况随时向井下新鲜风流基地指挥员报告，井下新鲜风流基地指挥员再通过矿用电话及时向地面指挥部传递报告小队侦察信息；另一条信息通道线是：地面指挥部接收到侦察小队的侦察信息后，及时研判，迅速将产生的意见通过井下新鲜风流基地在传递给灾区侦察小队，指导小队进行下一步工作。

因此，这样周而复始的一个呼吸班的侦察工作完成后，井下新鲜风流基地的指挥员应与带队侦察的指挥员一起到救援指挥部，向布置侦察任务的指挥员汇报侦察结果。

（2）队长应组织参加救灾的全体救护队员都参加战后总结会。这时，主持会议的指挥员不仅应详细记录救护队员在侦察过程中看到的和所做的工作信息，还应该核对救护队的矿图，确认是否与标准图上的标记一致。

战后总结会是救护队灾区侦察工作中非常重要的一个环节，有些在井下侦察时感觉不重要或在进展报告中忽略的事情，在战后总结会上常常会变成影响下一步工作的重要因素。

**第七百一十一条** 矿山救护队在高温区进行救护工作时，救护指战员进入高温区的最长时间不得超过表27的规定。

表27 救护指战员进入高温区的最长时间

| 温度/℃ | 40 | 45 | 50 | 55 | 60 |
|---|---|---|---|---|---|
| 进入时间/min | 25 | 20 | 15 | 10 | 5 |

**【解读】**本条是关于救护指战员进入40 ℃以上高温区时对应的最长工作时间的规定。

（1）巷道内气温超过30 ℃（测点高1.6 ~1.8 m）时，即为高温。应限制佩用氧气呼吸器的连续作业时间。因为救护队员在高温环境中工作，非常容易中暑，其发病的机理是体温调节功能衰竭，体内蓄热、过热。当气温达到人的体温时，对流、辐射作用完全停止，唯一的散热方式是出汗蒸发，而蒸发的效果取决于空气的相对湿度，相对湿度低于30%，蒸发过快，会感到干燥；相对湿度大于80%，蒸发困难；相对湿度达到100%时，蒸发完全停止。中暑临床表现的主要特征为过热及中枢神经系统病状，多数出现昏迷。开始时大量出汗以后出现无盈汗，并伴有皮肤干热发红，严重时因呼吸循环衰竭造成死亡。所以，小队在高温的环境中工作时，救护指挥员应根据现场条件采取措施，严格规定救护队员佩用氧气呼吸器的连续作业时间。

（2）在高温区工作时，灾区巷道内的温度超过40 ℃，应禁止救护指战员佩用氧气呼吸器工作；灾区巷道内空气升温梯度达到0.5～1 ℃/min 时，带队指挥员应带领小队返回基地，并及时报告井下基地指挥员。小队退出时，井下基地指挥员必须立即向地面指挥部汇报。但需要进入抢救遇险人员时，应采取降温措施。

救人时，救援人员进入高温灾区的最长时间不得超过表27中的规定。

(3) 在高温区工作时，为了保证救护队员的安全，指挥员应制定行动计划，向出发的小队布置任务，并提出安全措施。进入高温区的小队：应设专人随时进行温度测定，并做好记录；通过灾区电话与井下基地保持不间断的联系，报告温度变化、工作完成情况及队员的身体状况。

当发现高温作业巷道内指战员身体有异常现象时，带队指挥员必须率领小队返回基地，并通知基地指挥员；此时基地指挥员应立即派待机小队进入支援。否则，可能出现危机救护队员生命安全的情况。

(4) 完成高温作业任务时，救护队员是非常疲劳的。在返回基地的途中，应缓步行走，并采取一些改善其感觉的安全措施；为了保护救护队员的身心健康，井下基地应备有含0.75%食盐的温开水和其他饮料，供救援人员饮用。因为，在高温条件下佩用氧气呼吸器工作后，条件必须补充水分和盐分。

(5)《矿山救护规程》规定，在高温条件状态下，佩用氧气呼吸器工作后，休息的时间应比常温条件下工作后的休息时间增加1倍。所以，处理高温事故时，指挥部应按照正常条件下两倍的数量，及时调动矿山救护队，保证充足的抢险救灾队伍。

**第七百一十二条** 处理矿井火灾事故，应当遵守下列规定：

（一）控制烟雾的蔓延，防止火灾扩大。

（二）防止引起瓦斯、煤尘爆炸。必须指定专人检查瓦斯和煤尘，观测灾区的气体和风流变化。当甲烷浓度达到2.0%以上并继续增加时，全部人员立即撤离至安全地点并向指挥部报告。

（三）处理上、下山火灾时，必须采取措施，防止因火风压造成风流逆转和巷道垮塌造成风流受阻。

（四）处理进风井井口、井筒、井底车场、主要进风巷和硐室火灾时，应当进行全矿井反风。反风前，必须将火源进风侧的人员撤出，并采取阻止火灾蔓延的措施。多台主要通风机联合通风的矿井反风时，要保证非事故区域的主要通风机先反风，事故区域的主要通风机后反风。采取风流短路措施时，必须将受影响区域内的人员全部撤出。

（五）处理掘进工作面火灾时，应当保持原有的通风状态，进行侦察后再采取措施。

（六）处理爆炸物品库火灾时，应当首先将雷管运出，然后将其他爆炸物品运出；因高温或者爆炸危险不能运出时，应当关闭防火门，退至安全地点。

（七）处理绞车房火灾时，应当将火源下方的矿车固定，防止烧断钢丝绳造成跑车伤人。

（八）处理蓄电池电机车库火灾时，应当切断电源，采取措施，防止氢气爆炸。

（九）灭火工作必须从火源进风侧进行。用水灭火时，水流应从火源外围喷射，逐步逼向火源的中心；必须有充足的风量和畅通的回风巷，防止水煤气爆炸。

**【解读】**本条是关于处理煤矿火灾事故应遵守的规定。

（一）在处理矿井火灾事故时，矿井指挥部必须控制烟雾的蔓延，防止火灾扩大。给矿山救护队创造从火区进风侧进入灭火的条件。

矿山救护队在下井前，首先应向矿井指挥部了解发火时间、火源位置、火势大小、波及范围、遇险人员分布情况、灾区瓦斯情况、通风系统状态、风流方向、煤尘爆炸性等情况。矿井指挥部的负责人和技术人员应准确及时地回答救护队提出的询问，并提供上述资料和图纸。必要时，救护队还应直接询问从灾区现场逃生出来的矿工。只有了解这些情况和掌握相关信息，才能制定合理的进入灾区的救灾行动计划和安全措施。

（二）为防止引起瓦斯、煤尘爆炸，在进、回风侧都必须安排专人检查瓦斯和煤尘。

在火区回风侧，使用便携式气相色谱仪及时检测灾区环境的气体。当发现有爆炸危险时，基地指挥员可先下令撤退现场人员后再向指挥部报告。

在火区进风侧，指定专人检查瓦斯和煤尘，观测灾区的气体和风流变化。当瓦斯浓度达到2.0%以上并继续增加时，全部人员立即撤离至安全地点后再向指挥部报告。

煤矿火灾标志性气体是按一氧化碳→氢气→乙烯→丙烯→乙炔的顺序生成的。目前，我国的矿山救护队进入灾区工作只检查一氧化碳气体。但是，这些标志性气体都是爆炸性的气体，它们的存在都会对瓦斯爆炸有很大的影响。

煤炭在高温的情况下产生的氢气就是一种爆炸威力极强的气体。氢气的存在对瓦斯爆炸下限的影响很大：

（1）有资料（美国）显示，当火区内的混合气体中有氢气时，瓦斯浓度达到 1.5% ~2% 就可能发生爆炸。

（2）中国矿业大学化验室的研究数据：当煤的温度达到 200 ~250 ℃时，就会产生氢气。温度越高，产生的氢气含量越高，瓦斯的爆炸下限越低：当氢气的浓度为 0.5%、1.0%、1.5% 时，瓦斯浓度达到 2.4%、1.5% 和 1.2% 时就会爆炸。

**【案例】** 2006 年 7 月 23 日开滦某矿 2197 工作面发生火灾事故，矿山救护队封闭火区过程中，使用国家救援中心配给的气象色谱化验车对灾区气样进行检测。检测发现一昼夜出现过 3 次气样中氢气含量高，显示灾区气体条件明显处于爆炸危险状态。图 6－1 是 2006 年 7 月 24 日 11 时在井下火区密闭取的气样检测图表。指挥部看到这组图表时是 12 时 40 分，即刻电话通知井下操作密闭的救护队撤退，这时大家才意识到这组显示爆炸的图表是一个小时之前的情况了。侥幸的是没有爆炸。

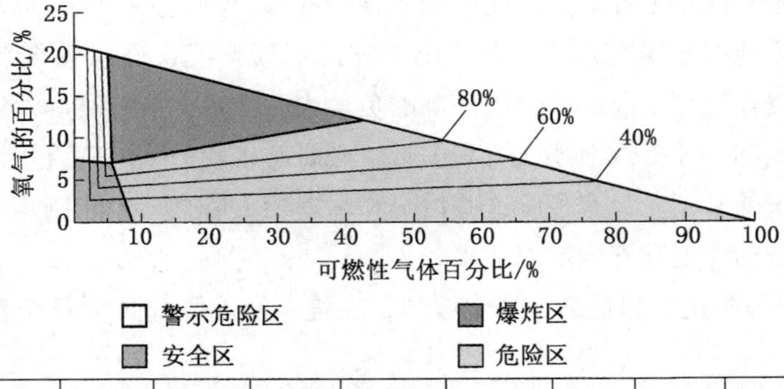


| 氢气 | 氧气 | 氮气 | 甲烷 | 一氧化碳 | 二氧化碳 | 乙烯 | 乙烷 | 乙炔 |
|---|---|---|---|---|---|---|---|---|
| 5.0928 | 8.1082 | 74.919 | 1.6598 | 2.3932 | 7.5999 | 0.0739 | 0.1454 | 0.0072 |

图 6－1　2006 年 7 月 24 日 11 时井下火区密闭气样检测图表

2013 年 3 月 29 日和 4 月 1 日，在两次处理吉林省通化八宝煤矿火灾事故中发生瓦斯爆炸，造成现场参加封闭火区的 26 名矿山救护队员死亡。

2014 年 7 月 5 日，在处理新疆生产建设兵团某矿井火灾事故时，现场发生瓦斯爆炸事故，造成17人遇难、3人受伤（其中救护队员死亡10人，重伤两人）。

上述两则造成矿山救护队员自身伤亡的案例告诉我们：处理矿井火灾事故时，保护现场救援人员与抢救灾区内的遇险人员同等重要，所有的救援措施都应该围绕防止瓦斯爆炸和保证现场救援人员的安全来制定。因此，处理火灾事故时，必须安排专人严格检查灾区气体，当瓦斯浓度达到2.0%以上并继续增加时，灾区现场工作的全部人员必须立即撤离至安全地点并向指挥部报告。

（三）防治火风压引起的风流逆转和巷道垮塌造成风流受阻。

（1）火风压。矿井发火的最初阶段，井下风流与火烟都是沿着发火前的原有方向流动。当火势加大，温度增高，空气成分发生变化，矿内空气获得热能，在通风网路中就出现了自然风压增量，即火风压。

火风压值按式（6-1）计算，即

$$h_{火}=Z(P_0-P)g \tag{6-1}$$

式中 $h_{火}$——火风压值，Pa；

$Z$——高温火烟经过的井巷始末两点标高差，m；

$P_0$——发火前巷道内的平均空气密度，$kg/m^3$；

$P$——发火后巷道内的平均空气密度，$kg/m^3$；

$g$——重力加速度，取 $g=9.8\ m/s^2$。

火风压值亦可由式（6-2）计算，即

$$h_{火}=1.2Z(t/T) \tag{6-2}$$

式中 $t$——发火后巷道内温度的增值；

$T$——发火后巷道内空气平均绝对温度。

（2）火风压的特点：高温火烟流经的井巷始末两端的标高差越大，火风压值越大；火势越大，温度越高，火风压就越大；火风压的方向永远向上。

（3）火风压的危害：火风压在通风网路中的作用如同一台风压值逐渐变化的辅助通风机，能改变通风网路中原有的风压分布，引起风路中风量的增减，甚至风流逆转，使正常的通风系统遭到破坏，扩大了事故范围，在瓦斯矿井还会引起瓦斯爆炸。

（4）巷道垮塌造成风流受阻的危害。处理上、下山火灾时，如果发生了巷道垮塌，会阻断风流。当风流被阻断之后，就可能会造成瓦斯积聚、浓度上升，就可能会发生瓦斯爆炸事故。

（5）处理上、下山火灾时，预防火风压引起的风流逆转和巷道垮塌造成风流受阻的措施：

① 控制火势，必要时密闭火源进风侧或使风流短路，尽量减小火风压。

② 保持主要通风机正常运转。

③ 采用局部反风，变下行风流火灾为上行风流火灾。

④ 加大火风压所在旁侧风路的风阻，尽量减小回风风路的风阻。

（四）关于处理进风井井口、井筒、井底车场主要进风巷和硐室火灾时，可进行全矿井反风或风流短路的规定。

（1）全矿井反风。指挥部下达反风命令前，必须将火源进风侧的人员撤出，并采取阻止火灾蔓延的措施。风流方向：进风井口—井筒—井底车场—主要进风巷和毗连硐室，这些地点距离地面较近，范围较小，人员比较少，反风前人员撤离较容易。反风后，可以使火源以里的人员得到解救。

扑灭上述地点的火灾时，为了阻止火灾蔓延。指挥部应根据现场情况和火灾特点，必须采取设置水幕、消除可燃物、拆除木支架（但要保证巷道不至于塌冒）等安全措施。

多台主要通风机联合通风的矿井反风时，为了保证非事故区域人员的安全撤出，必须严格执行非事故区域的主要通风机先反风，事故区域的主要通风机后反风的规定。

（2）风流短路。采取风流短路措施时，被短路区域的风量将会减少，烟雾将被直接排入回风道，火灾烟流流经的路线将会改变。此时由于风阻的改变，将会影响其他区域的风量，所以在决定实施风流短路前，必须将受影响区域的人员全部撤出。

（五）掘进工作面（独头巷道）发生火灾后，局部通风机的状态有正常运转和停止运转两种情况。矿山救护队到达现场后，应保持通风原状，即风机停止运转的不要开启，风机开启的不要停止，原因如下：

（1）如果掘进工作面着火源位置附近积聚的瓦斯达到或超过了爆炸下限，但是因为现场空气中氧气浓度过低，没有达到爆炸条件。这种情况下启动通风机，就会给灾区的混合气体补足氧气，使火区满足了瓦斯爆炸条件，从而制造瓦斯爆炸。另外，虽然掘进工作面火源处附近的瓦斯浓度没有达到爆炸下限浓度，但是火源以里积聚的有高浓度瓦斯，此时如果盲目启动风机，就会造成火点以里高浓度瓦斯的排出经过火点，从而造成瓦斯爆炸。

（2）通风机正常运转的情况下，如果盲目将风机停止，就可能因为掘进工作面停风而造成瓦斯积聚，使灾区混合气体满足瓦斯爆炸条件而发生爆炸。

因此，矿山救护队到现场后，应保持原有的通风状态，进行侦察后再决定通风机的工作状态，否则可能产生严重的后果。

**【案例】**2013 年 7 月，四川某煤矿一个掘进工作面发生瓦斯爆炸后，矿山救护队在灾区巷道没有全部侦察完的情况下，盲目的启动局部通风机排放瓦斯，致使掘进巷道中阴燃的火灾满足了爆炸条件，造成了瓦斯爆炸，牺牲了 7 名救护队员。

矿山救护队进行掘进工作面火区侦察的选择：

足够的瓦斯、氧气和高温是瓦斯爆炸的三要素。经过检测已知发火巷道有爆炸危险时：

（1）在需要进入抢救遇险人员的情况下，现场指挥员应立即向地面指挥部汇报，并在采取安全措施的情况下，派小队快速进入抢救遇险人员。

（2）在不需要救人的情况下，指挥员不得派小队进入着火地点冒险灭火或探险；已经通风的独头巷道如果瓦斯浓度迅速增长，也不得入内灭火，而应在远离火区的安全地点建筑风墙，具体位置由矿井指挥部确定。

（3）如果矿工生存情况未知，矿山救护队应首先操作探险机器人进入采集信息，并根据机器人采集的信息决策救护队是否需要进入。

（六）由于雷管、导爆索中所用的起爆炸药比直接用于爆破的矿用炸药的热感度高。因此，在处理爆炸物品库火灾时，矿山救护队应首先将易于运输的热感度高的雷管运出，然后再将其他爆炸材料运出。因高温运不出时，应该关闭防火门，退至安全地点。

（七）当绞车在运行中绞车房突然发火时，为了防止火灾将钢丝绳烧断而造成跑车伤人，应注意在停车的同时，将火源下方的矿车固定。

（八）蓄电池在充电过程中能释放出氢气，而氢气又是爆炸性气体。因此，当蓄电池电机车库着火时，必须切断电源、停止充电；采取加强通风措施排除积聚的氢气，防止氢气爆炸。

（九）处理煤矿火灾事故时，为了保证灭火人员的安全，灭火工作必须从火源进风侧进行，这是煤矿处理火灾事故几十年经验的总结。用水灭火时，必须有充足的风量和畅通的回风巷，防止水煤气爆炸。为了保证安全，水流应从火源外围开始喷射，逐步逼向火源的中心。

**第七百一十三条**　封闭具有爆炸危险的火区时，应当遵守下列规定：

（一）先采取注入惰性气体等抑爆措施，然后在安全位置构筑进、回风密闭。

（二）封闭具有多条进、回风通道的火区，应当同时封闭各条通道；不能实现同时封闭的，应当先封闭次要进回风通道，后封闭主要进回风通道。

（三）加强火区封闭的施工组织管理。封闭过程中，密闭墙预留通风孔，封孔时进、回风巷同时封闭；封闭完成后，所有人员必须立即撤出。

（四）检查或者加固密闭墙等工作，应当在火区封闭完成24 h后实施。发现已封闭火区发生爆炸造成密闭墙破坏时，严禁调派救护队侦察或者恢复密闭墙；应当采取安全措施，实施远距离封闭。

**【解读】**本条是关于封闭具有爆炸危险的火区时应遵守的规定。

（一）注入惰性气体是防止封闭的火区发生瓦斯爆炸的有效措施。封闭火区时，首先采取从进风巷道方向注入惰性气体抑制瓦斯爆炸，并用便携式气相色谱仪及时的检测回风侧流出的气体。当检测的混合气体中的惰性气体达到抑爆浓度（$N_2$ 为36.3%，$CO_2$ 为23.2%）后，救护队在安全的情况下再进入构筑密闭。

目前，煤矿井下广泛应用的惰性气体有燃气、氮气和二氧化碳3种。

（1）燃气。通常通过航空煤油的燃烧而制成（DQ系列惰气发生装置），其主要成分为二氧化碳，还有一些氮气、氧气、一氧化碳、水蒸气等。应用燃气灭火的优点是产气量大；缺点是燃气成分中的氧气和一氧化碳含量较高，影响火区气体状况的分析。

（2）氮气（密度为1.16 $kg/m^3$，相对密度为0.97）。按状态分类，有气氮、液氮、固氮，我国煤矿一般采用气氮。气源主要采用空气分离技术获取（制氮机），分离方式有深冷空分、膜分离、吸附分离3种。以深冷空分方式分离的氮气纯度很高，接近100%；以膜和吸附方式分离的氮气纯度较低，大约为95%。应用氮气灭火的优点是制气方便，缺点是产气量小。

（3）二氧化碳（密度为1.976 $kg/m^3$，相对密度为1.53）。按状态分类，有气态、液态、固态（干冰）3种，气源来自二氧化碳发生器，或者取自化工厂的副产品。采用发生器生产的二氧化碳，纯度接近100%，无氧气成分。应用二氧化碳气体灭火的优点是抑爆性能好、环保，缺点也是产气量较小。目前我国煤矿火灾一般采用液态二氧化碳。

（二）需要封闭多条进、回风通道时，应根据密闭的难易程度和火灾的影响（以不导致火区可燃气体发生爆炸为前提）决定封闭顺序。

封闭火区进、回风通道密闭墙的方法有3种：

（1）首先封闭进风侧的密闭墙，然后封闭回风侧密闭墙。

（2）进风侧和回风侧密闭墙同时封闭。

（3）首先封闭回风侧密闭墙，然后封闭进风侧密闭墙。

在有条件（无瓦斯爆炸危险）的情况下应同时封闭各条通道；不能实现同时封闭的，应先封闭次要进、回风通道，后封闭主要进、回风通道。同时封闭进、回风巷时，必须在施工过程中预留通风孔，保证火区供风，确保不会发生爆炸，封堵通风孔的工作留待最后快速封闭。

（三）为了保证封闭火区的施工安全，必须加强火区封闭的通风和施工组织管理。

1. 加强火区封闭的通风管理

（1）封闭前加大风量，使封闭地点瓦斯浓度降至1.5%以下。

（2）封闭过程中，密闭墙预留通风孔。封孔时，进、回风巷应同时封闭。

2. 封闭火区的施工组织管理

因为，随着封闭火区的工程进度，火区内瓦斯积聚的浓度会上升；为了保证封闭火区的施工安全。开工前：

（1）应建立井下新鲜风流基地，并安排负责封闭火区工作的现场指挥员。

（2）应调集充足的救护小队并安排好班次。

（3）应提前准备好密闭材料并运到施工现场附近。

在上述准备工作到位后，基地指挥员发布开工的命令，封闭火区的工作必须在瓦斯达到爆炸浓度前完成。

在建造防爆墙的过程中要预留通风孔，保证施工过程中火区内的可燃气体不致达到爆炸限度。通风孔留待密闭墙全部完成后，在最短的时间内堵塞。堵塞后施工人员要尽快撤出危险区，防止随时可能发生的爆炸伤亡。

（四）当火区接近封闭时，火区内的进风压力降低造成瓦斯浓度快速的上升。此时，为了防止封闭火区内的混合气体发生爆炸，矿山救护队指挥员必须做好撤退的准备。当密闭墙封顶后，立即带领全体救护队员迅速离开施工的危险区域。当需要进入检查或加固密闭墙时，要在确保安全的情况下进行。检查或加固密闭墙等工作，应在火区封闭完成24 h后实施。

矿山救护队的主要任务是抢救遇险人员。在井下进行救护工作，如果不需要抢救人员时，救护队员的自身安全必须是第一位的。在密闭的火区中发生爆炸破坏了密闭墙时，说明火区有再次发生爆炸的条件和可能。在这种非常危险的情况下，若火区中没有待救人员，则严禁调派救护队侦察或恢复密闭墙；应采取安全措施，并实施远距离封闭。

**第七百一十四条** 处理瓦斯（煤尘）爆炸事故时，应当遵守下列规定：

（一）立即切断灾区电源。

（二）检查灾区内有害气体的浓度、温度及通风设施破坏情况，发现有再次爆炸危险时，必须立即撤离至安全地点。

（三）进入灾区行动要谨慎，防止碰撞产生火花，引起爆炸。

（四）经侦察确认或者分析认定人员已经遇难，并且没有火源时，必须先恢复灾区通风，再进行处理。

**【解读】**本条是关于处理瓦斯（煤尘）爆炸事故时，救护小队进入灾区行动应当遵守的规定。

处理瓦斯（煤尘）爆炸事故时，矿山救护队必须出动两个以上的小队，抢救指挥部必须设立井下新鲜风流基地，组织矿山救护队进行灾区侦察。

（一）煤矿井下的电器设备虽然都设有三大保护装置，但是，发生爆炸事故后，为了保证救护小队进入灾区的安全，必须要切断灾区电源。否则，万一电气设备带电，不仅可能造成灾区工作的人员触电，还有可能导致人员触及电缆，致使电缆放电而引发瓦斯再次爆炸。

（二）处理瓦斯（煤尘）爆炸事故，侦察小队进入灾区时，为了保证小队在灾区侦察工作的安全，必须检查灾区内各种有害气体的浓度、温度及通风设施破坏情况。当发现瓦斯达到有再次爆炸危险的浓度时，侦察小队必须立即撤离至安全地点。指挥部采取措施使灾区条件达到安全范围后，救护小队再进入灾区工作。

（1）处理瓦斯（煤尘）爆炸事故时，除必须检查瓦斯（$CH_4$）、氢气、一氧化碳、乙烷、乙烯和乙炔等爆炸性气体和参与爆炸的氧气外，还必须检查温度。

（2）发生爆炸事故时，矿井通风设施被破坏后会造成风流紊乱，灾区现场紊乱的风流也是隐患之一。因此，必须检查清楚。

通过以上检查，发现有再次爆炸危险时，必须立即撤到安全地点。

（三）救护小队进入灾区，在行进及工作中必须注意：

（1）穿过支架被破坏的巷道时，要架好临时支架，加强支护，防止出现巷道塌冒堵塞后路。通过支护不好的地点时，救护队员要保持一定的距离按顺序通过。

（2）对于自己携带的装备（特别是铁质的）要拿稳，在搬移铁质支柱、支架等设备时要小心，轻拿轻放，防止碰撞产生火花而引起爆炸。

（四）矿井发生爆炸事故后，会产生大量的有毒有害气体（主要是 CO），氧气浓度也会显著减少，对救护人员的生命安全构成严重的威胁。尤其是在灾区巷道较长、有害气体浓度大、支架损坏严重的情况下，确知无火源、人员已经牺牲时，救护队员进入灾区佩用氧气呼吸器搬运遇难人员，不仅增加了劳动强度，稍有不慎就会导致自身伤亡。

**【案例】**2004 年 6 月，陕西省某煤矿发生特大瓦斯爆炸事故，21 名矿工遇难、5 人受伤。救灾过程中，指挥部要求救护队到 CO 浓度 10000 ppm 以上的灾区环境中去抢运尸体，造成 2 名救护队员中毒牺牲、6 名救护队员中毒的恶性后果，教训深刻。

**第七百一十五条** 发生煤（岩）与瓦斯突出事故，不得停风和反风，防止风流紊乱扩大灾情。通风系统及设施被破坏时，应当设置风障、临时风门及安装局部通风机恢复通风。

恢复突出区通风时，应当以最短的路线将瓦斯引入回风巷。回风井口 50 m 范围内不得有火源，并设专人监视。

是否停电应当根据井下实际情况决定。

处理煤（岩）与二氧化碳突出事故时，还必须加大灾区风量，迅速抢救遇险人员。矿山救护队进入灾区时要戴好防护眼镜。

**【解读】**本条是关于处理煤（岩）与瓦斯突出和煤（岩）与二氧化碳突出事故的规定。

处理煤（岩）与瓦斯突出时，将会涌出大量的煤与瓦斯。瞬时涌出的大量煤与瓦斯可能堵塞巷道，也可形成冲击波而造成通风系统被破坏。此时高浓度的瓦斯不但存在于回风侧，而且也向进风侧蔓延。高浓度的瓦斯使空气中的氧气浓度下降而造成人员窒息。当涌出瓦斯的浓度达到爆炸界限时，如遇到火源还可能发生爆炸。

矿山救护队在处理煤（岩）与瓦斯突出事故时：

（1）应首先立即切断灾区电源，防止产生电火花而引起瓦斯爆炸。切断电源的地点应在远离灾区的新风中进行。

（2）为了阻止高浓度瓦斯向进风侧蔓延，应在保持原有通风的状况下，尽快恢复正常通风，不得停风或反风，防止风流紊乱扩大灾情。恢复通风可对尽快排放瓦斯起到好的作用。回风巷道被堵塞引起瓦斯逆流时，应尽快疏通，恢复正常通风。如反向风门受损，造成大量瓦斯侵入进风流时，应迅速堵好反向风门，缩小灾区范围。

(3) 利用风流短路的方法，以最短的路线将高浓度瓦斯引入回风巷道，可以起到救人和排放瓦斯的双重作用。回风井口 50 m 范围内不得有火源，并设专人监视，防止引起回风井口瓦斯燃烧。

(4) 矿山救护队灾区工作的注意事项：

① 在灾区或接近突出区工作时，可能出现瓦斯浓度变化异常的现象。此时，为了防止产生火花发生爆炸，应注意使用的矿灯必须完好，灾区内不得随意启闭电器开关，使用防爆型工具操作；严禁敲打矿灯，用非防爆工具扒开矸石或摩擦、撞击、砸大块煤（岩）等。

② 救护队进入灾区，应特别观察有无火源，发现火源应立即组织灭火。在灭火时，必须严格掌握通风与瓦斯浓度的变化，防止瓦斯接近爆炸范围引起爆炸。火灾严重时，应采用综合灭火或惰性气体灭火。

处理煤（岩）与二氧化碳突出事故时，抢救遇险人员是矿山救护队的首要任务。因为二氧化碳气体对人的眼睛有刺激作用，所以，为了迅速抢救遇险人员，必须加大灾区风量，冲淡二氧化碳气体浓度。矿山救护队进入灾区侦察时，必须佩用全面罩式氧气呼吸器。

**第七百一十六条** 处理水灾事故时，应当遵守下列规定：

（一）迅速了解和分析水源、突水点、影响范围、事故前人员分布、矿井具有生存条件的地点及其进入的通道等情况。根据被堵人员所在地点的空间、氧气、瓦斯浓度以及救出被困人员所需的大致时间制定相应救灾方案。

（二）尽快恢复灾区通风，加强灾区气体检测，防止发生瓦斯爆炸和有害气体中毒、窒息事故。

（三）根据情况综合采取排水、堵水和向井下人员被困位置打钻等措施。

（四）排水后进行侦察抢险时，注意防止冒顶和二次突水事故的发生。

**【解读】** 本条是关于处理水灾事故时应遵守的规定。

（一）矿井发生水灾事故后，判断遇险人员是否有生存条件的主要依据。

1. 遇险人员的遇险地点所处位置是否有空气存在

（1）当遇险地点高于外部最高水位的标高时，如无特殊情况，完全可以肯定遇险地点有空气存在，这是遇险人员具备生存可能的首要条件。抢救原则是：在正常排水的情况下，可利用打钻等方法提供新鲜空气、饮料及食物。

（2）当遇险地点低于外部最高水位的标高时，大致有以下两种情况：

第一种情况：由于井下发生透水事故时，一般来势凶猛，水向下奔流时，将透水点下部巷道中的空气挤出（根据煤矿井下透水的实际情况，透水后涌水不可能充满整个巷道向下奔流，只要未充满整个巷道空间，就会有间隙，空气就会被挤出），直至下部巷道全部被水淹没。这就是说，井下发生透水事故时，水能直接涌入位于透水点下部的巷道，该巷道被水淹没，不会有空气存在。

第二种情况：矿井发生透水事故后，水首先将下部的水平或倾斜巷道淹没，使这些巷道没有排泄空气的间隙，而与这些巷道相通的上部独头巷道如不漏气，即使低于外部水位时，也不会全部被水淹没，仍有被压缩的空气存在，在这些巷道中躲避的遇险人员就具备生存的条件。这在矿井水灾实例中是常见的。此时抢救遇险人员时，禁止打钻，防止泄压后水位上升，将遇险人员的所在地点淹没，而扩大灾情。

2. 遇险人员被堵地点的空气质量

主要根据井下被堵空间空气中的氧浓度由20%下降到10%或二氧化碳浓度由0.5%增加到10%计算，能求出遇险人员在灾区可能生存的两个时间值，应取用其中数小的一个。还应考虑在井下被堵空间的空气中，有害气体的含量超过《规程》规定的最高容许浓度，对人体会有危险。当有毒有害气体的浓度达到如下数值时，即一氧化碳浓度达到0.4%、硫化氢浓度达到0.05%、氧化氮浓度达到0.025%、二氧化硫浓度达到0.05%，遇险人员就有致命危险。

3. 维持遇险人员生命的能源

水灾后被困的遇险人员，在断绝食物的情况下，往往是只喝水，不吃任何东西，靠消耗体内储存的营养来维持生命。

**【案例】**河南省某煤矿的13名职工在井下生存近100 h，山西省某煤矿的2名职工在井下生存16天，山东省某煤矿的2名工人在井下生存23天等，他们都未吃食物，只喝水，被救出后经过治疗均安全脱险。据调查，1948年被矿井水灾困在井下断绝食物32天，救出后安全脱险的湖南省某煤矿的3名矿工，是我国矿井水灾事故中被困时间最长的一个实例。

（二）为了加快事故的处理，应尽快恢复灾区通风。灾区通风恢复后，在矿山救护队的监护下，很多工作都可以由矿工去操作。矿山救护队在监护时，为了保证工作人员的安全，必须加强对有毒有害气体的检测，防止发生瓦斯爆炸和有害气体中毒、窒息事故。小队逆水流方向前往上部没有出口的巷道时，应与在基地监视水情的待机小队保持联系；当巷道有很快被淹危险时，应立即返回基地。水灾威胁水泵安全，在灾区人员撤往安全地点后，救护小队的主要任务是保护泵房不致被淹。

（三）指挥部应根据（一）和（二）情况综合分析决策。采取排水、堵水和向井下人员被困位置打钻等措施时，应在矿山救护队的监护下，由工人去完成安装水泵和接水管等工作。

（四）矿井发生水灾事故后，井下的灾区巷道一直处于被水浸泡之中。排水后，被水浸泡过的巷道可能遭到破坏。因此，矿山救护队进行侦察、抢救人员时，必须特别注意观察巷道情况。如果巷道有损坏，必须及时检查并加固巷道支护，防止冒顶、底板塌陷、二次透水、积水和淤泥的冲击。救护队员通过局部积水巷道，应采用探险棍探测前进。

**第七百一十七条** 处理顶板事故时，应当遵守下列规定：

（一）迅速恢复冒顶区的通风。如不能恢复，应当利用压风管、水管或者打钻向被困人员供给新鲜空气、饮料和食物。

（二）指定专人检查甲烷浓度、观察顶板和周围支护情况，发现异常，立即撤出人员。

（三）加强巷道支护，防止发生二次冒顶、片帮，保证退路安全畅通。

**【解读】**本条是关于处理顶板事故时应遵守的规定。

（一）煤矿发生顶板事故后，矿山救护队的主要任务是迅速恢复灾区通风。通风正常后，通常情况下，采掘工人负责处理冒顶事故，救护队担负现场监护。灾区如果有被困人员时，矿山救护队可通过呼喊、敲击或采用探测仪器等方法，判断遇险人员位置，与遇险人员建立通信联系；可采用掘小巷、绕道或使用临时支护等技术措施，通过冒落区接近遇险者。一时无法接近时，应设法利用压风管路、水管或者打钻等技术手段向被困人员提供新鲜空气、饮料和食物。

（二）监护时，救护队指挥员应指定专人检查瓦斯浓度、观察顶板和周围支护情况，发现异常，立即撤出人员。矿山救护队只有掌握上述情况并采取措施，才能做到心中有数，真正起到监护的作用，保证安全救灾。

（三）处理顶板事故时，应加强巷道支护，保证退路安全畅通。进行巷道支护时，应设专人敲帮问顶。为了保证操作人员的安全，应指派专人监护顶板，防止发生二次冒顶、片帮。

**第七百一十八条** 处理冲击地压事故时，应当遵守下列规定：

（一）分析再次发生冲击地压灾害的可能性，确定合理的救援方案和路线。

（二）迅速恢复灾区的通风。恢复独头巷道通风时，应当按照排放瓦斯的要求进行。

（三）加强巷道支护，保证安全作业空间。巷道破坏严重、有冒顶危险时，必须采取防止二次冒顶的措施。

（四）设专人观察顶板及周围支护情况，检查通风、瓦斯、煤尘，防止发生次生事故。

**【解读】**本条是关于处理冲击地压事故时应遵守的规定。

（一）处理矿井冲击地压事故时，必须组织救护队进行灾区侦察。侦察中要探明：

（1）事故发生的地点、波及范围。

（2）通风系统破坏及瓦斯涌出情况。

（3）供水、供电和压风系统破坏的情况。

（4）灾区坍塌、底鼓和堵埋人员的情况。

（5）有无积水涌出情况等。

发现受伤人员，要积极组织人员进行现场急救，对轻伤人员进行简单的止血包扎，对危重伤员经简单医疗处置后，及时组织人员运送至地面。

灾区侦察结束后，指挥部应根据探明的情况分析判断，再次发生冲击地压灾害的可能性，确定合理的救援方案和路线。

（二）因煤体突出、冒顶导致灾区瓦斯涌出浓度超限时，要立即切断电源，采取恢复通风的措施排出瓦斯。恢复独头巷道通风时，除应将局部通风机安设在新鲜风流处外，其余措施应按照排放瓦斯的要求进行。因冒顶、煤体突出不能正常向掘进迎头或冒顶区供风时，如有条件，可通过修复压风管路、恢复压风系统，对迎头或冒顶区进行通风。

救援通道以恢复原巷道为主进行，尽量避免在应力集中区开拓新的救援通道。

（三）事故救援必须按照由外向里的原则，逐架整理好变形的支架，清理好畅通的退路，对支架变形严重的地点要采取加强支护的措施，维护好工作空间。巷道破坏严重、有冒顶危险时，必须采取防止二次冒顶的措施。

（四）在抢救过程中，要设专人观察顶板及周围支架牢固情况，检查通风、瓦斯、煤尘，发现二次来压征兆或其他异常情况，必须先将人员撤出，待顶板稳定或采取防范措施后再组织抢救工作。

**第七百一十九条** 处理露天矿边坡和排土场滑坡事故时，应当遵守下列规定：

（一）在事故现场设置警戒区域和警示牌，禁止人员进入警戒区域。

（二）救援人员和抢险设备必须从滑体两侧安全区域实施救援。

（三）应当对滑体进行观测，发现有威胁救援人员安全的情况时立即撤离。

**【解读】** 本条是关于处理露天矿边坡和排土场滑坡事故时应遵守的规定。